国家自然科学基金资助（项目批准号：51478317）

上海近代建筑风格

新 版

郑时龄 著

同济大学出版社
TONGJI UNIVERSITY PRESS

新版序

自 20 世纪 80 年代末我开始研究上海近代建筑，倡导并参与上海历史建筑的保护研究与实践以来，不仅经历过上海近代建筑的沧海桑田变化，也亲历了上海的历史建筑保护所经历的演变和发展。上海是一座十分独特的城市，它从古时的一个渔村到 13 世纪发展成为"人烟浩穰，海舶辐辏"的贸易重镇；1843 年开埠后又迅速演变为当时远东最大的国际大都市；1949 年以后它稳步地向着全国重要工业城市迈进；自改革开放后又以惊人的速度全面发展，正向着国际文化大都市的发展目标迈进。

今天的上海留存了数千处可以体现它的历史特点与发展规律的建筑，其中以近代建筑最为丰富与最具特色。尽管近 60 年来拆除并改变了大量建筑及其环境，然而这座城市仍然保留了各个历史时期的切片，清除蒙在这些建筑表面的尘埃后，我们依然可以触摸并感觉得到城市和建筑的历史脉络。近年来，上海颁布了有关历史城区和历史建筑保护的条例及法规，理顺了保护机制，有关管理部门对历史建筑建立文档，挂立铭牌，在意识上和措施上日益重视历史城区和历史建筑的保护，从单个建筑的保护扩展为历史城区、历史建筑、历史风貌街巷和历史河道的保护，强调在使用中保护，出现了一些优秀的保护和修缮的范例。

尽管上海自 1986 年被命名为"国家历史文化名城"以来，对上海历史建筑的认知已经有了相当程度的考证和积累，然而仍然可以毫不夸张地说，我们对上海历史建筑的认识不见得比对月球了解得更多。近年来，中外社会各界对上海近代建筑的研究已经上升到新的高度，研究历史城区和历史建筑的相关学科领域也有很大的扩展。这些研究以涓涓细流汇成了蔚为壮观的上海史研究的大河江海，为上海的历史建筑保护提供了基础。

由于上海是我国最早进入现代的经济模式、生活方式与最早发展现代工业的城市，其建筑业的兴盛与多彩是我国其他城市所无法比拟的。此外，它的八方聚会与华洋杂处又使它在建筑文化上具有独特的多元品格，无怪不少国内外学者都把研究上海近代建筑作为了解上海、了解中国与研究建筑文化的契机。

再说风格，涉及经济、材料、技术、习俗、宗教以及审美等多种要素，既是品格，也是艺术特色，全面体现了民族和时代的文化特征。建筑风格是社会文化模式的体现，是由社会集体在文化整合过程中的价值取向所决定的。正如建筑师庄俊所言："一国之建筑，一国之概况见焉，一国之时势系焉。"建筑的社会性十分强烈，在什么样的社会条件下，就有什么样的建筑；建筑的时代性十分强烈，在什么时代，就有什么样的建筑；建筑的地域性十分强烈，在什么地区，就有什么样的建筑。上海的近代建筑呈现出集世界建筑风格之大成的特征，各个历史时期的世界建筑风格都浓缩在这一百多年的上海。上海近代建筑风格既多元又宽容，城市从没有执着于单一的建筑风格，建筑师也在不断根据风尚改变设计语言，既表现时尚又重实际，既讲究符号又有深入的技术底蕴，既有上海作为中国的一个城市的地方文化特色，又有外来文化的直接体现，更有外来经验经过地域化后的结晶。

郑时龄先生这本《上海近代建筑风格》（新版）是迄今为止研究上海近代建筑最完整与全面的著作，勾画了上海近代城市和建筑发展的全景。该书第一版在 1999 年出版时，他刚涉足这个领域仅五年，尚属浅层次的研究。如今经过 20 多年的研究，在这期间他直接参与了历史建筑保护工作的实践和考证，又得到社会各界和研究团队的帮助和支持，获得大量图片以及有关建筑和建筑师的信息。这部著作的基础完全不同于第一版，作者深入探讨了建筑风格的成因，并提出了不少独到的见解。讨论上海近代建筑风格并非是供设计参考的样式范本，而是对建筑历史演变的认识和反思，在于研究上海建筑的过去，从而思考上海建筑的未来。因为认识不到我们处于何处，就很难知道我们将去何方。历史是个人与集体身份的基础。世界永远处于不可避免的变化之中，作为连续的具有永恒意义的历史和文化将使我们应对创新，避免衰退。总而言之，这是一部很有价值的学术著作。

罗小未

2019 年 1 月 25 日

第一版序

随着社会进步与文化水平的提高，越来越多的人在关心物质文明与精神文明建设的同时，对城市建设与建筑发展给予极大的关注。人们重新审视城市的生活环境，并在分析它的现状、回忆它的过去中，憧憬着未来的城市生活品质。在展望美好的将来中，人们越来越认识到在建设新的城市文化中必须保留城市原有的文化精髓；只有这样，城市才能真正成为人们美好的物质与精神生活环境。

城市的历史建筑是先人在漫长的历史长河中创造的。它记录着城市从无到有，久经沧桑，种种成败、荣枯、顺逆与甘苦的故事。它是城市历史的写真，又是一个城市所以区别于其他城市个性、特点与精神的物化体现。人们认识城市的历史建筑犹如认识一个人的家史与身世一样，可以唤起人们对城市过去各个时期的社会、经济、文化、不同阶级与阶层的生活方式等等特点与规律的回忆与理解。这不仅可以加强城市市民的凝聚力、促进他们奋发图强的决心和信心，同时对国内外一切关心城市与建筑发展的人来说，也是一个加强相互理解与交流的有力媒介。况且建筑是一种正面的艺术，人们在创造建筑的过程中总是竭力把自己认为更美好、更理想的生活憧憬熔铸于其中，因而不少建筑还具有较高的人文与历史价值。为此，城市的历史建筑不仅为城市所有，还是世界人民所共有的宝贵财富。目前不少历史学家、社会学家、人文科学家热衷于对城市历史与历史建筑的研究，同时还把研究与保护历史建筑看作为城市文明的标志之一。

上海是一个十分独特的城市。它从古时的一个渔村到 13 世纪发展成为商贾云集的贸易重地；1843 年开埠后又在几十年中演变为当时远东最大的国际型城市；1949 年以后它稳步地向着作为全国的重要工业城市而前进；

改革开放后又以惊人的速度全面发展，目前正向着作为国际经济、金融、贸易中心之一的转变而迈进。现在上海尚留下一些能说明它的历史特点与发展规律的建筑，其中以它的近代建筑（1840—1949 年）最为丰富与最具特色。由于上海是我国最早进入现代的经济模式、生活方式与最早发展现代工业的城市，其建筑业的兴盛与多彩是我国其他城市所无法比拟的。此外，它的八方聚会与华洋杂处又使它在建筑文化上具有独特的多元品格，无怪不少国内外学者都把研究上海近代建筑作为了解上海、了解中国与研究建筑文化的契机。

郑时龄先生这本《上海近代建筑风格》是迄今我看到的研究该课题的最完整与全面的书。须知建筑风格是社会文化模式的体现，是由社会集体在文化整合过程中的价值取向所决定的。上海近代建筑风格既多样又宽容，既表现时尚又重实际，既讲究符号又有深入的技术底蕴，既有上海作为中国的一个城市的地方文化特色，又有外来文化的直接体现，更有外来经验经过地域化后的结晶。作者在大量考证的基础上探讨了这些风格的成因，并提出了不少有助于认识风格及其发展规律的独到见解。同时作者对大量风格例证的分析，也有利于扩大读者视野，供建筑创作参考。此书资料丰富，论述详尽并附有大量珍贵的历史照片，是一本很有价值的学术著作与参考书。我相信它必将得到学术界与社会各界的欢迎。

罗小未
1999 年 4 月 4 日

目　录
Contents

一国之建筑，一国之概况见焉，一国之时势系焉。

——庄俊《建筑之式样》，1935

第一节 概述

上海的历史可以追溯到6000～5500年前的崧泽文化和福泉山文化，而作为城市的历史则相对较晚，城市的快速发展时期当属近代，尤其是在1843年开埠以后。上海近代城市和建筑的形成发展是中国近现代文化中十分特殊的现象，迄今为止，世界上还有许多人对上海这座城市的建筑和文化表现出诸多困惑，上海是中国的城市，但又不像中国的其他城市，其原因在于近代上海城市化的发展历程完全不同于中国其他大多数城市。特殊的政治、宗教、经济与文化的发展际遇，西方文化的输入和上海本地以及中国不同地域文化相互之间的并存、冲撞、排斥、认同、适应、移植与转化，使上海糅合了古今中外的多元文化，成为中国现代城市文化和现代建筑文化的策源地（图1-1）。

一、近代上海文化

现代文化，无论是其物质、制度或是精神方面，都必须要有历史和传统作为根基才有底蕴，才能生生不息。反过来，传统也要有现代的意识，才能从现代文化和技术中汲取精华，以获得新的生命，生机勃勃地向前发展。建筑在文化领域中最具时代性、社会性、地域性和民族性，整体而又集中地体现了民族传统、地域特征、时代精神和社会的价值取向；建筑所反映的时空关系，其深度和广度是其他领域无可比拟的。与现代城市和现代文化发展密切相关的上海近代建筑，则综合反映了上海的近代社会和城市化的演变历程。

上海的文化不仅表现为传统的延续，同时也突显了地域文化的特点。既有历史悠久的正统中原文化的影响，又融入了长江流域和港口城市的商业文化、国际通商口岸城市的杂交文化，以及江南地区的乡土文化。文化的突变性更多于延续性，变异甚于进化，这种变异也反映在上海的近代建筑上。上海现存最早的地面建筑文物可以追溯到龙华塔（247始建）[1]。唐代的陀罗尼经幢（859）[2]、泖塔（874—879），宋代的兴圣教寺塔（1068—1093）和孔庙（嘉定孔庙又名文庙、庙学或学宫，1219）、上海文庙（1279始建）[3]，元代的清真寺（1341—1367）[4]，明代的豫园（1559始建），清代的书隐楼（1736—1796）等，在开埠以前，大体上保持了传统的延续性和地域性特征（图1-2）。

自1843年11月开埠以来，上海逐渐发展成为国际大都会，成为中国其他城市不可替代的经济中心、贸易中心、金融中心和文化中心。中国的封建社会最早在上海解体，奠定了资本主义社会的基础，并且发展成为一种折衷混合的社会，上海变成一座独特的城市，完全不同于中国的其他城市（图1-3）。有许多在中国的新事物和新技术都是首先在上海出现的，例如1848年首家在上海开办的银行、首份报纸（1850）、第一条西式街道（1856）……煤气灯（1865）、铁路（1876）、邮局（1878）、电话（1881）、电灯（1882）、自来水（1884）、电影（1896）、汽车（1901）、电车（1908）、飞机（1911）、无线电台（1923）、有声电影（1926）等（图1-4）。上海在近代中国文化中具有特殊的地位，开各种风气之先河，正如一位中国文人在1911年所形容的：

[1] 龙华寺始建于吴赤乌五年（242），静安寺始建于吴赤乌十年（247），但均多次重建，现存的静安寺系1998年重建。现存的龙华塔是1954年按宋代式样重修，见王海松、宾慧中编著《上海古建筑》（北京：中国建筑工业出版社，2015年）第74和79页。本书中，建筑名称后括号内标注的数字为时间，除特别说明为始建年代外，其余均为建造年代或建成年代。

[2] 上海地面现存最古老的文物是位于松江的唐代陀罗尼经幢，全名"佛顶尊胜陀罗尼经幢"。

[3] 上海文庙曾数度迁址，现存的文庙系1855年迁建的建筑。

[4] 据王海松、宾慧中编著《上海古建筑》（北京：中国建筑工业出版社，2015年，第105页），又名松江真教寺、清教寺。据张汝皋主编《松江历史文化概述》（上海古籍出版社，2009年，第118页），清真寺建于1341—1368年。

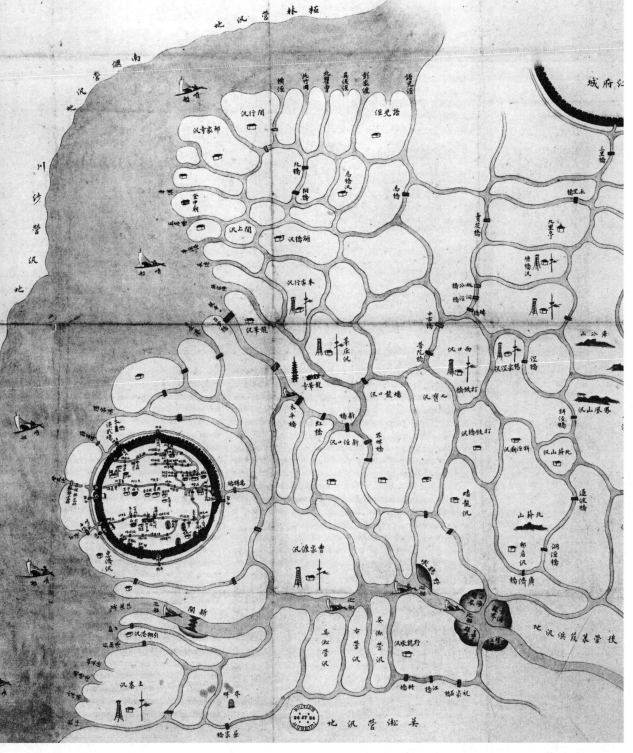

图 1-2 兴圣教寺塔
来源: 尔冬强摄

图 1-1 开埠前的上海与周边地区示意图
来源: *Building Shanghai: The Story of China's Gateway*

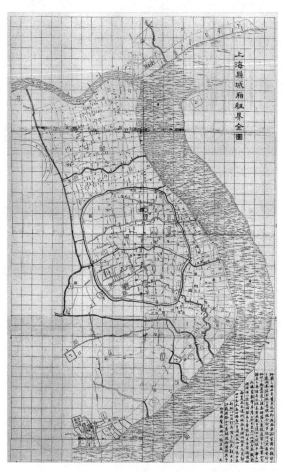

图 1-3 1875 年的上海城厢及租界图
来源:《上海城市地图集成》

图 1-4 上海的西式街道
来源：上海市历史博物馆馆藏图片

图 1-5 1912 年的熙华德路 (Seward Road, 今长治路) 街景
来源：Virtual Shanghai

时人谓上海、北京为新旧两大鸿炉，入其中者，莫不被其熔化，斯诚精确之语。北京勿论矣，请言上海。自甲午后，有志之士咸集于上海一隅，披肝沥胆，慷慨激昂，一有举动，辄影响于全国，而政府亦为之震惊。故一切新事业亦莫不起点于上海，推行于内地。斯时之上海，为全国之所企望，直负有新中国模型之资格。①

上海的近代建筑具有十分独特的一面，外国的建筑师和在国外接受专业教育的中国建筑师试图按照西方的城市模式和建筑风格来塑造上海，试图以欧美的生活方式取代传统的生活方式，使中国文化与西方文化同化。新建筑类型的出现和新建筑材料、新技术的运用对上海近代建筑产生了极大的影响，上海的近代建筑表现出以西方建筑文化或仿西方建筑文化为主体的发展，渗透了西方建筑文化的影响（图 1-5）。上海特殊的政治、经济条件又使这种建筑文化融汇成一种包罗万象、海纳百川的文化，不仅有西方文化的影响，又有着早在西方文化进入上海以前就十分强烈的传统文化和地域文化的影响。上海的近代建筑又与社会的现代化和商业化结合在一起，把舶来文化认同为城市的文化，西方文化和生活方式的引进彻底改变了传统的城市空间。

欧洲人建立了一个不同秩序的空间。除开所有的进口商品——鸟、动物、出版品、照片、相机、望远镜、印刷机、解剖刀、电灯泡、洗衣粉、留声机和电影之外，上海是空间上重新被想象的地方，充斥着钟塔、公园绿地、柏油马路、路灯、电车轨道、圆屋顶、拱形天花板、台阶式大门、柱廊前厅，以及装饰着圣母圣婴画像的钢筋混凝土建筑。除了贸易公司、银行机构、码头、仓库、俱乐部、招待所、滨海酒吧外，还有车站、学校、报纸、印刷厂、教堂、警察局、法庭、领事办公室和一个市政厅，皆各具功能且有组织。②

二、上海近代建筑的特征

近代上海由外国建筑师以及在国外接受建筑教育的建筑师引进的许多建筑形式，可以称之为"历史主义"，仿造世界各国各个历史时期的建筑风格，从而作出新的创造。在 19 世纪下半叶和 20 世纪初建造了一大批富有艺术性和技术性的建筑，完全打破了传统的建筑形制和建筑空间。从欧亚式、新古典主义、哥特复兴式、折衷主义到盛行欧美的现代主义建筑、装饰艺术派建筑、中国传统建筑艺术复兴的中国新古典主义建筑等，各种风格的建筑鳞次栉比，数量之多、种类之繁杂、规模之宏大在世界上其他城市也是十分罕见的。由于缺乏西方建筑的历史文化背景，这种影响又表现出程度不等的变异，即使是在上海的西方建筑师所设计的建筑也显现出西方建筑的某种变异。在上海近代建筑史上，往往把这种变异称之为"折衷主义"（Eclecticism）。

折衷主义起源于哲学概念，意思是"选择"和"挑选"，这种思潮和概念并没有自己独立的理论、见解和立场，也不坚守某种范式，而是从各种理论、各种形式和理念中截取元素，用于建筑设计。这一时期的欧美也是各种风格纷至沓来的时期，出现了文艺复兴风格的复兴（1840—1890）、希腊复兴

① 田光《上海之今昔感》，见 1911 年 2 月 12 日《民立报》。转引自：张仲礼主编《东南沿海城市与中国近代化》，上海人民出版社，1996 年，第 75 页。

② 叶文心著《上海繁华：都会经济伦理与近代中国》，王琴、刘润堂译，台北：时报文化出版企业股份有限公司，2010 年，第 80 页。

③ 以下略。本书中凡未注明来源的照片均来自作者自摄，不再另作注明。

（1845—1865）、罗马风复兴（19 世纪中叶）、哥特复兴（19 世纪初至 20 世纪初）、安妮女王风格
复兴（1870—1910）、新古典主义（19 世纪中叶至 20 世纪初）、新艺术运动（1890—1910）、乡土
传统复兴（19 世纪晚期）等，以及以往留存的 18 世纪建筑风格，如矫饰建筑（Follies）、帕拉弟奥复
兴等。19 世纪上半叶至 20 世纪初的欧洲各国和美国也是折衷主义流行的时期（图 1-6），正值西方建
筑思潮和建筑师进入中国，必然引进缤纷多彩的建筑风格。再结合上海的地域文化、中国传统建筑和
乡土建筑的影响，形成特殊的上海式折衷主义建筑。

折衷主义也称"集仿主义"，表现在建筑、艺术、音乐等诸多领域，世界建筑史上充满了这类所
谓的折衷（图 1-7）。同时，由于业主和建筑师的鉴赏力、设计能力、社会生活方式，以及建筑材料、
技术经济条件的差别，必然会产生变异。另一方面，上海的近代建筑中也有相当大一部分是由中国建
筑师设计的，其水平和能力参差不齐，也会出现一种"知其然，而不知其所以然"的状况，出现这种
折衷主义在某种程度上也应当说是建筑发展阶段中必然的现象。实质上，上海的折衷主义建筑是一种
对西方建筑的模仿和拼贴，不仅是某座建筑的集仿，由于时间的因素，也形成城市的集仿。城市的演
变也是折衷主义式的，因此就会出现一座巴洛克建筑紧邻一座新古典主义建筑的现象，仿佛时间和空
间的穿越。上海的外滩建筑就是典型的例子，这是移植过程中的折衷和拼贴（图 1-8）。

上海的折衷主义建筑具有典型的历史化倾向，就像现实版的世界建筑史，在这样一种历史化倾向
的基础上又经过嫁接和转型。在上海的近代建筑中，既可以找到几乎是十分纯正的历史形式，但又同
历史上的建筑一样，不完全纯正，表现出明显的叠合、拼贴和生成的建筑风格。各个历史时期、各个
国家、各种有代表性的建筑风格几乎都可以在上海的近代建筑中找到。从古埃及建筑、古希腊、古罗
马的建筑柱式、拜占庭式、罗马风式、哥特式（图 1-9）、文艺复兴式、巴洛克式、古典主义和新古典
主义风格（图 1-10），到现代建筑各个流派的风格、中国古典的传统宫殿式建筑和民间传统建筑等，
包罗万象，丰富多彩，在百多年的近代建筑中，几乎囊括了世界建筑史上各个时期的各种风格，仿佛
一部活生生的世界建筑史。

图 1-6 欧洲的折衷主义建筑
来源：Wikipedia

图 1-7 建筑的折衷
来源：作者自摄①

图 1-8 城市的折衷和拼贴
来源：上海市城市建设档案馆提供

图 1-9 上海的哥特式建筑——中国通商银行
来源：Virtual Shanghai

图 1-10 欧式风格的移植——圆明园路街区

来源:尔冬强摄

图 1-11 建筑的拼贴

上海的近代建筑是中国建筑的珍贵财富,也是世界建筑的宝库,各种不同的风格纷纭杂沓。猎奇与高雅、豪华与朴实、创造与炒作、游戏与严谨并存,其中有许多精品,也不乏庸作,既有创新也有折衷与拼贴。从这些大量的作品中显现出上海的建筑乃至城市的风貌,构成上海既和谐又矛盾的城市空间,既有同质异构的一面,又有异质同构的一面。从这样的环境中诞生出能够创造未来的上海和上海人,其多元文化意义是显而易见的(图 1-11)。

中国建筑师和外国建筑师共同创造了许多优秀的建筑,使上海的近代建筑呈现出明显的国际性。20 世纪初的上海已经是国际建筑师的创作舞台,在沪的大部分外国建筑师都是以上海作为发展的基地,与上海的建筑共同成熟并成长。中国建筑师和外国建筑师并驾齐驱,相互合作,相互交流,相互竞争,他们所设计的一些建筑已经具有国际水平,同时在结合上海的特点方面又有所创新。上海近代建筑的国际化是开放型的社会价值观以及文化和生活方式的反映,从模仿、追求到变异、转型,成为上海城市环境和谐而又矛盾的组成部分。

据 1950 年统计,上海市区有土地 12.9 万亩(8600 公顷),市区共有房屋 4679 万平方米。其中,居住房屋 2359.4 万平方米,占房屋总数的 50.4%;非居住房屋 2319.6 万平方米,占房屋总数的 49.6%。[1]另据统计,1949 年上海市区的花园洋房和公寓有 325.1 万平方米,占住宅面积的 13.8%,其中 8 层以上的公寓有 42 幢,建筑面积 41 万平方米。[2]上海有 9000 多条里弄,[3]约 2000 万平方米的里弄住宅是上海在西方城市房地产经营方式下形成的、最具有特色的建筑类型之一,是中西建筑形式和

[1] 陆文达主编、徐葆润副主编《上海房地产志》,上海社会科学院出版社,1999 年,第 4 页。

[2]《上海通志》编纂委员会编《上海通志》第 5 册,上海人民出版社、上海社会科学院出版社,2005 年,第 3559 页。

[3] 据张锡昌所著《说弄》(济南:山东画报出版社,2005 年,第 18 页)所载,1949 年以前全市有 9214 条弄堂,20 多万幢房子,居住面积达 2100 多万平方米,占全市住宅建筑总面积的 57.4%,至少容纳了全市 70% 以上的人口。

图 1-12 上海的里弄建筑

图 1-13 上海的城市空间肌理
来源:Virtual Shanghai

生活方式相互交融的典型，建筑细部装饰用水泥、砖和石材或仿石墙面大量模仿西方新古典主义纹样，这样一种建筑类型表现出十分独特的创造性（图1-12）。

特殊的地缘政治以及经济、文化和宗教的影响，形成上海独特的城市空间，租界与华界的长期共存产生了异质的建筑和城市空间。上海的近代建筑与城市的现代化紧紧联系在一起，形成现代城市规划、城市管理和土地管理制度，建筑与城市的空间融为一个整体，形成前所未有的新的城市空间结构和街道体系。密度较高的道路网形成界面丰富的街区，由于城市结构和城市肌理的特点，大多数的建筑都表现出以立面为主导、与城市街道有机结合的特点，与意大利早期文艺复兴时期的建筑与城市的总体关系十分相似。建筑成为城市的组成部分，城市也是建筑的空间延伸，从而形成上海特有的城市空间（图1-13）。

上海的近代建筑也表现出广泛的世界各国和地域风格，遍及英国式、德国式、法国式、意大利式、西班牙式和地中海式、美国式、印度式、日本式、俄国式、北欧式以及伊斯兰建筑的风格，其数量和形式的繁多在世界上也是绝无仅有的。有的从整体上，也有的只是在建筑装饰和细部上体现地域性风格。一方面是由于工作和居住在上海的外国人的生活方式和建筑审美、本土居民的各种生活方式、市民的猎奇心态、商业化的需求；另一方面也是由于上海建筑师的各种文化背景所致（图1-14）。上海的近代建筑几乎包罗了所有的建筑类型，包括住宅、公寓、别墅、百货公司、办公楼、银行、学校、医院、游乐场、影剧院、火车站、邮政局、旅馆、图书馆、博物馆、俱乐部、体育场、体育馆、教堂、清真寺、监狱、消防站、煤气站，以及工业建筑和各种市政设施等（图1-15）。上海的近代建筑推动了结构和施工技术的进步，采用了多种混合结构、钢筋混凝土结构和钢结构，出现了高层建筑（图1-16）。在许多建筑上，体现了先进的结构和施工技术成就，上海成为远东建筑技术的中心。

建筑的细部也品种繁多，琳琅满目，有些细部十分精美，穹顶、门廊、柱廊、塔楼、钟楼、山墙、老虎窗、檐饰、壁饰、灯具、家具、壁柱、窗套、门头、台阶、花坛、水池、阳台、牛腿、雕像、瓶饰、大门、围墙、楼梯、凉亭、天花、地坪、壁炉、护壁、挂落、隔断等，各具特色，尺度和比例优美，丰富了近代建筑的表现力和艺术水平（图1-17，图1-18）。

图 1-14 西摩路（Seymour Road，今陕西北路）住宅
来源：Virtual Shanghai

图 1-15 杨树浦水厂
来源：Wikipedia

图 1-16 上海最早的钢框架结构建筑——有利银行
来源：席子摄

图 1-17 建筑的墙饰

图 1-18 马勒住宅室内
来源：沈晓明提供

第二节 上海近代建筑的分期

按照目前史学界普遍认同的观点，中国近代史的断代是从 1840 年鸦片战争到 1949 年中华人民共和国成立以前。这种关于近代的定义显然不能等同于世界近代史的分期。一般来说，欧洲历史中的近代是指 15 世纪初到 19 世纪中叶，始于文艺复兴时期，是相对于中世纪的现代概念。这一时期以欧洲建筑为中心的古典主义建筑体系，涵盖了多元的建筑风格。由于中国的近代建筑是受到外部世界冲击，以及中国由封建社会转化为半殖民地半封建社会后发生巨大变革所产生的一种新建筑体系，中国的近代建筑既应当纳入世界近代建筑的范畴，在断代上又有国情和地域的特点。一般认同的中国近代建筑的分期类同于中国近代史的分期，对上海近代建筑而言，断代则应从 1843 年开埠到 1949 年中华人民共和国成立以前。用"近代"来定义这一段时期的建筑主要是从历史的角度，而不是从建筑风格的角度。尽管有学者提出质疑："中国近代建筑史到底是中国近代建筑的历史，还是中国近代历史的建筑？"[1]甚至有学者主张"把近代史的终点推至 1977 年"[2]。我们认为，"近代建筑"这一定义，并不是一个相对于"现代建筑"的建筑风格或者"现代建筑运动"的定义，上海近代建筑本身就包括 20 世纪 30 年代开始盛行的现代建筑在内。"上海近代建筑"是一个时代的概念，其界定本身就具有多元共生的特点。同时，本书所界定的近代上海是一个地域的概念，而不是一个历史上行政区划的概念。

如前所述，从 1843 年到 1949 年的这一段历史时期的建筑虽然称之为"近代建筑"，却包含十分广泛的建筑风格和建筑体系，也表现出走向现代建筑的发展。对上海近代建筑的许多研究都与现代性、现代主义、现代转型联系在一起。上海近代建筑风格，不是某种建筑风格，不能与世界建筑史上的拜占庭风格、哥特风格、文艺复兴风格、巴洛克风格等与历史分期相关的建筑风格归于一类，而是一种总体建筑风格的表述，一种几乎集各种风格之大成的建筑风格。这一时期总共有 106 年的历史，在上海近代建筑中呈现出来的多元建筑风格和建筑体系，其变革的深度和广度只能用上海建筑文化的一场革命来描述，它几乎覆盖从早期基督教建筑、罗马风建筑、哥特建筑、文艺复兴建筑、巴洛克建筑、新古典主义建筑到现代建筑，以及中国传统复兴约 2000 年间的各种风格演变（图 1-19）。

关于上海近代建筑的分期，以年代划分可以更确切反映现实，避免标签式的分析，着重于它与世界建筑文化的联系，以及外国建筑师在上海的创作活动、中国建筑师与上海的建筑舞台、建筑类型和风格的演变等方面的因素。为此，我们将上海的近代建筑按照年代大体上划分为四个时期：近代早期（1843—1900），近代中期（1900—1920），近代盛期（1920—1937），近代晚期（1937—1949）。这四个时期的断代只是为了论述的方便，相互之间的关系不能简单地用某个年代或某种风格来表示，而且建筑风格也有一个延续与渗透的过程。

（1）大夏大学群贤堂
来源：席子摄

（2）横滨正金银行
来源：许志刚摄

图 1-19 上海的新古典主义建筑

一、近代早期建筑（1843—1900）

　　这一时期作为上海近代建筑的开端，除延续传统建筑外，以移植西方建筑为主，建筑的形式和类型也都从简，职业建筑师尚未正式登上历史舞台，也称为"移植期"。在漫长的中国封建社会中，传统的建筑形制、建筑的结构与技术已经基本定型，这是一个闭关自守、试图同化一切外来文化的帝国。早在西汉时期就有藁街蛮夷邸，历代都设有外国人的居留区，这些外国人也都属"附化之民"。15世纪的欧洲人漂洋过海来到东亚，葡萄牙人从西面经过非洲，然后来到印度洋。西班牙人从东面经美洲到达东南亚，与葡萄牙人会合后于16世纪初来到中国、日本和朝鲜。其他欧洲国家如荷兰和英国则紧随其后。随着贸易和宗教、文化的传播，一些西方式样的建筑渐渐出现在贸易城市。上海开埠后，早期西方式样的建筑基本上是一种西方建筑的直接移植，西方建筑风格随着租界的建立、洋行的进驻、教堂的建造以及新建筑类型的出现而传入中国。此外，清政府洋务派办的军事工业以及外国投资的各种工业、民族工业的厂房建筑也直接搬用西方工业建筑的形式。

　　这一时期的西方建筑正经历着激烈的变革，也是各种建筑风格最为繁杂的时期。一方面，新建筑材料，如钢铁、玻璃和钢筋混凝土已经在建筑上得到广泛的应用，引起建筑体系的根本性变化；另一方面，新与旧的建筑形式在科学技术和美学的进步面前徘徊不定。这一时期既有欧洲的新古典主义建筑，又有欧洲的哥特复兴运动；既有像巴黎歌剧院（1861—1874）那样的折衷主义建筑（图1-20），又有伦敦水晶宫（1850—1851，图1-21）和巴黎世界博览会大厅（1855）那样极具革命性的建筑；既有像埃菲尔铁塔（1889）和巴黎博览会机械馆（1889）那样象征新时代和新技术的建筑，又有19世纪末叶艺术与手工艺运动向前工业化回归的倾向；既有代表19世纪末叶美国先锋派建筑的芝加哥学派，又有1893年美国芝加哥的哥伦比亚世界博览会的保守倾向。这一时期，在欧洲出现了对新建筑形式的探索，这里有欧洲各国用不同方式表现出来的新艺术运动，以及1890年以来的各种先进文化，但这一时期没有哪一种风格能够概括世界建筑的发展。

　　然而，西方建筑的这种革命性变化并没有反映在早期的上海近代建筑上，这一时期的上海近代建筑几乎完全是西方建筑的移植。这种移植只是西方的建造方法以及一些建筑原型的照搬，并不包括西方探索新建筑的各种思潮的移植。这一时期西方式样的建筑虽然绝大部分都由欧洲的"建筑师"和工程师设计和监造，实际的营造工作却由上海的手工匠人完成，只有少数建筑由职业建筑师设计。移植期的建筑风格受英国维多利亚文艺复兴建筑和安妮女王时代建筑风格影响，比如位于南车站路的英商上海电车公司总管理处（图1-22，摄于1912年）。

　　这一时期也出现了一些优秀的建筑师事务所，例如1860年成立的上海最早的外国建筑师事务所之一——有恒洋行（Whitfield & Kingsmill），主持人为怀特菲尔德（Whitfield）和金斯密（Thomas William Kingsmill，1837—1910）。许多著名的建筑师早年都曾在有恒洋行工作过，例如通和洋行（Atkinson & Dallas, Ld.）的创始人布莱南·艾特金森（Brenan Atkinson，1866—1907）和爱尔德洋行（Algar & Co., Ld.）的创始人爱尔德（Albert Edmund Algar，1873—1926）都出自有恒洋行。这一时期著名的建

图 1-20 巴黎歌剧院

图 1-21 1851年伦敦水晶宫
来源：*Architecture in Detail*, セビリァ万国博覧会、英国パビリオン

图 1-22 建筑的移植
来源：Virtual Shanghai

① 陈纲伦《从"殖民输入"到"古典复兴"——中国近代建筑的历史分期与设计思潮》，见：汪坦主编《第三次中国近代建筑史研究讨论会论文集》，北京：中国建筑工业出版社，1991年，第163页。

② 同上，第164页。

图 1-23 法租界公董局大楼
来源:《上海百年掠影》

图 1-24 法国领事馆
来源:Virtual Shanghai

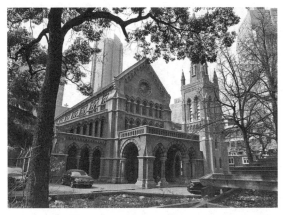

图 1-25 圣三一堂

图 1-26 英国领事馆

筑师事务所还有 1877 年创办的玛礼逊洋行(Morrison & Gratton)、1896 年开办的新瑞和洋行(Davies Gilbert & Co.)等。

这一时期的代表作有圣方济各沙勿略天主堂(又称董家渡天主堂,S. Francisco Xavier Church,1847—1853)、法租界公董局大楼(Hotel Municipal, 1862—1864,图 1-23)、法国领事馆(1864—1867,1884—1895 年翻造,图 1-24)、圣三一堂(Holy Trinity Church,1866—1869,图 1-25)、英国领事馆(1873,图 1-26)、汇丰洋行老楼(1874—1877,1888 年改建)、杨树浦水厂(1881)、旗昌银行新楼(又称中国通商银行,Commercial Bank of China,1893 年以前)、第二代江海关大楼(1893,图 1-27)、工部局市政厅(1896)等。

二、近代中期建筑(1900—1920)

在这个时期,职业建筑师登上了舞台,原有的建筑形式仍在广泛流传,安妮女王复兴风格在上海许多洋行的建筑上留下了烙印,例如通和洋行设计的大清银行(Ta Ching Government Bank,1905)和仁记洋行大楼(The Gibb Livingston & Co.,1908)、新瑞和洋行设计的汇丰银行大班住宅(1906)等;这一时期的欧洲建筑也正处于向现代建筑过渡的时期,新艺术运动成为建筑的主流,传到上海已经有所滞后。英国建筑在 20 世纪初出现了新巴洛克风格,其基本特征是用石头代替红砖,并往往带有装饰华丽的细部,诸如垂花雕饰、花环、圆形雕饰和有巨柱式的柱廊等。这种风格极大地影响了上海的近代建筑,最典型的例子是上海总会(Shanghai Club, 1909—1910)。从总体上说,原有的殖民地外廊式建筑、哥特复兴式建筑不再像早期那样流行,代之以从 19 世纪逐渐盛行的、正宗的欧洲新古典主义建筑。

新古典主义建筑风格之所以成为这一时期建筑风格的主流,有四个原因。首先是经济的繁荣,尤其是金融业的发展,对建筑形象及规模都出现了前所未有的要求,原有的建筑风格已无法适应新的功能。其次是地价的快速上涨,到 1925 年,上海的总体地价水平已可同英国伦敦相媲美。建筑的造价占总投资的比例相应减小,对建筑的形象要求上升到首要地位。同时由于经济的发展,各银行、洋行、商号、百货公司已有实力进行建筑的升级换代。第三,建筑业的兴旺发达,据 20 世纪初的报道,公共租界的建筑工程十分活跃,老上海和老建筑正在迅速消失;[1]外滩建筑已进入第二代转型时期。第四,受过建筑教育的专业建筑师登上建筑舞台,昔日的"渡海建筑师"[2]那种万金油式的技艺已不能满足要求,而专业建筑师所受的建筑教育在当时是完全以古典主义建筑语言为基础的。

在这一时期,有一大批职业建筑师事务所活跃在上海的建筑界。其中最著名的有通和洋行、玛礼逊洋行、公和洋行(Palmer & Turner)、德和洋行(Lester, Johnson & Morris)、新瑞和洋行(Davies & Thomas)[3]、爱尔德洋行、倍高洋行(Becker & Baedeker)、思九生洋行(Stewardson & Spence)、马海洋行(Moorhead & Halse)等,日本建筑师有平野勇造(Yajo Hirano,1864—1951)和福井房一(Fusakazu Fukui,1869—1937)等。

图 1-27 第二代江海关大楼
来源：Virtual Shanghai

图 1-29 汇中饭店
来源：Virtual Shanghai

图 1-28 华俄道胜银行

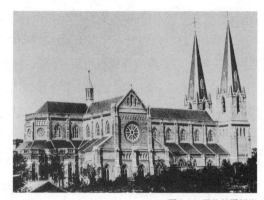

图 1-30 圣依纳爵新堂
图片来源：Virtual Shanghai

① 《北华捷报》，1907-04-26，第 83 卷，第 222 页。

② 渡海建筑师，指外来建筑师，该说法源自日本。

③ 覃维思于 1896 年创立新瑞和洋行，托玛斯于 1899 年加入，成为合伙人。参见 Arnold Wright. *Twentieth Century Impressions of Hongkong, Shanghai, and other Treaty Ports of China*. London: Lloyd's Greater Britain Publishing Company Ltd. 1908: 632。

图 1-31 上海总会
来源：Virtual Shanghai

图 1-32 永年人寿保险公司

图 1-33 日本人俱乐部
来源：《建筑杂志》第 30 卷 354 号（日本建筑学会，1916）

中国建筑师开始在上海的建筑界崭露头角，他们中的一些人或者在外国建筑师事务所工作，或者刚刚毕业回国，或者正在开业。他们中有贝寿同（S. T. Pei，1876—1945）、庄俊（Tsin Chuang，1888—1990）、沈理源（Seng Liyuan，1890—1950）、吕彦直（Yen-Chih Lu，1894—1929）、关颂声（Sung-sing Kwan，1892—1960）、柳士英（1893—1972）、刘敦桢（1897—1968）、范文照（Robert Fan，1893—1979）、赵深（Shen Chao，1898—1978）、李锦沛（Poy Gum Lee，1900—1968）等。中国建筑师在这一时期尚未占据主导地位，上海的建筑界依旧是外国建筑师"一统天下"。

上海的建筑已经开始出现多元的倾向。其中有中国传统建筑风格，新古典主义，简化的，或者说折衷的新古典主义等，一些现代主义风格的倾向也已开始出现。这一时期的代表作有倍高洋行设计的华俄道胜银行（The St. Petersburg Russo-Asiatic Bank，1900—1902，图 1-28），玛礼逊洋行斯科特设计的汇中饭店（Palace Hotel，1906—1908，图 1-29），道达尔洋行（William Dowdall）设计的圣依纳爵新堂（St. Ignatius Cathedral，1906—1910，图 1-30），英国邮局（The Chinese Post Office，1907），致和洋行（Tarrant & Morris Civil Engineers & Architects）的塔兰特（B. H. Tarrant，? —1910）设计的上海总会（1909—1910，图 1-31），通和洋行设计的永年人寿保险公司（China Mutual Life Insurance Company，1910，图 1-32）和东方汇理银行（The Banque de l'Indochine，1912—1914），福井房一设计的日本人俱乐部（1914，图 1-33）、工部局工务处设计的公共租界工部局大厦（1913—1922）等。

三、近代盛期建筑（1920—1937）

这一时期也被称为上海的"黄金时期"，确立了上海作为全国工商业、经济、教育、文化中心的地位。[1]上海是金融中心、工业中心、商业中心、对外贸易中心、交通运输中心、航运中心、通讯中心等。相应于上海的"摩登时代"，这一时期也可以称为"摩登建筑"时期，既有现代建筑的因素，也有商业化的因素。近代建筑的繁盛时期受到三方面因素的影响：一是经济活动的发展；二是地价的迅速攀升；三是建筑技术的推动（图1-34）。

第一次世界大战结束后，列强再度将投资重点转向中国，上海尤受青睐。据统计，1928年上海外资工业的资本总额达2.27亿元，是1894年的23.3倍，平均每年增长9.8%，几乎每隔7年翻一番。[2]上海的进出口贸易总额占到全国比重的40%～50%。[3]这一时期也是外资银行发展最快、势力最盛的时期。到1927年，在上海的外资银行有31家，最多时外资银行数量曾达到35家。内资银行和工业企业也有比较大的增长，开始出现私人资本企业集团。上海市内商业的发展在这一时期也十分迅速，进入1920年代后，上海商业的资本主义化更加明显，竞争激烈，但也促进了商业的繁华。上海已具备国际城市的格局，财政金融日渐繁荣，城市人口急剧增长，上海成为全国乃至整个亚洲首屈一指的近代化大都市。据统计，到1925年，上海的公共租界内有840 226人，法租界内有297 072人，加上华界人口，上海的人口约在150万至160万。[4]由此也引起城市建设和建筑的兴旺，地价上涨迅速。到1925年，上海的总体地价水平已可同伦敦相比，房地产的级差也十分明显。房地产业有了很大的发展，地价的迅速发展也促使上海的建筑向高层、高密度、高品质发展，市中心区尤为明显。1922至1925年，是上海房地产业最兴旺的时期，沪上有产者均以投资地产为可靠，一时间蔚然成风。于是空地建房、旧屋翻新、租地造屋者比比皆是。1927年成立以外商为主体的上海房产业主公会时，有会员52家；1930年举行公会年会时，会员有200家，其中外商达140余家。[5]根据统计，1925至1934年的10年间，公共租界和法租界投入的建筑资金达4.736亿元，房地产业约占工业总产值的六分之一。[6]城市商业繁华，据统计，1933年的上海共有商店7.2万户，平均每平方公里136.5家，而租界内就有商店3.4万户，每平方公里1939.3家，其密度为全市平均值的7.5倍。[7]1936年上海的工业总产值达11.8亿元，比1931年增加1.3亿元，[8]5年里增加了12.4%。这一时期的上海，无论是建筑界还是文化界、艺术界都出现了欣欣向荣的景象。上海汇集了一大批优秀的建筑师，形成一支足以与外国建筑师抗衡的第一代中国近代建筑师队伍（图1-35）。

这一时期上海市也颁布了许多有关建筑管理的章程和规则，其中有1928年7月颁布的《上海特别市暂行建筑规则》，1932年12月修正的《上海市暂行建筑规则》，1937年3月颁布的《上海市建筑规则》。上海公共租界工部局1934年公布修订的《上海公共租界房屋建筑章程》，其中包括西式房屋建筑规则，剧院等的特别章程，旅馆及普通寓所出租房屋、钢筋混凝土、钢结构工程等的规定。[9]

中国建筑师在20世纪20年代开始快速成长。杨润玉（Yang, C. C., 1892—?）、杨玉麟、周济之（C. T. Chow）三人在1915年创办华信测绘行（Wah Sing, Measure & Construction Co.）；吕彦直、过养默

① 上海市地方志办公室、上海市历史博物馆编《民国上海市通志稿》第1册，上海古籍出版社，2013年，第13页。

② 丁日初、徐元基主编《上海近代经济史》第2卷：1895—1927，上海人民出版社，1997年，第10页。

③ 同上，第28页。

④ 罗志如《统计表中之上海》，国立中央研究院社会科学研究所，1932年，第21页。

⑤ 潘君祥、王仰清主编《上海通史》第8卷：民国经济，上海人民出版社，1999年，第268页。

⑥ 枕木《十年来上海租界建设投资之一斑》，载：《申报》，1934年10月23日。转引自：赖德霖、伍江、徐苏斌主编《中国近代建筑史》第4卷，北京：中国建筑工业出版社，2016年，第7页。

⑦ 潘君祥、王仰清主编《上海通史》第8卷：民国经济，上海人民出版社，1999年，第67页。此处计算有误，就数字而言1939.3是136.5的14.21倍。

⑧ 同上，第16页。

⑨ 中国近代建筑史料汇编编委会编《中国近代建筑史料汇编：第二辑》第七册，上海：同济大学出版社，2016年。

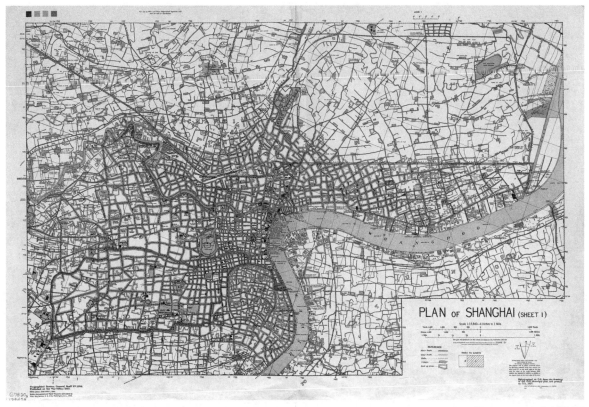

图 1-34 1935 年的上海地图
来源：Wikipedia

图 1-35 1930 年代的上海
来源：Virtual Shanghai

（Yang-mo Kuo，1895—1966）、黄锡霖（Sik Lam Woong，1893—？）三人于 1921 年建立东南建筑工程公司（The Southeastern Architectural & Engineering Co.）；关颂声、朱彬（Pin Chu，1896—1971）、杨廷宝（Ting-Pao Yang，1901—1982）、杨宽麟（Qualing Young，1891—1971）四人于 1922 年成立基泰工程司（Kwan, Chu & Yang Architects and Engineers）并于 30 年代在上海开展业务；刘敦桢、王克生、朱士圭、柳士英四人于 1922 年创办华海公司建筑部（即后来的华海建筑师事务所）；1914 年毕业于美国伊利诺伊大学厄尔巴纳-尚佩恩校区（University of Illinois at Urbana-Champaign，UIUC）的庄俊，于 1925 年在上海开办庄俊建筑师事务所；毕业于美国宾夕法尼亚大学的范文照在 1927 年创办范文照建筑师事务所；毕业于美国明尼苏达大学的董大酉（Dayu Doon，1899—1973）在 1930 年创办董大酉建筑师事务所；1933 年，赵深、陈植（Benjamin Chih Chen，1902—2002）、童寯（Chuin Tung，1900—1983）三人在 1931 年建立的赵深-陈植建筑师事务所基础上组成华盖建筑师事务所（The Allied Architects），1921 年毕业于意大利那不勒斯大学的沈理源创办沈理源建筑师事务所，徐敬直（Gin-Djih Su，1906—1983）、杨润钧（Jenken Yang，1908—？）和李惠伯（Lei Wai Paak，1909—1950）组成兴业建筑师事务所（Hsin Yieh Architects）。此外，还有杨锡镠（S. J. Yong，1899—1978）、奚福泉（F. G. Ede，1903—1983）、巫振英（Jseng Yin Moo，1893—1926）、黄元吉（Y. C. Wong，1902—1985）、陆谦受（Him Sau Luke，1904—1991）、吴景奇（Channcey Kingkei Wu，1900—1943）等，在上海乃至全国都具有深刻的影响，其中大多数从海外学成回国。

图 1-36 《中国建筑》第一卷第一期扉页
来源:《中国建筑》第一卷, 第一期

① 《中国建筑》创刊号, 1931 年 11 月, 第 3 页。见: 中国近代建筑史料汇编编委会编《中国近代建筑史料汇编: 第一辑》第九册, 上海: 同济大学出版社, 2014 年, 第 15 页。

② 《上海通志》编纂委员会编《上海通志》第 1 册, 上海人民出版社、上海社会科学院出版社, 2005 年, 第 665 页。

③ 1943 年 1 月 23 日《泰晤士报》, 见: 王季深编著《上海之房地产业》, 上海经济研究所, 1944 年。载: 中国近代建筑史料汇编编委会编《中国近代建筑史料汇编: 第二辑》第九册, 上海: 同济大学出版社, 2016 年, 第 5167 页。

④ 潘君祥、王仰清主编《上海通史》第 8 卷: 民国经济, 上海人民出版社, 1999 年, 第 292 页。

中国近代第一代建筑师首先是在上海成长并发展起来的, 20 世纪初期中国建筑师开始创办建筑事务所从事建筑设计, 随着建筑活动的繁荣, 建筑师的职业群体也逐渐发展壮大。在这样的背景下, 上海率先建立了中国的建筑师执业制度, 在管理制度、运作机制、行业构成以及从业人员的素质、职业化发展方面进行管理和协调, 规定执业行为规范, 提供专业咨询和服务, 组织学术交流, 举办展览会。1927 年冬, 由范文照、张光圻、吕彦直、庄俊、巫振英等发起成立"上海市建筑师学会", 1928 年更名为"中国建筑师学会", 是中国建筑师最早成立的建筑学术团体。①作为建筑师公会, 同时也是民间学术团体、培养人才的上海建筑学会于 1931 年 8 月 8 日成立, 发布《上海建筑学会宣言》, 宣示了学会的宗旨。

据统计, 1931 年上海的全市人口为 331.743 2 万人, 其中华界 183.618 9 万人, 公共租界 102.523 1 万人, 法租界 45.601 2 万人。②这一年上海房地产交易额为 1.83 亿元, 是上海房地产业有史以来的最高纪录。③这一年, 公共租界新建房屋 8699 幢。④日益增长的社会需求推动了上海建筑业的发展, 上海的建筑业在 20 世纪 30 年代进入全盛时期, 营造厂迅速增加。1930 年 3 月 26 日在上海首先成立"上海市建筑协会", 这是上海营造界第一个学术团体。上海市建筑协会的成立就是为了应对建筑业发展的需要, 协会是以营造业从业者为主体, 包括建筑设计与建筑材料业界从业者的综合性学术团体。它带动了建筑施工技术的成长, 上海的中国营造厂迅速增加, 并以极快的速度学习和推动了新结构、新技术。从营造厂的数量来看, 1922 年登记的有 200 家, 1923 年达 822 家, 据 1933 年市政报告统计已近 2000 家。⑤再加上水电设备安装业、竹篱业 (建筑脚手架行业)、石料工程业、油漆业、建材商号, 与建筑师事务所、土木工程师事务所一起构成规模庞大的建筑业。上海的施工技术在软土地基处理、高层建筑施工、新材料装饰方面居于全国领先地位。中国建筑师和营造业的发展, 促进了行业的合作与进步, 由此推进了建筑学术团体、营造业同业公会、建筑协会、水木公所等组织的诞生。中国建筑师学会在 1932—1937 年出版了《中国建筑》(The Chinese Architect), 上海市建筑协会在 1932 年出版了协会的刊物《建筑月刊》。这些学术刊物关注社会的需求和建筑业的发展, 研究中国的传统建筑, 介绍国内外建筑师的作品, 介绍外国的建筑理论, 在推动建筑学术和建筑技术的发展方面起着重要的作用 (图 1-36)。

图 1-37 汇丰银行
来源:汇丰银行存档

图 1-38 金城银行
来源:《中国建筑》第一卷, 第四期

图 1-39 原上海特别市政府大楼
来源:《中国建筑》第一卷, 第六期

这一时期的上海近代建筑出现了四种倾向。第一种倾向是西方新古典主义建筑风格仍然存在，并在有些方面表现出商业巴洛克风格⑥，但总体上说这种建筑风格已趋近尾声，逐渐让位于现代主义的"国际式"建筑风格。这种倾向的代表作有：公和洋行（Palmer & Turner Architects and Surveyors）设计的汇丰银行（Hongkong and Shanghai Banking Corporation Building，1921—1923，图1-37）、思九生洋行设计的上海邮政总局（Shanghai Post Office Building，1924）、克利洋行（Curry, R. A.）设计的美国总会（American Club，1924—1925）、庄俊设计的金城银行（Kincheng Bank，1925—1926，图1-38），新瑞和洋行设计的东方饭店（Grand Hotel，1926—1929）、范文照设计的南京大戏院（1929—1930）、公和洋行设计的三井银行（Mitsui Bank，1934）、邬达克（Hudec, L. E. Architect）设计的宏恩医院（Country Hospital，1926—1927）等。

第二种倾向是中国传统古典复兴，并试图将现代高层建筑与中国固有的传统古典形式结合在一起。代表作有：杨锡镠设计的鸿德堂（1925）、董大酉设计的原上海特别市政府大楼（1931—1933，图1-39）和上海市博物馆（1934—1935）及上海市图书馆（1934—1935）、李锦沛和范文照、赵深设计的上海基督教青年会西区新屋（1929—1931，图1-40）等。

第三种倾向是现代建筑"国际式"风格，也包括与之相应的表现主义风格。这种倾向首先由欧洲建筑师引介，"国际式"风格在1933年的芝加哥世博会后开始在上海流行，由于其代表了新的生活方式，采用新结构表现新颖而广受上流社会欢迎。也有一些未能建成的实验性建筑设计，如海杰克（H. J. Hajek，一译海其渴）的高层建筑公寓和办公楼设计。"国际式"风格代表作有赖安工程师（Léonard & Veysseyre）设计的道斐南公寓（Dauphiné Apartments，1933—1935，图1-41）和戤司康公寓（Gascogne Apartments，1934）、公和洋行设计的都城饭店（Metropole Hotel，1934）和大开文公寓（Carbendish Court，1933）、中法实业公司（Minutti & Cie.）设计的毕卡第公寓（Picardie Apartments，1934—1935）、邬达克设计的大光明大戏院（Grand Theatre，1933）和吴同文住宅（D. V. Woo's Residence，1935—1937，图1-42），以及一些花园洋房等。邬达克设计的真光大楼（True Light Building，1930—1932）和国际饭店（Park Hotel，1931—1934，图1-43）则属于表现主义风格的建筑。

图1-40 上海基督教青年会西区新屋

图1-41 道斐南公寓
来源：《建筑月刊》第三卷，第二期

图1-42 吴同文住宅
来源：《绿房子》

图1-43 国际饭店
来源：Wikipedia

⑤ 李晓华《百年沧桑话建筑》，见：上海建筑施工志编委会编写办公室编著《东方"巴黎"：近代上海建筑史话》，上海文化出版社，1991年，第8页。

⑥ 商业巴洛克风格：在西方巴洛克建筑风格的基础上增加了中国传统元素，装饰丰富，多用在银楼、绸布店等商业建筑中。

图 1-44 沙逊大厦
来源：Virtual Shanghai

图 1-45 大陆商场
来源：《中国建筑》创刊号

图 1-46 《营造》月刊创刊号
来源：《营造》月刊

第四种倾向是装饰艺术派风格。装饰艺术派（Art Deco）建筑于两次世界大战之间兴起，这种风格可以追溯到 1914 年俄罗斯芭蕾舞团的辉煌服饰和舞台装饰。此类绚丽的装饰性语汇，得到 1925 年巴黎装饰艺术博览会的推进。装饰艺术派比起表现主义者那种光秃秃的古典和"现代"的变种，更容易为大众所接受，上海也成为世界上最重要的装饰艺术派建筑的中心之一。装饰艺术派风格对上海近代建筑有深远影响，上海拥有的装饰艺术派风格的建筑数量比其他任何城市都要多。①代表作有：公和洋行设计的沙逊大厦（Sassoon House，1926—1928，图 1-44）和峻岭寄庐（The Grosvernor House，1934—1935）、美国建筑师哈沙德（Elliott W. Hazzard，1879—1943）设计的上海电力公司大楼（Shanghai Power Company，1929）、庄俊设计的大陆商场（Hardoon Tse Shu Building，1931—1932，图 1-45）等。

四、近代晚期建筑（1937—1949）

自开埠以来到 1930 年代，上海已经成为远东首屈一指的大都市。由于抗日战争和第二次世界大战，这一时期既有 1938—1941 年繁荣的租界"孤岛"现象，也有战争的影响。就总体而言，上海近代建筑在二三十年代的繁荣已风华不再。自 1937 年 11 月"淞沪会战"之后，上海租界外围地区被日军占领，缩小了领地的租界成为孤岛，保持了一定程度的繁荣。孤岛时期也是上海各大百货公司营业最兴旺的时期。②华界的人口大量涌入租界，租界人口从 1936 年的 167 万增加到 1938 年下半年的 450 万人。③太平洋战争爆发前，1941 年在上海的外国人（不包括日本人）有 8.317 4 万人。④1939 年以后，由于第二次世界大战爆发，大量资金流入上海，投机猖獗，游资充斥。据统计，1939 年下半年仅从香港一地流入上海的资金就达到 15 亿元。1941 年上海的游资总额为 57 亿元。⑤1940 年上海房地产交易额逐渐恢复到 1931 年的水平，达 1.012 亿元，1942 年为 5 亿元。⑥据统计，1938 年 1 至 11 月，孤岛内新建房屋 2955 幢，比 1937 年同期的 1108 幢增加 1.6 倍。1939 年公共租界平均每月建造房屋 304 幢，比上年增加 11%。法租界比上年增加 14%。⑦

1941 年 12 月 8 日，日军占领公共租界；1943 年 7 月 30 日，日军占领法租界，8 月 1 日公共租界移交给汪精卫政权。至此，租界彻底消灭。在日本占领上海期间，仍有不少建筑师在从业，如庄俊、罗邦杰（Pang Chieh Loo，1892—1980）、董大酉、卢树森、范文照、赵深、陈植、毛梓尧、杨锡镠、奚福泉、黄元吉、过养默、杨宽麟、张玉泉、杨润玉、刘鸿典、李英年、马俊德、张光圻、顾道生、邬达克和赉安等，有的建筑师兼做房地产生意，如张光圻、顾道生、杨元麟、杨锦麟、过养默、庄秉权等。⑧也有一些新的事务所开办，如 1941 年开办的大地建筑师事务所，1942—1943 年开办的许瑞芳建筑师事务所等。建筑活动仍然没有停止，建筑作品以住宅和娱乐建筑为主。1943 年还成立了"房地产同业公会"和"营造业同业公会"，1943 年 10 月出版《营造》月刊创刊号（图 1-46），1945 年 2 月出版《房地产季刊》。1944 年时，有评论称："上海自太平洋战起以后，房地产公司颇呈雨后春笋之象。"⑨据 1943 年的统计，上海仍有 300 家左右的房地产公司。⑩

租界被占领后许多外国建筑师纷纷撤离，甚至有的建筑师如美国建筑师哈沙德被关押在集中营内，并在那里故世。1941年正式建成的外滩中国银行大楼（Bank of China，1937—1941，图1-47）是在"孤岛"期间完成的建筑。此外，里弄住宅、公寓和花园里弄成为建筑活动的主流，"孤岛"的繁荣还促进了娱乐业的兴盛，建造了电影院、剧院、游乐场和舞厅。据不完全统计，1937—1943年在公共租界和法租界建造了金门大戏院（1939）、沪光大戏院（Astor Theatre，1939）、皇后大戏院（1940—1942）等30座电影院和剧场，还有米高梅舞厅等31座舞厅开张。[11]这一时期的代表作有：范文照设计的美琪大戏院（Majestic Theatre，1941，图1-48）、中法实业公司设计的法国邮船公司大楼（Compagnie des Messageries Maritimes，1937—1939）、新马海洋行（Spence，Robinson & Partners）设计的上方花园（Sopher Garden，1938—1939）、五和洋行（Republic Land Investment Co.，Architects）设计的上海新村（1939）、兴业建筑师事务所（Hsin Yieh Architects）设计的裕华新村（1941）、赖安工程师设计的阿麦仑公寓（Amyron Apartments，1941）、逸村（1942）、大地建筑师事务所张玉泉设计的蒲园（1942，图1-49）、李维（W. Livin）设计的犹太医院（1942，图1-50）、集成建筑师事务所范能力设计的福开森路（Route Ferguson，今武康路）117号住宅（1943—1944，图1-51）。日本建筑师石本喜久治（Kikuji Ishimoto，1894—1963）设计的第二日本高等女子学校（1942）等。

图1-47 中国银行大楼
来源：许志刚 摄

① Tess Johnston and Deke Erh. *A Last Look: Western Architecture in Old Shanghai*. Old China Hand Press. Hong Kong，1993: 70.

② 潘君祥、王仰清主编《上海通史》第8卷：民国经济，上海人民出版社，1999年，第70页。

③ 周武主编《二战中的上海》，上海远东出版社，2015年，第56页。

④ 高纲博文主编《战时上海：1937—1945》，陈祖恩等译，上海远东出版社，2016年，第5页。

⑤ 周武主编《二战中的上海》，上海远东出版社，2015年，第75-76页。

⑥ 1943年1月23日《泰晤士报》，见：王季深编著《上海之房地产业》，上海经济研究所，1944年。载：《中国近代建筑史料汇编：第二辑》第九册，第5167页。

⑦ 刘惠吾主编《上海近代史：下》，上海：华东师范大学出版社，1987年，第386页。

⑧ 王季深编著《上海之房地产业》，上海经济研究所，1944年；载：《中国近代建筑史料汇编：第二辑》第九册，第5153-5224页。

⑨ 潘仰尧《上海之房地产业》序，见：王季深编著《上海之房地产业》，上海经济研究所，1944年；载：《中国近代建筑史料汇编：第二辑》第九册，上海：同济大学出版社，2016年，第5160页。

⑩ 王季深编著《上海之房地产业》，上海经济研究所，1944年；载：《中国近代建筑史料汇编：第二辑》第九册，第5153-5224页。

⑪《上海通志》编撰委员会编《上海通志》第8册，上海人民出版社，上海社会科学院出版社，2005年，第5469-5470页。

图1-48 美琪大戏院
来源：章明建筑事务所提供

图1-49 蒲园
来源：《回眸》

图1-50 犹太医院
来源：席子 摄

图1-51 福开森路117号住宅
来源：《回眸》

图 1-52 永嘉新村
来源：《梧桐深处建筑可阅读》

图 1-53 淮阴路 200 号姚宅

　　抗战胜利后，许多建筑师从内地回到上海，继续从事设计工作。一些建筑师离开上海去香港以及其他国家和地区从业。1945—1949 年间，上海的经济几近全面崩溃，只有不多的一些建筑活动，如建造住宅等，例如永嘉新村（1947，图 1-52）、受美国有机建筑影响由协泰洋行设计的淮阴路 200 号姚宅（1948—1949，图 1-53）等。有一些建设项目在抗日战争期间不得不停工，在抗战胜利后才得以完工。例如鸿达洋行设计的外滩交通银行大楼（China Bank of Communication，1937—1948，图 1-54）、华盖建筑师事务所设计的浙江第一商业银行大楼（Chekiang First Bank of Commerce Building，1938—1948，图 1-55）；1949 年建成的卜邻公寓（Brooklyn Court Apartments，图 1-56），采用 6 层钢筋混凝土结构，当属上海近代建筑的句号。

图 1-54 外滩交通银行大楼
来源：席子摄

图 1-55 浙江第一商业银行大楼
来源：《回眸》

图 1-56 卜邻公寓
来源：席子摄

第三节 上海的历史建筑保护

上海的历史建筑保护包括历史城区和建筑遗产的保护，涉及保护体制、法规以及社会的价值观念、保护理念等，也与城市规划和建筑遗产的日常维护有关，在具体操作上与城市修补、建筑修缮和修复工作密切相关。

一、历史建筑保护理论

1844 年，法国历史建筑管理局（Service des monuments historiques）首席建筑顾问和建筑师欧仁·埃马纽埃尔·维奥莱 - 勒 - 杜克（Eugène Emmanuel Viollet-le-Duc，1814—1879），在主持巴黎圣母院的修复时提出了"整体修复"（unite de style）的"风格性修复"理论。按照风格性修复的理论，复原一座建筑既不是维护，也不是修缮，更不是重建，而是将建筑重新恢复成一种完整状态，维奥莱 - 勒 - 杜克认为，修复就是"恢复和延续建造之初的理念"①。这种修复实质上是某种再创造，违背历史建筑真实的原则。

意大利也曾提出"历史性修复"（restauro storico）和"批判性修复"（restauro critico）的重建历史记忆的概念，正如曾任意大利中央修复研究院院长的艺术批评家、历史学家和修复理论家切萨雷·布兰迪（Cesare Brandi，1906—1988）所确定的批判性修复原则："修复应旨在重建出艺术作品的潜在一体性"，"修复通常被理解为旨在使人类活动的产物恢复功能的任何干预"②。德国有"整体维护性更新"③，"风格性修复"和"历史性修复"，对历史建筑及历史环境的修复产生了重大的影响，也对我国当前的建筑遗产修缮产生重大的影响。

历史上，欧洲关于历史建筑的保护与修复大体上存在四种模式，涉及：①作为纪念物的历史文物（monuments as memorials）；②风格性修复（stylistic restoration）；③现代保护（modern conservation）；④传统的延续（traditional continuity）。④传统的保护理论注重真实性，强调三方面的完整性：物质层面、美学层面和历史层面。⑤历史建筑的修复原则也经历了从"最小干预"的保守式修复理念，发展到"完全修复"理念，实现"科学性修复"⑥。当代保护理论更重视功能性保护和可持续性保护，意大利的历史中心（Centro storico）及其"保护性康复"值得上海的历史城区和历史文化风貌区的保护借鉴。⑦

> 首先，这意味着维持"道路 - 建筑"的总体结构（保持布局、保护道路网、街区边界等等）；其次也意味着维持环境的总体特征，这既包括保护那些最有意义的古迹性与环境性轮廓进行整体保护，也包括对其他元素或单体建筑有机体进行调适，使之符合现代生活需要；只能考虑对这些元素本身进行例外的、局部的替换，而且替换的程度必须同保护历史中心结构的总体特征相协调。⑧

① 陈曦著《建筑遗产保护思想的演变》，上海：同济大学出版社，2016 年，第 110 页。

② 切萨雷·布兰迪著《修复理论》，陆地编译，上海：同济大学出版社，2016 年，第 72 页。

③ 米歇尔·佩赛特、歌德·马德尔著《古迹维护原则与实务》，孙全文、张采欣译，武汉：华中科技大学出版社，2015 年，第 63 页。

④ Jukka Jokilehto. *A History of Architectural Conservation*. Oxford, England: Butterworth-Heinemann, 1999: 301.

⑤ 萨尔瓦多·穆尼奥斯·比尼亚斯著《当代保护理论》，张鹏、张怡欣、吴霄婧译，上海：同济大学出版社，2012 年，58 页。

⑥ Jukka Jokilehto. *A History of Architectural Conservation*. Butterworth Heinemann, 1999: 138.

⑦ 即英文中的 Historic district，德文中的 Altstadt，法文中的 centre historique 等，历史中心在不同的国家和城市有不同的定义和划定范围，可以是整个街区，或是整座城市。

⑧ 切萨雷·布兰迪著《修复理论》，陆地编译，上海：同济大学出版社，2016 年，第 278 页。

1964 年第二届历史古迹建筑师及技术人员的国际会议在威尼斯召开，发布《国际古迹保护与修复宪章》（又称《威尼斯宪章》，*International Charter for the Conservation and Restoration of Monuments and Sites*）。宪章对于历史建筑的保护和修复具有重要的意义，其要点为注重真实性和整体保护；注重文化、联想和场所意义；注重培训和教育；注重环境，将维护作为一种永久性的基础，并建议对历史建筑采取合适的、有利于社会目的的使用。此外，更关注保持传统遗产不受激烈变动，强调原址原地保护。修复是一种高度专门化的技术，其目的是完全保护和再现历史文物建筑的审美和价值。① 1979年在澳大利亚巴拉召开的国际古迹遗址理事会大会上签署了《巴拉宪章》（*Burra Charter*）。《巴拉宪章》一方面扩展了《威尼斯宪章》的内涵，同时又以"场所"（place）的概念取代"古迹和遗址"（monument and site）的概念。宪章将"保护"定义为一种处理方法或组合在一起的几种不同处理方法的综合性概念，保护是一种基于经验和科学技术支撑的多学科合作行动。②

1994 年的《奈良文件》（*Nara Document on Authenticity*）关于真实性的概念认为，尊重原物是一项保护要求，需要：①最低限度的干预；②使用原有材料；③替代材料与原有材料相同；④新材料不至于造成破坏；⑤所有的干预活动都是可逆的，或可撤销的；⑥能用肉眼或其他方式区分复制品和原件；⑦所有的干预行为必须有文件记录。③

中国在 1930 年代开始研究并实践历史建筑的保护与修复，中国营造学社对历史建筑的保护与研究起了重要的作用。1930 年国民政府颁布《古物保存法》，1931 年颁布《古物保存法施行细则》，1935年颁布《暂定古物的范围及种类大纲》。其中，"建筑物"属于一种类型，包括城郭、关寨、宫殿、衙署、书院、宅第、园林、寺塔、祠庙、陵墓、桥梁、堤闸及其一切遗址。1940 年国民政府颁布《保存名胜古迹暂行条例》。

中华人民共和国成立后，1950 年政务院发布《关于保护古文物建筑的指示》，1953 年发布《关于在基本建设工程中保护历史及革命文物的指示》，1956 年国务院发布《关于在农业生产建设中保护文物的通知》，1960 年国务院颁布《文物保护管理暂行条例》，截至 2019 年 10 月 16 日，国务院已公布 8 批全国重点文物保护单位共 5058 处，上海有 40 处。文化部在 1963 年颁布《文物保护单位保护管理暂行办法》和《革命纪念建筑、历史纪念建筑、古建筑、石窟寺修缮暂行管理办法》，国务院在1964 年批准《古遗址、古墓葬调查、发掘暂行管理办法》，这一系列文件的颁布标志着我国文物保护制度的基本建立。1974 年国务院发布《加强文物保护工作的通知》，1982 年《中华人民共和国文物保护法》颁布，标志着文物保护制度的形成。国务院于 1997 年发布《关于加强和改善文物工作的通知》，2002 年全国人大常委会通过了修订后的《中华人民共和国文物保护法》，2004 年建设部发布《关于加强对城市优秀近现代建筑规划保护工作的指导意见》，国务院于 2005 年发布《关于加强文化遗产保护的通知》。1980 年代以来，中国建筑理论界开始系统地引进西方历史建筑保护理论；1985 年，中国加入《保护世界文化和自然遗产公约》；1986 年《威尼斯宪章》被引介到中国的建筑界，该宪章中提出了"文物建筑"的概念；2002 年引进《奈良文件》。2017 年全国人民代表大会常务委员会通过对《中华人民共和国文物保护法》作出修改。

① Jukka Jokilehto. *A History of Architectural Conservation*. Oxford, England: Butterworth-Heinemann, 1999: 288.

② 同上：289。

③ 关于真实性（authenticity），通常译成"原真性"，事实上古迹和历史建筑的原真性只能是建筑的原初状态或真实的现状，因此译成真实性比较科学，也比较符合上海近代建筑的实际。但是在保护决策时，应判断采取何种真实、哪个时代的真实。

④ 上海市房屋土地资源管理局《上海市优秀历史建筑保护法律法规文件汇编》，2005 年。

二、上海的历史建筑保护实践

自 1986 年上海被命名为国家历史文化名城以来,上海的建筑文化遗产保护经历了三个主要阶段:首先是起始阶段,第二阶段属于实验性保护阶段,然后形成当前的深化保护阶段。就粗略的时间划分而言,第一个阶段大致从 1986 年到 1994 年,其标志是 1991 年 12 月上海市政府颁布《上海市优秀近代建筑保护管理办法》(沪府〔1991〕8 号令),初步形成由城市规划管理局、房屋与土地资源管理局以及文物管理委员会共同负责的历史建筑保护机制。第二阶段大致从 1994 年第三批优秀近代历史建筑保护名单的制定到 2001 年《上海市城市总体规划(1999—2020)》的颁布,其标志是《上海市城市总体规划(1999—2020)》的"全市历史文化名城保护""中心城旧区历史风貌保护"规划,奠定了全面进行保护的基础。第三阶段大致从 2002 年至今,其标志是 2002 年 7 月《上海市历史文化风貌区和优秀历史建筑保护条例》,2005 年上海市历史文化风貌区规划的修编,以及修编完成的《上海市历史风貌和优秀历史建筑保护条例》(2019)。

图 1-57 新天地全景
来源:瑞安集团

1. 起始阶段(1986—1994)

上海历史建筑保护的起始阶段在一定的意义上说是因为长期以来忽视城市历史文化和建筑文化遗产的保护,甚至在 20 世纪 80 年代的大规模城市开发和建设过程中,对历史文化风貌和历史建筑造成了无可弥补的损失和破坏。这一阶段也初步形成由市规划局、房地资源局以及文物管理委员会共同负责历史建筑保护和管理,探索对建筑文化遗产保护与管理的机制。但由于对历史建筑缺乏普查和研究,缺乏宏观的保护战略,只考虑单体建筑的保护,或者只是从应对近期的工作出发。

1986 年上海被国务院命名为"国家历史文化名城",上海在 1989 年首次提出了优秀近代建筑保护的概念。1990 年,上海市政府正式公布了上海市第一批共 59 处优秀近代建筑名单(后增补为 61 处),参照文物保护的有关规定进行保护和管理。1993 年和 1999 年,上海又相继公布了第二批 177 处、第三批 160 处优秀近代建筑。至此,共有 398 处优秀近代建筑纳入保护名单。

1991 年,上海市政府颁发了《上海市优秀近代建筑保护管理办法》(1991 年 12 月 5 日)[④],这是全国第一部建筑文化遗产保护与管理的文件,对上海历史建筑的保护起到了非常重要的规范与指导作用。该文件在 1997 年 12 月 14 日经修正后又重新发布。文件将优秀近代建筑按照其历史、艺术和科学的价值划分为三个保护级别:全国重点文物保护单位、上海市文物保护单位和上海市建筑保护单位。

2. 实验性保护阶段(1994—2001)

继 20 世纪 80 年代蓬莱路 303 弄和 252 弄的里弄住宅改造,以及 20 世纪末对中心城区的全面改造和旧区重建后,大量的历史建筑被拆除,改造所带来的破坏已经被社会各界广泛认知,作为上海特色的里弄住宅的保护已经成为迫切需要解决的问题。1996 年开始规划设计的太平桥地区的开发重建工作,至 2001 年首期建设基本完成。然而,这一对于历史街区的保护探索新的开发利用模式,引起了关于历史住宅建筑保护利用模式的广泛讨论。对于一期开发的总占地面积约 3 公顷、经过脱胎换骨式改造的新天地项目(109 和 112 地块)有许多争论,尤其是关于住宅功能转换为商业功能的模式(图 1-57),

图 1-58 泰康路田子坊

图 1-59 移位改造后的上海音乐厅
来源:许志刚摄

图 1-60 外滩 9 号原招商局大楼
来源:许志刚摄

后续也有一些规划设计复制这一模式,例如尚贤坊和建业里的早期规划就是实例。自此之后,对于历史建筑的保护与改造进行商业开发的模式一直是有争议的,新天地项目只是住宅历史建筑改造的一种模式,但不能只有这一种模式。同时,又形成了泰康路田子坊模式,即保留原有的历史建筑和产权,转换整个地区的功能(图 1-58)。

1930 年建造的南京大戏院(今上海音乐厅)在 2004 年完成移位和改造(图 1-59);外滩 9 号原招商局大楼在 2001 年的修缮改造中,恢复历史上的建筑外观取得了较好的效果,表明上海的历史建筑保护进入成熟的时期(图 1-60)。此外,建造于 1847 年的徐家汇藏书楼,2001 年修缮时按管理要求进行了结构检测,根据检测结果和保护内容提出修缮方案,经专家论证后实施。

3. 深化保护阶段(2002 年至今)

2002 年 7 月 25 日,上海市政府颁布《上海市历史文化风貌区和优秀历史建筑保护条例》,并于 2003 年 1 月 1 日起施行,保护立法的范围由单个建筑或建筑群扩展至历史文化风貌区,将保护建筑的范围由近代建筑扩大到建成 30 年以上的历史建筑,使保护工作的法律依据由政府规章上升为地方法规,为上海历史文化风貌区与优秀历史建筑的保护工作提供了更为有力的法律保障。2003 年 11 月,上海市政府批准了《上海市中心城历史文化风貌区划示》,对原中心城 11 片历史文化风貌区和 234 个保护街坊进行整合、认定和补充,确定中心城总用地 26.96 平方公里的 12 片历史文化风貌区,约占 1949 年上海城区面积的三分之一。2003—2005 年,中心城 12 片历史文化风貌区的保护规划陆续编制完成,划定保护范围,确定风貌保护要素,对风貌区内的建筑按照规划管理的要求,划分为保护建筑、保留历史建筑、一般历史建筑、应当拆除的建筑以及其他建筑。在 2017 年,又对 50 年以上的建筑进行统计和甄别。

为建立最严格的保护制度,上海市政府专门成立了上海市历史文化风貌区和优秀历史建筑保护委员会,由市发改委、市财政局、市建委等十几个政府相关部门组成,为保护工作在管理、资金、政策等方面统筹协调、共同保障。同时也在 2004 年成立了由规划、建筑、文物、历史、文化、社会和经济等领域共 20 位专家组成的专家委员会,负责历史文化风貌区和优秀历史建筑的认定、调整和撤销等有关事项,为政府部门的决策提供咨询意见。上海市建设和管理委员会在 2004 年 3 月颁布了《优秀历史建筑修缮技术规程》(DGJ 08—108—2004),列入上海市工程建设规范。

2004 年 9 月,《上海市人民政府关于进一步加强本市历史文化风貌区和优秀历史建筑保护的通知》(沪府发〔2004〕31 号)[1],指出要按照"全面规划、整体保护、积极利用、依法严管"的原则,实行最严格、最科学的保护制度。

2005 年公布了第四批共 234 处优秀历史建筑,包括前面已公布的三批优秀历史建筑共有 632 处,2138 栋优秀历史建筑被纳入保护名单,建筑面积约 430 万平方米。自 2013 年起编制第五批优秀历史建筑名单,2015 年确定上报第五批优秀历史建筑名单。目前上海已经有文物保护点 2747 处[2],各级文物保护单位及登记不可移动文物 3437 处。其中,全国重点文物保护单位 40 处,市级文物保护单位

227 处，区级文物保护单位 423 处③，1058 处优秀历史建筑（约 3075 栋）④。上海市于 2015 年和 2016 年分两批颁布了共 250 处风貌保护街坊。此外，有列为各级文物保护单位的工业遗产 22 处，其中全国重点文物保护单位 2 处，市级文物保护单位 3 处，区级文物保护单位 17 处。在郊区有浦东新区新场镇、川沙新镇、高桥镇，嘉定区嘉定镇、南翔镇，金山区枫泾镇、张堰镇，青浦区朱家角镇、练塘镇、金泽镇，宝山区罗店镇等 11 个中国历史文化名镇，上海历史文化名镇松江城厢镇，以及六灶镇、大团镇、航头镇、娄塘镇、徐泾镇、白鹤镇、重固镇、庄行镇、青村镇、堡镇等 10 个风貌特色镇。⑤

图 1-61 武康路景观

为保证风貌区的整体保护，上海在 2006 年编制完成《上海市中心城历史文化风貌区风貌保护道路规划》；上海市政府在 2007 年批转了《关于本市风貌保护道路（街巷）规划管理若干意见》，划定了历史文化风貌区内 144 条风貌保护道路，对其中 64 条道路进行整体规划保护，道路红线永不拓宽，街道两侧的建筑风格、尺度均保持历史原貌，行道树等道路空间的重要组成部分也受到保护，并对武康路、茂名南路、雁荡路、绍兴路等分别制订了具体保护规划并实施。例如，自 2007 年起对全长 1170 米的武康路进行了保护整治规划，于 2008 年在上位规划控制的前提下，编制了《武康路风貌保护道路保护规划》，并在 2009 年实施完成，2011 年武康路被文化部和国家文物局授予"历史文化名街"称号（图 1-61）。在此基础上，徐汇区在 2011 年至 2012 年对全区总长 39.3 公里的 42 条风貌道路制定规划控制原则，覆盖了 77 个街坊，涉及建筑总数 4051 栋，其中涉及保护建筑 332 栋、保留历史建筑 1790 栋。上海市人大常委会于 2014 年 6 月颁布《上海市文物保护条例》，并于当年 10 月 1 日正式施行，条例涵盖了文物建筑。2015 年，聚焦风貌区外具备较高保护价值、但未纳入法定风貌保护对象、亟须抢救性保护的历史街坊，分两批共划定 250 个风貌保护街坊。

图 1-62 修缮后的原英国领事馆周边地区
来源：上海建筑设计研究院提供

《上海市城市总体规划（2017—2035 年）》提出了"历史城区"的概念：

> 综合考虑上海城市建成区的历史演变以及空间形态特征，在中心城划定上海的历史城区范围，总面积 47 平方公里。整合各类历史文化要素，严格保护各类历史文化遗产及其周边环境，保护和延续整体空间格局、历史风貌和空间尺度。⑥

历史城区包括历史文化风貌区、历史文化街区、风貌保护道路与河道、风貌保护街坊等。

图 1-63 修缮后的益丰洋行
来源：席子摄

深化保护阶段出现了许多优秀的保护实例，最为突出的是原英国领事馆周边地区的保护与改造（2002—2012，图 1-62）、外滩 12 号原汇丰银行大楼的保护性修缮（2002）、外滩 18 号的保护性修缮（2004）、北京东路 81 号（益丰洋行）修缮和改造（2006—2012，修复立面，结构及内部空间翻新，图 1-63）、建于 1933 年的工部局宰牲场改造成为创意中心（2006—2007，图 1-64）、科学会堂的保护性修缮以及恢复原有的河卵石墙面（2011—2013，图 1-65）、外滩 15 号的保护性修缮（2011—2015）、北京东路 2 号的保护性修缮（2011—2014）等。

① 上海市房屋土地资源管理局《上海市优秀历史建筑保护法律法规文件汇编》，2005 年。

② 上海市文物局 2017 年 6 月统计。

③《上海市城市总体规划（2017—2035 年）》文本，2017年，第 76 页。

④ 同上，第 77 页。

⑤ 同上，第 74 页。

⑥ 同上，第 72 页。

三、关于上海历史建筑保护的思考

由于文化传统、管理机制、建筑法规、建筑技术和建筑材料等因素的差异，以及历史形成的现状，上海的建筑遗产保护有着特殊的体制和技术问题。一方面需要总结历史教训，努力保护尚存的建筑文化遗产；另一方面也要探索保护的模式、机制，研究保护技术及工艺。在特殊的历史时期，历史建筑由于各种因素造成破坏，许多建筑的功能转变后也带来一些破坏，诸如原有的洋行和办公建筑变成住宅，极其拥挤的使用住宅建筑等。任意加建和改造、破坏建筑的造型、以拙劣的设计取代历史形式的现象也比较普遍。此外，不当的修缮甚至会对历史建筑造成破坏。

图 1-64 工部局宰牲场修缮改造为创意中心
来源：许志刚摄

20 世纪 80 年代至 90 年代中期，"变"与"新"成为城市发展的代名词，简单地以新、以变为目标，缺乏在法制、管理及操作实施层面上的宏观控制和制度保障。保护历史建筑甚至被人们看作是保护落后，是跟不上发展的保守思想，大量拆除成片的历史建筑成为现代化建设的标志。同时也受到开发商急功近利价值观念的冲击，忽视建筑的历史文化价值，许多优秀的、有特色的建筑被拆毁，用时髦的、随处可见的建筑来代替设计和施工精良，经过历史熏陶，具有历史文化价值，创造了城市识别性的那些再也不会有的优秀建筑。目前，历史上遗留下来的大约 4500 万平方米的历史建筑中，约三分之二已经不复存在，1949 年统计的 9214 条里弄剩下不到 1000 条（图 1-66）。

图 1-65 科学会堂

此外，城市的历史地区曾经在 20 世纪 60 年代和 70 年代被见缝插针地建造了一些建筑，近 20 年间又在历史地区一些地块的犄角插建高层建筑。城市中心地区陡然冒出了许多庞大的建筑，城市的形象往往成为形式追随利润的结果，已经形成了新建筑与历史建筑相互交错的城市空间。一些建筑的内部和外观在使用过程中由于功能性质的变化和超负荷与过量使用受到严重的损坏，广告、空调设备、店招和任意搭建、加层破坏了建筑的形象及周围地区的景观。在一些历史地区插建的新建筑与原有的建筑关系比较随意，紧邻马勒住宅（1936）的新建住宅试图与马勒宅的尖塔造型风格相协调，但在实际上却是对历史建筑环境的破坏（图 1-67）；曾经作为城市地标的国际饭店建筑已经隐没在周围的超高层建筑中（图 1-68）；徐家汇天主堂周围新建的大楼对整个历史环境的破坏是显而易见的（图 1-69）。在大规模建设的影响下，许多历史建筑呈碎片状分布在新建筑之中（图 1-70）。历史建筑的不当使用也给建筑带来了维护的问题，一些 19 世纪中叶至 20 世纪初建造的洋行建筑被用作住宅，广告、店招、空调机、电线、搭建等也对历史建筑造成了破坏（图 1-71）。

图 1-66 历史建筑遭到拆除的状况
来源：尔冬强摄

对于建筑文化遗产的保护有一个缓慢的认识过程，为这个认识过程，上海付出了大约 3000 万平方米建筑被拆除的巨大代价，包括一些地标建筑和著名建筑师设计的建筑。也有的历史建筑立面被任意改变、加层等。中南银行是马海洋行于 1917—1921 年设计建造的，堪称新古典主义建筑的典范，比例优美。房屋的使用者在 1998 年将大楼加建了 3 层（图 1-72），高度几乎增加了一倍，使该楼完全失去了原先优美的立面比例。

经历了 20 世纪 80 年代和 90 年代城市大规模的快速建设阶段之后，城市空间和历史形成的城市天际线已经彻底改变，上海开始理性地思考建筑文化遗产的保护。上海的历史建筑保护经过近 30 年的探

图 1-67 马勒宅与周边的新建筑

图 1-68 人民广场的周边环境
来源:上海市城市建设档案馆

图 1-69 徐家汇天主堂与周围的新建筑
来源:上海市城市规划与国土资源管理局

图 1-70 里弄住宅与新建筑的并存

索,已经初步建立分类分级保护制度,对不同的建筑类型和保护性质进行区分,也建立了保护管理机制;承认历史的变迁,根据建筑的类型和质量,在使用中保护;采取多元的保护方式,例如修缮、加建、移位、扩建、复建等,包括保护建筑的立面,拆除搭建,内部重新改造等,形成基本符合上海历史建筑特点的建筑文化遗产保护机制和方法。同时也建立了文物管理、规划管理和房屋修缮管理等政府部门与科研、教学和设计单位的全面配合与协作机制,形成政府管理部门、学术界、设计和开发建设单位、施工单位相协调的建筑文化遗产保护修缮机制和保护模式;坚持使用与保护相结合,在使用中保护。在历史建筑中植入多种功能,出现了一批优秀的实例。图 1-73 是位于圆明园路的安培洋行修缮前后的对比,安培洋行由通和洋行在 1907 年设计,4 层砖木机构,是典型的安妮女王复兴风格的建筑,于 2008 年修缮,恢复原貌。同样位于圆明园路上的圆明公寓也经历了相同的命运,由爱尔德洋行在 1904 年设计的圆明公寓(图 1-74)作为住宅受到的破坏更为严重。2017 年由意大利普拉达基金会(Prada)完成的托格宅(又名荣氏老宅,始建于 1899—1907)的修复工作历时 6 年,对历史原貌和材料、细部的考证与复原十分精细,成为上海历史建筑保护的典范(图 1-75)。①正如意大利建筑师所述:

> 我们试图在谨慎回望过去的同时创造新意。为了让这幢宅邸重获新生,我们采用了在修复米兰伊曼纽尔二世长廊和威尼斯王宫时积累的专业技术,确保每个细节和每项操作都和我们著名的产品制作一样精益求精,我们坚定守护宅邸低调细致的美学,避免金碧辉煌和矫揉造作。我们无意打造奢华形象,手法巧妙而又心怀敬意地对待原有材料和技术。②

图 1-71 历史建筑的受损

尽管自 1990 年代以来,学术界和建筑界对上海历史建筑的研究有很大的进步,出现了大量的研究论文和专著,但是在历史建筑的保护过程中,经常会遇到对建筑的评价问题。由于缺乏文献档案和历史图纸,往往对有关建筑的基本信息,如建筑的建造年代、建筑师、业主、开发商和营造商等缺乏认知,对建筑的价值无法给予准确的评定,修缮设计在一定程度上也只是风格性的修复。另一方面,历史档案需要进一步向社会开放,需要更多人、更广泛深入的查询和研究。

历史建筑的修缮必须忠实于历史,大部分建筑都会在历史演变过程中发生变化,如果有历史档案和图纸就可以有参照。但是在很多情况下缺乏这种参照,只能进行风格性修复。马勒住宅经过两次修缮,

① 根据 *Twentieth Century Impressions of Hong Kong, Shanghai, and other Treaty Ports of China*,这座住宅原为托格宅,托格(R. E. Toeg)是德国商人。

②《荣宅》,普拉达基金会,2017 年。

（1）加建前的中南银行
来源：Virtual Shanghai

（1）修缮前的安培洋行

（1）修缮前的圆明公寓

（2）加建了三层后的原中南银行
来源：沙永杰摄

图 1-72 中南银行

（2）修缮后的安培洋行

图 1-73 安培洋行
来源：章明建筑设计事务所

（2）修缮后的圆明公寓

图 1-74 圆明公寓
来源：章明建筑设计事务所

① 陆文达主编，徐葆润副主编《上海房地产志》，上海社会科学院出版社，1999 年，第 189 页。

② 薛理勇著《老上海房地产大鳄》，上海书店出版社，2014 年，第 99 页。另据一份新沙逊洋行与祝兰舫在1921 年签订的租地造屋合同披露，这块地位于山西北路东侧，北苏州路北侧，面积为 55.609 亩（3.7 公顷），租期 25 年。出租人要求承租人沿北苏州路建造洋房，其余为头等中国式店面和石库门房屋。这块地上建造了德安里和德兴里。

③ 潘君祥、王仰清主编《上海通史》第 8 卷：民国经济，上海人民出版社，1999 年，第 282 页。

④ 上海市房产管理局编著，沈华主编《上海里弄民居》，北京：中国建筑工业出版社，2018 年，第 23 页。

⑤ 同上，第 84 页。

第一次的修缮比较粗糙，2008—2009 年的第二次修缮在设计上经过仔细推敲，恢复了原来的细部及其装饰工艺。益丰洋行在修缮改造时，找到了部分历史图纸，但是经过考证，建筑并没有按照这份效果图建造，最终确定按照现实状况修缮建筑的立面。2011 年完成的原太古洋行（1906）的修缮，在立面上未能拆除加建的部分，在室内设计上又不考虑其风格和细部，是近年来失败的修缮案例。

在建筑文化遗产保护中，对于住宅建筑的保护是迫切需要解决的重要问题之一，既要保护，又要解决居民的居住状况。那些独立式的宅邸，由于原有的建筑质量相对较好，目前已经有较完备的保护修缮和管理模式。而由于建筑质量、生活设施缺失以及高密度的居住状态，里弄住宅的保护需要更深入的探索。由于上海房地产业的特点，土地出租形成租地造屋的短期行为，包括租地翻造、租地新建、租地代建等方式。①租地造屋多用于住宅建筑，租期一般为 20～30 年，以 25 年者居多。②租期期满房屋归地主，因此严重影响建筑的质量。"今则地主以土地出租，年限既短，而地租复昂。"③位于长宁路 712 弄的兆丰别墅（1929，1934—1935）当年甚至采用土地分块出租、出售的办法，由不同的业主投资建造，导致全部 60 多个单元有 19 种不同的建筑形式。④里弄住宅在历史建筑中占有相当大的比例，而且基本上是成片的建筑群，以往是旧区改造的拆除对象。20 世纪 80 年代蓬莱路 303 弄和 252 弄的里弄住宅改造只是为了解决居民的居住空间和设施问题，其目标并非是历史建筑保护。目前，上海石库门里弄保护对象已扩大至约 250 处保护街坊，350 个保护地块。里弄住宅的保护模式大致可以归纳为：拆除重建保留或复建立面，转换为商业功能，于 2001 年建成的"新天地模式"；2013 年按照原貌重建基本保留居住功能的"建业里模式"；保留原有建筑并改善居住功能的"静安别墅模式"；保留原有建筑以及产权结构，并转换为商业功能于 2006 年建成的"田子坊模式"等。

(1) 托格宅外景

1930 年建成的建业里是原法租界留存的最大的一片里弄住宅群，占地 1.8 公顷，共有 254 个单元，建筑面积 20 400 平方米，⑤建筑风格独特，尤以马头墙著称。建业里在 2006 年的拆除重建后带来的问题也引起了社会上关于开发模式和动迁政策的争论。由于在动迁过程中，大部分建筑已经遭到破坏（图 1-76），经过论证，决定东弄拆除后按照原样重建，西弄完整保留。但是由于该项目的开发商和建筑师缺乏历史建筑保护的意识，无论是材料或是建筑细部都存在许多问题，影响了建筑的品质（图 1-77）。建业里的重建反映出开发模式以及历史建筑保护与管理和设计方面存在的问题，也引发了两个需要反思的问题：一是在社会整体对历史建筑价值的意识尚未完善的条件下，历史建筑的保护能否走市场开发的模式，是否应当由政府主导，由非营利性机构实施；二是需探索里弄建筑的保护模式，由于当年建造里弄建筑时有相当一部分建筑是房地产商投机市场，相当一部分属于租地造屋，受当时租地年限的影响，建造当初的质量就存在许多问题，再加上历年来城市建设的过程中市政道路标高的不断提高，使里弄内部的地面相对低洼，造成雨季积水，建筑防潮层受到破坏，墙砖风化的现象相当严重。尤其是砖木混合结构的早期石库门里弄住宅，问题更为突出。数量众多的里弄住宅也需要基本保持居住功能，有必要从建筑材料和建筑技术两方面考虑重建的可行性，而不是对早期石库门里弄住宅简单地采用拆除的方式。自 2013 年以来，上海关于建筑征收的政策可以使保护建筑不至于拆除。此外，采取有效的政策和经济措施疏解里弄住宅的人口和居住密度，对于里弄建筑的保护也是十分必要的。

(2) 托格宅室内
图 1-75 托格宅

目前，由于建设用地的限制，土地资源紧缺，城市的产业发展模式仍然比较单一。土地财政的经济发展模式仍然占主导地位，只是从原有的土地一次开发，改为二次开发；从土地财政转为开发财政，着眼于拆除没有保护身份的建筑，并进行高强度的开发，使保护建筑形成碎片化的状态隐没在高层建筑的阴影下。

图 1-76 动迁中的建业里
来源：上海市历史建筑保护事务中心

由于文化传统、管理机制、建筑法规、建筑技术和建筑材料等因素的差异，以及历史形成的现状，上海的建筑文化遗产保护有着特殊的体制和技术问题。一方面我们要总结历史的教训，努力保护尚存的建筑文化遗产；另一方面也要探索保护的法规、模式、机制和产权关系，研究保护技术及工艺，需要更深入地探索符合上海实际的保护模式。此外，文物建筑和历史建筑有其特殊性，涵盖的面十分广泛，属于不可移动文物，区别于传统意义上的可移动文物。历史建筑的修缮、移位和复建也应当有严格的审查、鉴别和管理程序。由于《中华人民共和国文物保护法》不能完全覆盖文物建筑和历史建筑的保护，应当在国家层面上编制《中华人民共和国建筑遗产保护法》以保护文物建筑和历史建筑。

图 1-77 重建之后的建业里
来源：上海市历史建筑保护事务中心

第二章

上海近代城市的演变

罗马不是一天造成的，但上海则确是如此的。

——霍塞《出卖上海滩》

Ernest O. Hauser, *Shanghai: City for Sale*, 1840

第一节　上海城

自 1843 年 11 月 17 日上海正式开埠以来，历经 106 年至 1949 年，上海已经从一个中等规模的城市一跃成为近代中国第一大城市。到 20 世纪 30 年代，上海已跃居世界十大著名城市之列，同时也是远东乃至全世界屈指可数的国际大都会，城市崛起的进程之快无与伦比。元至元二十九年（1292）上海立县时，人口约 10 万人；至明代洪武二十四年（1391）有 532 803 人；清代咸丰二年（1852）时，上海的人口为 54 万余人；1866 年增至 70 万人，1910 年达 128.9 万人，在 1927 年已逾 264.1 万余人；根据 1929 年的统计，全市人口为 271.204 9 万人，其中外侨 49 773 人；1937 年达 385.2 万人；到 1942 年增至 392 万人；1949 年达 540 万余人。[1]这一期间，上海跃升为中国的金融、经济、贸易、文化、教育、交通中心，从一个传统社会的商业城镇发展成为多功能的现代化城市。城市建设和建筑迅速走上现代化的轨道，现代的房地产业、营造业、建筑材料业、建筑设计业等的引入使上海得到大规模的发展。各国建筑师纷纷活跃在上海的建筑舞台上，中国建筑师也和他们一起创造了辉煌的上海近代建筑，使上海成为中国近代建筑的中心。

上海的地域范围也一直处于变动之中，1292 年上海立县时面积约 2000 平方公里，到清嘉庆十五年（1810）缩至 600 平方公里。[2]1912 年，上海属江苏省；1925 年上海改为淞沪市；1927 年成立上海特别市，直辖当时的中央政府。当时的市域面积为 494.69 平方公里，另有公共租界 22.34 平方公里，法租界 10.5 平方公里，总计 527.53 平方公里。1930 年 7 月，上海特别市改称为上海市；1947 年时，全市市域面积为 617.95 平方公里。[3]本书所涉及的近代建筑大致上以这个时期的市域范围为依据（图 2-1）。

上海的近代建筑是随着西方政治、宗教、经济、文化而来的西方建筑的引入而发展的，这些引入包括建筑类型、建筑风格、建筑设计、建筑法规与管理、建筑技术、建筑材料、建筑设备等。在开埠前，上海的城市和建筑基本上按照中国古代的传统模式建造，然而又体现了上海的地域特点，表现出浓厚的商业性和文化的兼容性。在开埠后，上海的建筑几乎得到全盘的改造，从市政公用设施到城市规划和市政管理、建筑风格都呈现出一种突变。这种突变，孕育了上海近代建筑的风格。应该说，形成上海近代建筑的国际性、历史化和多元化倾向以及广泛的地域风格的原因是多种多样的，究其根本，主要有地缘政治因素、经济因素、文化因素，也有建筑文化及技术因素。

在城市的形成过程中，上海在世界的城市中也具有独特性，作为现代城市，其发展速度之快甚至超出想象。正如美国记者玛丽·宁德·盖姆韦尔（Mary Ninde Gamewell）于 1916 年在她所著的《通向中国的门户：上海景象》（ *The Gateway to China: Pictures of Shanghai* ）中描写的：

> 整座城市在持续地发生变化，日复一日，老建筑在消失，取而代之的是更现代的建筑。人们担心许多古老的地标将很快消亡。[4]

① 《上海通志》编纂委员会编《上海通志》第 1 册，上海人民出版社，上海社会科学院出版社，2005 年，第 660 页。其中，1929 年的统计系根据《上海指南》，见：熊月之主编《稀见上海史志资料丛书》第 5 卷，上海书店出版社，2012 年，第 7 页。

② 《上海通志》编纂委员会编《上海通志》第 1 册，上海人民出版社，上海社会科学院出版社，2005 年，第 404 页。

③ 同上，第 408-409 页。租界面积根据《上海租界志》编纂委员会编，史梅定主编、马长林常务副主编、冯绍霆副主编《上海租界志》，上海社会科学出版社，2001 年，第 90 页。另据孙平主编，陆怡春等副主编《上海城市规划志》，上海社会科学院出版社，1999 年，第 82 页；1947 年编制的大上海都市计划二稿，当时行政院核定的市界为 893 平方公里。

④ Mary Ninde Gamewell.*The Gateway to China: Pictures of Shanghai*. American Theological Library Association Historical Monographs, 1916: 30.

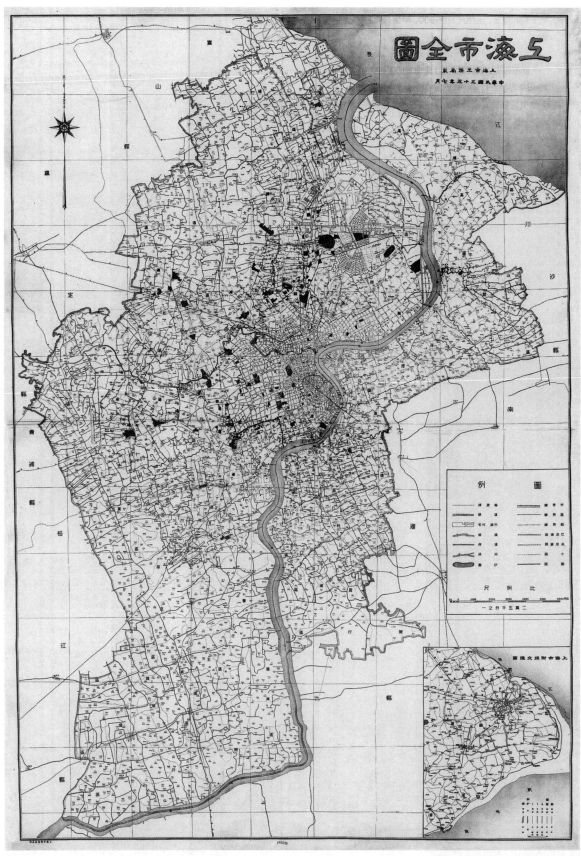

图 2-1 1946 年的上海地图
来源:《上海城市地图集成》

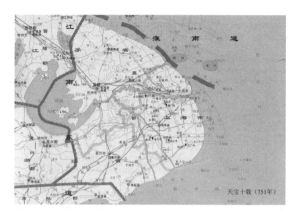

图 2-2 唐代的上海示意图
来源:《上海历史地图集》

一、历史上的上海

上海的历史可以追溯到五六千年以前，考古发现证明，距今 6000 年前的新石器时代，上海地区冈身（今外冈、方泰、马桥、邬桥、胡桥、漕泾一线）以西地区已经成陆，青浦和金山地区已经有人类居住。①唐朝开元、天宝之际，由于上海地区经济和人口的繁盛，始设立华亭县（751），县治设于今天的松江区境内（图 2-2）。②现在在松江的中山小学内还保留有唐代大中十三年（859）建造的陀罗尼石经幢，这是上海地区现存最古老的地面建筑文物（图 2-3）。史书所载华亭县东北境的华亭海即今天的上海市区。到了宋代，华亭的经济有了更大的发展，位于方塔园内的北宋元祐年间建造的兴圣教寺塔就是这一时期的遗迹。1277 年，华亭县升格为华亭府，后改为松江府。13 世纪中，上海这一带"人烟浩穰，海舶辐辏"，由此设立市舶提举司及榷场，名之为"上海镇"，上海的名称系从设置上海镇而起。③

今青浦区白鹤镇即唐代天宝年间的青龙镇，依靠青龙江的水利，青龙镇先于上海发展，实为上海发展的起源。青龙镇于唐天宝五年（746）设镇，明嘉靖二十一年（1542）青浦设县时，县治就设在青龙镇。④当年的青龙镇有"三亭、七塔、十三寺、二十二桥、三十六坊"之称。⑤始建于唐长庆年间（821—824）的青龙塔原属隆福寺，砖木结构，历经宋、元、明、清各代修葺和变故，现仅存塔心（图 2-4）。13 世纪时，由于青龙江湮塞，市舶不能直达，青龙镇因而衰落。市舶改由上海登岸，作为渔业港口的上海取代青龙镇成为商船出入的港口，获得发展的机会。⑥

图 2-3 唐代陀罗尼石经幢
来源:《上海之根:松江》

北宋年间，上海之名始见于记载，就是所谓的"上海浦"，上海也得名于上海浦。上海浦原来是连接吴淞江和黄浦江的一条古河流，明永乐年间被黄浦江浸没。北宋熙宁十年（1077）设上海务，以收取酒税。南宋咸淳三年（1267）建上海镇（图 2-5）。元至元十四年（1277）在上海设立市舶司，与广州、泉州、温州、杭州、庆元（今宁波）和澉浦并称全国七大市舶司，官署位于今小东门方浜南路的光启路中段上。元至元二十九年（1292）正式设立上海县，隶属松江府，当时分华亭县的长人、高昌、北亭、新江、海隅五乡置上海县。⑦从清嘉庆年间的松江府全境图（图 2-6）可见，所有的地块都处在水网中，以及吴淞江和黄浦江相交处的上海县。当时的上海属松江府，松江府下辖华亭、上海、青浦、娄县、奉贤、金山、南汇七县及川沙抚民厅。⑧上海这时有市舶、榷场、酒库、军隘、官署、儒塾、佛宫、贾肆等，鳞次栉比，已经成为华亭东北的巨镇。上海到了元至正十五年（1355）前后才有户口记录，但也只统计户数，当时有 72 502 户；到 1391 年才统计人口数，其时有 114 326 户，532 802 人，俨然进入世界大都市的行列。⑨

图 2-4 青龙塔
来源:《上海的"水城":青浦的文化记忆》

建县以后，上海并没有像其他县治那样建造城墙。直至明代中叶，为了抵御倭寇的侵扰，于明嘉靖三十二年（1553）匆匆筑成一座周围九里（约 4500 米）、高两丈四尺（约 7 米）的城墙（图 2-7，图 2-8）。四周辟六座城门，即朝宗门（今大东门）、宝带门（今小东门）、跨龙门（今大南门）、朝阳门（今小南门）、仪凤门（今老西门）、晏海门（今老北门）；另辟三处水门，横跨于方浜和肇嘉浜上。清代末年，因进出城交通不便，增辟四座城门：障川门（今新北门）、拱辰门（今小北门）、尚文门（今小西门）、福佑门（今新东门）。上海城墙上有四座城楼，自东北而西分别为万军台（即始建于 1272 年的丹凤楼，图 2-9）、制胜台（今观音阁）、振武台、大境阁（今大景阁）。大境阁又称"关帝庙"，为"沪城八景"⑩之一。

图 2-5 元代以前的上海
来源:《上海县志》,转引自《上海旧政权建制志》

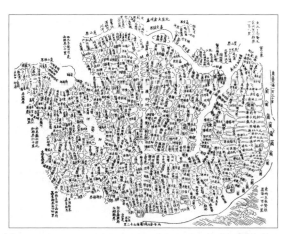

图 2-6 清代嘉庆年间松江府全境图
来源:《上海大辞典》

① 张仲礼主编《近代上海城市研究:1840—1949 年》,上海人民出版社,2014 年,第 6 页。

② 上海市地方志办公室、上海市历史博物馆编《民国上海市通志稿》第一册,上海古籍出版社,2013 年,第 18 页。

③ 同上,第 18 页。

④ 同上,第 22 页。

⑤ 王辉《宋元青龙镇市镇布局初探》,见:上海市历史博物馆编《上海市历史博物馆丛刊·上海往事探寻》,上海书店出版社,2010 年,第 9 页。

⑥ 上海市地方志办公室、上海市历史博物馆编《民国上海市通志稿》第一册,上海古籍出版社,2013 年,第 24 页。

⑦ 同上,第 26 页。

⑧ 王荣华主编《上海大辞典:上》,上海辞书出版社,2007 年,第 35 页。

⑨ 上海市地方志办公室、上海市历史博物馆编《民国上海市通志稿》第一册,上海古籍出版社,2013 年,第 40 页。

⑩ 沪城八景为:海天旭日、黄浦秋涛、龙华晚钟、吴淞烟雨、石梁夜月、野渡蒹葭、凤楼远眺、江皋雪霁。"江皋雪霁"描写的是大境阁的风光,"凤楼远眺"即丹凤楼襟江带海的景观。

⑪ 黄佩瑾《关于明代国内市场问题的考察》,引自:陆楫撰《蒹葭堂杂著摘抄》,北京:中华书局,1985 年。

⑫ 乾隆《上海县志·序言》。

⑬ 嘉庆《上海县志·风俗》。

⑭ 张仲礼主编《近代上海城市研究:1840—1949 年》,上海人民出版社,2014 年,第 34 页。

明代以后,上海的经济有较大的发展,棉纺织业、手工业、航运业尤为发达,促进了上海城市的繁荣,成为一座商业城市, "游贾之仰给于邑中,无虑数十万人"⑪。资本主义的萌芽开始出现。清朝初年,由于实行海禁,上海的经济一度受到摧残,直至康熙、乾隆年间,在海禁逐渐解除以后才逐步复苏。乾隆年间,上海港盛况空前:

　　　凡远近贸迁皆由吴淞口进泊黄浦,城东门外舳舻相接,帆樯比栉。⑫

日本、朝鲜、安南、暹罗等外国商船也来往交易。至清嘉庆(1796—1820)、道光年间(1821—1850),上海已有"江海之通津,东南之都会"⑬之誉。在开埠以前,上海已经初具规模,成为东南名邑。明末清初的上海县城只是一个仅有 10 条小巷的蕞尔小邑,到嘉庆年间,城内已有 60 多条大小街巷,⑭既有南北、东西走向,纵横交错的通衢大道,如新街巷、太平街,又有横贯县城的肇嘉浜(今复兴东路及肇嘉浜路)、薛家浜(今薛家浜路)、方浜(今方浜中路)等河流(图 2-10,图 2-11)。今天黄浦区原南市地区老城厢范围内的许多地名反映了这一历史的变迁,如填筑河浜后筑成的方浜路、陆家浜路、乔家路等 50 多条道路,形成了以旧河道为骨架的道路网;另有因经济活动而来的路名,如盐码头街、油车码头街、会馆弄、会馆街、达布街、花衣街、磨坊弄、洋行街、国货路等;也有因寺、庙、庵、观而得名的道路,如沉香阁路、广福寺街等 30 多条;还有因历史事迹而得名的道路,如大夫坊、露香园路、校坊街等(图 2-12)。

上海控江踞海的地理位置、优越的港口条件、特殊的历史因素引起了海内外的注意。早在明万历三十年(1603)天主教已传入上海,这与明朝科学家徐光启(1562—1633)的倡导分不开。徐光启由意大利传教士利玛窦(Matteo Ricci,1552—1610)启蒙入天主教,并引进西方科学知识,邀请意大利传教士郭居静(Lazare Cattaneo,1560—1640)到上海开教,这是西方文化较早进入上海的尝试(图 2-13)。西方文化的传播早在上海开埠前已经有很大影响,宗教、自然科学和社会科学都已有显著发展,而上海成为近代西学传播的中心则是在开埠以后。

(1) 北城墙筑台上

(2) 1880 年前后的城墙

图 2-7 上海的城墙
来源:上海市档案馆馆藏图片

图 2-8 丹凤楼与黄浦江图
来源：上海市历史博物馆馆藏图片

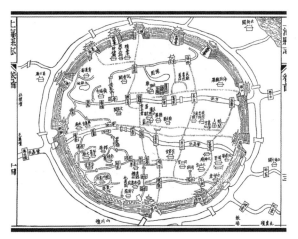

图 2-9 上海县城图
来源：《同治上海县志》

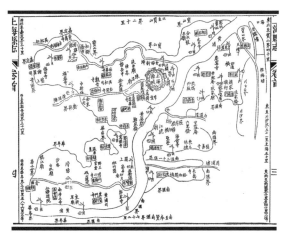

图 2-10 清代同治年间上海县全境图
来源：《同治上海县志》

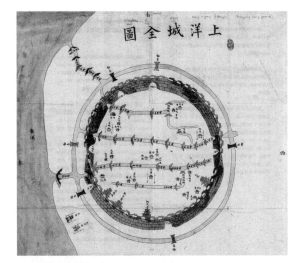

图 2-11 上海县城图（约 1846—1855 年）
来源：《上海城市地图集成》

图 2-12 上海旧街景
来源：上海市历史博物馆馆藏图片

二、开埠前后

　　1840 年 6 月，英国发动鸦片战争。1842 年 6 月，英军攻占上海，用炮火轰开了闭关自守的清帝国大门。同年 8 月，中国近代史上第一个不平等条约《南京条约》签订（图 2-14），广州、福州、厦门、宁波、上海五处被划为对外开放贸易和通商的港口，上海成为其中发展最快的通商口岸。但《南京条约》并没有议及外国人的居留地问题，其中第二条仅提及："中国皇帝，特许大英臣民及其眷属，有在广州、厦门、福州、宁波、上海居住及营商之权，中国官民，不得惊扰或限制。"[1] 1843 年订立的《虎门条约》也只说："中国地方官必须与英国领事官各就地方民情，议于何地方，用何房屋或基地，系准英人租赁。"[2]

　　由于中国的传统观念是"普天之下，莫非王土"，因而不得将土地卖给外国，这就在 1845 年订立租地章程的时候，用"永租"的变通方法解决。清道光二十三年（1843）上海开埠，苏格兰植物学家和旅行家罗伯特·富钧（Robert Fortune，1812—1880）曾经将中国的茶树引介至印度，他在 1843 年底访问上海时发现："（上海是当时）中国沿海地区最重要的外贸基地，因而引起了人们更多的注意。我熟悉的其他城镇当中，没有哪一个能拥有如此优越的条件；对于中华帝国来说，它是重要的门户—— 事实上，是主要的入口。"他还预言上海："会成为一个更加重要的地方……它在许多地方优于南方的那些竞争对手。"[3]

　　1844 年初，上海已有 11 家洋行开业，在上海外滩沿江一带划地盖楼的就有怡和洋行（Jading Matheson & Co.）、仁记洋行（Gibb Livingston & Co.）、和记洋行（Blenching Rawson & Co.）、义记洋行（Holliday-Wise & Co.）、宝顺洋行（Dent & Co.）等。当时，上海城市的中心在旧城厢内。清咸丰十年（1860），上海县刘郁膏确定上海市区行政区域的分划，对日后有着长远的影响。[4]

　　1845 年 11 月 29 日，上海开埠两年之际，清政府公布了《上海租地章程》（Land Regulation）[5]，成为上海设立外国租界的法律依据。《上海租地章程》由六部分内容组成：一是划定界址；二是确定租地办法；三是规定"永租"与"华洋分居"；四是容许租地外商以简单的市政设施管理居留地；五是英国专管居留地；六是章程修改办法。章程规定洋泾浜（今延安东路）⑥以北，李家庄（今圆明园路西南、北京东路之南）⑦以南，东面以黄浦江为界，1846年9月划定西面以界路（Barrier Road，今河南中路）为界（图2-15）。这是外国人在中国建立的第一个租界，界内面积共830亩（55.33公顷）。

1848年建立美租界（The American Concession，The American Settlement），位于苏州河北虹口一带，但没有正式订立协定。直到1863年才规定美租界的具体范围（图2-16）：西南从护城河（即泥城浜）对岸（约今西藏北路南端）起，向东沿苏州河及黄浦江到杨树浦，沿杨树浦向北3里（1.5公里）为止，从此向西划一直线，回到护城河对岸之点，界内面积共7856亩（5.26平方公里）⑧（图2-17）。

1844年10月24日签订的《黄埔条约》允许法国在五口通商，也获得在上海的居留权。1849年建立法租界（图2-18），南至城河（又名护城河，今人民路自四川南路至浙江南路之间的南半部），北至洋泾浜（今延安东路），西至关帝庙、褚家桥（约在今寿宁路、会稽路一带），东至广东潮州会馆（今金陵东路东端）沿河至洋泾浜东南角（今龙潭路），界内面积986亩（0.66平方公里）；1861年扩展至东沿黄浦江，东南起自今龙潭路，西靠今人民路至方浜东路，面积扩至1124亩（0.75平方公里）。

理论上，法租界的"租界"（Concession）有别于英美的"租界"（Settlement）。法租界具有治外法权，法国领事为最高行政长官；而英美租界则属居留地，外国领事必须会同中国官员处理一切事务。在1851年的一幅地图中，城市的边界相当清晰，西面的龙华、徐家汇和北面的曹家渡已经有一些建筑（图2-19）。1854年，英租界、美租界和洋泾浜以南的法租界行政统一，到1862年，由于法租界退出而终止，图2-20是航道局工程师在1862年完成的上海城市测绘图，广大的郊区也包括在内（图2-21）。此时的外滩面貌见图2-22。

1862年5月，日本幕府向上海派遣使团，日后活跃于维新运动的日本武士高杉晋作（Takasugi Shinsaku，1839—1867）到上海考察，逗留了两个月，广泛接触西洋人和中国人，访问租界商会，并收

图2-13 徐光启和利玛窦
来源：Wikipedia

① 夏晋麟编著《上海租界问题》，民国沪上初版书复制版，上海三联书店，2014年，第3页。

② 上海通社编《上海研究资料》重印本，上海书店，1984年，第113页。

③ 罗伯特·富钧《上海游记》，见：朗格，等著《上海故事》，高俊，等译，北京：生活·读书·新知三联书店，2017年，第4-5页。

④ 上海通社编《上海研究资料》，上海书店，1984年，第3页。

⑤ 这个文件有多种名称，在《上海房地产志》（1999）和《上海城市规划志》（1999）中称为《租地章程》；在《上海租界志》（2001）中称为《土地章程》；《上海旧政权建置志》（2001）、熊月之主编的《上海通史》（1999）、张仲礼主编的《近代上海城市研究：1840—1949年》中均称为《上海土地章程》；在上海市地方志办公室、上海市历史博物馆编的《民国上海市通志稿》第一册（2013）中称为《地皮章程》。原因在于目前的中文文本是英国国家档案局所藏的中文抄本。从这份抄本来看，没有文件题目，因此所有的中文名称都是从英文文本的题目"Land Regulation"的"Land"一词转译成"土地""租地""地皮"。此外，英文文本的名称也没有写上海。本书按照《上海房地产志》和《上海城市规划志》称为《上海租地章程》。

⑥ 洋泾浜的本名应为"杨家浜"，开埠以后讹为"洋泾浜"。

⑦ 李家庄的本名应为"李家厂"，后讹为"李家庄"。

⑧《上海租界志》编纂委员会编《上海租界志》，上海社会科学院出版社，2001年，第3页。

图2-14 《南京条约》签订
来源：Wikipedia

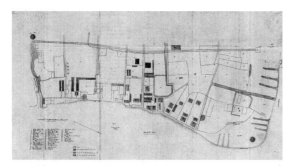

图 2-15 早期英租界地图 (约 1847—1848 年)
来源:《上海城市地图集成》

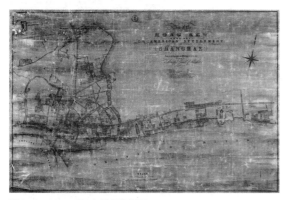

图 2-16 1864—1866 年的美租界图
来源:《上海城市地图集成》

① 刘建辉著《魔都上海:日本知识人的"近代"体验》,甘慧洁译,上海古籍出版社,2003 年,第 21 页。

② 上海市地方志办公室、上海市历史博物馆编《民国上海市通志稿》第一册,上海古籍出版社,2013 年,第 246 页。

③ 吴志伟著《上海租界研究》,上海:学林出版社,2012 年,第 25-35 页。

④《上海租界志》编纂委员会编《上海租界志》,上海社会科学院出版社,2001 年,第 4 页。

集各种信息,详细调查商业和贸易情况。①高杉晋作画了一幅 1862 年上海全景图,图中可以清晰地观察到城市的范围,当时的河南路以西,苏州河以北仍然还是乡村(图 2-23)。

1863 年,英租界和美租界合并成为外国租界(Foreign Settlement)或称英美租界(The Anglo-American Settlements, The English and American Settlements),也曾经称为"洋泾浜北首外人租界"(Foreign Settlement North of Yangkingpang Creek)。②到 1899 年正式称为"上海公共租界"(Shanghai International Settlements/International Settlements Shanghai)(图 2-24)。在 1854 年以后的历次工部局董事会会议记录中,英文沿用 1906 年英文版的《上海租地章程》中的名称"Foreign Settlement",而中文名称曾经称为"西人租界""公共租界""外国租界"等。1902 年的记录中出现了"公共租界"(The International Settlement)以及"公共租界和法租界"(The International and French Settlement)的名称,直到 1924 年才基本上不用"Foreign Settlement",而用"The International Settlement"(图 2-25)。③

总的说来,这一个时期的上海除华界之外,以租界的发展作为城市发展的核心。这种发展往往从完善租界自身的市政建设出发,缺乏城市统一的整体规划,在很大程度上带有自发性和盲目性。整个上海的城市建设在相当长的一个时期中,一直处于"三界四方",即公共租界、法租界和华界共三界;美、英、法和中国四方的畸形状态。公共租界和法租界横亘于城市中心,华界则占据着闸北和南市分处南北的两个地区。租界不断地越界筑路,向西区延伸。法租界有过三次扩张:1861 年、1900 年和 1914 年,向西一直延伸到徐家汇一带(今华山路),总面积达 15 150 亩(10.1 平方公里),为 1849 年法租界初辟时的 15 倍。④公共租界经过 1848 年,1863 年,1893 年,1899 年四次扩张后,总面积达 33 503 亩(22.34 平方公里)。⑤其中以 1899 年的扩张范围最大,净增 22 827 亩(15.22 平方公里),约比原来增加了 2 倍。公共租界的北区包括虹口租界的西部;东区为黄浦江以北,虹口河以西地区;西区为泥城浜以西地区;中区即旧英租界地区。因此,到 1914 年法租界第三次扩张以后,上海的租界总面积已达 32.44 平方公里。⑥根据《上海房地产志》(1999)所载,1949 年 12 月上海市人民政府地政局的统计,公共租界面

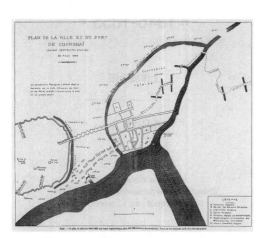

图 2-17 上海最初之租界及城区图
来源:《上海城市地图集成》

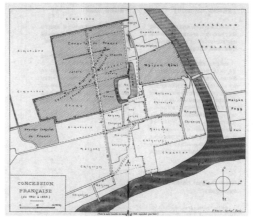

(1) 1850 年代的法租界地图
图 2-18 法租界地图
来源:《上海城市地图集成》

(2) 1882 年的法租界地图

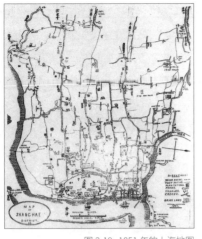

图 2-19 1851 年的上海地图
来源：《上海・都市と建筑 1842—1949》

图 2-20 1862 年英租界和上海城图
来源：《上海城市地图集成》

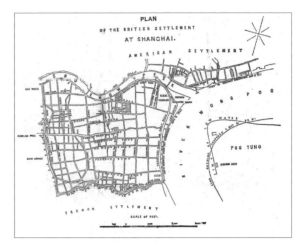

图 2-21 1862 年的英租界图
来源：Old Shanghai Bund: Rare Images from the 19th Century

积为 33 895 亩（22.60 平方公里），法租界的面积为 15 328 亩（10.22 平方公里）。因此租界总面积为 49 223 亩，合 32.81 平方公里。除此之外，还有越界筑路区域的面积 48 096 亩，合 32.06 平方公里，总计达 64.87 平方公里（图 2-26）。⑦

　　西方殖民主义者在上海经营了许多重要的产业，在中国开辟了最早的、殖民制度最完备的租界，租界成了一座新兴的城市和殖民主义移植在异国的一片乐土。他们尽可能把故土的东西搬到上海来。因而，西方的文化和生活方式往往先在上海出现，然后传播到中国的其他地方，使上海成为近代中国接受西方物质文明的一个窗口（图 2-27）。据统计，1854 年时的租界有洋行 20 家，洋房 269 幢，仓库 150 处。⑧1857 年有一位外国人笔下这样描述英租界："布满了华丽的房屋。这些建筑物各依其所有人的嗜好而设计。其形式有的是仿希腊的神庙，有的是仿意大利的王宫。"⑨

⑤ 据卜舫济（F. L. Hawks Pott）《上海简史》（A Short History of Shanghai，1928）第 141 页所载，1899 年以前的租界面积为 10 606 亩（7.07 平方公里），1899 年扩展后的面积为 33 503 亩（22.33 平方公里）。

⑥ 关于公共租界的总面积有不同的说法。据唐振常主编的《上海史》，1899 年扩充后的公共租界面积总计 33 503 亩（第 346 页）；卜舫济的《上海简史》也采用同一数据（第 141 页）。据上海市地方志办公室编《上海辞典》（1989），其总面积为 32 110 亩（21.4 平方公里，第 471 页）。据叶亚廉等主编的《上海的发端》（1991），季维龙所撰的有关公共租界介绍所述，其总面积为 34 333 亩（22.89 平方公里，第 33 页）。

⑦ 陆文达主编，徐葆润副主编《上海房地产志》，上海社会科学院出版社，1999 年，第 80 页。

⑧ 同上，第 91 页。

⑨ 吴圳义著《清末上海租界社会》，台北：文史哲出版社，1978 年，第 77 页。

图 2-22 1860 年代的外滩
来源：Building Shanghai: The Story of China's Gateway

① 1863 年 11 月 28 日工部局董事会会议记录,见:上海市档案馆编《工部局董事会会议录》第一册,上海古籍出版社,2001 年,第 697 页。

②《上海和横滨》联合编辑委员会、上海市档案馆编《上海和横滨——近代亚洲两个开放城市》,上海:华东师范大学出版社,1997 年,第 223 页。

③ 1866 年 3 月 14 日工部局董事会会议记录,见:上海市档案馆编《工部局董事会会议录》第二册,上海古籍出版社,2001 年,第 554 页。

④ 1866 年 9 月 6 日工部局董事会会议记录,见:上海市档案馆编《工部局董事会会议录》第二册,上海古籍出版社,2001 年,第 573 页。

图 2-23 1862 年上海全景图
来源:《图说上海:モダン都市の 150 年》

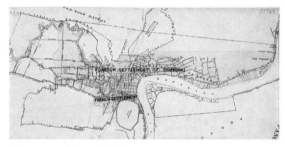

图 2-24 1877 年的租界地图
来源:Virtual Shanghai

图 2-27 1918 年上海租界图
来源:Virtual Shanghai

到 1865 年,由 26 条道路组成的道路网已在英租界形成,其中南北干道和东西干道各 13 条。根据 1863 年 11 月 28 日工部局董事会会议记录,提及租界测量事宜,当时大约有 250 幢西人房屋与 7782 幢华人房屋。① 1864 年 5 月,工部局委托有恒洋行建筑师怀特菲尔德(George Whitfield,?—1910)进行租界的测量工作,同时参加测绘的有金斯密(Thomas William Kingsmill,1837—1910)和弗雷德·H. 克奈维(F. H. Knevitt)三人,这项工作于次年 3 月完成。②根据 1866 年 3 月的统计,英、美租界共有 12 333 幢房屋,其中洋房 362 幢,中式房屋 11 971 幢。③此外,根据 1866 年 9 月的统计,英、美租界共有 31 家各级旅馆、酒店和饭店。④

租界带来了新式的市政、新式的建筑和全新的生活方式。19 世纪 70 年代,一位中国游人描述了他所见到的上海租界:"自小东门吊桥外,迤北而西,延袤十余里,为番商租地,俗称"夷场"。洋楼耸峙,高入云霄,八面窗棂,玻璃五色,铁栏铅瓦,玉扇铜镮;其中街衢弄巷,纵横交错,久于其地者,亦易迷所向。取中华省会大镇之名,分识道里,街路甚宽广,可容三四马车并驰,地上用碎石铺平,虽久雨无泥淖之患。"⑤上海开埠后,租界经过半个世纪的建设,到 19 世纪 90 年代已经初显繁荣,由县城的城郊发展成一个新的近代都市。道路、煤气、自来水、供电等市政事业走向现代化,建立了基本完备的西方模式的市政管理体制。外籍人口不断增加,人员成分和社会生活不断丰富,形成仿照西方社会生活的模式。1893 年,租界内举行了盛大的庆祝租界建立 50 周年庆典。

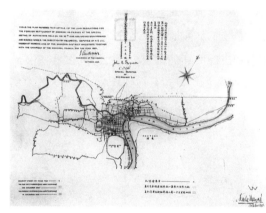

图 2-25 1907 年的上海租界略图
来源:《上海大辞典》

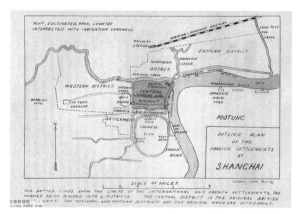

图 2-26 1899 年上海租界扩展示意图
来源:上海市档案馆馆藏地图

图 2-28 1875 年的外滩
来源:Building Shanghai: The Story of China's Gateway

1895 年中日"甲午战争"后，各西方国家获得在华自由贸易和开设工厂的特权，于是大大加强对华资本输入。如果将上海开埠后的半个世纪称为"开拓时代"，1890 年代后期开始进入新的"发展阶段"。随着上海城市经济的发展，建筑业也进入迅速发展的阶段。各种新的建筑类型大量出现，殖民地外廊式风格的影响逐渐减弱，在银行、交易所、市政厅、博物馆、跑马厅、俱乐部、百货公司、邮局、消防站等新类型的建筑中，建筑形式、功能布局及材料结构等方面大多直接移植欧洲的同类建筑，各种使用性质的建筑都开始有比较明确的风格与之对应。与西方人生活密切相关的住宅、别墅和娱乐建筑中反映出明显的"本土化"意识，大量引进欧洲本土建筑风格。还有一些在西方新出现的建筑类型，如电影院、火车站、电报电话局、发电厂、煤气厂、自来水厂及各类厂房等也于 19 世纪末在上海出现。这些建筑中表现出当时西方建筑新发展的影响，较多地采用新技术和新形式。

外滩建筑的发展最典型、最集中地代表了租界的发展（图 2-28）。19 世纪外滩的建筑基本上属于殖民地式及其变体，如第一代英国领事馆（1852—1870，图 2-29）、旗昌洋行（Russell & Co.，1850 年代，图 2-30）、早期礼查饭店（1860 年代，图 2-31）等。这些建筑的规模较小，一般只有 2～3 层楼，通常都有一个前院。这种楼房的形式就像欧洲的商家住宅，柱式和细部比较简洁。究其原因主要有三个：一是办公建筑在当时尚属新的建筑类型，还没有形成特殊的型制，因而采用了一般府邸的型制；二是当时一般的洋行在上海还是初创阶段，规模不大，受到经济条件的限制；三是洋行位于城市街道的一侧，并非处于城市空间构图的中心，建筑均以其正立面展现出整体，职业建筑师尚未参与设计和建造。

三、城市道路

1865 年的英租界已经初步形成完整的道路网，这一年工部局已经向公众提供绘制完整的租界平面图。根据统计，其时英租界已经有 100 盏路灯，南京路开始使用煤气灯照明；次年，租界已全部使用煤气灯作为路灯；1866 年 11 月，英租界已经有 175 盏煤气灯路灯。[6]这一时期的南京路等街道的建筑仍然呈现出强烈的中国传统式样，大多数建筑仍为木构房屋，带有马头墙式样的封火墙。从图 2-32 中可以看出，当时的南京路，称为"花园弄"，与一般内地商埠没有太大的区别。1870 年的南京路，还是一条从外滩通向界路的小道。沿街的大部分房屋仍为木构建筑，有着繁复细致的木雕栏杆、檐口和垂花装饰，底层作为商铺，二层是住家，很少见到 3 层以上的楼房。近百年来的发展使这一带成为上海乃至全国最繁华的商业大街。1862 年以前，这里已经开设了 14 家洋行，如创于 1853 年的老德记药房（Llewellyn & Co.）、科发药房（Volked & Schroeder）、公道洋行（Blain & Co.）等，及 9 家洋布和呢羽庄。1865 年花园弄改名为"南京路"，俗称"大马路"。从图 2-33 中可以看到汇中饭店和老德记药房。到了 1870 年代，商业更趋繁荣，大量消费品从国外涌进上海，南京路两侧的商店逐渐向西延伸，商店增多。

进入 20 世纪，商业活动主要集中在今浙江中路以东。据 1914 年的《字林西报·南京路行名簿》记载：南京路上有公平、大来、伯兴等 4 家洋行，哈同地产、谦和地产等公司 11 家，泰兴、源和、发朗等洋酒烟草铺号 7 家，永昌、鸿昌、利威等珠宝商店 7 家，有《泰晤士报》《德文新报》等 6 家报馆，百纳、

图 2-29　第一代英国领事馆
来源：*Old Shanghai Bund: Rare Images from the 19th Century*

图 2-30　旗昌洋行
来源：*Building Shanghai: The Story of China's Gateway*

图 2-31　早期的礼查饭店
来源：*Old Shanghai Bund: Rare Images from the 19th Century*

⑤ 黄楙材《沪游胜记》，转引自：上海通社编《上海研究资料》，上海书店，1984 年，第 558 页。

⑥ 1865 年 1 月 11 日、10 月 10 日及 1866 年 11 月 16 日工部局董事会会议记录，见：上海市档案馆编《工部局董事会会议录》第二册，上海古籍出版社，2001 年，第 497、518、591 页。

图 2-33 早期南京路外滩
来源：*Old Shanghai Bund: Rare Images from the 19th Century*

图 2-35 早期南京路四川路口街景
来源：《上海百年掠影》

图 2-34 早期南京路从东向西看的景观
来源：上海市历史博物馆馆藏图片

图 2-36 早期河南路
来源：《20 世纪初的中国印象》

义利等 3 家食品店，其他还有西药、钟表、时装、呢绒、木器等商号和综合性的惠罗公司、福利公司等（图 2-34），合计有 120 余家商号。①图 2-35 为南京路四川路口街景，图中左侧是惠罗公司，南京路南面的福利公司即今迦陵大楼所在位置。

上海其他街道的情况也大致如此。如辟筑于 1846 年的河南路，是早期英租界的西部边界，因此称为"界路"；1865 年定名为"河南路"，约长 1.2 公里，是租界与华界最早的分界线，也是租界内最早开辟的道路（图 2-36）。起初用煤渣铺路，1920 年代改为沥青路面。路两侧的建筑中西混杂，多为 2 层，集中了许多烟馆、旅馆、茶馆和妓院。20 世纪初，这一带集中了许多大小书局、文具仪器用品商店、绸缎店、百货店等。

开埠前四条通达黄浦江的土路之一——福州路于 19 世纪 50 年代筑成马路，19 世纪后期成为仅次于南京路的繁华道路。河南路以东是租界行政机构及中外大企业集中之地，如陆续建成的中央巡捕房、花旗总会、招商局等，西段是茶楼、戏院、旅馆、酒肆、书局云集之地（图 2-37）。从 20 世纪初起，西段自河南路至福建路这一段，书店、纸行、文具店林立，成为以书肆为中心的文化街（图 2-38）。这一段路上集中了众多的文化用品店、书店等，书店以中华书局、大东书局、世界书局的规模最大，其次还有开明书局、北新书局、生活书店等 20 余家。位于福州路山东路转角处的宝塔状楼阁，就是著名的《时报》馆所在地。

图 2-32 早期的南京路
来源：上海市历史博物馆馆藏图片

① 上海市黄浦区人民政府编《上海市黄浦区地名志》，上海社会科学院出版社，1989 年，第 397-398 页。

② Peter Hibbard. *The Bund Shanghai: China Faces West*. Hong Kong: Odyssey Publications, 2007: 47.

图 2-37 早期福州路
来源：上海市历史博物馆馆藏图片

(1) 来源：Virtual Shanghai

(2) 来源：Shanghai Century
图 2-38 福州路文化街

(1) 来源：上海市历史博物馆馆藏图片

(2) 来源：吕安德提供
图 2-39 早期福建路

当时与南京路、河南路、福州路相似的街道还有福建路、浙江路、金陵路、宁波路等。福建路早在清康熙年间即有石板路面，称为"闸路"或"石路"，是当年嘉定、太仓、昆山、常熟等地进入上海县城的主要通道。1855 年，路面铺上煤渣。几年后，路面改铺小石块；福建路于 20 世纪初渐趋繁荣，1914 年上海第一条无轨电车线路即设在福建路上，1915 年始改成水泥混凝土路面。在这条路上集中了桂圆行、南货店、衣庄和五金店等（图 2-39）。浙江路北段原为第二跑马场圈外土路，于 1861 年辟筑。19 世纪末至 20 世纪初，因受南京路商业的辐射效应，该路的中段开始繁荣（图 2-40）。

延安路的填浜筑路代表了上海这一时期的江南水乡城市的变迁。延安路东端原为黄浦江支流洋泾浜，是英法租界的界河，英租界这一边的路称为"洋泾浜滩路"（Rue du Yangkingpang），后改称"松江弄"（Sungkiang Road，图 2-41）。松江弄原是洋泾浜北岸土路的西段，东起湖北路，西迄浙江中路，全长仅 83 米。南岸的法租界沿河修筑了孔子路（Confucius Road），这里成为上海最早的洋场。洋泾浜也是老城厢通到英租界的必由之路，上面曾修建过 8 座桥梁，其中绝大部分建于 1864 年之前。1915 年填平洋泾浜，与南岸的孔子路和北岸的松江弄合并，道路取名"爱多亚路"（Avenue Edward VII），以纪念英皇爱德华七世（图 2-42）。1928 年经过改造，这条大道从外滩一直延伸到当年的梅礼拉路（Manila Road，又称孟纳拉路，今延安东路的连云港路至金陵西路一段），共长 2620 米，红线宽 100 英尺（30.48 米），车道宽 74 英尺（22.56 米），为当时远东第一通衢大道，也是中国第一条高速干道。②爱多亚路在 1943 年 10 月改名为"大上海路"，抗战胜利后又改称"中正东路"，1950 年 5 月改为"延安路"。延安路的河南中路以东，集中了如大来银行、中法实业银行、美商友邦银行等银行、交易所，以及报馆、洋行、饭店等；自福建路往西则大多为小商号。据 1918 年统计，这条路上集中了近 20 家洋行，大多经营进出口业务，华资行号、商店约有 63 家。建于 1917 年，位于爱多亚路、西藏路口上的"大世界"更为这里的繁华增添了色彩（图 2-43）。

法租界于 1860 年筑成法租界外滩的黄浦滩马路；后又于 1901 年越界辟筑霞飞路；初名"西江路"，1906 年以法租界公董局总董之名命名为"宝昌路"（Avenue Paul Brunat，今淮海东路、淮海中路一带，图 2-44）；1915 年改以法国元帅"霞飞"之名命名，称为"霞飞路"（Avenue Joffre，图 2-45）；1943 年一度改称"泰山路"；1945 年以当时国民党政府主席林森之名命名，称为"林森中路"；1950 年为纪念淮海战役的胜利，更名为"淮海中路"。20 世纪 20 年代在霞飞路两侧已建成相当多的公寓、

图 2-40 早期浙江路
来源：*Twentieth Century Impressions of Hong Kong, Shanghai, and other Treaty Ports of China*

大楼、花园住宅，形成市区内最大的居民住宅区之一。30 年代，这一带已成为华洋杂处的商业区，且形成了法租界特有的环境优美、幽静的住宅区，而道路两旁人行道则遍植悬铃木，成为法租界的标志，图 2-46 中右面的大楼是赛华公寓。法租界在 1914 年扩充时，圈入一片人烟相当稀少的地区，既靠近市中心，受到外国法律和行政的保护，又不受工业的污染与干扰，因而成为理想的居住区（图 2-47）。这一地区逐渐建造了许多环境幽静的住宅和娱乐场所，上海的外侨把它称为"法兰西市镇"（Frenchtown），并由此闻名于世。直至今天，黄浦区、长宁区、徐汇区一带仍然留下许多这类住宅和设施（图 2-48）。

　　随着租界和华界道路的修筑，在上海出现了一个新的城区，使城市有了崭新的面貌。租界经过多次扩张，面积已大大超过旧城区。在 19 世纪末和 20 世纪初，华界也突破了城区的约束，发展了城市北部的闸北地区，旧城厢乃至南市也得到了改造和扩大（图 2-49）。老城垣在 1913 年和 1914 年拆除后，

(1) 来源：*Old Shanghai Bund: Rare Images from the 19th Century*

(2) 来源：Virtual Shanghai

(3) 来源：上海市历史博物馆馆藏图片

图 2-41 洋泾浜

图 2-42 填平洋泾浜的施工情景
来源：上海市档案馆馆藏图片

(1) 1932 年爱多亚路
来源：Virtual Shanghai

图 2-43 爱多亚路

(2) 爱多亚路东段
来源：上海图书馆馆藏图片

(3) 爱多亚路西段
来源：上海市历史博物馆馆藏图片

图 2-44 宝昌路
来源：上海市档案馆馆藏图片

图 2-45 霞飞路
来源：上海市历史博物馆馆藏图片

图 2-46 淮海中路常熟路口
来源：上海市档案馆馆藏图片

图 2-47 早年的衡山路
来源：上海市历史博物馆馆藏图片

图 2-48 法租界鸟瞰
来源：Virtual Shanghai

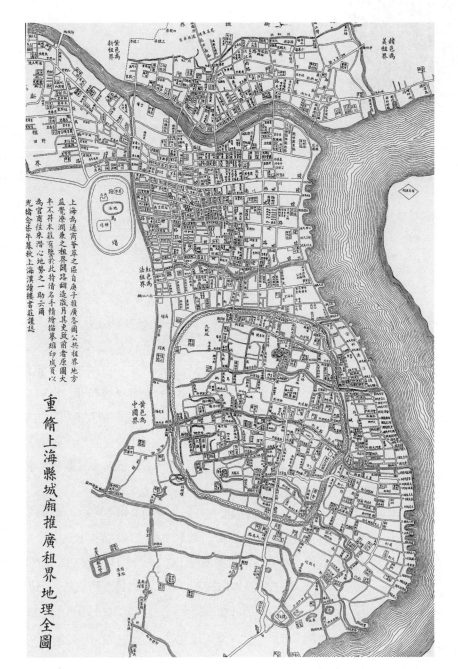

图 2-49 1901 年的上海地图
来源：《上海史：巨大都市の形成と人々の営み》

图 2-50 老西门地区
来源:上海市历史博物馆馆藏图片

图 2-51 十六铺小东门地区
来源:上海市历史博物馆馆藏图片

① 顾炳权编著《上海洋场竹枝词》,上海书店出版社,1996年,第 72 页。

② 中国通商银行 1897 年成立时西文名为 The Imperial Bank of China,1911 年后西文名改为 The Commerical Bank of China。

③ 唐振常主编《上海史》,上海人民出版社,1989 年,第 372 页。

④ 张仲礼主编《近代上海城市研究:1840—1949 年》,上海人民出版社,2014 年,第 225 页。

⑤ 同上,第 71 页。

⑥ 罗志如《统计表中之上海》,国立中央研究院社会科学研究所,1931 年,第 63 页。

⑦ 张仲礼主编《近代上海城市研究:1840—1949 年》,上海人民出版社,2014 年,第 245 页。

⑧ 谭熙鸿等《全国主要都市工业调查初步报告提要》(1948),转引自: 张仲礼主编《近代上海城市研究:1840—1949 年》,上海人民出版社,2014 年,第 245 页。

⑨ 张仲礼主编《近代上海城市研究:1840—1949 年》,上海人民出版社,2014 年,第 262 页。

⑩ 同上,第 100 页。

⑪ 陆文达主编,徐葆润副主编《上海房地产志》,上海社会科学院出版社,1999 年,第 103 页。

⑫ Mary Ninde Gamewell.*The Gateway to China: Pictures of Shanghai*. American Theological Library Association Historical Monographs, 1916: 19.

城墙旧址上出现了宽敞的大道。自 1912 至 1927 年间,仅老城区就兴建了局门路、方浜路、丽园路等近 30 条道路,闸北一带则辟筑了 70 余条道路。1921 年,由方浜、集水两路合并而成"东门路",马路拓宽,因位于交通要冲,百业兴盛,全长仅 338 米,却是银楼、银行、南北货、水果、药材商行的集中地,成为南市沿浦江一带最繁盛的道路。十六铺小东门一带、老西门地区、宝山路鸿兴路一带迅速繁荣起来(图 2-50)。十六铺一带原来就是南北货物集散交易的中心,李默庵在《申江杂咏》中描绘当时的小东门说:"歌楼舞榭足销魂,鸡犬桑麻莫并论。十六铺前租界止,繁华直到小东门。"①城墙拆除后,老城厢更是空前繁荣,上海的知名老街多在这一带,老街与码头衔接。各地来的货物都在此聚散,使这一带人丁稠密,街市兴旺,素有"一城烟火半东南"之誉。各地驻上海的数十所会馆,也多半聚集在大、小东门之外(图 2-51)。

四、城市经济

进入 20 世纪后,上海的经济蒸蒸日上,百业兴盛,市面十分繁荣,经济的增长速度是显而易见的。自 1897 年 5 月近代中国第一家银行——中国通商银行(The Imperial Bank of China)②在上海开办,到 1911 年全国共开办 17 家华资银行,其中 10 家在上海开设了总行或分行。③据 1936 年统计,分布于全国各主要通商口岸的外资银行达 84 家,上海共有 28 家,占总数的 33%。④1935 年时,全国共有银行 164 家,其中 59 家银行的总行设在上海,占 36%;上海共有 182 个各种银行机构。⑤在不到一个世纪的时间里,上海一跃成为近代中国功能比较齐全的国际金融中心和国际汇兑中心,并形成了一个全国性的金融网络。除此之外,上海也建立了证券交易市场,据此,资本市场基本完善。

与此同时,工业也有很大发展。据统计,1876 年至 1914 年间,上海在 38 年中一共开设了 153 家工厂,而在 1914 年至 1928 年的 14 年中,开设的工厂达 1229 家之多。⑥1933 年上海的工业总产值几乎占全国工业总产值的一半。⑦据《全国主要都市工业调查初步报告提要》记载,1947 年的上海有 7738 家工厂,占全国 14 076 家的 54.9%。⑧工厂的生产范围遍及机器修造业、造船业、电力业、五金业、化工业、橡胶工业、水泥工业、印刷业、缫丝业、棉纺织业、卷烟业、造纸业、面粉业、火柴业等,门类比较齐全,显示出积聚效应。其结构的特点是以加工工业为主,并且又以生产消费资料的轻纺工业部类为主。而近百年间,外国资本工业的投资额始终高出于民族资本工业投资额的一倍以上,在 1936 年时曾达到 2.46∶1 的悬殊差距。⑨外资工业基本垄断和操纵了上海的工业市场(图 2-52)。

上海的近代资本主义商业由外国商业机构——洋行引进,在 1844 年,即开埠一年后,上海就有英美等外国洋行 11 家;10 年后发展到 120 多家;到 1876 年左右,外国洋行达到 200 余家。而据 1914 年统计,⑩上海的外国洋行已达 1145 家(图 2-53)。20 世纪初,上海的商业由于华侨资本的注入和推动,发生了巨大的变化。借助地理位置的优势,上海已在全国的内外贸易中起到举足轻重的作用,既是外贸大港,也是内贸中枢。到 20 世纪 20 年代,上海已经形成近代商业的营销体系。由于上海具有优越的市场条件，工商经济繁荣，消费风气日趋侈靡。市民阶层的形成，促进了上海特有的一种消费文化的形成，追逐时髦，以新奇为美。一方面，上海的消费人口众多，收入及消费水平均高出外地，有着十分巨大的市场潜力；另一方面，上海的社会生活多元化和追求现代化又大大地刺激了消费，提高了生活质量。商业和文化融为一体，形成包容性十分广泛的多元文化。

南京路的繁荣成为上海经济发达的标志和展示窗口。在这里，既有传统的特色店铺、茶馆、酒肆，也有外国人开的商号、药房，成为各种舶来品的展销场，并由旧式商业向新式商业演变。南京路上掀起过一阵又一阵时髦风，成为上海时尚的中心。到20世纪20年代，南京路上已形成繁华的商业中心，聚集了30余种行业约200家专业商店，使南京路享有"小巴黎"的美称（图2-54）。南京路上四大公司的开设更是大都市商业现代化的标志。这四大公司分别是先施公司（1917）、永安公司（1918）、新新公司（1926）和大新公司（1936）。还有1933年在南京路山东路口开设的大陆商场，与四大公司一起成为南京路商业的台柱，南京路也因此成为上海，乃至远东的商业中心。据统计，1949年以前，上海有324.7万平方米的商场和店铺。[11]直至今天，南京路依然标志着上海的变化。

100多年前一位英国人说过："有两样东西是英国人必不可少的，国王和赛马场。"[12]南京路上除了商店林立外，还有许多旅馆、娱乐场所。早在1850年，那时工部局尚未成立，即由英国私人在今丽华公司附近购买80亩（5.3公顷）土地，辟为花园，举行跑马和各种球类运动，俗称"抛球场"，并于1850年秋举行上海有记录的最早一次跑马比赛。随后，由于这一带地价上涨，1854年在今湖北路、西藏路、芝罘路、北海路建造第二个跑马场，人称"新花园"，约占地170余亩（约10公顷），道路随之向西筑到今浙江中路处。至今从这一地区的道路形状还可以推测出当年第二跑马场的位置和形状。1860年，又将跑马场迁至今天的人民广场及人民公园处，占地500亩（约33.3公顷），南京路又往西辟筑到今西藏路（图2-55）。

南京路的发展也可以从交通工具窥其一斑。1874年南京路上有了人力车，与传统的轿子、马车并驾齐驱；1901年南京路上出现了上海有史以来的第一辆汽车；1908年3月5日，第一辆有轨电车出现在南京路上；1914年11月1日无轨电车在这里通车，1922年8月13日上海第一条公共汽车线路从南京西路站始发，通至兆丰公园（今中山公园）。南京路在1852年成为中国的第一条柏油马路；1908年又由英籍犹太地产商哈同出资，将南京路从外滩到西藏路一段全部铺上印度铁藜木，计400万块，成为远东最漂亮的一条道路。这条长5465米的南京路两旁汇集了汇中饭店（Palace Hotel，1906—1908）、沙逊大厦（Sasoon House，1926—1928）、国际饭店（Park Hotel，1931—1934）以及大华饭店（Majestic Hotel，1911前后）等大楼，有着张园、哈同花园等园林宅邸，又有着新世界游乐场、四大公司的屋顶乐园、仙乐剧场、新新舞台、卡尔登大戏院（Carlton Theatre，1922—1923）、美琪大戏院（Majesric Theatre，1941）、百乐门舞厅（Paramount Ballroom，1934）等娱乐场所，见证着南京路上的百年繁华（图2-56）。

来源：《上海城市地图集成》

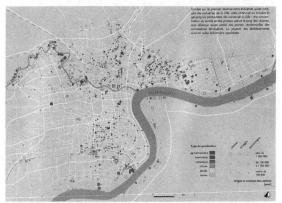

来源：*Atlas de Shanghai Espaces et représentations de 1849 à nos jours*

图2-52 1928年上海的工业企业分布图

图2-53 上海的洋行
来源：《沧桑》

图2-54 1920年代的南京路
来源：Virtual Shanghai

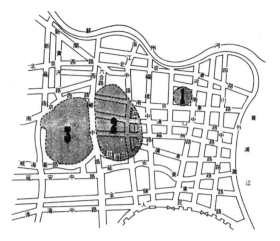

图 2-55 跑马场的变迁
来源:《旧上海的烟赌娼》

图 2-56 1930 年代的南京西路
来源:上海市历史博物馆馆藏图片

图 2-57 1930 年代的上海鸟瞰
来源:Virtual Shanghai

① 张仲礼主编《近代上海城市研究: 1840—1949 年》,上海人民出版社, 2014 年, 第 338 页。

② 薛士全《闲话工部局中、早期建筑活动》, 见: 上海建筑施工志编委会编写办公室编著《东方"巴黎": 近代上海建筑史话》, 上海文化出版社, 1991 年, 第 62 页。

③ 李晓华《百年沧桑话建筑》, 见: 上海建筑施工志编委会编写办公室编著《东方"巴黎": 近代上海建筑史话》, 上海文化出版社, 1991 年, 第 4 页。

④ 陆文达主编, 徐葆润副主编《上海房地产志》, 上海社会科学院出版社, 1999 年, 第 120 页。

⑤ 潘君祥、王仰清主编《上海通史》第 8 卷: 民国经济, 上海人民出版社, 1999 年, 第 276 页。

⑥ 陆文达主编, 徐葆润副主编《上海房地产志》, 上海社会科学院出版社, 1999 年, 第 131 页。此处的"间", 即"单元", 或称"栋""幢"。

⑦《建筑月刊》第二卷, 第二期, 1934 年 2 月。见:《中国近代建筑史料汇编: 第一辑》第三册, 第 1473 页。

⑧《建筑月刊》第三卷, 第十一、十二期合刊, 1935 年 12 月。见:《中国近代建筑史料汇编: 第一辑》第六册, 第 3204 页。

⑨ 张仲礼主编《近代上海城市研究: 1840—1949 年》, 上海人民出版社, 2014 年, 第 338 页。

⑩《上海市技师、副技师、营造厂登记名录》, 民国二十二年 (1933), 见:《中国近代建筑史料汇编: 第二辑》第八册, 第 4385 页。

⑪《上海市营造工业同业公会会员录》, 1946 年 12 月, 见:《中国近代建筑史料汇编: 第二辑》第八册, 第 4871 页。

⑫ 罗兹·墨菲著《上海: 现代中国的钥匙》, 上海社会科学院历史研究所译, 上海人民出版社, 1986 年, 第 4-5 页。

随着经济的增长, 城市建成区的面积在不断扩大, 建筑数量猛增, 地价飙升。1865 年工部局估价征税的土地面积为 4310 亩 (287.3 公顷), 到 1933 年增至 22 330 亩 (1488.67 公顷), 增加 5 倍以上。① 另据统计, 1890 年工部局颁发的建筑许可证为 1436 件, 到 1899 年增至 2026 件, 1904 年为 4931 件。从 1890 年到 1904 年共颁发 41 877 件建筑许可证, ② 由此可见建筑活动的规模。又据统计, 从 1910 年至 1915 年, 上海新建了 4000 幢建筑物。③ 从 1909 年到 1918 年, 仅公共租界就核准建房 43 000 幢, 平均每年约 4000 幢。④ 1919 年至 1931 年的 13 年间, 公共租界新建房屋 8 万余幢, 平均每年 6000 余幢。法租界从 1915 年至 1930 年共建新楼 3 万余幢, 平均每年约 2000 幢。⑤ 据统计, 1930 年的上海公共租界有房屋 80 546 间 (单元), 其中洋式房屋 6184 间, 中式房屋 74 362 间; 法租界有房屋 39 231 间, 其中洋式房屋 5338 间, 中式房屋 33 893 间; 界外马路区域有房屋 6067 间, 其中洋式房屋 2470 间, 中式房屋 3597 间 (图 2-57)。⑥ 1933 年在上海颁发营造执照 1639 件, 修理执照 1268 件, 杂项执照 1051 件, 营造面积共 403 780 平方米。⑦ 又据统计, 1933 年公共租界发出 4571 件房屋执照, 1934 年新建 2026 幢。⑧ 公共租界在 1880 年有里弄房屋 17 421 单元, 到 1935 年增至 88 045 单元, 共增加了 5 倍。⑨ 从营造厂的数量也可以看出建筑业的繁盛, 据统计, 1933 年登记的上海营造厂有 2130 家;⑩ 而根据《上海市营造工业同业公会会员录》所载, 到 1946 年 12 月上海尚有营造厂 929 家。⑪

租界按照西方近代城市的规模进行建设和管理, 对城市的近代化起了很大的推动作用。人口和工商业活动的高度集中, 也促进了城市基础设施方面的建设, 市政建设和公用事业迅速启动先行, 极大地改变了城市的面貌, 使上海进入快速城市化的过程。同时, 经济活动的兴盛, 也使上海从开埠前单一的传统商业城镇一跃而成为多功能的近代化城市, 号称"东方的巴黎"。正如美国地理学家和亚洲史学家罗兹·墨菲 (Rhoads Murphey, 1919—2012) 在《上海——现代中国的钥匙》 (*Shanghai, Key to Modern China*, 1953) 一书中所说:

> 上海, 连同它在近百年来成长发展的格局, 一直是现代中国的缩影。就在这个城市, 中国第一次接受和吸取了 19 世纪欧洲的治外法权、炮舰外交、外国租界和侵略精神的经验教训。就在这个城市, 胜于任何其他地方, 理性的、重视法规的、科学的、工业发达的、效率高的、扩张主义的西方和因袭传统的、全凭直觉的、人文主义的、以农业为主的、效率低的、闭关自守的中国——两种文明走到一起来了。两者接触的结果和中国的反响, 首先在上海开始出现, 现代中国就在这里诞生。⑫

第二节 外滩的变迁

经历了 100 多年的演变，外滩已经成为上海的标志，上海外滩的建筑和滨水空间，代表了上海这座城市独特的形象。外滩这一名称顾名思义是"城外的滩地"，因这里的地势较城内低，每年夏秋黄浦江汛期来潮时往往被淹，成为"滩地"（图 2-58）。这一带原先都是已经开垦的水田，其间有不少小河沟，夏天长满芦苇。1843 年上海开埠时，这里的地价大约每亩从 15 千文到 35 千文不等（图 2-59）。[13]

外国人把外滩称作"Bund"，Bund 一词来源于波斯语的"band"，经过兴都斯坦语的转译，意为"堤岸""驳岸"或"码头"，与英语中的"bind""bond""band"和德语的"Bund"有相同的词根。上海外滩通常是指从延安东路向北到外白渡桥的滨江带，沿外滩的建筑包括在外滩的范围内。从延安东路往南的滨江大道称为法租界外滩（Quai de France），通常公认的外滩并不包括法租界外滩。外滩的西侧汇集上海最具历史文化价值的一些建筑，外滩的建筑和空间品质属于世界著名的滨水空间之列；另一方面也是因为外滩代表上海的政治、经济和社会的发展。这些建筑大多形成于 1920 年代中晚期及 1930 年代早期，代表当时世界建筑设计和施工技术的一流水准（图 2-60）。

⑬《上海市通志馆期刊：第一卷》，1933 年，第 54 页。

图 2-58 早期外滩
来源：*Building Shanghai: The Story of China's Gateway*

图 2-59 1850 年代的外滩全景
来源：*Building Shanghai: The Story of China's Gateway*

图 2-60 今天的外滩
来源：上海市城市建设档案馆提供

外滩是特殊社会历史和地缘政治的产物，一位耶稣会神父施于民（Alexandre Rose）于 1847 年 7 月来到上海，那时的外滩已经显现出城市的雏形：

> 英国式的城市像通过魔术般地建立起来了，它真是一个奇迹。这里建筑的不是欧式房屋，而是各种式样的宫殿。①

法新社记者罗贝尔·吉兰（Robert Guillain, 1908—1998）于 1937 年来到上海，他对外滩有一段描述：

> 城市的荣光都在外滩，它是公共租界和法租界高傲的门面，甚至是上海的象征。外滩是东西方文化交汇的地方，是白人对落后的黄种人表现优越感的精致样板。朝向江面、延绵不断的大厦外墙，像美国的白色摩天大楼一样漂亮，以傲慢的神态和金钱的力量高高俯视着港口那些拥挤的亚洲无产者。②

由于城市的发展，经济的繁荣，也由于地价的飙升，土地产权的不断转让，外滩的建筑绝大多数都经历过多次的更新，可以说一直处于改建和重建的过程中。许多建筑都经过二次，甚至三次更新，最终形成近代外滩的建筑和城市空间。根据现有资料，在 1880 年代，外滩的房屋已有固定的门牌号码。从 1 号到 33 号，理应有 33 幢房屋，但实际上外滩只有 24 幢房屋，其间有 9 块门牌号码在外滩建筑的历次变迁中因地产兼并而消失。

近代外滩城市滨水空间的形成大体上可以划分为三个历史时期：第一代建筑时期（1843—1890 年代初期）；第二代建筑时期（1890 年代初期—1916）；第三代建筑时期（1916—1937）；近代外滩建筑的最终形成时期（1937—1947）。这一分期断代只是为方便说明起见。有些建筑在第一代建筑时期有可能已经进入第二代。实际上在 1843 年前，外滩已经存在各类建筑，只是过于简陋。下面分别说明各个时期的城市空间特征和建筑的演变。

一、早期外滩建筑（1843—1890 年代初）

第一代外滩建筑以 1843 年开埠作为起点，大致以 1890 年代初期作为分界。这一个时期外滩的建筑变化相当大，从简陋的小楼逐渐形成外滩的整齐面貌，外滩的地块划分也基本定型，也可以说是从外滩建筑的雏形逐渐成形。期间有英国领事馆（1849，1873）、1860 年代的旗昌洋行大楼、1864 年的第一代上海总会、第一代怡和洋行（1864）、丽如银行（1869）、1874 年的第一代汇丰银行、1877 年的德华银行、1892 年的第一代横滨正金银行以及 1893 年的第二代江海关和旗昌洋行新楼的建成等重要项目，构成了外滩的第一代建筑空间。这一时期也初步形成了外滩的各个地块的基本格局，开始了第一轮的租地造屋活动。

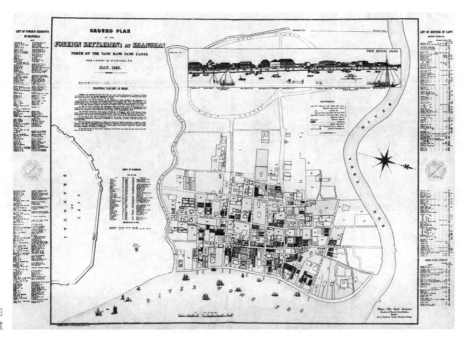

图 2-61 1855 年英租界地图
来源:上海市档案馆馆藏

① 梅朋、傅立德著《上海法租界史》,倪静兰译,上海社会科学院出版社,2007 年,第 13 页。

② 贝尔纳·布里赛著《上海:东方的巴黎》,刘志远译,上海远东出版社,2014 年,第 335-336 页。

③ 1854 年 8 月 10 日工部局董事会第三次会议记录,见:上海市档案馆编《工部局董事会会议录》第一册,上海古籍出版社,2001 年,第 570 页。

④ 该图现分别藏于上海市档案馆、上海市城建档案馆、上海房地局档案馆和上海图书馆。

⑤ 汤志钧主编《近代上海大事记》,上海辞书出版社,1989 年,第 18 页。

　　从工部局董事会的会议记录中可以了解对于城市空间和建筑的管理已经纳入程序,工部局的职责包括城市规划和管理、土地管理、建筑管理、市容管理、交通管理、公共工程、市政设施、划定道路路线等。例如 1854 年 8 月 10 日工部局董事会第三次会议的记录要求布鲁厄尔家靠近伦敦教会建造基地通往公墓的大门拆下,换上一扇较宽阔的大门。发出通告,责令房屋面向外滩的一些户主拆除面对他们各自房屋的一切木棚、货摊等建筑。总董凯卫伦(William Kay)致函老沙逊洋行,指出他们的围墙超出正当界限,要求立即采取措施予以拆除。总董也致函三个缔约国领事,邀请苏州河北侧的地产业主在一定条件下参与全面规划。③

　　1855 年 5 月,一位名叫尤埃尔(F.B.Youel)的英国测量师首次实测了从外滩到界路(今河南中路)的外侨居留地。根据尤尔的测绘,远东地图公司(Plans Far East Ltd)将老的规划草图、油画、表格和文件合并在一起制成了"上海洋泾浜北首外侨居留区地块图"(Plan of the Foreign Settlement at Shanghai North of the Yang Kang Pang Canal),由中国绘图员陈文晋复制了数份流传于世(图 2-61)。④图 2-62 是根据 1855 年的英租界地图绘制的地块图,自洋泾浜往北一直到苏州河的所有面向黄浦江的建筑平面图,以双线勾画已建建筑,单线勾画未建建筑,画对角线的是堆栈,一般都设有外楼梯,货物可直接送往二楼存放。虚线表示便道,图中数字是在领事馆的租地登记编号。

　　1843 年 11 月 17 日,根据中英《南京条约》规定,上海正式开辟为通商口岸。依照广州海关的先例,上海道台宫慕久在洋泾浜北设立西洋商船盘验所,征收进口货税银,这是已知外滩最早的建筑物。⑤与此同时,英国首任驻上海领事巴富尔(George Balfour,1809—1894)开始与上海道台交涉划定外国人居留地界址,他首先看中的就是外滩这片土地(图 2-63)。1845 年 11 月 29 日,上海道台将拟定的《上

图 2-62 外滩第一批地块图
来源:上海房地局档案馆馆藏地图

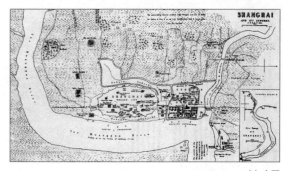

(1) 全图
来源:《上海城市地图集成》

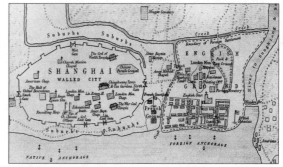

(2) 局部
来源:Shanghai Century

图 2-63 1853 年的上海地图

图 2-64 1849 年的外滩
来源：《十八及十九世纪中国沿海商埠风貌》

图 2-65 早期的英国领事馆和外滩
来源：*Old Shanghai Bund: Rare Images from the 19th Century*

来源：Virtual Shanghai

来源：上海市历史博物馆馆藏图片
图 2-66 江海北关

海租地章程》送交英国领事。根据租地章程，外滩被正式划入英国租界。1846 年 3 月 30 日，英国领事巴富尔在给英国驻华公使的一份报告中说：指定给英国商人居住的地点，不论是同中国商人交易，或是同英国商船联系，一般认为都很便利。这些商船就停在英商住宅对面的黄浦江上。已租给外侨的 60 到 75 英亩（24.3 ～ 30.4 公顷）的土地，的确是相当宽敞的，足可供用作住宅、花园、娱乐场所以及最重要的存货仓库。[1]从 1843 年到 1847 年，数年之内，外滩的面貌发生了巨大的变化，中西风格相结合的 2 ～ 3 层楼房如雨后春笋般冒出来。这些房屋一般都由外国商人凭想象绘出草图，然后请中国工匠建造，材料完全取自本地。其样式大体上是由砖柱承重的宽敞游廊环绕着屋舍，或者至少有三面游廊。屋顶为传统的中国式屋瓦，屋外有相当大的场院，院中绿树成荫。[2]

1849 年，一位在英国画家钱纳利（George Chinnery，1774—1852）画室工作的画家以写实的手法描绘了外滩的景色。[3]从图 2-64 中可以看到当时外滩的建筑风貌，江海关在画中显得很突出，画面最右侧是英国领事馆。从这幅油画可以得出这样的印象：这一时期的外滩仍然带有田园风光，1860 年代以前，建筑不超过 2 层，外貌比较单一，呈亦中亦西式样。建筑基本上比较简陋，只是满足实用的需要。1849 年，英国领事馆已经从城内迁至李家庄（今外滩 33 号），1852 年曾经翻造，1870 年毁于火灾（图 2-65）。

1857 年建成中国传统衙署式样的江海关关署（The Custom House）。[4]建筑为 2 层，带有飞檐，顶部设有老虎窗用于监测黄浦江上船只的动静，内院面向黄浦江，设有中式牌楼辕门，以栅栏为门。1857 年江海北关正式迁入时，增建了两翼的建筑。总体平面呈凹字形，两侧厢房二层部分完全是中式城楼的形式，底层部位则采用西方建筑的式样，转角有隅石（图 2-66）。

1860 年代的外滩已经是洋行林立，地价暴涨，1852—1862 年的 10 年间地价涨了 200 倍[5]。随着上海在全国地位的日益增强和在国际贸易中的重要性不断提高，对土地开发利用的要求也日益强烈，外滩的建筑和景观在不断地改变（图 2-67）。进入 20 世纪后，外滩地价飙升，原先洋行前的码头纷纷向虹口和法租界外滩转移，使外滩的滨江景观大为改观。1856 年 3 月 31 日工部局董事会会议议决拓宽

图 2-67 1867 年的外滩
来源：*Old Shanghai Bund: Rare Images from the 19th Century*

图 2-68 外滩滨江带
来源：上海市历史博物馆馆藏图片

图 2-69 外滩公园
来源：上海档案馆馆藏图片

(1) 1870 年木结构音乐亭
来源：Virtual Shanghai

(2) 钢结构音乐亭
来源：上海档案馆馆藏图片

图 2-70 外滩公园音乐亭

① 汤志钧主编《近代上海大事记》，上海辞书出版社，1989
年，第 25 页。

② 参见 "Early Architecture in Shanghai"，*SOCIAL SHANGHAI*.
Vol. XII，1911：75.

③ 上海市历史博物馆藏有早期摹本的照片，香港艺术馆
藏有摹本。

④ 上海通社编《上海研究资料》，上海书店，1984 年，第
67 页。

⑤ 张仲礼主编《近代上海城市研究：1840—1949 年》，上
海人民出版社，2014 年，第 332 页。

⑥ 1856 年 3 月 31 日工部局董事会会议记录，见：上海
市档案馆编《工部局董事会会议录》第一册，上海古籍
出版社，2001 年，第 594 页。

⑦《建筑月刊》第一卷，第六期，1933 年 4 月。见：《中国近
代建筑史料汇编：第一辑》第二册，第 593 页。

外滩路面，提出并批准了一项关于把外滩再向黄浦江推进 50 英尺（15.24 米）的规划。根据这项规划，
留作公用的外滩宽度不是以前的 30 英尺（9.14 米）而是 60 英尺（18.29 米），并允许临江地块的业主
按各自的地块宽度支付五分之二费用后可获得 20 英尺（6.10 米）土地。⑥

　　1862—1866 年间，工部局在外滩修筑了一条滨江大道，铺设了石板路面，有成片的草坪。1865 年
起在外滩种植行道树，改善了外滩的环境（图 2-68）。1868 年开放的外滩公园又称"公家花园"，是
外滩最大的一块绿地（图 2-69）。它原是英国领事馆前面的浅滩，由于泥沙堆积于一艘沉船上而逐渐升起。
1866 年工部局用洋泾浜中挖起的泥填高了这片涨滩，并开始植树，布置花坛草坪。1884 年及以后，工部局又
屡次填高苏州河口的滩地以扩大公园。 1933 年曾经有动议将市政厅建造在公园内，面临苏州河。⑦1870 年
建造了一座木结构的音乐亭，1888 年改建为八角形钢结构音乐亭。前后的音乐亭有很大变化，初期的
为圆形平面，屋顶为拔高的圆穹顶，四个入口上部有哥特式的山花和小尖塔。后期的比较简化，仍然
是拔高的圆穹顶，似凉亭的形式，平台已经提高（图 2-70）。

　　旗昌洋行（Russell & Co.）于 1846 年在上海开办。在 1850 年代末的外滩画面上，旗昌洋行有两栋相邻
的主要建筑，平面均为长方形，短边面向外滩。南面一栋一层为半圆形连续券外廊，二、三层为方形窗，有弧

形窗楣，二、三层立面中央有三开间的柱式外廊，是立面构图的主要部分（图 2-71）。图中右侧的建筑，即北楼保存至今（今福州路 17、19 号），表现出维多利亚哥特式风格，立面为统一的连续券构图，二层为尖券，底层为半圆形券，外廊特征明显，檐口和券的线角都显示出正规的西方建筑特征。外墙和连续的哥特式尖券完全用石材砌筑，做工精细，并采用裸露石墙面的处理手法，这在 1860 年代的上海建筑中是非常少见的，在上海早期西式建筑中也是很少见的。两栋建筑都是简单的四坡屋顶，铺中国式小青瓦，立面有相似的落地长窗和铸铁窗罩，有院落围墙，设有带山花的高大院门（图 2-72）。

1880 年代初，外滩 6 号旗昌洋行的新大楼建成。[1]建筑采用英国维多利亚建筑的哥特复兴风格，由玛礼逊洋行的建筑师格兰顿（Frederick Montague Gratton，1859—1918）设计（图 2-73）。新大楼占地面积 1157 平方米，建筑面积 4545 平方米，砖木结构，1893 年 4 月经火灾后修复。[2]1897 年中国通商银行在此开业，原有的青砖清水墙面在 1921 年翻建时改为砂浆抹灰墙面，同时也增建了南翼。2005 年初开始对内部进行全面改造，原来的砖木结构改为钢筋混凝土结构，内部空间已经全部改观，仅外形保持原貌。

1862 年，老沙逊洋行（David Sassoon & Co.）在外滩 24 号建造了文艺复兴风格的新楼，高 3 层（图 2-74）。又于 1866 年在外侧沿黄浦江一面的外滩 24 号和 25 号建造了两幢完全相同的商务楼，[3]其中一幢出租

图 2-71 1875 年绘画中的旗昌洋行
来源：《晚清华洋录》

（1）1881 年照片
来源：Virtual Shanghai

来源：*Twentieth Century Impressions of Hong Kong, Shanghai, and other Treaty Ports of China*

图 2-72 旗昌洋行
来源：上海市历史博物馆馆藏图片

（2）1886 年照片
图 2-73 旗昌洋行新楼

来源：Virtual Shanghai
图 2-74 老沙逊洋行

图 2-75 沙逊洋行商务楼
来源：*Old Shanghai Bund: Rare Images from the 19th Century*

图 2-76 新沙逊洋行商务楼
来源：上海市历史博物馆馆藏图片

图 2-77 扬子保险公司
来源：Virtual Shanghai

图 2-78 禅臣洋行新办公楼
来源：*Twentieth Century Impressions of Hong Kong, Shanghai, and other Treaty Ports of China*

图 2-79 1864 年建造的怡和大楼
来源：*Twentieth Century Impressions of Hong Kong, Shanghai, and other Treaty Ports of China*

图 2-80 第一代上海总会
来源：Virtual Shanghai

给麦加利银行（Charted Bank of India，Australia & China），另一幢与大英火轮公司（Peninsular and Oriental Steam Navigation Co.，P & O）合用，图 2-75 中右侧的两幢姐妹楼即沙逊洋行商务楼（David Sassoon & Sons），图中最左面的是建于 1875 年的汇中饭店，其北侧的两幢姐妹楼为位于外滩 20、21 号的沙逊洋行于 1877 年新建的商务楼（David Sassoon Buildings，图 2-76）。扬子保险公司（The Yangtze Insurance Association Ltd.）于 1862 年在外滩 26 号建造了新楼（图 2-77）。

位于北京路北侧外滩 28 号的德商禅臣洋行（Siemssen & Co.）新办公楼，为 2 层外廊式建筑，建于 1863 年。禅臣洋行在第一次世界大战结束时被没收，该处房地产由英资格林邮船公司（Glen Line Ltd）购得，1922 年翻造格林邮船大楼（图 2-78）。位于外滩 27 号的怡和洋行于 1861 年开始翻造新办公楼，称为怡和大楼（EWO Building），1864 年竣工，楼高 3 层，面宽有 15 个开间，是当时外滩体量最大的建筑。直到 1949 年，怡和洋行的办公楼一直位于外滩 27 号（图 2-79）。

1865 年，位于外滩 2 号的第一代上海总会（Shanghai Club）建成开放（图 2-80），这是外滩第一幢有古典柱式的建筑，占地 3.5 亩（0.23 公顷），3 层砖木结构。建筑外墙用红砖砌筑，沿外滩的立面有 3 层敞廊，上部正中有希腊式三角形山花。总会为外国人提供社交和娱乐活动，内有大小餐厅各两个、两间桌球房、棋牌室、酒吧及阅览室以及 12 套客房。总会成员从 1880 年的 290 人增加到 1900 年的近千人，阅览室藏书从 1878 年的 2763 册增加到 1900 年的 13 000 册。④

① 一幅 1886 年的照片显示这座建筑已经建成，美国学者波利策（Eric Politzer）认为这座建筑建成于 1881 年。见：Peter Hibbard. *The Bund Shanghai: China Faces West*. Hong Kong: Odyssey Publications, 2007: 123。另外，格雷厄姆·厄恩肖（Graham Earnshaw）的《老上海轶事》(*Tales of Old Shanghai: The Glorious Past of China's Greatest City*, 2012) 搜集资料所列外滩建筑的年代也认为外滩 6 号是旗昌洋行的新大楼，1881 年建成，见：Graham Earnshaw. *Tales of Old Shanghai: The Glorious Past of China's Great City*, Hong Kong: Earnshaw Books, 2012: 130。

② 上海市城市建设档案馆编《上海外滩建筑群》，上海锦绣文章出版社，2017 年，第 62 页。

③ 此处的外滩编号均按照今天的位置编号，以下所列的编号也依此例。

④ Peter Hibbard. *The Bund Shanghai: China Faces West*. Hong Kong: Odyssey Publications, 2007: 92.

图 2-81 第一代规矩会堂
来源: *Old Shanghai Bund: Rare Images from the 19th Century*

图 2-82 丽如银行
来源: Virtual Shanghai

位于外滩 30 号的第一代规矩会堂（又称"拜经堂"，Masonic Hall，Kwei-Ken-Tang）于 1867 年落成（图 2-81）。3 层砖木结构，其立面处理受意大利建筑师帕拉弟奥（Andrea Palladio, 1508—1580）的影响，尤其是受维琴察的巴西利卡（1549—1614）立面的影响。建筑的底层和二层供共济会使用，包括图书馆、阅览室、餐厅和酒吧。

1869 年，位于外滩 6 号的丽如银行（Oriental Bank）建成，这是外滩第一幢由受过建筑专业教育的正规建筑师设计的建筑，建筑师是金斯密（Thomas William Kingsmill, 1837—1910）。楼高 3 层，中间有一座文艺复兴式的塔楼，二层中间有一个露台，当时被誉为外滩最漂亮的建筑（图 2-82）。

1870 年代翻造楼房之风更甚（图 2-83），天祥洋行（Dodwell & Co.）在外滩 3 号建起了一幢 3 层 7 开间的楼房，建筑前有庭园（图 2-84）。1874 年，汇丰银行（The Hong Kong and Shanghai Bank）买下原属西人俱乐部和华记洋行（Turner Co.）位于外滩 12 号的花园，建造了一幢 3 层楼房，建筑有一座圆弧形的入口门廊（图 2-85）。1888 年经过改建，底层沿街向外扩张，改掉了圆弧形的门廊（图 2-86）。大楼于 1922 年拆除建新楼。

1870 年 12 月 28 日，英领馆发生火灾，建筑悉数焚毁。新馆于 1872 年 6 月 1 日奠基，1873 年落成。由英国建筑师和测量师博伊斯（Robert H. Boyce）设计，余洪记营造厂（Ah Hung Kee General Building Contractor）承建。这组建筑群由英国驻中国和日本高等法院、总领馆和领事官邸组成（图 2-87）。高等法院的入口位于圆明园路上，高等法院建筑在 1871 年建成，并于 1913 年扩建，加建南北两翼（图 2-88）。新领馆在原来建筑的基础上建造，并保持原有的外轮廓，但立面作了更新，采用仿文艺复兴建筑的风格。新馆占地面积为 38 559 平方米，加强了防火措施。建筑占地面积 1520 平方米，建筑面积约 3100 平方米，

① 上海市城市建设档案馆编《上海外滩建筑群》，上海锦绣文章出版社，2017 年，第 264 页。

② 同上。

③ 根据 "List of Consuls-General of the United Kingdom in Shanghai"，Wikipedia 所载，1880 年第一任总领事为许士（Patrick Joseph Hughes, 1834—1903）。

④ 上海通社编《上海研究资料》，上海书店，1984 年，第 67 页。

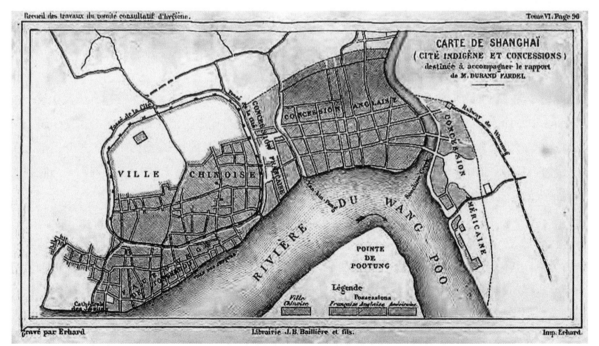

图 2-83 1877 年的外滩地图
来源: Virtual Shanghai

图 2-84 天祥洋行
来源:*Twentieth Century Impressions of Hong Kong, Shanghai, and other Treaty Ports of China*

图 2-87 英国领事馆
来源:上海市历史博物馆馆藏图片

图 2-85 第一代汇丰银行
来源:上海市历史博物馆馆藏图片

图 2-86 改建后的汇丰银行
来源:上海市房地产管理局

图 2-88 英国领事馆法院
来源:*Old Shanghai Bund: Rare Images from the 19th Century*

西侧檐口高约 12 米。①负责建设的是英国军事工程师格罗斯曼（William Crossman，1830—1901），1866—1869 年间他曾负责英国在中国和日本的外交使领馆的建设。领事官邸于 1882 年建成，占地面积 646 平方米，建筑面积约 1200 平方米，2 层砖木结构，檐口高约 9 米。②英国领事馆在 1880 年升格为总领事馆。③领事馆和领事官邸在 2008—2009 年经过全面改造和修缮，恢复了官邸原来的清水砖墙立面。

　　1880 年代，第一代外滩建筑业已成形（图 2-89）。这个时期的外滩建筑一般只有 2 到 3 层，外廊多为敞廊（图 2-90）。江海关关署到了 1891 年，已经是"星霜屡易，风雨频吹"④的情景，随即拆除。第二代海关在 1892 年开始建造，由英国建筑师柯瑞（J. M. Cory）设计，1893 年冬竣工。建筑造型受英国哥特复兴建筑的影响，采用都铎式建筑风格，用红砖砌筑，立面局部贴宁波青石，屋顶铺法国瓦。主楼中央有一座高 110 英尺（27.94 米）的钟楼，楼旁有仿中国衙署式的石狮，内部设宽敞的报关大厅。都铎式建筑是指英国都铎王朝（1485—1603）时期的建筑风格，英国在 19 世纪兴起都铎复兴建筑风格，多用于教堂、住宅和学校建筑上。从图 2-91 中还可以看见原有的中式引水楼。有报道称：

图 2-89　从圣三一教堂的塔楼看外滩建筑
来源：*Building Shanghai:The Story of China's Gateway*

图 2-90　1880 年代的外滩
来源：Virtual Shanghai

图 2-91　第二代海关大楼
来源：Virtual Shanghai

① 上海通社编《上海研究资料》，上海书店，1984 年，第 68 页。

② Guy Broddollet. *Les Francais de Shanghai: 1849-1949*. Paris: Belin Editeur, 1999: 207.

③上海市城市建设档案馆编《上海外滩建筑群》，上海锦绣文章出版社，2017 年，第 76 页。

④上海市城市建设档案馆编《上海外滩建筑群》，上海锦绣文章出版社，2017 年，第 132 页。

……前面以铁栏围绕，入其门，地甚宽广，可以方轨并驰。由南首石梯历级而升，则为总写字房，长十三丈，广八丈余，……南北两梯皆可出入，藉免拥挤之虞。梯傍有石狮，盖仿中国衙署式样也。……复至楼上，北首为税务司办公之所，及参赞、文案、管理银钱诸所，南首为河泊司办公之所，及办理船务人等所居。再上一层为办理册籍处，方广六丈；更蹑梯而上，有数处为储放册籍之所，其梯作螺丝形，盘旋而上，则为钟楼，……此钟系英国伦敦京城制造，约银五千余两，钟摆以钢、铁、铅三者合冶而成，取其行动较准。……此钟每礼拜开一次，……报刻则有小钟。……屋顶有铁条，通入地中，使空中电气，由此入地，以免震撼之虞。各处玻璃窗装在外面，百叶窗装在内，盖办公之处必如此乃形便利，遇雨时水不流入，如晴时嫌日光透入，逐将百叶窗掩上，玻璃窗可以不劳启闭。楼下为将来办理书信馆之处。……又有蒸气之处，用铁管遍达诸室，天寒时便可满室温和。①

第一代外滩建筑留存至今的除中国通商银行大楼外，还有位于福州路 17 号的旗昌洋行北楼。

二、第二代外滩建筑（1890 年代初—1916）

外滩早期的建筑一般不超过 3 层，大体上都有一个前庭或花园与道路隔开。由于地价升值，后期的建筑越建越高，甚至直接压红线建造。自 19 世纪末起，外滩建筑开始有职业建筑师参与设计，折衷式的新古典主义建筑风格逐渐成为主流，第一代建筑基本上都被翻新，地块也逐渐撤并。自从 1890 年代初期以来，法国领事馆（1896）、招商局大楼（1901）、华俄道胜银行（1902）、德华银行（1902）、德国总会（1904—1907）、太古洋行（1906）、大北电报公司（1906—1907）、汇中饭店（1906—1908）、外滩信号台（1907）、上海总会（1911）、有利大楼（1916）等相继建成。

法国领事馆由法国桥梁工程师邵禄（Joseph-Julien Chollot，1861—？）设计建造，由法国利名洋行（Remi, Schmidt & Cie）的徐密德（Edward Schmidt）承建。在方案阶段曾邀请英国建筑师，有恒洋行的怀特菲尔德（George Whitfield，?—1910）设计，因建筑费用较高而作罢。据说最终的设计构思于 1893 年出自法国总领事吕班（Georges Dubail，1845—1932）之手，1896 年建成。②建筑为 4 层，共有两幢主楼，中间有过道相通，采用法国文艺复兴风格，中间顶部有巴洛克建筑常用的弧形拱山花（图2-92），建筑于1987年拆除。

位于外滩9号的轮船招商总局大楼（The China Mechants Steam Navigation Co. Building，1901，图2-93）建造在旗昌洋行花园的基址上，由玛礼逊洋行设计，3层砖木结构，占地面积437平方米，建筑面积1500平方米，建筑高度为17.5米。大楼为英国文艺复兴建筑风格。③二层为塔司干柱式的敞廊，三层敞廊为科林斯柱式。在使用中，屋顶和立面都与原貌有很大变更，2001—2003年根据历史照片进行风格性修复，恢复坡顶和红砖清水墙面（图2-94）。

1902年建造的华俄道胜银行（Russo-Chinese Bank），位于外滩15号，由德国建筑师倍高（Heinrich Becker）设计，1900年3月请照，1902年10月落成，建筑为严谨的新古典主义建筑风格。建筑占地面积1433平方米，建筑面积5200平方米，高约26米。④1902年10月24日的上海《德文新报》（Der Ostasiatische Lloyd）写道："德国建筑师倍高以设计这座银行大厦向亚洲的建筑界提出了新的挑战，这是上海第一幢从设计水平、材料到施工均能与欧洲建筑物媲美的楼房。银行的立面沿袭当时讲究排场的银行业崇拜的意大利文艺复兴式复古建筑风格。立面布局合理、对称工整。"

华俄道胜银行于2013—2015年进行全面的修缮（图2-95）。外滩14号大楼被德华银行买下后，1902年曾经扩建（图2-96）。建筑师倍高力图使扩建部分也保持原来银行大楼的风格，他用意大利文艺复兴式的手法设计立面，使整个银行成为统一的整体，由于街道弯曲不直，建筑师随之在立面转折处增建了一座塔楼。倍高洋行（Becker & Baedecker）设计的德国总会（Club Concordia），位于外滩23号，于1907年建成。这幢建筑是典型的德国巴伐利亚建筑风格（图2-97）。1936年拆除，原址建中国银行大楼。

由新瑞和洋行（Davies & Thomas）设计的位于法租界外滩的太古洋行大楼（Butterfield & Swire Co.）于1906年建成（图2-98），4层7开间，红砖清水墙面，中间入口部位有壁柱和弧形拱山花，顶部有圆拱断裂山花，是法租界外滩最为壮观的建筑。现已加建2层，室内也已经完全改观。法租界

图 2-92 法国领事馆
来源：Virtual Shanghai

图 2-93 轮船招商总局大楼的历史照片
来源：Virtual Shanghai

图 2-94 修复后的轮船招商总局大楼

图 2-95 华俄道胜银行
来源：上海市历史博物馆馆藏图片

图 2-96 德华银行
来源：《德国建筑艺术在中国》

图 2-97 德国总会
来源：上海市历史博物馆馆藏图片

图 2-98 太古洋行
来源：Virtual Shanghai

图 2-99 美最时洋行大楼
来源：*Twentieth Century Impressions of Hong Kong, Shanghai, and other Treaty Ports of China*

图 2-100 早年的中央旅社
来源：Virtual Shanghai

（1）历史照片
来源：Virtual Shanghai
图 2-101 汇中饭店

（2）现状
来源：席子摄

图 2-102 第二代规矩会堂
来源：上海市历史博物馆馆藏图片

外滩还有一幢同时期的德商美最时洋行（Melchers & Co.）大楼，3 层 9 开间，呈法国文艺复兴府邸风格。根据早年的法租界地图，大楼位于今中山东二路 7 号，现已不复存（图 2-99）。

汇中饭店（Palace Hotel）由玛礼逊洋行的建筑师斯科特（Walter Scott，1860—1917）和卡特（W. J. B. Carter，？—1907）在 1906 年设计，1907 年在原先的中央旅社（Central Hotel，1875）的地块上建成（图 2-100）。新建的汇中饭店呈安妮女王复兴风格，是当时远东最豪华的旅馆（图 2-101）。

1867 年建成的规矩会堂于 1907—1910 年翻造，由玛礼逊洋行的克里斯蒂（J. Christie）和约翰逊（George A. Johnson）设计，新文艺复兴风格，中间有一座塔楼，建筑更具纪念性（图 2-102）。建筑于 1918 年焚毁，地块于 1930 年转让给日本邮船会社。

第二代上海总会于 1909 年 2 月 20 日奠基，1911 年 1 月 6 日正式启用，占地面积 1937 平方米，建筑面积 8857 平方米，5 层钢筋混凝土结构，地面至塔楼最高处为 32.2 米。[①]由致和洋行（Tarrant & Morriss）的建筑师塔兰特（B. H. Tarrant，？—1910）设计，但他在新大楼的整体设计初步完成后就去世了，

(1) 历史照片
来源：Virtual Shanghai

(2) 现状
来源：许志刚摄

图 2-103 上海总会

图 2-104 上海总会东立面图
来源：上海市城市建设档案馆馆藏图纸

后续设计由布雷（A. G. Bray）完成。该建筑由英商厚华洋行（Howarth, Erskine, Ltd.）承建，建筑采用英国新古典主义式样，成为当时外滩最为精美的一幢建筑（图 2-103）。新大楼连地下室共 6 层，是上海最早的钢筋混凝土结构，第二代上海总会的建成标志着不论是建筑设计水平还是建筑技术水平方面，外滩建筑都进入一个新的时代（图 2-104）。

三、辉煌期的外滩建筑（1916—1937）

这是上海的摩登时代，是上海走向现代化的重要时期。外滩的道路在 1848 年修筑，路面为鹅卵石煤屑。1865 年在外滩架设路灯。1860 年代中期，外滩沿洋行一侧铺设宽 8 英尺（2.44 米）的人行道，车道宽 30 英尺（9.14 米），是当时上海最宽的道路。[②] 1880 年，外滩铺上了草皮，形成开阔的公共绿地。工部局在 1919 年计划将外滩的道路拓宽至 120 英尺（36.6 米），其中 55 英尺（16.8 米）供机动车交通，30 英尺供停车和慢行交通；1920 年铺上草地，重新改造外滩公园，使外滩大为改观（图 2-105）。外滩的交通状况随着城市的发展而变得拥挤不堪。1932 年，一位工程师兼建筑师鲍威尔（Sidney J. Powell，1899—1932）提出一项动议，在外滩靠近黄浦江一侧建造高架轨道交通，并一直延伸到江湾的新市区（图 2-106），经过多年的讨论最终放弃了这个计划。[③]

从第二代上海总会建成开始，外滩的建筑逐渐走向黄金时代，第三代外滩建筑、天际线及其空间逐渐成形，形成今天外滩的基础。1910 年代有麦边洋行大楼（1916）、扬子水火保险公司（1918）；1920 年代有汇丰银行（1923），外滩 5 号日清轮船公司大楼（1921）、外滩 27 号怡和洋行大楼（1922）、外滩 28 号格林邮船大楼（1922）、外滩 18 号麦加利银行大楼（1923）、外滩 17 号字林西报大楼（1924）、外滩 24 号横滨正金银行大楼（1924）、海关大楼（1926）、沙逊大厦（1929）等（图 2-107）。

图 2-105 1920 年代的外滩绿地
来源：《旧上海明信片》

图 2-106 高架轨道交通方案
来源：*The Bund Shanghai: China Faces West*

① 上海市城市建设档案馆编《上海外滩建筑群》，上海锦绣文章出版社，2017 年，第 62 页。

② 罗苏文著《近代上海：都市社会与生活》，北京：中华书局，2006 年，第 94-95 页。

③ Peter Hibbard. *The Bund Shanghai: China Faces West*. Hong Kong: Odyssey Publications, 2007: 48.

图 2-107 1930 年代的外滩
来源：Virtual Shanghai

来源：许志刚摄

图 2-108 麦边大楼

(1) 历史照片
来源：Virtual Shanghai

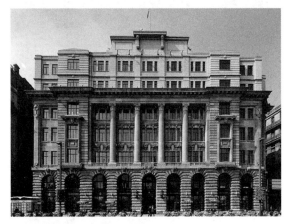

(2) 现状
来源：许志刚摄
图 2-109 怡和洋行大楼

　　麦边大楼（The McBain Building）位于外滩 1 号，马海洋行设计，裕昌泰营造厂承建，1915 年 12 月 1 日竣工。大楼占地面积 1521 平方米，建筑面积 12 008 平方米，钢筋混凝土框架结构，是继英国总会之后出现的另一幢钢筋混凝土框架结构的建筑。①建成时共 7 层，1939 年加建至 8 层。以后大楼产权转让给英荷壳牌石油的子公司亚细亚火油公司，大楼遂称为 "亚细亚" 大楼（The Asiatic Petroleum Company Building）。建筑整体为新古典主义风格，但局部装饰则带有明显的巴洛克建筑的特征（图 2-108）。

　　怡和洋行是少数几家没有挪过位置的土地使用者之一，1920—1922 年，怡和洋行在原址翻建了新办公楼（图 2-109），由英国建筑师思九生（R. E. Stewardson）设计，裕昌泰营造厂承建，占地面积 1987 平方米，建筑面积 15 000 余平方米。②原为 5 层钢筋混凝土结构，1939 年加建 1 层，1983 年再加建 1 层，但在后退道路数米处实际上加了 2 层，因此严格说层数应为 8 层。

　　这一时期建造的汇丰银行大楼（Hong kong and Shanghai Banking Corporation Building）、海关大楼（The Custom House）和沙逊大厦（Sassoon House）是外滩的地标，也是上海近代建筑的瑰宝。这三幢建筑均由公和洋行（Palmer & Turner）的乔治·利奥波德·威尔逊（George Leopold Wilson，1881—1967）设计。汇丰银行大楼于 1921 年 5 月 5 日奠基，1923 年 6 月 23 日落成，占地面积约为 5780 平方米，地上建筑面积为 23 746 平方米，钢框架结构，当时是远东最大的银行，也是世界第二大银行建筑，仅次于苏格兰银行。③希腊复兴新古典主义风格，大楼主体 5 层，中部 7 层，地下 1 层（图 2-110）。沿路地面至屋面栏杆顶高度为 31.33 米，中部穹顶距地面高达 53.37 米。汇丰银行大楼（图 2-111）被誉为 "从苏伊士运河到白令海峡的一座最讲究的建筑"。1923 年 6 月 25 日的《字林西报》（*North China Daily News*）赞誉这幢建筑说："汇丰大楼丝毫没有辜负所有关注它的建造的人们的信赖，也没有辜负敢于批准这一伟大计划的人们的信赖，一些具有创造天赋的建筑师设计出了这幢建筑，施工组织者使它在短短两年内成功地建造起来。"海关大楼于 1925 年 12 月 15 日奠基，1927 年 12 月 19 日启用。这座建筑由公和洋行的建筑师鲍斯惠尔（Edwin Forbes Bothwell）设计，④占地面积为 5 000 平方米，建筑面积为 32 500 平方米，采用简化的新古典主义风格，其体量感带有现代建筑的一些影响。海关大楼由 9 层主楼和 5 层（局部 7 层）辅楼组成，钟楼顶部（不含旗杆）离地面 76.2 米，建成时是当时外滩最高的建筑。⑤1927 年海关大楼正在建造中，《远东经济评论》（*Far Eastern Economic Review*）有这

图 2-110 汇丰银行大楼
来源: Virtual Shanghai

来源:许志刚摄
图 2-111 修缮后的汇丰银行大楼

样一段描述:"门廊是纯粹的多立克风格,灵感源自雅典的帕台农神庙,在檐壁的陇间壁上将要画上船只和海神,大部分装饰具有象征意义。三到七层起主导作用的垂直线条加强了建筑的高度感,与汇丰银行大楼朝向外滩颀长的水平线条适成对比。塔楼的主体部分为简洁的墙体,以衬托大钟。"⑥海关大楼与汇丰银行大楼共同构成外滩建筑天际线构图的一个中心(图 2-112)。

位于外滩 20 号的沙逊大厦由公和洋行的威尔逊设计,新仁记营造厂(Sin Jin Kee & Co.)承建,大厦于 1926 年 11 月开工,1929 年 9 月 5 日建成。建筑占地面积为 4442 平方米,建筑面积为 29 922 平方米,⑦钢框架结构。建筑平面呈"A"字形,东部塔楼部分高 13 层,西部高 10 层(均含夹层),局部有半地下室,建筑最高点方锥体屋顶距地面约为 69.1 米,是装饰艺术派建筑在上海的代表作,也是外滩建筑的地标,被誉为"远东第一楼"。沙逊大厦与后期建造的中国银行构成外滩建筑天际线构图的另一个中心(图 2-113)。

外滩 23 号原来是德国的康科迪亚总会(Club Concordia),1917 年 8 月 14 日中国对德奥宣战,康科迪亚总会被下令关闭,1920 年由中国银行收购作为行址,1923 年 2 月 20 日启用。⑧1934 年,鉴于该建筑不适宜供银行使用,中国银行决定将其拆除重建,计划建造一幢 33 层高 116 米(380 英尺)的新楼(图 2-114),⑨比当时刚完工的国际饭店还要高 11 层。另外还有一个双子楼方案,位于外滩的大塔楼为 24 层,位于滇池路上的塔楼高 26 层。

中国银行新楼由英商公和洋行威尔逊和中国建筑师陆谦受共同设计,陶桂记营造厂(Doe Kwei Kee Building & General Contractor)总承包(图 2-115)。1935 年 10 月 23 日拆除原有的康科迪亚总会旧房,新楼工程于 1936 年 2 月 4 日正式开工,直至 1944 年 7 月 5 日才完全竣工。建筑占地面积 4600 平方米,建筑面积 33 720 平方米。⑩大楼东部主楼高 16 层,钢框架结构。西部辅楼高 4 层,局部 6 层或 8 层,钢筋混凝土结构。中国银行大楼以装饰艺术派风格融合中国传统建筑风格,外墙以平整的金山石饰面,顶部采用中国传统的蓝色琉璃瓦四角攒尖顶,檐口饰有巨型斗栱。它是外滩唯一一幢具有中国传统建筑装饰的高层建筑,也是外滩唯一一幢有中国建筑师参与设计的建筑。

① 上海市城市建设档案馆编《上海外滩建筑群》,上海锦绣文章出版社,2017 年,第 26 页。

② 上海市城市建设档案馆编《上海外滩建筑群》,上海锦绣文章出版社,2017 年,第 238 页。

③ 同上,第 82 页。

④ Peter Hibbard. *The Bund Shanghai: China Faces West*. Hong Kong: Odyssey Publications, 2007: 156.

⑤ 上海市城市建设档案馆编《上海外滩建筑群》,上海锦绣文章出版社,2017 年,第 108 页。

⑥ Huebner.Architecture on the Shanghai Bund. 转引自: Leo Ou-fan Lee. *Shanghai Modern: The Flowering of a New Urban Culture in China, 1930-1945*. Cambridge, MA: Harvard University Press, 1999: 9.

⑦ 上海市城市建设档案馆编《上海外滩建筑群》,上海锦绣文章出版社,2017 年,第 182 页。

⑧ 上海通社编《上海研究资料》,重印本,上海书店,1984 年,第 491 页。

⑨ Peter Hibbard. *The Bund Shanghai: China Faces West*. Hong Kong: Odyssey Publications, 2007: 177.

⑩ 上海市城市建设档案馆编《上海外滩建筑群》,上海锦绣文章出版社,2017 年,第 206 页。

图 2-112 海关大楼
来源：许志刚摄

（1）历史照片
来源：Virtual Shanghai

图 2-113 沙逊大厦

（2）现状
来源：许志刚摄

图 2-114 中国银行的设计方案
来源：*Luke Him Sau Architect: China's Missing Modern*

图 2-115 中国银行大楼
来源：许志刚摄

图 2-116 交通银行大楼

交通银行计划在外滩 14 号重建大楼，由匈牙利建筑师鸿达（Charles Henry Gonda）设计，结果因连年战争而进展缓慢，直至 1947 年 6 月才动工兴建，馥记营造厂（Voh Kee Construction Co.）承建。1949 年上海即将解放时方才竣工，是近代外滩最后落成的一幢大楼。大楼占地面积 1850 平方米，建筑面积 9200 平方米，高约 30 米，7 层钢混结构。[①]大楼采用装饰艺术派风格，底层入口门框用黑色大理石作饰面，其余墙面均为白水泥粉刷。营业大厅高大宽敞，大厅内有 36 根大理石柱组成柱列（图 2-116）。1949 年交通银行的建成意味着近代外滩建筑群的最终形成。

① 上海市城市建设档案馆编，《上海外滩建筑群》，上海锦绣文章出版社，2017 年，第 124 页。

第三节　近代上海的城市规划

1927 年 7 月 14 日，国民政府颁布《上海特别市暂行条例》，上海特别市的建立对上海的城市规划产生了重大的影响。

近代上海的城市规划大体上经历了前规划时期、1928—1930 年的《上海市市中心区域规划》、1930 年的《大上海计划》、1937—1945 年日占时期的《上海都市建设计划》以及 1945—1948 年的《大上海都市计划》等五个时期。民国时期的上海城市规划定位遵循孙中山（1866—1925）《建国方略之二》（1919）的"东方大港"计划。1927 年的《大上海计划》提出"设世界港于上海"，1946 年的《大上海都市计划》提出"上海为港埠都市，亦将为全国最大工商业中心之一"。

城市规划属于政府行为，从某种意义上说是出于政治、经济、文化和社会发展的需要，其指导思想必然受到城市发展战略和体制的极大影响。尤其是上海这样一座"中外观瞻所系"的都市，更是开发建设的重点城市。从孙中山的《建国方略》，拟议制订的《大上海建设计划》到《大上海计划》《大上海都市计划》逐渐形成上海城市规划的指导思想。

一、前规划时期

近代上海的城市建设基本上是以租界的发展为核心，以城市道路的建设为先导而逐渐发展起来的。由此，再加上华界的老城厢和闸北地区，形成了城市的格局。这样一种城市格局完全没有总体规划，城市发展在很大程度上是自发的。三界四方各自为政，三权并立，互不统属的城市格局阻碍了城市的整体发展，也无法形成统一的、科学的城市总体规划（图 2-117）。就总体而言呈现出一种全局无序、局部有序的状况。公共租界、法租界、华界在各自的辖区内，对市政建设在不同程度上还是有步骤、有计划进行的。诸如对道路宽窄的规定、路面材料的选用、河道疏浚、桥梁的建造等，都有一定的章法。然而将三个区域作为一个整体来看的话，就会发现许多极不合理的现象：三界的市政设施和公用事业的布局紊乱，功能结构不合理，公用事业的管道自成系统，甚至连马路的规制、供电系统的电压都不统一，港区和铁路互不衔接。

在总体布局上，随着租界的不断向西扩展造成缺乏南北向联系，交通过于集中在城市中心地区的状况，整座城市缺乏整齐、有效率的交通网。这一状况也为华界的城市发展带来不良后果，使华界发展艰难，联系困难，作为连锁反应，居住、交通、卫生、治安问题不断出现。同时，这也给日后的发展留下后患，华界与租界在市政建设、城市管理和城市空间面貌上的差距越来越大。城市中的许多工业区、商业区和住宅区在相当大的程度上都是自发形成的，杨浦、闸北、沪西和沪南工业区的出现，以及在其周围迅速崛起的住宅区、商业区就是这种无序发展的结果（图 2-118）。

① 梅朋、傅立德著《上海法租界史》，倪静兰译，上海社会科学院出版社，2007年，第147页。

②《租地章程》，转引自陆文达主编，徐葆润副主编《上海房地产志》附录，上海社会科学院出版社，2001年，第545页。

③ 同上，第544页。

④ 陆文达主编，徐葆润副主编《上海房地产志》附录，上海社会科学院出版社，1999年，第551-552页。

⑤ 孙平主编，陆怡春等副主编《上海城市规划志》，上海科学院出版社，1999年，第21页。

⑥ 马陆基《记上海特别市土地局》，见：中国人民政治协商会议上海市委员会、文史资料委员会编《旧上海的房地产经营》，上海人民出版社，1990年，第75页。

⑦ 同上，第75-76页。

⑧ 孙平主编，陆怡春等副主编《上海城市规划志》，上海科学院出版社，1999年，第21页。

⑨ 张仲礼主编《近代上海城市研究》，上海人民出版社，1990年，第646页。

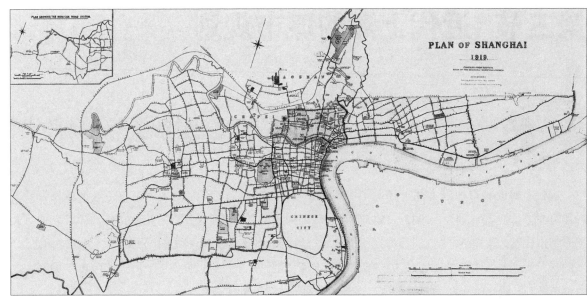

图 2-117　1919 年的上海地图
来源：Virtual Shanghai

图 2-118　杨树浦工业区
来源：Virtual Shanghai

图 2-119　旧法租界地图
来源：Virtual Shanghai

　　上海的城市发展极为迅速，几乎是从一个泥潭遍地的乡邑转眼间成长为一座大都市。租界当局在一开始并没有具体的发展计划，早年来到上海的外国人并不关心城市的美观问题。租界发展的出发点是想将上海建成外国人的乐土，是快速发财的地方。英国总领事阿礼国（Rutherford Alcock，1809—1897）听过一名19世纪50年代在上海做房地产投机的英国人表露心机：

　　　　我的职责是尽可能不失时机地赚钱发财……我希望至多在两三年内发一笔财，然后就滚蛋，以后上海是被火烧掉还是被水淹没，跟我有什么关系呢？请您不要指望，像我这样的人会为了后代的利益而让自己长年累月地流放在这个不卫生的地方。我们是"赚钱的人"，是讲究实惠的。我们的职业就是赚钱，越多越好，越快越好——为了达到这个目的，凡是法律许可的一切办法和手段都是好的。①

　　法租界和公共租界的发展也不平衡，法国人努力想将法租界建成一座典型的法国式城市，通过一系列的规章，使法租界的城市面貌和生活品质塑造出特殊的品位。在这方面，由于公共租界允许在居住区内建造杂乱无章的建筑，同时又缺乏系统的、足资操作的规章，因此，从黄浦江上初看公共租界的外滩，令人感到气势宏伟，然而深入其内部，尤其是居住区，就会感到其景观的环境品质的差异，公共租界内部还存在着居住人口众多而市区面积过小的问题；而法租界外滩从黄浦江上看并不能使人产生深刻的印象，但是深入涉足其内部之后，却能感受到环境的美观中渗透着法国人的艺术品位（图2-119）。

　　处于美租界与英租界之间、租界与华界之间的苏州河，成为内河客货运的交通要道，沿河建起了码头、栈房、船厂、锯木厂、机器厂、造纸厂、玻璃厂、煤栈等，建筑密集，各种功能的商号、作坊混杂其间。苏州河两岸人口十分集中，苏州河成为吸纳废水、污物、垃圾的排水沟，城市污水大多不经任何处理直接排入河内，污染严重，无人关注。城市工业结构的发展不平衡、过于密集的交通设施，包括过度密集的港岸设施、城市中心的高强度开发与周边地区的城市建设落后、城市面貌的畸形发展等，都是由于缺乏统一的城市规划导致的（图2-120）。

尽管没有统一的城市规划，但还是有一些文件成为城市发展的规章，偏重土地管理、公共环境管理、道路交通管理和城市建筑管理。例如1845年11月29日，英国首任驻沪领事巴富尔与上海道台宫慕久用告示形式公布的《上海租地章程》共23款。在某种意义上说，这是最早的规划文件，也是近代上海最早出现的新法规。这一章程并不局限于"土地"和租界的界线划定，特别是经过多次的修改和增加条款，从原先的以界线确定、租地办法等为重点转向以市政组织和市政管理为重点，成为公共租界的"城市组织法"。在章程中规定了用地性质："商人租地之后，建房居住自己眷属，屯储正经货物，造礼拜堂、医人院、周急院、学房、会馆各项，并可养花种树，作戏玩处所。"②

《上海租地章程》的内容涉及城区公共秩序的管理、城区环境的管理、城区基础设施的管理等。道路规划成为公共租界和法租界城市规划的主要内容，它规定了建造四条东西向通道："商人租定基地内，前议留出浦大路四条，自东至西，共同行走，一在新关之北，一在打绳旧路，一在四分地之南，一在建馆地之南。"③这四条道路就是今天的北京东路、南京东路、九江路和汉口路，成为近代最早的道路规划。

《上海英、法、美租界租地章程》于1854年公布，章程规定了租地的地税、租地面积限制等，类似于土地管理技术规定和建筑管理规定，同时也涉及道路、码头、沟渠、桥梁等市政设施的起造修整等。虽然这些规定十分简单，而且只涉及一些局部问题，但是对于租界地块和道路网雏形的形成起到一定的作用（图2-121）。租地的规定又促进了房地产业租地造屋及经租房屋的发展。④

1854年，英租界成立工部局，负责道路、码头、沟渠的规划和管理，以及土地管理等事项。英租界在这一年也编制了道路规划，工部局颁布了一项筑路计划，先后铺筑了五条干道：九江路、汉口路、福州路、广东路和山东路。到1865年，英租界已形成南北向干道和东西向干道各13条的道路网。1900年，工部局又制定了新的筑路计划。法租界在公董局开始建立时，也着手制定筑路计划，1862年首先宣布延长及开辟五条交通干线。此后，法租界公董局都要求事先对道路走向、连接及建筑要求进行筹划考虑（图2-122）。

1926年，工部局交通委员会提出公共租界地区发展规划，包括道路、交通、建筑规划、区划条例等方面的内容。⑤1927年8月1日，上海特别市设立土地局，这是上海自有各种处理土地事务的机关以来，首个统一的行政管理机关。⑥土地局执掌全市土地测量、土地登记发证、评估地价、制定税率、征收地产税、征用土地、清查公地、登记民产转移、审查土地及岸线使用等事务。⑦对城市规划管理中的土地管理加以控制与规划。同时设立工务局，同年9月，工务局增设第五科，职掌都市计划。⑧

民国时期的上海市政府是通过"市政会议"商议工作，所讨论决策的工作包括城市规划的一些重要事项，诸如市内公私建筑事项、市政街道、沟渠、堤岸、桥梁建筑及其他关于土木工程事项等。⑨上

图 2-120 苏州河
来源：Virtual Shanghai

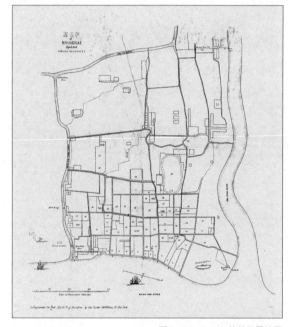

图 2-121 1849 年的英租界地图
来源：《上海城市地图集成》

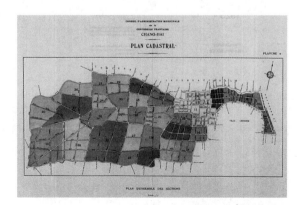

图 2-122 1925 年的法租界地籍图
来源：《上海城市地图集成》

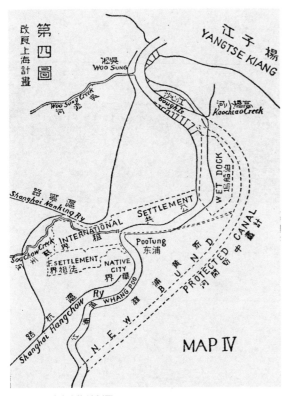

图 2-123 改良上海计划图
来源:《建国方略》

图 2-124 上海特别市区域图
来源:《上海城市地图集成》

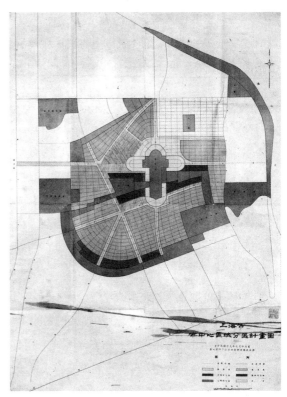

图 2-125 上海市中心区域分区计划图
来源:上海图书馆馆藏地图

① 张仲礼主编《近代上海城市研究》,上海人民出版社,1990 年,第 651 页。

② 孙文著、刘明、沈潜评注《建国方略》,郑州: 中州古籍出版社,1998 年,第 180 和 184 页。

③ 同上,第 185 页。

④ 黄郛《上海特别市市长就职演辞》,转引自: 余子道《国民政府上海都市发展规划述论》,见:《上海研究论丛》,上海社会科学院出版社,1993 年,第 335-336 页。

⑤ 沈怡《上海市工务局十年》,台湾《传记文学》,第 17 卷,第 2 期。

⑥《建设上海市中心区域计划书》,引自:《中国近代建筑史料汇编: 第二辑》第一册,第 6 页。

⑦ 同上,第 82 页。

⑧ 同上,第 10 页。

⑨ 同上,第 47 页。

海特别市政府于 1927 年 7 月 7 日成立时,曾由当时的中央政府颁布《上海特别市暂行条例》,关于城市规划和建设管理方面的工作由工务局承担,其职责包括:规造新街道,建设及修理道路、桥梁、沟渠,取缔违章房屋建筑,经理公园和各种公共建筑以及其他有关土木工程事项等。①

二、上海市市中心区域计划(1928—1930)

孙中山先生在《建国方略》的实业计划中指出:"上海苟长此不变,则无以适合于将来为世界商港之需用与要求。"进而提出:"设东方大港于上海。"②并具体指出:"改良上海以为将来世界商港,在杨树浦下游,吾主张建一泊船坞。"③(图 2-123)

上海是南京国民政府直辖的第一个特别市,上海特别市成立后,市政府就开始筹划如何开发和建设上海(图 2-124)。从长远的规划来看,欲谋上海的发展,必然需要收回租界,租界收回之后能否成为未来上海城市的中心区则存在很大的疑问,因此而有新的上海市市中心区域规划。这是在中国近代史上,第一次对上海都市的发展和建设作出的总体规划。1927 年夏天到 1929 年的冬天,南京国民政府和上海市政府开始酝酿和制订上海都市发展计划。当时的第一任上海特别市市长黄郛(字膺白,号昭甫,1880—1936)在就职演说中曾经谈到上海的特殊地位:

上海为中外通商巨埠，轮轨辐辏，商贾云集，近且密迩首都，资为屏蔽，于军事、政治、外交、金融各端，莫不居全国中心而为之枢纽。中外观瞻所系，关系实至重要④。

黄郛对于上海的城市发展提过两项设想，第一项是修筑一条环绕租界的道路，第二项是按照孙中山先生的计划建设吴淞港，在吴淞与租界之间开辟新市区。⑤

上海城市规划的深化有一个过程，这个过程反映在从 1929 年 7 月到 1930 年 12 月拟订的《上海市市中心区域计划》，并发展到 1930 年拟订的《大上海计划》的演变上，市中心的开辟纳入大上海计划之中。

从总体上说，《上海市市中心区域计划》和《大上海计划》属于同一个体系。它以行政区和港口的选择作为核心问题，城市要有新的发展，必须有新的格局和新的发展方向。该计划由三部分组成：一是水陆交通计划，关于海港、码头、铁路、货客运总站的远景设想；二是道路系统计划，关于市政干道、园林、运动场的计划；三是中心区分区计划，划分行政区、商业区和居住区（图 2-125，图 2-126）。其指导思想是绕开租界求上海的发展，整理与建设上海，选择新的市中心区，统一市政，整理道路系统，增进上海港口的地位。新的市中心区要与租界媲美，削弱租界的重要性。这一规划要解决上海都市发展中存在的三个主要问题：一是由于租界横亘于市区，将南市与闸北分隔开，南北交通困难；二是由于租界越界筑路，对城市的整体发展带来障碍；三是水陆运输不能贯通，仅从租界的发展考虑而不利于城市的总体发展。⑥

根据当时对未来上海发展趋势的分析，市中心区位置的选择至关重要。市中心区即新市区是城市发展的基点，影响到城市发展的战略方向。1929 年 7 月 5 日，当时的市政府第 123 次市政会议正式划定新的市中心区域（图 2-127，图 2-128）：以江湾为中心的新上海市中心区域位于淞沪铁路以东，黄浦江以西，翔殷路以北，闸殷路以南，淞南路以东，东至周南十图、衣五图，西至淞沪铁路毗邻吴淞口，约占地 7000 余亩（约 467 公顷）。这个地区北端可达吴淞，南面可与租界相联系，西端连通未来的中央车站，东面有将要开辟的吴淞港。⑦选择这个地区作为市中心区域基于四个理由：一是该处地势适中，周围有宝山城、胡家庄、大场、真如、闸北、租界及浦东等地区环绕，隐然有控制全市之形势；二是淞沪相隔仅十余公里，由新的市中心可向南北方逐渐拓展，联系方便；三是地势平坦，村落稀少，可收平地建设之功，而没有改造旧城市所带来的问题，节省经费而又有很大的收效；四是交通方便，可以统筹规划海港、码头、铁道、航空等方面的建设。⑧

1929 年 8 月 6 日，成立了上海市中心区域建设委员会，计划市中心区域内一切建设事务，并由工务局局长沈怡（原名沈景清，字君怡，1901—1980）任主席。该委员会于 1930 年 1 月拟就计划概要并分发有关部门，内容包括：市政现状、未来发展趋势、市中心区域规划、建设步骤等。此外，还提出了黄浦江虬江码头建造计划、上海市分区及交通计划、建设黄浦江大桥等（图 2-129）。1929 年 12 月，邀请赴日本东京参加国际工程会议的美国市政工程专家龚诗基博士（C. E. Grunsky, 1855—1934）来上海咨询，龚诗基在上海待了 5 天，回国后于 1930 年 3 月提交了一份《对于市中心计划之意见》报告书。⑨龚诗基提出了市中心区的规划方案和道路规划设想，以密集的路网结合若干对角线大道（图 2-130）。以后编制的上海市市中心区域分区计划图中的道路网和绿地规划吸收了龚诗基的建议（图 2-131）。

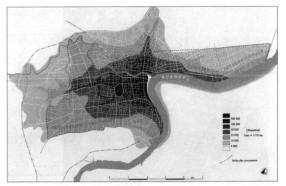

图 2-126　1930 年的上海
来源：*Atlas de Shanghai, Espaces et représentations, de 1849 à nos jours*

图 2-127　上海中心区域规划
来源：《中国建筑》第一卷，第六期

图 2-128　上海市行政区计划
来源：《中国建筑》第一卷，第六期

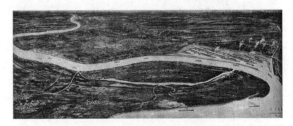

图 2-129　虬江码头建造计划
来源：《中国建筑》第一卷，第六期

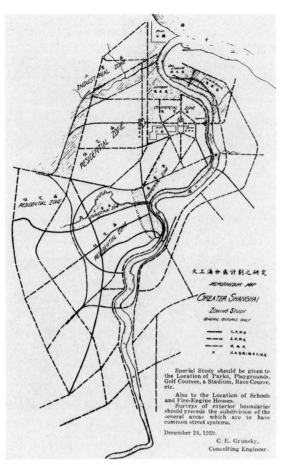

图 2-130 龚诗基的总体规划设想
来源：龚诗基《对于市中心计划之意见》

1929 年 10 月 1 日至 1930 年 2 月 15 日向国内外征集市中心区域行政区的总体方案，有 46 人应征。1930 年 2 月 19 日评审，由叶恭绰（1881—1968）、茂飞（Henry Killiam Murphy，1877—1954）、柏韵士（Hans Berents，1875—1961）和董大酉任评审顾问。评审结果，赵深和孙熙明方案获第一名，巫振英获第二名，E. S. J. 菲力柏斯[1]获第三名，徐鑫堂和施长刚方案与李锦沛方案获附奖，获附奖的还有杨锡镠、朱葆初、沈理源的方案。[2]

市中心区域以行政区作为核心，仿效欧美各大城市的做法将公共机关集中在一起，一方面便利办事，另一方面则可以增益观瞻。这一区域更多的是从形态上进行规划，总体布置呈十字形，行政区位于南北东西宽 60 米的两条大道的交点上，约占地 500 亩（33 公顷）。市政府办公楼位于正中，财政、工务、公安、卫生、公用、教育、土地、社会八个局的办公楼分列左右，大会堂、图书馆、博物院等公共建筑散布在中央大道的两旁（图 2-132）。市政府北面是中山纪念堂，市政府南面有一占地 120 亩（8 公顷）的大广场，供集会和阅兵用。两大道交叉处设计了一座高塔，代表上海市的中心点。广场南面有一个长方形的水池，池的南端是一座五重牌楼，花园、纪念物、池、沼、桥、拱等小品点缀其间（图 2-133）。

除去行政区、商业区以外，市中心区的其余部分都是住宅区。住宅分为甲、乙两等，甲等住宅位于园林和空地附近，数量较少，属于高级住宅区；乙等住宅数量多，属于普通住宅区；为此，工务局曾公开征求出租房屋的标准设计，并于 1931 年 4 月 27 日揭晓。

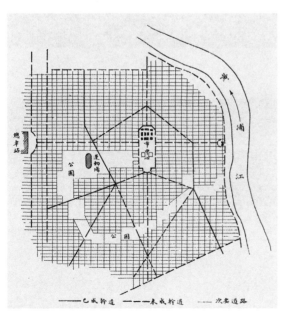

图 2-131 龚诗基的市中心区的道路规划
来源：龚诗基《对于市中心计划之意见》

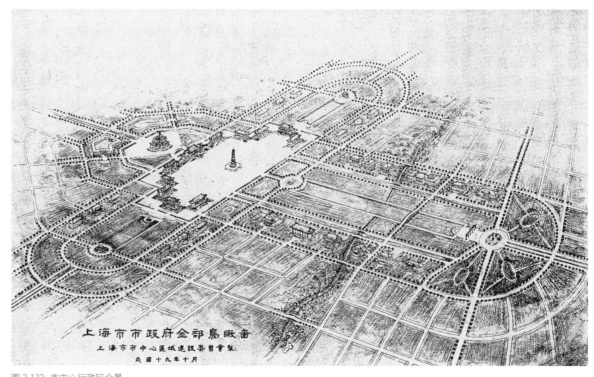

图 2-132 市中心行政区全景
来源：《中国建筑》第一卷，第六期

三、1930 年的《大上海计划》

上海市中心区域建设委员会在 1929 年 12 月编制了《上海市新港区域计划草图说明书》，1930 年 6 月 11 日，上海特别市市政联席会议通过了上海市中心区域建设委员会编制的《上海市全市分区及交通计划图》。[③] 1930 年 5 月 7 日，为通盘筹划全市建设，上海市中心区域建设委员会开始草拟《大上海计划》，是年年底完成。《大上海计划》目录草案内容包括：上海史地概略、统计及调查、市中心区域计划、交通运输计划、建筑计划、空地园林布置计划、公用事业计划、卫生设备计划、建筑市政府计划、法规共 10 篇 30 余章。[④] 该计划对上海的历史、地理、人口、农业、工业、商业、水道、铁道、公路以及气候等自然条件的基本情况在全面调查的基础上作了系统的分析，对市中心区域、交通运输、建筑、空地园林布置、公用事业、卫生设备、市政府建筑等的建设和发展分别作了规划，同时也包括有关法规和条例。1930 年 5 月，市政会议通过《上海市市中心区道路系统图》；1930 年 7 月，市政会议通过《全市分区及交通计划》；1930 年 9 月，市政会议通过《市中心区域分区计划图说》；1931 年 11 月，市中心区域建设委员会编制完成《大上海计划图》（图 2-134）；[⑤] 1932 年 8 月，市政会议议决通过《上海市市中心区道路系统图》（图 2-135）。

《大上海计划》在上海历史上第一次作出了宏观的、系统的规划，与 1929 年公布的南京《首都计划》共同成为近代中国最重要的、综合性的大型都市发展计划，因而在城市建设史上具有重要的意义。规划总体上以港口和市中心区域的建设作为核心，市中心区域的开辟对于城市的发展，疏解城市人口，

① 即费力伯，也称飞力拍斯（Edward Phillips）。

②《上海市市中心区域建设委员会业务部报告第一期》1929 年 8 月至 1930 年 6 月，见：《中国近代建筑史料汇编：第二辑》第一册，第 157 页。

③ 孙平主编，陆怡春等副主编《上海城市规划志》，上海社会科学院出版社，1999 年，第 70 页。

④ 同上，第 73 页。

⑤ 同上，第 73 页。

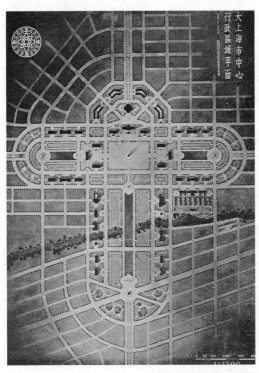

图 2-133 市中心行政区域总平面图
来源：《中国建筑》第一卷，第六期

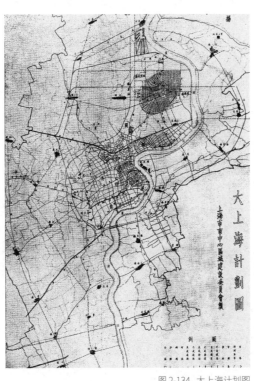

图 2-134 大上海计划图
来源：《上海市市中心区域建设委员会业务部报告第二期》

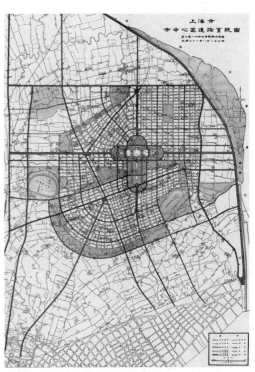

图 2-135 上海市市中心区道路系统规划图
来源：《上海市市中心区域建设委员会业务部报告第二期》

图 2-136 《大上海计划》鸟瞰图
来源:国家图书馆馆藏图片

图 2-137 淞沪铁路江湾站
来源:《中国建筑》第一卷,第六期

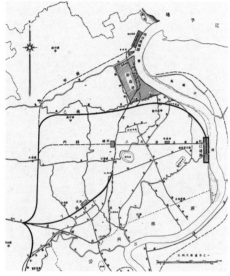

图 2-138 铁路及江湾铁路总站计划
来源:《上海市市中心区域建设委员会业务部报告第二期》

解决住宅问题,使城市布局合理化起到积极的作用。其指导思想是整理与建设上海,选择新的市中心区,统一市政,整理道路系统,增进上海港口的地位。新的市中心区要与租界媲美,削弱租界的重要性。这一计划影响到上海1930—1940年代的建设,甚至影响到今天上海的城市布局和功能分区(图2-136)。

此外,当时的市政府还拟订了一批专题计划,如《建设市中心区域第一期工作计划大纲》,提出1930年至1934年的五年建设计划;《市中心区域道路系统计划》《全市分区及交通计划》《市中心区域分区计划》《新商港计划》《京沪铁路、沪杭甬铁路铺筑淞沪铁路江湾站与三民路间支线计划》①(图2-137,图2-138)、《上海市建筑黄浦江虬江码头计划书》等。

《大上海计划》的内容还包括了全市的分区规划,以功能分区作为城市设计的基础(图2-139)。计划将上海划分为五大区域:行政区、工业区、商港区、商业区和住宅区。新的市中心区域中央部分为行政区;原有苏州河沿岸及蕴藻浜下游两岸,高昌庙沿黄浦江的工业区仍予以保留,确定真如—大场附近为新的工业区;吴淞镇以南,殷行镇以北沿黄浦江一带,即今张华浜地区为商港区,计划将对岸的浦

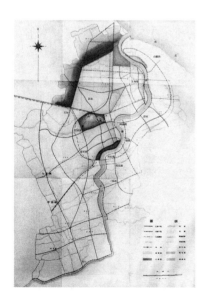

图 2-139 上海市全市分区及交通计划图
来源:《上海城市规划志》

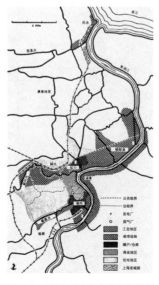

图 2-140 1936年的上海土地使用状况
来源:《上海——现代中国的钥匙》

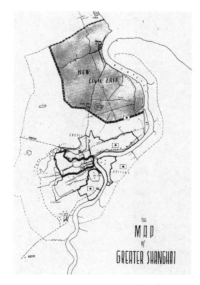

图 2-141 租界与新市区
来源:《现代建筑》

图 2-142 上海新都市计划图
来源:兴亚院政务部《大上海都市建设计划图》

东岸线作为辅助商港；原有租界的商业区予以保留，确定市中心区域和南市老城厢一带为商业区；江湾、大场之间，租界与南市的西部，以及真如、梵皇渡、法华镇、龙华镇、漕河泾各点的周围确定为住宅区。

从总体上说，这个规划是可行的，在许多方面也具有其合理性。然而，从当时的社会政治、经济条件来看，这一规划无疑在很大程度上是无法实现的。《大上海计划》从 1929 年开始到 1937 年抗日战争爆发的 8 年间，只实现了一小部分。在规划的市中心区域和外围修筑了一些道路，建造了市政府新厦。另外，也建造了体育场、图书馆、博物馆、市医院和市卫生试验所，完成了虬江码头的第一期工程（图 2-140）。《大上海计划》执行到 1936 年底和 1937 年初，此后基本上处于停顿状态。

四、日占时期的上海都市建设计划

1937 年 8 月 13 日，日本军队全面侵入上海。至 1938 年 10 月，上海的闸北、南市、浦东、虹口均被日军占领。1941 年 12 月 8 日，日军与英美开战，又占领整个公共租界。为了进一步为军事和经济侵略服务，日本在 1938 年 9 月成立"上海恒产公司"和"振兴住宅组合"等建筑、规划机构，负责上海的城市建设、港湾建设、土地和建筑的买卖、租赁业务等。

1937 年 12 月，驻留上海的日本陆海军要求日本内务省向上海派遣土木技术工程师。[2]1938 年，以日本城市规划学科的创始人石川荣耀（1893—1955）和吉村辰夫（1905—1941）为主的日本规划专家拟订了《大上海都市建设计划》，后改称《上海新都市计划》以及《上海都市建设计划图》（图 2-141，图 2-142）。[3]第一期为《上海新都市建设计划》（图 2-143），重点是建设新市区，以苏州河为中心，在半径 15 公里以内的地域中进行规划。新市区的规划范围与国民党政府的《大上海计划》大致相当，其选址意向显然与《大上海计划》类同，这一地域与租界隔开，又在国民政府《大上海计划》中的上海新的市中心区域邻近，更靠近黄浦江下游，十分有利于港口的建设，水陆交通便利，土地辽阔，工商业设施可以自由布置（图 2-144）。

第一期都市计划以江湾为新都市[4]，建设地区在虬江码头至吴淞镇沿线地带，总面积约 7550 公顷。该地域划分为 10 个功能区：第一住宅区，第二住宅区；第一商业区，第二商业区；第一工业区，第二工业区，特种工业区；公共地区，仓库区，杂居地。《上海都市建设计划》中心区域的规划方案由吉村辰夫在原国民政府的市中心区域的基础上完成，只是在交通规划、用地性质的详细规划方面作了深化，让吴淞江穿越黄浦江河口，在那一带建设工业区。[5]此外，成立了日伪合资的上海恒产股份有限公司经营管理建设事业，[6]并公布了《上海市建筑区划暂行条例》[7]（图 2-145）。

日本人也曾有过放弃原来的上海市，在邻近地区建造新城市的设想。大谷光瑞（Otani Kozui，1876—1948）在仔细考察亚洲各地之后，于 1939 年写出了《兴亚计划》一书（共 10 卷）。其中提出了"支那新首都与海港"的方案，设想在上海、杭州和南京之间，在太湖南岸建立新首都，并用铁路与运河将城市连接起来，这一规划设想对日本占领者进行大上海都市计划也起了提示作用。

① 《建设上海市市中心区域计划书》，见：《中国近代建筑史料汇编：第二辑》第一册，第 1 页。

② 俞慰刚《抗日战争时期日本殖民统治下的上海城市管理体制与管理》，见：高刚博文主编《战时上海：1937—1945》，陈祖恩等译，上海远东出版社，2016 年，第 77 页。

③ 孙平主编，陆怡春等副主编《上海城市规划志》，上海社会科学院出版社，1999 年，第 75 页。

④ 高刚博文主编《战时上海：1937—1945》，陈祖恩等译，上海远东出版社，2016 年，第 78 页。

⑤ 同上，第 78 页。

⑥ 同上，第 78 页。

⑦ 村松伸著《上海·都市と建筑 1842—1949》，东京：PARCO 出版局，1991 年，第 320 页。

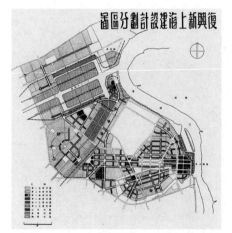

图 2-143　上海中心区用地规划
来源：《现代建筑》

图 2-144　大上海市建设计划图
来源：兴亚院政务部《大上海都市建设计划图》

① 村松伸著《上海·都市と建筑 1842—1949》，东京：PARCO 出版局，1991 年，第 321 页。

② 马国馨著《丹下健三》，北京：中国建筑工业出版社，1989 年，第 6 页。

③ 上海市城市规划设计研究院编《大上海都市计划》，上海：同济大学出版社，2014 年，第 461 页。

④ 上海市都市计划委员会成立会暨第一次会议记录，见：《中国近代建筑史料汇编：第二辑》第二册，第 870 页。

⑤《上海市都市计划调查资料》，见：《中国近代建筑史料汇编：第二辑》第一册，第 493-543 页。

⑥ 上海市城市规划设计研究院编《大上海都市计划》，上海：同济大学出版社，2014 年，第 461 页。

⑦ 同上，第 461 页。

⑧ 同上，第 462 页。

(1) 大上海新都市建设计划鸟瞰图
来源：兴亚院政务部《大上海都市建设计划图》

图 2-145 大上海新都市建设计划

(2) 第一期大上海新都市建设计划图
来源：上海市档案馆馆藏图纸

1940 年时，松本与作（1890—1990）和吉武东里（1886—1945）曾对大上海的新市区作过一项探讨性设计，这项设计完全是在国民党政府的新市中心计划基础上的一项修改方案。从图 2-146 上可以看出，保留原有的市政府大楼和体育场、机场，图中左下方也可以看到今天的五角场。原有方案中的道路系统有了一些调整。这项方案可以说是对第一期《上海新都市建设计划》中城市中心的一项形态规划。日本的近卫内阁在 1940 年 7 月提出建设"大东亚共荣圈"的扩张政策，1941 年"太平洋战争"爆发，日本政府对上海建设计划提出修改要求，将已占领的租界纳入规划之中作整体考虑，将政治中心南移。石川荣耀于 1942 年 5 月来上海主持修改规划，将租界列入第一期都市计划事业，提出了《上海都市建设计划改订纲要》，将上海的政治中心移至闸北地区，发展北站，把原来的市中心区改为文教中心。在市内建设高速铁路，连接浦东，以形成一个更大的上海都市建设计划。①

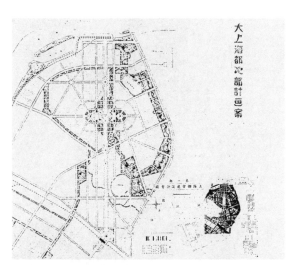

图 2-146 大上海市中心计划图
来源：《新建筑》1940 年 16 卷 5 号

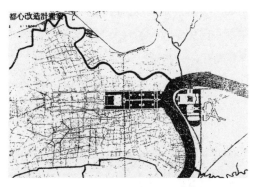

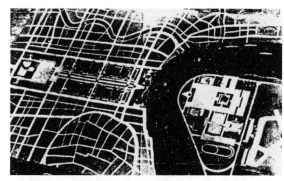

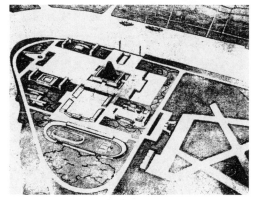

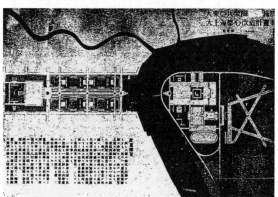

图 2-147 大东亚建设纪念营造计划
来源：《建筑杂志》56 卷 693 号（日本建筑学会，1942）

1942年9月，日本建筑学会主办第16届建筑展览会，举办了"大东亚建设纪念营造计划"的设计竞赛，日本建筑师前川国男（1905—1986）担任评委。获二等奖的田中诚、道明荣次和佐世治正的方案中试图在今天的福州路一带大肆改造，并与浦东陆家嘴地区的规划连成一片。规划地区的南面已经伸展到今天的金陵东路，北面延伸到南京路（图2-147），原英租界几乎都被推倒重建，规划的西部边缘已达到今天的静安寺一带。田中、道明、佐世三人都是前川国男事务所上海分所的成员，这个方案反映了前川国男的思想。该项竞赛的一等奖由丹下健三（1913—2005）获得，他于1941年刚刚离开前川国男的事务所。丹下健三方案构思的基地位于富士山下，以伊势神社为蓝本，吸收了希腊市政广场的手法，通过复古来表达纪念性。[②]

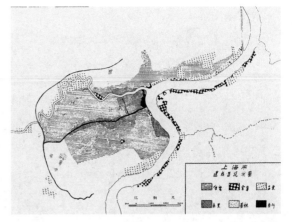

图2-148 上海市建成区现状图
来源：《上海市都市计划调查资料》

五、大上海都市计划（1945—1949）

抗战胜利后，1945年10月17日再度开始城市规划的研讨，工务局召集有关市政、工程专家举行技术座谈，讨论上海市都市计划的重要原则。[③]1946年重新恢复上海的城市规划工作，并由1946年成立的上海市都市计划委员会主持。在1946年8月24日的上海市都市计划委员会成立会暨第一次会议上明确了计划时期以25年为对象，以50年需要为准备。[④]1946年5月，上海市工务局设计处公布了《上海市都市计划调查资料》，包括建成区现状、人口、年龄结构、性别结构、教育程度、车辆统计、交通运输、港口吞吐量、黄浦江水位、码头设备、岸线、仓库面积及容量、各级各类学校、医疗机构等（图2-148）。[⑤]

1946年8月24日，上海市都市计划委员会正式成立。委员会下设土地、交通、区划、房屋、卫生、公用、市容、财务八个专门小组，计划的期限以25年为对象，以50年需要为标准，分期实施。在规划的远期目标上，超过了《大上海计划》，规划地域已包括整个上海，不再限于原来的华界。都市计划委员会在执行秘书赵祖康（1900—1995）的主持下，于1946年6月完成《大上海区域总图草案》及《上海市土地使用及干路系统计划总图草案》，1946年12月上海市都市计划委员会正式完成初稿（图2-149）。[⑥]报告书共分10章：总论、历史、地理、计划基本原则、人口、土地使用、交通、公用事业、公共卫生、文化（图2-150，图2-151）。1947年5月编制完成《大上海都市计划总图草案二稿》及报告书《上海市土地使用及干路系统总图二稿》，翌年2月编制完成《大上海都市计划总图草案二稿报告书》。[⑦]1949年5月，完成《上海市都市计划三稿初期草案说明》，为纪念工程师节，将三稿完成日期定为1949年6月6日。[⑧]

图2-149 大上海区域计划总图初稿
来源：《大上海都市计划总图草案报告书》

担任上海市工务局技术顾问委员会都市计划小组研究会成员的有工务局设计处处长姚世濂、陆谦受（1904—1991）、圣约翰大学建筑系教授理查德·鲍立克（Richard Paulick，1903—1979）、浚浦局副局长施孔怀、大同大学教授吴之翰、庄俊等。在总图草案初稿上签字的有：陆谦受、鲍立克、甘少明（埃里克·拜伦·克明，Eric Byron Cumine）、钟耀华（1911—1997）、张俊堃、黄作燊（1915—1975）、丹麦土木工程师康立德（Aage Corrit，1892—1987）、梅国超8人。关于城市规划的总体规划有：《大上海都市计划总图草案报告书》（1—3稿）和《大上海都市计划概要报告》；关于城市建设的专门计划有：《上海市建成区干路系统计划》《上海市建成区暂行区划计划》《上海市区铁路计划》《上海港口计划》和《上海市绿地系统计划》等（图2-152）。此外还有区级建设计划中的《闸北西区计划》，有关具体

图 2-150 上海市土地使用总图初稿
来源:《大上海都市计划总图草案报告书》

图 2-151 上海市干路系统总图初稿
来源:《大上海都市计划总图草案报告书》

图 2-152 1947 年 5 月上海市土地使用及干路
系统总图二稿
来源:《大上海都市计划》

图 2-153 1949 年 6 月上海市都市计划三稿
初期草图
来源:《大上海都市计划》

实施的细则如:《上海市工厂设厂地址规则》《上海市建成区营建区规则草案》《上海市处理建成区内非工厂区已设工厂办法草案》等。《大上海都市计划》重点考虑了人口、土地区划和交通三大问题,首先提出了控制人口进展程度、疏散人口、控制人口容量的目标;其次,在区划方面,按功能分区的原则划分上海市区,住宅区占市区总面积的 40%,工业区为 20%,绿地占 32%,交通面积占 8%;此外,还确定了市政体制优先发展交通,完善道路系统(图 2-153)。

《大上海都市计划》是《大都市计划》的延续和发展,但建设规模和目标要大得多,规划更为周详而又具有系统性。在规划理论与方法上就当时的认识水平而言,堪称世界一流。其基本理论是 1930 年在国际现代建筑大会上确定的,并在 1933 年《雅典宪章》中表达出来的功能主义思潮,将居住、工作、游息与交通作为城市的四大基本活动。因此,规划的核心问题就是区划,将"有机体的分散"作为区划的基本原则,在城市的每一个地区内,都包含有住宅、工厂、商店、绿地等,自成体系,成为类似有机体的社会单位。这一切都受到欧洲的"花园城市""邻里单位""有机疏散""快速干道""区域公和"等新的城市规划理论的影响。①

① 孙平主编,陆怡春等副主编《上海城市规划志》,
上海社会科学院出版社,1999 年,第 76 页。

图 2-154 1949 年上海中心区鸟瞰
来源:Virtual Shanghai

从方法论的观点看,《大上海都市计划》将城市规划看作是科学与艺术的结合,是自然科学、社会科学、工程学、建筑学和美学的综合。因此,规划的三个步骤就是调查统计、全盘设计、分期实施,城市规划包含了宏观决策、规划设计和规划管理等各个方面的内容。就形态规划而言,实质上是城市规划的具体体现。在《大上海都市规划》中,形态规划占有重要的地位,特别是市中心区域的规划,设计参照了巴黎、华盛顿的城市中心规划,具有规整的几何形,表现出放射形和棋盘格道路网、中轴线对称等几何关系。由此看来,这样一种形态规划实质上是西方的新古典主义、形式主义与中国传统的等级制度以及科学思想方法的拼贴。上海的文化表现出多元并存的状况,在上海的城市规划中也强烈地反映出这样一种多元综合。《大上海计划》和《大上海都市规划》在原有自然形态的上海、传统封闭形态的上海、欧洲新古典主义的上海租界之外又添加了新的元素,使这种多元文化并存在城市规划和建设上更加突出(图 2-154)。

第三章
早期近代建筑

上海无疑是一座伟大的废墟，如同许多年轻的正在崛起的有追求的城市一样，壮丽辉煌正在取代原有的建筑。人们确信这座城市正在增长的重要性，它必将成为中国贸易的中心，任何推测都不足以说明，土地和资产的价值会达到我们今天难以想象的程度。

——劳理《模范租界》
Peter George Laurie, *The Model Settlement*, 1866

① 姚贤镐编《中国对外贸易史资料：第一辑》，北京：中华书局，1962年，第556页。

② 上海市地方志办公室、上海市绿化管理局编著《上海名园志》，上海画报出版社，2007年，第9页。

③ （清）王韬著，沈恒春、杨其民标点《瀛壖杂志》，重印版，上海古籍出版社，1989：第37页。

④ 吴永甫著《沪上明清名宅》，上海书店出版社，2006年，第36页。另据《南市区地名志》所载，书隐楼建于乾隆年间。

⑤ 常青《"书隐楼"来历初探（纲要）》，2012。

⑥ 上海市南市区文物管理委员会编《上海老城厢》，上海大学出版社，1999年，第94页。

⑦ 南市区人民政府编印《南市区地名志》，1982年，第214页。

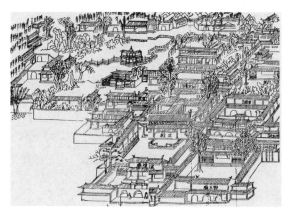

图3-1 城隍庙及西园
来源：同治《上海县志》

第一节 演变中的传统建筑

开埠前，上海的民居、商号、官衙、庙宇、书院、园林等延续了传统的建筑形式，同时具有地域建筑的特点，在整个近代时期也得以延续。开埠后，早期的西方式样的建筑基本上是对西方建筑的直接移植。西方建筑随着租界的建立、洋行的进驻、教堂的建造以及新建筑类型的出现而传入中国。上海的建筑受到外来建筑的功能、生活方式、形式、材料、结构和建造技术的影响，也受到工程师、建筑师的执业制度以及各种法规和制度的约束。这一时期整体上是西式建筑和中式建筑的平行发展，中西合璧的形式和西方建筑形式占有重要的地位。

这一时期建筑的形式和类型也都相当简单，职业建筑师尚未正式登上历史舞台。此外，清政府洋务派办的军事工业以及外商投资兴建的各种工业、民族工业的厂房建筑也直接搬用西方工业建筑的形式。同时，在开埠初期占有绝对主导地位的上海传统建筑文化在社会与城市全盘西化的过程中，也有所发展，在19世纪末渐趋式微，成为一种暗流，直到20世纪二三十年代民族主义高涨时期在建筑师的推动下又重新进入高潮。

一、开埠前的上海建筑

上海城市崛起的根本原因在于其有利于航运和商业贸易的地理因素以及地缘政治历史。传统城市上海具有先天的商业性特征，尤其在明代以后，处于江南资本主义萌芽的大环境之中，上海的经济有了较大发展，更稳固和加强了这一特征。作为一座商业城市，商业建筑和商业化的建筑在城市中占有极大比例，开埠前，城内"店铺多得惊人，各处商业繁盛"①。商人依行业聚集于某些街道，并形成各类行业公所。同时，重商重利的特征使得商业建筑不拘泥于老的办法，而趋于灵活和追求实效，各类

图3-2 迁建后的沪南钱业公所
来源：沈晓明提供

图3-3 1880年代的豫园
来源：Virtual Shanghai

图 3-4 豫园湖心亭
来源:《近代上海繁华录》

店铺和商贩混杂,大多数建筑兼具住宅和店铺的功能。行业公所最集中的地方是城隍庙及其庙园——西园(图 3-1),自清乾隆四十一年(1776)的钱业公所开始,各行业公所纷纷设立在豫园内园或城隍庙周围,各类店铺和商贩也纷纷汇集,形成至今仍然兴盛的城隍庙商业区。始建于 1883 年的沪南钱业公所,三进院落式,占地 800 平方米,正门为三脊式牌坊砖雕门楼。现存的沪南钱业公所由大东门外的原址迁建于古城公园(图 3-2)。豫园始建于明嘉靖三十八年(1559),1577 年建成,由江南著名造园家张南阳(1517—1596)设计。②豫园原为潘氏私园,占地 40 余亩(20 多公顷),有亭台楼阁等 30 余处(图 3-3)。潘允端(1526—1601)故世后,家道衰微,园林荒弃。清乾隆年间被分割出售,建成三穗堂、仰山堂、点春堂等建筑,始为城隍庙园,改称"西园",成为对公众开放的公共园林。九曲桥湖心亭是园中胜景,原为潘氏园中"凫佚亭"③,清乾隆四十九年(1784)重建,作为茶馆使用,历经添建成为今天的形态。其平面为多边形,建筑体态自然,大小各异的尖顶和短脊歇山屋顶前后参差、高低错落,既有江南园林建筑的特征,更反映了不拘泥于章法、灵活自由的风格,是上海传统建筑的典型(图 3-4)。城隍庙及豫园由宗教祭祀场所转变为商业集市区,正是开埠前上海商业特征的表现。

图 3-5 传统的城镇
来源:上海市历史博物馆馆藏图片

民宅是地域建筑的重要表征,开埠前上海有类型众多的住宅,这些住宅尚未受到西方建筑的影响,大体上可以分为四类:院落式住宅、临街排列住宅、水乡城镇的临河排列住宅、独立式住宅等(图 3-5)。

院落式住宅一般由多重院落组成,附有庭园,建筑为传统的厅堂式木构建筑。书隐楼属于传统宅园,它是位于老城厢东部天灯弄 77 号的一座私宅,清末由福建籍沙船业巨贾郭万丰商号在收购本地世族陆氏故宅的基址上兴建,一说始建于 1763 年(图 3-6)。④该宅园占地约 3.4 亩(2267 平方米),建筑面积约 2000 平方米,有门厅、轿厅、夹弄、正院、大厅、中门和两进的院落、上房堂楼及两厢楼、后院等。四周有封火墙(图 3-7)。⑤书隐楼是老城厢现存最大、最精致的五进深宅大院。⑥院落式住宅一般有砖雕的仪门作为入口大门,或区分各个院落。书隐楼的砖雕仪门甚为工致,门枋上雕有西昌伯磻溪访贤的故事,人物马匹姿态各异(图 3-8)。楼前东、西两侧厅与北房之间各有一块双面砖雕屏风,东侧为"三星祝寿图",西侧为"八仙游山图",均为镂空立体雕刻,人物形象栩栩如生。⑦

(1) 总平面测绘图

(2) 大厅复原图
图 3-6 书隐楼测绘与复原图
来源:常青提供

建于晚清的浦东高行镇的杨氏古宅和闵行浦江镇的梅园九十九间奚氏宅均属院落式住宅(图 3-9)。上海也有典型的四合院,例如浦东王桥的陶长青宅(1908,图 3-10)、高行镇杨家宅(1920 年代)和

(1) 正楼庭院
来源：常青提供

图 3-7 今日书隐楼

(2) 第四进与第五进之间的院子
来源：李东禧摄

图 3-8 书隐楼砖雕仪门
来源：李东禧摄

图 3-9 梅园九十九间奚氏宅
来源：《沪上明清名宅》

图 3-10 陶长青宅
来源：《上海浦东新区老建筑》

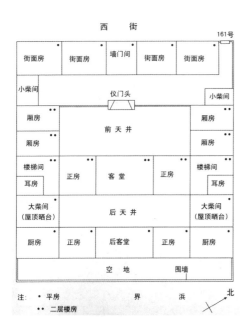

图 3-11 浦东凌宅平面图
来源：《上海浦东新区老建筑》

凌桥杨宅（1929—1931，图 3-11）等。陶长青宅两进五开间，占地约 1590 平方米，建筑面积为 1246 平方米，砖木结构。仪门砖雕和梁架木雕、屏门木雕甚为精美。但是上海地区的一些围合式住宅比四合院更为封闭，四周都有建筑围合，中间有庭院。上海郊区有一种围合式住宅，建筑围绕庭心展开，南北两垛和东西厢房的屋面相互搭接，形成一个整体，建筑一般为单层，有单进和两进的平面布局，属于简化的院落式住宅，俗称"绞圈房"，又名"窨圈房""搅圈房""绕圈房""交圈房"等（图 3-12）。江南一带亦有 2 层楼的类"绞圈房"，住宅的围合方式有点像云南民居的"一颗印"，只是由于材料和构造的不同而有所差异。两进的绞圈房以建筑围合，南面的入口是"墙门间"，代替仪门，南北两排主屋的进深大于厢房，因而屋脊往往高于侧屋，两端以悬山山墙来处理。图 3-12（2）是位于浦东的晚清

(1) 屋顶俯瞰
来源：百度图片

图 3-12 "绞圈房"

(2) 浦东艾氏民宅绞圈房内院
来源：李东禧摄

艾氏宅，建筑面积为 650 平方米，由东、西两座合院构成，有两个并列的庭心，属于典型的单层双绞圈房。庭心四周的厅堂和起居室之间开设多扇房门，既能相互连通，又能独立使用。[1]临街排列住宅，建筑与建筑之间基本上是连续的。这类住宅又可分为店宅和一般住宅。店宅是下店上宅，传统的市镇中多为这种布置方式。住宅彼此相似，高度相近，未经设计，而是建造的结果。图 3-13 中（1）是上海老城厢的街景，建筑随着生活拓展的需要不断搭建生成。图 3-13(2)是建于 1875—1908 年的金泽上塘街王宅，二层外墙面多用木板壁。

临河排列住宅，位于水乡城镇，临水而建，建筑与建筑之间基本上是连续的，又可分为前店后宅和一般性住宅。前店后宅类的临河排列住宅前有傍河设置的街道，住宅或商店前有开阔的空间（图 3-14）。临河排列住宅又有面水和背水的区别，面水的临河排列住宅沿河设置入口（图 3-15）。独立式住宅多位于郊区，松江一带有四坡顶的住宅。传统住宅的梁枋、栏杆、楼梯扶手、挂落、屏门有精美的木雕，传统建筑中也有精美的砖雕，采用传统的图案或以历史故事作为题材（图 3-16，图 3-17）。

中国的儒家文化重农轻商，大约也正因为此，与上海商业贸易举足轻重的地位相对应的是其政治地位微不足道，只是设于松江府治下的一个县，所以上海受到中国正统文化的制约比其他地方小得多。在建筑方面，来自正统文化的影响表现在官方或儒家文化直接代表的建筑物上，这类建筑有规定的等级和形制，如道台衙门（图 3-18）和传统书院（图 3-19）等。始建于 1748 年的敬业书院是上海历史最悠久的学校，初名"申江书院"，1862 年迁至聚奎街旧学宫，1902 年改为"敬业学堂"。[2]龙门书院位于城内尚文路，创办于 1828 年的蕊珠书院位于城内的凝和路"也是园"内。龙门书院于 1865 年由巡道丁日昌创办，有讲堂、楼廊、舍宇等，1876 年扩建。[3]此外，祠堂也属于这类建筑，如建于 1842 年的松江陈氏祠堂（图 3-20）。

（1）老城厢街景

（2）金泽上塘街王宅

图 3-13 临街排列住宅
来源：《水乡遗韵》

① 中华人民共和国住房和城乡建设部编《中国传统建筑解析与传承：上海卷》，北京：中国建筑工业出版社，2017 年，第 39 页。

② 许国兴、祖建平主编，胡远杰副主编《老城厢：上海城市之根》，上海：同济大学出版社，2011 年，第 63 页。

③ 南市区人民政府编印《南市区地名志》，1982 年，第 215 页。

图 3-14 临河排列住宅

图 3-15 新场镇面水的临河住宅

（1）长阳路 391 号
来源:尔冬强摄

（2）铜仁路 257 号
图 3-16 传统住宅中的木雕

图 3-17 朱家角席宅砖雕

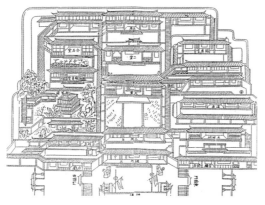

图 3-18 清末上海道台衙门
来源:*The Shanghai Taotai: Linkage Man in a Changing Society 1843-90*

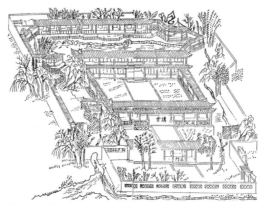

（1）龙门书院

（2）蕊珠书院
图 3-19 清末传统书院
来源:同治《上海县志》

图 3-20 松江陈氏祠堂
来源:《沪上明清名宅》

图 3-21 龙华寺
来源:上海市城建档案馆提供

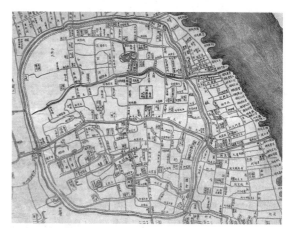

图 3-22 上海县城厢地图
来源:《中国传统建筑解析与传承——上海卷》

　　另一方面表现在中国传统的宗教建筑上，如龙华寺、静安寺、城隍庙、白云观等。这些建筑有明显的中轴线，院落空间的组织和对称布局等体现出正统儒家思想的影响，但这类正统建筑较之其他江南城市的同类建筑，数量较少，且规模小。尽管龙华寺始建于吴赤乌五年（242），龙华塔始建于吴赤乌十年（247），但是龙华寺和龙华塔经过多次损毁，多次重建，现存的龙华寺是 1875—1899 年重建的以及 1898 年增建的。①静安寺由于全盘的改造已经彻底变化（图 3-21）。上海县城的城墙，是在设立县治 200 多年以后出于抵御倭寇侵扰的目的建成的，没有采用中国传统城市的方形平面，只是顺应

（1）历史照片
来源:《上海古建筑》

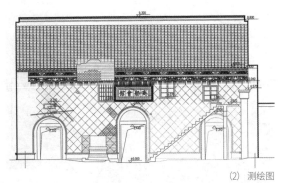

（2）测绘图
来源:外滩投资集团

（3）现状
来源:《上海古建筑》

图 3-23 商船会馆

已有的城区形状采用团形。城市街道也呈现自然生成的状态，官署虽位于城内，但与城市街道没有明确的轴线和秩序关系（图 3-22）。

图 3-24 浙宁会馆
来源:《申江胜景图》

上海的文化有一个重要特征就是它所具有的兼容性。大量外来人员带来各地的民俗习惯和生活方式，汇聚于上海，形成"五方杂处"的局面。这种兼容性为上海开埠后迅速吸收外来地域文化和西方文化提供了可能。早在开埠前，由于商业贸易的繁荣，中国各地的商人、船主和船员，或客居，或短期停留上海，形成各种旅沪商帮，出现各类行业或同乡会馆。据统计，上海在 1949 年以前有行业会馆公所 349 处，同乡会馆公所 53 处，总计 402 处。[2]据统计，清代和民国年间，老城厢地区有 100 多所会馆和同业会所，豫园内就有各种会馆公所近 30 个。[3]其中有商船会馆（1715）、钱业公所（1776）、丝业会馆（1860）、木商公所（1858）等，以及徽宁会馆（1754）、泉漳会馆（1757 始建）、潮州会馆（1783 始建）、潮惠会馆（1839）、江西会馆（1841）、浙宁会馆（1859）、东山会馆（1867）、湖南会馆（1886）、三山会馆（1913）等。大多数会馆都崇奉天后，天后是航海的保佑女神。

位于城外董家渡会馆街 38 号的商船会馆崇奉天后圣母，始建于 1715 年，属于上海最早建馆的会馆，历史上经过多次重修和扩建。根据记载，1844 年是其规模极盛的年份，现存的商船会馆重建于 1891 年（图 3-23）。[4]位于原小南门附近的浙宁会馆是旅沪宁波商人的同业公所，建于 1819 年，初名"天后行宫"；1853 年毁于战火，1859 年重建；1881—1884 年扩建，重建大殿、戏台、看楼等，占地 9 亩多（约 0.6 公顷）。[5]从吴友如画的《申江胜景图》中可以想象会馆的建筑雕梁画栋，钩心斗角，十分壮观，今已不存（图 3-24）。建于 1898 年的木商会馆的正门墙上、馆内神龛、殿堂和戏台上都有精致的木雕装饰。

二、传统建筑的变异与延续

近代早期的上海可以说是没有建筑师的建筑时期。开埠初期，本地的建筑仍继续以传统的方式建造，并没有因为西方文化的进入而改变。一方面是由于清代闭关锁国的影响，国人一向具有鄙夷轻狄的传统，对随着枪炮进来的西方人与西方文化持抗拒态度。从官员到普通百姓对外国人都有一种混杂了恐惧、憎恶和鄙夷的复杂心态，普通百姓不愿将土地卖给外国人。[6]由怡和洋行铺设的中国历史上第一条

① 王海松、宾慧中编著《上海古建筑》，北京:中国建筑工业出版社:2015 年，第 78 页。

② 潘君祥、王树明、叶运涛、陈正《上海会馆公所分类统计名录》，见:《上海市历史博物馆论丛:都会遗踪》第二辑，上海:学林出版社，2011 年，第 152 页。

③ 许国兴、祖建平主编，胡远杰副主编《老城厢:上海城市之根》，上海:同济大学出版社，2011 年，第 27 页。又见:张瑞德《南市区历史古迹概述》，载:南市区人民政府编印《南市区地名志》，1982 年，第 205 页。

④ 据《重修商船会馆碑记》所载，1715 年建大殿和戏台，1764 年重修，建南北两厅，1814 年建两面看楼，1844 年建祭祀厅、钟鼓楼、后厅及内台等，当时誉为"极缔造之巨观"，后历经战乱，如今已经倾圮不堪，正计划结合这一地区的改造在原址修复。

⑤《光绪上海县续志·卷三·会馆公所》。

⑥ 胡祥翰著，吴健熙标点《上海小志》，上海古籍出版社，1989 年，第 1 页。

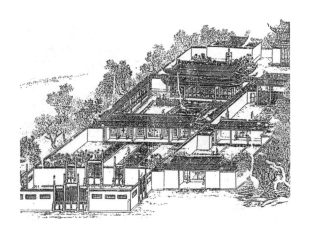

图 3-25 上海县文庙
来源:《上海勘察设计志》

图 3-26 1880 年南京路上的商店
来源:Virtual Shanghai

图 3-27 郁良心药房
来源:上海商务咨询服务中心网站

来源:Virtual Shanghai

来源:《沧桑》
图 3-28 沪北钱业会馆

图 3-29 长发栈
来源:上海市历史博物馆馆藏图片

铁路——淞沪铁路也在运行几个月后由政府收买拆除。①另一方面，西方人早期在租界所建的房屋，无论从功能、形式及建造质量等方面，都远远不及上海本土的建筑，因此中国人仍然沿袭传统，继续采用中国传统的建筑方式。重建于清咸丰五年（1855）的上海县文庙和建于 1857 年的早期江海关是当时官方建筑的两个例子，很明显地反映了这种状况。上海县文庙最初建于北宋熙宁七年（1074），清咸丰三年（1853）毁于兵火，迁址于文庙街重建。②文庙占地 17 亩（1.13 公顷），依照传统形制布局。基地坐南朝北，分为东西两路，均有明显的轴线对称关系。西路轴线上布置双道棂星门、大成门和大成殿，大成殿为重檐歇山顶。现存的棂星门和大成殿均系 1855 年的重建（图 3-25）。早期江海关，虽然位于英租界外滩，但在建筑布局和形式上与外滩其他西式建筑截然不同，木结构的红色墙身和起翘的重檐屋顶在外滩立面中十分醒目，其类似北京紫禁城午门的凹字形建筑布局和院落空间也与西方人将方形建筑置于院子中央的做法明显不同，在早期外滩的地图上显得非常特别。

传统建筑在华洋杂居局面形成以后，仍然保持和发展了相当长的时间，本地人的住宅与店铺继续采用中国传统建筑样式，在城内和租界大体如此。19 世纪 50 年代由于受战乱影响，江南富户巨贾纷纷举家迁入租界，上海县城及江南各地的名家老店也迁入租界或设立分店，大大促进了租界内商业的繁荣。虽然西式建筑在不断增加，但中国传统建筑风格的店铺数量更多。1863 年 11 月 28 日工部局董事会会议记录中提及租界测量事宜，当时大约有 250 幢西人房屋和 7782 幢华人房屋。③19 世纪末，外滩的中国式海关官署被英国哥特式市政厅样式的砖砌大楼所取代，外滩建筑逐渐转为西方建筑风格，但在通向外滩的几条东西向街道，如南京路、广东路和福州路上，仍然洋溢着中国风（图 3-26）。

19 世纪末，南京路上的京广杂货铺、呢绒绸缎庄、火腿熏腊店、药房、银楼、茶馆、酒店等旧式商业店铺十分繁盛，建筑完全采用中国传统风格，层叠的马头山墙、起翘的檐角、镂空的挂落和木雕栏杆等特征十分明显，门面装饰趋于华丽细腻，大量使用木雕装修构件。例如，老字号郁良心药房立面完全用木雕装修，虽精雕细镂，却已显出繁琐堆砌的特征（图 3-27）。清咸丰三年（1853）创设于宁波的邵万生南货店于 19 世纪末迁到南京路。④该店立面采用江南民居的形式，沿街以实墙面为主，粉墙黛瓦，石库门入口上方有牌楼形式的大面积砖雕，入口内为天井，再内为柜台，这种布局与后来的新式商店有明显的差异。沪北钱业会馆始建于清光绪十五年（1889），位于今塘沽路、河南北路口，又名"武圣宫"。其入口上方重檐牌楼形式及屋顶的起翘十分突出，带有传统道观风格特征（图3-28）。

开埠后半个多世纪的时间里，租界在经济、市政及都市生活方面的巨大变化使中国人对待西方文化的态度由鄙视转为羡慕，崇洋的心理开始显现，上海近代建筑也进入中西融合的时期。普通中国人在建造房屋时开始模仿西式建筑，大量的西式建筑语汇融入建筑，在城市里产生了大批中西混合的折衷建筑。一张摄于清朝末年的照片生动地反映出当时中西融合的场景（图3-29），画面中一家名为"长发栈"的旅馆，位于洋泾浜畔，今延安东路四川中路转角。主体建筑有连续的拱券外廊，柱子采用塔司干柱式。院落大门则采用中国传统的重檐牌楼形式，二者对比强烈。画面中还有西洋马车、双轮脚踏车、中国式轿子、身着官服的清朝官员等，使人不难理解将中国式牌楼与西洋风格的券廊及柱式拼贴在一起的社会背景。

开埠初期，根据《上海租地章程》的规定，中国人和外国人分别在各自居住区范围内生活，互不相干，中西建筑文化基本上处于隔绝、对立的状态。面对黄浦江畔最初建成的完全不同于传统建筑的西式房子，上海人除了好奇之外，更多的是鄙视，租界黄浦江一带被称为"夷场"。[⑤]1846年，基督教伦敦会在麦家圈附近（今山东中路福州路南）租地准备建造仁济医院时，道契上言明"该处须造中国式房屋以免动人疑怪。"[⑥]当年中国人对待西式建筑的态度可见一斑。

即使是在隔绝与对立的状态下，两种异质建筑文化相遇后也不可避免地会发生碰撞，产生交流并相互影响。在早期"华洋分居"的状况下，东西方之间的联系和交流在商业贸易方面是通过买办实现的，而在建筑领域内则是由中国建筑工匠来实现的。最初来上海的外国人虽然可以自己绘制建筑图纸，但要实际建造起来必须雇佣中国建筑工匠，必然导致中国工匠把中国传统建筑中的许多建造方法和细部特征用到西式房屋的建造中。同时，早期的西式建筑也多半采用上海本地的建筑材料和施工技术，这样又在材料和施工方法上，将早期西式建筑与上海传统文化相融合。开埠初期的很多西式建筑都采用中式小青瓦屋面，墙壁也使用本地青砖。同时，上海本地建筑工匠在承建西式建筑时也开始了解西式建筑的结构方法和美学标准（图3-30）。

一些早期来上海的外国人由于各种因素限制并没有立即建造西式房屋，而是借住在现有的中国式房屋，如最早的法国领事馆，是在洋泾浜和县城之间租了一所房屋，略做修补后当作领署。[⑦]从图3-31中可以看到一些生活在中国式房屋中的外国人。除被动地接受中国传统文化影响之外，早期西方人也开始认同和接受中国传统文化，尤其是那些传播宗教的建筑，更是采用已经为一般人熟知的传统建筑形式（图3-32）。在一些西方人建造的建筑中开始有意识地运用中国传统建筑元素，例如建成于1853年的董家渡教堂，虽然平面布局和立面形式均为正规的欧洲教堂风格，但建筑内外设有多条楹联，无论从宗教还是建筑角度，都显示出中西糅合，相得益彰（图3-33）。

到19世纪末，开埠之初城内繁华而租界萧条的局面完全逆转，上海的建筑开始有意识地转向西方建筑风格。建于1906年，由上海绅商集资创办的上海信成银行，位于南市大东门的万聚码头，完全是

图3-30 屋面为小青瓦的西式建筑
来源：上海市历史博物馆馆藏图片

图3-31 生活在中国式房屋中的外国人
来源：《岁月——上海卢湾人文历史图册》

① 姚公鹤著，吴德铎标点《上海闲话》，上海古籍出版社，1989年，第1页。

② 南市区人民政府编印《南市区地名志》，1982年，第213页。

③ 1863年11月28日工部局董事会会议记录，见：上海市档案馆编《工部局董事会会议录》第一册，上海古籍出版社，2001年，第697页。

④ 杨嘉祐《南京路》，载：叶树平、郑祖安编《百年上海滩》，上海画报出版社，1990年，第44页。

⑤ 张德彝著，钟叔河标点《航海述奇》，长沙：湖南人民出版社，1981年，第146页。

⑥ 胡祥翰著，吴健熙标点《上海小志》，上海古籍出版社，1989年，第1页。

⑦ 何重建《开埠之初》，见：上海建筑施工志编委会编《东方"巴黎"：近代上海建筑史话》，上海文化出版社，1991年，第28页。

图 3-32 徐家汇的小教堂
来源:上海图书馆馆藏图片

图 3-33 董家渡天主堂立面上的楹联
来源:沈晓明提供

① 上海市浦东新区发展计划局、上海市浦东新区规划设计研究院、上海市浦东新区文物保护管理署编《上海浦东新区老建筑》,上海:同济大学出版社,2005 年,第 72 页。

② 徐逸波、翁祖亮、马学强主编《岁月:上海卢湾人文历史图册》,上海辞书出版社,2009 年,第 23-24 页。

③ 姚公鹤著,吴德铎标点《上海闲话》,上海古籍出版社,1989 年,第 18 页。

④ 同上,第 2 页。

西方样式,细部处理简单,带有殖民地外廊式建筑特征,与 15 年前建成的沪北钱业会馆相比,其变化不言而喻。20 世纪初开始,随着大量西方投资进入上海而兴起的新一轮建设中,无论在中国人还是西方人的建筑中,中国传统样式的主导地位被各种西方建筑风格所取代。

中国人中最先开始与西方人交往密切的是买办和洋务派官员。随着西方资本的涌进而大量出现的买办阶层是华人中最先接触西方经济与生活方式,在经济利益上和感情上与外国人联系最为密切的群体,他们在中西相遇之初充当了桥梁。这一群体本身就是中西结合的产物,他们对西方文化的接受最快,行为和生活方式受西方影响最早,在他们的住宅中有明显反映。位于浦东陆家嘴的颍川小筑(陈桂春宅)建于 1914—1917 年,布局上仍然属于传统的院落式住宅,风格上则是中西合璧。原房主陈桂春靠为外商驳运货物而发迹,是会德丰驳船行的买办,原籍河南,因而取名"颍川"。其背景虽与早期买办不尽相同,但住宅中也反映出中西文化的双重影响。占地约 3.5 亩(2333 平方米),部分建筑 2 层,原有建筑面积 2423.25 平方米,现存 1786 平方米。[①]颍川小筑砖木结构,小青瓦屋面,有大小房间共 70 间,其中 58 间位于中轴线上。整座住宅是四进三院的典型传统大宅,轴线对称,层层深入,秩序分明,现只保留中央部分,第三进是正房,五开间,带有近似方形的院子,两侧为三开间的厢房,从正对院子的立面看是典型的中式四合院建筑,但正房两端被厢房挡住的两个开间则完全是西式风格。同样,厢

(1)陈桂春宅沿街立面
来源:上海市城市建设档案馆提供

图 3-34 陈桂春宅

(2)山墙
来源:上海市城市建设档案馆提供

(3)内院立面

(4)细部装饰

房正中开间为中式，两端开间为西式，带有西式的天花、百叶门和铺地。建筑正面外观为五开间硬山式，小青瓦屋面，中国传统风格，但各进两侧封火山墙却是地道的西式作法。这座建筑将中西建筑风格合于一体，又布置得极具特色，显示出亦中亦西的特征（图3-34）。

19世纪60年代清政府洋务派以"中体西用"为指导思想，开始主动吸收西方工业技术。最初的举措是兴建西式军工厂，江南制造总局是创办最早的洋务派官办近代军事工业企业。江南制造总局的前身是设在虹口的美商旗记铁厂（Thos, Hunt & Co.），1865年由李鸿章（1823—1901）买下，以旗记铁厂为基础，并入上海和苏州的洋炮局，加上容闳（原名光照，族名达萌，号纯甫，英文名Yung Wing，1828—1912）从美国采购的机器组建江南制造总局。[②] 1867年江南制造总局迁到上海城南高昌庙镇，下设多个分厂，初期主要生产军火，到1890年代已是具有相当规模的近代工业企业。工厂的总体布局完全模仿西方近代工厂，但建筑外观仍为中国传统建筑（图3-35）。略晚建造的招商局大楼则完全表现为西方建筑风格。洋务派官僚的住宅也采用西式建筑，如建于1900年前后、由爱尔德洋行设计的李鸿章住宅，采用维多利亚建筑风格，并带有明显的外廊式特征（图3-36）。

西方建筑文化对中国建筑的广泛影响是在上海的西方物质文明发达到一定程度之后才表现出来的。随着租界的繁荣，中国人深入接触西方文明后，在心理上开始认同和主动接受西方文化，洋泾浜英语的流行正反映出这一社会现象。所谓洋泾浜英语是"用英文之音，而以中国文法出之也"，是不中不西的"特别话"，甚至在开埠早期，由于不熟悉英文字母的写法，还出现过以指定的26个中文部首代替英文字母的做法。[③] 大量旧有的中国传统建筑类型在西方社会、文化、生活方式影响下逐渐演变成为一些新的建筑类型。首先，反映在功能方面，将移植来的西方建筑功能纳入中国传统建筑中，形成西式建筑功能和中国建筑形式的结合，如茶园式戏院、近代学校、大型百货商店等。之后在建筑形式上加入西式建筑语汇而逐渐走向西方样式，在娱乐建筑中反映得尤为明显。同样，西方人中也不乏对中国传统文化感兴趣之人，收集各种物品。据《上海闲话》记载："……泥城桥西某马房中矗立之二翁仲。又马霍路某西人宅中亦有石像二。据沪人言，此石像为离沪十余里某姓坟上物。由某西人出洋四十二元，舁来上海，作为装饰品。"[④]

图3-35 江南制造总局
来源：《岁月——上海卢湾人文历史图册》

图3-36 李鸿章宅

来源：*Twentieth Century Impressions of Hong Kong, Shanghai, and other Treaty Ports of China*

第二节　早期西式建筑

早期西式建筑的类型包括居住建筑、办公建筑、商号建筑、学校建筑、医疗建筑、宗教建筑和市政建筑等。由于技术、经济和生活条件的约束，早期西式建筑尚未直接移植欧洲建筑。上海最早的西式居住建筑、办公建筑和商号建筑以外廊式建筑为主。

现存关于中国沿海早期的开埠城市，包括香港、澳门、广州、上海、天津，甚至长江沿岸的汉口等城市风貌的历史资料大多是绘画作品（图3-37）。这些绘画作品具有相似之处，建筑的样式特征几乎一模一样——简单而有序的列柱立面和简单的坡屋顶，具有明显的西方建筑特征。画中的城市有着同样的港口环境氛围，绘画作品的风格也相似，类似欧洲18世纪的古典主义风景画。在南洋诸岛、澳洲与朝鲜、日本的早期开埠城市中，也存在类似状况（图3-38）。这就是西方建筑在东南亚、东亚的最初亮相，成为亚洲近代城市与建筑的起点，也是东西方建筑文化融合的结果。

图 3-37　早期上海外滩
来源：*Building Shanghai：The Story of China's Gateway*

图 3-38　1875 年的横滨
来源：《明治の异人馆 1858—1912》

① James Stevens Curl. *Dictionary of Architecture and Landscape Architecture*. Oxford and New York: Oxford University Press, 2006: 187。

② 丹·克鲁克香克主编《弗莱彻建筑史》，郑时龄等译，北京：知识产权出版社，2011 年，第 1155 页。

③ 参考藤森照信《外廊样式——中国近代建筑的原点》，载：汪坦、张复合主编《第四次中国近代建筑史研究讨论会论文集》，北京：中国建筑工业出版社，1993 年。

④ 同上。

一、殖民地式建筑

15 世纪末 16 世纪初，以哥伦布（Cristoforo Colombo，约 1451—1506）、达•伽马（Vasco da Gama，约 1460—1524）和麦哲伦（Fernão de Magalhães，约 1480—1521）为代表的"大航海"时代将人类以往各种族相对隔绝的生活区域联系起来，世界历史开始了全球化的新阶段。欧洲势力沿海洋向外扩张，在 17 至 19 世纪中叶形成了欧洲在全球占有绝对主导和殖民统治地位的格局。葡萄牙、西班牙、荷兰、英国、法国等海洋强国一方面在本土迅速发展资本主义，另一方面，在欧洲以外的非洲、美洲、亚洲等地建立和开拓殖民地。这一时期的建筑在欧洲表现为以新古典主义、巴洛克、折衷主义、哥特复兴为主导，而在欧洲以外各大洲的殖民地里，则广泛地呈现受殖民国家建筑影响的殖民地建筑（Colonial Architecture）。殖民地建筑风格一方面受到殖民宗主国建筑的影响，另一方面又融合了当地的气候、材料、建造工艺、生活习俗等方面的特征。

图 3-39 广州的商馆
来源：Wikipedia

英国取得全球殖民统治的主导地位之后，由于工业革命、资本主义生产方式的发展，加之 1783 年美洲殖民地的独立，全球殖民贸易的重点由过去东印度群岛的香料和美洲的金银逐渐转移到棉纺织业原料和制成品以及茶叶、生丝和鸦片上，注意力也集中到亚洲拥有最多人口的印度和中国。1698 年新成立的英国东印度公司（British East India Company，EIC）于 1715 年在广州建立商馆。图 3-39 是英国风景画家威廉•丹尼尔（William Daniell，1769—1837）画的 1805 年至 1810 年代的广州十三行。1773 年，印度沦为殖民地，确定了以"印度以东"为重点的扩张政策，1819 年英国又开辟新加坡作为中转站，将远洋航线向远东推进。英国在 1840 年发动鸦片战争，1842 年签订《南京条约》确立"五口通商"后，其势力开始大规模进入中国沿海地区，尤其是上海。独立后兴起的美国势力在 19 世纪 40 年代从东面越过大西洋，经南洋东印度群岛北上，在 1844 年签订《望厦条约》后也进入中国。

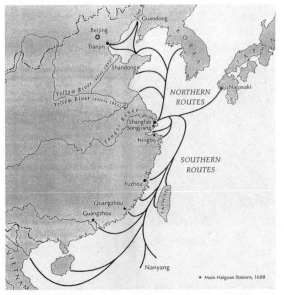

图 3-40 殖民者的侵入和外廊式样建筑的分布
来源：*Shanghai: From Market Town to Treaty Port, 1074-1858*

16 到 19 世纪期间，在西欧的扩张路线上，逐步建立了若干殖民地据点作为远洋航线的中转站。在这些据点上，欧洲移民逐步建立了欧化的城镇，他们带来的西方文化和西方建筑样式与殖民地的地域建筑相融汇，产生出殖民地式建筑。最初的殖民地式建筑完全是在没有建筑师参与的条件下由民间实现的，是欧洲建筑文化与当地传统的融合，全球的殖民地式建筑大体都具有这一共性。但是殖民地建筑又与殖民国家的建筑形式一脉相承。[1]正如普遍所认为的那样，欧洲国家更愿意向其殖民地输出建筑风格，而几乎很少受殖民地当地建筑风格的影响。[2]

欧洲的扩张在环绕地球向东和向西两个方向上展开，产生了两种形式特征的殖民地式建筑，一种是以外廊为特征，也称为殖民地外廊式建筑（Veranda Colonial style），在印度、东南亚、东亚、澳大利亚、太平洋群岛以及非洲的印度洋沿岸、南非、中非的喀麦隆，甚至美国南部和加勒比海地区都大量存在（图 3-40）。[3]其中印度和东南亚地区、美国南部和加勒比海地区是分布最为密集的两个区域。[4]

西欧自西向东扩张的路线上连续建立的殖民地，依次为西非海岸—好望角—东非海岸—印度—东印度群岛—南洋及澳大利亚—中国广州、香港和澳门—中国上海—中国北方沿海，然后是日本（横滨，

图 3-41 广州十三夷馆
来源:《中国近代建筑总览·广州篇》

图 3-42 新英格兰的壁板外墙式建筑
来源:Wikipedia

图 3-43 日本神户的壁板外墙式建筑
来源:Wikipedia

1859年)、朝鲜(仁川,1883年)。①这一路线上各个殖民地据点中的建筑都呈现出外廊特征,殖民地外廊式经过东南亚北上传入中国,在中国的登陆地是广州。广州十三夷馆是18世纪中期实行闭关锁国政策的中国唯一对外开放的口岸,专供外商使用的十三夷馆最初建造的是中国传统式样的建筑,从19世纪初的绘画中可以看到西洋建筑的影响(图3-41)。《南京条约》后,外国人由广州或者直接从印度和东南亚的殖民地流向新开放的商埠城市,他们将殖民地外廊式建筑带到了新的城市。殖民地外廊式也随着殖民者的流动经过上海继续向北、向东传播,形成了中国沿海及朝鲜、日本近代开埠城市初期西式建筑所共同具有的风格特征。

早期殖民地式建筑还有一种以木质壁板外墙为特征的建筑,即殖民地壁板外墙式建筑(clapboard colonial style),多用于住宅建筑(图3-42)。②这种建筑起源于德国和荷兰,③由英国人传播至北美洲的最初殖民地——新英格兰。为了抵御北美大陆的寒冷气候,在整幢房屋外面钉上一层长条木板,并且用木材来塑造当时英国的古典主义和帕拉弟奥复兴的建筑形式,形成了新的风格。④这种样式主要分布在北美大陆的寒冷地域,多用在住宅上,并随着美国的对外扩张,穿越太平洋抵达日本,在横滨和神户的异人馆有不少这类建筑(图3-43)。

根据目前的研究,影响到中国的殖民地式建筑是由英国人带来的外廊样式,在新西兰和澳大利亚也都有受英国影响的壁板外墙式建筑(图3-44)。在中国只有不多的几例壁板外墙式,上海近代建筑中目前发现的一例壁板外墙式的建筑是巨福路(Route L. Dufour,今乌鲁木齐南路)151号的郝培德宅(Residence for L. C. Hylbert)。郝培德是美国浸礼会人员,1910年来华,这幢住宅在1926年由博惠公司(Black, Wilson & Co., Architects & Engineers)设计。⑤这幢殖民地风格的独立式住宅,假3层,外形整齐,入口有一小门廊(图3-45)。此外,奚福泉1936年为电话局在建国西路398号设计了一幢壁板外墙式住宅(图3-46);在虹桥机场的铁路专线站的附属建筑中,也有两幢壁板外墙式建筑,是1949年以前的建筑。日本学者认为壁板外墙式从美国传到日本就结束了,⑥郝培德宅说明壁板外墙式的传播范围要广泛得多,而且上海的壁板外墙式建筑应该是受英国的直接影响,而非受美国新英格兰建筑的影响。

图 3-44 新西兰的壁板外墙式住宅
来源:Wikipedia

图 3-45 郝培德宅
来源:《回眸》

图 3-46 电话局职员住宅
来源:《回眸》

二、外廊式建筑

　　西方建筑文化最初是随殖民地外廊式建筑风格进入上海的，殖民地外廊式建筑与正统的欧洲建筑风格之间有很大的差异。最初的殖民地外廊式建筑实际上是东西方建筑的折衷，因此也被称为买办建筑。上海开埠十几年后，出现了一种新的趋势，即直接照搬欧洲建筑风格。从1850年代后期到19世纪末，一方面是殖民地外廊式风格逐渐减弱；另一方面则是移植欧洲建筑风格的趋势不断发展，并由于西方建筑师的加入而逐渐缩小了与欧洲建筑的差异，20世纪初到20年代中期，呈现出全盘移植欧洲建筑风格的繁荣局面。

　　上海早期的外廊式建筑以维多利亚建筑风格为主。维多利亚建筑风格分为早期（1840—1870）和盛期（1870—1900）。这一时期活跃在上海的建筑师和工程师主要来自英国，在他们的作品中故土建筑风格的影响必然是主要的，然后才是由于上海的气候、技术、材料等方面的因素引起的变化和调整。关于这一时期建筑的平面，有下列资料记载："当时所造的房子都是方形极其简单的，左右都留出很大的空地，种植各种花树……当时白种人所造的房子，其内容差不多是一律的：楼下大都是四间大房间，以供办公和会客之用，楼上则做卧室；房子的前面，上下层都有洋（阳）台，以便傍晚时可以闲坐着，喝喝威士忌，望望黄浦的景致。中国人对于这种房屋的式样都很称赞，不过以为前面何必装着那么许多窗户。"[7] "为了挡住夏天的阳光，尽可能保持室内的阴凉，泥塑或本地砖砌的墙壁至少有三英尺厚，外面粉刷得雪白，底下两层楼外面周围是配置着大拱门的敞开游廊，挑出的屋檐掩盖着顶上的两层或三层。"[8] 外廊式建筑的平面在四边、三边或单边布置外廊，立面为拱券外廊或柱廊："这些早期西式建筑的形式，来自西方人在印度、东南亚等西方殖民地建造的外廊式建筑，亦称"英国殖民地式"建筑。它本是为了适应热带气候而创造出的一种形式。"[9] 开埠初期，来沪居住的西方人尚少，其中以英国人居多，人员主要是领事馆官员、商人和传教士，正是这些西方人的生活方式拉开了上海近代建筑演变的序幕。领事馆官员和商人在1845年租界设立后一同迁入租界，他们以殖民地外廊样式沿黄浦江建成了租界内第一批西式建筑，即1850年代外滩绘画所描绘的样式（图3-47）。

　　从开埠到1850年的最初几年间，租界内绝大多数建筑沿外滩排列，关于这些年的西式建筑，目前可资考证的除了文字资料外，主要是1849年和19世纪50年代的、以外滩为主题的几幅绘画和历史照片（图3-48）。将1849年与19世纪50年代相同视点与构图的几幅绘画对照，可以确认当时的绘画对建筑物和

① 葡萄牙人在16世纪占领澳门，取得长期居住权。在1842年香港开埠前，澳门是欧洲商人在东亚的据点。

② 藤森照信《东アジアにおける近代建筑の步み》，见：藤森照信、汪坦《全调查东アジ近代の都市と建筑》，东京：筑摩书房，1996年，第81页。

③ https://en.wikipedia.org/wiki/Clapboard_(architecture).

④ 陈志华《外国建筑史（19世纪末以前）》，第四版，北京：中国建筑工业出版社，2002年，第292页。

⑤ 据上海市城建档案馆 D(03-05)-1925-0233 的档案图纸，通常称为"朱敏堂宅"。

⑥ 藤森照信著《日本近代建筑》，黄俊铭译，济南：山东人民出版社，2010年，第35页。书中将壁板外墙式建筑称为"雨淋板建筑"。藤森照信认为，在中国或东南亚的殖民式样建筑，可以看到外廊式，而几乎看不到鸟羽般重叠的雨淋板建筑。

⑦ 霍塞著《出卖上海滩》，赵裔译，上海书店出版社，2000年，第12页。

⑧ 罗兹·墨菲著《上海：现代中国的钥匙》，上海社会科学院历史研究所编译，上海人民出版社，1987年，第84-85页。

⑨ 伍江著《上海百年建筑史：1840—1949》第二版，上海：同济大学出版社，2008年，第17页。

图3-48 外滩的早期建筑
来源：*Building Shanghai：The Story of China's Gateway*

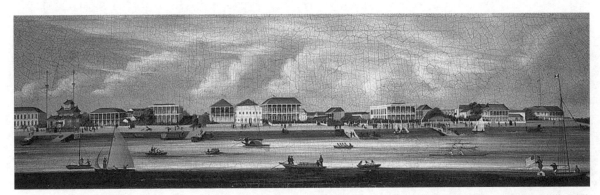

图3-47 1850年代的外滩建筑
来源：*Building Shanghai：The Story of China's Gateway*

图 3-49　初期外廊式建筑
来源:《十八及十九世纪中国沿海商埠风貌》

① 郝延平著《十九世纪中国的买办: 东西方之间的桥梁》，李荣昌等译，上海社会科学院出版社，1988 年，第 80 和 198 页。

② 岑德彰编译，潘公展校阅《上海租界略史》，编者印行，民国二十年 (1931)，第 30 页。

③《点石斋画报》是中国第一份时事报，创刊于清光绪十年 (1884) 四月，光绪二十四年 (1898) 停刊。参见《点石斋画报》，重印版，扬州: 江苏广陵古籍刻印社，1990 年。

④ 汉口路 126 号的这座洋行建筑由于占地较小，缺乏开发价值，因而得以保留。滇池路上的这座洋行建筑位于中国银行所在地块，今已不存。

建筑细部的描绘是比较准确的，而且在 1860 年代初期，外滩的几个地块已经进行了新建或重建，如怡和洋行、旗昌洋行、琼记洋行（Augustine Heard & Co.）等。外滩最初的建筑样式非常传统：方盒子的体形，简单而平缓的斜坡屋面，由白色列柱形成的柱式外廊、券廊或券柱式外廊是最主要的形式特征。列柱及细部都非常简单，很少装饰。建于英租界内的两栋建筑是开埠初期外廊样式的典型例子，据资料记载，这两幅绘画作于 1849 年，两栋建筑建于开埠初期的 1840 年代，均为沃特（J. Wadd）的房产，位于今南京路和九江路之间、河南路以东的地段（图 3-49）。从画面中可以看出，建筑呈方形体块，建筑正立面有列柱外廊，柱式处理近似简化的塔司干式，屋顶也非常简单，为双坡屋面或四坡屋面。窗均为矩形，都带有三角形窗楣，并设有百叶窗。从画面提供的信息进一步分析，第一幅画中有西洋妇人和儿童，建筑旁有类似鸡舍的笼子，建筑规模较小，环境氛围极似郊外住宅，可以推断为住宅建筑；第二幅画中的建筑有明确的院落和围墙，围墙外有做生意的中国人和骑马和行走的西方人，因此可以推断该住宅位于比较主要的街道；建筑规模较大，二层外廊中有西方人在谈话，估计属于洋行建筑。二者比较来看，洋行的西方建筑特征比较明显，反映出明确的乔治时代建筑风格。两者都是单面设置外廊，但在洋行建筑中仍有意识地使各个立面的形式相近，住宅中的二层外廊用窗户封闭起来，大约是对上海气候的回应。

从一幅 1860 年代英租界外滩背面鸟瞰的照片看（图 3-50），主要建筑物均为殖民地外廊式，且四面设外廊的居多，柱式外廊和券廊并存。各栋建筑都有独立使用的院子，主要建筑位于中央，带有附属用房仓库等，主次建筑区分明确。除了江海关等少数建筑外，绝大部分建筑看上去使用性质都是一样的。1893 年法租界外滩的建筑也反映出相似的特征（图 3-51）。由此可以总结出，开埠后 50 年间英租界中的建筑风格特征，建筑样式基本一致，立面整齐统一，连续的柱式或券式外廊是唯一的立面构成要素，四面设置外廊的居多，且建筑的四个立面样式相同，形体为简单的方盒体，屋顶是平缓的四坡屋面。

《19 世纪的中国买办——东西方桥梁》一书中提供了旗昌洋行和琼记洋行开埠初期在上海房产的平面资料。①琼记洋行是单面外廊（图 3-52）。旗昌洋行的房产占有一幢周边外廊建筑的一半，与附属建筑相连。二者的楼梯都位于方形建筑平面的中间，这种平面布局与 18 世纪初期乔治王朝时代建筑平面十分相似（图 3-53）。

外廊式建筑在欧洲多见于南欧气候温和的地区，在法国、意大利、西班牙和葡萄牙，有许多中世纪或文艺复兴时期的府邸建筑和修道院建筑的内院也采用敞廊，其功能不是向外观景，而是起交通联

图 3-50　外滩建筑全景
来源:*Old Shanghai Bund: Rare Images from the 19th Century*

图 3-51　1893 年的法租界外滩
来源:Virtual Shanghai

系以及与内院活动互动的作用（图 3-54）。欧洲建筑多为砖石建筑，而在殖民地则多为砖木结构。外廊式建筑成为殖民地建筑样式的主流，其原因是炎热的气候。欧洲的扩张无论从东向西或者从西向东，首先进入的是热带和亚热带地区，生活在欧洲凉爽气候中的殖民者不适应这种湿热的气候环境。在当时尚未有冷气设备的条件下，设置外廊能使建筑中有一块地方免于阳光直射且通风良好，而设置外廊也是热带和亚热带传统住宅中常用的形式。立面具有列柱特征的欧洲建筑很容易与外廊式结合，由列柱支撑外廊，原来建筑柱间的外墙面、窗户及窗楣等都退到外廊内侧。由于是砖木结构，因而柱子多用方柱，砖柱上部采用砖砌拱券，立面是西式的，屋面则采用当地的蝴蝶瓦，可以视为欧洲建筑的外廊化。图 3-55 是当年一栋位于北京路靠近外滩的英国商人尼克勒（Mard Nickle）的住宅。位于九江路上的祥茂洋行（A. B. Burkill & Sons.）建于 19 世纪末，为一座 5 层洋行大楼，属于大型外廊式建筑（图 3-56）。

外廊式建筑外廊较宽并且呈连续布置，有时位于单边，有时则四周或几个侧面都有，结构及布局也较简单。其中四周均布置外廊的形式是因为在赤道殖民地地带，南面、北面阳光照射几乎相同。上海的殖民地外廊式建筑中常见的是四边、单边两种布置方式，四面设置外廊的做法出现在开埠初期，受热带建造形式影响之故。上海的气候条件与热带有很大差异，来自热带的外廊式建筑"宜夏不宜冬，造屋者仅以夏季为念，而不知冬季之重阳光也。"②这就促使外廊样式很快有所改进，四面设开敞外廊的做法很快被淘汰，而转为只在一面设置外廊，于是以往各个立面样式相同的情况发生改变，出现了主立面。这一改变主要表现于 1870 年代，方形建筑平面的一侧设置连续的券式或柱式外廊，主立面仍为统一的连续拱券构图，成为一种新模式。《点石斋画报》于清光绪十年（1884）刊出的一幅插画非常清楚地描绘了这一时期的建筑样式特征：单面设置外廊，且为连续券的形式，与最初的外廊式建筑形式非常相似（图 3-57）。除了券廊和一、二层之间的水平腰线和檐口部位外，西式建筑的特征不明显，屋顶铺小青瓦，墙壁是外面粉砂浆的做法。③

1840 年代初到 1870 年代这一期间的外廊式建筑，在东亚地区留存下来的非常少。位于汉口路 126 号的一座洋行建筑属于至今尚存的少数早期外廊式建筑，该建筑原为洋行建筑，采用券廊。从样式和室内楼梯等细部分析，建于 19 世纪 60 年代末期或 70 年代，从现状不能断定当初墙面是涂以灰泥还是清水砖墙。建筑立面券廊的样式保存完好，建筑正立面两端略凸出，墙体厚实，显露出横向划分为三段、对称构成的设计意图，侧立面也有相应的变化（图 3-58）。滇池路上的一座洋行建筑也属于早期采用券廊的外廊式建筑（图 3-59）。④

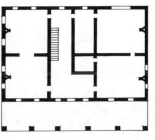

图 3-52 琼记洋行的平面图
来源：《十九世纪中国的买办——东西方之间的桥梁》

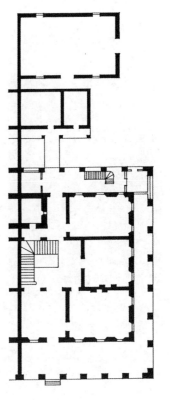

图 3-53 旗昌洋行的平面图
来源：《十九世纪中国的买办——东西方之间的桥梁》

⑴ 文艺复兴建筑的敞廊

⑵ 威尼斯大运河旁
图 3-54 意大利建筑的敞廊

图 3-55 尼克勒宅
来源：《沧桑》

图 3-56 祥茂洋行
来源:Virtual Shanghai

图 3-57 《点石斋画报》中的外廊式建筑
来源:《点石斋画报》

从 1870 年代的一张照片看（图 3-60），位于苏州河北岸今上海大厦位置上的两幢建筑也反映出相同的样式特征。从中可以看出：开埠后经过二三十年的发展，租界内土地利用率明显提高，租界设立初期那种建筑位于独立院落当中的平面布局方式已经不能适应。重建或新建的地块中，建筑彼此相邻，间距缩小，类似于欧洲文艺复兴城市中的建筑界面已经成为城市街道空间的主导。殖民地建设早期，除了教堂外，绝大多数的洋行建筑都同时兼作住宅、洋行和仓库等使用，所以洋行的英文名称是"godown"，俨然下店上宅的布局。平面布局则多为欧洲住宅的样式，外廊是室内空间的延伸，作为餐饮、喝茶、吸烟、谈话、读书、昼寝等日常生活中不可或缺的空间。

公易洋行（Smith, Kennedy & Co.）设立于 1850 年代前期。洋行建于外滩，是位于江海关以南的第二栋建筑，属于较早应用半圆券的外廊式建筑，具有典型的新文艺复兴式特征（图 3-61）。正立面朝向黄浦江，建筑的一、二层均为规整的连续券构图。图 3-62 的建筑是 19 世纪末、20 世纪初建于租界内的洋行办公楼，立面的连续券外廊形式与 1870—1880 年代新文艺复兴风格的外廊式建筑相同，但檐口以上增加了三角形山墙，打破了方形的立面轮廓，增强了垂直感。图 3-62 的两栋建筑虽然立面构图规整，但拱券的颜色变化非常醒目。这一时期位于地块转角部位的建筑往往用小尖塔来突出转角。19 世纪末 20 世纪初的外廊式建筑中，外廊仍然是立面的主要组成部分，但是建筑的屋顶、水平腰线、色彩和细部的处理都已经非常丰富，而且立面已经有明确的横向和纵向划分，呈对称构图。早期外廊式建筑所具有的单纯而强烈的外廊效果已经不复存在，外廊作为立面构图主题的地位不断下降，殖民地外廊样式进入其风格演化的末期（图 3-63）。

19 世纪末上海的西方职业建筑师数量开始增多，为大量移植正规欧洲建筑风格创造了前提条件。建于 1898—1904 年的礼和洋行（Carlowitz & Co.）是 19 世纪末上海公共租界中规模最大的洋行建筑（图 3-64）。外墙为清水红砖砌筑，柱和线脚为白色，立面主要由外廊构成，底层为连续半圆拱券，以上各层为连续平弧形券柱廊，屋顶设三段三角形山墙，这座建筑有可能是倍高洋行的早期作品。[①]礼和洋行的外廊在历史上用窗户封住。2014—2017 年对礼和洋行大楼的修缮恢复了底层的拱廊（图 3-65）。

另一个外廊式建筑的例子是由玛礼逊洋行设计的怡和洋行新楼（1906—1907，今益丰洋行）。[②]怡和洋行新楼于 2009 年修缮，内部结构替换成钢筋混凝土，立面根据历史照片恢复原貌（图 3-66）。

图 3-58 汉口路 126 号洋行

图 3-59 滇池路上的洋行建筑
来源:Virtual Shanghai

图 3-60 苏州河北岸的建筑
来源:上海市历史博物馆馆藏图片

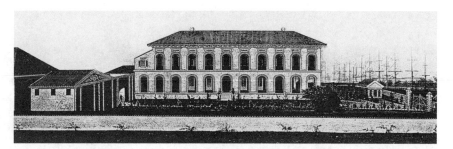

图 3-61 公易洋行
来源:《十八及十九世纪中国沿海商埠风貌》

同时期由通和洋行设计的沪宁铁路公司总部大楼(The Shanghai—Nanking Railway Administration Offices,约建于 1900 年),位于今四川中路 126 弄(元芳弄),亦为清水红砖建筑,虽然南向立面也局部设有外廊,并采用券柱式的构图元素,但各层及各开间的券柱式形式都不相同,各个立面的三角形山墙与窗洞的形式也不相同,变化丰富而略显凌乱,显示出多种构图元素拼凑的处理手法,代表了外廊样式发展到最后时期的风格特征(图 3-67)。位于仁记路(Jinkee Road,今滇池路)的仁记洋行和业广地产公司大楼也是这一时期的代表作品(图 3-68)。

外廊式建筑从开埠到 19 世纪末,成为上海近代建筑的主导样式,作为一种独立的样式,它经历了发展、成熟和式微的过程。虽然由于气候及欧洲正统建筑风格影响的原因而逐渐较少采用,但作为西方人心目中的远东殖民地建筑形象,外廊样式仍是殖民统治的"注释",这种精神功能,受到各国领事馆的青睐。建于 1872 年的英国领事馆、1881 年的德国领事馆、1893 年的美国领事馆(图 3-69)和 1896 年的法国领事馆(图 3-70)均采用了殖民地外廊式。即使是建于 1911 年的日本总领事馆(图 3-71)和建于 1916 年的俄国领事馆,这些建筑都力图做成西方复古建筑式样,但也没有完全摆脱殖民地外廊样式的特征。在这里,外廊样式已经脱离了最初的功能意图,变成纯精神功能的要素。

① 关于礼和洋行的建筑师至今未能确定,目前有两种意见:一是认为是玛礼逊洋行的作品,其理由是礼和洋行北侧的一座辅助建筑是由玛礼逊洋行设计的,持这个观点的有常青教授的博士生,其根据是 1906 年礼和洋行后期西北部增建的展示厅和机房由玛礼逊洋行(Scott & Carter)设计,并由此推断礼和洋行由玛礼逊洋行设计。持另一观点的是意大利学者卢卡·彭切里尼博士(Luca Pencelini),在他的博士学位论文图册中,将礼和洋行归为倍高洋行的作品。他根据意大利建筑师路易吉·诺维里(Luigi Nuovelli)的观点,但是诺维里关于上海近代建筑的书籍中并没有涉及礼和洋行。由于礼和洋行是德国公司,聘请德国建筑师事务所设计也顺理成章,而且青岛的礼和洋行的外观和上海礼和洋行十分相似,据阿诺尔德·赖特(Arnold Wright)编写的 1908 年出版的 *Twentieth Century Impressions of Hongkong, Shanghai, and other Treaty Ports of China* 一书介绍,天津的礼和洋行也是倍高洋行的作品。在托斯坦·华纳(Torsten Warner)的《德国建筑艺术在中国》(1994)中,礼和洋行列为德国建筑师的作品,但没有说明建筑师是谁,但可以佐证是德国建筑师的设计,而且极有可能是倍高洋行的设计。

② 1908 年出版的 *Twentieth Century Impressions of Hongkong, Shanghai, and other Treaty Ports of China* 在介绍玛礼逊洋行作品时列入怡和洋行新楼。

图 3-62 租界内的洋行
来源: *Twentieth Century Impressions of Hong Kong, Shanghai, and other Treaty Ports of China*

图 3-63 外廊式建筑
来源:《沧桑》

图 3-64 礼和洋行历史照片
来源：*Twentieth Century Impressions of Hong Kong, Shanghai, and other Treaty Ports of China*

图 3-65 修缮后的礼和洋行
来源：盛峥摄

进入 20 世纪后，随着西方建筑样式大量进入上海，各种类型的建筑都开始有比较明确的建筑样式与之对应。公共建筑已不再使用外廊式，只在少数住宅中沿用清水砖墙和连续券的形式，到 1910 年代后基本终止。采用外廊式的住宅一般规模不大，2 至 3 层，多为两户联立的住宅，外观采用清水砖墙，主立面为连续券的构图形式，显示出殖民地外廊式建筑盛期的样式特征。至今仍成片保存较好的实例有北京西路 707 弄住宅，建于 1907 年，原为银行房产，是当时富裕阶层住宅，室内宽敞，卫生设施先进，建筑外观为清水砖墙，立面连续券柱式构图和并列的两个三角形山墙构图十分突出（图 3-72）。溧阳路 1156 弄住宅，建于 1914 年，也是典型的实例（图 3-73）。

随着西方势力的扩张，殖民地外廊式建筑进入上海后，迅速发生演变。促使外廊式建筑发生演变的影响因素主要是来自英国本土的建筑风格，其次是上海本地的气候、技术和材料等方面的因素。上海开埠初期的外廊式建筑可以看作是英国建筑样式的外廊化和简化，外廊化是源于热带的殖民地建筑形式的延续，而简化则是受到设计建造技术和建筑材料限制的结果。随着上海城市现代化的发展，上海的建筑设计、建造技术以及建筑材料等方面也逐渐与欧洲靠近，加上上海本地的气候因素和直接来自欧洲的各种建筑风格的介入，外廊式建筑在演变和走向成熟的同时也逐渐丧失了自身的特征，又融汇于欧洲本土建筑风格之中，重新回归欧洲建筑风格。

图 3-66 怡和洋行新楼（今益丰洋行）
来源：席子摄

来源：*Twentieth Century Impressions of Hong Kong, Shanghai, and other Treaty Ports of China*

图 3-67 沪宁铁路公司总部大楼历史照片与现状

图 3-68 仁记洋行和业广地产公司大楼

来源：*Dennis George Crow. Old Shanghai Bund: Rare Images from the 19th Century.*

图 3-70 法国领事馆
来源：Virtual Shanghai

来源：上海市历史博物馆馆藏
图 3-69 德国领事馆和美国领事馆

图 3-71 日本总领事馆
来源：上海市历史博物馆馆藏图片

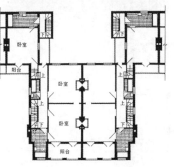
图 3-72 北京西路 707 弄住宅
来源：《上海里弄民居》

三、欧洲建筑风格的移植

从 19 世纪 60 年代起，欧洲正统的建筑手法开始越来越多地应用在外廊式建筑中，外廊建筑的独立性逐渐减弱，外廊的基本特征逐渐弱化并最终消失，而欧洲建筑风格则逐渐成为主流。20 世纪初，上海进入全盘移植欧洲本土各种建筑样式的阶段。1869 年修改的《上海租地章程》及其附律对建筑事项作了特别规定，规定建造房屋须将房屋图样呈送工部局查核并领取执照，建立了营建人申请执照制度。工部局有房屋建筑图纸的审批权，并对房屋建筑施工颁发许可执照，同时也派职员巡视现场，监督施工。[1]

19 世纪欧洲建筑最显著的特征是对于历史风格的多元应用。并非因为以前的建筑师故意回避复兴历史形式，而是因为可供 19 世纪建筑师选择的形式范围已经大大扩展，[2] 从而也形成了上海早期近代建筑的多元风格。

外滩最初的洋行建筑大多是由非建筑师的西方商人设计绘图，由中国工匠以上海本地的方法和材料建造。西方商人对建筑的重视程度和设计水平有限，同时受到短期行为心理的影响，而且要根据中国工匠建造西式建筑的能力及当地的材料进行修改和简化，因此最初的洋行建筑表现出与中国传统建筑强烈的趋同感，但结构和技术极其简陋。据资料记载，第一代圣三一堂（1847）建成后三年便经不起风暴而倒坍，[3] 第一代的英国领事馆（1849）也在建成后不到三年就拆除重建。[4] 由此可以推知，租界内第一代西式建筑存在的时间并不长。

① 马长林、黎霞、石磊等著《上海公共租界城市管理研究》，上海：中西书局，2011 年，第 64 页。

② 丹·克鲁克香克主编《弗莱彻建筑史》，郑时龄等译，北京：知识产权出版社，2011 年，第 1151 页。

③ 杨达英《上海最老的侨民基督教堂：圣三一堂》，见：王宏远主编《宗教钩沉》，上海画报出版社，1991 年，第 163 页。

④ 何重建《开埠之初》，见：上海建筑施工志编委会编《东方"巴黎"：近代上海建筑史话》，上海文化出版社，1991 年，第 28 页。

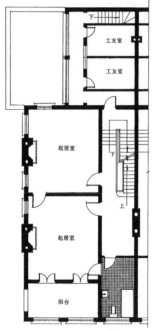

图 3-73 溧阳路 1156 弄住宅
来源：《上海里弄民居》

① 据 The Diamond Jubilee of the International Settlement of Shanghai 记载。

②《上海勘察设计志》编纂委员会编，沈恭主编，刘炳斗、蔡詠榴常务副主编《上海勘察设计志》，上海社会科学出版社，1998 年，第 12 页。另据郑红彬《上海三一教堂：一座英国侨民教堂的设计史(1847—1893 年)》，见：清华大学建筑学院主编《建筑史》，第 33 辑，北京：清华大学出版社，2014 年，第 153 页所述，史来庆在 1850 年已经移居上海。

③ 据村松伸《上海·都市と建筑 1842—1949》第 45 页记载，1855 年以后，史来庆在上海的行踪消失。

④ Wikipedia. English Architecture.

19 世纪末上海的西方职业建筑师数量开始增多，为大量移植正统欧洲建筑风格创造了前提条件。中国原本没有职业建筑师，租界内大部分房屋在 1860 年代以前也大多是由外国商人自行设计或者是从新加坡等已有的殖民地城市直接带来图纸建造。在 1850 年的租界外侨人口调查记录中，仅有一位建筑师。①这位建筑师应该是英国建筑师史来庆（George Strachan）。根据记载，史来庆于 1853 年或 1854 年来上海开设泰隆洋行，从事建筑设计业务，是外国人在上海最早开办的建筑事务所，但时间不长。②1866 年以后，其经营范围和之后的去向尚待考证。③

英国的建筑在 18 世纪以后大体上经历了巴洛克时期（1702—1725）、帕拉弟奥复兴时期（Palladianism，约 1715—1750）和新古典主义时期（Neoclassicism，1750—1830）。④新古典主义与哥特复兴和 18 世纪晚期以及 19 世纪初的帕拉弟奥复兴交织在一起，建筑师将许多不同来源的风格特征集合起来，以达到原创的效果，形成了折衷主义。也正因为如此，折衷主义也称为"集仿主义"。古典主义建筑的适应性以及折衷主义对上海的早期近代建筑有着显著的影响，尤其是对公共建筑和大型建筑。欧洲的现代建筑风格直至 19 世纪末才开始成型，也缓慢地影响到近代中期和盛期的上海建筑。

19 世纪中叶至 19 世纪末的英国建筑称为"维多利亚建筑"（Victorian architecture）。维多利亚时代是英国女王维多利亚（Queen Victoria，1837—1901）在位的时期。维多利亚建筑是一系列建筑风格的复兴，包括罗马风复兴（Romanesque Revival）、哥特复兴（Gothic Revival）、文艺复兴风格复兴（Renaissance Revival，1840—1890）、希腊复兴（Neo-Grec，1845—1865）、安妮女王复兴（Queen Anne Revival，1870—1910)以及工艺美术运动（Arts and Crafts Movement，1880—1910）和新古典主义等，并与中东和亚洲的建筑风格混合应用。上海近代建筑往往将使用红砖清水墙的建筑统称为"维多利亚建筑"（图 3-74）。

然而，英国建筑对近代上海的影响明显有一个滞后的现象，与英国本土的建筑相比显然并不同步，表现为三个明显的风格演变阶段：开埠后到 1860 年代初期，主要表现为乔治时代的风格特征，以建筑立面整齐的柱式外廊构图为特征，受帕拉弟奥复兴的影响，讲究比例和简洁的效果；1860 年代至 1880 年代，表现为维多利亚时代盛期的新文艺复兴风格，建筑立面以连续半圆券为主要的构图元素；19 世纪末至 20 世纪初，盛行安妮女王复兴风格。⑤

维多利亚建筑风格的特点是严谨的历史主义，注重复古。在维多利亚建筑风格盛期，出现了新文艺复兴风格的建筑，带有豪华的装饰，追求色彩与材料的肌理效果，出现了红砖清水墙或者用不同色彩的砖砌线条的手法；维多利亚时代后期盛行哥特复兴风格，称为"维多利亚哥特式"（Victorian Gothic），建筑风格趋于华丽，注重细部装饰。受英国建筑风格影响，殖民地外廊式建筑的演变趋势是由简洁到丰富，由强调秩序感转向追求装饰效果。外廊的立面构成由连续的列柱转化为连续券，进而发展为连续的券柱式构图，并出现了多种券柱式的混合使用。随着建筑立面的演变，建筑平面也由最初矩形的简单分割渐趋于布置合理并有丰富的变化。位于虎丘路 95 号的法商永兴洋行（Oliver & Co.）是受维多利亚复兴风格影响的实例（图 3-75）。

图 3-74 典型的红砖墙面的维多利亚建筑
来源：Wikipedia

(1) 历史照片
来源：*Twentieth Century Impressions of Hong Kong, Shanghai, and other Treaty Ports of China.*

(2) 现状
图 3-75 永兴洋行

从 1850 年代后期开始，英国维多利亚建筑风格的影响在上海开始出现，表现为新文艺复兴式（Neo-Renaissance）的风格特征，以连续的半圆券外廊为立面构图的主题，连续券的造型很快普及，取代了乔治王朝样式的列柱外廊形式。除了外廊由梁柱式转变为券式外，在建筑形体、屋顶形式和立面的秩序感等方面仍与乔治王朝样式大致相同。开埠初期第一批西式建筑中很少有拱券的造型元素，可能是拱券这种形式在中国传统建筑中很少使用，而且红砖需要从英国运过来，与上海当地的材料亦不容易结合，而柱式外廊相比之下容易建造，所以首先采用。

到了维多利亚建筑风格的晚期，历史主义开始解体。随之出现的安妮女王（Queen Anne，1702—1714 年在位）时代的建筑风格带有朴素的红砖砌筑的外表，立面带一些细部装饰，更注重室内设计，风格上往往采用帕拉弟奥的手法主义。"安妮女王风格"是指安妮女王统治时期的英国巴洛克建筑风格，大致为 1702—1714 年这段时期，主要应用在一般住宅建筑上，而不是府邸或皇家建筑，建筑师也都是民间建筑师或匠人。安妮女王复兴风格原名"老英国风格"（Old English style），由英国建筑师乔治·德韦（George Devey，1820—1886）和理查德·诺尔曼·肖（Richard Norman Shaw，1831—1912）在 19 世纪中叶倡导，同时也受到荷兰建筑的影响，传至美国后称为"安妮女王复兴风格"。

安妮女王复兴风格结合了文艺复兴风格和维多利亚建筑风格，也融入工艺美术运动的影响。平面一般为矩形，红砖清水墙的处理手法大量出现，建筑立面由单纯的柱式或拱券式外廊转向追求华丽与丰富的装饰效果，大量使用装饰手法，外廊特征弱化（图 3-76）。装饰性的应用砖砌墙面，包括细壁柱、檐口和山墙。回归古典主义轴线设计原则和对称立面，并运用爱奥尼亚式柱廊进一步加强。一般而言，安妮女王复兴风格有以下特点：①转角塔楼，有时候塔楼顶部有穹顶，塔楼上有滴水兽；②精细的砖砌工艺，带有仿石雕琢的红砖，局部采用石材，白色的框格窗窗套与砖墙构成色彩的对比；③建筑转角有石砌隅石；④立面中央有三角形山花，有时候有老虎窗；⑤平面为矩形，进深不大，一般为两跨；⑥不完全对称的立面；⑦采用台阶式山墙。这一时期的许多洋行建筑受到这种风格的影响，20 世纪初在四川中路、滇池路、圆明园路以及虹口一带迅速出现了大量带有安妮女王复兴风格的洋行建筑和居住建筑（图 3-77）。

⑤ 帕拉弟奥复兴是由意大利建筑师帕拉弟奥设计的建筑和出版的论著所倡导的建筑风格。英国建筑师伊尼戈·琼斯（Inigo Jones，1573—1652）发展了这种风格，他研究了帕拉弟奥在意大利维琴察的建筑以及帕拉弟奥的著作《罗马古迹》，并把这种风格介绍到英国。18 世纪初在意大利和英国出现了由坎贝尔（Colen Campbell，1676—1729）和伯林顿勋爵（Richard Burlington，1694—1753）推动的帕拉弟奥风格复兴，以后又传播到德国、俄国和美国。除意大利以外，帕拉弟奥复兴的影响主要表现在装饰构件，很少注意帕拉弟奥提倡的和谐比例关系。

图 3-76 安妮女王复兴建筑
来源：Wikipedia

来源：章明建筑事务所提供

图 3-77 安妮女王复兴风格的洋行建筑

来源：沈晓明提供

图 3-78 汇中饭店
来源：上海市城建档案馆馆藏图片

图 3-79 改造前的汇中饭店
来源：上海市历史博物馆馆藏图片

图 3-80 汇中饭店设计图
来源：上海市城市建设档案馆馆藏图纸

① Peter Hibbard. *The Bund Shanghai:China Faces West*. Hong Kong: Odyssey Publications, 2007: 195.

② 同上，第 196 页。

③ 同上，第 196 页。

④ 同上，第 200 页。

典型的安妮女王复兴风格建筑是位于外滩 19 号的汇中饭店（Palace Hotel）。外滩 19 号自 1875 年起一直是汇中饭店（Central Hotel），饭店的拥有者中央商店有限公司在 1905 年决定对老建筑进行改造，聘请玛礼逊洋行的建筑师斯科特（Walter Scott，1860—1917）和卡特（W. J. B. Carter，？—1907）设计新楼，新的饭店以 "Palace Hotel" 命名，中文仍沿用 "汇中饭店"（图 3-78）。汇中饭店由王发记营造厂（Wang Fao Kee Building Contractor）承建，1907 年竣工，1907—1909 年进行二期建设。1908 年，新落成的饭店正式开张营业。①因其设计于 1906 年，故建筑的门楣上刻有 "1906" 字样。建筑立面底层为石砌，面向外滩的东立面有一个设计精美的入口。二层以上除了红砖饰带以外，还使用大面积的白色面砖，预示了红砖清水砖墙的设计手法也进入尾声。汇中饭店的南立面原先是开敞式的阳台，被誉为当时远东最豪华的旅馆。②从 1920 年代初的外滩建筑照片上仍然可以清晰地看到这些阳台，1923 年改造时阳台被封掉（图 3-79）。建筑的东北和西北转角处都有塔楼，塔楼顶部原先各有一个装饰精美的尖塔，建筑的东南角上也有一座小尖塔和一个穹顶。1912 年 8 月 15 日上午曾经有过一场火灾，尖塔和穹顶均遭焚毁。1998 年重建后的东面塔亭已经没有昔日的辉煌，西北角的塔亭直到 2007 年才修复。沿南京路是不完全对称的立面，中央入口处有三角形山墙。建筑完成后遭到马海洋行的激烈批评，马海洋行写了 23 页的报告，详细列举建筑存在的问题。③

汇中饭店当年 6 层的旅馆有 120 间带浴室的房间，顶层是有 300 个座位的餐厅和 200 座的宴会厅，是中国当时最大也是最豪华的旅馆，可以与欧洲和美国最好的旅馆媲美。1923 年由公和洋行进行改造，窗户改用铜窗框和大面积的玻璃，饭店底层的商店不复存在。东端面向南京路的部分改为一间 18 世纪风格的豪华茶室，1925 年对外开放，南面是一家 1927 年开张的意大利餐厅。一家詹姆斯一世时期风格的酒吧于 1926 年开张（图 3-80）。④

怡和洋行是东亚最主要的洋行之一，该洋行 1832 年设立于澳门，1841 年在香港设立本部，1843 年上海开埠后，立即设立上海分行。⑤约 1845 年，它在外滩靠近英国领事馆的地块建成最初的洋行用房，是一幢设置拱券外廊的 2 层建筑。与建成于 1844 年的香港怡和洋行总部大楼（1844）相比，建筑风格已经由乔治式转为维多利亚式（图 3-81）。19 世纪 50 年代末或 60 年代初，怡和洋行在外滩原地块进行重建（图 3-82），具有典型的乔治式风格，入口柱廊、窗饰、檐口以及建筑色彩等处都显示出比较正规的西式做法，外廊特征已不明显，据称是当时唯一的一栋图纸来自香港，由本地工匠施工的洋行建筑。⑥怡和洋行和旗昌洋行分别为当时英国和美国在上海最大的洋行，贸易范围广泛，与本土联系密切，洋行建筑风格最早体现出正规西方建筑的影响，而这个时期大多数在上海的洋行建筑仍然表现为明显的殖民地外廊式风格。

上海第二代英国领事馆由英国建筑师博伊斯（Robert H. Boyce）设计，呈新文艺复兴式，墙面水平向处理手法突出，建筑向南和向东的两个立面都明显地采用横向三段式的构图，中央部分二层采用平券，以加强对称式的构图，较之连续券廊的立面形式又有所发展。领事官邸原建筑的墙面为清水砖墙，是上海近代非教堂建筑中较早采用清水砖墙处理手法的实例。最近的调查发现，与第二代英国领事馆同期或之前的建筑在靠近外滩的原英租界中还有留存，例如通商银行背面连接的旗昌洋行建筑。从图 3-83 中可以看出，在 1890 年代建造中国通商银行大楼时并没有拆除该地块中的原有建筑，而是紧邻原建筑向外滩方向扩建。类似情况还可以从外滩招商局大楼与旗昌洋行大楼（今福州路 17-19 号）的相邻关系上清楚地反映出来。

开埠初期西方人的大多数建筑只能采用本地的材料建造，红砖多从英国进口。当时所能采用的地方材料除了木材和石材外，主要是土坯砖、青砖、小青瓦及编条夹泥材料等。开埠最初的西式建筑多用土坯砖砌筑，外面覆以白色的灰泥或粉刷，屋顶为木屋架，覆以中国式小青瓦。由于西式建筑是承重墙结构，与中国传统木构架结构不同，所以早期西式建筑的墙体很厚，这可以从留存至今的早期建筑中看到痕迹。开埠初期外滩的第一批西式建筑完全是梁柱式外廊，而券廊的出现则是 19 世纪 50 年代后期，滞后十多年。初期的外廊也是用比欧洲式红砖要薄一些的中国传统的青砖砌筑，并且在外面用砂浆粉刷。⑦

从 1860 年代后期开始，随着维多利亚建筑风格的影响，欧洲式的红砖也进入上海。砖的制作在中国已经有很长的历史，但中国传统建筑中用的全是青砖，尺寸亦不同于欧洲的红砖。受中国木构架建筑体系的影响，砖一直不是中国传统建筑中的主要材料。上海开始生产欧洲式红砖大约是在 1858 年。⑧传统的青砖在尺寸上也开始采用与红砖相同的尺寸。从 19 世纪 80 年代到 20 世纪初，维多利亚风格清水砖墙的立面处理手法大量出现，上海的西式建筑进入一个以清水砖墙为主要特征的发展阶段。

砖的普及标志着西方建筑文化的进入由建筑样式扩展到建筑材料和建造技术方面，上海的近代建筑开始以西方式的建筑材料建造。英国维多利亚风格的砖砌效果主要是采用红和白两种颜色，以红、白砖或者白色石材为材料，红色为主体，线条或装饰线角为白色。这种砖砌手法进入上海后，因为本地青砖传统的影响，出现了大量青、红两色的砖砌建筑，以红色为主体，配以青色线条，或者以青色为主体，配以红色线条，两种情况均有。关于清水砖墙的处理手法，大约在 1860 年代出现，如竣工于 1869 年的圣三一堂，内外均为清水红砖墙面，只在局部用少量青砖。清水砖墙在 1880 年代得到普及，20 世纪初由于水泥、钢筋混凝土及面砖等材料和技术方面的新趋势出现而进入尾声。在前期，建筑规模相对较小，外廊特征比较突出，多为青红砖材料的混合使用；到了后期，建筑规模扩大，建筑风格

⑤ 高桥孝助、古厩忠夫编《上海史：巨大都市の形成と人々の営み》，东京：东方书店，1995 年，第 108 页。

⑥ 村松伸著《上海·都市と建築 1842—1949》，东京：株式会社 PARCO 出版局，1991 年，第 28 页。

⑦ 藤森照信《外廊样式：中国近代建筑的原点》，见：汪坦、张复合主编《第四次中国近代建筑史研究讨论会论文集》，北京：中国建筑工业出版社，1993 年，第 26 页。

⑧ 关于上海何时开始生产欧洲式红砖还有待于确切考证。据琳达·库克·约翰逊(Linda Cooke Johnson) 所著 *Shanghai: From Market Town to Treaty Port, 1074-1858* 一书（第 251 页）记载，始于 1858 年。另据何重建《上海近代营造业的形成及特征》（《第三次中国近代建筑史研究讨论会论文集》，北京：中国建筑工业出版社，1990 年）第 119 页记载，1879 年在浦东白莲泾开设了机制砖瓦厂。

图 3-81 香港怡和洋行总部大楼
来源：*An Illustrated History of Hong Kong*

图 3-82 第二代怡和洋行
来源：上海市历史博物馆馆藏图片

图 3-83 中国通商银行背面连接的建筑

图 3-84 昆山路住宅细部

图 3-85 工部局西童女子学校

图 3-86 美丰洋行立面

（1）业广地产公司双柱

（2）外滩 6 号原中国通商银行柱头
来源：许志刚摄

图 3-87 柱式的运用

的西方化程度提高，青砖的使用减少，转变为多用红砖，装饰手法由立面青红颜色的线条转为砖砌的凸出线脚或砖雕，也有在局部少量使用白色砌材的作法。到 19 世纪末，水泥应用到建筑中，出现了用浅色水泥抹出线角的做法。

　　清水砖墙的处理手法与殖民地外廊样式相互结合，共存发展，在 20 世纪初钢筋混凝土技术登场和全盘移植正统欧洲建筑风格开始以前，形成了上海近代建筑的一个重要阶段。这一阶段的许多清水红砖或者青红砖建筑保存至今，在原公共租界内靠近外滩附近和虹口区乍浦路、武进路一带都是分布比较集中的地区（图 3-84）。其中最有代表性的是建于 1886—1894 年的工部局西童女子学校，主体为连续券廊，在入口的重点部位着重装饰，该建筑在 1927—1929 年曾经有过修缮（图 3-85）。随着清水砖墙立面手法的普及，殖民地外廊式建筑风格的西方化程度也不断提高，纯粹外廊式的立面构图大大减少，除了用不同颜色的砖产生出色彩效果外，为增强立面的装饰效果，又使用了多种手法，主要表现为：立面的连续券构图转变为连续的券柱式构图（图 3-86），檐口上设三角形山墙，柱式变化自由而多样。图 3-87（1）是通和洋行设计的位于滇池路上的业广地产公司立面上的柱头，图 3-87（2）是外滩 6 号原中国通商银行的柱头。砖雕花饰大量出现，显示出安妮女王复兴样式的影响。外廊式建筑逐渐趋于丰富和华丽，走向成熟（图 3-88）。

图 3-88 砖雕花饰

图 3-89 总巡捕房大楼
来源：*Twentieth Century Impressions of Hong Kong, Shanghai, and other Treaty Ports of China*

图 3-90 工部局市政厅
来源：*Twentieth Century Impressions of Hong Kong, Shanghai, and other Treaty Ports of China*

图 3-91 福利公司大楼
来源：*Twentieth Century Impressions of Hong Kong, Shanghai, and other Treaty Ports of China*

图 3-92 中央饭店
来源：Virtual Shanghai

图 3-93 第一代礼查饭店
来源：上海市历史博物馆馆藏图片

在 19 世纪末 20 世纪初，各式各样的欧洲建筑被移植到上海，呈现在数量众多的公共建筑与住宅中。这一时期建造的总巡捕房大楼（1892—1894，图 3-89）、工部局市政厅（The Town Hall，1896，图 3-90）、英国邮局（1905）、德国书信馆（1908）、福利公司大楼（1906，图 3-91）、惠罗公司大楼（1906）、大清银行（1907）等建筑几乎完全采用西方建筑语汇，表现在建筑屋顶、檐部、转角塔楼、柱式、开窗等部位，极少数也出现殖民地外廊式的影响，建筑立面整体构图尚未反映出明确的规则，运用各种构图元素进行组合的倾向比较明显。

建于 1850 年代的中央饭店和建于 1860 年的第一代礼查饭店（Astor House Hotel）也显示出转向欧洲本土建筑风格的倾向。中央饭店即今汇中饭店的前身（图 3-92）。1858 年建造的第一代礼查饭店（Richard's Hotel and Restaurant），是由于威尔斯桥的建造而使苏州河北岸的地块得到发展所建造的。礼查饭店的创始人是苏格兰商人礼查（Peter Felix Richards，1808—1868），他于 1840 年到上海，是近代第一批来到上海的外国人之一，起初在福州路开了一家洋行和商店。1846 年在洋泾浜的南面沿外滩，靠近今天的金陵东路，开办了第一家巴洛克风格的西式餐厅和西式旅馆，1858 年在苏州河北岸新建旅馆，1859 年命名为 "Astor House Hotel"，而中文名称则继续沿用原来的礼查饭店。1861 年，旅馆出售给英国人史密斯以后又几经转手，并于 1876 年扩建，增加了 50 间客房。1872 年有了电灯照明，是中国第一幢用电灯照明的建筑。[1]礼查饭店是当时租界内最早的旅馆之一（图 3-93），建筑规模较大，有一座院落，建筑由相互连接的三部分组成，两侧部分相对简单，有柱式外廊，当中部分重点处理。一层入口的连续券廊具有明显的帕拉弟奥构图特征，二、三层立面采用了连续券柱式构图，并将正中一开间凸出，作重点处理，改变了券的形式，设置三角形山墙，是比较地道的西方建筑的手法。一些殖民地外廊式建筑中也出现欧洲建筑的构成元素，在入口、转角、屋顶的形态处理和细部作重点处理，如柱式、檐口等的刻画，在以外廊为主要特征的立面构图中显得十分突出。通和洋行的布莱南·艾特金森于 1905—1906 年为礼查饭店作了扩建设计。

1908—1910 年礼查饭店的重建由英国新瑞和洋行（Davies & Thomas）建筑师负责，新增部分在通和洋行原设计（1905—1906）的基础上进行，由周瑞记营造厂承建，1911 年 1 月 16 日正式开张。新的旅馆采用钢筋混凝土结构，餐厅和厨房都安排在顶楼，有 250 间客房和可以容纳 500 人的餐厅。

① Wikipedia. Astor House Hotel.https://en.wikipedia.org/wiki/Astor_House_Hotel_(Shanghai).

来源：Virtual Shanghai

图 3-94 礼查饭店

来源：Wikipedia

来源：Virtual Shanghai

① Wikipedia. Astor House Hotel. https://en.wikipedia.org/wiki/Astor_House_Hotel_(Shanghai).

② 参见 *Twentieth Century Impressions of Hong Kong, Shanghai, and other Treaty Ports of China* 中关于人造石材料和预制构件的广告。

③ 玛蒙，源自叙利亚语"mámóna"意思是"财富"，在《圣经》文献中成为财富和贪婪的代名词。

图 3-95 改造修缮后的大清银行

1917 年由西班牙建筑师乐福德（Abelardo Lafuente，1871—1931）设计了号称上海第一舞厅的孔雀厅（Peacock Hall），①外观已经完全是英国建筑的翻版（图 3-94）。

随着上海建筑业的迅速发展，在建筑风格西方化的同时建筑材料和建造技术在 20 世纪初也迅速进步，以红砖为主要立面材料的时代结束，在重要的建筑物中大多采用石材墙面，还大量出现了适用于古典主义风格建筑的人造石砌材或预制构件。②钢筋混凝土在建筑中开始使用，建筑向着层数高、规模大的趋势发展，建筑立面的整体构图趋于严谨，呈现比较明确的新古典主义特征。

进入 1910 年代后，从 19 世纪八九十年代开始活跃的第二代西方建筑师逐渐走完了他们的黄金时期。随着上海城市与经济的继续发展和钢筋混凝土等建筑新技术的广泛应用，以公和洋行为代表的新生力量进入上海建筑界，在 1910 年代中后期出现了天祥洋行等新建筑，预示着上海近代建筑复古主义风格走向成熟阶段。

通和洋行设计的大清银行和仁记洋行大楼、玛礼逊洋行的汇中饭店，以及新瑞和洋行设计的礼查饭店预示着上海近代中期建筑的巅峰，以后就逐渐转入新古典主义时期（图 3-95）。

第四章

近代宗教建筑

凯撒、上帝和玛蒙③，这大胆的"三体圣灵"在冒险恶魔的诱使下，以一种不可思议的效率精心设计出了上海，这是欧洲人和中国人创造的世间最辉煌的城市之一。

——居伊·布罗索莱《上海的法国人：1849—1949》，2014
Guy Brossollet, *Les Français de Shanghai: 1849-1949*, 1999

第一节　佛教、道教和伊斯兰教建筑

① 阮仁泽、高振农主编《上海宗教史》，上海人民出版社，1992年，第18页。

② 张化著《上海宗教通览》，上海古籍出版社，2004年，第1页。

③ 孙金富主编，吴孟庆、刘建副主编《上海宗教志》，上海社会科学院出版社，2001年，第3页。

④ 葛壮著《宗教和近代上海社会的变迁》，上海书店出版社，1999年，第4-5页。

⑤ 阮仁泽、高振农主编《上海宗教史》，上海人民出版社，1992年，第27页。

⑥ 高振农《上海佛教概况》，见：中国人民政治协商会议上海市委员会文史资料委员会《上海文史资料选辑第81辑：上海的宗教》，1996年，第1页。

⑦ 据《上海市年鉴》(1946)、《上海胜迹略》(1948)、《辞海》(1979)、《宗教辞典》(1981)等记载，见阮仁泽、高振农主编《上海宗教史》，上海人民出版社，1992年，第47-48页。

⑧ 阮仁泽、高振农主编《上海宗教史》，上海人民出版社，1992年，第152页。

⑨ 阮仁泽、高振农主编《上海宗教史》，上海人民出版社，1992年，第163-170页。

⑩ 葛壮著《宗教和近代上海社会的变迁》，上海书店出版社，1999年，第196页。

⑪ 阮仁泽、高振农主编《上海宗教史》，上海人民出版社，1992年，第153页。

⑫ 据孙金富主编，吴孟庆、刘建副主编《上海宗教志》(上海社会科学院出版社，2001年)第62页所载，上海地区有各种寺院近2000处。

⑬ 张化著《上海宗教通览》，上海古籍出版社，2004年，第96-115页。

⑭ 阮仁泽、高振农主编《上海宗教史》，上海人民出版社，1992年，第158页。

⑮ 张化著《上海宗教通览》，上海古籍出版社，2004年，第21页。

⑯ 同上。

⑰ 丁常云《上海道教的传入和发展》，见：中国人民政治协商会议上海市委员会文史资料委员会《上海文史资料选辑第81辑：上海的宗教》，1996年，第90页。

⑱ 阮仁泽、高振农主编《上海宗教史》，上海人民出版社，1992年，第400、403-410页。

上海是近代中国宗教发展的中心。①上海地区的宗教包括三国时期传入的佛教，东晋时期传入的道教和宋、元之间传入的伊斯兰教，民间的理教以及明末传入的天主教和开埠后传入的基督教。②19世纪末，上海逐步成为国际大都市，东正教、犹太教、锡克教和祆教等都在上海建立了各自的宗教团体以及建筑。③

近代史上，各种宗教由于政治和经济因素而受到不同的控制和利用，19世纪70年代后，天主教和基督教办教育、出版、医疗卫生和慈善等事业，大肆传教，传播西方文化和科学技术，也推动了近代建筑的繁荣，建造了大量的宗教建筑，成为近代上海十分重要的建筑类型。许多著名的建筑师参与宗教建筑的设计，留下了一大批优秀的建筑（图4-1）。

佛教、道教和伊斯兰教都是从外面传入上海并逐渐本土化的。近代经济的发展使已经本土化的佛教、道教和伊斯兰教日益兴旺发达，它们都在近代达到鼎盛时期，涌现出大量的寺庙、学校和各种机构。④

一、佛教建筑

佛教传入上海的年代是在三国时期。⑤据同治《上海县志》记载，龙华寺和寺前宝塔建于吴国赤乌年间（238—251）。⑥有文献记载，静安寺也建于这个时期。⑦佛教在近代上海出现了复兴的迹象。⑧

近代上海佛教的宗派主要有法相宗、天台宗、华严宗、净土宗、禅宗、律宗、密宗、藏传密教等。⑨截至1937年，上海共有149座新兴佛教寺庵，僧尼共约3000人左右。⑩1945年上海地区的大小寺庙已增至250所左右，僧尼共计约5000人。⑪据上海市佛教协会统计，1949年上海地区的大小寺庙已增至311所。⑫

近代建造的佛寺主要有圆通庵（1868）、慈修庵（1870）、新高昌庙（1878）、国恩寺（1881）、玉佛禅寺（1882，1917—1928）、留云禅寺（1892，1920年重建）、护国禅寺（1901，1935年重建）、广福讲寺（1911）、上海佛教居士林（1923）、法藏讲寺（1924—1929）、海会寺（1930）、圆明讲堂（1935）、福缘禅院（1938）等，还有位于郊区的三官堂（汇秀庵，1856）、无为寺（1862—1874）、净心庵（1875—1908）、定慧庵（1921）、慎修庵（1931，图4-2）等。

其他还有日本的东本愿寺上海别院（1876）、日莲宗本圀寺（1904）、西本愿寺上海别院（1906）、身延山上海别院本门寺（1907）、高野山金刚寺（1914）、曹洞宗长德院（1917）、本门山上海佛立寺（1923）、妙心寺上海别院（1932）等。⑬民国时期新增的寺庙有71所。⑭

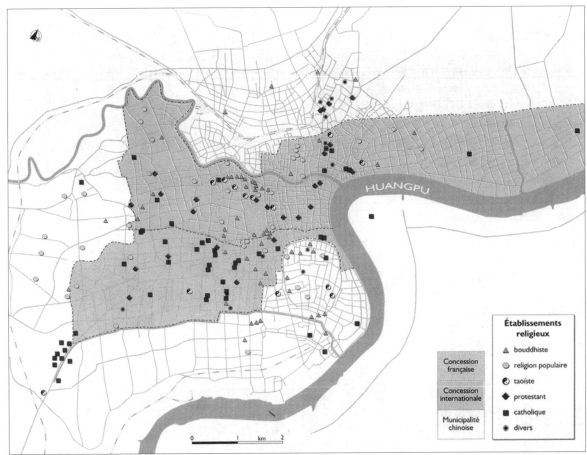

图 4-1 上海的宗教建筑分布图
来源：*Atlas de Shanghai, Espaces et représentations, de 1849 à nos jours*

图 4-2 上海佛教居士林
来源：沈晓明提供

图 4-3 玉佛禅寺
来源：《回眸》

玉佛禅寺共三进，1918 年筹建，1928 年建成，共有房屋 299 间。[15]其中的第三进玉佛楼采用民居建筑的形式。山门和大雄宝殿列为上海近代优秀历史建筑。图 4-3 为玉佛禅寺的全景，图中上方可见民居形式的玉佛楼。2016—2017 年经过改造，玉佛楼已经拆除，计划新建，大雄宝殿向北侧移位，在山门和大雄宝殿中间插建了一座观音殿，所有的屋面均改用铜瓦，与原有形制相比有很大变化。

法藏讲寺于 1929 年落成，位于居民区内，占地 5 亩多（约 3300 平方米），规模居民国时期上海建寺之首，已被列为区级文物保护单位（图 4-4）。[16]

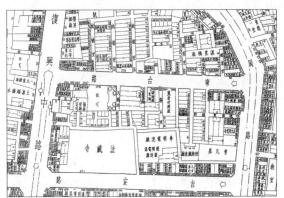

图 4-4 法藏讲寺及其周边地区平面图
来源：《上海市行号路图录》

二、道教建筑

相传三国时期上海已经有了道观。[17]上海在清代创建了 73 座道观，其中 51 座建于 1843 年以后。[18]1912—1937 年，上海市内的道院发展到 74 座，比 1840 年以前增加了 4 倍。[19]据 1943 年"中华道教总会"的统计，上海的道院和道房的总数为 117 所，道士人数为 3000 余名。[20]另据 1949 年的统计，上海有道观 236 座，其中 211 座在郊区；道院 146 家，均位于市区（图 4-5）；道士、道姑 3716 人。[21]

⑲ 阮仁泽、高振农主编《上海宗教史》，上海人民出版社，1992 年，第 413 页。

⑳ 葛壮著《宗教和近代上海社会的变迁》，上海书店出版社，1999 年，第 201 页。

㉑ 张化著《上海宗教通览》，上海古籍出版社，2004 年，第 218 页。

图 4-5 三山会馆天后宫
来源：薛理勇提供

图 4-6 小桃园清真寺
来源：《上海市历史文化风貌区（中心城区）》

① 张化著《上海宗教通览》，上海古籍出版社，2004年，第269-302页。

② 阮仁泽、高振农主编《上海宗教史》，上海人民出版社，1992年，第3-4页。

③ 孙金富主编，吴孟庆、刘建副主编《上海宗教志》，上海社会科学院出版社，2001年，第260页。另据统计，上海历史上共有过26座清真寺，包括清真女学，到1949年尚存19座，见江宝诚《上海伊斯兰教概况》。又见石鸿熙主编，中国人民政治协商会议上海市委员会文史资料委员会《上海文史资料选辑第81辑：上海的宗教》，1996年，第128页。

④ 张化著《上海宗教通览》，上海古籍出版社，2004年，第344页。

⑤ 葛壮著《宗教和近代上海社会的变迁》，上海书店出版社，1999年，第17页。

⑥ 据张化著《上海宗教通览》（上海古籍出版社，2004年）第346页所述，沪西清真寺原名"药水弄回教堂"，又名"小沙渡回教堂"，1921年重建，1992年移地重建。

⑦ 孙金富主编，吴孟庆、刘建副主编《上海宗教志》，上海社会科学院出版社，2001年，第261页。

⑧ 周进《上海近代教堂建筑的地域性变迁研究》，同济大学博士学位论文，2012年，第4页。

⑨ 王敏、魏兵兵、江文君、邵建著《近代上海城市公共空间：1843—1949》，上海辞书出版社，2011年，第4页。

⑩ 罗马风是9—12世纪盛行于西欧的建筑风格，包括早期基督教教堂，平面多为长方形的巴西利卡，也有少量的集中式平面，结构以砖木结构为主，以墩柱和厚实的墙体承重。钟楼多为单塔制式，窗的形式多采用双叶窗和三叶窗，并往上递增，教堂侧堂上引入楼廊。

⑪ 周进《上海近代教堂建筑的地域性变迁研究》，同济大学博士学位论文，2012年，第343页。

⑫ 由于上海近代教堂与欧洲教堂在尺度上的巨大差异，也是教堂呈现出罗马风建筑风格的一个原因。见：周进《上海近代教堂建筑的地域性变迁研究》，同济大学博士学位论文，2012年，第87页。

近代建造的主要道观和道院有三官殿（1856）、安澜道院（1858）、岳庙（1861）、海上白云观（1863）、轩辕殿（1874）、瞿真人庙（1893）、鲁班殿（1896）、文昌阁（1903）、关帝庙（1911）、桐柏宫（1926）、紫阳宫（1938）、新城隍庙（1940）等。①

三、伊斯兰教建筑

据有关资料记载，在宋代和元代，上海就留下了穆斯林的足迹。②上海的伊斯兰教在近代出现了前所未有的大发展，清真寺明显增多。据1949年的统计，上海有20座清真寺，其中女寺5座。③不少清真寺设于石库门和民居里弄内，比较简陋，逐步扩建，布局不统一。④

古代上海仅有3座清真寺，大部分清真寺都修建于20世纪二三十年代。⑤其中具有代表性的清真寺有福佑路清真寺（1870始建）、沪西清真寺（1890）⑥、小桃园清真寺（1917）、小桃园清真女寺（1933）等。

1852年创建的草鞋湾清真寺是上海城区最早兴建的清真寺，俗称"南寺"，1907年重建，并于1925年翻建。浙江路清真寺建于1855年，1870年重修，1936年曾经翻建，又名"浙江路回教堂"，俗称"外国寺"。位于福佑路378号的福佑路清真寺原名"穿心街礼拜堂"，俗称"北寺"，是近代上海的伊斯兰教中心，大殿始建于清同治九年（1870），1879年重建。二殿建于1899年，三殿建于1905年，沿街大门及建筑于1936年改建。大殿为中国传统的殿堂式，面阔五间，木结构，梁枋有镂空雕花，双坡硬山屋面，砖望板；占地1052平方米，建筑面积1520平方米。

小桃园清真寺旧称"西城回教堂"，又称"西寺"（图4-6），创设于1917年，1925年重建，占地面积1492平方米，建筑面积为2100平方米。伊斯兰建筑风格和中国建筑艺术相结合，钢筋混凝土3层结构。礼拜大殿面积为500平方米。⑦

第二节　天主教教堂

广义而言，基督教教会建筑包括天主教、基督教新教、犹太教和东正教的教堂、修道院、神学院，以及教会创办的医院、学校、育婴堂、济贫所、公寓等十分广泛的建筑类型。上海近代的西方教会建筑以天主教和基督教两个体系为主，同时也出现了不同门派的差异。本节讨论近代天主教建筑，关于基督教新教建筑将在第三节讨论，东正教和犹太教的建筑将在第四节另行叙述，教堂建筑以外的其他教会建筑分别在以后的章节论述。

上海是中国建造教堂最多的城市，也是西方教堂向中国内地转移的中间站，对中国近代各地的教堂起到全局性和根本性的影响。[8]从1609年第一所教堂——圣母玛利亚祈祷所和1640年的敬一堂至今，虽然只有400多年短暂的历史，教会建筑已经成为近代上海十分重要的建筑类型之一，许多著名的中外建筑师曾参与教堂建筑的设计，留下了一大批优秀的作品。

一、近代教堂建筑的特征

上海近代的教堂与欧洲相比，虽也兼具宗教活动、教育、医疗和慈善等功能，但并非是城市和市民生活的中心，并不具有欧洲历史上那种由教堂控制社会精神的作用。但也有观点认为，上海近代教堂属于城市公共空间。[9]与上海近代的公共建筑相比，上海的近代教堂建筑呈现出较为浓烈的本土化倾向，虽以欧洲的教堂建筑为原型，但由于建筑材料和建造工艺而有所改变，表现出多元的特点。

上海的教堂在平面形制上多半脱胎于欧洲的罗马风（Romanesque）教堂，以矩形的巴西利卡厅堂式为主。[10]据粗略估计，上海约80%教堂的平面为巴西利卡式，只有少数的教堂平面采用拉丁十字形或其他形式。[11]即便是拉丁十字形教堂的耳堂也并不十分明显，往往只是稍显突出，上海的近代教堂与欧洲的罗马风教堂有更多的相似之处。[12]

由于建造高大的哥特式教堂需要复杂的建造工艺和技术，砖木结构体系很难仿造哥特式教堂，同时也缺乏所需的大量资金和实力，所以除少数重要的教堂外，上海的教堂建筑只能采用较低的钟塔和中堂。上海的罗马风教堂最为典型的是由美国建筑师哈沙德（Elliott W. Hazzard，1879—1943）设计的诸圣堂（All Saints Church，1925，图4-7），塔楼和入口门廊的处理为其特征。欧洲哥特式教堂祭坛上方的穹顶在上海的教堂中也往往弱化成一座小塔，只有等级较高的教堂采用欧洲正统的哥特式，平面采用拉丁十字形。罗马风时期的欧洲教堂多用砖砌，到中世纪时多用石头建造，其细部十分丰富。上海的教堂大多为砖木结构，与罗马风教堂在结构上有许多相似之处，仅在重要部位和雕像处使用少量的石材，也只有少数重要的主教座堂的入口上方有玫瑰花窗（rose window），但已经大为简化（图4-8）。

（2）入口门廊

图4-7　诸圣堂

图 4-8 圣三一堂东立面上的玫瑰花窗
来源：上海市历史建筑保护事务中心

图 4-9 徐家汇天主堂的玫瑰花窗
来源：《上海教堂建筑地图》

图 4-10 唐墓桥路德圣母堂的半圆形后堂
来源：周进摄

徐家汇天主堂的玫瑰花窗属于上海哥特式教堂中最精美的玫瑰花窗，但也比欧洲教堂那些典型的玫瑰花窗大为简化（图 4-9）。同时也基本上没有类似欧洲教堂的湿壁画（fresco），没有地下墓室（crypt），室内设计则增添了中国元素，甚至有些教堂建筑外观也本土化了，只拼贴一些欧洲教堂的元素，尤其在租界以外和郊区的教堂中这种现象十分普遍。

上海的教堂基本上没有采用欧洲教堂形制中十分普遍的半圆形或多边形后堂（apse），仅在唐墓桥路德圣母堂（Our Lady of Lourdes Church，1896—1897）出现了半圆形后堂（图 4-10）。上海近代教会建筑由于受到宗教教义的约束，从一开始就有意识地采用欧洲正统的教堂样式，使教堂成为西方宗教文化的象征，直到 19 世纪末期中国民族主义思潮开始出现以后才有所转变。

明末万历三十六年（1608），意大利耶稣会传教士郭居静（Lazzaro Cattaneo，1560—1640）应徐光启（1562—1633）之邀来上海开教，教堂初建在南门外九间楼附近，取名"圣母玛利亚祈祷所"，开始了上海地区天主教的历史。[①]天主教和基督教新教在早期传入上海时，一些教堂往往利用原有的民宅，或者按照中国传统建筑样式建造。早在明崇祯十三年（1640），常驻上海的意大利传教士潘国光（Francesco Brancati，1607—1671）经徐光启孙女的帮助在上海城内安仁里购房，建立了一座中国庙

来源：《宗教钩沉》
图 4-11 敬一堂

来源：上海市历史博物馆馆藏

图 4-12 七灶天主堂
来源：《上海教堂建筑地图》

宇式的教堂—— 敬一堂，即今老城厢内的老天主堂（图 4-11）。这是上海最早的天主教教堂，禁教期间被中国官府没收，于 1731 年改建成关帝庙，1861 年重新恢复天主堂，取名为"无原罪始胎堂"，并增建了青红砖砌筑的西洋式门楼。

浦东金桥金家巷天主堂建于鸦片战争以前，是一座老式江南厅堂式建筑，硬山式小青瓦屋面，内部由中国传统厅堂改建成类似三廊型的巴西利卡式。[2]始建于 1854 年的七灶耶稣圣心堂（Sacred Heart of Jesus Church，今七灶天主堂），采用拉丁十字平面，砖木结构，钟塔高 18 米，除正立面和钟塔外，其余部分均为江南民居风格，白粉墙黛瓦（图 4-12）。基督教伦敦会的仁济医院早期在小南门外借用中国的旧式住宅，使中国建筑的形式与西方建筑的使用功能开始有所结合，并在使用和改修过程中将西方建筑符号引入中国建筑。清末徐家汇的小教堂以本地民居的形式为基础，强化了山墙面，形成巴西利卡厅堂式的教堂立面，并在教会建筑的入口处加入西式建筑的符号。

清朝时期，罗马教皇与康熙皇帝之间就中国教徒的礼仪问题发生争论，导致 1717 年清朝的全面禁教政策。鸦片战争后，天主教法国耶稣会派南格禄神父（Gotteland Claude，1803—1856）等人来华，并指定南格禄为驻华耶稣会会长。他们于 1842 年夏到达上海，即深入民间，最初暂住于浦东金家巷教堂。[3]1846 年迁至徐家汇，建立据点，兴建神学院、教堂等，奠定了徐家汇作为耶稣会在华大本营的地位（图 4-13）。

二、早期哥特式天主教教堂

到 1930 年代，上海市区和郊区大小天主堂已不下 300 多所。[4]到 1949 年，上海教区共有 19 个天主教修会，427 座天主教教堂。[5]就教堂建筑而言，上海近代建成的教堂有 417 座。[6]据 1949 年统计（图 4-14），属于上海教区的堂口有 384 所，另有学校、医院、神父住院、慈善机构、修会办事处所设大小教堂 46 所。[7]

上海近代建造的具有代表性的天主教教堂有圣方济各沙勿略天主堂（S. Francisco Xavier Church，1847—1853，今董家渡天主堂）、圣若瑟教堂（St. Joseph Cathedral，1860—1861，今洋泾浜天主堂）、路德圣母堂（Our Lady of Lourdes Church，1896—1897，今唐墓桥天主堂）、圣依纳爵教堂（St. Ignace，1910，今徐家汇天主堂）、傅家玫瑰天主堂（Our Lady of Rosery Church，1918—1920）、佘山进教之佑圣母大堂（Basilica of Mary, Help of Christians，今佘山天主堂）、小德勒撒堂（Saint Teresa Church，1930—1931，今大田路天主堂）等。

开埠后十年间，天主教建成董家渡教堂和洋泾浜教堂两处主要教堂。1846 年，上海的天主教士向上海道台要求，发还清政府禁教期间没收的教产和城内的老天主堂。清政府发还了南门外的圣墓堂和墓地，但已被改为关帝庙的老天主堂不在发还之列（最终于 1861 年归还），另外拨给小南门外的董家渡、新北门外的洋泾浜和城厢的石皮弄（Sa-Pi-Long）三块地产作为补偿。1847 年，上海天主教会在董家渡建造了主教大堂（即董家渡天主堂），1860 年又建造了洋泾浜天主堂。

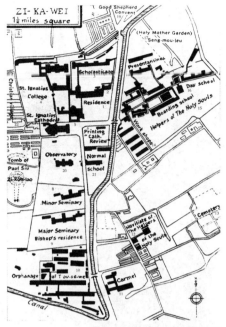

图 4-13 徐家汇的教会建筑地图
来源：《上海城市地图集成》

图 4-14 梵蒂冈教廷图书馆馆藏的
上海近代天主教教堂分布图
来源：周进提供

① 周进《上海近代教堂建筑的地域性变迁研究》，同济大学博士学位论文，2012 年，第 57 页。

② 伍江《东西方建筑文化的交融：上海浦东地区部分近代建筑调查》，《时代建筑》，1991 年第 3 期，第 26-30 页。

③ 据路秉杰《上海的教堂》《新建筑》，1986 年第 3 期，第 53-69 页），后转至青浦横塘。

④ 葛壮著《宗教和近代上海社会的变迁》，上海书店出版社，1999 年，第 214 页。

⑤ 王敏、魏兵兵、江文君、邵建著《近代上海城市公共空间：1843—1949》，上海辞书出版社，2011 年，第 4 页。

⑥ 据周进考证，上海共有 425 所天主教教堂，经过对比文献，其中 219 所天主教教堂可以找到相应的名称和地址。见：周进《上海近代教堂建筑的地域性变迁研究》，同济大学博士学位论文，2012 年，第 177 页。

⑦ 张化著《上海宗教通览》，上海古籍出版社，2004 年，第 364 页。这个数字应该也包括近代以前建造的教堂。

来源:《图画日报》

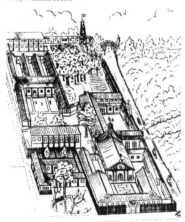

来源:上海图书馆馆藏图片

来源:上海图书馆馆藏图片

图 4-15 徐家汇的老教堂

董家渡天主堂、洋泾浜天主堂以及其他一些天主堂都是由传教士建筑师设计的。相比早期来华的贸易商人,传教士在文化、艺术方面的修养要高许多,他们当中不乏深谙西方建筑艺术精髓之士,而且欧洲中世纪和文艺复兴时期的传统也说明修道士中有杰出的建筑师、画家和雕塑家。这些传教士建筑师在教堂建筑中将正统的西方建筑艺术移植到中国。除了由在华的熟悉西方建筑学的传教士进行设计以外,教会还聘请欧洲本土的建筑师来设计上海的教堂,第二代圣三一教堂就是聘请英国本土建筑师设计。无论是在上海,还是在欧洲进行设计,教堂建筑都经过严格正规的设计,建造者和设计者都力图将这些教堂建成真正的欧洲正统的建筑,而非大多数建筑的那种殖民地式,或者中国样式,甚至常常直接模仿欧洲的某一座教堂来建造。

董家渡天主堂由西班牙耶稣会传教士范廷佐(Father Jean Ferrer,字孟臣,1817—1856)设计。范廷佐是西班牙传教士,其父为西班牙马德里附近的埃斯科里亚尔隐修院(The Escorial,1562—1582)的一名艺术家,是杰出的雕塑家。范廷佐受其父影响,年轻时游历罗马,潜心艺术,也成为一名艺术家和雕塑家。范廷佐在进入耶稣会成为一名修士后,一直在主持建筑事务。范廷佐于 1847 年来上海设计了董家渡天主堂。[①]这是一座有着西班牙巴洛克风格立面的建筑。范廷佐的另一件作品是 1851 年建成的徐家汇老教堂(现已不存,图 4-15)。1852 年在法国耶稣会住院院长朗怀仁(Adrianus Languillat,字厚甫,1808—1878)的支持下,范廷佐在徐家汇开办了一所绘画和雕刻宗教用品的工艺学校,并在学校中任教,教中国学生画宗教画,传授手工艺等。该工艺学校后来并入土山湾学校。[②]范廷佐于 1856 年因病在上海去世,年仅 39 岁。

董家渡天主堂,正式名称为"圣方济各沙勿略教堂"。[③]教堂由范廷佐设计,1847 年奠基开工。[④]由于它是近代上海第一座以拱券技术建造的教堂,导致施工困难,建造工程耗时 6 年,1853 年建成开堂,并确定为上海地区的主教堂,是当时上海和远东地区最大的天主教教堂、上海教区第一座主教教堂,也是天主教远东大主教的驻节座堂(图 4-16)。教堂占地 2 公顷,有大小房屋 200 余间,可容纳 2000 多人做礼拜,是上海现存最早且未经改建重建的教堂。[⑤]

图 4-16 董家渡天主堂
来源:上海市城市建设档案馆提供

(1) 历史照片
来源:上海市历史博物馆馆藏图片
图 4-17 董家渡天主堂室内

(2) 现状
来源:沈晓明提供

董家渡天主堂的设计经过数次修改。范廷佐最早的设计是一座哥特风格的教堂，由于经费不足而改用耶稣会教堂的巴洛克风格，平面由拉丁十字形改为倒 T 形，靠近正立面处在侧廊两边增加耳室，以使立面加宽。⑥四对爱奥尼亚半壁柱强调教堂立面的三开间，中间开间宽，两边开间窄，双壁柱的形式仿照意大利建筑师和雕塑家贾科莫·德拉·波尔达（Giacomo della Porta，约 1533—1602）设计的罗马耶稣教堂（Chiesa del Gesù）的立面。⑦董家渡天主堂的巴洛克风格表现在两侧的小钟塔及曲线旋涡状女儿墙。内部呈中堂高、侧堂低的三廊型巴西利卡式布局，以半圆拱为基本构图要素，天顶由半圆形拱券和交叉拱券构成，门窗洞口、墙面饰券、连廊等处均使用半圆形拱。这一系列拱券是在木筋之外涂灰泥粉饰而成，屋顶也是木结构（图 4-17）。教堂内部的方形砖砌实心柱约一米见方，其原因是因为原设计的建筑比现在高出三分之一，且圣坛上方拟建造大穹隆顶的缘故。⑧室内装饰应用了一些中国古典建筑的元素，浮雕以莲花、仙鹤、葫芦、宝剑、双钱为母题，教堂内外悬挂楹联多幅，是早期天主堂糅合中国传统装饰的范例（图 4-18）。

法国耶稣会传教士马历耀（Father Leon Mariot，字慈良，1830—1902）1863 年 2 月来华，1902 年 12 月在上海去世。马历耀是建筑师和雕塑家，1865 年来上海负责营造土山湾圣堂，直至 1894 年一直负责土山湾营造部门。他的设计作品主要有土山湾慈母堂（1865）、土山湾圣母院老堂（1867）、圣衣院（1869）、邱家湾耶稣圣心堂（老堂，Sacred Heart of Jesus Church，1872—1873）、佘山圣母教堂（老堂，1874）、虹口耶稣圣心堂（老堂，1876）等。现仅存位于松江邱家湾的耶稣圣心堂，但也已经是 1887 年重修的教堂（图 4-19）。

法国耶稣会传教士罗礼思（Father Ludovicus Hélot，字文辉，1816—1867）于 1849 年 10 月来上海，先后担任徐家汇老堂和董家渡天主堂的监修建筑师，董家渡天主堂原工程倒坍，改由他监督建造。⑨罗礼思后来设计了法租界洋泾浜天主堂。洋泾浜天主堂，亦称"四川南路天主堂"，正式名称为"圣若瑟堂"（St. Joseph Cathedral）。这是租界内建造的第一座天主堂（图 4-20），也是上海现存最早的单钟塔哥特式教堂。⑩圣若瑟教堂由天主教神父罗礼思设计，1860 年奠基，1861 年建成（图 4-21）。罗礼思神父在监修董家渡天主堂时积累了不少建筑经验，并深受设计董家渡教堂的范廷佐神父的影响。范廷佐

图 4-18 董家渡天主堂室内的西式柱式
来源：《上海教堂建筑地图》

① 孙金富主编，吴孟庆、刘建副主编《上海宗教志》，上海社会科学院出版社，2001 年，第 697 页。

② 同上，第 697 页。

③ 西班牙修士方济各·沙勿略（Francisco Xavier，1506—1552），是耶稣会的创立者之一，1541 年应葡萄牙国王的请求到东亚传教，是第一个来东亚的传教士，曾于 1549 年到广东传教。

④ 据《字林西报》主笔麦克莱伦（J. W. Maclellan）在 1889 年由字林西报馆出版的《上海故事：从开埠到对外贸易》所述，教堂由马义谷（Nicholas Massa）修士负责设计，罗礼思神父负责工程监督，见：上海社会科学院历史研究所、上海通志馆编，朗格等著《上海故事》，高俊等译，王敏等校，北京：生活·读书·新知三联书店，2017 年，第 74 页。

⑤ 周进著《上海近代教堂建筑的地域性变迁研究》，同济大学博士学位论文，2012 年，第 190、298 页。

⑥ 同上，第 300 页。

⑦ 罗马耶稣教堂是耶稣会的母堂，由意大利文艺复兴建筑师维尼奥拉（Giacomo Barozzi da Vignola，1507—1573）设计，1568 年始建，立面由德拉·波尔达设计。该方案将重点放在立面和大门的处理上，双壁柱分隔的开间变化节奏形成运动感，立于 1571 年建造。

⑧ 周进著《上海教堂建筑地图》，上海：同济大学出版社，2014 年，第 302 页。

⑨ 孙金富主编，吴孟庆、刘建副主编《上海宗教志》，上海社会科学院出版社，2001 年，第 698 页。

⑩ 周进《上海近代教堂建筑的地域性变迁研究》同济大学博士学位论文，2012 年，第 300 页。

图 4-19 邱家湾耶稣圣心堂
来源：《上海教堂建筑地图》

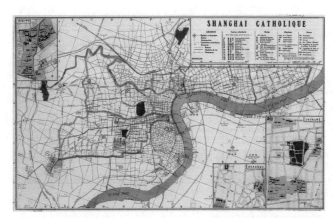

图 4-20 天主教教堂在租界的分布图
来源：《上海城市地图集成》

来源:上海市历史博物馆馆藏图片
图 4-21 圣若瑟教堂

来源:《上海百年掠影》

图 4-22 圣若瑟堂立面图
来源:天主教上海教区基建处的图纸资料

图 4-23 圣若瑟堂室内
来源:《上海教堂建筑地图》

图 4-24 路德圣母堂
来源:《上海教堂建筑地图》

① 张化著《上海宗教通览》,上海古籍出版社,2004 年,第 383 页。根据孙金富主编,吴孟庆、刘建副主编《上海宗教志》(上海社会科学院出版社,2001 年)第 319 页所述,建筑长 120 米,最宽处 50 米。

② 周进在《上海教堂建筑地图》中认为,路德圣母堂的型制仿照法国路德山的路德圣母堂,由上海市浦东新区发展规划局等编的《上海浦东新区老建筑》(2005)也说是仿照法国路德山教堂式样建造,但目前没有查到路德山教堂的相关信息。

③ 孙金富主编,吴孟庆、刘建副主编《上海宗教志》,上海社会科学院出版社,2001 年,第 315 页。

曾长期考察罗马的建筑与艺术,因而董家渡教堂反映出意大利的巴洛克建筑风格;而洋泾浜天主堂则不然,由于此堂坐落在法租界,专门为法籍天主教徒服务,因而建筑形式深受法国影响。教堂采用拉丁十字式平面,单钟塔式立面构图,这种单钟塔型制普遍出现在当时大量的小型哥特复兴式教堂中(图 4-22)。洋泾浜天主堂的室内外都带有折衷主义倾向,内部采用束柱和肋骨拱顶形式,但拱券为半圆券,立面尖塔、玫瑰窗、门窗上的尖形楣饰都具有明显的哥特建筑特征,但门窗又采用半圆拱券(图 4-23)。这种立面风格很接近法国北部带有哥特特征的晚期罗马风教堂的风格。

路德圣母堂(Our Lady of Lourdes Church,1897—1898,图 4-24)也是单钟塔哥特式教堂,被誉为 19 世纪上海地区最宏伟的教堂,在徐家汇天主堂建成以前,号称"远东第一堂"。采用混合结构,平面为三廊拉丁十字形,长 60 米,宽 17 米,最宽处 46 米;中堂跨度为 6.5 米,侧堂跨度为 4.5 米。中堂和侧堂均为四分尖券肋骨拱顶,肋骨拱座在束柱之上,脊高 19 米,钟塔高 50 米。①教堂于 1990—1992 年修复,是上海郊区最宏伟壮丽的教堂之一。②

傅家玫瑰天主堂(Our Lady of Rosary Church,图 4-25)始建于 1851 年,是上海较早建造的哥特式天主教教堂之一。后曾几经扩建,1890 年增建 23 米高的钟塔;1918—1920 年重建,并扩大规模。矩形平面,3 层尖锥形单钟塔。1928 年,罗马圣多明我会总会长批准该堂为"朝圣母地",成为上海教区继佘山天主堂和唐镇天主堂之后的第三大圣母朝圣地。1983 年修复,1984 年重建钟塔。③

三、徐家汇天主堂

徐家汇是上海近代文化中心之一。徐家汇与天主教的渊源久远。鸦片战争后,西方传教士重来上海,教徒迅速发展,1847 年耶稣会传教士南格禄选择上海徐家汇兴建天主教教堂。耶稣会经过几十年的发展，在徐家汇不仅有教堂，而且还有修道院、学校、博物院、藏书楼、天文台、圣母院、育婴堂等，成为徐家汇天主堂教区、江南传教区的中心（图4-26）。1848年，第一任驻华耶稣会会长南格禄在徐家汇创立神学院，为了举行盛大的宗教仪式，决定建造正规的教堂，由传教士范廷佐于1847年设计，1851年3月23日奠基，当年竣工，即"徐家汇老堂"，正式名称为"圣依纳爵教堂"（St. Ignace），是中国近代史上最早的中西合璧的教堂之一，现已不存。④

耶稣会在1896年决定建造一座新的大教堂，得到徐光启后裔和另一陆姓教徒的支持，捐献出一部分土地用于建造新教堂。因当时在建天文台、扩建会院等，教会财力不足，建造新堂的工程拖到1904年才正式上马。新堂位于旧堂的南侧，1904年由英国皇家建筑师学会会员和土木工程师学会准会员道达（一译道达尔、陶威廉，W. M. Dowdall）建筑师设计，历时两年修改完善⑤，1906年破土动工，法国上海汇广公司（Shanghai Building Co.）承建，耗时四年，1910年10月22日落成（图4-27）。

这所位于蒲西路158号的徐家汇天主堂（图4-28）是上海最大的天主教教堂，也是中国第一座按西方建筑方式建造的天主教教堂，是上海唯一的仿法国中世纪双钟塔式哥特教堂，堂侧有主教府。教堂坐西朝东，平面呈拉丁十字形，五廊型巴西利卡，两侧各有两个侧堂，后堂呈八边形。平面仿法国亚眠大教堂（Amiens Cathedral，1220—1270，图4-29），只是后堂缩短，规模缩小，亚眠大教堂的中堂高达42米，⑥徐家汇主堂的中堂高度仅为亚眠大教堂的三分之二。教堂长83.3米，宽28米，十字形两翼处宽达34米，堂脊高26.6米，大堂可容3000余人做弥撒，⑦红色的清水砖墙，白色的石柱，青灰色的石板瓦顶。

徐家汇天主堂以其规模巨大、造型美观、工艺精湛，新堂规模为东亚之冠，在外滩汇丰银行大楼建成之前被誉为"上海第一建筑"。教堂高5层，砖木结构，占地面积2670平方米，建筑面积为6700平方米。东向正立面设两座钟塔，钟塔高56.6米，钟塔尖顶有十字架。其中青石板瓦覆盖的塔尖高31米（图4-30）。立面中间有叠涩形成的多层拱券大门、玫瑰窗及山墙，正门上面有4座福音圣人雕像，正中设耶稣抱十字架大石像。

④ 圣伊纳爵·罗耀拉（Saint Ignatius de Loyola，1491—1556），西班牙教士和神学家，出身于西班牙贵族家庭，于1540年创立耶稣会。

⑤ 周进著《上海教堂建筑地图》，上海：同济大学出版社，2014年，第294页。

⑥ 丹·克鲁克香克主编《弗莱彻建筑史》，郑时龄等译，北京：知识产权出版社，2011年，第459页。

⑦ 张化著《上海宗教通览》，上海古籍出版社，2004年，第383页。

图4-25 傅家玫瑰天主堂
来源：席子摄

图4-26 徐家汇天主堂教区全景
来源：卢永毅提供

来源：上海市历史博物馆馆藏图片

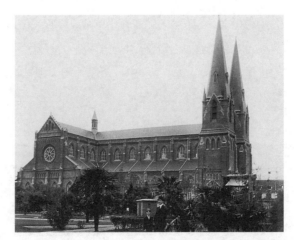

来源：上海市城市建设档案馆馆藏图片

来源：许志刚摄
图4-27 徐家汇天主堂

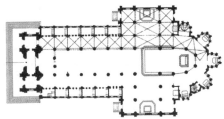

图 4-28 徐家汇天主堂平面图
来源：周进绘制

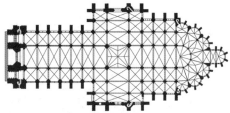

图 4-29 亚眠大教堂平面图
来源：*Die gotishe Architektur in Frankreich 1130-1270*

图 4-30 徐家汇天主堂立面图
来源：上海市建筑装饰集团提供

图 4-31 徐家汇天主堂室内
来源：许志刚摄

（1）正面

（2）背面

图 4-32 徐家汇天主堂的地砖

图 4-33 徐家汇天主堂立面上的滴水兽
来源：许志刚摄

堂内共有 64 根用金山石精刻叠成的楹柱，每根立柱用 10 根小圆柱拼合而成束柱。中堂和侧堂的顶棚均为泥墁，用木筋加灰泥粉饰而成的四分尖券肋骨拱顶，尖券肋骨拱的外观与欧洲哥特教堂的顶棚相似，拱顶下有木质束柱支撑。中堂两侧墙面由 3 层构成，一层是由束柱和尖券构成的连续券廊，二层是连续尖券构成的廊栏，三层为尖券高侧窗。祭坛于 1919 年复活节前从法国巴黎运来，安装在正中，有耶稣、圣母像，雕刻精美，色彩鲜明。侧堂内还设有 19 座小祭坛（图 4-31）。大堂室内为大方砖铺地，中间走道用花瓷砖铺筑，花瓷砖也从法国运来（图 4-32）。外墙为清水红砖砌筑，分间处有石扶壁，四周有铅条玻璃尖拱窗，两侧窗户采用简化的火焰式双叶窗，窗内镶嵌以圣经人物故事为主题的彩色玻璃。现存的彩色玻璃窗是 2015—2017 年修缮时重新制作的，原有的图案已经无法考证。装饰重点部位如玫瑰花窗、塑像及其华盖和基座、两侧女儿墙的滴水兽、入口等处局部采用石材。堂顶周围设天沟，天沟的水可从墙四周所设的滴水兽嘴里喷出。滴水兽共有 79 个，分三排布置在屋顶女儿墙外侧、二层瓦屋面檐口和二层平台女儿墙外侧（图 4-33）。

1910 年 10 月 22 日，新教堂落成，举行祝圣典礼，并举行了第一次弥撒。教堂规模宏大，装饰华丽，被誉为"中国教堂之巨擘""远东第一大教堂"。1960 年将原奉"圣依纳爵"为主保改为奉"天主之母"为主保。1966 年"文革"中，两座钟塔尖顶被拆除，教堂改为果品仓库，1980 年修复开放。[①]1982 年修复钟楼，1994 年又修复教堂前广场，2015—2017 年教堂又进行全面的修缮。

图 4-34 佘山天主堂老堂
来源：上海天主教会

四、佘山天主堂和其他天主堂

葡萄牙耶稣会传教士叶肇昌（Father Francesco Xavier Diniz，字树藩，1869—1943）设计并主持建造了佘山天主堂。佘山天主堂的正式名称是"进教之佑圣母大堂"，又称"佘山圣母大堂"，是上海及远东最壮丽雄伟的天主堂。1873 年原建有佘山圣母堂，由曾主持上海虹口圣心堂设计的传教士建筑师马历耀于 1871 年设计，历时两年建成，属中西混合样式（图 4-34）。后因面积不敷使用，于 1920 年由南京教区决定拆除重建，1925 年 4 月 24 日奠基，1935 年落成。

现在仍可以找到当年葡萄牙修士能慕德（阿尔芳索·弗雷德里克·德·莫厄卢塞，Alphons Fredrick De Moerloose，1858—1932，图 4-35）为佘山天主堂所作的西立面、南立面设计图（图 4-36），与后来按叶肇昌的设计建成的教堂迥然不同。能慕德的设计采用典型的哥特式，有两座钟塔，并为适应地形而在南面设置了一座气势巍峨的大台阶。但从细部上看，两座钟塔上部的窗户并没有采用尖券，塔楼下部的窗户则为典型的火焰式双叶窗。入口也没有按惯例设三座门，只设了一道中门。平面布局为拉丁十字形，主祭坛位于东端，是标准的巴西利卡形制。[②]

图 4-35 能慕德
来源：*Alphons Frédérik De Moerloose CICM, 1858-1932*
（天主教鲁汶大学，1994 年编）

① 张化著《上海宗教通览》，上海古籍出版社，2004 年，第 383 页。

② 目前还没有查到资料表明为什么没有采纳能慕德的方案而选用叶肇昌修士的设计。据推测，尽管欧洲的教堂西立面作为主入口，东立面作为祭坛的礼拜方位，但因为东立面是中国地区教堂的主立面，祭坛的礼拜方位朝西，与欧洲的教堂正好相反，而能慕德的方案把双钟塔的立面作为西立面与欧洲教堂的制式相符，但与祭坛的礼拜方位不符。而叶肇昌的设计更适合佘山天主堂的实际环境，事实也证明叶肇昌的设计完美地顺应地形与场地。

（1）西立面原设计图

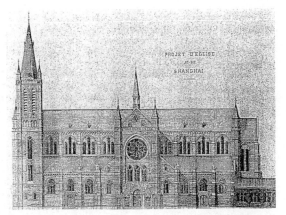

（2）南立面原设计图

图 4-36 佘山天主堂立面图
来源：*Alphons Fredrick De Moerloose CICM, 1858-1932*

（1）西立面
来源：周进

（2）西立面图
来源：*Alphons Fredrick De Moerloose CICM, 1858-1932*

（3）立面效果图
来源：上海天主教会

（4）南立面图
来源：*Alphons Frédérik De Moerloose CICM, 1858-1932*
图 4-37 佘山天主堂立面

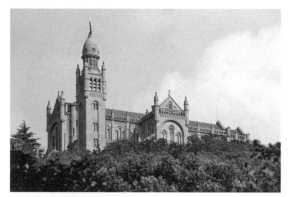

来源:许志刚摄

图 4-38　佘山天主堂

来源:上海市历史建筑保护事务中心

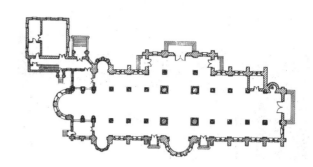

图 4-39　佘山天主堂平面图
来源:周进

叶肇昌的单塔设计方案表明了天主教教堂已经能够适应环境，而不再拘泥于条文（图 4-37）。这个设计同样将教堂布置在海拔 99 米的佘山峰顶，保留了南面的大台阶，将宽阔的南立面面对主要的人流方向（图 4-38）。教堂平面呈拉丁十字形巴西利卡式，坐东朝西，但西面的主入口只是象征性的，实际的主入口位于南侧，正对信徒朝山的路径（图 4-39）。教堂东西长 56 米，南北宽 25 米，连耳堂宽 35 米，堂脊高 17 米，钟塔高 38 米，建筑面积 1586 平方米。①大堂由 40 根刻着天神和花卉图案的花岗石石柱支撑，内有 2500～3000 个座位，可同时容纳三四千人祈祷（图 4-40）。在耳堂与中堂的十字相交处的柱子用束柱进行两个方向支撑帆拱的过渡，由于堂脊较高，为了调整柱子上部过于细长的比例，将上柱用腰线划分为三段。屋顶采用典型的交叉肋拱，以显示出后期罗马风的结构形式。中堂两侧墙面的连续半圆券也是罗马风建筑的一种做法（图 4-41）。

建筑的外部形式以晚期罗马风式为主，全部用红砖清水墙砌筑，局部的圈梁、过梁以及双叶窗的中柱用石头镶砌，双叶窗的顶部用圆拱而不是尖拱（图 4-42）。钟塔位于西南角上，平面为方形，虽与主体建筑连在一起，但已显示出晚期罗马风教堂和早期哥特式教堂的钟塔与主体建筑分离的做法。钟塔的顶部处理成圆穹顶，带有西班牙和葡萄牙的穆迪扎尔建筑②的影响，并成为佘山天主堂的象征。塔顶原有一座由法国艺术家设计的圣母像，圣母俯首下视，双手托起小耶稣，小耶稣的双手拓开作十字形。像高 4.8 米，重 1200 千克，今已不存，代之以十字架。1942 年 9 月 12 日，罗马教皇庇护十二世敕封佘山天主堂为乙等大殿，成为远东最高级别的教堂。③

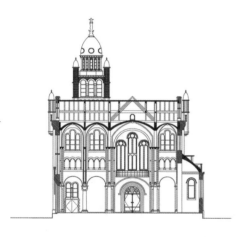

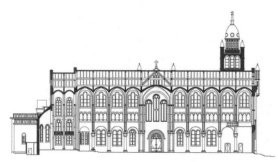

图 4-40　佘山天主堂剖面图
来源:上海建筑装饰集团

图 4-41　佘山天主堂的交叉肋拱
来源:上海市历史建筑保护事务中心

来源：上海市历史建筑保护事务中心

来源：上海市历史建筑保护事务中心

图 4-42 佘山天主堂细部

息焉堂（SiehYih Chapel，1929—1931，今西郊天主堂，图 4-43），全称为"息焉公墓圣母升天堂"，亦称"罗别根路西人公墓礼拜堂"，是闸北华界的基督教息焉公墓的纪念教堂，由邬达克于 1929 年设计，1931 年 8 月建成（图 4-44）。[④]单厅堂的教堂平面呈十字形，四角由 4 根束柱支撑，承载帆拱和穹顶，穹顶底部的 16 个尖券窗让自然光线进入教堂。邬达克将尖券拱拉高，帆拱、穹顶和室内带有拜占庭建筑的意象，教堂西北面的钟塔高约 20 米，在罗马风的形体上增加了顶部和檐口，总体上表明邬达克在探索教堂建筑的现代表现（图 4-45）。

圣女小德勒撒堂（Saint Teresa Church，1930—1931，今大田路天主堂，图 4-46）是为了纪念法国里泉尔圣衣院修女小德勒撒（Sainte-Thérèse de Lisieux，1873—1897），由能慕德设计，原先有两座尖塔，现已不存。整座教堂是各种风格的拼贴，教堂西立面的玫瑰花窗成为构图中心，塔楼的双叶窗介乎哥特风格和文艺复兴风格之间，窗户采用半圆拱券，而室内为罗马风建筑风格。教堂于 1993 年修复。

圣伯多禄堂（L'Eglise St Pierre），即圣彼得教堂，于 1933 年奠基，次年落成，法国建筑师事务所赖安工程师（Léonard, Veysseyre & Kruze Architects）设计。建筑融合了拜占庭风格和罗马风建筑风格，中央有大穹顶，立面北侧有一座罗马风的钟塔。1994 年因建设南北高架路，拆除后向西移位重建，1996 年建成，重建后的教堂与原来的教堂存在较大的差异（图 4-47）。

图 4-43 息焉堂
来源：《上海教堂建筑地图》

① 张化著《上海宗教通览》，上海古籍出版社，2004 年，第 382 页。

② 穆迪扎尔建筑（Mudéjar architecture），西班牙建筑、特别是 12 世纪和 16 世纪的阿拉贡和卡斯蒂利亚地区的一种本土风格，混合了穆斯林和基督教的特征，其影响一直延续了 7 个世纪。

③ 周进《上海近代教堂建筑的地域性变迁研究》，同济大学博士学位论文，2012 年，第 303 页。

④ 华霞虹、乔争月等著《上海邬达克建筑地图》，上海：同济大学出版社，2013 年，第 161 页。

图 4-44 息焉堂大厅设计草图
来源：《上海教堂建筑地图》

图 4-45 息焉堂室内
来源：《上海教堂建筑地图》

来源：《上海教堂建筑地图》

来源：上海图书馆馆藏图片资料

图 4-46 小德勒撒堂

来源：《岁月——上海卢湾人文历史图册》

来源：Virtual Shanghai

来源：Virtual Shanghai

图 4-47 圣伯多禄堂

① 姚民权《基督教初传上海简述》，见：石鸿熙主编，中国人民政治协商会议上海市委员会文史资料委员会《上海文史资料选辑第 81 辑：上海的宗教》，1996 年，第 238 页。

第三节　基督教新教教堂

　　基督教新教传入上海的时间大大晚于天主教。1842 年，德国传教士郭士立（Karl Friedrich August Gutzlaff，1803—1851）受荷兰布道会派遣来上海传教；同年，英国伦敦会（London Missionary Society）派遣麦都思（Walter Henry Medhurst，1796—1857）来上海。麦都思抵沪后，在县城南门租用民房创办诊所，同时也布道。1846 年诊所迁至山东路扩建，改称"仁济医院"（图 4-48），并于 1864 年建立伦敦会第一所正式教堂，名"天安堂"。①

一、早期基督教新教教堂

　　1845 年美国基督教圣公会（The Protestant Episcopal Church）派遣文惠廉（William Jones Boone，1811—1864）来上海传教。文惠廉于 1850 年在虹桥附近一幢民宅中设立礼拜堂，又于 1854 年在苏州河北岸虹口百老汇路（Broadway Road，今东大名路）建成一座基督教堂，采用哥特风格（图 4-49）。租界内于 1847—1848 年建成第一代圣三一堂。此后，基督教各差会纷纷派遣传教士来上海，到 20 世纪初，上海已经成为基督教新教在华的传播中心。到 1949 年，上海教区共有 280 处基督教新教教堂。②

　　基督教新教建筑以哥特复兴风格为主，主张哥特式不仅是基督教建筑唯一纯净的形式，而且也是最有启蒙意义的文化。受新古典主义教堂的影响，基督教新教教堂多采用单塔的形式，同时也出现了早期基督教建筑风格（4—12 世纪）和意大利罗马风建筑（11—13 世纪）的复兴。尤其是英国艺术史家、作家、思想家罗斯金（John Ruskin，1819—1900）的著作《威尼斯之石》（*The Stone of Venice*，1851—1853）和斯特瑞特（George Edmund Street，1824—1881）的著作《意大利北部的砖和大理石建筑》（*The Brick and Marble Architecture of Northern Italy*，1855）产生过很大的影响。建筑立面用不同色彩的砖砌出线条，表现色彩与肌理，并宽容地对待折衷主义，反对新古典主义纯净而单调的形式。

　　近代上海基督教新教教堂的代表作有圣三一堂（Holy Trinity Church，又称 The Anglican Cathedral，1866—1869）、新天安堂（Union Church，1886，1899 年扩建）、黄浦路新福音教堂（Deutsche Evangelische Kirche，1900—1901）、协和礼拜堂（Community Church，1924—1925）、诸圣堂（All Saints Church，1925）、鸿德堂（The Fitch Memorial Church，1925—1928）、慕尔堂（Moore Memorial Church，1926—1931）、大西路（Great Western Road，今延安西路）新福音教堂（Neue Deutsche Evangelische Kirche，1931—1932）、广东浸信会教堂（Cantonese Baptist Church，1930—1933）等。

二、司各特与圣三一堂

圣三一堂，俗称"江西路大礼拜堂"，其前身是开埠初期由信奉基督教的商人葛兰翰丁1847—1848年建造的一所礼拜堂。第一代圣三一堂由英国建筑师史来庆设计（图4-50），教堂采用哥特式。[3]据郑红彬所述，史来庆（该文称史来庆为乔治·斯特雷奇）当年在香港执业，应香港政府所请而进行设计，他本人当时并未到上海。由于错误的建造与工艺，采用跨度很大而又沉重的屋顶，1850年6月24日即因遭受暴雨而使屋顶倒塌。[4]史来庆到现场踏勘后提出修缮设计，建议将屋顶落架重建，替换新的屋顶并拆除所有尖塔和矮护墙，重建主墙等，该设计几乎就是重建。1850年按此设计重修时，在教堂的东立面正中加建一座钟楼，也由史来庆设计，并亲自监造。经过11个月的建造，于1851年5月建成第二代圣三一堂（图4-51），基础和墙体仍为1848年的教堂原物，为第二代教堂的质量带来了隐患。

除建筑质量外，教堂的容量不足成为主要的问题，教堂会议在1859年决定将教堂扩建，由英国建筑师格里布（Charles W. Gribble，？—1861）对现有建筑进行评估并提出方案。格里布的方案建议在教堂的西端加建一座耳堂和后堂，并向东扩建两跨。[5]由于在原有建筑上扩建，需要相当多的资金，而且扩建并不能消除原有建筑的质量隐患，最终决定放弃扩建的方案，成立委员会，筹措资金并征集设计方案。1861年6月，英国建筑师史蒂文斯和鲁宾逊（Stevens and Robinson）提交了一个方案，但没有留下图纸。从当时报告的描述可知，其风格受英国北部哥特式教堂影响，平面为拉丁十字形，可以容纳六七百人，有一座钟塔。方案在1861年12月得到大英工部总署的同意。[6]次年4月，决定先建造临时教堂，待临时教堂建成后再根据财务状况建造正式的教堂。临时教堂于1862年10月落成，由于建筑材料涨价，因此不得不最终放弃该造价过高的方案。

继而聘请英国著名的教堂建筑师司各特爵士（一译"斯科特"，George Gilbert Scott，1811—1878，图4-52）设计一个新方案。司各特爵士是神职人员之子，早年跟随建筑师赛普森·坎普森（Sampson Kempthorne，1809—1873）工作。从1843年起，司各特专门从事哥特式教堂的修复工作，设计过伦敦坎伯威尔的圣·吉尔教堂（S. Giles，Camberwell，1842—1844），设计建造了德国汉堡的圣尼古拉教堂（St. Nicholas，1845—1863）、牛津的爱克赛特礼拜堂（Exeter College Oxford，1856）、剑桥大学的圣约翰书院礼拜堂（St. John's College Chapel，1863—1869）、伦敦白厅的外交部大楼（The Foreign Office，1861—1873）以及伦敦的圣潘克拉斯旅馆与车站建筑（S. Pancras Hotel and Station Block，1865—1871，图4-53）等。司各特爵士惯用的哥特风格建筑用维多利亚盛期的手法糅合意大利、法国和荷兰的元素。红砖的正立面从成排的、拥挤的尖券开口处升起，直到带锯齿状老虎窗的高斜度屋顶、厚重的烟囱和高耸的带有小尖塔和尖顶的塔楼。除了他设计的外交部大楼采用意大利文艺复兴式样外，其余的作品均带有盛期哥特建筑风格。他也是一位研究中世纪的学者，著有 *Gleanings from Westminster Abbey*（《威斯敏斯特大教堂片断》，1862）等，但没有资料表明司各特来过上海，极有可能他是在英国完成设计，然后将图纸送到上海。[7]

图4-48 早期的仁济医院
来源：Virtual Shanghai

图4-49 基督教圣公会救主堂
来源：薛理勇提供

② 王敏、魏兵兵、江文君、邵建著《近代上海城市公共空间：1843—1949》，上海辞书出版社，2011年，第4页。据张化著《上海宗教通览》（上海古籍出版社，2004年）第60页所引数据，上海在1949年有367个教会，市区261个，郊区106个。但其中21个教会没有自己的教堂，共有耶稣堂38处，福音堂39所，布道所25处，祈祷会堂12处。在沪英、美、德、俄、韩、日侨民建有16座教堂。另据周进考证，上海共有346所新教教堂，经过对比文献后指出，其中198所新教教堂可以找到相应的名称和地址。见：周进《上海近代教堂建筑的地域性变迁研究》，同济大学博士学位论文，2012年，第177页。

③ 郑红彬《上海三一教堂：一座英国侨民教堂的设计史（1847—1893年）》，见：清华大学建筑学院主编《建筑史》，第33辑，北京：清华大学出版社，2014年，第151页。

④ 同上，第153页。

⑤ 同上，第155页。

⑥ 同上，第155-156页。

⑦ 赖德霖、伍江、徐苏斌主编《中国近代建筑史》第一卷，北京：中国建筑工业出版社，2016年，第87页。

图 4-50 第一代圣三一堂想象图
来源：郑红彬《上海三一教堂：一座英国侨民教堂的
设计史（1847—1893 年）》

图 4-51 第二代圣三一堂
来源：*Old Shanghai Bund：Rare Images from the 19th Century*

图 4-52 司各特
来源：Wikipedia

图 4-53 伦敦圣潘克拉斯旅馆与车站
来源：Wikipedia

（1）全景
来源：Virtual Shanghai
图 4-54 第三代圣三一堂

（2）立面细部
来源：Virtual Shanghai

（3）修缮后
来源：上海市历史建筑保护事务中心

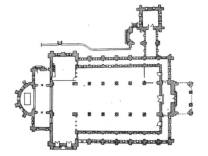

图 4-55 圣三一堂平面图
来源：上海基督教会的图片资料

图 4-56 圣玛丽和圣尼古拉教堂立面
来源：*Neoclassical and 19th Century Architecture 2*

　　司各特在 1864 年 7 月将方案提交大英工部总署审核，方案共有 38 张图纸，现已无从查找。①新堂于 1866 年 5 月 24 日奠基，1869 年 8 月 1 日建成，成为第三代圣三一堂。②1875 年 5 月，圣三一堂成为基督教北华教区的"座堂"。这座教堂是一座红砖砌筑，室内外均为清水红砖墙面的建筑，俗称"红礼拜堂"（图 4-54）。初建时仅有教堂主体部分，后于 1893 年加建一座四方形平面哥特式尖锥形钟塔，塔内装置 8 口大钟（尖锥形钟塔毁于 1966 年）。建筑平面为拉丁十字形（图 4-55），有一座主堂，两个耳堂，室外两侧设有连拱石柱外廊。教堂长约 47 米，宽约 18 米，高约 19 米。③

　　圣三一堂最终由苏格兰建筑师威廉·凯德纳（William Kidner）在 1865 年根据司各特的方案设计修改完成，由番汉公司承建。凯德纳的修改主要包括：将教堂延长一跨，以增大教堂的容量。其次，调整建筑的朝向，将原来设在东面的祭坛调至西面，以朝向圣地。此外，取消了十字交叉处的尖顶。凯德纳还补绘了塔楼的立面图。④圣三一堂的奠基石上署名的建筑师是司各特和凯德纳。教堂的立面类似怀亚特（Thomas Henry Wyatt）和勃兰顿（David Brandon）设计的英国圣玛丽和圣尼古拉教堂（St. Mary and St. Nicholas Wilton Wiltshire，1840—1846），带有罗马风建筑的遗韵（图 4-56）。⑤

来源:沈晓明提供　　来源:沈晓明提供　　来源:沈晓明提供

图 4-57 圣三一堂建筑细部

凯德纳毕业于伦敦大学学院，1864 年到上海，1872 年回英国。这座教堂是英国安立甘教会，又称"圣公会"或"规矩会"的礼拜堂，所以这座教堂又称"安立甘大教堂"（The Anglican Cathedral），当年曾是远东最高级别的哥特式教堂，也是上海当时最美的建筑之一。然而从风格上看，圣三一堂的布局和细部介乎罗马风和哥特式之间，尤其是外侧的连拱外廊，其柱头、拱券等细部带有明显的罗马风影响（图 4-57）。1890 年由司各特的学生科瑞（John M. Cory，1846—1893）设计钟楼，科瑞于 1874 年到上海，成为凯德纳的合伙人。1893 年增建钟楼，由科瑞监造。这座八角尖锥顶钟楼，位于主堂立面北侧，属早期哥特式风格。塔楼的外形十分像法国沙特尔大教堂（Chartres Cathedral，1194—约 1220）西南角的塔楼。不对称的布局可以从英国的一些哥特式教堂的平面布局中找到实例，事实上，英国的哥特式教堂与意大利罗马风和哥特式建筑的渊源关系要比欧洲其他国家更为密切。

圣三一堂的平面虽然是五间通廊型，而如果从其原型上看，无论是其立面的 3 层处理，还是东、南两面外廊的处理，立面上的钝尖券，都可以看到意大利罗马风建筑的影响。[6]从室内处理手法看，罗马风建筑的影响也远远超过哥特式，柱子并没有显示出束柱的处理手法，而是类似于英国早期哥特式教堂（12 世纪）的柱墩，形式简洁，屋顶也没有采用拱券结构，采用尖拱状的木屋架，这也是罗马风建筑的特征（图 4-58）。由于侧向推力较小，建筑外观上只见到扶壁，而没有飞扶壁。圣三一堂在 2007—2009 年由上海住总集团进行全面的修缮。

① 郑红彬《上海三一教堂：一座英国侨民教堂的设计史（1847—1893 年）》，见：清华大学建筑学院主编《建筑史》，第 33 辑，北京：清华大学出版社，2014 年，第 156 页。

② 按照郑红彬在《上海三一教堂：一座英国侨民教堂的设计史（1847—1893 年）》所述，这是第四代圣三一堂，但因为史蒂文斯和鲁宾逊的方案并没有建造，临时教堂也不能称为第三代圣三一堂。因此，本书将 1869 年建成的圣三一堂仍称为第三代圣三一堂。

③ 孙金富主编，吴孟庆、刘建副主编《上海宗教志》，上海社会科学院出版社，2001 年，第 435 页。

④ 郑红彬《上海三一教堂：一座英国侨民教堂的设计史（1847—1893 年）》，见：清华大学建筑学院主编《建筑史》，第 33 辑，北京：清华大学出版社，2014 年，第 157 页。

⑤ Robin Middeleton, David Watkin. *Neoclassical and 19th Century Architecture 2*. Electa/Rizzoli.1993: 276.

⑥ 在飞扶壁出现以前，教堂侧面常用的楼廊和主立面上部的双层外廊与意大利比萨的大教堂（Pisa Cathedral，1063—1118 和 1261—1272）和卢卡的圣米迦勒教堂（S. Michele，1143）有相似之处。

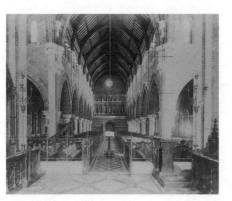

(1) 历史照片
来源：Virtual Shanghai

(2) 修缮后的室内
来源：沈晓明提供

(3) 修缮后
来源：沈晓明提供

图 4-58 圣三一堂室内

(1) 新天安堂
来源：Virtual Shanghai

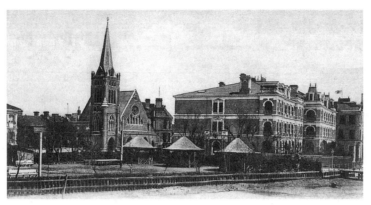

图 4-60 新福音教堂和德国领事馆
来源：薛理勇提供

(2) 重建修缮后
来源：《上海教堂建筑地图》

图 4-59 新天安堂

三、新天安堂与新福音教堂

英国伦敦会创办的新天安堂（又名"联合教堂"）由道达洋行设计，1864 年始建，1885 年迁址新建，1886 年落成。教堂为单层砖木混合结构，单塔高 33 米，塔的两侧布置单跨中堂，平面呈十字形；青砖清水墙面，以红砖镶饰檐口、叠涩、窗框、壁墩等部位。教堂建成后得到赞誉："联合教会的这一沉重任务被高贵地完成了，苏州河南岸，紧邻着英领馆的美丽建筑足以证明这一点。"①

因为最初的设计和建造都比较粗糙，教堂不得不于 1901 年重建。②由于圆明园路拓宽，教堂的西侧部分被拆除。2007 年 1 月遭到一场火灾，建筑于 2009 年翻建（图 4-59）。

位于黄浦路上的新福音教堂是德国在中国的第一座侨民教堂，③与德国领事馆和德国子弟学校相邻（图 4-60）。因为当时找不到在上海定居的德国建筑师，因此设计交由英国建筑师马矿司（Robert Bradshaw Moorhead，？—1903）承担。④实际上德国建筑师倍高已经于 1898 年到上海，1899 年建立倍高洋行。教堂曾由德国建筑师倍高（Heinrich Becker）增建和改建。教堂采用简化的哥特式，单塔楼，教堂于 1932 年至 1934 年间被拆除。⑤

四、圣约翰堂与协和礼拜堂

图 4-61 圣约翰堂
来源：《海上梵王渡——圣约翰大学》

建于 1879 年的圣约翰大学是美国圣公会在上海创办的一所教会大学，大学的礼拜堂建于 1884 年，砖木结构，称为"圣约翰堂"。教堂在 1899 年和 1902 年经历了两次扩建，座位数由原先的 300 座增加到 600 座（图 4-61）。起初也是学生的专用教堂，20 世纪以后从大学教堂转变为美国圣公会在上海的主教堂。⑥教堂完全摆脱了哥特风格的影响，朴素的外观与美国的乡村教堂相似，钟塔位于平面的十字交叉处，以较陡峭的坡顶阐述与天堂的关系，入口的双坡顶门廊强调了入口的重要性。20 世纪的协和礼拜堂与圣约翰堂有相似之处。

来源:《街道背后》

图 4-62 协和礼拜堂

图 4-63 协和礼拜堂室内
来源:《上海教堂建筑地图》

　　协和礼拜堂又名"国际礼拜堂",建于 1924—1925 年,后部西侧的 3 层辅楼建于 1936 年(图 4-62)。其名称"协和"取"协和万邦"之义。[⑦]教堂平面布局呈 L 形,砖木结构,外观为陡峭的两坡屋顶,入口的窗采用尖券,侧窗采用弧券双叶窗,石砌窗框及窗棂,门窗细部十分精致(图 4-63)。除教堂的礼拜堂立面外,其余部分显示出美国乡村住宅的气氛,外墙面布满常春藤,表现出 19 世纪美国乡村教堂的静谧气氛。从早期的照片看,教堂并没有围墙,周围是一片草地。礼拜堂东侧有邬达克设计的教士公寓和餐厅。

五、邬达克与新教教堂

　　慕尔堂(1929—1931)和位于大西路的新福音教堂(1931—1932)由匈牙利建筑师邬达克(Ladislaus Edward Hudec, 1893—1958)设计。慕尔堂原名"监理会堂",建于 1887 年,位于云南路汉口路口,今扬子饭店处,1890 年因纪念资助人慕尔而改名"慕尔堂"。1929 年在原中西女塾校址上建新堂。新慕尔堂(1958 年改名"沐恩堂")由邬达克于 1926 年设计,1931 年建成(图 4-64)。慕尔堂为砖木结构,主礼拜堂朝西,礼拜堂的两侧和前部有回廊。教堂中部是一座可容 1200 人的大礼堂,包括正厅 506 人,楼座 380 人,唱诗班 60 人。大堂的方形柱子和栏杆都用斩假石饰面,堂顶为水泥尖拱顶。[⑧]堂的西北、西南和东南三面均为 4 层附屋,东北角是原来中西女塾的旧楼。

　　慕尔堂是当时中国最大的社交会堂,也是当时基督教远东之最,[⑨]"建筑雄伟,居全国各堂之首"[⑩]。建筑形式具有美国学院哥特式风格,局部采用罗马风手法,深红色砖砌筑的墙面和墙角以及窗框的隅石都反映了这一风格。教堂西南角的钟塔高 42.1 米,钟塔顶上有一个 5 米高的十字架,用当年时髦的霓虹灯发光。钟塔、大堂侧面及西立面入口处的火焰式尖拱窗是典型的哥特复兴风格(图 4-65)。对照 1926 年最初的设计草图,1929 年 6 月完成的最终方案有很大的改动(图 4-66)。[⑪]

① 转引自王方著《"外滩源"研究:上海原英领馆街区及其建筑的时空变迁(1843—1937)》,南京:东南大学出版社,2011 年,第 168 页。

② 薛理勇著《西风落叶:海上教会机构寻踪》,上海:同济大学出版社,2017 年,第 160 页。

③ 托斯坦·华纳著《德国建筑艺术在中国》,Berlin: Ernst & Sohn, 1994 年,第 103 页。

④ 同上。

⑤ 同上。

⑥ 周进《上海近代教堂建筑的地域性变迁研究》,同济大学博士学位论文,2012 年,第 82 页。

⑦ 石鸿熙主编《上海的宗教》,上海市政协文史资料编辑部,1996 年,第 359 页。

⑧ 孙金富主编,吴孟庆、刘建副主编《上海宗教志》,上海社会科学院出版社,2001 年,第 417 页。

⑨ 阮仁泽、高振农主编《上海宗教史》,上海人民出版社,1992 年,第 835 页。

⑩ 石鸿熙主编《上海的宗教》,上海市政协文史资料编辑部,1996 年,第 343 页。

⑪ 卢卡·彭切里尼、尤利娅·切伊迪著《邬达克》,华霞虹、乔争月译,上海:同济大学出版社,2013 年,第 96 页。

来源:《回眸》

图 4-64 慕尔堂

来源:上海市历史博物馆馆藏图片

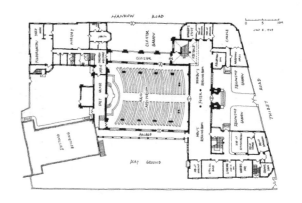

图 4-65 慕尔堂平面图

来源:《上海邬达克建筑地图》

大西路新福音教堂的所在位置即今静安希尔顿酒店和国际贵都大酒店处,建于 1931 年 5 月至 1932 年 10 月(图 4-67),在"文革"期间被拆除。教堂的塔楼及入口朝向华山路,而教堂的大堂入口则对着华山路与延安西路的转角。这座教堂的立面处理及室内设计已表现出明显的装饰艺术风格,外墙用红砖间以青砖砌筑,细部装饰强调垂直线条和水平线条(图 4-68)。

六、李锦沛与浸信会教堂

白保罗路(Barchet Road,今新乡路)广东浸信会教堂(Cantonese Baptist Church,1930—1933,图 4-69),亦称"白保罗堂",老堂建于 1912 年,1929 年一场火灾将教堂焚毁,1930 年重建。①由中国建筑师李锦沛(Poy Gum Lee,1900—1968)设计,建筑为钢筋混凝土 2 层结构,底层供教会使用,二层为礼拜堂,高耸的单钟塔成为建筑构图的中心。

图 4-66 慕尔堂室内

来源:《回眸》

图 4-67 大西路新福音教堂

来源:吕安德提供

图 4-68 新福音教堂室内

来源:吕安德提供

图 4-69 广东浸信会教堂

来源:《中国建筑》第一卷,第三期

第四节　其他教堂建筑

其他宗教建筑主要有东正教、犹太教和锡克教的教堂等，总体上数量有限，远不及天主教和基督教新教的教堂。

图 4-70　主显堂
来源：薛理勇提供

一、东正教教堂

东正教于清康熙十年（1671）传入中国，上海东正教是以俄侨为主体的教会。1865 年起，俄侨进入上海；第一次世界大战后，大量俄国难民来到上海。据 1930 年统计，上海的俄侨共有 14 404 人；[2] 据 1936 年统计，上海俄侨有 16 299 人。[3] 俄罗斯文化对上海的文化生活也有很大影响。

自 1905—1941 年，上海先后建立东正教教堂 10 所。[4] 俄国东正教会在上海曾有过圣尼古拉斯军人小教堂（1925）、俄国女子中学圣母堂（1925）、提篮桥救主堂（1926）、霍山路圣安德烈教堂（1931）、圣母修道院教堂（1934）、衡山路俄国商业提唤堂（1933）、阿尔汉格洛－加夫里洛夫斯基教堂（1942）等。因缺乏资料，有关建筑的情况还有待考证。东正教教堂的原型来自拜占庭的东正教建筑，传到俄国后又有变异。上海的第一座东正教教堂是俄国东正教在上海的第一大教堂——主显堂（图 4-70）。主显堂的原址在宝山路 43 号，又名"闸北俄罗斯礼拜堂"，1903 年 2 月奠基，1905 年建成，1924 年成为上海东正教的主教座堂，1932 年毁于日军炮火。

具有代表性的东正教教堂是位于皋兰路上的由俄国建筑师亚·伊·亚龙（A. J. Yaron）设计的圣尼古拉斯教堂（The St. Nicholas Russian Orthodox Church，图 4-71）。[5] 这座教堂为纪念已故沙皇尼古拉

① 薛理勇著《西风落叶：海上教会机构寻踪》，上海：同济大学出版社，2017 年，第 235 页。

② 汪之成著《上海俄侨史》，上海三联书店，1993 年，第 58 页。

③ 孙金富主编，吴孟庆、刘建副主编《上海宗教志》，上海社会科学院出版社，2001 年，第 575 页。

④ 孙金富主编，吴孟庆、刘建副主编《上海宗教志》，上海社会科学院出版社，2001 年，第 575 页。

⑤ 据孙金富主编，吴孟庆、刘建副主编《上海宗教志》（上海社会科学院出版社，2001 年）第 576 页所载，建筑师为亚龙，但根据上海市城建档案馆 D(03-05)-1933-0121 的档案，圣尼古拉斯教堂的立面设计图上有利霍诺斯（Y. L. Lehonos）的签名。

来源：Virtual Shanghai

来源：《岁月——上海卢湾人文历史图册》

来源：《回眸》

来源：沈晓明提供
图 4-71　圣尼古拉斯教堂

来源：许志刚摄
图 4-72 东正教圣母大堂

来源：上海市历史建筑保护事务中心提供

（1）1932 年

（2）1933 年

（3）1935 年
图 4-73 东正教圣母大堂的设计图签
来源：上海市城市建设档案馆馆藏图纸

二世（1868—1918）而建，1932 年 12 月 18 日奠基，1934 年 3 月 31 日举行落成祝圣仪式。教堂正面朝西，集中式正方形平面，顶部为一大四小洋葱头形穹顶，室内外装饰富丽堂皇，墙面用瓷砖贴面，四壁及拱顶均有精美的圣像。

在上海最为辉煌的东正教教堂是由俄国建筑师彼特罗夫（B. I. Petroff）和利霍诺斯在 1933 年设计的东正教圣母大堂（Russian Orthodox Mission Church，图 4-72），1933 年 2 月提交请照单，1933 年 6 月奠基，1936 年建成，俗称"新乐路东正教堂"。关于教堂的建筑设计有多个版本。根据考证，1932 年 12 月的图纸上有彼特罗夫的签名；1933 年 6 月的图签上，建筑师是"Architectural Studio"，上面有彼特罗夫（B. P）和利霍诺斯（Y. L）的缩写签名（图 4-73）；1935 年的图纸上有建筑师和画家雅·卢·利霍诺斯的签名，利霍诺斯签名的图纸属于修改和加建，内部有局部的修改，将立面，尤其是入口加以简化。据分析，室内的湿壁画和穹顶画也是利霍诺斯的作品。1940 年 4 月由俄国建筑师敏凯维奇（S. J. Minkevitch）加建大门，图纸上有建筑师的签名。[①]教堂为希腊十字形集中式平面，东西向略长，

（1）第一版北立面图

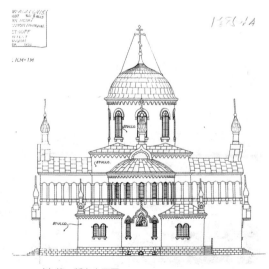
（2）第一版东立面图

（3）1935 年北立面图

（4）1935 年西立面图

图 4-74 东正教圣母大堂立面图
来源：上海市城建档案馆馆藏图纸

图 4-75　2000 年重建的莫斯科救世主教堂　　　　图 4-76　诺夫哥罗德的圣索非亚教堂　　　　图 4-77　东正教圣母大堂穹顶画《新约三位一体》
来源：Wikipedia　　　　　　　　　　　　　来源：Wikipedia　　　　　　　　　　来源：上海市历史建筑保护事务中心

现状穹顶是双层钢筋混凝土薄壳结构，历史原貌为内层混凝土薄壳，外壳是木构架，外层覆以铜皮，涂孔雀蓝颜色，顶尖和顶上十字架涂贴金色，具有浓厚的俄罗斯教堂特征。[2]

　　建筑屋顶上的五个洋葱头式呈孔雀蓝色的铜皮穹窿是教堂的特征（图 4-74），外形类似莫斯科救世主教堂（Cathedral of Christ the Saviour，1860—1883，图 4-75）。东正教圣母大堂是中国南方地区最大的、外形酷似诺夫哥罗德的圣索非亚教堂（Saint Sophia Cathedral in Veliky Novogorod，1045—1050，图 4-76），规模稍小。诺夫哥罗德的圣索非亚教堂高 38 米，有 5 座穹顶。新乐路东正教堂占地面积为 2000 平方米（南北长 25.781 米，东西长 15.012 米），建筑面积为 1030 平方米，最多可以容纳 2500 人。最为突出的是教堂穹顶，由一大四小葱头形圆穹顶组成，与诺夫哥罗德圣索非亚教堂同样有五个穹顶（主穹顶高 31.165 米，四角小穹顶高 22.15 米）相似。室内和穹顶、鼓座、圣坛墙面、圣坛两侧门券上方等部位均有精美的湿壁画（图 4-77）。当时俄侨社区的《上海柴拉报》（Shanghai ZARIA，ШанхайскаяЗаря）称：

　　　　该教堂高达 35 公尺，有 5 个圆顶及克里姆林宫式围墙，它不仅是上海俄侨的骄傲，也将是中国东正教的克里姆林宫。教堂内还可容纳多达 300 人的合唱队。[3]

二、犹太教会堂

　　犹太教堂建筑并没有固定的模式，随时代和地区文化而变化，因此建筑形式的差异很大。上海第一座犹太教堂——埃尔会堂建立于 1887 年 8 月，到 20 世纪 40 年代初，上海共建立 8 座犹太教堂。[4]埃尔会堂位于北京东路 40 号处，即今半岛酒店所在位置，1920 年关闭。

① 根据上海市城建档案馆 1933 年的档案。

② 关于这座教堂的建筑师和结构状况，上海市社会科学院俄罗斯研究中心科研人员潘大渭、张健荣在 2009 年根据俄罗斯总领事馆的反映，原先的铭牌上关于建筑年代、建筑结构及建筑师的信息有误。上海市文物管理委员会在 2009 年 9 月 2 日发函给本书作者。因此，这一版的有关信息根据上海市文物管理委员会提供的信息，以及查阅了上海市城市建设档案馆的相关文献和图纸后的结论。

③ 汪之成著《近代上海俄国侨民生活》，上海辞书出版社，2008 年，第 191 页。

④ 孙金富主编，吴孟庆、刘建副主编《上海宗教志》，上海社会科学院出版社，2001 年，第 583 页。

来源：Wikipedia

来源：上海房地产管理局提供

图 4-78 拉结会堂

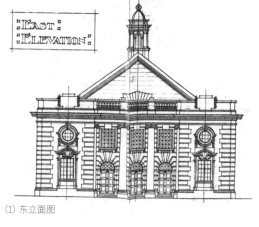

(1) 东立面图

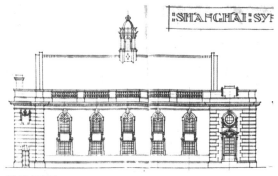

(2) 南立面图

图 4-79 拉结会堂立面图
来源：上海市城市建设档案馆馆藏图纸

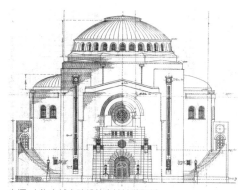

来源：上海市城市建设档案馆馆藏图纸

来源：上海市历史博物馆馆藏图片

图 4-80 阿哈隆会堂

图 4-81 锡克教宝兴路谒师所
来源：Virtual Shanghai

① 张化著《上海宗教通览》，上海古籍出版社，2004 年，第 563 页。

② 薛顺生《上海的东方寺院、教堂》，上海市历史博物馆编《都会遗踪》第五辑，上海：学林出版社，2012 年，第 85 页。

　　拉结会堂（Ohel Rachel Synagogue，1917—1921，图 4-78）由于坐落在西摩路（今陕西北路）上，所以俗称"西摩会堂"。由马海洋行（Moorhead & Halse）设计，是远东地区最大的犹太会堂。① 双坡顶屋面，从图纸与实际建筑对照，原先在礼堂屋顶正中有一座光塔，今已不存（图 4-79）。位于虎丘路 42 号的阿哈隆会堂（Beth Ahron Synagogue，1926—1927，图 4-80）又称"新犹太教堂"，由公和洋行设计，1985 年建文汇报大楼时被拆除。

三、锡克教谒师所

　　锡克教在上海开埠后传入，1907 年在东宝兴路 326 号建锡克谒师所（Sikh Gurdwara, Shanghai），占地 1500 平方米，建筑面积约 1124 平方米，1908 年落成。图 4-81 显示这座教堂落成典礼时的外观，教堂入口处有一 2 米宽的大台阶，上面有 19 级踏步。教堂大门内另有 2 道门，教堂大厅内置神坛，神坛左右有长条窗。② 谒师所（gurdwara）的意思是通向锡克教祖师古鲁的大门，谒师所没有定型的建筑模式。

第五章

上海近代中国建筑师

夫建筑师之事业于国家社会负有极大之责任，盖其建筑物与文化之进步有直接之关系。故为建筑师者，应具纯洁之精神、高尚之道德、诚恳之毅力、灵敏之手腕、精美之艺术思想，方能不负社会之信仰、金银之委托。

——《中国建筑师学会公守诚约》，1928

第一节　中国建筑师的崛起

1843 年上海开埠后，最早登上建筑舞台的是工程师和传教士，工程师成为上海早期近代建筑的主要支柱。由于中国当年的工程教育还处于落后的状态，最早的工程师都是外国人。工程师和传教士从事建筑设计，同时也承担铁路、道路、桥梁等各种工程技术业务。大约到 20 世纪初，专业建筑师才逐渐成为建筑设计的主体；一直到 20 年代末开始，中国建筑师的执业环境才逐渐现代化，也得以在专业上与外国建筑师竞争。每一位中国建筑师都是一部建筑史书。尽管近年来已经有不少关于建筑师的信息和研究成果问世，然而目前已知的作品只是他们作品中的一部分，甚至是很小的一部分。近代中国建筑师及其作品还有待进一步深入研究和考证。

就整体而言，上海建筑师群体的专业素质普遍较高，富有敬业精神，竞争激烈，商业化程度高。近代上海建筑师是中国现代建筑和现代建筑师执业制度、现代建筑教育的奠基者。其中有本土和国外建筑院校培养的中国建筑师，也有从海外来到上海创业的工程师和建筑师。近代上海建筑师在活跃于建筑设计业务的同时，秉承现代建筑师的职业传统，热心培养年轻一代建筑师，或在事务所中吸收青年建筑师，或在建筑院校执教。

由于近代上海的快速发展，建筑技术、建筑材料、建筑审美和建筑风格处于不断的转型变化过程中，建筑师们也在创作过程中学习并应用了多种建筑风格，包括中国古典建筑、西方新古典主义、装饰艺术风格、现代主义、世界各国的地域风格等，从而形成上海丰富多彩的建筑风格。

中国古代社会历来轻视自然科学、技术科学和工匠，道器分涂，视之为形而下，列为"九流"。中国古代的建筑家，社会地位历来不高，史籍中很少有记载。伟大的建筑总是归功于君王或达官贵人。中国古代并不存在"建筑师"这一称号，古代的匠师、都料匠和样师就是建筑师，号称"宗匠"。历史上的建筑师都是师徒传授，没有正规的建筑教育。现代意义上的中国职业建筑师从近代才开始。"建筑师"被称为"打样师""技师""工程师""营造师""建筑家"或"画则师"。建筑师作为一个正式的称号出现是在 1922 年代，作家和文学评论家茅盾（原名沈德鸿，字雁冰，1896—1981）将挪威文学家易卜生（Henrik Johan Ibsen，1828—1906）的剧本《建造匠师》（*The Master Builder*，1892）译成中文时以《建筑师》为标题在《晨报》副刊上发表。

一、建筑师事务所

在外国建筑师和中国留洋建筑师登上舞台之前，早期的建筑师主体是工程师。1901 年，52 位建筑界人士开会成立上海工程师建筑师协会。[①]工程师在上海的建筑界起着重要的作用，据统计分析，

1910—1920 年，上海 21.8% 的事务所由中国工程师成立，9.5% 为中外合作，68.7% 控制在外国人手中。到 1930 年代，情况有所变化，51% 由中国人成立，5% 为中外合作，外国人独资经营的事务所降至 44%。②外国建筑师事务所往往兼营房地产，或者是房地产公司设立的建筑部，据 1936 年《上海指南》介绍的 67 家建筑事务所中，有 30 家外国事务所兼营房地产业务。③

1900 年代开始出现建筑师事务所；1920 年代开始，中国建筑师逐渐职业化，一批留学回国的建筑师陆续在上海开业，并按照西方的模式建立中国建筑师的执业制度。中国近代建筑师总体上可以分为本土培养的建筑师和留洋建筑师两大类，他们和外国建筑师共同创造了辉煌的上海近代建筑。本土培养的建筑师中，有一些原先在事务所从事绘图员之职，在工作中自学成为建筑师。在上海实行建筑师资格审核之前，只要能按建筑章程设计图纸，就能发照建造。还有一类是国内各类学校或大学建筑系、土木系毕业从事建筑设计的建筑师，他们接受过专业训练，又在工作中成长，或自己创办事务所，或为各种建筑师事务所和工程相关部门工作，这一类建筑师是本土培养建筑师中的主流。

在实行工程师和建筑师登记制度之前，建筑市场混乱，大量建筑是由非专业人员设计的。根据工部局工务处的报告，送审的建筑方案几乎有三分之一不合格。④鉴于这个问题，1889—1909 年担任工部局工务处工程师的梅因（Chas Mayne）在 1909 年就建议对建筑师实行注册登记制度，未果，以后又多次申请，均未获准。⑤

1927 年 12 月 1 日，上海市公布《上海特别市建筑师工程师登记章程》；上海市工务局在 1930 年又根据 1929 年 6 月国民政府颁布的《技师登记法》重新颁布《上海市建筑师工程师呈报开业规则》。1929 年在上海华界工务局注册登记的建筑师有 368 人，其中正式登记 227 人，暂行登记 141 人。1932 年 9 月 29 日又公布施行《上海市技师技副呈报开业规则》，1933 年注册技师开业登记名录共 124 人，其中建筑专业 42 人（包括中国建筑师 29 人与外国建筑师 13 人，土木技师 82 人（包括中国技师 71 人与外国技师 11 人）。技副开业登记名录共 65 人，其中建筑专业 35 人，另有建筑绘图 20 人，土木 9 人，测量 1 人。⑥至 1935 年，按国民政府《技师登记法》在上海工务局登记的建筑师有 299 人（其中技师 173 人，技副 126 人），113 名土木工程师。⑦

二、中国建筑师学会

20 世纪初，第一批去西方留学学习建筑学的中国学生陆续回国，从事建筑设计业务，成为近代中国第一代建筑师。1920 年代以后，有大批留学生回国。这些第一代建筑师中，最早学成回国的是 1914 年毕业于美国伊利诺伊大学厄尔巴拿 - 尚佩恩校区（University of Illinois at Urbana-Champaign），获学士学位的庄俊。为了给建筑师正名，推动中国建筑事业发展和国际地位的提升，庄俊在 1927 年冬与范文照、吕彦直、张光圻、李锦沛、巫振英、黄锡霖等七人共同发起成立上海建筑师学会；1928 年向国民政府工商部备案注册，并改称"中国建筑师学会"，在南京设立分会。庄俊担任第一任中国建筑师学会会长。范文照于 1931 年在《中国建筑》创刊号上发表《中国建筑师学会缘起》中指出：

① 《上海勘察设计志》编纂委员会编，沈恭主编，刘炳斗、蔡詠榴常务副主编《上海勘察设计志》，上海社会科学出版社，1998 年，第 15 页。

② Delande Natalie. *Shanghai 1927~1937: Chronique d'une ambition architecturalechinoise*, Memoire de Maitrise, Paris I Pantheon-Sorbonne. 1993: 31; *Shanghai Dollar Directory*. Shanghai: The Dollar Directory Co., 1935 to 1939.

③ 赖德霖著《中国近代建筑史研究》，北京：清华大学出版社，2007 年，第 54 页。

④ *SMC Report*, 1905.

⑤ *SMC Report*, 1906: 240.

⑥ 《上海市技师、技副、营造厂登记名录》，民国二十二年（1933）。见：《中国近代建筑史料汇编：第二辑》第八册，第 4383-4571 页。

⑦ 赖德霖著《中国近代建筑史研究》，北京：清华大学出版社，2007 年，第 53 页。同时参见李海清著《中国建筑现代转型》，南京：东南大学出版社，2004 年，第 134 页。

下走于民国十一年夏，自美归国，目睹彼邦建筑事业之发达，社会舆论之融和，若我国则并此建筑师之名称尚未明瞭，相形见绌，心常怒焉忧之。因念欲跻我国建筑事业于国际地位，即非蓄志团结，极力振作不为功。①

中国建筑师学会的成立，标志着建筑师执业制度和行业规范的确立，学会颁布《中国建筑师学会章程》（1926年订定，1930年修正），并附有《建筑师业务规则》和《中国建筑师学会公守诫约》（1928，以下简称《公守诫约》）。《建筑师业务规则》详细说明建筑师的责任、酬劳费、付费程序和办法、造价控制、现场监督、建筑师拥有设计图纸的版权等内容。《建筑师业务规则》指明：

> 建筑师承业主之委托，执行一切建筑上之事宜。如预拟建筑方略，进行草图计划，投标图样，编订营造说明书，各种合同条例，供给大小详图，发给承包人领款凭单、关于工程上之一切手续、管理方法，暨督察工程，均为建筑师应尽之责任。其所取酬劳费至少照全部建筑费（此数包括材料工价、一切附属工程之费用，并承包人费用与赢利亦在内）百分之六（即六厘）计算。②

1928年颁布的《公守诫约》，一方面是建筑师应当遵守的道德规范；另一方面也是对建筑师执业的保护，避免不正当竞争，要求建筑师具有社会责任感和对业主负责的态度。《公守诫约》详细规定了建筑师的社会责任，建筑师与业主的关系，设计草图和方案阶段的要求，现场监督工作，设计费应当保障建筑师、行业和业主的利益，选用材料的规定，建筑师如何对待同行，避免不正当竞争，建筑师的执业资格等：

> 夫建筑师之事业于国家社会负有极大之责任，盖其建筑物与文化之进步有直接之关系。故为建筑师者，应具纯洁之精神、高尚之道德、诚恳之毅力、灵敏之手腕、精美之艺术思想，方能不负社会之信仰、金银之委托。其平日之举止行动，可不慎之又慎之哉？夫既受人委托，则当本其平日之训练和精神从事周旋。对于委托人当取公正廉洁之态度，介于委托人与承造人之间，则以不偏不倚为宗旨；对于同事、同业应以指导互助为方针；对于公众之事业应放弃一切私利为表率。如是建筑师之地位得日增进，社会信仰亦日益深焉。③

《公守诫约》同时提出13条职业规范：

（一）不应直接受聘于任何公司或个人与建筑房屋上有发生密切关系者；
（二）不应担保估计造价，对于任何合同亦不应出具保单；
（三）除业主外，不应向承包人或于房屋上有关系人领取佣金；
（四）不应利用广告以宣扬其名；
（五）不应就征不正当公平之图样征求；
（六）已有征求图案之举，除在竞赛人中选取建筑师外，他人不应再运动其事；
（七）倘已加入图案竞赛，无论直接或间接，不应运动业主希冀获选；

① 范文照《中国建筑师学会缘起》，《中国建筑》创刊号，1931年11月，第3页。见：《中国近代建筑史料汇编：第一辑》第九册，第15页。

②《中国近代建筑史料汇编：第二辑》第八册，第4359页。

③ 同上，第4365页。

④ 同上，第4372-4373页。

⑤《中国建筑师学会会员录》，《中国建筑》创刊号，1931年11月。见：《中国近代建筑史料汇编：第一辑》第九册，第66-71页。

（八）不应损害同业人之营业及名誉；

（九）不应评判或指摘他人之计划和行为；

（十）手续未妥协时，不应接受他建筑师之未了事业；

（十一）不应设法运动损害他建筑师之委聘机会；

（十二）不应追谋而低减其酬劳之限度；

（十三）不应损害本会名誉及违反职业上一切道德行为。④

图 5-1 1933 年中国建筑师学会上海会议合影
来源：《中国建筑》第一卷，第一期

中国建筑师学会第一批上海正会员 39 人，仲会员 16 人，大多数正会员都有留学的背景。⑤上海的正会员有贝寿同（Shu-tung Pei, 1876—1945）、庄俊（Tsin Chuang, 1888—1990）、莫衡（字葵卿，1891—?）、关颂声（Sung-sing Kwan, 1892—1960）、罗邦杰（Pang Chieh Loo, 1892—1980）、范文照（Robert Fan, 1893—1979）、巫振英（Jseng Yin Moo, 1893—1926）、林树民（字斯铭，Shu-min Lin, 1893—?）、黄锡霖（Sik Lam Woong, 1893—?）、吕彦直（Yen-Chih Lu, 1894—1929）、黄家骅（字道之, 1895—1988）、薛次莘（字惺仲, T. H. Hsien 或 T. S. Sih, 1895—?）、朱彬（1896—1971）、张光圻（1897—?）、赵深（Shen Chao, 1898—1978）、董大酉（Dayu Doon, 1899—1973）、杨锡镠（S. J. Yong, 1899—1978）、李锦沛（Poy Gum Lee, 1900—1968）、童寯（Chuin Tung, 1900—1983）、吴景奇（Channcey Kingkei Wu, 1900—1943）、刘既漂（Liou Kipaul, 1900—?）、杨廷宝（Ting-Pao Yang, 1901—1982）、李宗侃（Li, Michael Tson-cain; 1901—1972）、奚福泉（Fohjien Godfrey Ede, 1902—1983）、李扬安（Young On Lee, 1902—1980）、陈植（B. Chih Chen, 1902—2002）、黄耀伟（Yau-wai Wong, 1902—?）、孙立己（字竹荪, Li-Chi Sun, 1903—1993）、谭垣（Harry Tam, 1903—1996）、陆谦受（Him Sau Luke, 1904—1991）、徐敬直（Gin-Djih Su, 1906—1983）、比利时建筑师苏夏轩（H. H. Sau）。另外，还有仲会员张克斌（Chang K. P., 1901—?）、葛宏夫、庄允昌、卓文扬（Chuck M. Y.）、浦海（Henry Poo, 1899—?）、杨锦麟、赵璧，以及在上海工部局工务处任职的丁宝训（Ting Pao Hyuin, 1908—?）、陈子文和丁陞保等。到 1933 年，中国建筑师学会的会员已经有 55 人，上海占 41 人（图 5-1）。

丁 石 樂 陳 劉 陳 楊 馬 丁
陞 頷 斌 聿 祖 子 錦 少 寶
保 鳴 波 蔭 文 邱 良 訓
　　　　　黄 在
　　　　　師 麟
　　　　　林

图 5-2 上海建筑学会发起人合影
来源：《上海建筑学会成立纪念特刊》

三、上海建筑学会和上海市建筑协会

1930 年由上海建筑界 30 余人发起成立上海建筑学会（图 5-2），1931 年 8 月 8 日，上海建筑学会召开成立大会，同时颁布《上海建筑学会章程》，会员有百余人。学会的宗旨是：①介绍西方过去现在未来之建筑学识，及其经验与理想；②研究中国历代关于建筑之变迁，及现代应加改良与发展；③集合中国现代之建筑学者，努力研究建筑学识，培植未来之建筑人才，以供社会之需要。先在上海建立建筑学会，以后促进各省成立学会，以及全国的总会。根据不完全的会员名单，可知大部分会员为各事务所和洋行、公司、工部局的从业人员，包括范文照建筑师事务所的丁陞保、何远经、卓佩芳、杨锦麟、厉尊谅，李锦沛事务所的王智杰、李耀中、沈锡恩、陈培芳，凯泰建筑公司的汪成坊等。

1931 年 2 月 28 日，由陶桂林（1891—1992）、杜彦耿（1896—1961）、汤景贤（1896—1974）等发起成立"上海市建筑协会"，根据协会的章程，"凡营造家、建筑师、工程师、监工员及与建筑

(1) 1935 年 1 月中国建筑师学会年会

图 5-3 1935 年中国建筑师学会合影
来源:朱建军提供

(2) 1935 年 12 月在 1935 年度年会上的合影

图 5-4 周惠南
来源:《上海勘察设计志》

业有关之热心赞助本会者"均可成为协会的会员。"以研究建筑学术,改进建筑事业并表扬东方建筑艺术为宗旨"①,试图将建筑师、工程师和营造商组成统一的学术团体。

1947 年 10 月 27 日,国民政府颁布《技师法》,规定"中华民国国民,依专业职业及技术人员考试法,经技师试验或检覆及格者,得充技师"。技师当属职称一类,建筑师属于工业技师中的建筑科。《建筑师管理规则》则规定:"建筑师以曾经经济部登记并领有证书之建筑科或土木工程科技师技副为限",由此也成立了行业组织"建筑技师公会"。南京市曾于 1947 年 9 月成立"南京市建筑技师公会",属于行业协会的性质(图 5-3)。

图 5-5 一品香旅社
来源:上海市历史博物馆馆藏图片

四、本土培养的建筑师

本土培养的建筑师有周惠南、王信斋、潘世义、杨润玉、杨元麟、戚鸣鹤、李鸿儒、顾道生、李英年、杨锡镠、黄元吉、缪苏骏、刘鸿典、毛梓尧、陈登鳌、戴念慈等,以下的介绍按照年龄排序。

自学成为建筑师的周惠南(1872—1931),江苏武进人,1884 年来沪后在英商业广地产公司(The Shanghai Land Investment Co.)供职,在实践工作中自学,先后在上海铁路局、沪南工程局和浙江兴业银行工作,曾任浙江兴业银行地产部打样间主任,1910 年自办周惠南打样间,是中国最早的土木建筑设计公司(图 5-4)。他的主要作品有一品香旅社(Yih Ping Shan Hotel, 1919,图 5-5)、大世界游乐场(1924—1925,图 5-6)、爵禄饭店(Chi Loh Hotel, 1927)、共舞台(1929)、黄金大戏院(1929)、位于福州路上的中西大药房(Great China Dispensary, 1928)等。一品香原先是一家西菜馆,1883 年开设在福州路上,1918 年迁建至西藏中路时改名为"一品香旅社",由周惠南承接设计,1919 年建成。大世界游乐场原建于 1917 年,2 层砖木结构,周惠南于 1924 年为大世界游乐场的重建承担设计,在西北角设计了一座 8 层的风水塔。已知周惠南最后的作品是位于延安中路的模范村(1930—1931,图 5-7),占地 15.49 亩(1.03 公顷),共有 3 层混合结构房屋 73 个单元,2 层房屋 21 个单元。②

图 5-6 大世界游乐场
来源:上海市历史博物馆馆藏图片

上海早期的中国建筑师中有一些与教会有关，例如王信斋（字念曾，Wang Sin Tsa，1888—？），上海人，初习西洋画，以后有五年跟随徐家汇天主堂耶稣会神父叶肇昌学习建筑工程。1933 年在上海市工务局登记为建筑绘图技副开业，注册地址为徐家汇天主堂。[③]1933 年自办（上海）信记建筑师事务所。他的代表作是南洋公学图书馆（1917，图 5-8），其他作品有徐汇公学校舍、震旦大学校舍、币房等。[④]

协助邬达克设计息焉堂（1929—1931）的建筑师潘世义（字剑秋，1890—1948），约在 1907 年去法国学习建筑，回国后，先在法租界公董局打样间工作，后独立开设建筑师事务所，作为技副于 1933 年登记开业，[⑤]设计过南通狼山的路德圣母堂（1937）等 17 座天主教教堂以及许多民居。

徐家汇土山湾工艺学校是培养建筑师和艺术家的摇篮。1911 年毕业于上海徐家汇土山湾工艺学校的杨润玉（字楚翘；Yang, C. C.；1892—？），1912—1914 年曾经在爱尔德洋行任助理建筑师，1915 年创办华信测绘行（Wah Sing Measure & Construction Co.），这是最早的中国建筑师事务所之一，1925 年创办公利营业公司。[⑥]杨元麟（字抱文，1905—？）毕业于上海万国函授学堂（International Correspondence Schools）土木科，1921 年在华信测绘行任练习生，1933 年在上海市工务局登记为建筑技副开业。[⑦]1945 年杨元麟与杨德源合办华信建筑公司，1950 年赴台。华信测绘行的主要作品有愚谷邨（1927，图 5-9）、涌泉坊（1935—1936）、中华劝工银行（1937）以及位于泰兴路、延安西路、南京西路、民孚路、政同路的一批住宅等。愚谷邨共有 127 个单元，北面是愚园路，占地 16.99 亩（1.13 公顷），建筑面积 6233 平方米。每个住宅单元均有起居室、餐厅、卧室、卫生间、衣帽间、仆人房等，有冷热水管、煤气、电气等设备。涌泉坊共有 15 幢 3 层楼房和 1 幢 4 层楼房，属西班牙风格。其中 24 号为陈楚湘宅（图 5-10），是涌泉坊中最大的一幢建筑，缓坡筒瓦屋顶，立面贴拼花面砖，装饰华丽。

毕业于江苏省铁路学堂建筑科的戚鸣鹤（1891—？），江苏吴县人，曾任公共租界工部局沟渠部副工程师、江苏省铁路学堂教员、无锡测绘局测量员、浦口商埠局工程员、安徽水利局技士等职。1913 年起戚鸣鹤在上海从事建筑师业务，1932 年开业自办戚鸣鹤建筑师事务所，1933 年在上海市工务局登记为建筑技副，[⑧]1934 年加入中国建筑师学会。主要作品有林琴坊（1935）及其他里弄住宅和厂房，执业直至 1947 年。戚鸣鹤的代表作有 1933 年为上海中学所作的总体设计和教学楼设计（1935，图 5-11 与图 5-12）。《上海市建筑协会成立大会特刊》（1931 年 4 月）曾经介绍戚鸣鹤设计的中西合璧采用瓷砖贴面的建筑立面（图 5-13）。

图 5-7 模范村
来源：《回眸》

①《上海市建筑协会章程》，《建筑月刊》第二卷，第三期，1934 年 3 月。见：《中国近代建筑史料汇编：第一辑》第三册，第 1558 页。

② 上海市静安区人民政府编《上海市静安区地名志》，上海社会科学院出版社，1988 年，第 221 页。另见，上海市城建档案馆档案号 1930 年的文件和图纸。

③《上海市技师、技副、营造厂登记名录》，民国二十二年（1933）。见：《中国近代建筑史料汇编：第二辑》第八册，第 4383-4571 页。

④ 赖德霖著《中国近代建筑史研究》，北京：清华大学出版社，2007 年，第 126 页。

⑤《上海市技师、技副、营造厂登记名录》，民国二十二年（1933）。见：《中国近代建筑史料汇编：第二辑》第八册，第 4383-4571 页。

⑥ 杨永生编《哲匠录》，北京：中国建筑工业出版社，2005 年，第 236 页。

⑦《上海市技师、技副、营造厂登记名录》，民国二十二年（1933）。见：《中国近代建筑史料汇编：第二辑》第八册，第 4383-4571 页。

⑧ 同上。

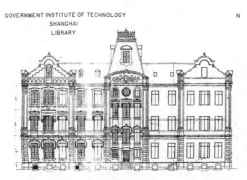

（1）立面图
来源：上海市城市建设档案馆馆藏图纸

（2）现状
来源：许志刚摄

（3）入口细部
来源：上海市历史建筑保护事务中心

图 5-8 南洋公学图书馆

(1) 历史照片
来源：《中国建筑》第一卷，第二期

(3) 全景
来源：《静安历史文化图录》

(5) 立面局部
来源：沈晓明提供

图 5-9 愚谷邨

(2) 历史照片立面局部
来源：《中国建筑》第一卷，第二期

(4) 现状
来源：沈晓明提供

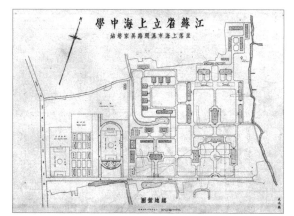

(2) 总平面图

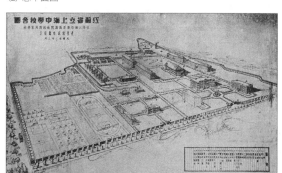

(3) 校舍设计图

(1) 历史照片
来源：《中国建筑》第二十九期

图 5-10 陈楚湘宅

(2) 现状
来源：沈晓明提供

(1) 1934 年全景图
图 5-11 上海中学
来源：上海中学

李鸿儒（字石林，1894—?），江苏吴兴人，1917 年从南洋公学土木工程系肄业，1927 年自办东亚建筑工程公司，1930 年任国华银行顾问兼工程师，1933 年在上海市工务局登记为建筑技副开业。[1]1934 年他创办李鸿儒建筑师事务所，代表作有与通和洋行合作的国华银行（China State Bank，1931—1933，图 5-14）。

土木工程师顾道生（字本立，Dawson Koo，1895—1977），上海川沙人。小学毕业后来到上海，进入挪威土木工程师穆拉（E. J. Muller，?—1942）开设的协泰行学习土木工程设计，同时在青年会夜校学习，上海万国函授学堂土木科毕业后取得土木工程师资格。1926 年离开协泰行，创办公利营造公司，任总工程师兼经理，经营土木建筑工程设计业务，1933 年在上海市工务局登记为土木专业技副开业。[2]1938 年顾道生与陈志坚、杨林海合伙创办永大工程公司。1933 年他加入中国建筑师学会，曾担任上海市营造同业公会理事、监事和经济委员会委员。1955 年在轻工业部上海轻工业设计院任职，后调任轻工业部北京设计院任副总工程师。[3]主要作品有市光路 36 幢住宅（1934，图 5-15），为现代建筑风格，2 层坡屋面楼房，共有三种类型：一种是底层为起居室和餐厅，二层有两间卧室；一种面积稍大，底层除起居室和餐厅外，还有客厅，二层有三间卧室；第三种带有汽车间，二层均有浴室和佣人房。

李英年（Charles Y. Lee，1896—?），浙江慈溪人，毕业于上海万国函授学堂土木科，早年在玛礼逊洋行实习，1925—1930 年在周惠南打样间任顾问工程师，1930 年独立开业，1933 年起在上海浙江兴业银行信托部任建筑师，1935 年加入中国建筑师学会。[4]他的作品以现代建筑风格为主，多为住宅建筑及银行建筑，是已知本土培养的建筑师中留存设计作品最多的一位，代表作有四维村（1931）、渔光村（1935—1936）、沙发花园（1938—1939）等。渔光村共有 3 层砖木水泥混合结构住宅 53 个单

(1) 远景
来源:《建筑月刊》第二卷，第九期

(3) 带汽车间的住宅
来源:《建筑月刊》第二卷，第九期

(2) 近景
来源:《建筑月刊》第二卷，第九期

(4) 现状
来源:尔冬强摄

图 5-15 市光路住宅

图 5-12 上海中学龙门楼

图 5-13 戚鸣鹤设计的中式商业建筑立面
来源:1931 年上海市建筑协会成立大会特刊

图 5-14 国华银行
来源:《建筑月刊》第一卷，第一号

① 《上海市技师、技副、营造厂登记名录》，民国二十二年（1933）。见:《中国近代建筑史料汇编: 第二辑》第八册，第 4383-4571 页。

② 同上。

③ 娄承浩、薛顺生编著《老上海营造业及建筑师》，上海: 同济大学出版社，2004 年，第 104 页。

④ 赖德霖著《近代哲匠录: 中国近代重要建筑师、建筑事务所名录》，北京: 中国水利水电出版社、知识产权出版社，2006 年，第 69 页。

(1) 历史照片
来源:《中国建筑》第二十七期

(2) 现状
来源:席子摄

图 5-16 大同公寓

(1) 历史照片

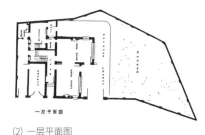

(2) 一层平面图

图 5-17 白赛仲路住宅
来源:《中国建筑》第二十七期

元,每个单元的建筑面积分别为 85 平方米和 130 平方米,总建筑面积为 5320 平方米。①大同公寓(李氏公寓,1934,图 5-16)为钢筋混凝土框架结构,属于现代建筑风格,注重功能的完备和环境品质,也注意建筑的隔声要求。位于白赛仲路(Route Boissezon,今复兴西路)的住宅(1936,图 5-17)在狭窄的基地上留出一块小花园。沙发花园的图纸上有李英年代表浙江兴业银行的签字。

杨锡镠(字右辛,S. J. Yong,1899—1978,图 5-18),江苏吴江人,是本土培养建筑师中的佼佼者。杨锡镠于 1922 年 6 月从上海南洋公学土木工程科毕业,获学士学位。②1923—1925 年以工程师的身份,在上海东南建筑公司任职,1923—1925 年设计南洋公学体育馆;③1924—1927 年在校友黄元吉创办的凯泰建筑公司(Kyetay, Architects and Civil Engineers)任建筑师,在此期间曾经签订中国第一份中文版建筑设计合同。④1927 年到广西柳州在省政府任职,1929 年回到上海,同年加入中国建筑师学会,成为第一批正会员。1929 年在上海创办杨锡镠建筑事务所。⑤

杨锡镠曾任中国建筑师学会书记,并负责出版委员会。同时他还兼任沪江大学商学院建筑科教师。1933 年在上海市工务局登记为建筑技师开业。⑥1934 年 9 月任《中国建筑》杂志发行人、《申报》建筑专刊主编,著有许多文章,对推动建筑师执业制度以及建筑设计和理论的研究有很大的贡献。

杨锡镠曾在 1925 年的南京中山陵建筑设计方案国际竞赛中获三等奖,在 1926 年广州中山纪念堂的设计方案竞赛中获二等奖。杨锡镠的作品风格涵盖面广,从中国古典复兴到现代建筑。早期的作品鸿德堂(又名"费启鸿纪念教堂",The Fitch Memorial Church,1928)采用中国古典建筑形式,这种风格在他所设计的国立上海商学院(1935)上表现得炉火纯青。1948 年作为合伙人重新加入凯泰建筑师事务所。⑦代表作有鸿德堂(1927—1928)、南京饭店(1929,图 5-19)、上海第一特区法院(1931,图 5-20)、百乐门舞厅(1932—1933)、国立上海商学院(1935)、无锡茹经堂(1935)等。据文献记载,杨锡镠 1949 年在凯泰建筑师事务所工作。⑧1949 年后当选为中国建筑学会第一至第四届理事会理事,杨锡镠去北京后,最初任职联合建筑师工程师事务所的合伙人,1953 年公司经改制后解散。杨锡镠进入当时北京市城市规划管理局设计院(今北京市建筑设计研究院的前身),1954 年任北京市建筑设计院总建筑师兼三室主任。⑨他在 1949 年后的主要设计作品有北京工人体育馆、北京工人体育场、中科院物理研究所等。

图 5-18 杨锡镠
来源:朱建军提供

图 5-19 南京饭店
来源:《中国建筑》第一卷,第一期

图 5-20 上海第一特区法院
来源:《中国建筑》创刊号

图 5-21 黄元吉
来源：朱建军提供

图 5-22 恩派亚大楼
来源：《梧桐深处建筑可阅读》

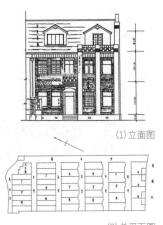

（1）立面图

（2）总平面图

图 5-23 四明别墅
来源：《中国建筑》第一卷，第三期

① 上海市长宁区人民政府编《长宁区地名志》，上海：学林出版社，1988年，第141页。

② 据同济大学苏颖的硕士学位论文《从私营事务所到国营大院建筑师的转型——杨锡镠建筑师建筑创作的历史研究》（2011年）以及同济大学陈晗的硕士学位论文《古典形式下的现代结构探索》（2014年）所述，杨锡镠1922年毕业于南洋公学。据童明、葛明、单踊、汪晓茜2017年11月21日—12月21日策展的《毕业于宾夕法尼亚大学的中国第一代建筑师》中介绍，杨锡镠于1941年就读于美国纽约大学，然而没有其他的文献佐证杨锡镠曾经留学。

③ 陈晗《古典形式下的现代结构探索》，同济大学硕士学位论文，2014年，第12页。

④ 杨永生编《哲匠录》，北京：中国建筑工业出版社，2005年，第248页。

⑤ 苏颖《从私营事务所到国营大院建筑师的转型：杨锡镠建筑师建筑创作的历史研究》，同济大学硕士学位论文，2011年，第6页。

⑥《上海市技师、技副、营造厂登记名录》，民国二十二年（1933）。见：《中国近代建筑史料汇编：第二辑》第八册，第4383-4571页。

⑦ 苏颖《从私营事务所到国营大院建筑师的转型：杨锡镠建筑师建筑创作的历史研究》，同济大学硕士学位论文，2011年，第15页。

⑧ 1949年3月《上海市建筑技师公会会员通讯录》。

⑨ 苏颖《从私营事务所到国营大院建筑师的转型：杨锡镠建筑师建筑创作的历史研究》，同济大学硕士学位论文，2011年，第15页。

⑩ 上海市静安区人民政府编《上海市静安区地名志》，上海社会科学院出版社，1988年，第126页。

⑪《刘鸿典》，《建筑师》第9期，1981年，第84-91页。

黄元吉（Y. C. Wong，1902—1985，图5-21），上海人，是工程师出身的建筑师。毕业于南洋路矿学校土木科，1920—1922年在公共租界工部局任绘图员，1922—1924年在东南建筑公司任副建筑师，1924年离开东南建筑公司进入凯泰建筑公司。1924—1929年在凯泰建筑公司任建筑师，1929年任凯泰建筑公司经理。1932年加入中国建筑师学会。1947年注册黄元吉建筑师事务所，1953年参加轻工业部设计公司。作品多为住宅建筑，主要作品有四明村（1924—1928，1931）、恩派亚大楼（1934，图5-22）、四明别墅（1933）等。四明村占地28.87亩（1.9公顷），初建时为54个单元，1931年增建，共有118个单元，建筑总面积29 150平方米。他设计的位于愚园路的四明别墅（图5-23）占地9.28亩（0.62公顷），共有40个单元、5种类型的住宅，总建筑面积9885平方米。⑩

缪苏骏（字凯伯，Miao Kay-Pah，图5-24），江苏溧阳人，毕业于上海南洋路矿学校，1932年自办缪凯伯建筑师事务所（Miao Kay-Pah Civil Engineer and Architect; Land and Estate Agent），1933年在技师开业名录上登记为土木技师，同年加入中国建筑师学会，1934年成为中国工程师学会正会员，作品包括一些住宅和货栈，以及南京、杭州、南昌等地的银行建筑。

刘鸿典（字烈武，1904—1995，图5-25），辽宁宽甸人，1932年毕业于东北大学建筑系，获学士学位。在上海市市中心区域建设委员会建筑师办事处任技术员前后有四年，在此期间获实业部颁发的建筑师证书。1936—1939年在上海交通银行总行任建筑师，1939—1941年在上海浙江兴业银行总行任建筑师，1941—1945年自办宗美建筑专科学校兼营建筑师业务。1945—1947年任上海补给区建筑工程处技正，1947—1949年合伙成立鼎川营造工程司，执行建筑师业务。1950—1956年任东北工学院建筑系教授，1956—1972年任西安冶金建筑学院建筑系主任。主要作品及参与设计的作品有上海市图书馆（1934—1935）、上海市游泳池（1934—1935）、沙发花园（1938—1940，今上方花园，图5-26）、美琪大厦（1940）等。⑪

图 5-24 缪苏骏
来源：薛理勇提供

图 5-25 刘鸿典
来源：《建筑师》第9期

毛梓尧（T. Y. Mao，1914—2007），浙江余姚人，1935年入万国函授学堂建筑工程系学习，1946年考试院高等考试合格，成为甲等建筑师。1932—1943年任华盖建筑师事务所建筑设计员。1943—

图 5-26 上方花园
来源:《建筑师》第 9 期

图 5-27 合众图书馆
来源:席子摄

①《毛梓尧》,《建筑师》第 12 期,1982 年,第 147-151 页。

②《陈登鳌》,《建筑师》第 9 期,1981 年,第 96-101 页。

③ 万千著《建筑师戴念慈》,天津科学技术出版社,2002 年,第 9 页。

1949 年任上海新新实业公司房地产部工程科科长,上海中央信托局技师。1949 年任上海市人民政府房地产管理处建筑师,1950—1952 年任中国建筑公司设计部正工程师、设计部副主任兼建筑设计科科长,1952—1956 年任建筑工程部北京建筑工业设计院主任工程师,1957—1961 年任建筑工程部东北工业建筑设计院副总工程师,兼任沈阳市规划建筑设计院副院长。1961—1970 年任建筑工程部北京工业建筑设计院副总工程师,1978 年以后任中国建筑科学研究院副总建筑师。在华盖建筑师事务所期间设计了合众图书馆(1939,图 5-27)、南阳路住宅(1939)、绿漪新村(1941)等,在树华建筑师事务所期间设计谨记路住宅(1946—1947)、达人中学(1947)等。①

陈登鳌(1918—1999),江苏无锡人,1937 年毕业于上海沪江大学商学院建筑科,1937 年后历任董大酉建筑师事务所助理建筑师、浙江兴业银行总行信托地产部副工程师、顾鹏程工程公司建筑师,1941 年任上海大地建筑工程公司及其南京分公司建筑师,以后又任赣西煤矿局土木工程师、南京市都市计划委员会正工程师。1949 年 11 月任华北建筑公司平原分公司设计科科长,以后又任中国建筑企业总公司(北京)设计部正工程师,1953 年起任中央设计院第六设计大组副主任工程师、建筑工程部北京第二工业建筑设计院副总工程师兼技术室主任、建工部北京工业建筑设计院副总工程师。1971 年起任国家建委建筑科学研究院副总工程师、中国建筑科学研究院副总建筑师、建设部建筑设计院副总工程师等。代表作有北京火车站(1958—1959)等。②

戴念慈(1920—1991)于 1942 年从重庆中央大学建筑系毕业,后加入兴业建筑师事务所,1945 年随事务所到上海执业。在上海设计过几处别墅,为荣德生开办的申新三厂设计厂房。1948 年与建筑师方山寿、结构工程师华国英合办信诚事务所。③

第二节 留洋建筑师

留洋建筑师是上海近代建筑师的重要群体，以留学美国者数量最多，其次是留学英国、德国、法国、日本和其他国家的建筑师。他们为上海的近代建筑带来新的设计思想、设计方法，也推动了建筑师执业制度和建筑教育的发展，在与外国建筑师竞争的过程中牢固树立了中国建筑师的地位，为推动上海建筑的现代化作出重要的贡献。

图 5-28 庄俊
来源：上海市历史博物馆丛刊
《上海往事探寻》

一、留美建筑师

留学美国的建筑师主要有庄俊、杨宽麟、关颂声、罗邦杰、范文照、巫振英、吕彦直、过养默、朱彬、董大酉、浦海、吴景奇、李锦沛、童寯、卢树森、杨廷宝、陈植、李扬安、黄耀伟、刘福泰、谭垣、徐敬直、伍子昂（1908—1987）、哈雄文、杨润钧、李惠伯、汪定曾等。

④ 杨永生编《哲匠录》，北京：中国建筑工业出版社，2005年，第 230 页。

⑤ 《中国建筑》第三卷，第五期，1935 年 11 月，第 3 页。见：《中国近代建筑史料汇编：第一辑》第十二册，第 1793 页。

庄俊（字达卿，Tsin Chuang，1888—1990，图 5-28）生于上海，是最早从国外留学回来的建筑师之一。1909 年进唐山路矿学校（唐山交通大学的前身），翌年考上清华学校留美预备班，1910 年入美国伊利诺伊大学厄尔巴纳-尚佩恩校区建筑工程系，1914 年毕业，获建筑工程学士学位。1914 年回国后任清华学校驻校建筑师至 1923 年。④一开始跟随美国建筑师茂飞为清华学校校园作规划以及一些建设项目的设计，如清华学校图书馆（1919）、科学馆（1919）、清华学校大礼堂（1920）等。1923—1924 年，他受清华学校派遣，率领约百余名中国学生赴美留学。他本人还去了纽约的哥伦比亚大学（Columbia University）进修，并在美国和欧洲多国考察。1924 年回国后辞去清华学校的职务。1925 年在上海创办庄俊建筑师事务所（Tsin Chuang, Architect）。庄俊的建筑师职业生涯长达 40 年，创作高潮是在 1920—1930 年代，由于在美国接受了学院派的正统建筑教育，其早期作品大部分是采用西方古典主义风格的银行建筑。从 1930 年代开始，他提倡现代风格，注重功能。1935 年 11 月他在介绍自己设计的孙克基产妇医院的那一期《中国建筑》上发表题为《建筑之式样》主张功能主义的文章：

> 务以求切实用为要着。是以古今兼采，奇正互用，外取简洁明净而雅澹端详，内求起居偃息之舒泰，以适合于身心之需要，举凡无意识之装潢虚饰，悉屏弃而不用，光阴经费，力求撙节，然俭而不陋，精而不缛，不鹜华侈，惟适实用，斯乃今日摩登式之建筑也。此皆顺时代需要之趋势而成功者也。夫建筑者……乃使人在室内得舒适之生活，以应身心之需要，而用合理化结构者也。⑤

庄俊设计的自宅（1921）和孙克基产妇医院（1934—1935）均采用现代建筑风格。日本人占领上海期间，庄俊放弃设计业务，在大同大学和沪江大学夜校授课。庄俊的代表作有岐山村/东苑别业（1925—1931）、上海金城银行（Kincheng Bank，1928，图 5-29）、大陆商场（Hardoon Tse Shu Building，

图 5-29 上海金城银行
来源：《中国建筑》第一卷，第四期

图 5-30 大陆商场
来源:《中国建筑》创刊号

(2) 正门
来源:《中国建筑》第一卷, 第一期

(4) 现状
来源:席子摄

图 5-31 南洋公学总办公厅
来源:上海市历史建筑保护事务中心

(1) 外观历史照片
来源:《中国建筑》第一卷, 第一期

图 5-32 四行储蓄会虹口分行

(3) 营业厅
来源:《中国建筑》第一卷, 第一期

(5) 立面局部
来源:席子摄

图 5-33 孙克基产妇医院
来源:《中国建筑》第三卷, 第五期

图 5-34 青岛交通银行
来源:《中国建筑》第二卷, 第三期

1931—1932，1934 年加建 1 层，图 5-30）、古柏公寓（Courbet Apartments，1931—1941）、南洋公学总办公厅（1932，图 5-31）、四行储蓄会虹口分行（1932，图 5-32）、孙克基产妇医院（1934—1935，图 5-33）等。上海金城银行是庄俊在上海的第一件西方新古典主义作品，并由此奠定了他在上海建筑界的地位。该建筑的比例严谨，采用多立克柱式，建筑原为 4 层，抗战时期加至 6 层。自 1930 年代起，庄俊的设计融入现代风格和装饰艺术风格，例如大陆商场和四行储蓄会虹口分行的设计，但古典主义的比例关系仍清晰可见。此外，他还设计了济南交通银行（1925—1926）、大连交通银行（1930）、哈尔滨交通银行（1930）、汉口金城银行（1931）、青岛交通银行（1931，图 5-34）、汉口大陆银行（1931—1932）、南京盐业银行（1935—1936）、徐州交通银行（1936）等。青岛交通银行采用新古典主义风格，大楼共 5 层，地下室布置锅炉房和库房，室内装修和家具则融入现代风格。

1949 年 10 月，庄俊应邀赴北京参加建设新首都的工作，他毅然结束了苦心经营 25 年之久的事务所，联合了一批建筑技术人员共 50 余人开赴北京。时年 61 岁的庄俊被任命为新中国第一个国营建筑设计机构——交通部华北建筑工程公司的总工程师。1953 年初，中央决定成立建筑工程部，该公司改组为"中央建筑设计院"（北京市建筑设计院的前身），庄俊仍任总工程师兼技术研究室主任。1954 年，庄俊因年老体弱调回上海休养，调任华东工业建筑设计院，直到 1958 年退休。[1]

罗邦杰（Pang Chieh Loo，1892—1980，图 5-35），广东大埔人。1911 年毕业于清华学校后，赴美国留学，1915 年获美国密歇根矿业学院（Michigan Mining College）工程学士学位，1917 年获密歇根矿业学院和麻省理工学院两个矿冶工程硕士学位，1928 年在美国明尼苏达大学获建筑工程学士学位。[2] 回国后任清华大学土木系教授，北洋大学土木系教授。1930 年受聘（上海）大陆银行建筑科任建筑师，曾负责监造大陆新村。据《中国建筑》1931 年创刊号记载为中国建筑师学会会员。1933 年在上海市工务局登记为建筑技师开业。[3] 1935 年创办罗邦杰建筑师事务所（P. C. Loo Architect & Engineer），1938 年合办（上海）开成建筑师事务所。1945 年任之江大学建筑系教授，1952 年他与赵深等人一起加入华东建筑设计公司，曾任华东工业建筑设计院总工程师，后调任北京建工部建筑科学研究院创办建筑物理研究所，曾担任建筑科学研究院总工程师。

罗邦杰设计的主要作品有南京、济南和青岛的大陆银行以及上海国立音乐专科学校校舍（1935，图 5-36）。在上海的作品还有大陆新村（Continental Terrace，1931—1933，图 5-37）、留青小筑（Green Terrace，1937）等；1949 年后曾经设计上海纺织学院（今东华大学）校舍等。罗邦杰设计的建筑比较庄重，他设计的青岛大陆银行（1934，图 5-38），充分利用地形，将整个建筑分为两部分，5 层部分由银行自用，4 层部分用于出租，两部分均有地下室，利用地面高差采光；立面采用青岛当地出产的崂山花岗石。

上海建筑师学会的发起人之一巫振英（字勉夫，Jseng Yin Moo，1893—1926），广东龙川人，1893 年生于美国夏威夷，1915 年从清华学校毕业，1921 年毕业于美国哥伦比亚大学建筑系，获学士学位，同年回国后从事建筑设计。[4] 1929 年任上海六合贸易工程公司建筑师，曾在新市府大楼设计方案竞赛中获二等奖（图 5-39）。巫振英的第十二号方案极具创造性，将政府主楼正对广大庭院，显示了主体建筑地位的庄严，具有标志性。[5] 1930 年任上海市政府建设委员会建筑师，1933 年在上海市工务局登

图 5-35 罗邦杰
来源：《近代哲匠录》

① 《建筑师》第 25 期，1986 年，第 156-157 页。

② 杨永生编《哲匠录》，北京：中国建筑工业出版社，2005 年，第 235 页。

③ 《上海市技师、技副、营造厂登记名录》，民国二十二年（1933）。见：《中国近代建筑史料汇编：第二辑》第八册，第 4383-4571 页。

④ 杨永生编《哲匠录》，北京：中国建筑工业出版社，2005 年，第 239 页。

⑤ 《上海市政府征求图案》，民国十九年（1930）。见：《中国近代建筑史料汇编：第二辑》第一册，第 346 页。

图 5-36 上海国立音乐专科学校校舍
来源：《中国建筑》第三卷，第五期

图 5-37 大陆新村
来源：刘刊摄

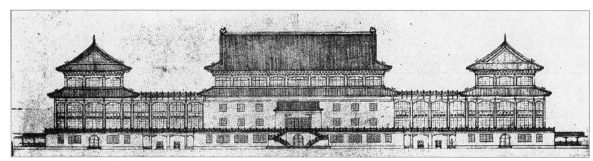
图 5-39 巫振英的新市府大楼设计竞赛方案
来源:《上海市政府征求图案》

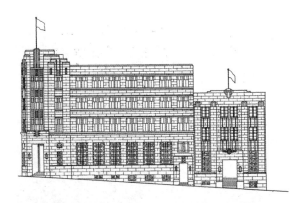

图 5-38 青岛大陆银行
来源:《中国建筑》第三卷,第五期

记为建筑技师开业。[①]1940 年任资源委员会技正。代表作有 1930 年代中期设计的巨鹿路银行、泰兴路银行及延安西路银行,1932 年设计的五原路 314 号刘远伯宅等(图 5-40)。

吕彦直(字仲宜、古愚,Yen-Chih Lu,1894—1929,图 5-41)是我国近代建筑史上最早采用现代建造技术、创造性地发扬传统民族形式的杰出建筑师,尽管问世作品数量有限,却具有深远的影响。他也是上海建筑师学会的发起人之一。吕彦直,祖籍山东东平,1894 年出生于天津的官宦人家,8 岁丧父,次年随姐姐侨居法国巴黎,数年后回国。回北京后入五城学堂,师从著名文学家、翻译家林纾(字琴南,号畏庐,1852—1924),打下了良好的国学基础,又天赋"艺"禀。1911 年考入清华学校留美预备部,1912 年毕业,1913 年赴美国康奈尔大学,先学电气,后改学建筑,1918 年毕业。毕业后进入茂飞和达纳的建筑师事务所(Murphy & Dana Architects)实习,参与南京金陵女子大学和北平燕京大学校舍的规划设计,并帮助茂飞整理北京故宫的建筑图案。1921 年回国时,转道欧洲,考察各国建筑。回国后寓居上海,1921 年与过养默、黄锡霖创办东南建筑工程公司(The Southeastern Architectural & Engineering Co.),设计上海银行公会大楼(Shanghai Chinese Bankers Association,1923—1925)等。1922 年与 1920 年毕业于利兹大学的建筑师黄檀甫(1898—1969)合资经营真裕建筑公司,从事建筑设计、修缮设计和房屋租赁等业务。1925 年开设彦记建筑师事务所,[②]同年 9 月参加南京中山陵的建筑设计方案国际竞赛,在 40 多个方案中脱颖而出,荣获首奖并负责设计中山陵。1926 年在广州中山纪念堂和纪念碑的设计方案竞赛中再度夺魁,留下不朽的作品。1929 年 3 月 18 日因肝癌去世,时年 36 岁。

关颂声(字校声,号肇声,Sung-sing Kwan,1892—1960,图 5-42),广东番禺人,生于天津。曾就读于清华学堂(1912 年更名为清华学校),1913 年毕业。1914 年入美国麻省理工学院建筑学专业,1917 年获学士学位后,又进入哈佛大学攻读一年市政管理。1919 年回国。1920 年创办(天津)基泰工程司,事务所的作品分布在天津、北京、沈阳、南京、上海、重庆和广州等地。1930 年加入中国建筑师学会,1933 在上海市工务局登记为建筑技师开业。[③]关颂声在 1946 年成立的上海都市计划委员会中担任委员,1949 年去台湾,曾任台湾建筑师公会理事长。

朱彬(Pin Chu,1896—1971,图 5-43),广东南海人,1918 年毕业于清华学校,赴美国留学,1922 年毕业于宾夕法尼亚大学建筑系,获学士学位,1923 年获硕士学位。1931 年加入中国建筑师学会,

图 5-40 刘远伯宅

图 5-41 吕彦直
来源:《中国建筑》第一卷, 第一期

图 5-42 关颂声
来源:《近代哲匠录》

图 5-43 朱彬
来源:童明提供

① 《上海市技师、技副、营造厂登记名录》,民国二十二年 (1933) 见:《中国近代建筑史料汇编: 第二辑》第八册, 第 4383-4571 页。

② 杨永生编《哲匠录》,北京:中国建筑工业出版社,2005年, 第 240 页。

③ 《上海市技师、技副、营造厂登记名录》,民国二十二年 (1933)。见:《中国近代建筑史料汇编: 第二辑》第八册, 第 4383-4571 页。

④ 同上。

⑤ 杨永生编《哲匠录》,北京:中国建筑工业出版社,2005 年, 第 256 页。

⑥ 刘怡、黎志涛著《中国当代杰出的建筑师建筑教育家杨廷宝》,北京: 中国建筑工业出版社, 2006 年, 第 40 页。

⑦ 章开沅主编, 徐以骅、韩信昌著《海上梵王渡: 圣约翰大学》,石家庄: 河北教育出版社, 2003 年, 第 52 页。另据童明、葛明、单踊、汪晓茜 2017 年 11 月 21 日—12 月 21 日策展的《毕业于宾夕法尼亚大学的中国第一代建筑师》中介绍, 杨宽麟获学士学位。

⑧ 《上海市技师、技副、营造厂登记名录》,民国二十二年 (1933)。见:《中国近代建筑史料汇编: 第二辑》第八册, 第 4383-4571 页。

1933 年在上海市工务局登记为建筑技师开业。④朱彬在基泰工程司中主管经营管理。他与梁衍设计的上海大新公司（Sun Co., Ltd, 1934—1936, 图 5-44）, 整体上为现代建筑风格, 采用平屋顶, 局部有一些中国传统装饰细部, 如屋顶栏杆、花架和挂落等。墙面贴釉面瓷砖, 入口采用青岛黑色大理石饰面。在上海中山医院（Chung San Memorial Hospital, 1936—1937）的图纸上, 朱彬以技师的身份在基泰工程司的图签上签字。

杨廷宝（字辉仁, Ting-Pao Yang, 1901—1982, 图 5-45）, 河南南阳人, 1915 年考取清华学校, 1921 年留学美国宾夕法尼亚大学, 1924 年获"爱默生奖竞赛"（Emerson Prize Competition）一等奖, 同年毕业, 获硕士学位。1925—1926 年在美国建筑师和工业设计师保罗·克芮（Paul P. Cret, 1876—1945）的事务所工作, 1927 年回国, 1927—1948 年成为基泰工程司合伙人, 期间共完成 80 多项工程设计。1932 年受聘兼任北平文物管理委员会委员, 1936 年加入中国营造学社, 1940 年起兼任中央大学建筑系的教授。1949—1959 年担任南京工学院建筑系主任。他的建筑作品达百余项, 主要作品有: 清华大学图书馆（1930）、南京中央研究院（1931—1947）、南京中央医院（1931—1933, 图 5-46）、南京中央体育场（1933）、南京金陵大学图书馆（1936）等。⑤1949—1982 年由他主持、参与或指导的工程共达 26 项, 其中包括北京和平宾馆（1951）、北京王府井百货大楼（1951）等。⑥在建筑设计中从现代功能出发, 创导一种新传统建筑形式, 南京中央医院注重医院的功能要求, 采用对称的平面布置, 檐部有传统细部装饰。聚兴诚银行（Chu Hsin Chen Bank Building, 1935）, 传统建筑的章法和构图严谨, 细部十分清晰, 据信是杨廷宝的设计。

杨宽麟（Qualing Young, 1891—1971, 图 5-47）, 上海青浦人, 1909 年毕业于圣约翰大学文学院英文专业, 任圣约翰中学高中部教员;1915 年毕业于美国密歇根大学（Michigan State University）, 获土木工程硕士学位, 是中国最早的现代房屋结构专家之一。⑦1917 年 6 月回国, 1918—1920 年在北洋大学土木工程系任教。先加入华启工程司, 1920 年在天津参加基泰工程司, 成为基泰工程司第四合伙人。1920 年代, 杨宽麟设计北京真光影院、通县发电厂、电车公司车库、司法部大楼;在天津与朱彬合作设计中原百货公司大楼;与杨廷宝合作设计沈阳火车站和东北大学校舍等。1931 年"九一八"事变后, 日本侵占东三省, 基泰工程司迁往南京和上海, 杨宽麟和朱彬常驻上海, 于 1932 年抵沪。1933 年在上海市工务局登记为建筑技师开业⑧, 曾参与设计大陆银行大楼和大新公司。杨宽麟于

图 5-44 大新公司
来源:《上海百年掠影》

图 5-45 杨廷宝
来源:*Luke Him Sau Architect: China's Missing Modern*

图 5-46 南京中央医院
来源:《中国建筑》第二卷,第四期

图 5-47 杨宽麟
来源:《海上梵王渡——圣约翰大学》

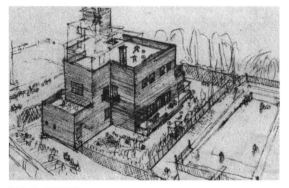

图 5-48 杨宽麟宅
来源:杨伟成《惇信路 81 号忆往》《民间影像》第二辑

① 章开沅主编,徐以骅、韩信昌著《海上梵王渡: 圣约翰大学》,石家庄: 河北教育出版社,2003 年,第 52 页。

② 黄元炤编著《范文照》,北京: 中国建筑工业出版社,2015 年,第 4 页。同时参见游斯嘉《范文照执业特征、建筑作品及设计思想研究 (1920s—1940s)》,同济大学硕士学位论文,2014 年。

③ 游斯嘉《范文照执业特征、建筑作品及设计思想研究: 1920s—1940s》,同济大学硕士论文,2014 年,第 13 页。

④ 同上,11 页。

⑤ Maureen Fan. *Architecture, The Cultural Revolution and a Chinese Family's Past*. May 27, 2009.

⑥ 黄元炤编著《范文照》,北京: 中国建筑工业出版社,2015 年,第 22 页。

1940—1950 年任圣约翰大学施肇曾工学院(Sze School of Engineering)的院长。①1942 年与黄作燊(Henry Huang, 1915—1976)创办圣约翰大学建筑工程系。1951 年 2 月创办杨宽麟工程师事务所,1953 年任北京市建筑设计院总工程师。1930 年代,杨宽麟在惇信路(Tunsin Road,今武夷路)81 号为自己设计建造了一栋现代风格、2 层约 400 平方米的自宅,红砖墙面,1936 年建成,1937 年加建 1 层,1953 年改为纺织局疗养院(图 5-48)。

范文照(Robert Fan, 1893—1979,图 5-49),广东顺德人,1893 年 10 月 3 日在上海出生,1913 年考入圣约翰大学,1917 年毕业于圣约翰大学土木工程系,获学士学位。1917—1919 年任圣约翰大学土木工程系测量教授,1919 年赴美国留学,入读美国宾夕法尼亚大学建筑学专业。入学时宾大的建筑系还隶属于汤恩理学院(Towne Scientific School),在 1920 年独立出来,成为艺术学院(School of Fine Arts)下设的三个专业之一。求学期间,范文照于 1920 年曾在温德里姆(John T. Windrim, 1866—1934)事务所实习,1922 年毕业获学士学位。毕业后,范文照在美国稍作停留,并成为宾夕法尼亚州和费城的建筑学会会员,②1922 年在迪朗事务所(Ch. F. Durang)以及戴和克劳德事务所(Day and Klauder)等美国公司短暂工作。弗兰克·戴(Frank Miles Day, 1862—1918)擅长居住建筑,查尔斯·克劳德(Charles Klauder, 1872—1938)擅长大学校园设计。1922 年回国后入职上海允元公司(Lam Glines & Co.)任建筑部工程师,后任建筑部主任,历职五年。1925 年参加南京中山陵陵墓悬奖征求图案设计竞赛,获二等奖,方案采用中国传统重檐攒尖顶;次年获广州中山纪念堂和纪念碑的设计方案竞赛三等奖。据 1927 年 7 月 3 日《申报》报道,范文照于 1927 年自设办事处,专营建筑计划美术装修与一切地产事务，同年起自营范文照建筑师事务所，获甲等开业证。1928 年任中国建筑师学会首任副会长，1928 年 12 月受聘任中山陵陵园计划专门委员，1929 年任南京首都设计委员会评议员，1930 年 11 月与赵深合作获南京中山陵纪念塔（未建）设计竞赛首奖，1932 年又任中山陵园顾问。1933 年 1 月起任上海市锦兴地产公司的兼职顾问建筑师，并兼任上海私立沪江大学商学院建筑科教师。

1935 年 6 月，范文照以中国国民政府内政部专员的身份出席伦敦第十四次国际城市及房屋设计会议（XIV International Housing and Town Planning Congress, London, 1935），会后又赴罗马参加第十三届国际建筑师会议（XIII Congresso internazionale architetti）。归国后，范文照向国民政府提交赴欧考察报告三篇，计有《防空建筑考察报告》《第十四届国际市区房屋建筑联合会议报告》《欧游感想及提议》，就建筑防空、城乡建设规划、文物古迹保护和筹建劳工住宅等事项提出建议，得到行政院的批复和部分采纳。③1938 年取得香港注册建筑师资格，1946 年 1 月担任上海的抗战胜利门设计竞赛评委。1949 年离沪赴香港，在香港设立事务所，1979 年在美国逝世。

1924 年在上海结婚时，范文照寓居狄思威路（Dixwell Road，今溧阳路）744 号，以后住古神父路（Route Pere Huc，今永福路）2 号④，自 1932 年起住淮海中路 1292 号⑤。据信，这两处住宅均由范文照设计。范文照是中国古典复兴的创导者之一，其早期作品以学院派的古典主义手法设计中国古典复兴建筑，在上海的代表作有圣约翰大学交谊室（Social Hall, 1929）、上海基督教青年会西区新屋（1929—1931）和齐宅（1934，今静安区卫生防疫站）。圣约翰大学交谊室建筑为 2 层钢筋混凝土和砖木结构，绿色琉璃瓦屋面，为典型的早期中国古典复兴风格。⑥

1934 年，范文照与提倡"万国式"现代建筑的瑞典裔美国建筑师林朋（Carl Lindbohm）出版了一本《西班牙式住宅图案》（The Spanish House for China），为上海引进了西班牙式建筑，并迅速流传（图 5-50）。在 1936 年他将西爱咸斯路（Route Herve de Sieyes，今永嘉路）383 号住宅改建为西班牙式（图 5-51）。范文照自 20 世纪 30 年代起致力于推动现代建筑的发展，1933 年设计位于衡山路 311—331 号的集雅公寓（Georgia Apartments，图 5-52），1935 年设计协发公寓（Yafa Court, 1935—1936，图 5-53），1936 年设计位于陕西南路和延安路转角的 3 层公寓（图 5-54），底层为大面积玻璃橱窗的商店，二层和三层为公寓；立面采用泰山面砖，内部设施完备，今已不存，均为国际式建筑的范例。其他代表作

图 5-49 范文照
来源：*Men of Shanghai and North China: A Standard Biographical Reference Work*

图 5-50 《西班牙式住宅图案》封面
来源：《中国建筑》第二十四期

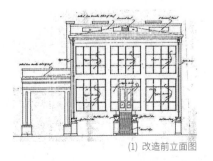
(1) 改造前立面图

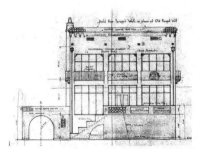
(2) 改造后立面图

(3) 改造前照片

(4) 改造后照片

图 5-51 永嘉路 383 号住宅
来源：《中国建筑》第二十四期

(1) 历史照片
来源：Virtual Shanghai

(2) 现状

(3) 内院外观

图 5-52 集雅公寓

(1) 鸟瞰图
来源：《中国建筑》第二十四期

(3) 住宅近景
来源：《中国建筑》第二十四期

(2) 外观
来源：《中国建筑》第二十四期

(4) 住宅入口
来源：《中国建筑》第二十四期

(5) 现状
来源：席子摄

图 5-53 协发公寓

来源：《西班牙式住宅图案》广告页

图 5-54 西摩路市房公寓

来源：《中国建筑》第二十四期

(1) 西立面图
来源:上海市城市建设档案馆馆藏图纸

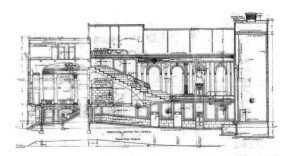

(2) 剖面图
来源:上海市城市建设档案馆馆藏图纸

图 5-56 美琪大戏院
来源:Virtual Shanghai

(3) 移位前

(4) 移位后
来源:许志刚摄
图 5-55 南京大戏院

图 5-57 过养默

有南京大戏院（1929—1930）、美琪大戏院（1941）等。南京大戏院（今上海音乐厅）位于道路转角，占地 1381 平方米，可容纳 1500 人，采用经典的西方古典主义建筑风格，尤其表现在门厅和观众厅的设计。2005 年由于延安路高架的建设移位，面积有所扩大（图 5-55）。范文照在日本人占领时期仍然在上海执业，美琪大戏院是其在孤岛时期的作品，以圆形平面的门厅呼应街道转角，大厅内的圆弧形楼梯表现出非凡的气派（图 5-56）。除上海外，范文照为南京设计了许多重要建筑，包括南京交通署（1928），南京励志社 1、2 号楼（1929—1931），南京国民政府行政院（1928—1930），南京国民政府铁道部办公楼（1928—1930），南京铁道部部长官邸（1930），南京华侨招待所（1930—1933）等。

过养默（字嗣侨，Yang-mo Kuo，1895—1966，图 5-57），江苏无锡人，1913 年进入交通部唐山工业专门学校土木工程系，1917 年毕业，获学士学位；后赴美国康奈尔大学和哈佛大学以及麻省理工学院深造，1919 年获麻省理工学院土木工程硕士学位。1920 年回国，曾在南洋公学土木工程系任副教授，1921 年与吕彦直、黄锡霖共同创办东南建筑工程公司，任总工程师，1937 年任总经理。该公司设有营造部，兼建筑设计和施工为一体。1924—1925 年曾任北洋政府航空署总工程师，负责建设上海、南京、徐州、济南等地的机场。1937—1940 年兼任圣约翰大学土木工程系教授，1948 年定居英国。过养默的设计风格以简化的西方古典主义为主，代表作有上海银行公会大楼、顾维钧宅（1936）等。在南京的作品有中央大学科学馆（1923）、南京国民政府最高法院（1933，图 5-58）等，也都是他的作品。

赵深（字渊如，号保寅，Shen Chao，1898—1978，图 5-59），江苏无锡人，自幼刻苦读书，1911 年考入清华学堂，1919 年赴美留学，1922 年毕业于美国宾夕法尼亚大学，获建筑学士学位，1923

图 5-58 南京国民政府最高法院
来源:《建筑月刊》第一卷,第八期

图 5-59 赵深
来源：*Men of Shanghai and North China: A Standard Biographical Reference Work*

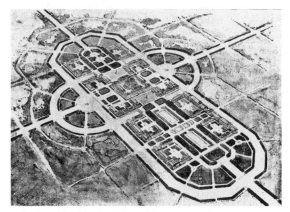

（1）市政府及各局全部鸟瞰图

（2）市政府正面图
图 5-60 赵深与孙熙明合作的大上海市政府新大楼方案
来源：《上海市政府征求图案》

图 5-61 南京国民政府外交部大楼
来源：《中国建筑》第一卷，第一期

年获建筑硕士学位，此后在纽约、费城、迈阿密等地的建筑师事务所实习打工。1925 年获南京中山陵设计竞赛荣誉第二奖，1926 年与杨廷宝结伴游历欧洲，考察欧洲的城市和建筑。1927 年回到上海，先在上海基督教青年会建筑设计处为李锦沛工作，1928 年进入范文照建筑师事务所工作。1929 年赵深与孙熙明合作的第六号方案在大上海市政府新大楼的设计竞赛中获得第一名，建筑外观为中国固有的建筑式样，主楼为明堂的格局，三重檐攒尖顶，与前部的庑殿顶主楼形成一体（图 5-60）。评委认为该方案的建筑造型没有正背之感，各部建筑分布在院落中，低伏的院落衬托出中央大楼，塔形屋顶雄伟无比，同时也考虑了分期建设。①

1931 年 3 月，赵深离开范文照建筑师事务所独立开业。1932 年，邀请陈植合组赵深陈植建筑师事务所（Chao & Chen Architects），位于宁波路 40 号。1935 年，赵深、陈植、童寯组建华盖建筑师事务所（The Allied Architects），赵深负责对外承接业务和财务，陈植负责内务，童寯负责图房。事务所承接的大大小小工程项目达 200 多项，成为近代中国最大和最具有影响力的华人建筑师事务所之一。②华盖 1936 年在南京国民大会堂设计竞赛获第三名。据《中国建筑》1931 年创刊号记载，赵深为中国建筑师学会会员。他重视建筑的文化意义，主张不分中外古今，兼收并蓄，设计竞赛作品以探索传统中国固有风格为主，在具体的创作上以现代风格为主。代表作有南京国民政府外交部大楼（图 5-61）。其为 4 层钢筋混凝土结构，现代风格，立面构图具有新古典主义建筑的横三段比例关系，檐部为简化的斗栱装饰。抗战时期，赵深到昆明拓展业务，1951 年参加联合顾问建筑师工程师事务所，1952 年调任建工部中央设计院总工程师。

陈植（字直生，Benjamin Chih Chen，1902—2002，图 5-62），1902 年 11 月 15 日在杭州出生，1915 年考入清华学校，1923 年公派赴宾夕法尼亚大学建筑系留学，1927 年毕业，获学士学位，1928 年获硕士学位。在校期间，他于 1926 年参加美国"柯浦纪念设计竞赛"（Walter Cope Memorial Prize Competition）一个市政厅改建项目，陈植的设计获一等奖。③从宾大毕业后他到纽约伊莱·康（Ely Jacques Kahn，1884—1972）的建筑事务所设计实习两年。1929 年应梁思成邀请，回国到东北大学建筑系任教。期间，由梁思成、陈植、童寯、蔡方荫（1901—1963）合办"梁陈童蔡事务所"。1932 年应赵深之邀，陈植离开东北大学到上海与赵深合组赵深陈植建筑师事务所，1935 年童寯加入事务所，组建华盖建筑师事务所。1938 年创办之江大学建筑系，担任兼职教授，1949 年担任之江大学建筑系主任。1951 年参加联合顾问建筑师工程师事务所，1952 年加入华东建筑设计公司，任总建筑师。1954—1955 年参与设计上海中苏友好大厦，1955 年 9 月被任命为上海市规划建筑管理局副局长兼总建筑师，1957 年任上海市民用建筑设计院院长兼总建筑师。1950 年代后陈植的作品有鲁迅纪念馆和鲁迅墓（1956）、锦江小礼堂（1958），并主持闵行一条街、张庙一条街的设计等。

童寯（字伯潜，Chuin Tung，1900—1983，图 5-63），1900 年 10 月 2 日出生，辽宁沈阳人，8 岁进蒙养院，1910 年入奉天省立第一小学读书，1917 年考入奉天省立第一中学，毕业后于 1920 年赴天津新学书院进修英语。1921 年考入清华学校，1925 年毕业。1928 年冬以 3 年时间修满 6 年全部学分，提前毕业，得到宾夕法尼亚大学建筑系硕士学位。1927 年曾获全美大学生"阿瑟·布鲁克纪念奖"（Arthur Spayed Brooke Memorial Prize）设计竞赛二等奖，次年又获该设计竞赛金奖。宾大毕业后在费城的本科尔（Benker）建筑师事务所担任绘图员，1929 年 5 月—1930 年 4 月在伊莱·康建筑事务所任绘图员。
1930 年 5—8 月赴欧洲考察，1930 年 9 月任东北大学建筑工程系教授，次年任系主任。1931 年末到上海，
1935 年与赵深、陈植合组华盖建筑师事务所。1938 年接受资源委员会叶诸沛（1902—1971）之邀至重庆，
后在贵阳并办华盖建筑师事务所分所，完成省立陈列馆、科学馆、图书馆和清华中学等多项建筑设计。
1944 年在重庆中央大学建筑系任教授。抗战胜利后，中央大学迁回南京，童寯仍兼教授，并负责华盖
在南京的业务，往返沪宁两地。1949 年后专职任教南京大学建筑系，1952 年院系调整后在南京工学院
任教授。童寯在建筑历史和理论方面多有建树，最早将古罗马维特鲁威（Marcus Vitruvius Pollio，活动
年代为公元前 46—公元 30 年）的《建筑十书》编译成《卫楚伟论建筑师之教育》介绍给中国的建筑界，
著有《江南园林志》（1963，1984）、《新建筑与流派》（1980）、《造园史纲》（1983）等。

图 5-62 陈植　　　　　　图 5-63 童寯
来源：《陈植》　　　　　来源：朱建军提供

　　1978 年赵深逝世后，陈植与童寯共同商定，凡是华盖的建筑设计作品，其后均以华盖名义发表。④华盖
建筑事务所成立之前，童寯承接的项目有恒利银行（The Shanghai Mercantile Bank，1932—1933）、大上海大
戏院（Metropol Theatre，1932—1933）、金城大戏院（Lyric Theatre，1934）、上海火车站修复（1933）、梅谷
公寓（Mico's Apartments，1935）、浙江兴业银行（The National Commercial Bank，1935—1936）、南京国民
政府外交部大楼（1935）、南京首都饭店、孙科住宅等 16 项。有一些项目延续到华盖成立之后，所以都
以华盖名义对外。1933—1937 年上海成为孤岛前，华盖主要承接上海和南京两地的工程，计有 92 项。⑤
上海沦陷后，经济萧条，设计业务大幅削减，赵深赴昆明拓展业务，童寯去了贵阳和重庆，陈植则留守
上海。华盖在上海的作品有合众图书馆（1940）、兆丰别墅（1932—1933）、金叔初宅（1940）等。华盖
的许多作品都是上海近代建筑的经典之作，创导了现代建筑风格，例如恒利银行、南京国民政府外交
部大楼、浙江兴业银行、浙江第一商业银行等。恒利银行位于河南路天津路转角，现代建筑风格，局部
有精美的装饰，如大门铜饰和转角立面上的花饰（图 5-64）。

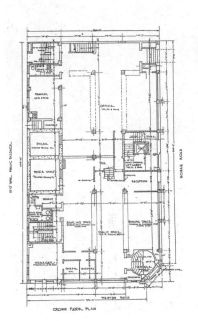

(1) 底层平面图
来源：《建筑月刊》第一卷，第二期

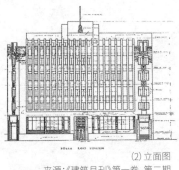

(2) 立面图
来源：《建筑月刊》第一卷，第二期

(3) 效果图
来源：《中国建筑》创刊号

(4) 现状
来源：席子摄

图 5-64 恒利银行

① 《上海市政府征求图案》，民国十九年（1930）。见：《中国
近代建筑史料汇编：第二辑》第一册，第 345 页。

② 汪晓茜著《大匠筑迹——民国时代的南京职业建筑师》，
南京：东南大学出版社，2014 年，第 184 页。

③ 娄承浩、陶祎珺著《陈植》，北京：中国建筑工业出版社，
2012 年，第 19 页。

④ 杨永生编《哲匠录》，北京：中国建筑工业出版社，2005
年，第 250 页。

⑤ 娄承浩、陶祎珺著《陈植》，北京：中国建筑工业出版社，
2012 年，第 33 页。

① 关于董大酉的生平及在美国的经历，参考杜超瑜《董大酉上海建筑作品评析》，同济大学硕士论文，2018 年。

② 董大酉的合伙人飞力拍斯曾在规划明尼苏达大学校园的美国建筑师凯斯·吉尔（Cass Gilbert，1859—1934）事务所从业。见：杜超瑜《董大酉上海建筑作品评析》，同济大学硕士论文，2018 年，第 28 页。

图 5-65　大上海大戏院
来源：《中国建筑》第二卷，第三期

（1）历史照片

图 5-66　浙江兴业银行
来源：《中国建筑》第三卷，第三期

（2）效果图

（1）历史照片

图 5-67　惇信路赵宅
来源：《中国建筑》第三卷，第三期

（2）底层平面

（1）历史照片
来源：《中国建筑》第三卷，第三期

图 5-68　梅谷公寓

（2）现状
来源：席子摄

图 5-69　浙江第一商业银行
来源：《回眸》

　　大上海大戏院在立面上应用大量的玻璃和霓虹灯，以竖线条作为立面构图的中心，基座采用黑色大理石，室内装饰简洁，声响和空调设备先进，成为现代建筑的样板（图 5-65）。浙江兴业银行受欧洲理性主义建筑的影响，具有完美的立面比例，立面下部采用大面积玻璃窗，墙体厚实，具有丰富的体量感. 可惜由于使用单位变换众多，改动很大，甚至建筑色彩都已面目全非（图 5-66）。华盖也有大量的独立式住宅和公寓建筑设计作品，以现代风格为主，代表作有惇信路赵宅（1935，图 5-67）、梅谷公寓（1935，图 5-68）等。抗战胜利后，华盖承接浙江第一商业银行（Chekiang First Bank of

图 5-70 董大酉（摄于 1933 年）
来源：朱建军提供

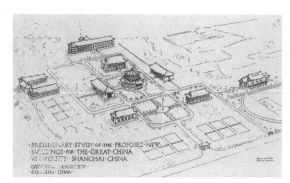

图 5-71 大夏大学校园初始规划
来源：《私立大夏大学一览》（1929 年 6 月）

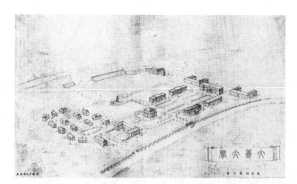

图 5-72 大夏大学校园规划
来源：《大夏大学周报》（1930 年第 86 期）

Commerce Building，1947—1948）等项目，浙江第一商业银行成为上海近代建筑的最后乐章（图 5-69）。华盖事务所于 1952 年解散。

　　董大酉（Dayu Doon，1899—1973，图 5-70），1899 年生于杭州，父亲曾留学日本，出任过北洋政府教育次长。1921 年董大酉从北京清华学校毕业，考取庚子赔款公派留学生，1922 年 7 月赴美，进入明尼苏达大学建筑科学习。1924 年毕业于明尼苏达大学文理学院（College of Science, Literature and Arts），获艺术学士学位；次年获建筑学理学硕士学位。1926 年，董大酉申请哥伦比亚大学美术考古研究院的硕士研究生项目，并于 9 月秋季学期入学。师从哈佛大学建筑研究生院第一任院长——约瑟夫·赫德纳特（Joseph Hudnut，1886—1968）及建筑史学家威廉·贝尔·东斯莫尔（William Bell Dinsmoor, Sr.，1886—1973），从事历史研究，并参加美国早期现代主义先驱华莱士·哈里森（Wallace K. Harrison，1895—1981）及美国建筑师哈维·威利·科比特（Harvey Wiley Corbett，1873—1954）的设计课程。1928 年春天，董大酉肄业，6 月离开学校，12 月抵达中国。董大酉在 1927 年曾在纽约的茂飞和达纳建筑师事务所（Murphy & Dana Architects）工作，当时茂飞正在主持制定南京首都规划，设计一些采用中国传统大屋顶的政府办公建筑。董大酉回国后一度在庄俊建筑师事务所从业，1929—1930 年与美国同学飞力拍斯（E. S. J. Phillips）合办（上海）苏生洋行（E. Suenson & Co.）。[①]

　　董大酉的作品历经新古典主义、中国传统复兴和现代建筑的演变。1929 年与飞力拍斯合作规划大夏大学（The Great China University）校园。在初期的规划方案中，采用中国古典传统的中轴线布局（图 5-71），中轴线上有大礼堂（Auditorium）、图书馆和男生宿舍（Boys Dormitory）。大礼堂位于校园正中，造型颇似广州中山纪念堂。在 1930 年的新版规划中，受明尼苏达大学规划[②]的影响，整体风格改为西式（图 5-72），并设计了大夏大学群贤堂（图 5-73）。群贤堂是董大酉的早期作品，表现了董大酉受美国学院派建筑教育的新古典主义设计功底，建筑采用三段式对称构图，比例严谨，造型及构图受吉尔设计的切斯公司总部大楼（Chase Headquaters Building，1917—1919）的影响（图 5-74）。

　　1929 年，上海的人口已逾 300 万，是中国最大的商埠，在国际上也具有重要的地位。在这个背景下，为谋发展，建设新的市中心，增进上海的港口地位，上海特别市政府于 1929 年 7 月划定翔殷路以北、闸殷路以南、淞沪路以东、黄浦江以西约 6000 亩（400 公顷）的土地作为新的市中心区，制定《大上海计划》。计划的主要任务是开辟干道，建设跨黄浦江的桥梁，建设新的市政府建筑，包括行政建筑、

（1）历史照片
来源：Virtual Shanghai

（2）大夏大学群贤堂现状
来源：华东师范大学

（3）现状
来源：席子摄
图 5-73 大夏大学群贤堂

图 5-74 切斯公司总部大楼
来源:Wikipedia

(1) 立面图
来源:《建筑上海市政府新屋纪实》

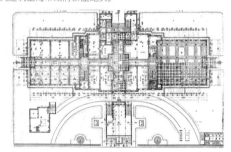

(2) 平面图
来源:《建筑上海市政府新屋纪实》

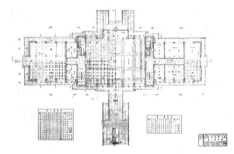

(3) 二层平面图
来源:《建筑上海市政府新屋纪实》

(4) 现状
来源:许志刚摄

图 5-75 上海特别市政府新大楼

(1) 全景效果图
来源:《中国建筑》第二卷,第八期

(2) 现状
来源:上海市历史建筑保护事务中心提供

(3) 细部设计
来源:上海市城市建设档案馆馆藏图纸

图 5-76 上海体育场

(4) 细部照片
来源:上海市历史建筑保护事务中心提供

博物馆、图书馆、体育场、市剧院、医院等。1929 年 8 月 12 日成立"上海市市中心区域建设委员会",经茂飞推荐,聘请董大酉任顾问兼主任建筑师,负责市中心区域公共建筑的设计和监造等事宜,参与都市计划的编制。1930 年建立董大酉建筑师事务所(Dayu Doon, Architect)。

1929 年 8 月 28 日,董大酉筹建新市府及五局办公房,共征地 8 万平方米。建筑平面式样为中国式,各局相对集中又各自分立。1929 年 10 月 1 日举办市政府新楼的设计竞赛,任务书要求为"中国式建筑""内部布置,参用中西式样,注重实用",1930 年 2 月 15 日前交图。[①]有 65 家中外事务所报名,其中包括庄俊、范文照、巫振英、黄元吉、李锦沛、杨锡镠、俞子明(字乃文)、张登义、徐襄、沈秉元、严晦庵等。外国建筑师有邬达克、鸿达、飞力拍斯、新瑞和洋行、公和洋行、汉默德(Joseph Alois Hammerschmidt, 1891—?)、苏尔洋行(K. H. Suhr)、锦明洋行、冈野重久(Okano Shigehisa)等,董大酉所在的苏生洋行(E. Suenson & Co., Ltd)也在内。最终提交了 19 份方案。[②]1930 年 2 月 19 日,董大酉与叶恭绰、挪威建筑师柏韵士、美国建筑师茂飞担任市政府新楼设计竞赛的评审委员,从 19 份方案中选出 6 号方案为获奖方案。1930 年市政府成立建筑师办事处,聘董大酉为主任建筑师,获第二名的巫振英襄助,以赵深、孙熙明合作设计的第一名方案为基础,吸收第二、第三名设计的部分优点,由董大酉主持设计上海特别市政府新大楼,并主持监造。建筑采用中国传统宫殿复兴风格,钢筋混凝土结构,1931 年 5 月完成设计,于 1933 年 10 月落成(图 5-75)。1933 年 11 月 9 日,上海市政府建

(1) 历史照片远景
来源:《中西之间:董大酉自宅的历史解读》

(2) 南面近景
来源:Chinese Architecture and the Beaux-Arts

(3) 北面近景
来源:《中西之间:董大酉自宅的历史解读》

(4) 起居室二层
来源:Chinese Architecture and the Beaux-Arts

(5) 起居室内景一
来源:Chinese Architecture and the Beaux-Arts

(6) 起居室内景二
来源:《中西之间:董大酉自宅的历史解读》

图 5-77 董大酉自宅

造图书馆、博物馆、体育场三大建筑。建筑方案由董大酉和他的助理王华彬设计,均采用歇山顶,琉璃瓦。体育场包括体育馆、游泳池,注重功能,形式上采用中国古典复兴风格,石材贴面,以简化的斗栱作为檐饰,设计新颖别致,被誉为"远东殆无其匹"(图 5-76)。

董大酉于 1947 年担任南京市都市计划委员会委员兼计划处处长;1951 年任西北公营永茂建筑公司总工程师,1952 年任西北建筑设计公司总工程师,1954 年任西北建筑工程局总工程师,1955 年任北京公用建筑设计院总工程师,1957 年任天津民用建筑设计院总工程师,1963 年任浙江省工业建筑设计院总工程师,1964 年任杭州市建筑设计院顾问工程师。他的代表作除上述建筑外,还有上海市立医院(1931)、青岛大学科学馆(1934)、南京国民革命军阵亡烈士公墓建筑群(1929—1935)、文庙图书馆(1935)、中国航空协会会所及陈列馆(1935—1936)等。在他为自己设计的住宅(1935,图 5-77)和京沪沪杭甬铁路管理局大厦(1935—1936,图 5-78)设计上,则完全采用流行的现代建筑风格,简洁的几何体块,大面积的玻璃窗。著有《中国艺术》《建筑记事》《大上海发展计划》等。

李锦沛(字世楼,Poy Gum Lee,1900—1968,图 5-79),广东台山人,1900 年生于美国纽约一个华人家庭,1920 年毕业于美国普赖特学院(Pratt Institute)建筑系,并获纽约州立大学颁发的注册建筑师(R. A.)证书。③曾在芝加哥和纽约的建筑事务所任职。1923 年,作为基督教青年会的建筑师来到上海,协助主任建筑师阿瑟·阿当姆森(Arthur Q. Adamson)工作,先后负责设计上海、长沙、保定等地的青年会会堂。1927 年加入中国建筑学会,任 1929、1931、1936 届会长。1928 年加入吕彦直开设的彦沛记建筑事务所。1929 年,吕彦直病逝,李锦沛接管彦沛记建筑事务所,负责南京中山陵、

①《建筑上海市政府新屋纪实》,民国二十一年(1932)。见:《中国近代建筑史料汇编:第二辑》第一册,第 359-424 页。

②《中国近代建筑史料汇编:第二辑》第一册,第 359-424 页。

③ 伍江《主要外籍建筑师与中国建筑师队伍的形成与成熟》,见:赖德霖、伍江、徐苏斌主编《中国近代建筑史》第四卷,北京:中国建筑工业出版社,2016 年,第 45 页。

图 5-78 京沪沪杭甬铁路管理局大厦
来源:《建筑月刊》第四卷,第四期

图 5-79 李锦沛
来源:朱建军提供

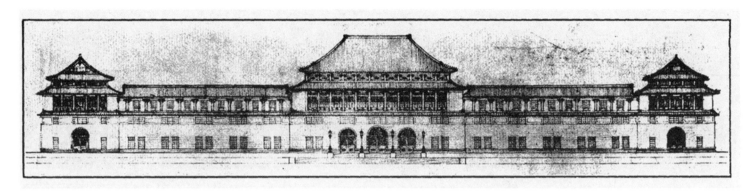

图 5-80 市政府新大楼设计竞赛方案
来源:《上海市政府征求图案》《中国近代建筑史料汇编:第二辑》第一册

(1)立面图
来源:《中国建筑》第一卷,第五期

图 5-81 清心女子中学

(2)历史照片
来源:《中国建筑》第一卷,第五期

(3)现状
来源:沈晓明提供

(1)历史照片
来源:《中国建筑》第一卷,第三期

图 5-82 中华基督教女青年会大楼

(2)现状

图 5-83 南京聚兴诚银行
来源:《中国建筑》第二卷,第四期

图 5-84 李锦沛在 1953 年的作品
来源:*Chinese Style: Rediscovering the Architecture of Poy Gum Lee 1923-1968*

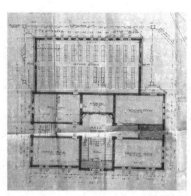

图 5-85 卢树森
来源:《哲匠录》

(1)现状

(2)入口

(3)平面图
来源:上海市城建档案馆馆藏图纸

图 5-86 明复图书馆

图 5-87 吴景奇
来源:朱建军提供

广州中山纪念堂工程。1929 年兼任圣约翰大学教授。在 1929 年的市政府新大楼设计竞赛中获得附奖（图 5-80），1946 年成为美国建筑师学会会员。

李锦沛的许多设计都与新教教会建筑有关，代表作有与范文照、赵深合作设计的上海基督教青年会西区新屋（1929—1931，参见图 1-40）、中华基督教女青年会大楼（1931—1933）、清心女子中学（1932，图 5-81）、白保罗路广东浸信会教堂（1930—1933）等。李锦沛的设计风格多样，并致力于探索东西方建筑风格的兼容。上海基督教青年会西区新屋探索将中国古典建筑风格应用在高层建筑上，取得了成功；他设计的清心女子中学采用严谨的古典主义手法处理立面，中间有三角形山花；中华基督教女青年会大楼在细部图案上采用传统的纹样（图 5-82）。

李锦沛的建筑设计作品涉及多种建筑类型，设计手法灵活多变，富于创造性，作品包括教堂、住宅、银行、学校、商业建筑等，其代表作有武定路严公馆（1934）、广东银行（1934）、江湾岭南学校（1934）等。他也曾经尝试在建筑中应用西班牙建筑风格，如华业公寓（1932—1934）和国富门路刘公馆（1934—1936）等。除在上海的作品外，还设计了南京新都大戏院（1936）、南京粤语浸信会堂、杭州浙江建业银行、南京聚兴诚银行（图 5-83）等。李锦沛于 1945 年到纽约发展，继续他对现代中国建筑风格的探索（图 5-84）。[1]

建筑师和建筑教育家卢树森（字奉璋，Francis Shu-Shung Loo，1900—1955，图 5-85），浙江桐乡人，1923—1926 年在美国宾夕法尼亚大学建筑学习，1926 年肄业回国。1930 年在中央大学建筑工程系任副教授，1931 年加入中国营造学社，1932 年离校到北平任铁道部技正，曾被聘为大上海都市计划委员会委员。1937 年 11 月重返中央大学任教授，并担任建筑工程系主任，随学校迁至重庆。1938 年回上海，开设永宁建筑事务所。1949 年后任华东建筑设计公司总工程师兼该公司驻南京办事处主任，1955 年因病在上海去世。主要作品多在南京，代表作有中山陵藏经楼（1936）等；上海的作品有明复图书馆（1929—1931，图 5-86）、上海钢窗公司厂房及住宅（1939）、小沙渡路中国制钉公司厂房（1940）、辣斐德路（Route Lafayette，今复兴中路）丁家弄天和公司住宅（1942）等。[2]

① 据纽约现代美术馆（MoMA）在 2015 年 9 月—2016 年 1 月举办的展览：*Chinese Style: Rediscovering the Architecture of Poy Gum Lee 1923-1968*。

② 杨永生编《哲匠录》，北京：中国建筑工业出版社，2005 年，第 233 页；赖德霖主编《近代哲匠录：中国近代重要建筑师、建筑事务所名录》，北京：中国水利水电出版社，知识产权出版社，2006 年，第 107 页。

图 5-88 谭垣
来源:《哲匠录》

图 5-89 谭垣自宅
来源:席子摄

图 5-90 实业部鱼市场
来源:《建筑月刊》第二卷,第十一、十二期

① 杨永生编《哲匠录》,北京:中国建筑工业出版社,2005年,第240页。

② 汪晓茜著《大匠筑迹:民国时代的南京职业建筑师》,南京:东南大学出版社,2014年,第128页。

③ 同上,第204页。

④ 同上第98页。

⑤ 根据杨永生主编《中国建筑师》(当代世界出版社,1999)介绍王华彬所述,王华彬曾任上海市中心建设委员会建筑师,并且附有一幅1936年10月,王华彬在上海市中心区规划方案评审会上的照片。这里存在一个疑点,在历次上海市市中心区域建设委员会的会议记录中未见有关王华彬的记录,而且《上海市市中心区域计划》的编制时间是从1929年7月到1930年12月,很有可能是因为王华彬曾经在董大酉的事务所从业,参与部分设计工作。

⑥ 上海建筑设计研究院编著《建筑大家汪定曾》,天津:天津大学出版社,2017年,第128-131页。

吴景奇(字敬安,Channcey Kingkei Wu,1900—1943,图5-87),1930年毕业于美国宾夕法尼亚大学建筑系,获学士学位,1930年获硕士学位。1931年加入范文照建筑师事务所,任助理建筑师,后进入中国银行总管理处建筑课,成为陆谦受的助手,共同设计了一系列建筑。

刘福泰(Fook-Tai Lau,1894—1952),广东宝安人,1913—1917年在芝加哥伊利诺伊工学院(Illinois Institute of Technology)学习,1923年毕业于美国俄勒冈州立大学,获学士学位,1925年获建筑学硕士学位。1925年回国后,曾在天津万国工程公司、上海彦记建筑师事务所任建筑师。①1926年参加广州中山纪念堂设计竞赛,获名誉第一奖。曾创办中央大学建筑系,并担任第一任系主任。1933年与谭垣合办刘福泰谭垣建筑师都市计划师事务所(Lau & Tan),主要作品多在南京和重庆,在上海的主要作品有胡敦德纪念图书馆等。②

谭垣(Harry Tam,1903—1996,图5-88),广东香山人,1903年生于上海,1929年毕业于美国宾夕法尼亚大学,获硕士学位。当年回国,加入范文照建筑师事务所,据《中国建筑》1931年创刊号记载为中国建筑师学会会员。1931年起兼任中央大学教授,1934年2月起任中央大学专职教授。1933年与刘福泰合办刘福泰谭垣建筑师都市计划师事务所。1934年与黄耀伟合办谭垣黄耀伟建筑师事务所(Tam & Wong Architects)。抗战期间除在重庆中央大学任教外,还兼任重庆大学建筑系教授。1947年离开中央大学到上海之江大学任教授,1952年院系调整后,并入同济大学任教师。谭垣的设计注重构图和比例,素有"谭立面"之誉。作品有胡敦德纪念图书馆、武康路12号自宅(图5-89)等,著有《纪念性建筑》。

徐敬直(Gin-Djih Su,1906—1983),广东中山人,1926年从沪江大学毕业后,赴美留学。1929年毕业于密歇根大学建筑系,获学士学位;1931年毕业于匡溪艺术学院建筑系,获硕士学位,1932年回国。③1932—1933年加入范文照建筑师事务所,与密歇根大学校友杨润钧、李惠伯于1933年3月合办兴业建筑师事务所。1946年以后在香港定居,曾于1956—1957年任香港建筑师学会第一任会长。主要作品有实业部鱼市场(1934)、裕华新村(1937—1948)、蒲石路(Rue Bourgeat,今长乐路)周福根公寓(1938)等,以及南京原中央博物院建筑群(1936)等。实业部鱼市场位于复兴岛,占地48亩(3.2公顷),包括办公楼、市场、码头、仓库和冷藏库等(图5-90)。

李惠伯（Wai Paak Lei，1909—1950），广东新会人，曾就读于岭南大学化学系，1932年毕业于美国密歇根大学建筑系，获学士学位。毕业后曾在美国乔治·哈斯（George J. Haas）建筑师事务所实习，1932年回国后加入范文照建筑师事务所工作。④1933年与徐敬直、杨润钧合办兴业建筑师事务所（Hsin Yieh Architects），代表作除上述与徐敬直合作的实业部鱼市场、南京原中央博物院等建筑外，还有南京中央农业实验所（1934）、南京馥记大厦（1948）等。抗战期间赴重庆执业，1945年赴美国。

王华彬（Haupin Pearson Wang，1907—1988，图5-91），福建省福州市人，1927年毕业于清华学校，1928—1932年在美国欧柏林大学（Oberlin College）和宾夕法尼亚大学建筑系学习，获学士学位。1933年在董大酉建筑师事务所从业，作为助手参加上海特别市政府大楼的设计。⑤王华彬于1937—1939年任沪江大学商学院建筑科教授，1939—1949任之江大学建筑工程系主任，1948年创办王华彬建筑师事务所。1952年在华东工业建筑设计院担任建筑师，1954年任上海市房屋管理局总工程师，以及华东工业建筑设计院总工程师、北京工业建筑设计院总工程师。

哈雄文（1907—1981，图5-92），武汉人，1919—1927年在清华学校读书，1927—1928年在美国约翰·霍普金斯大学经济系学习，1928—1932年在美国宾夕法尼亚大学建筑系学习。1932—1937年在董大酉建筑师事务所工作，期间于1934—1937年兼任沪江大学建筑系主任。1937—1948年曾任国民政府内政部地政司。

汪定曾（字善长，1913—2014），出生在湖南长沙，1916年随父母迁居上海，1931—1935年在交通大学土木工程系学习。1935年赴美国伊利诺伊大学厄尔巴纳-尚佩恩校区建筑系学习，1937年毕业，获建筑工程学士学位。1939年回国，1940年任职中央银行工程科。作品有上海淮海西路中央银行宿舍（1948）等。1949年后历任上海市建设委员会建筑处处长，上海市建筑规划管理局副总建筑师，上海市民用建筑设计院副院长、总建筑师，上海市规划管理局副局长兼总建筑师等。⑥

二、留英建筑师

已知留英建筑师有黄锡霖、陆谦受、陈国冠、黄作燊、陈占祥、王大闳等。

黄锡霖（Sik Lam Woong，1893—?），1914年毕业于英国伦敦大学学院土木工程系。1921年合办东南建筑工程公司，1934年另办黄锡霖工程、设计、测量工程公司。据《中国建筑》1931年创刊号记载为中国建筑师学会会员。

陆谦受（Him Sau Luke，1904—1991，图5-93），广东新会人，1922年毕业于香港圣约翰书院，1927—1930年就读于伦敦英国建筑协会建筑学院建筑系，1930年毕业，成为英国皇家建筑师学会会员。当年回国，任中国银行总管理处建筑课课长（与吴景奇合作）。陆谦受设计的中国银行虹口分行大厦

图 5-91 王华彬
来源：朱建军提供

图 5-92 哈雄文
来源：《哲匠录》

图 5-93 陆谦受
来源：朱建军提供

图 5-94 中国银行虹口分行

来源:《回眸》
图 5-95 同孚大楼

来源:刘刊摄

来源:刘刊摄

图 5-96 中国银行渲染图
来源: *Luke Him Sau Architect: China's Missing Modern*

图 5-97 大上海区域计划总图
来源:《大上海区域计划总图》

（1931—1933）在一块十分狭长的基地上，表现出巧妙的设计手法（图 5-94）。陆谦受于 1932 年独立开业。1934 年与吴景奇在非常狭小的道路转角处设计同孚大楼（图 5-95），楼下为中国银行营业处，楼上每层布置三套公寓。1936 年与公和洋行联合设计位于外滩的中国银行（1936—1941，图 5-96）。1945 年在上海自营建筑师事务所，也应黄作燊之邀，兼任圣约翰大学建筑系的教授。1947 年 10 月，陆谦受与王大闳、郑观瑄、黄作燊、陈占祥合办五联建筑师事务所。1948 年赴香港开业，在香港留下大量作品，1991 年在香港病逝。①陆谦受和吴景奇在上海设计了大量的作品，诚如他们在 1936 年 7 月出版的《中国建筑》第二十六期所言，"斐然可观"②。但是目前确认是他们的作品数量不多，还待进一步考证。

陆谦受曾在 1946 年与德国建筑师鲍立克（Richard Paulick，1903—1979）负责编制大上海都市计划，当时他是中国建筑师学会理事长，在 1946 年 8 月成立的都市计划委员会中负责设计组，关颂声、范文照、卢树森也都担任聘任委员。都市计划委员会在 1946 年 7 月的大上海区域计划总图上有陆谦受的签名，他也负责 1947 年 5 月完成的大上海都市计划二稿（图 5-97），陆谦受在大陆的作品还有厦门中国银行（1930）、汕头中国银行（1931）、青岛金城银行（1932，图 5-98）、南京中国银行（1933）、营口中国银行（1933）、南京珠宝廊（1933）、南京中国银行行员宿舍及堆栈（1934）、南京金城银行（1946）等。

陈国冠（Kwok-koon Chan，1914—？），广东香山人，1938 年 6 月毕业于利物浦大学建筑学院，1940—1942 年任（重庆）中国银行建筑课助理建筑师，1942—1945 年任（重庆）中国银行建筑课建筑师。1946 年在上海自办陈国冠建筑师事务所，1949 年后赴香港执业，在上海的作品有公寓建筑和住宅建筑。

黄作燊（Henry Huang，1915—1976，图 5-99），1933 年进入英国伦敦建筑学院学习，1939 年毕业，曾在伦敦的威廉与索斯特（William & Souster）建筑师事务所实习。1938 年进入美国哈佛大学设计研

图 5-98 青岛金城银行
来源:*Luke Him Sau Architect: China's Missing Modern*

图 5-99 黄作燊
来源:《黄作燊文集》

图 5-100 中国银行员工宿舍
来源:《黄作燊文集》

究生院，师从德裔美国建筑师格罗皮乌斯（Walter Gropius，1883—1969），1941 年毕业，获硕士学位，当年回国。1942 年进入圣约翰大学建筑系任教，担任系主任。1946 年 2 月—1948 年 5 月加入陆谦受建筑师事务所，1946—1947 担任上海市都市计划委员会委员，参与编制"大上海都市计划"。1947 年 10 月与陆谦受、王大闳、郑观萱、陈占祥合办五联建筑师事务所，1949 年应梁思成邀请参加北京都市计划委员会成立的相关会议，1951 年 6 月与圣约翰大学部分教师合组"上海工建土木建筑事务所"，担任负责人。1952 年和圣约翰大学建筑系一起并入同济大学建筑系，任副系主任。作品有中国银行宿舍（1946）、中国银行高级员工住宅（1948，图 5-100）、济南中等技术学校（1951）。[3]

陈占祥（Charles Chen，Chi Ziang Chen，1916—2001，图 5-101），浙江奉化人，1916 年生于上海，1935 年毕业于上海雷士德工学院附设中专。1938 年 8 月，赴英国利物浦大学建筑学院留学。1944—1945 年，获英国文化协会奖学金，成为伦敦大学学院博士研究生，师从英国著名的城市规划专家艾伯克隆比（Patrick Abercrombie，1879—1957），研究城市规划立法。1946 年回国，应南京国民政府之邀主持北平的城市规划，未果。1947 年与陆谦受、王大闳、郑观萱、黄作燊合办五联建筑师事务所，此后担任国民政府内政部营建司简派正工程师，同时兼任中央大学建筑系教授。期间，完成南京国民政府的行政中心规划，曾任上海市都市计划委员会总图组代组长。[4]1949 年 10 月赴北京任北京市都市计划委员会企划处处长，兼任清华大学建筑系教授，1954 年任北京市建筑设计院副总建筑师，1979 年任国家城建总局城市规划研究院任总规划师。

王大闳（Wang Da Hong，1918—2018，图 5-102），广东东莞人，1918 年出生在北京，父亲是国民政府第一任外交总长及司法院长王宠惠（1881—1958）。1930 年入瑞士栗子林中学读书，1931 年随家人去巴黎，1936 年就读于英国剑桥大学机械工程系，主修机械，第二年改学建筑。1940 年赴美，1941 年在哈佛大学建筑研究院师从格罗皮乌斯，1942 年 10 月毕业，获建筑设计硕士学位。哈佛毕业后到国民政府驻华盛顿大使馆任随员，1945 年曾参加美国通用汽车公司修理场设计竞赛，获第四名，该竞赛共有 4500 人参加。之后到上海，1946 年曾参加大上海都市计划的编制工作；1947 年 10 月，王大闳与陆谦受、郑观萱、黄作燊、陈占祥合办五联建筑师事务所。1949 年赴香港，1952 年移居台北，1953 年成立大洪建筑师事务所。在上海的作品有上海渔管处办公楼（1948）、上海渔管处制冰厂冷冻库（1948）、上海渔管处复兴岛职训工寓（1949）。[5]王大闳在台湾的代表作有台北济南路自宅（1953）、台湾银行台北宿舍（1965）、"国父纪念馆"（1972）、东门基督长老教会教堂（1980）等。

① Edward Denison, Guang Yu Ren. *Luke Him Sau Architect: China's Missing Modern*. West Sussex: Wiley. 2014.

② 《中国建筑》第二十六期，1936 年 7 月，第 2 页。见：《中国近代建筑史料汇编：第一辑》第十三册，第 2014 页。

③ 同济大学建筑与城市规划学院编《黄作燊纪念文集》，北京：中国建筑工业出版社，2012 年，第 108 页。

④ 杨永生编《哲匠录》，北京：中国建筑工业出版社，2005 年，第 293 页。

⑤ 徐明松编著《王大闳：永恒的建筑诗人》，台北：木马文化事业股份有限公司，2007 年，第 213 页。

图 5-101 陈占祥
来源:《近代哲匠录》

图 5-102 王大闳
来源:《王大闳：永恒的建筑诗人》

图 5-103 贝寿同
来源:《近代哲匠录》

图 5-104 奚福泉
来源:朱建军提供

① 杨永生编《哲匠录》,北京:中国建筑工业出版社,2005年,第 227 页。

② 刘刊《儋石之储:建筑师奚福泉(1902—1983)》,载:《时代建筑》,2019 年,第 4 期,第 154-161 页。

③ 同济大学建筑与城市规划学院编《吴景祥纪念文集》,北京:中国建筑工业出版社,2012 年,第 131 页;以及《建筑师》(1982 年第 10 期,第 62 页)等。

三、留德建筑师

已知留德建筑师有贝寿同、奚福泉等。

贝寿同(字季眉,Shu-tung Pei,1876—1945,图 5-103),江苏吴县人,1901—1903 年就读于上海南洋公学。1903 年东渡日本,1904 年考入早稻田大学,主修政治经济。贝寿同在东京参加同盟会,两年后被派往英国,任欧洲留学生监督。1909 年考取江苏省公派留学生,1910 年留学于德国夏洛滕堡工业大学(1946 年更名为"柏林工业大学")建筑系,1914 年第一次世界大战爆发前回国。1918 年被任命为司法部技正,主持全国司法系统的建筑事务。曾在北京大学、交通大学北京学校、苏南工专和南京中央大学执教,也是苏南工专建筑科和南京中央大学建筑系的创办人之一。[①] 1921 年被派往欧洲考察德国、比利时和奥地利的监狱建筑,回国后主持将我国的旧式监狱改建成新式监狱。1928 年任国民政府司法行政部技正,兼任苏州市政府专门委员,曾担任南京中山陵设计竞赛的评委。作品表现了民国初期中西合璧的建筑风格,代表作有上海地方审检厅(1917—1918,1927 年改名为"上海地方法院",今上海市公安局技侦中心)、北京大陆银行、北京欧美同学会、湖北省第二模范监狱(1917)等。

奚福泉(字世明,Fohjien Godfrey Ede,1902—1983,图 5-104),上海浦东人,1921 年毕业于华童公学,同年考入同济大学德文专修班学习,次年赴德留学。1923—1926 年就读于德累斯顿工业大学,1926 年

图 5-105 浦东同乡会大楼
来源:《中国建筑》第二十八期

图 5-106 玫瑰别墅

⑴ 设计方案
来源:《中国建筑》第二十八期
图 5-107 南京国立戏剧音乐院

⑵ 现状

毕业获建筑特许工程师证书，1927年进入德国夏洛特滕堡工业大学建筑系，并于1929年取得工学博士学位，他的博士论文研究清朝皇帝陵墓的建筑特点。1930年回国，先在公和洋行任职，参加过都城饭店和河滨大楼的设计。1930年加入中国建筑师学会，1931年创办启明建筑事务所。[②]1935年1月组建公利工程可，1941年加入中国营造学社。奚福泉的作品受德国现代主义建筑影响，以现代建筑见长，注重功能，造型简洁。他的早期作品浦东同乡会大楼（Pootung Building，1931—1936，图5-105）以六边形的凹凸平面处理不规则基地的手法，具有现代风格的新颖立面，遗憾的是这座优秀建筑在1995年建造南北高架路时被拆除；位于复兴西路44弄的玫瑰别墅（Rose Villas，1936，图5-106）展现了奚福泉尝试在城市环境中改变一般住宅常用的设计手法，设计了宽大的阳台、转角圆弧形带形窗、转角的圆弧形墙面，以及混凝土花格窗和入口栏杆，同时以鲜明的色彩墙面装饰衙内的环境。1935年曾参加南京国立戏剧音乐院的设计竞赛，方案获第一名，建成后用作国民大会堂（图5-107）。抗战胜利后设计南京中山北路邮局、上海中国纺织机械厂机械化铸工车间等。1953年筹建轻工业部设计局华东分公司，并在土建室任工程师，1956年改名为"轻工业部上海轻工业建筑设计院"，任副总工程师。其他作品有康绥公寓（Cozy Apartments，1932）、梅泉别墅（Plum Well Villas，1933）、虹桥疗养院（Hung Jao Sanatorium，1934）、自由公寓（Liberty Apartments，1933—1937），以及国货银行南京分行（1934）、南京欧亚航空公司等，均属典型的现代建筑。他设计的建国西路电话局职工住宅属美国殖民地壁板墙式花园住宅，为上海地区目前所知仅有的两幢之一。

图5-108 吴景祥（1930年代留法时）
来源：吴刚提供

四、留法建筑师

已知留法建筑师有吴景祥、刘既漂、李宗侃等。

吴景祥（字白桦，Ching Hsiang Wood，1905—1999，图5-108），广东中山人，1913年进长春商华第一小学就读，毕业后入南开中学读书，后考入清华大学学土木工程。1929年毕业后，获得官费奖学金资助前往法国留学。1933年毕业于法国巴黎建筑学院，获法国教育部颁发的DESA建筑师学位。毕业后进入时任法国政府民用建筑总建筑师和法国艺术教育总督察的拉普拉达（Albert Laprade，1853—1978）事务所工作。1933年夏代表中国参加世界建筑师大会。1934年回国，1934—1949年任中国海关总署建筑师，1936年设计的海口海关大楼是他归国后的第一件作品。自办吴景祥建筑师事务所，1950—1952年任之江大学教授，1952年任同济大学教授。1954—1956年任同济大学建筑系主任，1958—1981年任同济大学建筑设计院院长。吴景祥的设计表现了现代建筑风格，并最早将勒·柯布西耶的《走向新建筑》翻译成中文，代表作有上海海关图书馆（1937）、上海中央研究院学术机关（1946）、上海汾阳路海关住宅区（1946）、吴景祥自宅（1947—1948，图5-109）等。[③]

来源：《吴景祥纪念文集》

来源：席子摄
图5-109 吴景祥自宅

刘既漂（Kipaul Liu，1900—？，图5-110），1926年毕业于巴黎美术学院及巴黎大学建筑系，兼画家、雕塑家、建筑师和艺术教育家于一身。1927年12月发表题为《中国新建筑应如何组织》的论文，主张兴办建筑教育，组织建筑研究会和政府的专设建筑机构。刘既漂系统地介绍西方的建筑思想，在

图 5-110 刘既漂
来源：童明提供

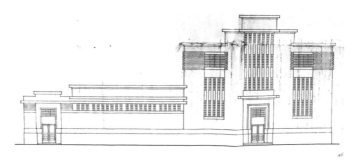

(1) 立面图
来源：上海市城市建设档案馆馆藏图纸
图 5-111 世界学院

(2) 来源：《回眸》

(1) 立面图
来源：上海市城建档案馆馆藏图纸

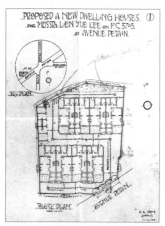

(2) 总平面图
来源：上海市城建档案馆馆藏图纸

(3) 现状
来源：席子摄
图 5-112 丽波花园

新文化运动的背景下，提倡"美术建筑"和中国建筑的民族性，试图把本土的艺术风格嫁接到现代建筑形式之中，将建筑的艺术性看作是中国建筑的新风格。在 1928 年的杭州西湖博览会的建筑设计上融合了装饰艺术派风格和中国的传统建筑元素，刘既漂可以说是探索中国建筑的时代性和民族性的先驱。1929 年进入大方建筑公司，1941 年在上海与费康（1911—1942）、张玉泉（1912—2004）合办（上海）大地建筑师事务所。

李宗侃（字叔陶，Michael Li Tson-Cain，1901—1972），河北高阳人，出生于北京。1912 年进入中国留法预备学堂，后赴法国留学，进入巴黎建筑专门学校，主修建筑工程。1925 年回国，在上海大方建筑公司（Dauphin Construction Co.）担任工程师，1933 年在上海市工务局登记为建筑技师开业，1934 年开办陶记建筑事务所，地址为河南路 348 号。[①] 1934—1937 年担任大方建筑公司经理。1945—1946 年在上海自办李宗侃建筑师事务所，1972 年在台北病逝。主要作品在南京，代表作有中央大学生物馆（1929，今东南大学建筑学院）[②]、上海的作品是位于武康路 393 号的世界学院（Institut International des Sciences et Arts，1930，图 5-111）。

五、留日建筑师

已知留日建筑师有王克生、柳士英、刘敦桢、朱士圭等。

王克生（又名克笙，字之桢，K. S. Wang，1892—?），1919 年毕业于日本东京高等工业学校建筑科，1922 年与柳士英、刘敦桢、朱士圭创办华海公司建筑部。主要作品有武林造纸厂（1922—1924）、丽波花园（1932—1933，图 5-112）、杨树浦路恒丰纱厂办公楼（1935）、新华一村赵光熙宅（1936）等。[③]

柳士英（1893—1972，图 5-113），江苏苏州人，1907 年入江南陆军学堂，1910 年进入陆军第四学校。1911 年辛亥革命时随哥哥柳成烈（1887—1926）参加革命，革命失败后随兄逃亡日本。在预备学校学习日语一年后，1914 年考入东京高等工业学校预科，1916 年进入建筑学本科学习。1918 年回国参加"五四运动"休学一年，1920 年毕业。1920 年 3 至 12 月在日本一家保险公司建设现场实习。1921 年初回国，先在上海日华纱厂建厂处任施工员，然后在东亚兴亚公司任建筑技师，1921 年进入冈野重九事

图 5-113 柳士英
来源：《近代哲匠录》

图 5-114 王伯群宅
来源：许志刚摄

① 《上海市技师、技副、营造厂登记名录》，民国二十二年（1933）。见：《中国近代建筑史料汇编：第二辑》第八册，第 4383-4571 页。

② 汪晓茜著《大匠筑迹：民国时代的南京职业建筑师》，南京：东南大学出版社，2014 年，第 115 页。

③ 赖德霖主编《近代哲匠录：中国近代重要建筑师、建筑事务所名录》，北京：中国水利水电出版社，知识产权出版社，2006 年，第 107 页。

④ 徐苏斌著《近代中国建筑学的诞生》，天津大学出版社，2010 年，第 114-115 页。

⑤ 薛理勇著《老上海公馆名宅》，上海书店出版社，2014 年，第 72 页。

⑥ 《沪华工程师论建筑》，载：《申报》1924 年 2 月 17 日。

⑦ 东南大学建筑学院编著《刘敦桢先生诞辰 110 周年纪念暨中国建筑史研讨会论文集》，南京：东南大学出版社，2009 年，第 240 页。

务所工作。与 1919 年毕业于日本东京高等工业学校建筑科的同学王克生于 1922 年合组华海建筑师事务所。④1923 年到苏州创办苏州工业专门学校的建筑科，自任建筑科主任，创办我国最早的现代建筑教育。1928 年担任苏州市政工程筹备处总工程师，次年任苏州工务局长，主持城市规划和营建事务。1930 年回上海，重整华海建筑师事务所，并与朱士圭执教于大夏大学。1934 年离开上海赴湖南大学土木系任教，创办湖南大学的建筑教育，任土木工程系主任。抗战前后兼任长沙高等工业学校教授，辅佐省立克强学院开设建筑系。1949 年后受命为湖南大学土木系主任，1953 年院系调整后任中南土木建筑学院院长，1958 年学院更名为"湖南工学院"，1959 年改为"湖南大学"，柳士英任副校长。

柳士英的代表作有王伯群宅（1930—1934，图 5-114）、中华学艺社（1930—1932）、中华职业教育社（1930—1934）等。王伯群宅的设计表现出柳士英受日本哥特复兴风格的影响。资料显示，设计王伯群宅时，柳士英用的是美商协隆洋行（Fearon, Daniel & Co.）的名义。⑤从他设计的中华学艺社（图 5-115）可以看到受奥地利分离派建筑传入日本的影响，入口的处理手法与青年风格派（Jugendstil）建筑师约瑟夫·马利亚·奥尔布里奇（Josef Maria Olbrich，1867—1908）设计的达姆施塔特的路德维希展览馆（1901）十分相似。在中华职业教育社的设计中则探索现代建筑风格。

柳士英注重建筑的社会性，他在 1924 年 2 月的一次谈话中对中国建筑的价值取向进行了深刻的批评：

> 一国之建筑物，是表现一国之国民性。希腊主优秀，罗马好雄壮，个性不可消灭，在在示人以特长。回顾吾，暮气沉沉，一种萎靡不振之精神，时常映现于建筑。画阁雕楼，失诸软弱；金碧辉煌，反形嘈杂。欲求其工，反失其神；只图其表，已忘其实。民性多铺张，而衙式之住宅生焉；民心多龌龊，而便厕之堂尚焉。余则监狱式之围墙，戏馆式之官厅。道德之卑陋，知识之缺乏，暴露殆尽。⑥

刘敦桢（字士能，1897—1968，图 5-116），1913 年留学日本，1923 年毕业于东京高等工业学校建筑科，1923 年加入华海建筑师事务所，1925 年离开事务所任湖南大学教授，1926 年赴苏州工业专门学校建筑科任教。作品有上海纱厂厂房和办公楼设计（1922—1924）、上海住宅和商店设计（1922—1931）。⑦

朱士圭（1892—1981），1919 年毕业于日本东京工业大学，回国后在上海三井物产上海纺织公司任建筑师，1929 年加入华海建筑师事务所。

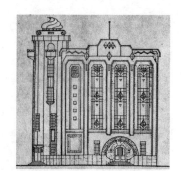

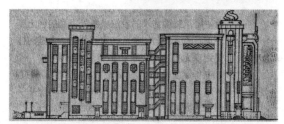

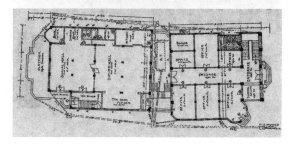

图 5-115 中华学艺社
来源：《近代中国建筑学的诞生》

图 5-116 刘敦桢
来源:《哲匠录》

图 5-117 李蟠
来源:乔争月提供

来源:张雪飞摄
图 5-118 扬子饭店

来源:席子摄

图 5-119 伟达饭店
来源:《中国建筑》第一卷,第二期

图 5-120 沈理源
来源:《近代哲匠录》

六、其他留洋建筑师

已知其他留洋建筑师有留学比利时的李蟠、留学意大利的沈理源等。

留学比利时的建筑师有李蟠(字经正,1897—?,图 5-117),1926 年毕业于复旦大学土木工程系,后于比利时鲁汶天主教大学土木科毕业,1932 年开业。1933 年在上海市工务局登记为建筑技师开业。[1]李蟠的主要作品是位于淮海中路 989—997 号的伟达饭店(1933)和汉口路 740 号的扬子饭店(1933—1934,图 5-118),以及大华舞场等。伟达饭店为钢筋混凝土结构,一至五层为旅馆,六至八层为公寓,九层为屋顶花园,典型的装饰艺术风格,该建筑已在 1990 年代拆除(图 5-119)。

沈理源(名琛,Seng Liyuan,1890—1950,图 5-120),浙江余杭人,1908 年上海南洋中学毕业,经学校推荐到意大利那不勒斯大学留学,初期读土木水利工程,后转入建筑工程科攻读建筑学,获学士学位。[2]1915 年回国后创办华信建筑公司。[3]1928 年上海市工务局征求房屋标准设计,沈理源获第一名。[4]1929 年10 月—1930 年 2 月,沈理源参加上海市政府新屋的设计竞赛,注册地址是天津英租界宝华里 2 号。这次竞赛结果共有 8 个方案获奖,除一、二、三奖和两名附奖外,沈理源与杨锡镠、朱葆初三人获等外奖,各获奖金 100 元。[5]除主持华信建筑公司设计业务外,沈理源还兼任北平大学艺术学院建筑系教授(1928—1934)、北平大学建筑工程系教授(1938—1950)。[6]沈理源专长于古典主义建筑,作品多在北京和天津,1950 年因病在北京逝世。

① 《上海市技师、技副、营造厂登记名录》,民国二十二年(1933)。见:《中国近代建筑史料汇编:第二辑》第八册,第 4383-4571 页。

② 杨永生编《哲匠录》,北京:中国建筑工业出版社,2005 年,第 231 页。

③ 沈振森、顾放著《沈理源》,北京:中国建筑工业出版社,2012 年,第 4、10 页。

④ 同上,第 13 页。

⑤ 《中国近代建筑史料汇编:第二辑》第一册,第 359-424 页。

⑥ 杨永生编《哲匠录》,北京:中国建筑工业出版社,2005 年,第 231 页。据赖德霖著《中国近代建筑史研究》(北京:清华大学出版社,2007)第 159 页所述,沈理源于 1930 年到北平大学任教,1931 和 1934 年担任系主任,教授建筑设计和建筑图案。

第六章
外国建筑师在上海

整座城市在持续地发生变化,日复一日,老建筑在消失,取而代之的是更现代的建筑。人们担心许多古老的地标将很快消亡。

——玛丽·宁德·盖姆韦尔《中国之门:上海图景》

Mary Ninde Gamewell, *The Gateway to China: Pictures of Shanghai*, 1916

第一节 早期外国建筑师和工程师

图 6-1 浦东水手教堂
来源：*Old Shanghai Bund: Rare Images from the 19th Century*

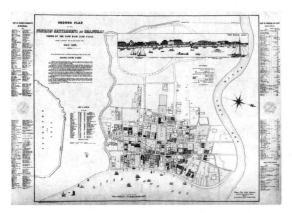

图 6-2 怀特菲尔德、金斯密和克奈维测绘的地图
来源：上海档案馆藏地图

早年来沪从事建筑设计的外国人多半是工程师或传教士。租界内大部分房屋在 1860 年代以前是由外国商人自行设计，或者是从新加坡等已有的殖民地城市直接带来图纸建造。从开埠初期租界发展的整体情况看，当时最需要的并不是受过正规训练的专业建筑师，而是能够从事码头、堤岸、上下水道、道路、工厂及房屋等各种租界基础建设工作的工程师。因此，最初参与租界建设的外国技术人员往往兼任测量师、土木工程师和建筑师，甚至还兼任造船技师和机械师。他们同早期的西方商人一样，具有流动性，随着西方势力的扩张而流向新的开埠城市，在初建时期的殖民地中寻找发展机会。

最早有记录的外国职业建筑师是在 1850 年前后，并试图组织成立专业团体。1901 年，50 名外籍建筑师和工程师在玛礼逊（Gabriel James Morrison，1840—1905）的倡导下成立"上海工程师和建筑师协会"（Shanghai Society of Engineers and Architects）。[1] 1907 年，在斯科特（Walter Scott）、达拉斯（Arthur Dallas，1860—1924）和道达（W. M. Dowdall）的推动下，成立"在华建筑师学会"（Institute of Architects in China）。[2] 上海近代的外国建筑师多立足于上海，与上海的建筑共同发展成长，对上海的近代建筑作出了重要的贡献。

一、史来庆

在 1850 年租界外侨人口调查记录中，记载了一位英国建筑师史来庆（乔治•斯特雷奇，George Strachan）。[3] 据记载，1850 年在沪的 142 位有职业的外侨中，职业如下：商人 112 人，传教士 12 人，外交官 6 人，开业医生 4 人，银行家 2 人，报人 2 人，药剂师 1 人，面包师 1 人，家具师 1 人，建筑师 1 人。[4] 根据 1870 年对于上海外国人从事行业的普查，上海有 5 名土木工程师，37 名工程师和机械师，没有建筑师。[5]

史来庆是第一位在上海开业的职业建筑师，他于 1844 年到香港，后任职香港测量署（Surveyor General's Department），1846 年开设中国第一家英国建筑设计事务所。1849 年前后到上海，1853 年或 1854 年开办泰隆洋行（Geo Strachan Co.），直到 1866 年。他的作品以新古典主义风格为主。[6] 1866 年之后的去向尚待考证。[7] 史来庆为上海设计的第一件作品是 1847—1848 年建成的第一代圣三一堂，教堂采用哥特式。当时他在香港执业，本人并没有到上海。[8] 史来庆设计的第一代英国领事馆于 1852 年建成。[9] 乔治•巴纳特（Geroge Barnet）在上海的悖信洋行（Barnet Geo. & Co.）也是他的作品，1890 年代这幢建筑改作工部局的办公楼，地址在江西路 23 号。史来庆引进了英格兰时兴的希腊复兴风格，同时显然揉进了个人风格。他还开办过技校，学员主要是宁波人，在他的指导下，建筑工艺得到长足的进步。但人们对史来庆的评价不怎么好：

① *The North-China Herald*. Jan, 23: 1901.

② *The North-China Herald*. May, 01.1907.

③《上海勘察设计志》编纂委员会编，沈恭主编，刘炳斗、蔡詠榴常务副主编《上海勘察设计志》，上海社会科学院出版社，1998 年，第 12 页。

（史来庆）贸然给上海的房子赋予了中世纪前的伪希腊风格，非常自我，其主导的所有建筑都体现了低劣的品位，现在看来更庸俗。这些庞大的建筑既是办公楼又是货仓，周围还建有花园。[10]

二、早期英国工程师和建筑师

东亚范围的开埠城市在基础设施建设阶段具有共性。最早从事近代建筑设计的外国人多半是工程师，最先到上海的工程师多为英国人，其中有军队工程师和在政府部门任职的工程师。1902 年，在上海有 5 位结构工程师注册，1904 年有 10 位，1909 年有 15 位，1912 年时已经超过 30 位。[11]就总体而言，大部分早期来到上海从事建筑业务的工程师大多数只能算是闯荡"新世界"的冒险家，作为"职业建筑师"而言，其素质并不高。正是这群上海第一代的西方工程师和建筑师奠定了当时的殖民地外廊式建筑风格的基础。尽管如此，这一时期的建筑，已经成为中国建筑史上最早的"有建筑师的建筑"。1866—1875 年在工部局工程师办公室供职任测量师的奥利弗（E. H. Oliver）曾于 1867 年设计浦东水手教堂（The Seaman's Church，图 6-1）。[12]

据不完全调查，19 世纪 60 和 70 年代曾经在上海活动的土木建筑工程师有哈特（John William Hart）、希林福特（A. N. Shillingford）、罗维尔（Samuel Rowell）、道森（Philips S. Dowson）、怀特菲尔德（George Whitfield, ?—1910）、惠格纳尔（John H. Wignall）、克奈维（F. H. Knevitt）、斯蒂博尔特（Nicolai Stibolt, ?—1877）、马矿师（Samuel John Morris）、金斯密（Thomas William Kingsmill, 1837—1910）、玛礼逊（Gabriel James Morrison, 1840—1905）、斯美德利（John Smedley, 1841—1903）、凯德纳（William Kidner, 1841—1900）、沃特斯（Thomas James Waters, 1842—1898），以及法国工程师皮莱格兰（Henri Auguste Pelegrin, 1841—1882）和尤尔勃里奇（J. G. Ulbrich, 1833—1879）等。[13]其中以英国人居多，业务范围涉及土木、建筑、机械、测量、上下水、煤气、电灯、铁器制造、工厂、房地产、造船等行业，其中只有极少数人在上海定居，大多数人四处流动，在香港、汉口、日本（以横滨和神户为主）等地的租界或居留地初期建设中也能够找到他们的形迹，而且可以看出他们之间存在着不稳定的合作关系。[14]

这些早期工程师和建筑师的主要贡献在于参与租界的基础设施建设。希林福特于 1864 年以前在上海工作，1864 年离开上海去日本横滨。[15]格里布尔（Charles William Gribble）是上海最早的土木工程师之一，在基督教会从事建筑质量核验。[16]怀特菲尔德于 1862 年与格里布尔合作，并名扬上海。[17]怀特菲尔德、金斯密和克奈维三人受租界当局委托于 1864 年进行上海租界地图的测量工作，次年完成（图 6-2）。[18]怀特菲尔德于 1863 年在汉口设立分行，1866 年移居横滨，1890 年离开横滨去温哥华。[19]

英国建筑师克奈维是参与测绘上海租界的三位土木建筑设计师之一，克奈维于 1863 年在上海福州路开设克奈维洋行（F. H. Knevitt Architect & Surveyor），1866 年移居横滨，1867 年重回上海，1869 年前后停止活动。克奈维的作品有法租界公董局大楼（Hôtel Municipal, 1863—1865）。法租界公董局大楼的形式虽然在很大程度上仍然保持殖民地外廊式的特征，但立面中央三角形山墙加穹顶的罗马万

④ I. I. Kounin, *The Diamond Jubilee of the International Settlement of Shanghai*, Shanghai: Shanghai Post Mercury Company Fed. Inc. USA. 1937: 20-21.

⑤ 朗格等著《上海故事》，尚俊等译，北京：生活·读书·新知三联书店，2017 年，第 56 页。

⑥ Jeffrey W. Cody. *Building in China. Henry K. Murphy's "Adaptive Architecture" 1914-1935*. Hong Kong: The Chinese University Press, 2001: 9.

⑦ 村松伸著《上海·都市と建築 1842—1949》，东京：株式会社 PARCO 出版局，1991 年，第 45 页。

⑧ 郑红彬《上海三一教堂：一座英国侨民教堂的设计史（1847—1893 年）》，见：清华大学建筑学院主编《建筑史》，第 33 期，北京：清华大学出版社，2014 年，151 页。

⑨ 王方著《"外滩源"研究：上海原英领馆街区及其建筑的时空变迁（1843—1937）》，南京：东南大学出版社，2011 年，第 52 页。

⑩ 贝尔纳·布里赛著《上海：东方的巴黎》，刘志远译，上海远东出版社，2014 年，第 17 页。

⑪ 娜塔丽《工程师站在建筑队伍的前列：上海近代建筑历史上技术文化的重要地位》，见：汪坦、张复合主编《第五次中国近代建筑史研究讨论会论文集》，北京：中国建筑工业出版社，1998 年，第 99-100 页。

⑫ *The North-China Herald*. Aug. 31, 1867.

⑬ 堀勇良《横滨—上海土木建筑设计师考》，见：《上海和横滨》联合编辑委员会与上海市档案馆编《上海和横滨：近代亚洲两个开放城市》，上海：华东师范大学出版社，1997 年，第 215-239 页。参见：村松伸《19 世纪末 20 世纪初在上海的西洋建筑师及其特征》，见：汪坦，张复合主编《第四次中国近代建筑史研究讨论会论文集》，北京：中国建筑工业出版社，1993 年，第 179-182 页。

⑭ 同上。

⑮ 堀勇良《横滨—上海土木建筑设计师考》，见：《上海和横滨》联合编辑委员会与上海市档案馆编《上海和横滨：近代亚洲两个开放城市》，上海：华东师范大学出版社，1997 年，第 217 页。

⑯ 同上，第 220 页。

⑰ 同上。

⑱ 1866 年 3 月 14 日工部局董事会会议记录，见：上海市档案馆编《工部局董事会会议录》第二册，上海古籍出版社，2001 年，第 554 页。

⑲ 堀勇良《横滨—上海土木建筑设计师考》，见：《上海和横滨》联合编辑委员会与上海市档案馆编《上海和横滨：近代亚洲两个开放城市》，上海：华东师范大学出版社，1997 年，第 221 页。

图 6-3 法租界公董局
来源：《近代上海繁华录》

① 堀勇良《横滨—上海土木建筑设计师考》，见：《上海和横滨》联合编辑委员会与上海市档案馆编《上海和横滨：近代亚洲两个开放城市》，上海：华东师范大学出版社，1997 年，第 223 页。

② 娜塔丽《工程师站在建筑队伍的前列——上海近代建筑历史上技术文化的重要地位》，见：汪坦、张复合主编《第五次中国近代建筑史研究讨论会论文集》，北京：中国建筑工业出版社，1998 年，第 98 页。

③ 泉田英雄《关于 19 世纪 60 年代中国的殖民地式建筑》（中译名），见：日本筑波大学艺术学系编《艺术研究报》，1989 年；转引自村松伸著《上海·都市と建筑 1842—1949》，东京：株式会社 PARCO 出版局，1991 年，第 53 页。

④ 郑红彬《上海三一教堂：一座英国侨民教堂的设计史（1847—1893 年）》，清华大学建筑学院主编《建筑史》，第 33 辑，北京：清华大学出版社，2014 年，第 106 页。

⑤ 丹·克鲁克香克主编《弗莱彻建筑史》，郑时龄等译，北京：知识产权出版社，2011 年，第 1179 页。

⑥ Jeffrey W. Cody. Henry K. Murphy, An American Architect in China, 1914-1935. U.M.I. Dissertation Information Service. 1990：77.

神庙式的处理手法已显示出在风格上向正统的欧洲学院派建筑靠拢的倾向（图 6-3）。克奈维在和怀特菲尔德、金斯密测量法租界的同时也负责法租界的土木建筑事务。①

工程师始终在上海近代建筑中占据重要地位。据统计，1910 至 1940 年间，占总数 71% 的、共 41 家外国建筑事务所由工程师成立。②

三、英国职业建筑师

苏格兰建筑师威廉·凯德纳（一译地纳，William Kidner，1841—1900）是 1860 年代在上海的、唯一的一位英国皇家建筑师学会（RIBA）会员，也是目前所知道的上海最早的正规建筑师之一。凯德纳毕业于伦敦大学学院，受第二任英国领事阿礼国（Rutherford Alcock，1809—1897）的邀请于 1864 年来到上海。③在圣三一堂的建设中，作为上海本地建筑师，他负责对英国建筑师司各特所做的方案进行修改和具体实施，约 1878 年离开上海回英国。凯德纳的作品有圣三一堂（1866—1869，图 6-4）、早期汇丰银行大楼（Hong Kong and Shanghai Bank，1877）和有利银行大楼（Mercantile Bank of India Ltd.，1878）等。

汇丰银行创办于 1865 年，曾经是上海最大的外资银行。早期汇丰银行大楼筹建于 1874 年，历时 3 年建成，是上海租界内第一栋由正规的欧洲建筑师设计的营业办公类建筑，立面为英国文艺复兴式（图 6-5）。这座建筑在 1880 年代改建，拆除半圆形门廊，加以扩建。1921 年被拆除，在原址上建造新的汇丰银行大楼。凯德纳及其作品在上海的出现标志着欧洲正统建筑师和欧洲本土建筑风格登上上海的建筑舞台。建于 1878 年的有利银行大楼，1889 年由德国资本德华银行收买，称"德华银行大楼"，20 世纪 30 年代拆除翻建新楼（今上海市总工会大楼部分）。建筑高 5 层，立面水平腰线明显，屋顶为盝顶，檐口挑出较大，在当时以殖民地外廊式为主的外滩建筑中非常突出（图 6-6）。

（1）历史照片
来源：Virtual Shanghai
图 6-4 圣三一堂

（2）现状
来源：上海市历史建筑保护事务中心

图 6-5 早期汇丰银行大楼
来源：Virtual Shanghai

建筑师柯瑞（John M. Cory，1846—1893），1865年在剑桥大学彭布罗克学院（Pembroke College）学习，1867—1869年师从司各特爵士，1874年到上海，成为凯德纳的合伙人。在凯德纳离开上海后，柯瑞设计了圣三一堂的钟楼（1890—1893，图6-7）和都铎复兴风格的第二代海关大楼（1892—1893）。1893年柯瑞在上海去世。[④]

早期建筑师中有为数极少的"著名建筑师"，例如设计圣三一堂的乔治·吉尔伯特·司各特爵士（Sir George Gilbert Scott，1811—1878）。司各特是一位哥特复兴建筑师，师从英国建筑师和测量师詹姆斯·埃德梅斯顿（James Edmeston，1791—1867），曾经设计和修复过英国的许多建筑，作品有800多项。许多地标性建筑的设计都出自他手，其中最著名的是伦敦的米德兰大酒店（Midland Grand Hotel，1865，图6-8）。司各特于1859年获英国皇家建筑师学会金奖。司各特用维多利亚盛期的手法糅合意大利、法国和荷兰的建筑元素，红砖的立面从成排的尖券开口升起，直到带锯齿状老虎窗的高斜度屋顶、厚重的烟囱和高耸的带有小尖塔和尖顶的塔楼。[⑤]但没有资料表明司各特在设计圣三一堂时曾到过上海，极有可能他是在英国完成设计，然后将图纸送到上海。

19世纪末，上海的西方职业建筑师数量开始增多，为大量移植欧洲建筑风格创造了前提条件。1880年以前，在上海开业的建筑师人数从未超过3人，1880年有4人，1885年增加到6人，1893年增加到7人。[⑥]1908年作为远东商贸指南出版的 *Twentieth Century Impressions of Hong Kong, Shanghai, and other Treaty Ports of China*（《20世纪香港、上海以及中国其他通商港口城市印象》，以下简称《20世纪印象》）一书介绍19世纪末和20世纪10年代活跃于上海的13位建筑师和工程师，他们是罗斯（Robert Rose，1881—?）、海氏（Sidney Joseph Halse）、布莱南·艾特金森（Brenan Atkinson，1866—1907）、小艾特金森（G. B. Atkinson）、毕士来（Percy Montagu Beesley）、爱尔德（Albert Edmund Algar，1873—1926）、道达（W. M. Dowdall）、马矿司（Robert Bradshaw Moorhead）、布雷（A. G. Bray）、达拉斯（Arthur Dallas，1860—1924）、迪纳姆（John Edward Denham，1876—?）、斯科特（Walter Scott）和平野勇造（Yajo Hirano，1864—1951）。[⑦]图6-9中，最上排中间为罗斯，第二排自左至右依次为马海洋行的海氏、通和洋行的布莱南·艾特金森和小艾特金森。第三排自左至右依次为毕士来、爱尔德、道达、马海洋行的马矿司、布雷。第四排自左至右依次为达拉斯、迪纳姆和斯科特，最下排为日本建筑师平野勇造。

此外还有格拉顿（Fredrick M. Gratton）、柯瑞、卡特（W. J. B. Carter）、覃维思（Gilbert Davies）和托玛斯（Charles W. Thomas）等主要人物。其中柯瑞、格拉顿、道达、斯科特和海氏5人具有英国皇家建筑师学会（RIBA）会员资格。至20世纪末，曾在上海居住过的RIBA会员有6人，包括前面提到的凯德纳、柯瑞、道达，以及斯科特、格拉顿和克拉克（W. H. Clark）。道达于1887年来沪定居，1915年后情况不明。斯科特于1889年来沪，1912年后情况不明。格拉顿于1882年由伦敦来沪，1900年返回英国。克拉克于1888—1889年在上海停留。[⑧]他们中大多数从事设计活动的主要时期在1880年代至1910年代，可以称为上海的第二代西方建筑师。第二代西方建筑师刚刚开始在上海从事建筑设计，但尚未将根扎在这座城市。作为工程师助理，达拉斯曾在1877—1898年，迪纳姆于1896—1901年，覃维思于1893—1896年，罗斯作为测量师于1906—1922年在工部局工务处任职。[⑨]

图6-6 有利银行大楼
来源：Virtual Shanghai

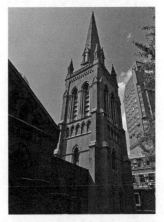

图6-7 圣三一堂钟楼
来源：沈晓明提供

图6-8 米德兰大酒店
来源：Wikipedia

⑦ Arnold Wright. *Twentieth Century Impressions of Hong Kong, Shanghai, and other Treaty Ports of China*, London: Lloyd's Great Brition Publishing Company Ltd., 1908: 620.

⑧ 村松伸著《上海·都市と建筑 1842—1949》，东京：株式会社 PARCO 出版局，1991年，第112页。

⑨ 郑红彬《近代在华英国建筑师群体考论（1840—1949）》，《近代史研究》，2016年，第3期，第147页。

① 参见 Shanghai Old and New. *Social Shanghai*. Vol. XI, 1911: 99.

② 张伟、严洁琼著《张园：清末民初上海的社会沙龙》，上海：同济大学出版社，2013 年，第 18 页。

图 6-9　上海早期的外国建筑师
来源：*Twentieth Century Impressions of Hong Kong, Shanghai, and other Treaty Ports of China*

图 6-10　英国建筑师金斯密
来源：*Twentieth Century Impressions of Hong Kong, Shanghai, and other Treaty Ports of China*

图 6-11　志大洋行
来源：上海图书馆馆藏图片

　　与第一代殖民地开拓时代的土木建筑工程师相比，第二代西方建筑师大多受过正规建筑教育，如斯科特虽出生于印度加尔各答，但在英国受大学教育，并在英国获得 RIBA 准会员资格后来上海。日本建筑师平野勇造曾留学美国加利福尼亚大学（University of California），接受学院派建筑教育。同时，第二代西方建筑师中的大多数人与开拓时代的第一代建筑师有着明显的传承关系，他们在上海的设计经历前期通常是在第一代建筑师的事务所中度过的。第二代建筑师的业务范围明显缩小，比较明确地集中在建筑或建筑与土木工程方面，大部分还同时参与房地产经营。虽然设计业务中也有大量的工厂类和基础设施类项目，但公共建筑和住宅等以建筑设计为主的工作已经成为主要业务。第二代建筑师通常拥有大型事务所，本部设于上海，在各地租界中开设分部，如通和洋行在 19 世纪末 20 世纪初是远东最大的建筑师事务所，在汉口、北京和天津都设有分部。同时，建筑师之间保持比较稳定的合作关系。这些变化与租界所处的发展阶段有直接关系，社会对欧洲本土建筑风格的要求及建造技术和材料的发展为建筑师提供了条件，使得建筑风格西方化进程迅速发展。

四、有恒洋行

一位具有显著个人风格的英国土木与建筑工程师，托马斯·威廉·金斯密（Thomas William Kingsmill，1837—1910）在1848年前经香港来华，1858年在汉口建立事务所。1863年以后他一直在上海定居，曾被《字林西报》誉为土木建筑界巨星（图6-10）。金斯密的设计作品表现出明显的新文艺复兴风格，细部处理也采用正统的西方建筑手法。英国建筑师怀特菲尔德和金斯密于1860年在上海建立有恒洋行（Whitfield & Kingsmill），承接建筑设计、测绘和土木工程业务。怀特菲尔德于1865年退出，1866年移居横滨；洋行成员道森也于1865年离开上海，洋行更西名为"Thos. Kingsmill, Civil Engineer and Architect"。1900年代初，有恒洋行由后辈金福兰（Francis Kingsmill）和金若杰（Gerald Kingsmill）主持，洋行更名为"Kingsmill, Gerald"。金斯密于1910年故世，1913年后，有恒洋行渐无所闻。

有恒洋行属于上海最早的建筑师事务所，在华经营近半个世纪，上海许多著名的外国建筑师都出自该行，如通和洋行的布莱南·艾特金森、爱尔德洋行的爱尔德等。艾特金森自18岁起在金斯密事务所供职，历时10年（1884—1894），1894年独立开业后，与辞去工部局助理市政工程师职务的达拉斯合伙创立蜚声近代上海的通和洋行（Atkinson & Dallas, Ld. Architects, Civil Engineers, Surveyors, Land, Estate Agents）。爱尔德在1888—1896年间也曾在金斯密事务所供职，1896年独立，成立爱尔德洋行（Algar & Co,. Ld., Architects and Surveyors, Land, Estate and Insurance Agencies）。斯科特于1889年来到中国后在玛礼逊与格拉顿的建筑事务所就职，后来继承了这家事务所。海氏、马矿司和道达在独立开业前也曾就职于金斯密事务所。

经过一番短暂的考察，在完全采用本地建筑材料的基础上，1862年，由金斯密设计的第一幢专供出租的商业性写字楼落成，地址在北京东路（图6-11）。这一年也可视作上海近代房地产业的开端。① 1878年，金斯密应山东巡抚之聘，测量运河北段，以后又负责山东和四川的煤矿资源勘探。1901年1月，上海工程师及建筑师学会（Shanghai Society of Engineers and Architects）成立，金斯密成为首批会员之一。

金斯密给上海的建筑界带来一股清风，他以一连串拱券构成的外廊作为建筑作品的标记，拱心石、柱头、线脚和檐口则用苏州产的浅色花岗石镶嵌。这种建筑在欧洲人眼里富有东方情调，在中国人眼里同样被认为是正宗的"洋房"，因此大受商界的欢迎。建于1866年的老沙逊洋行商用楼（David Sassoon & Co.，图6-12）和建于1869年的丽如银行（Oriental Bank，图6-13）以及建于1870年代末期的新沙逊洋行、位于福州路的中央巡捕房（Central Station，1892，图6-14）和张园安垲第（Arcadia Hall，1892—1893，图6-15）均出他之手。用红砖砌筑的中央巡捕房位于福州路河南路，4层外廊式建筑。安垲第由金斯密、艾特金森设计，由浙西名匠何祖安承建。安垲第完全采用古典主义手法，建起一座带有塔楼的大楼，楼前有一片可容数千人的大草坪。②金斯密业余时研究汉学，曾经担任《上海文汇》（Shanghai Mercury）的主笔。

图 6-12 老沙逊洋行
来源:Virtual Shanghai

图 6-13 丽如银行
来源:Virtual Shanghai

图 6-14 中央巡捕房
来源:Virtual Shanghai

图 6-15 张园安垲第
来源：Virtual Shanghai

图 6-16 大阪日本帝国造币厂
来源：Wikipedia

① 堀勇良《横滨—上海土木建筑设计师考》，见：《上海和横滨》联合编辑委员会与上海市档案馆编《上海和横滨：近代亚洲两个开放城市》，上海：华东师范大学出版社，1997 年，第 225 页。

② 夏伯铭编译《上海 1908》，上海：复旦大学出版社，2011 年，第 148 页。

③ Wikipedia.

五、其他工程师和建筑师

法国工程师皮莱格兰（Henri Auguste Pelegrin）于 1841 年在法国的博莱讷（Bollène）出生，1862 年从巴黎中央技艺学校毕业后到上海工作。1867 年 3 月他作为上海法租界煤气公司的主要成员为法租界安装煤气灯，1870 年去日本，在横滨和东京安装煤气灯，1879 年离开横滨，1882 年在海地去世。① 尤尔勃里奇原先在法租界煤气公司供职，1872 年追随皮莱格兰到横滨。

荷兰工程师奈格（John de Rijke），1873 年前往日本任内务省的顾问工程师，1905 年到上海担任黄浦江河道局总工程师。②

爱尔兰土木工程师和建筑师托马斯·沃特斯（Thomas James Waters，1842—1898）曾于 1864 年在香港设计皇家造币局（Royal Mint in Hong Kong）。1865 年到日本长崎，在长崎设计过住宅，在萨摩建造过棉纺织厂，并在明治维新后任政府的总建筑师和测量师，主持设计和建造政府大楼、住宅、桥梁、铁路、水厂、工厂和兵营等各种工程项目。他的作品还有大阪的日本帝国造币厂（Imperial Japanese Mint in Osaka，1868—1870，图 6-16）。他也曾主持过日本的第一项城市再开发规划：东京银座炼瓦街（Ginza Bricktown，1873），这是一项仿效法国奥斯曼的巴黎改建规划的工程，采用古典复兴的风格。沃特斯于 1875 年来到上海，从事建筑师和工程师的业务，建造商号并监督街灯的安装。他在上海的时间比较短暂，没有留下具体作品的信息，对上海的影响远不及他在日本的成就。后来在新西兰南岛担任采矿工程师，1880 年代初到美国采矿，1898 年客死科罗拉多州的丹佛市。③

这些早期的技术人员往往是工程师出身，或者仅仅是在事务所中受过实际工程培养，建筑素养并不高。由他们设计完成的建筑大多没有摆脱殖民地外廊式风格的影响，这与工程师背景和在殖民地中的职业经历有直接关系。正是这些以土木工程师为主的西方技术人员传播并发展了殖民地外廊式建筑风格，同时，他们的一部分作品也表现出追求欧洲本土建筑风格的意图。

早期建筑师中有相当一部分是神职人员，正如中世纪欧洲的许多教会建筑是由教士设计建造的那样，上海的早期教堂多半由教士或其他神职人员设计。据信，当年美国传教士文惠廉的座堂——虹口美国教堂（1854）是由传教士设计的。本书第四章近代宗教建筑中也已经介绍西班牙耶稣会传教士范廷佐、法国耶稣会传教士马历耀和罗礼思、葡萄牙耶稣会传教士能慕德、叶肇昌等，他们也都是建筑师。

第二节 英国建筑师事务所

图 6-17 英国建筑师雷士德
来源:*Men of Shanghai and North China, A Standard Biographical Reference Work*

英国以及英联邦国家建筑师是外国建筑师中最早进入上海的，也是人数最多的建筑师群体。据统计，在 1890 年代，有 7 家外国建筑师事务所在上海，其中 5 家是英国建筑师事务所。1910 年，外国建筑师事务所的数量增加到 14 家，大部分由英国建筑师开办。④据统计，近代在华英国建筑师的数量不少于 507 人，超过其他西方国家建筑师的总和，在上海的英国建筑师不少于 197 人。⑤1840—1949 年，在上海开业的英国建筑师事务所不少于 36 家。⑥英国建筑师为上海近代建筑的发展奠定了重要的基础，并创造了许多优秀的建筑作品。

一、德和洋行

德和洋行是近代最重要的建筑师事务所之一，开业的时间跨度几乎覆盖整个近代时期。尽管由于目前十分有限的研究，只有不到 20 项可以确证为德和洋行的作品，但都具有重要的历史文化价值，仅在外滩就留有 3 项作品。其创始人是建筑师和土木工程师雷士德（一译雷氏德、莱斯德、莱斯特，Henry Lester，1840—1926，图 6-17），于 1866 年继承克奈维洋行后，改名"德和洋行"，西名为"Lester, H. & Co."，经营建筑及相关包工业务，并承接建筑设计、土木及测绘工程。1878 年曾参与虹口捕房的设计，1880 年曾代理工部局工务处测量师。⑦1903 年前改营房地产，更西名为 "Shanghai Real Estate Agency Property"，1903—1913 年地址在泗泾路 1 号。⑧1908 年前后歇业，1910 年代复业，西名为 "Lester, H. & Co. Shanghai Real Estate Agency"，恢复建筑设计、土木工程以及房地产开发等业务。1913 年与玛礼逊洋行合伙人约翰逊（George A. Johnson）及本行建筑师马立师（Gordon Morriss）合伙经营，更西名为 "Lester, Johnson & Morriss"，英国建筑师莫汉（J. R. Maughan）后加入事务所。德和洋行在 1940 年代尚见于史料。

雷士德是德和打样地产行的创办人。他 1863 年来上海，先是经营皮革杂货，后从事建筑工程及房地产开发，继承克奈维洋行后，更名为"德和洋行"。雷士德一生勤俭自励，成为上海首富之一，1878 年至 1883 年五次当选为法租界公董局董事，两次副总董，1881 年当选为公共租界工部局董事，1916 年退休。⑨

德和洋行的早期作品有工部局市政厅（The Town Hall，1896）、先施公司（Sincere Co., Ltd.，1917）、外滩的日清轮船公司大楼（The Nishin Navigation Company，1919—1921）、字林西报大楼（North China Daily News Building，1921—1924，图 6-18）和台湾银行（The Bank of Taiwan，1926，图 6-19）等。台湾银行为 4 层钢筋混凝土结构建筑，仿希腊神庙造型，建筑正立面是贯通 2 层的、4 根粗大而变形的复合式圆形巨柱，其余三面为变形的复合柱式方壁柱，使这栋不大的建筑显得庄重挺拔。二层

来源:上海市城建档案馆馆藏图纸

来源:Virtual Shanghai
图 6-18 字林西报大楼

④ Jeffrey W. Cody. *Building in China. Henry K. Murphy's " Adaptive Architecture" 1914-1935*. The Chinese University Press, 2001: 64.

⑤ 郑红彬《近代在华英国建筑师群体考论（1840—1949）》，《近代史研究》，2016 年，第 3 期，第 143 页。

⑥ 同上，第 153 页。

⑦ 1878 年 12 月 9 日工部局董事会会议记录，见:上海市档案馆编《工部局董事会会议录》第七册，上海古籍出版社，2001 年，第 656 页。

⑧ 上海市档案馆编，马长林主编《老上海行名辞典 1880—1941》，上海古籍出版社，2005 年，第 399 页。

⑨ 伍江《主要外籍建筑师与中国建筑师队伍的形成与成熟》，引自:赖德霖、伍江、徐苏斌主编《中国近代建筑史》第四卷，北京:中国建筑工业出版社，2016 年，第 38 页。

6-19 台湾银行
来源：Virtual Shanghai

和四层上方饰有简洁的线脚，三层上方有出挑的檐口，三、四层的层高较小，古典主义建筑的山花弱化成阁楼的形式，由此显示出日本近代西洋古典主义的建筑风格。建筑外墙面饰花岗石，整体较为简洁。雷士德于 1926 年故世，遗产捐赠建造雷士德医学研究院和雷士德工艺学院。[①]

德和洋行的合伙人之一乔治·约翰逊（George A. Johnson）是英国皇家建筑师学会准会员，其他合伙人有英国建筑师马立师（Gordon Morriss）、莫汉（J. R. Maughan）以及鲍斯惠尔（Edwin Forbes Bothwell）。鲍斯惠尔曾在公和洋行工作，1930 年代以后成为德和洋行的合伙人之一。鲍斯惠尔的作品有雷士德工艺学院（Lester School & Technical Institute，1933—1934），建筑采用哥特复兴风格。此外还有现代风格的雷士德医学研究院（Henry Lester Institute for Medical Education and Research，1930—1932，图 6-20）。

二、玛礼逊洋行

图 6-20 雷士德医学研究院
来源：沈晓明提供

玛礼逊洋行自 1877 年建立到 1913 年解散，历史并不悠久，却留下许多优秀的建筑，创始人是英国土木工程师及电机工程师学会会员玛礼逊（一译毛里逊，Gabriel James Morrison，1840—1905）。玛礼逊在 1876 年作为上海淞沪铁路工程师被怡和洋行从伦敦招聘到上海，1877 年建立玛礼逊洋行，1901 年首任上海工程师建筑师学会会长，1902 年退休。[②]

格拉顿（一译格兰顿，Frederick Montague Gratton，1859—1918），英国皇家建筑师学会会员，1872—1875 年学习工程，1877 年开始在伦敦执业，1881 年加入英国皇家建筑师学会，1883 年成为资深会员。格拉顿于 1882 年由伦敦来沪，负责玛礼逊洋行的建筑部，1885 年成为合伙人，洋行更名为"Morrison & Gratton"，承接土木工程和建筑设计业务。1882—1888 年，格拉顿曾五次当选公共租界工部局董事会董事，三次出任副总董，1902 年返回英国。他的作品有中国通商银行（Commercial Bank of China，1897，图 6-21），建筑采用哥特复兴风格，立面为红砖清水墙，1921 年立面被粉刷覆盖。

（1）历史照片
来源：Virtual Shanghai
图 6-21 中国通商银行

（2）现状

（3）沿街面细部
来源：许志刚摄

(1) 历史照片
来源:Virtual Shanghai

(2) 现状
来源:许志刚摄

(3) 现状俯视
来源:《上海外滩建筑群》

图 6-22 汇中饭店

图 6-23 怡和洋行新楼

斯科特（一译司各特，Walter Scott，1860—1917），英国皇家建筑师学会准会员，1860 年在印度的加尔各答出生，在英国汤顿的卫斯理学院受教育，1882 年成为建筑师并开业。1889 年来华，成为玛礼逊洋行的助理建筑师，1899 年成为玛礼逊洋行的合伙人，事务所更名为"Morrison, Gratton & Scott"。斯科特于 1902 年离开玛礼逊洋行，加入卡特事务所，1912 年后情况不明。卡特（W. J. B. Carter，？—1907），英国皇家建筑师学会会员，一度任上海工程师建筑师学会副会长。1907 年卡特去世后由斯科特独立主持洋行，西文行名改为"Scott, Walter"。

玛礼逊洋行的作品代表了上海近代建筑的前现代时期，以英国维多利亚建筑风格为主，代表作有轮船招商总局大楼（The China Mechants Steam Navigation Co. Building，1901）、上海划船总会（Shanghai Rowing Club，1903—1905）、汇中饭店（Palace Hotel，1906—1908，图 6-22）、惠罗公司（Laidlaw Building，1907）、怡和洋行新楼（The New 'EWO'Building，1907）等。

1910 年前后，斯科特退出玛礼逊洋行，英国皇家建筑师学会会员克里斯蒂（J. Christie）和英国皇家建筑师学会准会员约翰逊（G. A. Johnson）合伙接办，更西名为"Christie & Johnson"。汇中饭店和怡和洋行新楼（图 6-23）是玛礼逊洋行在外滩的优秀作品，均为安妮女王复兴风格。

三、道达洋行

英国皇家建筑师学会会员和土木工程师学会准会员道达（一译"道达尔"，又译"窦达尔"，W. M. Dowdall），于 1880 年前后建立道达洋行，西名"William Macdonnell Mitchell Dowdall"，承接建筑设计和土木工程，一度出任江南海防顾问工程司。1895 年他与马矿司合伙，更西名为"Dowdall & Moorhead"，并增加其他营造业务。

① 《建筑月刊》第二卷，第四期，1934 年 4 月。见:《中国近代建筑史料汇编: 第一辑》第四册，第 1673—1677 页。

② Arnold Wright.*Twentieth Century Impressions of Hong Kong, Shanghai, and other Treaty Ports of China*. London: Lloyd's Greater Britain Publishing Company. Ltd. 1908: 632.

图 6-24 徐家汇天主堂
来源：Virtual Shanghai

图 6-26 通和洋行图签
来源：上海市城建档案馆馆藏图纸

图 6-27 圣约翰大学校园全景
来源：Hallowed Halls: Protestant Colleges in Old China

图 6-28 圣约翰大学怀施堂
来源：上海市历史博物馆馆藏图片

(1) 历史照片
来源：《建筑月刊》第一卷，第三期

(2) 大华公寓现状
来源：席子摄

图 6-25 大华公寓

　　道达最重要的作品是联合教堂（Union Church，1886）和圣依纳爵天主堂（St. Ignatius Cathedral，1904—1910，今徐家汇天主堂，图 6-24）。单塔的联合教堂仿英国哥特复兴式教堂，希腊十字平面，西北角有一座钟塔。联合教堂东侧的教士住宅（Manse，1899）也是道达洋行的设计。[1]圣依纳爵教堂的设计仿法国的天主教教堂。道达在 1907—1909 年被选为法租界公董局副总董，1915 年后情况不明。

　　英国土木工程师马矿司（Robert Brodshaw Moorhead，？—1903）在 1895 年成为道达洋行的合伙人。1900 年，马矿司退伙单独开业。道达再度自己经营洋行，恢复原西名"W. M. Dowdall"。1919 年礼德（W. Stanley Read）加入，启用"Dowdall & Read"新西名，增添测绘和房地产经济业务。

　　道达于 1920 年代初退休，洋行由礼德等接办，更西名为"Dowdall, Read & Tulasne"。礼德曾于 1913—1919 年在海关总署任职。1913 年 7 月任职时，起初担任绘图员，1919 年成为建筑师。[2]洋行于 1934 年改称"礼德洋行"（Read, W. S.）。道达洋行设计大华公寓（Majestic Apartments，1932，图 6-25）时，已经转向装饰艺术风格。

四、通和洋行

　　通和洋行（Atkinson & Dallas）是近代上海最重要的建筑师事务所之一，也是重要的土木工程和房地产公司。在所有的外国建筑师事务所中留下的作品数量最多，已知的作品过百项。通和洋行经营业务的时间也是所有外国建筑事务所中跨度最大的，活动期贯穿上海近代建筑最重要的时期，作品的风格也从早期的移植英国本土建筑，探索欧亚建筑风格，到新古典主义、现代建筑风格等。

　　通和洋行的创始人布莱南·艾特金森（Brenan Atkinson，1866—1907）的父亲艾根生（John Atkinson）曾任江南制造局龙华火药厂厂长。艾特金森从 18 岁开始在金斯密的有恒洋行供职，历时 10 年，曾与金斯密合作设计张园安垲第。1894 年独立，与他人合伙建立通和洋行，总部设在上海北京东

（1）历史照片
来源：上海市历史博物馆馆藏图片

（2）现状
来源：席子摄

（3）入口细部

图6-29 仁记洋行大楼

（1）历史照片
来源：Virtual Shanghai

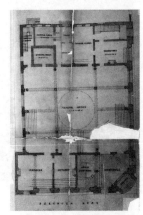

（2）底层平面图
来源：上海市城建档案馆馆藏图纸

（3）现状

图6-30 永年人寿保险公司

路4号，开设事务所，承接建筑设计业务，兼营房地产（图6-26）。也曾在汉口、北京和天津设立分部，该洋行的业务一直延续到1940年代后期。

艾特金森在1901年上海建筑师工程师学会成立时担任副会长，是《20世纪印象》一书中介绍的19世纪末至20世纪10年代，活跃于上海的13位建筑师之一。1898年与辞去工部局助理市政工程师职务的达拉斯（Arthur Dallas，1860—1924）合伙，更西名为"Atkinson & Dallas"[3]。艾特金森在1907年染病去世，其弟小艾特金森继任通和洋行合伙人。

洋行在1910年按照香港法规改组为通和有限公司，于1915年注册，由达拉斯主持。合伙人有达拉斯、理查德·麦斯威尔·萨克（Richard Maxwell Saker）和威廉·罗·艾特金森（William Lowe Atkinson）。达拉斯于1891年前来华，曾多年任上海公共租界管理公务写字房副工程司，是上海工程师建筑师学会最早的会员之一，旅华建筑师协会副会长，也曾任中国建筑师学会副理事长，英国皇家艺术学会会员，1920年代初退休。

通和洋行在1896年设计建成阜丰面粉厂（The Foo Feng Flour Mills），1902年设计并建造位于半淞园路的上海最早的南市自来水厂（The City and Nantao Waterworks），1906年设计位于龙华的龙章机器造纸厂等。[4]通和洋行的早期红砖作品以维多利亚建筑风格为主，圣约翰大学校园（图6-27）是通和洋行早期的作品，校园内的大部分作品均出自这家事务所。代表作有欧亚建筑风格的圣约翰大学怀施堂（Schereschewsky Hall，1894，图6-28）、圣约翰大学科学馆（Science Hall，1898—1899）等，安妮女王复兴风格的礼查饭店北楼（1905—1906）、大清银行（Ta Ching Government Bank，1908）、仁记洋行大楼（The Gibb Livingston & Co.，1908，图6-29）等，以及新古典主义风格的永年人寿保险公司（China Mutual Life Insurance Company，1910，图6-30）、东方汇理银行（Banque de l'Indo Chine，1912—1914）、上海总商会议事厅（Chinese Chamber of Commerce，1913—1915）、沙美大楼（Somekh Building，1918—1921，图6-31）等。

① 王方著《"外滩源"研究：上海原英领馆街区及其建筑的时空变迁（1843—1937）》，南京：东南大学出版社，2011年，第86页。

② 郑红彬《近代在华英国建筑师群体考论（1840—1949）》，《近代史研究》，2016年，第3期，第151页。

③ Arnold Wright.*Twentieth Century Impressions of Hong Kong, Shanghai, and other Treaty Ports of China.* London: Lloyd's Greater Britain Publishing Company. Ltd., 1908: 628.

④ 同上，630页。

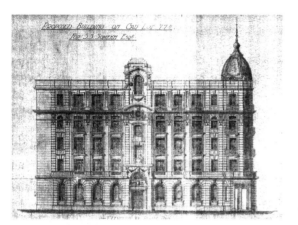

图 6-31 沙美大楼
来源：上海市城建档案馆馆藏图纸

图 6-32 兰心大楼

（1）历史照片
来源：《建筑月刊》第四卷，第三期

（2）现状

图 6-33 五洲大药房

图 6-34 亨利公寓

图 6-35 新瑞和洋行图签
来源：上海市城市建设档案馆馆藏档案

图 6-36 汇丰银行大班宅
来源：上海市房地产管理局

图 6-37 礼查饭店
来源：上海市历史建筑保护事务中心

图 6-38 东方饭店
来源：Virtual Shanghai

① 根据上海市城建档案馆 D(03-05)-1939-0228 的档案，1939 年的请照单上注明业主是 R.M.Joseph，建筑师是通和洋行，以往误认为是法国建筑师赖安工程师的作品。

② Arnold Wright.*Twentieth Century Impressions of Hong Kong, Shanghai, and other Treaty Ports of China.* London: Lloyd's Greater Britain Publishing Company Ltd. 1908: 632.

③ 同上。

通和洋行在圆明园路设计的兰心大楼（Lyceum Building，1927，图 6-32）和位于虎丘路和北京东路转角的中国实业银行大楼（1929）的设计中，已经表现在探索现代建筑的手法，在五洲大药房（International Dispensary，1934—1935，图 6-33）中充分显示了走向现代建筑的倾向。位于淮海中路 1154—1170 号的亨利公寓（Hanray Mansions，1939，图 6-34）和位于高安路的荣德生宅（1939）是通和洋行现代建筑设计手法的杰出作品。①

五、新瑞和洋行

英国建筑师学会会员覃维思（Gilbert Davies），1920 年代中获英国皇家建筑师学会开业证书，并先后成为英国建筑工程师学会和皇家建筑师学会会员，1930 年代初退休。覃维思于 1894 年在外滩 10 号建立新瑞和洋行，承接建筑设计和土木工程，兼营房地产业务，西名为 "Davies, Gilbert & Co."。②1899 年与托玛斯（Charles W. Thomas）合伙，更西名为 "Davies & Thomas, Civil Engineers & Architects"（图 6-35）。1913 年前，托玛斯退出，洋行改由覃维思与建筑师蒲六克（J. T. Wynward Brooke）合伙，启用新西名 "Davies & Brooke"，1930 年代改名为 "建兴洋行"（Davies, Brooke & Gran Architects）。

图 6-39 懿德公寓
来源：席子摄

图 6-40 周湘云宅
来源：席子摄

已知新瑞和洋行最早的作品是位于南京西路西康路的汇丰银行大班克莱格宅（即汇丰银行大班宅，1906，图 6-36），建造上海商城时拆除。代表作还有礼查饭店（Astor House Hotel，1908—1910，图 6-37）、大北电报公司修复设计（1917—1918）、华侨银行大楼（Oversea Chinese Banking Corp.，1924—1930）、东方饭店（Grand Hotel，1929，图 6-38）、兰心大戏院（Lyceum Theatre，1930—1931）。新瑞和洋行的后期作品以现代风格为主，代表作有麦特赫斯脱公寓（Medhurst Apartments，1934，今泰兴大楼）、懿德公寓（Yue Tuck Apartments，1933—1934，图 6-39）、中国通商银行新厦（The Commercial Bank of China，又名建设大厦，Development Building，1934—1936）、周湘云宅（1934—1937，今岳阳医院青海路门诊部，图 6-40）等。

六、爱尔德洋行

英国建筑师学会会员爱尔德（Albert Edmund Algar，1873—1926），1873 年在加拿大的魁北克出生，在伦敦维多利亚公学和烟台基督教教会学校受教育；1888 年抵上海。起先在有恒洋行当学徒，出师后留在有恒洋行工作。[③] 1897 年在上海圆明园路 11 号建立爱尔德洋行，承接建筑设计及土木工程，西名为"Algar, A. E."。洋行经历了多次拆分和改组，1906 年前后与毕士来（Percy Montagu Beesley）合伙，更西名为"Algar & Beesley"。1907 年，毕士来退出，爱尔德独立开业。爱尔德于 1908 年前成为英国建筑师学会会员，1915 年改组为爱尔德有限公司安利洋行（Algar & Co., Ltd.）。1928 年被沙逊洋行名下的华懋地产公司收购，但行名不变。

图 6-41 业广地产公司的公寓
来源：薛理勇提供

爱尔德在上海的作品有李鸿章宅（Residence Li Hung Chang，19 世纪末）、李经芳宅（Residence Li Ching Fong）、李德立宅（Residence E. S. Little）、业广公司在四川北路底的公寓和住宅（1907 以前，图 6-41）、中国基督教青年会（Chinese Young Men's Christian Association，1905—1907）、哈同大楼（Liza Building，1906，今慈安里，图 6-42）、圣约翰大学思孟堂（Yan Yongjing Hall，1909）、凡尔登花园（Verdun Terrace，1925—1929，图 6-43）等。哈同大楼曾经是洲际酒店（Continental Hotel）、美丰银行（American Oriental

图 6-42 哈同大楼
来源：薛理勇提供

图 6-43 凡尔登花园
来源：*Frenchtown Shanghai*

图 6-44 马海洋行图签
来源：上海市城市建设档案馆档案

图 6-45 马海洋行合伙人鲁滨生
来源：薛理勇提供

图 6-46 马海洋行合伙人斯彭斯
来源：薛理勇提供

Banking Corporation）和上海女子美容会（Shanghai Toiletclub）的所在地。爱尔德洋行的许多作品的具体信息还待考证，爱尔德在天津、北京和杭州也都留下了作品。爱尔德洋行的爱敦司（E. H. Adams）1933 年在上海市工务局登记为建筑技师开业。[①]作为现场建筑师，他参与了太古洋行大班宅（1924—1935）的设计。

七、马海洋行

马海洋行从建立到结束差不多有 50 多年的历史，名称也由马矿司洋行（Moorhead, R. B）到马海洋行（Moorhead & Halse, Moorhead, Halse & Robinson），再到新马海洋行（Spence, Robinson & Partners）。马海洋行在近代上海留下多项优秀作品，在英国建筑师事务所中具有重要的影响。创始人马矿司（Robert Bradshaw Moorhead）是英国土木工程师学会准会员，1888 年前后来华，任北洋铁轨官路总局副工程司，参与修建北方铁路。1895 年成为道达洋行的合伙人，1900 年，马矿司退出道达洋行并单独开业，建立马矿司洋行（Moorhead, R. B.），承接土木工程和建筑设计业务。1901 年上海建筑师工程师学会成立，他是首批会员。[②]1907 年与海氏（Sidney Joseph Halse）合伙，建立马海洋行，西名为"Moorhead & Halse"，承接建筑设计，土木及测绘工程（图 6-44）。

洋行于 1920 年代初改组，鲁滨生（Harold G. Robinson）成为合伙人，更西名为"Moorhead, Halse & Robinson"。鲁滨生（图 6-45）1933 年在上海市工务局登记为建筑技师开业，同时登记的还有马海洋行的马尔楚。[③]1928 年后再度改组，原先思九生洋行的合伙人斯彭斯（一译夏勃·马赛尔·士本氏，Herbert Marshall Spence，图 6-46）加入，改名为"新马海洋行"，西名为"Spence, Robinson & Partners"，成为上海重要的建筑师事务所之一。新马海洋行在这一时期也产生了最优秀的作品，1940 年代尚见于记载。另一位合伙人海氏（又译海尔斯，Sidney Joseph Halse），毕业于伦敦皇家学院，是英国皇家建筑师学会准会员，1907 年成为合伙人，1920 年代初退休。

马海洋行的设计以新古典主义为主，代表作有爱资拉宅（Residence for E. I. Ezra，1911—1912，图 6-47）、外滩 1 号的麦边大楼（The McBain Building，1913—1916，图 6-48）、中南银行（The

图 6-47 爱资拉宅
来源：上海市历史博物馆馆藏图片

图 6-48 麦边大楼

（1）效果图
来源：《建筑月刊》第一卷，第一期

（2）设计过程方案一
来源：《建筑月刊》第一卷，第一期

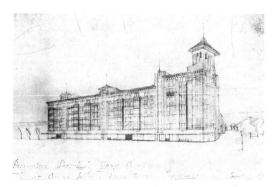

（3）设计过程方案二
来源：《建筑月刊》第一卷，第一期

（4）现状
来源：席子摄

图 6-49 杨氏公寓

China & South Sea Bank，1917—1921）、拉结会堂（Ohel Rachel Synagogue，1920—1921）、杨氏公寓（Young Apartments，1933，今永业大楼，图 6-49）、跑马总会大厦（Administration Building & Member Stand，Shanghai Race Course，1933—1934，今上海市历史博物馆，图 6-50），住宅建筑设计则有新康花园（Jubilee Court，1934）、沙发花园（Sopher Garden，1938—1941，今上方花园，图 6-51）等。马海洋行的作品以新古典主义风格为主，尤以麦边大楼和中南银行为代表，比例十分严谨，可惜中南银行在 1997 年加建 3 层，完全破坏了建筑的立面。

杨氏公寓由马海洋行建筑师白脱（C. F. Butt）设计，在初始方案中以转角塔楼形成城市地标，最终的方案以圆弧状的转角与城市道路呼应，纪念性服从于城市的空间关系。塔楼方案经修改后用在跑马总会大厦上。④上海跑马总会大厦表现了完美的新古典主义风格，立面比例严谨，由于面对南京西路

① 《上海市技师、技副、营造厂登记名录》，民国二十二年（1933）。见：《中国近代建筑史料汇编：第二辑》第八册，第 4383-4571 页。

② Arnold Wright. *Twentieth Century Impressions of Hong Kong, Shanghai, and other Treaty Ports of China*. London: Lloyd's Greater Britain Publishing Company Ltd, 1908: 632.

③ 《上海市技师、技副、营造厂登记名录》，民国二十二年（1933）。见：《中国近代建筑史料汇编：第二辑》第八册，第 4383-4571 页。

④ 《建筑月刊》第一卷，第一期，1932 年 11 月。见：《中国近代建筑史料汇编：第一辑》第一册，第 1-88 页。

（1）设计效果图
来源：《建筑月刊》第二卷，第一期

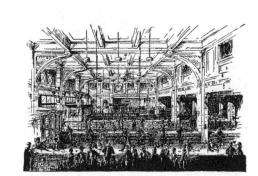

（2）售票及领彩处室内
来源：《建筑月刊》第二卷，第一期

（3）门厅及大楼梯
来源：《建筑月刊》第二卷，第一期

（4）餐厅室内
来源：《建筑月刊》第二卷，第一期

（5）现状
来源：《回眸》

图 6-50　跑马总会大厦

来源:席子摄

来源:席子摄

图 6-51 上方花园

图 6-52 思九生
来源:薛理勇提供

的面比较狭窄，建筑师设计了一座高 49 米的钟塔，形成一条南北向的轴线，东面是看台。底层为入口和售票处，夹层为供会员使用的滚球场，一楼为会员俱乐部，附有咖啡室、阅览室、纸牌室及弹子房等，一楼南侧有来宾餐厅。二楼和三楼共有会员包厢 30 处，顶层为职员宿舍。建筑立面采用红砖和水刷石饰面及石材相间。1951—1952 年由华盖建筑事务所改建为上海图书馆，看台下的空间改造成书库；1997—2000 年改建为上海美术馆时，拆除了看台，在东侧加建一跨入口大厅；2016—2017 年改建为上海市历史博物馆。

沙发花园原属英籍犹太人沙发（Sopher）建于 1916 年以前的私人花园住宅，1933 年售给浙江兴业银行，1938—1941 由浙江兴业银行投资，分批建造了 3 层砖木结构楼房共 74 幢，前后共 5 排，有西班牙式、现代式样等多种风格，楼前均有一座花园，建筑总面积为 28500 平方米。[1]

八、思九生洋行

思九生洋行在上海的历史仅 28 年，但却留下不少优秀的建筑作品。英国建筑师罗勃·安尼士·思九生（Robert Ernest Stewardson，图 6-52）1910 年在上海开办思九生洋行（Stewardson & Spence）。思九生是怡和洋行建筑师，这也与他设计怡和洋行的一些建筑经历相符。1928 年斯彭斯离开事务所（加入新马海洋行），事务所更名为 "Stewardson, R. E."。思九生 1933 年在上海市工务局登记为建筑技师开业。[2] 1938 年事务所关闭。

思九生洋行的已知作品多为新古典主义风格，住宅则以英国乡村式为主，如位于武康路 99 号的正广和洋行大班宅（Macgregor Villa，1926—1928），属于英国乡村住宅风格。其他代表作有怡和洋行大楼（The EWO Building，1920—1922）、上海邮政总局（Shanghai Post Office Building，1922—1924，图 6-53）等。怡和洋行大楼占地面积 1987 平方米，建筑面积 15 000 多平方米，已经带有折衷主义风格（图 6-54），1939 年曾加建 1 层，1983 年又加建 1 层，加建后，原有女儿墙已经不复存在，立面比例有很大改变。代表作还有嘉道理宅（Elly Kadoorie's House，1924，图 6-55）等。1931 年建造的位于北京路胶州路口的共济会堂（图 6-56）也是思九生的作品，属新古典主义风格。

图 6-53 上海邮政总局
来源:薛理勇提供

⑴ 历史照片
来源:Virtual Shanghai

⑵ 现状
来源:许志刚摄

图 6-54 怡和洋行大楼

图 6-55 嘉道理宅
来源：许志刚摄

图 6-56 共济会堂
来源：沈晓明提供

九、公和洋行

巴马丹拿公司（Palmer & Turner，P & T）是一家于 1868 年在香港创建的事务所，创始人是英国建筑师威廉·萨威（William Salway，1844—1902），两位合伙人巴马（Clement Palmer，1857—1952）和丹拿（Arthur Turner，1858—约 1945）在 1886 年成为事务所的主持人，洋行也在 1886 年改名为"巴马丹拿公司"。1911 年在上海建立事务所，称为"公和洋行"。公和洋行是近代上海最具影响力的建筑师事务所之一，在上海留下大量的优秀建筑，可以说近代上海最辉煌的建筑中，有相当一部分出自公和洋行的设计。

公和洋行的成就与主持建筑师乔治·利奥波德·威尔逊（George Leopold Wilson，1881—1967，图 6-57）分不开。威尔逊又称"图克·威尔逊"（Tug Wilson），是近代上海最重要的英国建筑师之一，1881 年 11 月 1 日出生于伦敦，并在伦敦受教育，1904 年和 1905 年通过测量师学会（Surveyor's Institute）的考试，是英国皇家建筑师学会的会员、测量师学会的资深会员、注册建筑师和测量师。[③] 1898—1901 年曾受雇于伦敦建筑师佩克（H. W. Peck），以后又在安森（E. B. J. Anson）事务所当助理，在此期间，威尔逊经常到法国和意大利旅游。威尔逊于 1908 年来到香港，加入巴马丹拿公司，担任助理建筑师。第二次世界大战时，威尔逊在伦敦生活，战后回到香港，直至 1952 年 3 月退休，在远东工作了 44 年。其中 30 年的时间里，他是巴马丹拿公司的高级合伙人，领导一个由杰出的建筑师和工程师组成的班子，负责远东地区，特别是上海、香港和新加坡一些颇具规模、又最富创意的建筑的设计。威尔逊设计过香港汇丰银行（1933），应约旦国王邀请设计新政府大楼（1934），并且负责设计和建造在孟买和仰光的一些银行大楼。第二次世界大战后还设计了香港的中国银行（1950）等建筑。

1912 年威尔逊与洛根（M. H. Logan）到上海组建巴马丹拿公司的上海分部，命名为"公和洋行"（Palmer & Turner Architects and Surveyors）。公和洋行在上海的第一件任务是位于外滩的有利银行（Union Insurance Company，1913—1916，图 6-58），是上海的第一座钢框架结构建筑，楼板使用钢筋混凝土，也是中国第一座开放式空间布局的办公楼。

图 6-57 英国建筑师威尔逊
来源：*Men of Shanghai and North China, A Standard Biographical Reference Work*

① 《上海市徐汇区地名志》编纂委员会《上海市徐汇区地名志》，2010 年版，上海辞书出版社，2012 年，第 164 页。

② 《上海市技师、技副、营造厂登记名录》，民国二十二年（1933）。见：《中国近代建筑史料汇编：第二辑》第八册，第 4383-4571 页。

③ George F. Nellist. *Men of Shanghai and North China, A Standard Biographical Reference Work*. Shanghai: The Oriental Press, 1933.

（1）历史照片
来源：Virtual Shanghai
图 6-58 有利银行

（2）现状
来源：席子摄

图 6-59 汇丰银行渲染图
来源：Old Shanghai

图 6-60 亚洲文会大楼
来源：章明建筑师事务所

图 6-61 汇丰银行和江海关大楼

图 6-62 华懋公寓
来源：Virtual Shanghai

图 6-63 沙逊大厦
来源：许志刚摄

图 6-64 峻岭寄庐建筑群
来源：《上海市历史文化风貌区（中心城区）》

GRAHAM-BROWN & WINGROVE
ARCHITECTS
123ᴬ SZECHUEN ROAD SHANG-HAI

图 6-65 文格罗白朗洋行图签
来源：上海市城建档案馆馆藏图纸

① 《建筑月刊》第一卷，第一期，1932 年 11 月，第 45-52 页。见《中国近代建筑史料汇编：第一辑》第一册，第 61-68 页。《建筑月刊》第一卷，第三期，1933 年 1 月，第 32-36 页。见：《中国近代建筑史料汇编：第一辑》第一册，第 254-258 页。

② 黄光域编《近代中国专名翻译词典》，成都：四川人民出版社，2001 年，第 708 页。

③ 根据上海市城建档案馆 D(03-05)-1930-0297 的档案。

公和洋行设计的建筑类型涉及银行、办公楼、酒店、住宅、教堂、商业建筑、工业建筑等广泛的领域，对上海的建筑技术进步、现代建筑和高层建筑的发展有着重要的贡献。公和洋行的设计代表 20 世纪上海近代建筑的典范。仅在外滩就有 8 幢建筑出自公和洋行之手，除有利银行外，还有汇丰银行大楼（Hong Kong and Shanghai Banking Corporation Building，1920—1924，图 6-59）、蓝烟囱轮船公司大楼（Glen Line Building，1920—1922）、麦加利银行（The Chartered Bank of India, Australia, and China，1920—1923）、横滨正金银行（Yokohama Specie Bank，1923—1924）、江海关大楼（Chinese Maritime Customs House，1923—1927）、沙逊大厦（Sassoon House，1926—1929）、亚洲文会大楼（The North China Branch of the Royal Asiatic Society，1931—1932，图 6-60）、中国银行大楼（Bank of China，1935—1944）等。其他代表作还有河滨大厦（Embankment Building，1931—1935）、峻岭寄庐（The Grosvernor House，1934—1935）等。日本《新建筑》杂志在 1999 年出版的 20 世纪建筑专辑中，中国建筑仅列入的汇丰银行大楼和江海关大楼（图 6-61），均为公和洋行的作品。

公和洋行的建筑风格涵盖新古典主义、装饰艺术建筑、现代建筑等。1920 年代中期以前的作品以新古典主义为主，1920 年代后期开始探索装饰艺术派和现代建筑风格，以华懋公寓（Cathay Mansions，1925—1929，图 6-62）、沙逊大厦（图 6-63）和峻岭寄庐为代表。峻岭寄庐建筑群中的峻岭寄庐和沿茂名南路的 4 层公寓格林文纳花园（Grosvernor Gardens）属于装饰艺术风格。格林文纳源自格罗夫纳山（Grosvernor Mountain），为有名的山岭，以形容楼的高大，21层的公寓备有高速电梯，具有当时最新式的装饰和布局，设置了屋顶花园，各层平面不尽相同。华懋地产公司为建造峻岭寄庐（图6-64）还专门编制《峻岭寄庐建筑章程》，要求施工时所需材料及人工必须依照公和打样行和爱尔德打样行的建筑图样，该章程代表了上海现代建筑的设计、建筑技术和艺术水准。[①]现代建筑的代表作有河滨大厦、凯文公寓（Carbendish Court，1933—1938）等。

十、其他英国建筑师

英国建筑师文格罗（George Christopher Wingrove，1885—?），生于上海，1913年前学成返华，在上海执业。[②]与香港的英国建筑师嘉咸宾（Graham-Brown）组成文格罗白朗洋行（Graham-Brown & Wingrove，图6-65）。已知的作品有位于华山路上的利德尔宅（House for P. W. O. Liddell，1920，今中福会儿童艺术剧场，图6-66）其北立面面向海格路（Avenue Haig，今华山路）。[③]建筑于1930年由马海洋行改建为教会女校（New Cathedral School for Girls，图6-67），从平面图可以看出改建与原有建筑的关系，增添了西南翼。1940年再度由马海洋行加建。已知文格罗白朗洋行的另一同时期的作品是位于张园地区的王宅（House for Wong Chin Chung，1921，图6-68）。建筑风格为中西合璧，建筑布局带有中国传统建筑的式样，由两户相同的住宅组成，中间用西式的圆顶连接，东立面山墙装饰丰富，甚至有些繁琐。卜内门洋碱公司大楼（The Brunner, Mond & Co. Building，1921—1922）也是文格罗白朗洋行的作品。嘉咸宾还参与了嘉道理府邸（1920—1924）的设计。

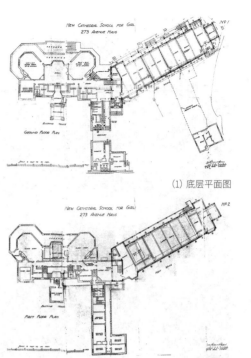

（1）底层平面图

（2）二层平面图

图6-67 教会女校平面图
来源：上海市城市建设档案馆馆藏图纸

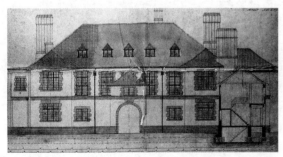

（1）北立面图

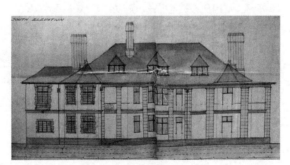

（2）南立面图

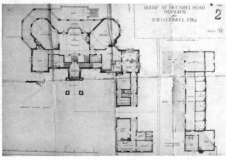

（3）底层平面

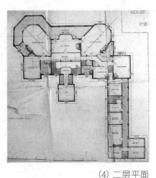

（4）二层平面

图6-66 利德尔宅
来源：上海市城市建设档案馆馆藏图纸

（1）历史图纸
来源：薛理勇提供

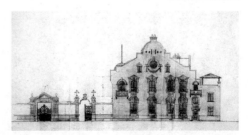

（2）东立面
来源：上海市城市建设档案馆馆藏图纸

图6-68 王宅

图 6-69 白兰泰宅
来源:Virtual Shanghai

图 6-70 愉园
来源:上海市城市建设档案馆馆藏图纸

图 6-71 爱林登公寓

图 6-72 郭乐、郭顺宅
来源:《回眸》

① 张文骏《英商泰利洋行及其买办》,见:《20 世纪上海文史资料文库: 4》,上海书店出版社,1999 年,第 76-79 页。

②《上海市技师、技副、营造厂登记名录》,民国二十二年(1933),见:《中国近代建筑史料汇编:第二辑》第八册,第 4383-4571 页。

③ George F. Nellist. *Men of Shanghai and North China, A Standard Biographical Reference Work*. Shanghai: The Oriental Press, 1933.

④ Edward Denison, Guang Yu Ren. *Modernism in China, Architectural Visions and Revolutions*. London: Wiley, 2008: 154.

其他主要的英国建筑师还有泰利洋行(Brandt & Rodgers, Ltd., Architects, Land, Estate Agents)的白兰泰(William Brandt)、克明洋行(Cumine & Co., Ld. Architects, Surveyors and Estate Agents)的甘少明(Eric Byron Cumine,又译埃里克·拜伦·克明)、毕士来洋行(Percy M. Beesley, Architect)的毕士来(Percy Montagu Beesley)、德利洋行(Percy Tilley, Graham & Painter Ltd.)的珀西·蒂利(Percy Tilley)、凯司建筑师事务所(Keys & Dowdeswell, Architects)的凯司(P. H. Keys),以及一些英商房地产公司建筑部的建筑师等。

白兰泰在香港出生,在上海长大,毕业于上海的圣方济中学。白兰泰是中国通,能说英语、德语、俄语和上海话、广东话、宁波话,1901 年开办泰利洋行,经营房地产、道契挂号、建筑设计、代理保险等业务。①白兰泰的作品有白兰泰自宅(Residence for Brandt,1926,今长宁区卫生学校,图 6-69)和高福里(1930)、愉园(1941,图 6-70)等,愉园代表白兰泰的设计风格已经偏向现代建筑。

甘少明 1933 年在上海市工务局登记为建筑技师开业,②代表作有德义公寓(Denis Apartments,1928)、爱林登公寓(Eddington House,1933—1936,今常德公寓,图 6-71)、宏业花园(West End Estate,1930 年代)等。甘少明在 1945 年参与《大上海区域计划总图初稿》的编制工作,并在总图草案初稿上签字。

(1) 效果图
来源:《建筑月刊》第四卷第一期

图 6-73 哈同大楼

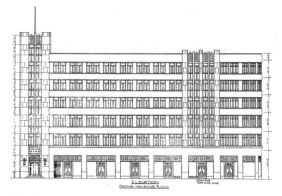

(2) 北立面图
来源:《建筑月刊》第四卷,第一期

(3) 历史照片
来源:上海市历史博物馆馆藏图片

（1）效果图

来源：《建筑月刊》第二卷，第十一、十二期合订本

（2）现状

图 6-74 卡尔登公寓

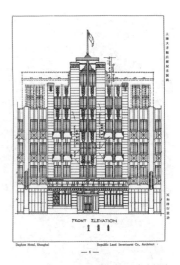

图 6-75 大方饭店
来源：《建筑月刊》第一卷，第八期

毕士来（Percy M. Beesley）于 1906 年到上海，1907 年在上海建立毕士来洋行，承接土木工程和建筑设计业务，已知作品有郭乐、郭顺宅（1924，图 6-72），作品风格以新古典主义为主。

德利洋行的创办人珀西·蒂利（Percy Tilley，1870—？）在英国受教育，到上海之前长期在英国担任土木工程师和助理建筑师，1904—1908 年曾在工部局工务处担任助理工程师。他在上海居住了 30 年，从事公共服务和私营商务。[③]设计作品以现代风格为主，代表作有哈同大楼（Hardoon Building，1934—1935，图 6-73）、静安寺路（Bubbling Well Road，今南京西路）、薛罗絮舞场（Ciro's Ball Room，1936）和迦陵大楼（The Liza Hardoon Building，1936—1937）等。

凯司建筑师事务所的作品已知的仅有现代风格的卡尔登公寓（Carlton Apartments，1934—1935，今长江公寓，图 6-74），位于黄河路和凤阳路的转角，原设计呈三段台阶形变化，后经过较多的加层，立面中部的竖向装饰线条已不复存在。此外，位于黄河路上的承兴里住宅也是凯司事务所的作品。

图 6-76 弗雷泽
来源：薛理勇提供

图 6-77 威廉-埃里斯
来源：Wikipedia

五和洋行（Republic Land Investment Co., Architects）最早的记载为 1930 年，作品以旅馆居多，且均为现代风格建筑。代表作有大方饭店（Daphon Hotel，1931—1933，图 6-75）、新亚酒楼（New Asia Hotel，1932—1934）、德邻公寓（Derring Apartments，1934）以及上海新村（1940—1941）等。

业广地产公司的建筑师布莱特·弗雷泽（Bright Fraser，1894—？，图 6-76），英国建筑师，1894 年在利物浦出生，第一次世界大战后赴意大利学习，1922 年成为皇家建筑师学会准会员，1930 年成为正式会员。1923 年弗雷泽到上海，起先在通和洋行工作，1926 年担任业广地产公司总建筑师，曾参与设计百老汇大厦（1931—1935）。[④]

（1）历史照片
来源：Virtual Shanghai

另外有一位英国建筑师伯特伦·克拉夫·威廉-埃里斯（Bertram Clough Williams-Ellis，1883—1978，图 6-77），他虽然从来没有到过上海，但应邀遥控设计了太古洋行大班宅（Manager's House, for Messrs. Butterfield & Swire，1924—1935，图 6-78）。威廉-埃里斯曾经就读于剑桥的三一学院，但没有毕业，1903—1904 年在伦敦建筑协会建筑学院学习，由于他作品的风格，被称为"时尚建筑师"。

（2）现状
来源：许志刚摄
图 6-78 太古洋行大班宅

图 6-79 宜昌路消防站
来源：沈晓明提供

威廉-埃里斯是意大利乡村风格复兴（Italianate Village）的创始人，有大量作品和著作问世。[1]太古洋行大班宅是典型的英国帕拉弟奥复兴风格。根据上海市城市建设档案馆馆藏图纸上爱尔德洋行的图签，有建筑师爱敦司（H. A）的签名，太古洋行大班宅的上海当地建筑师为爱敦司。

澳大利亚建筑师斯美德利（John Smedley，1841—1903），1841 年 3 月 4 日出生在悉尼，被称为澳大利亚诞生的第一位建筑师，曾设计悉尼贸易大楼（1887）。1868 年赴日本，1872 年在横滨开办建筑师事务所，1876 年回到悉尼。1893 年到上海和汉口开业，创办美昌洋行（Smedley, J. & Co.），承接建筑设计及土木工程，曾为汉口的德国租界和俄国租界进行规划。他的最后一个设计项目是位于外滩 31 号的日本邮船公司大楼（Nippon Yusen Kaisha buildings，1927）。1903 年斯美德利去世后，洋行由小斯美德利接办，迪纳姆（John Edward Denham，1876 —?）与罗斯（Robert Rose，1881 —?）相继成为合伙人，启用"Smedley, Denham & Rose"新西名。1907 年，小斯美德利退出，洋行更西名为"Denham & Rose"。罗斯于 1908 年赴加拿大，美昌洋行由迪纳姆主持。1918 年前后，更名为"Denham, J. E. & Co."，1919 年转赴北京。

公共租界工部局附属的建筑多由工部局所属工务处设计、监造、改建和维护，包括公共菜场、宰牲场、冷藏库、医院、医院宿舍、学校、公共游泳池、公园、消防站（图 6-79）、警察局、监狱、兵营以及市政设施等。因此，工部局工务处配置有工程师和建筑师，设有建筑办公室，建筑师和助理建筑师多半为英国皇家注册建筑师（ARIBA）或澳大利亚注册建筑师。主要有斯丹福（一译斯单福）、查尔斯·哈普尔（Charles Harpur，1879—?）、罗伯特·查尔斯·特纳（Robert Charles Turner）、高级建筑师沃特（J. D. Watt）、斯特布尔福特（C. H. Stableford）、高级助理建筑师卡尔·惠勒（A. Carr. Wheeler）、助理建筑师米拉姆斯（D. G. Mirams）、詹森（M. C. Jensen）、索科洛夫（J. A. Sokoloff）等。一些著名建筑师事务所的创办建筑师早年也曾经在工部局工务处任职，如前述通和洋行的达拉斯、美昌洋行的迪纳姆、新瑞和洋行的覃维思、德利洋行的珀西·蒂利等。

① Wikipedia. Clough Williams-Ellis.

② 上海市黄浦区人民政府编《上海市黄浦区地名志》，上海社会科学院出版社，1989 年，第 185 页。

西童公学（S. M. C. Public School，1916，今复兴初级中学，图 6-80）和聂中丞华童公学（Nieh Chih Kuei Public School for Cjinese，1914—1915，今市东中学，图 6-81）是特纳的设计。西童公学是简化的新古典主义，立面以圆弧形山墙和窗套作为装饰重点。聂中丞华童公学为 3 层砖木结构，后加建辅楼。工部局大楼（Shanghai Municipal Council Building，1912—1922）也是特纳的设计作品。

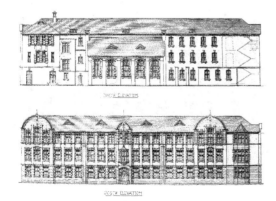

图 6-80 西童公学
来源：上海市城市建设档案馆馆藏图纸图

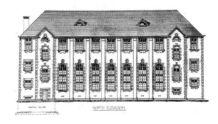

图 6-81 聂中丞华童公学
来源：上海市城市建设档案馆馆藏图纸

第三节 美国建筑师

相比数量庞大的英国建筑师，在上海的美国建筑师基本上可谓凤毛麟角。但由于大部分近代中国建筑师以留学美国为主流，而且美国文化和生活方式的引进，也使美国建筑的影响十分深远，包括美国的"中国装"建筑、新古典主义、装饰艺术派建筑风格、现代建筑和摩天楼的影响。

一、早期美国建筑师

柯士工程司（Shattuck & Hussey, Architects Chicago）是由沙特克（Walter F. Shattuck）和赫西（Harry Hussey）建立的一所芝加哥建筑师事务所，曾经为基督教青年会设计在田纳西州、明尼阿波利斯、香港的办公大楼。这家事务所设计的基督教青年会中国总部大楼（National Headquaters of The Y. M. C. A., 1915, 今虎丘公寓，图6-82），6层钢筋混凝土结构，一层和二层原为教会办公楼，三层以上是教友住家。建筑占地1031平方米，建筑面积4799平方米，立面采用横三段的古典主义手法，带有古典柱式装饰。[②]

伍滕（G. O. Wootten）是已知最早在上海执业的美国建筑师之一（图6-83），西班牙建筑师阿韦拉多·乐福德（Abelardo Lafuente, 1871—1931）曾于1918年加入事务所，更名为"赉隆洋行"（Lafuente & Wootten Architects），次年即离开伍滕自办事务所。伍滕的已知作品可以追溯到1921年的上海钱业公会大楼（The Shanghai Native Bankers Guild，1921—1922，图6-84）和锦隆洋行大班宅（Residence for N. G. Harry，今湖南别墅，图6-85）。钱业公会大楼为3层建筑，立面仿新古典主义。锦隆洋行大班宅为美

图6-82 虎丘公寓
来源：席子摄

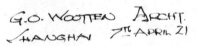

图6-83 伍滕建筑师的设计图签
来源：上海市城市建设档案馆馆藏图纸

图6-84 钱业公会大楼
来源：《回眸》

（1）门廊
来源：《回眸》

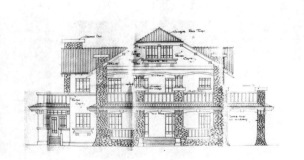

（2）南立面图
来源：上海市城市建设档案馆馆藏图纸

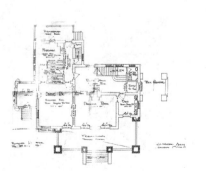

（3）一层平面图
来源：上海市城市建设档案馆馆藏图纸

图6-85 锦隆洋行大班宅

图 6-86 中孚银行大楼

图 6-87 美国建筑师茂飞
来源：*Building in China: Henry K. Murphy's "Adaptive Architecture", 1914-1935*

国乡村别墅风格，假 3 层，立面上虎皮石墙面与砖墙面相间，入口门廊和露台两侧及柱子均以毛石砌筑产生粗犷的效果。伍滕在 1922 年设计的中孚银行大楼（Chung Foo Union Bank，1922，今中国建设银行，图 6-86）表现了建筑师娴熟的新古典主义设计水平。他的作品还有长乐坊（1930）等。

茂飞（Henry Killiam Murphy，1877—1954，图 6-87），美国建筑师，1877 年生于纽黑文，1895 年在霍普金斯学院毕业，1899 年毕业于耶鲁大学，获美术学士学位。1900 年到纽约，至 1904 年曾在纽约各事务所实习，1906 年游历欧洲各国。茂飞于 1908 年与曾经的同事理查德·亨利·旦纳（Richard Henry Dana）合伙在纽约开业。一开始，业务范围仅限于纽约和新英格兰，后逐渐扩大到中东和远东。茂飞在美国的设计以殖民地式著称。1914 年在上海建立茂旦洋行（Murphy & Dana, Architect），他与旦纳的合作持续到 1920 年。旦纳于 1920 年离开事务所后，事务所改名为"Murphy, McGill & Hamlin, Realty Investment Co."。茂飞曾任美国建筑师学会（AIA）立法委员。

茂飞作为建筑师的职业生涯的大部分时间是在中国度过的。茂飞 1914 年参加耶鲁大学外国教会社团（Yale-in-China Committee），自 1914 至 1935 年这 21 年间，他 8 次到中国，每次待的时间长短不等，最后一次从 1931—1935 年。①茂飞于 1914 年承接中国长沙雅礼大学新校舍的总体设计，1918 年 7 月在上海外滩开办个人建筑师事务所，1919 年曾为沪江大学做总体规划（Shanghai College General Plan，图 6-88）。②

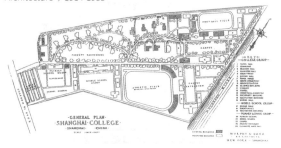

图 6-88 沪江大学总体规划
来源：《隽永：沪江大学历史建筑》

图 6-89 复旦大学规划图
来源：复旦大学基建处

图 6-90 上海各界欢送茂飞的宴会
来源：《建筑月刊》第三卷，第五期

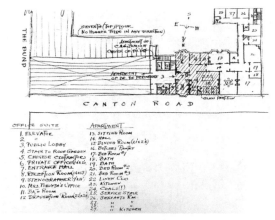

来源：*Building in China: Henry K. Murphy's "Adaptive Architecture", 1914-1935*

图 6-91 大来大楼

来源：Virtual Shanghai

来源：刘刊摄

图 6-92 美童公学

茂飞在1920年代初提出"适应性中国式建筑"（adaptive Chinese architecture）和"适应性中国式文艺复兴"（adaptive Chinese Renaissance）的理念，并在以后的建筑实践中加以贯彻。[③]1920年代初，茂飞设计了燕京大学、南京金陵大学、上海复旦大学（图6-89），也为清华大学设计了一系列地标建筑，包括大礼堂和图书馆。1926年当选广州岭南大学校董，1928年应邀为南京作规划，任国民政府顾问。[④]在华期间，他还设计了南京灵谷寺阵亡将士墓及纪念塔（1934），1935年退休回美国（图6-90）。庄俊、吕彦直曾在茂飞的事务所工作，后来均独立开业。茂飞在上海的主要作品有中西女塾（McTyeire School for Girls，1918）、大来大楼（Robert Dollar Building，1921，图6-91）、美童公学（Shanghai American School，1922，图6-92）、复旦大学简公堂（Recitation Hall，1922）、复旦大学登辉堂（1927）等。美童公学属于典型的美国乡村学校风格。

图6-93 克利
来源：薛理勇提供

① Jeffrey W. Cody. *Building in China. Henry K. Murphy's "Adaptive Architecture", 1914-1935*. Hong Kong: The Chinese University Press, 2001: 5.

② 许晓鸣主编《隽永：沪江大学历史建筑》，上海文化出版社，2006年，第30页。

③ Jeffrey W. Cody. *Building in China. Henry K. Murphy's "Adaptive Architecture", 1914-1935*. Hong Kong: The Chinese University Press, 2001: 95.

④《国民政府建筑顾问茂飞小传》，《建筑月刊》第二卷，第一期，1934年1月。见：《中国近代建筑史料汇编：第一辑》第三册，第1355页。

⑤ 卢卡·彭切里尼、尤利娅·切伊迪著《邬达克》，华霞虹、乔争月译．上海：同济大学出版社，2013年第40页。笔者认为这个评价有失公允，在几乎是英国建筑师一统天下的状况下，克利能占有一席之地，并得到大量的设计项目，必定有他过人之处。

⑥ 上述一些作品中邬达克作为合伙人参与监造和设计，应当承认邬达克在设计中的作用，但是需要肯定克利的作用。

⑦《邬达克》一书将这座建筑的立面评价为做作的古典主义风格，见：卢卡·彭切里尼、尤利娅·切伊迪著《邬达克》，华霞虹、乔争月，译．上海：同济大学出版社，2013年，第41页。

二、克利洋行

建筑师罗兰·克利（又译克理、却里，Rowland A. Curry，图6-93），出生在美国的俄亥俄州，1914年毕业于康奈尔大学，在中国开办克利洋行（又名克理打样行，Curry, R. A）。克利在上海金融界的人脉很广，擅长延揽项目。根据邬达克的评价，克利是位出色的商人，但是缺乏艺术追求。[⑤]

1919年1月，匈牙利建筑师邬达克作为绘图员加入克利洋行，1920年12月成为克利洋行的合伙人，两人的合作于1924年结束。克利离开上海，他后来的活动再也没有记载。由于邬达克的作品较多，对他的研究和介绍也比较深入，往往忽略了克利的成就。例如现在一般将美国花旗总会大楼归为邬达克的作品，但是这座建筑是典型的美国新英格兰建筑风格，并非邬达克的所长。又如位于爱多亚路（今延安东路）9号的万国储蓄会大楼，是优秀的新古典主义作品，并没有文献证明邬达克参与设计。

克利洋行的作品有万国储蓄会办公楼（Intersaving Building，1919）、中华懋业银行上海分行大楼（Chinese-American Bank of Commerce，1920）、卡茨宅（Katz House，1919—1920）、美国花旗总会大楼（American Club，1923—1925，图6-94）等。[⑥]万国储蓄会办公楼（图6-95）的立面仿法国文艺复兴府邸，饰有科林斯巨柱式壁柱。通常科林斯柱式的壁柱为半圆或四分之三圆柱，很少用方形壁柱。[⑦]沿道

图6-94 美国花旗总会大楼

来源：*Laszlo Hudec a Shanghai (1919-1947)*

来源：薛理勇提供

图6-95 万国储蓄会办公楼

图 6-96 万国储蓄会大楼
来源：*Laszlo Hudec a Shanghai (1919-1947)*

图 6-97 哈沙德
来源：*Frenchtown Shanghai*

(1) 北立面

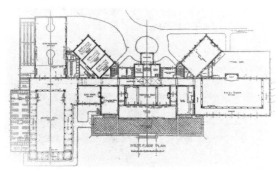

(2) 底层平面图
图 6-98 哥伦比亚乡村俱乐部
来源：加拿大维多利亚大学邬达克档案

图 6-99 樊克令宅
来源：薛理勇提供

路的门面不大，进深较大。位于爱多亚路 9 号的万国储蓄会大楼（Intersaving Building，1924—1925，图6-96）属第二代的万国储蓄会大楼，今已不存。其比例十分优美，三层布置爱奥尼亚巨柱式列柱柱廊，汇丰银行的比例和构图在某种程度上与它有些相似。①

克利洋行直到 1928 年仍有记载，1921—1928 年的事务所设在爱多亚路 9 号克利洋行设计的万国储蓄会大楼内。

三、哈沙德和其他美国建筑师

建筑师哈沙德（又译赫石，Elliott W. Hazzard，1879—1943，图6-97），出生于美国南卡罗来纳州乔治敦一个大米种植园家庭，先后进入要塞军校（南卡罗来纳军事学院）和格鲁吉亚建筑学院学习建筑。1900 年移居纽约，曾在美国著名的麦金姆、米德和怀特事务所（MacKim, Mead & White）工作，1905 年在纽约第五大道 571 号成立自己的事务所。1911 年加入哈罗德·厄斯金（Harold P. Erskine，1879—1951）的事务所，并成为合伙人。②1921 年到上海担任政府的规划顾问，1924 年建立哈沙得洋行（又名"哈沙德洋行"），1926 年成为美国建筑师学会会员。哈沙德的建筑融合了美国式的古典主义和西班牙殖民地建筑的华丽，尤其是丰富的立面处理。

早期的作品有哥伦比亚乡村俱乐部（Columbia Country Club，1923—1925，图6-98）、诸圣堂（All Saints Church，1925）和樊克令宅（Residence Franklin，1931，图6-99）等。哥伦比亚乡村俱乐部是哈沙德在上海的第一件作品，体现出美国加州西班牙殖民建筑风格的影响，俱乐部的山墙、门头、所罗门螺旋柱以及细部装饰等具有典型的西班牙殖民地建筑风格。樊克令宅具有典型的美国南方庄园建筑风格。他的作品具有丰富的造型和细部装饰，并且以装饰艺术派风格见长。设计风格多变，有时十分华丽，如西侨青年会（The Foreign Y. M. C. A. Building，1928，图6-100），采用古典柱式、哥特风格母题和新艺术运动派的墙面纹理相拼贴。

哈沙德最重要的代表作是装饰艺术派风格和西班牙风格的公寓建筑、住宅和办公楼，代表作有海格大楼（Haig Court, Elias Apartments，1925—1934，今静安宾馆，图6-101）、枕流公寓（Brookside Apartments，1930—1931）、盘根宅（Buchan Villa，1930，图6-102）、中国企业银行（The National Industrial Bank of China，1931）、上海电力公司（Shanghai Power Company，1931）等。海格大楼和枕流公寓是典型的西班牙风格，但经过简化处理，门头和阳台是重点装饰部位。哈沙德设计的西班牙式建筑受美国的西班牙殖民地建筑的影响，盘根宅属于典型的西班牙殖民地风格建筑。不知什么原因，他1933年以后的作品不为人知，有待进一步考证。日本占领上海时期，哈沙德被关押在龙华集中营，1943年在集中营去世。

其他美国建筑师还有设计丁香花园（19世纪末，图6-103）的罗杰斯等。

图6-100 西侨青年会

图6-101 海格大楼
来源：许志刚摄

图6-102 盘根宅
来源：《上海市历史文化风貌区（中心城区）》

图6-103 丁香花园
来源：沈晓明提供

① 卢卡·彭切里尼在他都灵理工大学的博士学位论文中，这座建筑的地址列为爱多亚路7号，从《上海市行号路图录》中看，应为9号。彭切里尼认为是克利和邬达克共同的作品，但在他以后的著作中只是将这座建筑列为邬达克的方案。见：Luca Poncellini. Laszlo Hudec a Shanghai (1919-1947)：45.

② 梁庄艾伦《艾略特·哈沙德：一位美国建筑师在民国上海》，周慧琳编译，载：《建筑师》，2017年6月，第187期，第123页。

图 6-104 法国工程师邵禄
来源:*Men of Shanghai and North China, A Standard Biographical Reference Work*

图 6-105 法国领事馆
来源:Virtual Shanghai

图 6-106 麦地别墅
来源:许志刚摄

第四节 法国建筑师

法国传教士建筑师是最早到上海的一批建筑师,从 19 世纪 50 年代至 20 世纪 40 年代末,他们在上海进行了长时间的建筑活动,留下一批各种类型和风格的优秀作品,形成上海近代建筑中独具特色的一个重要组成部分。

一、早期法国建筑师和工程师

上海的虹口耶稣圣心堂(老堂)和邱家湾耶稣圣心堂(老堂)、佘山圣母教堂(老堂)、土山湾慈母堂、圣母院(老堂)、圣衣院等由法国耶稣会修士马历耀(Leon Mariot,1830—1902)设计。马历耀于 1863 年来华,为建造土山湾育婴堂,1865 年从直隶来到上海,1902 年在上海县城去世。马历耀既是建筑师,也是雕塑家。

法国桥梁和道路工程师、建筑师邵禄(Joseph-Julien Chollot,1861—?,图 6-104),1861 年在法国的梅斯出生,在法国的工业大学受教育,获工程学士学位。他 50 多年职业生涯中的大部分是在远东度过的,1887 年起在满洲从事建筑业,1893 年到上海,1907 年在法租界洋泾浜开设邵禄工程行(Chollot, J. J.),承接土木、测绘工程和建筑设计业务。邵禄于 1917 年回法国后,邵禄工程行改组为"邵禄父子工程师行"(Chollot et Fils, J. J.),1920 年代后期恢复原名"Chollot, J. J."。邵禄工程行在 1939 年尚见于记载。自 1893 年起,邵禄曾任法租界主任工程师 14 年,主持了许多重要的工程,1894—1896 年建造了法国领事馆(图 6-105),1896 年为法租界引入电灯以及自来水工程。[①]他也是上海工程师建筑师学会首批会员,一度出任理事和副会长。

图 6-107 法租界会审公廨
来源:黄浦区人民检察院

沙海昂（A. J. H. Charignon，1872—?），法国工程师，1899 年来华，任职京汉铁路工程司，1908年在洋泾浜 16 号成立沙海昂洋行（Charignon, A. J. H.），承接土木、测绘工程和建筑设计业务，作品待考。

沙得利工程司行（Charrey et Conversy）由沙雷（H. Charrey）和孔韦尔西（M. Conversy）于 1902年在天津成立。沙雷 1878 年出生于法国的阿讷马斯（Annemasse），毕业于日内瓦美术学校。孔韦尔西的出生地和毕业学校同沙雷，后在巴黎土木及建筑学校进修。他们两人于 1902 年在天津开办沙得利工程师行，1911—1916 年任义品放款银行建筑师。[2] 1911 年起在外滩 20 号建立事务所，已知这家事务所最早的作品是法国乡村别墅形式的麦地别墅（Villa de Mr. Madier，今中科院上海分院 11 号楼，图6-106）。

沙得利工程司行的代表作是位于薛华立路（Route Sttanislas Chevalier，今建国中路）的法租界会审公廨（Nouvelle Cours Mixte Française，1914—1915，今黄浦区人民检察院，图 6-107）和法租界警务处（Poste Central，1915—1918，图 6-108）。会审公廨为殖民地外廊式，3 层砖木结构，四坡顶，钢木屋架。面向城市道路的南侧有一座圆弧形的大楼梯通向二层，二层设立法庭，大部分室内均有雕花的木护壁。工程由法租界公董局工程师望志（一译万茨，Wantz）负责，大楼建成后他患伤寒去世，望志路（Rue Wantz，今兴亚路）即以他命名。警务处位于会审公廨西侧，3 层砖木结构，1928 年曾加建 1 层。南面的主入口有一座楼梯通向二层，底层为监狱。据信，位于警务处北侧的警员宿舍（Les Logement，1920，图 6-109）也是法国建筑师的作品。

沙得利工程司行在天津的作品有东方汇理银行（1912）、邮电管理局（1923）等 40 余座建筑。[3]

二、赖安工程师

赖安工程师（Léonard & Veysseyre）是近代上海最重要的法国建筑师事务所，对上海的现代建筑和高层公寓建筑设计作出了重要的贡献。赖安工程师的设计和建造活动始于 1920 年代初，一直持续到1940 年代初，是法租界，也是上海最活跃和最重要的建筑师事务所，已知保留的作品 60 多件，是近代上海最具代表性的建筑师事务所之一。赖安工程师承担了法租界的许多公共服务设施的设计，他们的作品涵盖多种建筑类型和建筑风格，包括住宅、公寓、办公楼、教堂、修道院、学校、医院、警察局、俱乐部、博物馆等。[4]他们的作品体现出法国的文化品位，对上海法租界城市空间的形成影响非常大，在近代上海建筑发展进程中也起了相当大的作用。

保罗·韦西埃（又称"渭水尔"，Paul Veysseyre，1896—1963）1912 年起师从法国建筑大师乔治·谢达纳（Georges Chedanne，1861—1940，图 6-110）学习建筑，两年后进入巴黎美术学院。由于第一次世界大战参军而中断学业，1920 年应聘为一家法国从事营造和工程的永和营造公司（Brossard & Mopin）工

（1）历史照片
来源：黄浦区人民检察院

（2）加层后
来源：Virtual Shanghai
图 6-108 法租界警务处

图 6-109 警员宿舍
来源：黄浦区人民检察院

① George F. Nellist. *Men of Shanghai and North China, A Standard Biographical Reference Work*. Shanghai: The Oriental Press, 1933.

② 根据寺原让治《天津的近代建筑和建筑师》，见：周祖爽、张复合、村松伸、寺原让治编《中国近代建筑总览·天津篇》，中国近代建筑史研究会、日本近代建筑史研究会出版，1989 年，第 37 页。

③ 寺原让治《天津的近代建筑和建筑师》，见：周祖爽、张复合、村松伸、寺原让治编《中国近代建筑总览·天津篇》，中国近代建筑史研究会、日本近代建筑史研究会，1989 年，第 37 页。

④ Spencer Dodington, Charles Lagrange.*Shanghai's Art Deco Master: Paul Veysseyre's Architecture in the French Concession*. Hong Kong: Earnshaw Books, 2014: 104.

图 6-110 法国建筑师韦西埃
来源：*Men of Shanghai and North China, A Standard Biographical Reference Work*

图 6-111 法国建筑师赉安
来源：*Men of Shanghai and North China, A Standard Biographical Reference Work*

图 6-112 赖安工程师的从业人员
来源：薛鸣华提供

图 6-113 赖安工程师的中文图签
来源：上海市城建档案馆馆藏图纸

图 6-114 法国建筑师克鲁泽
来源：*Shanghai's Art Deco Master*

作，来到天津。1921 年 7 月由公司派遣来到上海开拓业务，1922 年 6 月上海永和营造公司关闭，打算让韦西埃到新加坡的分公司工作。但是韦西埃看到了上海的发展前景，从公司辞职，1922 年 1 月开辟自己的业务。①赖安工程师的另一位创办者亚历山大·赉安（又名赖鸿那，Alexandre Léonard，1890—1946，图 6-111）。②与韦西埃一样，赉安也曾在巴黎美术学院学习建筑，具有学院派的教育背景。赉安于 1906 年在巴黎美术学院学习建筑，1910—1913 年从军，由于第一次世界大战，到 1919 年才毕业。1933 年赉安在上海市工务局登记为建筑技师开业，所用中文名字是赖鸿那。③韦西埃于 1938 年离开上海到越南西贡开辟业务，1951 年回法国，1962 年死于癌症。赖安工程师的从业人员除了法国建筑师和绘图员外，还有俄国、日本和中国雇员（图 6-112）。④

① Spencer Dodington, Charles Lagrange. *Shanghai's Art Deco Master: Paul Veysseyre's Architecture in the French Concession*. Hong Kong: Earnshaw Books, 2014: 104.

② 1927 年的《北华工商名录》（*North China Desk Hong List*）的名称为"赖安工程师"。1933 年公布的《上海市技师、技副、营造厂登记名录》上的第 116 号建筑技师注册的名字为赖鸿那，地址为霞飞路 461 号，住址为凡尔登花园 34 号，赖安工程师的图签上也曾用赖鸿那的中文名。按照 1930 年赖安工程师在《工商半月刊》第 6 期做广告时的名称为"法商赖安洋行"。《建筑月刊》在介绍赖安工程师的作品时，用的是赉安或赖安，这个名字已经普遍认同，因此本文仍用赉安。赖安工程师的图签上曾用"渭水尔"的中文名。

③《上海市技师、技副、营造厂登记名录》，民国二十二年 (1933)，见：《中国近代建筑史料汇编：第二辑》第八册，第 4383-4571 页。

④ Spencer Dodington, Charles Lagrange. *Shanghai's Art Deco Master*: Paul Veysseyre's Architecture in the French Concession. Hong Kong: Earnshaw Books, 2014: 76.

来源：Virtual Shanghai
图 6-115 法国球场总会

(1) 淮海中路 1276—1298 号宅
图 6-116 赖安工程师设计的住宅
来源：薛鸣华提供

(2) 高安路 72 号住宅

赉安和韦西埃在上海于 1922 年共同创办了赖安工程师（图 6-113）。⑤通过在国际竞赛中的出色表现，获得一系列重大的设计任务。赖安工程师的第三位合伙人阿蒂尔·E. 克鲁泽（Arthur E. Kruze，1900—?，图 6-114），也毕业于巴黎美术学院，1933 年来上海游学，1934 年加入事务所成为合伙人，改西名为 "Léonard, Veysseyre & Kruze"。克鲁泽于 1937 年到越南西贡发展业务。匈牙利建筑师鲁道夫·肖勉（Rudolf O. Shoemyen，1892—1982），离开鸿达事务所后，于 1933 年 10 月至 1934 年 10 月在事务所任职，1934 年回匈牙利。

赖安工程师的早期作品多为花园洋房，建筑风格也更偏向多样的地域风格。1926 年设计建造的法国球场总会（图 6-115）是赖安工程师早期的重大建筑项目，当年被誉为"上海最时尚的室内设计"。⑥这个作品标志着赖安工程师成熟地运用新文艺复兴风格，表现了赉安和韦西埃的学院派教育背景，也为其赢得很高的声誉，使赖安工程师的项目日益增加，逐步奠定了其在法租界内的地位。

独立式住宅（图 6-116）既是赖安工程师大量从事的设计领域之一，也是在上海最早开始设计的建筑类型，风格多样，从新古典主义、法国式、英国式、西班牙式到现代风格的住宅。赖安工程师设计建造了大量的公寓建筑，并渐渐形成现代建筑风格。1930 年建成的培恩公寓（Béarn Apartments，图 6-117）标志着赖安工程师的设计风格已经完全摆脱复古主义，全面转向装饰艺术派。培恩公寓位于今淮海中路 449—479 号，高 7 层，局部 10 层，钢筋混凝土结构，公寓沿街作周边式布置。据 1934 年《上海建筑师和营造商名录》所载，当年的赖安工程师的事务所就设在培恩公寓。

另一个表现赖安工程师现代主义风格的典型作品是 1935 年建成的道斐南公寓（Dauphiné Apartments，参见图 1-41），它是赖安工程师设计的高层公寓的代表作品之一。公寓位于建国西路 394 号，曾名"法国太子公寓"。这栋建筑以强烈的水平线条为造型特色，基本上不再采用装饰艺术派细部处理，一些局部构件如转角钢窗的运用，也表现出了现代建筑风格。同时，公寓的平面布局已经十分接近于现代式的公寓，建筑的构思完全基于功能需要出发。建造于 1941 年的阿麦仑公寓（Amyron Apartments，今高安公寓，图 6-118）是赖安工程师在上海的最后一件作品。

1933 年建成的雷米小学（Ecole Française et Russe "Remi"，图 6-119）可以说是一座地道的国际式建筑，表现出赖安工程师对现代主义风格的积极实践。虽然建筑在形体上并未完全抛开对称，对中部的强调和入口处的处理也仍有装饰艺术派的影子，但现代主义的痕迹在此已经显露无遗。⑦赖安工程师的作品所表现的装饰艺术派风格，被誉为"装饰艺术派的大师"。1931 年冬，震旦博物馆新楼（Musée Heude）建成向公众开放，这是典型的装饰艺术风格作品。该建筑为 3 层楼混合结构，平面呈 L 形，每层总长度为 80 米，立面线条简洁，竖向的壁柱为主要的元素，以水平向的出檐作为收头。壁柱之间的墙上水平向满尺度开窗，窗台较高，适合展览之用。在该作品中，赖安工程师的设计手法已经趋于简洁，仅在檐部的重点部位进行装饰，强调竖向线条的同时注重横向带状窗的运用。

图 6-117 培恩公寓
来源：《回眸》

图 6-118 阿麦仑公寓
来源：《回眸》

图 6-119 雷米小学
来源：《建筑月刊》第一卷，第十二期

⑤ George F. Nellist. *Men of Shanghai and North China, A Standard Biographical Reference Work*. Shanghai: The Oriental Press, 1933.

⑥ Spencer Dodington, Charles Lagrange. *Shanghai's Art Deco Master: Paul Veysseyre's Architecture in the French Concession*. Hong Kong: Earnshaw Books, 2014: 76.

⑦ 同上，第 104 页。

图 6-120 瑞士土木工程师米吕蒂
来源：*Men of Shanghai and North China, A Standard Biographical Reference Work*

① George F. Nellist. *Men of Shanghai and North China, A Standard Biographical Reference Work*. Shanghai: The Oriental Press, 1933: 193.

②《建筑月刊》第二卷，第一期，1934 年 1 月。见：《中国近代建筑史料汇编：第一辑》第三册，第 1308 页。

(1) 法国邮船公司大楼外观
来源：席子摄

三、中法实业公司和其他法国建筑师

除了赖安工程师，法商营造实业公司在上海 20 世纪 30 年代的现代建筑中也扮演了十分重要的角色。勒德罗（Ledreux）是法国工程师，法商营造实业公司的创办人。其主要成员米吕蒂（René Minutti，图 6-120）是瑞士土木工程师，1887 年在日内瓦出生，1909 年毕业于苏黎世理工学院（也称苏黎世高工，ETH）。毕业以后，1909—1910 年在一家德国的钢结构桥梁设计公司任工程师；1909—1912 年，在瑞士伯尔尼的一家公司任钢筋混凝土结构工程师；1912—1914 年在巴西和阿根廷工作；1915—1920 年在越南西贡和新加坡工作。米吕蒂于 1920 年到上海，作为一名现代结构工程师，他以现代派建筑师的形象出现在上海的建筑界。他在钢结构和预应力钢筋混凝土的设计方面有丰富的经验，曾在 1920 年代作为结构工程师参与设计了上海大量的桥梁、水塔、厂房、仓库和货栈，成为法商营造实业公司（Ledreux, Minutti & Co.）的合伙人。1930 年他自办中法实业公司（Minutti & Co., Civil Engineers & Architects），参与法租界的许多市政工程。①米吕蒂的主要作品有上海回力球场（1929）、毕卡第公寓（1934）、法国邮船公司大楼（1937，图 6-121）等；作为顾问工程师参与义品放款银行开发的赛华公寓（Savoy Apartments）的结构设计，为法租界设计建造大量的市政工程设施。

毕卡第公寓（Picardie Apartments，图 6-122）是中法实业公司在新风格探索上的另一代表作品，它从落成起一直到 20 世纪 80 年代都是上海西区最高的建筑。毕卡第（Picardie）的名称取自法国最繁华的一个省份。公寓占地 5134 平方米，建筑面积 2.84 万平方米，除办公室外，共有 87 套公寓，从两室户到八室户不等。②

在上海执业的其他法国建筑师有帕斯卡尔（Jousseume Pascal），曾设计南京中央大学孟芳图书馆（1922—1925）；柏兰·葛辣保（Paul R. Gruenbergue），作品有太古洋行宅（今兴国宾馆 6 号楼）和位于复兴中路的派克公寓（Park Apartments，1924，今花园公寓，图 6-123）。

近代晚期有一位法国建筑师王迈士（Max Wang），已知的作品均建于 1948 年，如新华路庞桓宅、泰安路 115 弄宅、武康路 107 号住宅和沪西别业等。

(2) 法国邮船公司大楼入口

(3) 法国邮船公司大楼门厅

图 6-121 法国邮船公司大楼

图 6-122 毕卡第公寓现状
来源：《建筑月刊》第二卷，第一期

图 6-123 派克公寓

第五节　其他欧洲建筑师

近代上海欧洲其他国家的建筑师主要来自德国、匈牙利、奥地利、西班牙、俄国、瑞士、挪威、丹麦等国。

一、倍高和德国建筑师

近代上海的德国建筑师仅在早期发挥作用，由于德国在第一次世界大战中沦为战败国，德国在中国的业务，包括建筑师的设计事业也就一蹶不振。近代上海最著名的德国建筑师是海因里希·倍高（Heinrich Becker，1868—1922）。倍高出生在德国的什未林（Schwerin），曾在慕尼黑大学学习建筑，毕业后去开罗为埃及政府工作 5 年。1898 年到上海，1899 年创办倍高洋行，是上海的第一位德国建筑师，成为德国各机构和团体的"御用"建筑师。[3]倍高在 1899 年华俄道胜银行（Russo-Chinese Bank，图 6-124）的公开设计竞赛中获胜，1904 年又在大德总会（Club Concordia，1904—1907）的设计竞赛中获胜。卡尔·倍克（Karl Baedecker，1868—1922）承担室内设计，并在 1908 年成为事务所的合伙人，更西名为"Becker & Baedecker"，并在北京、青岛、天津设分号（图 6-125）。

倍高是在上海的德国人偏爱的建筑师，设计了许多住宅。盛宣怀宅和托格宅（Residence of R. E. Toeg）都是德国商人的住宅，室内的护壁和玻璃花窗都十分相似，据推测可能是倍高的作品。倍高洋行在 1908 年还设计了挪威人湛盛（K. K. Johnsen，图 6-126）的乡村别墅，是目前确认的由倍高洋行设计的早期住宅建筑。[4]

图 6-124　华俄道胜银行
来源：*The Bund Shanghai: China Faces West*

图 6-125　倍高洋行的图签
来源：上海城建档案馆

③ Arnold Wright.*Twentieth Century Impressions of Hong Kong, Shanghai, and other Treaty Ports of China.* London: Lloyd's Greater Britain Publishing Co.Ltd, 1908: 632.

④ 湛盛于 1893 年进中国海关工作，据上海市城建档案馆 D(03-01)-1908-0059 档案，该建筑即位于陕西北路 369 号的宋家老宅。

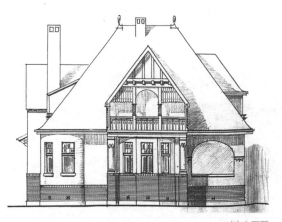

（1）立面图
来源：上海市城建档案馆藏图纸

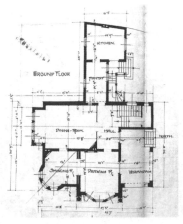

（2）一层平面图
来源：上海市城建档案馆藏图纸

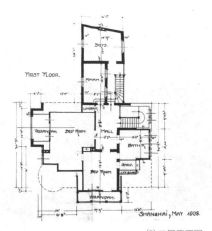

（3）二层平面图
来源：上海市城建档案馆藏图纸

（4）席德俊宅现状
来源：沈晓明提供

图 6-126　湛盛宅

图 6-127 大德总会
来源:《沧桑》

图 6-130 德国建筑师苏家翰
来源:*Men of Shanghai and North China, A Standard Biographical Reference Work*

① *Denkschrift aus Anlass der freierlichen Einwehung der Tingchi Technichen Hochshule in Shanghai-Woosung, 1924*: 8.

② George F. *Men of Shanghai and North China, A Standard Biographical Reference Work.* Shanghai: The Oriental Press, 1933。据华纳(Torsten Warner)在《德国建筑艺术在中国》(1994)第 126 页所述,吴淞的同济大学教学楼和机械馆(1922—1924)由德国工程师埃里希·奥伯业因(Erich Oberlein)设计。

图 6-128 德国技术工程学院
来源:*DenkschriftausAnlass der freierlichenEinwehung der TingchiTechnichenHochshule in Shanghai-Woosung 1924*

图 6-129 俄罗斯领事馆
来源:许志刚摄

(1) 教学楼
图 6-131 吴淞同济大学

(2) 机械馆

来源:*DenkschriftausAnlass der freierlichenEinwehung der TingchiTechnichenHochshule in Shanghai-Woosung 1924*

　　倍高于 1911 年 4 月结束在中国的工作,取道澳大利亚回德国,事务所改名为"倍克洋行",西名为"Karl Baedecker"。倍克是倍高的同学,曾经担任科隆城建部门的建筑师,1905 年到上海,1908 年成为倍高洋行的合伙人。倍高洋行的代表作还有德国书信馆(Postamt der Kaiserlich Deutschen Post, 1902—1905)、大德总会(Club Concordia, 1904—1907,图 6-127)、谦信洋行(China Export Import und Bank Compagnie, 1906)、德国领事馆(Kaiserich Deutsches Generalkonsulat, 1907)等。倍克洋行又设计了德国技术工程学院的总平面以及教学楼和实验室(Deutsche Ingenieur Schule, 1912—1917,图 6-128)。①

　　卡尔·贝伦德(Karl Behrendt),德国工程师,1906 年在北京路建立贝伦德洋行(Behrendt & Co.),承接建筑设计、监理和咨询业务,包揽营造工程,一度在青岛设分号,1909 年尚见于记载。

(1) 事务所办公楼
图 6-132 苏家翰建筑师的事务所
来源:《静安历史文化图录》

(2)位于建筑师事务所旁的苏家翰宅

图 6-133 德侨活动中心和威廉学堂
来源:《德国建筑艺术在中国》

图 6-134 汉堡嘉
来源:《鲍立克在上海:近代中国
大都市的战后规划与重建》

图 6-135 维多利亚护士宿舍
来源:《静安历史文化图录》

汉斯・埃米尔・里勃(Hans Emil Liebe)的设计作品有威廉学堂(1910—1911)和俄罗斯领事馆(1916,图 6-129),威廉学堂曾经在 1925—1926 年扩建,今已不存。

苏家翰(Karsten Hermann Suhr, 1876—?,图 6-130),德国建筑师,1906 年到中国,开始在倍高洋行工作,1907 年担任倍高洋行在北京和天津分部的主持人,1909 年回到上海,1913 年成为倍克洋行的合伙人。第一次世界大战时期,他去了天津,被日本人俘虏。1920 年回到上海开业,事务所的名称为"苏尔洋行营造工程师""苏尔工程师""苏家翰建筑师"等。1925—1927 年的合伙人是沃舍洛(A. Woserau),他们参加宝隆医院的设计竞赛获第一名。作品有吴淞的同济大学(图 6-131)、复旦大学、复旦中学等。[2]苏家翰建筑师的事务所(图 6-132)设在北京东路 266 号,当是建筑师自己的设计作品。[3]

扑士(Emile Busch)是宝昌洋行(E. Busch Architect)的创始人,曾经担任中山陵设计竞赛评判顾问。[4]他的作品有德侨活动中心和威廉学堂(Deutsche Gemeindhaus und Kaiser-Wilhelm-Schule, 1928,图 6-133)、祁齐路(Route Ghisi,今岳阳路)宋宅(1929—1931,今上海市老干部局)和逸村(1932—1934)等。

汉堡嘉(一译"汉姆布格",Rudolf Hamburger,图 6-134)出生在西里西亚,1925 年在柏林工业大学学习,师从汉斯・珀尔齐希(Hans Poelzig, 1869—1936),1927 年毕业。1929 年到上海,应聘担任公共租界工部局建筑师,1935 年离开上海。主要的作品有维多利亚护士宿舍(Das Victoria Nurses Home, 1933,图 6-135)、华德路(Ward Road,今长阳路)监狱(1934)和工部局华人女子中学(Mittelschule für chinesische Mädchen, 1934)等。作品风格完全是现代建筑,注重功能,简洁实用,成为引领近代上海现代主义建筑的先锋。[5]

图 6-136 鲍立克
来源:《鲍立克在上海:近代中国
大都市的战后规划与重建》

③ 龚德清、张仁良主编《静安历史文化图录》,上海:同济大学出版社,2011 年,第 76 页。

④ 赖德霖、伍江、徐苏斌主编《中国近代建筑史》第三卷,北京:中国建筑工业出版社,2016 年,第 151 页。

⑤ 吕澍、王维江著《上海的德国文化地图》,上海锦绣文章出版社,第 83-86 页。

⑥ 侯丽、王宜兵《鲍立克在上海:近代中国大都市的战后规划与重建》,上海:同济大学出版社,2017 年,第 61 页。

鲍立克(Richard Paulick, 1903—1979,图 6-136),德国建筑师,1923 年毕业于德累斯顿理工大学,1925 年起在德绍的包豪斯担任教师。1925—1927 年在柏林理工大学亦师从汉斯・珀尔齐希,1930 年独立开办建筑师事务所。1933 年应同学汉堡嘉之邀到上海加入"现代之家"公司(The Modern Home),担任室内建筑师。1936 年与他的弟弟鲁道夫・鲍立克(Rudolf Paulick)建立"现代之家"事务所,1943 年建立鲍立克建筑工程司行(Paulick & Paulick Architect)。[6]1943 年接受圣约翰大学的聘任,担任都市计划和室内设计教授,1945 年负责上海的规划办公室,1946 年参加大上海区域计划的编制工作。在上海期间的作品有淮阴路 200 号姚有德宅(1947—1949,图 6-137),由于鲍立克没有建筑师的

图 6-137 淮阴路 200 号姚宅

图 6-138 邬达克
来源：*Men of Shanghai and North China, A Standard Biographical Reference Work*

登记资质，所以图签用的是协泰建筑师事务所（Yah Tai Consulting Civil Engineers & Architects），个别图纸上有协泰建筑师事务所汪敏信的签名。[①]1949 年 10 月离开上海回到东德，长期担任民主德国建筑研究院副院长，在柏林留下了一些作品。[②]

毕业于德国大学的土木工程师杜斯特（Durst）于 1932 年在博物院路开设事务所提供土木工程咨询和建筑设计。[③]

二、邬达克和鸿达

来自匈牙利的建筑师拉斯洛•邬达克（Ladislaus Hudec，1893—1958，图 6-138），原名"Hugyecz"，1914 年毕业于皇家布达佩斯大学，1916 年成为匈牙利皇家建筑学会会员。1916 年被俄国俘虏，1918 年来到上海，在美国建筑师克利开设的克利洋行工作。[④]巨籁达路（Route Ratard，今巨鹿路）住宅（图 6-139）是邬达克在克利洋行参加设计的第一个项目，作为美式住宅，是克利主导的设计。在上海真正由邬达克设计的第一座建筑是他在 1922 年为自己设计的住宅，位于吕西纳路（Lucerne Road，今利西路）17 号（图 6-140）。[⑤]这座建筑带有邬达克记忆中的中欧建筑风格，底层有一座面向花园的半六边形外廊。在克利洋行工作的最初两年中，邬达克主要是自学并从工作中学习，并萌发离开上海回国去增长见识的念头。[⑥]邬达克于 1920 年 12 月成为克利洋行的合伙人。[⑦]克利于 1924 年离开上海后，邬达克在 1925 年建立邬达克打样行。

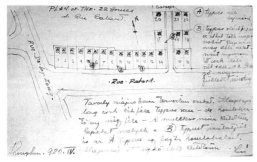

图 6-139 巨籁达路住宅
来源：《邬达克的家》

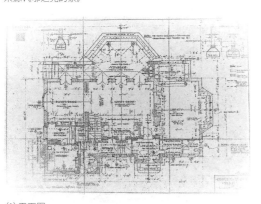

（1）平面图

图 6-140 吕西纳路的邬达克自宅
来源：《邬达克的家》

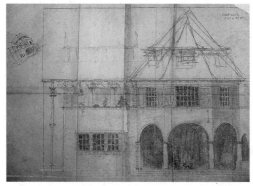

（2）立面图

（3）历史照片

图 6-141 刘吉生宅
来源:许志刚摄

图 6-142 真光大楼

图 6-143 国际饭店

在克利洋行期间,他与克利合作设计了诺曼底公寓、美国总会、四行储蓄会汉口路大楼等一系列作品。⑧邬达克是上海新建筑的一位先锋,也是成功的商业建筑师,他大力引介并推动上海建筑的新风格,是上海近代建筑师中作品最为丰富的建筑师之一。

他善于学习世界各国的建筑式样,为不同品位和身份的业主量身定做,同时又不断探索建筑的时代精神。他的建筑风格历经新古典主义、表现主义、装饰艺术派以及现代建筑风格,有时又掺入西班牙和拜占庭风格的建筑细部,仿佛集各种建筑风格的大全,既有当时欧美建筑的直接影响,也有建筑师个人的创造。邬达克留下的大量建筑作品,书写了上海近代建筑史上一页辉煌的篇章。上海培育了邬达克,而作为现代建筑的倡导者,他也创造了上海建筑的摩登风格。邬达克的代表作有盘滕宅(Beudin Residence,1920)、麦地宅(Madier Residence,1921—1922)、宏恩医院(Country Hospital,1923—1926)、刘吉生宅(Liu Jisheng's Residence,1923—1931)、慕尔堂(Moore Memorial Church,1926—1931)、真光大楼(True Light Building,1930—1932)、大光明大戏院(Grand Theatre,1933)、国际饭店(Park Hotel,1931—1934)、吴同文宅(D. V. Wood's Residence,1937)等。

1925 年邬达克自己开业,第一件作品是刘吉生宅(图 6-141)的立面为严谨的文艺复兴风格的构图,但是以地方材料替代石材。邬达克在许多建筑上都用水泥以及较便宜的材料替代昂贵的材料。邬达克曾在 1929 年参加上海市政府新楼的设计竞赛,在 30 年代达到他的建筑师生涯的鼎盛时期。随着国际新建筑风格的出现,邬达克的设计风格也发生重大转变,成为上海新建筑最引人注目的明星。他的设计风格的转变最初出现在 1932 年建成的中华浸信会大楼(真光大楼,True Light Building,1930—1932,图 6-142)上。这座表现主义风格的办公建筑的立面上还留有一些传统风格的痕迹,其哥特式尖券的造型和褐色的面砖使整个建筑的造型十分简洁,又不失华丽和凝重。

具有强烈时代感的大光明大戏院于 1933 年落成,标志着邬达克设计风格的彻底转变。他的新潮设计立刻受到社会各界的广泛关注,并由此奠定了他作为上海最有影响的现代建筑师的地位。1934 年 12 月,几乎是美国 30 年代摩天楼直接翻版的高达 83.8 米的国际饭店(图 6-143)落成。这座大楼不仅造型新颖,融汇现代建筑和表现主义的语言,其结构、设备都代表当时上海甚至远东地区的最高水平,由此奠定了他在上海建筑史上不可动摇的先锋地位。然而,也应当看到,邬达克善于学习,国际饭店

① 根据上海市城市建设档案馆馆藏 1949 年的图纸。

② 侯丽、王宜兵著《鲍立克在上海:近代中国大都市的战后规划与重建》,上海:同济大学出版社,2017 年,第 214 页。

③ 王健著《上海犹太人社会生活史》,上海辞书出版社,2008 年,第 110 页。

④ George F. Nellist. *Men of Shanghai and North China, A Standard Biographical Reference Work*. Shanghai: The Oriental Press, 1933.

⑤ 卢卡·彭切里尼、尤利娅·切伊迪著《邬达克》,华霞虹、乔争月译,上海:同济大学出版社,2013 年,第 53 页。

⑥ 同上,第 49 页。

⑦ 同上。

⑧ 邬达克参与设计的作品在 1924 年以前的图纸上只有克利洋行(R. A. Curry)的图签。据上海市城建档案馆收藏的编号为 D(03-05)-1919-0036 巨籁达路住宅的图纸档案中,首次见到邬达克于 1920 年克利洋行的蓝图图签上的一个签名,1924 年可以见到在克利洋行的图签上有邬达克以合伙建筑师(Associate Architect)名义的签名。

图 6-144 纽约洛克菲勒中心
雷电华城大楼
来源：The Metropolis of Tomorrow

图 6-145 国际饭店立面图
来源：《建筑月刊》第一卷，
第五期

① 陆文达主编，徐葆润副主编《上海租界志》，上海社会科学院出版社，2001 年，第 178 页。

② 关于鸿达的国籍存疑，Barbara Green 等著 Six Shanghai Walks: The Streets of Changing Fortune (Old China Hand Press, 2007: 9) 认为鸿达是奥地利建筑师。匈牙利当年属于奥匈德国。

图 6-147 鸿达
来源：薛理勇提供

图 6-148 鸿达在图纸上的签名
来源：上海市城市建设档案馆馆藏图纸

图 6-146 吴同文宅

的整体造型吸收了美国建筑师雷蒙德·胡德（Raymond Hood, 1881—1934）在 1924 年设计的纽约洛克菲勒中心雷电华城大楼（The American Radiator Building, 图 6-144）的构图，这幅效果图是由美国建筑师休·费里斯（Hugh Ferris, 1889—1962）绘制的。邬达克的设计在细部增添了表现主义的元素（图 6-145）。

邬达克在 1937 年建成的吴同文宅（图 6-146）中，设计风格更接近国际式。邬达克的建筑风格注重形象的整体几何性，造型丰富，细部处理细腻，而且总能有新颖的构思，思路似乎从未枯竭，他所设计的 60 多项建筑中的母题几乎没有重复出现。1942 年，邬达克与大陆银行董事谈公远、叶扶霄等合组联华房地产公司。①邬达克于 1947 年离开上海赴瑞士卢加诺，随后去罗马，1950 年赴美国伯克利加州大学任教，1958 年故世，遗体于 1970 年迁葬在家乡，今斯洛伐克的班斯卡·比斯特里察（Banská Bystrica）。

还有一位匈牙利建筑师鸿达（一译查礼氏·亨利·干的，Charles Henry Gonda, 图 6-147），在维也纳出生，在维也纳和巴黎接受教育，1919 年来华，也有文献把鸿达归为奥地利犹太人②。鸿达于 1922 年创办鸿达洋行（图 6-148），曾在 1929 年以鸿宝建筑公司的名义参加上海市政府新楼的设计竞赛。作品有南京东路上的新新公司（Sun-Sun Co., Ltd，1923—1926）、东亚银行（East Asia Bank,

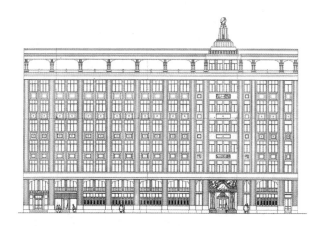

图 6-149 东亚银行
来源：上海市城建档案馆馆藏图纸

1925—1926，图6-149）、光陆大戏院（Capitol Theatre，1925—1928）、惠罗公司改扩建（Whiteaway, Laidlaw & Co.，1930）、国泰大戏院（Cathay Theatre，1930—1931）、外滩的交通银行（China Bank of Communication，1937—1949）等。鸿达的作品风格比较明快，在古典比例的基础上吸收了装饰艺术派的手法，注重细部装饰（图6-150）。事务所的从业人员鲁道夫·肖勉（Rudolf O. Shoemyen, 1892—1982）也是匈牙利建筑师，1914年毕业于布达佩斯工业大学，1919年到中国，1923年到上海，1923年11月至1932年5月在事务所任职。③

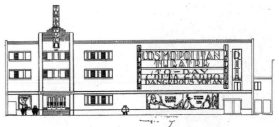

图6-150 普庆影戏院立面图
来源：《建筑月刊》第一卷，第四期

③ 王健著《上海犹太人社会生活史》，上海辞书出版社，2008年，第109页。

④ George F. Nellist. *Men of Shanghai and North China, A Standard Biographical Reference Work*. Shanghai: The Oriental Press, 1933.

⑤ Inge Scheidl. *Rolf Geyling (1854-1952) Der Architekt zwischen Kriegen und Kontinenten*, Weimar: Böhlau, 2014: 211。这座教堂没有建造，据推测，后来建造的是按照邬达克设计的大西路新福音教堂。

三、奥地利建筑师

奥地利建筑师约瑟夫·阿洛伊斯·汉墨德（Josef Alois Hammerschmidt，1891—？，图6-151），1891年7月3日生于维也纳，毕业于维也纳工业大学，师从奥地利著名建筑师阿道夫·卢斯（Adolf Loos，1870—1933），1912年开始作为建筑师执业。1914年担任奥匈帝国军队工程和矿业支队的指挥官，在喀尔巴阡山的一次战斗中受伤，被俄国军队俘虏。1915—1917年关押在西伯利亚，"十月革命"后于1918年被释放，随后担任丹麦领事馆、瑞典红十字会和捷克斯洛伐克政府的代表，负责奥匈帝国、德国和捷克斯洛伐克战俘的释放工作，直至1920年。他在西伯利亚期间为俄国设计了银行建筑、商业建筑和发电厂。1921年1月到中国的天津，先在天津一家建筑工程公司担任建筑部的经理，为黎元洪、溥仪设计住宅，为法租界和日租界设计了一系列建筑。1931年到上海，担任工部局公共工程司的建筑师。1931年7月任普益地产公司总建筑师。④1933年初自己开业，创建汉墨德计划建筑工程师事务所。他大量的建筑设计表现现代建筑，提倡"现代大陆型建筑"，并发表许多关于建筑和艺术的文章。

还有一位维也纳建筑师罗尔夫·格林（Rolf Geyling，1884—1952），1904年秋进入维也纳理工大学学习建筑，师从教育家卡尔·科尼希（Karl König，1902—1966）和建筑师、规划师奥托·瓦格纳（Otto Wagner，1841—1918），接受的是新巴洛克风格和新艺术运动的建筑教育。1907年毕业后服兵役，第一次世界大战后期成为俄国的战俘，1920年从俄国的西伯利亚来到中国，在天津定居，从事建筑设计和城市规划，参与过北戴河的规划和设计，曾经在法国传教士办的大学兼课教建筑设计。1930年参加上海的德国新教教堂的设计竞赛，这个竞赛邀请了所有在远东说德语的建筑师和工程师参赛，获竞赛第一名（图6-152）。这座教堂拟建在德国学校旁。⑤

图6-151 奥地利建筑师汉墨德
来源：*Men of Shanghai and North China, A Standard Biographical Reference Work*

四、西班牙和意大利建筑师

除早期的传教士建筑师外，目前有记载的近代上海唯一的一位西班牙建筑师是阿韦拉多·乐福德（Abelardo Lafuente，1871—1931，图6-153），1871年出生在马德里，他的父亲是市政府建筑

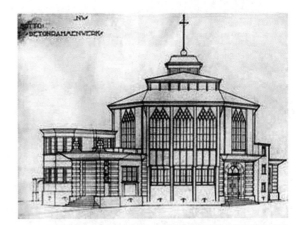

图6-152 德国新教教堂的设计竞赛方案
来源：*Rolf Geyling (1854-1952) Der Architekt zwischen Kriegen und Kontinenten*

图 6-153　西班牙建筑师阿韦拉多·乐福德
来源：Wikipedia

师。乐福德的学历有待考证。他的职业生涯始于马尼拉，他的事务所名为"乐福德建筑师和承包商"（A. Lafuente Architect & Contractor）。1913 年来上海开业，成立赉丰洋行（A. Lafuente Garcia-Rojo, Architect & Contractor），以后加入美国建筑师伍滕（G. O. Wooten）的事务所，改名赉隆洋行（Lafuente & Wootten Architects）。在相当长的时间内，他的事务所一直保持赉丰洋行（A. Lafuente Garcia-Rojo, Architect）的名称。1920 年，俄国建筑师亚龙（A. J. Yaron）成为合伙人，事务所改西名"Lafuente & Yaron"。

　　乐福德最杰出的作品是 1917 年建造的礼查饭店孔雀厅（图 6-154）。他曾经为香港上海旅馆公司（Hong Kong and Shanghai Hotels Ltd.）工作，主要从事旅馆的设计。他的作品还包括教堂、清真寺、电影院、公寓、别墅、私人会所、医院等，他的建筑风格往往表现了西班牙穆迪扎尔伊斯兰建筑传统的影响。西班牙商人雷玛斯（Antonio Ramos）是他的主要业主，他为雷玛斯设计了住宅和一些电影院。1927—1930 年，乐福德将设计业务扩展到加利福尼亚和墨西哥，为洛杉矶和墨西哥的蒂华纳设计住宅。1929 年经济大萧条后，他又回到上海，1931 年在上海的公济医院病故。乐福德的主要作品有礼查饭店孔雀厅（Ballroom at Astor House Hotel, 1917）、飞星公司（Star Garage, 1918）、雷玛斯公寓（一般称为"拉摩斯公寓"，Ramos Apartments, 1923）、雷玛斯宅（Casa Ramos, 1924, 图 6-155）等。

　　意大利建筑师和工程师盖纳禧(一译开腊齐,Paul C. Chelazzi)，事务所名称为"盖纳禧打样建筑工程师"（Chelazzi-Dah-Zau Realty Co.），作品有南昌路 3 层中式住宅（1933）、天津意大利俱乐部（1935）等。

①《上海百年名楼·名宅》编撰委员会编《上海百年名宅》，北京：光明日报出版社，2006 年，第 211 页。

② 上海市长宁区人民政府编《长宁区地名志》，上海：学林出版社，1988 年，第 81 页

五、俄国建筑师

　　李维（一译列文 - 戈登士达，W. Livin-Goldstaedt，1878—？）是在上海作品最多的一位俄国建筑师，原名弗拉迪米尔·戈登士达，1915 年改名"列文"，曾获中山陵名誉奖第五名。1878 年生于海参

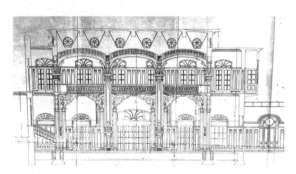

来源：上海市城建档案馆馆藏图纸

图 6-154　礼查饭店孔雀厅

图 6-155　雷玛斯宅
来源：许志刚摄

图 6-156　亚尔培公寓
来源：许志刚摄

来源:上海市历史建筑保护事务中心

来源:《上海教堂建筑地图》
图 6-157 圣心教堂

图 6-158 阿斯屈来特公寓
来源:席子摄

崴（今符拉迪沃斯托克），毕业于圣彼得堡建筑工程学院，曾设计海参崴的中央酒店（1907）。1922年以后移居上海，在上海工作了 13 年，1930 年以前曾经在永安地产公司工作。他的代表作有克莱门公寓（Clements Apartments，1929）、亚尔培公寓（King Albert Apartments，1930，今陕南邨，图 6-156）、圣心教堂（Sacred Heart Church，1931，图 6-157）、阿斯屈来特公寓（Astrid Apartments，1933，今南昌大楼，图 6-158）等。列文的大部分作品有着装饰艺术派建筑风格，局部以线条和图案作为装饰，亚尔培公寓巧妙地将 19 幢 4 层建筑不规则穿插布置在 1.64 公顷的基地上，建筑占地 6000 平方米，建筑面积约 20 000 平方米，每套公寓的建筑面积约 150 平方米。[①]圣心教堂位于原圣心医院内，钢筋混凝土结构，高耸的八边形塔楼，建筑的细部带有古典主义的残存。阿斯屈来特公寓则为现代建筑，在建筑顶部和门头上有装饰艺术风格的装饰。

俄国军事工程师亚龙（一译耶朗，A. I. Yaron），设计建造了西园公寓（West Park Mansions，1928，图 6-159），采用现代风格，局部有简洁的装饰，屋顶有棚架。五开间平面，高 9 层，设有地下室，建筑面积为 2384 平方米。[②]代表作还有圣尼古拉斯教堂（The St. Nicholas Russian Orthodox Church，1934）。华盛顿公寓（1930）和贝当公寓（1931）也是他的作品。

图 6-159 西园公寓
来源:《回眸》

在上海从事建筑设计和装饰设计的还有俄国画家波德古尔斯基（一译朴特古斯基，B. C. Подгорский），曾参与设计沙逊大楼、法国总会等建筑。另外还有一位俄国画家和建筑师索科洛夫斯基，曾在上海各建筑公司从事建筑艺术装饰设计。

此外，还有设计亨利路（Route Paul Henry，今新乐路）东正教圣母大堂（1931，图 6-160）的建筑师事务所（Architectural Studio）建筑师彼特罗夫（B. I. Petroff）和建筑师、画家利霍诺斯（Y. L. Lehonos）、米凯维奇（S. J. Minkevitch）等。利霍诺斯，1914 年毕业于俄国皇家艺术协会附属学校，1923 年侨居上海，为上海的外商建筑公司承担了大量雕塑和艺术装饰工作，曾在远东地区举办过多次个人和集体画展。圣母大堂室内的壁画和穹顶湿壁画（图 6-161）也出自其手，湿壁画于 2016 年修复。

图 6-160 东正教圣母大堂历史照片
来源:Virtual Shanghai

图 6-161 圣母大堂室内湿壁画
来源：沈三新提供

俄国建筑师罗平（Gabriel Rabinovich）在圆明园路 133 号开办了自己的事务所，设计建造了位于武康路上的国富门公寓（Koffman Apts.，1935—1936，图 6-162），用地十分紧凑。

巨福公寓（Defour Apartments，1934，今乌鲁木齐公寓，图 6-163）由俄国建筑师发特落夫（W. A. Fedoroff）设计，曾称"安康公寓"，6 层混合结构，现代风格，建筑面积为 3063 平方米。[①]

台拉斯脱公寓（Delastre Apartments，1939）由托麦献符司干洋行（Tomashevsky & Dronikoff Architects）设计。

成立于 1926 年的葛礼文建筑工程师事务所（Krivoss Realty Co., Land and Estate Agents, Contractors and Architects）由建筑师葛礼文（B. Krivoss）创办，设计的作品有霞飞商场（1934）等。

六、北欧工程师和建筑师

丹麦工程师马易尔（Vihelm Meyer，1878—1935）1905 年与安德生共同创办慎昌洋行（Andersen Meyer & Co.，图 6-164），公司总部在圆明园路，[②]是当年上海乃至中国最大的公司之一，主要作品有又斯登公寓（1929）以及杨树浦工业区的工厂等。

丹麦土木工程师康立德（一译考来德，Aage Corrit，1892—1987）于 1918 年来到中国，1919 年创办康益工程有限公司。[③]康立德 1933 年在上海市工务局登记为土木技师开业，姓名为"康益洋行考

①《上海市徐汇区地名志》编纂委员会编《徐汇区地名志》，上海：上海辞书出版社，2012 年，第 190 页。

② 曹伯义、韩悦仁著《从光辉灿烂的昨天到生机盎然的今天：大上海地区的丹麦人和丹麦公司（1846—2006）》，陈颖译，上海书店出版社，2008 年，第 85 页。

图 6-162 国富门公寓
来源：席子摄

图 6-163 巨福公寓
来源：席子摄

图 6-164 圆明园路上的慎昌洋行
来源：Virtual Shanghai

图 6-165 柏韵士在上海的住宅"卑尔根之屋"
来源:《挪威人在上海 150 年》

图 6-166 日本北部高等小学校
来源:Virtual Shanghai

③ 王垂芳主编《洋商史:上海 1843—1956》,上海社会科学院出版社,2007 年,第 448 页。

④《上海市技师、技副、营造厂登记名录》,民国二十二年(1933)。见:《中国近代建筑史料汇编:第二辑》第八册,第 4383-4571 页。

⑤《上海市都市计划委员会秘书处会议记录》,见:《中国近代建筑史料汇编:第二辑》第二册,第 940 页。

⑥ 曹伯义、韩悦仁著《从光辉灿烂的昨天到生机盎然的今天:大上海地区的丹麦人和丹麦公司(1846—2006)》,陈颖译,上海书店出版社,2008 年,第 100 页。

⑦ 同上,第 124 页。

⑧《上海市技师、技副、营造厂登记名录》,民国二十二年(1933)。见:《中国近代建筑史料汇编:第二辑》第八册,第 4383-4571 页。

⑨《上海市技师、技副、营造厂登记名录》,民国二十二年(1933)。据上海市档案馆,马长林主编《老上海行名辞典 1880—1941》(上海古籍出版社,2005 年)第 301 页,将 Muller, E. J. 列为协泰行。

⑩ 石泉山、居纳尔·菲尔塞特著《挪威人在上海 150 年》,朱荣法译,上海:上海译文出版社,2001 年,第 94-95 页。

来德"。④他的公司(上海市基础工程公司的前身)在上海的主业是高层建筑的打桩工程,同时也建造工厂、飞机库和桥梁。1927 年,公司业务扩展到建筑承包。根据上海市都市计划委员会秘书处的会议记录,康立德曾在 1946 年 12 月作为专家列席讨论大上海都市计划,会上提出发展浦东的设想。⑤康立德也曾在大上海都市计划草图初稿上签字。1953 年,康立德的公司改为国有,他一直待到 1956 年才离开上海。⑥根据商业信息,另有一名丹麦土木工程师、建筑师兼测量员延森(Edm Jensen),从事过多种业务,曾经在苏生洋行工作。⑦

挪威建筑师汉斯·柏韵士(Hans Berents,1875—1961),卑尔根人,挪威商人和政治家,在德国受教育之后来到上海,1905 年前后建立柏韵士工程师事务所(Berents & Corrit),从业人员有普伦(A. Pullen)等。柏韵士 1933 年在上海市工务局登记为建筑技师开业。⑧作为上海市的顾问工程师,于 1930 年 2 月作为评审委员参加评选上海新市政府大楼设计竞赛,第二次世界大战后移居挪威,主要作品有德士古大楼(1940—1943)等,柏韵士在上海的住宅"卑尔根之屋"(图 6-165)应当也是柏韵士自己设计的。

挪威土木工程师穆拉(E. J. Muller),曾周游世界各地,1902 年到上海,受雇于城市管理机构的技术部门,1906 年转入英商怡和洋行工作,后来又到安徽铁路公司,担任中国第一批铁路修建工程之一的负责人。1907 年创办挪威土木工程公司(Norwegian Civil Engineers),以钢筋混凝土结构件为专项产品,是上海最早从事钢筋混凝土结构的公司,工程人员多达 2000 多人。1933 年在上海市工务局登记为土木专业技师开业,行名为"协康行"。⑨曾设计日本北部高等小学校(1917,图 6-166)、约克大楼(1921)、白尔登公寓(1924,图 6-167)等。穆拉约在 1942 年故世。⑩

根据记载,比利时建筑师苏夏轩(H. H. Sau)是中国建筑师学会第一批正会员,作品待考。

(1)立面图
来源:上海市城建档案馆藏图纸

(2)现状
来源:席子摄

图 6-167 白尔登公寓

图 6-168 平野勇造和他的家庭
来源：薛理勇提供

来源：*Twentieth Century Impressions of Hong Kong, Shanghai, and other Treaty Ports of China*

图 6-169 三井物产公司上海支店

第六节 日本建筑师

日本建筑师在前川国男（Kunio Mayekawa，1905—1986）和丹下健三（Kenzō Tange，1913—2005）、堀口舍己（Horiguchi Sutemi，1895—1984）、坂仓准三（Junzo Sakakura，1901—1969）的倡导下，在二三十年代已奠定了现代建筑的基础，并将这一风格移植到上海来，成为上海现代建筑的一个重要的流派。日本建筑师直到 20 世纪初才开始进入上海，在近代上海建筑中占有一席之地，主要的建筑师有平野勇造（Yajo Hirano, 1863—1951）、福井房一（Fusakazu Fukui, 1869—1937）、下田菊太郎（Shimoda Kikutaro，1866—1931）、冈野重久（Okano Shigehisa）、内田祥三 （Shozo Uchida, 1885—1972）、石本喜久治 （Kikuji Ishimoto, 1894—1963）和前川国男等。

一、平野勇造和福井房一

平野勇造是日本青森县人，原名"堺喜勇造"（Yajo Sato，图 6-168），1898 年更名为"平野勇造"。他是日本建筑师中最早到上海创业，属于当时上海为数不多的早期建筑师和工程师之一。1883 年赴美国旧金山，在美国加利福尼亚大学学习建筑。1890 年回日本，开设自己的建筑事务所；1899 年进入三井洋行，不久即担任上海三井洋行支店长，作为日本三井财团的建筑师在台北和上海开始其建筑生涯。1904 年在上海四川路 39 号建立事务所，在上海、汉口和中国的其他城市设计了许多建筑，包括三井、三菱洋行系统的工厂、码头、内外棉系统纱厂等。[①]

平野设计的三井物产公司上海支店（图 6-169）以其典雅的色彩组合和精致的细部处理成为上海20 世纪初近代建筑精品的缔造者。平野勇造设计的日本总领事馆（1911，图 6-170）表明平野的设计

① Arnold Wright.*Twentieth Century Impressions of Hong Kong, Shanghai, and other Treaty Ports of China*. London: Lloyd's Greater Britain Publishing Company Ltd., 1908：634.

② 陈祖恩著《上海日侨社会生活史（1868—1945）》，上海辞书出版社，2009 年，第 326 页。

图 6-170 日本总领事馆
来源：薛理勇提供

对日本的帝国式洋风建筑有了发展，立面上红砖清水墙与细腻的白色大理石装饰构件恰如其分地组合在一起，并且在顶部设计一座孟莎式屋顶。为了突出主入口，平野在侧面的围墙入口处设计一座带半山墙的凯旋门式大门，并且在正立面的底层正中，也设计一个三角形半山墙作为呼应。立面二层以上有 2 层迪高的爱奥尼业柱式的巨柱式壁柱。半野勇造为日本内外棉会社设计建造的位于澳门路的工厂（1914）是中国工业建筑中最早的钢筋混凝土结构。[②]

图 6-171 日本人俱乐部
来源：上海市历史博物馆馆藏图片

与平野勇造差不多同一时期在上海发展的日本建筑师还有福井房一和下田菊太郎等。福井房一于 1869 年在福冈县出生，1888 年进入东京工手学校（Kogakuin University，今工学院大学）学习，一年半后毕业于造家学科。1891 年 10 月赴美国留学，前后 10 年曾在纽约乔治·波士特的事务所从事制图和设计工作。归国后在日本帝国海军建设部门任建筑师，于 1914 年 6 月成为日本建筑士会的一名创始会员。1906 年到上海，与平野勇造合办建筑设计事务所，有过三个月的合作，后由于合作不愉快而散伙。福井房一于 1908 年初离开上海到汉口创业，曾设计湖北省谘议局（1908），1911 年回日本。

已知福井在上海的作品有两项：一是位于塘沽路的日本人俱乐部（The Nihonjin Club，图 6-171），建于 1914 年，已于 1997 年拆除；一是位于广东路与四川中路转角处的三菱公司上海分店（1914）。日本人俱乐部是典型的日本帝国式洋风建筑，平面上略有一些不对称，立面上用红砖砌筑仿石块勾缝和底层窗户发券，这也是日本的洋风建筑所特有的处理手法。装饰上的重点部位是立面正中间的顶部和整个檐部，中间用白色大理石花饰与半圆拱窗组合在一起。福井房一设计的日本人俱乐部虽然在三层设置和室，但是其总的建筑风格代表了日本近代建筑对西方古典主义的追求。

福井设计的三菱银行上海分店（图 6-172）的造型比较沉重，只是在其西南转角上嵌入一个半圆形的塔楼以强调主要入口。这个半圆形在底层入口处切成平面，到了出屋顶的顶部又做成圆柱形，使之成为构图的中心。立面上大量采用半圆额窗，从建筑艺术上说，这幢建筑的艺术水平远不及他设计的日本人俱乐部。

(1) 南立面图
来源：上海市城市建设档案馆馆藏图纸

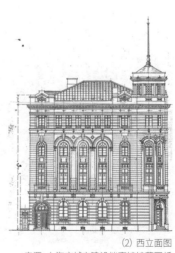

(2) 西立面图
来源：上海市城市建设档案馆馆藏图纸

(3) 现状
来源：席子摄

图 6-172 三菱银行上海分店

二、其他日本建筑师

图 6-173 下田菊太郎
来源：Wikipedia

下田菊太郎（图 6-173），出生于日本秋田县角馆町，1881 年到东京，入工部大学校（Imperial College of Engineering）造家学科学习，师从英国建筑师康德尔（Josiah Conder，1852—1920）。1888 年，在还有一年就可以毕业的情况下，中途退学到美国旧金山一家建筑事务所（D. H. Burnham & Company）就职，参加了西部联合电报大楼（Western Union Telegraphy Building）、大北酒店（Great Northern Hotel）和马歇尔·菲尔德百货公司（Marshall Field Department Store）的设计，是第一个获美国建筑师学会会员资格的日本建筑师。[①]1895 年在芝加哥独立开设建筑事务所，也曾经为赖特工作了一段时间。1898 年回日本，于 1909 年经英国友人介绍承担英国总会（即上海总会）的室内设计工作（图 6-174）。下田菊太郎曾经首创日本"帝冠式"建筑的原型——帝国议会大楼（1919，图 6-175）。[②]

图 6-174 上海总会的酒吧吧台
来源：Wikipedia

冈野重久（Okano Shigehisa，图 6-176），日本建筑师，1921 年来华，在上海狄思威路 465 号建立事务所，代表作有西本愿寺上海别院（1931）、日本小学（1934）和日本高等女学校（1936）等。西本愿寺上海别院以印度的寺庙作为原型，建成后可与东京筑地的本愿寺媲美。[③]冈野重久曾在 1929 年参加上海市政府新楼的设计竞赛（图 6-177）。他还设计了杨树浦路 2866 号的裕丰纱厂（1921—1930，图 6-178），成片的锯齿形厂房，早期为砖木结构，后期采用钢结构；位于平凉路 1777 号的同兴纱厂的 45 栋工房（1925），以及杨树浦路上一些日本工厂厂房，如日商公大纱厂（Kun Dah Cotton Spinning & Weaving Co., Ltd.，1925）等。

图 6-175 "帝冠式"建筑——帝国议会大楼
来源：《日本近代建筑》

内田祥三（Shozo Uchida，1885—1972，图 6-179），1885 年在东京出生，1907 年毕业于东京帝国大学，毕业后进入丸之内建筑所（今三菱地所）任职。1911 年成为东京帝国大学建筑科讲师，担任构造计算法、钢结构和钢筋混凝土结构的课程。1924 年担任同润会理事，1935 年担任日本建筑学会会长，1943—1945 年担任东京帝国大学校长。他使佐野利器的建筑构造学得到进一步发展，将学科扩展到防火、防灾和城市规划领域，影响了 1919 年颁布的《市街地建筑物法》，以及旧城市规划法的立法筹划。内田祥三是日本钢筋混凝土结构和钢结构领域的创立者，同时也是住宅防灾和城市规划方面的开拓者，曾担任日本火灾学会、城市规划学会的会长，1972 年荣获日本文化勋章。[④]在学术上，他支持东京帝

图 6-176 冈野重久和上海事务所职员
来源：《上海日侨社会生活史：1868—1945》

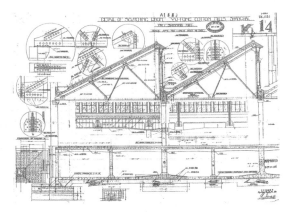

图 6-177 日本高等女学校
来源：《寻访东洋人：近代上海的日本居留民（1868—1945）》

图 6-178 冈野设计的锯齿形厂房
来源：上海市城市建设档案馆藏图纸

国大学以野田俊彦（1891—1929）为代表的"建筑非艺术论"。受德国分离派建筑的影响，注重在设计中表现情感，用文艺复兴和哥特手法表现设计意图，他的作品在日本属于设计的激进派，又被称作"内田哥特式"。

内田祥三曾于1916年设计济南和九江的日本领事馆。1923年关东大地震后，着手进行东京帝国大学的校园规划，并与建筑师岩田日出刀（Kishida Hideto, 1899—1966）共同设计东京帝国大学安田讲堂（1925）。他在1933年设计的东方文化学院东京研究所以和风为意匠，1953年设计的日立制作所纪念馆则是现代派手法。东京帝国大学的工学院、图书馆（图6-180）均为内田祥三的作品，这些建筑呈现代建筑风格，同时又掺杂哥特复兴和装饰艺术派风格。他还以其为原型设计上海自然科学研究所（1928—1931，图6-181）。该建筑是日本政府用庚子赔款余额建造的，与内田祥三设计的日本东京帝国大学工学院、图书馆和医学院大楼的外观相似，平面呈日字形，建筑面积1.98万平方米，主入口5层，强调竖线条，入口门廊采用简化的科林斯柱头。

石本喜久治（Kikuji Ishimoto, 1894—1963），日本建筑师，1920年毕业于东京帝国大学，1922—1923年在德国魏玛包豪斯学习，1923年回日本。石本喜久治的作品以简约的现代建筑风格为主，他是日本分离派建筑学会的成员，作品表现出典型的现代建筑风格。已知的作品有日本第七国民学校（1941，图6-182）、上海日本中学校（1942）、第二日本高等女学校（1942，图6-183）等。他曾设计过日本中学的校舍（今同济大学"一·二九"大楼）。⑤

图6-179 内田祥三
来源：Wikipedia

① 同上，第328页。

② "帝冠式"建筑是日本在20世纪初出现的一种在欧洲古典主义建筑墙身上叠加日本传统风格的屋顶。见：藤森照信著《日本近代建筑》，黄俊铭译，济南：山东人民出版社，2010年，第216页。

③ 陈祖恩著《上海日侨社会生活史：1868—1945》，上海辞书出版社，2009年，第328页。

④ Wikipedia, Shozo Uchida.

⑤ 根据路秉杰教授的研究考证。

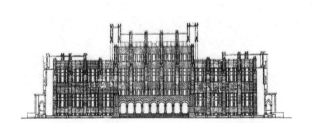

(1) 东京帝国大学图书馆北立面

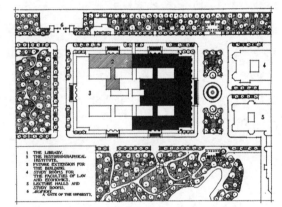

(2) 东京帝国大学图书馆总平面图

图6-180 东京帝国大学图书馆
来源：《建筑月刊》第二卷，第十一、十二期合订本

图6-181 上海自然科学研究所东立面
来源：许志刚摄

图6-182 日本第七国民学校
来源：《日本建筑士》第30卷1号

图6-183 第二日本高等女学校
来源：《寻访东洋人：近代上海的日本居留民（1868—1945）》

图 6-184 前川国男
来源:《上海·都市と建筑 1842—1949》

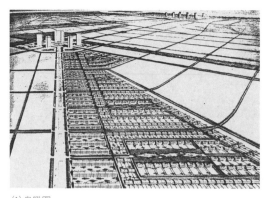

(1) 鸟瞰图

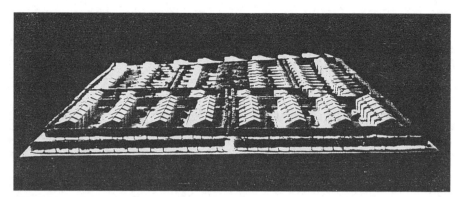

(2) 模型

图 6-185 前川国男设计的住宅
来源:《现代建筑:4》(日本现代建筑社,1939 年)

图 6-186 日本海军陆战队司令部
来源:Wikipedia

① Wikipedia, Kunio Mayekawa.

前川国男(图 6-184)1905 年在新潟县出生,1918 年入东京第一中学,1925 年进入东京帝国大学,1928 年毕业。毕业典礼当天去法国,在巴黎勒·柯布西耶的事务所工作,正值勒·柯布西耶脱离纯粹主义的时期,前川参与了瑞士学生会馆的设计。1930 年回到日本,进入曾经师从赖特的捷克裔美国建筑师雷蒙德(Antonin Raymond,1888—1976)的事务所,1931 年参加东京帝室博物馆的设计竞赛。1935 年独立开业,将现代建筑引入日本,并推动钢筋混凝土结构的工程应用。1939—1943 年在上海开设事务所,成为战后日本最重要的建筑师。1968 年荣获第一届日本建筑学会大奖,1974 年获日本艺术院奖。他最重要的建筑活动是在战后的日本,代表作有神奈川县音乐厅和图书馆(1954)、京都会馆(1960)、东京文化会馆(1961)等。①前川国男在上海的作品有森永公司上海分店(1939)、华兴商业银行住宅(1939—1943)以及上海住宅规划(图 6-185)等,作品带有明显的现代派风格。前川国男在沈阳和台湾都曾留下作品。

东江湾路上建于 1933 年的日本海军陆战队司令部(图 6-186)据信也出自日本建筑师之手。

第七章
新古典主义在上海

要想给古典主义下定义，只能是自找麻烦。
因为它在不同情境中有各种具体的含义……

—— 萨莫森《建筑的古典语言》，1994
John Summerson，*The Classical Language of Architecture*，1963

第一节 新古典主义

新古典主义是 18 世纪中叶在欧洲兴起的一场艺术的古典复兴运动，遍及绘画、雕塑、音乐、装饰艺术和建筑，在 19 世纪初进入盛期，其影响一直延续到 21 世纪。新古典主义不仅仅是复兴古希腊、古罗马和其他外来古典风格，就建筑学而言，它与理性结构原则的回归及其在建筑中的表现联系在一起。因此也有将新古典主义建筑定义为与 18 世纪和 19 世纪法国理性主义和英国的经验主义联系在一起的建筑风格。[①]新古典主义跨越的时期相当长，覆盖的地区和艺术领域也十分广泛，因而必须将新古典主义作为一个多元的，而不是单一风格的概念来理解。

近代上海建筑除了中国传统风格的延续和发展外，西方建筑的影响从最早的殖民地外廊式、哥特复兴、维多利亚建筑的移植，到新古典主义，无论是建筑技术还是设计手法、建筑功能等已经趋于成熟。上海近代建筑新古典主义的形成与当时西方建筑师以及在西方受学院派专业教育的中国建筑师，社会对西方文化的崇尚，金融业和商业的繁荣，以及新建筑类型的引进有着密切的关系。欧洲文化的影响是新古典主义在上海盛行的原因，在欧洲，新古典主义和浪漫主义是同时并存的两种倾向。美国哲学家和文化史学家塔纳斯（Richard Tarnas, 1950—）在《西方思想史》（*The Passion of the Western Mind: Understanding the Ideas That Have Shaped Our World View*，1991）中指出：

从文艺复兴的复杂的母体中产生了两种不同的文化潮流，两种不同的西方思想特有的对待人类生存的气质或基本态度。[②]

这两种文化就是新古典主义和浪漫主义。浪漫主义推崇人类的创造精神和个体的自我表现，不仅关注人性的尊贵和崇高，也同时关注人性的非理性方面。然而，浪漫主义的传统并不适合上海的商业文化，因此仅有微弱的表现。新古典主义登上上海的建筑舞台时，在世界上其他地区已经进入晚期，而上海的新古典主义掺入更多的装饰元素。

一、西方文化的影响

1905 年，上海开始了地方自治运动，并发展为爱国运动和民主运动。从 1910 年代开始，上海的建筑风格有了明显的变化。由于社会经济和文化的转型，出现了与金融业和商业发展有联系的新古典主义，同时又具有海派文化的特点，出现了各种变体、折衷和仿冒。作为一个特殊的地缘经济地区，上海建立起资本主义经济制度，逐步建立起一批主导产业部门和消费市场、交易市场。上海进入经济初步繁荣的时期，成为外国资本主义势力的影响最为集中的地方，外资工业也迅速扩张。除此以外，

1895 年甲午战争后兴起的反帝爱国运动，也促进了民族主义的发展。辛亥革命以后，民族资本工业脚踏实地，努力创制品牌，力求发展，在 1911—1927 年有显著的进步，商业和国内外的贸易也有很大的增长，民族工商业已成为上海经济迅速繁荣的重要组成部分。自 1847 年第一家外国银行——英商丽如银行（The Oriental Banking Corporation，图 7-1）在上海开设以后，外国金融资本人举涌入中国，并在上海的金融市场上起主导作用。上海成为远东最大的金融市场和外汇、金银交易的中心，1911 年以后又逐步走向顶峰。20 世纪初的上海经济经历了清末新政时期、民国初年的振兴实业时期，以及第一次世界大战影响下的"黄金时期"。

图 7-1 丽如银行
来源：Virtual Shanghai

另一方面，上海的城市居民也经历了一个由旧式民众向现代市民转变的过程，生活方式和价值观念、思想观念转变的过程。"上海为通商大埠，最得风气之先。"③市民意识也随着西方文化进入上海，培育了特殊的市民阶层，并成为上海近代消费社会的主体。然而，由于社会的迅速转型，这一消费社会主体又呈现出一种新文化与封建文化混合的多元化倾向。生活在"冒险家的乐园"中的上海人具有集创新进取、知足实惠、注重功利、善于生活和精明灵巧的多重复合人格。有时候表现出深沉的创造精神，有时候又显示出十足的市侩特质。在商品经济的冲击下，商品化的倾向也渗透到社会生活的各个领域，引起价值观念的巨大变化。从总体上说，上海是中国近代城市中城市化最为迅速，同时又是中国最为现代化的一座城市，接受外来文化的冲击最大，然而又迅速认同外来文化，并且在融合了传统文化和中国各种地域亚文化和民俗文化之后，产生出一种多重复合的文化，这就是通常称之为"海派文化"的新文化。这是一种由 1919 年"五四运动"精神感召下，新文化中心南移，文化运动与社会发展相互推动下的一种新文化。

经济发达带动了各行各业的全面发展，交通事业、公用事业、城市建设渐渐走向现代化，教育、科技、出版和文化界也出现一派繁荣景象，并出现了文化消费市场。在民国建立以后，新创立了不少学校，对民众的启蒙从教育开始。到 1917 年，除高等学校外，上海已有各种学校 186 所。④教育事业有了较大的进步，新式学校也为上海带来新文化的精神，并形成多层次、多种类的教育机构。在出版方面，成立了一批出版机构，出版了一大批书籍和杂志，对新文化的传播起到推波助澜的作用，其中包括 1915 年创刊的《新青年》杂志。上海因此成为全国的信息中心和新文化的传播中心。这一时期，上海的图书馆、博物院等文化设施也有很大的发展，公共图书馆逐渐普及。此外，上海逐渐汇集了一批高级专门人才，成为新型知识分子的主体，主要在工程系统和高等教育文化部门从业，上海成为国内工程技术人员比较集中、学术活动比较活跃的一个科学技术中心。据初步统计，1930 年代上海文化知识界的知识分子人数大致在 20 万人，如果加上科技、教育界，人数当在 30 万～40 万。⑤

文化艺术界的兴盛也促使上海成为中国新文化运动的中心和发源地，明显带有欧化的倾向。这是一个文化高潮的时代，科学昌明与创新的时代。1907 年，新剧，俗称"文明戏"在上海兴起，上海成为中国话剧的发祥地。1912 年 11 月，刘海粟、乌始光、张聿光创办上海图画美术院。1913 年，中国人第一次在上海拍摄电影，中国的电影业在 20 年代趋于成熟。1914 年，"鸳鸯蝴蝶派"文学风行沪上。从 20 年代起，上海逐渐成为新文学创作的中心，新文学也成为新文化运动突出的成果。1921 年 5 月，

① Robin Middleton, David Watkin. *Neoclassicism and 19th Century Architecture*. Roma: Electa/Rizzoli, 1980: 7.

② 塔纳斯著《西方思想史》，吴象婴、晏可佳、张广勇译，上海社会科学院出版社，2011 年，第 403 页。

③ 1883 年 10 月 27 日《申报》。

④ 唐振常、沈恒春主编《上海史》，上海人民出版社，1991 年，第 496 页。

⑤ 忻平著《从上海发现历史：现代化进程中的上海人及其社会生活》，上海人民出版社，1996 年，第 136-137 页。

图 7-2《雅典学派》及其中的建筑细部

来源：*Storia dell'arte italiana*

① 参见 1920 年出版的《上海商业名录》和《上海指南》，转引自：任建树等主编《现代上海大事记》，上海辞书出版社，1996 年，第 80 页。

② 转引自赖德霖著《中国近代建筑史研究》，北京：清华大学出版社，2007 年，第 187 页。

③ 萨莫森著《建筑的古典语言》，张欣玮译，杭州：中国美术学院出版社，1994 年，第 4 页。

④ 图 7-4 选自《建筑理论，从文艺复兴到当今》，从左到右依次为塔司干柱式、多立克柱式、爱奥尼亚柱式、科林斯柱式和复合柱式。这五种柱式经过法国建筑师佩罗（Claude Perrault, 1613—1688）的提炼，于 1673 年出版 *Ordonnance des cinq espèces de colonnesselon la methode des anciens*（《按照古典方法的五种柱式的法则》）。

⑤ 帕拉弟奥《建筑四书》，转引自：Hanno-Walter Kruft. *A History of Architectural Theory, From Vitruvius to the Present*. New York: Princeton Architectural Press, 1994: 89.

⑥ 萨莫森著《建筑的古典语言》，张欣玮译，杭州：中国美术学院出版社，1994 年，第 41 页。

⑦ 这幅画表明建筑史走向古典主义的乌托邦，这种乌托邦代表新古典主义建筑师梦寐以求的理想。

沈雁冰、郑振铎、叶圣陶等在上海成立"文学研究会"分会。1921 年夏，郭沫若、郁达夫、田汉等人在上海创立新文学社团——创造社。1920 年代中期，北京在文化上的高压政策更促使上海执文化运动之牛耳。同时，各种俗文学，如社会小说、言情小说、宫闱文学、武侠小说、侦探小说等也应运而生，并盛极一时。另外，反映大众文化的流行艺术成为上海近代城市的一种特殊文化现象。上海还集结了全国各地的各种戏曲，其繁荣的程度堪称近代中国之最，并成为城市社会生活的一个重要方面。1920 年代开始也是剧场建设的兴旺时期，许多剧院都是在这一时期兴建的。

这一时期也是中国有史以来中外文化交流最为频繁的时代，美国哲学家杜威（John Dewey，1859—1952）于 1919 年 4 月来沪宣讲实验主义；1920 年 10 月，英国哲学家罗素（Bertrand Russell，1872—1970）应邀在上海演讲；1922 年 12 月，美国理论物理学家、相对论创立者爱因斯坦（Albert Einstein，1879—1955）来访上海；印度著名诗人泰戈尔（Rabindranath Tagore，1861—1941）来沪演讲，这些世界文化名人的访问对促进上海文化事业的发展，加强东西方文化交流起了推动作用。

西方文化的引入对于上海来说，一开始必然是一种冲击，一种强制性的交流，极大地震撼了千百年来的封建思想和伦理道德，从而在一定程度上导致政治、经济和文化上的危机。这样一种充满矛盾的、传统与现代的冲撞与兼容持续并存了很长一个时期，成为上海的特点。在吸收和消化外来文化的同时，上海也通过自身的影响使外来文化产生嬗变，形成特有的海派文化。海派文化的生命力在于文化的兼容性和多样性，像上海这样一座有着丰富的历史和文化内涵的城市，建筑与文化不可能具有统一而又纯净的风格。文化的激烈冲撞在有些情况下很可能摧毁一座城市的固有文化，而上海却将这种冲撞转化为城市发展的动力，海派文化的矛盾性则表现在新与旧、传统与现代、洋与中、优与劣、善与恶、雅与俗的共生和并存。正是在这样的背景下，上海成为当时全国的经济中心和文化中心。

据统计，在 1920 年，上海有马路 370 余条，里、坊约 2130 余处，学校约 500 余所，会馆约四五十所，旅馆 300 余家，银行、钱庄约 230 余家，医院 60 余所，中西医生 300 余人，工厂 500 余家，影戏院 30 余家。①这就是 20 世纪初上海近代建筑的经济与文化背景。

在上海，西式建筑直到 1920 年代末，仍然是一般公众的理想追求。在 1925 年中国官式建筑开始提倡"中国风格"之前，中国公众、实业家、官方和建筑师心仪的"现代"建筑大都模仿西洋风格。据 1931 年 8 月 13 日的《时事新报》报道，华人租住西式房屋之后：

> 欣欣然现得意之色，此辈华人家庭，当其由旧式住房迁至新式洋房之时，莫不欢悦相告，喜形于色，此后除非遇绝大变故，或家况惨落外，决不愿再迁入旧式住房，殆无疑义，以是可知洋式房屋，实有甚大之吸引力。②

二、新古典主义建筑的缘起

古罗马军事工程师维特鲁威（Marcus Vitruvius Pollio，活动年代为公元前 46—公元 30 年）在《建筑十书》中描述了古典建筑的四种柱式：塔司干柱式、多立克柱式、爱奥尼亚式和科林斯柱式。意大利人文主义者、学者、建筑师和文艺复兴时期艺术理论的主要创始人莱昂·巴蒂斯塔·阿尔伯蒂（Leon Battista Alberti，1404—1472）研究了古罗马遗迹，增加了第五种柱式：复合柱式。意大利建筑师和理论家塞里奥（Sebastiano Serlio，1475—1554）注重以柱式为基础的古希腊和古罗马建筑中的对称、比例和几何关系，提出古典主义意义上的五种柱式，并对柱式的每个部分规定了尺寸。③古典主义是一种向古希腊、古罗马的艺术法则回归的人文主义运动，14 世纪开始的早期文艺复兴并一直持续到 15 世纪和 16 世纪达到盛期，从根本上说都是以古希腊、古罗马的古典文化作为范型的古典复兴运动。16 世纪以后，文艺复兴对古典艺术的传承本身就成为一种文化的源泉。意大利画家和建筑师拉斐尔（Raffaello Sanzio，1483—1520）在他的《雅典学派》（*La scuola d'Atene*，1509—1510，图 7-2）的壁画中已经预示古典主义建筑的理想和宏大空间叙事。

17 世纪下半叶，随着启蒙运动的兴起，建筑思想沿着理性主义的道路前进，法国建筑师佩罗（Claude Perrault，1613—1688）和弗朗索瓦·芒萨尔（Francois Mansart，1598—1666）在他们的作品中树立了古典主义的范型。18 世纪初，英国建筑师坎贝尔（Colen Campbell，1673—1729）、伯林顿勋爵（Richard Burlington，1694—1753）和威廉·肯特（William Kent，1685—1748）忠实恪守由英国建筑师伊尼戈·琼斯（Inigo Jones，1573—1652）和意大利建筑师帕拉弟奥（Andrea Palladio，1506—1580）在《建筑四书》（*I Quattro Libri dell'Architettura*，1570，图 7-3）中创导的古典主义法则。帕拉弟奥在深入掌握古罗马建筑语法的基础上，发展了古典主义的柱式语言（图 7-4），④他将古典的法则融入古典理论和艺术创造的完美结合之中。对帕拉弟奥而言，建筑就是理性的、简洁的和古典的，他不但关注形式，也关注功能，偏好基本的几何形式。帕拉弟奥开古典主义建筑的先河，并成为古典建筑最伟大的阐释者。为西方世界普遍接受的建筑语言，正是通过帕拉弟奥进行发展，他以新柏拉图主义的观点，主张真、善、美的统一：建筑是"对自然的模仿"，它要求"简洁"以实现"成为另一种自然"的目的。当我们说到美的建筑时，也意味着真实的和好的建筑。⑤英国建筑史学家萨莫森（John Summerson，1904—1992）在《建筑的古典语言》（*The Classical Language of Architecture*，1963）一书中指出：为西方世界所普遍接受的建筑语言，正是通过帕拉弟奥的《建筑四书》发展了的建筑语言。⑥

美国哈德逊画派奠基人之一，浪漫主义风景画家托马斯·科尔（Thomas Cole，1801—1848）在 1840 年创作了一幅《建筑师之梦》（*The Architect's Dream*，图 7-5），画中表现了一位斜依在一个巨大的柱冠上的建筑师，柱冠上放着帕拉弟奥的《建筑四书》，展现在他面前的是历史上的传统建筑的拼贴。时间成为一条流淌的长河，流向建筑师，河岸两旁排列的都是建筑师十分熟悉的建筑形式，埃及的金字塔、古希腊的神庙、古罗马的输水道、中世纪的大教堂、古典主义的殿堂等。⑦英国倡导的帕拉弟奥复兴或帕拉弟奥主义（Palladianism）成为 18 世纪初兴起的新古典主义，英国建筑师也将帕拉弟奥复兴

图 7-3 帕拉弟奥的《建筑四书》
来源：Wikipedia

图 7-4 柱式语言
来源：*Architectural Theory, from the Renaissance to Present*

图 7-5 《建筑师之梦》
来源：美国俄亥俄州托莱多艺术博物馆馆藏绘画

图 7-6 皮拉内西的古典主义建筑空间
来源:Piranesi

图 7-7 马德莱娜教堂

图 7-8 大英博物馆

带到上海。帕拉弟奥复兴对上海近代建筑的影响主要表现在两个方面:一方面是整体的比例和构图关系;另一方面则是帕拉弟奥式的装饰母题,诸如帕拉弟奥式的窗户、门廊、山墙等,并以装饰居多。

新古典主义运动开始于 18 世纪下半叶,这一运动试图建立理性的古典法则,创造理性的原型和理想的建筑。新古典主义主张美是我们感觉为美的对象的特质,回归于"变化中的统一""比例""和谐"等定义。这种理性的古典建筑原型追求结构和审美在哲学上的真实,是一种理性与考古学相互结合的、古典法则的圭臬。对于新古典主义运动的兴起作出卓越贡献的当数法国建筑理论家洛吉耶神父(Marc-Antoine Laugier,1713—1769)、意大利建筑师和版画家皮拉内西(Giambattista Piranesi,1720—1778)。洛吉耶神父从理性主义的理论方面奠定了古典主义的基础,皮拉内西则从一系列的描绘古罗马建筑和在《监狱组画》(Carceri,1745—1750,图 7-6)[1]中的古典主义空间感,从非理性的创造中对后世产生重大的影响。

无论在形式上或是内容上,古典主义的源泉并不局限于古希腊、古罗马和文艺复兴,也从中世纪建筑、埃及建筑以及东方文化中汲取元素。[2]古典主义信奉的是纯净的原始主义,追求简洁的形式,推崇古希腊的多立克柱式和古罗马的塔司干柱式,并创造出单纯的几何形体,形式的简洁被看作是原始高贵性的一种体现。古典主义建筑具有古希腊建筑在观念上的整体性和严谨性,有节制地应用装饰构件,柱式的应用与其说是起装饰作用,还不如说主要是结构构件,建筑强调体量和简洁的几何轮廓,在建筑形式上刻意表现纯正的细部。

19 世纪的新古典主义改变了古典主义建筑的简洁和整体感,更注重构图的完美,并揉进大量的历史风格。法国这一时期的新古典主义建筑追求富丽堂皇和壮观的效果,推崇罗马帝国时期的建筑风格,以表现法兰西帝国的强盛。巴黎美术学院又在建筑教育上倡导新古典主义的建筑哲学,并使之传遍全世界。新古典主义的代表作有巴黎的马德莱娜教堂(La Madeleine, Paris,1804—1849,图 7-7)、伦敦的大英博物馆(British Museum,1823—1846,图 7-8),以及德国建筑师申克尔(Karl Friedrich Schinkel,1781—1841)在柏林的作品如新哨所(Neue Wache,1816—1818)以及以爱奥尼亚柱式列柱柱廊为正面的老博物馆(Altes Museum,1823—1830)等。[3]马德莱娜教堂的建筑师是曾任共和国建筑总监的法国建筑师皮埃尔·维尼翁(Pierre Vignon,1762—1828),造型以科林斯柱式八柱式门廊的罗马神庙为原型,并采用围柱式,山花上饰有复杂的雕刻。建筑坐落在 7 米高的墩座上,抬高的入口强化了建筑的视觉冲击力。大英博物馆由罗伯特·斯默克(Robert Smirke,1780—1867)设计,建筑为希腊复兴风格,有一个柱廊环绕着包括两翼在内的整个雄伟的正立面,爱奥尼亚式八柱式门廊承托着精美的饰有浮雕的三角形山花。[4]

19 世纪的新古典主义思想中有两种倾向值得重视。第一种是历史主义的倾向,在建筑中融入历史风格,不仅是回到古希腊和古罗马,而是回到古代建筑发展的每一个成功的阶段,不管是早期基督教建筑、罗马风式、哥特式、文艺复兴式、巴洛克风格,还是洛可可式,都把历史看作是思想源泉。第二种是折衷主义的倾向，即将两种或两种以上的历史建筑风格拼贴在一起，从而被称作"折衷主义"，又称"集仿主义"。例如英国建筑师查尔斯·罗伯特·科克雷尔（Charles Robert Cockerell，1788—1863）和法国建筑师路易-夏尔·加尼耶（Jean-Louis-Charles Garnier，1825—1898）的建筑作品就表现了强烈的折衷主义倾向。科克雷尔设计的牛津阿什莫尔博物馆（Ashmolean Museum，1839—1841，图 7-9），拼贴了取自希腊神庙的装饰、罗马凯旋门的圆柱、维尼奥拉风格的上楣，以及文艺复兴建筑和巴洛克建筑的要素。⑤加尼耶在巴黎歌剧院（Paris Opera，1862—1875，图 7-10）上表现了意大利文艺复兴的美学观念、巴洛克的华丽柱式、罗浮宫式的柱廊。这些说明新古典主义建筑师可以围绕历史上的范例，用不同的方式去组合和拼贴，创造出新的建筑。新古典主义的风行一直延伸到 20 世纪初，并且当新古典主义在欧洲本土已经逐渐为现代运动所取代的时候，却依然在美国和其他地区经久不衰。从美国建筑师梅贝克（Bernard Maybeck，1862—1957）设计的旧金山艺术宫（Palace of Fine Arts，1915，图 7-11），以及由在巴黎美术学院受教育的美国建筑师蒲伯（John Russell Pope，1873—1937）设计的华盛顿国立美术馆（The National Gallery of Art，1936—1941，图 7-12）等建筑可以看到晚期新古典主义的表现。

以上就是进入 20 世纪初上海的近代建筑处于向现代建筑转型的时期，仍在世界各地流行的新古典主义建筑风格，已成为强弩之末。与英国的情况有些相似，上海近代的新古典主义建筑并没有按照欧洲大陆风格演变的年代顺序经历文艺复兴、巴洛克、洛可可和新古典主义，而是前后混杂，甚至顺序颠倒。这一时期活跃在上海建筑舞台上的建筑师主要是西方建筑师和在欧美受建筑教育的中国建筑师，他们所受的建筑教育几乎毫无例外地以学院派的古典建筑语言为基础。社会的需求和风尚、建筑师的观念和建筑修养都表明，这一时期的近代建筑必然为新古典主义建筑风格所主导。而新古典主义又去除了其理性主义和历史主义的文化背景，变成纯粹的形式因素。

① 皮拉内西高度赞赏古罗马的废墟，并且在虚构的监狱建筑的 16 幅《监狱组画》中以空间作为主题，在形象中重建这些建筑，使整个欧洲都重新审视对待文物的观点和态度，在新古典主义建筑中探讨宏伟的多重空间。皮拉内西的多重空间对后现代主义建筑的空间产生了重要的影响，这里选择的图片是《监狱组画》中的第六幅。

② David Irwin. *Neoclassicism*. London: Phaidon, 1997: 8.

③ 同上，339。

④ Rolf Toman. *Neoclassicism and Romanticism, Architecture, Sculpture, Painting, Drawings*. Könemann, 2000: 24.

⑤ 萨莫森著《建筑的古典语言》，张欣玮译，杭州：中国美术学院出版社，1994 年，第 87 页。

图 7-9　牛津阿什莫尔博物馆
来源：Wikipedia

图 7-10　巴黎歌剧院

图 7-11　旧金山艺术宫

图 7-12　华盛顿国立美术馆
来源：Wikipedia

(1) 来源：《十八及十九世纪中国沿海商埠风貌》

第二节 外国建筑师与新古典主义建筑

由外国建筑师引进的新古典主义建筑的类型涉及银行建筑、办公建筑、娱乐建筑、会所、宅邸等。在上海近代建筑的转型期中，西方古典主义建筑成为主导的建筑风格，并且主要与19世纪的欧洲新古典主义建筑风格有着共同的古典建筑语言。新古典主义建筑与其原型古典主义建筑相比，在建筑美学、建筑材料、建造技艺、建筑功能方面都已经有了变化。同时，在历史主义和折衷主义风格的趋向方面，又更多地偏向折衷主义的建筑风格。上海近代建筑中的新古典主义风格并没有呈现出那种纯正的理性探索，但又区别于单纯的移植，从而表现出某种创造性，而这种创造性的结果就是折衷主义。

由于商业化的影响，上海的新古典主义往往融入巴洛克的修辞性装饰语言，形成多元的面貌，其主要模式为法国新古典主义、帕拉弟奥复兴、新文艺复兴风格和新古典折衷主义风格等。上海近代建筑中的新古典主义风格经历了从历史主义向折衷主义的转变，相较而言，转型期初期的建筑虽然并没有广泛应用柱式语言，然而有着相对比较统一的风格，建筑的规模也不大。到了1920年代初，开始出现新古典主义与拼贴的折衷主义建筑风格。1923年建成的汇丰银行标志着新古典主义的高潮。

上海早期的新古典主义建筑表现出三种模式：一是以英国邮局（1907）为代表的帕拉弟奥复兴；二是以华俄道胜银行（1902）为代表的法国新古典主义风格；三是以业广地产公司大楼（1908）为代表的安妮女王复兴风格。

1920年代，上海的新古典主义进入盛期，表现为四种模式：一是以麦地宅（1921—1922）为代表的法国新古典主义；二是以汇丰银行大楼（1920—1923）为代表的英国新古典主义；三是以太古洋行大班宅（1924—1935）为代表的帕拉弟奥复兴；四是以海关大楼（1923—1927）为代表的新古典折衷主义。

(2) 来源：*Twentieth Century Impressions of Hong Kong, Shanghai, and other Treaty Ports of China*

图7-13 有利银行

① F. L. Hawks Pott. *A Short History of Shanghai*. Shanghai: Kelly & Walsh, 1928: 143.

图7-14 花旗银行
来源：*Twentieth Century Impressions of Hongkong, Shanghai, and other Treaty Ports of China*

图7-15 华比银行
来源：FAR

图7-16 荷兰银行
来源：上海市历史博物馆馆藏图片

图 7-17 美最时洋行
来源: *Twentieth Century Impressions of Hongkong, Shanghai, and other Treaty Ports of China*

图 7-18 扬子保险公司
来源: *Twentieth Century Impressions of Hongkong, Shanghai, and other Treaty Ports of China*

图 7-19 规矩会堂
来源: *Twentieth Century Impressions of Hongkong, Shanghai, and other Treaty Ports of China*

一、早期新古典主义建筑

1880 年代起，许多外资银行在上海开设，如 1878 年的有利银行（图 7-13）、日本的横滨正金银行（1893）、俄国的华俄道胜银行（1896），法国东方汇理银行（1899）、美国花旗银行（1902，图 7-14）、比利时的华比银行（1902，图 7-15）以及荷兰银行（1903，图 7-16）等。大部分银行的建筑师尚待考证，已知美国花旗银行由美昌洋行设计。大量银行的出现，在建筑风格上形成一种不同于早期洋行建筑以红砖清水墙和拱券为主要特征的殖民地外廊式建筑风格。这些建筑可以称之为上海早期的西方古典主义建筑，其基本形式类似于欧洲 18、19 世纪的府邸建筑，如位于法租界外滩的美最时洋行（Melchers & Co.，图 7-17）。由于建筑的规模都比较小，一般为 3 层，采用对称式和横三段的立面处理手法。底层一般采用石板贴面，横缝勾缝比较显著，强调水平线，使建筑更显稳重。底层与二层相交之处往往设置一个平台，供二层的办公室使用，其女儿墙大多采用栏杆式，以使女儿墙顶部的处理软化，如扬子保险公司（图 7-18）和有利银行的做法。立面上的窗有时采用连续券的处理方式，起拱点由柱子或柱墩承托，建筑转角镶石块，做成壁柱的形式，建筑立面基本上尚未出现柱式语言。

1867 年落成的第一代规矩会堂（Masonic Hall，图 7-19）是典型的帕拉弟奥复兴风格，其顶部处理与帕拉弟奥设计的维晋察巴西利卡（Basilica Palladiana Vicenza，1549—1614，图 7-20）颇为相似，如圆形窗和立面上的帕拉弟奥母题组合窗。

卜舫济（F. L. Hawks Pott，1864—1947）在《上海简史》（*A Short History of Shanghai*，1928）中记载了 1907 年建于北京路的英国邮局（Chinese Post Office，图 7-21），根据其他资料也说明这幢建筑于 1907 年 11 月 2 日在北京路落成。[①]这幢建筑为 2 层，中间部分带有夹层，并带有希腊神庙式的三角形山墙，显然受到帕拉弟奥建筑复兴的影响。这幢建筑于 1927 年拆除，其确切位置根据 1917 年公共租界中区地籍图，位于北京东路与四川中路的东北转角处，东面到虎丘路。

图 7-20 帕拉弟奥设计的维晋察巴西利卡
来源：Wikipedia

图 7-21 英国邮局
来源：上海市历史博物馆馆藏图片

图 7-22 托格宅南立面

图 7-23 新艺术运动风格的顶篷

图 7-24 华俄道胜银行
来源：上海市历史博物馆馆藏图片

图 7-25 小特里阿农宫北立面
来源：Wikipedia

图 7-26 华俄道胜银行入口门柱
来源：上海市历史博物馆馆藏图片

图 7-27 华俄道胜银行的室内装饰
来源：上海市历史建筑保护事务中心

① Arnold Wright.*Twentieth Century Impressions of Hongkong, Shanghai, and other Treaty Ports of China*. London: Lloyd's Greater Britain Publishing Company Ltd., 1908.

② 图纸上的图章为陈椿记（Chung Ching Chee）。根据修缮该建筑的意大利建筑师施柏安（Andrea Scapecchi）考证，该建筑由于使用者的变换，建筑经过多次改建。2011—2017 年由普拉达公司（Prada）投资进行修复，恢复原貌。

陕西北路 186 号（图 7-22）通常称为"荣宗敬宅"或"荣家老宅"，原先是德国人托格的住宅①，属于早期新古典主义建筑，建造年代不详。据阿诺尔德·赖特（Arnold Wright）编写的《20 世纪印象》一书已经有照片来看，应当早于 1907 年建造。上海市城市建设档案馆 D（03-01）-1918-0265 档案存有陈椿江建筑师在 1918 年扩建的图纸。②建筑主体为 3 层，局部 4 层，分为南部老楼和北部新楼，新楼由陈椿江设计。老楼南立面为列柱敞廊，当属上海最早的列柱敞廊案例。底层为带凹槽的多立克柱式，二层为爱奥尼亚柱式。室内设计精美，每间房间的装修材料、地坪和图案迥异，墙裙雕饰夹有中式图案。彩色玻璃窗和大客厅的顶棚（图 7-23）带有新艺术运动的风格。

图 7-28 盛宅
来源：上海市历史博物馆藏图片

在上海的近代建筑中，最早按照西方古典主义法则严格运用柱式的案例当数德国建筑师海因里希·倍高在 1899 年设计，1900 年 3 月请照，1902 年 10 月 26 日落成的华俄道胜银行（Russo-Chinese Bank，图 7-24）。③倍高曾经在慕尼黑学习建筑，1899 年到上海，在华俄道胜银行的设计竞赛中获选，由曾经在日本从事建筑设计的德国建筑师里夏德·哲尔（Richard Seel，1854—1922）协助设计。这座建筑占地约 1433 平方米，建筑面积 5200 平方米，3 层钢筋混凝土框架结构。④建筑立面以法国建筑师安热-雅克·加布里埃尔（Ange-Jacques Gabriel，1698—1782）设计的法国凡尔赛的小特里阿农宫（Petit Trianon，1762—1768，图 7-25）为原型。虽然华俄道胜银行的尺度比较大，但其整体比例关系与五开间的处理方式都与小特里阿农宫面向花园的北立面十分相似，平面为方形，立面呈三段式，具有清晰的轮廓和有节制的装饰，只是增添了一个纪念性的入口。

在德国新古典主义建筑中，建筑师往往直接搬用意大利文艺复兴建筑的原型，因此，倍高的这种借助原型的设计手法在德国建筑师看来，属于遵循新古典主义的原则。倍高在设计中用天然石材作为主要材料，并以大理石作内外墙的贴面，二、三层外墙面镶贴大理石与乳白色的釉面砖，产生十分华丽的外观效果，是上海第一座采用瓷砖贴面的建筑，在当时属于独创的手法。檐口下面正对四根方形爱奥尼亚巨柱式壁柱上部的托架部位原先有四尊神话人物头像，正门入口两边四根塔司干式门柱上方原先有两尊女神雕塑，在"文革"中被毁（图 7-26）。中间立有两根巨柱式半圆形面爱奥尼亚式壁柱，二层中间有三个券窗，拱肩上原先饰有人物浮雕，现已不存。室内装饰精致而又华丽，中央大厅高 3 层，用彩色玻璃天棚采光，周围的上部木窗也用铅条镶嵌彩色玻璃，其装饰风格受到欧洲新艺术运动风格的影响（图 7-27）。华俄道胜银行是中国第一家中外合办银行。⑤华俄道胜银行大楼在技术上是当时最为先进的，安装了中国的第一部电梯，建筑自备发电机，有供暖风的设备，每张办公桌配有两台电风扇和两盏电灯。⑥

图 7-29 盛宅花园
来源：上海市历史博物馆藏图片

霞飞路盛宅（图 7-28）建于 1900 年前后，原来是某德国商人住宅，后为盛宣怀后裔寓所。整幢住宅为新古典主义风格，并受到法国新古典主义的影响，例如主入口南面门廊檐部额枋上的花饰和塔司干柱式的门廊处理。塔司干柱式使整幢建筑外观显得简洁、端庄。门廊两侧有圆弧形柱廊，作为底层居室前的外廊，顶部则是二层居室的阳台（图 7-29）。西入口的跨道门廊用带凹槽的方形塔司干柱子，使建筑的总体比例比较匀称。檐部用栏杆作为女儿墙，起到过渡作用，并使建筑显得较轻盈。楼梯间用彩色玻璃天棚采光，与室内细致的柚木深色装修组合在一起，给人一种华贵的感觉（图 7-30）。

③ 上海市城市建设档案馆编《上海外滩建筑群》，上海锦绣文章出版社，2017 年，第 132 页。

④ 同上，第 131 页。

⑤ 上海通社编《上海研究资料》，上海书店，1984 年，第 13 页。

⑥ Peter Hibbard. *The Bund Shanghai: China Faces West*. Hong Kong: Odyssey Publications, 2007: 169.

（1）门厅

（2）起居室

（3）书房

（7）浴室

（4）餐厅

（5）卧室

（6）弹子房

图 7-30 盛宅室内
来源：上海市历史博物馆馆藏图片

① 意大利文艺复兴建筑师沙索维诺（Jacopo Tatti Sansovino，1486—1570）将柱子与券组合在一起，使窗子显得十分华丽而又有气派，称为"沙索维诺组合"。

② 上海市城市建设档案馆编《上海外滩建筑群》，上海锦绣文章出版社，2017 年，第 68 页。

图 7-31 中国基督教青年会
来源：薛理勇提供

位于四川中路上的中国基督教青年会（Chinese Young Men's Christian Association，1905—1907，图 7-31）是爱尔德洋行的作品，从《20 世纪印象》一书中可以看到大楼入口的照片（图 7-32）。门头用白色大理石砌成，门楣上刻有英文名称，入口两旁有两根方形的爱奥尼亚式壁柱。立面设计自创一格，入口的壁柱支承着额枋，上面再叠上两根红砖砌筑的四分之三圆形壁柱，支承一座断裂的三角形山花。这座建筑表现了一种从安妮女王复兴风格向新古典主义风格的转化，白色的线条与红砖墙面相间，产生一种和谐的美。

日本建筑师福井房一设计的日本人俱乐部（The Nihonjin Club，1914，图 7-33）是典型的日本帝国式洋风建筑。总体上比较朴素，装饰有所节制，所有的壁柱都采用方形壁柱，立面上主要是用红砖清水墙与白石大理石组合，产生一种华丽而又典雅的风格。平面上略有一些不对称，从南立面上可以看出，其东西两端的房间如一层的会客室不如西面的厨房那样突出外廊的墙面，东、西两个立面也略有差异。立面采用竖三段和横三段处理手法，正中间和两翼二层的三联窗采用沙索维诺组合①。福井运用古罗马建筑在四分之三壁柱上加发券的方法，将拱券垫石发展成檐部的形式。立面上用红砖的砌筑仿石块的勾缝和底层窗户的发券，这也是日本的洋风建筑特有的处理手法。重点装饰的部位是立面正中间的顶部和整个檐部，中间用白色大理石花饰与半圆拱窗组合在一起，两边又各有一扇圆窗。

新古典主义对建筑的各个部分的比例和尺度有严格的规定，但是就总体而言，上海近代建筑中的新古典主义建筑并未严格遵守这些规定。由通和洋行设计的永年人寿保险公司（1910）和东方汇理银行（1912—1914）的建成标志着上海的新古典主义建筑已经进入盛期。

图 7-32 中国基督教青年会入口门头
来源：*Twentieth Century Impressions of Hong Kong, Shanghai, and Other Treaty Ports of China*

图 7-33 日本人俱乐部
来源：《建筑杂志》第 30 卷 354 号（日本建筑学会, 1916）

图 7-34 大北电报公司
来源：上海市历史博物馆馆藏图片

图 7-35 意大利驻沪总领事馆
来源：*Twentieth Century Impressions of Hongkong, Shanghai, and other Treaty Ports of China*

二、通和洋行与新古典主义

通和洋行的作品中，最早表现新古典主义风格的建筑是位于外滩 7 号的大北电报公司（The Great North Telegraph Corporation，1906—1907，今盘谷银行），1916 年曾遭火灾，1917 年由新瑞和洋行修复翻建。建筑为法国巴洛克复兴风格，立面的南北两端肖似巴黎附近的孚 - 勒 - 维贡府邸（Vaux-le-Vicomte，1657—1661）的两座盔顶，也是这座建筑的特征（图 7-34），占地面积仅 692 平方米，建筑面积 3460 平方米，5 层砖混结构，自地面至穹顶高 26.5 米。[②]意大利驻沪总领事馆（图 7-35）也是通和洋行早期新古典主义作品。

上海近代新古典主义的发展受西方建筑师的推动，帕拉弟奥复兴在上海的传播应当归功于通和洋行，但上海的帕拉弟奥复兴缺乏新古典主义的理想，主要是形式上的模仿，缺乏其理性的本质。通和洋行以其大量的作品奠定了上海近代建筑从移植期向转型期过渡的基础，并开辟了上海近代建筑中新古典主义建筑风格的创作道路。在上海近代建筑史上，可以说很少有哪家外国建筑师事务所有如此出众的记录，其作品之多堪称远东同行之冠。通和洋行早期的作品以安妮女王复兴风格为主，在砖拱及装饰上表现出丰富的细部和手工艺水平。

通和洋行于 1907 年以前设计建造的大华饭店（Majestic Hotel，图 7-36）是当时远东最豪华富丽的饭店之一，从立面图中可见其风格已有明显的古典主义影响，但总体上说，是仿英国式市政厅的风格。室内装饰已是典型的新古典主义风格（图 7-37），底层有一个宽大的大理石大厅，可容近千人集会和跳舞，建筑周围有大片草坪。

来源：《旧景拾萃丛书：老明信片·建筑篇》

来源：Virtual Shanghai

（3）南立面
来源：*Twentieth Century Impressions of Hongkong, Shanghai, and other Treaty Ports of China*
图 7-36 大华饭店

第七章 新古典主义在上海

228

229

来源：*All about Shanghai*

图 7-37　大华饭店室内

来源：《上海近代建筑史稿》

来源：《上海近代建筑史稿》

仁记洋行大楼（The Gibb Livingston & Co.，1908）和业广地产公司大楼（The Shanghai Land Investment Co.，1908）是通和洋行早期作品中比较突出的，其立面处理属于典型的安妮女王复兴风格（图 7-38）。但仁记洋行大楼（图 7-39）的细部已开始出现都铎复兴风格典雅的装饰纹样，如大楼一层与二层之间楣梁上的饰带以及爱奥尼亚柱头的运用（图 7-40）等。业广地产公司大楼位于仁记洋行大楼的西侧，与其为同一时期的作品，但更注重建筑的比例和横三段、竖三段的古典主义手法，立面细部更注重檐部、窗套、入口的材质和色彩的对比（图 7-41）。

图 7-38　仁记洋行大楼和业广地产公司大楼

通和洋行设计的大清银行（Ta Ching Government Bank，1907—1908，图 7-42）是一座 5 层砖木结构建筑，建筑面积约 7094 平方米。建筑造型虽然还没有摆脱安妮女王风格的影响，立面仍然是清水红砖墙，但在细部装饰上，如窗上的弓形山墙，底层基座及入口处理等已经显示出古典主义的影响。大清银行自 2013 年起进行修缮及改造，2018 年完成（图 7-43）。①

① 据分析，大清银行东半部和西半部是分期建造的，据约克郡保险公司（Yorkshire Insurance Company）1917 年的一幅照片显示，早期大清银行的东端建成时，西端为约克郡保险公司，另据一幅中南银行的照片所示，大清银行建筑的西半部为粉刷墙面。2014 年 12 月在上海市历史建筑保护事务中心组织的大清银行修缮改造工程施工组织方案的讨论时，根据现场墙面剥离的考证时曾经有过疑虑，大清银行建筑的西半部是否为粉刷墙面。目前还没有准确的历史文献证明，尚待进一步考证。

从 1910 年代起，通和洋行的建筑风格出现转折，逐步转向西方新古典主义的建筑风格，代表作有永年人寿保险公司（China Mutual Life Insurance Company，1910，图 7-44）、东方汇理银行（Banque de l'Indo Chine，1910—1911）、上海总商会议事厅（Chinese Chamber of Commerce，1913—1915）和总商会大门、中央造币厂（Shanghai Central Mint，1929）等。

图 7-39　仁记洋行大楼

来源：*Twentieth Century Impressions of Hongkong, Shanghai, and other Treaty Ports of China*

来源：席子摄

图 7-40　仁记洋行大楼细部

来源：席子摄

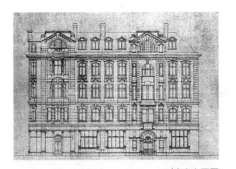

(1) 南立面图
来源：*Twentieth Century Impressions of Hongkong, Shanghai, and other Treaty Ports of China*

(2) 西立面图
来源：*Twentieth Century Impressions of Hongkong, Shanghai, and other Treaty Ports of China*

(3) 历史照片
来源：*Twentieth Century Impressions of Hongkong, Shanghai, and other Treaty Ports of China*

(4) 现状
来源：席子摄

图 7-41 业广地产公司大楼

(1) 立面图
来源：《上海总商会历史图录》

(2) 沿汉口路立面渲染图
来源：上海市城市建设档案馆馆藏图纸

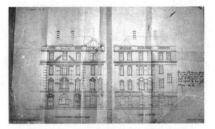

(3) 沿四川路立面与东立面图
来源：上海市城市建设档案馆馆藏图纸

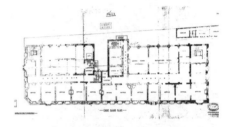

(4) 平面图
来源：上海市城市建设档案馆馆藏图纸

(5) 历史照片
来源：《上海总商会历史图录》

(6) 历史照片
来源：*Twentieth Century Impressions of Hongkong, Shanghai, and other Treaty Ports of China*

(7) 立面
来源：华东建筑设计研究院

(8) 修复后的建筑转角
来源：沈晓明提供

图 7-42 大清银行

(1) 约克郡保险公司 1917 年
来源：Virtual Shanghai

(2) 中南银行
来源：《上海总商会历史图录》

图 7-43 大清银行西部

(1) 历史照片
来源：*Twentieth Century Impressions of Hongkong, Shanghai, and other Treaty Ports of China*

(2) 2001 年旧照

图 7-44 永年人寿保险公司

图 7-45 永年人寿保险公司转角入口

图 7-46 永年人寿保险公司的帕拉弟奥母题

图 7-47 拱顶镶嵌的马赛克
来源:《回眸》

通和洋行的作品转向新古典主义风格的代表作永年人寿保险公司是严谨的历史主义作品。永年人寿保险公司是上海第一座新式办公楼，其设计水平与建筑标准完全可以与当时英国的保险公司媲美。3层钢筋混凝土框架结构，建筑面积为3816平方米，由英商汇广建筑公司承建。①建筑的入口位于今四川中路与广东路相交的路口，采用圆弧转角式入口的处理方法（图7-45）。四川中路沿线的许多建筑都采用转角塔楼的处理手法，如大清银行、德国书信馆、三菱洋行等，永年人寿保险公司采用的是古典主义的手法。主入口的底层采用经意大利手法主义建筑师维尼奥拉（Jacobo Barrozi Vignola，1507—1573）考证的爱奥尼亚柱式，二层的转角采用爱奥尼亚式巨柱。主入口的门廊上方原先有两座白色大理石塑像，分别寓意"谨慎"与"富裕"，今已不存。②转角处檐口上方也有一座白色大理石塑像，主题是"命运三女神"，根据历史照片判断，这组雕塑没有完成。立面处理以新古典主义的纯净风格为主，反映出英国19世纪新古典主义的现代式简洁。北立面及东立面二层的窗运用帕拉弟奥组合窗③，但在运用时仿巴洛克风格作了凸出墙面的处理（图7-46）。

图 7-48 彩绘玻璃窗
来源:《回眸》

来源:上海市城建档案馆馆藏图片

图 7-49 东方汇理银行

图 7-50 卷涡式断裂山花

图 7-51 东方汇理银行的帕拉弟奥组合

永年人寿保险公司的室内装饰融合了拜占庭建筑、哥特建筑和新古典主义的风格。进入门廊之后，有一间宽敞的前厅，内部装修相当精美，它的墙壁按照意大利的镶嵌风格用大理石贴面。镶板的竖梃及壁柱用淡绿色的墨西哥玛瑙石饰面，凹面板选用产自意大利波那查的大理石。带线角的上楣、檐口、窗拱、柱头和柱基都用白色的大理石，门厅上的拱顶镶嵌含有金色的彩色马赛克图案（图7-47）。穿过门厅之后进入公司的大办公室，中间有18根柱子支承着宽敞的天棚。壁柱用带有古风的红色大理石装饰，柱顶和柱础用白色大理石。天棚的中央有一座高耸的穹顶，整个穹顶都用彩色玻璃镶嵌，分隔成16幅画面。这一层还布置了客户休息室、经理、秘书和本地雇员办公室。通向二层的主楼梯全部采用大理石砌筑，二层有一间宽敞的会议室，医学鉴定人办公室等；三层是办公套间和居住套房。这幢楼最具艺术效果的是底层营业厅的窗户上的彩绘玻璃窗，表现耶稣、圣母等圣经中的故事（图7-48）。之所以在营业厅的窗扇上用宗教绘画作为装饰，是因为寓意"上帝保佑"客户长寿。这种彩绘玻璃产自徐家汇土山湾孤儿院图画馆，先将人物图案绘在玻璃上，然后加以焙烧，使彩色深入玻璃内。

通和洋行另一件具有历史意义的作品是东方汇理银行（图7-49），占地面积730平方米，建筑面积为2190平方米，钢筋混凝土与砖木混合结构。[4]外观为新古典主义风格，作为基座的底层几乎占立面高度的五分之二，用苏州花岗石贴面，强调水平线分隔。主入口的开间略大于两侧的其他四个开间，并在出入口处加强视觉处理，用两根抛光的青岛花岗石塔司干柱式柱子支承额枋、檐壁和半圆形的拱壁。拱壁处理成壁龛，以衬托入口处坐落在额枋上的巴洛克式断裂山花。这一卷涡式断裂山花设计得相当精美，曲线流畅，比例匀称（图7-50）。两边拱肩上带有曲线形的盾形装饰，与永年人寿保险公司上的盾饰几乎完全一样。帕拉弟奥组合窗的手法也可以在主立面正中二层的窗户上见到（图7-51）。一层和二层之间有一条较宽的饰带作为分隔，立面正中有两根贯通二、三层的爱奥尼亚巨柱式、四分之三抛光青岛花岗石壁柱。窗户中间和两侧一共装饰大大小小22根塔司干式方形和圆形壁柱，起着十分耀眼但又简朴的装饰作用。营业大厅用顶部的玻璃天棚采光，办公室较宽敞（图7-52）。

总商会议事厅的建筑风格为西方古典主义风格，但立面装饰受巴洛克建筑影响（图7-53）。方形壁柱的基座部分，三道浅色的石砌条纹具有巴洛克建筑的元素。立面采用对称处理手法，四坡屋顶，竖三段和横三段的处理明显，东段转角的山花处理仿希腊神庙，主轴线上的山花拔高以安放座钟（图7-54）。二层的窗楣仿米开朗琪罗（Michelangelo，1475—1564）设计的罗马法尔内塞府邸（Palazzo Farnese，1546—1589），楼层的窗楣交替变换三角形山花和圆弧形山花，密致地排列在墙面上。底层作为基座处理，由一座宏伟的大台阶引导至二层，二层内有一间大议事厅，可容800人开会，大厅用跨度约为18.3米的钢桁架（图7-55）。总商会大门的原型是罗马的提图斯凯旋门（The Arch of Titus，公元81年后），采用复合柱式，细部装饰比较简洁，两侧的小门上部以断裂山花作为门框压顶。后期使用中，大门上部变动较大（图7-56）。[5]

通和洋行在1920年代初在北京东路设计了多座新古典主义建筑，包括四明银行（The Ningbo Commercial Bank，1921，图7-57）、盐业银行（Yienyieh Commercial Bank，1923）、中一信托大楼（Central Trust Building，1924—1925）。四明银行位于道路转角，以塔楼作为标志，转角顶部原先有一座巴洛克式的圆顶，今已无存。转角立面下部腰线的凸形曲面与上部墙面、檐部的凹形曲面，以及三层的椭

图7-52 东方汇理银行的营业大厅
来源：Virtual Shanghai

① 娄承浩、薛顺生编著《老上海经典建筑》，上海：同济大学出版社，2002年，第48页。

② "谨慎"代表四项美德：谨慎、公正、刚毅和节制，象征着明智。其拟人形象是一个手里拿着蛇和镜子的女性，蛇寓意灵巧，镜子寓意洞察一切。"富裕"的形象则是手握谷物的女神。

③ 帕拉弟奥在他所设计的维晋察巴西利卡（Basilica Vicenza，1549—1614）的立面时，将二层正中间的三联窗进行处理，使中间那扇窗做成比两边的窗更宽大的半圆拱窗，并将发券支承在呈檐部形式的拱券垫石上。两边的窗子则做成直角方额窗。整个组合包括在一个矩形之中，称之为帕拉弟奥母题（Palladian Motif）。

④ 上海市城市建设档案馆编《上海外滩建筑群》，上海：上海锦绣文章出版社，2017年，第256页。

⑤ 关于上海总商会大门的设计者尚无直接的记载，从其风格以及娴熟的设计技巧上，以及总商会的建筑总体上看，可以认为也是通和洋行的作品。

来源:《上海总商会历史图录》

来源:《上海总商会历史图录》

来源:《上海总商会历史图录》

图 7-53 上海总商会议事厅

来源:凌颖松提供

来源:凌颖松提供

圆形牛眼窗表现出巴洛克风格的运动感。东、南两个立面上的三层窗间柱运用重块石垛柱也是典型的巴洛克手法。盐业银行的立面十分简洁,仅在入口作重点处理(图 7-58)。

由通和洋行设计,姚新记营造厂(Yao Sing Kee & Co.)建造的中央造币厂(1929—1930,图 7-59)可以说是新古典主义的余波。这一时期的建筑主流已经是装饰艺术风格和现代建筑风格,而中央造币厂则以爱奥尼亚柱式作为基本语言,弱化了银行建筑一般采用多立克柱式的庄重感。为了突出建筑的纪念性,南立面入口仿罗马神庙门廊,三开间巨柱式双柱。上部有简化的山花,门廊两侧构图仿申克尔设计的柏林新哨所,设置了两座塔楼作为侧翼(图 7-60)。由于功能的需要,墙面上开有较大面积的窗。对照历史照片,建筑两翼部分曾加层。

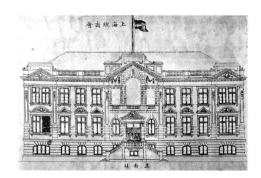

来源:《上海总商会历史图录》

图 7-54 上海总商会议事厅设计图纸

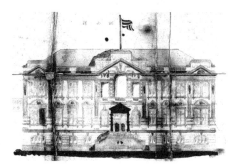

来源:上海市城市建设档案馆馆藏图纸

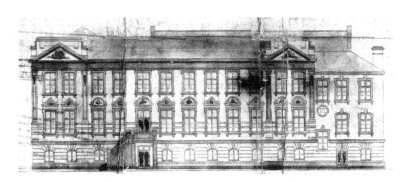

来源:上海市城市建设档案馆馆藏图

(1) 历史照片
来源:《上海总商会历史图录》

(2) 修缮后
来源:凌颖松提供

图 7-55 上海总商会议事厅室内

(1) 东立面图
来源:上海市城市建设档案馆藏图纸

(1) 历史照片
来源:《上海总商会历史图录》

(2) 修缮前

(3) 修缮后
来源:凌颖松提供

图 7-56 总商会大门

(2) 历史照片
来源:上海市历史博物馆藏图片

(3) 现状
来源:沈晓明提供

图 7-57 四明银行

(1) 立面图
来源:上海市城市建设档案馆藏图纸

(2) 历史照片
来源:《上海总商会历史图录》

(3) 现状
来源:沈晓明提供

(4) 入口细部
来源:沈晓明提供

图 7-58 盐业银行

(1) 历史照片
来源：薛理勇提供

(2) 现状
来源：上海市历史建筑保护事务中心

图 7-59 中央造币厂

(1) 历史照片
来源：《上海总商会历史图录》

图 7-60 中央造币厂入口门廊

(2) 现状
来源：上海市历史建筑保护事务中心

三、公和洋行与新古典主义

1911 年在上海建立事务所的公和洋行在 1920 至 1930 年代留下许多在上海近代建筑史上十分有影响的作品，也表明上海的新古典主义建筑进入了盛期。公和洋行设计的汇丰银行大楼标志着上海新古典主义的高潮。

公和洋行在上海的总建筑师和工程师是乔治·利奥波德·威尔逊（George Leopold Wilson，1881—1967），他于 1912 年来到上海组建公和洋行，设计了包括汇丰银行、麦加利银行、江海关大楼等在内的一大批优秀建筑。威尔逊在上海的第一件作品是位于今外滩 3 号的有利银行大楼（The Union Building，1913—1916），当年公和洋行的设计室就设在这幢大楼内。1910 年代末至 1920 年代，公和洋行创造了一系列新古典主义风格的建筑，如永安公司（Wing On Store，1916—1918）、扬子水火保险公司（Yangtsze Insurance Building，1916—1918）、格林邮船大楼（Glen Line Building，1920—1922）、麦加利银行（The Chartered Bank of India, Australia, and China，1920—1923）、汇丰银行大楼（Hongkong and Shanghai Banking Corporation Building，1921—1923）、横滨正金银行（Yokohama Specie Bank，

① 上海市城市建设档案馆编，《上海外滩建筑群》，上海锦绣文章出版社，2017 年，第 228 页。

② 同上，第 246 页。

③ 同上，第 160 页。

④ 同上，第 218 页。

⑤ 同上，第 160 页。

(1) 历史照片
来源：Wikipedia

图 7-61 扬子水火保险公司

(2) 现状
来源：上海市城市建设档案馆

(1) 历史照片
来源：上海市历史博物馆馆藏图片

图 7-62 格林邮船公司大楼

(2) 现状
来源：许志刚摄

1923—1924）、江海关大楼（Chinese Maritime Customs House，1923—1927）等。公和洋行的这些作品使上海的新古典主义建筑风格发展到顶峰，并且后期的作品奠定了上海的现代主义建筑的基础。

扬子水火保险公司（图7-61）、格林邮船大楼、麦加利银行和横滨正金银行的建造年代大致相仿，都是同一种风格的探索。扬子水火保险公司占地面积为530平方米，建筑面积为4100平方米，7层钢筋混凝土结构，大楼自地面至平屋面栏杆顶的高度是32.5米。[①]格林邮船公司大楼占地面积为1649平方米，建筑面积为12 100平方米，7层（局部6层）钢筋混凝土结构，由英商德罗洋行（Trollope & Colls）承建，大楼自地面至平屋面栏杆顶的高度约32米。[②]麦加利银行占地面积为1591平方米，建筑面积9500平方米，5层钢框架结构，由英商德罗洋行承建，大楼自地面至平屋面女儿墙栏杆顶的高度是30.1米。[③]横滨正金银行占地面积为2289平方米，建筑面积约15 800平方米，6层钢筋混凝土结构，大楼自地面至平屋面女儿墙栏杆顶的高度是32.4米。[④]公和洋行在这四幢建筑的设计上表现出对新古典主义的探索渐趋成熟。四幢建筑都采用爱奥尼亚柱式，显示出英国新古典主义中希腊古典建筑语言的主导地位。不带齿槽的柱身，以及相对比较细腻典雅的立面装饰表明新古典主义的简洁风格。相对而言，格林邮船公司大楼的装饰比较繁复，其东立面的入口是帕拉弟奥组合的变体（图7-62）。麦加利银行的风格是希腊复兴的变体，正立面的比例和谐，用3层高的巨柱式的处理手法来解决大楼屋身较高带来的视角问题，立面正中安一座几乎看不见的三角形山花，只是一种女儿墙的处理手法，而且为了加强窗户的装饰效果，也带有三角形的檐饰（图7-63）。在随后设计的横滨正金银行正立面的处理上，公和洋行又将巨柱式增加到贯通4层的高度（图7-64），这是外滩建筑上最高比例、最细长的巨柱式。爱奥尼亚式的巨柱之上挑檐较大，上面设计通长的铁栏杆，成为六层的阳台。六层的女儿墙顶部饰有典型的希腊式叶形花饰。底层两侧的窗额上原来有过菩萨的雕像，铜门上原先有象征日本的身着甲胄的武士像，今已不存。就整体而言，从麦加利银行到横滨正金银行，公和洋行并没有太多的突破。

汇丰银行大楼（1921—1923，今浦东发展银行，图7-65）是公和洋行的代表作，标志着这家事务所对上海近代建筑的卓越贡献。这幢大楼于1921年5月5日奠基，1923年6月23日落成，由英商德罗洋行承建，占地8021平方米，建筑面积23 415平方米。[⑤]当时它是远东最大的银行建筑，也是世界

图7-63 麦加利银行

（1）历史照片
来源：上海市历史博物馆馆藏图片

（2）现状
来源：上海市历史建筑保护中心

图7-65 汇丰银行大楼

（1）历史照片
来源：上海市历史博物馆馆藏图片

（2）现状
来源：许志刚摄

（3）立面图
来源：上海市城市建设档案馆馆藏图纸

图7-64 横滨正金银行

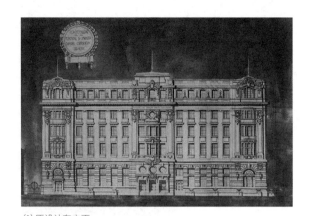

(1) 原设计东立面
来源：汇丰银行

图 7-66　汇丰银行立面设计变化

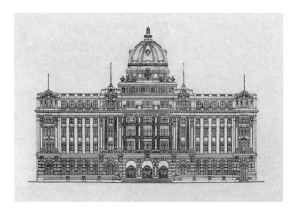

(2) 原设计立面
来源：上海市城市建设档案馆馆藏图纸

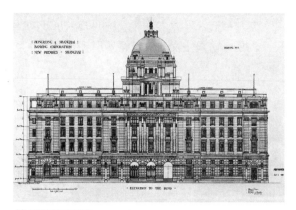

(3) 最终版东立面图
来源：上海市城市建设档案馆馆藏图纸

第二大银行建筑，仅次于苏格兰银行。汇丰银行的立面设计经历了几版变化，最早设计的造型比较简单，也没有穹顶；修改后的方案则十分华丽，更富装饰性。最终建成的汇丰银行大楼去除了许多装饰元素，建筑的造型不断趋于简洁端庄，被赞颂为世界级的建筑（图 7-66）。1923 年 6 月 25 日的《字林西报》赞誉说：

> 汇丰大楼丝毫没有辜负所有关注它的建造的人们的信赖，也没有辜负敢于批准这一伟大计划的人们的信赖，一些具有创造天赋的建筑师设计出了这幢建筑，施工组织者使它在短短两年内成功地建造起来。①

这座建筑也被誉为"从苏伊士运河到白令海峡的一座最讲究的建筑"。通常，银行建筑多采用多立克柱式，以显示其刚强和力度。但是，由于受英国的希腊复兴古典主义的影响，近代上海的银行建筑则多采用爱奥尼亚柱式，例如早期汇丰银行（1874）、华俄道胜银行、永年人寿保险公司、东方汇理银行、四明银行、麦加利银行、横滨正金银行、三菱银行等。汇丰银行的立面并没有直接的原型，而是伦敦白金汉宫、萨默塞特大厦的综合。整个立面处理是严谨的新古典主义手法，横三段和竖三段的划分相当和谐。汇丰银行的立面中部为三开间组合，有 6 根贯通二、三、四层带凹槽的科林斯巨柱式圆柱，仿罗浮宫东立面的科林斯式巨柱；中间 4 根呈双柱排列，可以看到巴黎歌剧院的双柱影响（图 7-67）。

---

① 转引自 F. L. Hawks Pott. *A Short History of Shanghai*. Shanghai: Kelly & Walsh, Limited, 1928: 271-272.

(1) 科林斯式巨柱
来源：上海市城市建设档案馆馆藏图纸

图 7-67　汇丰银行立面细部

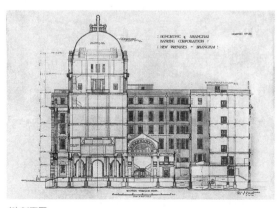

(2) 剖面图
来源：上海市城市建设档案馆馆藏图纸

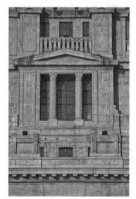

(3) 希腊神庙式的三角形山花

顶部穹顶仿罗马圣彼得大教堂（S. Peter's, Rome，1506—1626），不带肋。穹顶顶部经过改建，已不是当初的式样，原先的标志是个皇冠。正中穹顶的鼓座下面有希腊神庙式的三角形山花构图，使建筑显得端庄肃穆，但是三角形山花仅仅只是一种装饰。从立面的设计可以看到一种整体上的罗马帝国建筑风格和细部上的希腊建筑风格的拼贴，大楼为钢框架结构，砖墙填充，石材贴面。石材雕琢精细，门窗口外露的墙面转角、线角及挑檐等均采用整块的石材，米色的石料贴面配合丰富的细部处理，使整幢建筑表现出一种严谨而又典雅细腻的风格。

汇丰银行内部的装修品质十分高雅，极尽精良的技艺和高贵的材料本色。内部的营业厅和门厅运用英国希腊复兴常用的爱奥尼亚柱式，营业大厅内有4根用整段意大利大理石雕琢的爱奥尼亚柱子（图7-68）。

八角形门厅（图7-69）直径为15米，门厅穹顶和穹顶下的鼓座覆盖马赛克镶嵌画，总面积近200平方米。穹顶中央的马赛克镶嵌壁画（图7-70）表现的是太阳神阿波罗（Apollo），画面上的左上角是阿波罗驾驶着一辆由两匹马拉的金色马车，披着一件长袍，正追赶着右上方的月神狄安娜（Diana）。通常，阿波罗驾驶的是一辆由四匹骏马并肩拉拽的双轮战车，在此表现的只是一种寓意，与正中央的太阳一起象征着苍穹和日夜星辰的生生不息。画面下方是由云彩承托的果树女神波摩娜（Pomona），手捧丰收之角，里面盛满各种水果，水果同时也是"博爱"的象征。

穹顶的外圈有八头象征汇丰银行的金色狮子，再外圈则是12星座，依次为：水瓶座、双鱼座、白羊座、金牛座、双子座、巨蟹座、狮子座、处女座、天秤座、天蝎座、射手座、摩羯座。八角形门厅下方有八扇圆拱形门洞，圆拱的拱肩上镶嵌有16幅古希腊神像马赛克壁画，代表银行奉行的品质：知识（scientia）、坚韧（fortitvdo）、正直（probitas）、历史（historia）、经验（experientia）、忠实（fides）、智慧（sapientia）、真理（veritas）、劳作（labor）、公正（ivstitia）、精明（svbtilitas）、哲理（philosophia）、平衡（aeqvitas）、镇静（temperantia）、秩序（ordinatio）、谨慎（prvdentia）。圆拱门洞上方的鼓座则用马赛克镶嵌了八幅图案，其主题分别是汇丰银行在伦敦、纽约、东京、上海、香港、巴黎、曼谷、加尔各答的八间银行。

这些代表银行所在城市的镶嵌壁画，形象上有许多寓意，每幅壁画的前景是不同装束的女神。例如，正对着入口题为伦敦的那幅壁画表现的是顶着头盔、右手持三叉戟、左手抚着一头代表皇权的狮子的不列颠女神，象征仁爱和文明，象征着英国崇尚的古希腊民主和文明。右下方有一尊象征泰晤士河的河神，一手挽着帆船，另一手托着罗盘和航尺。背景是泰晤士河，左边有议会大厦，右边有圣保罗大教堂。下方的伦敦字样两边各有两颗纹章，分别代表英格兰、苏格兰、爱尔兰和威尔士。

象征巴黎的是站在巴黎圣母院和塞纳河前的共和女神，她的右手托着用法文镌刻着"自由、平等、博爱"字样的书板。左面有巴黎圣母院，左下方象征塞纳河的女神，手扶一艘船，船头上有胜利女神的雕像。右面有巴黎市政厅，右下方则是共和制的守护神，手扶写有法兰西共和国缩写字母的盾牌。纹饰是象征巴黎的鸢尾花形纹章。

(2) 现貌
来源：上海市历史建筑保护中心
图 7-68　汇丰银行室内营业大厅

图 7-69 汇丰银行的八角形门厅
来源：汇丰银行收藏图片

(1) 伦敦

(4) 东京

(7) 曼谷

(2) 巴黎

(5) 穹顶镶嵌壁画

(8) 香港

(3) 纽约

(6) 加尔各答

(9) 上海

图 7-70 汇丰银行室内镶嵌画
来源：上海市城市建设档案馆馆藏图纸

① 1923 年 8 月 1 日工部局董事会会议记录，见：上海市档案馆编《工部局董事会会议录》第二十二册，上海古籍出版社，2001 年，第 651 页。

② 同上，第 655 页。

③ 上海市城市建设档案馆编《上海外滩建筑群》，上海锦绣文章出版社，2017 年，第 108 页。

④ Edward Denison, Guang Yu Ren.*Building Shanghai, The Story of China's Gateway*. London: Wiley-Academy, 2006: 149.

象征纽约的是手持火炬的自由女神，其左下方是手持"卡杜西神杖"的古希腊信使之神赫尔墨斯，右下方是美国的守护神。背景是曼哈顿岛上的摩天大楼建筑群和哈德逊河，以及美国国旗、纽约城徽和美国鹰的纹饰。

象征东京的是"学习"女神，头戴桂冠，手拿书本，女神模仿司文艺的女神缪斯（Muses）的形象，尤其是九名缪斯女神中掌管历史的女神克利俄（Clio）和掌管诗歌的女神卡利俄珀（Calliope）的形象。女神右下方的男性形象象征"科学"，手捧书本、三角板和直尺，左下方的人物象征"进步"，手扶有菊花图案的盾牌。背景则是东京的赤坂皇宫、宫墙以及富士山，纹饰为日本国旗和商旗。

加尔各答的象征是前额镶嵌着"印度之星"的玄想女神，双手托着预言未来的水晶球，球体本身是德性的象征，寓意普及四方。这一女神的形象模仿缪斯女神中代表天文学的乌拉尼亚（Urania）。左下方的男性人物左手拿着一卷羊皮纸，右手支着额头在思考，象征哲学。右下方是象征恒河的加尔各答的守护神，双手持标有城徽的盾牌。背景是恒河和印度高等法院。

曼谷的象征是头戴橄榄树叶冠冕，手持橄榄枝的智慧女神。左下方的人物双手撑在一把长柄板斧上，代表城市的守护神，右下方手捧谷物的女性形象象征着湄公河和丰饶，绑成一束的谷物也是"协和"的象征。背景是湄公河、皇宫和大金塔。

入口正上方的镶嵌画代表着香港，画中的少女是头戴塔形冠冕、身穿白袍手举英国国旗的幸运女神。左下方的男性形象是香港的守护神，右手握着一本书，上面用拉丁文写着1842，代表香港开埠的时间。右下方的女性形象象征着珠江，双手托着一艘帆船，背景则是香港岛和维多利亚港湾，海面上也有一艘帆船。

富裕女神象征上海，她的右手平置在前额上，目光凝视着远方，左手操纵着象征幸运和富裕的舵轮。舵轮的象征源自古罗马时期，每年到了谷物收获季节举行庆祝活动时，大多是驶船进入城市，舵轮与地球和丰收往往联结在一起。右下方的女性形象象征着扬子江，左下方的男性形象是上海的守护神，看护着一艘帆船，他的形象模仿海神波塞冬（Poseidon）。左边背景上有汇丰银行，右边是江海关。

在建筑物最顶上的圆顶塔楼布置有办公室，后来改为皇家空军俱乐部，墙上布满用马赛克镶嵌的第一次世界大战期间使用的各种飞机图案。

公和洋行设计的江海关大楼（图7-71）于1925年12月15日奠基，1927年12月19日启用，由新仁记营造厂（Sin Jin Kee & Co.）承建。根据工部局董事会1923年8月1日和9月19日会议记录所载，董事会两次讨论公和洋行的申请，公和洋行提交了几份设计图纸，并要求调整道路红线，占用汉口路的转角，并将入口台阶伸入建筑红线外。建筑高度要求从60英尺（18.29米）放宽到93英尺（28.35米），董事会提出放宽到75英尺（22.86米）的可能性。[1] 1923年9月19日的董事会上，公和洋行提出申请，认为75英尺的高度限制会对设计产生不利影响，将损失正面240英尺（73.15米）宽的一层楼面，要求将汉口路中段的高度增至84英尺（25.6米），并以免费交出拓宽汉口路和四川路所需的土地作为交换，董事会核准了这个申请。[2]

这座建筑由鲍思威尔（Edwin Forbes Bothwell）设计。建筑物占地面积5000平方米，建筑面积为32 500平方米，钟楼顶部离地79.2米，大楼建成后成为当时外滩最高的建筑。[3]钟楼是这座建筑的主要特征，被称为"大清"的大钟（图7-72）表面积达5.4平方米；长针长3.17米，重49公斤；短针长2.3米，重37.5公斤，被誉为"世界上最精致的时钟之一"[4]。钟楼旗杆所在位置为北纬31.814 920 380度，东经121.829 900 20度，正是上海地理位置的标志点。建筑风格具有明显的折衷主义影响，东立面一、二层用粗石墙面为基座，底层入口用四根希腊多立克柱子，檐壁上的希腊式三陇板装饰，但是建筑横三段和竖三段严格对称的处理手法依然是古典主义的构图。早期的立面设计图中，钟塔没有分段，最后建成的塔楼分为两段，比例更为合理（图7-73）。铜铸的古典式样大门，钟楼基座上的三角形山墙以及简化的装饰细部，显示出新古典主义的影响。入口大厅的藻井饰有彩色马赛克镶嵌的帆影海事图案。而从整体上看，又可以看到装饰艺术风格的特色，尤以钟楼的风格为代表。

(1)历史照片
来源：上海市历史博物馆馆藏图片

(2)现状
来源：许志刚摄
图7-71 江海关大楼

图7-72 江海关大楼钟楼

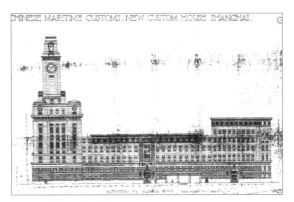

图 7-73 江海关大楼立面图
来源:上海市城市建设档案馆馆藏图纸

(1)建造前

(2)建造后

图 7-74 江海关大楼建造前后的外滩轮廓线
来源:上海市历史博物馆

图 7-75 嘉道理宅
来源:《回眸》

江海关的建成对外滩的中区轮廓线起了重要的构图作用,汇丰银行的建成开始了对中区轮廓的改造,但只有在江海关大楼建成后,这一部分的轮廓线才趋于完美(图 7-74)。江海关大楼的建成也是上海新古典主义建筑的尾声,成为上海近代建筑的转折点。自从公和洋行设计了江海关大楼之后,其建筑风格开始有了明显的转变,受到现代建筑,尤其是高层建筑的芝加哥学派以及装饰艺术派风格的影响,后期的作品有着十分不同的面貌。

四、其他英国建筑师与新古典主义

法国式新古典主义风格的代表作品还有思九生洋行和马海洋行以及嘉咸宾(Graham-Brown)设计的俗称"大理石大厦"的嘉道理宅(Elly Kadoorie's House,1920—1924,图 7-75)。艾里·嘉道理是巴格达犹太商人,1880 年来到上海。这座府邸的原址本准备建造一所俱乐部,但造到一半就毁于一场大火。嘉道理在 1920 年买下这块地,建自己的府邸,占地 14 000 平方米,始建时建筑面积为 3300 平方米。1929 年曾加建 1 层,建筑面积增至 4692 平方米。建筑外形比例和谐,以白色为主,墙角镶有隅石。入门处有爱奥尼亚柱式门廊,两旁有通长的游廊,仿凡尔赛宫饰有镜子(图 7-76)。底层有一间面积

(1)游廊
来源:许志刚摄

(2)接待厅室内
来源:上海市历史建筑保护事务中心

(3)大客厅
来源:许志刚摄

图 7-76 嘉道理宅内景

(1) 历史照片一
来源:上海市历史博物馆馆藏图片

(2) 历史照片二
来源:Virtual Shanghai

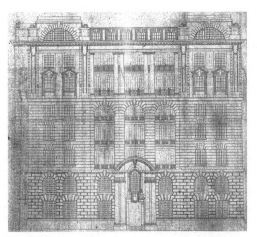

(3) 东立面
来源:上海市城市建设档案馆馆藏图纸

图 7-77 麦边大楼

约为 370 平方米，高 19.8 米的大客厅，可举行盛大舞会。外墙和地面以及内部装修，尤其是壁炉装饰，大量采用意大利大理石，由此得名"大理石大厦"，是上海近代建筑中最豪华的府邸建筑之一，也是上海第一座装空调的住宅。①

　　位于外滩 1 号的麦边大楼（The McBain Building, 1913—1915, 图 7-77）为英国式新古典主义的作品。建成时共 7 层，1939 年加建至 8 层，局部有半地下室；占地面积 1521 平方米，建筑面积为 12 008 平方米。②由马海洋行（Moorhead & Halse）设计，裕昌泰营造厂建造。大楼属于吸收了多种建筑样式的新古典主义建筑，也是继英国总会之后出现的另一幢钢筋混凝土框架结构的建筑。建筑造型采用新古典主义风格，主立面为东向及南向，两个面的处理手法相同，均为横竖三段式。一、二层中间入口略凹进，拱券门洞高及二层，立巨柱式爱奥尼亚双柱列柱，两侧为高及二层的拱形窗洞；三至五层并列三孔高 3 层的拱券窗洞，凹入式阳台，设宝瓶栏杆；六、七层为敞廊，中间立两排巨柱式爱奥尼亚双柱，弧形平台立铸铁栏杆，左右方窗饰三角形山花。周圈挑檐，以檩承托，顶部两隅有角楼。墙面下部挂花岗石粗石饰面，上部水泥外墙勾水平线条。麦边大楼是上海近代建筑中较早采用列柱柱廊的建筑。③

① 熊月之、马学强、晏可佳选编《上海的外国人（1842—1949）》，上海古籍出版社，第 27 页。

② 上海市城市建设档案馆编《上海外滩建筑群》，上海锦绣文章出版社，2017 年，第 26 页。

③ 列柱柱廊起源于古希腊神庙，在其后的古罗马建筑中，列柱柱廊多用于像万神殿（约 118—128）那样的纪念性建筑的门廊上；或壁柱式列柱，例如位于罗马巴拉丁山丘和阿汶丁山丘之间的至大圆场（Circus Maximus, Rome，约建于公元前 1 世纪），其平面形状尺寸约为 600 米 ×200 米，今天仍可见到其遗址。这种手法一直沿用到文艺复兴建筑上，意大利文艺复兴建筑师伯拉孟特将壁柱式列柱首次作为二层的构图中心，底层则作为墩座墙处理。

(1) 历史照片
来源:上海市历史博物馆馆藏图片

(2) 中南银行的柱式语言

(3) 加层后的中南银行

图 7-78 中南银行

图 7-79 上海地方审检厅
来源:上海市历史博物馆馆藏图片

马海洋行于 1917 年设计的中南银行(The China & South Sea Bank,图 7-78)也是新古典主义的代表作,立面上共有四根巨柱式带凹槽的多立克柱式,二、三、四层窗户的两边用凸凹感分明的叶形花饰镶边。建筑占地 1148 平方米,建筑面积为 4749 平方米。1998 年,房屋使用者将大楼加层,高度几乎增加了一倍。此外,原先仅一开间的门廊,也被放宽,原来的两组双柱多立克柱式门廊变成三开间四组多立克柱式门廊,与立面上部的比例关系已完全不合古典柱式语言的章法,完全失去了原先比例和构图优美的立面。

这一时期建造的上海地方审检厅(图 7-79)建筑也表现出很完整的新古典主义风格,建筑师是贝寿同,建筑的处理手法相当娴熟,比例和谐,应当是这一风格的代表作品。

公共租界工部局大楼(图 7-80)于 1913 年动工建造,工程由于第一次世界大战而中断,最终于 1922 年 11 月 16 日投入使用。[1]建筑占地 13 467 平方米,建筑面积为 22 705 平方米。[2]大楼共有 400 多间办公室,由工部局建筑师特纳(R. C. Turner)设计,裕昌泰营造厂承建。[3]建筑为钢筋混凝土 3 层结构,局部 4 层,1938 年全部加建至 4 层。建筑物沿马路呈周边式布置,环成一个内院,院内中央为停车场和一间有屋盖的供万国商团日常操练的场地。主要入口在东北角,内有大楼梯通向各层,东南角和北面正中都有入口通向内院。建筑师在大楼位于汉口路江西路的转角上方靠后一些的位置设计了一座塔楼,高约 50 米,以强调主入口的设计意图(图 7-81)。塔楼平面为方形,尖顶,分四段体量,底部塔身四面设钟,钟上方为齿形檐饰,但在后期施工中取消了塔楼。[4]

建筑为典型的新古典主义,平面布局及立面仿英国折衷主义建筑师钱伯斯(Sir William Chambers,1726—1796)设计的曾作为英国海军部的伦敦萨默塞特大厦(Somerset House,19 世纪改建,1856 年建成,图 7-82),尺度巨大,然而仍然有柔和的比例关系。立面构图上强调横三段,比例和谐优美。二、三层用爱奥尼亚式半圆形壁柱列柱,北面入口处则改为爱奥尼亚式圆柱。底层各入口为了加强力度均采用塔司干柱式,东北角入口处设有平面形状为扇形的十二柱门廊(dodecastyle),属于新古典主义建筑门廊的最高规格,而且极为少见。二层窗户的窗楣以弧形和三角形断檐山墙相间,起到很好的装饰效果(图 7-83)。该设计方案在 1913 年完成后曾提交设在伦敦的英国皇家建筑师学会审查,

① F. L. Hawks Pott. *A Short History of Shanghai*. Shanghai: Kelly & Walsh, Limited, 1928: 258.

② 据上海市黄浦区房屋土地管理局《黄浦区土地利用规划》课题组 1998 年 10 月编制的《上海市黄浦区土地利用规划》第 33 页"附表:黄浦区内上海优秀近代建筑占地面积一览表",建筑面积为 22 705 平方米。由于计算依据的差异,另据同济大学吴晨的硕士论文考证,工部局大楼占地面积为 6530 平方米,建筑面积为 21 740 平方米。

③ 据同济大学吴晨的硕士论文《原上海工部局大楼研究》,2009 年 5 月,第 26 页。

④ 同上。

(1)历史照片
来源:章明建筑师事务所

(2)汉口路江西中路转角历史照片
来源:Virtual Shanghai

图 7-80 公共租界工部局大楼

(3)福州路江西中路转角历史照片
来源:上海市历史博物馆馆藏图片

(4)汉口路河南中路转角近照

(1) 设计效果图
来源：上海市档案馆藏图纸

ELEVATION TO KIANGSE R⁰

(2) 东立面图
来源：章明建筑师事务所

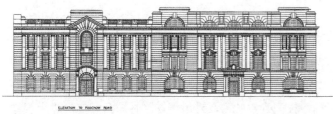

ELEVATION TO FOOCHOW ROAD

(3) 南立面图
来源：章明建筑师事务所

ELEVATION TO HANKOW R⁰

(4) 北立面图
来源：章明建筑师事务所

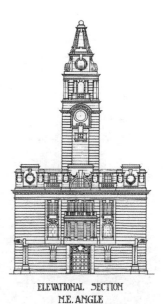

ELEVATIONAL SECTION
N.E. ANGLE

(5) 塔楼立面图
来源：章明建筑师事务所

图 7-81　公共租界工部局大楼的设计方案

审查时建议将大楼外墙原设计的人造石（cast stone）改为用花岗岩砌筑，实际采用金山石，内院的墙面仍采用人造石，因此该大楼俗称"石头房子"。工部局大楼由创新建筑厂（Chang Sing & Co.）承建。

公共租界工部局大楼在城市空间方面提供了新古典主义的范式，尤其是与其东南转角与后续建造的汉弥尔登大厦（1931—1933）、都城饭店（1934）、中国通商银行新厦（1934—1936）构成了上海最有代表性的新古典主义城市街道空间。上海的近代建筑一般只是如同文艺复兴建筑那样，沿城市街道排列，或退界，让花园与城市空间割裂，很少构成城市品质的公共空间。

太古洋行大班宅（1924—1935，今兴国宾馆 1 号楼，参见图 6-78）是帕拉弟奥复兴的代表作，由英国建筑师伯特伦·克拉夫·威廉-埃里斯（B. C. Williams-Ellis，1883—1978）设计，爱尔德洋行的爱敦司作为上海的现场建筑师配合设计。威廉-埃里斯是意大利乡村风格复兴（Italianate Village）的创始人。

图 7-82　伦敦萨默塞特大厦
来源：Wikipedia

(1) 立面构图单元
来源：沈晓明提供

(2) 入口处理

图 7-83　公共租界工部局大楼的
立面细部

(1) 北立面图
来源:上海市城市建设档案馆馆藏图纸

(2) 南立面图
来源:上海市城市建设档案馆馆藏图纸

(3) 渲染图
来源:*Frenchtown Shanghai*

图 7-84 太古洋行大班宅的设计图

图 7-85 维晋察神职人员大厦
来源:Wikipedia

太古洋行大班宅的建筑面积为 1647 平方米,[1]建筑呈帕拉弟奥复兴风格,立面对称,铜板铺筑屋面。底层为多立克柱式壁柱,二层为爱奥尼亚双柱列柱柱廊。[2]

太古洋行大班宅的设计方案最初在 1924 年开始构思(图 7-84),[3]直至 1935 年才建成,建筑师在英国遥控设计,威廉 - 埃里斯本人从来没有到过上海。太古洋行大班宅北门厅的东墙上有一块铭牌,上面刻有建筑师威廉 - 埃里斯的名字,还刻有现场建筑师 H. A.(即爱尔德洋行的爱敦司 E. H. Adams)的名字。[4]建筑的总体造型与帕拉弟奥设计的维晋察神职人员大厦(Palazzo Chiericati,1550—1680,图 7-85)十分相似。

由新瑞和洋行设计的东方饭店(Grand Hotel,1926—1929,图 7-86)为钢筋混凝土框架结构,建筑占地面积 2591 平方米,新古典主义风格。平面依道路交汇的转角成楔形,楔端主入口处为立面构图中心。大门朝西北,上有半圆形拱形窗,双重门,大门两侧以花岗石贴面粗缝砌。二层及五层上挑出檐口,突出竖向构图;三至五层贯以两根爱奥尼亚巨柱,柱间为双叶窗,挑出铸铁栏杆阳台。二层以上为红釉面砖清水墙面,柱子和腰线皆白色。久记营造厂(The Kow Kee Construction Co.)承建,1926 年动工,1929 年建成,1930 年营业。1950 年改造为工人文化宫,内部装修,拆除内部空心砖分隔墙。[5]东方饭店原设计在建筑面向西藏路的中轴线上有一座塔楼,据推测,在 1920 年代初这类塔楼比较流行,但东方饭店的建造已经是 1929 年,这种塔楼已经不再时髦。而且从建筑的展开立面看,塔楼还比较协调,而如果从西藏路狭窄的立面看,就失去比例关系,因此塔楼最终没有建造(图 7-87)。

五、邬达克与新古典主义

邬达克在 1919 年进入克利洋行就职,为这家事务所的设计带来欧洲建筑的影响。根据邬达克的学院派教育背景和经历,他的早期作品的风格偏向于法国新古典主义。另一方面,也是因为当时上海的风尚,在德国第一次世界大战战败后,由德国倡导的现代建筑被看作是失败的象征。正如邬达克在 1920 年 12 月 17 日写给家人的信中所说:

① 张长根主编《走近老房子——上海长宁近代建筑鉴赏》,上海: 同济大学出版社,2004 年,第 52 页。

② 太古洋行大班宅的建筑师信息根据 Tess Johnston & Deke Erh. *Frenchtown Shanghai: Western Architecture in Shanghai's Old French Concession*. Hong Kong: Old China Hand Press, 2000: 64-67.

③ 据 Wikipedia 威廉 - 埃里斯的传记中所列的作品中有太古洋行大班宅,设计和建造的年代为 1924—约 1935,1926 年曾经画过一幅渲染图。

④ 上海市城市建设档案馆馆藏太古洋行大班宅的图纸上,建筑师的图签为爱尔德洋行,结合铭牌的记载,判断 H.A. 为爱尔德洋行的建筑师爱敦司。

⑤ 据上海市城建档案馆档案 1929 年收藏的请照单日期为 1929 年 1 月 23 日,项目为中式旅馆(Chinese Hotel)。

(1) 历史照片一
来源:Virtual Shanghai

(2) 历史照片二
来源:Virtual Shanghai

(3) 现状二
来源:张雪飞摄

图 7-86 东方饭店

在这里你只能设计传统建筑，因为任何现代的东西都会被视为德国的东西，而这就等同于自杀一样。在上海我并不能成为真正的、我曾经在理工大学所想象的那种建筑师，尽管我有能力建造超出我想象的建筑。⑥

邬达克在 1919 年参与设计万国储蓄会办公楼；1919—1920 年间监造卡茨宅（Katz House，通常称为"何东宅"，图 7-88）⑦；1920 年又参与设计中华懋业银行上海分行（Chinese-American Bank of Commerce，图 7-89）和盘滕宅（Beudin Residence）；1921—1922 年设计麦地宅，这是邬达克第一次在上海表现他的学院派设计水平。⑧卡茨宅为法国文艺复兴府邸风格，建筑面积为 1100 平方米。住宅建于花园中央，比例严谨，造型优美住。东侧的主入口具有纪念碑式的立面，大尺度的三角形花饰门楣支撑着门厅；南立面基本对称，设爱奥尼亚巨柱式双壁柱门廊，四根巨柱贯通 2 层；二层柱间设弧形浅阳台、铸铁花饰栏杆。⑨

位于汾阳路 150 号的盘滕宅（1920，图 7-90），2 层混合结构，立面对称，为横三段、竖三段构图，具有法国新古典主义风格。建筑坐落在由二层平台构成的宽大基座上，一座大楼梯通向圆弧形的大门廊，首层采用爱奥尼亚柱式，二层为塔司干柱式支撑的阳台，建筑通体为白色。

⑥ 邬达克于 1920 年 12 月 17 日写给家人的信，根据薛理勇提供的维拉格·切依迪 2012 年《邬达克纪念馆布展文件建议书》中所附的文件。

⑦ 卢卡·彭切里尼、尤利娅·切伊迪著《邬达克》，华霞虹、乔争月译，上海：同济大学出版社，2013 年，第 42 页。

⑧ 据卢卡·彭切里尼、尤利娅·切伊迪著《邬达克》（华霞虹、乔争月译，上海：同济大学出版社，2013 年）第 239 页"邬达克作品不完全名录"所载，中华懋业银行上海分行列为邬达克的作品，万国储蓄会办公楼是否邬达克的作品存疑。

⑨ 曹炜著《开埠后的上海住宅》，北京：中国建筑工业出版社，2004 年，第 142 页。

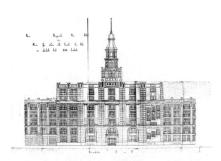

图 7-87 东方饭店塔楼
来源：上海市城市建设档案馆馆藏图纸

图 7-89 中华懋业银行上海分行
来源：Laszlo Hudec a Shanghai (1919-1947)

（1）现状
来源：《上海邬达克建筑地图》

（2）底层平面图
来源：《上海邬达克建筑地图》

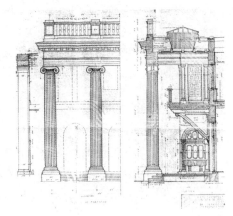

（3）细部设计
来源：上海市城市建设档案馆馆藏图纸

图 7-88 卡茨宅

（1）现状全景
来源：徐汇区房地产管理局

（2）入口
来源：席子摄

（3）大楼梯
来源：席子摄

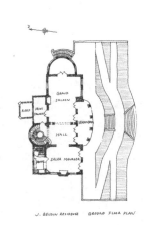

（4）平面图
来源：《上海邬达克建筑地图》

图 7-90 盘滕宅

图 7-91 麦地宅

（1）室内楼梯
来源：上海市历史建筑保护事务中心

（2）壁炉
来源：上海市历史建筑保护事务中心

图 7-92 麦地宅的室内细部

　　麦地宅（图 7-91）的建筑面积为 1496 平方米，高 2 层，另有高出地面的半地下室。整个建筑有明显的横三段与竖三段式的立面处理手法，建筑的比例及构图严谨，同样具有法国新古典主义建筑风格。[1]南侧有一个大平台，建筑中部呈半圆形向前凸出并坐落在一个半圆形的大平台上，平台两边都有对称的弧形大台阶通向花园。从平台上可以直接进入二层的各个房间。二层设有可用于宴会和舞会的多功能大厅，其地坪、墙面和顶部天花线角都用大理石砌成。室内木装修，护壁、楼梯扶手、壁炉架等多用柚木，雕刻具有新艺术派风格，尤其二层大厅的彩色镶嵌玻璃窗更是典型的新艺术派风格。三楼室内大理石壁炉及卫生间内原有的卫生设备至今保存完好（图 7-92）。主楼的南面是一块占地数亩带有法国式风格的大草坪。

　　盘滕宅和麦地宅的原型是法国建筑师弗朗索瓦 - 约瑟夫·贝朗热（François-Joseph Bélanger，1744—1818）设计的巴黎布罗涅森林中的小楼阁（Château de Bagatelle，1777，图 7-93）。该建筑是为路易十六的兄长而建的一座楼阁，带有大量精美的细部。盘滕宅和麦地宅的中间圆厅部分与这座楼阁十分相似，又拼贴了德国波茨坦由德国建筑师格奥尔格·文策斯劳斯·冯·克诺贝尔斯多夫（Hans Georg Wenzeslaus von Knobelsdorff，1699—1753）设计的无忧宫（Sanssouci，1745 年始建）的元素。

① 关于麦地宅的建筑师和建造年代，根据目前的考证，邬达克自己的记录和保管的图纸，确证是邬达克的设计。卢卡·彭切里尼、尤利娅·切伊迪的《邬达克》一书对麦地宅的建筑师是否邬达克存疑。

②《上海市徐汇区地名志》编纂委员会《上海市徐汇区地名志》2010 年版，上海辞书出版社，2012 年，第 175 页。

③ 根据《上海市徐汇区地名志》，有正式房间 76 个，30 多间附房，同上。

来源：Wikipedia
图 7-93 巴黎的小楼阁

来源：Neoclassical and 19th Century Architecture

第三节　新文艺复兴风格

意大利和法国文艺复兴风格对上海近代建筑的影响一直延续到 1920 年代末，亦称"新文艺复兴风格"。从广义的文艺复兴而言，也可以将手法主义和巴洛克风格纳入这一类型。有别于希腊复兴和哥特复兴，新文艺复兴风格也是一种多元风格，也是难于以一个简单的定义进行涵盖的类型。新文艺复兴的建筑类型涉及住宅、办公楼、医院、博物馆等，其主要特点是以意大利和法国的文艺复兴建筑作为原型，并从手法主义和巴洛克建筑中抽取造型和细部元素。

一、文艺复兴建筑的影响

日本建筑师平野勇造设计的三井物产株式会社上海支店（1903，图 7-94），既是商务楼，也兼作仓库。建筑风格显然受意大利文艺复兴建筑影响，尤其是东立面上的窗套，平野勇造将意大利文艺复兴建筑中的露台设计成窗套，两组垂直的希腊式三角形山墙与三联窗、双联窗的组合体现出平野勇造娴熟的设计手法，对称的东立面的整体比例十分和谐，横三段处理由于两组垂直组合的窗而得到加强。平野勇造在日本总领事馆（1911，图 7-95）的设计上以帝冠式建筑表现建筑的庄重，立面采用巨柱式壁柱处理。

邬达克设计的诺曼底公寓（Normandie Apts，1923—1924，图 7-96）为法国文艺复兴风格。8 层钢筋混凝土结构，建筑占地 1550 平方米，建筑面积 1.07 万平方米，[②]共有 63 套公寓和 30 多间佣人房，户型有一至四室户，适应不同的家庭使用，是上海最早的外廊式公寓。[③]由于基地为三角形地块，造型处理类似纽约的建筑熨斗大厦。立面为横三段构图，由立面的不同材质区分，一至二层是建筑的基

(1) 现状

(2) 东立面露台细部
图 7-94　三井物产株式会社上海支店

图 7-95　日本总领事馆
来源：上海市历史博物馆馆藏图片

(1) 俯瞰
来源：上海市历史建筑保护事务中心

(2) 外观
来源：《回眸》

(3) 外立面
来源：薛理勇提供
图 7-96　诺曼底公寓

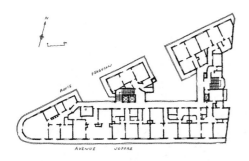

图 7-97 诺曼底公寓平面图
来源:《上海邬达克建筑地图》

① 普绪赫（Psyche）是神话中的希腊公主，因为比维纳斯美丽而引起她的嫉妒，维纳斯之子丘比特奉母命欲加害普绪赫，结果反而爱上普绪赫。两人历经磨难后结为夫妻。

② 根据设计图纸，遂百克宅的建筑师是克利洋行，图纸上并没有邬达克的签名。

座，斩假石墙面；中间三至七层为红砖清水墙面，三层的窗户上有三角形山花作为窗楣；顶层为斩假石墙面，构成檐部，有连续的外挑阳台。沿淮海路的底层为拱廊，在武康路一侧设置了两个内院以改善大楼的通风和采光（图 7-97）。

刘吉生宅（Liu Jisheng's Residence，1925，图 7-98）由邬达克设计，馥记营造厂承建，属新文艺复兴风格。面向花园的入口为三开间的 2 层高开敞的门廊，有四根带凹槽的爱奥尼亚柱子，屋面为四坡顶，比例严谨。底层有一间宽大的客厅，二层为卧室。刘吉生宅因花园中的一尊普绪赫①的雕像而称为爱神花园。

另一座由邬达克在克利洋行参与设计的法国文艺复兴风格的建筑是遂百克宅（1923—1924，今太原别墅，图 7-99）。②建筑立面及造型仿法国建筑师芒萨尔（François Mansart，1598—1666）设计的迈松府邸（Château de Maisons，1630—1651，图 7-100），建筑品质具有法国文艺复兴建筑注重逻辑性、

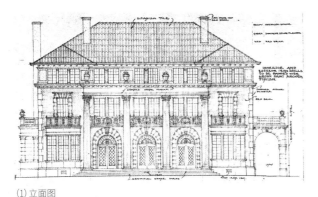

（1）立面图
来源:上海市城市建设档案馆馆藏图纸
图 7-98 刘吉生宅

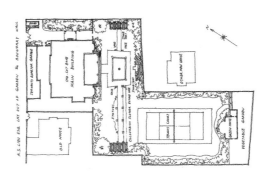

（2）平面图
来源:《上海邬达克建筑地图》

（3）转角
来源:许志刚摄

（1）历史照片
来源:Frenchtown shanghai
图 7-99 遂百克宅

（2）施工中的遂百克宅
来源:薛理勇提供

（3）现状
来源:徐汇区房地产管理局

讲求均衡性和明晰性的特点。外立面以红砖和白色石块相间镶砌,窗楣上有拱心石,体现华贵的形象。芒萨尔式屋顶③,三层位于屋顶内,有法国式老虎窗。宅邸占地面积达 12 680 平方米,建筑面积为 1480 平方米。底层布置会客室和餐厅,二层为卧室、书房和家庭室,三层有客房、舞厅和台球室,车库、厨房和佣人房位丁西北翼的辅房中,室内装饰及楼梯栏杆花饰为新艺术运动风格。①

邬达克设计的宏恩医院(Country Hospital,1923—1926,图 7-101)也属新文艺复兴的作品。当时用地超过 1 公顷,由创新建筑厂承建,建筑占地 2300 平方米。⑤邬达克在设计这座 5 层病房楼时力图表现意大利文艺复兴风格,平面呈"工"字形,使所有的病房都朝南。南立面顶部有三个大型的三角形山花,外墙为拉毛粉刷。立面上的柱子作为装饰,附加在建筑主体的立面之外,比较粗壮,使建筑产生力度,显示出手法主义的影响(图 102)。入口右侧通往二层的大理石楼梯,扶手带卷涡花饰和宝瓶栏杆。以大理石连拱廊支承二层走廊。由双柱承托的二层线脚上方有 14 只瓮形花瓶。室内大厅的地坪为黑白相间的大理石(图 7-103)。

图 7-100 迈松府邸
来源:Wikipedia

③ 芒萨尔屋顶(Mansard roof)包括较陡的下部和较平的上部组成的两折坡屋顶,以及顶楼屋面内的阁楼和老虎窗,命名来自法国建筑师芒萨尔,也称为"复斜式屋顶"(gambrel roof)。但芒萨尔设计的建筑并非都是典型的芒萨尔屋顶。芒萨尔屋顶也有变体。迈松府宅的屋顶形式与迈松府邸相似,并非典型的芒萨尔式,迈百克宅的屋顶坡度较陡,但没有折坡,顶面为平顶,按照类型应当称之为"盝顶"。

④ 曹炜著《开埠后的上海住宅》,北京:中国建筑工业出版社,2004 年,第 184 页。

⑤ 据华东都市建筑设计总院 2016 年 11 月的修缮改造报告。

(1) 历史照片俯视图
来源:华东都市建筑设计院

(2) 历史照片立面
来源:上海市历史博物馆馆藏图片

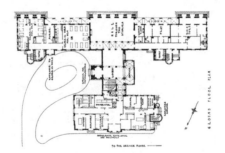

(3) 平面图
来源:China Architects and Builders Compendium
图 7-101 宏恩医院

图 7-102 宏恩医院立面上的
塔司干柱

(1) 大厅室内现状

(2) 室内连拱廊现状

(3) 室内草图
来源:China Architects and Builders
Compendium
图 7-103 宏恩医院室内

来源：*Shanghai's Art Deco Master*

图 7-104 科德西宅

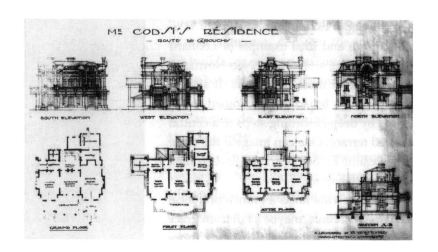

法国建筑师赉安和韦西埃设计的位于延庆路 130 号的科德西宅（Villa Codsi，1924，图 7-104），为法国文艺复兴府邸风格，立面对称，芒萨尔式屋顶，屋面两侧的老虎窗演化为 3 层高的落地窗，上部采用法国建筑常用的弧形拱山花。二层檐部下面窗楣的楔石以人脸高浮雕作为装饰。[①]府邸南面有一座花园，二层有一个圆弧形的大平台。

来源：上海市历史博物馆馆藏图片

赉安和韦西埃在 1926 年设计建造的法国球场总会（Cercle Sportif Français，图 7-105），建筑占地面积约 3500 平方米，主立面长约 90 米，[②]2 层钢筋混凝土框架结构，局部 3 层，由姚新记营造厂（Yao Sing Kee & Co.）承建。文艺复兴风格，颀长的南立面基本对称。当年的建筑坐落在一个平台上，南面是一块大草坪。入口为三座圆拱门，主入口两侧各有一个由六根爱奥尼亚柱式巨柱组成的五开间柱廊，比例优雅，细部精美。室内装饰是当时上海最为时尚的。主入口部分的顶部两侧各有一座圆形的凉亭，建筑的顶部设有廊架。当年屋面西侧有一个 55 米 ×10 米的露天游泳池，可以供水球运动。当时的记者用赞美的笔法描绘这座从建筑学和世俗的角度都很成功的建筑：

来源：许志刚摄

> 建筑外墙前是个宽大的平台，面朝南面，两翼凹进，正门朝东，进门是宽阔的大厅，里面建有两个黑白大理石的旋转楼梯。右边是很大的台球厅，能放 13 张台球桌。主楼底层有个现代风格的小型接待厅，一个大型阅览室，一个半圆酒吧，一家烧烤屋和一个体育馆。[③]

二、巴洛克风格

16 世纪的欧洲出现了手法主义（Mannerism）和巴洛克风格（Baroque style）。手法主义又称"晚期文艺复兴"，也称为"矫饰主义"，基本上只持续到 16 世纪末，以后由巴洛克风格替代，并延续到 18 世纪后半叶。巴洛克风格是指始于 17 世纪早期的意大利文艺复兴建筑的延续，其特征是丰富，大胆，强烈的对比，充满运动感，多采用二元的语汇。该术语最初用来描述某些 16 世纪和 17 世纪意大利建筑师作品的特征，他们不再僵化地遵守风格的规则。

来源：许志刚摄

图 7-105 法国球场总会

(1) 宝成银楼的巴洛克风格立面
来源：Virtual Shanghai

(2) 福州路上的巴洛克风格建筑
来源：Virtual Shanghai

(3) 先施公司转角入口现状
图 7-106 巴洛克风格的商业建筑

图 7-107 1930 年代的南京路
来源：上海市历史博物馆馆藏图片

　　欧洲的巴洛克建筑风格，尤其是由意大利建筑师米开朗琪罗所创导的巴洛克风格，实质上是对古典主义建筑的一种反叛和再创造，米开朗琪罗的许多装饰母题经由手法主义和巴洛克风格成为欧洲古典主义的装饰语汇。巴洛克风格具有明显的修辞性，带有夸张的处理手法，动感、空间创造、具有戏剧性和自由的细部。无论是巨柱式、细腻而又繁复的雕饰、建筑立面上错综凹凸的曲线和曲面、光影变幻和室内外空间强烈的透视效果等，都具有刺激性的视觉效果。从总体上说，这是一种表现运动和力量的结合，要求多样性而不是统一性的建筑风格。建筑具有产生张力的平面，浑厚的体量，空间穿透和光影变幻，多用在教堂和府邸建筑上。在室内装饰方面，充分利用透视，使壁画与建筑融为一体。英国和法国的巴洛克建筑风格比较有节制，往往与新古典主义风格结合在一起，从而产生折衷主义风格。这种折衷的风格对上海的近代建筑有较大影响。

　　由于商业化的影响，上海的新古典主义风格受到华丽的手法主义和巴洛克风格的影响。巴洛克风格在上海近代建筑的表现，由于失却宗教文化的背景，只是一种古典建筑语言与商业效果的结合，比通常的典雅的古典主义要夸张一些，更富戏剧性。在这种情况下，上海也出现了商业巴洛克风格的装饰性倾向（图 7-106）。从一幅摄于 1930 年代的南京路照片（图 7-107）可以看出，1920 年代前后的南京路已表现出浓厚的巴洛克风格。相比之下，宁波同乡会大楼（图 7-108）的巴洛克风格并不十分明显。但是从三层与四层的弧形阳台、二元式的塔楼，以及爱奥尼亚式柱子上的花饰等仍可看到这方面的影响。位于三角形山花以上的五层部分显然属于加建，但其年代不得而知。

　　巴洛克建筑对上海的影响究竟是先于新古典主义，还是后于新古典主义，有不同的看法。一种观点从世界建筑的发展史看，认为巴洛克先于新古典主义，巴洛克风格在中国流传最久也最广，其理由是 17 世纪上半叶直至 20 世纪初，巴洛克在中国的影响长达 300 年。[4]对上海而言，巴洛克应当是一种混杂的影响，而非编年史的考虑。由于建筑师所受的以学院派为主的建筑教育，上海 1920 年代的建筑中，新古典主义是主流，其间掺杂了文艺复兴、哥特复兴、手法主义和巴洛克风格的影响。建筑的整体布局和构图属于新古典主义，迎合商业化生活的需求，出现了崇尚装饰的巴洛克风格建筑，应用一些巴洛克的装饰手法，如双塔楼、双曲线脚、卵形山花（ogee pediment）、断裂山花（broken pediment）、卷涡状山花（round pediment）、眼洞窗（oculus）、巨柱式，以及繁复的装饰等。

① 据 Spencer Dodington & Charles Lagrange. Shanghai's Art Deco Master: Paul Veysseyre's Architecture in the French Concession (Hong Kong: Earnshaw Books, 2014) 148 页注明建筑师是贾安和韦西埃，房主是科德西，并附有图纸。江似虹在 A Last Look 中将这座住宅称为 "Gubbay House" 见：Tess Johnston and Deke Erh. A Last Look: Western Architecture in Old Shanghai. Hong Kong: Old China Hand Press, 2004: 117.

② 薛理勇著《老上海万国总会》，上海书店出版社，2014 年，第 34 页。

③ 贝尔纳·布里赛著《上海：东方的巴黎》，刘志远译，上海远东出版社，2014 年，第 341 页。

④ 赖德霖，伍江，徐苏斌主编《中国近代建筑史》第二卷，北京：中国建筑工业出版社，2016 年，第 325 页。

(1) 历史照片
来源：Virtual Shanghai

(2) 现状

(3) 细部

图 7-108 宁波同乡会大楼

从根本上说，无论是哥特复兴、新文艺复兴风格、新古典主义风格，或是巴洛克风格在上海近代建筑上的表现，都已经失去了其滋生的文化根源。因此，基于手法主义的思想，从各种风格上汲取构件和装饰母题，纯粹作为形式上的借鉴就成为上海近代建筑西方新古典主义风格的主流。英国 19 世纪的建筑师十分精于此道，并把这种手法主义思想带到上海，这也就是为什么通和洋行在设计东方汇理银行时，在理想的新古典主义立面上添加了一个典型的巴洛克风格的入口的原因。1920 年代前后陆续出现在外滩和公共租界的一些建筑都显示出有节制的巴洛克建筑风格的影响。比较典型的有英国总会（即上海总会）、德和洋行设计的先施公司（1914—1917）和字林西报大楼（1921—1924），位于西藏中路的宁波同乡会（1916—1921），位于北京东路四川中路转角处的沙美大楼（1918—1921），文格罗白朗设计的卜内门洋碱公司（1921—1922），思九生洋行设计的怡和洋行（1920—1922）和上海邮政总局（1922—1924）等。同时，在一些采用中式或中西混合式的商业建筑立面上也呈现出繁琐的装饰倾向，可以称之为商业巴洛克风格，或称"中华巴洛克式"①。

20 世纪初上海近代建筑的另一个典范是上海总会新楼（图 7-109），新楼由致和洋行（Tarrant & Morriss）建筑师塔兰特（B. H. Tarrant）设计，采用英国新古典主义式样，双塔楼的造型受巴洛克建筑影响。新楼于 1909 年 2 月 20 日奠基，由厚华洋行（Howarth Erskine, Ltd.）承建，1911 年 1 月 6 日正式开放，成为当时外滩最为精美的一幢建筑。最初建成的上海总会入口上面并没有雨篷，1920 年代末的照片上开始见到有玻璃雨罩。新大楼连半地下室共 6 层，占地面积 1937 平方米，建筑面积为 8857 平方米，地面至塔楼顶的高度为 32.2 米。②这座建筑是上海最早的钢筋混凝土结构，采用片筏基础，也是在上海的首创。建筑的立面十分华丽，比例匀称，横三段的处理手法显著，从造型到细部都有细致的处理。底层有强烈的虚实对比，三个入口门洞和两扇圆窗烘托主入口圆拱上面与拱心石组合在一起的垂花雕饰构成气派很大的入口。两边的辅助入口各有两对塔司干式柱子作为装饰，三、四层由六根爱奥尼亚式壁柱组成立面构图的中心。入口大厅高 2 层（图 7-110），约有 446 平方米，餐厅位于二层，二层还设有酒吧，其吧台长 110 英尺 7 英寸（约 33.5 米），为当时远东最大的吧台。塔兰特在上海总会的立

(1) 历史照片
来源：上海市历史博物馆馆藏图片

图 7-109 上海总会

(2) 1930 年代的总会
来源：Virtual Shanghai

(3) 东立面
来源：上海市城市建设档案馆馆藏图纸

图 7-110 上海总会室内

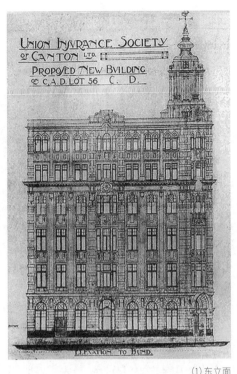

(1) 东立面
来源：上海市城建档案馆馆藏图纸

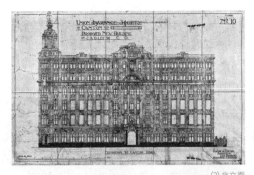

(2) 北立面
来源：上海市城建档案馆馆藏图纸

(3) 现状细部

(4) 现状
来源：席子摄

图 7-111　有利银行

面上娴熟地运用古典建筑语言，并将巴洛克建筑形成的双塔楼构图母题运用到两侧的塔楼处理上，从而产生强烈的构图效果。

有利银行大楼（1913—1915，图 7-111）建筑占地 1897 平方米，建筑面积为 11 300 平方米，高 7 层，由裕昌泰营造厂承建，是上海第一幢采用钢框架结构的建筑，楼板为钢筋混凝土结构。[③]建筑风格采用变形的古典柱式，处理比较简洁，受巴洛克风格的影响，从整体艺术处理上看，带有典型的折衷主义倾向。建筑立面采用纵、横三段古典主义构图，底层用重块石叠砌，凹凸效果明显，再加上丰富的巴洛克元素雕饰，如入口门廊、底层腰檐、断檐和山花、窗拱上的拱心石装饰等，临外滩和广东路转角处的顶部还建有一座巴洛克风格的塔亭。

由德和洋行设计的先施公司（Sincere Co.，图 7-112）于 1915 年开工兴建，1917 年 10 月 20 日落成开业，建筑占地面积 7025 平方米，商场面积达一万多平方米，是上海第一家经营环球百货的大型商店，由顾兰记营造厂承建。一至四层为百货部，五层为账房间，六、七层为先施乐园，屋顶上有花园。除商场外还设有东亚旅馆，是当年的高档旅馆，其立面与先施公司有细微的差别。立面强调横线条，分层横向处理，底层沿街设有巴洛克风格的骑楼式外廊，有券洞与马路相通。东南转角入口上部处理成巨柱式爱奥尼亚柱，柱上楣构为弧形断檐山墙。七层顶部圆形钟面这一层原先在塔楼基座四面均有三角形山墙，已不存，今天的塔楼基座以上部分也经过改建。先施公司的东南转角处理、出挑阳台的铁栏花饰以及券洞的处理都有明显的巴洛克风格的影响。

① 赖德霖、伍江、徐苏斌主编《中国近代建筑史》第二卷，北京：中国建筑工业出版社，2016 年，第 328-329 页。

② 上海市城市建设档案馆《上海外滩建筑群》，上海锦绣文章出版社，2017 年，第 32 页。

③ 同上，第 48 页。

来源：上海市历史博物馆馆藏图片
来源：Virtual Shanghai
来源：Virtual Shanghai
图 7-112 先施公司

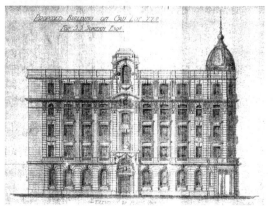

来源：上海市城市建设档案馆馆藏图纸
图 7-113 沙美大楼

通和洋行设计的沙美大楼（Somekh Building，1918—1921，图 7-113）具有丰富的巴洛克风格装饰，建筑沿四川中路和北京东路的转角有一座塔楼。立面处理上强调入口轴线，三重檐口和弓形断檐山墙腰线下复杂的雕饰进一步加强了这一轴线。顶部卷涡形的断檐山墙、弓形断檐山墙，以及底层入口类似于东方汇理银行入口的卷涡形山墙都是上海近代建筑中巴洛克建筑装饰的精品。

卜内门洋碱公司大楼（The Brunner, Mond & Co. Building，1921—1922，图 7-114）的立面上原先有两座作为托座支承柱子的阿特兰特雕像[1]，1964 年连同中间饰带上的六尊带翅膀的狮子高浮雕一起遭到毁坏。卜内门洋碱公司大楼的立面线条比较粗壮，而立面正中三至五层用复合柱式壁角柱装饰门廊，壁柱与窗户之间有一道垂直的缘饰。卜内门洋碱公司大楼占地 826 平方米，建筑面积为 4636 平方米，7 层钢筋混凝土结构。

字林西报大楼（North China Daily News Building，1921—1924，图 7-115），1921 年 4 月请照，1924 年 2 月竣工，占地 910 平方米，建筑面积为 7317 平方米，9 层钢筋混凝土结构，局部有半地下室，建筑自地面至平屋面女儿墙栏杆顶的高度为 41.5 米。[2]立面的双塔和双入口构图，以及重块粗石墙面基座的处理手法，表现出巴洛克建筑风格的影响。基座的重块石在砌筑时将厚块石与薄块石呈带状间隔铺垫，产生粗犷中又带有华贵的视觉效果。顶部有多立克柱式的双柱柱廊。

大楼的檐部叠加了建筑外廊和塔楼，既强调了檐部，又使檐部仍然带有轻盈的效果。檐部的腰线用阿特兰特雕像承托（图 7-116），一方面使托座的过渡比较自然，另一方面又有强烈的装饰效果。通常，女像雕饰用于上层结构的承托，而男性像则用在底层，字林西报大楼没有按照这个章法运用男像雕饰。

来源：Virtual Shanghai

来源：Virtual Shanghai

图 7-114 卜内门洋碱公司

图 7-115 字林西报大楼
来源：许志刚摄

来源：许志刚摄

来源：许志刚摄

图 7-116 字林西报大楼的阿特兰特雕像

字林西报大楼顶层有多立克式双柱柱廊，两角压有巴洛克式的塔楼。大楼的八座阿特兰特雕像在"文革"期间曾用砂浆封起来，避免了毁坏的厄运。

　　思九生洋行在上海的作品也表现出某种巴洛克风格的影响。思九生洋行设计的怡和大楼（The EWO Building，1920—1922，图 7-117）和 上海 邮 政 总 局（Shanghai Post Office Building，1922—1924）都带有巴洛克建筑风格的影响。怡和洋行原为 5 层钢筋混凝土结构，占地面积 1987 平方米，建筑面积为 15 000 余平方米，裕昌泰营造厂承建，1939 年曾加建 1 层，并于 1983 年再次加建 1 层。[3]立面为新古典主义风格，中部有四根科林斯巨柱式壁柱，贯通三至五层。怡和大楼的转角处理、基座的粗糙花岗石大石块贴面均具有巴洛克风格。

① 这种作为牛腿承托的男性雕像，希腊名称是"阿特兰特"（Atlantes），或按罗马人的说法称为"第拉蒙"（男像柱，Telamones）。阿特兰特起源于古希腊时期的神庙，这一处理手法常见于德国的巴洛克建筑，往往用来取代柱子。在古典主义建筑中，用女像雕饰称为"卡立阿基特"（女像柱，Caryatid），或按罗马人的说法称为"卡尼福莱"（Canephorae），起源于雅典卫城的伊瑞克提翁神庙（Erechtheion，公元前 421—406）南立面的女像柱廊。

② 上海市城市建设档案馆编《上海外滩建筑群》，上海锦绣文章出版社，2017 年，第 150 页。

③ 同上，第 238 页。

来源:上海市历史博物馆馆藏图片

图 7-117　怡和大楼

来源:许志刚摄

(1) 历史照片一　远景
来源:上海市历史博物馆馆藏图片

(2) 历史照片二　全景
来源:上海市历史博物馆馆藏图片

图 7-118　上海邮政总局

(3) 历史照片三　转角
来源:上海市历史博物馆馆藏图片

(4) 塔楼
来源:许志刚摄

(5) 塔楼的雕塑
来源:许志刚摄

来源:宿新宝提供

来源:席子摄

图 7-119　周宅

　　思九生洋行设计的上海邮政总局（图 7-118）的平面呈 U 形，由余洪记营造厂（Ah Hung Kee General Building Contractors）承建，1922 年 12 月动工，1924 年 11 月竣工。占地面积 6400 平方米，建筑面积为 25 294 平方米，4 层钢筋混凝土框架结构，另有 1 层地下室，建筑总高为 51.16 米。[①]底层和地下室为包裹邮政和工作间，二层为邮政工作场所，营业厅设在大楼南翼，三层为内廊式办公楼，四层为外廊式宿舍。大楼外墙面的材料为仿石料水刷石饰面，整体为典型的新古典主义建筑风格，并采用贯通 3 层、简化的科林斯巨柱式壁柱。高 13 米的钟楼平面呈圆弧形与矩形组合，顶部为曲面，仿中欧地区的巴洛克建筑，造型丰富。钟楼基座的两边各有一组铜铸的雕塑，居中的是邮神墨丘利（Mercury），左右两边为爱神。[②]

　　位于延安西路 238 号的周宅（图 7-119）也属典型的巴洛克风格建筑，双座圆弧形前山墙，南立面为爱奥尼亚柱式敞廊，立面基本对称，南立面三层的窗户采用弓形山花作为装饰。平面为五开间，东侧有入口门廊，建筑为 3 层，建筑面积约 940 平方米。[③]

第四节 中国建筑师与新古典主义

在欧美和日本受建筑教育的中国建筑师，以及由外国建筑师事务所实践培养的中国建筑师，多半受学院派教育的影响，他们的早期作品为新古典主义风格，以庄俊、过养默、范文照、李锦沛等为代表。但是，中国建筑师比较早就抛弃了新古典主义，而将新古典主义的法则和手法应用到中国古典复兴建筑上。

一、西式风格的模仿

在近代上海经济迅速发展的年代，中国建筑师也参与到建设的高潮之中。早期的中国建筑师多半在外国建筑师事务所或建筑设计、工程建设机构工作过，从外国建筑师和工程师那里学到设计绘图技能。尽管他们没有受过正规的学院式建筑教育，却具有相当丰富的设计实践经验，成为近代中国最早的建筑师。其中有一部分人还独立开办了自己的事务所，例如曾在英商业广地产公司供过职的周惠南开办的"周惠南打样间"在当年可算是独树一帜。这家打样间最出名的作品就是大世界游乐场（1924—1925）和一品香旅社（1919）、黄金大戏院（1929）等。此外，还有参加佘山大教堂设计的王信斋等。王信斋曾在葡萄牙籍耶稣会建筑师叶肇昌手下学习，专修五年建筑工程，经过一段时间的工程实践，培养了出色的建筑设计技能。[4]

早期中国建筑师的作品在设计中模仿西洋风格，虽不大符合新古典主义的章法，但却很受当时崛起的中国资本家和商界人士的瞩目，迎合他们的口味，于是出现了像华商上海信成银行（The Sin Chun Bank of China，1906，图7-120）、商务印书馆（Commercial Press，1912，图7-121）、中华书局（Chung Hwa Book Co.，1916，图7-122）以及1925年由周维基重建的大世界和大东书局（Dah Tung Book Co.，1913，

① 石方诚《上海邮政总局的沧桑》，见：上海历史博物馆编《都会遗踪》，上海书画出版社，2009年，第138页。

② 这两组雕塑在1965年拆除，1995年仿原样重塑。

③ 根据曹炜著《开埠后的上海住宅》（第200页）考证，这座建筑是1929年经营纺织工厂的周士贤建造的住宅。另据意大利驻上海总领事馆文化处（Istituto Italiano di Cultura Shanghai）2012年编辑印刷的《意大利人在上海：1608—1949》（Gli Italiani a Sciangai 1608-1949）所载，该建筑在1920年代末为意大利总会（Circolo italiano）。从建筑的平面布局来看，当属于住宅建筑。关于建筑师及其他信息还有待进一步考证。

④ 钱锋、伍江著《中国现代建筑教育史：1920—1980》，北京：中国建筑工业出版社，2008年，第4页。

图 7-120 华商信成银行
来源：上海市档案馆馆藏图片

图 7-121 商务印书馆大楼
来源：上海市历史博物馆馆藏图片

图 7-122 中华书局
来源：上海市历史博物馆馆藏图片

图 7-123 大东书局
来源：上海市历史博物馆馆藏图片

图 7-123）一类的建筑。华商上海信成银行的建筑风格是一种安妮女王复兴风格和罗马风建筑风格的拼贴，几乎完全不符合章法，又带有一种南洋殖民地风的影响，可惜已无从考证有关建筑师的情况。

位于河南路近福州路口的商务印书馆大楼建于 1912 年，是一幢中西合璧形式的 4 层楼房，立面以仿西洋式风格为主，对称式横三段构图，檐部上面五扇古罗马式样的半圆窗成为构图的中心。总体上看，受到芝加哥商业建筑的影响，而底层书店的门面布局及装饰则有着中国北方的建筑风格。位于河南路福州路口西南转角处的中华书局建于 1916 年，5 层钢筋混凝土结构，建筑面积 2659 平方米。中华书局大楼建筑沿河南路一侧紧邻商务印书馆大楼，与商务印书馆相比，它的立面处理更接近于西方古典主义风格，窗饰、檐口、壁柱以及整体的比例和构图均已表现出符合章法的处理手法。

建于 1913 年的大东书局占地 177 平方米，建筑面积仅 531 平方米，是一幢四开间 3 层钢筋混凝土建筑。立面处理表现出一种总体上的巴洛克商业建筑风格与西方古典主义建筑细部以及中国北方地域建筑风格的混合。南立面上四根巨柱式的壁柱以及底层入口处两根爱奥尼亚式柱子显示出西方建筑风格的影响。然而，女儿墙上的柱墩，顶部的旗杆基座，立面的整体比例，整个立面上几乎满铺的文字广告以及细部纹样带有中国北方地域的建筑式样。

二、庄俊与新古典主义

1910 年，中国近代建筑理论家张瑛绪撰写中国第一部建筑学专论《建筑新法》，介绍西方的建筑方法。此后，葛尚宣于 1920 年出版《建筑图案》一书，崇尚西方的科学与技术，倡导向西方学习建筑艺术与技术。随着 20 世纪 10 年代第一批留学西方学习西方建筑学的中国学生学成回国，1920 年代后大批留学生回国，其中大部分都在上海开业，从事建筑设计工作。他们一开始的作品风格以西方古典主义为主，但只有少数中国建筑师从事西方古典主义风格的探索，而且为时不久即转向中国传统形式古典主义，或者转向"国际式"风格。

① 据《上海市黄浦区土地利用规划》，杨嘉祐先生所引为 4600 平方米，当有误。

② 麟炳《对于上海金城银行建筑之我见》，《中国建筑》第一卷，第四期，1933 年 10 月，第 20 页。见：《中国近代建筑史料汇编：第一辑》第九册，第 364 页。

（1）历史照片
来源：《中国建筑》第一卷，第四期

（2）现状

（3）入口门楣

图 7-124 金城银行

(1) 门厅

(2) 办公室

(3) 经理室

(4) 会客室

图 7-125 金城银行室内
来源:《中国建筑》第一卷,第四期

这些第一代建筑师中最早学成回国的是庄俊,他于 1910 年赴美国伊利诺伊大学(厄尔巴拿 - 尚佩恩)学习土木工程,1914 年获土木建筑工程学士学位回国。庄俊于 1925 年在上海开设"庄俊建筑师事务所"。庄俊的早期作品表现出以西方古典主义建筑风格为主流的设计方向,代表作有上海金城银行(1925—1926)、济南交通银行(1925—1926)、汉口金城银行(1929—1931)、青岛交通银行(1929—1931)、哈尔滨交通银行(1930)、大连交通银行(1930)等。济南交通银行和大连交通银行的立面采用爱奥尼亚柱式六柱列柱门廊的立面构图,而汉口金城银行、青岛交通银行和哈尔滨交通银行都采用复合柱式门廊的立面构图,汉口金城银行用最高等级的八柱列柱门廊的形制,而另外两所交通银行则是四柱列柱门廊的形制。总体上说,除上海的金城银行外,其余建筑的立面构图大致相仿。

上海金城银行是庄俊在上海的第一件作品(图 7-124)。这幢大楼于 1925 年开始兴建,1926 年 1 月底落成,曾经是上海最著名的银行大楼之一,也是中国人开设的银行建筑中最讲究的一座。建筑占地面积 1930 平方米,原设计连夹层共 6 层,1949 年后经过加层,加层后的建筑面积为 9783 平方米,檐部的比例已不及当初。[①]大楼采用钢筋混凝土框架结构,申泰兴记营造厂承建。整个建筑立面庄重对称,采用折衷式的新古典主义手法,正立面朝西,以六根方柱将立面分为三部分,并形成凹凸的墙面效果。大门设在中央,入口两侧为希腊多立克柱,上部的三角形梁上雕刻着金城银行的标志龙、凤、斧头图案。大楼外墙用苏州产的花岗岩砌筑,显得庄重古典。庄俊的设计手法中,柱式已不再作为构图的中心,仅仅在底层入口处用两根塔司干式柱子及两根半壁柱作为装饰,十分简洁。门楣上用变形的巴洛克式卷涡作为装饰,衬托出金城银行行徽的华丽。内部空间用意大利产的大理石作为装饰,处理和装饰相当华丽,从室内一系列照片(图 7-125)上可以想见。当时的《中国建筑》月刊在介绍金城银行时赞誉为玉砌雕栏,古气盎然,令人入眼为安,心旷神怡:

　　彩玉铺地,粉饰其墙;方格乃顶,钢架其窗;视之有古气,材料反新装;开"古典派"之别面,驾新式派之远上。别具匠心,可为标榜;技术之母,建筑之光。[②]

在平面布置上,由于大楼只有一面临街,采光上比较困难,庄俊在设计布局上将营业部分及办公室临江西路布置,而将不需要光线的库房和楼梯等放在中间,建筑所用的设备都十分精良,会客室的室内设计则采用中国传统风格。

图 7-126 南洋公学总办公厅
来源:上海市历史建筑保护事务中心

庄俊在 1931 年为南洋公学设计总办公厅(亦称"容闳堂",图 7-126),1932 年动工,1933 年落成。建筑面积 2105 平方米,有大小 62 间房,3 层钢筋混凝土结构,四坡屋顶。[1]总办公厅位于体育馆北侧,为与体育馆协调,建筑仍为新古典主义风格,立面构图与体育馆相仿,底层为斩假石墙面,二层及三层为红砖清水墙面。这是庄俊在上海的最后一栋新古典主义风格的建筑,他的建筑风格随着上海城市的现代化而有很大的改变,转向装饰艺术派风格和"国际式"风格。

三、其他建筑师与新古典主义

由东南建筑工程公司过养默设计的上海银行公会大楼(Shanghai Chinese Bankers Association,1924—1925,图 7-127)也是为数不多的、由中国建筑师设计的西方古典主义建筑之一。[2]6 层钢筋混凝土结构,局部 7 层。主立面朝北,立面对称,斩假石饰面。一至三层立面仿凯旋门,三层顶部有盾形装饰,形成完整的构图;四至六层的立面退台处理,以突出下部主体。门廊为四根带凹槽的科林斯巨柱式列柱柱廊,柱廊端部为科林斯巨柱式方形壁柱。内部装饰为典型的古典主义风格(图 7-128),中央大厅为银行公会票据交换处[3]。

杨锡镠在东南建筑工程公司时期设计的南洋公学体育馆(1925,图 7-129),采用新古典主义风格,底层石材贴面,上部为红砖清水墙面。建筑面积为 2957 平方米,2 层钢筋混凝土结构和钢屋架,局部 3 层。[4]东立面为正立面,对称构图,比例匀称,入口分设两侧,以形成室内大空间的整体性。底层有塔司干双柱组成的五开间柱廊,二层有竖向的半圆额窗和圆拱窗,四坡屋顶,上面有长条形的平天窗。

范文照和赵深在设计南京大戏院(Nanking Theatre,1929—1930,图 7-130)时,也运用了新古典主义风格。立面为简化的新古典主义构图,比例优美。入口雨篷上方用两根爱奥尼亚半圆壁柱和两根

① 曹永康主编《南洋筑韵》,上海交通大学出版社,2016 年,第 162 页。

② 也有文献将这座建筑的建筑师归为吕彦直,见:赖德霖著《中国近代建筑史研究》,北京:清华大学出版社,2007 年,第 187 页,有待进一步考证。

③ 罗小未主编《上海建筑指南》,上海人民美术出版社,1996 年,第 87 页。

④ 曹永康主编《南洋筑韵》,上海:上海交通大学出版社,2016 年,第 105 页。以往文献均将南洋公学体育馆列为庄俊的作品,据同济大学陈晗的硕士学位论文《古典形式下的现代结构探索》(2014)考证,根据上海交通大学校史档案馆保存的图纸档案,该建筑由东南建筑工程公司设计,图签上有杨锡镠的签名。

来源:《上海总商会历史图录》

图 7-127 上海银行公会大楼

来源:《外滩源图册》

来源:上海市城市建设档案馆馆藏图纸

来源:席子摄

爱奥尼亚式四分之一圆形壁柱，构成三开间的壁龛和三扇圆拱形窗。楣梁上方檐口下有一块浮雕，形成典雅的装饰风格和优雅的构图，虚实对比强烈。门厅内有一座仿巴黎歌剧院的大楼梯通向楼厅；二层的柱子用华丽的罗马复合柱式，组成列柱柱廊和列柱券廊，黑色大理石的柱头与白色的大理石柱身形成强烈的对比。南京大戏院后改为"上海音乐厅"，2004年移位扩建，从原有的2326平方米，增加10 661平方米，添建西翼和南翼，增加2层地下室，占地达到4230.8平方米，建筑面积为12 986平方米。

董大酉在1930年设计的大夏大学群贤堂（图7-131），也采用新古典主义风格，竖五段式立面构图，3层钢筋混凝土结构。入口门廊采用爱奥尼亚柱式。

李锦沛设计的清心女中（Farnham Girls School，1933，图7-132）为简化的古典主义风格。中间4层，两侧3层，钢筋混凝土框架结构，由仁昌营造厂（Shun Chong & Co.）承建。也采用横三段和竖三段的构图，六根简化的科林斯式巨柱式半圆形壁柱构成立面构图的中心。正立面上的三角形山花十分明显，作为屋顶的通风口，在山花正中开一扇圆窗，两侧有花饰浮雕。外墙为灰砖清水墙面，勒脚和窗套为斩假石饰面。

图7-128 上海银行公会大楼室内
来源：《上海总商会历史图录》

图7-129 南洋公学体育馆
来源：上海市历史建筑保护事务中心

来源：沈晓明提供

来源：上海市历史建筑保护事务中心

来源：许志刚摄

图7-130 南京大戏

图7-131 大夏大学群贤堂
来源：席子摄

图7-132 清心女中
来源：上海市房地产管理局

图注：1. 梯形山墙，2. 带窗洞的三角形山墙，3. 圆弧形山墙，4. 断裂山墙，5. 断裂山墙，6. 双重山墙，7. 扁平三角形山墙，8. 尖山墙，9. 圆弧形断裂山墙，10. 三角形山墙，11. 卷涡形山墙①，12. 卷涡形山墙②

图 7-133 山墙的形式
来源：Wikipedia

第五节　建筑细部

上海近代建筑的主流是西方化，在相当一段时间内，首先是西方古典主义化。由于缺乏西方古典主义所赖以存在的理性主义，所表现出来的必然只是一种文化上的西化。除少数在西方受过教育的知识分子和新型资本家外，大多数人对现代化的理解和追求必然是肤浅的，偏重于形式因素。一方面，上海的近代建筑留下了许多优秀的作品，这些建筑在整体处理上，在与空间环境的协调上，以及建筑的审美品质方面不仅具有历史价值，而且还具有较高的艺术价值和技术价值，在许多方面形成了上海城市的空间特征。不仅以其单体，而且以其总体环境的组合、对城市天际线的控制等成为上海近代建筑的精华。另一方面，许多建筑以其精美的细部从局部上表现了新古典主义建筑的特征，为建筑增添艺术品质。

一、山墙

山墙（gable），指屋檐下部由斜屋顶围合的墙面，古典建筑中被称为"山花"（pediment）的三角形部分。山墙的构成取决于结构体系、材料和审美，也受气候的影响。山墙分前山墙和侧山墙两类，包括：三角形山墙、梯形山墙、圆弧形山墙、弓形山墙、阶梯形山墙（crow-stepped gable）、卷涡形山墙、墙壁式山墙（硬山墙，wall gable）等（图 7-133）。山花也常用于窗楣作为装饰。

作为前山墙的山花在古典主义建筑中是立面构图的中心，上面往往还有浮雕，是一种十分具有代表性的符号。上海的近代建筑中有许多山花的形式，严格意义上的希腊神庙式三角形山花（图 7-134）并不多见，往往只是作为一种装饰。由于不存在神庙式的构图，同时也由于屋面坡度的处理，上海的建筑并没有刻意突出山花，而只是作为某种装饰构件，山花内一般也没有雕塑。汇丰银行的山花只是作为一个装饰构件，构成立面的一个视觉中心（图 7-135）。通和洋行设计的中国造币厂（图 7-136）

图 7-134 新古典主义建筑的山花
来源：Wikipedia

图 7-135 外滩汇丰银行的装饰性山花
来源：许志刚摄

图 7-136 中国造币厂的山花
来源：上海市历史建筑保护事务中心

图 7-137 麦加利银行的山花
来源：上海市历史建筑保护事务中心

图 7-138 台湾银行

图 7-139 道达洋行大楼山花

图 7-140 花园别墅山花

图 7-141 轮船招商总局的三角形山花
来源：许志刚摄

和李锦沛设计的清心女中山花可以说是最大规模的山花。外滩 18 号麦加利银行的山花仍然是构图的中心，但山花的纪念性已经弱化为檐部的收头（图 7-137）；德和洋行设计的外滩 16 号台湾银行（The Bank of Taiwan，1926）具有希腊神庙的构图，周柱式壁柱，山花演变为大楼顶层的立面，完全没有山花的纪念性（图 7-138）；江西中路原道达洋行大楼（Dodwell & Co.，今珠江大楼）的檐部山花是上海目前能见到的、严格模仿希腊神庙山墙形式的实例，但其尺寸并不大（图 7-139）；图 7-140 是南昌路花园别墅的山花，甚至窗楣也用山花作为符号，三角形山花的顶部和下角都有称之为"像座"（阿克柔特，Acroteria）的忍冬装饰山花装饰。像座在古希腊和古罗马的神庙上用来放置雕像，下角的像座有时用来放置带翅膀的狮子之类动物雕塑、三脚鼎、烛台等。

通和洋行设计的外滩 9 号轮船招商总局（1901）的三角形山花中有装饰性图案（图 7-141），图 7-142 是在住宅建筑侧山墙上采用装饰性图案的实例。图 7-143 是受巴洛克风格影响的住宅前山墙的实例。

工部局西童公学（1916，今复兴初级中学）采用圆弧形山墙作为装饰，窗户两侧的柱子及装饰细部为巴洛克建筑风格（图 7-144）。圆弧形山花、断裂山花、卷涡形山花和三角形山花作为装饰构件，广泛地用于建筑的门廊、入口、门套和窗楣上。

图 7-142 住宅山墙

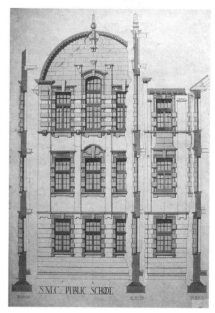

图 7-143 巴洛克风格的住宅山墙

图 7-144 西童公学的圆弧形山墙
来源：上海市城市建设档案馆馆藏图纸

二、柱式

柱式语言是新古典主义建筑的基本语言。柱式包括由柱础、柱身和柱头组成的柱子，以及柱子所支撑的檐部，并扩展至建筑的整体构成。柱式是一个整体，而非个别元素："柱式是对整体的统摄——它与建筑物的结合，它对建筑物的控制"[①]。古希腊建筑有三种柱式：多立克柱式、爱奥尼亚柱式和科林斯柱式。古罗马建筑除了使用修改过的希腊柱式以外，又增加了塔司干柱式和混合柱式（也称"罗马柱式"）。前文已列举了五种柱式（参见图 7-4）：塔司干柱式、多立克柱式、爱奥尼亚柱式、科林斯柱式和复合柱式。柱式的区别除柱身外还在于柱头（图 7-145）。柱式显示了人体的比例，因而具有人性。多立克柱式隐喻男性，科林斯柱式隐喻女性，爱奥尼亚柱式居于两者之间，没有性别特征。[②]

上海的近代建筑广泛地应用各种柱式，但在处理上，由于不再采用古典主义建筑的砖石结构，而更注重其符号作用和装饰性，并不十分严格地遵守其比例关系及其与檐部和基座的关系。早期运用柱式一般比较注意章法，到 1930 年代，运用则比较自由，还作了简化及变形处理，但仍然以装饰性为主。上海的近代建筑大量应用巨柱式。由米开朗琪罗创造的巨柱式是指柱子穿过 2 层或更多的楼层的柱式，为了解决一座多层建筑可以采用大型殿堂的尺度，但具体到每一层仍然可以有自己的尺度，并通过一个适当尺度的第二柱式加以参照。[③]上海近代新古典主义建筑多为多层建筑，巨柱式成为协调建筑比例的重要手段。

① 萨莫森著《建筑的古典语言》，张欣玮译，杭州：中国美术学院出版社，1994 年，第 54 页。

② 同上，第 6 页。通常理解爱奥尼亚柱式隐喻女性，科林斯柱式隐喻少女。

③ 同上，第 4 页。

④ 同上，第 6 页。

⑤ 亚历山大·仲尼斯、利恩·勒费夫尔著《古典主义建筑秩序的美学》，何可人译，北京：中国建筑工业出版社，2008 年，第 32 页。

塔司干柱式类似多立克柱式，底部直径为高度的 1/7，多立克柱式则稍带装饰性而又不致失去庄重，这两种柱式都被看作是男性的柱式形象，往往用于表现建筑的粗犷和严肃。④塔司干柱式的檐部非常简单，柱身无凹槽，是所有柱式中处理最简单而在比例上最沉重的一种，简洁而又纯朴的塔司干柱式只在为数不多的建筑上使用，例如华俄道胜银行、法国总会的音乐亭以及跑马总会。跑马总会还将塔司干柱式做成贯通二、三层的巨柱式柱廊，这种手法在欧洲建筑中也很少见（图 7-146）。上海总会的两侧入口也应用塔司干柱式（图 7-147）。位于圆明园路的协进大楼门廊也采用塔司干双柱柱式（图 7-148）。

除少数例外，多立克柱式是唯一一种没有柱础的柱式，柱头没有雕刻，柱身带有凹槽。⑤上海的近代建筑中多立克柱式不多见，如上海海关门廊应用带凹槽的多立克柱式（图 7-149）。庄俊设计的金城银行门廊和字林西报大楼的游廊也应用带凹槽的多立克柱式（图 7-150）。

爱奥尼亚柱式比多立克柱式更轻盈而优雅，柱身较细，一般有凹槽，其主要特征是柱头的卷涡。富有装饰性、典雅的爱奥尼亚柱式是上海近代建筑中运用最普遍的一种柱式。在上海的许多近代建筑中，其高度往往贯通数个楼层，称之为巨柱式（图 7-151）。在法国总会的立面上还将爱奥尼亚式柱廊与半圆、方形壁柱结合在一起使用，显得十分华丽（图 7-152）。爱奥尼亚柱式的壁柱也经常得到应用，主要起

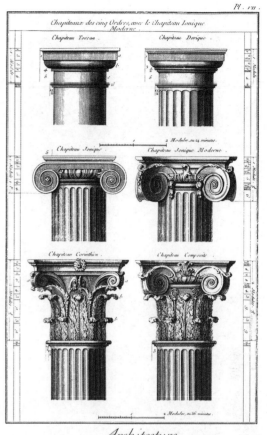

图中自左至右，自上至下依次标注：塔司干柱式、多立克柱式、爱奥尼亚柱式、爱奥尼亚新柱式、科林斯柱式和复合柱式

图 7-145　五种柱式的柱头
来源：Wikipedia

图 7-146　跑马总会的塔司干柱式　　　　图 7-147　上海总会的入口　　　　　　图 7-148　协进大楼门廊
来源：上海市历史建筑保护事务中心提供

图 7-149　上海海关的多立克柱式　　　图 7-150　字林西报大楼游廊　　　　图 7-151　东方饭店的爱奥尼亚巨柱式　　　　图 7-152　法国总会的爱奥尼亚式柱廊
来源：许志刚摄

图 7-153 约瑟夫宅的爱奥尼亚双柱壁柱
来源:上海市历史建筑保护事务中心

图 7-154 宁波同乡会的
爱奥尼亚柱

（1）对柱壁柱
来源:上海市历史建筑保护事务中心
图 7-155 麦地宅的爱奥尼亚柱式

（2）对柱壁柱细节

图 7-156 嘉道理宅的入口门廊
来源:许志刚摄

加强建筑立面线条的作用。由新瑞和洋行设计的约瑟夫宅（1920—1921，今东湖宾馆 7 号楼）的二层采用爱奥尼亚双柱壁柱（图 7-153）。宁波同乡会的爱奥尼亚柱的中间还增加卷叶饰凸雕，更具装饰性（图 7-154）。带凹槽的爱奥尼亚柱式具有丰富而又华丽的装饰性，例如邬达克在设计麦地宅时，应用带凹槽的爱奥尼亚柱式双柱壁柱（图 7-155），嘉道理宅的入口门廊为带凹槽的爱奥尼亚柱式（图 7-156），中央造币厂的入口门廊也采用带凹槽的爱奥尼亚柱式（图 7-157）。爱奥尼亚柱式也用在列柱柱廊上，具有浓重的排比效果。最早出现在法国建筑师佩罗设计的罗浮宫东立面，成为新古典主义的典范。但由于上海的建筑规模相对较小，所以列柱柱廊的规模也较小，仅用在门廊或放置在建筑上部作为构图中心。由德国建筑师设计的同济大学吴淞校区教学楼（1922—1924），门廊用了爱奥尼亚巨柱式列柱，共有 10 根带凹槽的爱奥尼亚巨柱，是上海近代建筑中最具标志性的列柱柱廊（图 7-158）。麦边大楼采用爱奥尼亚巨柱式双柱列柱柱廊，但规模小得多，柱身也没有凹槽（图 7-159）。

科林斯柱式的柱头呈钟形，八片叶形茎秆组成的涡旋形叶梗（caulicoli）从中伸出，支撑着很小的卷涡，通常柱身有凹槽。科林斯柱式具有华丽的装饰性，比例修长，比较纤细，柱头上带有丰富的卷涡和莨苕叶饰（acanthus）。卷涡已经比爱奥尼亚柱式的柱头有所弱化，但复杂的曲线难以加工，因此

来源:上海市历史建筑保护事务中心
图 7-157 中央造币厂的入口

图 7-158 同济大学吴淞校区教学楼
来源:*Denkschrift aus Anlass der Freierlichen Einwehung der Tingchi Technichen Hochshule in Shanghai-Woosung 1924*

图 7-159 麦边大楼的爱奥尼亚巨柱式

图 7-160 砖雕的科林斯柱式柱头

图 7-161 汤恩伯宅科林斯式柱头

图 7-162 上海银行公会大楼科林斯巨柱式
来源：席子摄

上海近代建筑中的科林斯柱式的柱头大多经过简化，以直线为主。在兴业路某里弄住宅的门框上可以见到早期用砖雕模仿科林斯柱式的柱头（图 7-160），四川北路志安坊汤恩伯宅也是运用科林斯柱式的实例（图 7-161）。过养默设计的上海银行公会大楼是科林斯巨柱式的实例（图 7-162）。思九生洋行设计的上海邮政总局（1922—1924）采用简化的科林斯巨柱式壁柱，沿北苏州路的南立面上有 11 根壁柱，沿四川北路的东立面上有 8 根壁柱（图 7-163）。

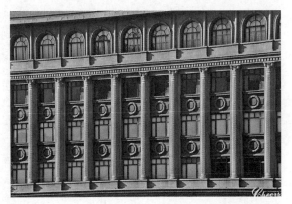

图 7-163 上海邮政总局科林斯柱式壁柱
来源：许志刚摄

复合柱式的柱头混合了爱奥亚尼柱式的卷涡和科林斯柱式的莨苕叶饰，因此是最富装饰性的一种柱式。复合柱式在上海近代建筑中也不多见，由于柱头花饰十分复杂，与欧洲的复合柱式柱头差异极为明显，多数柱头经过简化。例如三井银行的复合柱式柱头，卷涡下部的莨苕叶饰已经弱化，几乎辨认不出，也可归入爱奥亚尼柱式（图 7-164）。德和洋行在设计台湾银行时，也同样作了简化处理（图 7-165）。汇丰银行在三层至五层采用简化的复合柱式巨柱对柱柱廊，其柱头已经大大简化，卷涡的曲线形已经变成直线，莨苕叶饰也已经简化（图 7-166）。思九生洋行在设计怡和洋行时，将复合柱式的柱头卷涡予以简化，使之更具装饰性（图 7-167）。在上海的近代建筑中有时将科林斯式或复合柱式柱头与西班牙风格的螺旋形柱拼贴在一起，更带有华丽的色彩（图 7-168）。

图 7-164 三井银行的复合柱式

图 7-165 台湾银行的柱头

图 7-166 汇丰银行的
复合柱式柱头
来源：许志刚摄

图 7-167 怡和洋行大楼柱头

图 7-168 拼贴式柱头

图 7-169 汇丰银行立面的构图中心
来源：许志刚摄

图 7-170 横滨正金银行大楼的大门

图 7-171 江海关大楼的入口

（1）东门门套设计图
来源：上海市城市建设档案馆馆藏图纸

图 7-172 汇中饭店的门套

（2）东门门套
来源：席子摄

（3）北门门套
来源：席子摄

三、入口

图 7-173 华俄道胜银行的入口

　　入口是建筑的重要部分，成为立面的中轴，也是进入建筑的通道，提供与人体尺度相关的参照，因此是设计的重点。有门套或无门套，往往与塔楼、山花、穹顶组合，或为局部，或为整体，成为建筑立面构图的中心（图 7-169）。新古典主义风格的入口处理在上海的近代建筑中十分丰富，包括门道、大门、门套、门廊、平台、台阶、踏步等。大门多为紫铜或铸铁的花饰大门（图 7-170）。门楣又称"额枋"，有丰富的装饰细部，有各种线脚或雕饰。江海关大楼的大门和紫铜门套有宜人的尺度，又不失典雅。门套上方有比例完美的三角形山花，山花上方和底座有忍冬图案的雕饰（图 7-171）。建筑的入口与门套结合构成一个过渡空间，门套上方设置三角形山花或圆弧形山花，作为装饰。结合各种柱式，三角形山花最为庄重，属于最高等级；圆弧形山花用以强调入口的装饰性，立体感比较强；汇中饭店1923年改建后的门套（图 7-172），采用严谨的三角形山花，装饰华丽，拱心石为卷涡形牛腿（console）。华俄道胜银行的入口门套为三角形山花，两侧有塔司干柱式的对柱，承托着两尊雕像，雕像今已不存，

图 7-174 上海邮政总局的入口

图 7-175 上海总会的侧门门套
来源:上海市历史建筑保护事务中心

图 7-176 麦边大楼的入口

图 7-177 汇丰大楼的入口

图 7-178 江西中路 467 号入口

图 7-179 沙美大楼的入口

图 7-180 东方汇理银行的入口

而入口的比例由于历年路面的垫高也显得矮胖(图 7-173)。上海邮政总局的入口门楣上方有三角形山花,门楣上有忍冬雕饰(图 7-174)。上海总会的侧门门套为三角形山花,两侧为有收分的塔司干柱,门楣上有粗壮的楔石作为装饰(图 7-175)。

麦边大楼的入口高耸,延伸至二层,采用圆弧形山花,由塔司干柱式的对柱支承,门楣上方二层窗户的窗楣有三角形断裂山花,入口另有塔司干柱式的柱子构成门套,门楣上有一块匾额(图 7-176)。汇丰大楼(Wayfoong House,1928)采用圆弧形山花的入口,因为是办公楼的入口,不必过度辉煌,尺度相对较小,符合人体的尺度(图 7-177)。有一些建筑入口凹进的深度较大,上方的圆弧形山花形成华盖(图 7-178)。通和洋行设计的沙美大楼的圆拱门入口为了有宜人的尺度,以塔司干柱承托卷涡形山花(图 7-179)。卷涡形山花源自巴洛克建筑,东方汇理银行的入口也有同样的处理(图 7-180)。平野勇造设计的日本总领事馆的东门应用卷涡形断裂山花,承托在爱奥尼亚砖壁柱上(图 7-181)。通和洋行设计的上海总商会入口采用巴洛克风格的三角形断裂山花(图 7-182)。

图 7-181 日本总领事馆的东门

图 7-182 上海总商会入口的
三角形断裂山花
来源：《回眸》

图 7-183 英国领事馆的入口拱门

图 7-184 汇丰银行的入口拱门

图 7-185 四行储蓄会汉口路
大楼的入口

图 7-186 盛宣怀宅六柱式门廊
来源：《回眸》

无门套的入口一般采用拱门的形式，例如英国领事馆的入口为三座拱门（图7-183）；汇丰银行的入口（图7-184）由三座圆拱门组成，拱心石上分别镌刻着象征农业、工业和航运的图案，现已不存；①邬达克设计的四行储蓄会汉口路大楼的入口为了与建筑的体量相衬，十分高耸，设置两重圆拱，拱缘饰经过简化，突出圆拱上方的卷涡形托石（图7-185）。

四行储蓄会汉口路大楼的入口门廊作为入口，提供了室内和室外空间的过渡，也丰富了建筑的造型，因此为新古典主义建筑所常用。古典主义建筑的门廊有六柱门廊（hexastyle）、七柱门廊（heptastyle）、九柱门廊（enneastyle）、十柱门廊（decastyle），甚至十二柱门廊等，但上海的近代建筑并没有严格按照章法设计的门廊。盛宣怀宅（1900，图7-186）的门廊采用六柱式门廊，属于上海近代建筑中较高形制的门廊。工部局大楼东北角入口（图7-187）采用十二柱门廊，属最高形制，欧洲也极少应用。但由于平面呈扇形，因此特征不明显。珠江大楼（图7-188）采用比较简洁的门廊，由塔司干柱式承托檐部组成，相同的处理手法也出现在美国花旗总会（1924，图7-189）的入口门廊上，入口为圆拱门。圆明园路安培洋行的侧门入口采用门廊的形式（图7-190）。一些正立面较宽的住宅建筑也往往以门廊作为入口，例如刘吉生宅和马立斯宅（图7-191）。马立斯宅（1921，今瑞金宾馆1号楼）采用圆弧形，塔司干柱式对柱门廊。南洋公学上院为外廊式建筑，入口就甚至在底层的柱廊内。有时候门廊也突出建筑之外，承载上部的露台或其他结构，例如南洋公学图书馆的门廊（图7-192）。黑石公寓（1926，

来源：沈晓明提供

图 7-187 工部局大楼十二柱门廊

图 7-188 珠江大楼的门廊

图 7-189 美国花旗总会的门廊

图 7-190 安培洋行的侧门门廊

（1）刘吉生宅入口门廊

（2）马立斯宅的门廊

图 7-191 住宅的门廊
来源：许志刚摄

图 7-192 南洋公学图书馆门廊
来源：许志刚摄

图 7-193 黑石公寓门廊
来源：上海市历史建筑保护事务中心

图 7-194 麦地宅大台阶
来源：上海市历史建筑保护事务中心

图 7-195 担文宅台阶
来源：许志刚摄

图 7-193）的南北立面各有一座门廊，承载了二层的露台南侧的门廊上方原先是游泳池，门廊的柱子数量众多，已经不符合章法，表现出浓厚的折衷风格。

平台或台阶是建筑入口的组成部分，造型有直跑的台阶、圆弧形的台阶、折线形的台阶等。邬达克设计的麦地宅的圆弧形大台阶，显示建筑的礼仪性（图 7-194）。担文宅台阶为直线形，侧向进入的台阶（图 7-195），图 7-196 为五原路某住宅的折线形台阶。

四、塔楼

由于结构技术和材料技术的进步，塔楼大量出现在新古典主义建筑上，在建筑入口或转角处设置塔楼，形成构图中心突出建筑的地标性。尤其在建筑的转角部位，或在转角入口高出建筑主体以增加建筑的地标性的处理手法，在新古典主义建筑中得到广泛的应用。

日本建筑师武富英一设计的日本电信局（Japanese Telegraph Office，1915，图 7-197）在建筑转角处设置一座巴洛克风格的塔楼。德和洋行设计的先施公司位于南京东路和浙江中路转角处，大楼高 7 层，

① Edward Denison, Guang Yu Ren. *Building Shanghai: The Story of China's Gateway*. London: Wiley-Academy, 2006: 136.

图 7-196 住宅的折线形台阶

图 7-197 日本电信局
来源：薛理勇提供

来源：张雪飞摄

图 7-198 先施公司摩星塔

图 7-199 华商纱布交易所大楼的塔楼
来源：赵天佐摄

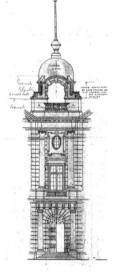

图 7-200 四明银行塔楼
来源：上海市城市建设档案馆馆藏图纸

上部建造一座 3 层空心塔楼，取名"摩星塔"（图 7-198），塔中嵌有一座大圆钟。通和洋行设计的华商纱布交易所大楼（1921—1923，图 7-199）在建筑的圆弧形转角处设置一座高耸的圆形塔楼，顶部为圆顶。同样由通和洋行设计的四明银行在入口处设置了带穹顶的塔楼（图 7-200）。思九生洋行设计的上海邮政总局（1924，图 7-201）为强调入口的标志性，建筑的上方设置了一座巴洛克风格的塔楼。江海关大楼（图 7-202）在设计方案阶段，塔楼比最后实施的方案更为高耸。

除了转角塔楼外，一些建筑在转角设置圆顶、盔顶或锥顶以增强地标性，图 7-203 为乍浦路某住宅转角的盔顶，图 7-204 为平野勇造设计的三井洋行大班宅（1908，今瑞金宾馆 4 号楼）的转角盔顶，图 7-205 为大清银行转角复原后的穹顶。位于淮海中路和嵩山路转角的恩派亚大戏院也有一个圆顶，建筑现已拆除（图 7-206）。

图 7-201 上海邮政总局的塔楼
来源：许志刚摄

（1）方案
来源：*The Bund Shanghai: China Faces West*

图 7-202 江海关大楼的塔楼

（2）现状
来源：许志刚摄

图 7-203 建筑转角盔顶

图 7-204 三井洋行大班宅
来源:《回眸》

图 7-205 大清银行转角穹顶

图 7-206 恩派亚大戏院
来源:《岁月：上海卢湾人文历史图册》

五、窗户

窗的形式有多种变体,新古典主义建筑常用的窗有拱形窗、圆窗、半圆额窗、卵形窗、组合式窗、天窗等。窗套、窗楣、窗拱的形式及其组合对新古典主义建筑的整体造型、立面组合和韵律起着重要的作用。

平野勇造在设计三井物产株式会社上海支店（1903,图7-207）时,在建筑的东立面的二层和三层有两组意大利文艺复兴风格的组合式窗,窗楣采用希腊式三角形山花,山花顶部和底座上有忍冬花饰,三层为三联窗与二层的双联窗组合在一起。

组合式窗通常为帕拉弟奥母题窗。帕拉弟奥母题（图7-208）由通常称为"威尼斯式窗"（Venetian Window）的一个拱券和其两侧小一些的方形拱构成。①图7-209是东方汇理银行立面上的帕拉弟奥母题组合式窗。这种组合窗广泛应用在上海的新古典主义建筑上,例如业广地产公司的窗户（图7-210）。

图 7-207 三井物产株式会社上海支店组合式窗

① 威尼斯式窗有三个开口,中间的一个开口上方为圆拱,两侧开口上有窗楣。帕拉弟奥母题则将三个开口用较主要的柱式分隔。

图 7-208 帕拉弟奥母题
来源:《古典主义建筑秩序的美学》

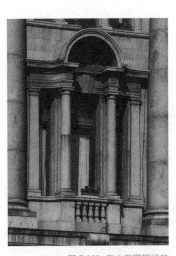

图 7-209 东方汇理银行的
帕拉弟奥母题组合式窗

图 7-210 业广地产公司的帕拉弟奥母题
来源:《回眸》

图 7-211　蓝烟囱轮船公司大楼的圆形窗
来源：许志刚摄

图 7-212　法国球场总会的半圆额窗
来源：许志刚摄

⑴ 上海总会的矩形窗
来源：许志刚摄

⑵ 汇丰银行的窗

⑶ 上海总会的半圆形窗
来源：许志刚摄

图 7-213　上海的窗的各种形式

窗的形状以矩形为主，也有圆形、卵形和半圆额窗。圆形和卵形窗（oval window）又称"牛眼窗"（ox-eye window，图 7-211）。图 7-215 为法国球场总会的半圆额窗，窗套两侧有爱奥尼亚柱，拱肩上有花饰。图 7-213 列举了上海近代建筑中的各种窗户的形式，窗楣有三角形山花、圆弧形山花及其变体断裂山花。

　　天窗（roof window）由于其谐音，也称"老虎窗"。老虎窗是在屋面上的开窗，不仅起采光通风功能，同时也具有观景的作用，形式丰富多彩，取决于屋面坡度、屋面功能、建筑美学等。芒萨尔屋顶由于其正面坡度较陡，最适宜老虎窗的建筑表现（图 7-214）。

⑴ 天窗

⑵ 逊百克宅的天窗
来源：《回眸》

图 7-214　天窗的各种形式

⑶ 科德西宅的天窗
来源：尔冬强摄

⑷ 俄罗斯领事馆的天窗
来源：许志刚摄

⑸ 里弄住宅的天窗
来源：尔冬强摄

第八章
传统建筑与中国古典复兴

我们正在经历一个艺术不再是我们日常生活中实用事物之附属品的时代。

—— 范文照《中国建筑之魅力》，1933

第一节 东西方建筑文化的交汇

儒家思想以及传统文化的传承、西方文化的引进、国家复兴的地缘政治以及气候因素等的影响，推动了上海近代建筑的传统建筑风格、地域风格与西方建筑风格的交融。作为一座五方杂处的城市，上海成为东西方文化交融的中心，与 1934 年的新生活运动结合，成为 1930 年代中国古典复兴建筑的中心之一。美国建筑师茂飞将中国古典复兴建筑称为"中国文艺复兴建筑"[1]。

中国古典复兴和新文化运动试图担当中国文艺复兴的历史使命，中国古典复兴建筑实质上是中外建筑师对中国建筑现代性的探索，将学院派建筑思想体现在传统的殿堂式建筑风格中，是自洋务运动以来，长时期信守的"中学为体，西学为用""以体制用"思想的反映，同时也是五四运动以来新文化运动传播的社会、文化、政治思想的延续。

由外国建筑师主导设计的建筑以满足功能和业主需求为目的，只有极少数建筑师在探索中国建筑的民族性问题。有许多中国建筑师深入思考传统与现代、民族性与现代性的问题。自 19 世纪末起，在民族主义、传统文化精神和西方教会文化等各种力量的推动下，中国建筑师和一些外国建筑师都在不同程度和不同目标的导引下参与中国古典复兴建筑的创造，设计了一批优秀的建筑。建筑类型涉及教会建筑、政府办公楼、银行建筑、学校建筑、医疗建筑、文化建筑、纪念性建筑等。

西方文化很早就传入上海，早在 16 世纪明朝徐光启的年代，上海就出现了天主教教堂，开始传播西方文化。而且开埠前就有专做洋货买卖的洋行街，但真正意义的西方建筑在早年并没有出现，与西方文化有关的活动都是在中国传统建筑中进行的。开埠后随着西方人在租界中开始建设，东西方建筑文化在上海正式相遇，二者不可避免地发生碰撞——由隔绝、对立，转向认同、并存而融合。在近代初期的西方建筑形式与中国传统建筑形式之间又创造出不中不西、亦中亦西的东西方融合的折衷主义建筑。这些变化首先反映在大量的居住建筑、教会建筑、园林建筑上，居住建筑成为最早的中西建筑文化交汇的场所（图 8-1）。

一、里弄建筑

居住建筑对城市空间的影响起着决定性的作用，公共租界工部局和法租界公董局都注重住宅建筑的管理，向工部局或公董局主管部门申请造屋的请照单上均注明是中式房屋或欧式、半欧式房屋。把里弄住宅主要划分为中式住宅（公共租界 Chinese House，Chinese Dwelling House；法租界 Maison Chinoise），以区别于欧式住宅（公共租界 Foreign Dwelling House；法租界 Maison Européennes）和半欧式住宅（Maison Semi-Européennes）。公共租界在 1877 年颁布《中式建筑章程》，1901 年颁布《中

[1] 中国文艺复兴建筑的概念最早由美国建筑师茂飞在 1920 年代初提出"适应性中国式建筑"（adaptive Chinese architecture），见：Jeffrey W. Cody. *Building in China: Henry K. Murphy's "Adaptive Architecture" 1914-1935* (Hong Kong: The Chinese University Press, 2001) : 77. 以后又提出"适应性中式式文艺复兴"（adaptive Chinese Renaissance）的理念（同上，第 95 页）。徐敬直在 1964 年撰文将 1920 年代和 1930 年代出现的传统风格的新建筑称为"中国文艺复兴建筑"，见：傅朝卿《中国古典式样新建筑：二十世纪中国新建筑官制化的历史研究》（台北：南天书局有限公司，1993）第 26 页。

[2] 唐方著《都市建筑控制——近代上海公共租界建筑法规研究》，南京：东南大学出版社，2009 年。同时参见：汪晓茜、张崇霞《近代上海戏院建筑的安全性控制——关于消防规则和管理制度》，引自：张复合、刘亦师主编《中国近代建筑研究与保护（十）》，北京：清华大学出版社，2016 年，第 396 页。

[3] 上海市房产管理局编著，沈华主编《上海里弄民居》，北京：中国建筑工业出版社，2018 年，第 13 页。

[4] 唐方著《都市建筑控制——近代上海公共租界建筑法规研究》，南京：东南大学出版社，2009 年，第 232 页。

[5] 孙倩著《上海近代城市公共管理制度与空间建设》，南京：东南大学出版社，2009 年，第 79 页。

[6] 陈正书主编《上海通史》第 4 卷：晚清经济，上海人民出版社，1999 年，第 59-60 页。

[7] 同上，第 71 页。

[8] 麦克莱伦著《上海故事——从开埠到对外贸易》，刘雪琴译，见：上海社会科学院历史研究所，上海通志馆编，朗格等著《上海故事》，高俊等译，王敏等校，北京：生活·读书·新知三联书店，2017 年，第 96 页。

[9] 丁日初主编，徐元基副主编《上海近代经济史：第二卷 1895—1927 年》，上海人民出版社，1997 年，第 350 页。

[10]《上海英、法、美租界租地章程》，见：陆文达主编，徐葆润副主编《上海房地产志》，上海社会科学院出版社，1999 年，第 551 页。

[11] 张生著《上海居，大不易：近代上海房荒研究》，上海辞书出版社，2009 年，第 25 页。

[12] 陈正书主编《上海通史》第 4 卷：晚清经济，上海人民出版社，1999 年，第 74 页。

[13] 丁日初主编，徐元基副主编《上海近代经济史：第二卷 1895—1927 年》，上海人民出版社，1997 年，第 359 页。

式建筑规则》21 条，1903 年颁布《西式建筑规则》，1904 年 2 月生效。1911 年通过修订后的《中式建筑规则》25 条和《西式建筑规则》，1914 年经过修订后，两部分合并为《公共租界房屋建筑章程》，1938 年经修订后颁布《通用建筑规则》。[②]

上海的里弄建筑是居民聚居点的基本单元，成为上海居住建筑的主要类型，同时也是上海独特的居住建筑模式。关于"里弄"有多种名称，如"里弄""里弄房""弄堂""石库门"等。"弄堂"在上海话中指代里坊内的巷道和室外空间，包括主弄和支弄。"弄堂"古时作"弄唐"，"唐"是古代朝堂前或宗庙门内的大路。古文中"堂"或指"殿"，或指"阶上室外"。另外的释义是："窗户之外曰堂，窗户之内曰室"，因此，"堂"的含义不包括建筑本身，所以本文也不认为"弄堂"是合适的名称。"石库门"泛指一种早期的里弄住宅类型，名称本身局限于建筑的细部。在古文中，"里"是指"宅院"和"民户居处"，也指代居民的组织单位。"弄"是指"巷"和"衖"，因此"里弄"包含了里坊和住房的概念。"里弄房"的"房"字的意义已经在"里弄"中概括了，所以本书采用"里弄"作为这种住宅类型和里坊空间组织的名称，以"里弄建筑"指代这种区别于其他住宅的住宅类型。

里弄住宅的演变过程中先后出现早期里弄住宅、后期里弄住宅、新式里弄住宅、花园里弄住宅和公寓里弄住宅五种类型，还有一种联排式住宅。也有的文献扩大化将里弄民居划分为老式石库门、西式石库门、广式石库门、接连式小花园洋房、和式花园洋房、独立式花园洋房和公寓七种类型。[③]里弄住宅在平面布局、单元布局、结构与材料及风格特征等方面都有一个逐渐演变的过程。本章只论述早期里弄住宅、后期里弄住宅和联排式住宅这三种类型。

当年，工部局地产委员会不赞成里弄住宅（"Li" house）的名称，认为"这样无法区别那些很差的房屋和那些尽管也在里弄或小巷里但是很令人满意的房屋"。由于里弄住宅的特殊性，《通用建筑规则》仍然保留了《中式建筑规则》[④]。法租界公董局十分重视公共空间形态，多次制定欧式建筑专用建设区，这些地区禁建中式建筑。[⑤]1938 年公董局通过了《整顿和美化法租界规划：住宅区》的法令。实际上，中式建筑已经在规划布局、建筑细部上融入了欧式建筑的元素。

早在开埠之前，上海县城厢已经有房地产经济活动，并形成一些惯例，如房、地契证制度，租赁房屋以及政府对房产和土地买卖等活动的控制等。[⑥]由于 1853 年小刀会和太平天国运动的影响，各地有大量居民涌入上海避难，租界内人口激增，租界内华人数量从 1853 年的 500 人，猛增至 2 万多人，住宅问题突出，居住费用猛涨。[⑦]据称在 1862 年，居住费用增长了约 400%。[⑧]外商建造房屋租给这些难民，在外商的压力下，华人获得官方的允许，可以在租界内定居，从而打破了"华洋分居"的局面。[⑨]

1854 年的第二次《上海英、法、美租界租地章程》取消了第一次《上海租地章程》中关于禁止华人在租界租地赁屋的规定。[⑩]外商建造住宅或将多余的自用房屋出租，并因人多房少而收取高额房租，房租收益获利颇丰，高达 30% ～ 40%。[⑪]1860—1865 年间，租界土地价格的涨幅达 7 ～ 8 倍。[⑫]经营房地产比贸易利润更大，周转更快，于是许多洋行纷纷增设地产部，大肆兴建房屋。近代上海房地产业也由此兴起，并创造出里弄住宅这种上海特有的中西合璧的新建筑模式。房地产经营业务包括租赁、买卖、租地造屋等，这些业务在 1895 年以后进入繁荣阶段。[⑬]

图 8-1 里弄住宅

图 8-2　早期里弄住宅

最初建造的专供出租给租界内华人居住的房屋，都是木板房，成本低廉，施工简单，建造速度快。从 1853 年 9 月到 1854 年 7 月，不到一年间，广东路和福建路一带，就建造了 800 多幢这种以出租营利为目的的简易木板房，以高价租给在租界居住的华人。①1853 年的法租界只有 4 处中国民房，到 1865 年增至 400 处，1860 年左右，法租界原来无人问津的土地也被卖光。②这种出租木板房屋总体布局一般采用联排式，并取某某"里"为其名称，是里弄住宅的雏形。到 1860 年，这种以"里"为名的房屋已达 8740 幢。③

1870 年后，这种简易木板房屋因易燃不安全而被租界当局取缔，取而代之的是石库门式里弄住宅（图 8-2）。据初步统计，1911 年公共租界有 717 处里弄，法租界有 155 处，华界有 246 处，总计 1118 处。到了 1926 年，公共租界有 1543 处里弄，法租界有 588 处，华界有 1312 处，总计 3443 处。从中可以看出，公共租界的里弄住宅在数量上居首位。④据 1949 年的统计，全市有 9214 条里弄，20 多万幢房屋，其中居住了 70% 以上的城市人口。⑤据 1950 年的统计，市区共有房屋 4679 万平方米，其中居住房屋 2359.4 万平方米，里弄住宅为 1242.5 万平方米，约占 52.6%。⑥另据 1988 年年末的统计，上海市区里弄民居仍有 3500 多万平方米，大致有 3700 处里弄民居，共计有 147 000 个单元，平均每处约 46 个单元。⑦据房地产管理局 20 世纪末的统计，里弄住宅在各区所占的比例如下：徐汇和普陀低于 10%，杨浦和长宁约 10% ～ 20%，虹口和闸北为 20% ～ 30%，静安、卢湾和黄浦 30% ～ 40%。上述相关数据的差异源自统计口径和分类的不统一。

里弄住宅形成的街坊具有综合功能和层次分明的空间序列，除居住外，兼具办公、商店、旅社、餐馆、浴室、学校、出版社、报馆、书场，甚至电台、庙宇、钱庄、工厂、赌场、烟馆、妓院等功能。据统计，1940 年代末上海市区有大小旅馆 250 余家，其中 120 余家设在里弄内。⑧里弄住宅里的居民也是三教九流混杂，职员、教师、学生、艺术家、作家、工人、学徒，以及其他各种职业人群。⑨里弄与城市的空间关系也从城市街道的公共空间，进入总弄的半公共空间，再进入支弄的半私密半公共空间，

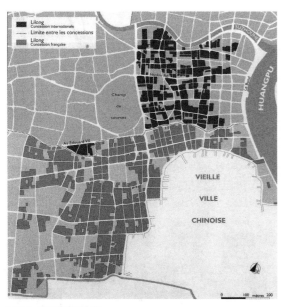

图 8-3　里弄住宅分布图
来源：*Atlas de Shanghai Espaces et représentations de 1849 ànosjours*

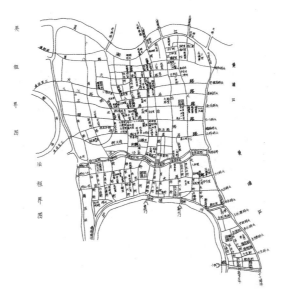

图 8-4　1876 年上海英、法租界里弄分布图
来源：《上海里弄民居》

图 8-5　早期里弄住宅的布局肌理
来源：《上海市行号路图录》

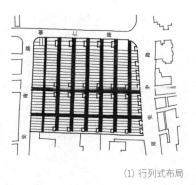

(1) 行列式布局

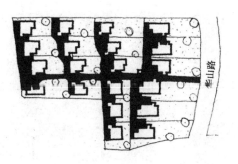

(2) 散列式布局

图 8-6 行列式和散列式布局
来源：《上海里弄民居》

图 8-7 早期里弄住宅鸟瞰

最后进入住宅的私密空间。图 8-3 是 1939—1940 年的里弄住宅分布图，但没有计入老城厢的里弄建筑。里弄住宅对于城市肌理和街坊结构的形成起非常重要的作用，里弄有时候与其他里弄相通，对于步行交通十分方便。

里弄住宅在公共租界工部局的有关规定中为"中式住宅"或"华式住房"。早期里弄住宅出现在 1870 年代，清光绪二年（1876）出版的《沪游杂记》中附有英租界和法租界的里弄分布图（图 8-4）。早期的里弄住宅有宁波路兴仁里（1872）、广东路公顺里（1876）、厦门路仁兴里（1897）、通北路八埭头新康里（1898）、广东路老昌兴里（1901）、厦门路洪德里（1907）、淮海中路宝康里（1914）、北京西路联珠里（1915）、南京东路大庆里（1915）、新闸路斯文里（1914—1921）、云南中路老会乐里（1916）等。

里弄住宅在 19 世纪末和 20 世纪初最为兴盛。⑩1920 年代后，逐渐被后期里弄住宅代替。早期里弄住宅最突出的特征就是采用具有浓厚江南传统民居空间特征的单元，总体布局按照西方联排住宅的组合方式，因此一开始就带有中西合璧的特征。早期里弄住宅总体布局主要考虑利用地形多建房屋，不太注重朝向，在排列方式上既有南北向相联的，也有东西向相联的（图 8-5）。其基本组合可以划分为行列式和散列式两大类，行列式总弄和支弄的结构清晰，用地十分紧凑，支弄相互平行；散列式的支弄布置比较自由，前后间距比较大（图 8-6）。

总体布局顺应基地的形状和道路走向，弄堂的宽度较窄，仅 3 米左右，较大型的里弄有主弄、支弄之分。单元平面基本上脱胎于传统民居三合院或四合院的住宅形式，一般为三开间或五开间，主体部分为 2 层，后部附属房间则为单层，保持了我国传统民居中封闭式深宅大院的布局特征，但面积尺度大大缩小，空间局促紧凑（图 8-7）。平面基本上呈对称布局，在纵向上有一条明显的中轴线。进门后，首先是一个方整的天井，相当于传统住宅中的庭院，正对天井的是俗称"客堂间"的会客厅，客堂两侧为次间，天井两侧为左右厢房。客堂间面向天井有可拆卸的落地长窗，形式为简化的传统格子门扇。客堂间后面，为通向二楼的横置单跑木扶梯，再后为后天井。后天井的进深一般为前天井的一半，有时候有一口水井。后天井之后是单层的厨房间、储藏间等附属用房。这样一种单元布局基本满足中国一户家庭的传统生活方式和居住观念，又节省土地，适应城市空间条件，形成街坊的格局（图 8-8）。关于里弄住宅的统计，有"栋""幢""户""房""单元"等名称，本书采用"单元"的名称作为统计表述。

早期里弄住宅的构造方式与建筑材料均继承江南传统民居的作法，采用立帖式木构架承重结构，

① 张生著《上海居，大不易：近代上海房荒研究》，上海辞书出版社，2009 年，第 25 页。

② 同上，第 30 页。

③ 马长林、黎霞、石磊等著《上海公共租界城市管理研究》，上海：中西书局，2011 年，第 232 页。

④ 罗苏文著《近代上海：都市社会与生活》，北京：中华书局，2006 年，第 55 页。

⑤ 张锡昌著《说弄》，济南：山东画报出版社，2005 年，第 18 页。书中认为里弄住宅的居住面积有 2100 多万平方米，占全市住宅建筑总面积的 57.4%，也有的统计认为里弄住宅占全市总的居住建筑面积的 63.5% 以上。

⑥ 叶伯初主编《上海建设：1949—1985》，上海科技文献出版社，1989 年，第 981-982 页。

⑦ 数据来自上海市房产管理局编著，沈华主编《上海里弄民居》（北京：中国建筑工业出版社，2018 年）的前言和第 19 页。

⑧ 张济顺《论上海里弄》，载：《上海研究论丛》第 9 辑，上海社会科学院出版社，1993 年，第 63 页。

⑨ 卢汉超著《霓虹灯外——20 世纪初日常生活中的上海》，段炼、吴敏、子羽译，上海古籍出版社，2004 年，第 156 页。

⑩ 罗小未，伍江主编《上海弄堂》，上海人民美术出版社，1997 年，第 10 页。

1层

2层

图 8-8 东斯文里住宅单元平面
来源：《开埠后的上海住宅》

来源:席子摄

来源:沈晓明提供

来源:席子摄

图 8-10 早期里弄住宅的细部

图 8-9 叶明斋宅
来源:《沧桑》

建筑材料以木、砖、石为主,装修全用木材,屋面用小青瓦,墙面粉纸筋石灰,勒脚及大门门框用条石。因此这种类型的里弄住宅俗称"石库门"(谐音"石箍门"),成为早期里弄住宅的符号。据考证,石库门的名称最早出现在 1872 年的《申报》广告中,说明石库门早于这个年代就出现了。[1]

里弄住宅建筑的色彩基本上是灰黑的屋面,砖砌粉白的墙面,茶褐色的木门、窗和柱这三种颜色。建筑形式呈现出浓厚的传统江南民居特色,立面上常用马头墙或观音兜形式的山墙,客堂间的落地窗,檐部挂落,以及两厢的格子窗等(图 8-9)。每一单元朝向弄道的正立面一般由院墙和两侧略高的厢房山墙组成,正中设有石库门,早期的石库门一般比较简单,仅为一简单的石料门框,配黑漆厚木门扇和铜门环。稍晚一些开始注重石库门本身的装饰。一般在石料门框上方有三角形山花或圆弧形山花及雕饰,用砖砌或水泥做成,其构图与图案受西方建筑影响,形式如同西式建筑门楣或窗楣上的"山花"。相同样式的单元立面重复排列,形成早期里弄住宅中最有特色的景观。在内部装修上也逐渐反映出西式建筑的影响(图 8-10)。

早期里弄住宅大多分布在原英租界范围内,开间较后期里弄住宅要多,有三开间或五开间,沿街底楼为店铺,楼上为住宅。如建于 1872 年,位于北京东路之南、宁波路之北、河南中路之东的兴仁里(图 8-11)。兴仁里是已知上海最早的里弄住宅,占地约 9157 平方米,由一条南北向的主弄和四条东西向的支弄组成。主弄长逾 107.5 米,由 24 个三开间或五开间的住宅单元组成,2 层砖木结构,1980 年

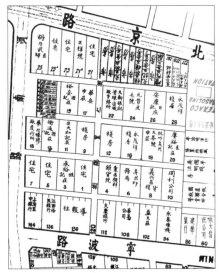

(1)布局图
来源:《上海市行号路图录》(1939 年初版)
图 8-11 兴仁里

(2)住宅单元平面图
来源:《上海弄堂》

(3)剖面图
来源:《里弄建筑》

(1) 屋顶俯视
来源:《上海石库门》

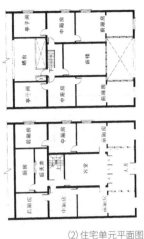

(2) 住宅单元平面图
来源:《开埠后的上海住宅》

(3) 总平面图
来源:《上海里弄民居》

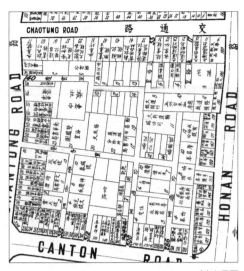

(4) 布局图
来源:《上海市行号路图录》(1939 年初版)

图 8-12 公顺里

拆除。[2]兴仁里曾经被称为"钱庄弄",弄内有 11 家钱庄、6 家银行、1 家信托公司等共 19 家金融机构。[3]

位于广东路 280 弄的公顺里(图 8-12),在 1876 年的《沪游杂记》的附图中已有记载,占地 0.38 公顷,南北向共 6 排,有三开间和两开间的住宅共 35 个单元,建筑面积 5164 平方米。[4]造型与空间构成仍属于江南传统住宅的形式,住宅的空间序列依次为天井、厅堂(客堂间)、后天井、附房,北门为厨房(灶披间)和次要出入口。[5]位于厦门路 137 弄的洪德里(图 8-13)于 1907 年建成,占地面积 0.43 公顷,共有 57 个以双开间为主的 2 层砖木混合结构住宅单元。1914 年建成,位于汉口路、河南中路的兆福里(图

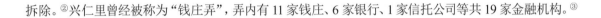

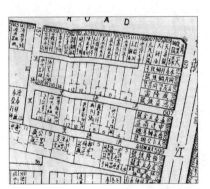

(1) 布局图
来源:《上海市行号路图录》

(2) 总平面图
来源:《上海里弄民居》

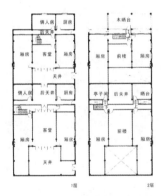

(3) 住宅单元平面图
来源:《开埠后的上海住宅》

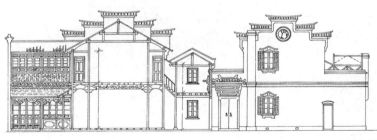

(4) 剖面图
来源:《上海近代建筑史稿》

(5) 总弄与支弄
来源:《上海石库门》

图 8-13 洪德里

① 罗苏文著《近代上海:都市社会与生活》,北京:中华书局,2006 年,第 63 页。文中引述 1872 年 10 月 28 日《申报》广告:"厅式楼房一所,在石库门内,计十幢四厢房,后连平屋五间,坐落石路。"可见最早的石库门一词是指里弄的大门一类。

② 上海市黄浦区人民政府编《上海市黄浦区地名志》,上海社会科学院出版社,1989 年,第 204-205 页。

③ 许洪新主编《回梦上海老弄堂》,上海科学技术文献出版社,2004 年,第 151 页。

④ 上海市房产管理局编著,沈华主编《上海里弄民居》,北京:中国建筑工业出版社,2018 年,第 78 页。

⑤ 曹炜著《开埠后的上海住宅》,北京:中国建筑工业出版社,2004 年,第 32 页。

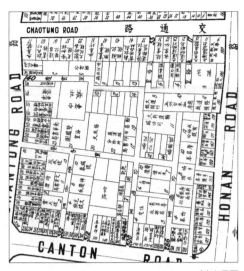

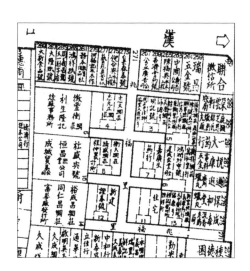

（1）布局图
来源：《上海市行号路图录》

图 8-14 兆福里

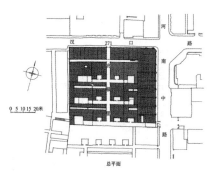

（2）总平面图
来源：《上海里弄民居》

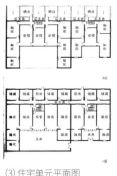

（3）住宅单元平面图
来源：《开埠后的上海住宅》

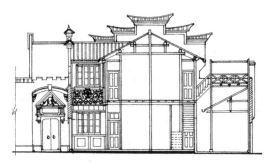

（4）剖面图
来源：《老上海石库门》

8-14），占地 0.43 公顷，共 36 个单元，由一户五开间、一户三开间、两户三开间组成，里弄入口处设置过街楼，2 层砖木混合结构，属于早期多开间里弄住宅。[①]

里弄的规模不断扩大，而每个单元建筑的占地面积在不断缩小。晚清时期一条典型的里弄通常有 20 ~ 30 个单元，有的甚至不到 10 个单元。到 1910 年代，有 100 多个单元的里弄也已常见。位于新闸路的斯文里（1916）由斯文洋行（Shahmoon & Co.）开发，占地 3.21 公顷，建有 664 个单元。[②]西斯文里已于 1997 年拆除。据 1950 年代初的统计，拥有 200 个单元的大型里弄有 150 余处（图 8-15）。

据初步统计，公共租界的里弄住宅以苏州河以北地区最为集中，华界的里弄住宅以闸北发展最快。[③]老城厢地区是华界里弄住宅较为集中的区域。据 1992 年统计，还有旧式里弄 365.9 万平方米，占住房总数的 38.5%。[④]19 世纪末 20 世纪初，受租界内里弄住宅的影响，华界内的华商也开始大量建造里弄住宅，

（1）东斯文里弄堂
来源：《上海石库门》

（2）东斯文里住宅
来源：《上海弄堂》

图 8-15 斯文里

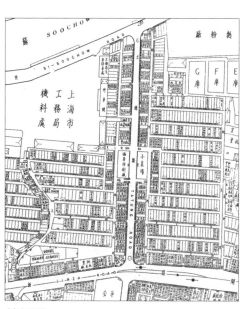

（3）布局图
来源：《上海市行号路图录》

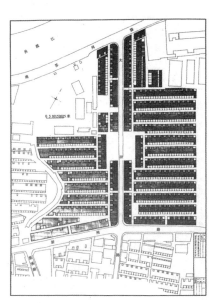

（4）东斯文里和西斯文里总平面图
来源：《上海里弄民居》

如 1910 年建于原南市区豆市街的棉阳里（图 8-16）、中山南路敦仁里和吉祥街等。

沪东还出现了另一类简陋的里弄住宅，数量不多。一般为单开间，高 2 层，底层为起居室，楼上是卧室，小楼梯位于中部，没有采光，面积较小，建筑更为紧密低矮，不设天井和石库门门头，没有卫生设备和煤气设施，外观类似广东地区城市的旧宅，称为"广式里弄"，如建于 1898 年的通北路八堞头的新康里⑤。广式里弄又分为老广式里弄和新广式里弄。老广式里弄的总体布局为行列式，单开间毗连，立帖式砖木结构，进深较浅，正面为板窗，一般是三至四户居民合住一幢。新广式里弄规模大为减小，总体仍为横向联排行列式，单开间毗连，但开间由原来的 4 米左右减为 3.5 米，进深由 14 米减至 6.5 米，层高由原来的 3.8 ～ 4.2 米，降至底层 3.3 米，二层 3 米左右。但房屋质量有所改进，房屋正面改用砖墙和玻璃门窗。⑥

1920 年代以后，里弄住宅的总体布局有了明显的总弄和支弄的区别，建筑排列更加有序。考虑到汽车进出的需要，总弄的宽度增加，开始重视采光通风，里弄规模扩大。单元布局中三开间、五开间的平面减少，较多见的是双开间甚至单开间的平面，中轴线弱化。传统 2 层高的石库门住宅开始变成 3 层，在后部出现亭子间和后厢房。产生这样的变化主要是受城市土地价格上涨、城市小家庭结构普及等因素的影响。后期里弄住宅建造更多集中在华界，1911 年华界拥有的里弄占总数的 22% 左右，到 1926 年则上升为 38%。⑦

后期里弄住宅有北京东路余荫里（1916）、淮海中路渔阳里（1918）、湖北路迎春坊（1919）、淮海中路尚贤坊（1924）、延安东路四明村（1928）、建国西路建业里（1928—1929）、黄陂南路梅兰坊（1930）、绍兴路金谷村（1930）、陕西南路步高里（1930）、重庆南路万宜坊（1928—1932）、福明村（1931）等。后期里弄住宅的结构体系多由木构立帖式变成砖墙承重和木屋架屋顶，在弄口、过街楼及门窗等部位开始大量出现砖砌发券。大量应用钢筋混凝土，在亭子间及晒台等部位使用钢筋混凝土楼板。马头墙或观音兜式的山墙已不再使用，屋面多用机制瓦代替小青瓦，外墙面也多用有石灰勾缝的清水青砖、红砖或青红砖混用，早期的石灰白粉墙不再使用，石库门门框也多由石料门框改成清水砖砌或外粉水刷石面层。石库门门头和窗楣大多采用西式山花装饰，建筑细部装修开始大量模仿西方建筑的处理手法，立面常出现阳台，建筑风格越来越趋向于西化（图 8-17）。

1904 年由法国天主教会投资建造的淮海中路 315 弄宝康里（图 8-18），占地 0.94 公顷，建有单开间住宅 120 个单元，建筑面积 18 862 平方米。沿淮海中路底层全部为商铺。⑧

位于淮海中路 358 弄的尚贤坊（1924，图 8-19）因建于原尚贤堂（International Institute of China）的草坪上，故取名"尚贤坊"。由义品放款银行投资，世盛公司建造，共有四排住宅，呈丰字形排列。主弄宽 6.05 米，支弄较窄，仅 2.7 米。沿淮海路的立面为中西合璧风格，连续排列的巴洛克风格的圆弧形山墙成为建筑的主要特点。主弄入口上方有矩形匾额，上书楷体"尚贤坊"三字。

建业里（图 8-20）位于福履理路（Route J. Frelupt，今建国西路）440—496 弄，祁齐路（今岳阳路）

图 8-16 棉阳里
来源:《上海弄堂》

① 曹炜著《开埠后的上海住宅》，北京: 中国建筑工业出版社，2004 年，第 37 页。

② 上海市房产管理局编著，沈华主编《上海里弄民居》，北京: 中国建筑工业出版社，2018 年，第 19 页。

③ 罗苏文著《近代上海：都市社会与生活》，北京：中华书局，2006 年，第 55 页。

④ 孙国兴、祖建平主编，胡远杰副主编《老城厢: 上海城市之根》，上海: 同济大学出版社，2011 年，第 156 页。

⑤ 张锡昌著《弄堂怀旧》，天津:百花文艺出版社，2002 年，第 39 页。

⑥ 上海市文化广播影视局编《石库门里弄建筑营造技艺》，上海人民出版社，2014 年，第 27 页。

⑦ 罗苏文著《近代上海：都市社会与生活》，北京:中华书局，2006 年，第 55 页。

⑧ 上海市房产管理局编著，沈华主编《上海里弄民居》，北京: 中国建筑工业出版社，2018 年，第 73 页。

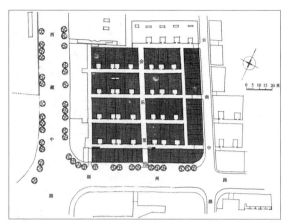

(1) 总平面图
来源:《上海里弄民居》

图 8-17 会乐里

(2) 总弄
来源:上海市历史博物馆馆藏图片

(3) 门头
来源:上海市历史博物馆馆藏图片

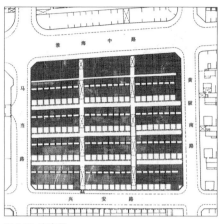

图 8-18 宝康里
来源:《上海里弄民居》

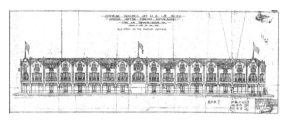

(1) 沿街立面图

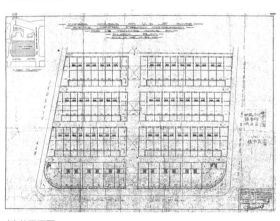

(2) 总平面图

图 8-19 尚贤坊
来源:上海市城市建设档案馆馆藏图纸

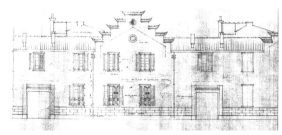

来源:上海市城市建设档案馆馆藏图纸

图 8-20 建业里

转角处,由法商中国建业地产公司投资建造,并以建筑公司名字命名。由东弄、中弄及西弄三条弄堂组成,总占地面积约 1.74 公顷,总建筑面积约 20 400 平方米,共有 2 层砖木结构楼房 260 个单元,前后分为 22 排。[①]建业里是法租界规模较大的石库门里弄住宅建筑群,也是上海石库门建筑的代表作之一,精致的封火墙是其特征。西区保留原有建筑进行修缮,东区和中区于 2008—2015 年拆除按原样复建。

位于绍兴路 18 弄的金谷村(Emmanual Cottages,1928—1930,图 8-21)由建安测绘行设计,占地面积约 17.5 亩(1.17 万平方米),3 层砖混结构,呈行列式布置,共 99 个住宅单元,建筑面积 17 364 平方米。[②]

位于陕西南路 287 弄的步高里(Cité Bourgogne,图 8-22)是后期里弄住宅中的典型,总共有 79 个单元,3 层砖木混合结构住宅,小天井,占地面积 10.41 亩(6940 平方米),建筑面积 10 004 平方米。[③]住宅呈行列式布置,两端为带厢房的双开间住宅,中间为单开间,单开间住宅每个单元平均面积约 97 平方米。[④]陕西南路和建国西路弄口各有一座高约 8.5 米、宽 6 米的中式牌坊。

万宜坊(Auvergne Terrace,图 8-23)由法商万国储蓄会投资兴建,有砖木结构 3、4 层住宅共 116

来源:上海市历史建筑保护事务中心

来源:上海市历史建筑保护事务中心

来源:上海市历史建筑保护事务中心

图 8-21 金谷村

来源:《岁月:上海卢湾人文历史图册》

来源:许志刚摄

来源:许志刚摄

图 8-22 步高里

(1) 总平面图
来源:《上海里弄民居》

(2) 总弄与支弄
来源:沈晓明提供

(3) 支弄上的住宅
来源:沈晓明提供

图 8-23 万宜坊

个单元，占地面积 17 亩（11 333 平方米），建筑面积 12 540 平方米。⑤有三种住宅类型，其中有一种采用芒萨尔式屋顶。每个单元的面积约 150 平方米，属于高档住宅小区。⑥

里弄公馆（图 8-24），是指坐落在一般的里弄住宅群中的大宅，是富人或房地产商将自己的大宅隐藏在普通的住宅群中。公寓里弄住宅是指按照里弄的空间结构组成的公寓，与独立式的公寓在空间布局上有所区别。典型例子是泰山公寓（1928）、皮裘公寓（Bijou Apartments，1936）等。

上海联排式住宅为英国建筑的移植，乔治时代是英国联排式城市住宅大量出现的时期，在其末期的摄政王朝时期（Regency era，1811—1820），联排式住宅形成固定的样式特征：立面简单而有序，窗户多为长方形，略带线角装饰，墙面施以灰泥，没有装饰（图 8-25）。联排式住宅又称"毗连式住宅"，往往是规模较小沿街的房地产开发项目，大多只有一排或两排一长列毗连住宅，不能归于里弄住宅的类型。有些联排式住宅直接沿街布置，类似欧洲城市中的联排式住宅。例如早期在虹口美国领事馆附近的联排式住宅（图 8-26）。虹口一带这类住宅较集中。图 8-27 是位于淮海中路 670 号至 686 号的住宅，共 9 栋住宅联排。建于 1912 年的杨树浦路业广地产公司的住宅（图 8-28）属典型的券廊式住宅，2 层砖木结构，坡屋面，带老虎窗，沿杨树浦路的住宅有 5 个开间，沿临潼路的住宅有 19 个开间。

① 上海市历史建筑保护事务中心编纂《都市遗韵：上海市优秀历史建筑保护修缮实录》，上海大学出版社，2017 年，第 88 页。

② 上海市卢湾区人民政府编《上海市卢湾区地名志》，上海社会科学院出版社，1990 年，第 83 页。

③ 同上，第 116 页。

④ 曹炜著《开埠后的上海住宅》，北京：中国建筑工业出版社，2004 年，第 75 页。

⑤ 上海市卢湾区人民政府编《上海市卢湾区地名志》，上海社会科学院出版社，1990 年，第 87 页。

⑥ 徐逸波、翁祖亮、马学强主编《岁月：上海卢湾人文历史图册》，上海辞书出版社，2009 年，第 73 页。

图 8-25 伦敦的联排式住宅

图 8-26 上海早期的联排式住宅
来源：Virtual Shanghai

图 8-24 里弄公馆

二、中西合璧的园林建筑

　　上海的近代园林包括公共花园、体育场地、公共建筑庭园、宗教园林、宅第花园、商家园林等。上海传统园林在近代受西方文化的影响，经历了一个嬗变的过程。本节讨论的主要是与传统风格有关的园林，不涉及受外来市政制度影响的现代公共园林。上海的近代园林多为中西合璧，以亭台楼阁、植物、假山等中国传统元素为主，又融合西式装饰细部，有时也插入西式建筑。

　　上海地区的园林肇始于魏晋时期华亭陆、顾两大氏族，在明清时期蓬勃发展，其中最著名的当推明代的豫园。清末的豫园已经为各业公所分割占据，同治六年（1867），豫园西园被 21 家公所占用，[①]以后又逐渐分割，民国初年又开辟一条东西向的道路，将整个园林一分为二。

　　徐氏未园，简称"徐园"，原址位于今河南北路塘沽路与海宁路之间，是广东富商徐润的私家花

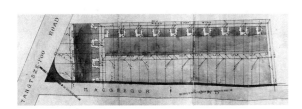

图 8-27 淮海中路联排式住宅

（1）总平面图
来源：上海市城建档案馆馆藏图纸

图 8-28 杨树浦路联排住宅

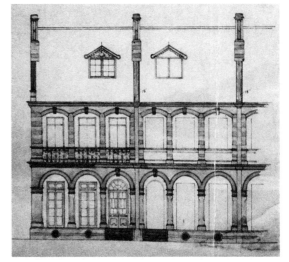

（2）住宅立面局部
来源：上海市城建档案馆馆藏图纸

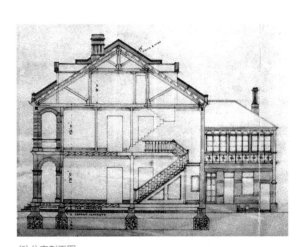

（3）住宅剖面图
来源：上海市城建档案馆馆藏图纸

园。另外还有一座徐园，又名"双清别墅"（图8-29），位于康脑脱路（Connaught Road，今康定路）5号，今静安区境内昌化路东，为海宁富商徐鸿达之子徐凌云所建。此徐园建于清宣统元年（1909），占地约10亩（6667平方米），纯取传统造园手法，为当年上海三大名园之一：

> 三十年前，上海有名园三，其最久者为徐园，其次为愚园，其次为张园。张园最后得名，而游踪反较两园为盛。盖徐园地当老闸，非马路孔道，故裙屐阒然。然客之悦幽枕静者，恒暇辄一往，以其无洋场喧嚣习气也。②

据《沪游梦影》记述：

> 园不甚大，其中为堂、为榭、为阁、为斋，又列长廊一带，穿云渡水，曲折回环，其布置已为海上诸园之最。虽然杉桐桧柏、奇花美草、华堂彩榭、鸟笼兽圈皆为匠园者意有之物，而又一村实为独得之境。③

进门有一座大庭院，庭内植有竹林，左面有三间厅堂，名为"东墅"，是赌棋处。右面是"兰言堂"。经过竹林后，穿过山洞有一座建筑，取名"鸿印轩"。轩西筑有池塘，池边临水建有画舫，名为"烟波画船"。整个徐园有草堂春宴、寄楼听雨、曲榭观鱼、画桥垂钓、笠亭闲话、桐荫对弈、萧斋读书、仙馆评梅、平台眺望、长廊觅句、柳阁闻蝉、盘谷鸣琴十二景。每逢佳节都会举办花会、灯会、琴会、曲会。在元宵灯会时，还会燃放烟火，供游人观赏。园内设有昆曲传习所和剧场，演出昆曲和放映西洋影戏，并开设一家悦来照相馆，采用当时最新的磁版照相技术，吸引游客留影。1918年后，由于大世界等新的游乐场所兴起，徐园与其他私人的经营性园林逐渐衰落。抗日战争爆发后，徐园成为难民收容所，园林遭到损坏，后又为大火所毁。

愚园园址在静安寺路北、赫德路（Hart Road，今常德路）西，愚园路因此而得名。园为清光绪十四年（1888）宁波巨商张氏所建，有楼阁宏敞、陈设精良的美誉，时人称之"金碧丹青，太形华丽"。清代光绪初年，有人在静安寺的珍珠泉北造一座西式楼房，设茶肆，以泉水沏茶，其招牌称"品泉楼"；后来换了主人，在楼旁叠石栽树，构筑亭轩，取名"西园"，园中也设弹子房、酒吧等。清光绪十六年（1890），四明张氏买下相邻西园的产权，新园面积增至30余亩（2公顷多），遂改名"愚园"（图8-30）。④后五易其主，一度为常州人刘葆良所有。愚园在光绪二十四年（1898）十月转卖他人，约废于1916—1917年间（一说1918年）。园毁后，在原址建吉美村（1937—1948，今南京西路1610弄）、康泰公寓（Conty Apts.，1912—1936，今愚园路11号康贻公寓）和爱林登公寓（Eddington House，1933—1936，今常德路195号常德公寓）。⑤愚园以田园风光为特色，是私家经营的中西合璧的花园。据记载，园内有一座较大的假山，为当年张氏所建。假山上建有花神阁，刻有清末学者辜鸿铭（1857—1928）的英文诗和德文诗，后又经扩充，增建鸳鸯亭、倚竹轩、湖心亭等，设茶楼、点心店、舞厅、书场等。

图8-29 双清别墅
来源：《沧桑》

（1）入口
来源：薛理勇提供

（2）园内亭阁
来源：《沧桑》
图8-30 愚园

① 王云著《上海近代园林史论》，上海交通大学出版社，2015年，第57页。

② 陈无我编《老上海三十年见闻录》，上海书店出版社，1997年，第87页。

③（清）王韬著，沈恒春、杨其民标点《瀛壖杂志》，上海古籍出版社，1989年，第162页。

④ 王云著《上海近代园林史论》，上海交通大学出版社，2015年，第66页。

⑤ 杨嘉祐《愚园旧梦录》，载沈寂、史齐主编《花园里的上海世界》，上海辞书出版社，2010年，第5页。

(1) 大门
来源:《沧桑》

图 8-31 张园

(2) 安垲第塔楼
来源:《沧桑》

(3) 安垲第全景
来源:*Shanghai Love*

① 熊月之主编《稀见上海史志资料丛书》第一册,上海书店出版社,2012 年,第 145 页。

② Arnold Wright.*Twentieth Century Impressions of Hongkong, Shanghai, and other Treaty Ports of China.* London: Lloyd's Greater Britain Publishing Company Ltd. 1908: 690.

③ 张伟、严洁琼著《张园:清末民初的上海社会沙龙》,上海:同济大学出版社,2013 年,第 5 页。

④ 上海通社编《上海研究资料续集》,上海书店,1984 年,第 570 页。

⑤ 张伟、严洁琼著《张园:清末民初的上海社会沙龙》,上海:同济大学出版社,2013 年,第 26 页。

⑥ 园址西起哈同路(Hardoon Road,今铜仁路),东近西摩路(今陕西北路),南临福煦路(Foch, Avenue,今延安中路、金陵西路),占地据 1947 年实测为 174.818 亩(11.65 公顷),系英籍犹太人哈同所建。其妻罗迦陵原名"俪蕤",园名从夫妇名中各取一字以"爱俪"命名,寓伉俪情深之意,俗称哈同花园。见:王云著《上海近代园林史论》,上海交通大学出版社,2015,第 196 页。

⑦ 陈从周、章明主编,上海市民用建筑设计院编著《上海近代建筑史稿》,上海三联书店,1988 年,第 215 页。

⑧ 夏东元主编《20 世纪上海大博览》,上海:文汇出版社,1995 年,第 132 页。

⑨ 杨嘉祐《复古又洋化的哈同花园》,载:《园林记趣》,上海画报出版社,1992 年,第 21-22 页。

⑩ 许洪新《黄浦侧畔的沈家花园》,见:沈寂、史齐主编《花园里的上海世界》,上海辞书出版社,2010 年,第 112 页。

有人在静安寺西隅构筑堂榭,造一洋楼,周围莳花,凿方池养鱼,取名"申园",后也并入愚园。园中蓄养猩猩、虎、豹、猕猴、梅花鹿、孔雀、吐绶鸡等,供游客观赏;有洋楼和堂榭,四围遍植花木,凿有方池,设弹子房,任人嬉游,兼售茶点。夏日时,灯火彻夜不息,游人不断。①申园四周有环路,游人可以乘车马绕园一周游览。当时的同盟会组织的文学团体南社也经常假座愚园聚会。

张园(The Chang Su Ho Garden),在今吴江路 233 弄,原为泰兴路南端,本为西人格农(又译格龙,Groome)别墅。格农以经营园圃为业,上海大多数外商的庭院,都由他规划,园中的奇花异草都来自海外。②清光绪八年(1882),该园为无锡张鸿禄(字叔和,1850—1919)购得,题名"味莼园",又称"张园"(图 8-31)。初建时占地 20 余亩(1.3 公顷),至 1894 年扩至 61.24 余亩(4.1 公顷)。原址范围大致为北起今南京西路(泰兴路口),南至威海路,东起石门一路,西至茂名北路。③张园的风格亦中亦西,以西式为主,1885 年对公众开放。园中最著名的建筑是名为"安垲第"(一作"安垲地")的洋楼,仿中国传统戏楼的形式,但外观和设备全为西式,楼前是一片草地。吴县卧读生在《游历上海杂记》中写道:

> 近年称盛之处,厥惟张氏之味莼园。拓地既有七八十亩,园中占胜之处则有旧洋房一区,新洋房两区,皆极华丽,其中最大之一区可容六百人。以故一应胜会皆不乐舍此而他属焉;而日涉成趣,士女如云,车马之集于门外、门内者,殆不可以计数。④

张园内有会议厅、舞厅、酒吧,厅内桌椅等设备,都是西式。园内另有一处名为"海天胜处"的剧场,长期演出"髦儿戏",就是清一色的女孩子演的京戏。园中西南建有假山,假山顶上有一日式建筑。在池沼山石及松竹林木之间,有一座塔楼,称为"望楼",游人可以登临观赏园景。园内设有许多西式娱乐项目,如弹子房、照相馆,成为对公众开放的西式公园。园中还有一座电气屋,展出当时上海人尚未普遍使用的电灯、电灶、电扇、电铃、电叫子等。张园还经常举行展销会,有时也出售土特产、时髦的服装和洋货等。以后,仿效张园的还有愚园和半淞园等。自 1909 年爱俪园建成后,张园便相形失色,张园于 1918 年停业出售,昔日的园林景致已经消失,被大量的住宅替代,仅留下部分建筑。⑤

来源：《静安历史文化图录》

来源：《静安历史文化图录》

来源：上海市历史博物馆馆藏图片

来源：《静安历史文化图录》

图 8-32　爱俪园

爱俪园是英籍犹太人哈同（Silas Aaron Hardoon，1849—1931）的私人花园，是清末上海最大的私家园林，俗称"哈同花园"（图 8-32）。由哈同于 1902 年（一说 1904）始建并于 1910 年建成私家花园，名"爱俪园"⑥。与中国人在筑园建房中采取西方样式的时尚相反，哈同花园完全采用中国传统私家园林风格，楼台亭阁，池沼山石一应俱全，有八十三景之称。⑦由哈同的管家乌目山僧黄宗仰（1865—1921）设计督造。内部景观仿照《红楼梦》中的大观园设计，有九曲桥、挹翠亭、冬桂轩、山外山等仿江浙名园的多处景点；⑧外园景点达 60 余处。因此，爱俪园也有"海上大观园"之称。花园内计有楼 80 座，阁 8 个，台 12 个，亭 48 座，榭 4 间，大院落 10 进，路 9 条。设有仓圣祠和仓圣明智大学；因女主人信佛，园中设寺院瑜珈精舍。园内建筑有日本式、西洋式以及中西合璧的风格。"渭川百亩"景区中的园景以空旷见长，偏于西式，随意设置的大草坪和几何状花坛花圃，列植、群植的树木，僵直的河岸线等。无序的空间组织、僵硬的园路和河流、无由的景物点缀却缺英国自然风景园的基本特征。"水心草庐"一区，宗教建筑居多，具浓重佛教气息，是女主人的主要活动场所，景物杂陈、布局零乱。内园为居住生活区，建筑密集，建筑风格与布局手法华洋混杂，既有装饰繁琐豪华的中式建筑，如天演界剧场（戏台），也有简朴的日式建筑，如秋吟馆。听风亭的风格更是华洋杂处，亭子的屋顶为中国传统式样，而柱子却是西方的科林斯柱式。哈同于 1931 年病逝后，门第日渐破落，又曾发生一场大火，烧去楼堂，大部分园景被毁。1952 年爱俪园拆除，建中苏友好大厦（今上海展览中心）。⑨

位于横沔镇的翊园（图 8-33）始建于 1921 年，1924 年竣工，占地 30 余亩（约 2 公顷），园主是横沔人陈文甫，原先是哈同管家，回乡后在横沔仿哈同花园样式建成翊园，故当地人称为"小哈同花园"。建筑以中式为主，混合结构，小青瓦屋面。圆拱形的大门为西式，拱肩有石雕花饰。园中仪门两侧有爱奥尼亚柱，一些建筑的窗套亦为西式。花园仿苏州园林，园中有太湖石和水池、假山等，五彩卵石铺成各种吉祥图案。

位于高昌庙东，沿黄浦江有一座沈家花园，初建于 1909 年，是一座有宗教氛围的中西合璧式园林。园主是笃信天主教的沙逊洋行买办沈志贤（1862—1952）。园内有一座大假山，花园最左边有一座教堂，教堂右侧为高敞的大厅，园内建筑多为西式，还建有圣若瑟亭。⑩

半淞园，园址在上海半淞园路花园港西，1918 年由姚伯鸿将原沈家花园扩建而成，对外开放。半

图 8-33　翊园大门

(2) 藏书楼　　　　　　　　(3) 园景　　　　　　　　(4) 戏台

(1) 望月楼

图 8-34　课植园

① 杨嘉祐《半淞园梦寻》，见：沈寂、史齐主编《花园里的上海世界》，上海辞书出版社，2010 年，第 117 页。

② 吴玉泉《朱家角有座课植园》，见：沈寂、史齐主编《花园里的上海世界》，上海辞书出版社，2010 年，第 139 页。

③ 钱化佛口述，郑逸梅撰《三十年来之上海》，上海书店，1984 年，第 47 页。

④ 章开沅主编，徐以骅、韩信昌著《海上梵王渡：圣约翰大学》，石家庄：河北教育出版社，2003 年，第 108 页。

⑤ 张长根主编《走近老房子：上海长宁近代建筑鉴赏》，上海：同济大学出版社，2004 年，第 118 页。

⑥ 张长根主编《上海优秀历史建筑：长宁篇二》，上海三联书店，2007 年，第 218 页。

⑦ Celso Benigno Luigi Costantini, Wikipedia.

⑧ 刚恒毅等著《中国天主教美术》，台中：光启出版社，1968 年，第 12 页。

⑨ 同上，第 22 页。

淞园南临黄浦江，占地 60 亩（4 公顷），半为水，取杜甫诗："剪取吴淞半江水"句为园名。园门内有"江天揽胜"匾，长廊壁上嵌有快雪堂帖石刻，园中有九曲小桥、藕香榭、江上草堂、群芳圃、杏花村酒店等。1932 年被日本人炸毁，如今只留下半淞园路之名。①

　　始建于 1912 年，历经 15 年建成的青浦朱家角课植园（图 8-34），寓"课读之余，不忘耕植"之意，因园主是马文卿，又名"马家花园"。根据园主的要求，课植园复制了江南一些著名园林的景致，又掺杂园主的奇思异想，成为中西合璧的一座园林。园中有建成复廊的碑廊，女眷的活动空间与对外空间相互分开。园中有一座名为"望月楼"的高塔，还有戏台和藏书楼。②

　　据记载还有大西路留园、亨白花园等，今均已不存。③

第二节 "中国装"建筑

19世纪后期，由于"五四运动"以后天主教的"中国化运动"和基督教1922年提倡"本色运动"的影响，从19世纪末期开始，西式建筑中加入中国传统建筑语汇的中西合璧手法在中国的教会建筑中大量出现，称为"欧亚式建筑风格"（Eurasian style），或"折衷的中国式建筑"，多用于教会学校、医院以及教堂建筑上。美国建筑师茂飞在1920年代初提出"适应性中国式建筑"（adaptive Chinese architecture）就是将现代建筑的功能本体套上中国传统建筑的外衣，实质上是外国建筑师设计的"中国装"建筑，虽然很努力地模仿中国古典建筑的特征，但往往不能表现中国古典建筑的精髓，只能是一种折衷的建筑式样。

一、欧亚式建筑

位于圣约翰大学石牌坊西侧的校长住宅和办公楼（1899，图8-35），原先是英国商人霍格（William Hogg）的住宅，后为圣约翰大学校长住宅和办公楼，属于典型的欧亚式建筑。基地面积754平方米，建筑面积1275平方米。[④]整个建筑平面布局自由灵活，建筑高低错落，2层砖木结构，有3层塔台。黑色铁皮覆盖的屋面出檐起角反翘，窗间墙采用木质雕花板，塔楼采用四角重檐攒尖顶。[⑤]

1910年前后，在虹桥机场附近（今空港六路1号），英国人建造了一座传统式样的单层住宅（图8-36），中西合璧，属于上海早期的欧亚式建筑。建筑坐落在一个七级踏步引入的一个大平台上，大院有中式围墙。建筑为青砖清水墙面，门窗为西式木门窗。小青瓦坡屋面，有烟囱穿出屋面，还有老虎窗。戗角高翘，屋脊正中还有三星高照浮雕，两头有龙吻兽。[⑥]

欧亚式建筑风格的探索可以追溯到20世纪初西方教会在中国兴办的教会学校、医院和教堂的建筑风格，这反映出西方教会在采取文化形式的中国化政策。1922年罗马教廷委派刚恒毅枢机主教（字高伟，Celso Benigno Luigi Costantini，1876—1958）担任驻华宗座代表，1924年在上海主持召开首次圣公会会议，1933年离任。[⑦]刚恒毅到任后不久就致函教皇，批评西方教会过于热衷在华修建哥特式教堂：

> 一、西方艺术用在中国是一个错误。二、保留外来建筑风格无疑使人们视天主教为舶来品的误会一直存在。三、实际上，教会的传统告诉我们，应当采用当时当地的艺术。四、采用中国艺术不但可能，而且多彩多姿。[⑧]

刚恒毅进一步指出："对一民族极具象征性价值的宗教建筑方面，何不最好也来一套'中国装'呢？"[⑨]

来源：《沧桑》

来源：《上海优秀历史建筑：长宁篇》

屋面出檐反翘

窗间墙雕花板

图8-35 霍格宅

(1) 全景

图 8-36 传统式样住宅

来源：《上海优秀历史建筑：长宁篇二》

(2) 烟囱和屋脊

(3) 传统式样住宅围墙大门

图 8-37 茂飞设计的佛罗里达住宅

来源：Henry K. Murphy, An American Architect in China, 1914-1935

图 8-38 救主堂

来源：薛理勇提供

欧亚式建筑即"中国装"建筑，骨子里是欧式，外观是中式，有相当一部分"中国装"建筑只是在欧式建筑顶部加一顶中国式的帽子。欧亚式建筑的特点正如茂飞所述："我认为我们必须从中国的外在形式出发，只有在需要满足一些特殊要求的时候才可以引进一些外国的东西……这样才能创造出一种真正的中国的建筑。"①

茂飞在中国的设计最早是因为他参加耶鲁大学外国教会社团，受到社团宗旨的深刻影响。耶鲁大学外国教会社团主张社团的目的不仅在教育、医疗和传教，也在于建筑本身："让中国人在一群体现最现代的美国规划和建设的建筑中看到保护中国建筑遗产的可能性"。②

在这个前提下，茂飞提倡适应性中国式建筑，反对一般的外国建筑师仅把中国建筑作为考古的对象，或者只是在西式的建筑平面和立面上添加中国式的装饰元素。茂飞认识到中国建筑是"有生命的有机体"（living organism），在这方面他是外国建筑师中最具创造性的。③他概括出中国建筑的五点要素：①曲线屋顶攒集在屋角；②严整的建筑组合；③营造上的坦率性；④室内外华丽的彩饰；⑤实用的方法论。④茂飞1926年设计的在佛罗里达州的一幢住宅就诠释了自己所理解的"中国装"建筑（图 8-37）。

天主教和新教的传入，为上海带来新的建筑类型。最早的教堂设在原有的建筑内，如敬一堂。为了让中国人更容易接受外来的宗教，有的宗教建筑采用中国传统的建筑形式，尤其是在一些教会学校、医院建筑上广为应用。其中具有代表性的是圣约翰大学建筑群和鸿德堂。作为东西方文化交流的产物，教会大学建筑也是中国传统建筑与西方建筑折衷融合的结果。上海圣约翰大学怀施堂（1894）和救主堂（1918，图 8-38）等由外国建筑师设计的、带有中国传统古典风格的建筑代表了这一倾向。救主堂于1918年在虹口的溧阳路天水路重建，重建后的救主堂一改第一代救主堂的外来风格，采用中国式的飞檐翘角琉璃瓦屋顶。⑤尽管如此，这些建筑师并不真正熟悉中国传统建筑，他们的作品必然留下模仿或拼凑的痕迹。

19世纪后期，中国各地反洋教情绪高涨，屡次发生重大教案，西式教堂往往成为攻击的目标。这使得西方人认识到，在精神和文化领域内的征服远远不如侵占国土那样容易，于是他们采用新的办法，扩大慈善事业、大量办学等，并开始在西式教堂建筑中增加一些中国传统手法。又由于"五四运动"以后，天主教的"中国化运动"和基督教的"本色运动"的影响，从19世纪末期开始，西式建筑中加入中国传统建筑语汇的手法在中国的教会建筑中大量出现。

早期的欧亚式建筑只是传教士自己雇工兴建，到1920年代才有职业建筑师的参与。教会大学创导中西合璧的建筑形式，最早进行中西合璧式建筑风格尝试的是圣约翰大学，对以后的各地教会大学建筑风格的形成，具有一定的示范作用。圣约翰大学是从完全中国式样逐渐过渡到以西式为主，中式为辅的风格。⑥

图8-39 圣约翰大学校舍鸟瞰
来源：寇善勤摄

圣约翰大学（图8-39）地处上海当时的西郊吴家湾梵王渡，又称"梵（或樊）王渡大学"。其前身是1879年美国圣公会（American Episcopal Mission）将培雅书院（Baird Hall）和度恩书院（Dyane Hall）合组创办的圣约翰书院（St. John's College），1906年作为大学在美国注册，是中国13所新教教会大学中唯一一座拥有外国名字的大学。⑦校园位于苏州河南岸，东西北三面临水，南面是兆丰公园（今中山公园）。校园占地348亩（23.2公顷），有校舍、住宅约50所。圣约翰大学的主要建筑除了建于1884年的礼拜堂在1980年被拆除外，其他建筑目前仍然在今华东政法大学的校园内，继续作为教学、办公和居住用房在使用。圣约翰大学的主要建筑——怀施堂、格致室、思丁堂、思颜堂和罗氏图书馆是通和洋行的作品；思孟堂由爱尔德洋行（Algar & Beesley）设计。其中的主要建筑怀施堂（1894）、格致室（1899）、思颜堂（1904）和思孟堂（1904）都是在西式的拱廊建筑主体上覆盖"中国式"屋顶的作法，属于典型的"中国装"建筑。

圣约翰书院怀施堂（Schereschewsky Hall，1894，图8-40），现名"韬奋楼"，于1894年1月26日奠基，1895年2月19日落成。基地面积3242平方米，建筑面积5061平方米，共有房61间。口字形平面布局，外廊式建筑，面宽约67米，进深约40米，2层砖木结构，红砖清水墙面。屋面为歇山顶。钟楼为两重四角攒尖顶，铺蝴蝶瓦。该楼是圣约翰书院的第一幢建筑物，为纪念圣约翰书院的创始人施约瑟（塞缪尔·艾萨克·约瑟夫·施勒楚斯基，Samuel Isaac Joseph Schereschewsky，1831—1906）命名为"怀施堂"，1951年改为今名。该楼的建筑设计图纸是在美国完成的，设计保存了中国传统内院式布局。屋顶的檐角呈曲线形起翘，1959年大修时改为直线形。⑧南立面中央设计一座塔楼，后采纳圣约翰大学科学系主任、自然学教授顾斐德（P. Clement Cooper）的提议，改为钟楼。大钟由美国的波士顿爱德华联合公司铸造。怀施堂用作教室、餐厅和图书馆，二楼为学生宿舍。

格致室（Science Hall，1898—1899，图8-41），又称科学馆、办公楼、四十二号楼，现名"格致楼"，原为1879年建约翰书院时所购的别墅。格致室为3层砖木建筑，基地面积930平方米，建筑面积为2331平方米，共计60间房间。该楼的西墙与怀施堂南侧墙相仿，格致室的南侧墙面为城堡式。

① Henry Kiliam Murphy. An Architectural Renaissance in China: The Utilization in Modern Public Buildings of the Great Styles of the Past. *Asia*, June 1928: 468. 转引自：Peter G. Rowe, Seng Kuan. *Architectural Encounyers with Essence and Form in Modern China*. Cambridge, MA: The MIT Press, 2002: 61.

② *Far Eastern Review* 11. no. 2. July 1914: 81. 转引自 Jeffrey W. Cody. *Building in China: Henry K. Murphy's "Adaptive Architecture" 1914-1935*. Hong Kong: The Chinese University Press, 2001: 37.

③ 同上，第5页。

④ Henry K. Murphy. The Adaption of Chinese Architecture. *Journal of the Association of Chinese and American Engineers*. 1926, 7(3):37. 转引自：唐启扬《茂飞的燕京大学校园规划设计》，见：赖德霖、伍江、徐苏斌主编《中国近代建筑史》第三卷，北京：中国建筑工业出版社，2016年，第63页。

⑤ 薛理勇著《西风落叶：海上教会机构寻踪》，上海：同济大学出版社，2017年，第175页。

⑥ 董黎、徐好好《圣约翰大学、金陵大学、岭南大学、华西协合大学、北京辅仁大学等》，载：赖德霖、伍江、徐苏斌主编《中国近代建筑史》第三卷，北京：中国建筑工业出版社，2016年，第13页。

⑦ 上海通社编《上海研究资料》，上海书店，1984年，第18页。

⑧ 章开沅主编，徐以骅、韩信昌著《海上梵王渡：圣约翰大学》，石家庄：河北教育出版社，2003年，第102页。

(1) 怀施堂
来源：Virtual Shanghai

(2) 怀施堂
来源：《海上梵王渡：圣约翰大学》

(3) 怀施堂现状

(4) 怀施堂庭院

图 8-40　圣约翰大学怀施堂

其屋顶在外形上仿怀施堂的屋檐起翘，但墙身处理明显增添了西方建筑的风格。以半圆拱代替弧形拱，二层以上用玻璃窗全封闭。建筑的一、二层为物理、化学实验室及教室，神学和医学教室、博物院等，三层为学生宿舍，后改为医科教室和解剖教室。①圣约翰大学的格致室是当时中国所有院校中第一座专门用于教授自然科学的实验楼。

思颜堂（Yen Hall，1903—1904，图 8-42）今为学生宿舍四号楼，由于这座楼在校园排第四十位，亦称"四十号楼"。为纪念圣约翰大学创办初期出力甚多的颜永京牧师命名，是在华教会大学中少有的以中国人命名的校舍。思颜堂的立面造型明确提出："参用中西建筑形式"②。建筑平面呈 U 字形，砖木结构，中西合璧式样，屋檐亦为曲线形，东侧屋顶平台用阳台护栏装饰。基地面积为 2414 平方米，建筑面积为 4052 平方米，共有 114 间房间。西翼 3 层楼面均为学生宿舍，可供 150 名学生住宿；一楼西南隅为自怀施堂搬迁过来的图书馆；东侧一楼为办公室，二楼设大礼堂，可容 600 人集会；大礼堂北侧 3 层楼面原为教员宿舍和招待所。③

思孟堂（Mann Hall，1908—1909，图 8-43）位于格致室的南面，靠苏州河，今为学生宿舍五号楼，为纪念孟嘉德牧师（Arthur S. Mann）命名为"思孟堂"，1951 年改名为"和平堂"。爱尔德洋行设计，基地面积 819 平方米，建筑面积 2194 平方米，3 层砖木结构，共计有 96 个房间。建成后用作高年级学生宿舍。④思孟堂的入口完全是欧式的柱子、圆弧形拱门和台阶。

来源：Virtual Shanghai

图 8-41　圣约翰大学格致室

来源：Virtual Shanghai

来源：《海上梵王渡：圣约翰大学》

图 8-42 思颜堂

来源：Virtual Shanghai

图 8-43 思孟堂

图 8-44 罗氏图书馆

来源：《海上梵王渡：圣约翰大学》

第八章 传统建筑与中国古典复兴 296

297

罗氏图书馆（Low Library，1915—1916，图 8-44）为纪念曾任美国哥伦比亚大学校长和纽约市长的罗氏（Seth Low，1850—1916）命名。由于建造图书馆是为了纪念圣约翰大学校长卜舫济（Francis Lister Hawks Pott，1864—1947）任职二十五周年，所以图书馆又称"纪念堂"（Anniversary Hall）。图书馆占地 492 平方米，建筑面积为 1067 平方米。[5]图书馆为 2 层混合结构建筑，二层布置藏书室、阅览室、办公室，底层为教室。1924 年因藏书增多，改为神学院图书馆兼教室，1936 年在二层的北面阅览室加盖夹层阁楼。

顾斐德纪念体育室（Cooper Memorial Gymnasium，1918—1919，图 8-45）采用西式建筑屋身加"中国式"屋顶的作法。建筑占地面积 421 平方米，建筑面积为 881 平方米，设计图纸由圣约翰大学的理科教授华克绘制。底层布置浴室和游泳池，二层是室内运动场。[6]

西门堂（Seaman Hall，1923—1924，图 8-46）为纪念公谊会教友，1891 年以前来华的美国商人西门（又名希孟、薛门，John Ferris Seaman）命名。占地 3599 平方米，建筑面积 4078 平方米，建筑呈矩形，2 层砖木结构。属于圣约翰大学内仅次于怀施堂的大型教学楼。

① 章开沅主编，徐以骅、韩信昌著《海上梵王渡：圣约翰大学》，石家庄：河北教育出版社，2003 年，第 104 页。

② 董黎、徐好好《圣约翰大学、金陵大学、岭南大学、华西协合大学、北京辅仁大学等》，载：赖德霖、伍江、徐苏斌主编《中国近代建筑史》第三卷，北京：中国建筑工业出版社，2016 年，第 15 页。

③ 章开沅主编，徐以骅、韩信昌著《海上梵王渡：圣约翰大学》，石家庄：河北教育出版社，2003 年，第 105-106 页。

④ 同上，107 页。

⑤ 同上，109 页。

⑥ 同上，111 页。

来源:《海上梵王渡:圣约翰大学》

图 8-45 顾斐德纪念体育室

来源:《海上梵王渡:圣约翰大学》

来源:《海上梵王渡:圣约翰大学》

图 8-46 西门堂

图 8-47 会审公廨
来源:上海市图书馆馆藏图片

二、外国建筑师与中国古典复兴

在教会建筑以外,还有一些西方建筑师的设计作品中反映出"中国装"的特征。建于 1899 年的会审公廨(图 8-47)位于公共租界,兼有中国衙门和殖民地司法机构的性质,其外形和主要审判庭都表现出中国传统官方建筑特征,但结构、细部和内部装修都是西式风格。会审公廨由通和洋行设计,通和洋行虽是较早在设计中考虑中国传统风格的外国设计机构,但并没有掌握中国传统建筑的精神与原则,只在形式上模仿,主要的手法是在西式建筑屋身上加上一个"中国式"屋顶,出檐很浅,四角起翘。20 世纪 30 年代初由马海洋行所设计的一幢位于虹桥路的"中国式"住宅(图 8-48)也具有类似特征,表现出外国建筑师对中国传统建筑的表层认知。

19 世纪末期开始出现的这些由西方建筑师引用中国传统建筑语汇设计的建筑,从其形式特征和对中国建筑的理解分析,与欧洲 18 世纪及 19 世纪盛行的"中国装"建筑非常相似。这些建筑不能算作中国传统建筑的延续,只能称之为西方人所理解的中国建筑,但这些"中国装"建筑的出现却为 20 世纪二三十年代中国建筑师研究中国古典建筑,探求"中国固有形式"产生一种启示的作用。

① Jeffrey W. Cody. *Henry K. Murphy: An American Architect in China, 1914-1935*. U. M. I. Dissertation Information Service. 1990: 93.

② 陶玮珺、娄承浩著《走近上海高校老建筑》,上海:同济大学出版社,2017 年,第 77 页。

(1) 南立面

(2) 北立面

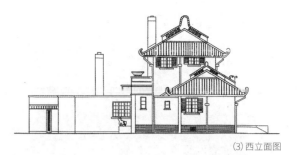
(3) 西立面图

美国建筑师茂飞 1918 年为复旦大学江湾校区进行规划，此后又设计一系列建筑。在茂旦洋行 1918 年的工作安排中，记载了复旦大学的总体规划（Fuh Tan College General Plan，图 8-49）和复旦大学的三座建筑，[①]如奕柱堂（1920，图 8-50）、简公堂（Recitation Hall，1921，图 8-51）、登辉堂（现名"相辉"堂，1921）、子彬院（1925—1926）等。目前除奕柱堂、子彬院仍保持原貌外，登辉堂由于 1937 年被日军炸毁，于 1946 年重建。简公堂屋顶被炸，1946 年后经过改建。[②]这一组建筑都是西式建筑上加盖中国式屋顶。

还有一种采用拼贴的手法，使建筑带有中国传统的意象，例如公和洋行设计的汇丰银行大楼内，在建筑的西南角有一间面积约 500 平方米的中国风格的华人厅（Chinese Department），专用于办理华人业务。室内装饰华丽，梁枋上有色彩丰富的彩绘，柱子涂有浓重的大红色，属于中西合璧风格（图 8-52）。通和洋行在 1929 年设计的上海商业储蓄银行（Shanghai Commercial & Savings Bank Building，图 8-53）在现代式样建筑的顶部添加一座中国传统式样的小楼，也是一种拼贴。

(4) 平面图

图 8-48 虹桥路住宅
来源：《建筑月刊》第一卷，第九、十期合订本

图 8-49 复旦大学总体规划图
来源：复旦大学基建处提供图片

图 8-50 奕柱堂
来源：《走近上海高校老建筑》

图 8-51 简公堂
来源：Virtual Shanghai

图 8-52 汇丰银行华人厅
来源：华建集团

(1) 历史照片
来源：Virtual Shanghai

图 8-53 上海商业储蓄银行大楼

(2) 大楼现貌
来源：席子摄

(3) 大楼细部
来源：席子摄

① 张长根主编《上海优秀历史建筑：长宁篇》，上海三联书店，2006 年，第 129 页。

② 曹炜著《开埠后的上海住宅》，北京：中国建筑工业出版社，2004 年，第 232 页。

③ 上海市城市建设档案馆藏档案 D（03-08）-1948-1237。

④ 崔勇著《中国营造学社研究》，南京：东南大学出版社，2004 年，第 53 页。

⑤ 赖德霖《中国学者对中国建筑的研究》，见：赖德霖、伍江、徐苏斌主编《中国近代建筑史》第三卷，北京：中国建筑工业出版社，2016 年，第 416 页。

⑥ 崔勇著《中国营造学社研究》，南京：东南大学出版社，2004 年，第 317 页。

⑦ 赵深《发刊词》，载：《中国建筑》创刊号，1931 年 11 月，第 1 页。见《中国近代建筑史料汇编：第一辑》第九册，第 13 页。

(1) 全景

图 8-54 安和寺路 200 号住宅

(2) 戗角细部
来源：《上海优秀历史建筑：长宁篇》

　　英国建筑师甘少明（Eric Byron Cumine）为一位娶了信奉道教的中国妻子的法国商人设计了安和寺路（Avenue Amherest，今新华路）200 号住宅（图 8-54，今上海世纪出版股份有限公司格致出版社），建于 1934 年。占地 4100 平方米，建筑面积约 1259 平方米，钢筋混凝土结构。①立面呈中轴对称，四坡重檐屋顶，黄色琉璃瓦屋面，戗角微微起翘，南入口的两侧有两尊西洋写实风格的石狮子。平面为五开间中式厅堂布局，一层和二层均布置三面围廊，外廊地面铺红缸砖，三楼为道观，有柚木制作的藻井天花。②1948 年又由甘少明为房主宋有佛改建。③

第三节　中国建筑师与古典复兴

1920 年代的中国建筑师已经掌握一定的建筑话语权，有意识地思考建筑的深层次问题，以贯彻他们的建筑思想，其中传统的传承成为核心问题之一。1919 年，朱启钤（字桂莘，1872—1964）发现手抄本宋《营造法式》，并于 1925 年刊行。④朱启钤于 1929 年发起成立中国第一个建筑研究的专门机构"中国营造学社"。营造学社不仅主导对于中国历史建筑的研究与保护，也主导对于中国古典建筑造型特征的解释，它的学术研究成果成为中国古典复兴新建筑的设计依据。⑤中国营造学社在 1935 年由梁思成（1901—1972）和刘致平（字果道，1909—1995）编辑出版《建筑设计参考图集》共三集，⑥使建筑师有了比较翔实的设计资料，也为中国古典复兴奠定了思想和理论基础。

一、中国固有式

随着中国近代第一代建筑师的成长，中国建筑也经历了现代的转型，以引进、移植和复制国外的建筑和建筑教育体制为特征的新建体系逐渐形成。近代建筑从一开始就反映传统的形式与现代技术和功能的矛盾，现代性和固有形式的矛盾。中国的民族主义建筑在 1930 年代进入高潮，中国近代第一代建筑师们借鉴西洋古典建筑的设计理念和美学思想，用中国传统建筑的元素来创建中国现代建筑文化。

中国的传统形式古典复兴的出现又与民族意识的觉醒、爱国主义与民族主义的兴起有关，是新文化运动的产物。吕彦直设计的南京中山陵（1925—1929）和广州中山纪念堂（1926—1931）奠定了这一建筑上的新文化运动的基础，成为由崇尚欧化的风气中回复到民族风格的范例。

上海近代建筑的传统复兴沿着两条路线展开，一是以董大酉设计的旧上海特别市政府大楼（1931—1933）为代表的，按照中国古典建筑的章法，采用新结构、新技术，满足新功能要求的中国固有式建筑路线；另一条路线是以李锦沛设计的中华基督教女青年会大楼（1931—1933）为代表的新结构、新功能、新形式，采用传统的装饰细部的折衷主义路线。中国古典复兴的大环境也正是民族意识增强、中国古典建筑形式广为宣传所形成的政治与文化形势。1927 年，中国建筑师学会成立，1931 年开始发行《中国建筑》杂志，发刊词中有这样一段话：

> ……融合东西建筑学之特长。以发扬吾国建筑物固有之色彩。⑦

中国古典复兴风格，指的是 20 世纪二三十年代兴起的中国传统的古典建筑风格的复兴，在历史上称之为"中国固有式建筑"。为这一复兴作出贡献的建筑师大都受过西方古典主义学院派的建筑教育，他们提倡"中国建筑的文艺复兴"。这是一种功能现代，而形式则是彻底的中国化，受西方建筑思潮影响的新形式。

如果仅就上海的近代建筑而言，中国传统形式古典复兴风格的新建筑范围不大，仅限于上海光华大学的校门和主楼（1925），基泰工程司设计的南洋公学牌楼大门（1934），圆明讲堂（1934），杨锡镠设计的上海商学院大楼（1935），隆昌建筑公司设计的上海医学院教学楼（1935），董大酉于1930年代为大上海市市中心计划所设计的上海特别市政府大楼（1931—1933）以及1934—1935年建造的上海博物馆、上海图书馆、江湾体育场、江湾体育馆和江湾游泳馆等。但这应当与当时传遍北京、南京、成都的这一古典复兴运动联系在一起考察。

二、上海特别市政府大楼

上海特别市政府大楼的建设代表上海近代建筑的中国古典复兴已经成为一个重要的流派，代表政府提倡并主导的建筑发展方向。正如《上海市政府征求图案》（1930年3月）所指出的：

> 上海为中国领土；市政府为中国行政机关，苟采用他国建筑式样，何以崇国家之体制，而兴侨旅之观感，此其一！建筑式样为一国文化精神之所寄，故各国建筑皆有表示其国民性之特点……[1]

早在1928年就有建造新的市政府大楼的设想，将各政府部门集中布置，并于1929年8月成立筹建市政府建设委员会。[2]筹建市政府建设委员会议决："将来新市政府，立体式样，应采用中国式，平面式样，应各局分立，建筑步骤，应分两部营造。"[3]上海特别市市政府大楼于1929年10月1日至1929年12月31日向国内外公开征集方案，有46人应征，包括和兴公司、黄元吉、范文照、俞子明、李锦沛、锦名洋行建筑部、张登义、沈理源、徐襄、鸿宝建筑公司、沈秉元、庄俊、费力伯、邬达克、严晦庵、通利洋行、冈野建筑事务所、普益地产公司庄人青、法国领事署苏馨、林达、施长刚、新瑞和、巫振英、叶聚廷、龚朱、中法工商银行的鲍德隆、米拉姆斯、陈均沛、顾树屏、苏尔洋行绘图建筑工程师、公和洋行、邓仲和、公和打样行、许瑞芳、业广地产公司的周运法、杨锡镠，以及苏州的李尔毅、天津的沈理源和汉墨德、南京的朱葆初和姚祖范、宁波的翁文涛、胶济铁路管理局的T. C. Kuo、湖北省立职业学校、厦门的周贤育、沈阳的沈若毅等。[4]在征求市政府建筑方案的办法中对建筑外观有明确的规定：

> 市政府为该区域之表率，建筑须实用与美观并重，将各处局联络一处，成一伟大庄严之府第，其外观须保存**中国固有建筑之形式**，参以现代需要，使不失为新中国建筑之代表。[5]

应参赛建筑师要求，延期至1930年2月15日交图，共有19份作品参赛。[6]1930年2月19日评审，评委有叶恭绰、美国建筑师茂飞、挪威建筑师柏韵士、董大酉四人。评委拟定的评判标准是全部设计占50%，建筑外观占30%，内部布置及需要面积各占10%。[7]具体要求如下：

① 《上海市政府征求图案》，民国十九年（1930）。见：《中国近代建筑史料汇编：第二辑》第一册，第307页。

② 《上海市市中心区建设委员会业务报告》，1929年8月—1930年6月，见：《中国近代建筑史料汇编：第二辑》第一册，第114页。

③ 同上。

④ 同上，第123-126页。

⑤ 《建筑上海市政府新屋纪实》，民国二十一年（1932）。见：中国近代建筑史料汇编委员会编《中国近代建筑史料汇编：第二辑》第一册，第413页。黑体字为本书作者标注。

⑥《上海市市中心区建设委员会业务报告》，1929年8月—1930年6月。见：中国近代建筑史料汇编委员会编《中国近代建筑史料汇编：第二辑》第一册，第115页。

⑦《上海市政府征求图案》，民国十九年（1930）。见：《中国近代建筑史料汇编：第二辑》第一册，第343页。

⑧《上海市市中心区建设委员会业务报告》，1929年8月—1930年6月。见：中国近代建筑史料汇编委员会编《中国近代建筑史料汇编：第二辑》第一册，第115页。

⑨ 同上，第129页。

⑩ 同上，第130页。

⑪《中国近代建筑史料汇编：第二辑》第一册，第131页。

首须全部布置，包括房屋四周道路，小河，池沼，桥拱等，均能十分相称，次须各房屋
外观及点缀物合本国建筑式样，再次须各房屋面积，与征求办法第三条所规定之数大致相符，
并适于分期建筑，附属设备均顾虑周到。⑧

3月5日公布评审结果，正奖三名，附奖五名。赵深和孙熙明的第六号方案获第一名，巫振英的
第十二号方案获第二名，费力伯的第十四号方案获第三名，徐鑫堂和施长刚的第九号方案以及李锦沛
的第十三号方案获附奖，获附奖的还有杨锡镠的第十号方案、朱葆初的第十六号方案、沈理源的第
十七号方案。

上海特别市市政府大楼的方案征集代表建筑师对中国固有建筑形式的理解与探索，从公布获奖的
五个方案来看，大致可分为三种倾向：一是典型的宫殿式古典复兴；二是改良的古典复兴；三是中西
合璧的古典复兴。

赵深和孙熙明设计的建筑外观（图8-55）为典型的宫殿式古典复兴风格，主楼为明堂的格局，三
重檐攒尖顶，前部的钟楼采用中国古典建筑最高等级的庑殿顶，十一开间。评委认为，六号方案的全
部计划符合分期建设之需，在每一时期均显示其匀称和整体感，并能满足功能。总体布局使各部分房
屋之间可分可合，布局虽非常广大，但大部分建筑比较集中。形式上为中国固有式样，外观上没有正
面和背面之分，中央高楼具有地标性。缺点是所栽西洋式树木使院落被树荫遮蔽，与中国建筑不相适宜。⑨巫
振英的方案（图8-56）也属于这一类型。评委认为，其总体布局既不像赵深和孙熙明方案的太散漫，
又没有费力伯方案的拥挤，介于两者之间。市政府大楼正对广场，显示建筑庄严的地位。五条路的交
叉路口耸立一座高塔，成为市政府的地标。建筑群高低起伏，参差映照各行政局大楼为纯粹的中式建筑，
是所有应征方案中最好的。建筑坐落在一个大平台上，使4层建筑只显示出3层建筑的比例，既经济
实用又美观。由于巫振英方案的平面图和鸟瞰图相对比较草率，不能充分显示方案的优点，只能获得
二等奖。⑩费力伯的方案（图8-57）将全部建筑集中在三个院落内，管理上甚为方便。该方案比较重
视立面的美观，市政府大楼坐落在一个大平台上，3层建筑只显示出传统的单层殿堂建筑壮丽的外观。
建筑采用九开间，重檐庑殿顶，为殿堂建筑的最高形制。方案的缺点是：建筑群过于集中，不利于今后
的扩展；由于底层作为基座，加之正面两座对称的大楼梯，影响底层建筑的采光；此外，屋檐出挑太少。

李锦沛方案（图8-58）属于改良的古典复兴，注重形式与功能的结合，尤其表现在各行政楼和南
端的公安局大楼立面上。评委认为，方案的优点是市政府大楼位于林荫大道的起点，外观庄严，无与伦比；
大门作拱形，既合中式，又成为视觉的中心。该方案的缺点是总体布局过于散漫，管理不便；主楼两翼
呈45°布置，既不美观，又不符合中国式样；公安局大楼"布置庞杂而奇特，殊无可取，况置巨厦于
全部之极南，使大道为之中断……市政府房屋，太觉孤立，亦一极大缺点"⑪。

最具争议的是徐鑫堂和施长刚的中西合璧折中方案（图8-59），市政府大楼的立面上设计西式三
角山花，建筑的比例也更接近欧洲古典建筑。评委讨论这个方案的时间最长，四位评委中有一人将这
个方案排在第二名，其原意甚至想列为第一。他的理由是，该方案符合征求方案的办法："其外观须

（1）市政府大楼立面图

（2）行政楼立面图

（3）总体鸟瞰图

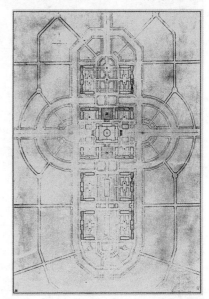

（4）总平面图

图8-55 赵深和孙熙明的第六号方案
来源：《上海市政府征求图案》

(1) 市政府大楼立面图

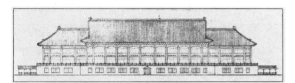

(2) 行政楼立面图

(3) 总体鸟瞰图

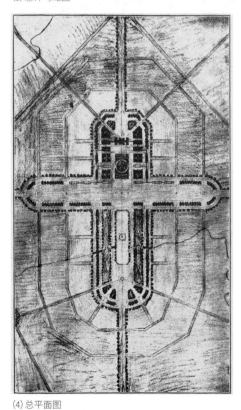

(4) 总平面图

图 8-56　巫振英的第十二号方案
来源:《上海市政府征求图案》

(1) 市政府大楼立面图

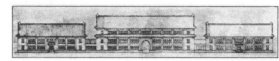

(2) 行政楼立面图

(3) 总体鸟瞰图

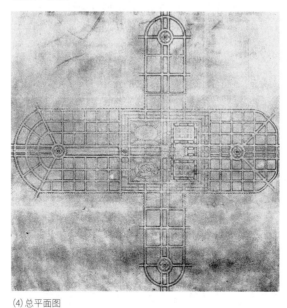

(4) 总平面图

图 8-57　费力伯的第十四号方案
来源:《上海市政府征求图案》

(1) 市政府大楼立面图

(2) 行政楼立面图

(3) 公安局大楼立面图

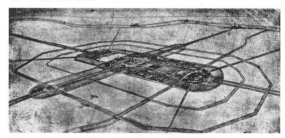

(4) 总体鸟瞰图

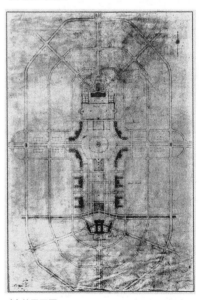

(5) 总平面图

图 8-58　李锦沛的第十三号方案
来源:《上海市政府征求图案》

(1) 市政府大楼立面图

(2) 行政楼立面图

(1) 鸟瞰图
来源:《中国建筑》创刊号

(3) 总体鸟瞰图

(4) 总平面图

图 8-59　徐鑫堂和施长刚的第九号方案
来源:《上海市政府征求图案》

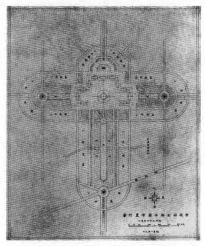

(2) 全部平面布置图
来源:《上海市市中心区建设委员会业务报告》

图 8-60　上海市政府设计图

保存中国固有建筑之形式，参以现代需要，使不失为新中国建筑物之代表"[1]。有一位评委的评语最具代表性："本图案设计之新颖，与构造之经济，均属可取，但此种设计用以建筑大医院，似较宜于建筑市政府。"其余三位评委认为该方案不中不西，其造型难以成为中国建筑的样板。[2]

三、宫式建筑

由于悬奖征求市政府大楼方案的目的，仅在征集平面和立体上大体布置之意匠，供正式设计参考。[3]上海市市中心区建设委员会会议议决，从中选的六种总体布局方案中选择方案一作为实施方案，并确定第一期建设项目（图 8-60）。1930 年 7 月 1 日，上海市市中心区建设委员会成立建筑师办事处，委任董大酉为办事处主任建筑师，主持该处一切事务。派巫振英为建筑师襄助设计事宜。[4]结构为钢筋混凝土的市政府大楼是大上海计划中最先建成的一座建筑，大楼位于新市区中心的中轴线上，外观为中国古典宫殿式（图 8-61）。

建筑的东西面长 93 米，全屋分为三段，连屋顶梁架下的夹层共 4 层。主楼中部进深为 25 米，中部屋面采用歇山顶，屋脊高 31.24 米，绿色琉璃瓦屋面，混凝土制作的鸱吻兼作烟囱用。进深稍小的两翼各长 20 米，屋面采用庑殿顶。[5]整个底层处理成仿石的基座，周围有人造石栏杆；二、三层处理成木构柱枋形式；绿色琉璃瓦屋面，檐下斗栱均仿清式做法（图 8-62）。大楼入口位于立面正中的明间，入口上部的梁枋彩画仿清式和玺彩画构图，图案经过提炼，是简化的三交六菱花饰；窗扇框心是简化的灯笼图案，窗下墙面有如意纹饰。

① 《中国近代建筑史料汇编:第二辑》第一册,第 131 页。

② 同上。

③ 同上,第 132 页。

④ 同上,第 136 页。

⑤ 《建筑上海市政府新屋纪实》,民国二十一年 (1932)。
见:《中国近代建筑史料汇编:第二辑》第一册,第 404 页。

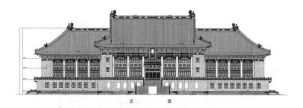

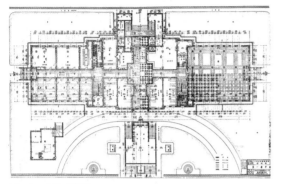

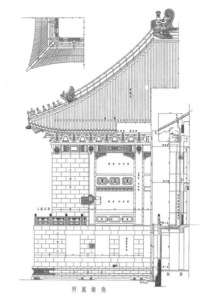

图 8-61　市政府新楼
来源:《建筑上海市政府新屋纪实》

图 8-62　市政府新楼建筑立面细部
来源:《中国建筑》第一卷,第六期

　　建筑师在设计时认为,中国建筑的实例均以平矮为主,过高会失去特点;另一方面,所处行政区地价不高,没有必要建得很高,但又不能过低而失去尊严。第一层和第三层布置办公室;第二层为大礼堂、图书馆及会议室;第四层利用屋顶层,布置贮藏室和供居住用。二层有一大平台,周围有中国传统式样的栏杆,屋顶盖上绿色琉璃瓦,大台阶两旁还有中国式的石狮子护卫。建筑立面上的细部和装饰仿清官式做法,如屋盖、屋脊、仙人走兽、斗栱、雀替、梁枋彩画、门、窗、格扇和栏杆等完全符合法式规定(图 8-63)。内部装饰也完全采用清代宫殿样式,如办公室、大礼堂、食堂、图书室等(图 8-64)。大楼于 1931 年 7 月 7 日奠基,1933 年 10 月 10 日落成。

　　上海市博物馆(图 8-65)于 1934 年 9 月动工,1935 年 10 月完成,并于 1937 年 1 月对外开放,也是上海市中心区规划的一座建筑。大楼位于市政府大楼的东侧,坐东面西,与市立图书馆相对,形式也基本相似,造型仿北京城的鼓楼。门楼高 4 层,重檐歇山杏黄色琉璃瓦顶,四周平台用仿石望柱栏杆围护,外墙用人造石砌筑。两侧高 2 层,仅底层开窗,顶部用玻璃顶棚采光。占地面积约 1700 平

(1)屋脊细部
来源:《中国建筑》第一卷,第六期

图 8-63　市政府新楼建筑细部

(2)立面梁枋细部
来源:《建筑上海市政府新屋纪实》

(3)檐下细部
来源:《中国建筑》第一卷,第六期

(4)斗栱细部
来源:《中国建筑》第一卷,第六期

（1）市政府新楼大礼堂室内
来源：《中国建筑》第一卷，第六期

（2）市政府新楼食堂室内
来源：《建筑上海市政府新屋纪实》

（3）市政府新楼图书室室内
来源：《建筑上海市政府新屋纪实》

（4）市政府新楼市长办公室室内
来源：《建筑上海市政府新屋纪实》

（5）市政府新楼会议室室内
来源：《建筑上海市政府新屋纪实》

图 8-64　市政府新楼室内

来源：《中国建筑》第三卷，第二期

来源：《上海百年掠影》

来源：《回眸》
图 8-65　上海市立博物馆

方米，建筑面积为 3430 平方米，南北长 68 米，东西宽 58 米。门厅及陈列厅内部装修仿宫式建筑，有朱红色柱子和传统的彩画梁枋及藻井等。

上海市立图书馆（今杨浦区图书馆，图 8-66）于 1934 年开工，次年建成，1936 年 9 月开幕。占地 1620 平方米，建筑面积 3470 平方米。建筑平面呈工字形，东立面上两端向前突出，南北两翼书库未建。在 2016 年修缮时建造南翼的书库，立面与原设计有异，以示区别。图书馆的造型与博物馆相仿，仿北京城的钟楼。室内藻井和梁枋彩画为官式和玺彩画（图 8-67），这两幢建筑都由董大酉设计。

未建的财政局大楼（图 8-68）属于典型的中国传统形式，也由董大酉设计，造型仿北京的皇宫，屋面为庑殿顶，4 层钢筋混凝土结构，石砌墙面，部分有地下室。尽管采用钢筋混凝土结构和现代的建造体系，但是古典复兴建筑的构件和彩绘十分复杂，为了保持建筑的比例和对称关系又带来功能和造价上的问题，位于基座内建筑底层的采光和通风往往不足，位于屋顶层或檐部的顶楼也有这个问题，甚至更为严重。从 1930 年代的一幅照片来看，当时对市政府新楼、财政局大楼、上海市博物馆和上海市图书馆均制作了较大比例的模型（图 8-69）。

董大酉设计的上海市体育场、体育馆、游泳池（图 8-70）也都采用中国古典复兴风格，由于功能的特殊性，建筑的总体造型满足体育场、体育馆和游泳池的需要，只是在细部上体现中国的传统建筑。

（1）上海市立图书馆鸟瞰图
来源：《中国建筑》第三卷，第二期

（2）上海市立图书馆透视图
来源：《中国建筑》第三卷，第二期

（3）上海市立图书馆现状

图 8-66 上海市立图书馆

（1）上海市图书馆一层大堂

（2）上海市图书馆二层大厅

（3）上海市图书馆一层大厅彩画

图 8-67 上海市图书馆室内

图 8-68 财政局大楼设计方案
来源：《中国建筑》创刊号

图 8-69 董大酉、王华彬与设计方案模型
来源：《基石——毕业于宾夕法尼亚大学的中国第一代建筑师》

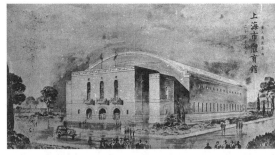

（1）体育馆透视图
来源：《中国建筑》第二卷，第八期

（2）体育场细部
来源：《中国建筑》第二卷，第八期

（3）鸟瞰图
来源：《中国建筑》第二卷，第八期

图 8-70 上海市体育场和体育馆

（4）体育场现状
来源：金嵘轩摄

① 章开沅主编，徐以骅、韩信昌著《海上梵王渡：圣约翰大学》，石家庄：河北教育出版社，2003 年，第 113 页。

② 曹炜著《开埠后的上海住宅》，北京：中国建筑工业出版社，2004 年，第 228 页。

图 8-71 文庙图书馆
来源：《建筑月刊》第一卷，第九第十期合订本

图 8-72 吴铁城宅
来源：《建筑月刊》第二卷，第二期

来源：《海上梵王渡：圣约翰大学》

董大酉还设计了上海文庙图书馆（1935，图 8-71），2 层建筑，攒尖顶屋面。采用严整的仿明堂正方形平面，立面对称，底层仅在大面积的实墙正中开一扇圆拱门，二层正中为三扇条形窗，立面上部有丰富的彩画，今已不存。董大酉的古典复兴作品还有吴铁城住宅"望庐"（1934，图 8-72）等。

范文照设计的圣约翰大学交谊室（Social Hall，1929，图 8-73）属于范文照早期的中国古典复兴作品。毕业于美国学院派的中心——宾夕法尼亚大学建筑系的范文照，深受古典主义建筑教育思想的影响。交谊室建在 1888 年旧交谊室地基之上，占地面积为 863 平方米，建筑面积为 1768 平方米，是中西合璧式样的 2 层混合结构建筑。①范文照的早期作品也曾探讨过传统建筑形式在新建筑中的应用，他曾在南京中山陵设计竞赛中获得第二名（图 8-74），在同一时期为南京设计一些建筑，如励志社（1929）、南京铁道部（1930）、铁道部部长官邸（1930）和南京华侨招待所（1933），都在西方建筑的主体上运用中国传统的屋盖建筑形式和细部。除与李锦沛合作设计的中华基督教青年会大厦之外，他在上海设计位于石门一路 28 号的齐宅（1934，今静安区卫生防疫站，图 8-75），3 层，五开间，黄色琉璃瓦四坡顶屋面，入口钢筋混凝土雨篷下有传统的梁枋构造，并饰有斗栱纹样，入口台阶两侧有一对石狮子，属简化的古典复兴风格。②建筑主体的立面为现代式样。

基泰工程司是一家由建筑师关颂声、朱彬、杨廷宝和土木工程师杨宽麟组成的事务所，1920 年由关颂声在天津创办。1930 年代以后，设计业务拓展到上海，并在上海注册。关颂声自美国回国后，用了十多年时间，悉心研究中国古典建筑，收集大量书籍和图样，仿制了几十座古建筑模型。③基泰工程司设计的南京原行政院院长谭延闿陵墓祭堂（1931—1933）完全符合中国古典建筑的制和章法，天花、栌梁、墙壁、橡檐等均贴金粉绘，工笔画彩，甚为华丽，而又不失庄重，充分表现了基泰工程司的设计功底。④基泰工程司又为 1931 年全国运动会设计南京中央体育场建筑。基泰工程司设计的南洋公学

来源：《海上梵王渡：圣约翰大学》

交谊室现状

交谊室入口
图 8-73 圣约翰大学交谊室

③《谭故院长陵墓设计情形》，《中国建筑》第一卷，第二期，1933 年 8 月，第 1-5 页。见：《中国近代建筑史料汇编：第一辑》第九册，上海：同济大学出版社，2014 年，第 183-187 页。

④ 同上。

来源：《范文照执业特征、建筑作品及设计思想研究（1920s-1940s）》

来源：《南京民国建筑》
图 8-74 范文照设计的南京中山陵方案

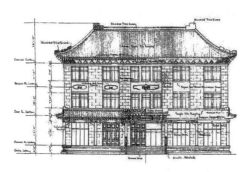

来源:上海市城市建设档案馆馆藏图纸

图 8-75 齐宅

来源:席子摄

来源:席子摄

图 8-76 南洋公学牌楼大门
来源:许志刚摄

① 《建筑月刊》第五卷,第一期,1937 年 4 月,第 24 页。见:
《中国近代建筑史料汇编:第一辑》第八册,第 4238 页。

② 上海市黄浦区人民政府编《上海市黄浦区地名志》,
上海社会科学院出版社,1989 年,第 201 页。

牌楼大门(1934—1935,图 8-76),占地面积很小,采用三开间,单檐歇山绿色琉璃瓦屋顶,琉璃制的鸱吻上有龙和鱼的图案,基座和墙裙采用石材。基泰工程司于 1935 年设计的聚兴诚银行(图 8-77)采用另一种手法,试图创造一种完全复古的高层建筑。原设计在江西路和九江路转角处的 11 层塔楼顶上添加一座宋代式样的 3 层高的蓝色琉璃瓦、重檐攒尖顶亭子式钟楼,两翼各有 11 层高,屋顶也有两重蓝色琉璃瓦的飞檐,墙面贴浅黄色大理石,二层与三层之间有一道腰线。①进门处有用斗栱、霸王拳等装饰的飞檐门头,装饰构思取宋式建筑的雍容华贵。但在当时由于面临抗日战争,只盖到第四层,建筑面积为 4008 平方米。②四层以上系 1988 年加建,钟楼及两翼的重檐琉璃瓦顶均未建,而入口的蓝色琉璃瓦门头在当年建造时已改用绿色琉璃瓦。

基泰工程司还设计了中山医院一号楼(1937,图 8-78),图纸上有朱彬的签字。这是一幢建筑面积约 4 万平方米、钢筋混凝土结构、4 层现代医疗建筑,中部 5 层十三开间。大楼是按医疗及护理的功能设计,但又具有中国传统建筑样式。屋顶采用仿清式单檐歇山顶,黄色琉璃瓦屋面,细部装饰如栏杆的望柱、屋脊上的鸱吻等均仿清式,但两翼则比较简洁。目前在平顶上加建房屋,经重新装修后的外墙虽仍保留原来红砖清水墙与粉刷相间的做法,但是已不同于原有的色彩。

隆昌建筑公司设计的上海医学院(The National Medical College of Shanghai,1935—1936,图 8-79),以及 1936 年建造的学生宿舍与中山医院(Chung San Memorial Hospital),这一组建筑均采用现代建

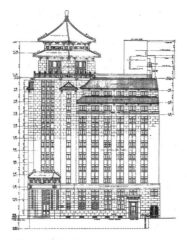

(1)西立面设计图
来源:《建筑月刊》第五卷,第一期

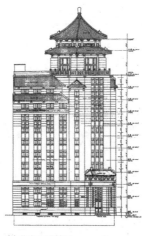

(2)北立面设计图
来源:《建筑月刊》第五卷,第一期

(3)现状
来源:寇志荣摄

(4)入口
来源:寇志荣摄

图 8-77 聚兴诚银行

(1) 历史照片一
来源:《建筑月刊》第四卷, 第十二期

(2) 历史照片二
来源:《建筑月刊》第四卷, 第十二期

(5) 屋面细部
来源:席子摄

图 8-78 中山医院一号楼

(3) 现状
来源:席子摄

(4) 鸟瞰
来源:席子摄

(1) 立面图一
来源:《建筑月刊》第四卷, 第八期

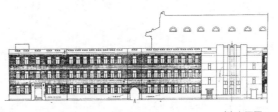

(2) 立面图二
来源:《建筑月刊》第四卷, 第八期

(3) 历史照片
来源:Virtual Shanghai

(4) 入口细部
来源:席子摄

(5) 院舍次入口
来源:刘文钧摄

(6) 檐口细部
来源:席子摄

(7) 主立面
来源:席子摄

图 8-79 上海医学院

图 8-80 上海医学院松德堂
来源:《建筑月刊》第四卷,第八期

图 8-81 上海医学院量才堂
来源:《建筑月刊》第四卷,第八期

(1) 檐口细部
来源:上海市城市建设档案馆

(2) 中式纹样腰线
来源:上海市城市建设档案馆

图 8-82 中华基督教青年会大厦

图 8-83 中华基督教青年会室内
来源:《中国建筑》第一卷,第二期

图 8-84 吴淞海港检疫所
来源:《建筑月刊》第三卷,第二期

① 《中国建筑》创刊号,1931 年 11 月,第 29 页。见:《中国近代建筑史料汇编:第一辑》第九册,第 41 页。

② 《上海中华基督教女青年会全国协会新屋》,《中国建筑》第一卷,第二期,第 32 页。见:《中国近代建筑史料汇编:第一辑》第九册,第 214 页。

③ Edward Denison, Guang Yu Ren. *Luke Him Sau Architect: China's Missing Modern*. London: Wiley, 2014: 166.

筑加传统大屋顶的设计手法,建筑中部为歇山顶,两侧采用攒尖顶。上海医学院松德堂(The Soong Teh Hall,图 8-80)和量才堂(The Liang Tsai Hall,图 8-81)属姐妹楼,只是檐部的处理不同。由于 2 层建筑的体量较小,采用现代建筑上以传统图案装饰的手法。

四、中式现代建筑

古典复兴风格的作品中,由李锦沛、范文照、赵深设计的中华基督教青年会大厦(又名"八仙桥青年会",1929—1931,图 8-82)具有代表性,是高层建筑采用传统形式的最早实例。在一座 11 层建筑的前面拼贴一块可以灵活表现传统建筑的前翼,上部充分表现传统建筑的比例和细部,与下部主体以示区别,梁枋上有简化的彩画。大楼的屋顶使用重檐蓝色琉璃瓦顶,翼角稍带飞檐,檐口用简化的仿斗拱构件以及简化的彩画,入口和檐部、腰线稍有纹饰。大楼前翼的外部造型仿北京前门箭楼的形式。①底部 3 层外墙面用人造花岗石贴面,处理成基座;四至八层墙面贴褐色泰山面砖,形成横三段的构图。建筑形式基本上是西式的高层建筑,套上中国式的屋顶及细部。室内装饰(图 8-83)如门厅及走廊的天花、墙顶五彩油漆彩画、门扇仿北京故宫的菱花格隔扇。大楼的结构为 10 层钢筋混凝土框架,占地 2211 平方米,建筑面积为 10 422 平方米。李锦沛曾作为吕彦直的助手参加南京中山陵的设计,在吕彦直去世后,接手负责南京中山陵的工程。他在上海的作品有许多都与基督教会有关,如清心女中(1933)、中华基督教女青年会大楼(1933)、白保罗路广东浸信会教堂(1930—1933)等。设计吴淞海港检疫所(1935,图 8-84)时,在现代式的建筑上添加一座中国传统式样的四角攒尖顶塔楼。

图 8-86　中华基督教女青年会大楼细部

来源：徐丽婷摄

图 8-87　公和洋行的概念方案

来源：*Luke Him Sau Architect: China's Missing Modern*

　　1930 年代也有一种探索现代中式建筑的思潮，既有中国建筑师，也有外国建筑师在努力推动这一思潮。基本上表现为现代功能，并采用现代建造体系的西式建筑辅以传统纹样和装饰的设计手法。以李锦沛设计的中华基督教女青年会大楼（1933）、陆谦受设计的外滩中国银行大楼（1934—1944）、公和洋行设计的亚洲文会大楼（1928—1933）以及基泰工程司设计的大新公司（1936）为代表。

　　李锦沛设计的中华基督教女青年会大楼（图 8-85）全部构造采用现代技术，装饰则采用中国母题，称为新中式建筑（Neo-Chinese Architecture）。[2]7 层钢筋混凝土结构中式元素表现在入口门头，尤其是门头上方石雕的檐部，门框上的花纹，作为勒脚的须弥座，以及檐部和窗下墙的装饰纹样上（图 8-86）。

　　中国银行总部于 1928 年进驻外滩原来的大德总会大楼，1934 年计划在这个场地建造新大楼，并为此买下大德总会西侧沿仁记路（今滇池路）直到圆明园路的地皮。由于其规模远非陆谦受领导的中国银行建筑课所能胜任，因而聘请公和洋行协助设计。[3]据 1934 年 9 月 27 日的中国银行大厦管理处事会第一次会议记录，这次会议由中国银行副总经理贝祖贻（字淞荪，1893—1982）主持，陆谦受与会。陆谦受提出两份单塔方案，公和洋行有三份双塔方案，但都不能令人满意（图 8-87）。会议议决在外滩建造一座约 100 米（300 尺）的塔楼，在圆明园路建造一座约 60 米（170～180 尺）的塔楼，

图 8-88 公和洋行公布的设计方案
来源:《建筑月刊》第三卷,第一期

图 8-89 陆谦受的中国银行设计方案
来源:*Luke Him Sau Architect: China's Missing Modern*

(1) 平面图

沿仁记路的建筑高度为 35 米（105 尺），请陆谦受和公和洋行分别绘图。[①]会议次日，贝淞荪与公和洋行的威尔逊又进行非正式的深入讨论，中国银行担心工部局不会批准前高后低的双塔方案，应留有备选方案。1935 年 1 月的《建筑月刊》公布的方案中，双塔为 34 层，高度为 101 米，沿仁记路的长度为 165 米，方案由公和洋行署名，并说明该建筑是第一座掌控外滩空间的建筑（图 8-88）。由于沙逊大厦（今和平饭店北楼）的高度只有 77 米，因此中国银行在向工部局申请执照时，沙逊出面干涉，工部局拒绝颁发执照。中国银行被迫在 1937 年放弃原设计，塔楼也仅留一座，改为 16 层，最终建成的大楼顶部高度为 67.3 米，加上两根旗杆的高度为 73.6 米（图 8-89）。[②]与最终建成的中国银行相对照，陆谦受的方案得到实施，图纸的图签上注明公和洋行和陆谦受。建筑占地 4600 平方米，总建筑面积为 33 720 平方米，1935 年 10 月开工建设，直到 1944 年 7 月才竣工（图 8-90）。[③]

大楼（图 8-91）东部为钢框架结构，西部高 4 层，为钢筋混凝土结构。大楼外墙用平整的金山石饰面，建筑顶部采用平缓而巨大的、中国传统的铜绿色琉璃瓦四角攒尖顶，并在攒尖顶檐下饰以巨型石质斗栱。大门上方有孔子周游列国浮雕（今已不存），以垂直线条为主要造型特征，并有大量具有中国特征的局部装饰如栏杆、漏窗等正面两侧有镂空花格窗，母题取材于中国传统的木装修（图 8-92）。中国银行大楼是外滩唯一的一座具有中国传统建筑装饰的高层建筑，也是近代外滩唯一的一座由中国建筑师参与主体设计和内部装饰的建筑。

亚洲文会的前身上海文理学会于 1857 年成立，成立的目的是为满足寓居上海的外国人的精神上和研究中国的需求。[④]上海文理学会于 1859 年加盟大不列颠及爱尔兰皇家亚细亚学会，改名为"皇家亚洲文会北中国支会"（简称"亚洲文会"，The North-China Branch of the Royal Asiatic Society）。该会的宗旨是调查研究中国，调查研究的范围包括博物学、地质学、物理学、地理学、民族学、人类学、历史学、哲学、文学等的学科对象，以及中国的政治制度、法律、中外关系等。[⑤]亚洲文会早期的建筑位于虎丘路 20 号，由英国建筑师金斯密设计，1872 年建成（图 8-93）。

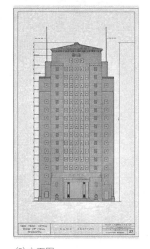
(2) 立面图
图 8-90 中国银行设计图
来源:上海市城市建设档案馆馆藏图纸

(1) 中国银行全景
来源:许志刚摄
图 8-91 中国银行

(2) 中国银行顶部
来源:许志刚摄

(3) 从滇池路和圆明园路转角看中国银行
来源:沈晓明提供

(1) 中国银行入口细部
来源:沈晓明提供

(2) 中国银行转角细部

(3) 中国银行大门细部
来源:沈晓明提供

图 8-93 早期的亚洲文会
来源:Virtual Shanghai

图 8-92 中国银行细部

1928 年，亚洲文会拆除破旧不堪的会所，由公和洋行设计新楼，1933 年 2 月建成（图 8-94）。亚洲文会新楼显示出对中国建筑更深刻的理解，试图在现代建筑中表现中国传统建筑文化。第一次把中国传统建筑的局部装饰作为装饰艺术的母题，为把中国建筑传统同现代装饰艺术风格的结合作了一次积极的尝试。这是一幢 5 层（局部 6 层）的钢筋混凝土结构大楼，二层为报告厅、生物标本陈列室、文物陈列室、古董陈列室等，三层为图书馆。立面上运用一些中国传统形式的构件，如望柱、栏杆、入口券门、八卦形窗等，顶部有亚洲文会的缩写字母"R.A.S."。

基泰工程司设计的大新公司（1934—1936，今上海市第一百货商店，图 8-95）是又一件探索现代中式建筑的代表作品，9 层钢筋混凝土结构，馥记营造厂承建。占地 3667 平方米，建筑面积为 28 000 平方米。⑥原先各层的布置为一至四层为店堂，四层西部设商品陈列所，五层为办公室、仓库、职工餐

① 上海市城市建设档案馆编《上海外滩建筑群》，上海锦绣文章出版社，2017 年，第 208 页。

② 同上，第 206 页。

③ 同上。

④ 王毅著《皇家亚洲文会北中国支会研究》，上海书店出版社，2005 年，第 11 页。

⑤ 同上，第 16 页。

⑥ 上海市黄浦区人民政府编《上海市黄浦区地名志》，上海社会科学院出版社，1989 年，第 538 页。

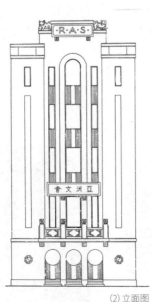

(1) 历史照片
来源:《建筑月刊》第一卷，第六期

(2) 立面图
来源:《建筑月刊》第一卷，第六期

(3) 修缮后的大楼转角
来源:章明建筑师事务所

(4) 修缮后的主立面
来源:章明建筑师事务所

图 8-94 亚洲文会大楼

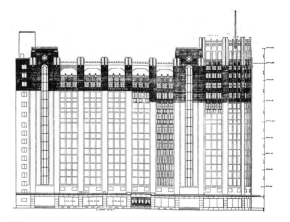

(1) 西立面
来源:《建筑月刊》第三卷,第六期

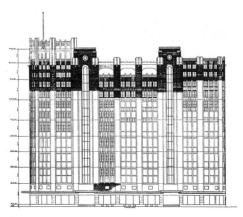

(2) 南立面
来源:《建筑月刊》第三卷,第六期

(3) 效果图
来源:《建筑月刊》第三卷,第五期

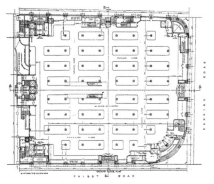

(4) 底层平面图
来源:《建筑月刊》第三卷,第六期

图 8-95 大新公司

(5) 历史照片
来源:薛理勇提供

(6) 现状

① 《上海大新公司新屋介绍》,《建筑月刊》第三卷,第六期,1935 年 6 月,第 4 页。见:《中国近代建筑史料汇编:第一辑》第六册,第 2868 页。

② 陈海汶编著《繁华静处的老房子:上海静安历史建筑》,上海文化出版社,2004 年,第 110 页。

③ 薛理勇著《西风落叶:海上教会机构寻踪》,上海:同济大学出版社,2017 年,第 220 页。

厅,六层为酒楼,七层为戏院、茶室和陈列室,八层设电影院,九层为眺望亭、露天电影场和屋顶花园,地下室也辟为商场。①百货公司内装设自动楼梯,为国内首创。柱网间距比较大,因此铺面显得宽敞。由于采用井字梁楼盖,增加室内净高。外墙用奶油色釉面砖贴面,底层门面采用青岛产黑色花岗石。室内采用彩色水磨石护壁和地坪,色彩明亮,装饰图案多为传统纹样。建筑师在顶部刻意表现传统建筑的细部装饰,如六边形的窗、栏杆及挂落等,其设计手法属于装饰艺术派风格与中国传统建筑风格的结合。

由中都工程司设计,位于南阳路 170 号的贝宅(1934—1936,图 8-96)属于典型的中西合璧式建筑。3 层混合结构,占地 3250 平方米,建筑面积为 2449 平方米。②平面布局为三间两厢房的中国传统式,

(1) 现状
图 8-96 贝宅

(2) 凉亭

(3) 凉亭栏杆回纹细部

(1) 现状
来源:《上海教堂建筑地图》

(2) 渲染图
来源: *The Chinese Recorder* 60. no.1
(January, 1929)

(3) 正立面
来源:章佳骥摄

(4) 室内
来源:《上海教堂建筑地图》

图 8-97　鸿德堂

北侧有一座 4 层的副楼，面向北京西路开门。外墙以釉面砖拼贴成水平线条纹样，阳台栏杆为镂空的回文图案，女儿墙也布满回文图案。室内装饰以中式为主，东侧入口的照壁上有瓷砖烧制的 100 个不同篆字体的"寿"字，室内穹顶有盘龙浮雕，圆形平面的楼梯间底层以石雕的龙身虎爪作为栏杆扶手。主楼南面有一座花园，园中的凉亭栏杆也以回文图案装饰，柱顶的忍冬图案的轮廓也填入云纹。

中华基督教会鸿德堂（The Fitch Memorial Church，1925—1928，图 8-97），又称"费启鸿纪念教堂"，是杨锡镠的作品。费启鸿（George F. Fitch，1845—1923）是美国北长老会牧师，1870 年来华，长期主持美华书馆，从事教会的出版工作，曾创办商务印书馆的前身——商务书局。③教堂的平面为巴西利卡式，砖混结构，外墙为青砖清水墙面。按照当时的材料和成本来说，青砖的价格甚至高过机制红砖，但是为了建筑的"中国装"，立面刻意采用青砖。仿哥特式教堂在入口的山墙一端建钟塔，重檐顶，钟塔为四角攒尖式楼阁。强调中国建筑的框架特征、斗栱及彩画，钢筋混凝土结构的柱子涂中国建筑的深红色油漆。屋架采用室内露明的木屋架。④鸿德堂的设计还只是一种形式的探索，杨锡镠在 1935 年设计国立上海商学院时，才应用中国古典建筑的章法，体现了古典复兴的思想。

杨锡镠继鸿德堂后设计的国立上海商学院办公厅和教学楼、校门、女生宿舍、男生宿舍等（1935，图 8-98）属于一个建筑群。建筑为红砖清水墙面，间以人造石饰面，黑色筒瓦屋面，檐部下方的钢筋

④ 根据 1928 年的一幅鸿德堂渲染图右下角的题字"十七年仲秋杨锡镠作"，可以认定鸿德堂是杨锡镠的作品。见:赖德霖《学院派影响与中国建筑师的中国风格设计及杨廷宝"法则化"努力》。引自: 赖德霖、伍江、徐苏斌《中国近代建筑史》第三卷，北京:中国建筑工业出版社，2016 年，第 459 页。

(3) 教学楼大门

(1) 大门

(2) 教学楼

(4) 女生宿舍

图 8-98　国立上海商学院
来源:《中国建筑》第三卷，第四期

（1）大门

（2）门厅内景

（3）舞厅内部全景

（4）大都会花园舞厅憩息室内景

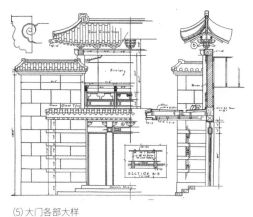
（5）大门各部大样

图 8-99　大都会花园舞厅
来源：《中国建筑》第三卷，第四期

混凝土圈梁，涂简化的油漆彩画，仿古大门上有铜钉。杨锡镠设计的大都会花园舞厅（1936，图 8-99）也采用中国宫殿式，大门和休息室都经过特殊处理，使人们感到建筑本身是很西化的，而中国式样的装饰则使建筑显得更为华丽，而又光彩夺目。这幢建筑从开始设计到完工只用了不到三个月的时间，材料也比较俭朴。①其基本风格是在现代建筑的主体上以中国传统的构件，如对檐口、斗栱、柱子、天花、梁枋等重点部位予以彩画点缀，又融合装饰艺术派的背景，采用龙、凤等装饰母题。这是杨锡镠的一次大胆尝试，得当地将宫殿式成功地运用到具有活泼与动感的建筑上，被誉为"中国式新建筑史上的一个极好贡献"②。

　　上海佛教居士林（图 8-100），即南国大佛寺，建于 1923—1926 年，由大殿、中殿、后殿三进组成，为一座佛寺，原址为南园（后改名"觉园"），由简氏居士捐献，建筑均为中国传统建筑的形式。③

（1）外观

图 8-100　南国大佛寺大讲堂
来源：沈晓明提供

（2）立面细部

（3）室内细部

图 8-101 大德路何介春宅春晖堂
来源:《中国建筑》第一卷, 第二期

《中国建筑》第一卷第二期刊登专稿谈中国内部建筑的特征, 列出举架、天花、梁、色彩、斗栱与天花接头作为主要元素。④同时介绍由凯泰建筑公司黄元吉设计的大德路何介春宅(1933, 图 8-101)。大德路何宅室内布局以及家具、灯具和陈设均采用典型的传统风格。黄元吉于 1935 年设计的海格路(今华山路)厉氏大厦(图 8-102)室内有多种风格, 西式古典、西式现代以及中式古典, 甚至仿清代宫廷的过度装饰。这类传统风格的室内设计与西式现代装饰相比也显露出与现代生活的矛盾。

1934 年 1 月出版的《中国建筑》第二卷第一期刊登朱枕木的文章《中国古代建筑装饰术之雕与画》, 详细介绍木工所涉梁柱、椽头、门窗格扇、勾栏、框槛、斗栱等部件的纹样, 以及砖雕、石雕所涉屋脊、墙角、门口、过道等部位; 也介绍了墙壁、瓦板、梁柱、照壁、椽头和斗栱的彩画, 包括纹样、设色、制式和工艺等, 说明当时的中式室内装饰的需求。⑤

① 《中国建筑》第三卷, 第四期, 1935 年 9 月, 第 18-30 页。见:《中国近代建筑史料汇编: 第一辑》第十二册, 第 1744-1756 页。

② 同上。

③ 关于建筑的建造年代有多种版本, 据《上海市静安区地名志》(上海社科院出版社, 1988) 第 300 页所载, 系 1926 年在原简氏家庙旧址上创办的佛教净业社。据阮仁泽、高振农主编的《上海宗教史》(上海人民出版社, 1992) 第 200-201 页所载, 1926 年下半年由简氏将其南园捐出作为净业社社址, 园内原有佛堂, 称为"菩提精舍"; 佛教净业社迁至觉园后, 建造大讲堂, 为 2 层楼房, 楼上为念佛堂, 楼下名"香光堂", 亦即"讲经堂"。据《传承: 上海市第四批优秀历史建筑》(上海文化出版社, 2006) 所载, 居士林建于 1924 年; 据张化著《上海宗教通览》(上海古籍出版社, 2004) 所载, 上海佛教居士林原名"佛教净业社", 建于 1923 年 10 月。

④ 《中国内部建筑几个特征》, 见:《中国建筑》第一卷, 第二期, 1933 年 8 月, 第 9-15 页。引自:《中国近代建筑史料汇编: 第一辑》第九册, 第 191-197 页。

⑤ 朱枕木《中国古代建筑装饰术之雕与画》, 见:《中国建筑》第二卷, 第一期, 1934 年 1 月, 第 55-56 页。引自:《中国近代建筑史料汇编: 第一辑》第十册, 第 641-642 页。

(1) 中国厅(一)   (2) 中国厅(二)   (3) 客厅   (4) 回廊

图 8-102 海格路厉氏大厦室内
来源:《中国建筑》第三卷, 第四期

第九章

现代主义建筑

我们的共同目的是创作有机的、功能性的新建筑。

—— 华盖建筑师事务所

图 9-1 水晶宫
来源：*Architecture in Detail*. セビリァ万国博览会、英国パビリオン

图 9-2 埃菲尔铁塔
来源：*World's Fairs*

① Jürgen Habermas. Modern and Postmodern Architecture. K. Michael Keys. *Architecture Theory since 1968*. Cambridge, MA: The MIT Press. 1998: 419.

② *Sir Banister Fletcher's A History of Architecture*.20th. Edition. Edited by Dan Cruickshank.Oxford,UK: Architectural Press, 1996: 1318.

③ 罗小未主编《外国近现代建筑史》第二版，北京：中国建筑工业出版社，2004 年，第 33 页。

④ 瓦格纳《现代建筑》，引自：汉诺 - 沃尔特·克鲁夫特著《建筑理论史：从维特鲁威到现在》，王贵祥译，北京：中国建筑工业出版社，2005 年，第 238 页。

第一节 现代主义建筑的源流

19 世纪下半叶开始，建筑界发生了一场变革。1851 年，一座奇特的建筑以人们从未见过的形象出现在伦敦的海德公园草坪上。虽然建筑新材料和新形式的发展是 19 世纪欧洲建筑的一个主要特征，然而传统的材料在很多时候仍很流行。这座为举办"万国工业成就大博览会"（The Great Exhibition of the Works of Industry of All Nations）建造的水晶宫（图 9-1），以铸铁和玻璃为主要建筑材料，以工厂预制、现场装配的方式建造。水晶宫是历史上第一座运用现代建筑材料建造的建筑，是第一座能够在同一天容纳十万人的大型建筑，也是第一座使用成批工厂工艺建造的建筑。它促进了建筑技术的发展，也成为建筑走向工业化的标志，被称为是工业化建筑的先驱，对 19 世纪和 20 世纪的建筑产生了不可估量的影响。水晶宫可以说是自中世纪大教堂的尖顶拱和飞扶壁问世以来最重大的建筑贡献。

1889 年，为了纪念法国大革命 100 周年，巴黎举办世博会（Commémoration du centenaire de la Révolution française）。博览会上，另一座更为引人注目的建筑——埃菲尔铁塔（图 9-2），全部用锻铁建造，原始高度为 312.27 米，加上天线为 320.75 米。在当时的技术条件下，最大限度地应用了锻铁的性能。埃菲尔铁塔第一次将外露的金属结构用于建筑上，改变了人们认识城市的方式，改变了建筑美学，也改变了人们的生活方式。越来越多的有识之士认识到，面对大量新的建筑问题和矛盾，面对工业革命以来出现的新技术、新设备、新材料，面对 19 世纪以来新的艺术思想与潮流的不断涌现，一场建筑革命势在必行。从 19 世纪 90 年代起，一批具有创新精神的建筑师树起了探索现代建筑的大旗，掀起了一场蓬蓬勃勃的现代建筑运动。

一、欧洲的新建筑思潮

新材料、新技术和新工艺的出现是新建筑的基础，但还需要新思想的推动。现代建筑运动在意识形态、建筑与生产方式的关系等方面实现变革，试图创造一种普适性的国际式建筑风格。德国哲学家哈贝马斯（Jürgen Habermas，1929—）在《现代和后现代建筑》（1981）一文中论述现代建筑时指出：

> 工业革命和随之而来的社会加速现代化使 19 世纪的建筑和城市规划产生了新的状况，有三点最为重要的挑战：建筑设计新的品质要求；新材料和新的建造技术；建筑服从新的功能，首先是受经济的制约。①

19 世纪的欧洲已经在探索一种"普适风格"（universal style），成为"国际式"的先声。②最先在欧洲出现的新思潮是 19 世纪 80 年代的新艺术运动（Art Nouveau），提出变革建筑形式的信号。③新艺术运动标志着建筑形式的变革进入新的阶段，并迅速传遍欧洲，从而影响美洲，新艺术运动在各个欧洲国家以不同的名称出现。这是不以任何一种过去的建筑形式为基础，而以不规则的有机曲线和卷须状或火焰状线条为特征的一种风格。

在新艺术运动的影响下，各国的新建筑思潮层出不穷，包括英国的工艺美术运动（Arts and Crafts movement）、奥地利的"分离派"（Secessionstil）、德国的"青年风格派"（Jugendstil）、西班牙的"现代主义"（Modernismo）、意大利的"自由派"（Liberty）等。他们反对学院派的复古主义设计思想及其新古典主义的建筑风格，努力寻求能够表现时代风格的建筑装饰。在装饰和家具设计中多采用流线形的曲线纹样，特别是植物花草图案。由于铁适于表现柔和的曲线，因而室内装饰喜用铁艺装饰。以比利时建筑师维克多·霍塔（Victor Horta，1861—1947）设计的布鲁塞尔都灵路 12 号塔塞尔公馆（1893—1894，图 9-3）为代表。巴黎这一时期建造了大量的地铁车站，法国建筑师埃克托尔·吉马尔（Hector Guimard，1867—1942）设计的地铁车站（图 9-4）即为此时期产物。

现代建筑运动直接受到新艺术运动的影响，上海由于当时还很少有西方专业的建筑师，这一新思潮几乎没有波及上海。直到 20 世纪，在一小部分建筑的局部中曾出现过一些带有新艺术运动风格的装饰。图 9-5 是上海的托格宅（1910 年以前）大厅的发光天棚，显然受新艺术运动的室内装饰影响。

奥地利的新建筑流派"分离派"公开宣称与过去的传统彻底分离。这一学派后来曾对日本早期的现代建筑产生过很大影响，也转而影响留学日本的中国建筑师。与"分离派"同时期的奥地利建筑师卢斯（Adolf Loos，1870—1933）则更进一步，干脆彻底否定建筑的艺术性，把建筑上的装饰说成是一种"罪恶"。卢斯的设计思想对后来以德国为中心的欧洲现代主义建筑，尤其是功能主义思想产生了很大影响。奥地利建筑师奥托·瓦格纳（Otto Wagner，1841—1918）主张建立一种与历史主义完全没有关系的新风格，推崇表达现代生活的建筑形式。瓦格纳认为，风格应该是新材料、新技术和社会变化，表现时代精神的产物：

> 我们这个时代的艺术，必须提出我们自己创造的，并能够反映我们能力的现代形式，以便于我们选择去做什么或不做什么。④

在荷兰，贝尔拉格（Hendrick Petrus Berlage，1856—1934）提倡"净化"建筑，主张表现建筑造型的简洁明快与材料的质感，追求建筑的"真实性"，坚决反对复古的新古典主义。在法国，奥古斯特·佩雷（Auguste Perret，1874—1954）和托尼·加尼耶（Tony Garnier，1869—1948）致力于钢筋混凝土结构的运用，并努力发掘钢筋混凝土这一新材料的表现力。在德国，成立于 1907 年的德意志制造联盟（Deutscher Werkbund）是一个以建筑师奥尔布里奇（Josef Maria Olbrich，1867—1908）和贝伦斯（Peter Behrens，1868—1940）为首的由艺术家、建筑师、设计师和制造商组成的文化组织，旨在促进艺术与产业的结合。在新潮建筑师加入后，越来越使德国成为欧洲新建筑思潮的中心，提倡将建筑的功能和技术放在建筑设计的首要地位，鼓吹现代建筑应与现代工业生产相结合，现代建筑的美在于建筑形式与功能和技术的一致。德意志制造联盟 1927 年在斯图加特组织魏森霍夫住宅建筑展（Weißenhofsiedlung，图 9-6），展出 21 幢建筑，共 60 套住宅，所有的住宅都是平屋顶，白色墙面，统一的现代简约风格。

图 9-3 塔塞尔公馆
来源：Wikipedia

图 9-4 吉马尔设计的巴黎地铁车站出入口
来源：Wikipedia

图 9-5 托格宅的天棚

图 9-6 魏森霍夫住宅建筑展
来源：Wikipedia

图 9-7 利特维尔德设计的施罗德住宅
来源：Wikipedia

图 9-8 包豪斯设计学校
来源：Wikipedia

第一次世界大战前后，观念和态度都发生了剧变，欧洲的现代建筑运动走向高潮。各种建筑新思潮已被广泛接受，先后出现了对后来的现代建筑产生过重大影响的流派，如德国以孟德尔松（Erich Mendelsohn，1887—1953）为代表的表现主义（Expressionism），意大利以圣埃利亚（Antonio Sant' Elia，1888—1916）为代表的未来主义（Futurism）和以泰拉尼（Giuseppe Terragni，1904—1943）为代表的新理性主义（Neo-Rationalism）。在苏联有以梅尔尼科夫（Konstantin Stepanovich Melnikov，1890—1974）为代表的构成主义（Constructivism）和荷兰以利特维尔德（Gerrit Rietveld，1888—1964）为代表的风格派（De Stijl）等，以上统称为"国际式"的新建筑已足以与传统的学院派复古主义建筑相抗衡。图 9-7 是荷兰建筑师利特维尔德设计的在乌特勒支的施罗德住宅（1924），这是一个极简的立方体，墙板和大面积的玻璃相互穿插，代表了现代住宅建筑的新风尚。

以德国建筑师格罗皮乌斯（Walter Gropius，1883—1969）、密斯·范·德·罗（Mies van der Rohe，1886—1970）和瑞士建筑师勒·柯布西耶（Le Corbusier，1887—1965）为代表的现代建筑师，积极倡导一种超越国界的建筑设计思想，主张建筑和技术的一体化，宣告了一条"国际式"（International style）建筑道路。格罗皮乌斯在 1935 年写道：

现代建筑应当从它自身的有机比例关系所产生的精神和结果中获得其建筑学上的意义。

建筑必须忠实于自己，逻辑清晰，不为谎言和陈腐的观念所玷污。[①]

现代建筑重视功能，强调建筑的合理性、经济性，反对建筑的附加装饰，认为建筑的美在于其外部造型与内部空间的一致性及建筑形式与功能、材料、结构和施工工艺的一致性，并主张用工业化生产来解决社会对大量性建筑的需求。这种建筑思想被人们称之为"现代主义建筑"或"现代派建筑"。早期现代主义建筑以立体主义的造型、平屋顶、白粉墙和大面积的玻璃窗形象而著称，这种风格被人们称之为"国际式"建筑。"国际式"在 1920 年代和 1930 年代曾风靡欧洲，成为当时最为新潮的风格。由格罗皮乌斯创办的德国包豪斯设计学校（Bauhaus，1919—1933，图 9-8）成为当时现代主义建筑设计思想的中心。包豪斯学校的创立为现代派设计队伍的壮大和现代主义思想的传播起到非常重要的作用。至此，现代主义建筑设计开始逐步取代学院派复古设计而成为欧洲建筑的主流，多年一直占建筑界主导地位的新古典主义风格也逐渐被现代风格所取代。工业建筑成为现代建筑的重要领域，图 9-9 是荷兰建筑师布林克曼（Johannes Andreas Brinkman，1902—1949）和范·德·夫拉赫（Leendert Cornelis van der Vlugt，1894—1936）设计的鹿特丹凡内尔卷烟厂（Van Nelle Factory，1925—1931，图 9-9）。这座多层厂房刻意把体量化解为冲突要素加以组合，钢筋混凝土框架外有大面积的玻璃幕墙。

二、美国的现代建筑

与欧洲探索新建筑的运动相呼应，1880 年代在美国芝加哥也出现对现代建筑的探索。当时在芝加哥最早出现高层建筑，高层建筑的功能和结构与传统的建筑式样产生了无法调和的矛盾。芝加哥建筑师沙利文（Louis Henry Sullivan, 1856—1924）率先提出"形式服从功能"的口号，推行新的建造技术和钢结构框架体系，并由此形成"芝加哥学派"②。沙利文在 1899 年设计芝加哥卡森 - 皮里 - 斯科特百货公司大楼（Carson Pirie Scott Store, 1899—1904，图 9-10）。这座钢框架结构建筑有着宽敞的空间和大面积的采光窗，立面上有铜饰和陶砖饰面，与周边建筑形成鲜明对比。该建筑在 1975 年被命名为"国家历史地标建筑"（National Historic Landmark）。

与欧洲如火如荼的新建筑运动相比，19 世纪末和 20 世纪初的美国建筑界仍然是保守的学院派新古典主义占绝对优势，1893 年芝加哥博览会上清一色的复古式样便是明证。因此"芝加哥学派"几乎还没来得及对美国产生更大的影响，便销声匿迹了。1930 年代，欧洲的现代建筑开始进入美国，但最初更多的是作为一种新的风格而非设计思想，而且在大多数大型建筑中作为时髦风尚表现出来的并不是欧洲那种简洁干净的立体主义风格，而是充满装饰的"装饰艺术派"风格，建于 1930 年代的由范·艾伦（William van Alen, 1883—1954）设计的纽约克莱斯勒大厦（1928—1930）和施里夫，兰姆和哈蒙（Shreve, Lamb and Harmon）设计的帝国大厦（1929—1931）就是典型的例子，这一现象和同时期的上海极为相似（图 9-11）。

1932 年，菲利普·约翰逊（Philip Johnson, 1906—2005）和亨利 - 拉塞尔·希契科克（Henry-Russell Hitchcock, 1903—1987）在纽约现代艺术博物馆（MoMA）组织现代建筑展，并出版《国际式：1922 年以来的现代建筑》（*International Style: Modern Architecture since 1922*）一书，这个展览提倡并推动了国际式建筑的发展。次年，以"一个世纪的进步"（A Century of Progress）和"明日的世界"为主题的 1933—1934 年芝加哥世界博览会也带来新的建筑形式，崭新的光影和色彩效果和新的材料，使美国人普遍接受新技术和现代预制装配技术。这届世博会推动了美国大萧条以后的经济发展和社会生活的进步，从此，美国现代建筑的发展走上全新的道路，引领以后几十年的美国建筑，并产生全球影响（图 9-12）。1930 年代末，一大批欧洲现代派建筑师，如格罗皮乌斯和密斯等人相继移居美国，美国在 1930 年代和 1940 年代，成为一些欧洲先驱建筑师的家园，大大加快了现代主义建筑在美国的普及。③至第二次世界大战结束，美国已取代欧洲成为西方现代派建筑的中心。

随着新的建造技术、新结构、新材料、新的建筑类型和功能的进步与发展，现代建筑的思想在 1930 年代渐渐传入中国。1933 年起，《中国建筑》和《建筑月刊》连续发表有关现代建筑的文章，最早讨论现代建筑美学的当属 1933 年 10 月发表在《中国建筑》第一卷第四期的张至刚的文章《吾人对于建筑事业应有之认识》。文中引用古罗马军事工程师维特鲁威的建筑"效用，坚固，美观"（firmitas、utilitas、venustas）三要素，并赋予新的内容，"效用"意味着需要、便利、节省、舒适。④《中国建筑》在 1934 年 1 月出版的第二卷第一期和 1934 年 2 月出版的第二卷第二期，介绍代表现代建筑发展

图 9-9 凡内尔卷烟厂
来源：Wikipedia

图 9-10 卡森 - 皮里 - 斯科特百货公司大楼
来源：Wikipedia

① 转引自：Dennis Sharp. Architectural Criticism: History, Context and Roles. Mohammad Al-Asad, Majd Musa. *Architectural Criticism and Journalism: Global Perspectives*. London: Umberto Allemandi & C., 2006: 31.

② 历史上将 1880—1890 年代以高层建筑为主的芝加哥建筑称为"芝加哥学派"（Chicago School），也有学者称为"商业风格"（Commercial style）建筑。

③ *Sir Banister Fletcher's A History of Architecture*, 20th.Edition. Edited by Dan Cruickshank. Oxford, UK: Architectural Press. 1996: 1483.

④《中国建筑》第一卷，第四期，1933 年 10 月，第 35-36 页。见《中国近代建筑史料汇编：第一辑》第九册，第 379-380 页。

图 9-11　1930 年代的纽约高层建筑
来源：Wikipedia

图 9-12　1933 年芝加哥世博会全景
来源：World's Fairs

动向的 1933 年芝加哥世界博览会，介绍新设计的现代建筑。第二卷第一期有一篇编者小引，赞誉这届世界博览会就狭义而言是表现建筑进化的新精神，从广义上说是代表科学百年进步。①第二卷第二期刊登 1933 年芝加哥世界博览会中国馆建筑师过元熙的文章《支加哥百年进步万国博览会》和《博览会陈列各馆营造设计之考虑》，详细介绍 1933 年的芝加哥世界博览会，各展览馆的设计、材料和新结构。过元熙赞誉芝加哥世博会的建筑开辟了建筑的新纪元。②但因过元熙监造的中国馆是完全仿制热河的金亭，虽主张建筑应采用现代方法，他的文章仍然显露出在认识上并没有全盘接受新建筑。《中国建筑》第二卷第二期起还分三期连续刊登 1930 年勒·柯布西耶在苏联的演讲《建筑的新曙光》，介绍现代建筑。1934 年 8 月出版的《中国建筑》刊登了何立蒸的文章《现代建筑概述》，介绍德意志制造联盟展览会，介绍美国建筑师埃利尔·沙里宁（Eliel Saarinen，1873—1950）和赖特（Frank Lloyd Wright，1869—1959）的作品，介绍勒·柯布西耶的作品，并指出现代建筑的七要点，这是国内首次关于现代建筑的全面论述：

（1）建筑物之主要目的，在适用。

（2）建筑物必完全适合其用途，其外观须充分表现之。

（3）建筑物之结构必须健全经济，卫生设备亦须充分注意，使整个成为一有机的结构。

（4）须忠实的（地）表示结构，装饰为结构之附属品。尤不应以结构为装饰，如不负重之梁，柱等是。

（5）平面配置。力求完美，不因外观而牺牲，更不注意正面之装饰。

（6）建筑材料务取其性质之宜，不摹仿，不粉饰。

（7）对于色彩方面应加注意，使成为装饰之要素。③

1935 年 1 月出版的《建筑月刊》第三卷第一期刊登杨哲明的文章《现代美国的建筑作风》，在分析美国当代建筑中两种风格——墨守成规的因袭传统式样和注重实验力求创造适合工业社会生活的建筑式样后，指出经济是建筑风格转变的原动力，相对于保守派和现代派，介绍了主张建筑以实用为原则的一派，不求精美，注重材料的选择，装饰力求简单与经济。④

庄俊曾于 1935 年撰文介绍现代主义的设计思想，推崇"能普及又切实用"的现代主义建筑：

是以古今兼采，奇正互用，外取简洁明净而雅澹端详，内取起居偃息之舒泰，以适合于身心之需要，举凡无意识之装潢虚饰，悉屏弃而不用，光阴经费，力求撙节，然简而不陋，精而不缛，不鹜华侈，惟适实用，斯乃今日摩登式之建筑也。此皆顺时代需要之趋势而成功者也。⑤

第二节 现代建筑在上海

与欧洲如火如荼的新建筑思潮此起彼伏的局面相比，上海的建筑界在 1920 年代末以前基本上还是西方新古典主义复古思潮的一统天下，各种新建筑思想在上海几乎毫无影响。对于上海来说，甚或对于整个中国来说，传统的西方建筑式样也刚刚传入不久，相对于中国传统建筑，它们已足够"摩登"。因此，盛行于上海 1920 年代及之前的西方新古典主义建筑与后来出现的新建筑之间并非像欧美那样表现为一对尖锐对立的矛盾，上海近代建筑的发展并没有遵循西方建筑史的脉络。复古与新潮对于上海而言，都只是一种风格，新的建筑式样只是又一种比新古典主义建筑更为时髦的新式样而已。因此，现代建筑风格与当时流行的装饰艺术风格往往很难截然区分，本章的论述只是就大体上的特征加以分别讨论。另一方面，现代主义风格的建筑也受到新的生活方式和新技术的推动，尤其表现在与现代工业发展和现代生活方式密切相关的工业建筑、办公楼、公寓建筑和独立式住宅上。此外，由于日本侵华战争政治经济形势，上海的现代建筑几乎被扼杀在襁褓之中，否则会出现更多更好的现代建筑。这一时期的建筑也称之为"摩登建筑"（modern 的谐音），涵盖现代主义建筑和装饰艺术派建筑。

图 9-13 上海德律风公司
来源：席子摄

一、时髦的现代建筑

随着"国际式"建筑的流行，中国建筑师也积极推动现代建筑的发展，梁思成在《建筑设计参考图集序》（1935）中指出：

> 所谓"国际式"建筑，名目虽然笼统，其精神观念，却是极诚实的……其最显著的特征，便是由科学结构形成其合理的外表……对于新建筑有真正认识的人，都应知道现代最新的构架法，与中国固有建筑的构架法，所用材料虽不同，基本原则却一样，——都是先立骨架，次加墙壁的。因为原则的相同，"国际式"建筑有许多部分便酷类中国（或东方）形式。这并不是他们故意抄袭我们的形式，乃因结构使然。同时我们若是回顾到我们古代遗物，它们的每个部分莫不是内部结构坦率的表现，正合乎今日建筑设计人所崇尚的途径。⑥

与此同时，19 世纪末 20 世纪初以来，从西方传入的大量新结构、新材料等现代建筑技术与差不多同时流行于上海的西方传统建筑形式，如新古典主义风格之间也并未表现出太多的冲突。在上海，坚守学院派传统的建筑师与掌握现代科学技术知识的土木工程师之间从来就未曾有过建筑设计观念上的冲突。事实上，在上海大多数外籍建筑设计机构中，建筑师与土木工程师始终都是很好的合作伙伴。有相当多的著名建筑师事务所，如玛礼逊洋行、通和洋行、马海洋行等本身就是由结构工程师创立的。许多新材料、新结构都被建筑师们积极采用，尽管这些建筑在形式上仍然是复古的。如 1908 年建造，由新瑞和洋行设计的上海德律风公司（The Shanghai Mutual Telephone Company，图 9-13）就采用

① 《中国建筑》第二卷，第一期，1934 年 1 月，第 35 页。见：《中国近代建筑史料汇编：第一辑》第十册，第 621 页。

② 《中国建筑》第二卷，第二期，1934 年 2 月，第 1-38 页。见：《中国近代建筑史料汇编：第一辑》第十册，第 699-736 页。

③ 《中国建筑》第二卷，第八期，1934 年 8 月，第 49-50 页。见：《中国近代建筑史料汇编：第一辑》第十一册，第 1269-1270 页。

④ 《建筑月刊》第三卷，第一期，1935 年 1 月，第 53-54 页。见：《中国近代建筑史料汇编：第一辑》第五册，第 2458-2459 页。

⑤ 庄俊《建筑之式样》，《中国建筑》第三卷，第五期，1935 年 11 月，第 3 页。见：《中国近代建筑史料汇编：第一辑》第十二册，第 1793 页。

⑥ 梁思成《建筑设计参考图集序》，载《梁思成全集》第六卷，北京：中国建筑工业出版社，2001 年，235 页。

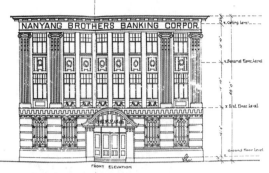

图 9-14 南洋兄弟银行立面图
来源:上海市城市建设档案馆馆藏图纸

图 9-15 法国球场总会宴会厅天花

图 9-16 杨树浦发电厂
来源:Virtual Shanghai

① 根据上海市虹口区档案馆编《虹口》(上海人民出版社, 2017 年)第 67 页,南洋兄弟烟草公司的新楼建于 1930 年,关于南洋兄弟烟草公司厂房的建造年代有待进一步考证。世界上第一座无梁楼盖建筑 1910 年建于瑞士,由瑞士著名现代建筑师和工程师罗贝尔·马亚尔(Robert Mailliart, 1872—1940) 设计。

② 据上海市城市建设档案馆 D (03-02) -1922。

③ 1999 年末,日本《新建筑》杂志列入 20 世纪全球最重要的建筑,中国建筑仅汇丰银行大楼和江海关大楼入选。

当时非常先进的钢筋混凝土框架结构。1916 年建造,由公和洋行设计的天祥银行大楼(The Mercantile Bank of India, London & China,后改称"有利大楼")更进一步采用钢框架结构。在此之前,一些结构工程师已经以并不落后于欧美的速度,非常大胆地将钢铁和钢筋混凝土等新材料广泛用于大量没有建筑师参与的构筑物中。如早在 1863 年的上海,也是中国第一家煤气厂——大英自来火房就出现钢结构的储气柜;1893 年,上海出现钢结构的人行天桥;四年以后,钢结构开始广泛用于正式的行车桥梁;1898 年,钢结构开始出现在由建筑师设计的民用建筑中——南京路上工部局市政厅旁边的菜场中央覆盖钢结构的玻璃天棚;而工部局市政厅(1896)则采用钢筋混凝土现浇楼板。从此以后,上海的建筑师们对于新材料、新结构始终都抱有相当积极的态度,尽管他们大多数仍然是传统的复古主义者。自天祥银行大楼之后,外滩的建筑全部都采用钢筋混凝土框架结构或钢结构,如汇丰银行大楼的穹窿顶采用钢结构,建筑的主体则为钢筋混凝土框架结构。

另一方面,那些掌握了先进建造技术的结构工程师也开始主动迎合传统的建筑风格。南洋兄弟烟草公司厂房(今高阳大楼),高 5 层,建于 1921 年,采用当时非常先进的钢筋混凝土无梁楼盖。[①]设计者是罗德顾问工程师(C. Luthy S.I.A. Consulting Engineer)。这座没有建筑师参与的建筑,外观却包裹着一层非常"建筑"的新古典主义的外衣。罗德顾问工程师在 1922 年还为位于南京路上的南洋兄弟银行(Nanyang Brothers Banking Corpor., 图 9-14)作改建设计,3 层砖混结构,其立面是典型的新古典主义风格。[②]

1920 年代中叶,来自欧洲的现代建筑风格开始波及上海。在上海这座商业化城市中,崇尚西方文化一直是一种风气,那些在西方也很"摩登"的新时尚在上海自然也会很快流行。当然,作为依然不落时的西方复古风格也就会和一些更时髦的东西糅合在一起,共同构成上海的建筑时尚。建成于 1926 年的法国球场总会,其新古典主义的立面风格完全是地道的复古做法。但它的室内装修,特别是门厅和宴会厅的装修却采用与当时的欧洲时尚几乎同步的新艺术运动和装饰艺术派风格。在门厅内的大量墙面装饰线脚和柱子的纹饰,特别是柱头上的人像雕刻,充满了新风格的气息。宴会厅天花采用玻璃发光顶篷,其彩色拼花图案即使放在当时的巴黎,也是最时髦的(图 9-15)。

上海的高层公寓建筑是现代生活方式和现代建筑技术的重要表现,这些高层公寓有一个特点,由于地价高,用地十分经济,大部分公寓占地小甚至极小,容积率相当高,有的甚至高达 9.0,一般不受制于朝向。建筑师为此有许多创造,以高超的设计手法适应复杂的基地状况。其次,公寓建筑主要顺应地形布置,所以对朝向的要求不很严格,东西向的布置并不少见。此外,由于工业化的发展,许多工业建筑从功能、效率和技术经济因素考虑,也多半采用或直接搬用现代建筑的结构和形式(图 9-16)。

1920 年代和 1930 年代是上海经济最为繁荣的年代,它已经成为远东最大的经济中心、金融中心和贸易中心,由于建筑技术的发展、地价的上涨和居住的需求,建造了大量的高层建筑,也成为现代建筑活跃的试验场。然而,也正是因为新风格主要反映当时建筑师、业主及整个上海社会追求时尚的趋向,而并非社会的大量性需求、工业化生产方式及经济的要求对建筑设计思潮的推动,因此当时上海建筑新风格在很大程度上始终停留在摩登的形式上，与欧洲新建筑的先锋们把建筑看成是解决社会问题的药方，把现代建筑看成是现代工业社会发展的必然，有着天壤之别。

上海建筑的"现代主义"化，在很大程度上是风格的"现代主义"化。现代建筑大体上有以下七方面的特点：①注重功能，平面布局顺应基地地形；②强调建筑形体本身形成的横竖线条构成；③建筑立面大量采用流线形或圆弧形；④以带形窗和阳台、遮阳板等强调垂直和水平向线条；⑤住宅有出挑的宽大阳台和大面积的玻璃窗；⑥强调建筑的几何形体积感而非装饰；⑦采用钢筋混凝土或钢结构；⑧应用现代建筑设备。

二、倡导现代建筑的外国建筑师

新建筑的"时髦"倾向在一些老牌大型建筑师的作品中也有明显的反映。当时上海规模最大、影响也最大的老资格建筑师事务所——公和洋行一直以娴熟的新古典主义设计风格著称。它设计的汇丰银行大楼把上海的西方新古典主义风格推到顶峰，成为享誉世界的建筑作品。③即使如此，不甘落后的公和洋行还是在已无法更改的新古典风格的大厅室内大胆地装上时髦的装饰艺术派风格的吊灯。1927年12月19日，公和洋行在外滩的另一座丰碑——江海关大楼（Chinese Maritime Customs House，图9-17）落成。尽管这座建筑的风格在总体上还是复古的，正面入口的希腊多立克式神庙处理，尤其是门廊的四根陶立克柱子，做得极为地道，但设计者对新风格的追求也更加明显地在总体造型上流露出来——建筑顶部层层收进的钟塔更多地表现立方体的体积感和高耸感，立面的装饰也大为减少和简化。1929年建成的外滩南京路口的沙逊大厦（Sassoon House，今和平饭店，图9-18），是上海第一座10层以上的建筑。至此，公和洋行已完全摆脱传统的新古典主义风格的桎梏，成为时髦的装饰艺术派风格的领头羊，并使这一新风格取代新古典主义而成为上海新一代大型建筑的主流。公和洋行后期设计的作品就完全是现代风格，如华懋公寓（1925—1929）、百老汇大厦（Broadway Mansions，1930—1934，今上海大厦）、汉弥尔登大厦（Hamilton House，1931—1933，今福州大楼）、河滨大楼（Embankment Building，1931—1935）和大凯文公寓（Carbendish Court，1933—1938）、都市饭店（Metropole Hotel，1934）等。除都市饭店外，其余均为高层公寓。关于沙逊大厦、汉弥尔登大厦和都市饭店将在讨论装饰艺术风格建筑时叙述。

百老汇大厦（图9-19）由业广地产公司建筑师布莱特·弗雷泽（Bright Fraser，1894—？）设计，公和洋行担任顾问。大楼为酒店式公寓，22层钢框架结构，钢筋混凝土楼板，新仁记营造厂（Sin Jin Kee & Co.）承建。建筑高76.7米，占地面积5225平方米，建筑面积为24 596平方米。④这座平面呈X形的公寓形体为典型的现代建筑处理手法，立面对称，中部最高，自11层起两侧逐级收缩。各层顶部均饰以几何形连续装饰图案，其余大面积的墙面均处理简洁，仅在窗间墙部位的泰山面砖的砌法上略作特别处理，底层用暗红色花岗岩贴面。二至九层每层各有套房4套，客房12间。十至十四层，每层各有客房15间，十五和十六层每层有客房16间，套房分别设计为中、英、美、法、日等多国风格。⑤

图9-17　江海关大楼
来源：沈晓明提供

图9-18　沙逊大厦
来源：许志刚摄

④ 薛顺生、娄承浩编著《老上海经典公寓》，上海：同济大学出版社，2005年，第171页。

⑤ 薛理勇著《老上海高楼广厦》，上海书店出版社，2014年，第167页。

(1) 历史图片
来源:《建筑月刊》第二卷,第一期

图 9-19 百老汇大厦

(2) 百老汇大厦现状
来源:席子摄

(3) 百老汇大厦转角处理
来源:许志刚摄

(4) 百老汇大厦顶部细部
来源:许志刚摄

(1) 历史照片
来源:Virtual Shanghai

图 9-20 河滨大楼

(2) 河滨大楼现状
来源:席子摄

① 《中国建筑》创刊号,1931 年 11 月,第 17 页。见:《中国近代建筑史料汇编:第一辑》第九册,第 29 页。

② 薛顺生、娄承浩编著《老上海经典公寓》,上海:同济大学出版社,2005 年,第 64 页。

③ 《上海市徐汇区地名志》编纂委员会《上海市徐汇区地名志》2010 年版,上海辞书出版社,2012 年,第 188 页。

④ 上海市黄浦区人民政府《上海市黄浦区地名志》,上海社会科学院出版社,1989 年,第 170 页。

⑤ 《上海市徐汇区地名志》编纂委员会《上海市徐汇区地名志》2010 年版,上海辞书出版社,2012 年,第 175 页。

⑥ 根据上海市城市建设档案馆馆藏图纸,确认是通和洋行的设计,亨利公寓的业主是英商瑞康洋行（R. M. Joseph),曾被误认为是赖安工程师的作品。

⑦ 《上海市徐汇区地名志》编纂委员会《上海市徐汇区地名志》2010 年版,上海辞书出版社,2012 年,第 514 页。

河滨大楼（图 9-20）平面呈周边式 S 形围合,是近代上海规模最大的公寓大楼,共有 194 套住宅。① 建筑占地面积 7000 平方米,建筑面积为 54 290 平方米,8 层钢筋混凝土结构,由新申营造厂（New Shanghai Construction Co.）承建。一层为店铺,二层为办公楼,三至七层为公寓。双边走道,每户均另设内走道,有宽大的内阳台,1978 年加建了 3 层,因此塔楼的造型也有所改变。②大凯文公寓（图 9-21）为 10 层钢筋混凝土结构,由新仁记营造厂承建。建筑面积为 3522 平方米,平面呈八字形,每户均有外阳台,窗间墙为深色,以形成带形窗的效果。③公和洋行设计的中国银行方案也完全是现代风格,强调垂直向上的线条。

通和洋行的设计曾以安妮女王风格和新古典主义风格建筑著称,留下大量的作品,在 1920 年代末开始探索新建筑风格,最早的探索可能是中国实业银行大楼（National Industrial Bank of China,1929,图 9-22）,尽管建筑立面仍然是古典的比例,但形式已经相当简化,开始注重垂直的体量关系。在国华银行大楼（China State Bank,1931—1933）的设计中出现明显的现代建筑的布局和立面构图。以后在五洲大药房（International Dispensary,1934—1935）、亨利公寓（Hanray Mansions,1939,今淮中大楼）和荣德生宅（1939,今徐汇区少年宫）的设计中彻底实现转变。

五洲大药房（图 9-23）位于河南中路和福州路的转角,其折线形内凹的平面已摆脱顺道路转角以外凸弧形面布置的传统方式。建筑为 7 层,局部 10 层,钢筋混凝土结构,占地 1139 平方米,建筑面

(1) 大凯文公寓和毕卡地公寓历史照片
来源：Virtual Shanghai

(2) 大凯文公寓现状
来源：《传承》

(3) 大凯文公寓顶部
来源：席子摄

(4) 大凯文公寓入口细部
来源：席子摄

(5) 大凯文公寓设计效果图
来源：《建筑月刊》第二卷，第一期

图 9-21　大凯文公寓

积为 8366 平方米。④立面强调窗间墙的竖向线条，不再强调水平向的三段模式。底层沿街有店面，设大面积的玻璃橱窗；沿福州路有办公楼专用大门。

淮海中路的亨利公寓（图 9-24）为 8 层公寓大楼，底层为店铺，后院有车库和附属用房，占地 1873 平方米，建筑面积 5373 平方米。⑤建筑的标准很高，设备齐全，开间较大，一般为五室户，七、八层为跃层，每户为七室。七层有大露台，八层设屋顶花园。立面转角为圆弧形，立面贴奶黄色面砖，有宽大的带形窗。⑥

荣德生宅（图 9-25）为 3 层混合结构，立面以带状的横线条为主，建筑两端和阳台均以圆弧形收头。占地 4507 平方米，建筑面积为 1924 平方米，1960 年经过扩建。⑦

上海新建筑风格的另一位先锋是当年红极一时的建筑师邬达克。邬达克生于今斯洛伐克境内，当时属奥匈帝国的匈牙利，所以一般把他称为"匈牙利建筑师"。1918 年，邬达克来到上海，在美国建筑师克利开设的克利洋行工作。在此期间他与克利合作设计了中西女塾（McTyeire School for Girls，

图 9-22　中国实业银行大楼
来源：章明建筑师事务所

(1) 历史照片
来源：《建筑月刊》第四卷，第三期

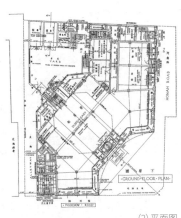

(2) 平面图
来源：《建筑月刊》第四卷，第三期

(3) 现状

图 9-23　五洲大药房

图9-24 亨利公寓
来源:沈晓明提供

(1)荣德生宅全景
来源:席子摄

图9-25 荣德生宅

(2)荣德生宅花坛细部

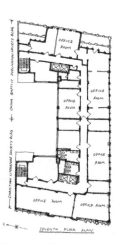

图9-28 广学会大楼和真光
大楼平面图
来源:《上海邬达克建筑地图》

图9-26 中西女塾

(1)四行储蓄会联合大楼转角入口

图9-27 四行储蓄会联合大楼

(2)四行储蓄会联合大楼室内
来源:林沄提供

① 卢卡·彭切里尼、尤利娅·切伊迪著《邬达克》,华霞虹、乔争月译,上海: 同济大学出版社,2013年,第102-103页。

② 同上,第109页。真光大楼又称"中华浸信会大楼"(China Baptist Publication Society Building)。

③ 上海市城市规划管理局、上海市城市建设档案馆编《上海邬达克建筑》,上海科学普及出版社,2008年,第70页。

④ 邬达克于1937年11月22日向工部局的请照单。见:上海市城市规划设计研究院、上海现代建筑设计集团、同济大学建筑与城市规划学院编著《绿房子》,上海:同济大学出版社,2014年,第28页。

1921—1922,图9-26)、美国总会(American Club,1923—1925)等一系列作品,这些作品均为复古样式。但邬达克个人的某些风格,如偏爱用面砖饰面和色彩对比等,已初步形成。1925年邬达克独立开业,开业初始,他的作品与他在克利洋行期间设计的作品风格并无太大区别,尤其表现在四行储蓄会联合大楼(Union Building of the Joint Savings Society,1926—1928,图9-27)的设计。他的设计风格丰富多样,历经文艺复兴、新古典主义、哥特复兴、表现主义等,而邬达克最重要的贡献当推现代建筑。

1930年代,上海新风格建筑逐步出现,邬达克善于接受新思想,订阅了许多欧洲和美国的建筑杂志,他也拥有一个藏书丰富的图书馆。①他从建筑杂志与到欧洲和美国的旅行考察中把握住新建筑的潮流,设计风格也因此发生重大转变,并成为上海新风格建筑最引人注目的大力推动者之一。邬达克的这种设计风格的转变最初出现在1930年设计、1932年建成的广学会大楼(Christian Literature Society Building)和真光大楼(True Light Building)上。这两座建筑属于连体姐妹楼(图9-28),由治兴建筑公司(Yah Sing Construction Co.)承建。但在立面处理上除建筑的色彩、用材以及底层上部的装饰相同之外,也有较人的差异。主立面朝西的广学会大楼(图9-29)高9层,还有1层地下室。立面上还留有哥特复兴风格的痕迹,其哥特式尖券的造型和褐色的面砖与两年前落成的基督教慕尔堂有着明显的联系,但整个建筑的形象已相当简洁,极少装饰细部,表现出设计者开始向现代风格转变。高8层的真光大楼(图9-30)主立面朝东,与广学会大楼两者构成U形平面。从整体造型看,真光大楼的设

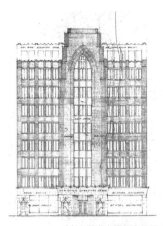

（1）广学会大楼西立面图
来源：上海市城市建设档案馆馆藏图纸

（2）广学会大楼现状
来源：席子摄

图 9-29 广学会大楼

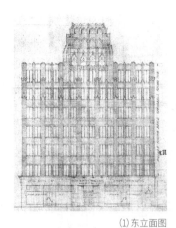

（1）东立面图
来源：上海市城市建设档案馆馆藏图纸

（2）现状

（3）立面细部

图 9-30 真光大楼

计手法更为娴熟，其褐色泰山面砖以及整体的风格仿德国表现主义建筑，其砖砌立面和细部受德国北部以表现主义风格著称的汉堡建筑师弗里茨·赫格（Fritz Höger，1877—1949）设计的砖砌建筑的影响。②

大光明大戏院在 1933 年落成，次年 12 月，邬达克设计的国际饭店落成。这两座建筑融汇现代建筑和表现主义的语言，其结构、设备都代表当时上海甚至远东地区的最高水平，也代表上海现代建筑的高潮。关于大光明大戏院和国际饭店，将在本书第 10 章再讨论。

1938 年建成的吴同文宅（D. V. Woo's Residence，图 9-31）是邬达克的又一件具有创造性的作品，曾经被誉为远东最大和最豪华的住宅之一，由洽兴建筑公司（Yah Sing Construction Co.）承建。建筑和庭园占地 22 200 平方米，建筑面积 2000 余平方米。③这座建筑也差不多是邬达克在上海最后的作品之一，他的设计风格变得更加接近国际式。其毫无装饰的简洁立面，圆弧形的大片玻璃、水平的阳台和流线形的室外大楼梯等，与同时期欧美盛行的现代派建筑已别无二致。外墙采用绿色面砖，在 1937 年 11 月向工部局的请照单中也称其为"绿房子"（Green House）。④大片的玻璃窗以及水平线处理使它具有浓烈的现代感，但在它夸张的圆弧形阳光室造型，窗户上的铁花装饰图案及一些细部处理上，仍然可以感觉到装饰艺术派的气息。

（1）吴同文宅历史照片
来源：《绿房子》

（2）吴同文宅现状
来源：《绿房子》

（3）吴同文宅转角

（4）吴同文宅阳台历史照片
来源：《绿房子》

（5）吴同文宅室内底层楼梯间
历史照片
来源：《绿房子》

（6）吴同文宅楼梯间历史照片
来源：《绿房子》

图 9-31 吴同文宅

（1）邬达德公寓现状
来源：席子摄
图 9-32 邬达德公寓

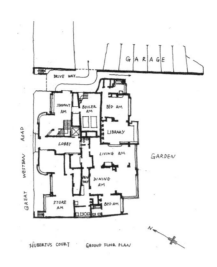

（2）邬达德公寓平面图
来源：《上海邬达克建筑地图》

（1）立面图

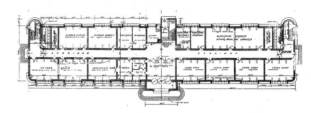

（2）底层平面图

图 9-33 圣心女子职业学校
来源：《建筑月刊》第四卷，第四期

① 上海市城市规划管理局、上海市城市建设档案馆编《上海邬达克建筑》，上海科学普及出版社，2008 年，第 66 页。

② Spencer Dodington, Charles Lagrange. *Shanghai's Art Deco Master: Paul Veysseyre's Architecture in the French Concession*. Hong Kong: Earnshaw Books, 2014: 96.

③ 薛顺生、娄承浩编著《老上海经典公寓》，上海：同济大学出版社，2005 年，第 58 页。

　　邬达克设计的中西女塾景莲堂（McGregor Hall，1935）属于哥特复兴风格，同一时期设计的邬达德公寓（Hubertus Court，1935—1937，今达华宾馆）和震旦女子文理学院（Aurora College for Women，1937—1939，今向明中学震旦楼）均属现代建筑。

　　邬达德公寓（图 9-32）是邬达克注册的邬达德房地产公司投资兴建的公寓，10 层钢筋混凝土结构，占地 3000 平方米，建筑面积 9846 平方米，公寓南侧有一片花园。①标准层为一梯三户，共有 90 套公寓，两端各布置一套大面积公寓。建筑造型简洁，强调水平向和阳台转角的圆弧形构图，外墙为乳白色水泥拉毛粉刷。

　　他设计的位于朝阳路的圣心女子职业学校（Sacred Heart Vocational College for Girls，1936，图 9-33）是一座优秀的现代建筑，立面对称，强调横向线条，立面正中则以竖线条为主。4 层钢筋混凝土结构，加建过 2 层，曾经改作旅馆，现用作亲子医院。由于多次改建，建筑面貌已有较大的改动。

图 9-34 震旦女子文理学院
来源：席子摄

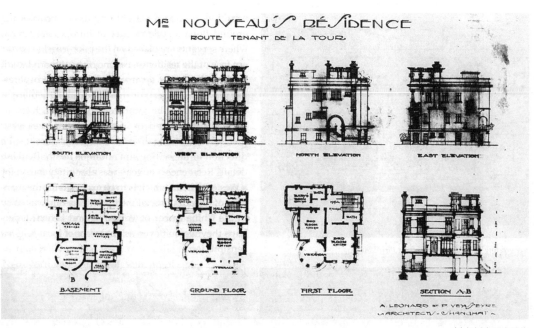

(1) 努沃宅历史照片
来源：Shanghai's Art Deco Master

(2) 努沃宅现状
来源：薛鸣华提供
图 9-35 努沃宅

震旦女子文理学院（图 9-34）为 4 层钢筋混凝土结构，平面呈 U 形，一层用于公共服务和图书馆，东侧有体育馆兼礼堂，二、三层是教室，四层为宿舍。外观为带形窗，转角以圆弧形处理。

在上海的新风格建筑中，与大部分外籍建筑师摇摆于传统与现代风格之间的情形相比，以赉安和韦西埃创办的赖安工程师（Léonard & Veysseyre Architects）为代表的法国建筑师对现代建筑风格的推动似乎表现得更为积极。这与法国建筑师在欧洲的现代建筑运动中的积极作用不无关系。赉安在上海的早期作品表现出试图摆脱新古典主义影响的倾向，例如法国球场总会在室内装修中引进时髦的新艺术运动和装饰艺术派风格，1923 年设计的努沃宅（Residence Nouveau，图 9-35），底层圆拱窗的拱心石与同一时期设计的科德西宅（Residence Codsi）十分相似，仍然是古典的构图，但主体结构已经简化，立面不对称，住宅的主入口朝西，在住宅西南转角添加了一个圆形的房间。[②]现存的四层为后期加建。

建筑师的自宅往往最能体现建筑师的品位和建筑美学，赉安在 1928 年为自己设计建造住宅时，就已经完全采用现代建筑风格（图 9-36）。二层的转角大面积窗户，转角圆柱与墙的处理新颖。紧邻赉安宅的韦西埃宅（Villa Veysseyre，1927—1928，图 9-37）有着圆弧形的转角露台，大面积的玻璃窗以及柱子断面的新颖处理，都证明赖安工程师的现代建筑设计手法已经相当娴熟。赖安工程师自 1920 年代末完全转向现代风格，在 1920 年代和 1930 年代的上海留下自己独特的现代印记。

图 9-36 赉安宅

1929 年建成的培恩公寓（Béarn Apartments，参见图 6-117），高 7 层，局部 10 层，钢筋混凝土结构，占地 5200 平方米，建筑面积 16 665 平方米。[③]公寓沿街作周边式布置，建筑立面表现出装饰艺术风格，公寓沿淮海路侧的立面，两边强调竖线条，以粉刷和清水砖的材质变化以及竖向的凸窗体量形成连续的竖向节奏感。中央塔楼采用横宽线条处理，顶部作阶梯状收分。

图 9-37 韦西埃宅
来源：薛鸣华提供

(1) 历史照片
来源:《建筑月刊》第一卷,第十二期
图 9-38 雷米小学

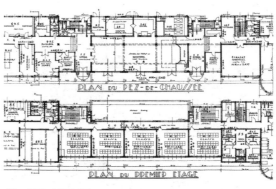

(2) 一层和二层平面图
来源:《建筑月刊》第一卷,第十二期

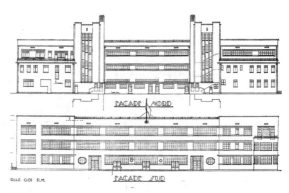

(3) 立面图
来源:《建筑月刊》第一卷,第十二期

图 9-39 白赛仲公寓
来源:席子摄

图 9-40 方西马公寓
来源:薛鸣华提供

1934 年建成的中汇银行大楼（Chung Wai Bank）仍为装饰艺术派风格，但形式更具有现代感，久记营造厂承建。可惜的是在 1990 年代改建时,除建筑的轮廓外,原有的风格完全被改变了。而比它早一年建成的雷米小学（Ecole Française et Russe "Remi",图 9-38）,是为法国和俄国学生建造的一座地道的国际式建筑。建筑为 3 层钢筋混凝土结构,局部 4 层,由安记营造厂（An-Chee Construction Co.）承建。平面呈一字形布置,立面作横线条处理,有带形窗和出挑的遮阳板,强调水平向构图,窗间墙为红砖,使水平向的窗户显得更为宽阔。除入口旁设有两扇八边形的舷窗外,墙面上没有多余的装饰,东端设置一间圆形的教室,加强建筑的体积感。

赖安工程师的现代建筑风格在他们设计的一系列公寓建筑中得到全面体现,有一些建筑的基地十分狭小,建筑师以高超的设计手法满足了功能要求。代表作有白赛仲公寓（Boissezon Apartments, 1929—1933,图 9-39）、亨利公寓（Paul Henry Apartments,1930,今新乐公寓）、格莱勋公寓（Gresham Apartments, 1930—1934,今光明公寓）、方西马公寓（F. I. C. Apartment Houses,1832—1933,今建安公寓,图 9-40）、戤司康公寓（Gascogne Apartments,1933—1934,今淮海公寓）、道斐南公寓（Dauphiné Apartments,1934—1935,今建国公寓）、麦琪公寓（Magy Apartments,1934—1935）、阿麦仑公寓（Amyron

(1) 戤司康公寓效果图
来源:《建筑月刊》第二卷,第二期
图 9-41 戤司康公寓

(2) 现状
来源:沈晓明提供

(3) 沿街铺楼转角
来源:沈晓明提供

(4) 戤司康公寓屋顶
来源:薛鸣华提供

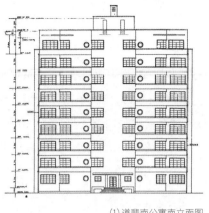

(1) 道斐南公寓南立面图
来源:《建筑月刊》第三卷,第八期

(2) 道斐南公寓北立面图
来源:《建筑月刊》第三卷,第八期

(3) 道斐南公寓效果图
来源:《建筑月刊》第三卷,第八期

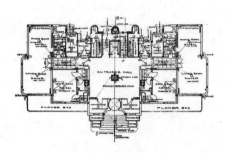

(4) 道斐南公寓一层平面图
来源:《建筑月刊》第三卷,第八期

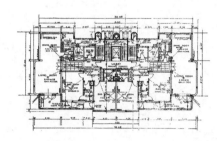

(5) 道斐南公寓标准层平面图
来源:《建筑月刊》第三卷,第八期

(6) 道斐南公寓现状
来源:薛鸣华提供

图 9-42 道斐南公寓

图 9-43 麦琪公寓
来源:席子摄

Apartments, 1941, 今高安公寓) 等。白赛仲公寓为 6 层钢筋混凝土结构,占地面积仅 137.77 平方米。[①]立面对称,内凹的入口位于道路转角,一梯两户,二至四层正对道路转角处有三角形的内阳台,六层有宽大的露台。

戥司康公寓又称"万国储蓄会公寓"(图 9-41),钢筋混凝土结构,由一座 50 米高 13 层的主楼和一座 5 层高的辅楼组成,辅楼沿淮海中路布置。占地面积 4553 平方米,主楼建筑面积为 9062 平方米,辅楼建筑面积为 3318 平方米。[②]公寓为现代建筑风格,特点是上部层层跌落的形体及立面中部与顶部的横竖线条装饰。当年建造的时候,周边均为 3 层的低矮建筑。[③]

道斐南公寓(图 9-42)是一座标准较高的 9 层公寓,由安记营造厂承建。大楼电梯间下方有局部地下室,每层一梯两户,每户都有宽大的阳台和转角窗,建筑的许多部位采用圆弧形转角。强烈的水平流线形线条为造型特色,除南立面上的圆形窗外,基本上没有细部装饰,2007 年经过全面修缮。

麦琪公寓(图 9-43)位于道路转角处,10 层钢筋混凝土结构,与白赛仲公寓在道路东侧相对,每层有外挑的圆弧形转角大阳台。建筑占地面积仅 220 平方米,建筑面积为 1939 平方米。一梯一户或两

① 上海市徐汇区人民政府编《徐汇区地名志》,上海社会科学院出版社,1989 年,第 126 页。

②《上海市徐汇区地名志》编纂委员会《上海市徐汇区地名志》,上海辞书出版社,2012 年,第 182 页。

③ Spencer Dodington, Charles Lagrange. *Shanghai's Art Deco Master: Paul Veysseyre's Architecture in the French Concession*. Hong Kong: Earnshaw Books, 2014: 105.

图 9-44 阿麦仑公寓

户，服务用房和服务露台均位于背面，每户的起居室均有转角窗。九层有一间很大的起居室和主卧室，十层有两套公寓。①

阿麦仑公寓（图 9-44）是赖安工程师在上海的最后一件作品。阿麦仑（Amyron）在希伯来语中的意思是"我的民族是一首欢乐的歌"②。这座 6 层的公寓建筑位于道路转角，立面不对称，占地面积仅233 平方米，建筑面积 1052 平方米。③黄色面砖墙面的立面呈水平向流线形曲面，入口设计成 2 层高的构图。建筑西端有外挑的圆弧形阳台。赉安的原设计包括建筑师的自宅，门厅地坪上有赉安名字缩写（字母 A. L.）的镶嵌图案。

在 1930 年代，许多外国建筑师纷纷转而设计时髦的现代建筑，以高层办公楼、高层公寓和独立式住宅为代表。中法实业公司（Minutti & Cie.）在 1930 年代的新风格建筑中也扮演了十分重要的角色。它的主持人米吕蒂（René Minutti，1887—？ ）是瑞士结构工程师，1887 年在日内瓦出生，毕业于苏黎世理工大学（Polytechnic School of Zurich），1920 年来到上海。④他在钢结构和预应力钢筋混凝土的设计方面有丰富的经验，曾在 1920 年代作为结构工程师参与设计乍浦路桥以及水塔、厂房、仓库和货栈等。中法实业公司于 1930 年开业并从事建筑设计。出于一个现代结构工程师对新结构和新材料的偏爱，米吕蒂一开始就以现代派建筑师的形象出现在上海的建筑界，代表作有上海回力球场增建

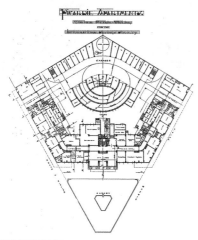

(1) 毕卡第公寓总平面图
来源：《建筑月刊》第二卷，第一期

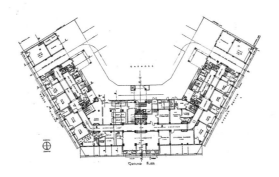

(2) 毕卡第公寓底层平面图
来源：《建筑月刊》第二卷，第一期

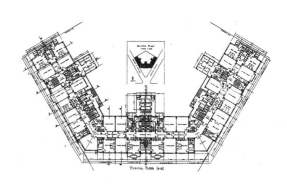

(3) 毕卡第公寓标准层平面图
来源：《建筑月刊》第二卷，第一期

(4) 毕卡第公寓西南立面图
来源：《建筑月刊》第二卷，第一期

图 9-45 毕卡第公寓

(5) 毕卡第公寓

(6) 毕卡第公寓细部
来源：Virtual Shanghai

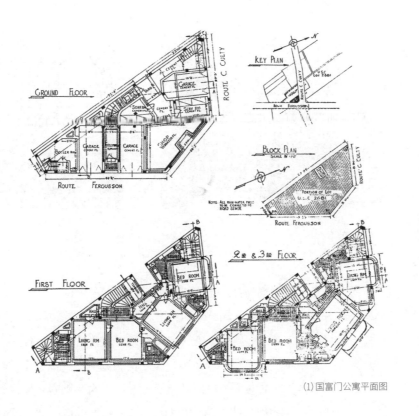

(1) 国富门公寓平面图

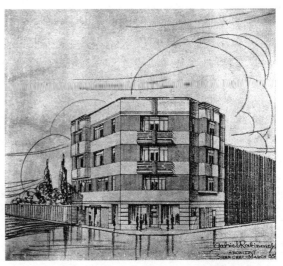

(2) 国富门公寓透视图

图 9-46 国富门公寓

来源:《建筑月刊》第三卷,第三期

① 《上海市徐汇区地名志》编纂委员会《上海市徐汇区地名志》2010 年版,上海辞书出版社,2012 年,第 183 页。

② Barbara Green, Tess Johnston, Ruth Lear, Carolyn Robertson, Jos Snoodijk. *Pattern of the Past: Six more Shanghai Walks*. Hong Kong: Old China Hand Press, 2008: 13.

③ 《上海市徐汇区地名志》编纂委员会《上海市徐汇区地名志》2010 年版,上海辞书出版社,2012 年,第 186 页。

④ George F. Nellist. *Men of Shanghai and North China, A Standard Biographical Reference Work*. Shanghai: The Oriental Press, 1933.

⑤ 《建筑月刊》第二卷,第一期,1934 年 1 月,第 4 页。见:《中国近代建筑史料汇编: 第一辑》第三册,第 1308 页。

⑥ 《上海市徐汇区地名志》编纂委员会《上海市徐汇区地名志》2010 年版,上海辞书出版社,2012 年,第 182 页。

⑦ 上海市虹口区人民政府编《上海市虹口区地名志》,上海: 百家出版社,1989 年,第 170 页。

(Auditorium Hai-Alai,1929—1930)、毕卡地公寓(Picardie Apartments,1934—1935)、外滩的法国邮船公司大楼(Compagnie des Messageries Maritimes,1937—1939)等。

毕卡第公寓(图 9-45)是中法实业公司现代风格探索的另一件代表作品,自建成起一直到 1980 年代都是上海西区的地标性建筑。毕卡第公寓占地 5134 平方米,建筑面积 28 400 平方米,16 层钢筋混凝土结构,利源建筑公司(Lee Yuen Construction Co., Contractors)承建。公寓由主楼和东西两翼组成,每一翼都有电梯和服务电梯。除办公室外,共有 87 套公寓,从两室户到八室户不等,东西两翼为四室户,十三层和十四层为豪华五室户双层套房,仆人另有住房。⑤建筑平面呈"八"字形,是上海现代高层公寓建筑偏好的形式,兼顾体量和朝向的关系。在整体造型上,这座 16 层高的公寓建筑具有鲜明的"现代感",虽然它在形体上仍采用从中部逐渐向两侧跌落的方式,但已无任何附加的线条或图案装饰,仅以其自身形体形成竖向垂直线条的感觉。

俄国建筑师罗平(Gabriel Rabinovich)设计的国富门公寓(Koffman Apartments,1935—1936,图 9-46)是一座 4 层混合结构的微型公寓,由馥记营造厂承建。公寓位于道路转角,又贴在原有建筑旁建造。从现状来看,已经加建 1 层。建筑占地仅 153 平方米,建筑面积为 741 平方米。⑥平面布置十分紧凑,每层仅两户,每户有一间起居室和一间卧室,通过一间前厅进入起居室。卫生间和厨房均为异形平面,另两户的厨房各自有一座服务楼梯。

北端公寓(North End Court Apartments,1928,今长春公寓,图 9-47)属于早期公寓式建筑群,由沙逊华懋地产公司投资建造。4 层平屋顶钢筋混凝土结构,1975 年加建 2 层,平面为三边围合状。建筑占地 5000 平方米,建筑面积为 11 200 平方米,共有 56 套公寓。⑦

图 9-47 北端公寓

来源:《回眸》

(2) 麦特赫斯脱公寓历史照片
来源：Virtual Shanghai

(3) 麦特赫斯脱公寓现状
来源：《回眸》

(1) 麦特赫斯脱公寓顶部
来源：《建筑月刊》第二卷，第三期

图 9-48　麦特赫斯脱公寓

新瑞和洋行的早期作品倾向于新古典主义，在 1930 年代则有多件现代风格的作品问世，如麦特赫斯脱公寓（Medhurst Apartments，1934，今泰兴大楼，图 9-48）、懿德公寓（Yue Tuck Apartments，1933—1934，图 9-49）和周湘云宅（1934—1937，今岳阳医院青海路门诊部，图 9-50）等。麦特赫斯脱公寓位于道路转角，平面呈八字形，向地块凹进。钢筋混凝土结构，中部 12 层，两侧为 10 层，由新申营造厂承建。立面对称，中部以竖线条为主，两侧则强调横线条，节奏分明，细部装饰则已大大简化。公寓占地面积 1433 平方米，建筑面积 8620 平方米。①懿德公寓为 7 层钢筋混凝土框架结构，由两个单元对称组合而成，标准较高，有电梯，每层仅两户，户型较大，另设服务楼梯。新合记营造厂（Sing Hop Kee General Building Contractor）承建，建筑面积 4964 平方米。②周湘云宅为现代风格的 3 层平屋顶住宅，由前楼和后楼组成，前楼南面有一座大花园。周家花园占地 2680 平方米，建筑占地 450 平方米，建筑面积为 1300 平方米。③前楼的平面为传统的三间两厢房布局，二层的东南转角卧室有一间出挑的圆形房间，建筑的一些转角部分均采用圆角。

锦名洋行（Cumine & Co., Ld. Architects, Surveyors and Estate Agents）设计的爱林登公寓（Eddington House，1933—1936，今常德公寓，图 9-51），8 层钢筋混凝土结构，罗德公司（C. Luthy & Co.）承建，占地 580 平方米，建筑面积为 2663 平方米。④对称的东立面为主立面，以横竖线条对比手法处理，尤其是中部二、三、四、五层的出挑大阳台衬托出建筑中部的竖线条，两侧则以长条的圆弧形转角阳台强调横线条。一梯三户，部分户型有跃层。西面有通长的外挑服务阳台，亦作为安全通道。七层两端的户型由于造型的需要退台，形成一个超大的屋顶平台。

(1) 懿德公寓效果图
来源：《建筑月刊》第三卷，第一期

(2) 懿德公寓现状
来源：席子摄

图 9-49　懿德公寓

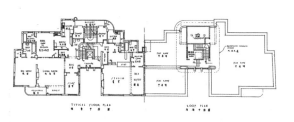

(3) 懿德公寓标准层和屋顶平面图
来源：《建筑月刊》第三卷，第一期

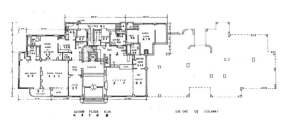

(4) 懿德公寓底层平面和柱结构布置图
来源：《建筑月刊》第三卷，第一期

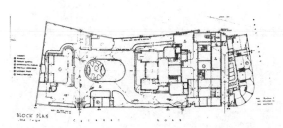

(1) 周湘云宅总平面图
来源：上海市城市建设档案馆馆藏图纸

(2) 周湘云宅现状
来源：席子摄

图 9-50 周湘云宅

图 9-51 爱林登公寓

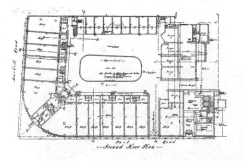

(1) 卡尔登公寓底层平面图
来源：《建筑月刊》第二卷，第十一、十二期合刊

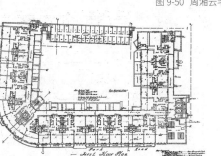

(2) 卡尔登公寓二层平面图
来源：《建筑月刊》第二卷，第十一、十二期合刊

(3) 卡尔登公寓历史照片
来源：Virtual Shanghai

(4) 卡尔登公寓现状

图 9-52 卡尔登公寓

凯司建筑师事务所（Keys & Dowdeswell, Architects）设计的卡尔登公寓（Carlton Apartments, 1934—1935，今长江公寓，图 9-52）由英商业广地产公司投资兴建，平面呈马蹄形，钢筋混凝土结构，设备齐全。沿凤阳路和黄河路的房屋为 6 层，1956 年加建至 8 层，北侧房屋为新大楼。公寓占地 1626 平方米，建筑面积为 12 654.1 平方米。[5]外墙为浅色面砖，临街二层有铁栅栏阳台。

美国联合建筑公司（Universal Building & Engineering Co.）的建筑师海杰克（H. J. Hajek，又译海其渴、海杜克）设计了大量的现代风格，甚至超现代风格的高层建筑方案，但均为纸上建筑，而且基本上都是同一时期的设计，已知唯一建成的是位于虹桥路上对称的孔氏别墅（图 9-53）。海杰克也曾在圣约翰大学建筑系任教。[6]海杰克设计的金神父公寓方案（Père Robert Apartments，1933，图 9-54）、跑马厅公寓方案（Race-Course Apartments，1934，图 9-55）等，一改用地集约的设计传统，体量十分庞大。金神父公寓如果建成的话，有可能是上海体量最大的高层建筑。跑马厅公寓呈水平向展开，立面基本对称，大面积的玻璃窗和公寓阳台的水平线条显得十分突出。10 层钢筋混凝土结构，中部 13 层。海杰克也为西区设计新村住宅，共 7 幢现代风格的 2 层独立式住宅，有几幢住宅附有游泳池（图 9-56）。

高层办公楼也是现代建筑的重要领域，1936 年建成的法租界麦兰捕房（Poste de police Mallet，今黄浦区公安分局，图 9-57）是赖安工程师的作品，处理手法与他们设计的公寓基本相同，采用横线条和竖线条的强烈对比，几何体量层层跌落，入口大门两侧的灯柱与门口的台阶是建筑最为突出的部分。建筑占地 3566 平方米，建筑面积为 7664.5 平方米。[7]

① 薛顺生、娄承浩编著《老上海经典公寓》，上海：同济大学出版社，2005 年，第 164 页。

② 上海市静安区人民政府编《上海市静安区地名志》，上海社会科学院出版社，1988 年，第 226 页。

③《上海百年名楼·名宅》编撰委员会编《上海百年名宅》，北京：光明日报出版社，2006 年，第 211 页。

④ 薛顺生、娄承浩编著《老上海经典公寓》，上海：同济大学出版社，2005 年，第 139 页。

⑤ 上海市黄浦区人民政府编《上海市黄浦区地名志》，上海社会科学院出版社，1989 年，第 172 页。

⑥ 章开沅主编，徐以骅、韩信昌著《海上梵王渡：圣约翰大学》，石家庄：河北教育出版社，2003 年，第 53 页。

⑦ 上海市黄浦区人民政府编《上海市黄浦区地名志》，上海社会科学院出版社，1989 年，第 195 页。

(1) 孔氏别墅效果图
来源:《建筑月刊》第二卷,第九期

图 9-53 孔氏别墅

(2) 孔氏别墅现状
来源:席子摄

(3) 孔氏别墅侧影
来源:席子摄

图 9-54 金神父公寓方案
来源:《建筑月刊》第二卷,第三期

图 9-55 跑马厅公寓方案
来源:《建筑月刊》第三卷,第一期

图 9-56 西区新村设计方案
来源:《建筑月刊》第三卷,第一期

(1) 麦兰捕房方案图
来源:《建筑月刊》第三卷,第一期

图 9-57 麦兰捕房

(2) 麦兰捕房效果图
来源:《建筑月刊》第三卷,第一期

(3) 麦兰捕房历史照片
来源:Virtual Shanghai

(4) 麦兰捕房入口
来源:Virtual Shanghai

新瑞和洋行设计的中国通商银行新厦（1934—1936，图9-58），位于江西中路和福州路转角，基地沿江西中路为主要的界面，是这个十字路口四个转角中最后建造的建筑，平面同样采用内凹的方式处理道路转角，与周边建筑呼应。整体造型亦为向两侧对称跌落，带有装饰艺术派风格的顶部塔楼处理，整体上强调竖向线条。早期的方案更强调竖向的线条，造型更为简洁。外墙为花岗岩饰面，中部为18层，两侧辅楼10层，钢筋混凝土结构由陶桂记营造厂（Dao Kwei Kee Building & General Contractor）承建，占地773平方米，建筑面积11 757平方米。[1]大楼建成后，出让给中国建设银公司，于是改名为"建设大厦"。

德利洋行（Percy Tilley & Limby, Architects and Engineers）设计的哈同大楼（Hardoon Building, 1934—1935，图9-59）和迦陵大楼（The Liza Hardoon Building, 1936—1937，今嘉陵大楼，图9-60）是典型的现代风格办公大楼。哈同大楼位于南京东路和河南中路转角，6层钢筋混凝土结构，由陈永兴营造厂（Zung Yun Shing Building Contractor）建造，经过历次改建，原有外观已经完全改变。迦陵大楼由哈同洋行投资兴建，1937年12月竣工。陶桂记营造厂承建，占地面积1084平方米，建筑面积10 110平方米。[2]大楼的高度由南向北逐渐跌落，分别为14层、10层和8层，钢筋混凝土结构，平面呈不规则矩形。由于建筑为东西向，没有开大面积的窗户，强调竖向线条。立面为水泥斩假石，勒脚用苏州产花岗石，顶部有带状浮雕花饰。门厅四壁及地面均为大理石，走廊、护壁及楼梯均为水磨石面层。

中法实业公司设计的法国邮船公司大楼（Compagnie des Messageries Maritimes, 1937—1939，今上海市第二档案馆）为10层钢筋混凝土结构，有半地下室。潘荣记营造厂（Poan Young & Co.）承建，建筑面积为10 101平方米。[3]建筑布局十分紧凑，中间一条通廊串接周边的办公空间。立面对称，建筑造型为简洁的立方体，入口门头贴黑色花岗岩。这座建筑实际上是外滩建筑天际线的终端，是法租界外滩的最高建筑，但由于法国邮船公司大楼位于法租界，一般没有将它列为外滩建筑的系列（图9-61）。

由于位于法租界外滩的法国总领事馆已经比较陈旧，脱离现代主义建筑潮流，遂委托赖安工程师在1934年5月设计法国总领事馆新大楼（图9-62），方案属于当时最新潮的高层建筑，强调流线形的建筑造型，但是由于战争未能建造。[4]

赖安工程师在1937年设计的第二特区工部局大楼（Municipal Council Building of the Second Special District Area，图9-63）通过设计竞赛获胜。该建筑占据整个地块，宽大的南广场面向淮海路，一旦建

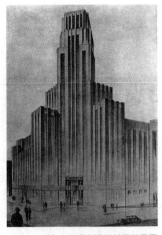

(1)中国通商银行新厦效果图
来源：《建筑月刊》第二卷，第一期

(2)中国通商银行新厦现状
来源：《回眸》

图9-58 中国通商银行新厦

① 上海市黄浦区人民政府编《上海市黄浦区地名志》，上海社会科学院出版社，1989年，第188页。

② 同上，第200页。

③ 同上，第192页。

④ Marie-Claire Bergère, Jérémy Cheval, Danielle Elisseeff, Françoise Ged. *La Villa Basset, résidence du consul général de France à Shanghai.* Paris: Éd. internationales du patrimoine: 47.

(1)哈同大楼历史照片
来源：Virtual Shanghai

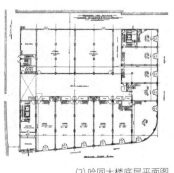

(2)哈同大楼底层平面图
来源：《建筑月刊》第四卷，第一期

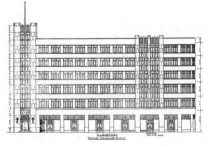

(3)哈同大楼北立面图
来源：《建筑月刊》第四卷，第一期

(4)哈同大楼效果图
来源：《建筑月刊》第四卷，第一期

图9-59 哈同大楼

(1) 迦陵大楼效果图
来源:《建筑月刊》第四卷, 第十期

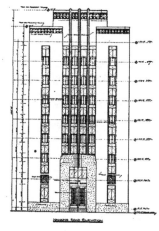

(2) 迦陵大楼沿南京东路立面图
来源:《建筑月刊》第四卷, 第十期

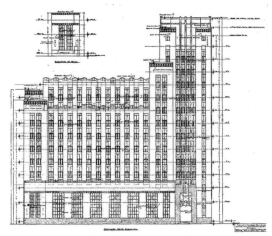

(3) 迦陵大楼西立面图
来源:《建筑月刊》第四卷, 第十期

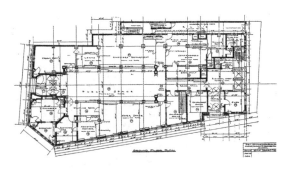

(4) 迦陵大楼底层平面图
来源:《建筑月刊》第四卷, 第十期

图 9-60 迦陵大楼

(5) 迦陵大楼现状
来源:席子摄

(6) 迦陵大楼西立面
来源:席子摄

(7) 迦陵大楼细部
来源:席子摄

(1) 法国邮船公司大楼底层平面图
来源:《建筑月刊》第五卷, 第一期

图 9-61 法国邮船公司大楼

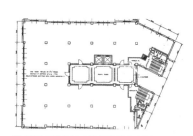

(2) 法国邮船公司大楼标准层平面图
来源:《建筑月刊》第五卷, 第一期

(3) 法国邮船公司大楼东立面
来源:《建筑月刊》第五卷, 第一期

(4) 法国邮船公司大楼效果图
来源:《建筑月刊》第五卷, 第一期

(5) 法国邮船公司大楼历史照片
来源:薛理勇提供

图 9-62 法国总领事馆新大楼方案
来源：*La Villa Basset*

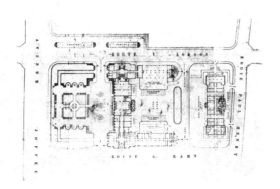

（1）第二特区工部局大楼总平面图

（2）第二特区工部局大楼设计

（3）第二特区工部局大楼设计局部

图 9-63 第二特区工部局大楼设计
来源：《建筑月刊》第四卷，第十二号

成将成为上海最宏大的建筑。①整体风格表现出受到意大利新理性主义建筑的影响，在现代主义风格的建筑顶层窗户上部添加了一些装饰浮雕，整个建筑的比例和通高的巨柱式列柱柱廊呈现出新古典主义建筑的影响。这座大楼原计划建造在襄阳公园这块基地上，由于第二次世界大战而未能建造。

邬达克在后期也设计了一些现代感十分强烈的办公大楼建筑，但都没有建成。例如 1934 年为招商局设计的拟建于外滩的一座 40 层大楼（图 9-64）、1936 年设计的肇泰水火保险公司大楼（图 9-65），以及同一时期的沈宅（Y. T. Shen's House）、日本邮船公司大楼（N. Y. K. Building，图 9-66）、金科中学（Gonzaga College）等方案。②

海杰克设计的外滩事务院方案（Office Building on Whanpu Road，1934，图 9-67）是一座高耸的 26 层塔楼，分成三段退台拔高。海杰克在同一时期设计的南京路中央大厦方案（Central Building，1934，图 9-68）位于今中央商场处，裙房仍为 3 层，保持原有建筑转角大门处的通道格局，主楼呈 L 形。马海洋行为业广地产公司设计的九江路 14 层办公大楼（图 9-69）、高尔克建筑师设计的公共租界中区 23 层银行大楼（图 9-70）均为类似的方案。业广地产公司大楼的立面强调竖线条，仅顶部有局部装饰。

① 《建筑月刊》第四卷，第十二期，1937 年 3 月，第 13-14 页。见：《中国近代建筑史料汇编：第一辑》第八册，第 4115 页。

② Luca Poncellini. *Laszlo Hudec a Shanghai (1919-1947)*. Dottorato in Storia dell' Architettura e dell' Urbanistica. Politecnoco di Torino. 2006: 260.

图 9-64 外滩招商局大楼方案
来源：*Laszlo Hudec a Shanghai (1919-1947)*

图 9-65 肇泰水火保险公司大楼方案
来源：*Laszlo Hudec a Shanghai (1919-1947)*

图 9-66 日本邮船公司大楼方案
来源：*Laszlo Hudec a Shanghai (1919-1947)*

图 9-67 外滩事务院方案
来源：《建筑月刊》第二卷，第五期

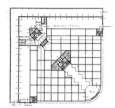
（1）底层平面图

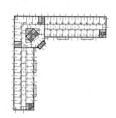
（2）标准层平面图

图 9-68 南京路中央大厦方案
来源：《建筑月刊》第二卷，第四期

（3）南京路中央大厦方案
效果图

图 9-69 九江路业广地产公司大楼
来源：《建筑月刊》第三卷，第一期

图 9-70 公共租界中区 23 层银行大楼
来源：《建筑月刊》第三卷，第一期

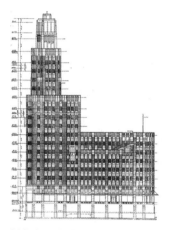
（1）永安公司新楼西立面图
来源：《建筑月刊》第二卷，第八期

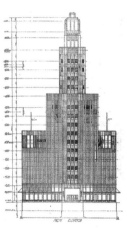
（2）永安公司新楼塔楼立面图
来源：《建筑月刊》第二卷，第八期

（3）永安公司新楼效果图
来源：《建筑月刊》第二卷，第八期

（4）永安公司新楼现状

（5）永安公司新楼与老楼之间的天桥

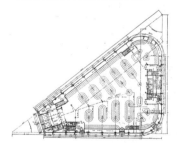
（6）永安公司新楼底层平面图
来源：《建筑月刊》第二卷，第八期

图 9-71 永安公司新楼

图 9-72 日本海军陆战队司令部
来源：薛理勇提供

公共租界中区 23 层银行大楼应用高层办公楼建筑的传统手法，塔楼高耸，与 12 层的大楼构成强烈对比，并层层跌落，形成台阶形。

现代风格的商业建筑有哈沙德和飞力拍斯联合设计的永安公司新楼（Wing On Co., Ltd.，1932，图 9-71），22 层钢筋混凝土结构，由陶桂记营造厂承建，占地 1400 平方米，建筑面积为 14 438 平方米。①一至五层为百货公司，六层以上设有电影院、茶楼等，大楼七层设有七重天酒楼，是当时首屈一指的酒楼。顶楼是董事会办公室，建筑与永安公司老楼之间有天桥连接。底层有大面积的玻璃橱窗，底层及二层墙面采用苏州产花岗石。②

日本建筑师在近代上海后期的作品多为现代主义建筑，代表作有日本海军陆战队司令部（1932，图 9-72）③，石本喜久治设计的上海日本中学校（1939，今同济大学"一·二九"大楼）、冈野重九设计的日本高等女学校（1940）、日本第七国民学校（1941）等。

第三节 中国建筑师与现代建筑

1930 年代以前回国的中国第一代留洋建筑师，大部分在美国接受学院派的建筑教育。在他们回国后开展设计业务之初，基本上都是新古典主义建筑风格的积极推崇者，如庄俊设计的金城银行（1928），范文照、赵深设计的南京大戏院（1928）等，其西方新古典主义的设计水平几乎完全可以与同时代的西方建筑师媲美。1930 年代上海的新建筑思潮在中国建筑师中也有强烈的反应，开始推动功能主义和现代化，很多建筑师在设计作品中对新风格的反应与那些外籍建筑师几乎同步。

图 9-73 四行储蓄会虹口分行
来源：席子摄

一、功能主义思想的传播

庄俊设计的大陆商场（又名慈淑大楼，Hardoon Tse Shu Building，1932），华盖建筑师事务所设计的大上海大戏院（1933），杨锡镠设计的百乐门舞厅（1933），黄元吉设计的恩派亚大楼（1934），范文照设计的丽都大戏院（Rialto Theatre，1935）等，都具有强烈的现代建筑风格。庄俊在 1935 年 11 月在《中国建筑》发表题为《建筑之式样》的文章，主张功能主义和现代化，推崇"能普及又适用"的建筑，推崇"合理"，他写道：

> 夫建筑者，前已言之，乃使人在室内得舒适之生活，以应身心之需要，而用合理化结构者也。其最要之点，首在坚牢适用，其他本可不论。但人类同具舒适爱美之心理，故随时势之进化，发明冷暖光电之设备，随建筑而装置，并各种装潢颜色，以示美观，而安身心，然舒适无止境，美观无标准，随时代而变迁，亦且随人之好恶而转移，不过于此可得而断言者，务求合理而已。凡建筑之合乎天时，地利，政治，社会，宗教，经济者，即是合理。④

庄俊设计的四行储蓄会虹口分行（1932，图 9-73）是这位建筑师早期的现代设计作品，7 层钢筋混凝土建筑，底层和二层为四行储蓄虹口分行的营业部，楼上为公寓。立面强调竖线条，入口处用大面积的浅色石材装饰。占地 550 余平方米，建筑面积为 3300 平方米。⑤大西路孙克基产妇医院（图 9-74）在 1935 年落成，高 6 层，采用钢筋混凝土框架结构，长记营造厂承建。完全从使用功能出发进行布局，底层中央门厅两侧一边是门诊、检查、化验及药房等，左边则是厨房、餐室、洗衣、锅炉等辅助用房；二、三层全部为病房；四层一侧也是病房，另一侧则为手术、分娩、消毒及婴儿室等。底层外墙采用芝麻石饰面，二层以上贴泰山面砖，立面的处理强调水平向。建筑造型完全摒弃装饰而表现出简洁实用的"国际式"风格。从 1928 年的金城银行到 1932 年的慈淑大楼，再到 1935 年的孙克基产妇医院，庄俊完成从新古典主义到现代建筑的转变，也只有七八年的时间。

① 上海市黄浦区人民政府编《上海市黄浦区地名志》，上海社会科学院出版社，1989 年，第 644 页。

②《建筑月刊》第二卷，第八期，1934 年 8 月，第 1 页。见：《中国近代建筑史料汇编：第一辑》第四册，第 2051 页。

③ 关于日本海军陆战队司令部的建造年代系根据木之内诚编著《上海历史ガイドマップ》（东京：大修馆书店，1999 年）第 116 页所述，日本海军陆战队自 1928 年"九一八"事变后常驻上海，1932 年"一·二八"事变后建造 4 层钢筋混凝土结构的司令部大楼。

④ 庄俊《建筑之式样》，《中国建筑》第三卷，第五期，1935 年 11 月，第 3 页。见：《中国近代建筑史料汇编：第一辑》第十二册，第 1793 页。

⑤ 上海市虹口区人民政府编《上海市虹口区地名志》，上海：百家出版社，1989 年，第 171 页。

(1) 历史照片

(2) 北立面图

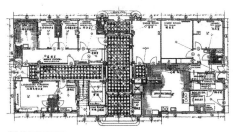

(3) 底层平面图

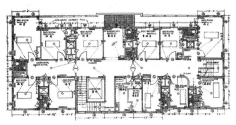

(4) 二层平面图

(5) 南立面

图 9-74 孙克基产妇医院
来源:《中国建筑》第三卷,第五期

与此同时,一些中国建筑师已开始从理论上思考现代建筑的设计思想,而不仅仅是追求时髦的现代式样,尽管这种理论思考并未在上海真正形成欧洲式的现代主义建筑运动。1934 年,范文照曾撰文对自己早年在中山陵设计方案中"参杂中国格式"的折衷主义表示强烈的反省,对那种"拿西方格式做屋体,拿中国格式做屋顶"的做法表示"尤深恶痛绝之",呼吁"大家来纠正这种错误",并提倡与他当年"全然守古"彻底决裂的"全然推新"的现代建筑。他提出"一座房屋应该从内部做到外部来,切不可从外部做到内部去"这一由内而外的现代主义设计思想,赞成"首先科学化而后美化"。①

1935 年夏,范文照代表中国建筑界出席在伦敦召开的第十四届国际城市房屋设计联合会议,途中经过纽约。会后考察了英国建筑,又应中欧国际建筑师公会和罗马国际建筑师会议的邀请,访问巴黎、布鲁塞尔、柏林、法兰克福、汉堡、布拉格、布达佩斯、维也纳和罗马等城市,了解欧洲的现代建筑。又在布拉格参加国际建筑师联谊会,在罗马参加第十三届国际建筑师大会。②这时离他设计完全西式复古风格的南京大戏院仅相隔七八年的时间。范文照深受现代建筑的影响。据他的孙女莫琳·范(Maureen Fan)在 2009 年的回忆,他在淮海中路 1292 号的家中收藏有密斯的家具。③

二、现代主义的设计实践

范文照设计的集雅公寓(Georgia Apartments,1934—1935,图 9-75)、协发公寓(Yafa Court,1935—1936,图 9-76)、西摩路(今陕西北路)市房公寓(1936,图 9-77)等均为现代建筑的代表作。

(1) 集雅公寓现状

图 9-75 集雅公寓

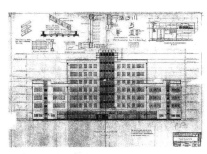

(2) 集雅公寓立面图
来源:上海市城市建设档案馆馆藏图纸

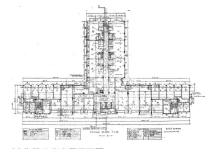

(3) 集雅公寓底层平面图
来源:《中国建筑》第二十四期

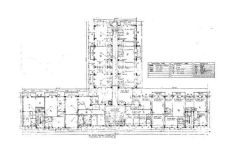

(4) 集雅公寓二层、三层平面图
来源:《中国建筑》第二十四期

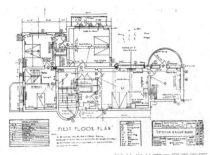

(1) 协发公寓二层平面图
来源:《中国建筑》第二十四期

(2) 协发公寓整体效果图
来源:《中国建筑》第二十四期

(3) 协发公寓阳台细部
来源:席子摄

(4) 协发公寓现状
来源:席子摄

(5) 协发公寓入口细部
来源:席子摄

图 9-76 协发公寓

集雅公寓是小户型的公寓,适合小家庭或单身居住,不设佣人房和杂物间,楼梯间利用突出墙面的部分设置反光窗采光。建筑平面呈 T 字形,垂直于衡山路的单元采用双面走道,厨房和卫生间靠走道布置,面积均十分经济,起居室和卧室之间没有墙。中间 7 层,东西两侧为 4 层,钢筋混凝土结构,由吴仁安营造厂(Woo Zun An Building Contractor)承建。占地面积为 4213 平方米,建筑面积为 6542 平方米,建筑说明中称该建筑为"国际式"。④

协发公寓为现代风格,4 层混合结构建筑,由两个单元组成,一梯一户,均为四室户的户型。起居室前面有一个大平台,大面积的落地窗。暖气及卫生设备齐全。1982 年曾加建 1 层,占地 1050 平方米,建筑面积为 2128 平方米。⑤范文照设计的市房公寓也是现代建筑的代表作品。建筑位于陕西南路和延安东路街道转角,底层为店铺,二层和三层是公寓,较大面积的窗户和圆弧形的带形窗是公寓的特点,墙面贴泰山面砖。⑥

凯泰建筑师事务所黄元吉设计的恩派亚大楼(Empire Mansions,今淮海大楼,图9-78),建于 1934 年,是中国建筑师设计的、有较大影响的、现代风格的公寓建筑。公寓以一室户和两室户为主,在中部和东端设有三室户。夏仁记营造厂(The Wao Zung Kee Construction Co.)承建,占地 6340 平方米,建筑面积为 12 300 平方米。⑦建筑的主要特征是由带形长窗及浅色连续窗间墙形成的极其舒展的水平线条。位于淮海中路常熟路转角处,转角处的中部为整个建筑的制高点,以显著的垂直线条形成构图中心,建筑中部为 6 层,两侧跌落 2 层为 4 层。在 1985 年的改造中,中部曾加建 1 层,两侧加建 2 层,破坏了原有的建筑比例。后又进行外立面改造,涂上深棕色,原有垂直线条被抹平用于放置比例失常的一

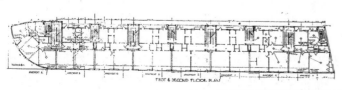

(1) 市房公寓二层和三层平面图

(2) 历史照片
图 9-77 市房公寓
来源:《中国建筑》第二十四期

① 范文照《中国的建筑》,《文化建设》,1934 年,第 1 期,第 13 页。

② 范文照《欧游感想》,《中国建筑》第二十四期,1936 年 3 月,第 11-17 页。见:《中国近代建筑史料汇编:第一辑》第十二册,第 1869-1875 页。

③ Maureen Fan. Architecture, the Cultural Revolution and a Chinese Family's Past. Wednesday, May 27, 2009.

④《上海市徐汇区地名志》编纂委员会《上海市徐汇区地名志》,上海辞书出版社,2012 年,第 188 页。关于集雅公寓的建造年代该地名志认为建于 1942 年,而《中国建筑》1936 年 3 月出版的第二十四期已经有该建筑的照片。

⑤《上海市徐汇区地名志》编纂委员会《上海市徐汇区地名志》,上海辞书出版社,2012 年,第 184 页。

⑥ 范文照建筑师计划《上海市西摩路市房公寓及住宅工程说明》,《中国建筑》第二十四期,1936 年 3 月,第 37 页。见:《中国近代建筑史料汇编:第一辑》第十二册,第 1895 页。

⑦《上海市徐汇区地名志》编纂委员会《上海市徐汇区地名志》,上海辞书出版社,2012 年,第 175 页。

(1) 恩派亚大楼透视图
来源:《中国建筑》第三卷, 第四期

(2) 恩派亚大楼背立面
来源:《中国建筑》第三卷, 第四期

(3) 恩派亚大楼现状
来源:尔冬强摄

(4) 恩派亚大楼入口细部
来源:《中国建筑》第三卷,
第四期

(5) 恩派亚大楼走道
来源:《中国建筑》第三卷, 第四期

(6) 恩派亚大楼电梯厅
来源:《中国建筑》第三卷,
第四期

(7) 恩派亚大楼展开立面图
来源:《中国建筑》第三卷, 第四期

(8) 恩派亚大楼背立面展开图
来源:《中国建筑》第三卷, 第四期

图 9-78 恩派亚大楼

家百货商店的店招, 优美的现代建筑风格遭到极大破坏, 现已恢复原有立面色彩。当年设计时, 建筑师曾用石膏建筑模型进行立面及室内细部方案的推敲。

董大酉的自宅以及他在后期设计的一系列建筑以现代建筑风格为主, 代表作有上海市立医院及卫生试验所(1934—1937, 图 9-79)、京沪沪杭甬铁路管理局大厦(Nanking-Shanghai & Shanghai-Hangchow-Ningpo Railways Administration Building, 1935—1937)、亚令比亚运动场(The Olmpia Stadium, 1937, 未建)等。为了弥补上海缺乏完善的医院的缺陷, 市立医院位于规划中的江湾行政区东部。卫生实验所在医院的东面, 融合医疗、研究和教学三大功能, 成为上海的医学中心。医院由内科医院、外科医院、产科及妇科医院、小儿科医院、门诊部及耳鼻喉科医院、护士学校及宿舍、管理处和医学校等九个部分组成。[1]管理处和医学校位于正中, 其余各部分采用放射形分散布置, 中间以环形连廊连接, 建筑物之间设置大面积的绿地, 基地的西南角布置服务区。建筑造型为简洁的现代风格, 由于位于大上海市中心计划内, 在细部设计上仍然有一些传统的元素, 但已经大为简化。可惜只建造一期管理处和医学校工程就不得不中止。一期建筑为 4 层钢筋混凝土结构, 陆根记营造厂(Loo Keng Kee Contractors)承建, 建筑面积仅 4500 平方米。[2]

京沪沪杭甬铁路管理局大厦(图 9-80)的设计则完全强调竖向线条, 造型更为简洁, 更注重体积感。亚令比亚运动场(图 9-81)的计划十分宏大, 选址位于今新昌路和凤阳路转角, 由底层的办公室、弹子房、滚球室、衣帽间、更衣室以及二层可容 7000 观众的游泳池, 游泳池可改成溜冰场和冰上曲棍球场; 三

① 《上海市医院及卫生试验所工程设计概述》,《中国建筑》第三卷, 第二期, 1935 年 2 月, 第 25 页。见:《中国近代建筑史料汇编:第一辑》第十二册, 第 1575 页。

② 同上, 第 26 页。见:《中国近代建筑史料汇编:第一辑》第十二册, 第 1576 页。

③ 《建筑月刊》第四卷, 第十一期, 1937 年 2 月, 第 1 页。见:《中国近代建筑史料汇编:第一辑》第八册, 第 4027 页。

④ 上海市黄浦区人民政府编《上海市黄浦区地名志》, 上海社会科学院出版社, 1989 年, 第 192 页。

⑤ 冯绍霆《浦东大厦兴建记》, 见:唐国良主编《百年浦东同乡会》, 上海社会科学院出版社, 2005 年, 第 117 页。

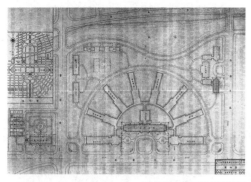

(1) 上海市立医院总平面图

(2) 上海市立医院鸟瞰图

(3) 上海市立医院立面图

图 9-79 上海市立医院
来源:《建筑月刊》第三卷,第二期

层可容 7000 观众的健身房和网球场组成。③由于日本侵略战争的爆发,这个项目没有建造。再次例证了,如果没有日本侵略战争,上海会有更多优秀的现代建筑。

上海的中国建筑师中另一位现代主义建筑的积极倡导者是奚福泉,这位留学德国的建筑师,在求学阶段就有机会直接了解德国的现代主义建筑运动。1930 年代中期开始,奚福泉设计了相当数量的现代建筑。浦东同乡会大楼(Pootung Building,1933—1936,图 9-82)是他在上海最早的作品,8 层钢筋混凝土结构,由新升记营造厂承建,建筑面积为 10 302 平方米。④当年有五位建筑师参加设计招标,经专家审查后,决定采纳启明建筑设计事务所奚福泉的方案。1933 年 8 月,又由庄俊组成由金丹仪、李锦沛、薛次莘参加的顾问专家组,对方案提出修改意见。⑤大楼于 1934 年 10 月 28 日奠基,施工期间,由于资金筹措问题,一度停工。最终于 1936 年 11 月 21 日落成。奚福泉的设计以建筑正中的六边形作为主入口,同时在楼层正面的五组六边形巧妙地解决基地形状不规则、建筑主立面与道路呈倾斜的问题,使基地的缺陷变成设计的特点。大楼在 1995 年因建造南北高架路而拆除。

图 9-80 京沪杭甬铁路管理局大厦
来源:《建筑月刊》第四卷,第四期

虹桥结核病疗养院(Hung Jao Sanatorium,1933—1934,图 9-83)也是奚福泉的作品。这座钢筋混凝土的建筑规模不大,高 4 层,有大约 100 个床位。在设计上一切从实用出发,充分注意科学性和合理性。主楼采用逐层向后退缩成阶梯形,病房全部朝南,每层使用下一层的屋顶做阳台,保证疗养病人能获得最充足的阳光,又保证上下层病房的私密性。地面为橡胶地坪,以控制行走时的噪声,而且便于清洗。手术室、X 光室及诊疗室等全部布置在北面。这座建筑一建成便被看作是上海最具代表性的现代主义建筑。可惜在抗日战争中,大部分建筑被炸毁,仅留下入口部分,几乎不能辨识。

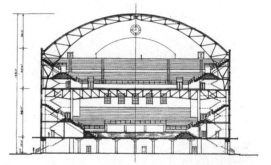

(1) 亚令比亚运动场横剖面图

(2) 亚令比亚运动场透视图

(3) 亚令比亚运动场三层室内透视图

(4) 亚令比亚运动场二层游泳池室内透视图

图 9-81 亚令比亚运动场方案
来源:《建筑月刊》第四卷,第十一期

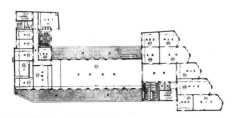

(1) 浦东同乡会大楼六层平面图
来源:《中国建筑》第二十八期

(2) 浦东同乡会大楼八层平面图
来源:《中国建筑》第二十八期

(5) 浦东同乡会大楼
来源:Virtual Shanghai

(6) 浦东同乡会大楼历史照片
来源:《中国建筑》第二十八期

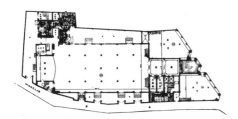

(3) 浦东同乡会大楼底层平面图
来源:《中国建筑》第二十八期

(4) 浦东同乡会大楼室内
来源:《中国建筑》第二十八期

图 9-82 浦东同乡会大楼

奚福泉的代表作还有自由公寓(Liberty Apartments,1933—1934)、欧亚航空公司龙华飞机库(Eurasia Aviation Corporation,1935—1936,图 9-84)、正始中学(1935—1936,今上海交通大学徐汇校区),以及一系列现代风格和西班牙式的小型独立式住宅等。欧亚航空公司龙华飞机棚厂(龙华机场 36 号机库)是奚福泉设计的现代工业建筑,建筑面积约 4000 平方米,机库宽 50 米,深 32 米,可容纳大小飞机七架。飞机出入的大门高 7.5 米,宽 35 米,右侧及后部附有工场和仓储,梯形钢桁架结构屋面,跨度达 32 米。①钢筋混凝土结构,由沈生记营造厂(Sang Sung Kee Building Contractors)承建,1935 年 11 月动工,1936 年 6 月建成。②位置与中航飞机库(今余德耀美术馆)相邻,2005—2006 年拆除。

华盖建筑师事务所坚持推动现代建筑的发展,在 1935 年的合伙合同就宣称:"我们的共同目的是创作有机的、功能性的新建筑。"华盖的大部分作品均为现代建筑风格,浙江兴业银行(The National

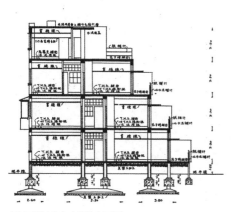

(1) 虹桥结核病疗养院剖面图

图 9-83 虹桥结核病疗养院
来源:《中国建筑》第二卷,第五期

(2) 虹桥结核病疗养院历史照片

(3) 虹桥结核病疗养院总体效果图

(4) 虹桥结核病疗养院立面细部

(1) 欧亚航空公司龙华飞机库历史照片

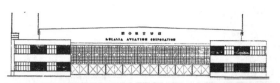

(2) 欧亚航空公司龙华飞机库立面图

(3) 欧亚航空公司龙华飞机库正立面

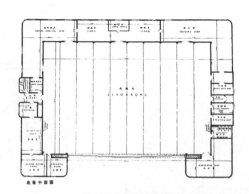

(4) 欧亚航空公司龙华飞机库底层平面图

图 9-84 欧亚航空公司龙华飞机库
来源:《中国建筑》第二十八期

Commercial Bank,1933—1935,参见图 5-66)具有理性主义建筑的体积感,敦实的墙体,注重虚实对比,比例优美,是中国近代建筑的典范之一,为当年设备较完善的银行大楼。建筑占地 2165 平方米,建筑面积为 10 076 平方米。[3]

　　其余代表作有梅谷公寓(Mico's Apartments,又名亚尔培公寓,Albert Apartments,1935)、立地公寓(又名合记公寓,Lidia Apartments,1935,图 9-85)、惇信路赵宅(1935)、西藏路懋华公寓(1935)、叶揆初合众图书馆(1940)、浙江第一商业银行(Chekiang First Bank of Commerce Building,1947—1951,今华东建筑设计研究总院,图 9-86)等。梅谷公寓、立地公寓和懋华公寓均为同一时期的作品,尺度均较小。浙江第一商业银行可以说是上海最后一座近代建筑,8 层钢筋混凝土结构,建筑占地 1666 平方米,建筑面积为 13 223 平方米。[4]外墙采用棕色泰山面砖,强调横线条和带形窗。

　　李锦沛设计的广东银行(Bank of Canton,1934,今光大银行,图 9-87)和武定路严公馆(1934)也是现代建筑的优秀作品。广东银行位于宁波路和江西中路道路转角,8 层钢筋混凝土结构,张裕泰营造厂(Chang Yue Tai General Contractor)承建。建筑占地并不大,仅 171 平方米,建筑面积为 2386 平方米。[5]底层及夹层由银行自用,其余楼层为出租办公。转角处理成 10 层的塔楼状,8 层为一套住宅。

① 李海清、汪晓茜《第四节建筑技术的再发展》,见:赖德霖、伍江、徐苏斌主编《中国近代建筑史》第四卷,北京:中国建筑工业出版社,2016 年,第 61 页。

② 上海营邑城市规划设计股份有限公司《龙华机场 36 号飞机库复建选址优化方案研究》,2018 年 1 月。

③ 上海市黄浦区人民政府编《上海市黄浦区地名志》,上海社会科学院出版社,1989 年,第 193 页。

④ 同上。

⑤ 同上,第 169 页。

(1) 立地公寓效果图

(2) 立地公寓历史照片

图 9-85 立地公寓
来源:《中国建筑》第三卷,第三期

图 9-86 浙江第一商业银行

(1) 广东银行历史照片

图 9-87 广东银行

来源:《中国建筑》第三卷,第九、十期

(2) 入口大门

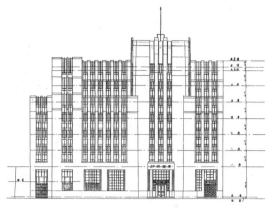

(3) 展开立面图

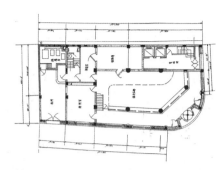

(4) 底层平面图

武定路严公馆(1934,图9-88)是李锦沛设计的为数不多的住宅之一。在一个长条形的庭院内布置三幢建筑,最外面是一座2层楼的职员楼,3层钢筋混凝土的主楼位于庭院北侧,主楼后面是一座2层的辅楼。职员楼底层为办公室,二层为四间卧室组成的公寓。主楼底层布置起居室、餐厅和书房,二层和三层为卧室,卧室外面有宽大的阳台。辅楼底层布置厨房和备餐室,二层为佣人房。造型十分简洁,强调横线条。

陆谦受的作品一直在不断地探索现代建筑,他和吴景奇立场鲜明地主张新风格:

> 一件成功的建筑作品,第一,不能离开实用的需要;第二,不能离开时代的背景;第三,不能离开美术的原理;第四,不能离开文化的精神。[①]

中国银行虹口分行大厦(Bank of China Hongkew Branch,1931—1933,图9-89)是陆谦受在上海的第一件作品。建筑位于海宁路和四川北路转角,基地极为狭长,长达100米。建筑师在转角处设计

(1) 武定路严公馆历史照片

(2) 武定路严公馆底层平面图

(3) 武定路严公馆二层平面图

图 9-88 武定路严公馆

来源:《中国建筑》第二十五期

(1) 中国银行虹口分行大厦历史照片

来源:《中国建筑》第一卷,第四期

图 9-89 中国银行虹口分行大厦

(2) 中国银行虹口分行大厦钟塔细部

来源:《中国建筑》第一卷,第四期

(3) 中国银行虹口分行大厦入口

来源:《中国建筑》第一卷,第四期

(4) 中国银行虹口分行大厦室内

来源:《中国建筑》第一卷,第四期

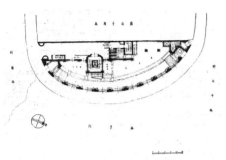

(1) 同孚大楼总平面
来源:《中国建筑》第二十六期

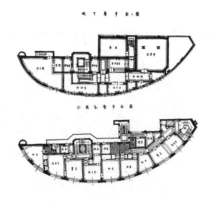

(2) 同孚大楼底层和标准层平面图
来源:《中国建筑》第二十六期

(3) 同孚大楼历史照片
来源:《中国建筑》第二十六期

(4) 同孚大楼入口
来源:《中国建筑》第二十六期

图 9-90 同孚大楼

一座高耸的钟塔,有一个极简的电挂钟和旗杆,成为城市地标。银行的入口也位于路口,遗憾的是海宁路在 1990 年代拓宽时,切掉了转角部分。虽然今天的转角和塔楼仿照原样复建,但是已经没有昔日的气韵。这座建筑高 7 层,底层的一半供银行办公自用,其余部分出租。一层与二层之间有夹层,二层以上为出租公寓,共有 19 套公寓,32 间单身宿舍,还设有屋顶花园。[2]底层立面贴苏州产花岗石,二层以上采用泰山面砖贴面。银行首次设立出租保险箱库,由于建筑没有地下室,保险箱库设在二楼。建筑的室内和家具等细部都由陆谦受设计。

作为中国银行总管理处建筑课课长,陆谦受和吴景奇还设计中国银行同孚支行(Bank of China, Yates Road Branch,又称"同孚大楼",Yates Apartments, 1934,图 9-90)、极司非而路(Jessfield Road,今乌鲁木齐路)中国银行行员宿舍——中行别业(Centro Terrace, 1933—1934,图 9-91)、上海中国银行办事所及堆栈(Bank of China Godown, 1935)等现代建筑。

同孚大楼的底层为中国银行营业处,二至九层为公寓。月牙形的基地极为狭窄,建筑占地仅 393 平方米,建筑面积 2916 平方米,9 层钢筋混凝土结构。[3]平面布置十分紧凑,楼上每层布置三套公寓,

① 陆谦受、吴景奇《我们的主张》,《中国建筑》,第二十六期,1936 年 7 月,第 56 页。见:《中国近代建筑史料汇编:第一辑》第十三册,第 2068 页。

② 《中国建筑》第一卷,第四期,1933 年 10 月,第 23 页。见:《中国近代建筑史料汇编:第一辑》第九册,第 367 页。

③ 上海市静安区人民政府编《上海市静安区地名志》,上海社会科学院出版社,1988 年,第 141 页。

(1) 中行别业总平面图

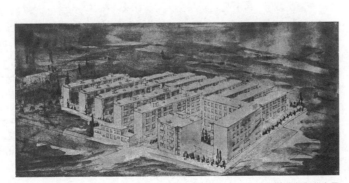

(2) 中行别业全景

(3) 中行别业历史照片

(4) 中行别业宿舍

图 9-91 中行别业
来源:《中国建筑》第二卷,第七期

（1）北苏州河中国银行堆栈历史照片
来源:《中国建筑》第二十六期

（2）北苏州河中国银行堆栈现状

图 9-92 北苏州河中国银行堆栈

分别为四房、三房和两房公寓，由两个单元组成，南侧单元为一梯两户，北侧单元一梯一户，各设一部电梯，并共用一个服务楼梯。立面刻意突出水平带状的构图，以消解建筑立面狭窄的感觉。中行别业由陆谦受和吴景奇设计，包括三种类型的住宅：一幢宿舍楼、五排公寓楼和八排 3 层独立式住宅。1933 年建成，陆根记营造厂（Loo Keng Kee, Contractors）承建。

上海中国银行办事所及堆栈，又名"北苏州河中国银行堆栈"（图 9-92），位于苏州河北岸，10 层钢筋混凝土结构，局部 11 层。一层至四层是堆栈，平面铺满；五层以上平面根据办公室功能的需要，调整为 L 形。堆栈和办公室有分别的出入口通道。①堆栈设置两台货运电梯，办公室有两台电梯。

1935 年建成，由罗邦杰设计的上海国立音乐专科学校校舍（图 9-93）在中式现代建筑的创作上另辟蹊径，探讨现代中国建筑的新风格。以全长近 70 米的 3 层教学楼和主广场为中心，教学楼东西两侧为练习室，底层西侧为可容纳 300 人的音乐厅、食堂、宿舍等辅助用房布置在北侧。②

华基建筑师事务所（Grand Architects & Engineers）吴一清在 1948 年设计的位于华山路 893 号的郭棣活宅（Residence of David Kwok，1947—1948，今工商业联合会，图 9-94），2 层钢筋混凝土结构，建筑面积为 800 平方米，平屋顶，现代建筑风格，二层有宽大的平台。楼梯间和建筑的转角都采用圆弧形。室内有宽阔的走道，楼梯间采用大面积玻璃砖，窗间墙有细致的横线条装饰，建筑南面有大面积的花园。③

（1）上海国立音乐专科学校校舍南立面

图 9-93 上海国立音乐专科学校校舍
来源:《中国建筑》第三卷,第五期

（2）上海国立音乐专科学校校舍总体鸟瞰图

（3）上海国立音乐专科学校校舍历史照片

①《中国建筑》，第二十六期，1936 年 7 月，第 19 页。见:《中国近代建筑史料汇编：第一辑》第十三册，第 2030 页。

②《中国建筑》第三卷,第五期，1935 年 11 月，第 16 页。见:《中国近代建筑史料汇编：第一辑》第十二册，第 1806 页。

③ 华山路 891 号和 893 号为姐妹楼，土地产权属郭棣活，891 号为东楼，893 号为西楼。东楼建于 1938 年，因此，通常称"郭棣活宅"。据上海市城建档案馆 1947 年的档案，西楼请照单上的业主为马锦超，土地由郭棣活 1947 年出让给马锦超。

（1）郭棣活宅现状

图 9-94 郭棣活宅
来源:沈晓明提供

（2）郭棣活宅入口

第十章
装饰艺术派建筑

今天世界上不会有第二座城市有如此多样的建筑荟萃，它们屹立在那儿，
互相形成对照。

—— 江似虹、尔冬强《最后一瞥：老上海的西式建筑》，1993

图 10-1 1925 年巴黎世博会的海报
来源：Wikipedia

图 10-2 1925 年巴黎世博会全景
来源：World's Fairs

① Tess Johnston and DekeErh. *A Last Look: Western Architecture in Old Shanghai*. Hong Kong: Old China Hand Press, 1993: 70.

② Hillier, 1968: 12.

③ 李欧梵著《上海摩登：一种新都市文化在中国 1930—1945》，毛尖译，北京：北京大学出版社，2001 年，第 10 页。

④ 表现主义是 20 世纪初起源于诗歌和绘画的现代主义运动，尔后影响遍及其他艺术。表现主义原是德国和奥地利的一个画派，认为艺术的任务在于表达艺术家个人的感受。第一次世界大战后在德国出现表现主义建筑。表现主义建筑的主要特征是往往采用较为夸张的形体，也有一部分表现主义建筑常采用装饰性较强的砖石细部。

第一节 装饰艺术派建筑的起源

自 1920 年代末流行上海的"装饰艺术派"受欧美时尚的推动。"装饰艺术派"又称"装饰艺术风格"，在上海又创造了"摩登风格"一词，其影响遍及建筑、室内装饰、家具、灯具、器皿、汽车、服饰等领域，并影响至生活方式。这个时期出现了一大批优秀的现代建筑，亦称为"摩登建筑"。"摩登"是从英文的"现代"（modern）音译过来的名词，含有新奇、时髦的意思，在这层意义上又把上海称为"东方的巴黎""东方的纽约"。

摩登建筑主要涵盖现代主义建筑和装饰艺术派建筑两类，同样盛行于 1920 年代后期和 1930 年代。上海的装饰艺术派建筑往往很难完全与现代主义建筑有明确的区分，因此不同的文献中归入装饰艺术派建筑的标准也有很大差异，有的甚至将 1930 年代的建筑都看作装饰艺术派建筑。在此把以功能主义为主的现代建筑归入现代主义建筑，而装饰艺术建筑更偏重于建筑的形式表现和装饰方面。装饰艺术派风格对上海近代建筑有深远影响，上海拥有的装饰艺术派风格的建筑数量比中国其他任何城市都要多，①上海也成为世界装饰艺术派建筑的重要中心之一，甚至 1998 年建成的金茂大厦以及当代的一些新建筑都受到这种建筑风格的影响。

一、装饰艺术派建筑的特征

装饰艺术派风格可以追溯到 1914 年以前俄罗斯芭蕾舞团的辉煌服饰和舞台装饰。当时在巴黎的芭蕾及其他戏剧的舞台及服饰的设计中，流行从非洲与东方艺术中寻求灵感，常采用一些如象牙、红木、水晶、珍珠等贵重材料将舞台装饰得极为华丽，并形成一种风尚。这种绚丽的装饰性语汇，借助 1925 年巴黎装饰艺术世界博览会的推动，也由此得到装饰艺术派这一名称。

"装饰艺术"（Art Deco，简称 Deco）一词起源于 20 世纪初的法国舞台艺术，装饰艺术风格又称"装饰艺术派""现代风格"，受新艺术运动、立体主义、俄国构成主义、俄罗斯芭蕾舞、美洲印第安文化、埃及文化、中国文化、日本文化和早期古典渊源的影响。装饰艺术派与以表现速度感为特征的意大利未来主义、以表现向度和几何感为特征的法国立体主义，以及以表现心理想象为特征的西班牙超现实主义遥相呼应，共同构成 20 世纪初欧洲现代艺术的风景线。这种新的艺术风尚与比它略早的新艺术运动不无联系，但更强调造型的秩序感和几何感，装饰母题更为抽象和程式化。这使它具有同新艺术运动类似的装饰感，但比新艺术运动更接近于机器美学，更具时代感。装饰艺术派融汇奢华、魅惑、生机，以及对社会和科技进步的信念。装饰艺术派是最早的国际式风格，其影响遍及视觉艺术、建筑和设计等领域，影响建筑设计、家具设计、珠宝、时装、电影院建筑、汽车、火车和远洋轮船设计，以及收音机、真空吸尘器等家用电器。②

装饰艺术是欧美在两次大战期间的一种典型建筑风格，它强调"装饰，构图，活力，怀旧，乐观，色彩，质地，灯光，有时甚至是象征"。③

这一时期也与不锈钢、塑料、镀铬材料等新材料联系在一起，在 1930 年代又出现了流线形的式样（Streamline Modern）。1922 年在埃及完好无损地发现图特安哈门法老（Tutankhamun）的陵墓，激起一股埃及热，在装饰母题上呈现金字塔和阶梯形，裸体女人、鹿、羚羊和瞪羚等动物，还有簇叶和太阳光等，色彩浓烈。

巴黎的装饰艺术派风格在实用艺术领域里首先表现在一些工业产品的设计上，在 1920 年代以前，对建筑几乎没有什么影响。倒是奥地利维也纳"分离派"（Vienna Secession）所做的一些新风格探索，已基本具备后来装饰艺术派建筑的特征——强调几何形体的造型，充满线条装饰的门窗和墙面细部，重复的几何形装饰母题等。不过这种具有装饰艺术派特征的建筑倾向在 1920 年代以后的奥地利和德国更多地被称为"表现主义"建筑。④

1925 年，巴黎为纪念现代应用艺术诞生 100 周年，举办名为"装饰艺术与现代工业"的大型世界博览会（Exposition Internationale des Arts Décoratifs et Industriels Modernes），以宣传现代工业对现代艺术的依赖（图 10-1）。从此，"装饰艺术派"（Art Deco）得名。⑤这一届世博会开创了建筑史上非常重要的装饰艺术派建筑，标志着现代主义开始流行，影响遍及全世界（图 10-2）。博览会上，装饰艺术的气息随处可见，展馆建筑内外布满新颖的浅浮雕和立体装饰。这届世博会出版了 12 卷本的《20世纪装饰艺术与现代工业艺术百科全书》，这部百科全书附有大量图例，将相对于新艺术运动的、以几何图形为主的装饰母题加以广泛的传播。

博览会上展出的由瑞士裔法国建筑师勒·柯布西耶（Le Corbusier，1887—1965）设计的代表现代建筑发展方向的新精神馆（L'Esprit Nouveau Pavilion，图 10-3）、老佛爷百货商店馆（Pavilion of Galeries Lafayette Department Store）等一些企业馆典型地表现了装饰艺术风格（图 10-4）。比利时建筑师维克多·霍塔（Victor Horta，1861—1947）是 19 世纪末盛行欧洲的新艺术运动的代表人物，他设计的钢筋混凝土结构的比利时馆表现了典型的装饰艺术派风格（图 10-5）。装饰艺术派比起表现主义那种光秃秃的古典和"现代"的变种，更容易为大众所接受，特别是在法国，装饰艺术派作为对纯粹的现代主义禁绝装饰的一种有效平衡。装饰艺术派厚重、多彩和陶艺式的风格，在两次世界大战之间流行于法国的商店和电影院等建筑中。但作为一种建筑风格，到 1935 年在欧洲就几乎销声匿迹。

二、美国的装饰艺术派建筑

装饰艺术派建筑在 1920 年代和 1930 年代流传到美国，尤其影响了摩天大楼建筑。纽约的克莱斯勒大楼（Chrysler Building，1928—1930）、帝国大厦（Empire State Building，1931）和洛克菲勒中心（Rockefeller Center，1934）就是典型的美国式装饰艺术派建筑。经过以"一个世纪的进步"（A

图 10-3 新精神馆
来源：World's Fairs

图 10-4 老佛爷百货商店馆
来源：Wikipedia

图 10-5 霍塔设计的比利时馆
来源：World's Fairs

⑤ 装饰艺术派产生于第一次世界大战之前，但这个建筑专业术语真正受到重视并被频繁使用是在 1960 年代以后。1925 年巴黎世博会的总建筑师是夏尔·普吕梅（Charles Plumet，1861—1928），他从事建筑设计、室内设计和家具设计，作品风格以中世纪复兴和法国文艺复兴风格为主。他的设计试图创造实用艺术新风格，对装饰艺术风格的兴起作出贡献。尽管这届世博会属于专题博览会，博览会的场地面积有限，而且装饰艺术派也早在世博会以前已经兴起，但是 1925 年巴黎世博会推动了装饰艺术派风格的广泛发展，是不争的事实，而且是 20 世纪影响最大的博览会之一。

图 10-6 1933 年芝加哥世博会的海报
来源：Wikipedia

图 10-7 纽约的装饰艺术风格建筑
来源：Wikipedia

（1）洛克菲勒中心高层

（2）洛克菲勒中心的门头装饰

（3）洛克菲勒中心细部

图 10-8 洛克菲勒中心

（1）洛克菲勒中心的消火栓

（2）帝国大厦门厅的壁饰

（3）洛克菲勒中心的树池

图 10-9 帝国大厦门厅的壁饰

Century of Progress）为主题的 1933 年芝加哥世博会和以"创造明日的世界"（Building the World of Tomorrow）以及"和平与自由"（For Peace and Freedom）为主题的 1939 年纽约世博会现代主义建筑的推动，装饰艺术派建筑成为奢华和现代的象征（图 10-6）。装饰艺术派建筑在建筑史上的真正影响，是它在美国的大普及，而上海装饰艺术派建筑的流行，则与美国几乎完全同步。

在欧洲越来越多的先锋派建筑师把装饰看作是与现代建筑的设计原则格格不入的多余物的时候，美国的许多城市却欣然接受装饰艺术派这样一种既符合美国传统对建筑的"装饰艺术性"的要求，同时又非常"现代"的建筑新风格。特别是在纽约，装饰艺术派风格在那些遍地开花的高层摩天楼中找到一个极佳的结合点，取代早先在纽约流行的"商业古典主义"摩天楼，使得整个 1930 年代的纽约几乎成为装饰艺术派建筑的博览会。一批装饰艺术派摩天楼（图 10-7）随着纽约在西方资本主义世界无可比拟的地位，成为其他国家纷纷效仿的对象。由美国建筑师雷蒙德·胡德（Raymond Hood，1881—1934）设计、1934 年建成的洛克菲勒中心的建筑群（图 10-8），对于当时西方建筑界就和洛克菲勒财团对于当时西方世界的金融界一样具有同样的象征地位。

1930 年代中叶在美国出现了现代流线形建筑，称为"流线形摩登风格"，并使原先欧洲的装饰艺术风格建筑从奢华转向社会各种类型的建筑。除摩天大楼外，美国的装饰艺术风格也表现在电影院建筑、旅馆和商业建筑、住宅建筑、火车站、机场航站楼、加油站等建筑上，有丰富的装饰母题，与流线形、光亮的新材料相结合，创造出奇幻而又豪华的效果。除纽约外，美国的装饰艺术风格建筑也遍及美国各地，包括洛杉矶、旧金山、迈阿密滩等地。在 1930 年的大萧条时期，美国以建造公共基础设施为主，转向现代主义建筑，同时也由于 1939 年第二次世界大战爆发而中止。在 1960 年代再度兴旺，以修复装饰艺术风格建筑为主，而这些建筑大多成为历史地标建筑。

美国这一时期的摩天大楼、电影院、剧院等的室内外装饰，如门扇、浮雕、雕塑、壁画、壁饰等，也属典型的装饰艺术风格（图 10-9）。

第二节　装饰艺术派建筑在上海

1925—1935 年往往被称为"上海的黄金时代",上海的装饰艺术派建筑也盛行于这一时期。其特点是简洁的几何图案装饰,强调垂直向上的线条和塔楼,流线形的建筑造型,大量采用玻璃和炫耀的灯光效果等。装饰艺术派风格在上海的出现最早可追溯到 1923 年建成的汇丰银行大堂内的吊灯。尽管这是一座颇为地道的新古典主义建筑,但在建成之时它还是赶上了一次时髦。次年,赖安工程师在设计法国球场总会时虽然外观仍采用新古典主义风格,但它大量的室内装饰,如舞厅内的彩色玻璃天花、侧面入口的楼梯、人像雕刻等已经显示出浓烈的装饰艺术派风格,而此时即使是在巴黎,装饰艺术派风格的建筑也是刚刚兴起的时尚。装饰艺术派的图像和图案通过建筑师、设计师、旅游者、开发商和学生从欧洲传入上海。到 1930 年代,上海的租界内有数量众多华丽的舞厅、剧院和饭店,都选择装饰艺术派风格。①

一、摩登建筑

由于装饰艺术派建筑既能满足现代生活的需要,又具有丰富的装饰,因此受到广泛的喜好。上海的装饰艺术派建筑普遍出现在酒店、舞厅、影剧院、俱乐部、银行、公寓、办公楼和独立式住宅建筑上。作为近代上海 1920 年代末及 1930 年代新建筑的主流,装饰艺术派建筑构成上海城市的重要风貌。

装饰艺术派风格在建筑外观上的最早反映可以说是从 1927 年建成的江海关大楼(图 10-10)开始的,尽管它有着一个非常地道的希腊多立克式门廊,而常常被冠为"希腊复兴"建筑,它的内部也有大量的古典细部,但它顶部层层收进的立方体钟塔所表现出来的体积感和高耸感,却明显地流露出装饰艺术派建筑的格调。事实上这座建筑的设计者公和洋行此时也正处于它设计风格的转变时期。公和洋行在 1925 年设计的华懋公寓已经显露出装饰艺术风格的端倪,往往被称作"哥特装饰艺术风格"(Gothic Art Deco style)。1929 年,公和洋行设计的沙逊大厦落成,公和洋行的设计风格已完全转向装饰艺术派。也正是这座建筑把上海全面推向装饰艺术派建筑时代,与纽约装饰艺术派建筑时代几乎完全同步。在此之前,已有 1928 年建成的德义大楼(Denis Apartments,图 10-11)等数座建筑彰显装饰艺术风格的影响。锦名洋行(Cumine & Co., Ld. Architects, Surveyors and Estate Agents)设计的德义大楼,为 8

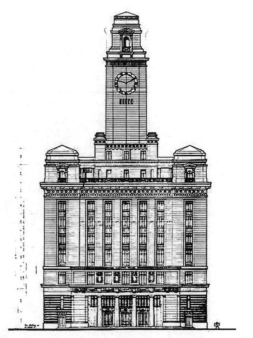

图 10-10　江海关大楼东立面图
来源:上海市城市建设档案馆馆藏图纸

① 叶文心著《上海繁华: 都会经济伦理与近代中国》,王琴、刘润堂译,台北: 时报文化出版企业股份有限公司,2010 年,第 89 页。

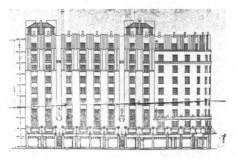

(1) 德义大楼南立面图
来源:上海市城市建设档案馆馆藏图纸

(2) 德义大楼现状
来源:席子摄

(3) 德义大楼雕塑
来源:席子摄
图 10-11　德义大楼

(1) 华懋公寓历史照片
来源：Virtual Shanghai

图 10-12 华懋公寓

(2) 华懋公寓侧面
来源：Virtual Shanghai

(3) 华懋公寓现状
来源：许志刚摄

(4) 华懋公寓入口
来源：许志刚摄

(1) 沙逊大厦最初设计方案效果图
来源：*The Bund Shanghai : China Faces West*

(2) 沙逊大厦修改后的效果图
来源：*The Bund Shanghai : China Faces West*

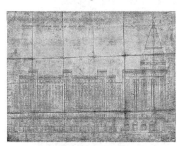

(3) 沙逊大厦南立面图
来源：上海市城市建设档案馆馆藏图纸

图 10-13 沙逊大厦最初的设计方案

层钢筋混凝土结构，占地 1240 平方米，建筑面积为 10 954 平方米。①表面以褐色耐火砖拼贴成菱形图案，顶部则有竖向线条装饰，在立面上还有四座装饰艺术派风格的几何形石雕人像。由于房主酷爱体育，这座大楼又是专为接待足球运动员建造的，所以人像均取材于欧洲神话中与体育相关的故事。②公寓的平面布置基本上是单身宿舍，底层是大楼的公共空间，每层仅有一套或两套配有厨房的套间，不设阳台。1931 年房主破产以后，大楼转为中国银行职工住宅和宿舍，内部经过改造。

与此同时，在上海的中国建筑师也创造了辉煌的装饰艺术建筑。在装饰艺术派建筑的浪潮中，中国建筑师表现不凡，留下很多出色的作品，建筑类型包括百货公司、学校、办公楼、住宅建筑、娱乐建筑、旅馆建筑等。中国建筑师设计的最早的装饰艺术派建筑当推杨锡镠设计的南京饭店（1929）和庄俊设计的大陆商场（1931—1932）等。

二、公和洋行与装饰艺术派建筑

公和洋行在外国建筑师中对上海装饰艺术派建筑的贡献最为突出，而且也是最早设计装饰艺术派建筑的建筑师。由公和洋行设计的华懋公寓（1925—1929，图 10-12）属上海最早的装饰艺术派建筑之一，新苏记营造厂承建。钢框架结构，地下 1 层，地上 14 层，高 57 米，建筑面积 22 172 平方米。③平面采用内走道式布置，每层有 8 个套间和 12 个单间。建筑整体呈装饰艺术风格，细部兼有哥特复兴特征，外墙贴褐色面砖，檐部、基座及窗框用浅色水泥斩假石饰面，显得十分雅致。

公和洋行设计的沙逊大厦（亦称"华懋饭店"，Cathay Hotel，图 10-13）于 1926 年 11 月开工，1929 年 9 月 5 日落成。这座上海第一幢真正 10 层以上的钢框架大楼，也是上海第一座典型的装饰艺术派建筑。建筑高达 69.1 米，共 12 层，西部高 9 层。占地面积 4442 平方米，建筑面积 29 922 平方米，新仁记营造厂（Sin Jin Kee & Co.）承建。④在此之前上海已有号称 11 层的江海关大楼，它的顶端高度近 80 米，但海关大楼

(1) 沙逊大厦东立面图
来源:上海市城市建设档案馆馆
藏图纸

(2) 沙逊大厦历史照片
来源:上海市历史博物馆馆藏图片

(3) 沙逊大厦现状
来源:许志刚摄

图 10-14 沙逊大厦

图 10-15 华尔街 40 号大楼
来源:Wikipedia

实际可使用部分仅 7 层,局部 8 层,包括一、二层的夹层也才 9 层。所谓 11 层是将顶部钟塔全部包括进去。沙逊大厦由当时上海最大的房地产商沙逊集团投资,又是由当时上海最负盛名的建筑设计机构公和洋行设计,位于全上海地价最昂贵的外滩南京路口,它的影响自然不言而喻。沙逊大厦最初的设计方案已经有一座塔楼,但是顶部没有拔高,比例远不及最后建成的设计雄伟。后来的设计方案中,金字塔顶上有一颗托起的明珠,最终在施工时改为在顶部采光亭上加建一座小型的方锥体屋顶(图 10-14)。⑤

　　沙逊大厦的建成标志着公和洋行的设计风格已完全完成从新古典主义向装饰艺术派的转变,也标志着上海建筑开始全面走向摩登时期。沙逊大厦最引人注目之处是它那高达 19 米的墨绿色紫铜皮金字塔屋顶,这使它甫一建成就成为外滩的标志性建筑。这种既具有几何感,对城市空间轮廓起强烈的控制作用,又不同于任何复古主义建筑屋顶处理手法的形体本身,一开始即被视为装饰艺术派摩天楼的重要造型手段,美国一些与沙逊大厦同时期建造的摩天楼都采用这种顶部处理手法。如 1930 年建成的纽约华尔街 40 号曼哈顿公司 71 层大楼(今特朗普大楼,图 10-15)与几乎同时建成的沙逊大厦,不论其装饰艺术派的风格还是铜制金字塔形屋顶都十分相似。不过华尔街 40 号大楼属于哥特复兴风格,艺术风格上甚至落后于沙逊大厦。沙逊大厦的立面处理和细部装饰也表现出典型的装饰艺术派风格,整体上仅以竖向线条作为装饰主体,在檐部及基座部使用抽象几何形装饰母题,并在各入口处使用表现业主身份的沙逊家族猎狗族徽作为装饰中心(图 10-16)。沙逊大厦的室内装饰也极富装饰艺术派特色,

① 《上海百年名楼·名宅》编撰委员会编《上海百年名楼》,北京: 光明日报出版社,2006 年,第 22 页。

② 同上,第 23 页。

③ 上海市卢湾区人民政府编《上海市卢湾区地名志》,上海社会科学院出版社,1990 年,第 261 页。

④ 上海市城市建设档案馆编《上海外滩建筑群》,上海锦绣文章出版社,2017 年,第 182 页。

⑤ 同上。

图 10-16 沙逊大厦细部
来源:许志刚摄

图 10-17 沙逊大厦室内
来源：许志刚摄

（1）汉弥尔登大厦和都城饭店历史照片
来源：Virtual Shanghai

（2）汉弥尔登大厦和都城饭店现状
来源：沈晓明提供

图 10-18 汉弥尔登大厦和都城饭店

（1）汉弥尔登大厦历史照片
来源：《建筑月刊》第一卷，第一期

（2）汉弥尔登大厦现状
来源：《回眸》

图 10-19 汉弥尔登大厦

尤其是底层旅馆大堂和八层宴会厅，其装饰母题与室外造型内外呼应，大理石地面与墙面拼花图案，铁制栏杆、扶手、灯具的几何型装饰，既不失古典建筑的富丽堂皇，又充满强烈的时代感，建成以来一直让人赞不绝口（图 10-17）。

沙逊大厦的建成使公和洋行得到沙逊集团的赏识，从此沙逊集团投资的一大批大型建筑均邀公和洋行主持设计，河滨公寓、汉弥尔登大厦、都城饭店、峻岭公寓等均出自其手。汉弥尔登大厦和都城饭店（图 10-18）分别建于 1933 年和 1934 年，在福州路与江西中路的交叉口上隔街相对，其面对面的立面造型几乎完全相同，中部塔楼最高处有 17 层，立面以竖向线条装饰为主，形体向上内收，顶部塔楼重点装饰。与沙逊大厦类似，它们的建筑内部装饰都比建筑外部更为丰富、华丽，从铺地、墙面到门窗、灯具，都具有装饰艺术派特征。位于市政广场东南侧的汉弥尔登大厦（图 10-19），为钢筋混凝土框架结构，公和洋行设计，新仁记营造厂承建，由新大楼和老大楼两部分组成。底层至三层为店铺和办公楼，四层以上是公寓。[①] 老大楼为 6 层辅楼，1932 年 10 月竣工，建筑面积为 29 624 平方米。[②] 新大楼为 14 层主楼，1933 年 5 月竣工，建筑面积为 12 294 平方米。[②] 都城饭店（又称"都市饭店"，Metropole Hotel，图 10-20），一度曾改名"新城大厦"，14 层钢筋混凝土结构，占地面积 1236 平方米，建筑面积为 10 047 平方米。[③]

峻岭寄庐（The Grosvernor House，图 10-21）建于 1935 年，是公和洋行为沙逊集团旗下的华懋地产公司设计的又一重大工程。[④] "Grosvernor"（格林文纳）取名于南极洲的格罗夫纳山（Grosvernor Mountains），形容其高大。[⑤] 峻岭寄庐为 21 层钢筋混凝土结构，高 78 米，占地面积 7010 平方米，建筑面积为 23 985 平方米。[⑥] 平面呈八字形，共有 77 套公寓，有三室、四室和七室户。峻岭寄庐的设备齐全，底层有健身房，大楼安装了高速电梯。其外形仍采用从中部最高处到两侧逐步跌落的装饰艺术派手法。由于体形庞大，因此没有全部用竖线条装饰，而是以横线条与竖线条组合，在中部及两端施以竖线条装饰，其余窗间墙处理成水平横线条。外墙贴褐色面砖，细部装饰集中在入口、檐部、大门等处，装饰母题均为连续几何图案。与公和洋行早期的装饰艺术风格相比，装饰已经有所简化。同一年建成的格林文纳花园（Grosvernor Gardens，今茂名公寓，图 10-22），沿茂名南路布置，为峻岭寄庐附属建筑，共有 6 幢 18 米高的 3 层公寓，建筑面积为 10 227 平方米。

① 《中国建筑》创刊号，1931 年 11 月，第 22 页。见：《中国近代建筑史料汇编：第一辑》第九册，第 34 页。

② 上海市黄浦区人民政府编《上海市黄浦区地名志》，上海社会科学院出版社，1989 年，第 199-200 页。

③ 同上，第 198 页。

(1) 都城饭店历史照片
来源:上海市历史博物馆馆藏图片

(2) 都城饭店现状
来源:沈晓明提供

(3) 都城饭店顶部细部
来源:沈晓明提供

(4) 都城饭店入口
来源:沈晓明提供

图 10-20 都城饭店

三、外国建筑师与摩登建筑

  1931 年 3 月开始设计,1934 年 12 月落成的国际饭店(Park Hotel,图 10-23),是邬达克的代表作之一,也是受美国装饰艺术派影响的建筑。建筑占地 1179 平方米,建筑面积为 15 650 平方米,地面以上 22 层(地下 2 层),高 83.8 米。[7]这座由馥记营造厂(Voh Kee Construction Co.)承建的当时亚洲第一高楼,在上海保持其高度纪录近半个世纪。出于火灾危险等原因,在这之前工部局从未批准过建造如此高的大楼。[8]这座大楼不仅造型新颖,其结构、设备都代表当时上海,甚至远东地区的最高水平。建筑采用钢框架结构,为了防火,钢框架结构外再包上一层混凝土。楼板为钢筋混凝土浇筑,为加强整体刚度,外墙亦全部采用钢筋混凝土。另外,各层还装备当时极为先进的自动灭火喷淋装置。建筑外立面以深褐色面砖精心拼砌成富有韵律的花纹,底部以黑色的磨光花岗岩饰面(图 10-24)。邬达克曾经在 1929 年访问纽约,考察纽约的高层建筑,认识到高层建筑垂直处理的合理性。[9]因此在设计国际饭店时,整座建筑的形体强调壁柱的垂直线条,并采用十五层以上层层收进成阶梯状的退台造型。国际饭店的建筑造型几乎是 1930 年代典型的美国高层摩天楼在中国的翻版,建筑的造型显然受到美国建

④ 根据 1932 年 11 月出版的《建筑月刊》第一卷,第一期,第 45 页载《峻岭寄庐建筑章程》,爱尔德打样行也列为设计者。见:《中国近代建筑史料汇编:第一辑》第一册,第 61 页。

⑤《峻岭寄庐建筑章程》误将南极洲的格罗夫纳山称为欧洲有名之山岭。

⑥ 上海市卢湾区人民政府编《上海市卢湾区地名志》,上海社会科学院出版社,1990 年,第 261 页。

⑦ 上海市城市规划管理局、上海市城市建设档案馆编《上海邬达克建筑》,上海科学普及出版社,2008 年,第 52 页。

⑧ 卢卡·彭切里尼、尤利娅·切伊迪著《邬达克》,华霞虹、乔争月译,上海:同济大学出版社,2013 年,第 123 页。

⑨ 同上,第 142 页。

(4) 峻岭寄庐现状
来源:许志刚摄

(1) 峻岭寄庐全景效果图
来源:《建筑月刊》第二卷,第一期

(2) 峻岭寄庐效果图
来源:《建筑月刊》第一卷,第二期

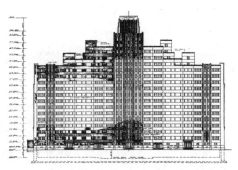

(3) 峻岭寄庐东北立面图
来源:《建筑月刊》第三卷,第四期

(5) 峻岭寄庐细部
来源:许志刚摄

图 10-21 峻岭寄庐

图 10-22 格林文纳花园
来源：Virtual Shanghai

（1）国际饭店顶部
来源：席子摄
图 10-23 国际饭店

（2）国际饭店俯视

（3）国际饭店现状
来源：席子摄

（1）国际饭店立面设计图
来源：上海市城市建设档案馆馆藏图纸
图 10-24 国际饭店立面图

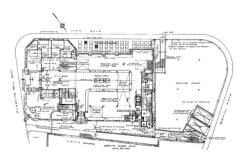

（2）国际饭店一层平面图
来源：《建筑月刊》第一卷，第五期

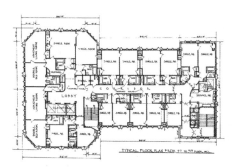

（3）国际饭店标准层平面
来源：《建筑月刊》第一卷，第五期

筑师雷蒙德·胡德设计的纽约洛克菲勒中心雷电华城大楼的影响，又掺入表现主义的手法。邬达克也从此奠定了自己在上海建筑史上不可动摇的地位（图 10-25）。

1933 年，位于静安寺路（今南京西路）上由邬达克设计的大光明大戏院（Grand Theatre，图 10-26）落成，它可以说是邬达克最具创造性的建筑之一。从此，邬达克的设计风格实现了彻底的转变，他极其引人注目的新潮设计立刻受到上海建筑界的广泛关注，并由此奠定他作为上海最有影响的摩登建筑师的地位。

大光明影戏院原建于 1928 年 12 月，1931 年歇业。英籍华人卢根联合美商租地 7480 平方米，拆除旧建筑重建，请邬达克设计，改名"大光明大戏院"。这个基地十分狭窄且不规则，门面也不宽，但邬达克的设计却使这座电影院看上去空间十分宏大。方案经过 1931 年 8 月和 10 月，以及 1932 年 1 月三轮设计修改。电影院占地 4016 平方米，建筑面积 6249.5 平方米，上下两层共 1961 个座位，除观众厅外，还设有咖啡馆、弹子房、舞厅等休闲娱乐场所。①大光明大戏院于 1933 年 6 月 14 日开幕，被誉为"远东第一影院"和"远东唯一建筑"②。一些欧洲的建筑杂志也纷纷介绍这座建筑。它的立面造型以线条与体块的构成体现装饰艺术派特征，横竖线条交叉组合，乳黄色的曲面外墙，大片玻璃窗与

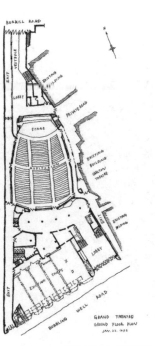

(1) 国际饭店餐厅室内

(2) 国际饭店十四层餐厅室内

(3) 国际饭店咖啡厅室内

图 10-25 国际饭店室内
来源:上海市历史博物馆馆藏图片

(1) 大光明大戏院历史照片
来源:薛理勇提供

(2) 大光明大戏院入口历史照片
来源:章明建筑师事务所提供

(3) 大光明大戏院现状

(4) 大光明大戏院平面图
来源:《上海邬达克建筑地图》
图 10-26 大光明大戏院

(1) 大光明大戏院观众厅

(2) 大光明大戏院观众厅台口

(3) 大光明大戏院休息厅历史照片
图 10-27 大光明大戏院室内
来源:章明建筑师事务所提供

高达 30.5 米的方形半透明玻璃灯柱，具有强烈的时代感。室内以流畅的天花与墙面线脚和霓虹灯处理，也表现出装饰艺术派的室内设计风格（图 10-27）。

上海回力球场（Auditorium Hai-Alai，图 10-28）代表现代娱乐建筑的发展，设计体现了米吕蒂的现代建筑风格。建筑立面基本对称，强调圆润的垂直线条。这种装饰简洁、顶部向上收缩、仅在顶部和入口处作重点装饰，甚至没有装饰的做法被上海 1930 年代的大多数现代建筑所采用。

五和洋行（Republic Land Investment Co., Architects）在 1930 年代相继设计装饰艺术风格的大方饭店（Daphon Hotel，1931—1933，图 10-29）和新亚酒楼（New Asia Hotel，1933—1934，图 10-30）等。大方饭店系原有建筑改建，5 层钢筋混凝土结构，1982—1984 年大修时加建 1 层，总建筑面积 5300 平方米。③有 200 多间房间，设有大汤浴池，屋顶设有新式舞厅和花园，立面细部带有装饰艺术风格。④新亚酒楼位于四川北

① 上海市城市规划管理局、上海市城市建设档案馆编《上海邬达克建筑》，上海科学普及出版社，2008 年，第 50 页。

② 见《申报》1933 年 6 月 13 日的报道，引自:上海大光明电影院有限公司编《大光明·光影八十年》，上海:同济大学出版社，2009 年，第 20 页。

③ 上海市黄浦区人民政府编《上海市黄浦区地名志》，上海社会科学院出版社，1989 年，第 553 页。

④《建筑月刊》第一卷，第八期，1933 年 6 月，第 8 页。见:《中国近代建筑史料汇编: 第一辑》第二册，第 832 页。

（1）上海回力球场效果图
来源：《建筑月刊》第二卷，第一期

图 10-28 上海回力球场

（2）上海回力球场
来源：Virtual Shanghai

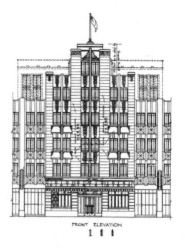

（1）大方饭店立面图

图 10-29 大方饭店
来源：《建筑月刊》第一卷，第八期

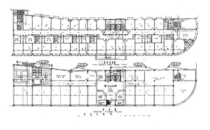

（2）大方饭店平面图

（1）新亚酒楼历史照片
来源：《建筑月刊》第二卷，第四期

（2）新亚酒楼现状
来源：席子摄

（3）新亚酒楼入口与塔楼
来源：席子摄

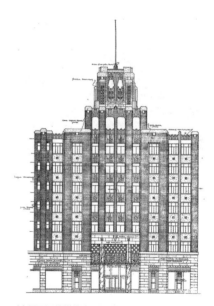

（4）新亚酒楼塔楼立面图
来源：《建筑月刊》第二卷，第七期

（5）新亚酒楼全景效果图
来源：《建筑月刊》第一卷，第四期

图 10-30 新亚酒楼

（6）新亚酒楼大堂
来源：《建筑月刊》第二卷，第七期

（7）新亚酒楼西餐厅
来源：《建筑月刊》第二卷，第七期

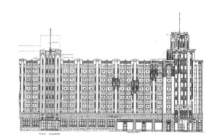

（8）新亚酒楼南立面图
来源：《建筑月刊》第二卷，第七期

(1) 上海电力公司大楼立面图
来源：上海市城市建设档案馆馆藏图纸

(2) 上海电力公司大楼
来源：席子摄

(3) 上海电力公司大楼细部装饰

(4) 上海电力公司大楼大门装饰
来源：尔冬强摄

图 10-31 上海电力公司大楼

路和天潼路转角，基地东西方向狭长。8 层钢筋混凝土结构，由五和洋行英国建筑师席拉设计，桂兰记营造厂（Kwei Lan Kee Contractor）承建。主楼占地 1733 平方米，附楼为 133 平方米，共计 1866 平方米，建筑面积为 15 900 平方米。①底层设中西餐厅和商铺；三至六楼为旅馆部；七楼和八楼为餐厅，同时可容 1400 人就餐，七楼有一间可容 1000 人开会的大礼堂，八楼还有露天花园，属于当时一家新型的高级旅馆。立面受美国装饰艺术风格影响，竖向窗带上装饰丰富。立面基座为剁斧石墙面，上部为棕色面砖墙面。与大方饭店相似，均在入口处设置塔楼，并刻意装饰。

在上海的外国建筑师中，另一位较早倡导装饰艺术派风格的是美国建筑师哈沙德。哈沙德的早期作品多为复古风格，风格多元，从诸圣堂的罗马风复兴、哥伦比亚乡村俱乐部的西班牙殖民地风格到金门饭店的新古典主义风格。1929 年，他设计的上海电力公司大楼（Shanghai Power Company，图 10-31）建成，这座 6 层高的办公楼一改哈沙德过去常用的古典手法，采用竖线条作为造型主题，建筑立面以浅色面砖饰面，檐部及竖向窗带有精美的细部装饰，大门的装饰仿美国摩天大楼的风格。建筑占地 965 平方米，建筑面积为 6440 平方米。②哈沙德洋行设计的中国企业银行大楼（图 10-32）在两年

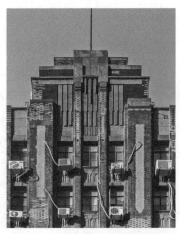

(1) 中国企业银行历史照片
来源：Virtual Shanghai

(2) 中国企业银行现状
来源：席子摄

(3) 中国企业银行顶部细节
来源：席子摄

图 10-32 中国企业银行

① 上海市虹口区人民政府编《上海市虹口区地名志》，上海：百家出版社，1989 年，第 491 页。

② 上海市黄浦区人民政府编《上海市黄浦区地名志》，上海社会科学院出版社，1989 年，第 182 页。

(1)雷士德医学研究院入口细部
来源:沈晓明提供

图 10-33 雷士德医学研究院

(2)雷士德医学研究院历史照片
来源:薛理勇提供

(3)雷士德医学研究院立面局部

(4)雷士德医学研究院立面图
来源:上海市城市建设档案馆馆藏图纸

后建成,9 层钢筋混凝土结构,昌升建筑公司(Chang Sung Construction Co.)承建。建筑占地 1310 平方米,建筑面积为 9200 平方米。[①]建筑风格与电力公司大楼几乎完全相同,强调竖向线条。1933 年,哈沙德设计的永安公司新楼建成,陶桂记营造厂承建。这座建筑与前两座建筑相比,完全摈弃装饰,只有层层收缩的塔楼形体还保持着些许装饰艺术派的特点。这表明哈沙德已倾向于更为时髦的现代风格。从整体上说,哈沙德的作品带有浓烈的美国式折衷意向和丰富的立面装饰。

1932 年,由德和洋行(Lester, Johnson & Morriss)设计的雷士德医学研究院(The Henry Lester Institute for Medical Research,图 10-33)建成。雷士德医学研究院规定,以华人子弟为主要学生,适当接纳除英、美、法三国以外的其他国籍学生。建筑的平面呈凹字形,3 层钢筋混凝土结构,立面十

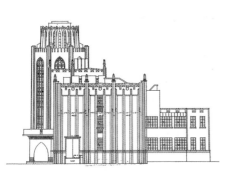

(1)雷士德工学院南立面图
来源:《建筑月刊》第二卷,第四期

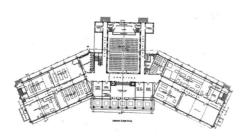

(2)雷士德工学院底层平面图
来源:《建筑月刊》第二卷,第四期

图 10-34 雷士德工学院

(3)雷士德工学院历史照片
来源:薛理勇提供

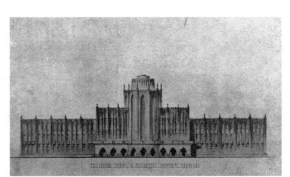

(4)雷士德工学院立面图
来源:《建筑月刊》第二卷,第四期

(1) 赛华公寓现状

(2) 赛华公寓细部

(3) 赛华公寓楼梯栏杆细部
图 10-35 赛华公寓
来源：沈晓明提供

(1) 震旦博物馆新楼
来源：*Art Deco Master*

(2) 震旦博物馆新楼
来源：《回眸》

(3) 震旦博物馆新楼装饰细部
来源：《回眸》
图 10-36 震旦大学博物馆

分简洁，仅在入口的部位有装饰，突出入口的竖向体量。1934 年，由德和洋行合伙人鲍斯惠尔（Edwin Forbes Bothwell）设计的雷士德工业职业学校及雷士德工艺专科学校（简称"雷士德工学院"，The Lester School & Technical Institute，今长治路 505 号海员医院）在虹口建成开学（1944 年停办），占地约 10 000 平方米，建筑面积约 16 000 平方米，由久泰锦记营造厂承建。[2]雷士德工学院的建筑（图 10-34）采用英国哥特复兴风格，又受装饰艺术风格影响，平面酷似一架展翅迎风的战斗机，建筑的细部多以天平、角尺、齿轮、圆规、烧杯等科学仪器与机械图案作装饰。

赖安工程师在上海装饰艺术派建筑中所起的作用十分重要，甚至被称为"装饰艺术派建筑大师"。1929 年赖安工程师设计由义品放款银行开发的赛华公寓（Savoy Apartments，1929，图 10-35），外貌呈现代主义风格，外立面除钢窗外，皆为浅灰色水泥拉毛，转角和辅助楼梯处窗肚墙稍作凸出，使立面有所变化。立面最突出的是底层和顶层白色的宽阔饰带，底层饰带是抽象的云水图案，顶层是抽象的朝阳和凤，寓意吉利，表现出设计者对新风格和中国传统文化融合的尝试。赖安工程师在同一年设计震旦大学博物馆（Musée et Laboratoires，Université L'Aurore，图 10-36），建筑为 3 层，局部 4 层，顶部采用云纹装饰。1930 年赖安工程师设计的培恩公寓建成，以褐色面砖贴面，顶部以一厚实水平压檐，檐下饰以几何形母题的浮雕装饰图案。这种做法成为此后一批装饰艺术派风格公寓建筑的常见做法。赖安工程师设计的中汇银行大楼（Chung Wai Bank，图 10-37），建于 1934 年，久记营造厂承建。10 层钢筋混凝土结构，塔楼高 13 层，从而使其具有强烈的高耸感。占地面积 2166 平方米，建筑面积 17 347 平方米。[3]它以层层收进的形体和清水红砖饰面成为所在地区的标志，尤其是红砖墙面上的白色

① 上海市黄浦区人民政府编《上海市黄浦区地名志》，上海社会科学院出版社，1989 年，第 183 页。

②《上海百年名楼·名宅》编撰委员会编《上海百年名楼》，北京：光明日报出版社，2006 年，第 90 页。

③ 同上，第 200 页。

(1) 中汇大楼塔楼历史照片
来源:上海市历史博物馆馆藏图片

图 10-37 中汇大楼

(2) 中汇大楼历史照片
来源:《建筑月刊》第二卷,第十期

(1) 密丹公寓现状
图 10-38 密丹公寓

(2) 密丹公寓细部
来源:薛鸣华提供

图 10-39 伊丽莎白公寓
来源:尔冬强摄

① 据薛鸣华建筑师考证,密丹公寓由赖安工程师设计,但是据上海市城市建设档案馆馆藏 D(03-05)-1930-0313 的图纸,图签上只标明义品放款银行。

②《上海市徐汇区地名志》编纂委员会《上海市徐汇区地名志》2010 年版,上海辞书出版社,2012 年,第 184 页。

③ 同上,第 187 页。

④ 上海市卢湾区人民政府编《上海市卢湾区地名志》,上海社会科学院出版社,1990 年,第 81 页。

折线形勾缝极其富有特色与个性。遗憾的是,在 1993 年改造时,立面贴上红灰色相间的磨光花岗石,且加上不伦不类的古典装饰,原有装饰艺术派风格被破坏殆尽。

由义品放款银行开发的位于武康路 115 号的密丹公寓(Midget Apartments,1930—1931,图 10-38),属于典型的装饰艺术风格。①公寓位于道路转角,5 层钢筋混凝土建筑,占地仅 93 平方米,建筑面积为 558 平方米,每层一套公寓。②

1930 年代是装饰艺术派建筑最为兴盛的时期,公寓建筑是这一风格最大、最重要的表现领域,除前面提到的建筑中包含相当一部分公寓外,还有很多非常出色的装饰艺术派公寓建筑。如俄国建筑师李维(一译列文 - 戈登士达,W. Livin-Goldstaedt,1878—?)设计的伊丽莎白公寓(Elizabeth Apartments,1930,今复中公寓,图 10-39)、阿斯屈来特公寓(Astrid Apartments,1933,今南昌大楼,图 10-40)等,均为典型的装饰艺术风格建筑。伊丽莎白公寓为 5 层钢筋混凝土结构,每层三套公寓,占地 1093 平方米,建筑面积为 1646 平方米。③立面对称,圆弧形的楼梯间位于两端,造型丰富,色彩对比强烈。阿斯屈来特公寓为 8 层钢筋混凝土结构,占地面积约 3 亩(近 2000 平方米),建筑面积为 11 196 平方米。④共有 70 套一室至四室户的公寓,分四个单元,每个单元有一部楼梯和一部电梯,佣人房设在内院。立面非常简洁,以奶黄色面砖贴面,仅在转角处中央尖塔上饰以极富特征的纯粹装饰性的浮雕图案。此外在入口处和檐部也饰以少量同一主题的浮雕装饰图案。在门窗铁花的分格和建筑室内门厅地面的铺砌上也采用简洁又有装饰性的几何图案装饰。李维设计的圣心医院教堂(Sacred Heart Church,1931,图 10-41)八边形钟塔是构图的中心,檐部的装饰丰富。

由普益地产公司开发,由道达洋行(Dowdall, Read & Tulasne)设计的大华公寓(Majestic Apartments,1932,图 10-42),由创新建筑厂(Chang Sing & Co.)承建,原建筑为 5 层钢筋混凝土结构,

(1) 阿斯屈来特公寓南立面图
来源:《建筑月刊》第二卷,第一期

(2) 阿斯屈来特公寓效果图
来源:《建筑月刊》第二卷,第一期

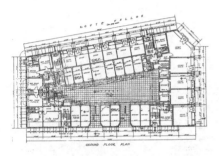

(3) 阿斯屈来特公寓现状
来源:席子摄

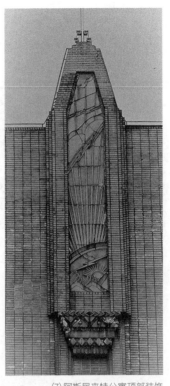

(4) 阿斯屈来特公寓底层平面图
来源:《建筑月刊》第二卷,第一期

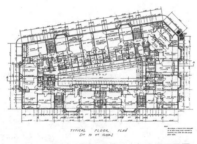

(5) 阿斯屈来特公寓标准层平面图
来源:《建筑月刊》第二卷,第一期

(6) 阿斯屈来特公寓入口细部

(7) 阿斯屈来特公寓顶部装饰
图 10-40 阿斯屈来特公寓

建筑面积为 2380 平方米。[5]原设计为装饰艺术派风格,在加建 2 层后,檐部的装饰艺术风格的带状装饰也随之消失。

匈牙利建筑师鸿达设计的东亚银行大楼(East Asia Bank,1925—1926,图 10-43)、光陆大楼(The Shamoon Building,又称"光陆大戏院",Capital Theatre,1925—1928,图 10-44)和国泰大戏院(Cathay Theatre,1929—1932)的装饰艺术风格特征也十分显著。东亚银行为 7 层现浇钢筋混凝土框架结构,局部有地下室,占地 684 平方米,建筑面积 4389 平方米。[6]入口设在圆弧形转角处,四根人造大理石圆柱仍表现出新古典主义的遗风,转角设一座塔楼,立面比较简洁。光陆大楼的处理手法与东亚银行十分相似,立面为圆弧形,窗下墙有方形的几何图案装饰,每层一种图案。中间有一座塔楼。9 层钢筋混凝土结构,占地 923 平方米,建筑面积 7129 平方米。[7]大楼上部为办公室和公寓,底层为剧场,

图 10-41 圣心医院教堂
来源:Virtual Shanghai

(1) 大华公寓立面图
来源:《建筑月刊》第一卷,第三期

(2) 现状
来源:席子摄

图 10-42 大华公寓

[5] 上海市静安区人民政府编《上海市静安区地名志》,上海社会科学院出版社,1988 年,第 183 页。

[6] 东亚银行原为 7 层,八层为加层,面积数据根据上海市黄浦区人民政府编《上海市黄浦区地名志》,上海社会科学院出版社,1989 年,第 173 页。

[7] 上海市黄浦区人民政府编《上海市黄浦区地名志》,上海社会科学院出版社,1989 年,第 180 页。

(1) 东亚银行塔楼顶部
来源:上海建筑设计院

图 10-43 东亚银行

(2) 东亚银行立面细部
来源:上海建筑设计院

(3) 东亚银行转角立面图
来源:上海市城市建设档案馆
馆藏图纸

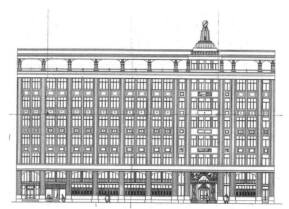

(4) 东亚银行展开立面图
来源:上海市城市建设档案馆馆藏图纸

(5) 东亚银行历史照片
来源:上海建筑设计院

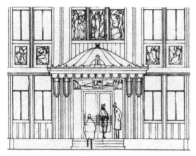

(1) 光陆大戏院立面细部
来源:上海建筑设计院

图 10-44 光陆大戏院

(2) 光陆大戏院历史照片
来源:Virtual Shanghai

(3) 光陆大戏院观众厅
来源:Virtual Shanghai

(4) 光陆大戏院现状
来源:席子摄

剧场有上下 2 层，池座有 500 个座位，楼座有 239 个座位，还设有包厢。剧场以放映欧洲影片为主，还经常上演西方歌剧。①

位于南京东路 100 号的惠罗公司，原先是玛礼逊洋行 1904—1906 年设计的，1930 年，公司请鸿达洋行设计翻建，由费博（S. E. Faber）担任结构设计。新楼（图 10-45）为装饰艺术风格，东楼加建 2 层，增建电梯厅，立面改建，争取最大限度的自然采光，同时也设计了外立面的现代照明。鸿达洋

图 10-45 惠罗公司新楼
来源:乔争月提供

(1) 国泰大戏院历史照片
来源:Virtual Shanghai

图 10-46 国泰大戏院

(2) 国泰大戏院入口
来源:Virtual Shanghai

(3) 国泰大戏院现状

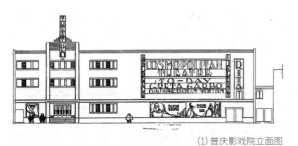

(1) 普庆影戏院立面图

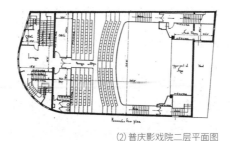

(2) 普庆影戏院二层平面图

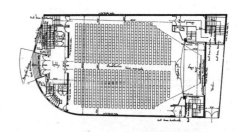

(3) 普庆影戏院底层平面图

图 10-47 普庆影戏院
来源:《建筑月刊》第一卷,第四期

行设计的国泰大戏院(图 10-46)于 1932 年元旦开幕,钢筋混凝土结构,占地 1893 平方米,建筑面积为 2153 平方米,共设 1010 座。[②]国泰大戏院的立面完全以醒目的竖向线条作为造型主题,加上建筑顶部逐渐收缩向上的处理手法,深褐色面砖饰面,形成非常典型的装饰艺术派建筑。在原始图纸上,建筑原来的名称是"新卡尔登大戏院"(New Carlton Theatre),建筑面积不大,除了观众厅和门厅,几乎没有多少辅助面积。

鸿达设计的普庆影戏院(Cosmopolitan Theatre,1934,今国光剧场,图 10-47),立面属典型的装饰艺术派风格,建筑虽小,以横线条与竖线条的对比突出入口。由于这座影剧院楼厅出口楼梯狭窄,为争取公共租界批准营业,鸿达本人还卷入一场诉讼,延宕年久未果,几经周折,影剧院直到 1946 年才正式开业。[③]鸿达在上海最后的作品是位于外滩的交通银行(China Bank of Communication,1937—1949,今上海市总工会,图 10-48),属于装饰艺术风格的遗韵。底层门框用黑色大理石饰面,立面强调竖线条,中间向上收缩。这座建筑自 1937 年开始设计,直到 1947 年 6 月才动工,1949 年初才竣工。6 层钢筋混凝土结构,占地 1850 平方米,建筑面积 9200 平方米。[④]

由俄国建筑师高尔克(Kirk & Ubink, Architects-Engineers)设计的毕勋路(Route Pichon,今汾阳路)俄国精神病医院(Russian Orthodox Confraternity's Hospital,1936—1942,今复旦大学附属眼耳鼻喉科医院十号楼,图 10-49),4 层钢筋混凝土结构。大量采用圆弧形平面,楼梯间为半圆形,体量复

① 邓琳爽《近代上海城市公共娱乐空间研究》,同济大学博士学位论文,2015 年,第 215 页。

② 上海市卢湾区人民政府编《上海市卢湾区地名志》,上海社会科学院出版社,1990 年,第 311 页。

③ 上海市虹口区人民政府编《上海市虹口区地名志》,上海:百家出版社,1989 年,第 411 页。

④ 上海市城市建设档案馆编《上海外滩建筑群》,上海锦绣文章出版社,2017 年,第 124 页。

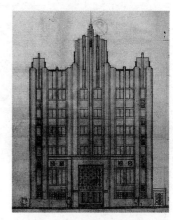

图 10-48 交通银行立面图
来源:《上海外滩建筑群》

(4) 毕勋路俄国精神病医院效果图

图 10-49 毕勋路俄国精神病医院
来源:《建筑月刊》第四卷,第一期

(1) 毕勋路俄国精神病医院底层平面图

(2) 毕勋路俄国精神病医院二层平面图

(3) 毕勋路俄国精神病医院立面图

① 1924 年 4 月 9 日工部局董事会会议记录,上海市档案馆编《工部局董事会会议录》第二十二册,上海古籍出版社,2001 年,第 676 页。

② 上海市虹口区人民政府编《上海市虹口区地名志》,上海:百家出版社,1989 年,第 416 页。

杂,造型丰富。现在的眼耳鼻喉科医院十号楼,称为"三德堂"(Procure des Missions Etrangeres,图 10-50),由李维设计,1942 年建成,与原设计相比,已经大为简化。

日本建筑师内田祥三(Shozo Uchida,1885—1972)于 1929 年设计上海自然科学研究所(Institute of Science,图 10-51),1930 年建成,1931 年成立上海自然科学研究所。该建筑是日本政府用庚子赔款余额建造,1924 年开始筹建,1924 年 4 月 9 日的工部局董事会会议记录中已经提及日本政府的这一动议。①建筑与内田祥三设计的日本东京帝国大学工学院、图书馆和医学院大楼的外观相似,几乎是东京帝国大学建筑的翻版。平面呈日字形,建筑面积 1.98 万平方米,现代建筑风格,同时又掺杂哥特复兴和装饰艺术派风格,尤其表现在细部上。主入口 5 层,强调竖线条,入口门廊采用简化的科林斯柱头。

图 10-50 眼耳鼻喉科医院十号楼
来源:席子摄

(1)上海自然科学研究所立面图
来源:上海市城市建设档案馆馆藏图纸

(2)上海自然科学研究所历史照片
来源:《内田祥三先生作品集》(唐岛研究所出版会,1969)

(3)上海自然科学研究所现状
来源:许志刚摄

(4)上海自然科学研究所立面细部
来源:许志刚摄

图 10-51 上海自然科学研究所

(5)上海自然科学研究所门廊
来源:许志刚摄

(6)上海自然科学研究所总体规划
来源:《内田祥三先生作品集》(唐岛研究所出版会,1969)

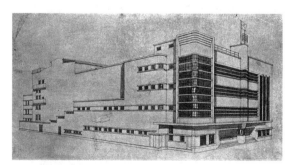

(1)东和影戏院效果图
来源:《建筑月刊》第四卷,第一期

图 10-52 东和影戏院

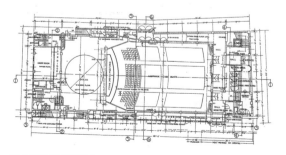

(2)东和影戏院平面图
来源:《建筑月刊》第四卷,第一期

(3)东和影戏院
来源:薛理勇提供

日本建筑师河野健六（K. Kohno）设计的东和馆影戏院（Towa Cinema，1932，今解放剧场，图
10-52）也属装饰艺术风格的剧院建筑。占地 1000 平方米，建筑面积为 1800 平方米。②舞台设小转台，
共有 3 层前后台，观众席地而坐。立面亦为横线条和竖线条对比，突出中间的塔楼。

一些建筑的细部表现了典型的装饰艺术风格，如塔楼、顶棚、壁炉、门廊等。例如赖安工程师设
计的法国球场总会（图 10-53），外观是新古典主义风格，室内装饰带有新艺术运动的影响，但是宴
会厅的顶棚是装饰艺术风格的。由义品放款银行在 1930 年代开发的林肯公寓（Lincoln Apartments，
1930，今曙光公寓，图 10-54）、华盛顿公寓（Washington Apartments，1930，今西湖公寓，图 10-55）、
贝当公寓（Petain Apartments，1931—1932，今衡山公寓，图 10-56），包括前述的赛华公寓、密丹公寓
等，都采用装饰艺术风格。林肯公寓由一组住宅建筑组成，沿街的 4 层公寓楼檐口装饰为山花的变体。

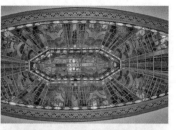

图 10-53　法国球场总会宴会厅顶棚

（1）林肯公寓

（2）林肯公寓中间单元立面细部

（3）林肯公寓边单元立面细部

图 10-54　林肯公寓
来源：席子摄

（1）1941 年修改的华盛顿公寓东立面图
来源：上海市城市建设档案馆馆藏图纸

（2）华盛顿公寓现状
来源：席子摄

（3）1941 年修改的华盛顿公寓北立面图
来源：上海市城市建设档案馆馆藏图纸

（4）华盛顿公寓窗间墙细部
来源：席子摄

（5）华盛顿公寓转角处理
来源：席子摄

（6）华盛顿公寓入口细部
来源：席子摄

图 10-55　华盛顿公寓

(1) 贝当公寓现状

图 10-56 贝当公寓

(2) 贝当公寓立面局部　　(3) 贝当公寓的窗间墙细部花饰　　(4) 贝当公寓的墙面花饰

① 《上海市徐汇区地名志》编纂委员会《上海市徐汇区地名志》2010 年版，上海辞书出版社，2012 年，第 190 页。

② 同上，第 187 页。

③ 上海市卢湾区人民政府编《上海市卢湾区地名志》，上海社会科学院出版社，1990 年，第 82 页。

④ 《上海市技师、技副、营造厂登记名录》，民国二十二年（1933）。见：《中国近代建筑史料汇编: 第二辑》第八册，第 4383-4571 页。

⑤ 上海市黄浦区人民政府编《上海市黄浦区地名志》，上海社会科学院出版社，1989 年，第 571 页。

⑥ 《杨君之言曰》，《中国建筑》第二卷，第一期，1934 年 1 月，第 2 页。见：《中国近代建筑史料汇编: 第一辑》第十册，第 588 页。

华盛顿公寓为 9 层钢筋混凝土结构，基地呈 V 形，占地 2073 平方米，建筑面积 8825 平方米，是上海当时规模较大的公寓之一，1941 年由列维金工程师（J. J. Levitin Architect & Civil Engineer）改建。1982 年加建 2 层，增加建筑面积 2100 平方米，所以顶部的比例有所改变。① 黄色水泥拉毛墙面，装饰重点在入口门楣和白水泥花饰的窗下墙上。贝当公寓的规模较小，6 层钢筋混凝土结构，占地仅 720 平方米，建筑面积 1257 平方米。② 装饰重点在白水泥花饰的窗下墙面和入口的挑檐上。由挪威建筑师汉斯·柏韵士（Hans Berents，1875—1961）设计的吕班公寓（Dubail Apartments，1929，今重庆公寓，图 10-57），原设计为 4 层钢筋混凝土结构，加建过 1 层，建筑面积为 13 740 平方米。③ 在檐部，尤其是转角的入口部位重点加以装饰。

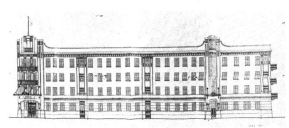

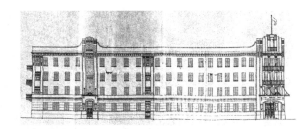

(1) 吕班公寓西立面
来源：上海市城市建设档案馆藏图纸

(2) 吕班公寓北立面
来源：上海市城市建设档案馆藏图纸

(3) 吕班公寓细部

图 10-57 吕班公寓

(4) 吕班公寓现状
来源：席子摄

(5) 吕班公寓立面局部

第三节　中国建筑师与装饰艺术派建筑

在装饰艺术派建筑的浪潮中，中国建筑师也表现不凡，留下了很多出色的装饰艺术派作品。据 1933 年《上海市技师、技副、营造厂登记名录》所载，有 29 位中国建筑师成为注册技师，35 位中国建筑师成为注册技副。[④]对装饰艺术建筑贡献的建筑师与事务所有杨锡镠、庄俊、柳士英、王克生、华盖建筑师事务所、李蟠、范文照等。

一、盛期装饰艺术派建筑

杨锡镠设计的南京饭店（Nanking Hotel，1929，图 10-58）是上海较早的一座装饰艺术风格的建筑，1930 年代初开业。9 层钢筋混凝土结构，新金记祥号营造厂承建。建筑占地 720 平方米，建筑面积为 6484 平方米。[⑤]建筑底层为大厅、餐厅和商品部，餐厅可一次容纳 200 人就餐，三楼也有一间餐厅；二楼为办公室和行李房；三至八层是客房，共有双人房 67 间，统铺房 82 间，四层以上客房每间均有阳台；九层为仓库、电工间、木工间及凉台。六层以上建筑开始逐层退后，细部装饰丰富。

杨锡镠设计的百乐门大饭店和舞厅（图 10-59）是当时上海最大的舞厅，规模相当可观。舞厅可供数百人聚餐，楼下的舞厅可容 400 余座，楼座可容 250 座，两间宴会厅各可容 75 座。[⑥]经过 3 个月的

（1）南京饭店局部立面局部
来源：《中国建筑》第一卷，第一期

（2）南京饭店顶部细部
来源：《中国建筑》第一卷，第一期

（3）南京饭店现状
来源：《传承》
图 10-58　南京饭店

（1）百乐门舞厅历史照片
来源：《中国建筑》第二卷，第一期

（2）百乐门舞厅现状
来源：尔冬强摄

（3）百乐门舞厅入口大门
来源：《中国建筑》第二卷，第一期

（4）百乐门舞厅舞池和乐池
来源：《中国建筑》第二卷，第一期

（5）百乐门舞厅舞池
来源：《中国建筑》第二卷，第一期

（6）百乐门舞厅门厅
来源：《中国建筑》第二卷，第一期

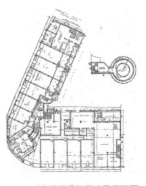
（7）百乐门舞厅底层平面图
来源：《中国建筑》第二卷，第一期

（8）百乐门舞厅立面局部
来源：《中国建筑》第二卷，第一期
图 10-59　百乐门舞厅

(1) 大陆商场效果图
来源:《中国建筑》创刊号

(2) 大陆商场现状
来源:沈晓明提供

(3) 大陆商场沿街立面
来源:沈晓明提供

(4) 大陆商场侧影
来源:沈晓明提供

(5) 大陆商场历史照片
来源:《中国建筑》创刊号

图 10-60 大陆商场

(1) 大陆商场入口细部

图 10-61 大陆商场立面细部

(2) 大陆商场窗间墙细部

(3) 大陆商场立面单元细部
来源:沈晓明提供

①《杨君之言曰》《中国建筑》第二卷,第一期,1934 年 1 月,第 2 页。见:《中国近代建筑史料汇编:第一辑》第十册,第 588 页。

② 上海市黄浦区人民政府编《上海市黄浦区地名志》,上海社会科学院出版社,1989 年,第 174 页。

③ 上海市黄浦区人民政府编《上海市黄浦区地名志》,上海社会科学院出版社,1989 年,第 177 页。

④《上海恒利银行新厦落成记》,《中国建筑》第一卷,第五期,1933 年 11 月,第 19 页。见:《中国近代建筑史料汇编:第一辑》第九册,第 445 页。

⑤《中国建筑》第二卷,第三期,1934 年 3 月,第 10 页。见:《中国近代建筑史料汇编:第一辑》第十册,第 792 页。

⑥ 上海市黄浦区人民政府编《上海市黄浦区地名志》,上海社会科学院出版社,1989 年,第 623 页。

设计,由陆根记营造厂承建,9 个月的施工,于 1933 年开业。建筑采用钢结构,以满足大空间的要求。舞厅采用弹簧地板。大门位于街道转角,底层前半部为商店供出租,后半部为厨房。舞厅位于二层,二层以上为旅馆,西侧另设旅馆大门。立面作垂直线条长窗处理,转角处顶部有高耸的圆柱形玻璃灯塔,设计的最初阶段有过十几个方案。①百乐门舞厅的灯塔曾被拆除,今天所恢复的圆柱形造型与原有造型已有很大不同。同它的外形一样,百乐门舞厅的室内设计也呈装饰艺术派风格。

庄俊设计的大陆商场(又名慈淑大楼,HardoonTse Shu Building,1931—1932,今东海商厦,图 10-60),8 层钢筋混凝土结构,由公记营造厂(Kung Kee & Co.)承建,占地面积 5559 平方米,建筑面积为 32 222.7 平方米。②下部为商场,上部为办公楼。建筑立面为装饰艺术派风格,转角处的塔楼尤为典型,是由中国建筑师设计的、较有影响的大型装饰艺术派风格的商业建筑。它以弧线和折线构成的图案作为装饰母题,在窗楣、檐口和塔楼等部位不断重复采用。这座建筑在 1990 年代中期经过大规模改造,建筑内部完全重新改建,但建筑外观基本保持原状,建筑内部也参考了原有装饰艺术派风格(图 10-61)。

恒利银行大楼(The Shanghai Mercantile Bank,1932—1933,今永利大楼,图 10-62),由华盖建筑师事务所设计,仁昌营造厂(Shun Chong & Co.)承建,是另一座由中国建筑师设计的较有影响的装饰艺术风格建筑。7 层钢筋混凝土结构,占地 641 平方米,建筑面积为 4421 平方米。③室内外装修用意大利大理石和紫铜,外立面以褐色泰山面砖贴面,窗框采用墨绿色,以水泥竖向线条作为装饰。由于造型新颖,细部精良,被当时舆论称为:"十足显露德荷两国最近建筑之作风""溶(融)和(合)中外美术于一炉,堪称学实兼优之设计"。④

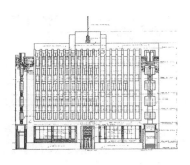

（1）恒利银行东立面图
来源：《建筑月刊》第一卷，第二期

（2）恒利银行现状
来源：席子摄

（3）恒利银行历史照片
来源：《中国建筑》

（4）恒利银行主入口
来源：《中国建筑》第一卷，第五期

（5）恒利银行大门细部
来源：席子摄

（6）恒利银行平面图
来源：《中国建筑》第一卷，第五期

（7）恒利银行效果图
来源：《建筑月刊》第一卷，第二期

（8）恒利银行立面局部
来源：《中国建筑》第一卷，第五期

（9）恒利银行办公入口
来源：《中国建筑》第一卷，第五期

（10）恒利银行东门细部
来源：席子摄

图 10-62　恒利银行

　　华盖建筑师事务所设计的大上海大戏院（Metropol Theatre，1932—1933，图 10-63），由久记营造厂承建。立面以黑色磨光大理石贴面，上面饰以八根通贯到顶的霓虹灯玻璃柱，入夜更显辉煌。观众厅内部设计也采用流线形作为装饰主题。室内采用隔声设计，电声效果极佳。⑤当年的大上海大戏院占地面积 1161 平方米，建筑面积为 3300 平方米，观众厅有 1528 座。⑥今天的大上海大戏院是拆除后的重建。

（1）大上海大戏院效果图
来源：《建筑月刊》第一卷，第三号

（2）大上海大戏院历史照片
来源：《中国建筑》第二卷，第三期

（3）大上海大戏院观众厅室内
来源：《中国建筑》第二卷，第三期

图 10-63　大上海大戏院

(2) 伟达饭店屋顶花园

(3) 伟达饭店客房一角

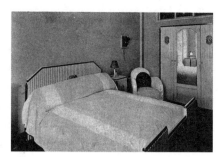

(4) 伟达饭店客房室内

(1) 伟达饭店入口

图 10-64　伟达饭店

来源:《中国建筑》第一卷,第二期

　　李蟠设计的伟达大楼(Zengweida Building, 1933)和扬子大饭店(Yang Tze Hotel, 1933—1934)也是典型的装饰艺术风格建筑。李蟠曾经在比利时留学,建筑装饰带有欧洲的影响。伟达大楼包括伟达饭店(Weida Hotel, 图 10-64)和伟达公寓(Weida Apartments),9 层钢筋混凝土结构,底层为会客室及大餐厅,一至五层为旅馆,六至八层为公寓,屋顶平台为花园。立面的阳台、檐部室内装饰时尚,典型的装饰艺术风格,该建筑已在 1990 年代拆除。

　　扬子大饭店(图 10-65)在 1934 年 6 月落成时,被誉为"远东第三大饭店"。平面呈围合形,占据整个地块,占地 1802 平方米,建筑面积 10 800 平方米。[1]8 层钢筋混凝土结构,潘荣记营造厂(Poan Young Kee General Contractor)承建,六层以上层层退台,转角处有一座塔楼,形成丰富的造型。包括旅馆部、西餐部、中餐部和舞厅,内有第一家中国爵士乐队(Clear Wind Jazz Band)。[2]

　　柳士英设计的中华职业教育社(National Association of Vocational Education of China, 1930—1933, 图 10-66)为 6 层钢筋混凝土结构,占地 353 平方米,建筑面积 1608 平方米。[3]建筑外观为红砖清水墙面,间以白色线脚和白色门框、窗框、窗台,突出转角入口的垂直立面,上面有丰富的几何形装饰。

　　王克生(又名王克笙,字之桢,K. S. Wang, 1892—?)设计的丽波花园(1932—1933, 图 10-67),位于衡山路 300 弄,有八幢 3 层砖混结构楼房,五间 2 层楼房附屋。占地 1666 平方米,建筑面积 2245 平方米。[4]拉毛粉刷墙面与白色窗框围墙门头和阳台栏杆花饰表现出装饰艺术风格。

(1) 扬子大饭店立面局部

来源:席子摄

图 10-65　扬子大饭店

(2) 扬子大饭店效果图

来源:《建筑月刊》第一卷,第一期

(3) 扬子大饭店东立面图

来源:上海市城市建设档案馆馆藏图纸

(4) 历史照片

来源:乔争月提供

图 10-66　中华职业教育社

（1）住宅入口
来源：席子摄

（2）丽波花园立面局部

（3）丽波花园入口细部

图 10-67　丽波花园
来源：席子摄

① 上海市黄浦区人民政府编《上海市黄浦区地名志》，上海社会科学院出版社，1989 年，第 186 页。

② Kate Baker and others. *The Where's Where of the Who's Who of Old China. Fina Five Shanghai Walks*. Hong Kong: Old China Hand Press, 2016: 170.

③ 上海市卢湾区人民政府编《上海市卢湾区地名志》，上海社会科学院出版社，1990 年，第 82 页。

④《上海市徐汇区地名志》编纂委员会《上海市徐汇区地名志》2010 年版，上海辞书出版社，2012 年，第 166 页。

⑤ 上海市黄浦区人民政府编《上海市黄浦区地名志》，上海社会科学院出版社，1989 年，第 186 页。

⑥ 同上。

（1）大陆银行立面局部
来源：沈晓明提供

（2）大陆银行墙面细部
来源：沈晓明提供

（3）大陆银行入口细部
来源：沈晓明提供

（4）大陆银行立面图
来源：上海市城建档案馆馆藏图纸

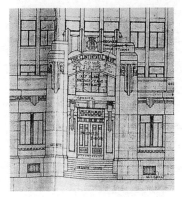

（5）大陆银行入口详图
来源：上海市城建档案馆馆藏图纸

（6）大陆银行底层平面图
来源：上海市城市建设档案馆馆藏图纸

（7）大陆银行现状
来源：沈晓明提供

图 10-68　大陆银行

图 10-69　国华银行大楼
来源：席子摄

基泰工程司设计的大陆银行（Continental Bank，1931—1934，图 10-68）为 10 层钢筋混凝土结构，申泰兴记营造厂承建，建筑面积 10 723 平方米。⑤入口大门和檐部的装饰尤为丰富，1994 年曾加建 1 层。

李石林（李鸿儒）和通和洋行设计的国华银行大楼（China State Bank，1931—1932，图 10-69），怡昌泰营造厂（Yee Chong Tai General Contractor）承建，11 层钢筋混凝土结构。二至五层为出租办公楼，六层为银行俱乐部，占地 878 平方米，建筑面积 8107 平方米。⑥地面至二层为苏州产花岗岩墙面，二层以上为白水泥人造石墙面。两扇高大的月洞形大铁门上有孔雀开屏图案雕饰，如今铜门已不存。大厅采用大理石铺砌，柱子和墙面用意大利大理石装修。

① 上海市长宁区人民政府编《长宁区地名志》,上海:学林出版社,1988年,第142页。

② 邹依仁著《旧上海人口变迁的研究》,上海人民出版社,1980年。

③ 潘君祥、王仰清主编《上海通史》第8卷:民国经济,上海人民出版社,1999年,第267页。

④ 同上,第291页。

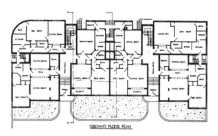

(2) 大同公寓底层平面图
来源:《中国建筑》第二十七期

(3) 大同公寓南立面图
来源:《中国建筑》第二十七期

(1) 大同公寓现状
来源:席子摄

(4) 大同公寓楼层平面图
来源:《中国建筑》第二十七期

(5) 大同公寓历史照片
来源:《中国建筑》第二十七期

图 10-70 大同公寓

(1) 渔光村总平面图
来源:《上海里弄民居》

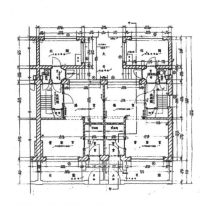

(2) 渔光村住宅底层平面图
来源:《中国建筑》第二十七期

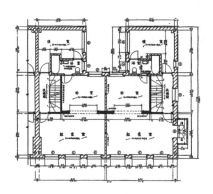

(3) 渔光村住宅二层平面图
来源:《中国建筑》第二十七期

(4) 渔光村效果图
来源:《中国建筑》第二十七期

(5) 渔光村历史照片
来源:《中国建筑》第二十七期

(6) 渔光村沿街面
来源:《中国建筑》第二十七期

(7) 渔光村现状俯视
来源:席子

(8) 渔光村建筑细部
来源:席子

(9) 渔光村院落关系
来源:席子

图 10-71 渔光村

李英年（Charles Y. Lee，1896—?）设计的四维村（1931）、大同公寓（Greystone Apartments，1935，图 10-70）、渔光村（1935—1936）和兴业银行北苏州路仓库（1935）均为装饰艺术风格。大同公寓又称"李氏公寓"，系拆除一些建筑后所建，4 层混合结构。平面由两个单元组成，每户均有大面积的窗户。东单元沿陕西北路的一套公寓所有房间均面向道路，使整幢建筑的造型显得十分丰富。渔光村（图 10-71）占地面积 5280 平方米，建筑面积共 5320 平方米。有 53 套 3 层混合结构住宅，每套面积为 85 平方米及 130 平方米两种，屋前有小庭院。建筑外观相似，但平面略有差异，烟囱、窗框和窗楣均有装饰。①兴业银行北苏州路仓库（图 10-72）为 5 层钢筋混凝土结构，立面基本对称，东端多一跨，中间有一座塔楼。基座为新古典主义风格，上部则为装饰艺术风格。

林瑞骥工程师（Ling Jui Kee Civil Engineer）设计的严同春宅（Residence for Mr. Nien，1933—1934，图 10-73）由主楼和辅楼组成，中间有一个花园，为中国传统风格的装饰艺术建筑，尤其表现在立面和室内装饰细部以及庭院内的栏杆和望柱装饰细部。

二、装饰艺术派遗韵

随着经济的繁荣，装饰艺术派建筑的高潮出现在 1930 年代初期，其实只有短暂的黄金时期。1935 年上海人口已经达到 370.20 万，是当时世界上第五大城市。公共租界的上海籍贯人口只占 21%，华界的上海籍贯人口也只占 25%，说明上海已经成为移民城市，外国人有 69 429 人。②1931 年"九一八"事变和 1932 年"一·二八"战争后，由于国际和国内局势，经济面临危机，房地产进入萧条期。③1933 年以前是外商房地产发展的黄金时代。据统计，1936 年公共租界房屋空置 8960 幢，空置率达 10% 以上，房价暴跌。④一些房地产商破产，房地产业一蹶不振，建筑项目也大为减少，在孤岛时期建造的建筑，已经相当简化。

建安测绘行（The Kienan Co., Architects & Surveyors）陆志刚设计的杜月笙宅（Y. S. Doo's Residence on Route Doumer and Henry，1934—1935，图 10-74），中间是五开间的主楼，两翼为辅楼。原建筑为 3 层钢筋混凝土结构，四坡顶屋面，改为东湖宾馆后加建为 5 层，仍为四坡屋顶。可能是生活习惯和社交需要，每层有大量相同的房间和卧室。

图 10-72 兴业银行北苏州路仓库
来源:《中国建筑》第二十七期

(1) 严同春宅现状
来源:沈晓明提供

(2) 严同春宅前院
来源:沈晓明提供

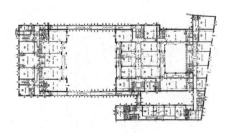

(3) 严同春宅底层平面图
来源:上海市城市建设档案馆馆藏图纸

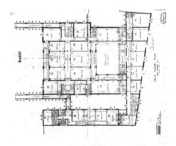

(4) 严同春宅二层平面图
来源:上海市城市建设档案馆馆藏图纸

(5) 严同春宅望柱细部
来源:沈晓明提供

(6) 严同春宅连廊细部
来源:沈晓明提供

图 10-73 严同春宅

(1) 杜月笙宅总平面图
来源:《建筑月刊》第四卷,第一期

(2) 杜月笙宅南立面图
来源:《建筑月刊》第四卷,第一期

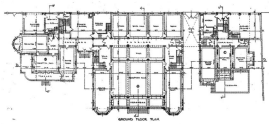

(3) 杜月笙宅北立面图
来源:《建筑月刊》第四卷,第一期

(4) 杜月笙宅底层平面图
来源:《建筑月刊》第四卷,第一期

(5) 杜月笙宅二层平面图
来源:《建筑月刊》第四卷,第一期

(6) 杜月笙宅效果图
来源:《建筑月刊》第四卷,第一期

(7) 杜月笙宅现状
来源:许志刚摄

图 10-74　杜月笙宅

(1) 上海律师公会会所现状

定中工程事务所(Ting Chung, Architects, Engineers & Contractors)设计的上海律师公会会所(Shanghai Lawyer's Association Building,1936—1937,今金融博物馆,图 10-75)为 4 层建筑,入口位于复兴中路和黄陂南路道路转角,入口大厅有圆弧形楼梯通往楼层。平面基本呈矩形,长边沿黄陂南路。底层为大厅和办公室,二层为办公室和议事室,三层是会议室和图书馆,四层是大礼堂。现状显然已经加过层。

华盖建筑师事务所设计的金城大戏院(Lyric Theatre,1933,今黄浦剧场,图 10-76),4 层钢筋混凝土结构。位于道路转角,占地 1050 平方米,建筑面积 2350 平方米。[①]立面突出圆弧形上的窗洞,与弧形的窗边虚实对比。

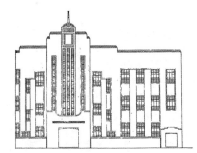

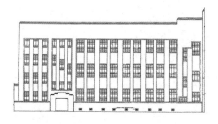

(2) 上海律师公会会所北立面图
来源:《建筑月刊》第四卷,第七期

图 10-75　上海律师公会会所

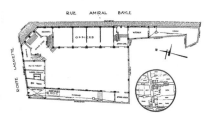

(3) 上海律师公会会所西立面图
来源:《建筑月刊》第四卷,第七期

(4) 上海律师公会会所底层平面图
来源:《建筑月刊》第四卷,第七期

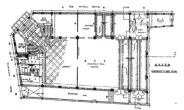

(5) 上海律师公会会所二层平面图
来源:《建筑月刊》第四卷,第七期

(1) 金城大戏院历史照片
来源:《中国建筑》第二卷,第三期

(2) 金城大戏院入口
来源:沈晓明提供

(3) 金城大戏院现状
来源:沈晓明提供

(4) 金城大戏院门厅
来源:沈晓明提供

图 10-76　金城大戏院

(1) 改造前的丽都大戏院

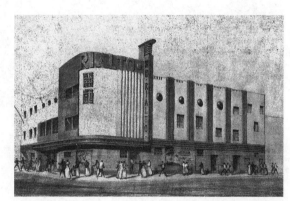

(2) 丽都大戏院效果图

图 10-77　丽都大戏院
来源:《中国建筑》第二十四期

　　丽都大戏院(Rialto Theatre,1935,图 10-77)是原来的北京大戏院,由范文照设计改建,原来的建筑带有新古典主义风格,改建后完全为装饰艺术建筑风格。范文照在上海留下的最后一件优秀作品是美琪大戏院(Majestic Theatre,1941,图 10-78),是上海后期装饰艺术派建筑的代表,也是上海孤岛时期最辉煌的建筑,由馥记营造厂承建。建筑师以一座圆形的门厅呼应街道转角,大厅内一座圆弧形楼梯通向二层,既有现代建筑的简洁,又兼备古典建筑的端庄和典雅。建筑占地 2650 平方米,建筑面积为 5700 平方米,共 1597 个座位。[2]钢筋混凝土结构,冷暖气设备齐全。这座建筑功能布局合理,用地经济,观众厅内部视听效果良好。相比早其 10 年建成的同样位于转角基地上,采用圆柱体形的百乐门舞厅,这座建筑的外形显得更为简洁、流畅,装饰恰到好处。这表明中国建筑师已熟练掌握装饰艺术派建筑的手法。建筑内部也设计得简洁明快,以流畅的曲线、曲面勾画出一个富有现代感的水泥空间。

　　位于宛平路 42 号的礼雪温公寓(Richwin Apartments,1945,图 10-79)和卜邻公寓(Brooklyn Court Apartments,1949,图 10-80)是上海近代建筑中最后的装饰艺术派建筑。卜邻公寓为 6 层钢筋混凝土建筑,建筑面积为 8195 平方米。

① 上海市黄浦区人民政府编《上海市黄浦区地名志》,上海社会科学院出版社,1989 年,第 635 页。

② 上海市静安区人民政府编《上海市静安区地名志》,上海社会科学院出版社,1988 年,第 365 页。

(1) 美琪大戏院效果图
来源:章明建筑师事务所

(2) 美琪大戏院现状
来源:沈晓明提供

(3) 美琪大戏院门厅历史照片
来源:章明建筑师事务所

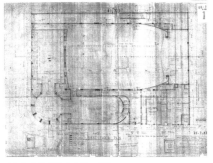

(4) 美琪大戏院底层平面图
来源:上海市城市建设档案馆馆藏

图 10-78 美琪大戏院

(5) 美琪大戏院入口
来源:沈晓明提供

(6) 美琪大戏院二层大厅 历史照片
来源:章明建筑师事务所

(1) 礼雪温公寓现状

图 10-79 礼雪温公寓
来源:席子摄

(2) 礼雪温公寓立面局部

(3) 礼雪温公寓细部

(1) 卜邻公寓现状

图 10-80 卜邻公寓
来源:席子摄

(2) 卜邻公寓立面局部

(3) 卜邻公寓细部

第十一章
地域风格

世界上很少有城市能提供如此丰富多彩的建筑风格，这些风格和当今建筑的平庸形成鲜明对比。

—— 贝尔纳·布里赛《上海：东方的巴黎》，2014
Bernard Brizay, *Shanghai: Le "Paris" de l'Orient*, 2010

① 贝尔纳·布里赛《上海：东方的巴黎》，刘志远译，上海远东出版社，2014 年，第 347 页。

② 尤其对于住宅建筑，租界的市容和建筑管理区分外国式和华式建筑，欧式、半欧式建筑。

③ 邹依仁著《旧上海人口变迁的研究》，上海人民出版社，1980 年，第 84、145 页。

④ 根据邹依仁著《旧上海人口变迁的研究》，第 141、145 和 146 页测算。

⑤ 邹依仁著《旧上海人口变迁的研究》，上海人民出版社，1980 年，第 145-146 页。

⑥ 英国风格的分期可以按照皇室的更替，相继为都铎王朝、伊丽莎白一世和詹姆斯一世王朝时期（1485—1625），斯图亚特王朝、共和国和王政复辟时期（1625—1702），漫长而又多元混杂的乔治风格时期（1702—1830），其中包括巴洛克、帕拉弟奥复兴、新古典主义以及伴随新古典主义的哥特复兴。

⑦ 薛理勇著《老上海公馆名宅》，上海书店出版社，2014 年，第 182 页。

由于各国建筑师多元化的设计，也由于建筑的业主来自不同国家和地区，不同宗教信仰、生活方式和审美情趣，上海的近代建筑风格除了前面论述过的以西方新古典主义建筑风格、中国传统建筑复兴，以及现代主义、装饰艺术派风格等主导性历史风格以外，还表现出丰富的多元地域风格。上海的许多建筑显示出各个国家和地区的建筑风格，正如法国历史学家贝尔纳·布里赛（Bernard Brizay，1941— ）在《上海：东方的巴黎》中所说。①

由于上海各国各地式样的近代建筑缺乏其本土的深层文化根源，只是或出于不同的生活方式，或受商业需求的影响，或出于装饰和审美的需要，或出于城市市容管理的要求。②由于这些样式主要是在造型上和装饰风格上的一种折中和模仿，因此，这种风格的表现还只是样式上的表现，而且必然会有一些变形，或者说不十分典型，只是一种类同的样式而已。尽管如此，还是可以根据其样式大致归纳为英国式、美国式、法国式、日本式、德国式、西班牙式和其他样式。由于年代的久远，使用功能的变更，历年的修缮和加建等，许多建筑的历史信息已经在不同程度上消失，原有的风格已经有所改变。

第一节　英国式建筑

由于英租界最早在上海开辟，居住在上海的外国人中，英国人占的比例也最大，而且外国建筑师中的大部分是英国建筑师。开埠初期，除了外国军队以外，在外国人的数量中，英国人占首位。根据 1865 年的统计，英国人有 1372 人，占外国人的比例约 60%。③至 1920 年，公共租界和法租界的英国人有 6385 人，占外国人的比例约 24%。④1930 年的英国人有 6869 人。⑤这些英国人在英国或在英国的海外殖民地受教育，偏爱英国本土风格的建筑，因此，英国式建筑是地域风格中数量最大和分布地区最广，延续时间也最长的一种样式，在上海的近代建筑中占据了相当重要的地位。

图 11-1　永年人寿保险公司
来源：Virtual Shanghai

图 11-2　英格兰银行蒂沃利角
来源：Wikipedia

图 11-3　汇丰银行大楼
来源：许志刚摄

（1）马立斯宅南立面
来源：上海市历史建筑保护事务中心

（2）马立斯宅楼梯
来源：上海市历史建筑保护事务中心

（3）马立斯宅室内的中国元素
来源：上海市历史建筑保护事务中心

（4）马立斯宅现状
来源：尔冬强摄
图 11-4　马立斯宅

（1）太古洋行大班宅外观

（2）太古洋行大班宅立面局部

（3）太古洋行大班宅细部
图 11-5　太古洋行大班宅
来源：许志刚摄

一、古典复兴

英国建筑史上的建筑并没有按照欧洲大陆风格演变的年代顺序，经历文艺复兴、巴洛克、洛可可和新古典主义。这一点与上海近代建筑的时空压缩情况相对应。⑥英国在 19 世纪兴起各种复兴风格，包括前面几章中论述过的乔治王朝风格、维多利亚风格、安妮女王复兴风格、都铎复兴风格、英国哥特复兴、爱德华巴洛克风格，以及帕拉弟奥复兴等都属于典型的英国式建筑。英国是欧洲主要国家中，最后一个全盘接受现代建筑的国家，因此，英国现代建筑对上海现代建筑的影响比较小。

英国式新古典主义的代表作首推通和洋行设计的永年人寿保险公司（1910，图 11-1）和公和洋行设计的汇丰银行大楼（Hong Kong and Shanghai Banking Corporation Building，1921—1923）。永年人寿保险公司是上海近代最早的新古典主义建筑，是上海第一座新式办公楼，其以英国建筑师约翰·索恩（John Soane，1753—1837）设计的伦敦英格兰银行（Bank of England，1805，图 11-2）蒂沃利角（Tivoli Corner）的圆弧形转角作为原型。汇丰银行大楼（图 11-3）当时是远东最大的银行，也是世界第二大银行建筑，穹顶以伦敦圣保罗教堂为原型。银行建筑多采用多立克柱式，以显示其刚强和力度，但是受英国的希腊复兴古典主义的影响，汇丰银行采用科林斯式巨柱式。内部的营业厅和门厅则运用英国希腊复兴常用的爱奥尼亚柱式。

以古典式府邸为主要形式的马立斯宅（Morriss Estate，图 11-4）建于 1917 年，由德和洋行的戈登·马立斯（Gordon Morriss）设计。⑦平面呈 L 形，建筑面积为 1335 平方米。外墙用红砖砌筑，山墙及二层部分露出深色的木构架，红瓦屋顶，墙角用粉刷做成隅石状。戈登·马立斯在上海出生，设计这幢建筑时在二层注入一些中国装饰元素，如双龙戏珠、孔雀开屏、万年青等。

源于 18 世纪 20 年代的反巴洛克的帕拉弟奥复兴在上海近代建筑中的代表作是英国建筑师伯特伦·克拉夫·威廉-埃里斯和爱尔德洋行建筑师爱敦司设计的太古洋行大班宅（1924—1935，图 11-5）。南立面二层有爱奥尼亚双柱敞廊，底层用塔司干式壁柱。整座建筑的色彩均为白色，配上绿色的铜皮屋面，十分典雅。

图 11-6 圣三一教堂
来源：沈晓明提供

图 11-7 礼和洋行大楼
来源：盛峥摄

① *The North-China Herald*. Jul, 28.1893.

二、哥特复兴和安妮女王复兴

18 世纪中叶兴起，19 世纪初迅速发展的英国哥特复兴也称"维多利亚哥特"（Victorian Gothic）或"新哥特"（neo-Gothic），中世纪哥特建筑风格的复兴是新古典主义风格的对照。哥特复兴从中世纪哥特建筑中提取诸如装饰纹样、尖顶饰（又称"叶尖饰"，finial）、尖拱（pointed arch）、尖拱窗（lancet window）、拱檐线脚（又称"滴水石"，hood moulds）以及披水石（label stops）等细部。19 世纪英国哥特复兴时期建造的哥特式建筑的数量甚至超过了以往建造的哥特式建筑。

哥特复兴式突出表现在上海早期的洋行建筑和教会建筑中，代表作是圣三一教堂（1866—1869，图 11-6），设计这座教堂的建筑师司各特爵士（1811—1878）是一位英国哥特复兴建筑师。

安妮女王风格是指 18 世纪初，安妮女王统治时期的英国巴洛克建筑风格，19 世纪初兴起的安妮女王复兴风格多用于早期的洋行建筑中，其特征为红砖清水墙，建筑立面由单纯的柱式或拱券式外廊转向追求华丽与丰富的装饰效果，大量使用装饰手法，外廊特征弱化。典型的如礼和洋行大楼（Carlowitz & Co., 图 11-7）、玛礼逊洋行司各特设计的怡和洋行新楼（The New 'EWO' Building，1907，今益丰洋行，图 11-8）、通和洋行设计的仁记洋行大楼（The Gibb Livingston & Co.，1908，图 11-9）和业广地产公司大楼（The Shanghai Land Investment Co.，1908，图 11-10）等。礼和洋行大楼建于 1898—1904 年，红砖墙面，南立面为圆拱外廊。怡和洋行新楼属于英国典型的联排公寓，底层是店铺，楼上是办公室和公寓，是第二代的洋行建筑。红砖清水墙面、转角塔楼、山花和天窗成为建筑的特征。受都铎复兴影响，仁记洋行大楼和业广地产公司大楼有精美的砖雕装饰。业广地产公司大楼的白色窗框和二层连续出挑的阳台映衬在红砖墙面上则更为精致。

图 11-8 怡和洋行新楼
来源：席子摄

（1）仁记洋行大楼历史照片
来源：Virtual Shanghai

图 11-9 仁记洋行大楼

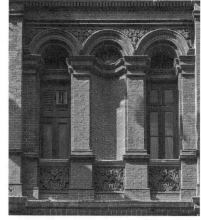

（2）仁记洋行大楼窗券细部
来源：席子摄

（3）仁记洋行转角细部

三、都铎复兴风格

英国建筑在19世纪末兴起都铎复兴风格，对上海的建筑产生显著的影响。都铎式建筑是指英国都铎王朝（1485—1603）时期的哥特式建筑风格，也可称为"英国中世纪乡土建筑风格"，多为砖砌建筑和起装饰作用的露明木构架住宅建筑。都铎复兴风格在上海的代表作是英国建筑师柯瑞设计的第二代海关大楼（1892—1893，图11-11），外墙用红砖砌筑，立面局部贴宁波青石，屋顶铺法国瓦，主楼中央有一座高28米的钟楼。海关总署营造处工程师湛博士（J. Chambers）参与设计。湛博士于1884—1890年在海关总署营造处任助理工程师。[①]

英国式风格还表现在数量相当多的都铎复兴风格的乡村别墅式住宅上。这一类住宅一般为2层，山墙和外墙上都有涂成黑色或深褐色的露明或半露明木构架，但木构架与德国和低地国家的建筑相比，构架没有那么密，往往并非房屋结构的组成部分，只起装饰作用。作为基座的底层墙面为红砖清水墙，屋顶的坡度比较陡，用红瓦或石板瓦铺屋面，浅黄色或白色粉刷墙面，墙角有时用红砖镶嵌。露明或半露明木构架也出现在欧洲其他国家风格的建筑中，英国式多采用两坡或四坡屋面，基本上不采用折线形屋面。这种乡村别墅起源于中世纪的英国乡村木构住宅，从13世纪、14世纪遗留下来的住宅上就可以看到以露明或半露明木构架和陡峭的坡屋顶为主要特征的住宅，演变到后来，露明或半露明木构架主要起装饰作用。这一类建筑的代表作有早期的位于徐家汇路（Rue Siccawei，今华山路）上的担文宅（Residence of W. V. Drummond，1907年以前），思九生洋行设计的正广和洋行大班宅（Macgregor Villa，1926—1928），公和洋行设计的沙逊别墅（Sassoon's Villa, Edden Garden，1930—1932）、罗别根花园（Robicon Garden，1931—1932）和正广和公司（Macgregor House，1937），邬达克设计的位于番禺路的自宅（1934）等。

担文宅（图11-12）最早出现在劳埃德大不列颠出版有限公司（Lloyd's Greater Britain Publishing Company, Ltd.）1908年出版的《20世纪印象》一书中。担文（W. V. Drummond，1841—？）系英国律

图11-10 业广地产公司大楼
来源：席子摄

图11-11 第二代海关大楼
来源：Virtual Shanghai

（1）担文宅细部
来源：许志刚摄

（2）担文宅室内
来源：许志刚摄

（3）担文宅现状
来源：许志刚摄

来源：*Twentieth Century Impressions of Hong Kong, Shanghai, and other Treaty Ports of China*

（4）担文宅历史照片

图11-12 担文宅

（1）沙逊别墅室内
来源：《回眸》

（2）沙逊别墅庭院
来源：许志刚摄

（3）沙逊别墅外观
来源：《上海市历史文化风貌区（中心城区）》

（5）沙逊别墅背面

（6）沙逊别墅细部
来源：许志刚摄

（4）沙逊别墅室内屋架细部
图 11-13　沙逊别墅

① 张长根主编《上海优秀历史建筑：长宁篇》，上海三联书店，2005 年，第 33 页。

②《上海百年名楼·名宅》编撰委员会编《上海百年名宅》，北京：光明日报出版社，2006 年，第 115 页。

③ Kate Baker and others. *The Where's Where of the Who's Who of Old Shanghai: Final Five Shanghai Walks.* Hong Kong: Old China Hand Press, 2016: 70.

④ Barbara Green and others. *Six More Shanghai Walks.* Hong Kong: Old China Hand Press, 2008: 102.

师，1870 年来华。建筑共 2 层，立面基本对称，主入口位于南面正中部位，入口的二层是一间阳光室。底层有起居室、餐厅，弹子房朝南，厨房、储藏室设在北面；二层为双面走道，共有五间卧室。李维建筑师曾经在 1930 年设计大胜胡同（Victory Terrace）时，将这座住宅围在建筑群中，并对这座住宅作了改建设计。

沙逊别墅（图 11-13）为 2 层砖木混合结构，亦属都铎复兴风格，建筑面积 960 平方米。①室内的木屋架露明，其托架、立柱等用料甚为考究，所用橡木及其他材料均从英国进口。别墅于 1946 年卖给宁波商人厉树雄后，又由公和洋行将建筑北侧的车库改建为辅楼。

公和洋行在同一时期设计的罗别根花园（图 11-14）也属典型的都铎复兴风格建筑，立面基本对称，露明的木构架更密，以高岭土耐火砖砌烟囱和外墙，与红瓦屋面适成对照。②

（1）罗别根花园烟囱
图 11-14　罗别根花园
来源：席子摄

（2）罗别根花园入口

（3）罗别根花园现状

（4）罗别根花园立面局部

(1)虹桥路茅舍草图
来源:《建筑月刊》第二卷,第一期

(2)虹桥路茅舍现状
来源:《传承》

图 11-15 虹桥路茅舍

图 11-16 正广和公司
来源:徐汇区房地局

(1)正广和洋行大班宅

(2)正广和洋行大班宅立面局部
图 11-17 正广和洋行大班宅

虹桥路茅舍(图 11-15)是公和洋行在 1934 年的作品,大面积的屋面和山墙上的黑色露明木构架显示都铎复兴风格的影响。屋面的处理与沙逊别墅异曲同工,设计草图与最后建成的建筑有差异,屋面仍然采用红色的平瓦。

公和洋行设计的位于福州路的正广和公司(图 11-16)由于是办公楼,规模已经非一般住宅可比,因此体量较大。仍为 2 层建筑,屋顶有天窗,木构架更密,属于英国都铎复兴建筑。

由思九生洋行设计的正广和洋行大班宅③(图 11-17),是一幢 3 层大宅,平面呈 L 形,露明的木构架布满了正面和山墙。屋面陡峭,上面有老虎窗。建筑细部装饰精致,二层阳台栏杆用红砖拼砌的图案。

1933 年 2 月出版的《建筑月刊》介绍哥伦比亚圈(Columbia Circle)的一幢英国式住宅(图 11-18),从立面图上可以清晰地看见露明的木构架,高耸的烟囱,陡峭的屋面。底层作为基座,采用红砖清水墙面,二层为粉刷墙面。

愚园路 865 弄(图 11-19)是典型的都铎复兴风格的住宅建筑,除露明的木构架外,细致的入口石砌门框也是建筑的特点。④

(1)哥伦比亚圈英国式住宅效果图

(2)哥伦比亚圈英国式住宅南立面图

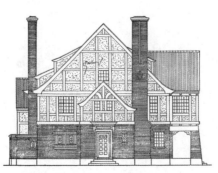

(3)哥伦比亚圈英国式住宅西立面图

(4)哥伦比亚圈英国式住宅二层平面图

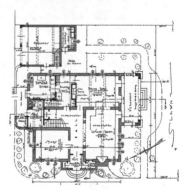

(5)哥伦比亚圈英国式住宅底层平面图
图 11-18 哥伦比亚圈英国式住宅
来源:《建筑月刊》第一卷,第四期

图 11-19 愚园路 865 弄
来源：席子摄

图 11-20 祁齐别墅
来源：Virtual Shanghai

（1）邬达克宅立面图
来源：上海市城市建设档案馆馆藏图纸
图 11-21 邬达克宅

（2）邬达克宅现状
来源：《邬达克的家》

（3）邬达克宅立面局部
来源：席子摄

（4）邬达克宅细部
来源：席子摄

图 11-22 伦顿宅
来源：薛鸣华提供

① 黄光域编《近代中国专名翻译词典》，成都：四川人民出版社，2001 年，第 498 页。

② 华霞虹、乔争月等著《上海邬达克建筑地图》，上海：同济大学出版社，2013 年，第 97 页。

③ 何振模著《上海的美国人：社区形成与对革命的反应（1919—1928）》，张笑川等译，上海辞书出版社，2014 年，第 3 页。

有一幅 1930 年祁齐别墅（Villa Ghisi，图 11-20）的照片流传下来，建造年代不详，清晰可见典型的英国都铎复兴式住宅。祁齐（E. Ghisi，1856—？）是意大利商人，1883 年来华，1889—1901 年兼署意大利驻上海领事。①

邬达克为自己设计的位于番禺路的住宅（图 11-21）也采用英国乡村住宅的形式，呈现都铎复兴风格，露明木构架只是作为装饰，并没有结构作用。住宅中所用材料品种和规格各异，据推测是邬达克利用其他在建项目剩余的材料所致。②当年，住宅的南面有一片很大的花园，今天已经成为一所学校的操场。

赖安工程师设计的伦顿宅（Residence for Mr. L. Rondon，1940，图 11-22）是法商东方汇理银行经理住宅，既有典型的英国乡村别墅式半露木构架山墙，底层部分又具有现代式建筑风格。

第二节 美国式建筑

美国式建筑对上海近代建筑最大的影响是大量留学美国的中国建筑师，他们的思想方法、建筑风格、设计手法和生活方式都深受美国的影响。此外，上海的高层建筑多以美国建筑为原型。早期的美国建筑在许多方面都受英国建筑影响，在美国独立以前的英国殖民统治下，往往是英国式建筑流传到美国。美国又是一个移民国家，各国的建筑风格都在美国有所发展。受外部和内部因素影响，美国建筑呈现出多元的风格，折衷和创造并存，因此很难给美国式建筑一个明确的界定，而且介绍到中国的美国式建筑往往已经有所变形。比较有影响且分布比较广的一种风格是英国乔治风格，其特征是红砖墙面、白色勾缝、以两坡顶为主要的屋面形式、古典式的门廊，注重典雅的色彩关系等。

在上海美国人的群体相对于英国人要小得多。据统计，1920 年时，上海的美国人大约有 3000 人，1925 年大约有 4000 人。[③] 1935 年，在上海的美国人约为 3800 人，1942 年剧降至 1369 人，到 1946 年增至 9775 人，成为在上海人数最多的外国人群体。[④]

上海的美国人社区以美国总会（American Club, 1924—1925）、协和礼拜堂（Community Church, 1924—1925）和美童公学（Shanghai American School, 1922）为核心，它们也代表美国建筑对中国的影响。

一、美国风

柯士工程司（Shattuck & Hussey, Architects Chicago）是由沃尔特·沙特克（Walter F. Shattuck）和哈里·哈塞（Harry Hussey）建立的一所芝加哥建筑师事务所，曾经为基督教青年会设计过在田纳西州、明尼阿波利斯、香港的办公大楼。这家事务所设计的基督教青年会中国总部大楼（National Headquaters of The YMCA，1915，今虎丘公寓，图 11-23）为 6 层钢筋混凝土结构，占地 1031 平方米，建筑面积 4799 平方米，建筑设备齐全，每层有单间至四间套房。[⑤]

协和礼拜堂（Community Church，1924—1925，图 11-24）是一座美国人的社区教堂，建筑师是布雷克（J. H. Black）。外观为陡峭的两坡屋顶，入口处的窗户采用尖券，侧窗采用弧券双叶窗，石砌窗框及窗棂，建筑细部十分精致。除教堂的礼拜堂立面外，其余部分显示出美国乡村住宅的气氛，外墙面布满常春藤，表现出 19 世纪美国乡村教堂的静谧气氛。

由工部局工务处设计的虹口救火会（Hongkew Fire Station，1915，图 11-25）采用典型的美国小城镇的消防站建筑形式。

（1）基督教青年会中国总部大楼现状

（2）基督教青年会中国总部大楼入口

（3）基督教青年会中国总部大楼立面局部

（4）基督教青年会中国总部大楼细部
图 11-23 基督教青年会中国总部大楼
来源：席子摄

④ 邹依仁著《旧上海人口变迁的研究》，上海人民出版社，1980 年，第 145-146 页。

⑤ 上海市黄浦区人民政府编《上海市黄浦区地名志》，上海社会科学院出版社，1989 年，第 185 页。

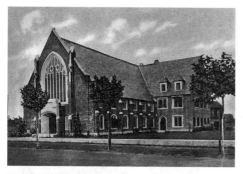

图 11-24 协和礼拜堂
来源：Virtual Shanghai

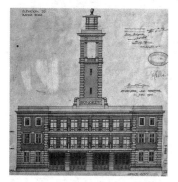

图 11-25 虹口救火会
来源：上海市城市建设档案馆馆藏图纸

图 11-26 钱业公会大楼立面图
来源：上海市城市建设档案馆馆藏图纸

美国建筑师伍滕设计的钱业公会大楼和中孚银行（Chung Foo Union Bank，1922，图 11-26）属于美国学院派新古典主义建筑，立面对称，柱式严谨。

由美国建筑师茂飞，设计的美童公学（Shanghai American School，1923，图 11-27）具有美国小城镇乡村学校的风格，以 1902 年建造的美国弗吉尼亚州威廉斯堡的威廉和玛利学院（College of William & Mary）为原型。红砖清水墙面，砌筑工艺精良，白色的檐部装饰、窗框和塔楼成为建筑的特征。

邬达克在克利洋行工作期间的大部分作品可以归入美国式建筑，他早年参与设计的巨籁达路住宅（The residences on Route Ratard，1919—1920，图 11-28）据当时的媒体报道属于典型的美国式住宅。

他和克利设计的美国总会（图 11-29）是典型的美国殖民时期英国文艺复兴晚期的乔治式建筑风格。建筑面积 6753 平方米，底层至六层外墙贴美国进口的深褐色墙砖，并以白水泥勾缝。顶层用帕拉弟奥母题的双壁柱拱形窗，所有窗户均有白色仿石窗套、窗台和平券形楣饰，具有典型的乔治式建筑风格。当时的《密勒氏评论报》有评论说：美国总会有"全亚洲最好的图书馆和最高速的（奥的斯）电梯；它是最气派的，而且毫无疑问是东方最大最舒适的外国人俱乐部之家"。美国总会有全世界第二长的酒吧。①

邬达克设计的位于四川中路汉口路转角的四行储蓄会联合大楼（Joint Savings and Loan Building，1926—1928，图 11-30）也具有类似的乔治式建筑风格。立面上的深褐色面砖与汉白玉的基座、挑檐、塔楼形成明显的对比。前面已经介绍过，邬达克设计的国际饭店（1931—1934）显然也受到纽约洛克菲勒中心的影响。

二、哈沙德

哈沙德设计的樊克令宅（Residence Franklin，1931，图 11-31），五开间的柱廊和整体造型是典型的美国南部庄园建筑的形式。樊克令（Cornell Sidney Franklin，1892—?）是美国律师，来自密西西比州。②樊

（1）美童公学现状
来源：沈晓明提供

（2）美童公学屋顶细部
来源：沈晓明提供

（3）美童公学塔楼
来源：沈晓明提供

（4）美童公学塔楼细部
来源：沈晓明提供

（5）威廉和玛利学院
来源：Wikipedia

图 11-27 美童公学与威廉和玛利学院

① 何振模著《上海的美国人：社区形成与对革命的反应（1919—1928）》，张笑川等译，上海辞书出版社，2014年，第15页。

② 据黄光域编《近代中国专名翻译词典》（成都：四川人民出版社，2001年）第492页介绍，樊克令是美国律师，1921年到上海。据薛理勇所述，樊克令是英国律师。

③ 何振模著《上海的美国人：社区形成与对革命的反应（1919—1928）》，张笑川等译，上海辞书出版社，2014年，第28页。

图 11-28 巨籁达路住宅
来源:席子摄

(1) 美国总会入口历史照片
来源:*The Diamind Jubilee of the International Settlement of Shanghai*

(2) 美国总会全景历史照片
来源:薛理勇提供
图 11-29 美国总会

(1) 四行储蓄会联合大楼历史照片
来源:Virtual Shanghai

(2) 修缮前的四行储蓄会联合大楼

(3) 修缮后的四行储蓄会联合大楼
来源:林沄提供

(4) 四行储蓄会联合大楼大堂
来源:林沄提供

(5) 四行储蓄会联合大楼塔楼顶部
图 11-30 四行储蓄会联合大楼

克令在 1934 年当选为公共租界工部局董事，次年连任；1936 年，又当选为副总董；1937 年 4 月，当选为总董，并连任三年，一直到 1940 年离任。樊克令宅坐北朝南，2 层砖木石混合结构。主立面设计使用 6 根细长的塔司干柱支撑通长的五开间敞廊，正门位于正中，门框采用爱奥尼亚柱式，门框雕花精美，门框上部与二层的窗户组成帕拉弟奥组合叠加形成特殊的构图。屋顶为平缓的四坡瓦顶，上面有三扇简洁的"老虎窗"。

美国记者约翰·鲍威尔（John B. Pqwell）在 1925 年初曾经声称："上海正在转向并且已经接受了'美国化'。"③成立于 1899 年的基督教青年会代表美国文化的影响。哈沙德设计的基督教西侨青年会（The Foreign Y. M. C. A. Building，1932，今体育大厦，图 11-32）是折衷式的美国建筑，有着新古典主义的构图，墙面砖拼砌成图案。

同样的风格也表现在哈沙德同一时期设计的新光大戏院（Strand Theatre，1932，今新光电影院，图 11-33）、中国大饭店（Hotel of China，1930，今上海铁道宾馆，图 11-34）等建筑的立面上，建筑师娴熟地处理面砖的立面构图和肌理。

(1) 樊克令宅历史照片
来源：上海市房地产管理局

图 11-31　樊克令宅

(2) 樊克令宅现状
来源：《回眸》

(3) 樊克令宅敞廊
来源：《回眸》

(1) 西侨青年会立面局部
来源：沈晓明提供

图 11-32　西侨青年会

(2) 西侨青年会全景

(3) 西侨青年会局部

(4) 西侨青年会入口细部
来源：沈晓明提供

三、摩天楼

　　摩天楼（skyscraper）最早出现在美国的芝加哥、纽约、费城、底特律、圣路易等城市，是美国现代建筑的表现。摩天楼的建筑设计、结构和施工技术也影响上海的近代高层建筑。美国众议院曾经在1926年通过一项决议案，同意在上海外滩建造美国总领事馆大楼，大楼将是"华盛顿白宫之后的另一典范""外滩风景线的地标"[①]。建筑方案是一座13层的大楼，厚重的、四四方方的形象代表着力量，建筑正立面有六根4层高的巨柱。这座建筑最终并没有建造。[②]

　　近代上海的高层建筑大都受到美国芝加哥学派和装饰艺术派风格的影响，如公和洋行设计的都城饭店和汉弥尔登大厦（图11-35），公和洋行设计的沙逊大厦，公和洋行与英国建筑师弗雷泽设计的百

图 11-33　新光大戏院

图 11-34　中国大饭店
来源：沈晓明提供

图 11-35 都城饭店和汉弥尔登大厦
来源：Virtual Shanghai

图 11-36 百老汇大厦
来源：席子摄

图 11-37 郝培德宅
来源：《回眸》

来源：《梧桐深处建筑可阅读》

来源：《回眸》

图 11-38 锦隆洋行大班宅

老汇大厦（Broadway Mansions，1930—1934，图 11-36）等。百老汇大厦属于典型的功能主义建筑，建筑表现体块的组合，泰山面砖贴面的立面上几乎没有任何装饰。

四、住宅建筑

郝培德系美国浸礼会教士，1910 年来华。由博惠公司（Black Wilson & Co.）设计的郝培德宅（Residence Dr. L. C. Hylbert，1926，图 11-37），采用美国新英格兰殖民地的壁板外墙式风格。

美国建筑师伍滕设计的锦隆洋行大班宅（Residence for N. G. Harry，1921，今湖南别墅，图 11-38）为美国乡村别墅风格，假 3 层，立面上虎皮石墙面与砖墙墙面相间，入口门廊和露台两侧及柱子均以毛石砌墙柱产生粗犷的效果。

由德国建筑师鲍立克和他的学生李德华、王吉螽设计的淮阴路 200 号姚氏住宅（图 11-39）实为姚氏的避暑别墅，建筑为 2 层混合结构，平屋面，1947 年设计，1948 年建成，由隆茂营造厂建造。受美国建筑师赖特设计的流水别墅影响，外立面和室内大量应用毛石墙面和原木垒筑墙体，建筑立面采用横线条。大面积斜面玻璃将室外绿化引入室内，并与精心设计的室内庭院连成一片，加上起居室顶部可以自由滑动的屋顶，更使得内部空间与室外自然环境浑然一体。二层室内的天花和彩色玻璃窗的母题也与赖特设计的装饰艺术派装饰相似。建筑经过多次改扩建，除南立面基本保持原状外，其余立面均有不同程度的改动。室内的毛石墙面已经涂上深色油漆，室内庭园也向外扩展。[3]

① 何振模著《上海的美国人：社区形成与对革命的反应（1919—1928）》，张笑川等译，上海辞书出版社，2014 年，第 25 页。

② 同上，第 21 页。

③ 根据上海市房地产科学研究院 2017 年的勘测和考证，该建筑经过多次改建和扩建。原建筑面积为 902 平方米，目前的建筑面积为 1368 平方米。据 1947 年 6 月 19 日的地形图标示，建筑还在设计初期就将原有的 L 形平面的东北部位扩大，添建北侧房屋、会客室和东侧的室内庭园，使原有的部分成为 2 层的舞厅。1960 年归入西郊宾馆以后又经过 1963 年、1994 年的改扩建，2005 年又对建筑进行全面的修缮，2018—2019 年按照原貌修复。

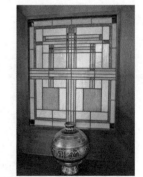

（1）淮阴路 200 号姚氏住宅室内赖特风格的彩色玻璃窗

（2）淮阴路 200 号姚氏住宅现状

（3）淮阴路 200 号姚氏住宅南立面

（4）淮阴路 200 号姚氏住宅会客室

（5）淮阴路 200 号姚氏住宅舞厅
图 11-39 淮阴路 200 号姚氏住宅

① 邹依仁著《旧上海人口变迁的研究》，上海人民出版社，1980 年，第 145-146 页。

② 居伊·布罗索莱著《上海的法国人（1849—1949）》，牟振宇译，上海辞书出版社，2014 年，第 3 页。

③ 同上，第 12 页。

④ Spencer Dodingto, Charles Lagrange. *Shanghai's Art Deco Master: Paul Veysseyre's Architecture in the French Concession*. Hong Kong: Earnshaw Books, 2014: 65.

⑤ 薛理勇著《老上海万国总会》，上海书店出版社，2014 年，第 29 页。

⑥ Spencer Dodingto, Charles Lagrange. *Shanghai's Art Deco Master: Paul Veysseyre's Architecture in the French Concession*. Hong Kong: Earnshaw Books, 2014: 67.

⑦ 同上，68 页。

⑧ 芒萨尔屋顶（Mansard roof）也称为"法国式屋顶"，包括较陡的下部和较平的上部的两折坡屋顶，由于采取两折坡屋顶，使得屋顶空间可以最大限度的利用，顶楼屋面内作为阁楼，老虎窗成为重要的特征和装饰部位，命名来自法国古典主义的代表人物，建筑师弗朗索瓦·芒萨尔（François Mansart，1598—1666），芒萨尔屋顶也称为"复斜式屋顶"（gambrel roof）。

⑨ 黄光域编《近代中国专名翻译词典》，成都：四川人民出版社，2001 您，第 637 页。

第三节　法国式建筑

　　尽管近代史上在上海的法国人数量并不多，但是由于法租界的影响，法国式建筑却成为十分重要的建筑风格。据统计，1865 年时在英租界的法国人仅 28 人；1910 年在公共租界和法租界的法国人仅为 766 人，1930 年代中期达到 2554 人，最盛时达到 3872 人（1946 年）。①

　　关于法租界，"这里居住着相当于一个里昂城的人口。他们在这里建造了大厦和教堂，居民楼和货栈，银行和医院，还有学校、兵营和妓院……"②法国式建筑十分难以界定，有历史主义的因素，也有地域的因素，尤其是众多的住宅建筑。因此，只能从普遍的认识上加以界定。由于法租界的存在，也由于法租界的规划和建筑管理，以及法国建筑师的贡献，法国式建筑在上海近代建筑中占据比较重要的地位。1871 年，维也纳驻巴黎大使亚历山大·德于布内（Alexandre de Hûbner）游览上海时评价：

　　　　法租界居民的房屋无法与英租界媲美。但豪华的领事馆大楼、大教堂和公董局大楼却十分引人注目。两个租界的差别令人颇为惊叹。在英租界，商人和居民并没有任何先期的计划，所有重要工程均是根据当时需要或个人爱好来完成的。而法租界则是由公董局进行全局规划，全面施政，最后全然实现规划目标。③

一、教会建筑与早期法国建筑

　　法国式建筑最早的影响是徐家汇的教会建筑群，以及法国耶稣会传教士罗礼思（Father Ludovicus Hélot，1816—1867）设计的法租界圣若瑟堂（又称"洋泾浜天主堂"，St. Joseph's Church，1860—1861，图 11-40）和道达尔洋行设计的徐家汇天主堂（St. Ignatius Cathedral，1906—1910，图 11-41）为代表。圣若瑟堂的建筑形式深受法国影响，采用拉丁十字式平面，单钟塔式立面构图。徐家汇天主

图 11-40　圣若瑟堂
来源：Virtual Shanghai

来源：《梧桐深处建筑可阅读》

来源：上海市历史博物馆馆藏图片
图 11-41　徐家汇天主堂

图 11-42　法租界公董局大楼
来源：薛理勇提供

堂是中国第一座按西方建筑方式建造的天主教教堂，是上海唯一的仿法国中世纪双钟塔式哥特教堂，平面仿法国亚眠大教堂（1220—1270）。

　　法租界公董局大楼（Hotel Municipa，1860，图11-42），建筑立面长达50米，有旋转式的双楼梯和穹顶，外观十分豪华，是早期法国式建筑的代表。第一代法国球场总会（Le Cercle Sportif Français，1905，图11-43）占用 1860 年建造的位于顾家宅（Koukaza）的法国兵营，建筑比较简陋。④1913—1914 年建造第二代法国球场总会（图11-44），同时顾家宅也改建为公园。总会建筑按照法国 20 世纪初的新艺术运动乡村建筑风格建造，由法租界公董局建筑师万茨（M. M. Wantz）和博尔舍伦（Bolsseron）设计和监造。⑤立面为河卵石墙面，出檐较大用以遮阳。总会包括一间酒吧，一间会议室，一间吸烟室和两间游戏室。⑥总会建筑于 1917—1918 年改扩建（图11-45），面积扩大一倍，平台也得到扩大，增加一间可容 100 人就餐的餐厅、300 座的礼堂。改扩建是在原有建筑的西端加以对称延伸，新建中央大楼。随着社会的变化，昔日体育俱乐部也成为社交俱乐部。⑦1921 年法国球场总会在原德国花园总会旧址处新建会舍，随后于 1926 年将原总会大楼出售给法租界公董局，改建为法国学堂。

二、文艺复兴和新古典主义建筑

　　法国文艺复兴建筑的影响也传至上海，这种建筑的特征是芒萨尔式的坡屋顶，老虎窗，对称、庄重的立面，注重装饰，比较多地用石材贴面，或做成仿石材隅石粉刷。⑧代表作品有邬达克设计的逖百克宅（1928，今太原别墅），建筑立面及造型仿法国建筑师芒萨尔设计的迈松府邸（1630—1651，图11-46）。原法国球场总会大楼在 1917—1918 年改扩建时，其中间部位的屋顶也采用芒萨尔式坡屋顶，檐部出挑的承托构架是这幢建筑的主要特征（图11-47）。

　　由西班牙建筑师乐福德（Abelardo Lafuente，1871—1931）设计的位于东平路 11 号的罗成飞宅（Mansión J. Rosenfeld，1921，今萨莎餐厅，图11-48）也采用芒萨尔式坡屋顶。罗成飞（Julius Rosenfeld）是美国商人，1918 年前后来华。⑨据上海市城市建设档案馆收藏的图纸，屋顶并非芒萨尔式，很可能是建造时更改的，也可能是设计后期更改。

图 11-48 罗成飞宅

图 11-47 法国学堂的芒萨尔式屋顶

图 11-49 科德西宅的屋顶
来源:沈晓明提供

图 11-50 惇信路 127 号宅
来源:《回眸》

图 11-51 华俄道胜银行
来源:上海市历史建筑保护事务中心

① 张长根主编《上海优秀历史建筑:长宁篇》,上海三联书店,2005 年,第 63 页。

②《法文上海日报》,1934 年 7 月 14 日。

③ 上海市卢湾区人民政府编《卢湾区地名志》,上海社会科学院出版社,1990 年,第 135 页。

④《上海市徐汇区地名志》编纂委员会《上海市徐汇区地名志》2010 年版,上海辞书出版社,2012 年,第 188-189 页。

⑤ 上海市卢湾区人民政府编《卢湾区地名志》,上海社会科学院出版社,1990 年,第 81 页。

赖安工程师早期的作品科德西宅(Residence Codsi,1923—1924)也采用芒萨尔式屋顶(图 11-49)。位于惇信路(今武夷路)127 号的原比利时领事馆(1932,图 11-50)也是典型的芒萨尔式坡屋顶,占地 7700 平方米,建筑面积为 1088 平方米。①

法国是新古典主义的策源地,法国新古典主义风格的建筑多为王宫、博物馆和府邸以及纪念性建筑。德国建筑师倍高设计的华俄道胜银行(图 11-51)属于典型的法国新古典主义建筑。邬达克设计的麦地宅(1921—1922,参见图 7-91)的原型是巴黎布罗涅森林中的小楼阁(1777)。

由赖安工程师设计的法国球场总会(Cercle Sportif Française,1924—1926,参见图 7-105)占地面积 2 万平方米,建筑面积 6000 平方米,为 2 层钢筋混凝土建筑。建筑总体呈现出法国新古典主义风格,带有巴洛克的装饰,在尺度和比例上都保留古典形式的痕迹。整个建筑给人以庄重、严谨之感,追求完美的构图和精致的细部。建筑师的学院派教育背景在此得到完美体现,对材料、细部和比例的把握非常精准,使建筑能完美体现出法国文化的尊贵与高雅。另外,建筑的外貌虽是完全地道的复古做法,但其室内装修,尤其是门厅和宴会厅采用新艺术运动和装饰艺术派的混合风格。宴会厅天花采用的玻璃发光顶棚,其彩色图案即使放在当时的巴黎,也是最时髦的。建筑落成后,被法国球场总会主席称赞为"法国艺术精粹的证明"②。

(1) 麦地别墅现状
来源:许志刚摄

(2) 麦地别墅
来源:许志刚摄

(3) 麦地别墅入口门楣装饰
来源:许志刚摄

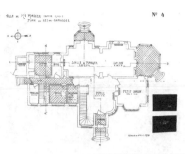
(4) 麦地别墅底层平面图
来源:上海市城市建设档案馆藏图纸

图 11-52 麦地别墅

图 11-53 霞飞路住宅
来源:《沧桑》

图 11-54 赖安工程师设计的住宅图纸
来源:*Shanghai's Art Deco Master*

三、住宅建筑

住宅是法国式建筑集中表现的建筑类型。由法商远东土地信托公司 1911 年开发,法国建筑师沙得利工程司行(Charrey & Conversy Architectes)设计的原祁齐路 319 号麦地别墅(Villa de Mr. Madier,今中科院上海分院 11 号楼,图 11-52),为法国乡村别墅的形式。

图 11-55 白赛仲宅
来源:薛鸣华提供

赖安工程师设计的住宅多为典型的法国式建筑,如位于霞飞路的住宅(图 11-53,图 11-54)。赖安工程师的早期作品位于复兴西路 17 号的白赛仲宅(Residence de Boissezon,今伊朗驻沪总领事馆,1924,图 11-55)。同一时期由法商建业地产公司建造,由赖安工程师设计的高安路 77 号佩尼耶宅(Residence Peignier,1924,图 11-56),2 层,局部 3 层,檐部下方的三角形木托架具有丰富的装饰。

此外,如辣斐坊(Lafayette Apartments,1927,今复兴坊,图 11-57)、克莱门公寓(Clements Apartments,曾用名"玉门公寓",1928—1929,图 11-58)、亚尔培公寓(又名"皇家花园",King Albert Apartments,1930,今陕南村,图 11-59)等都是法国式住宅。辣斐坊位于复兴中路 553 弄,占地 12.3 亩(8200 平方米),建筑面积 23 975 平方米,共有 95 幢 3 至 4 层砖木混合结构建筑。[3]克莱门公寓和亚尔培公寓的建筑师都是俄国建筑师李维,克莱门公寓由 5 幢相同的假 4 层公寓组成,占地 1007 平方米,建筑面积 1.19 万平方米。[4]亚尔培公寓共有 16 幢 4 层法式砖木结构公寓,37 幢 2 层砖木结构楼房,总共 53 幢,建筑结合地形错列布置,建筑间距比较宽敞,建筑面积共 23 147 平方米。[5]

此外,位于福履理路的某邮局(图 11-60)具有典型的法国装饰艺术风格。

(1) 佩尼耶宅北立面
来源:薛鸣华提供

(2) 佩尼耶宅南立面
来源:徐汇区房地产管理局提供

图 11-57 辣斐坊
来源:《传承》

图 11-56 佩尼耶宅

图 11-58 克莱门公寓

(1) 亚尔培公寓鸟瞰
来源:《回眸》

(2) 亚尔培公寓局部
来源:许志刚摄

(3) 亚尔培公寓
来源:许志刚摄

图 11-60 福履理路邮局
来源:Virtual Shanghai

图 11-59 亚尔培公寓

第四节　地中海式和西班牙式建筑

由于西班牙历史和地理的原因，西班牙的建筑风格多元而又复杂，糅合了多种文化，形成丰富多彩的建筑风格。因此，地中海和西班牙式建筑的定义是十分宽泛的。1920 年代的上海，几乎与美国盛行西班牙殖民地复兴风格的同时，有一股流行地中海复兴建筑风格（Mediterranean Revival Architecture style）和西班牙建筑风格（Spanish style）的倾向。

一、主要特征

由于近代上海的西班牙人为数甚少，最盛时也只有 200 来人，因此，应该说地中海和西班牙式建筑的盛行并非西班牙人生活方式的影响。地中海复兴和西班牙复兴主要是受美国的影响。美国在 19 世纪流行地中海复兴，这种风格将西班牙文艺复兴、西班牙殖民地复兴风格、学院派风格、意大利文艺复兴、阿拉伯安达卢西亚风格（Arabic Andalusian Architecture）、威尼斯哥特风格等糅合在一起。西班牙殖民地复兴风格是继 19 世纪末的地中海复兴风格后，于 20 世纪初在美国南加州，尤其是沿海城市开始盛行的建筑风格，由 1915 年圣地亚哥举办的巴拿马 - 加利福尼亚博览会引发，涉及广阔的地域和多元的文化。

地中海复兴风格和西班牙风格建筑的主要特点是装饰华丽的门廊和山墙、底层敞廊、大平台，室外楼梯、筒陶瓦屋面、檐部的连续小拱券饰带、鲜艳明亮的色彩，如亮黄色、粉红色、粉绿色、白色等亮色粉刷墙面、铸铁阳台栏杆、圆拱形的门廊或窗、曲线形的山墙等，螺旋形圆柱、石造花窗格、贝壳形窗盘、带筒瓦顶的烟囱等。

1930 年代的上海有一段蓬勃发展公寓建筑的时期，同时追求不同风格的表现，西班牙式住宅遂应运而生。建筑的层高较低，屋面坡度比较平缓，屋顶和门廊多用红色的筒状陶瓦覆盖。阳台多用曲线形的铸铁花饰，楼梯也用花饰栏杆，窗盘多用曲线形或贝壳形，窗框或窗间柱子多为螺旋形柱子。建筑的南向多设有敞廊和阳台，适合上海的气候条件。在上海的西班牙风格既表现建筑的简约，又带有细腻的装饰细部和丰富的色彩，受到普遍的欢迎，在原法租界的数量可观。

上海的近代住宅中还有一些地中海风格的建筑，这一类建筑很容易与西班牙式住宅混淆，但更为简约。其特点是以白色或亮色的墙面为主，坡屋面盖暗红色的陶瓦，地面多用地砖。建筑上较多地应用敞廊、开放式的空间，而装饰则比较简单。

图 11-61 董家渡天主堂
来源：沈晓明提供

（1）望德堂立面局部
来源：《回眸》

图 11-62 望德堂

（2）望德堂现状

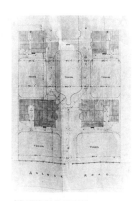

（3）望德堂总平面图
来源：上海市城市建设档案馆
馆藏图纸

二、宗教建筑中的西班牙风格

上海最早的西班牙建筑的影响当数圣方济各沙勿略天主堂（董家渡天主堂，1847—1853，图 11-61），这座教堂由西班牙耶稣会传教士范廷佐设计。范廷佐是西班牙传教士，其父为西班牙埃斯科里亚尔隐修院的一名艺术家，范廷佐受其父影响，潜心艺术，也成为一名艺术家和雕塑家。董家渡天主堂的立面，尤其是刻意装饰的山花和两侧的卷涡，是典型的西班牙巴洛克建筑风格。

早期的西班牙式建筑还可以列举位于北京西路 1220 弄 2 号的望德堂（Augustian Procuration，1903，图 11-62）。由 China Land Co. 设计建造，同时建造的有四幢住宅，中间均为草坪，其中沿街的称为"望德堂"。望德望堂属于西班牙的宗教组织奥古斯丁会，也曾经是这家宗教组织生产化妆品的地下工厂。[①]

三、住宅建筑

图 11-63 汤姆生宅
来源：许志刚摄

位于武康路 390 号的汤姆生宅（Thompson Villa，图 11-63）建于 1910 年代，[②]属地中海式建筑。汤姆生（C. E. S. Thompson）是英国商人，1915 年前来华，是福兴洋行（Thompson & Co. A. E. S.）的老板。[③]建筑占地约 2630 平方米，主楼占地约 300 平方米，平面基本上呈正方形，建筑面积为 612 平方米。[④]其特征是平缓的陶瓦屋面，木构架和敞廊，出檐很大。

1920 年代建造的华拉斯宅（Residence Wallace，今上海文史馆，图 11-64），位于思南路 39—41 号，建筑面积为 862 平方米。[⑤]

与华拉斯宅的风格有所不同，位于淮海中路的巴塞宅（Residence Basset，1921，今法国总领事官邸，图 11-65）属西班牙文艺复兴式建筑，曾经是法国和西班牙总领事馆所在地（1934—1937）。巴塞（Lucian

Basset）是法国外汇经纪人，他的住宅由义品放款银行的法国建筑师设计。[6]筒瓦屋面出檐较深，檐下有木托架。建筑南面有半圆形的门廊，二层部分是露台。

建于 1932—1933 年的汾阳路 45 号（图 11-66），是上海税务司住宅，1940 年代曾经是海关副总税务司丁贵堂的寓所，由中国海关总署营造处（Chinese Maritime Customs, Engineer's Department）英国建筑师韩德利（Morrison Hendry）设计，辛丰记营造厂承建。韩德利是在海关总署营造处任职最长的建筑师。[7]立面比较简洁，花园面积有 1500 平方米，室内保留大量历史原物，诸如各种几何纹样的石膏和木质天花线脚、装饰壁龛、壁炉、楼梯、几何纹样木窗帘盒及挂镜线等。

公和洋行在 1930 年代设计的修道院公寓（The Cloisters，图 11-67）是一组建筑，分南北两幢，中间有廊相连，属西班牙风格，占地面积 3086 平方米，建筑面积 2741 平方米。[8]前楼为 2 层砖木结构，后楼为 3 层建筑，每层布置一梯二户。

(1) 华拉斯宅全景
来源：《回眸》

(2) 华拉斯宅入口

(3) 华拉斯宅立面螺旋柱

(4) 华拉斯宅立面券窗

(5) 华拉斯宅转角穹窿

(6) 华拉斯宅立面
图 11-64 华拉斯宅砖雕
来源：《回眸》

(1) 巴塞宅现状
来源：《回眸》

(2) 巴塞宅北入口
来源：薛理勇提供

(3) 巴塞宅立面细部
来源：La Villa Basset
图 11-65 巴塞宅

① 薛理勇著《老上海公馆名宅》，上海书店出版社，2014 年，第 119 页。

② 关于这座建筑的建造年代存疑，据 Kate Baker and others. Final Five Shanghai Walks: The where's where of the who's who of old Shanghai.（Hong Kong: Old China Hand Press, 2016）第 56-57 页所述，该建筑是汤姆生宅（Thompson Villa），建于 1910 年代。汤姆生于 1918—1922 年在这幢建筑居住，后因破产将这座住宅出售给安德鲁斯（Lewis R. Andrews）。这所住宅的主人更迭频繁，几乎清一色是外国人。其中居住较长的是从事外汇经纪的安德鲁斯。1936 年出租给意大利总领事内龙（Luigi Neyrone）。据《字林西报行名簿》（Shanghai Directory）所载，内龙只是 1936 年在此短暂居住。法国副总领事奥格（M. P. Auge）于 1940 年住在这所住宅中。关于这座建筑的建造年代和建筑师，安·沃尔（Anne Warr）在 Shanghai Architecture.（New South Wales, AUS: The Watermark Press, 2007）第 112 页中认为是 1932 年由吉耶（M. Guillet）为意大利总领事齐亚诺（Galeazzo Ciano, 1903—1944）设计建造的。但据《北华捷报》1927 年 1 月 29 日报道，当时安德鲁斯夫妇刚从国外度蜜月归来不久，家中遭窃。由此可见这座建筑建造于 1932 年的说法不确，所以我们认为 Final Five Shanghai Walks 的说法是可信的。

③ 黄光域编《近代中国专名翻译词典》，成都：四川人民出版社，2001 年，第 680 页。

④《上海百年名楼·名宅》编撰委员会编《上海百年名宅》，北京：光明日报出版社，2006 年，第 193 页。

⑤ 上海建筑装饰（集团）设计有限公司 2017 年 8 月立卷的上海文史馆（思南路 39—41 号花园住宅）信息表。

⑥ Tess Johnston & Deke Erh. Frenchtown Shanghai: Western Architecture in Shanghai's Old French Concession. Hong Kong: Old China Hand Press, 2000: 179.

⑦ 这座建筑的建筑师根据刘刊博士的考证，据黄光域编《近代中国专名翻译词典》（成都：四川人民出版，2001 年）第 516 页载，韩德利于 1922 年 10 月进入中国海关，1941 年 12 月离开。中国海关营造处于 1930 年划归税务处。

⑧ 薛顺生、娄承浩编著《老上海经典公寓》，上海：同济大学出版社，2005 年，第 123 页。

(1) 海关副总税务司官邸南立面

(2) 海关副总税务司官邸北立面

(3) 海关副总税务司官邸南入口

(7) 海关副总税务司官邸带螺旋柱的帕拉弟奥组合窗

(4) 海关副总税务司官邸现状

图 11-66 海关副总税务司官邸
来源：沈晓明提供

(5) 海关副总税务司官邸拱廊

(6) 海关副总税务司官邸南立面局部

(1) 修道院公寓主入口
来源：沈晓明提供

(2) 修道院公寓现状
来源：沈晓明提供

(3) 修道院公寓内院
来源：《回眸》

(4) 修道院公寓室内
来源：沈晓明提供

图 11-67 修道院公寓

(5) 修道院公寓装饰细部
来源：沈晓明提供

(6) 修道院公寓室内
来源：沈晓明提供

（1）新康花园住宅与围墙

（2）新康花园住宅入口

（3）新康花园住宅与院落
来源：沈晓明提供

（4）新康花园围墙细部
来源：沈晓明提供

（5）新康花园立面细部
来源：沈晓明提供

图 11-68 新康花园

1934 年由新马海洋行设计、11 幢 2 层西班牙式花园洋房组成的新康花园（图 11-68）落成。这里原先是建于 1916 年的新康洋行大班的私人花园住宅，内有网球场、游泳池等。1933 年改建为专供外国人租住的花园住宅和公寓。1937 年 5 月，为庆祝英国国王乔治六世加冕，将其命名为"欢乐庭院"（Jiuibilee Court），占地 1.16 公顷，建筑面积为 4196 平方米。[1]建筑的屋面为陶红筒瓦，浅色粉刷水泥拉毛墙面，檐口有齿形小券，窗间有螺旋形的所罗门柱。

1942 年建造的逸村（图 11-69）当是西班牙风格建筑的遗韵，共有 8 幢建筑，占地 5850 平方米，建筑面积 4900 平方米。[2]每幢楼前均有一方大小不等的花园。

赖安工程师设计过一些西班牙风格的作品，如高安路 63 号宅（Residence Sigaut，1930，图 11-70）和首长公寓（Cadres Apartments，1931—1933，图 11-71）。高安路 63 号宅和首长公寓的山墙屋檐和阳台挑檐显露出西班牙建筑的影响。

邬达克设计的孙科宅（Sun Ke's Residence，1929—1931，图 11-72）也属于西班牙风格建筑的变体。占地面积 4400 平方米，其中建筑占地约 400 平方米，建筑面积为 1100 平方米。邬达克在设计中拼贴各种风格的元素，以西班牙风格为主体，筒瓦屋面和檐口、拉毛粉刷墙面、住宅东端二层的西班牙式小阳台（今已不存）、室内的所罗门柱等，均为西班牙风格。但是底层拱廊的尖券、南立面二层阳台的柱式、底层东侧室内则结合拜占庭风格的尖拱顶等。

① 《上海市徐汇区地名志》编纂委员会《上海市徐汇区地名志》2010 年版，上海辞书出版社，2012 年，第 165 页。

② 同上，第 208 页。

图 11-69 逸村
来源：许志刚摄

图 11-70 高安路 63 号宅
来源：薛鸣华提供

图 11-71 首长公寓
来源：薛鸣华提供

（1）孙科宅现状

（2）孙科宅北入口

（3）孙科宅立面细部

（4）孙科宅二层室内

图 11-72　孙科宅

（5）孙科宅阳台细部

（6）孙科宅二层室内
立柱细部

（7）孙科宅转角细部

四、穆迪扎尔式建筑

西班牙建筑师阿韦拉多·乐福德（Abelardo Lafuente，1871—1931，图 11-73）是除传教士范廷佐外已知近代上海唯一的一位西班牙建筑师，他对推动上海的西班牙建筑风格具有重要的影响。现存的一幅照片标明是乐福德 1917 年设计的一座建筑，属于他在上海的早期作品。乐福德将西班牙的穆迪扎尔建筑风格（Mudéjar architecture，Mudéjar style）[1]引入上海近代建筑中。

穆迪扎尔建筑的特点是圆顶、尖塔、马蹄形拱饰檐部、螺旋形圆柱、石造花窗格、黑白相间的条纹、釉面砖镶嵌等。这一风格在上海的出现可以追溯到乐福德与伍滕组成的赉和洋行（Lafuente & Wooten）设计的飞星公司（Star Garage Company，约 1917，图 11-74）。这是一幢伊斯兰西班牙式与新古典主义的混合建筑，原来是为雷玛斯（A. Ramos）作为住宅设计的。[2]立面上三层的带马蹄形连续拱的柱廊尤为典型，后来被美商飞星公司租用，门面作了很大的改动。

① 穆迪扎尔人是基督教徒收复伊比利亚半岛之后仍然留在西班牙的穆斯林，穆迪扎尔建筑风格是指西班牙风格与阿拉伯风格融合的一种建筑风格，也有的将其音译为"马德加建筑风格"，或意译为"穆斯林式西班牙基督教建筑"。

② 据黄光域编《近代中国专名翻译词典》（成都：四川人民出版社，2001 年）第 629 页，雷玛斯是西班牙商人，1903 年前后来上海，为上海电影业的先驱，1926 年回西班牙。

图 11-73　乐福德的早期作品——现代别墅
来源：Virtual Shanghai

（1）飞星公司历史照片
来源：Virtual Shanghai
图 11-74　飞星公司

（2）飞星公司现状
来源：薛理勇提供

图 11-75　弗兰契宅
来源：Virtual Shanghai

(1) 雷玛斯宅全景
来源:席子摄

(2) 雷玛斯宅沿街立面
来源:席子摄

(3) 雷玛斯宅立面马蹄形连拱

(4) 雷玛斯宅室内

乐福德与伍滕还设计华德路（今长阳路）的弗兰契宅（Residence for Mr. French，1918，图11-75），也是一幢穆迪扎尔式的住宅，二层的柱廊处理与飞星公司三层的柱廊相似，转角处有一座西班牙式凉亭，上面的圆顶已被拆除。

(5) 雷玛斯宅釉面砖
图 11-76 雷玛斯宅

由乐福德设计的窦乐安路（Darroch Road，今多伦路）250号雷玛斯宅（Casa Ramos，Ramos Villa，图11-76）建于1924年，属于典型的穆迪扎尔式建筑。从立面上可以见到阿拉伯撒拉逊文明③的影响。墙面的装饰图案中有大量经简化的几何形交织式图案，这是典型的阿拉伯风格的图案。除了装饰图案和马蹄形连拱的特点以外，还有室内外墙面上应用的釉面墙砖和券面上的雕饰也受到撒拉逊文化的影响。建筑占地约240平方米。④原来这幢住宅的屋顶上有两座马蹄券四方亭，亭子上的圆顶已于1960年代拆除。

在虹桥路222弄格拉纳达公寓（Granada Estates，图11-77）楼梯间的螺旋形柱表现出穆迪扎尔建筑风格的影响。格拉纳达是西班牙安达卢西亚的城市，也是当年阿拉伯统治者的首都，从公寓的名称也可知西班牙的影响。这种柱子称为"所罗门柱"⑤，广泛应用在西班牙式的建筑中。图11-78是拉斐尔1515年在圣彼得大教堂壁画中描绘圣彼得生平的所罗门柱。

建于1932年的复兴西路19号住宅（图11-79）是李维建筑工程师的作品。⑥外观上采用一些西班牙建筑的元素，如穆迪扎尔风格的铁艺花饰、所罗门窗间柱、檐部的齿形连续小券、水泥拉毛粉刷等。楼梯栏杆柱设计成城堡式样，最有趣的是在楼梯间的窗户铁艺上有一幅斗牛士在斗牛的场景。

③ 撒拉逊文明是西方社会最重要的文明之一。"撒拉逊人"最初指阿拉伯人，但是后来用以称呼伊斯兰教教徒，而不管他是哪一民族。撒拉逊文化的创立者是阿拉伯人，公元7世纪末8世纪初，阿拉伯人征服西班牙，占领西班牙西南部地区，称为"安达卢西亚"，留下诸如科尔多瓦大清真寺(785)、阿尔罕布拉宫(1338—1390)以及伊斯兰园林等一些伟大的建筑。中世纪西班牙所处的伊比利亚半岛成为多种文化汇集融合的地方。撒拉逊文化为西班牙带来陶瓷生产的技术，这一技术在14世纪和15世纪达到相当高的水平。一般来说，伊斯兰西班牙穆迪扎尔式建筑是一种受到阿拉伯文化影响的西班牙建筑，以装饰图案取代古希腊和罗马文化的现实主义。

④《上海百年名楼·名宅》编撰委员会编《上海百年名宅》，北京：光明日报出版社，2006年，第135页。

⑤ 所罗门柱(Solomonic column)，一种螺旋状柱子，像扭转的麻花状柱子，又称"缆绳形柱""绞绳形柱"，并非柱式体系，没有规定的柱头形式。相传源自耶路撒冷的所罗门神殿。

⑥ 上海市徐汇区房屋土地管理局编《梧桐树后的老房子》，上海画报出版社，2004年，第149页。

图 11-77 格拉纳达公寓的
螺旋形柱
来源:A Last Look

图 11-78 拉斐尔在圣彼得大教堂壁画中
绘制的所罗门柱
来源:Wikipedia

(1) 全景

(2) 所罗门柱

(3) 楼梯间装饰

(4) 铁艺花饰

图 11-79 复兴西路19号宅
来源:徐汇区房屋土地管理局

（1）哥伦比亚乡村俱乐部北立面历史照片
来源：Virtual Shanghai

图 11-80　哥伦比亚乡村俱乐部

（2）哥伦比亚乡村俱乐部南立面图
来源：加拿大维多利亚大学邬达克档案

（3）哥伦比亚乡村俱乐部北立面图
来源：加拿大维多利亚大学邬达克档案

（4）哥伦比亚乡村俱乐部南立面现状

（5）哥伦比亚乡村俱乐部立面细部

图 11-81　哥伦比亚乡村俱乐部的螺旋形柱

五、哈沙德与西班牙殖民地式建筑

美国建筑师哈沙德曾经不遗余力地推广西班牙风格建筑，他为美国侨民设计当时位于大西路 301 号（今延安西路 1262 号）的哥伦比亚乡村俱乐部（Columbia Country Club，1923—1925，图 11-80），是他在上海的早期作品，属于典型的西班牙殖民地复兴风格。尤其是其北入口门廊和体育馆的北立面山墙，有着丰富的细部，室内大厅对称布置八根巨大的石雕深灰色所罗门螺旋柱，建筑西侧有一座露天游泳池。哥伦比亚乡村俱乐部的入口门廊和大厅均有典型的螺旋形柱（图 11-81）。

哈沙德在 1930 年设计商人盘根（Robert Buchan）位于永福路 52 号的住宅（Buchan Villa，图 11-82）。[①]住宅为 2 层混合结构，总占地面积 2800 平方米，建筑占地 270 平方米，建筑面积约 600 平方米。[②]其特征为底层的圆拱敞廊、室外楼梯、筒陶瓦屋面、檐部的连续小拱券饰带、鲜艳明亮的色彩等，室内大厅的两根所罗门柱十分醒目。

哈沙德设计的海格大楼（Haig Court，1925—1934，图 11-83）和枕流公寓（Brookside Apartments，1930—1931，图 11-84）属于西班牙式高层公寓建筑。这两座建筑都属于简化的西班牙式，只是采用某些西班牙的元素，如海格大楼的筒瓦屋面、出挑的小阳台、贝壳形窗盘，以及室内的螺旋形所罗门柱等。枕流公寓为 7 层钢筋混凝土结构，局部有地下室。平屋面，女儿墙的压顶采用筒瓦作为装饰性檐口，屋顶的透空柱廊、檐部的连续小拱券饰带、入口的螺旋形所罗门柱等均为建筑的特征，建筑造型也融入装饰艺术的风格。建筑占地约 700 平方米，建筑面积 7282 平方米。[③]

（1）盘根宅南立面
来源：上海市城市建设档案馆馆藏图纸

（2）盘根宅西立面
来源：上海市城市建设档案馆馆藏图纸

图 11-82　盘根宅

（3）盘根宅现状
来源：《回眸》

（4）盘根宅室内
来源：《回眸》

(1) 海格大楼历史照片
来源：Virtual Shanghai

(1) 枕流公寓效果图
来源：*Frenchtown Shanghai*

(2) 枕流公寓立面局部
来源：席子摄

(2) 海格大楼现状
图 11-83 海格大楼

(3) 枕流公寓现状
来源：《回眸》

(4) 枕流公寓细部
来源：席子摄
图 11-84 枕流公寓

六、中国建筑师与西班牙风格建筑

上海一些建筑中的西班牙风格十分明显。范文照在 1934 年与瑞典裔美国建筑师林朋（Carl Lindbohm）出版《西班牙式住宅图案》。范文照也在建筑设计中采用西班牙建筑风格，1936 年将永嘉路 383 号住宅改建为西班牙式。

奚福泉曾经在《中国建筑》第一卷第一期发表自己设计的位于复兴西路 147 号的白赛仲别墅（Villa Boissezon，1933，今柯灵故居，图 11-85）的立面图。建筑为 3 层，入口台阶、带铸铁花饰栏杆的阳台、筒瓦屋面以及大门两旁的螺旋柱等细部为典型的西班牙风格，展现了奚福泉尝试在城市环境中改变一般住宅以几何形为主的设计手法。底层面南有起居室和卧室，沿街设三间车库。

华盖事务所也在《建筑月刊》上发表了他们设计的西班牙风格住宅方案（图 11-86）。李锦沛设计的国富门路刘公馆（1934—1936，图 11-87），采用贵族化西班牙风格，筒瓦屋面、拉毛水泥粉刷墙面、斩假石勒脚、塔楼、所罗门柱、出挑的小阳台、铁艺栏杆等均属西班牙建筑的特征；内部空间丰富，设计精良。李锦沛设计的华业公寓（Cosmopolitan Apartments，1932—1934，图 11-88）是高层公寓建筑应用西班牙风格的案例，筒瓦屋顶，檐部有西班牙风格的连续小拱券饰带，钢筋混凝土结构。中部主楼 8 层，连顶部的八边形塔楼共 10 层，高 40 余米；南北两翼为 4 层，平面呈 H 形。建筑面积 18 965 平方米，共有 220 余间房。④

① 据上海市城建档案馆 D(03-05)-1930-0302 档案图纸，以往文献所载的布恰德（R. Buchard）宅有误。

②《上海百年名楼·名宅》编撰委员会编《上海百年名宅》，北京：光明日报出版社，2006 年，第 193 页。

③ 同上，第 203 页。

④ 上海市静安区人民政府编《静安区地名志》，上海社会科学院出版社，1988 年，第 144 页。

(1) 白赛仲别墅北立面图
来源:《中国建筑》第一卷,第一期

(3) 白赛仲别墅现状

(5) 白赛仲别墅南立面

(7) 白赛仲别墅通二层室外楼梯

(2) 白赛仲别墅南立面图
来源:《中国建筑》第一卷,第一期

图 11-85 白赛仲别墅

(4) 白赛仲别墅效果图
来源:《中国建筑》第一卷,第一期

(6) 白赛仲别墅入口

图 11-86 华盖设计的西班牙风格住宅立面图
来源:《建筑月刊》第一卷,第三期

(1) 国富门路刘公馆南立面
来源:《中国建筑》第二十五期

(2) 国富门路刘公馆东立面
来源:《中国建筑》第二十五期

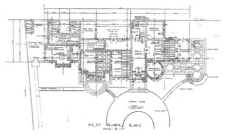

(3) 国富门路刘公馆底层平面图
来源:《中国建筑》第二十五期

(4) 国富门路刘公馆二层平面图
来源:《中国建筑》第二十五期

(5) 国富门路刘公馆历史照片
来源:《中国建筑》第二十五期

图 11-87 国富门路刘公馆

(6) 国富门路刘公馆转角历史照片
来源:《中国建筑》第二十五期

(7) 国富门路刘公馆现状

(8) 国富门路刘公馆细部

(1) 华业公寓鸟瞰

(2) 华业公寓
来源：《回眸》

(3) 华业公寓顶部
图 11-88 华业公寓

(1) 武康路 40 弄 1 号现状

(2) 武康路 40 弄 1 号门头

(3) 武康路 40 弄 1 号南立面图
来源：上海市城市建设档案馆馆藏图纸

(4) 武康路 40 弄 1 号西南立面图
来源：上海市城市建设档案馆馆藏图纸

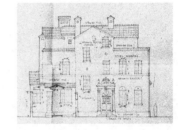
(5) 武康路 40 弄 1 号西立面图
来源：上海市城市建设档案馆馆藏图纸
图 11-89 武康路 40 弄 1 号宅

董大酉设计的武康路 40 弄 1 号住宅（图 11-89），[1]3 层混合结构。屋面采用西班牙式筒瓦，立面上在窗的上方多用筒瓦仿檐部处理作为装饰，窗间多用螺旋柱作为装饰。西立面入口有一装饰十分华丽的门框，一方面是受西班牙银匠式建筑风格[2]影响，另一方面也可以看到巴洛克风格的影响。这种风格出现在撒拉逊的影响稍弱一些的城市，例如巴塞罗那、巴伦西亚等地。立面上的螺旋形柱受到伊斯兰西班牙式建筑的影响。吴景祥设计的自宅（图 11-90）也具有西班牙风格，如屋面、檐口、阳台造型，以及曲线形的铸铁花饰栏杆、亮丽的墙面色彩等。

华信建筑师事务所（Wah Sing, Architects）在《中国建筑》第二十九期介绍该事务所的设计时谈到住宅设计的式样，认为国际流行的风格有：英国式、西班牙式、美国式、殖民地式及国际流行式五种，他们主张采长截短，集中西之成。[3]涌泉坊（1934—1936，图 11-91）采用西班牙式，总弄口券门就有两根古典化的所罗门柱作为装饰。弄内共有 16 幢住宅，由 15 幢 3 层行列式里弄住宅和一幢 4 层独立式花园住宅组成，占地面积 10.18 亩（6787 平方米），建筑面积为 6233 平方米。[4]其中的独立式花园住宅是华成烟草公司总经理陈楚湘宅（Residence for Chen Tso Ziang，图 11-92），花园占地 1353 平方米，建筑占地 387 平方米，建筑面积 1115 平方米，共有大小房间 40 多间。[5]建筑仿西班牙城堡式样，四个

图 11-90 吴景祥宅
来源：席子摄

① 据上海市城建档案馆馆藏档案中 1933 年 2 月的请照单所载，这里共有两所住宅，屋主为杨建平（Yang Chien Ping）。

② 银匠式建筑风格（Plateresque），流行于 15 世纪晚期到 16 世纪初的西班牙，又称"伊莎贝拉风格建筑""复杂花叶形风格建筑"。这个词具有贬义，是 17 世纪的创造，意思是"像银匠饰品一样繁琐"，用来描述一种对表面装饰的偏好，即采用大量与基层结构无关的浅浮雕，与简洁的风格相去甚远。这种偏好既包括哥特式装饰，也包括文艺复兴装饰。按年代顺序通常分为两个时期：哥特银匠式（约 1480—约 1504），也称"伊莎贝拉银匠式"（Isabelline）和"文艺复兴银匠式"（Renaissance Plateresque，约 1504—1556）。西班牙建筑经常将哥特式文艺复兴式和穆迪扎尔建筑风格的元素结合在一起。

③《中国建筑》第二十九期，第 2 页。见《中国近代建筑史料汇编：第一辑》第十三册，第 2288 页。

④ 上海市静安区人民政府编《静安区地名志》，上海社会科学院出版社，1988 年，第 192 页。

⑤ 陈海汶编著《繁华静处的老房子——上海静安历史建筑》，上海文化出版社，2004 年，第 230 页。

(1) 涌泉坊入口立面图
来源:《建筑月刊》第三卷, 第三期

图 11-91 涌泉坊

(2) 涌泉坊现状
来源: 沈晓明提供

(3) 涌泉坊弄内局部
来源: 沈晓明提供

(4) 涌泉坊总弄入口拱门
来源: 沈晓明提供

(1) 陈楚湘宅东立面
来源:《中国建筑》第二十九期

(2) 陈楚湘宅北立面图
来源:《中国建筑》第二十九期

(3) 陈楚湘宅历史照片
来源:《中国建筑》第二十九期

(4) 陈楚湘宅现状
来源:《上海市历史文化
风貌区(中心城区)》

(5) 陈楚湘宅细部
来源: 沈晓明提供

(6) 陈楚湘宅底层平面图
来源:《中国建筑》第二十九期

图 11-92 陈楚湘宅

(7) 陈楚湘宅二层平面图
来源:《中国建筑》第二十九期

(8) 陈楚湘宅转角柱
来源: 沈晓明提供

立面各异, 屋顶高低错落, 门窗形式变化多端, 装饰华丽, 外墙用泰山面砖呈席纹拼贴, 但是在细部处理上, 如转角双柱的设计, 似乎不合章法, 总弄入口的拱门也有些不伦不类。花园仿苏州园林, 而室内则是各种风格的拼贴(图 11-93)。涌泉坊的其余 15 幢建筑均为水泥拉毛粉刷, 同样采用筒瓦屋面, 除局部的小拱券饰带外, 几乎没有其他装饰。

大地建筑师事务所费康(1911—1942)和张玉泉(1912—2004)设计的蒲园(1941)共有 12 幢西班牙式的独立式住宅。

① 邹依仁著《旧上海人口变迁的研究》, 上海人民出版社, 1980 年, 第 145-146 页。

② 本文关于德国领事馆的建造年代系根据凯茜(Silvia Kettlehut)编著的《德国驻上海领事馆 150 年掠影》(Geschafteubernommen: Deutsches Konsulat, Shanghai Impressionenaus 150 Jahren), 上海人民出版社, 2006 年, 第 22 页。

(1) 陈楚湘宅中式客厅
图 11-93 陈楚湘宅室内
来源:《中国建筑》第二十九期

(2) 陈楚湘宅西式起居室

(3) 陈楚湘宅西式卧室

第五节 德国式建筑

德国建筑具有悠久、丰富而且多元的历史，囊括罗马风、哥特式、文艺复兴、巴洛克、新古典主义、新建筑运动和现代主义建筑。德国历史上由于长期的不统一，也出现了多种多样的地域建筑风格和乡土建筑，几乎每座城镇都形成自己特有的建筑风格。

德国式建筑在近代上海的数量无法与英、美、法的建筑相比，在上海的德国人也为数不多。1865年在英租界的德国人仅175人；1915年在公共租界和法租界的德国人有1425人；1920年骤降，只剩259人；1935年增至1924人；最盛时期是1942年，达到2538人。①此外，很难界定纯正的德国式建筑，历史上的德国建筑多以意大利和法国建筑为原型。

由于德国在第一次世界大战为战败国，其影响也逐渐消失。近代上海有一些德国地域风格的住宅，例如位于原福煦路181号的马克斯·米唐宅（Residence of Max Mittag，图11-94），又称"席簏笙宅"，属于德国风格；又如早年德国汉堡在上海黄浦路的领事馆建筑（图11-95）也属于德国风格，同样有露明的木构架，山墙顶部转换为四坡屋顶。通常，德国建筑的露明木构架会比英国建筑在立面上密布，形成独特的图案，称为"木框架房屋"（Fachwerk）。

一、倍高洋行的作品

德国建筑师海因里希·倍高（Heinrich Becker）1898年到上海，1899年创办倍高洋行，是在上海的第一位德国建筑师，成为德国各机构和团体的建筑师。在上海设计的作品有德国领事馆（Kaiserich Deutsches Generalkonsulat，1884—1885）、新福音教堂和德国子弟学校（Deutsche Evangelische Kirche und Deutsche Schule，1900—1901）、华俄道胜银行（Russo-Chinese Bank，1901—1905）、德华银行改建（Deutsch-Asiatische Bank，1902）、德国花园总会（Deutscher Gartenclub，1903）、德国书信馆（Postamt der Kaiserlich Deutschen Post，1902—1905）、康科迪亚总会（Club Concordia，1907）等。

由倍高设计的德国总领事馆（图11-96）建于1884—1885年，当年位于黄浦路9—10号，由两幢外观相似的办公楼和住宅楼组成，3层砖混结构，外廊式。②

倍高设计的华俄道胜银行（参见图1-28）属于典型的法国式新古典主义，本书在第七章讨论过，其建筑立面以法国建筑师安热-雅克·加布里埃尔设计的法国凡尔赛的小特里阿农宫为原型。在德国新古典主义建筑中，德国建筑师往往直接搬用意大利文艺复兴建筑和法国古典主义的原型，因此，倍高的这种借助原型的设计在德国建筑师看来，属于遵循古典主义的原则。倍高在设计中用天然石材作

图 11-94 米唐宅
来源：上海市房地产管理局提供

图 11-95 奥地利领事馆
来源：《沧桑》

图 11-96 德国总领事馆
来源：《德国驻上海领事馆150年掠影》

图 11-97 华俄道胜银行大厅
来源:上海市历史建筑保护事务中心

(1) 德华银行历史照片一
来源:薛理勇提供

图 11-98 德华银行

(2) 德华银行历史照片二
来源:*Twentieth Century Impressions of Hongkong, Shanghai, and other Treaty Ports of China*

图 11-99 德国花园总会
来源:*Deutsche Architektur in China*（*German Architecture in China*,《德国建筑艺术在中国》）

(1) 德国书信馆大楼现状

图 11-100 德国书信馆

(2) 德国书信馆历史照片一
来源:*Virtual Shanghai*

(3) 德国书信馆历史照片二
来源:薛理勇提供

图 11-101 新福音教堂和德国子弟学校
来源:薛理勇提供

(1) 德国总会大楼历史照片
来源:上海市历史博物馆馆藏图片

图 11-102 德国总会大楼

(2) 德国总会大楼效果图
来源:*Deutsche Architektur in China*
(*German Architecture in China*,《德国建筑艺术在中国》)

(3) 德国总会大楼塔楼历史照片
来源:上海市历史博物馆馆藏图片

(4) 德国总会大楼屋顶细部
来源:薛理勇提供

为主要材料，并以大理石作内外墙的贴面，二、三层外墙面镶贴大理石与乳白色的釉面砖，产生十分华丽的外观效果，是上海第一座采用瓷砖贴面的建筑，在当时属于独创的手法。檐口下面正对四根方形爱奥尼亚巨柱式壁柱上部的托架部位，原先有四尊神话人物头像，正门入口两边四根塔司干式门柱上方原先有两尊女神雕塑，在"文革"中被毁（参见图 7-26）。立面中间有两根巨柱式半圆形爱奥尼亚式壁柱，二层中间有三个券窗，拱肩上原先饰有人物浮雕，现已不存。室内装饰精致而又华丽（图11-97），中央大厅高 3 层，用彩色玻璃天棚采光，周围的上部木窗也用铅条镶嵌彩色玻璃，其装饰风格受到欧洲新艺术运动风格的影响。位于外滩 14 号的德华银行（Deutsch-Asiatische Bank，1902，图11-98）也是倍高的作品。

上海早期与德国有关的建筑大多由倍高洋行设计，德国花园总会（Deutscher Garten Club，图 11-99）于 1903 年设计，与黄浦路的汉堡领事馆很相似，具有浓厚的德国巴伐利亚乡土气息。立面山墙上有露明的木构架，关于室内装饰，当时的杂志《上海社会》对花园总会的室内装饰是这样描写的：

> 交谊厅的陈设由本色的柚木制成，式样精巧别致。挂毯及坐垫用绿色调的织锦装饰。地上铺着割绒的地毯，墙壁刷成柔和的粉红色调。浅黄色的装饰线勾勒出墙壁的上沿。[1]

倍高洋行设计的德国书信馆（Postamt der Kaiserlich Deutschen Post，1903，图 11-100）具有德国式巴洛克风格，建筑的外立面上有许多繁琐的装饰，尤以转角塔楼为甚，现已不存，立面也已非原来面目。新福音教堂和德国子弟学校（图 11-101）由英国建筑师马矿司设计，倍高在 1911 年参与增建和改建。[2]

上海德侨社团康科迪亚总会买下仁记洋行的一块地产，委托建筑师倍高设计德国总会。倍高于1904 年设计德国总会大楼，又称"康科迪娅总会"，或"大德总会"（图 11-102）。大厦于 1904 年10 月 22 日由普鲁士阿达伯特王储奠基，并于 1907 年 2 月开张。倍高的设计具有德国巴伐利亚风格，以 1900 年巴黎世界博览会德国馆（图 11-103）为原型，二者在构图上有许多相似之处。建筑立面是典型的折衷主义风格，综合德国式罗马风建筑、文艺复兴建筑和巴洛克建筑的特点。高 48 米的青铜冠顶尖塔可以联想到德国南部的巴洛克风格，而塔楼上的雉堞和粗壮的半圆拱门入口、柱子、柱头则受到罗马风的影响，陡峭的屋面和山墙是典型的德国中世纪建筑风格。倍高以外廊适应上海的气候特点，室内装饰描绘柏林、不莱梅、慕尼黑和维也纳风光的壁画，彩色玻璃窗镶嵌着世界各国的国徽。酒吧室内粗犷的木梁楼盖和陈设有着巴伐利亚的乡土风格，唯一的差异是安装了适应上海气候的电风扇（图11-104）。室内楼梯用白色的大理石砌成，其风格受到巴伐利亚王侯城堡内如同宫殿般的大阶梯的影响。从图中可以见到罗马风式的柱头。可是作为德国人的俱乐部，它仅仅存在了 10 年。1917 年 8 月 14 日中国对德奥宣战，康科迪亚总会被下令关闭，1920 年由中国银行收购作为行址。1934 年，鉴于该建筑不适宜供银行使用，中国银行决定将其拆除建中国银行大楼。

谦信洋行（China Export.Import und Bank Compagnie，1907—1908，今谦信大楼，图 11-105）也是倍高的作品，由江裕记营造厂（Kaung Yue Kee & Sons.）承建。原有的拱廊已经用窗户封上，整个外

图 11-103　1900 年巴黎世界博览会德国馆
来源：*Deutsche Architektur in China*
（*German Architecture in China*，
《德国建筑艺术在中国》）

图 11-104　德国总会室内
来源：*Deutsche Architektur in China*
（*German Architecture in China*，《德国建筑艺术在中国》）

① 这幢建筑于 1920 年代初拆除，在原址建法国球场总会。

② Torten Warner, *Deutsche Architektur in China* (*German Architecture in China*，《德国建筑艺术在中国》). Berlin: Ernst & Sohn, 1994: 103.

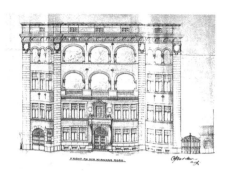

(1) 谦信洋行西立面
来源：上海市城建档案馆馆藏图纸

图 11-105 谦信洋行

(2) 谦信洋行南立面
来源：上海市城建档案馆馆藏图纸

(3) 谦信洋行现状

(4) 谦信洋行立面

(5) 谦信洋行入口细部

(1) 德国技术工程学院入口
来源：*Deutsche Architektur in China*（German Architecture in China，《德国建筑艺术在中国》）

图 11-106 德国工程技术学院

(2) 德国技术工程学院历史照片
来源：Virtual Shanghai

图 11-107 毕勋路 20 号住宅
来源：《梧桐树后的老房子》

观基本上还是原来的设计，但是檐部和女儿墙已经加建成房间，石材壁柱已经罩上粉刷层。倍高洋行设计的德国工程技术学院（Deutsche Ingenieur Schule，1908—1916，图 11-106），是倍克的作品，从 1908 年至 1916 年先后建有宿舍楼、教学楼、机电楼和后勤楼。这座学校的建筑构思及布局均以普鲁士皇家机械学院（Königliche Werkmeisterschule für Maschinenbauer）为蓝本。

倍高洋行的卡尔·倍克（Karl Baedecker）设计了毕勋路 20 号住宅（1905—1911，图 11-107）。这是一幢德国式的住宅，有着陡峭的红瓦屋面，山墙的装饰十分华丽，转角处用塔楼装饰，立面上的敞廊用木构架，窗户上的彩色玻璃可以看到德国新艺术风格的流派——青年风格派的影响。

(1) 席德俊宅塔楼
来源：沈晓明提供

图 11-108 席德俊宅

(2) 席德俊宅现状

(3) 席德俊宅立面
来源：沈晓明提供

(4) 席德俊宅舞厅顶棚
来源：沈晓明提供

(1) 托格宅现状
来源:上海市历史建筑保护事务中心提供

(2) 托格宅的方形玻璃花窗
来源:上海市历史建筑保护事务中心提供

(3) 托格宅的四联玻璃花窗
图 11-109　托格宅

图 11-110　宝庆路 3 号住宅的
窗户装饰

倍高洋行在 1908 年还设计挪威人湛盛（K. K. Johnsen）的乡村别墅（参见图 6-126），是目前确认倍高洋行的早期住宅建筑设计。这座建筑在 1918 年出售给宋家，因此，现在称为"宋家老宅"。建筑曾经扩建。

位于淮海中路 1131 号的席德俊宅（1910年代早期，图 11-108）由倍高洋行设计。这是一幢 3 层花园住宅，带有屋顶阁楼层，有坡度陡峭的大屋顶，屋顶装饰各种塔楼。二层墙面上开有拱形长窗，山墙面上可以看到半露木构架。建筑的塔楼和山墙是典型的德国南部巴伐利亚的建筑风格，室内舞厅墙面和顶棚的装饰金碧辉煌。

图 11-111　吴淞的同济大学教学楼
来源:*Denkschrift aus Anlass der freierlichen
Einwehung der Tingchi Technichen Hochshule
in Shanghai-Woosung 1924*

二、德国式新古典主义

近代上海有一些建于 20 世纪初的德国人的住宅，例如位于陕西北路的托格宅（图 11-109）和淮海中路的盛宅等。据推测，有可能是倍高的作品，因为当时倍高是上海仅有的德国建筑师。此外，从设计手法上也有相似之处，尤其是玻璃花窗和室内护壁。由于缺乏文献资料的佐证，目前只能是一种推测，有待进一步考证。位于宝庆路 3 号的德国商人宅（图 11-110），始建于 1925 年，底层会客室窗户的玻璃装饰着德国人家族的族徽，属于德国住宅中常见的装饰。

由德国建筑师设计的、位于吴淞的原同济大学教学楼（图 11-111）属于德国式新古典主义建筑。教学楼中轴对称，以爱奥尼亚巨柱柱廊突出入口，中部采用芒萨尔式坡屋顶，顶部则是四坡顶，显示一种沉重感。

(2) 祁齐路宋宅南立面图
来源:上海市城建档案馆馆藏图纸

(3) 祁齐路宋宅东立面图
来源:上海市城建档案馆馆藏图纸

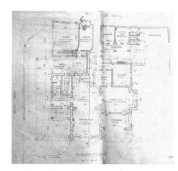

(4) 祁齐路宋宅底层平面图
来源:上海市城建档案馆馆藏图纸

(1) 祁齐路宋宅立面图
来源:上海市城建档案馆馆藏图纸

(5) 祁齐路宋宅现状
来源:《回眸》

图 11-112 祁齐路宋宅

德国建筑师扑士设计的祁齐路宋宅（Residebce of Song Tse Wong，1929—1931，今上海市老干部局，图 11-112），由主楼和北侧的服务用房组成，主楼为 3 层砖木混合结构，芒萨尔式坡屋顶，屋面铺鳞片状瓦。建筑西北角有一座平面为圆形的尖锥形塔楼。建筑及花园占地 1100 平方米，建筑面积为 803 平方米。[①]根据上海市城建档案馆所藏图纸，1929 年和 1931 年的图纸上有扑士的签名。1929 年的设计图仅三开间，1929 年底施工，1931 年由扑士加建的设计图上将原来建筑的东侧作为中轴，再向东增加一个开间。[②]

三、德国地域风格

一些住宅的建筑风格受到德国青年风格派的影响，如高安路 93 号住宅（图 11-113），尽管并不十分明显，但其折线形屋面的处理、顶层的半圆形窗户、曲线形阳台等都是德国式新艺术运动的建筑风格，比起法国、比利时等地的新艺术运动风格更粗犷一些。建国西路 620 号和 622 号住宅（图 11-114）是一对姐妹楼，由中国建业地产公司在 1924 年开发，装饰丰富，经过历年的修缮改造，如今已经有很大

图 11-113 高安路 93 号宅
来源:《上海徐汇住宅》

(1) 建国西路 622 号宅现状
来源:《上海徐汇住宅》

图 11-114 建国西路 622 号宅

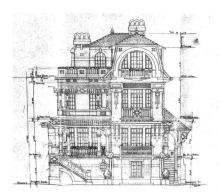

(2) 建国西路 622 号宅南立面图
来源:上海市城市建设档案馆馆藏图纸

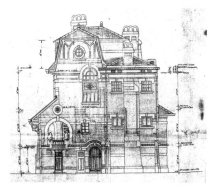

(3) 建国西路 622 号宅北立面图
来源:上海市城市建设档案馆馆藏图纸

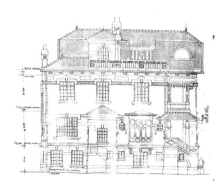

(4) 建国西路 622 号宅西立面图
来源:上海市城市建设档案馆馆藏图纸

(1) 新华路 179 号住宅北立面
来源:席子摄

(2) 新华路 179 号住宅院落
来源:席子摄

(3) 新华路 179 号住宅西立面
图 11-115 新华路 179 号住宅

(1) 威廉学堂
来源:《德国建筑艺术在中国》

(2) 威廉学堂
来源:Virtual Shanghai
图 11-116 威廉学堂

的简化,不复当年的面貌。新华路 179 号住宅(图 11-115)建于 1925 年,立面上的露明木构架已经比较繁复。

另外还有一些建筑是德国建筑师为德国侨民的活动设计,也属德国建筑风格,如威廉学堂(1910—1911,图 11-116),由设计俄国领事馆的德国建筑师汉斯·埃米尔·里勃(Hans Emil Lieb)设计,山墙上的三叶窗和双叶窗以及立面的处理带有哥特式建筑的影响。这幢建筑曾于 1925—1926 年扩建,1928 年关闭。③又如,德侨活动中心和威廉学堂(Deutsche Gemeindhaus und Kaiser-Wilhelm-Schule,1928—1929,图 11-117),由德国宝昌洋行(E. Busch Architect)建筑师扑士设计,具有现代建筑风格,一层和二层是威廉学堂的校舍,其余楼面属于德侨活动中心。这幢建筑于 1989 年拆除,在原址建国际贵都大酒店。④

奚福泉设计的自由公寓(Liberty Apartments,1933—1934,图 11-118)为 9 层钢筋混凝土结构,占地 1180 平方米,建筑面积为 2918 平方米。⑤采用深色耐火砖作为面砖,底层以粗石墙面作为建筑的基座,带有德国北部建筑的影响。

① 《上海百年名楼·名宅》编撰委员会编《上海百年名宅》,北京:光明日报出版社,2006 年,第 159 页

② 关于这座建筑的建造年代,据《上海百年名楼·名宅》编撰委员会编《上海百年名宅》(北京:光明日报出版社,2006 年)第 159 页所述,认为是 1928 年建造。

③ Torten Warner, *Deutsche Architektur in China* (*German Architecture in China*,《德国建筑艺术在中国》). Berlin: Ernst & Sohn, 1994: 131.

④ 凯茜编著《德国驻上海领事馆 150 年掠影》,上海人民出版社,2006 年,第 179 页。

⑤ 《上海市徐汇区地名志》编纂委员会《上海市徐汇区地名志》,上海辞书出版社,2012 年,第 186 页。

(1) 德侨活动中心和威廉学堂北立面
来源:《德国驻上海领事馆 150 年掠影》

(2) 德侨活动中心和威廉学堂南立面
来源:《德国驻上海领事馆 150 年掠影》

(3) 德侨活动中心和威廉学堂历史照片
来源:Virtual Shanghai
图 11-117 德侨活动中心和威廉学堂

图 11-118 自由公寓
来源:沈晓明提供

来源：《上海的俄罗斯记忆》

来源：薛理勇提供

图 11-119 主显堂历史照片

图 11-120 圣尼古拉斯军人小教堂
来源：《上海的俄罗斯记忆》

① 汪之成《上海俄侨史》，上海三联书店，1993 年，第 58 页。

② 同上，第 605 页。

③ 朱纪华主编《上海的俄罗斯记忆》，上海书店出版社，2016 年，第 6 页。

④ 同上，第 55 页。

⑤ 根据上海市城建档案馆 1933 年的档案。

第六节　俄罗斯式建筑

自 1865 年起，俄侨进入上海，第一次世界大战和苏联"十月革命"后，大量俄国难民来到上海。据 1930 年统计，上海的俄侨共有 14 404 人。①据 1947 年的统计，上海的外侨有 2 万至 3 万人，俄侨占 16 000 人，超过半数。②

俄罗斯文化对上海的文化生活也有很大影响，大量俄侨聚居在法租界和公共租界，他们开设咖啡馆、商店，从事各种艺术，把俄罗斯的音乐、舞蹈、绘画、宗教、饮食和建筑艺术传入上海，对近代上海产生深远的影响。③

一、东正教教堂

就俄罗斯式建筑而言，主要影响是在俄罗斯的教堂。在上海从事建筑设计和装饰设计的俄国画家波德古尔斯基（B. C. Подгорский，一译"朴特古斯基"），曾参加设计沙逊大楼、法国总会等建筑。另外还有一位俄国画家和建筑师索科洛夫斯基，曾在上海各建筑公司从事建筑艺术装饰设计。此外，还有设计原亨利路（今新乐路）的东正教圣母大堂（1933）的建筑师彼特罗夫（B. I. Petroff）和建筑师和画家雅·卢·利霍诺斯（Y. L. Lehonos）、米凯维奇（S. J. Minkevitch）等。

俄罗斯建筑深受意大利建筑的影响，一般很难为俄国式世俗建筑作出清晰的界定。俄罗斯建筑的特征往往表现在宗教建筑和民居上，在上海的近代建筑中俄国风格比较明显的建筑有 1904 年建成的俄国东正教在上海的第一大教堂——主显堂，又名"闸北俄国礼拜堂"（图 11-119），位于北河南路（今河南北路）43 号，由俄国正教驻北京传道团出资建造④，1932 年毁于日军炮火。此外，还有圣尼古拉斯军人小教堂（图 11-120），从历史照片看，系利用住宅改建，现已不存。

位于皋兰路上的由协隆设计事务所设计的圣尼古拉斯教堂（The St. Nicholas Russian Orthodox Church，1932—1934，图 11-121）。这座教堂为纪念已故沙皇尼古拉二世而建，1932 年 12 月 18 日奠基，1934 年 3 月 31 日落成。室内外装饰富丽堂皇，有九个金色的圆顶和十字架，内墙面用瓷砖贴面，四壁及拱顶均有精美的圣像，许多俄罗斯民间教堂的细部都在这座建筑上有所表现。

俄国建筑师彼特罗夫 1932 年 12 月设计东正教圣母大堂（Russian Orthodox Mission Church），最初的设计以莫斯科救世主教堂（1860—1883，图 11-122）为原型，四座小塔楼衬托中央的一个大穹顶。1933 年由建筑师和画家雅·卢·利霍诺斯以诺夫哥罗德的圣索非亚教堂（1045—1050）为摹本，改小立面规模。诺夫哥罗德的圣索非亚教堂高 38 米，有五座穹顶（参见图 4-75）。利霍诺斯将原位于周边

(1) 圣尼古拉斯教堂立面细部
来源:沈晓明提供

(2) 圣尼古拉斯教堂细部
来源:沈晓明提供

(3) 圣尼古拉斯教堂室内
来源:沈晓明提供

(4) 圣尼古拉斯教堂室内穹顶
来源:沈晓明提供

(5) 圣尼古拉斯教堂效果图
来源:《上海的俄罗斯记忆》

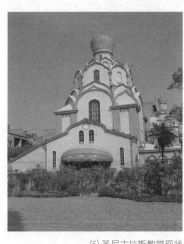
(6) 圣尼古拉斯教堂现状

(7) 圣尼古拉斯教堂塔楼细部
来源:《岁月——上海卢湾人文历史图册》
图 11-121 圣尼古拉斯教堂

图 11-122 2000 年重建的莫斯科救世主教堂
图片来源:Wikipedia

的四座小塔楼改为小穹顶,形成五座穹顶的造型(参见图 4-74)。其设计图表现手法类似效果图,与彼特罗夫的建筑图风格有较大的差异。最终的教堂按照利霍诺斯的方案建造,被称为中国南方地区最大的东正教堂。1940 年由米凯维奇加建大门。⑤建筑屋顶上五个葱头式、呈蓝色的铜皮穹窿是其特征(图 11-123),新乐路东正教堂占地面积为 2000 平方米(南北长 25.781 米,东西长 15.012 米),建筑面积为 1030 平方米,最多可以容纳 2500 人。最为突出的是教堂穹顶,由一大四小葱头形圆穹顶组成,与诺夫哥罗德圣索非亚教堂同样有五个穹顶(主穹顶高 31.165 米,四角小穹顶高 22.15 米),外

(1) 建造中的东正教圣母大堂
来源:Virtual Shanghai

(2) 东正教圣母大堂穹顶
来源:沈三新提供

(3) 东正教圣母大堂
来源:上海市历史建筑保护事务中心
图 11-123 东正教圣母大堂

(1) 俄罗斯领事馆历史照片
来源:薛理勇提供
图 11-124 俄罗斯领事馆

(2) 俄罗斯领事馆现状
来源:许志刚摄

(3) 俄罗斯领事馆局部
来源:许志刚摄

(4) 俄罗斯领事馆入口细部
来源:许志刚摄

图 11-125 第一俄国公学
来源:《上海的俄罗斯记忆》

表涂孔雀蓝颜色,顶尖和顶上十字架涂贴金色,具有浓厚的俄罗斯教堂特征。室内穹顶、鼓座、帆拱、中庭的四个拱券内侧、圣坛墙面、圣坛两侧门券上方等部位均有精美的湿壁画。当时俄侨社区的《上海柴拉报》称:

> 该教堂高达 35 公尺,有 5 个圆顶及克里姆林宫式围墙,它不仅是上海俄侨的骄傲,也将是中国东正教的克里姆林宫。教堂内还可容纳多达 300 人的合唱队。①

此外,俄国东正教会在上海曾有过俄国女子中学圣母堂(1925)、提篮桥救主堂(1926)、霍山路圣安德烈教堂(1931)、圣母修道院教堂(1934)、衡山路俄国商业提唤堂(1933)、阿尔汉格洛-加夫里洛夫斯基教堂(1942)等。因缺乏文献资料,相关建筑的情况还有待考证。

二、其他俄罗斯式建筑

俄罗斯领事馆(1914—1916,图 11-124)由德国建筑师汉斯·埃米尔·里勃设计,华商周瑞记营造厂承建。上海市城市建设档案馆馆藏的南立面图上,说明均为俄语,标注的年份为 1911 年,图纸上有里勃在 1913 年的签名。领馆为假 4 层混合结构,有半地下室。建筑占地 875 平方米,建筑面积 3264 平方米,自地面到檐口高度为 15.21 米,至水平屋脊线高度为 23.2 米。②屋顶为芒萨尔式四坡顶,建筑风格为简化的巴洛克风格。

俄国侨民在上海有过一些专为俄侨子女的学校,如第一俄国公学(The First Russian School, 1921,图 11-125),但建筑风格并不能说是典型的俄罗斯风格,同时也缺乏建筑师的信息。

俄国侨民的大量存在应当也有相应的住宅建筑,尚待深入考证。

① 汪之成著《近代上海俄国侨民生活》,上海辞书出版社,2008 年,第 191 页。

② 上海市城市建设档案馆编《上海外滩建筑群》,上海锦绣文章出版社,2017 年,第 308 页。

第七节 日本式建筑及其他

由于上海的日本人在外国人的数量中最多，上海近代日本式建筑的影响范围较广，从商业建筑、办公建筑、居住建筑、工业建筑到园林都有数量可观的日本建筑。由于日本建筑的西方化，因此在上海的日本式建筑基本上是西方建筑的日本式翻版，诸如日本哥特复兴、日本式古典主义、日本式现代建筑等。

日本人最早是 1871 年《日清修好条约》缔结后开始在上海出现。[③]1899 年，趁上海公共租界第四次扩张之际，日本提出在上海设立专管租界的要求，被清政府拒绝，只得利用既有的公共租界，与其他外国人同样享受居住贸易的权益，也享有治外法权。[④]

20 世纪初，日本人大量来到上海，虹口的北四川路、吴淞路一带已发展成日本人的居住区。据 1928 年 12 月的调查，上海的日本人已经有 26 518 人，73.4% 的日本人居住在公共租界，24.2% 居住在华界，2.4% 居住在法租界。[⑤]

1920 年代，日本不动产公司在今海伦路一带建造一批日本式住宅，供日本侨民居住。[⑥]1930 年代的上海，日本人的数量已远远超过其他国家的侨民，在公共租界的外国人中，日本人占的比例也很高，一度甚至达到 60%。[⑦]1932 年 "一·二八" 战争后，虹口急剧出现日本化发展景象，成为 "日本人街"。

图 11-126 日本神社
来源：《上海史——巨大都市の形成とへへの営み》

图 11-127 六三园
来源：《近代上海繁华录》

一、日本式寺庙及园林

在虹口一带遗留一些日本式建筑，当年是日本人聚居的区域。日本人曾经在此设立神社、寺庙，并建立海军陆战队指挥部等。1876 年日本净土真宗本愿寺设立东本愿寺上海别院。[⑧]东本愿寺上海别院于 1883 年迁至武昌路和乍浦路转角。原来在东江湾路 70 号还有一座建于 1933 年日本式的上海神社（图 11-126），1950 年代末拆毁。这一带附近原来有一座日本式花园——六三园（1912），确切的位置在今西江湾路和同鸣路转角处，西江湾路 230 号。[⑨]园主名 "白石六三郎"，该园得名于此，是 20 年代末上海最具规模的日本式园林，毁于 1932 年。其北侧还有一座建于 1912 年的沪上神社（图 11-127），毁于 1933 年。乍浦路 439 号处，还有一座建于 1922 年的本圀寺上海别院（图 11-128），属于日本日莲宗的寺院，留有日本卷棚悬山顶风格的入口门廊，为上海日本居留民的三大佛教寺院之一。[⑩]

冈野重久设计的日本佛教庙宇西本愿寺上海别院（1931）位于乍浦路上，寺庙的北面沿街转角上。西本愿寺的建筑形式仿东京筑地的本愿寺风格（图 11-129）。主体建筑是一个仿印度支提窟、东西纵长、呈马蹄形的拱形大堂（Chaitya Hall），西端是一个半圆龛，沿街东山墙及北入口有火焰形券面，周围

③ 高纲博文著《近代上海日侨社会史》，陈祖恩译，上海人民出版社，2014 年，第 45 页。

④ 同上，第 8 页。

⑤ 同上，第 54 页。

⑥ 同上，第 46 页。

⑦ 邹依仁著《旧上海人口变迁的研究》，上海人民出版社，1980 年，第 79 页。

⑧ 高纲博文著《近代上海日侨社会史》，陈祖恩译，上海人民出版社，2014 年，第 46 页。

⑨ 木之内诚编著《上海历史ガイドマップ》，东京：大修馆书店，1999 年，第 116 页。

⑩ 陈祖恩著《寻访东洋人：近代上海的日本居留民（1868—1945）》（上海社会科学院出版社，2007 年）第 276 页，将本愿寺的年代定为 1922 年，木之内诚编著的《上海历史ガイドマップ》第 22 页的年代亦可佐证。

图 11-128 本圀寺

① 陈祖恩著《寻访东洋人：近代上海的日本居留民（1868—1945）》，上海社会科学院出版社，2007 年，第 288 页。

② 据上海市虹口区人民政府编《上海市虹口区地名志》（上海：百家出版社，1989 年）第 393 页，该建筑建于 1924 年。陈祖恩著《寻访东洋人：近代上海的日本居留民（1868—1945）》（上海社会科学院出版社，2007 年）第 279 页，该建筑建造于 1933 年。另据木之内诚编著的《上海历史ガイドマップ》第 116 页，该建筑建造于 1932 年"一·二八"战争后。

装饰着莲花瓣图案。整个立面上布满精美的雕刻，其中一部分腰线上的图案今已不存。乍浦路和武进路转角处，是一座 4 层钢筋混凝土的西本愿寺会馆兼僧侣宿舍。1944 年。西本愿寺上海别院在大堂的西侧模仿佛祖顿悟的圣地菩提伽耶的摩诃菩提寺（Mahabodhi Temple）佛塔，建造了一座 36.6 米高的 9 层佛塔，在日本战败后被毁坏。①

二、其他日本式建筑

日本建筑师在上海有许多作品，但并非都采用日本建筑式样，早期的作品多为日本的洋风建筑，如平野勇造设计的三井物产株式会社上海支店（1903）、日本总领事馆（1911），福井房一设计的日本人俱乐部（1914）等。日本建筑师武富英一设计的日本电信局（1915，图 11-130），位于长治路 25 号，是典型的日本洋风建筑，仿巴洛克建筑。

位于东江湾路上的日本海军陆战队司令部（参见图 9-72），是日本建筑师仿照西方现代建筑的作品。4 层钢筋混凝土结构，建于 1933 年。②整个建筑占地约 6130 平方米，建筑外形近似椭圆，外圆角，内方形，四周为办公楼、兵营和仓库，中间有一块 2200 平方米的操场。建筑的东南角上有一座塔楼，形状仿军舰的旗塔。③日本于 1859 年对外开放，1868 年实行明治维新（Meiji Restoration），开始了迅速现代化的进程，推行西方文化。日本建筑师早在 20 世纪 10 年代就接受了现代建筑，像第六章介绍的日本建筑师石本喜久治在 1923 年就设计山口银行东京支店。20 世纪 20 年代，日本的现代建筑运动已基本形成，在世界现代建筑中也处于比较领先的地位，因此，日本建筑师也在上海的建筑设计中推广现代建筑。

内田祥三（Shozo Uchida，1885—1972）设计的位于岳阳路 320 号的上海自然科学研究所（1928—1931，图 11-131）是他设计的东京帝国大学图书馆（参见图 6-180）的翻版，只是规模略小。日本哥特复兴风格，入口门廊由帝国大学图书馆的九开间改为七开间。原设计的总平面同样由许多院落组合而成，最终只建成两个院落。内田祥三也是日本著名建筑师丹下健三（Kenzō Tange，1913—2005）的老师。

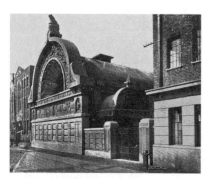

图 11-129 西本愿寺
来源：《满洲建筑杂志》第 11 卷第 6 号

图 11-130 日本电信局
来源:薛理勇提供

(1)上海自然科学研究所设计图
来源:《内田祥三先生作品集》

(2)上海自然科学研究所全景
来源:《回眸》

(3)上海自然科学研究所现状
来源:许志刚摄

(4)上海自然科学研究所立面局部
来源:许志刚摄

(5)上海自然科学研究所门廊
来源:许志刚摄

图 11-131 上海自然科学研究所

其他还有日本建筑师设计的各类学校,例如冈野重久设计的日本高等女学校(Japanese Higher Girl's School, 1936, 图 11-132)。冈野重久设计的裕丰纱厂(1921—1930, 图 11-133),大面积钢结构厂房采用锯齿形天窗采光,锯齿形屋顶结构采用铆接钢屋架,天窗装磨砂玻璃。据分析,位于杨树浦路 2086 号的裕丰纺织株式会社的办公楼(图 11-134)也是冈野的作品,从楼梯栏杆和栏杆柱的细部可见日本的工艺水平。

在杨树浦地区,日本人开办的工厂为职工建造的许多住宅均为日本式。许昌路 227 弄(图 11-135)是日商建造的独立式住宅群,属于洋风日式住宅,建造于 1912 年,占地面积 2.02 万平方米,建

③ 上海市虹口区人民政府编《上海市虹口区地名志》上海:百家出版社,1989 年,第 393 页。

(2)裕丰纺织株式会社办公楼外观

图 11-132 日本高等女学校
来源:薛理勇提供

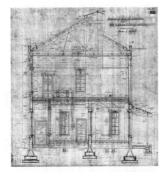

图 11-133 裕丰纱厂锯齿形天窗
来源:上海市城市建设档案馆馆藏图纸

(1)裕丰纺织株式会社办公楼
楼梯栏杆柱

(3)裕丰纺织株式会社办公楼立面局部

图 11-134 裕丰纺织株式会社办公楼
来源:沈晓明提供

(1) 住宅外观

图 11-135 许昌路 227 弄住宅
来源:《世纪杨浦》

(2) 入口处

图 11-136 日本恒产公司住宅
来源:《世纪杨浦》

① 陈士雄主编《世纪杨浦》,上海汉源文化传播有限公司,2005 年,第 275 页。

② 上海市杨浦区文化局、上海市杨浦区档案局编《杨树浦历史变迁》,上海书店出版社,2015 年,第 139-140 页。

③ 陈士雄主编《世纪杨浦》,上海汉源文化传播有限公司,2005 年,第 266 页。

④ 关于千爱里的建造年代,《上海市虹口区地名志》(1989) 第 179 页认为建于 20 世纪 30 年代初期,上海市房地产管理局主编的《回眸》(2001) 第 262 页中说是 1928 年建,陈祖恩的《上海日侨社会生活史:1868—1945》(2009) 第 95 页认为是 1922 年。另据木之内诚编著的《上海历史ガイドマップ》第 27 页,也认为是 1922 年建造。

⑤ 陈祖恩著《上海日侨社会生活史:1868—1945》,上海辞书出版社,2009 年,第 101 页。

⑥ 黄元炤编著《柳士英》,北京:中国建筑工业出版社,2015 年,第 10 页。

⑦ 上海市长宁区人民政府编《长宁区地名志》,上海:学林出版社,1988 年,第 250 页。

⑧ 该建筑的建筑师有待考证,上海市城市建设档案馆馆藏图纸目前仅查到 1927 年建筑底层平面修改图及 1935 年加建花房的图纸,图纸上有 H. M. 的签名,应当是建筑师,修改图上同时有马勒及其女儿的签名。

筑面积 2.7 万平方米。弄内共有 75 幢 2 层砖木结构住宅,坡屋顶,机平瓦屋面,鹅卵石墙面。① 裕丰纱厂的职工住宅属于日本式,位于杨树浦路 1511 弄 4—44 号(留春里)的裕丰纱厂职工住宅,建于 1918 年,呈联排行列式。位于杨树浦路 3061 弄的裕丰工房,建造于 1924—1934 年间,占地 2.8 万平方米,共有 17 幢住宅,分为 A、B、C、G 四种不同标准的房型,除 G 型为联排行列式住宅外,均为日本式花园住宅,小区内还有足球场。② 此外,日本恒产公司建造的隆昌路 222—226 号住宅(1930—1938,图 11-136),12 幢 2 层砖混结构公寓,占地面积约 2100 平方米,清水红砖墙面,青瓦四坡攒尖顶,设老虎窗,室内也按日本人生活方式设计。③

虹口一带,尤其是横浜桥以北地区,是日本大公司职员的聚居地,以日本东亚兴业会社建造的千爱里(Cherry Terrace,1922)为代表,5 排共 45 幢砖木结构 3 层花园住宅,建筑面积 12 100 平方米。④ 此外,普陀地区的小沙渡也是日本纺织企业的基地,日本内外棉会社于 1920 年代在澳门路一带为日本工厂和企业职工建造的 2 层砖木结构住宅亦属日本式建筑。⑤

柳士英设计的王伯群宅(1934,图 11-137),为柳士英 1930 年从苏州回上海重振 华海建筑公司业务时期的作品。其时他执教于大夏大学,王伯群任大夏大学的校长。王伯群与柳士英一起留学日本,

(1) 王伯群宅现状
来源:上海市历史建筑保护事务中心

图 11-137 王伯群宅

(2) 王伯群宅转角处理
来源:上海市历史建筑保护事务中心

(3) 王伯群宅室内
来源:上海市历史建筑保护事务中心

(4) 王伯群宅室内壁炉
来源:许志刚摄

(1) 马勒宅全景
来源:沈晓明提供

(2) 马勒宅现状
来源:沈晓明提供

(3) 马勒宅门厅
来源:许志刚摄

(4) 马勒宅入口细部
来源:沈晓明提供

(5) 马勒宅立面细部
来源:沈晓明提供

(6) 马勒宅室内楼梯
来源:许志刚摄

(7) 马勒宅塔楼

(8) 马勒宅塔楼细部
来源:许志刚摄

图 11-138 马勒住宅

还一同参加过革命活动。⑥原则上说,这幢 3 层建筑属于日本哥特复兴风格,建筑的背面及两侧采用中世纪欧洲城堡样式。建筑墙面贴深褐色面砖,窗户用斩假石仿石镶边,窗顶为四心尖券。主立面朝南,楼前有宽阔的草坪,总占地面积为 8205 平方米,建筑面积 2584 平方米,有大小厅房 32 间。⑦楼内设有客厅、舞厅、酒吧等,可供数百人聚会。

三、其他地域风格建筑

在上海的近代建筑中有一些特殊风格的建筑,例如北欧式住宅等。典型的实例有马勒住宅(Moller House,1936,图 11-138)等。马勒住宅的形式比较奇特,由六幢大小不一的房屋组成,有着高高低低的尖形屋顶和凹凸不平的墙面。外墙面用各种颜色的泰山面砖拼花镶砌,尖顶上还嵌有彩色玻璃。一般将马勒住宅称为"北欧童话式建筑",具有挪威式住宅的风格。⑧

挪威建筑师汉斯·柏韵士(Hans Berents,1875—1961),卑尔根人,挪威商人和政治家,1905 年前后在上海建立柏韵士工程师事务所(Berents & Corrit),柏韵士在上海的住宅"卑尔根之屋"(参见图 6-165)当属挪威的地域风格。

此外,还有一些特殊风格的建筑,如华懋饭店设有英国式、法国式、德国式、西班牙式、印度式、意大利式的住房。图 11-139 为印度伊斯兰装饰风格的房间。位于九江路与四川中路转角处的中央商场,有一圆拱形门洞,上部用古代埃及式的柱子和雕塑做装饰,这幢建筑已于 1996 年建中央大厦时拆除。

图 11-139 华懋饭店印度式房间
来源:《回眸》

附 录

附录一

上海近代中国建筑师及其作品

说明：

1. 除个别例外，按设计机构成立时间、建筑师从业时间或建筑作品设计建造年代依序排列；
2. "*"表示原建筑已不存在，由于城市建设发展较快，部分建设可能已被拆除，但未能标出；
3. 由于作者的水平和文献资料信息的局限性，遗漏和错误在所难免，相关信息有待补充、修改和完善。

● 周惠南打样间（Chow Wai Nan）

周惠南（1872—1931），1910 年创办周惠南打样间。

项目	作品名称	地址	设计建造年代	备注
1	* 一品香旅社（Yih Ping Shan Hotel）	西藏中路，汉口路转角	1919 迁建	1883 始建，1997 拆除
2	大世界游乐场（Great World）	西藏南路 1 号	1924—1925 重建	1917 始建，1928 翻建，2013 修缮
3	颂九坊	威海路 590 弄 56 支弄，72 支弄	1924，1934	
4	* 爵禄饭店（Chi Loh Hotel）	西藏中路 250 号	1927	2001 拆除
5	* 中西大药房（Great China Dispensary）	福州路待考	1928	
6	* 黄金大戏院	金陵西路 1 号	1929	1996 年拆除
7	齐天舞台 / 荣记共舞台（Kung Wu Tai）	延安西路 433 号	1929	
8	模范村	延安中路 877 弄	1930—1931	周同春

● 华信测绘行（Wah Sing Measure & Construction Co.）/ 华信建筑师事务所（Wah Sing, Architects）/ 华信建筑公司

1915 年创办华信测绘行。

主要成员： 杨润玉（字楚翘，C. C. Yang，1892—?），杨元麟（字抱文，Y. L. Yang，1921—?），杨锦麟。
从业人员： 沈理源（1890—1950），严晦庵，张因（Chang Ying，1923—?），工程师周济之（C. T. Chow），杨德源等。
地　　址： 南京路 225 号慈淑大楼 525 室（1933—1941）。

项目	作品名称	地址	设计建造年代	备注
1	松韵别墅	复兴中路 498 弄	1916	
2	愚谷邨	愚园路 361 弄，南京西路 1892 弄	1927	杨润玉、杨元麟
3	杨树浦路市房	杨树浦路待考	1928	
4	高桥海滨饭店（Kiaochiao Beach Hotel）	浦东高桥待考	1933	
5	祝伊才宅加建	淮海中路 1414 号	1934	
6	涌泉坊	愚园路 395 号	1934—1936	
7	中华劝工银行	南京东路 326—336 号	1937	改建设计
8	麦特赫斯脱路住宅	泰兴路待考	1937	
9	大西路住宅	延安西路待考	1937	
10	静安寺路住宅	南京西路待考	1937	
11	民孚路住宅	待考	1937	

(续表)

项目	作品名称	地址	设计建造年代	备注
12	三民路住宅	三门路待考	1937	
13	休育会路住宅	待考	1937	
14	政同路住宅	待考	1937	
15	逸村加建	淮海中路 1610 弄	1942—1944	

注：根据《中国建筑》第二十九期，1937 年 4 月。《建筑月刊》第一卷，第四、七期，1933 年 2 月、5 月；第三卷，第三期，1935 年 3 月。

● 贝寿同

主要成员：贝寿同（字季眉，Pei, Shu-tung，1876—1945）。

项目	作品名称	地址	设计建造年代	备注
1	上海地方审检厅（今上海市公安局技侦中心）	南车站路 152 号	1917—1918	1927 改名"上海地方法院"

● （上海）信记建筑师事务所

1933 年开办。

主要成员：王信斋（字念曾，Wang Sin Tsa，1888—？），初习西洋画，后跟随徐家汇天主堂工程师叶肇昌，参与佘山进教之佑圣母大堂。
地　　址：徐家汇汇南街 62 衖 2 号（1949）。

项目	作品名称	地址	设计建造年代	备注
1	南洋公学图书馆	华山路 1954 号	1917	
2	震旦大学校舍	待考		
3	徐汇公学校舍	虹桥路 68 号		

注：根据上海市城建档案馆 D (03-04) -1934-0004 档案。

● 大昌建筑师事务所 / 大昌建筑公司（Kalgan Shih & Co., Engineers & Architects）

地　　址：宁波路 40 号 212 室。

项目	作品名称	地址	设计建造年代	备注
1	贾尔业爱路 2—10 号宅	东平路 2—10 号	1920	
2	西爱咸斯路任筱珊宅	永嘉路 527 弄 1—5 号	1932—1933	
3	上海面粉交易所	待考		和祥记营造厂承建

注：据《建筑月刊》第一卷，第二期，1932 年 12 月。

● 基泰工程司（Kwan, Chu & Yang Architects and Engineers）

1920 年由关颂声在天津成立；1927 基泰总所移至南京，创办（南京）基泰工程司；1938 基泰总所移至重庆，创办（重庆）基泰工程司；1949 年后到台湾，创办（台湾）基泰工程司。

主要成员：关颂声 （Sung-sing Kwan，1892—1960）、朱彬（Pin Chu，1896—1971）、杨廷宝（字辉仁，Ting-PaoYang，1901—1982）。
从业人员：杨宽麟（Qualing Young，1891—1971），梁衍，张镈（1911—1999），关颂坚、李昌运、龙希玉、刘友渔、郑瀚西、朱葆初、范志恒、孙增蕃、熊大佐、方山寿、张智、关仲恒（土木），郭瑞磷（建筑师），萨本远、叶树源、阮展帆、马增新、陈延曾（1928），李宝铎、沈祖海、陈濯、程中天、王勤法（设计组副主任），杨际元等。
地　　址：仁记路 35 号。

项目	作品名称	地址	设计建造年代	备注
1	大陆银行（Continental Bank）	九江路 111 号	1931—1934	朱彬
2	上海交通大学牌楼大门（Entrance Gateway Chiao Tung University）	华山路 1954 号	1934—1935	
3	大新公司（Sun Co., Ltd，今上海市第一百货商店）	南京东路 830 号	1934—1936	朱彬、梁衍
4	*惇信路杨宽麟宅	武夷路 81 号	1934—1936	杨宽麟
5	上海交通大学图书馆加建书库	华山路 1954 号	1935	
6	聚兴诚银行（Chu Hsin Chen Bank Building）	江西中路 246，250 号	1935	杨廷宝
7	上海中山医院（Chung San Memorial Hospital）一号楼	医学院路 136 号	1936—1937	朱彬
8	新恩堂（New Grace Church）	乌鲁木齐北路 25 号	1939	

注：根据《杨廷宝建筑设计作品选》（中国建筑工业出版社，2001），大新公司由杨廷宝设计。

● 东南建筑工程公司（The Southeastern Architectural & Engineering Co.）

　　1921 年 3 月由过养默、黄锡霖和吕彦直创办。

主要成员： 过养默（字嗣侨，Yang-mo Kuo，1895—1966），黄锡霖（Sik Lam Woong，1893—?），吕彦直（字仲宜，又字古愚，Yen-Chih Lu，1894—1929）。
从业人员： 黄元吉（1922—1924 任东南建筑工程公司副建筑师），杨锡镠（1923—1925），庄允昌，裘星远，李滢江等。
地　　址： 江西路 61 号。

项目	作品名称	地址	设计建造年代	备注
1	上海银行公会大楼（Shanghai Chinese Bankers Association）	香港路 59 号	1923—1925	
2	南洋公学体育馆	华山路 1954 号	1923—1925	杨锡镠
3	顾维钧宅	康定路 695—699 号	1936	
4	康定路高家宅公弄口邓骏声住宅 7 幢	康定路待考	1936	
5	*谢永钦宅	华山路 237 弄 8 号	1939	
6	哥伦比亚路朱吴孙工厂	番禺路待考	1939	

● 华海公司建筑部 / 华海建筑师事务所

　　1922 年由柳士英、王克生创办。

主要成员： 王克生（又名王克笙，字之桢，1892—?），1919 年毕业于日本高等工业学校建筑科；柳士英（1893—1972），刘敦桢（字士能，1897—1968），朱士圭（1892—1981）。

项目	作品名称	地址	设计建造年代	备注
1	虹口某小学	待考	1921	柳士英
2	某电影院	待考	1921	柳士英
3	职工住宅	待考	1921	柳士英
4	同兴纱厂	待考	1921	柳士英
5	武林造纸厂	待考	1922—1924	
6	大夏大学校舍（今华东师范大学）	中山北路 3663 号	1930—1934	柳士英
7	王伯群宅（今长宁区少年宫）	愚园路 1136 弄 31 号	1930—1934	柳士英
8	中华学艺社（今上海文艺出版社）	绍兴路 7 号	1930—1932	柳士英
9	大夏新村教授宿舍	中山北路 3671 弄	1930—1934	柳士英
10	中华职业教育社（National Association of Vocational Education of China）	雁荡路 80 号	1930—1934	柳士英
11	丽波花园	衡山路 300 弄 1—8 号	1932—1933	王克生

项目	作品名称	地址	设计建造年代	备注
12	中华职业学校（Vocational School）中华堂	雁荡路 80 号	1934	柳士英
13	恒丰纱厂	杨树浦路待考	1935	
14	新华一村	东体育会路	1936	
15	新裕纱厂	长寿路待考	1940	

注：根据赖德霖主编《近代哲匠录——中国近代重要建筑师、建筑事务所名录》（中国水利水电出版社、知识产权出版社，2006），湖南大学建筑学院魏春雨等编著《刘敦桢柳士英——创建湖南大学建筑学科 80 周年》纪念册（2009），黄元炤编著《中国近代建筑师系列：柳士英》（中国建筑工业出版社，2015）。丽波花园根据上海市城建档案馆 D（03-05）-1932-0198 的档案。

●凯泰建筑公司 / 黄元吉建筑师事务所 / 上海凯泰建筑事务所（Kyetay, Architects and Civil Engineers）

缪凯伯（字凯伯，Miao Kay-Pah，生卒年不详）于 1924 年创办。

主要成员： 黄元吉（Y. C. Wong，1902—1985），杨锡镠（1924—1927 年在凯泰建筑公司），钟铭玉。
从业人员： 汪成坊，赵曾和（工程师），陆宗豪（1930—1933，绘图设计），张念曾（绘图员），李定奎（绘图员）。
地　址： 爱多亚路 38 号，爱多亚路 106 号（1934）。

项目	作品名称	地址	设计建造年代	备注
1	四明村，四明银行职员宿舍	延安中路 901—927 号	1924—1925，1928，1932 增建	
2	*光华大学校舍	待考	1924—1927	杨锡镠
3	*上海大学校舍	待考	1924—1927	杨锡镠
4	*胜德织造厂	待考	1924—1927	杨锡镠
5	*四明里	淮海中路 425 弄	1929—1930	
6	四明别墅	愚园路 576 弄	1933	
7	大德路何介春宅	待考	1933	
8	恩派亚大楼（Empire Mansions，今淮海大楼）	淮海中路 1300—1326 号，常熟路 219—249 号	1931—1934	
9	海格路厉氏大厦	华山路待考	1935	
10	安恺地商场	南京西路 1193 号	1935	
11	*金都大戏院（瑞金剧场）	延安中路 572 号	1939—1940	
12	福开森路美商协丰洋行 3 层洋房	武康路待考	1940	
13	爱文义路大华路口王准臣 3 层公寓 / 爱华公寓	北京西路 985 号	1941	
14	静安寺路西摩路口新沙华饭店改建	南京西路待考	1943	
15	虹桥疗养院病房	虹桥路待考	1948	
16	虹江支路开林营造厂市房	待考	1948	
17	军工路中国农业机械公司宿舍	军工路待考	1948	

注：根据《中国建筑》第一卷，第四期（1933 年 10 月）；《建筑月刊》；赖德霖主编《近代哲匠录——中国近代重要建筑师、建筑事务所名录》（中国水利水电出版社、知识产权出版社，2006）。杨锡镠的信息根据同济大学苏颖 2011 年 3 月硕士学位论文《从私营事务所到国营大院建筑师的转型——杨锡镠建筑师建筑创作的历史研究》。

●缪凯伯工程司（Miao Kay-PahCivil Engineer and Architect; Land and Estate Agent）

缪苏骏（字凯伯，Miao Kay-Pah，生卒年不详），毕业于上海南洋路矿学校，1932 年自办缪凯伯建筑师事务所，1933 年加入中国建筑师学会，1934 年成为中国工程师学会正会员。

从业人员： 周庭柏、厉尊谅、严有翼。
地　址： 据 *Hong List 1937* 所载，康脑脱路 733 弄（永宁坊）13 号。

项目	作品名称	地址	设计建造年代	备注
1	王亨通宅	宝通路待考	1924	
2	王梓康宅	武定路江宁路待考	1926	
3	慎成里	永嘉路 291 弄 1—90 号，永嘉路 277—307 号，嘉善路 200—230 号	1930	
4	联宝里吴鼎铭石库门楼房	康定路待考	1930	
5	* 中国钟表制造厂职工宿舍及货栈	徐家汇路乌鲁木齐路口	1935	2003 年拆除
6	劳勃生路戈登路王鼎元住宅 24 幢	待考	1936	
7	定海桥中国植物油料厂化验室	待考	1937	
8	胡村游泳池	极司非尔路待考		
9	清凉世界	长宁路待考		

● **庄俊建筑师事务所（Tsin Chuang, Architect）**

1925 年由庄俊开办。

主要成员： 庄俊（字达卿，Tsin Chuang，1888—1990）。
从业人员： 黄耀伟（Yau-Wai Wong，1902—？），1923—1930 年美国宾夕法尼亚大学建筑学士，1933—1937 年在事务所从业；蔡祚章。
地　　址： 江西路 22，212 号。

项目	作品名称	地址	设计建造年代	备注
1	* 庄俊自宅	复兴西路 45 号	1921	
2	卫乐园	泰安路 120 弄，华山路 1501—1527 弄	1924	共 31 单元
3	金城银行（Kincheng Bank，今交通银行）	江西中路 200 号	1925—1927	
4	岐山村 / 东苑别业	愚园路 1032 弄	1925—1931	共 14 单元
5	科学院上海理化试验所	待考	1928	
6	袁宅南楼	思南路 41 号	1929—1930	
7	海格路范园钱氏宅	华山路待考	1930	
8	爱麦虞限路王氏宅	绍兴路待考	1931	
9	大陆商场 / 慈淑大楼（Hardoon Tse Shu Building）	南京东路 327—377 号	1931—1932，1934 加建	
10	古柏公寓（Courbet Apts.）	富民路 197 弄 210 弄 2—14 号，长乐路 752—762 号	1931—1941	
11	四行储蓄会虹口分行 / 四行大楼 / 虹口大楼	四川北路 1274—1290 号	1931—1932	
12	南洋公学总办公厅（今上海交通大学校办公楼）	华山路 1954 号	1932—1933	
13	孙克基产妇医院（今真爱女子医院）	延安西路 934 号	1934—1935	
14	中央造币厂财政部部库	上海造币厂内	1934—1935	
15	白利南路兆丰别墅黄宅	长宁路 712 弄	1936	
16	卫乐园 15 号（Haig Villas）改建	华山路 799 弄	1939	参与改扩建

注：根据《中国建筑》《建筑月刊》《建筑师》第 23 期（1986）。袁宅南楼的信息据沈飞德《传说与真实：一栋老洋房的前世今生》，引自上海市历史博物馆丛刊《上海往事探寻》（上海书店出版社，2010 年）。

● **彦记建筑事务所，彦沛记建筑事务所（Y. C. Lu & G. P. Lee Architects）**

1925 年由吕彦直创办；1929 年吕彦直去世后，李锦沛成为事务所主持人，改名为彦沛记建筑事务所。

主要成员： 吕彦直（Yen-Chih Lu，1894—1929）、李锦沛（Poy Gum Lee，1900—1968）。

从业人员：刘福泰（Fook-TaiLau，1893—1952），1913 年赴美国学习，1924 年获俄勒冈大学建筑学学士学位，1925 年获俄勒冈大学建筑学硕士学位，同年回国加入彦记建筑事务所。

地　　址：四川路 29 号。

项目	作品名称	地址	设计建造年代	备注
1	上海盲童学校（Institution for the Chinese Blind）	虹桥路 120 弄 1850 号	1928—1931	

● 李锦沛建筑师事务所（Lee, Poy Gum, Architects and Engineers）

1927 年 4 月由李锦沛（Poy Gum Lee，1900—1968）创办。

从业人员：李扬安（Young On Lee，1902—1980），1928 年毕业于美国宾夕法尼亚大学，获硕士学位，1935 年离开事务所自行开业；王秉忱（1910—1976），1935 年毕业于中央大学建筑工程系；王智杰，李耀中，沈锡恩，陈培芳，徐镇德。

地　　址：四川路 29 号，江西路 349 号（1937）。

项目	作品名称	地址	设计建造年代	备注
1	上海基督教青年会西区新屋（YMCA Building，今青年会宾馆）	西藏南路 123 号	1929—1931	李锦沛，范文照，赵深
2	俭德坊	愚园路 1303 号	1930	
3	白利南路蔡增基宅	待考	1931	
4	益寿里	川公路 235 弄	1931—1932	
5	中华基督教女青年会大楼（National Y. W. C. A. Building）	圆明园路 133 号	1931—1933	
6	长春路虹江路三安地产公司住房	待考	1932	
7	清心女子中学校舍及宿舍（Farnham Girls School）	陆家浜路 650 号	1932—1933	
8	白保罗路广东浸信会教堂 / 崇德小学（Cantonese Baptist Church，今新乡路幼儿园）	川公路 109 号（新乡路 66 号）	1930—1933	
9	华业公寓（Cosmopolitan Apts.）	陕西北路 175 号	1932—1934	
10	宝昌路圣保罗堂校舍	待考	1933	
11	江湾麻露小姐宅	东体育会路崇德学校内	1934	
12	江湾岭南学校	江湾高境庙待考	1934	
13	广东银行（Bank of Canton）	江西中路 353 号	1933—1934	
14	江湾中央大学商学院	待考	1934	
15	广肇公学	待考	1934	
16	武定路严公馆	待考	1934	
17	吴淞海港检疫所（National Quarantine Service, Woosung）	待考	1934—1935	
18	国富门路刘公馆（Residence for MME Yee，今安亭别墅）	安亭路 46 号 1 号楼	1934—1936	
19	安和寺路法华镇唐伯畬宅	新华路待考	1935	
20	西爱咸斯路张君左宅	永嘉路 760 号	1935—1936	
21	宝通路宝华坊叶守彦宅	待考	1936	
22	静安寺路 806 号周纯卿宅	南京西路待考	1937	
23	居尔典路积善堂费氏花园住宅	湖南路待考	1939	
24	兴国路 350 弄陈康健宅	兴国路待考	1939	
25	侯宅（Residence for H. L. Hou，今商务部驻沪办事处）	永福路 1 号，五原路 251 号	1939—1940	
26	麦尼尼路 96 号徐佩玲宅	康平路 96 号	1940	
27	毕勋路 3 层住宅	汾阳路待考	1940	

项目	作品名称	地址	设计建造年代	备注
28	居尔典路 10 号珀尼珂（Peniquel）宅	湖南路 10 号	1941	
29	康贻公寓（Conty Apts., 今康泰公寓）	愚园路 11 号	1941	
30	赫德路起士林咖啡馆	常德路待考	1941	
31	积善堂花园住宅	康平路待考	1942	
32	* 南国饭店	云南路南京路口	1942	
34	宁波路泰山地产公司门面	待考	1944	
35	西藏路 377 号时懋饭店扩建	待考	1944	
36	静安寺路 456 号康乐酒楼加建	待考	1944	

注：根据《中国建筑》《建筑月刊》；毕勋路 3 层住宅的信息系根据《上海城建档案》2015 年第 3 期，第 24 页。

● 公利营造公司

顾道生（字本立，Dawson Koo，1895—1977），1926 年创办公利营造公司。

项目	作品名称	地址	设计建造年代	备注
1	戴耕莘宅	利西路 24 弄 5 号	1920 前后	
2	曹宅（Residence, Hong Houses & Shops for Tsoo Zoong Ying）	石门一路 251 弄 2 号	1927	
3	市光路 36 幢住宅	市光路 132—176 弄	1934	沈生记合号营造厂承建

● 施兆光建筑师事务所

施兆光 1926 年办施兆光工程师事务所，1933 年作为建筑技师登记开业，1934 年办施兆光建筑师事务所。

主要成员：施兆光（原名施皋，S. K. Sze，1891—？），浙江定海高等学校普通科毕业。

地　址：大统路 1253 号，安福路 53 弄 5 号（1949）。

项目	作品名称	地址	设计建造年代	备注
1	小东门中国银行支行立兴祥阜昌参行	待考	1923	
2	孙直齐 5 层大楼	汉口路河北路口	1924	
3	祝伊才宅	淮海中路 1414 号	1928	
4	公寓（公益坊）	四川北路 975—987 号、1297—1311 号	1931	
5	宝学通艺馆	陆家浜路	1934	

注：祝伊才宅据上海市城建档案馆 D (03-05) -1928-0210 档案。

● 李英年顾问工程师（Charles Y. Lee Consulting Engineer）

主要成员：李英年（Lee, Charles Y.，1896—？），马俊德，刘鸿典。

地　址：北京路 230 号（1944）。

项目	作品名称	地址	设计建造年代	备注
1	光华里	巨鹿路 786 弄	1923	
2	四维村	泰兴路 365、369 弄	1931	
3	江湾李氏住宅	待考	1934	刘鸿典
4	中南银行行员宿舍	愚园路镇宁路转角	1934—1935	

（续表）

项目	作品名称	地址	设计建造年代	备注
5	* 浙江兴业银行西区支行	南京西路待考	1935	
6	浙江兴业银行北苏州路仓库	北苏州路待考	1935	
7	大同公寓（Greystone Apts.）	陕西北路 525 号	1935	周春寿
8	静安寺路浙江兴业银行上海总行公寓及住宅	南京西路待考	1936	
9	跑马厅路浙江兴业银行上海总行信托部 5 层楼房	待考	1936	
10	霞飞路住宅	淮海中路 2052 号	1936	
11	白赛仲路住宅	复兴西路 132 号	1936	
12	拉都路住宅	襄阳南路待考	1936	
13	交通银行集体宿舍和住宅	待考	1937	刘鸿典
14	新闸路三元坊罗郁铭楼房 15 幢	新闸路 1340 弄	1938	
15	渔光村	镇宁路 255—285 弄 102—192 号	1938	
16	霞飞路上方花园 / 浙江兴业银行上海总行信托部住宅（Sopher Garden）	淮海中路 1285 弄	1938—1939	李英年、马俊德、刘鸿典
17	环龙路沙发花园花园洋房 9 宅	南昌路待考	1939	
18	蒲石路住宅	长乐路 800 号	1939	刘鸿典
19	新闸路英道契立达记校舍宅	待考	1939	
20	霞飞路朱懋秋花园洋房	淮海中路待考	1939	
21	* 辣格纳路陈三经住宅 12 幢	崇德路待考	1939	
22	胡经六花园洋房	待考	1939	
23	浙江兴业银行住宅	皋兰路 1 号	1939	
24	海防路 429 弄 61 号李宅	海防路 429 弄 61 号	1939	
25	海格路 441 号三福堂花园洋房	华山路 441 号	1939—1940	
26	海防路 441 号贞记 3 层花园洋房	海防路 441 号	1940	
27	亦邨	泰安路 76 弄	1941	

注：根据《中国建筑》《建筑月刊》。

● 久元实业有限公司

项目	作品名称	地址	设计建造年代	备注
1	杨氏花园 / 杨树勋宅（Hinton Hall，今上海医学工业研究所）	愚园路 838 弄 7 号	1923	

● 范文照建筑师事务所（Fan, Robert Architects and Engineers）

1927 年由范文照在上海创办。

主要成员：范文照（Robert Fan，1893—1979），1949 年赴香港。

从业人员：赵深（Shen Chao，1898—1978），1928 年加入事务所，1931 年离开事务所独立开业。林朋（Carl Lindbohm），瑞典裔美国建筑师，1933 年加入事务所。徐敬直（Gin-Djih Su，1906—1983），1932—1933 年加入范文照建筑师事务所。李惠伯（Wai Paak Lei，1909—1950），1932—1933 年在范文照建筑师事务所工作。吴景奇（字敬安，Chancey Kingkei Wu，1900—1943），1931 年加入事务所，任助理建筑师。谭垣（Harry Tam，1903—1996），1931 年加入事务所，1933 年离职。伍子昂（1908—1987），1933 年加入事务所。其他还有杨锦麟、黄章斌、陈渊若、赵璧、丁陞保、何远经、卓佩芳、厉尊谅、张伯伦、肖鼎华、铁广涛（1906—？）、苏彼德等。

地　址：四川北路 29、110 号（1929—1941）。

项目	作品名称	地址	设计建造年代	备注
1	俭德储蓄会会所（Thrift and Saving Bank, 今汉庭酒店）	罗浮路 27 号	1925	1926 年改建为百星大戏院
2	上海大戏院	四川北路 1408 号（虬江路转角）	1926	改建设计
3	北京大戏院（Peking Theatre）	贵州路 239 号	1927，1930，1934—1935	改建设计
4	圣约翰大学交谊室（Social Hall）	万航渡路 1575 号	1929	
5	上海交大校园规划及建筑设计（方案）		1929	
6	南京大戏院（Nanking Theatre，今上海音乐厅）	延安东路 523 号	1929—1930	范文照、赵深
7	交通大学执信西斋		1929—1930	
8	天堂大戏院（今 SNH48 星梦剧场）	嘉兴路 267 号	1931—1932	
9	虹桥机场肖特烈士墓（Tomb of Robert Short）	待考	1932	
10	上海两路国难殉职员工纪念碑（方案）	待考	1932	
11	淞沪抗日阵亡无名英雄墓（方案）	待考	1932	
12	* 福州路云南路三山会馆市房	福州路 687 号	1933	
13	上海中央银行银库	待考	1933	
14	四马路云南路三山会馆市房	待考	1933	
15	中央银行银库	待考	1933	
16	范文照自宅	永福路 2 号	1933	
17	集雅公寓（Georgia Apts.）	衡山路 311—331 号	1933—1934	
18	协发公寓（Yafa Court）	五原路 253—267 号，269—271 号	1933—1934	
19	中华麻风病疗养院	大场镇待考	1933—1935	
20	西爱咸斯路 385 号住宅	永嘉路 385 号	1934	
21	* 上海市历届殉职警察纪念碑	宝山路鸿兴路口	1934	
22	齐宅（Residence for M. S. Zee，今静安区卫生防疫站）	石门一路 82 号	1934—1935	
23	丽都大戏院（Rialto Theatre）	贵州路 239 号	1935	改建设计
24	庙行无名英雄墓设计	待考	1935	
25	粤东中学规划	水电路	1935	
26	西摩路市房公寓	延安中路陕西北路转角	1936	部分已拆除
27	清心中学蟾芬堂	陆家浜路 597 号	1937	
28	* 沪光大戏院（Astor Theatre）	延安东路 725 号	1938—1939	
29	美琪大戏院（Majestic Theatre）	江宁路 66 号	1939—1941	
30	静安别墅 9 号	南京西路 1025 弄	1941	
31	绿漪村	青海路待考	1943	
32	煤商业同业公会	待考	1943	

注：根据《中国建筑》《建筑月刊》，以及游斯嘉《范文照执业特征、建筑作品及设计思想研究（1920s—1940s）》（2014），黄元炤编著《中国近代建筑师系列：范文照》（中国建筑工业出版社，2015）。

● 杨锡镠建筑师事务所（S. J. Young Architect）

主要成员：杨锡镠（S. J. Young，1899—1978）于 1929 年在上海创办杨锡镠建筑师事务所。

从业人员：孙秉源，俞锡康，白凤仪，石麟炳（字文炎，1906—？），1933 年东北大学建筑工程系毕业，1933—1935 年在杨锡镠建筑师事务所任助理建筑师；萧鼎华（字伯雄，1906—？），1932 年毕业于东北大学建筑工程系，1934—1936 年在杨锡镠建筑师事务所从业。

地　　址：宁波路上海银行大楼（1932），宁波路 40 号四楼 405 室（1933）。

项目	作品名称	地址	设计建造年代	备注
1	鸿德堂（The Fitch Memorial Church）	多伦路 59 号	1927—1928	
2	南京饭店（Nanking Hotel）	山西南路 200 号	1929—1932	
3	* 真如国际通讯大电台	待考	1929—1930	
4	* 中法报台	待考	1930	
5	中正西路 300 号、302 号牛小姐 3 层洋房 2 宅	延安西路待考	1931	
6	上海第一特区地方法院（District Court for the First Special Area in Shanghai，今上海医疗器械九厂）	浙江北路 191 号	1929—1931	
7	百乐门舞厅（Paramount Ballroom）	愚园路 218 号	1932—1933	
8	上海银行西区分行	待考	1933	
9	* 国立上海商学院	西体育会路	1935	
10	* 大都会花园舞厅（Vienna Garden Ballroom）	江宁路奉贤路	1935—1936	
11	白尔路格拉纳路转角龚星五 3 层市房 21 幢	顺昌路待考	1936	
12	萼园花园洋房	南京西路待考	1936	
13	* 大陆游泳池（新成游泳池）	南京西路	1938	

注：根据《中国建筑》《建筑月刊》，同济大学苏颖硕士学位论文《从私营事务所到国营大院建筑师的转型——杨锡镠建筑师建筑创作的历史研究》(2011)。

● 董大酉建筑师事务所（Dayu Doon, Architect）

1930 年由董大酉（Dayu Doon，1899—1973）创办。

从业人员：哈雄文（1907—1981）、刘鸿典（字烈武，1904—1995）、巫振英（字勉夫，Jseng Yin Moo，1893—1926）、范能力、浦海（Henry Poo，1899—?）、许崇基、王华彬（Haupin Pearson Wang，1907—1988）、陈顺滋、常世雄、陈登鳌（1918—1999）等。

地　址：宁波路 40 号，中国实业大楼，博物院路 14 号 5 楼。

项目	作品名称	地址	设计建造年代	备注
1	大夏大学校园规划（今华东师范大学）	中山北路 3663 号	1929—1930	
2	大上海市中心计划		1930	
3	* 陈英士纪念塔	老西门	1930	
4	大夏大学群贤堂	中山北路 3663 号	1930	
5	大夏大学学生宿舍	中山北路 3663 号	1930	
6	* 上海市立第一公墓	江湾高境庙	1930—1932	
7	* 文庙图书馆（Confucius Library）	文庙路	1930—1931	2006 重建
8	旧上海特别市政府大楼	清源环路 650 号	1931—1933	
9	* 德奥瑞同学会同济校友会会所（Home of German-Speaking Returned Students）	政府路 200 号	1931—1934	
10	福开森路杨建平宅（Residence for Yang Chien Ping）	武康路 40 弄 1 号	1932—1933	
11	* 市政府各局临时房屋	市政府新屋周边	1932—1933	
12	市政府职员宿舍	待考	1933—1934	
13	上海市卫生试验所	中原路 32 弄 26 号	1933—1936	
14	* 望庐（吴铁城宅）	华山路 464 号	1934	
15	上海中国工程师学会工业材料试验所	市京路民北路东南转角	1934—1935	
16	上海市博物馆	长海路 174 号	1934—1935	
17	上海市图书馆	黑山路 181 号	1934—1935	刘鸿典
18	上海市体育馆	国和路 346 号	1934—1935	
19	上海市游泳池	国和路 346 号	1934—1935	
20	* 市立小学校	政衷路	1934—1935	

项目	作品名称	地址	设计建造年代	备注
21	上海无名英雄墓，纪念堂及大门	待考	1934—1936	
22	上海市立医院（今长海医院门诊部）	长海路 345 号	1934—1937	
23	*董大酉宅	震旦东路 120 号	1935	
24	上海市财政局办公楼	待考	1935	未建
25	上海市中心区道路管理处、小学校、职工宿舍	待考	1935	
26	京沪沪杭甬铁路管理局大厦（Nanking-Shanghai & Shanghai-Hangchow-Ningpo Railways Administration Building）	天目东路 80 号	1935—1936	
27	中国航空协会会所及陈列馆	府前左路和府南左路	1935—1936	
28	*殉职警察纪念公墓	漕宝路桂林公园西首	1935—1936	
29	*中国飞行社机房	龙华飞行港	1935—1936	
30	*棉纺染织实验馆	长宁路愚园路	1935—1936	
31	康平路花园住宅	康平路待考	1936	
32	大西路惇信路伍志超宅	延安西路武夷路待考	1936—1937	
33	亚令比亚运动场方案（The Olmpia Stadium）	新昌路，凤阳路转角未建	1937	
34	绍兴路三层公寓楼	绍兴路待考	1940	
35	吴兴路花园住宅	吴兴路待考	1940	
36	福开森路徐宅	武康路 40 弄 2 号	1940	

注：根据《建筑师》第 10 期（1982）;《中国建筑》《建筑月刊》；同济大学杜超瑜硕士论文《董大酉上海建筑作品评析》(2018)。

● **董张工程司（Doon Chang & Partners, Architects & Engineers）**

1937 年由董大酉和张光圻合办。

地　　址：博物院路 14 号。

项目	作品名称	地址	设计建造年代	备注
1	韦宅（W. L. Wei-Chung Residence, 今国家安全局）	吴兴路 96 号	1940	

注：据上海市城建档案馆 D(03-05)-1940-0198 档案。

● **赵深建筑事务所 / 赵深陈植建筑事务所 / 华盖建筑事务所（The Allied Architects, Shanghai）**

1931 年 3 月，赵深脱离范文照事务所，自办赵深建筑师事务所。1932 年，陈植离开东北大学赴沪与赵深合组赵深陈植建筑师事务所（Chao & Chen Architects），位于宁波路 40 号。1933 年 1 月，赵深、陈植、童寯组建华盖建筑事务所。

主要成员：赵深（字渊如，号保寅，Shen Chao, 1898—1978）、陈植（字直生，B. Chih Chen, 1902—2002）、童寯（Chuin Tung, 1900—1993）。
从业人员：刘致平（1909—1995），1932 年毕业于东北大学建筑工程系，1932—1934 年在事务所从业；毛梓尧（T. Y. Mao, 1914—2007），1946 年毕业于万国函授学校，1932—1943 年在华盖建筑事务所从业；丁宝训（Ting Pao Hyuin, 1908—?）就读于光华大学，1926 年曾在范文照建筑师事务所实习，后在华盖建筑事务所从业，1947 年合办华泰建筑师事务所；常世雄（1904—?）1936 年毕业于东北大学建筑工程系，1933 年在事务所任绘图员 9 个月；陆宗豪、葛瑞卿、沈承基、汪履冰、鲍文彬、黄志劭、彭涤奴、周辅成、陈瑞棠、张伯伦、刘光华、张昌龄、赵璧、陈子文等。
地　　址：1934 年位于北京路 200 弄 21 号，宁波路 40 号（1935），1938 年后迁至江西路 406 号。

项目	作品名称	地址	设计建造年代	备注
1	大沪饭店	待考	1930	赵深
2	公园别墅 花园公寓	愚园路 1423 号	1932	
3	中央大戏院改建	待考	1932	
4	恒利银行（The Shanghai Mercantile Bank）	河南中路 495 号	1932—1933	赵深、陈植、童寯

（续表）

项目	作品名称	地址	设计建造年代	备注
5	＊大上海大戏院（Metropol Theatre）	西藏中路 520 号	1932—1933	童寯
6	尚文路潘学安宅	尚文路待考	1933	
7	巨泼来斯路郑相衡公馆	安福路待考	1933	
8	＊宝建路 4 号郑公馆	宝庆路待考	1933	
9	北站改建	天目东路	1933	赵深
10	金城大戏院（Lyric Theatre，今黄浦剧场）	北京东路 780 号	1934	赵深
11	剑桥角公寓（Cambridge Court Apts.）	复兴中路 1462 号	1934	
12	林肯路中国银行宿舍	天山路待考	1934	
13	钜鹿路 4 层公寓	巨鹿路待考	1934	丁宝训
14	虬江路宝昌路建华公司新建石库门楼房 130 幢	虬江路待考	1934	
15	公兴路东八字桥尤伯乐宅	公兴路东八字桥	1934	赵深
16	白赛仲路出租住宅	复兴西路待考	1934	
17	卢树森宅	宁海西路待考	1934	
18	金城银行别墅	待考	1935	
19	梅谷公寓 / 亚尔培公寓（Mico's Apts, Albert Apts.）	陕西南路 372—388 号	1935	
20	立地公寓 / 合记公寓（Lidia Apts.）	陕西南路 490—492 号	1935	
21	浙江兴业银行（The National Commercial Bank）	北京东路 230 号	1935—1936	童寯
22	惇信路赵宅	武夷路待考	1935	童寯
23	＊懋华公寓	西藏路待考	1935	
24	周宗良宅	宝庆路 3 号	1936	丁宝训改扩建
25	哥伦比亚路陈宅	番禺路待考	1936	
26	叶揆初宅	待考	1936	
27	董显光宅	待考	1936	
28	西宝兴路公兴桥顾文远宅	西宝兴路公兴桥待考	1936	赵深
29	龙华宏文造纸厂	待考	1937	
30	＊大华大戏院（Embassy Theatre，今新华电影院）	南京西路 742 号	1939	陈植、毛梓尧
31	金叔初宅	武康路 105 弄 12、14、16 号	1940	陈植
32	叶揆初合众图书馆	长乐路 746 号	1940	陈植、毛梓尧
33	复兴西路住宅	复兴西路 285、287 号	1940	陈植、毛梓尧
34	张允观公馆	五原路 116 号	1941	陈植
35	古拔路福新烟草工业公司住宅	富民路 2—14 号，长乐路 752—762 号	1941	陈值
36	东南银行改建	江西路待考	1942	陈植
37	新都饭店舞厅、餐厅	待考	1943	陈植、毛梓尧、王华彬
38	静安寺路慕尔鸣路口交通银行办公楼	南京西路茂名北路口	1944	陈植
39	新华银行改建	江西路待考	1944	陈植
40	蒲石路 47 号陆栖凤库房	长乐路待考	1945	陈植
41	常熟路 63 号瞿季刚库房改建	常熟路待考	1945	陈植
42	新华信托储蓄银行（今淮海中路中国人民银行）	淮海中路	1945—1946	陈植
43	金叔初宅	待考	1945	陈植
44	东湖路住宅	东湖路待考	1945	陈植
45	建国路住宅	待考	1945	陈植
46	＊浙江兴业银行改建	百老汇路 269 号	1946	陈植

（续表）

项目	作品名称	地址	设计建造年代	备注
47	立信会计专科学校	待考	1946	陈植
48	赵深宅	汉口路待考	1947	赵深
49	浙江第一商业银行（Chekiang First Bank of Commerce Building，今华东建筑设计研究院）	汉口路 151 号	1947—1948	陈植、赵深
50	谨记路住宅	宛平路 19 号	1937—1938	陈植、毛梓尧
51	北京西路 3 层住宅	北京西路 1277 号	1938—1939	陈植、毛梓尧
52	南阳路住宅	南阳路 120 号	1939	陈植、毛梓尧
53	* 金山饭店	汉口路 678 号	1940 —1941	陈植、毛梓尧
54	* 绿漪新村住宅	青海路 50 号	1941	陈植、毛梓尧，2013 年拆除

注：根据《中国建筑》《建筑月刊》；赖德霖主编《近代哲匠录——中国近代重要建筑师、建筑事务所名录》（中国水利水电出版社、知识产权出版社，2006）；姜承浩、陶祎珺著《陈植》（中国建筑工业出版社，2012）。

● 启明建筑事务所（Chiming & Partners）/ 启明建筑公司（Chiming & Co. Chang, Ede & Partners）/ 公利工程司 / 公利营业公司

1931 年奚福泉（字世明，Fohjien Godfrey Ede，1902—1983）创办，1935 年与杨宽麟工程师创办公利营业公司。

从业人员： 夏昌世，1931—1932 在启明建筑事务所从业；吴绍璘。

地 址： 福州路 9 号（1926），广东路 41 号（1927），福州路 9、89 号（1935—1939），四川路 33 号（1940—1941）。

项目	作品名称	地址	设计建造年代	备注
1	* 浦东同乡会大厦（Pootung Building）	延安东路 1454 号	1933—1936	1995 年拆除
2	Hwo Sung 印务公司大楼（今红日旅馆）	榆林路 308—312 号	1932	
3	康绥公寓（Cozy Apartments）	淮海中路 468—494 号	1932	
4	福煦路四明银行四明村	延安中路	1933	
5	白赛仲别墅（Villa Boissezon，今柯灵故居）	复兴西路 147 号	1933	
6	虹桥疗养院（Hung Jao Sanatorium）	伊犁路 2—3 号	1933—1934	
7	自由公寓（Liberty Apts.）	五原路 258 号	1933—1934	
8	梅泉别墅（Plum Well Villas）	新华路 593 号	1933—1935	
9	* 欧亚航空公司龙华飞机棚厂（Eurasia Aviation Corporation，今龙华机场 36 号机库）	龙华机场	1935—1936	2005—2006 拆除
10	正始中学（今上海交通大学徐汇校区）	法华镇路	1935—1936	
11	玫瑰别墅（Rose Villas）	复兴西路 44 弄	1936	
12	福履理路住宅	建国西路 398 号	1936	
13	愚园路 794 弄住宅	愚园路 794 号	1936	
14	爱棠路 190 号宅（今市机关幼儿园）	余庆路 190 号	1936	
15	电话局职工住宅	建国西路 398 号	1936	
16	愚园路住宅两处	愚园路待考	1936	
17	安和寺路住宅	新华路待考	1936	
18	阜丰面粉厂圆筒形麦仓	莫干山路 120 号	1936—1937	
19	恒爱里	永嘉路 21 弄 1—12 号	1938	
20	福开森路 4 号宅	武康路 4 号	1939	
21	福开森路 111 号宅	武康路 111 号	1940	
22	复兴岛行政院物资供应局仓库	复兴岛待考	1947	

（续表）

项目	作品名称	地址	设计建造年代	备注
23	福明邨	延安中路待考		

注：根据《中国建筑》《建筑月刊》。

● 陆谦受建筑师事务所（H. S. Luke & Chauncey K. Wu Consulting Architects）

1932 年由陆谦受（Luke, Him Sau，1904—1992）创办。

从业人员：吴景奇（Channcey Kingkei Wu，字敬安，1900—1943），广东南海人，1925—1930 年在宾夕法尼亚大学学习，获建筑学学士学位，1931 年获硕士学位。据《中国建筑》创刊号（1931 年 11 月）记载为中国建筑师学会会员。

项目	作品名称	地址	设计建造年代	备注
1	中国银行虹口分行（Bank of China Hongkew-Branch）	四川北路 894 号	1931—1933	吴景奇
2	大夏别墅（Dah Hsia Villa）	闸北待考	约 1932	
3	中国银行仓库（Bank of China Godown Building）	北苏州路	1933—1934	陆谦受、吴景奇
4	华商证券交易所大楼（The Chinese Stock Exchange）	汉口路 422 号	1933—1935	陆谦受、吴景奇
5	中行别业，极司非而路中国银行行员宿舍（Centro Terrace）	万航渡路 623 弄	1933—1934	陆谦受、吴景奇
6	同孚大楼（Yates Apts.）	南京西路 801 号	1934—1936	陆谦受、吴景奇
7	金城银行行员宿舍	待考	约 1934	
8	Tai Jia Bao Country Hospital	待考	约 1934	
9	上海中国银行办事所及堆栈（Bank of China Godown）	北苏州路 1040 号	1935	
10	Fishery administration building and plant	待考	约 1935	
11	中国银行大楼（Bank of China）	中山东一路 23 号	1934—1944	与公和洋行联合设计
12	贝祖诒宅改建	南阳路 170 号	1938—1939	
13	中国银行宿舍（Staff quarters）	万航渡路 623 弄	1945	
14	中山路住宅	待考	1937	
15	九江路证券交易所	九江路待考		

注：根据 Edward Denison, Guang Yu Ren. *Luke Him Sau Architect: China's Missing Modern*. Wiley. 2014.

● 李蟠（Paul Lipan & Co. Architects）

李蟠（字经正，Paul Lipan，1897—？），1926 年毕业于复旦大学土木工程系，比利时鲁汶天主教大学土木科毕业，1932 年开业。

项目	作品名称	地址	设计建造年代	备注
1	*伟达饭店（Zengweida Building，Weida Hotel）	淮海中路 989—997 号	1933	
2	扬子饭店（YangTze Hotel）	汉口路 740 号	1933—1934	康益洋行参与设计
3	大华跳舞场	延安路待考		

● 马汝舟测绘行（Mo Zee Chow & Sons，Architects & Engineers）

项目	作品名称	地址	设计建造年代	备注
1	花园住宅	淮海中路 796 号	1925	
2	沿街住宅和商铺	淮海中路待考	1925	

（续表）

项目	作品名称	地址	设计建造年代	备注
3	觉庐	石门一路 251 弄 4 号	1925	拆除复建
4	恒业里	泗泾路，江西中路	1927	改建
5	念吾新村	延安中路 424—540 号	1929	

注：花园住宅据上海市城建档案馆 D(03-05)-1925-0148 档案，恒业里改建根据上海市城建档案馆 D(03-02)-1927-0293 档案。

● K. C. Chen 建筑师事务所

项目	作品名称	地址	设计建造年代	备注
1	福绥里	建国西路 144—148 号	1925	

注：福绥里据上海市城建档案馆 D(03-05)-1925-0160 档案。

● 建安测绘行（The Kienan Co., Architects & Surveyors）

主要成员： 陆志刚（T. K. Loh）。

项目	作品名称	地址	设计建造年代	备注
1	金谷村（Emmanuel Cottages）	绍兴路 18 弄	1928—1930	
2	纪氏宅	北京西路 1510 号	1929—1930	
3	杜月笙宅（Y. S. Doo's Residence on Route Doumer and Henry）	东湖路 70 号	1934—1935	陆志刚
4	蒲石路公寓	长乐路待考	1934—1935	陆志刚
5	合群大厦	淮海路待考		
6	大上海饭店	天津路待考		陆志刚、黄大中

● 元记建筑公司（Wong Fan How Architect / F. H. Woog Architects）

项目	作品名称	地址	设计建造年代	备注
1	福履理路 395 弄宅	建国西路 395 弄	1928	
2	静邨	绍兴路 36 弄	1929	

● 戚鸣鹤建筑师事务所

戚鸣鹤（1891—？），1932 年自办戚鸣鹤建筑师事务所。

项目	作品名称	地址	设计建造年代	备注
1	东门路马路转角源康水果行	待考	1929	
2	宁波路景行里口 4 层楼房	待考	1930	
3	* 福州路湖北路转角丹桂公司	待考	1930	
4	* 海格路中国殡仪馆	待考	1933	
5	静安寺路斜桥总会南福康公司住宅 18 幢	待考	1933	
6	漕溪路曹氏墓园	待考	1933	
7	上海中学龙门楼	上中路 400 号	1934	
8	* 同孚路慎余坊住宅	石门一路 269 号	1935	
9	林琴坊	西康路 492 弄	1935	
10	松江教育部学校	待考	1936	

（续表）

项目	作品名称	地址	设计建造年代	备注
11	上海中学实习厂房	上中路 400 号	1937	
12	平凉路住宅	待考	1946	
13	劳勃生路中纺公司发电厂	待考	1947	
14	*共和坊	武昌路 339 弄	1947	
15	明星大戏院	黄河路待考		

● 大兴建筑师事务所（Dah Shing Architects & Engineers）

项目	作品名称	地址	设计建造年代	备注
1	鸿安里	威海路 590 弄 84 支弄	1928—1929	
2	里弄公馆	威海路 590 弄 106 支弄 2 号	1928—1929	

● 陈芝葆测绘工程师（C. P. Cheng Architect）/ 伟业建筑师事务所

主要人员：陈芝葆（Cheng Chu Pao）。

地　　址：成都南路 279 号，成都北路 152 弄 5 号（1949）。

项目	作品名称	地址	设计建造年代	备注
1	福开森路 65 号宅	武康路 65 号	1929	
2	高福里东里	长乐路 294 弄	1932	

● 兴业建筑师事务所（Su, Yang and Lei, Architects Hsin Yieh Architects）

1933 年 3 月由徐敬直、杨润钧、李惠伯组建。除上海作品外，还设计了南京中央农业实验所（1934）等。

主要成员：徐敬直（Gin-Djih Su，1906—1983）、李惠伯（Lei,Wai Paak，1909—1950）；杨润钧（Yang Jenken，1908—?），广东中山人，1931 年毕业于密歇根大学建筑系；戴念慈，1944—1948 年在该事务所从业。

从业人员：吴继轨。

地　　址：博物院路 128 号，宁波路 40 号 519 室。

项目	作品名称	地址	设计建造年代	备注
1	实业部鱼市场	共青路 486 号	1935	李惠伯
2	裕华新村	富民路 182 号	1938—1941	
3	蒲石路周福根公寓	长乐路	1938	
4	荣智勤宅加建	永嘉路 387 号	1945—1947	徐敬直
5	永嘉新村		1946—1948	加建

● 李鸿儒建筑师事务所

1934 年由李鸿儒自办，李鸿儒（字石林，1894—?），1927 年交通大学土木工程系肄业，1930 年任国华银行顾问兼职工程师。

项目	作品名称	地址	设计建造年代	备注
1	国华银行（China State Bank）	北京东路 342 号	1931—1933	李鸿儒

● **恒耀地产建筑公司（Tam & Hsieh）**

据 1934 年 *China Architects and Builders Compendium* 所载，建筑师为谭垣。

地　　址：四川路 29 号。

● **谭垣建筑师事务所（Tam, Harry）**

地　　址：圆明园路 133 号（1936）。

● **谭垣黄耀伟建筑师事务所（Tam & Wong Architects）**

1937 年成立。

主要人员：谭垣（Harry Tam，1903—1996），黄耀伟（Wong, Yau-wai，1902—?）。

地　　址：圆明园路 133 号。

项目	作品名称	地址	设计建造年代	备注
1	谢宝耀宅	永嘉路安亭路口	1933	
2	佑尼干路 37 号丁雄华宅	仙霞路待考	1948	
3	谭垣自宅	武康路 120 号		
4	胡敦德纪念图书馆	待考		

● **罗邦杰建筑师事务所 / 开成建筑师事务所 / 罗邦杰张杏春建筑师事务所（P. C. Loo Architect & Engineer Loo-Chang Architects & Engineers）**

1935 年罗邦杰创办事务所。

主要人员：罗邦杰（Pang Chieh Loo，1892—1980），1911 年赴美国留学，1915 年获美国密歇根矿业学院工程学士学位，1917 年获密歇根矿业学院和麻省理工学院两个矿冶工程硕士学位，1928 年在美国明尼苏达大学获建筑工程学士学位，1938 年与张杏春合办开成建筑师事务所；张杏春（又名张杏村，H. T. Chang，1914—?），1936 年毕业于麻省理工学院建筑系，1939 年加入中国建筑师学会。

地　　址：九江路 113 号 812 室 。

项目	作品名称	地址	设计建造年代	备注
1	大陆新村（Continental Terrace）	山阴路 132、144、156、168、180、192 弄	1931—1933	
2	施高塔路市房	山阴路	1933	
2	上海国立音乐专科学校校舍（今上海消防研究所）	民京路 918 号	1935	
3	卢医师周末别墅	江湾待考	1935	
4	觉园佛教净业社佛教法宝馆	大同路北京路	1936	
5	留青小筑（Green Terrace）	山阴路 112—124 弄	1937	
6	康定路赫德路姚尔昌宅	待考	1938	
7	徐宅（Mr. Hsu's Residence）	泰安路 120 弄	1940	扩建
8	梁锦洪公寓	五原路	1941	
9	张季珍宅	延安西路 949 号	1947—1948	
10	上海邮局职员宿舍	待考		
11	上海纺织学院校舍（今东华大学）	待考		

注：根据《中国建筑》《建筑月刊》。

● **中都工程司（Cathay Engineering & Building Service）/ 鹏程工程司（Bunsen Engineering & Building Service）**

主要人员：顾鹏程（1899—?）浙江海盐人，1925 年毕业于同济大学土木工程系，1935 年开办中都工程司。

地　　址：河南路 495 号（1937—1938），巨籁达路 621 号（1939—1941）。

项目	作品名称	地址	设计建造年代	备注
1	贝祖诒宅（Hsin Leu Pei's Residence）	南阳路 170 号	1934—1936	
2	贝当路 249 号宅	衡山路 249 号	1939	
3	岳州路 414 号楼房 8 幢	待考	1947	
4	龙华路 2591 号兵工署修理厂车库	待考	1947	

● 永宁建筑师事务所 / 永宁建筑公司（Union Engineers）

1938 年由卢树森创办。

主要人员：卢树森（字奉璋，Loo Shun-Shung Francis，1900—1955），1926 年毕业于宾夕法尼亚大学。
从业人员：张墉森（字至刚，1909—1983），江苏武进人，1931 年毕业于中央大学建筑工程系，1939—1946 年加入事务所工作；王虹，1940 年在事务所从业。

项目	作品名称	地址	设计建造年代	备注
1	中国科学社明复图书馆	陕西南路 235 号	1929—1931	罗奉璋
2	普陀路戈登路西上海钢窗公司厂房 2 宅	江宁路待考	1939	
3	小沙渡路中国制钉公司厂房	西康路待考	1940	
4	辣斐德路丁家弄天和公司住宅	复兴中路待考	1942	
5	普恩济世路东莱银行茹川记住宅	进贤路待考	1944	

注：根据赖德霖主编《近代哲匠录——中国近代重要建筑师、建筑事务所名录》（中国水利水电出版社，知识产权出版社，2006）；杨永生编《哲匠录》（中国建筑工业出版社，2005）

● 施求麟建筑师事务所

主要人员：施求麟（字寄玉，Shih, Chiulin L.，1901—?），1920 年毕业于北洋大学土木工程科，自办施求麟建筑师事务所。
地　　址：襄阳南路 429 弄 3 号（1949）。

项目	作品名称	地址	设计建造年代	备注
1	静安别墅 48 号宅（Bubbling Well Road Apts.）	南京西路 1025 弄	1929—1932	华中营业公司
2	国华大戏院	待考	1933	
3	南国宴舞场	待考	1933	
4	邓仲和 3 层花园住宅	新华路待考	1935	
5	金城银行诚字铁工厂	澳门路待考	1940	
6	罗敬和宅	江苏路 720 号	1948	

● Harding Lee Architect

项目	作品名称	地址	设计建造年代	备注
1	贾尔业爱路 1 号宅加建	东平路 1 号	1929	

● Michel Seng Architect & Engineer

项目	作品名称	地址	设计建造年代	备注
1	杜美新村（Doumer Terrace，今长乐新村）	长乐路 764 弄	1930	
2	巨福新村	安福路 275 号	1938	

● 王寿记（Wang Zeu Kee）

项目	作品名称	地址	设计建造年代	备注
1	上海别墅（Shanghai Terrace）	南昌路 110 弄 112—122 号	1930	1939 年由五和洋行浦镜清建筑师改建

注：根据上海市城建档案馆 D（03-05）-1930-0114 的档案。

● 巫振英建筑师（J. Y. Moo Architect）

主要人员：巫振英（字勉夫，Jseng Yin Moo，1893—1926），1921 年毕业于美国哥伦比亚大学，据《中国建筑》创刊号（1931 年 11 月）记载为中国建筑师学会会员。
地　　址：西摩路 220 号。

项目	作品名称	地址	设计建造年代	备注
1	刘远伯宅（Residence for Liu Yuen Peh，今中国福利会）	五原路 314 号	1932	
2	巨籁达路住宅	巨鹿路待考	1935	
3	麦特赫斯脱路住宅	泰兴路待考	1936	
4	大西路住宅	延安西路待考	1936	

注：根据《中国建筑》第二十九期，1937 年 4 月。

● 林瑞骥工程师（Ling Jui Kee Civil Engineer）

主要人员：林瑞骥。
地　　址：文庙路 15 号。

项目	作品名称	地址	设计建造年代	备注
1	严同春宅（Residence for Mr. Nien）	延安中路 816 号	1933—1934	

注：据上海市城建档案馆 D（03-03）-1933-0658 档案。

● 华启建筑师事务所 / 华启顾问工程师（Hwa Chi Consulting Engineers）

地　　址：宁波路 40 号。

项目	作品名称	地址	设计建造年代	设计人
1	美电栈房（昌升建筑公司承建）	榆林路待考	1933	
2	浙江兴业银行改建	北京东路 230 号	1934—1935	

● 汪成坊（Z. F. Wong, Architect）

项目	作品名称	地址	设计建造年代	备注
1	徐家汇中式 3 层住宅	待考	1933	
2	东南医学院礼堂（The New Auditorium of South Eastern Medical College）	待考	1935	

● 邱伯英（Frank I. Chur）

主要人员：邱伯英（Frank I. Chur）。

项目	作品名称	地址	设计建造年代	备注
1	贝当路公寓	衡山路待考	1933	未建
2	贝当路 15 幢住宅	衡山路待考	1933	

注：根据《建筑月刊》第一卷第十一、十二期。

● 吴景祥

吴景祥（字白桦，Ching Hsiang Wood，1905—1999）。

项目	作品名称	地址	设计建造年代	备注
1	国立音乐专科学校宿舍	待考	1934	
2	上海海关图书馆（Custom Library, 今静安区图书馆海关楼）	新闸路 1708 号	1935	
3	上海海关总税务司公署	待考	1943—1947	
4	中央研究院学术机关	岳阳路待考	1946	
5	海关职员官舍（Customs Staff Quarters）	汾阳路 9 号	1946	
6	海关职工宿舍 3 座	新闸路待考	1946	
7	清华电影制片厂职工住宅	待考	1946	
8	吴景祥自宅	复兴西路	1947—1948	
9	上海水产研究所鱼油厂专家招待所	待考	1947—1948	

注：根据《吴景祥文集》（中国建筑工业出版社，2012）。

● 许钟锜（C. G. Shu, Architect）

项目	作品名称	地址	设计建造年代	备注
1	浦东银行（Pootung Commercial & Savings Bank）	延安东路 284 号	1934	

● 大地建筑师事务所 / 大地建筑公司

刘既漂（Liu, Kipaul，1900—?）、费康（1911—1942）、张玉泉在 1941 年建立。

主要人员：张玉泉（1912—2004），四川省荣县人，1934 年毕业于中央大学工学院建筑系，曾在广州刘既漂的事务所工作，1949 年后在北京第一机械工业部第一设计院工作，代表作有蒲园（1942）等。
从业人员：张开济、陈登鳌、陈渊若、沈祥森（施工现场管理）、胡廉葆（经济预算）。

项目	作品名称	地址	设计建造年代	备注
1	金谷饭店（Gold Grain Hotel）	待考	1937	
2	蒲园	长乐路 570 弄	1941	
3	卡尔登大戏院室内设计	待考		
4	福履理路花园住宅	建国西路待考		
5	虹口花园住宅方案	待考		

注：根据赖德霖主编《近代哲匠录——中国近代重要建筑师、建筑事务所名录》（中国水利水电出版社，知识产权出版社，2006）。

● 许瑞芳建筑师事务所 / 联华建筑师事务所

1942—1943 由许瑞芳开办，1946 自营联华建筑师事务所。

主要人员：许瑞芳（字萃芳，Hsu Sai Foon，1903—？），毕业于万国函授学堂建筑系，曾设计公寓、堆栈、住宅等数十处。

项目	作品名称	地址	设计建造年代	备注
1	安乐坊	南京西路 1129 弄		
2	*华英药房	南京西路华山路转角		
3	兆丰路江宅	待考		
4	唐山路范宅	待考	1930	
5	方斜路费俊忠市房	待考	1946	
6	南市里马路恒兴地产公司住宅	待考	1946	

● 方皓阳（H. Y. Fong）

地　　址：胶州路 319 弄 11 号。

项目	作品名称	地址	设计建造年代	备注
1	沪江别墅	长乐路 613 弄	1938—1939	

注：据上海市城建档案馆 D(03-05)-1938-0179 档案。

● 施德坤建筑师事务所 / 施德坤卫生工程师

施德坤（字厚庵，1900—？），江苏无锡人，1920 年毕业于中华铁路学校，1946 年自办施德坤建筑师事务所。

地　　址：青岛路 60 弄 4 号（1949）。

项目	作品名称	地址	设计建造年代	备注
1	汾晋坊 4 层住宅 21 幢	淮海中路 925 弄	1934	
2	东大名路货栈	待考		
3	海防路明精机器厂	待考		
4	狄思威路太平路汾兴公司货栈及住宅	待考		

● 光华建筑师事务所（National Architects & Engineers）

1946 年由王虹创办。

主要人员：王虹（字霁元，1906—？），江苏江阴人，1934 年毕业于中央大学建筑工程系。
从业人员：顾梦良、辛文士。
地　　址：天津路 214 号。

项目	作品名称	地址	设计建造年代	备注
1	金润庠宅 / 张森宝堂察哈尔路住宅	新华路 483 号	1946	顾梦良

注：根据张长根主编《走近老房子——上海长宁近代建筑鉴赏》（同济大学出版社，2004）。

● 王华彬建筑师事务所

1948 年由王华彬创办。

主要人员：王华彬（1907—1988），1927 年毕业于清华学校，1928—1932 年在美国宾夕法尼亚大学建筑系学习，获学士学位；1933 年在董大酉建筑事务所从业，1937—1939 年任沪江大学商学院建筑科教授，1939—1949 年任之江大学建筑工程系主任；1952 年在华东工业建筑设计院担任建筑师，1954 年任上海市房屋管理局总工程师、华东工业建筑设计院总工程师、北京工业建筑设计院总工程师。

地　　　址：广东路 86 号（1949）。

项目	作品名称	地址	设计建造年代	备注
1	福开森路福园 3 号饶韬叔宅	武康路待考	1939	
2	愚园路杨树勋宅	待考	1943	
3	联康信托银行	江西路 467 号	1944	

● S. C. Dunn

项目	作品名称	地址	设计建造年代	备注
1	福开森路张宅（Residence for C. T. Chang）	武康路 2 号	1941	

注：根据上海市城建档案馆 D（03-05）-1941-0239 档案。

● 杨增化

项目	作品名称	地址	设计建造年代	备注
1	古神父路罗宅（今德国驻沪总领事官邸）	永福路 151 号	1941—1942	

● 集成建筑师事务所（Chi Chen Architects）

从业人员：范能力。
地　　　址：河南中路 505 号 312 室（1944）。

项目	作品名称	地址	设计建造年代	设计人
1	武康路 117 弄 1 号、2 号住宅	武康路 117 弄	1943—1944	
2	福履理路 598 号宅	建国西路 598 号	1944	改建
3	程伯庵宅（今上海文艺出版社）	绍兴路 74 号	1946—1947	

● 光华建筑事务所（National Architects & Engineers）

1947 年由王虹创办，王虹（字霁元，1906—?），江苏江阴人，1934 年毕业于中央大学建筑工程系。

从业人员：辛文士。
地　　　址：天津路 214 号。

项目	作品名称	地址	设计建造年代	备注
1	张森宝堂察哈尔路住宅	新华路 483 号	1946	顾梦良

● 树华建筑师事务所

毛梓尧（T. Y. Mao，1914—2007）、方鉴泉创办。

地　　　址：江西南路 110 弄 10 号（1949）。

项目	作品名称	地址	设计建造年代	备注
1	谨记路 19 号住宅	宛平南路 19 号	1938	
2	北京西路 3 层住宅	北京西路 1277 号	1938—1939	
3	南阳路 120 号住宅	南阳路 120 号	1939	
4	*金山饭店	汉口路 578 号	1940	
5	延安西路 376 弄住宅	延安西路 376 弄	1940	

（续表）

项目	作品名称	地址	设计建造年代	备注
6	复兴西路285、287号住宅	复兴西路285、287号	1940	
7	*绿漪新村	青海路50号	1941	
8	谨记路71弄住宅	宛平南路71弄	1946—1947	20余单元
9	达人中学	榆林路平凉路口	1947	
10	*毛梓尧自宅	宣化路439号	1947—1948	

注：根据周畅、毛大庆、毛剑琴主编《新中国著名建筑师毛梓尧》（中国城市出版社，2014）。

● 刘鸿典建筑师事务所

主要人员：刘鸿典（字烈武，1904—1995），1933年毕业于东北大学建筑工程系，1941—1945年创办（上海）宗美建筑专科学校，兼营建筑师业务，1947年创办（上海）刘鸿典建筑师事务所、鼎川营造工程司（1947—1949）。

项目	作品名称	地址	设计建造年代	备注
1	程慕颐医师化验室	新闸路待考	1947	
2	马氏住宅	复兴西路待考	1948	
3	虹口中国医院	待考	1948	
4	陈氏住宅	待考	1949	

注：根据《建筑师》第9期（1981）；杨永生主编《中国建筑师》（当代世界出版社，1999）。

● 信诚建筑师事务所

1947年由戴念慈和方山寿合办。

主要人员：戴念慈（1920—1991），1943年毕业于中央大学建筑工程系，1944—1948年在重庆、上海兴业建筑师事务所任从业建筑师，1948—1949年任信诚建筑师事务所董事，开业建筑师；方山寿（1917—？），1939年毕业于中央大学建筑工程系。

项目	作品名称	地址	设计建造年代	备注
1	沪江大学图书馆	军工路516号	1947	

● 华基建筑师事务所（Grand Architects & Engineers）

从业人员：吴一清，汤庆隆，钱维新。

地　址：江西路451号217室（1949）。

项目	作品名称	地址	设计建造年代	备注
1	马锦超宅/郭棣活宅（今工商业联合会）	华山路891—893号	1947	吴一清

注：据上海市城建档案馆D(03-53)-1947-1029的档案。

● 马俊德建筑师事务所

主要人员：马俊德（字克明，1910—？），1933年毕业于东北大学建筑工程系，获学士学位；1936年在浙江兴业银行上海总行任建筑师。自办马俊德建筑师事务所，上海市建筑技师公会会员。

地　址：黄河路65号1216室（1949）。

项目	作品名称	地址	设计建造年代	备注
1	大同大学校舍	待考		
2	静安寺路交通银行总管理处	待考		
3	沙发花园住宅70幢	淮海中路待考		

（续表）

项目	作品名称	地址	设计建造年代	备注
4	太拔路蒲石路住宅 20 幢	待考		
5	沙发花园罗郁铭浙江兴业银行上海总行信托部	淮海中路待考		3 层楼及花园洋房 9 幢

● 黄家骅建筑师事务所 / 大中建筑师事务所

主要人员：黄家骅（字道之，1895—1988），1924 年毕业于清华学校，1927 毕业于美国麻省理工学院，获学士学位；1930—1931 年在哥伦比亚大学学习；1930 年在公和洋行工作，据《中国建筑》创刊号（1931 年 11 月）记载为中国建筑师学会会员，1932—1936 年任上海东亚建筑公司建筑师，1939 年自营大中建筑师事务所，1948 年自营黄家骅建筑师事务所，1949 年任上海联合事务所建筑师。

项目	作品名称	地址	设计建造年代	备注
1	五原路来斯南村张明为宅	五原路 201 号隔壁	1947—1948	
2	五原路来斯南村住宅	五原路 102 号隔壁	1948	

注：据上海市城建档案馆 D(03-93)-1947-1030 的档案。

以下名录仅见于记载，按拼音字母顺序排列，有关信息待考。

● 安泰建筑师事务所

主要人员：邱式淦。
地　　址：武定路 63 弄 15 号（1949）。

● 炳年建筑师事务所

主要人员：沈炳年。
地　　址：广东路 51 号 515 室（1949）。

● 蔡宝昌

主要人员：蔡宝昌，1935 年 3 月曾经在《建筑月刊》第三卷，第三期，发表一篇关于建筑师与小住宅建筑的翻译文章，作品有闸北中兴路住宅（1934）。

● 蔡祚章建筑师事务所

主要人员：蔡祚章。
地　　址：绍兴路 88 弄 10 号（1949）。

● 陈椿江（Chung Ching Chee）

根据上海市城建档案馆 1918 年的档案，1918—1919 年承接陕西北路 186 号荣氏老宅改扩建。

● 陈德培建筑师事务所

地　　址：五原路 128 号（1949）。

● 陈登鳌

主要人员：陈登鳌（1916—1999），1937 年毕业于沪江大学商学院建筑系，曾在董大酉建筑师事务所任助理建筑师，1941 年在上海大地建筑师事务所从业。

● 陈国冠建筑师事务所

主要人员：陈国冠（Chan, Kwok-koon，1914—？），1946 年自办陈国冠建筑师事务所，上海市建筑技师公会会员。
地　　址：中正西路 419 号（1949）。

● 陈慧斌（Chan Wei Ping）

地　　址：霞飞路 98 号。

根据上海市城建档案馆 1920 年的档案，1940 年曾为义品村加建汽车间。据上海市城建档案馆 1920 年的档案，1940 年为环龙路 36 弄 7 号严晓春宅改建。

● 陈企侃（François Chen）

据上海市城建档案馆 1924 年的档案，1929 年为永嘉路 383 号孔祥熙宅（今上海电影译制厂）设计佣人房。

● 陈业勋建筑师事务所

主要人员：陈业勋（字君健，1911—？），1933 年毕业于交通大学土木工程系，获学士学位；1936 年毕业于美国密歇根大学建筑系，获硕士学位；1937 年加入中国建筑师学会，1946 年在上海从业，1947 年自办陈业勋建筑师事务所；1952 年以后曾任同济大学教授。
地　　址：静安寺路 591 弄 174 号（1949）。

● 成城建筑事务所

据《建筑月刊》第一卷，第八期（1933 年 6 月）记载，作品有上海爱文义路黄宅。

● 达安建筑师事务所

主要人员：陆志刚。
地　　址：新昌路 215 弄 34 号（1949）。

● 达安建筑师事务所

主要人员：蔡恢（字君复）。
地　　址：江西中路 391 号 3 楼（1949）。

● 大方建筑师事务所

主要人员：方志清。
地　　址：常德路 91 弄 22 号（1949）。

● 大公建筑师事务所

主要人员：蔡吉人（字蔼士）。

地　　址：中正东路 1454 号 507 室（1949）。

● 大华建筑事务所

主要人员：朱宝华。

地　　址：思南路 66 号（1949）。

● 大伟建筑师事务所

主要人员：陈定伟。

地　　址：南京西路 1888 号（1949）。

● 道基建筑师事务所

主要人员：田盛育（字侵铭）。

地　　址：四川北路永安里 64 号（1949）。

● 邓如舜建筑师事务所

主要人员：邓如舜（字伯虞，1915—?），1940 年毕业于中央大学建筑
　　　　　工程系，1943 年在中国银行建筑科任建筑师，自办邓如舜
　　　　　建筑师事务所，上海市建筑技师公会会员，1949 年起任香
　　　　　港中国银行建筑科建筑师。

地　　址：宁波路 40 号 529 室（1949）。

● 丁昌国建筑师事务所

地　　址：慈溪路祥元里 7 号（1949）。

● 都成建筑师事务所

主要人员：黄民生。

地　　址：四川中路 370 号 310 室（1949）。

● 都城建筑师事务所

主要人员：俞锡康（字雪尘）。

地　　址：祥德路 124 弄 3 号（1949）。

● 敦惠建筑师事务所

主要人员：蒋宗传。

地　　址：重庆南路 1160 弄 1 号（1949）。

● 冯纪忠

　　冯纪忠（1915—2009），1941 年毕业于奥地利维也纳工业大学，
1948 年建筑师登记。

● 顾树屏建筑师事务所

地　　址：天平路 320 弄 8 号（1949）。

● 顾锡荣建筑师事务所

地　　址：乌鲁木齐中路 21 号（1949）。

● 关福权建筑师事务所

主要人员：关福权（字衡青）。

地　　址：陕西北路 607 弄 6 号（1949）。

● 国华建筑师事务所

主要人员：徐国华。

地　　址：乌鲁木齐中路 21 号（1949）。

● 国泰建筑师事务所

主要人员：周庭柏。

地　　址：河南中路 531 弄 190 号 202 室（1949）。

● 何义建筑师事务所

地　　址：天德路九如里 9 号（1949）。

● 合众建筑师事务所

主要人员：陈宗鳌，周可福。

地　　址：迪化中路 179 弄 95 号（1949）。

● 洪传莱（Z. L. Hong）

地　　址：永嘉路 291 弄。

　　据上海市城建档案馆 D（03-05）-1941-0184 的档案，1942 年参与中
南新村的改造。

● 宏基建筑师事务所

主要人员：黄荣勋。

地　　址：四川中路 320 号 310 室（1949）。

● 弘泰建筑师事务所

主要人员：汪家瑞。

地　　址：宁波路 47 号 303 室（1949）。

● 胡鸿德建筑师事务所

地　　址：迪化中路 75 号（1949）。

● 华安建筑师事务所

主要人员：龚景纶。

地　　址：福州路 44 号 2 楼（1949）。

● 华安建筑师事务所

主要人员：蒋骥（字子展，1892—1963），1918 年毕业于日本东京高
　　　　　等工业学校建筑科；朱士圭，合伙人。

● 华嘉建筑师事务所

主要人员：周其恭。

地　　址：中正东路浦东大楼 319 室（1949）。

● 华美建筑师事务所

主要人员：顾秉彝。

地　　址：溧阳路 1177 号（1949）。

● 华泰建筑师事务所

　　张伯伦、丁宝训、丁志仁于 1947 年创办。

地　　址：中汇大楼 607 室（1949）。

● 华厦建筑事务所（Ouang & Lipan）

地　　址：中汇大楼（1936）。

　　根据马长林主编《老上海行名辞典 1880—1941》（上海古籍出版社，
2005）。

●华业建筑师事务所

主要人员：叶兆熊。

地　　址：江阴路 109 号（1949）。

●华一建筑师

主要人员：张锡芳。

地　　址：东大名路 755 号（1949）。

●华中建筑师事务所

主要人员：曹玉成。

地　　址：虎丘路 128 号 427 室（1949）。

●黄锡霖工程、设计、测量工程公司（S. L. Huang Architect Engineer & Surveyor, Shanghai, Hongkong & Canton）

主要人员：黄锡霖（Wong, S. L., 1893—？），1920 年毕业于英国曼彻斯特大学；1934 年办黄锡霖工程、设计、测量工程公司。

●黄钟琳建筑师事务所

黄钟琳（1909—？），1933 年毕业于（唐山）交通大学土木工程系，1936 年 11 月自办黄钟琳建筑师事务所。

地　　址：九江路 113 号大陆大楼 403 室（1949）。

●黄作燊建筑师事务所

黄作燊（1915—1976），1946 年自办黄作燊建筑师事务所。

●金刚建筑师事务所

主要人员：朱企周。

地　　址：南市大生街 75 号（1949）。

●精勤建筑师事务所

主要人员：李章元（字定钺）。

地　　址：霍山路 289 弄 19 号（1949）。

●竞天建筑师事务所

主要人员：徐明（字心均）。

地　　址：四川中路 290 号 2 楼 C 室（1949）。

●李华建筑师事务所

地　　址：南京路 153 号 4D（1949）。

●李克勤建筑师事务所

地　　址：江西中路 368 号 417 室（1949）。

●李文炯

据《建筑月刊》第一卷，第一期（1932 年 11 月）介绍，作品有福煦路 6 层公寓，陈林记营造厂承建。

●李学海建筑师事务所

地　　址：四川路 220 号 314 室（1949）。

●李扬安建筑师事务所（Lee, Y. O., Architect）

1935 年成立李扬安建筑师事务所。

主要人员：李扬安（Young On Lee, 1902—1980），1927 年毕业于美国宾夕法尼亚大学，获建筑学学士学位，1928 年获硕士学位。据《中国建筑》创刊号（1931 年 11 月）记载为中国建筑师学会会员，1938 年在香港注册。

地　　址：北京路 255 号（1937）。

●李震球建筑工程师（T J, Yuensan Lee）

注：据上海市城建档案馆 1934 年的档案，1942 年为华山路 799 号卫乐园（Haig Villas）改建。

●立新建筑师事务所

主要人员：祝永年。

地　　址：四川北路 1274 号 520—521 室（1949）

●利中建筑师事务所

主要人员：夏甘霖。

地　　址：慈溪路 63 弄 18 号（1949）。

●联华建筑师事务所

主要人员：许瑞芳（翠芳）。

地　　址：九江路 150 号 515 室（1949）。

●林鉴诚建筑师事务所

地　　址：延庆路 26 号（1949）。

●林澍民建筑师事务所

主要人员：林澍民（字斯铭，Lin, Shu-min, 1893—？），1916 年毕业于清华学校，1920 年毕业于美国明尼苏达大学建筑工程系，获学士学位，1922 年获硕士学位；1931 年自办林澍民建筑师事务所，上海市建筑技师公会会员；作品有江南造船所房屋等。据《中国建筑》创刊号（1931 年 11 月）记载为中国建筑师学会会员。

●麟记建筑师事务所

主要人员：孙麟寿。

地　　址：七浦路 117 弄 5 号（1949）

●刘福泰谭垣建筑师都市计划师事务所（Lau & Tan）

1933 年成立。

主要人员：刘福泰（Lau, Fook Tai, 1893—1952），广东宝安人，1923 年毕业于美国俄勒冈州立大学，获学士学位，1925 年获硕士学位。回国后先后在天津万国工程公司和上海彦记建筑师事务所工作。1928 年担任中央大学建筑工程系主任，1940 年在重庆开设刘福泰建筑师事务所。主要作品有上海胡敦德纪念图书馆、南京板桥新村等。据《中国建筑》创刊号（1931 年 11 月）记载为中国建筑师学会会员。谭垣（Harry Tam, 1903—1996），1929 年毕业于美国宾夕法尼亚大学，1936 年成立谭垣建筑师事务所，据《中国建筑》创刊号记载为中国建筑师学会会员。

地　　址：苏州路 1 号（1933）。

● 刘炜建筑师事务所

刘炜（1904—？），江苏无锡人，江苏省立苏州工业专门学校建筑科毕业，1949 年在上海开业。作品有：上海仁德纺织厂、大隆机器铁厂、新生纱厂、大同纺织厂等。

● 龙门建筑事务所

主要人员：王肇裕。
地　　址：威海卫路 910 弄 48 号（1949）。

● 罗孝威建筑师事务所

主要人员：罗孝威（字伯孖）。
地　　址：复兴中路 1196 弄 5 号（1949）。

● 莫衡

主要人员：莫衡（字葵卿，1891—？），浙江吴兴人，1916 年毕业于交通部上海工业专门学校土木工科。据《中国建筑》创刊号（1931 年 11 月）记载为中国建筑师学会会员。

● 潘壎建筑师事务所

地　　址：衡山路 321 号 68 室（1949）。

● 启昌建筑师事务所

主要人员：陈启源（字星海）。
地　　址：江荬路中一村 2 号（1949）。

● 企华建筑师事务所

主要人员：郁钟耀。
地　　址：九江路 219 号 112 室（1949）。

● 乾元建筑师事务所

主要人员：何永乾。
地　　址：虎丘路 65 号（1949）。

● 裘功懋建筑师事务所

地　　址：泰兴路 523 弄 16 号（1949）。

● 沈砥平建筑师事务所

地　　址：沙逊大厦 356 室（1949）。

● 施嘉干

据《建筑月刊》记载，作品有新开河面粉交易所。

● 实业建筑事务所

主要人员：江应麟。
地　　址：永福路 49 弄 4 号（1949）。

● 时中建筑师事务所

主要人员：张承时。

地　　址：南京路直隶路 55 号（1949）。

● 孙秉源建筑师事务所

地　　址：南京西路 996 号 304 室（1949）。

● 孙立已建筑师事务所

1951 年哈雄文与黄家骅、刘光华合办（上海）文华建筑师事务所。

主要人员：孙立已（字竹荪，Li-Chi Sun，1903—1993），1928 年毕业于美国伊利诺伊大学，获工学士学位；1934 年自办孙立已建筑师事务所；1932 加入中国建筑师学会。哈雄文（Ha, Harris Wen；Wayne, Hsiung-wen，1907—1981），1927 年毕业于清华学校，1928—1932 年在美国宾夕法尼亚大学学习，获建筑科及美术科学士学位。

● 唐维明建筑师事务所

地　　址：常德路 545 弄 71 号（1949）。

● 王清溶建筑师事务所

地　　址：方斜路敦润里 31 号（1949）。

● 王松海建筑师事务所

主要人员：王松海（字鹤寿）。
地　　址：康定路 398 号（1949）。

● 文华建筑师事务所

● 吴凤翔建筑师事务所

主要人员：吴凤翔（字鸣冈）。
地　　址：山海关路 168 弄 17 号（1949）。

● 吴文崑建筑师事务所

地　　址：乌鲁木齐中路 21 号（1949）。

● 五联建筑师事务所

1947 年 10 月，陆谦受、王大闳、郑观萱、黄作燊、陈占祥合办五联建筑师事务所。

● 席明光建筑师事务所

地　　址：北海路 261—265 号（1949）。

● 奚轶吾建筑师事务所

主要人员：奚轶吾
地　　址：圆明园路 133 号 316 室（1949）。

● 协泰建筑师事务所（Yah Tai Consulting Civil Engineers & Architects）

主要人员：汪敏勇、汪敏信。
地　　址：江西路 406 号 308 室（1949）。

● 新华建筑师事务所

主要人员：姚鸿逵（字渐伯）、夏茂如。
地　　址：江西路聚兴诚大楼 401 号（1949）。

● 信诚建筑师事务所

主要人员：华国英。
地　　址：黄浦路 17 号 5 楼 544 室（1949）。

● 信义建筑师事务所

主要人员：梁启乾。

地　　址：东大名路 423 弄 2 号（1949）。

● 徐德明建筑师事务所

主要人员：徐德明。

地　　址：广东路 17 号 103 室（1949）。

● 徐学嘉建筑师事务所

地　　址：迪化南路 302 弄 3 号（1949）。

● 许汉辉建筑师事务所

地　　址：南京西路 1129 弄 2 号（1949）。

● 薛次莘

主要人员：薛次莘（字惺仲，T. H. Hsien 或 T. S. Sih，1895—？），
1916 年清华学校官费留美，1919 年毕业于美国麻省理工学
院土木工程系，获学士学位；曾任南京市政府秘书长，曾
在上海工务局从事建筑工程管理业务。据《中国建筑》创
刊号（1931 年 11 月）记载为中国建筑师学会会员。

● 严晦庵建筑师事务所

地　　址：建国西路 281 弄 17 号（1949）。

● 严家昌建筑师事务所

主要人员：严家昌（字炽岐）。

地　　址：安福路 53 弄 15 号（1949）。

● 杨宝贵建筑工程师（P. K. Yang）

地　　址：浙江北路 345 号。

据上海市城建档案馆 D（03-02）-1926-0189 的档案，1926 年为霞
飞路 1322 号住宅（今科技情报所）进行改建。

● 杨淼建筑师事务所

主要人员：杨淼（字麒麟）。

地　　址：河南北路 361 号（1949）。

● 叶冠春建筑师事务所

地　　址：金陵中路 156 弄 3 号（1949）。

● 宜立建筑师事务所

主要人员：马昌绣。

地　　址：马当路 417 弄 5 号（1949）。

● 永安建筑师事务所

主要人员：钦关淦。

地　　址：福州路 310 号 3 楼（1949）。

● 永立建筑师事务所

主要人员：李鸿谟。

地　　址：西宝兴路 248 号（1949）。

● 友联建筑师事务所

主要人员：尤祥桢（字以孝）。

地　　址：北京西路 1729 弄 17 号（1949）。

● 余庆东建筑师事务所。

地　　址：新闸路 147 弄 12 号（1949）。

● 俞子明建筑师事务所

主要人员：俞子明（字乃文）。

地　　址：圆明园路 209 号 407 室（1949）。

● 元吉建筑师事务所

主要人员：施锡祉。

地　　址：天目路 213 弄 8 号（1949）。

● 张琮佩

作品有林肯路元元炼乳场（Yuan Yuan Farm Building，1935—1936）。

● 张光圻建筑师事务所

主要人员：张光圻（字铎岩，Kuangchi C. Chang，1895—？），1920
年毕业于美国哥伦比亚大学，早期中国建筑师学会会员，
1937 年与董大酉合办董张建筑师事务所，1948 年自办张光
圻建筑师事务所，1950 年赴美国。

地　　址：复兴中路 1466 号。

● 张国勋建筑师（Chang Kou Hsin Architect）

根据上海市城建档案馆 D（03-05）-1930-0265 的档案，1941 年参
与长乐路 764 弄杜美新村（Doumer Terrace）的改建。

● 张永礽建筑师事务所

地　　址：南京西路 1025 弄 144 号（1949）。

● 章福奎建筑师事务所

地　　址：九江路 113 号 303 室（1949）。

● 周基高建筑师事务所

地　　址：四川路 149 号 228 室（1949）。

● 周乐三

作品有周乐三建筑师自宅（1937）等。

● 周文彬建筑师事务所

地　　址：安庆路 350 弄 17 号（1949）。

● 朱振华建筑师事务所

地　　址：虎丘路 128 号 427 室（1949）。

● 宗成建筑师事务所

主要人员：孙宗文。

地　　址：四川北路 1561 号（1949）。

据《上海市技师、技副、营造厂登记名录》民国二十二年（1933），
另有龚景纶、李铿、施嘉干、徐鑫堂、吴旦平等作为建筑技师登记开业，
陈菊初、陈永昌、陈聿波、蔡吉人、鲍正衡、葛尚宣、黄履光、凌云洲、
刘大年、陆敬忠、马清渊、施德坤、孙麟书、任尧三、吴玉令、徐钜亨、
周乐熙等作为建筑技副登记开业。

以下为附有建筑部的公司：

● 中国地产实业公司（China Investment Co.）

据 1931 年 *China Architects and Builders Compendium* 所载，建筑师为 Liu, H. F.。

地　　址：九江路 6 号（1919—1922），汉口路 14 号（1929—1931）。

项目	作品名称	地址	设计建造年代	备注
1	恒业里	江西中路 135 弄 1—13 号	1914—1915	
2	颐中烟草公司（Yee Tsoong Tobacco Co.）	南苏州河路 161—175 号	1907—1908，1925 翻建	

● 中华建筑公司（Chun Wah Construction Co., Architects & Engineers）/ 公利营业有限公司（Kun Lee Engineering Co. Chun Wah Construction & Kun Lee Engineering Co. Civil Engineers & Architects）

主要人员：建筑师薛培良（Sih Pei Liang），D. K. Charh。
地　　址：同孚路同福里。

项目	作品名称	地址	设计建造年代	备注
1	江苏旅社	福州路 379 弄 50 号	1924	D. K. Charh
2	王宅（Residence for Mr. P. Y. Wong）	南京西路 962 号	1929—1930	

● 华北公司（North China Engineering Co.）

主要人员：建筑师施兆光（原名皋，S. K. Sze，1891—？）。
地　　址：江西路 123 号（1926—1927）。

项目	作品名称	地址	设计建造年代	备注
1	辣斐坊（Lafayette Apts.，今复兴坊）	复兴中路 553 弄	1927	施兆光

注：根据上海市城建档案馆 1927 年的档案。

● 华中营业有限公司（The Central China Realty Co., Architects & Engineers）

据 1933 年 *China Architects and Builders Compendium* 所载，建筑师为施求麟（Chiulin, L. Shih），F. C. Tang。

地　　址：爱多亚路 29 号。

项目	作品名称	地址	设计建造年代	备注
1	静安别墅	南京西路 1025 弄	1929	施求麟

注：根据上海市城建档案馆 D(03-02)-1929-0576 的档案。

● 大耀建筑公司建筑部（Dah Yao Engineering & Construction Co.）

主要人员：工程师林大海（Ling Dah Hai）。
地　　址：博物院路 3、14 号（1931—1937）。

项目	作品名称	地址	设计建造年代	备注
1	花园别墅	南昌路 124—134 号，136 弄 138—146 号	1929—1930	林大海
2	修德里	威海卫路 590 弄	1932	
3	刘宅和小校经阁	新闸路 1321 号	1932—1934	林大海

注：花园别墅根据上海市城建档案馆 D(03-05)-1929-0134 的档案，刘宅和小校经阁据上海市城建档案馆 1932 年的档案。

● 大方建筑公司（Dauphin Construction Co.）

主要人员： 李宗侃（Li, Michael Tson-cain, 1901—1972），毕业于法国巴黎建筑专门学校，主修建筑工程；1925 年回国，在上海大方建筑公司担任工程师。刘既漂，于 1929 年加入大方建筑公司，1933 年在上海市工务局登记为建筑技师开业。

项目	作品名称	地址	设计建造年代	备注
1	世界学院（Institut International des Sciences et Arts）	武康路 393 号	1930	李鸿儒

注：根据上海市城建档案馆 D（03-02）-1930-0316 的档案。

● 宝善测绘公司（Pao Zung Trading Co.）

主要人员： 建筑师朱馨（Tsu Shing）。
地　址： 陆家浜路 1336 号。

项目	作品名称	地址	设计建造年代	备注
1	雷米坊（今永康新村）	永康路 109，175 弄	1931	朱馨
2	永嘉新村	永嘉路 580 弄	1931—1932	

注：据上海市城建档案馆 D（03-05）-1931-0182 的档案。

● 溢中银公司（China Land & Investment Co. Architects）

主要人员： 建筑师 N. L. Hiu。
地　址： 广东路 2 号（1927），九江路 1、20 号（1928—1938）。

项目	作品名称	地址	设计建造年代	备注
1	广东路洋行大楼	广东路 306 号	1931	

注：据上海市城建档案馆 D（03-03）-1931-0350 的档案。

● 东亚建业公司（Eastern Asia Development & Co.）

项目	作品名称	地址	设计建造年代	备注
1	福开森路 210 号张宅（Residence for K. S. Chang）	武康路 210 号	1934	

● 隆昌建筑公司（Architects, the Pacific Engineering Co.）

项目	作品名称	地址	设计建造年代	备注
1	国立上海医学院（The National Medical College of Shanghai）	医学院路 138 号	1935—1936	
2	国立上海医学院松德堂（The Soong Teh Hall of the National Medical College of Shanghai）	医学院路 138 号	1936	
3	国立上海医学院学生宿舍（The Dormitory of the National Medical College of Shanghai）	医学院路 138 号	1936	
4	中山医院量才堂（The Liang Tsai Hall of the Chung San Memorial Hospital, Shanghai）	医学院路 138 号	1936	
5	上海中山医院（Chung San Memorial Hospital）	医学院路 138 号	1936	

● 定中工程事务所（Ting Chung, Architects, Engineers & Contractors）

项目	作品名称	地址	设计建造年代	备注
1	上海律师公会会所（Shanghai Lawyer's Association Building）	复兴中路 301 号	1936—1937	

● 唐吉记建筑公司（Tong Che Kee Architect & Engineer）

主要人员：唐颂康、施钜孙。

地　　址：大西路两宜里 3 号。

项目	作品名称	地址	设计建造年代	备注
1	飞霞别墅	淮海中路 584 弄	1939	

注：根据上海市城建档案馆 D(03-05)-1939-0060 的档案。

● 东亚建筑工程公司（Eastern Asia Architects & Engineering Corp., Ltd.）

据 1934 年 *China Architects and Builders Compendium* 所载，建筑师为 C. H. Huang。

地　　址：博物院路 131 号。

● 中孚营业公司（Chung Foo Trading Co.）

据 1931 年 *China Architects and Builders Compendium* 所载，建筑师为 Keu, Louis S.。

地　　址：南京路 225 号。

● 锦兴营业公司（Central Realty Co.）

据 1931 年 *China Architects and Builders Compendium* 所载，建筑师为 Hsu, Saifonn。

地　　址：仁记路 25 号（1931），河南路 505 号（1934）。

● 晋城地产公司（China Realty Co.）

地　　址：外滩 12 号。

● 沪江信记地产公司

地　　址：爱多亚路 39 号。

中国建筑师的有关信息参考：

1. 上海市城建档案馆相关图纸档案

2. *Hong List 1937*

3. 马长林主编《老上海行名辞典 1880—1941》（上海古籍出版社，2005）

4. 杨永生主编《哲匠录》（中国建筑工业出版社，2005）

5. 赖德霖主编，王浩娱、袁雪平、司春娟编《近代哲匠录：中国近代重要建筑师、建筑事务所名录》（中国水利水电出版社，知识产权出版社，2006）

6. 《上海市建筑技师公会会员通讯录》（1949）

7. 《上海市技师、技副、营造厂登记名录》民国二十二年（1933）

8. 1949 年 3 月《上海市建筑技师公会会员通讯录》

附录二

上海近代外国建筑师及其作品

说明：

　　除个别例外，按成立年代或作品年代顺序排列。

1. 欧美建筑师及其作品

● 范廷佐（Father Jean Ferrer，1817—1856）

　　西班牙耶稣会传教士、艺术家、雕塑家，1847 年来华。

项目	作品名称	地址	设计建造年代	备注
1	圣方济各沙勿略天主堂（S. Francisco Xavier Church）	董家渡路 175 号	1847—1853	

● 罗礼思（Father Ludovicus Hélot，1816—1867）

　　法国耶稣会传教士，1849 年来华。

项目	作品名称	地址	设计建造年代	备注
1	圣若瑟堂（St. Joseph's Cathedral）	四川南路 36 号	1860—1861	

● 泰隆洋行（George Strachan Co.）

　　1853 或 1854 年开办，史来庆（乔治•斯特雷奇，George Strachan）是第一位在上海开业的职业建筑师。

项目	作品名称	地址	设计建造年代	备注
1	＊圣三一堂	江西中路 20 号	1847—1851	
2	＊英国领事馆	中山东一路 33 号	1846—1852	
3	＊悖信洋行（Barnet & Co.）	江西路 23 号	约 1854	

● < 英 > 有恒洋行（Whitfield & Kingsmill / Thos. Kingsmill, Civil Engineer and Architect / Engineer and Architect Kingsmill, Gerald）

　　1860 年，怀特菲尔德、金斯密在上海建立有恒洋行，西名 Whitfield & Kingsmill；1865 年，怀特菲尔德退出，更西名为 Thos. Kingsmill, Civil Engineer and Architect，道森也于 1865 年赴横滨；1900 年代初，洋行由后辈金福兰、金若杰主持；1910 年，金斯密故世，更西名为 Engineer and Architect Kingsmill, Gerald；1913 年后渐无所闻。

主要成员：怀特菲尔德（George Whitfield, ?—1910），金斯密（Thomas William Kingsmill, 1837—1910），金福兰（Francis Kingsmill），金若杰（Gerald Kingsmill），道森（Philips S. Dowson），弗雷德•H. 克奈维（F. H. Knevitt）。

地　　址：南京路 24 号（1880—1886），江西路 28 号（1887—1890），四川路 35 号（1891—1893），香港路 5 号（1894），南京路 32 号（1897），北京路 7A（1899），江西路 29 号（1901—1902），宁波路 6 号（1903—1904），汉口路 9 号（1905），四川路 24 号（1906—1908），余杭路 3 号（1909—1913）。

项目	作品名称	地址	设计建造年代	备注
1	＊志大洋行	北京东路 2 号	1862	
2	＊老沙逊洋行			

项目	作品名称	地址	设计建造年代	备注
3	* 丽如银行（Oriental Bank）	外滩 6 号	1869	
4	* 亚洲文会	虎丘路 20 号	1872	
5	* 新沙逊洋行			
6	* 总巡捕房（Central Station）	福州路 185 号	1892—1893	1933 年建新楼
7	* 张园 / 味纯园（Arcadia Hall）	威海路 590 弄	1885，1918 改建为民宅	金斯密，艾特金森
8	外白渡桥（Garden Bridge）		1907	金斯密

● 克奈维洋行（F. H. Knevitt Architect & Surveyer）

1863 年在上海福州路开设，1866 年移居横滨。

项目	作品名称	地址	设计建造年代	备注
1	* 法租界公董局大楼	金陵东路 174 号	1863—1865	

● 马历耀

马历耀（Father Leon Mariot，1830—1902），法国耶稣会传教士，建筑师。

项目	作品名称	地址	建造年代	备注
1	* 土山湾慈母堂		1865	
2	* 土山湾圣母院老堂		1867	
3	圣衣院		1869	
4	邱家湾耶稣圣心堂 · 老堂（Sacred Heart of Jesus Church）	方塔北路 281 号	1872—1873	
5	* 佘山圣母教堂 · 老堂		1874	
6	* 虹口耶稣圣心堂 · 老堂	南浔路 260 号	1876	1979 年拆除

注：有关信息根据张伟、张晓依著《遥望土山湾——追寻消逝的文脉》（同济大学出版社，2012）。

● ＜英＞同和洋行（Kidner, William & Kidner, James / Kidner & Cory）

1860 年代在上海北京路建立。

主要成员：威廉 · 凯德纳（一译地纳，William Kidner，1841—1900），毕业于伦敦大学学院，英国皇家建筑师学会会员。1864 年到上海，1878 年回国。
从业人员：詹姆斯 · 凯德纳（一译基德纳，James Kidner），科里（John M. Cory，1846—1893），1874 年到上海成为凯德纳的合伙人。

项目	作品名称	地址	设计建造年代	备注
1	圣三一教堂（Holy Trinity Church/The Angelican Cathedral）	江西中路 20 号	1866—1869，钟楼 1893	斯科特，凯德纳
2	英国领事馆监狱	外滩 33 号	1867	凯德纳
3	* 老汇丰银行（今浦东发展银行）	中山东一路 10—12 号	1877	凯德纳
4	* 有利银行（Chartered Mercantile Bank of India, London & China）	中山东一路 14 号	1878	凯德纳，1889—1917 为德华银行

● ＜英＞格罗斯曼与博伊斯（Grossman & Boyce）

主要成员： 格罗斯曼（William Crossman，1830—1901），英国军事工程师，1866—1870 年任大英工部总署上海分部主任，负责英国在中国和日本的外交使领馆建设。博伊斯（Robert H. Boyce），英国测量师和土木工程师，1870—1877 年任大英工部总署上海分部主任，英国领事馆的设计者。

项目	作品名称	地址	设计建造年代	备注
1	英国领事馆	中山东一路 33 号	高等法院 1871， 领事馆 1873	博伊斯
2	英国领事官邸	中山东一路 33 号	1882	

● ＜英＞哈特（John William Hart）

哈特在杨树浦水厂任职。

项目	作品名称	地址	设计建造年代	备注
1	杨树浦水厂	杨树浦路 830 号	1881，1928	

● ＜英＞德和洋行（Lester, H. & Co./Shanghai Real Property Agency/Shanghai Real Estate Agency/Lester, Johnson & Morriss）

　　1866 年，由雷士德继承克奈维洋行，改名"德和洋行"，西名为 H. Lester & Co. 经营建筑及相关包工业务，并承接建筑设计、土木及测绘工程；1900 年前后改营房地产，更西名为 Shanghai Real Property Agency 及 Shanghai Real Estate Agency；1908 年前后歇业；1910 年代复业，西名为 Lester, H. & Co. 或 Shanghai Real Estate Agency，恢复建筑设计及土木工程等业务；1913 年，与玛礼逊洋行合伙人约翰逊及本行建筑师马立师（戈登·马立斯）合伙经营，更西名为 Lester, Johnson & Morriss。1940 年代尚见于记载。

主要成员： 克奈维（F. H. Knevitt），从事制作上海租界地图实测的三位土木建筑设计师的一位，1866 年移居横滨，1867 年重回上海，1869 年前后停止活动。雷士德（一译莱斯德，雷氏德，Henry Lester，1840—1926），建筑师和土木工程师，1867 年来上海，1878—1883 年五次当选为法租界公董局董事，两次副总董，1881 年当选为公共租界工部局董事，遗产捐赠建造雷士德医学研究院和雷士德工艺学院。约翰逊（George A. Johnson），英国皇家建筑师学会准会员。戈登·马立斯（Gordon Morriss），英国建筑师。莫汉（J. R. Maughan），英国建筑师。鲍斯惠尔（Edwin Forbes Bothwell），曾在公和洋行工作，1930 年代以后成为德和洋行的合伙人之一。其他还有凯尔斯（Francis Henry Kales，1899—1979），霍布迪（R. Hobday）。

地　　址： 汉口路 11 号（1880），外滩 1 号（1881—1884），九江路 1 号（1886），泗泾路 1、2 号（1903—1927），九江路 20 号（1928—1941）。

项目	作品名称	地址	设计建造年代	备注
1	＊工部局市政厅	南京东路（原址为今新雅粤菜馆）	1896	
2	戈登路巡捕房（今 511 时尚设计中心）	江宁路 511 号	1910	
3	先施公司（Sincere Co., Ltd，今时装公司、东亚饭店）	南京东路 690 号	1915—1917	
4	马立斯宅（Morriss Estate，今瑞金宾馆 1 号楼）		1917	戈登·马立斯
5	日清轮船公司（The Nishin Navigation Company）	中山东一路 5 号	1919—1921	
6	福开森路 109 号宅	武康路 109 号	1920	
7	瑞金宾馆 3 号楼	瑞金二路 118 号	1920	
8	普益地产公司大楼（Asia Realty Co. Building）	四川中路 106—110 号	1921—1922	
9	字林西报大楼（North China Daily News Building，今友邦大楼）	中山东一路 17 号	1921—1924	
10	台湾银行（The Bank of Taiwan）	中山东一路 16 号	1924—1927	
11	麦家圈医院 / 莱斯德医院（The Lester Chinese Hospital，今仁济医院）	山东中路 145 号	1930—1932	
12	甘邨	嘉善路 131—143 弄、169 弄	1931	

项目	作品名称	地址	设计建造年代	备注
13	雷士德医学研究院（Henry Lester Institute for Medical Research）	北京西路 1320 号	1930—1932	
14	马立师新村（今重庆新村）	武胜路 429 弄、重庆北路 216 弄	1930—1932	
15	雷士德工业职业学校及雷氏德工艺专科学校（Lester School & Technical Institute）	东长治路 505 号	1933—1934	鲍斯惠尔
16	三菱银行（Mitsubishi Bank，今九江路邮电局）	九江路 36 号	1934	
17	雷上达路住宅（今兴国宾馆 7 号楼）	兴国路 78 号	1930 年代	

●< 英 > 玛礼逊洋行（Morrison, G James/Morrison & Gratton/Morrison, Gratton & Scott/Scott & Carter/Scott, Walter/Christie & Johnson）

　　1877 年后，由玛礼逊建立，西名 Morrison, G. James；1885 年，格拉顿成为合伙人，更名为 Morrison & Gratton，承接土木工程和建筑设计业务。1899 年，斯科特成为合伙人，更西名为 Morrison, Gratton & Scott。1902 年，由斯科特与卡特合伙接办玛礼逊洋行，西名 Scott & Carter。1907 年，卡特去世，斯科特独立主持洋行，西文行名改为 Scott , Walter。1910 年前后，斯科特退出玛礼逊洋行，克里斯蒂和约翰逊合伙接办，更西名为 Christie & Johnson；1913 年前后散伙。

主要成员： 玛礼逊（Gabriel James Morrison, 1840—1905）、格拉顿（一译格兰顿，Frederick Montague Gratton, 1859—1918）、斯科特（一译司各特，Walter Scott, 1860—1917）、卡特（W. J. B. Carter, ？—1907）、克里斯蒂（J. Christie）、约翰逊（George A. Johnson）。

项目	作品名称	地址	设计建造年代	备注
1	中国通商银行（The Imperial Bank of China/Commercial Bank of China）	中山东一路 6 号	1897	格兰顿
2	礼和洋行扩建（The Carlowitz & Co.）	江西中路 261 号	1906	
3	* 公共市场（The Public Market）	待考	1899	
4	轮船招商总局大楼（The China Mechants Steam Navigation Co. Building）	中山东一路 9 号	1901	
5	* 上海划船总会（Shanghai Rowing Club）	南苏州路 76 号	1903—1905	
6	惠罗公司（Whiteaway, Laidlaw & Co. Building）	南京东路 100 号	1904—1906	斯科特
7	汇中饭店（Palace Hotel）	中山东一路 19 号	1906—1908	斯科特
8	怡和洋行新楼（The New 'EWO' Building，今益丰洋行）	北京东路 27 号	1907	斯科特

●< 德 > 倍高洋行 / 倍克洋行（Heinrich Becker/Becker & Baedecker/Karl Baedecker）

　　1899 年由倍高建立；1905 年，倍克成为合伙人；1908 年更西名为 Becker & Baedecker，在北京、青岛、天津设分号；1911 年，倍高回国，改名为"倍克洋行"，西名为 Karl Baedecker；1914 年停业。

主要成员： 倍高（Heinrich Becker），出生在德国的什未林（Schwerin），曾在慕尼黑学习建筑，毕业后去埃及开罗工作；1898 年到上海，是上海的第一位德国建筑师，成为德国各机构和团体的建筑师，曾在华俄道胜银行的公开设计竞赛中获胜；1911 年 4 月结束在中国的工作，取道澳大利亚回德国。卡尔·倍克（Karl Baedecker, 1868—1922）是倍高的同学，曾经担任科隆城建部门的建筑师，1905 年到上海，1905 年（一说 1908 年）成为倍高洋行的合伙人。里夏德·哲尔（Richard Seel, 1854—1922），在柏林学习建筑，1875 年进入贝克曼和安德事务所工作，1888 年赴日本工作，曾经在日本东京设计政府办公楼，1896 年在横滨开设事务所，1903 年回德国。

地　　址： 四川路 57 号（1903—1906），江西路 24 号（1908—1914）。

项目	作品名称	地址	设计建造年代	备注
1	* 德国总领事馆（Kaiserich Deutsches Generalkonsulat）	黄浦路 9—10 号	1884—1885	1937 年拆除
2	礼和洋行（The Carlowitz & Co.）	江西中路 261 号	1899	

项目	作品名称	地址	设计建造年代	备注
3	华俄道胜银行（Russo-Chinese Bank）	中山东一路 15 号	1900—1902，1938、2011 大修	倍高和里夏德·哲尔
4	*新福音教堂和德国子弟学校（Deutsche Evangelische Kirche und Deutsche Schule）	黄浦路金山路	1900—1901，1932—1934 拆除	倍高 增建和改建
5	*德华银行（Deutsch-Asiatische Bank）	中山东一路 14 号	1902	倍高
6	德国书信馆（Postamt der Kaiserlich Deutschen Post）	四川中路 200 号，福州路 70 号	1902—1905	倍高
7	*德国花园总会（Deutscher Garten Club）	茂名南路	1903	倍高，1920 年代拆除建法国俱乐部
8	*德国总会 / 大德总会（Club Concordia）	中山东一路 23 号	1904—1907	倍高和倍克，1934 年拆除建中国银行
9	谦信洋行（China Export, Import und Bank Compagnie，今谦信大楼）	江西中路 138 号	1906	倍高和倍克
10	湛盛宅(Country House for K. K. Johnsen，今宋家老宅)	陕西北路 369 号	1908	
11	德国技术工程学院 / 同济德文医学堂（Deutsche Ingenieur Schule，今上海理工大学复兴中路校区）	复兴中路 1195 号（陕西南路口）	1908—1916	倍克
12	毕勋路 20 号住宅（今上海音乐学院图书馆）	汾阳路 20 号	1910—1911	
13	席德俊宅	淮海中路 1131 号	1910 年代	

● < 法 > 利名洋行（Remi, Schmidt & Cie）

徐密德（Edward Schmidt），法国人，1855 年前来华，利名洋行的合伙人。

项目	作品名称	地址	设计建造年代	备注
1	*法国领事馆	金陵东路 1 号	1894—1896	徐密德

● < 英 > 道达洋行（Dowdall, W. M./Dowdall & Moorhead/Dowdall & Read/Dowdall, Read & Tulasne）

1880 年前后由道达建立，西名 William Macdonnell Mitchell Dowdall，承接建筑设计和土木工程；后与马矿司合伙，更西名为 Dowdall & Moorhead，并增加其他营造业务；马矿司退伙单独开业，道达再度个人经营，恢复原西名 Dowdall, W. M.；1919 年礼德加入，启用 Dowdall & Read 新西名，增添测绘和房地产经济业务；礼德于 1913—1919 年在海关总署任职；1920 年代初道达退休，洋行由礼德等接办，更西名为 Dowdall, Read & Tulasne；1934 年改称礼德洋行（Read, W. S.）。

主要成员： 道达（一译道达尔，陶威廉，W. M. Dowdall），英国皇家建筑师学会会员和土木工程师学会准会员；马矿司（Robert Brodshaw Moorhead），英国土木工程师学会准会员，1888 年前后来华，1895 年成为道达洋行的合伙人，1900 年建立马矿司洋行；礼德（W. Stanley Read）。

地　址： 福州路 21 号（1883—1884），四川路 320 号（1886—1887），北京路 2 号（1925—1928），仁纪路 21 号（1929—1930），九江路 6 号（1931—1934），四川路 320 号（1935—1939），公馆马路（1940—1941）。

项目	作品名称	地址	设计建造年代	备注
1	新天安堂 / 联合教堂（Union Church）	南苏州路 79 号	1886，1899 扩建	1901 改建，2009 年翻建
2	圣依纳爵天主堂（St. Ignatius Cathedral）	浦西路 158 号	1904—1910	
3	大东电报公司住宅（Semi-detached Houses for the Eastern Extension Telegraph Co.，今青年报社）	东湖路 17 号	1920	
4	杜美路 17 号宅	东湖路 17 号	1921	
5	大华公寓（Majestic Apts.）	南京西路 868—882 号	1932	

● 美昌洋行（Smedley, J. & Co./Smedley, Denham & Rose/Denham & Rose/Denham, J. E. & Co.）

　　1893 年后由斯美德利创立，承接建筑设计及土木工程；1898 年，其子小斯美德利加入；1904 年，斯美德利去世，洋行由小斯美德利接办，迪纳姆与罗斯相继成为合伙人，启用 Smedley, Denham & Rose 新西名；1907 年，小斯美德利退出，洋行更西名为 Denham & Rose；1908 年，罗斯赴加拿大，美昌洋行由迪纳姆主持；1918 年前后更名为 Denham, J. E. & Co.；1919 年，转赴北京。

主要成员：斯美德利（John Smedley, 1841—1903），1841 年 3 月 4 日出生在悉尼，被称为"澳大利亚诞生的第一位建筑师"，曾设计悉尼贸易大楼（1887）；1868 年赴日本，并于 1872 年在横滨开办建筑师事务所，1876 年回到悉尼；1893 年到上海和汉口开业，曾为汉口的德国租界和俄国租界进行规划；他的最后一个设计项目是位于外滩 31 号的日本邮船公司大楼（Nippon Yusen Kaisha Buildings, 1927）。小斯美德利（John D. Smedley），英国工程师，1908 年退休。迪纳姆（John Edward Denham, 1876 —?），1896 年来华。罗斯（Robert Rose, 1881 —?），1903 年来华，1909 年赴加拿大。

地　　址：苏州路 3 号（1897），江西路 25、29、41 号（1899—1903），南京路 35 号（1904—1905），四川路 16 号（1908—1914），圆明园路 19 号（1915—1919）。

项目	作品名称	地址	设计建造年代	备注
1	花旗银行（International Banking Corporation）	九江路 41—45 号	1902	迪纳姆
2	*日本邮船公司仓库（Nippon Yusen Kaisha Buildings）	黄浦路 120 号	1903	斯美德利
3	四川路商行（Godown in Szechuen Road）	四川路待考	1907 前	
4	上海电车公司（The Shanghai Electric Construction Co.）	南苏州路 185 号	1917—1918	
5	北京路规划			迪纳姆
6	大西路住宅	延安西路待考		迪纳姆
7	法租界住宅	待考		迪纳姆
8	浦东炼油厂	待考		迪纳姆
9	吴淞居住区规划（The Planning of the Settlement at Woosung）			迪纳姆
10	杨树浦电车场（The Yangtszepoo Depot for the Shanghai Tramways Company）	待考		迪纳姆

● < 英 > 通和洋行 / 通和有限公司（Atkinson & Dallas, Ld. Architects, Civil Engineers, Surveyors, Land, Estate Agents）

　　1894 年，布莱南•艾特金森建立，在上海北京东路 4 号开设事务所，承接建筑设计业务，兼营房地产。1898 年，与达拉斯合伙，更西名为 Atkinson & Dallas；1907 年，艾特金森去世。1908 年，其弟小艾特金森继任通和洋行合伙人。1940 年代后期尚见于记载。

主要成员：布莱南•艾特金森（Brenan Atkinson, 1866—1907）、达拉斯（Arthur Dallas, 1860—1924）、小艾特金森（G. B. Atkinson）等。
从业人员：理查德•麦斯威尔•萨克（Richard Maxwell Saker）；威廉•罗•阿金森（William Lowe Atkinson）；吉尔伯特•梅加瓦（Gilbert McGarva）1907—1911 在通和洋行担任助理建筑师；文脱司（John Mackie Venters），1923 年以后加入事务所；贝尔（A. J. Bell），西尔比（R. D. K. Silby），以及买办应子云等。
地　　址：南京路 16 号（1894），九江路 1 号（1897—1899），北京路 4 号、26 号、100 号（1901—1941），北京路 26 号（1931）。

项目	作品名称	地址	设计建造年代	备注
1	圣约翰书院怀施堂（Schereschewsky Hall，今华东政法大学韬奋楼）	万航渡路 1575 号	1894	
2	*阜丰面粉厂（The FooFeng Flour Mills）	莫干山路 120 号	1896—1899	
3	天福洋行（Slevogt & Co.）	圆明园路 24 号	1897	
4	*会审公廨（The Mixed Court）	南京东路 720 号	1899	1926 建新新公司
5	麦伦书院 / 英华书院（Anglo-Chinese College）	高阳路 690 号	1898，1915	
6	圣约翰书院科学馆（Science Hall，今华东政法大学办公室）	万航渡路 1575 号	1898—1899	
7	盛宅（Mr. Sheng Kung Pao's Residence in the Bubbling Well Rod，今建承中学）	南京西路，成都北路	19 世纪末	

项目	作品名称	地址	设计建造年代	备注
8	默罕默德清真寺（The Mahomedan Mosque）	浙江中路 70 号	1900，1930 扩建	
9	公共租界会审公廨	浙江北路 191 号	1900	
10	澄衷蒙学堂	唐山路 417—457 号	1900—1902	
11	轮船招商局大楼（The China Mechant Steam Navigation Co. Building）	中山东一路 9 号	1901 2004 修缮	
12	美丰洋行	北京东路 100 号	1901	
13	* 南市自来水厂（The City and Nantao Waterworks）	半淞园路待考	1902	
14	中国纺织建设公司第五仓库（今上海市纺织原料公司新闸桥仓库）	南苏州路 1295 号	1902	
15	* 大西洋国老总会（Club Uniao Portugues）	四川北路 31 号	1903	
16	礼查饭店北楼（Astor House Hotel，今金山大楼）	大名路 60 号，金山路 43 号	1903	
17	大北电报公司（The Great North Telegraph Corporation，今盘谷银行上海分行）	中山东一路 7 号	1904—1907	1917 年由新瑞和洋行翻建
18	* 广肇学堂（Canton Guild School）	宁波路 10 号	1905	
19	仁记房产（Jinkee Estate）	圆明园路 34 号	1905	
20	礼查饭店（Astor House Hotel）	黄浦路 15 号	1905—1906	
21	沪宁铁路局大楼（The Shanghai-Nanking Railway Administration Offices）	四川中路 126 号元芳弄	1906	
22	龙章造纸厂	龙华待考	1906	
23	安培洋行（Ampire & Co.）	圆明园路 97 号	1907	
24	大清银行（Ta Ching Government Bank）	汉口路 50 号	1907—1908	
25	* 大华饭店 / 麦边花园（Majestic Hotel/Mc Bain's Residence）	南京西路江宁路口	1907 以前	
26	仁记洋行（The Gibb Livingston & Co.）	滇池路 100 号	1908	
27	业广有限公司大楼（The Shanghai Land investment Co.）	滇池路 120—124 号	1907—1908	
28	虹口公园住宅和办公楼（Residences & Co. at Hongkew Park）	待考	1908 前	
29	The Sheng Chin Silk and Piece-Goods Guild Hong	待考	1908 前	
30	源裕轮船公司（The Yuen Yue Hong and Shops）	大名路待考	1908 前	
31	红庙（The Chinese Temple in Nanking Rd.）	南京东路	1908 前	
32	麦边洋行（George McBain's Office Building）	四川中路待考	1908 前	
33	广东同乡会学校（The Cantonese Guild school）	待考	1908 前	
34	Yu Yen Flour Mills	待考	1908 前	
35	伦敦传教团学校（The London Missionary Society's School）	待考	1908 前	
36	永年人寿保险公司（China Mutual Life Insurance Company）	广东路 93 号	1910	
37	东方汇理银行（Banque de l'Indo Chine，今光大银行）	中山东一路 29 号	1912—1914	
38	大副总会（Mercantile Marine Officers'Association Buildings）	圆明园路 8 号	1912	
39	* 中华书局（Chung Wha Book Company's Building）	南京西路待考	1912—1916	
40	福新面粉厂（Foo Sing Flour Mills）	光复路 423—433 号	1912—1913	
41	上海总商会议事厅（Chinese Chamber of Commerce）	北苏州路 470 号	1913—1915	

项目	作品名称	地址	设计建造年代	备注
42	* 新世界游乐场	南京西路 1 号	1916	
43	范园（The Fan Yuan）	华山路 1220 弄	1916—1918	
44	沙美大楼（Somekh Building）	北京东路 190 号	1918—1921	
45	江西中路 141 地块	江西中路 421 号	1919—1920	
46	美华书馆（Presbyterian Mission Press）	四川北路 135 号	1920	
47	美商卫利韩公司（Hunt & Co. Wiliam）	福州路 53 号	1920—1922	
48	四明银行（The Ningbo Commercial Bank）	北京东路 232—240 号	1921	
49	莫尚宅（Residence for R. B. Mauchan，今上海话剧艺术中心）	安福路 201 号	1921—1922	
50	华商纱布交易所大楼（The Shanghai Cotton Goods Exchange，今自然博物馆）	延安东路 260 号	1921—1923	
51	盐业银行大楼（Yienyieh Commercial Bank）	北京东路 280 号	1923	
52	中一信托大楼（Central Trust Building）	北京东路 270 号	1921—1924	
53	华义银行大楼（Italian Bank for China）	九江路 186 号	1925	
54	招商局大楼改建（The China Merchants Steam Navigation）	福州路 5 号	1925	
55	兰心大楼（Lyceum Building）	圆明园路 185 号	1927	
56	晋福里	巨鹿路 181 弄	1927	
57	克罗坎宅（Residence for W. G. Crokam）	建国西路 602 号	1927	改建设计
58	上海商业储蓄银行大楼（Shanghai Commercial & Savings Bank Building）	宁波路 50 号	1929	
59	中国实业银行大楼（National Industrial Bank of China）	北京东路 130 号	1929	
60	中央造币厂（Shanghai Central Mint）	光复西路 17 号	1929—1930	
61	圣约翰大学西门堂（Seaman Hall）	万航渡路 1575 号	1929	
62	上海电话公司泰兴路分局	泰兴路 230 号	1931	
63	中国垦业银行（The Land Bank of China）	北京东路 239、255 号	1931—1933	
64	国华银行大楼（China State Bank）	北京东路 342 号	1931—1933	李石林
65	四行储蓄会堆栈（Joint Saving Society Godown）	光复路 1 号	1931—1935	
66	中国实业银行仓库（今华侨城（上海）置地有限公司）	北苏州路 1028 号	1931—1935	
67	天堂大戏院（今嘉兴影剧院）	东嘉兴路 267 号	1932	
68	* 慎余里	天潼路 847 弄	1932	
69	晋福里	巨鹿路 181 弄	1932	
70	中央储蓄会大楼（Central Savings Society）	天津路 2 号	1934—1935	
71	五洲大药房（International Dispensary）	河南中路 220 号	1934—1935	
72	* 四川中路与广东路转角住宅	四川中路广东路转角		1997 拆除
73	宜德堂（Yang's Residence）	昌化路 136 号	1938	
74	亨利公寓（Hanray Mansions，今淮中大楼）	淮海路 1154—1170 号	1939	
75	荣德生宅（今徐汇区少年宫）	高安路 18 弄 20 号	1939	
76	邵式军宅	余庆路 80 号	1941	
77	英商密丰绒线厂（Patons & Baldwins, Ld）	鄱阳路 400 号	1948	薛锜甫加建
78	中华福音会布道堂（The Free Christians' Preaching Hall）	乍浦路 193 号		
79	* 圣安德烈教堂（St. Andrew's Church）	大名路待考		

（续表）

项目	作品名称	地址	设计建造年代	备注
80	溥宏宽宅（Pu Hoh Kuan's Residence in Woo Sung Rd.）	吴淞路待考		
81	曼彻斯特大厦（Manchester Houses in Hankow Rd）	汉口路待考		
82	Tong Fun Chee's Residence in Haining Rd.	海宁路待考		
83	Chun Fai Tong's Residence in Haining Rd.	海宁路待考		
84	The Aston Estate Houses in the Avenue Paul Brunat	淮海中路待考		
85	S. Benjamin's Residence in the Bubbling Well Rd.	南京西路待考		
86	S. K. Tong's Residence	南京西路待考		
87	麦边夫人宅（Residence for Mrs. Mcbain）	待考		
89	The Windsor Estate Houses in Markham Rd.	石门二路待考		
89	The Club Unuao in Szechuen Rd.	四川中路待考		
90	泰兴路联排住宅（The Spencer Estate Houses in Medhurst Rd.）	泰兴路待考		
91	坎普贝尔宅（Cecile Court, Mr. R. M. Campbell's Residence）	新闸路待考		
92	King's Hotel	待考		
93	海关银行大楼（The Customs Bank）	待考		
94	华伦宅（Residence Vernon）	待考		
95	保宏保险公司大楼（New Zealand Insurance Co）	待考		
96	北京西路住宅	待考		
97	长老会学校（Presbyterian Mission School）	待考		
98	法商电车公司办公楼（The Offices of the French Tramway Company）	待考		
99	* 意大利总领事馆	南京西路 555 号		
100	闸北水电厂（Zapei Power Station）	待考		
101	芝罘路教堂（Chefoo Church）	待考		
102	唐寿江宅	待考		
103	亚东银行	天津路待考		

注：作品信息根据 *Twentieth Century Impressions of Hong Kong, Shanghai, and other Treaty Ports of China*. Lloyd's Greater Britain Publishing Company Ltd. 1908: 630.

●< 英 > 新瑞和洋行 / 建兴洋行（Davies, Gilbert & Co./Davies & Thomas, Civil Engineers & Architects/Davies & Brooke/Davies, Brooke & Gran Architects）

1894 年，覃维思在外滩 10 号建立，承接建筑设计和土木工程，兼营房地产业务，西名为 Davies, Gilbert & Co.；1899 年，与托玛斯（Charles W. Thomas）合伙，更西名为 Davies & Thomas, Civil Engineers & Architects；1913 年前，托玛斯退出，洋行改由覃维思与建筑师蒲六克（J. T. Wynyard Brooke）合伙，启用 Davies & Brooke 新西名；1930 年代 改名为建兴洋行（Davies, Brooke & Gran Architects）。

主要成员：覃维思（Gilbert Davies），英国建筑师学会会员，1893—1896 年在工部局工务处任职，1920 年代中获英国皇家建筑师学会开业证书，并先后成为英国建筑工程师学会和皇家建筑师学会会员，1931—1933 年在上海恒业地产有限公司任职。

从业人员：格兰（E. M. Gran），J. Hayden Miller。

地 址：九江路 5 号（1899），外滩 17A、10 号（1901—1920），爱多亚路 25 号（1921），爱多亚路 4 号新电信大楼（1922—1931），仁记路 21 号公平大楼（1932—1933）。

项目	作品名称	地址	设计建造年代	备注
1	*汇丰银行大班住宅	南京西路西康路	1906	
2	太古洋行（Butterfield & Swire）	中山东二路 22 号	1906	
3	上海华洋德律风公司（The Shanghai Mutual Telephone Company）	江西中路 232 号	1908	
4	礼查饭店（Astor House Hotel，今浦江饭店）	黄浦路 15 号	1908—1910	
5	伍廷芳寓（Henley House）	北京西路 1094 弄 2 号	1910	
6	逸村	淮海中路 1610 弄	1915—1916	仅 1 幢住宅
7	大北电报公司（The Great Northern Telegraph Corporation）	中山东一路 7 号	1917—1918	火灾后修复设计
8	约瑟夫宅（Residence for R. M. Joseph，今东湖宾馆）	淮海中路 1110 号	1920—1921	1925 加建
9	大北电报局（The Great Northern Telegraph Corporation）	延安东路 34 号	1922	
10	华侨银行大楼（Oversea Chinese Banking Corp.，今华侨大楼）	沙市一路 24 号	1924—1930	
11	*丽华公司	南京东路河南路转角	1925	
12	衍庆里仓库	南苏州路 991—995 号	1928—1929	
13	东方饭店（Grand Hotel）	西藏中路 120 号	1926—1929	
14	兰心大戏院（Lyceum Theatre）	茂名南路 57 号	1930—1931	
15	麦特赫斯脱公寓（Medhurst Apartments）	南京西路 934 号	1934	
16	懿德公寓（Yue Tuck Apartments）	乌鲁木齐北路 99 弄 1—5 号	1933—1934	
17	中国通商银行新厦/建设大楼（The Commercial Bank of China/Development Building）	江西中路 181 号	1934—1936	
18	周湘云宅（今青海路门诊部）	青海路 44 号	1934—1937	
19	派克路商店（Hongs & Shops on Tsingtao Road & Park Road）	黄河路待考	1933	
20	辽阳路工场 33 所	待考	1933—1934	
21	辽阳路中式住宅 8 幢	待考	1933—1934	
22	爱麦虞限路 14 间公寓	绍兴路待考	1933—1934	
23	青岛路派克路市房	黄河路待考	1934	
24	昆山路住宅	昆山路待考		

●<英>爱尔德有限公司/爱尔德洋行/爱尔德打样行/安利洋行（Algar, A. E./Algar & Beesley/Algar & Co,. Ld. Architects and Surveyors, Land, Estate and Insurance Agencies）

　　1897 年，由加拿大建筑师爱尔德在上海圆明园路 11 号建立，承接建筑设计及土木工程，西名为 Algar, A. E.。1906 年前后与毕士来合伙，更西名为 Algar & Beesley。1907 年毕士来退出，独立开业。1915 年改组为爱尔德有限公司（安利洋行 Algar & Co., Ltd.）。1928 年被沙逊洋行名下的华懋地产公司收购，但行名不变。

主要成员：爱尔德（Albert Edmund Algar, 1873—1926）、毕士来（Percy Montagu Beesley）。
从业人员：N. E. Kent，爱敦司（E. H. Adams），R. Hobday，E. Gindper。
地　　址: 外滩 20 号（1901），圆明园路 18 号（1902—1913），圆明园路 11 号（1915—1926），香港路 5 号爱尔德大楼（1927—1937），沙逊大厦（1938—1941）。

项目	作品名称	地址	设计建造年代	备注
1	李鸿章宅（Residence Li Hung Chang）	康定东路 85 号	19 世纪末	
2	圆明公寓（Yuen Ming Apts.）	圆明园路 115 号	1904	

项目	作品名称	地址	设计建造年代	备注
3	*业广地产公司公寓	四川北路底	1907 年以前	
4	中国基督教青年会（Chinese Young Men's Christian Association，今浦光大楼）	四川中路 595—607 号	1905—1907，西楼 1913—1914 建成	
5	仁记路 119 号大楼	滇池路 119 号	1906	
6	哈同大楼（今慈安里）	南京东路 114—142 号	1906	
7	圣约翰大学思孟堂（Yan Yongjing Hall，今华东政法大学宿舍楼）	万航渡路 1575 号	1908—1909	
8	元芳洋行（Maitland & Co. Building）	四川中路元芳弄	1912—1914	
9	亨利路 22—32 号宅	新乐 22—32 号	1923	
9	所罗门宅（Residence for R. Solomon）	南阳路铜仁路	1924	
10	威尔金森宅（Residence for E. S. Wilkinson，今上海房地产科学研究院 3 号楼）	复兴西路 193 号	1924	
11	太古洋行大班住宅（Butterfield & Swire House for manager，今兴国宾馆 1 号楼）	兴国路 72 号	1924—1935	威廉 - 埃利斯，爱尔德洋行爱敦司
12	谋得利钢琴厂办公楼	江浦路 627 号	1925	
13	凡尔登花园 / 白费利花园（Verdun Terrace/Beverly Gardens，今长乐村）	陕西南路 125 弄	1925—1929	
14	三多里	周家嘴路 786 弄	1926	
15	皮裘公寓（Bijou Apts.）	铜仁路 278 号	1928—1929	
16	哈同路 280 号住宅	铜仁路 280 号	1930	
17	*福利公司（Hall and Holtz Co.）	黄河路南京西路口	1934	
18	太古洋行宅改建（今兴国宾馆 6 号楼）	兴国路 71 号	1941	
19	横滨正金银行大班住宅（Residence of the Manager of the Yokohama Specie Bank）	待考		
20	极司非而路别墅	待考		
21	加拿大太平洋铁路公司（The Canadian Pacific Railway Block）	待考		
22	李德立宅（Residence E. S. Little）	虹桥路待考		
23	李经芳公馆（Residence Li Ching Fong）	待考		
24	麦伦书院住宅（Residences at Medhurst College）	待考		
25	慕尔公司大楼（Moore & Co. Building）	待考		
26	普赖司公司大楼（Price's (China) Co. Building）	待考		
27	上海盲人之家（Home for the Chinese Blind）	待考		
28	四川北路住宅（Main Terrace）	四川北路待考		
29	维多利亚花园（Victoria Gardens）	待考		
30	斜桥弄花园（Love Lane Gardens）	吴江路待考		
31	源和啤酒厂（Shanghai Brewery）	待考		
32	增裕面粉厂仓库（The China Flour Mill Warehouses）	待考		
33	Edna Villas	万航渡路待考		
34	Markham Place and Terrace	待考		
35	Chante Clare Villas	待考		
36	The Alexandra Building, Messrs. Stokes, Platt & Tecsdale	待考		
37	The Tamwa Building	四川中路，滇池路转角		

项目	作品名称	地址	设计建造年代	备注
38	Rifle Range Gardens	待考		
39	Yang Terrace	待考		
40	安保罗宅（Residence P. E. Kranz）	待考		
41	The Industrial Home for the Door of Hope	待考		

●< 英 > 马矿司洋行 / 马海洋行 / 新马海洋行（Moorhead，R. B. /Moorhead & Halse/Moorhead, Halse & Robinson/ Spence, Robinson & Partners）

1898 年，由马矿司建立，承接土木工程和建筑设计业务。1907 年，与海氏合伙，设立马海洋行，改西名为 Moorhead & Halse，承接建筑设计、土木及测绘工程。1907 年，由马矿司和海氏合伙建立，承接建筑设计，土木及测绘工程。1920 年代初改组，更西名为 Moorhead, Halse & Robinson。1928 年，再度改组，斯彭斯加入，改名为新马海洋行，西名为 Spence, Robinson & Partners。1940 年代尚见于记载。

主要成员： 马矿司（Robert Bradshaw Moorhead）、海氏（又译海尔斯，Sidney Joseph Halse）、斯彭斯（H. M. Spence）、哈洛·鲁宾生（Harold G. Robinson）、马尔楚。
从业人员： 白脱（C. R. Butt）。
地　　址： 广东路 4 号（1897），四川路 18B（1903），江西路 40 号（1904），外滩 23 号（1905—1906），圆明园路 13、17 号（1908—1928），北京路 3、27、39 号（1929—1941）。

项目	作品名称	地址	设计建造年代	备注
1	新福音教堂和德国子弟学校（Deutsche Evangelische Kirche und Deutsche Schule）	黄浦路金山路	1900—1901	
2	爱资拉宅（Residence for E. I. Ezra，今上海红枫国际妇产医院）	淮海中路 1209 号	1911—1912	
3	怡和纱厂（Ewo Cotton Mills）	杨树浦路 670 号	1896	
4	麦克培恩大楼 / 麦边大楼 / 亚细亚大楼（The Asiatic Petroleum Company Building/The McBain Building）	中山东一路 1 号	1913—1916	
5	* 公济医院（General Hospital）	北苏州路 190 号	1915	
6	道达洋行（Dodwell & Co.，今珠江大楼）	江西中路 320—322 号	1915	
7	保家行 / 德华银行（North China Insurance Co. Building/Deutsch-Asiatische Bank）	九江路 89 号	1916—1929	1988 加建 2 层
8	美伦大楼北楼（Ezra Building Block A）	南京东路 161 号	1916—1921	
9	中南银行（The China & South Sea Bank）	汉口路 110 号	1917—1921	
10	拉结会堂（Ohel Rachel Synagogue）	陕西北路 500 号	1917—1921	
11	鸿元纱业大楼（Hong Yue Cotton Mill Co. Building，今居民住宅）	江西中路 441—455 号	1921	
12	金龙洋行	虎丘路 66 号	1925—1926	
13	沙弥大楼（Samekh Apts.，今哈密大楼）	圆明园路 149 号	1925—1927	
14	* 沙弥宅（Residence for S. S. Samekh）	陕西南路 2 号	1925	改扩建
15	小浦西公寓（Boone Apts.）	塘沽路 393 号	1926	
16	住宅	龙江路 50—56 号	1929	
17	董宅（Resuidence of Seng Sing Doog）	华山路 913—919 号	1930	
18	新康大楼（Ezra Building）	江西中路 260—270 号	1930	
19	美伦大楼西楼（Ezra Building）	江西中路 278 号	1930	
20	英商密丰绒线厂（Patons & Baldwins Mill）	鄱阳路 400 号	1930	
21	美国学校（Cathedral School for Girls）	华山路 643 号	1930	原利德尔宅改建
22	虎丘路平治门栈房	虎丘路待考	1932	

（续表）

项目	作品名称	地址	设计建造年代	备注
23	杨氏公寓（Young Apts.，今永业大楼）	淮海中路 481 号	1932—1933	白脱
24	上海煤气公司杨树浦工厂办公楼及住宅（Offices and Godown, Shanghai Gas Co.）	杨树浦路 2524 号	1932—1934	
25	* 虹桥路住宅（A House at Hung-Jao）	虹桥路待考	1933	
26	Shi-Hui Cloth Mill	待考		
27	* 沧州饭店（Burlington Hotel）	南京西路		
28	跑马总会大厦及会员看台（Administration Building & Member Stand, Shanghai Race Course，今上海历史博物馆）	南京西路 325 号	1933—1934	
29	新康花园 / 欢乐庭院（Jubilee Court）	淮海中路 1273 弄 1—22 号	1934	
30	业广地产公司大楼方案	九江路江西路	1934	
31	沙发花园（Sopher Garden，今上方花园）	淮海中路 1285 号	1938—1941	
32	华德路电话公司	长阳路待考		
33	大世界后面电话公司	待考		
34	威海卫路郑公馆	威海卫路待考		
35	小沙渡路周公馆	西康路待考		
36	内地教会	新闸路待考		

●＜英＞泰利洋行 / 泰利公司（Brandt & Rodgers, Ltd./Architects, Land, Estate Agents）

1900 年，由英国建筑师白兰泰建立，与执业律师陆舌儒合伙，承接建筑设计，兼营房地产代理业务；1908 年前，陆舌儒离开事务所，由白兰泰主持；1923 年改组为私有有限公司；1940 年代尚见于记载，白兰泰 1949 年离沪去香港。

主要成员：白兰泰（William Brandt），陆舌儒（E. L. Rodgers），A. Symons, K. C. Lee, A. L. Brandt。
地　　址：宁波路 4 号（1906），四川路 121、123、131、251 号（1908—1929），江西路 51C、391 号（1930—1941）。

项目	作品名称	地址	设计建造年代	备注
1	新泰仓库	新泰路 57 号	1920	
2	联安坊（今上海国盛集团有限公司）	愚园路 1352 弄 5—8 号	1926	
3	白兰泰宅（Residence for Brandt，今长宁区卫生学校）	华山路 1164 号	1926	
4	震兴里	茂名北路 220 弄	1927	
5	邱宅	威海路 412 号	1920 年代	
6	高福里	长乐路 294 弄	1930	西弄
7	康绥公寓（Cozy Apts.）	淮海中路 468—494 号	1934	改建设计
8	中华书局印刷厂	澳门路 417 号	1935	
0	中央储备银行（一说陶如增宅，今上海歌剧院）	常熟路 100 弄 10 号	1936	
10	景华新村	巨鹿路 820 弄 804—836 号	1938	
11	愉园	淮海中路 1350 弄	1941	
12	陈英士纪念堂	北京路待考		
13	永康里	光复路待考		101 个单元

●<法> 沙得利工程司行（Charrey & Conversy Architectes）

　　沙雷（H. Charrey，1878—?），出生于法国的阿讷马斯，毕业于日内瓦美术学校。孔韦尔西（M. Conversy）的出生地和毕业学校同沙雷，后在巴黎土木及建筑学校进修。他们两人于 1902 年在天津开办沙得利工程师行，1909 年起成为义品放款银行的建筑师。

地　　址：外滩 20 号（1911—1916）。

项目	作品名称	地址	设计建造年代	备注
1	麦地别墅（Villa de Mr. Madier，今中科院上海分院）	岳阳路 319 号 11 号楼	1911	
2	法租界会审公廨（Nouvelle Cours Mixte Française，今黄浦区人民检察院）	建国西路 20 号	1914—1915	
3	法租界警务处（Poste Central，今黄浦区人民检察院）	建国西路 24 号	1915—1918	1928 加建 1 层
4	永丰村	重庆南路 177 号，179 号	1921—1922	

注：信息根据寺原让治《天津的近代建筑和建筑师》，见周祖爽、张复合、村松伸、寺原让治编《中国近代建筑总览·天津篇》（中国近代建筑史研究会、日本近代建筑史研究会出版，1989）第 37 页。马长林主编《老上海行名辞典 1880—1941》（2005）。

●<英> 克明洋行 / 锦名洋行（Cumine & Milne/Cumine & Co., Ld. Architects, Surveyors and Estate Agents）

主要成员：亨利·蒙赛尔·克明（Henry Monsel Cumine，1882—?），1882 年在上海出生，1899 年起在工部局公共工程司工作，1903 年建立克明洋行，1925 年改组为锦名洋行；甘少明（埃里克·拜伦·克明，Eric Byron Cumine），建筑师，亨利·蒙赛尔·克明之子，1949 年赴香港；米伦（F. E. Milne）。

地　　址：Edward Ezra Building, 38 Kiangse Road（1920—1924），48 Szechuen Road（1929），149 Szechuen Road（1937）。

项目	作品名称	地址	设计建造年代	备注
1	熙华德路住宅	长治路 119—135 号	1923	
2	北京大戏院（Peking Theatre）	贵州路 239 号	1926	
3	中兴银行（Cheng Foung Kung Sze）	福州路 89 号	1926—1927	
4	德义大楼（Denis Building）	南京西路 778 号	1928	
5	锦名洋行大班寓所	待考	1929	
6	霞飞坊（Joffre Terrace，今淮海坊）	淮海中路 927 弄	1929	
7	爱林登公寓（Eddington House，今常德公寓）	常德路 195 号	1933—1936	
8	法华路 200 号法国商人宅（今汉语大词典出版社）	新华路 200 号	1934	1948 改建
9	宏业花园（West End Estate）	愚园路 1088 弄	1930 年代	
10	北京大戏院（Peking Theatre）			
11	No.8 Foh Sing Mill and Flour Mill	待考		
12	国民商业储蓄银行（National Commercial and Savings Bank）	待考		

●叶肇昌（Father Francesco Xavier Diniz）

　　叶肇昌（字树藩, Father Francesco Xavier Diniz, 1869—1943）葡萄牙籍耶稣会神父，1905—约 1936 年担任耶稣会建筑师，设计了徐家汇耶稣会的一些建筑。

项目	作品名称	地址	设计建造年代	备注
1	震旦大学（Université Aurore）	重庆南路	1905	
2	佘山进教之佑圣母大堂（Basilica of Mary, Help of Christians）	松江西佘山顶	1925—1935	

● <法> 邵禄工程行/邵禄父子工程师行（Chollot, Joseph-Julien/Chollot et Fils, J. J.）

1907 年前后由邵禄设行，承接土木，测绘工程和建筑设计业务，西名为 Chollot, J. J.；1910 年代中改组为邵禄父子工程师行，Chollot et Fils, J. J.；1920 年代后期恢复原称 Chollot, J. J.；1939 年尚见于记载。

主要成员：邵禄（Joseph-Julien Chollot, 1861—？），法国桥梁工程师；J. M. X. Chollot；L. A. Chollot。

地　　址：洋泾浜 53 号（1908—1909），白尔路 31 号（1912—1914），蒲柏路 476、480 号（1915—1934），麦赛尔蒂罗路 85 号（1920—1939）。

项目	作品名称	地址	设计建造年代	备注
1	* 法国领事馆（1987 年拆除）	金陵东路 1 号	1894—1896	
2	麦阳路 158 号中国建业地产公司住宅	华亭路 158 号	1939	

● <英> 致和洋行（Tarrant & Morris Civil Engineers & Architects）

主要成员：英国皇家建筑师学会会员塔兰特（B. H. Tarrant, ?—1910）；Morris, 布雷（A. G. Bray）。

地　　址：圆明园路 1 号（1909），北京路 8 号（1911）。

项目	作品名称	地址	设计建造年代	备注
1	上海总会（Shanghai Club，今华尔道夫酒店）	中山东一路 2 号	1909—1911	塔兰特、布雷

● <德> 汉斯·埃米尔·里勃（Hans Emil Liebe）

项目	作品名称	地址	设计建造年代	备注
1	* 威廉学堂（Kaiser-Wilhelm-Schule）	威海路 30 号	1910—1911， 1925—1926 扩建	
2	俄罗斯领事馆	黄浦路 20 号	1914—1916	

● <挪威> 协泰行（E. J. Muller Consulting Civil Engineer）

主要成员：穆拉（E. J. Muller, ?—1942），挪威土木工程师，1902 年到上海，受雇于城市管理机构的技术部门，1906 年转入英商怡和洋行工作，1907 年创办挪威土木工程公司（Norwegian Civil Engineers）。

从业人员：P. Tilley，B. van Exter。

地　　址：博物院路 17 号（1911—1927），福州路 9 号（1928），北京路 2 号（1929—1941）。

项目	作品名称	地址	设计建造年代	备注
1	日本北部高等小学校（今虹口区教育学院实验中学）	四川北路 1844 号	1917	
2	约克大楼（York House，今金陵大楼）	四川南路 29 号	1921	
3	白尔登公寓（Belden Apts.，今陕南大楼）	陕西南路 213 号	1924	

● <英> 毕士来洋行（Percy M. Beesley, Architect）

1906 年前，英国建筑师毕士莱（Percy Montagu Beesley）到上海；1907 年，在新闸路建立毕士来洋行，承接土木工程和建筑设计业务；1920 年代尚见于记载。

地　　址：圆明园路 13 号（1908—1909），香港路 9 号（1911），萨坡赛路 12 号（1924），横滨正金银行大楼（1925—1926）。

项目	作品名称	地址	设计建造年代	备注
1	教会公寓（Union Church Apts.，今修身堂，Sau San Tang）	南苏州路 79 号	1899	
2	郭乐、郭顺宅（今上海市人民政府外事办公室）	南京西路 1400—1418 号	1924—1926	

● <美> 茂旦洋行（Murphy & Dana/Murphy, McGill & Hamlin，Realty Investment Co.）

　　茂飞 1908 年与旦纳（Richard Henry Dana）合伙在上海开业。旦纳于 1920 年离开事务所后，事务所改名为 Murphy, McGill & Hamlin, Realty Investment Co.。

主要成员： 茂飞（Henry Killiam Murphy，1877—1954）。
从业人员： 马奇（McGill）、汉伦（Hamlin），1920 年进入事务所，1923 年退出；庄俊、吕彦直曾参与茂飞事务所工作，后独立开业。
地　　址： 外滩 4 号有利大楼（1919—1921）。

项目	作品名称	地址	设计建造年代	备注
1	复旦大学总体规划（Fuh Tan College General Plan）	邯郸路 220 号	1918	
2	中西女塾（McTyeire School for Girls）	待考	1918	
3	青年会旅馆（Y. M. C. A Hotel）	待考	1918	
4	沪江大学规划（Shanghai College General Plan）		1919	
5	复旦大学奕柱堂	邯郸路 220 号	1920	
6	* 花旗银行（International Banking Corporation）	九江路 41 号	1920	改建设计
7	大来大楼（Robert Dollar Building）	广东路 23 号	1921	
8	复旦大学简公堂（Recitation Hall）	邯郸路 220 号	1921	1940 年代修复
9	复旦大学登辉堂（今相辉堂）	邯郸路 220 号	1921	原第一学生宿舍，1947 年复建
10	美童公学（Shanghai American School）	衡山路 10 号	1923	
11	复旦大学寒冰馆	邯郸路 220 号	1925	
12	复旦大学景莱堂	邯郸路 220 号	1925	
13	复旦大学子彬院	邯郸路 220 号	1925—1926	

● <英> 思九生洋行（Spence, Robinson & Partners, Stewardson & Spence）

　　1910 年在上海开办；1928 年斯彭斯离开 Stewardson R. E. 事务所；1938 年洋行结束。

主要成员： 思九生（Robert Ernest Stewardson），英国建筑师；斯彭斯（H. M. Spence），1928 年离开事务所加入马海洋行，组成新马海洋行。
从业人员： H. G. F. Robinson, C. F. Butt, J. E. March；C. Middlemiss。
地　　址： 圆明园路 21、149、22 号（1914—1938），北京路 3 号（1931）。

项目	作品名称	地址	设计建造年代	备注
1	物资供应站 / 江川大楼 / 德华银行（今上海市医药供应公司）	九江路 89 号	1916	
2	上海英美电车建设公司（The Shanghai Electric Construction Co.）	南苏州路 185 号	1917	
3	怡和洋行大楼（The EWO Building）	中山东一路 27 号	1920—1922	
4	嘉道理宅 / 大理石大厦（Elly Kadoorie's House/ Marble House）	延安西路 64 号	1920—1924	嘉咸宾
5	上海邮政总局（Shanghai Post Office Building）	北苏州路 276 号	1922—1924	
6	住宅	胶州路 450 号	1922	
7	* 欧战纪念碑	延安东路外滩	1924	
8	颜得胜宅（Residence for L. Andersen，今上海电影译制厂）	永嘉路 383 号	1924	1929 年由陈企侃改建为孔祥熙宅
9	龚宅（Houses for Kung Hsu Hsing，今宝钢老干部活动中心）	胶州路 522 号	1924—1925	
10	正广和洋行大班宅（Macgregor Villa）	武康路 99 号	1926—1928	
11	跑马总会行政办公楼（Administration Building）	黄陂路	1928	

（续表）

项目	作品名称	地址	设计建造年代	备注
12	内地会（China Inland Mission）	北京西路 1400 弄 24 号	1930	
13	规矩堂（Masonic Hall，今上海市医学会）	北京西路 1623—1647 号	1931	
14	海军部海道测量局公署	待考	1932	
15	犹太学校	陕西北路 500 号	1932	
16	居尔典路 276 号宅（House for Lee Tsing Chong）	湖南路 276 号	1932	
17	住宅改建	东平路 9 号	1932	改建设计
18	福开森路 3 层双开间店房 4 幢	武康路待考	1933	

●＜英＞公和洋行 / 公和打样行（Palmer & Turner Architects and Surveyors）

威廉·萨威（William Salway, 1844—1902）1858 年到香港，在香港创建 W. Salway, Architect, Surveor & C.; 1870 年，测量师威尔逊（Wilberforce Wilson）加入公司，公司命名为 Wilson & Salway; 1878 年，测量师伯德加入公司，公司命名为 Wilson & Bird; 1880 年，建筑师克莱门特·巴马（Clement Palmer, 1857—1952）加入公司，公司命名为 Bird & Palmer，参加香港汇丰银行大厦的设计竞赛获胜，成为事务所的设计主持; 1884 年，结构工程师阿瑟·丹拿（Arthur Turner, 1858—约 1945）加入公司，1891 年成为合伙人; 1886 年，更名为巴麻丹拿（巴马丹拿）洋行 Palmer & Turner; 1911 年，乔治·利奥波德·威尔逊（George Leopold Wilson, 1881—1967）和洛根到上海开设事务所，开始使用中文名称公和洋行; 1939 年，上海公和洋行关闭; 1941 年，香港巴麻丹拿（巴马丹拿）洋行关闭。

从业人员：H. W. Bird, 洛根（M. H. Logan），伯德（Godfrey Bird），鲍斯惠尔（Edwin Forbes Bothwell），弗兰克·科勒德（Frank Collard），J. W. Barrow，H. J. Tebbutt, G. D. Smart, J. A. Ritchie, W. A. Dunn, P. O. G. Wakeham, V. N. Dronnikoff, 普伦等。

地　　址：江西路 24B（1914），广东路 7A（1915—1916），外滩 4 号（1918—1921），广东路 17 号（1922—1941）。

项目	作品名称	地址	设计建造年代	备注
1	* 江湾跑马场（Kiangwan Race Club and Stands）	叶氏路，淞沪铁路支线，近叶家花园	1908	
2	有利银行 / 天祥银行（Union Insurance Company/The Mercantile Bank of India, London & China）	中山东一路 4 号	1913—1916	
3	永安公司（Wing On Store）	南京东路 620—635 号	1916—1918	
4	扬子水火保险公司（Yangtsze Insurance Building，今中国农业银行上海分行）	中山东一路 26 号	1918—1920	
5	英商上海市自来水公司（Shanghai Waterworks Co.）	江西中路 484 号	1920—1921	洛根
6	杨树浦路毛麻仓库	杨树浦路 468 号	1920	
7	蓝烟囱轮船公司大楼（Glen Line Building，今上海清算所）	北京东路 2 号	1920—1922	
8	汇丰银行（Hongkong and Shanghai Banking Corporation Building）	中山东一路 10—12 号	1921—1923	
9	麦加利银行（The Chartered Bank of India, Australia, and China）	中山东一路 18 号	1920—1923	
10	横滨正金银行（Yokohama Specie Bank，今中国工商银行上海分行）	中山东一路 24 号	1923—1924	弗兰克·科勒德
11	江海关（Chinese Maritime Customs House）	中山东一路 13 号	1923—1927	鲍斯惠尔
12	华懋公寓（Cathay Mansions）	茂名南路 59 号	1925—1929	
13	沙逊大厦 / 华懋饭店（Sassoon House/Cathay Hotel）	中山东一路 20 号	1926—1929	
14	* 新犹太教堂（Beth Ahron Synagogue）	虎丘路 50 号	1926—1927	
15	英商上海市自来水公司 3 号引擎车间（Shanghai Waterworks Co. Ltd）	杨树浦路 830 号	1920 年代	
16	白赛仲路 199 号宅	复兴西路 199 号	1924	
17	汇丰大楼（Wayfoong House）	四川中路 220 号	1928	

项目	作品名称	地址	设计建造年代	备注
18	教会学校（Holy Trinity Cathedral School）	九江路 219 号	1928—1929	同仁医院，百乐饭店
19	教会住宅（今上海市公安机关服务中心）	汉口路 210 号	1929	
20	国泰公寓（Cathay Flats）	淮海中路 816 弄 818—832 号	1928	
21	中央商场（Central Arcade）	南京东路 179 号	1929—1930	
22	美伦大楼东楼（Ezra Building）	南京东路 143—151 号	1929—1930	
23	国际俱乐部（The International Recreation Club）	南京西路 722 号	1929	
24	福开森路 97 号住宅	武康路 97 号	1930	
25	沪江别墅	长乐路 613 弄	1930—1931	
26	福开森路 123 号张宅（Residence for S. C. Chang）	武康路 123 号	1930—1931	
27	居尔典路张叔驯宅（Residence for S. C. Chang，今上海交响乐团）	湖南路 105 号	1930—1931	
28	孙宅（Residence for K. F. Sun）	华山路 831 号	1930—1931	
29	百老汇大厦（Broadway Mansions）	北苏州路 2 号	1930—1934	业广地产公司弗雷泽，公和洋行作为顾问
30	海格公寓（Haig Apts.）	华山路 823/825/827 号	1931	
31	亚洲文会大楼（The North China Branch of the Royal Asiatic Society）	虎丘路 20 号	1928—1933	
32	汉弥尔登大厦（Hamilton House，今福州大楼）	江西中路 170 号	1931—1933	
33	巨泼来斯路 322 号宅	安福路 322 号	1938	
34	Samarkand Apts.	淮海中路 1986 号		
35	河滨大厦（Embankment Building）	北苏州河路 340 号	1931—1935	
36	沙逊别墅（Sassoon's Villa/Edden Garden）	虹桥路 2409 号	1930—1932，1946 改建辅楼	厉树雄别墅，自 1946
37	罗别根花园（Robicon Garden）	虹桥路 2310 号	1931—1932	
38	苏州路堆栈（安记营造厂承建）	待考	1933	
39	Maresca Apts.	五原路 289 弄 1—4 号	1933	
40	正广和栈房（Calbeck Macgregor & Co.）	待考	1933—1935	
41	正广和汽水有限公司（Calbeck Macgregor & Co. Macgregor House）	通北路 400 号	1933—1935	
42	凯文公寓（Carbendish Court）	衡山路 525 号	1933—1938	
43	都城饭店（Metropole Hotel）	江西中路 180 号	1934	
44	三井银行（Mitsui Bank，今中国建设银行上海分行）	九江路 50 号	1934	
45	峻岭寄庐 / 格林文纳公寓（The Grosvernor House）	茂名南路 87 号	1934—1935	
46	格林文纳花园（Grosvernor Gardens，今茂名公寓）	茂名南路	1935	
47	怡和酒厂（EWO Brewery）	定海路 315 号	1934—1936	
48	迈尔西爱公寓 / 格林顿公寓	茂名南路	1934	
49	虹桥路茅舍（T. V. Soong's House）	虹桥路 1430 号	1934	
50	虹桥路两座住宅（今国际舞蹈中心）	虹桥路 1648、1650 号	1934	
51	密丰绒线厂加建厂房、俱乐部、职工住宅等（Patons & Baldwins Mill）	鄱阳路 400 号	1933—1935	加建
52	中国银行（Bank of China）	中山东一路 23 号	1935—1944	与陆谦受合作
53	正广和公司（Macgregor House）	福州路 44 号	1937	

项目	作品名称	地址	设计建造年代	备注
54	沙利文公寓（Georgia Apts.）	衡山路 288 号	1939	
55	马勒洋行老船坞房改建（Mollers' Wharves Building）	东大名路 378 号	1939—1941	普伦改建设计
56	修道院公寓（The Cloisters）	复兴西路 62 号	1930 年代	
57	上海第五纱厂	待考		
58	开普敦公寓（Capetown Apts.）	武康路 240、242、246 号	1942	

●＜西＞赛丰洋行 / 赛隆洋行（A. Lafuente Garcia-Rojo, Architect & Contractor，Lafuente & Yaron/ Lafuente & Wootten Architects/A. Lafuente Garcia-Rojo Architect）

1913 年阿韦拉多·乐福德（Abelardo Lafuente Garcia-Rojo，1871—1931）在上海成立赛丰洋行（A. Lafuente Garcia-Rojo, Architect & Contractor）；1918 年阿韦拉多·乐福德加入美国建筑师 G. O. Wooten 的事务所，改名赛隆洋行（Lafuente & Wootten Architects）；1919 年后成立赛丰洋行（A. Lafuente Garcia-Rojo Architect）；1920 年俄国建筑师亚龙成为合伙人，事务所改名赛丰洋行（Lafuente & Yaron）；1934 年改名赛丰洋行（A. I. Yaron）。

地　　址：有利大楼（1918—1919，赉和洋行），九江路 6 号（1920），新康路 13 号（1921—1923），静安寺路 108、151、316 号（1924—1928），静安寺路 1531 号（1931），蒲石路 770 号（1934）。

项目	作品名称	地址	设计建造年代	备注
1	* 雷玛斯电影院 / 虹口大戏院（Ramos Cinema）	乍浦路 388 号	1918	1988 年拆除
2	* 维多利亚影戏园（Victoria Theatre）	海宁路，四川北路口	1909	
3	* 夏令配克影戏院 / 新华电影院（Embassy Theatre）	南京西路 126、127、742 号	1927—1935	
4	礼查饭店舞厅孔雀厅（Ballroom at Astor House Hotel）	黄浦路 15 号	1917	
5	犹太人俱乐部（Jewish Club）	南京西路 702—722 号	1917	
6	飞星公司（Star Garage）	南京西路 702—722 号	1918	
7	* 弗兰契宅（Residence French）	长阳路	1918	
8	罗成飞宅（Mansión J. Rosenfeld，今萨莎餐厅）	东平路 11 号	1921	
9	雷玛斯公寓 / 北川公寓 / 拉摩斯公寓（Ramos Apartments）	四川北路 2079—2099 号	1923	
10	* 大华饭店舞厅（Ballroom at Majestic Hotel）		1924	乐福德、亚龙
11	雷玛斯宅（Casa Ramos，Ramos Villa）	多伦路 250 号	1924	
12	* 回力球场（Jai Alai Building）	陕西南路		

●＜美＞柯士工程司（Shattuck & Hussey，Architects Chicago）

主要成员：Walter F. Shattuck 与 Harry Hussey。
地　　址：有利大楼（1916—1918）。

项目	作品名称	地址	设计建造年代	备注
1	基督教青年会中国总部大楼（National Headquaters of The Y. M. C. A., 今虎丘公寓）	虎丘路 131 号	1915	

● 安铎生

项目	作品名称	地址	设计建造年代	备注
1	美国陆海军青年会	四川中路 630 号	1915	

● 博惠公司（Black Wilson & Co. Architects & Engineers）

项目	作品名称	地址	设计建造年代	备注
1	景灵堂（Allen Memorial Church/Hongkew Methodist Church）	昆山路 135 号	1922	
2	郝培德宅 / 朱敏堂宅（Residence Dr. L. C. Hylbert）	乌鲁木齐路 151 号	1926	

● <美> 罗杰斯

项目	作品名称	地址	设计建造年代	备注
1	丁香花园 3 号楼 / 李经迈宅	华山路 849 号	1918	

● <英> 德利洋行 / 世界实业公司（Percy Tilley, Graham & Painter Ltd./Percy Tilley & Limby，Architects and Engineers）

主要成员：据 *Hong List 1937* 所载，珀西·蒂利（Percy Tilley，1870—？），John Graham，W. L. Painter。

地　　址：四川路 112、39 号（1911—1920），博物院路 17 号（1922—1923），汇丰银行大楼（1924），爱多亚路 38 号（1927），九江路 14、6 号（1928—1934），四川路 320 号（1935—1937），四川路 346 号迦陵大楼（1938—1941）。

项目	作品名称	地址	设计建造年代	备注
1	壳牌汽车公司（Central Garage，今凯恩宾馆）	香港路 111—117 号	1919	
2	瑞镕船厂办公楼（Office, New Engineering & Shipbuilding Co.）	杨树浦路 640 号	1919—1920	
3	凡尔登花园（Verdun Terrace, Beverly Gardens）	陕西南路 125 弄	1920	
4	上海大舞台新屋（Da Wu Tai Theatre）	九江路 663 号	1932—1933	汪敏章
5	哈同大楼（Hardoon Building）	南京东路 233—257 号	1934—1935	
6	宁波路通和银行	宁波路待考	1935	
7	*静安寺路薛罗絮舞场（Ciro's Ball Room）	南京西路 444 号	1936	世界实业公司
8	迦陵大楼（The Liza Hardoon Building）	南京东路 99 号	1936—1937	世界实业公司

● <英> 文格罗白郎洋行（Graham-Brown & Wingrove）

主要成员：文格罗（George Christopher Wingrove，1885—？），英国建筑师；嘉咸宾（Graham-Brown），在香港的英国建筑师。

地　　址：四川路 123A 号。

项目	作品名称	地址	设计建造年代	备注
1	利德尔宅（House for P. W. O. Liddell，今中福会儿童艺术剧场）	华山路 643 号	1920	
2	嘉道理府邸（Elly Kadoorie's House）	延安西路 64 号	1920—1924	与思九生合作
3	荣康里	茂名北路 250 弄	1921	
4	王宅（House for Wong Chin Chung）	威海卫路 590 弄 77 号	1921	
5	卜内门洋碱公司（The Brunner, Mond & Co. Building）	四川中路 133 号	1921—1922	

注：根据上海市城建档案馆 1930 年的档案。

● <美> 差会建筑绘图事务所（Mission Architects Bureau）

主要成员： 建筑师查尔斯·亚历山大·甘恩（Charles Alexander Gunn，1870—1945），1892 年毕业于伊利诺大学，获建筑学学士学位，1909 年作为教会建筑师在菲律宾工作。1916—1921 年在上海主持差会建筑绘图事务所。

地　　址： 博物院路 11 号（1921—1924），圆明园路 169 号（1925）。

项目	作品名称	地址	设计建造年代	备注
1	比必夫人宅（Residence for Mrs. R. C. Beebe）	岳阳路 168 号	1921	
2	协进大楼（Associated Mission Building）	圆明园路 169 号	1923	

● <美> 伍滕（G. O. Wootten）

项目	作品名称	地址	设计建造年代	备注
1	上海钱业公会（The Shanghai Native Bankers Guild，今钱业大楼）	宁波路 276 号	1921—1922	
2	锦隆洋行大班宅（Residence for N. G. Harry，今湖南别墅）	湖南路 262 号	1921	
3	公平大楼 / 中孚银行（Kungping Building，今华懋和平大楼）	滇池路 103 号	1922	
4	长乐坊	长乐路 331—333 号	1930	
5	住宅（今上海市教育评估院）	陕西南路 202 号	1931	信息存疑

● <法> 葛兰柏工程师行（Paul R. Gruenbergue-Elton Architecte）

主要成员： 葛兰柏（Paul R. Gruenbergue，一译保辣·葛兰柏，《字林西报》曾译为顾安伯爱尔顿），法国建筑师。

地　　址： 霞飞路 251 号（1924—1925），广东路 13A（1926—1927）。

项目	作品名称	地址	设计建造年代	备注
1	太古洋行宅（今兴国宾馆 6 号楼）	兴国路 72 号	1922	
2	刘宅（Residence for S. I. Lew）	永嘉路 389 号	1922	
3	林宅	安福路 255 号	1923	
4	派克公寓（Park Apts.，今花园公寓）	复兴中路 455 号	1924—1926，1935—1936	
5	兴国宾馆 2 号楼	兴国路 72 号	1925	
6	纽生宅 / 牛臣宅（Residence for C. C. Newson，今中科院原子核研究所）	永嘉路 630 号	1925	

● J. A. Stark Arckit

项目	作品名称	地址	设计建造年代	备注
1	汶林路 15 号宅（Residence for Le Mc. Lachlin）	宛平路 15 号	1923	

● 费博土木建筑工程师（Faber, S. E.）

主要成员：土木工程师费博（S. E. Faber）。
地　　址：外滩 12 号（1930—1936）。

项目	作品名称	地址	设计建造年代	备注
1	敖尔琪宅（Residence for T. H. U. Aldridge，今格林新蕾幼儿园）	胶州路 561 号	1925—1926	

注：根据上海市城建档案馆 1925 年的档案。

● 米伦（F. E. Milne）

主要成员：据 1931 年 *China Architects and Builders Compendium* 所载，建筑师为 F. E. Milne，曾经在克明洋行工作。
地　　址：爱多亚路 38 号（1925—1928），四川路 29 号（1929—1932），巨泼来斯路 177、169 号（1933—1940）。

项目	作品名称	地址	设计建造年代	备注
1	山东路宁波路商号 2 座	山东路吉祥里	1927—1928	
2	三星大舞台（The Star Theatre，今中国大戏院）	牛庄路 704 号	1929—1930	
3	女子商业储蓄银行	南京东路		

注：据上海市城建档案馆 1927 年档案。

● < 美 > 克利洋行 / 克理打样行（Curry, R. A. /Hak-Lee）

主要成员：罗兰·克利（Rowland A. Curry），美国建筑师，1914 年创办克利洋行；1918 年匈牙利建筑师邬达克参加克利洋行，直到 1924 年。
地　　址：外滩 4 号有利大楼（1918—1920），南京路 11B（1921—1926），爱多亚路 9 号（1927—1928）。

项目	作品名称	地址	设计建造年代	备注
1	*万国储蓄会办公楼（Intersaving Building）	延安东路 7 号	1919	
2	巨籁达路住宅（The residences on Route Ratard）	巨鹿路 852 弄 1—10 号，868—892 号	1919—1920	邬达克
3	卡茨宅 / 何东宅（Katz House，今上海辞书出版社）	陕西北路 457 号	1919—1920	邬达克监造
4	霍肯多夫宅（Hucckendorff House）	淮海中路 1893 号	1919—1921	邬达克
5	盘滕宅 / 白公馆（Beudin Residence，今上海越剧院）	汾阳路 150 号	1920	邬达克
6	恩利和路 7、15、21、25 号宅	桃江路 7、15、21、25 号	1920	
7	*中华懋业银行上海分行（Chinese-American Bank of Commerce）	南京路 11 号	1920	邬达克
8	美丰银行（American Oriental Banking Corporation）	河南中路 521—529 号	1920	邬达克
9	辣斐德路住宅（Tucker House）	复兴中路 1477 号	1921	
10	麦地宅（Madier Residence，今工艺美术研究所）	汾阳路 79 号	1921—1922	邬达克
11	中西女塾蓝华德堂（Lambuth Hall/McTyeire School for Girls）	江苏路 155 号	1921—1922	邬达克
12	上海银行公会大楼方案（Shanghai Bankers Association）	待考	1922	
13	安利洋行大楼改建（Arnhold Bros & Co.）	四川中路 320 号，九江路 80 号	1923	
14	*卡尔登大戏院（Carlton Theatre）	黄河路 21 号	1923	邬达克，1993 年拆除
15	逖百克宅（今太原别墅）	太原路 160 号	1923—1924	邬达克
16	美国花旗总会（American Club）	福州路 209 号	1923—1925	邬达克
17	诺曼底公寓（Normandie Apts.，今武康大楼）	淮海中路 1842—1858 号	1923—1924	邬达克

项目	作品名称	地址	设计建造年代	备注
18	朗格宅（Residence of R. Lang）	淮海中路 1897 号	1924	邬达克
19	* 万国储蓄会大楼（Intersavin Building）	延安东路 9 号	1924—1925	1997 年拆除

注：邬达克自 1920 年 12 月成为克利洋行的合伙人，许多作品有他的参与，或监造，或出自他的设计。设计人中标有邬达克名字的作品据目前大多数文献将其归之为邬达克的设计，但不能完全否认克利的作用，如辣斐德路住宅、朗格宅等的早期图纸并没有邬达克的签字。

●＜匈＞邬达克打样行（Hudec, L. E. Architect）

主要成员：拉斯洛·邬达克（Ladislaus Hudec，1893—1958），匈牙利建筑师，1924 年 12 月自办邬达克打样行。

地　　址：横滨正金银行（1925），金神父路 197 号（1925—1941），圆明园路 209 号（1937）。

项目	作品名称	地址	设计建造年代	备注
1	* 邬达克自宅（Hudec's First Residence）	利西路 17 号	1922—1926	
2	宏恩医院（Country Hospital，今华东医院 1 号楼）	延安西路 221 号	1923—1926	
3	哥伦比亚圈住宅 A	新华路 329 弄 30 号	1925	
4	* 宝隆医院（Paulun Hospital）	凤阳路 415 号	1925—1926	
5	李佳白宅（Residence Gilbert Reid）	新华路 211 弄 2 号	1929	
6	哥伦比亚圈住宅 B	新华路 329 弄 17 号	1925	
7	哥伦比亚圈住宅 C	新华路 235 号	1925	
8	上海海关税务司宅	江苏路 162 弄 3 号	1925	
9	普益地产公司巨福路花园住宅 6 幢（Garden Villas on Routw Dufour for Asia Reality Co.）	乌鲁木齐路 153、154、155、160、180、182 号	1925—1926	
10	普益地产公司西爱咸斯路花园住宅 7 幢（Garden Villas on Route Sieyes for Asia Reality Co.）	安亭路 41 弄 16、18 号，81 弄 2、4 号，永嘉路 563、615、523 号	1925—1930	
11	爱司公寓（Estrella Apts.，今瑞金大楼）	瑞金一路 148—150 号	1926—1927	
12	上海皮革厂（Tannery, Shanghai Leather Co.）	长宁路 59 号	1926—1927	
13	四行储蓄会联合大楼（Union Building of the Joint Savings Society/Joint Savings and Loan Building）	四川中路 261 号	1926—1928	
14	西门外妇孺医院（Margaret Williamson Hospital）	方斜路 419 号	1926—1928	
15	慕尔堂（Moore Memorial Church）	西藏中路 316 号	1926—1931	
16	刘吉生宅（Liu Jisheng's Residence）	巨鹿路 675 号	1926—1931	
17	派克路机动车库（New Garage & Service Station of Messrs. Honigsberg Co.，今国际饭店附楼）	黄河路凤阳路口	1927	
18	伯林顿公寓方案（Burlington Apartments）	待考	1928	
19	办公楼方案（Proposal for office building on Szechuen Road/Hongkow Road）	四川中路汉口路	1928	
20	四行储蓄会外滩大楼方案（I. S. S. Building on Bund）	外滩	1929	未建
21	哥伦比亚圈规划（Columbia Circle Development Plan）		1929	
22	哥伦比亚圈住宅 D	新华路 211 弄 10 号	1929	
23	哥伦比亚圈住宅 E	番禺路 55 弄	1929—1936	
24	哥伦比亚圈住宅 F	番禺路 75 弄 1—5 号	1929—1936	
25	哥伦比亚圈住宅 G	番禺路 95 弄 1—5 号	1929—1936	
26	哥伦比亚圈住宅 H	平武路 2、8、10、14、18 号	1929—1936	
27	弗拉基米罗夫宅（H. Vladimiroff Residence on Route Sieyes）	永嘉路 628 号	1929—1930	

项目	作品名称	地址	设计建造年代	备注
28	德利那齐宅（D. Tirinnanzi's Residence on Route Ferguson）	武康路 129 号	1929—1930	
29	浙江大戏院（Chekiang Cinema）	浙江中路 123 号	1929—1930	
30	孙科宅（Sun Ke's Residence）	延安西路 1262 号	1929—1931	
31	息焉堂（Sieh Yih Chapel，今西郊天主堂）	可乐路 1 号	1929—1931	邬达克，潘世义
32	闸北水电公司发电厂（Chapei Power Station）	军工路 4000 号	1930	
33	上海大戏院改建（New ISIS Theater）	四川北路 1408 号（虬江路口）	1930	
34	邬达克自宅（Hudec's Residence，今邬达克纪念馆）	番禺路 129 号	1930	
35	哥伦比亚圈住宅 J	新华路 211 弄 12、14、16 号	1930 后	
36	哥伦比亚圈住宅（瑞典公使官邸）	新华路 329 弄 32 号乙	1930/1925？	
37	哥伦比亚圈住宅（西班牙总领事官邸）	新华路 329 弄 36 号	1930/1925？	
38	雷文宅（Cottage for Frank Raven，今龙柏饭店 3 号楼）	虹桥路 2419 号	1930	
39	哥伦比亚住宅圈（今御封会）	新华路 185 弄 1 号	1930	
40	大使公寓方案（Ambassador Apartments）	靠近襄阳公园	1930—1931	
41	广学大楼（Christian Literature Society Building）	虎丘路 128 号	1930—1932	
42	中华浸信会大楼／真光大楼（China Baptist Publication Society Building／True Light Building）	圆明园路 209 号	1930—1932	
43	＊德国新福音教堂（Deutsche Evangelische Kirche）	原大西路 1 号	1931—1932	
44	南洋公学工程馆（Engineering and Laboratory Building of Chiao Tung University，今上海交通大学工程馆）	华山路 1954 号	1931—1932	
45	斜桥衖吴培初宅（P. C. Woo's Residence，今公惠医院）	石门一路 315 弄 6 号	1931—1932	
46	爱文义公寓（Avenue Apts.，今联华公寓）	北京西路 1341—1383 号	1931—1932	
47	辣斐路花园住宅（Garden Villa on Route Lafayette）	复兴西路 133 号	1931—1932	
48	国际饭店（Park Hotel）	南京西路 170 号	1931—1934	
49	大光明大戏院（Grand Theatre，今大光明电影院）	南京西路 216 号	1932—1933	
50	国际礼拜堂牧师宅（Manse for Community Church）	乌鲁木齐南路 64 号	1932	
51	孔祥熙宅改建	永嘉路 383 号	1932—1933	
52	辣斐大戏院（Lafayette Cinema，今长城大戏院）	复兴中路 323 号	1932—1933	
53	上海啤酒厂（Union Brewery）	宜昌路 130 号	1933—1934	
54	中西女塾景莲堂（McGregor Hall of McTyeire School for Girls）	江苏路 155 号	1935	
55	邬达德公寓／达华公寓（Hubertus Court，今达华宾馆）	延安西路 914 号	1935—1937	
56	吴同文宅（D. V. Woo's Residence）	铜仁路 333 号	1935—1938	
57	圣心女子职业学校（Sacred Heart Vocational College for Girls，今长城饭店）	眉州路 272 号	1936	加建 2 层
58	肇泰水火保险公司办公楼方案（Chao Tai Fire and Marine Insurance Co.）	待考	1936	
59	日本邮船公司办公楼方案（NYK Building）	外滩	1936	
60	沈宅方案（Y. T. Shen's House）	待考	1936	
61	浙江大戏院（Chekiang Theatre）	浙江路 123 号	1937	
62	震旦女子文理学院（Aurora College for Women，今向明中学震旦楼）	长乐路 141 号	1937—1939	

（续表）

项目	作品名称	地址	设计建造年代	备注
63	* 震旦女子文理学院附属圣心女子小学	长乐路 141 号	1938	
64	普益地产公司住宅	新华路 211 弄 1 号	约 1940	
65	俄罗斯天主学校男童宿舍（Russian Catholic School Hostel for Boys）	长乐路 141 号	1941	
66	* 意大利总会新礼堂（New Auditorium for Italian O. N. D. Club）	南京西路待考	1941	
67	* 大西路德国学校实验馆(German School Laboratory)	延安西路 7 号	1941	
68	普益地产公司住宅（今 Villa le Bec 餐厅）	新华路 321 号	1946	

注：根据卢卡·彭切里尼、尤利娅·切伊迪著，华霞虹、乔争月译《邬达克》(同济大学出版社，2013)；华霞虹、乔争月等著《上海邬达克建筑地图》(同济大学出版社，2013)；长宁区房地局 2014 年调查资料；邬达克在克利洋行时期的 10 件作品列入克利洋行一栏。

●<德> 苏尔洋行营造工程师 / 苏尔工程师 / 苏家翰建筑师（Suhr, K. H.）

主要人员：苏家翰（Karsten Hermann Suhr, 1876—?），德国建筑师，1906 年到中国，开始在倍高洋行工作，1920 年自己开业，作品有同济大学（吴淞）、复旦大学、复旦中学、浙江大学农学院实验室、杭州东南日报社等。
从业人员：T. L. Chu。
地　　址：河南路 17 号，北京路 96 号（1931），北京路 266 号（1934）。

项目	作品名称	地址	设计建造年代	备注
1	曹公馆，张宅（今康定花园）	康定路 2 号	1923	
2	苏尔洋行办公楼	北京东路 266 号		

●<法> 赖安工程师 / 赖安洋行 / 赖安公司 / 赖鸿那 / 渭水尔建筑师（A. Léonard, P. Veysseyre/A. Kruze Architectes/Léonard, Veysseyre & Kruze. Architects, Surveyors, Decorators, Land and Estate Agents/A. Leonard, P. Veysseyre, M. Guillet, Ho Hing Co. Architectes）

1922 年由亚历山大·赉安和保罗·韦西埃创办，西名 Léonard & Veysseyre；1934 年，阿蒂尔·E. 克鲁泽于 1934 年 1 月参加赖安洋行，成为合伙人，改西名为 A. Léonard P. Veysseyre A. Kruze Architetes。

主要成员：亚历山大·赉安（赖鸿那，Alexandre Léonard, 1890—1946），保罗·韦西埃（渭水尔，Paul Veysseyre, 1896—1963），阿蒂尔·E. 克鲁泽（Arthur E. Kruze, 1900—?）。
从业人员：M. Multone, 1939 年离开事务所；M. Guillet；匈牙利建筑师鲁道夫·肖勉（Rudolf O.Shoemyen, 1892—1982），1933 年 10 月至 1934 年 10 月在事务所任职；美国建筑师 Francis Berndt，毕业于芝加哥大学，1935 年离开事务所；S. S. Grigoriev。
地　　址：霞飞路 263、409、461（培恩公寓）、467、540 号（1925—1941）。

项目	作品名称	地址	设计建造年代	备注
1	阿扎迪安宅（Residence Azadian）	康平路 192、194、196 号	1922—1923	
2	葆仁里	淮海中路 697 弄	1923	42 幢住宅
3	努沃宅（Residence Nouveau）	襄阳南路 525 号	1923	1965 年加建
4	科德西宅（Residence Codsi，今结核病防治中心）	延庆路 130 号	1923—1924	
5	麦阳路中国建业地产公司住宅（F. I. C Residences）	延庆路 151、153、155、157 号	1923	
6	霞飞路 689 号绿野新邨	淮海中路 689 号	1924	
7	国富门路 132 号住宅	安亭路 130、132 号	1924	
8	福履理路 72 号住宅	建国西路 72 号	1924	
9	佩尼耶宅（Residence Peignier）	高安路 77 号	1924	
10	东方汇理银行住宅（Residence for Banque Indochine）	瑞金二路 26 号	1924	

（续表）

项目	作品名称	地址	设计建造年代	备注
11	白赛仲宅（Residence de Boissezon，今伊朗驻沪总领事馆）	复兴西路 17 号	1924	
12	西爱咸斯路 555、557 号住宅（Type B Villa）	永嘉路 555、557 号	1924	
13	福履理路 602 号住宅	建国西路 602 号	1924	
14	恰卡良宅（Residence Tchakalian）	永嘉路 479 号	1925	
15	* 巴黎大戏院（Cinema Paris-Orient）	淮海中路 550 号	1925	
16	韦伯宅（Residence Ch. A. Weber）	永嘉路 571 号	1925	
17	高恩路住宅	高安路 72 号	1925	
18	法国球场总会（Cercle Sportif Française，今花园饭店）	茂名南路 58 号	1924—1926	
19	蓝布德医生诊所（Clinique Dr. Lambert，今上海市第一妇婴保健院）	长乐路 536 号	1926	
20	克莱蒙宿舍（Clement's Boarding House，今爱棠新村）	长乐路 340 号	1926	
21	韦西埃宅（Villa Veysseyre）	永嘉路 590 号	1927—1928	
22	贲安宅（Residence Léonard）	永嘉路 588 号	1928	
23	圣母圣心修道院(Couvent des Dames du Sacré-Cœur，今上海社会科学院）	长乐路 141 号	1928	
24	格罗希路住宅	华亭路 71 弄 1—7 号，延庆路 135—149 号	1928	
25	泰山公寓（Tai Shan Apts.）	淮海中路 610 号	1928—1930	
26	圣母医院（Hôpital Sainte-Marie，今瑞金医院）	瑞金二路 197—199 号	1929,1933	
27	培恩公寓（Béarn Apts./I. S. S. Béarn）	淮海中路 461 号	1929	
28	震旦大学博物馆（Musèe, Université L'Aurore）	重庆南路 227 号	1929—1930	
29	陕西南路车库（Garage Serv'Auto，今锦江迪生商厦）	长乐路 400 号	1929	
30	白赛仲公寓（Boissezon Apartments）	复兴西路 26 号	1929—1933	
31	Residence Sigaut	高安路 63 号	1930	
32	亨利公寓（Paul Henry Apartments，今新乐公寓）	新乐路 15、17、21 号	1930	
33	霞飞路住宅	淮海中路 1276—1298 号	1930	
34	格莱勋公寓（Gresham Apartments，今光明公寓）	淮海中路 1222—1238 号	1930—1934	
35	花园公寓（Garden Apartments）	南京西路 1173 弄	1930—1931	
36	韩伯禄博物馆（Musée Heude，今中科院巴斯德研究所）	重庆南路 227 号	1929—1931	
37	首长公寓（Cadres Apartments）	高安路 50、60、62 号	1931—1933	
38	方西马公寓 / 方建公寓（F. I. C. Apartment Houses，今建安公寓）	高安路 78 弄 1—3 号，建国西路 545—641 号	1932—1933	
39	法国总会（Cercle Français）	南昌路 57 号	1932	
40	Residence Shahmoon	虹桥路 228 号	1932	
41	萨坡赛小学（Ecole Primaire Chapsal）	淡水路 416 号	1932—1934	
42	爱棠花园（Edan Gardens，今爱棠新村）	余庆路 32、34、36、38—52 号	1932—1934	
43	中汇银行大楼（Chung Wai Bank，今中汇大楼）	延安东路 143 号，河南南路 16 号	1932—1941	
44	雷米小学（Ecole Française et Russe "Remi"，今上海市第二中学）	永康路 200 号	1933	
45	戴司康公寓 / 万国储蓄会公寓（Gascogne Apartments）	淮海中路 1202 号	1933—1934	

（续表）

项目	作品名称	地址	设计建造年代	备注
46	* 邵禄宅（Residence Chollot）	德昌路 18 号	1933	
47	* 圣伯多禄堂（L'Eglise St Pierre）	重庆南路 270 号	1933	拆除复建
48	崇真堂	五原路 287 号	1933	
49	霞飞路欧式住宅 3 幢	淮海中路待考	1933—1934	
50	法国太子公寓 / 道斐南公寓（Dauphiné Apartments）	建国西路 394 号	1934—1935	
51	喇格纳小学（Ecole de Lagrené，今比乐中学）	崇德路 43 号	1934—1935	
52	麦琪公寓（Magy Apartments）	复兴西路 24 号	1934—1935	
53	巴斯德研究所实验室（Laboratoire Municipal Pasteur, 1938）	瑞金二路 197 号	1934	
54	祁齐宅（Residence Ghisi）	岳阳路 200 号	1934	
55	Pavillon St Vincent	瑞金二路 197 号	1935	
56	Pavillon des femmes	瑞金二路 197 号	1935	
57	Pavillon de secours	瑞金二路 197 号	1935	
58	麦兰捕房（Poste de police Mallet，今公安局黄浦分局）	金陵东路 174 号	1935	
59	俄国精神病医院（Russian Orthodox Confraternity Hospital，今居民住宅）	常熟路 230 号	1936	
60	上海第二特区工部局新厦设计（Municipal Council Building of the Second Special District Area）	襄阳公园所在地，未建	1937	
61	安福路 130、132 号住宅	安福路 130、132 号	1930 年代	
62	希勒公寓 / 钟和公寓	茂名南路 106—124 号	1940—1941	
63	伦顿宅（Residence for Mr. L. Rondon）	吴兴路 87 号	1940	
64	赫尔特曼宅（Residence for T. A. Hultman）	康平路 1 号	1941	
65	阿麦仑公寓（Amyron Apts，今高安公寓）	高安路 14 号	1941	

注：1. 赖安工程师的设计作品参照 Spencer Dodington & Charles Lagrange. *Shanghai's Art Deco Master*. Earnshaw Books, 2014.

2. Guy Brossollet. *Les Français de Shanghai, 1849-1949*. Belin, 1999: 316. Annexe VI. Édifices costruits à Shanghai par Léonard & Veysseyre.

3. A. Leonard D. P. L. G, P. Veysseyre, M. Guillet D. P. L. G., C. F. E. O. Ho Hing Co., Architectes 的图签出现在 1932 年中汇银行的文件和图纸中，渭水尔、赖鸿那建筑师的图章出现在 1941 年中汇银行和赫尔特曼宅的文件中。

4. 赖安工程师在徐汇区的设计作品参见薛鸣华及其团队 2017 年的研究。

● < 美 > 哈沙得洋行 / 哈沙德洋行（Hazzard, Elliott, Architect）

主要成员：哈沙德（又译赫石，Elliott W. Hazzard，1879—1943），美国建筑师；飞力拍斯（Edward Phillips）；安铎生。

地　　址：爱多亚路 6 号（1924—1931），四川路 3、6、33 号（1932—1940），海格路 433 号（1941）。

项目	作品名称	地址	设计建造年代	备注
1	哥伦比亚乡村俱乐部（Columbia Country Club，今上海生物制品研究所）	延安西路 1262 号	1923—1925	
2	诸圣堂（All Saints Church）	复兴中路 425 号	1925	
3	华安大楼 / 金门饭店（China United Apartments，今金门大酒店）	南京西路 104 号	1924—1926	
4	海格大楼（Haig Court/Elias Apts，今静安宾馆）	华山路 370 号	1925—1934	
5	金司林公寓（King's Lynn Apts.，今安亭公寓）	安亭路 43 号	1927—1928	
6	上海电力公司（Shanghai Power Company）	南京东路 181 号	1929—1931	
7	新光大戏院（Strand Theatre，今新光电影院）	宁波路 586 号	1930	
8	枕流公寓（Brookside Apts.）	华山路 731 号	1930—1931	

项目	作品名称	地址	设计建造年代	备注
9	盘根宅（Residence R.Buchan，今永乐电影电视集团公司）	永福路 52 号	1930	
10	樊克令宅（Residence Franklin，今空军 455 医院）	淮海西路 338 号	1931	
11	中国企业银行/刘鸿记大楼（The National Industrial Bank of China/Lieu Ong Kee Building）	四川中路 33 号	1931	
12	兰心大戏院放映厅设计（Lyceum Theatre）	茂名南路 57 号	1931	
13	中国大饭店（Hotel of China，今上海铁道宾馆）	宁波路 588 号	1930	
14	西侨青年会（The Foreign Y. M. C. A. Building，今体育大厦）	南京西路 150 号	1932	安铎生
15	永安公司新楼（Wing On Co., Ltd.，今华联商厦/华侨商店）	南京东路 620—635 号	1932—1933	与飞力拍斯联合设计
16	浙江路剧院	待考	1933	
17	愚园路海上大楼	华山路 370 号	1933	

● < 匈 > 鸿达洋行 / 鸿宝洋行 / 鸿达建筑工程师（Gonda, C.H., Architect）

主要成员：鸿达（一译查礼氏・亨利・干的，Charles Henry Gonda，1890—？）
从业人员：鲁道夫・肖勉（Rudolf O. Shoemyen，1892—1982），匈牙利建筑师，1923 年 11 月至 1932 年 5 月在事务所任职；助理建筑师 R. Gailer。
地　　址：博物院路 21 号（1931），博物院路 142 号（1937）。

项目	作品名称	地址	设计建造年代	备注
1	新新公司（Sun-Sun Co., Ltd）	南京东路 720 号	1923—1926	
2	东亚银行（East Asia Bank）	四川中路 299 号	1925—1926	
3	光陆大戏院（The Shamoon Building/Capitol Theatre）	虎丘路 146 号	1925—1928	
4	*大光明大戏院	黄河路待考	1928	
5	惠罗公司改扩建（Whiteaway, Laidlaw & Co.）	南京东路 100 号	1930	改扩建
6	国泰大戏院（Cathay Theatre）	淮海中路 870 号	1930—1931	
7	上海犹太学堂（上海夏娃女子学校）	陕西南路新闻路	1932	
8	普庆影戏院（Cosmopolitan Theatre，今国光剧场）	东长治路，新建路口	1934	
9	*大华大戏院（ROXY Cinema，今新华电影院）	南京西路 742 号	1939 改建	
10	交通银行（China Bank of Communication，今上海市总工会）	中山东一路 14 号	1937—1949	
11	阿普汤剧院	陕西北路 203 号	1938	
12	林邨	威海路 910 弄	1941	108 幢中式楼房及 8 间中式商店等
13	上海大戏院	复兴中路 1186 号	1941	
14	Luna Park	待考		
15	明园游泳池	长阳路待考		

注：除上海的作品外，还设计了天津的一座剧院（1934）。

● <法 > 法商营造实业公司 / 中法实业公司（Ledreux, Minutti & Co./Minutti & Cie.）

主要成员：米吕蒂（René Minutti，1887—?），瑞士土木工程师，法商营造实业公司（Ledreux, Minutti & Co.）的合伙人，1930 年他自办中法实业公司（Minutti & Co., Civil Engineers & Architects）；勒德罗（Ledreux），法国工程师；建筑师 W. Walt。

地　　址：香港路 2 号（1922—1924），朱葆三路 26 号（1925—1931），四川路 218、668 号（1933—1937），汶林路 120 号（1938—1941）

项目	作品名称	地址	设计建造年代	备注
1	乍浦路桥 / 二白渡桥	苏州河口	1927	
2	赛华公寓 / 瑞华公寓（Savoy Apts.）	常熟路 133 号	1929	米吕蒂作为顾问工程师结构设计
3	* 上海回力球场（Auditorium Hai-Alai）	陕西南路 139—141 号	1929—1930	
4	大丰洋行 / 加利大楼（Gallio Building）	四川中路 666—668 号	1932—1933	
5	毕卡第公寓（Picardie Apartnents，今衡山饭店）	衡山路 534 号	1934—1935	
6	法国邮船公司（Compagnie des Messageries Maritimes）	中山东二路 9 号	1937—1939	

● 乾元工程处（Hall & Hall Engieers, Architects, Land and Estate Agents）

工程师和建筑师 Ho Wing Kin（1891—?）于 1927 年建立。

主要成员：W. K. Hall，W. H. Hall

地　　址：博物院路 25 号（1934），博物院路 61 号（1937）。

项目	作品名称	地址	设计建造年代	备注
1	太平花园（Pacific Garden）	陕西北路号	1927	
2	Dr. C. C. Wu's Residence	江宁路待考	1927	
3	第一特区法院（First District Court）	浙江北路	1928	
4	光华大戏院（Kwong Wah Theatre）	延安中路	1929	
5	车库（Triangle Motor Garage）	茂名南路	1929	
6	百老汇大戏院（Broadway Theatre）	霍山路 57 号	1930	
7	Chi Tze University	待考	1931	

注：根据 George F. Nellist. *Men of Shanghai and North China, A Standard Biographical Reference Work*. The Oriental Press, 1933.

● 开得利洋行 / 开宜工程公司（Calatroni & Hsieh Consulting Engineers）

主要成员：建筑师 E. Calatroni 和 E. S. Hsieh，P. J. Barrera，F. P. Musso。

地　　址：九江路 14 号，汉口路 110 号。

项目	作品名称	地址	设计建造年代	备注
1	太阳公寓（Sun Court）	威海路 651—665 号	1927—1928	
2	施宅（Residence for S. T. Sze）	北京西路 1394 弄 2 号	1927—1929	
3	基安坊	石门一路 315 弄	1930	
4	莫尚宅（Residence for R. B. Mauchan，今上海话剧艺术中心）	安福路 201 号	1932	1941 改建

● ＜挪威＞柏韵士工程师（Hans Berents Consulting Engineers, Architects & Surveors/Berents & Corrit）

主要成员：据 1934 年 *China Architects and Builders Compendium* 所载，建筑师为 Hans Berents，A. Pullen。

地　　址：南京路 15 号（1918—1920），法租界外滩 12 号（1922），广东路 13A（1921—1928），格林邮船公司大楼 511—512 室，北京路 2 号（1929—1941）。

项目	作品名称	地址	设计建造年代	备注
1	派克公寓（Park Apts.，今花园公寓）	复兴中路 455 号	1927	改建
2	吕班公寓（Dubail Apartments，今重庆公寓）	重庆南路 185 号	1929—1931	
3	德士古大楼 / 会德丰大楼（Wheelock & Co.）	延安东路 110 号	1941—1943	

● ＜俄＞协隆洋行（A. I. Yaron, Architects）

　　1928 年在上海成立。

主要成员：亚龙（一译耶朗，Alexander I. Yaron），俄国军事工程师。

地　　址：静安寺路 316 号（1929—1930），蒲石路 770 号（1932—1935）。

项目	作品名称	地址	设计建造年代	备注
1	西园大厦 / 西园公寓（West Park Mansions）	愚园路 1396 号	1928	
2	华盛顿公寓（Washington Apartments，今西湖公寓）	衡山路 303 号	1930	
3	贝当公寓（Petain Apartments，今衡山公寓）	衡山路 700 号	1931—1932	
4	圣尼古拉斯教堂（The St. Nicholas Russian Orthodox Church）	皋兰路 16 号	1932—1934	

● ＜德＞宝昌洋行（E. Busch Architect）

主要成员：扑士（Emile Busch），曾参与南京中山陵的方案评审。

地　　址：石门二路 28 号（1923），江西路 60、34、218 号（1934—1937），虎丘路 21 号（1930），北京路 159 号（1938—1941）。

项目	作品名称	地址	设计建造年代	备注
1	*德侨活动中心和威廉学堂（Deutsche Gemeindhaus und Kaiser-Wilhelm-Schule，今贵都大酒店）	原大西路 1 号	1928	1989 年拆除
2	逸村	淮海中路 1600 号	1932—1934	
3	祁齐路宋宅（Residebce of Song Tse Wong，今上海市老干部局）	岳阳路 145 号	1929—1931	

● ＜俄＞罗平（Gabriel Rabinovich, Architect）

主要人员：罗平（Gabriel Rabinovich），俄国犹太人建筑师。

项目	作品名称	地址	设计建造年代	备注
1	犹太教堂(Ohel Moshe Synagogue,今犹太难民纪念馆)	长阳路 62 号	1928	罗平改建
2	义科卡天宅（Residence for N. Katem）	华亭路	1928	
3	西爱咸斯路住宅	待考	1934	
4	虹桥路住宅	待考	1934	
5	国富门公寓（Koffman Apts.）	武康路 230—232 号	1935—1936	
6	杜美公寓（Doumer Apts.）	东湖路	1940—1941	

●<俄>李维建筑工程师（W. Livin Architect）

主要成员：李维（一译列文 - 戈登士达，W. Livin-Goldstaedt，1878—？）俄国建筑师，原名弗拉迪米尔·戈登士达，曾获中山陵名誉奖第五名。

地　　址：四川路 29 号（1933）。

项目	作品名称	地址	设计建造年代	备注
1	克莱门公寓（Clements Apartments）	复兴中路 1363 号	1928—1929	
2	伊丽莎白公寓（Elizabeth Apts.，今复中公寓）	复兴中路 1327 号	1930	
3	亚尔培公寓（King Albert Apartments，今陕南邨）	陕西南路 151—187 号	1930	
4	大胜胡同（Victory Terrace）	华山路 129—159 弄	1930—1936	
5	圣心医院圣堂（Sacred Heart Church）	杭州路 349 号	1931	
6	白赛仲路 19 号宅	复兴西路 19 号	1932	
7	阿斯屈来特公寓（Astrid Apartments，今南昌大楼）	南昌路 294—316 号	1933	
8	霞飞坊改建	淮海中路 927 弄	1933	改建
9	三德堂及水塔	汾阳路 83 号 10 号楼	1942	

●詹逊（J. Edm. Jensen）

项目	作品名称	地址	设计建造年代	备注
1	又斯登公寓（Houston Court，今登云公寓）	淮海中路 2068 号	1929	

●<法>永和营造公司（Brossard & Mopin）

项目	作品名称	地址	设计建造年代	备注
1	圣亚纳公寓（St. Anne's Apts.）	金陵东路 25—41 号	1929	

●<美>协隆洋行（Fearon, Daniel & Co.）

项目	作品名称	地址	设计建造年代	备注
1	王伯群宅	愚园路 1136 弄 31 号	1930—1934	柳士英
2	绸业银行	汉口路福建中路口待考		

●<德>汉姆布格工程师

汉姆布格（一译汉堡嘉，Rudolf Hamburger），1925 年在柏林工业大学师从汉斯·珀尔齐希（Hans Poelzig，1869—1936）学习，1927 年毕业，1929 年到上海，应聘担任公共租界工部局建筑师，1935 年离开上海。

项目	作品名称	地址	设计建造年代	备注
1	维多利亚护士宿舍（Das Victoria Nurses Home）	延安西路 221 号	1930—1933	
2	垃圾焚烧厂（Müllverbrennungsanlage）	待考	1933	
3	工部局华人女子中学（Mittelschule für chinesische Mädchen）	小沙渡路待考	1933—1935	
4	华德路监狱	东长治路	1934	

注：关于汉姆布格的信息参见吕澍、王维江著《上海的德国文化地图》（上海锦绣文章出版社，2011）。

● 来益洋行（Reyer, A. A.）

地　　址：格罗西路 119 号（1927—1930），霞飞路 1506 号（1931），外滩 24 号（1932—1935），圆明园路 97 号（1939—1940）。

项目	作品名称	地址	设计建造年代	备注
1	大业印刷厂职员宿舍	福禄街 193—209 号	1930	普益地产公司开发

● <俄>Architectural Studio

主要成员：彼特罗夫（B. I. Petroff）；雅·卢·利霍诺斯（Y. L. Lehonos），俄国建筑师和画家，1914 年毕业于俄国皇家艺术奖励协会附属学校，1923 年
　　　　　侨居上海。
地　　址：居尔典路 268 号。

项目	作品名称	地址	设计建造年代	备注
1	东正教圣母大堂（Russian Orthodox Mission Church）	新乐路 55 号	1933—1936	

注：根据 *Street Directory 1937*，居尔典路 268 号为 Architectural Studio 所在地址，住户为 J. Lehonos。

● <美>联合建筑公司（Universal Building & Engineering Co.）

主要成员：海杰克（又译海其渴，H. J. Hajek）。
地　　址：圆明园路 169 号 501—503 室。

项目	作品名称	地址	设计及建造年代	备注
1	金神父公寓方案（Père Robert Apts.）		1933	
2	跑马厅公寓方案（Race-Course Apts.）		1934	
3	外滩事务院方案（Office building on Whanpu Road）		1934	
4	西区公寓方案			
5	法租界住宅新村方案		1934	
6	孔氏别墅	虹桥路 2258、2260 号	1934	

● 凯司建筑师事务所 / 凯司洋行（Keys & Dowdeswell, Architects/Keys & Sons）

主要人员：凯司（P. H. Keys），F. Dowdeswell（1937）。
地　　址：汉弥尔登大厦（1933—1936），江西路 349 号（1937），北京路 190 号（1938），九江路 45 号（1939—1941）。

项目	作品名称	地址	设计建造年代	备注
1	卡尔登公寓（Carlton Apts.，今长江公寓）	黄河路 65 号	1934—1935	
2	承兴里	黄河路 261 弄	1934	

● <俄>葛礼文建筑工程师（Krivoss Realty Co., Land and Estate Agents, Contractors and Architects）

　　1926 年成立，1927 年开办葛礼文地产公司。

主要成员：据 *Hong List 1937* 所载建筑师葛礼文（B. Krivoss）。
地　　址：江西路 41 号（1926），霞飞路 667 号（1931），霞飞路 1331 号（1935—1941）。

项目	作品名称	地址	设计建造年代	备注
1	霞飞商场	淮海中路	1934	

● < 俄 > 发特落夫（W. A. Fedoroff Architect）

项目	作品名称	地址	设计建造年代	备注
1	巨福公寓 / 安康公寓（Defour Apts., 今乌鲁木齐公寓）	乌鲁木齐南路 176 号	1934	

● 高尔克洋行（Kirk & Ubink, Architects-Engineers）

主要人员：高尔克（William, A. Kirk），G. Th. Ubink。

地　　址：横滨正金银行，外滩 24 号（1926—1927），萨坡赛路 5 号（1931），白赛仲路 42 号（1933），圆明园路 133 号（1934—1936）。

项目	作品名称	地址	设计建造年代	备注
1	公共租界中区 23 层办公楼方案		1934	
2	俄国精神病医院（Russian Orthodox Confraternity's Hospital）	汾阳路 83 号	1936	未建

注：其他作品有天津北宁铁路局医院（1934）等。

● < 俄 > 托麦献符司干洋行（Tomashevsky & Dronikoff Architects）

主要成员：托麦献符司干（N. Tomashevsky）。

地　　址：据 Hong List 1937 所载，事务所地址为霞飞路 582 号。

项目	作品名称	地址	设计建造年代	备注
1	台拉斯脱公寓（Delastre Apts.）	太原路 238 号	1939	

● 列维金工程师（J. J. Levitin Architect & Civil Engineer）

地　　址：霞飞路 475 号（1941）。

项目	作品名称	地址	设计建造年代	备注
1	华盛顿公寓（Washington Apts., 今西湖公寓）	衡山路 303 号	1941	改建

注：据上海市城建档案馆 1930 年的档案。

● H. J. Enfield & Co., Architects and Decor.

地　　址：福煦路 614 号。

项目	作品名称	地址	设计建造年代	备注
1	莫尚宅（Residence for R. B. Mauchan，今上海话剧艺术中心）	安福路 201 号	1941	改建

● < 法 > 王迈士建筑师事务所（Max Ouang）

主要成员：王迈士，法国建筑师。

地　　址：中山东二路 9 号 98 室（1949）。

项目	作品名称	地址	设计建造年代	备注
1	逸村	淮海中路 1610 弄	1941	改建
2	泰安路 115 弄住宅	泰安路 115 弄	1948	
3	庞桓宅（今市一商局疗养院）	新华路 315 号	1948	
4	沪西别业	愚园路 1210 弄	1948	
5	福开森路 107 号宅	武康路 107 号	1948	

● 鲍立克建筑工程司行（Paulick & Paulick, Architect and Civil Engineers）

主要成员：鲍立克（Richard Paulick，1903—1979），德国建筑师，1943 年建立鲍立克建筑工程司行（Paulick & Paulick Architect），1949 年 10 月离开上海回到东德。鲁道夫·鲍立克（Rudolf Paulick），德国建筑师。

项目	作品名称	地址	设计建造年代	备注
1	淮阴路 200 号姚氏宅	虹桥路 1921 号	1947—1949	李德华、王吉螽

以下名录仅见于记载，根据字母顺序排列，建筑师及作品待考。

● Arthur Quintin Adamson

据记载，1912 年作为基督教青年会建筑师到上海，曾为上海、昆明等城市的基督教青年会设计建筑。建筑待考。

● <德> 贝伦德洋行（Behrendt & Co.）

1906 年在北京路建立，承接建筑设计、监理和咨询业务、营造工程，一度在青岛设分号；1909 年尚见于记载。

主要成员：卡尔·贝伦德（Karl Behrendt），德国工程师。
地　　址：北京路 4A 号（1906—1908），四川路 131 号（1909）。

● 裴纳脱建筑工程师行（Berndt, Francis）

主要人员：Berndt, J. H.。
地　　址：新康路 13 号（1924），福州路 3 号（1925—1926），横滨正金银行（1929—1930）。

● 顺祥洋行（Birkenstaedt & Co.）

1860 年代初在汉口路建立，承接建筑设计及测绘工程。

主要人员：比肯施泰特（N. Birkenstaedt）。

● 贝龙（Blom, F. J.）

地　　址：四川路 44 号（1923—1924），外滩 17 号（1925）。

● <法> 沙海昂洋行（Charignon, A. J. H.）

1908 年前由沙海昂在上海法租界洋泾浜 16 号建立，承接土木、测绘工程和建筑设计业务。

地　　址：沙海昂（A. J. H. Charignon，1872—?），法国工程师。

● <意> 盖纳禧打样建筑工程师（Chelazzi-Dah-Zau Realty Co./Chelazzi, Paul.C）

据 *Hong List 1937* 所载，Paul C. Chelazzi（一译开腊齐）意大利建筑师和工程师；A. R. Houben，建筑师；助理建筑师 T. Ting 作品有雁荡路 3 层中式住宅（1933）、天津意大利俱乐部（1935）等。

地　　址：霞飞路 1033 号高塔大楼（1934），中汇银行大楼（1937）。

● N. L. Coleman Architect

根据上海市城建档案馆 1939 年的档案，曾于 1934 年参与建国西路 602 号伯恩宅的改建。

● <丹麦> 康益洋行（A. Corrit）

主要成员：康立德（Aage Corrit，1892—1987），丹麦土木工程师。该洋行承担了许多建筑的结构与设备设计。
地　　址：据 1931 年 *China Architects and Builders Compendium* 所载，事务所位于西爱威斯路 64 号。

● <德> 杜施德工程师（Durst, M. H. R.）

地　　址：博物院路 20 号（1932），福州路 1A30 号（1933—1935），外滩 12 号（1936—1938），Sassoon Arcade（1939）。

● H. J. Enfield & Co. Architects and Decor.

主要成员：建筑师 H. J. Enfield 和工程师 V. Gavrikoff。
地　　址：福煦路 614 号。

据上海市城建档案馆 1922 年的档案，曾于 1941 年参与安福路 201 号莫尚宅的改建工程。

● 通利打样行（Fittkau & Woserau）

主要成员：H. Fittkau，A. Woserau。
地　　址：四川路 96 号。

● 费德吉洋行／费德哥洋行（Fittock & Co.）

1886 年建立，先后在洋泾浜路（1886—1889）、江西路 28 号（1890）、福州路 9 号（1891—1894）和新闻路 9 号（1897）营业，承接建筑设计和测绘业务；1897 年后渐无所闻。

主要成员：费德吉（又称费德哥，R. E. C. Fittock）。

● 永林洋行（George, Green & Co.）

1906 年前建立，承接建筑设计，测绘工程及营造包工业务，兼营房地产代理；1908 年前拆伙，由格林（C. H. Green）与土木工程师皮尔斯（W. H. Pierce）合伙开办合和测量绘图营造厂（Green & Pierce），承接土木及测绘工程。

主要人员：乔治（A. W. George），格林（C. H. Green）。

● <奥> 汉墨德计划建筑工程师（Hammerschmidt, J. A. Architect）

主要成员：据 *Hong List 1937* 所载，汉墨德（Josef Alois Hammerschmidt，1891—?），奥地利建筑师，1933 年开业。
地　　址：江西路 451 号（1934），九江路 220 号（1937）。

- 利和洋行（Hutchinson, C. V.）

主要成员：据 1934 年 *China Architects and Builders Compendium* 所载，
建筑师为 Hutchinson, C. V.。

地　　址：北戴河路 8 号。

- 凯尔斯（Kales）

主要成员：凯尔斯（一译开尔思，Francis Henry Kales，1882—1979），
1907 年毕业于麻省理工学院，1915 年到上海，以工程师身份
加入德和洋行，1916 年在上海独立开业。1925 年参加中山陵
设计竞赛，获名誉奖第三名。1942 年离开上海回国。

地　　址：据《字林西报行名录》1918 年 1 月，地址南京路 17 号。

- 柯士德建筑师事务所（Koster & Chang, Architects）

主要成员：据 *Hong List 1937* 所载，George Edward Koster，K. C. Chang。

地　　址：四川路 220 号。

- 林世诰（Lindskog, Bengtt）

地　　址：愚园路 54 号（1927—1931），圆明园路 27—29 号（1932—1934）。

- 罗德顾问工程师（C. Luthy Consulting Engineer）

主要人员：Luthy, C.。

地　　址：北京路 4A（1919），仁记路 7 号（1920—1921），江西路 22、
212 号（1931—1935），广东路 17 号（1936—1941）。

注：据上海市城建档案馆 1922 年的档案，曾于 1922 年参与高阳大楼的改建。

- 麦德莱建筑师（Matrai, B. L., B. A）

地　　址：居尔典路 278 A。

根据马长林主编《老上海行名辞典 1880—1941》（上海古籍出版社，
2005）。

- <英> 密勒建筑师事务所（Miller, J. Haydn. Architect）

主要人员：密勒（Joseph Haydn Miller，1895—?），英国建筑师，1925
年到上海，1925—1932 年在新瑞和洋行工作，1933 年自己
开业。

地　　址：圆明园路 169 号（1936），莱斯德工艺学院（1937—1941）。

- <英> 马矿师洋行（Morris & Co.）

1880 年代建立，承接土木工程和建筑设计业务；1895 年后渐无所闻。

主要人员：马矿师（Samuel John Morris），英国人，1875 年来华。

- <英> 马立师洋行 / 马立司洋行（Morriss, Henry Ernest）

主要人员：马立师（一译马立司，Henry Ernest Morriss）。

地　　址：15 Mohawk（1914—1916），威海卫路 6 号（6 Weihaiwei Road，
1918），118 Rue Pere Robert（1919—1934），外滩 17 号（1935—1941）。

- <法> 帕斯卡尔（Pascal）

帕斯卡尔（Jousseume Pascal），在上海执业的法国建筑师，曾设计南京中央大学孟芳图书馆（1922—1925）。

- 飞力拍斯（Phillips, E. S. J.）

据 *Hong List 1937* 所载，事务所位于四川路 33 号 708 室。

- 裕和洋行（Powell, Sidney J.）

主要成员：据 1931 年 *China Architects and Builders Compendium* 所载，
建筑师为 Powell, Sidney J.。

地　　址：广东路 13 号（1916—1928），四川路 74 号（1929—1932），九江路
10 号（1933—1934），四川路 410 号（1935—1941）。

- 卢纶（Rowland，G. Vaughan）

主要成员：据 1931 年 *China Architects and Builders Compendium* 所载，
建筑师为 Rowland, G. Vaughan。

地　　址：圆明园路 21 号。

- <比> 苏夏轩（H. H. Sau）

主要成员：苏夏轩，比利时建筑工程师。据《中国建筑》创刊号（1931
年 11 月）记载为中国建筑师学会会员。

- 大经洋行（Smedley, J. D. Architect & Civil Engineer Ta-Chiag）

主要成员：据《字林西报行名录》1917 年 1 月 Smedley, J. D.。

地　　址：南京路 21 号。

- 黄章斌 施刚建筑工程师（K. Smith-Mitchell, C. B. Huang Architects & Engineers）

地　　址：九江路 113 号（1938—1941）。

据上海市城建档案馆 1938 年的档案，曾于 1939 年参与沙发花园的改建工程。

- 苏生洋行（E. Suenson & Co., Ltd./Phillips, E. S, J. Architect）

1929—1930 年由飞力拍斯和董大酉创办，董大酉于 1930 年自办事务所。

主要成员：据 1931 年 *China Architects and Builders Compendium* 所载，
建筑师为飞力拍斯（Phillips, E. S. J.）。

地　　址：爱多亚路 6 号（1931），四川路 33 号（1934）。

- 沈德工程师（Thunder，Charles）

地　　址：广东路 3 号

- 沃特斯 德尔事务所（Waters & Dale）

主要人员：沃特斯（Thomas James Waters，1842—1898），1878 年后由日
本来上海，在上海短暂工作后去美国；德尔（H. W. Dale）。

- 惠生洋行 / 惠格纳尔洋行 / 汇生洋行（J. H. Wignal & Co.）

1864 年惠格纳尔（John H. Wignal）与鲍德温（R. H. Baldwin）
合作建立惠生洋行，承接建筑设计及测绘工程；1866 年 8 月 24 日宣告破产。

主要人员：惠格纳尔（John H. Wignall，1835—1885），1862 年开始在
上海经营一般设计业务，1866 年去日本长崎；鲍德温（R.
H. Baldwin）；据《上海市技师、技副、营造厂登记名录》
民国二十二年（1933），另有帕士阔夫。

以下为附有建筑部的公司：

● ＜英＞业广地产公司（The Shanghai Land Investment Co.）

主要人员：布莱特·弗雷泽（Bright Fraser, 1894—？），英国建筑师，1894 年在利物浦出生，1922 年成为皇家建筑师学会准会员，1930 年成为正式会员；1923 年到上海，起先在通和洋行工作，1926 年担任业广地产公司总建筑师。

项目	作品名称	地址	设计建造年代	备注
1	麦克利克路杨树浦路住宅	杨树浦路临潼路	1913	
2	虹口大楼（Hongkew Hotel）	四川北路 875—895 号	1928—1929	
3	钟宅（Residence of Tchong）	襄阳南路 349—355 号	1928	Zieh Fah
4	披亚司公寓 / 浦西公寓（Pearce Apartments）	蟠龙街 26 号	1929—1930	弗雷泽
5	中央信托银行（Central Trust Bank）	北京东路		
6	百老汇大厦（Broadway Mansions）	北苏州路 2 号	1931—1935	弗雷泽，公和洋行

● 工部局工务处（Public Works Department, Municipal Council）

斯丹福（一译斯单福），查尔斯·哈普尔（Charles Harpur, 1879—？），罗伯特·查尔斯·特纳（Robert Charles Turner），高级建筑师沃特（J. D. Watt），斯特布尔福特（C. H. Stableford），高级助理建筑师卡尔·惠勒（A. Carr. Wheeler），助理建筑师米拉姆斯（D. G. Mirams），詹森（M. C. Jensen），索科洛夫（J. A. Sokoloff）等。

项目	作品名称	地址	设计建造年代	备注
1	虹口救火会（Honkew Fire Station）	吴淞路 560 号	1914—1915	
2	工部局大楼（Shanghai Municipal Council Building）	汉口路 193 号	1914—1922	Robert Charles Turner
3	西童公学（S. M. C. Public School，今复兴初级中学）	四川北路 2066 号	1916	
4	工部局宰牲场（Shanghai Municipal Coumcil Abattoir）	沙泾路 10 号	1930	卡尔·惠勒
5	总巡捕房（The Central Police Station，今上海市公安局）	福州路 185 号	1932—1935	斯丹福

● ＜法＞公董局（French Municipal Council Architects）

主要成员：Wantz & Boisserzon。

项目	作品名称	地址	建造年代	备注
1	法国球场总会 / 法国学堂（Le Cercle Sportif Français/1926 年改为 College Municipal Français，今科学会堂）	南昌路 47 号	1913—1914	1917—1918 年改扩建

● 恒孚洋行（China Investment Co.）

项目	作品名称	地址	建造年代	备注
1	恒业里	江西中路 135 弄 1—13 号	1914—1915	
2	颐中烟草公司（Yee Tsoong Tobacco Co.）	南苏州河路 161—175 号	19007—1908，1925 翻建	

●<美>中国营业公司（China Reality Co.）

主要成员：建筑师 G. F. Ashley。

地　　址：江西路 38 号（1908—1909），南京路 39、27 号（1912—1922），江西路 24 号（1923），外滩 12 号（1924），四川路 1 号（1925），四川路 70、250 号（1926—1841）。

项目	作品名称	地址	设计建造年代	备注
1	申报馆（Shun Pao Building）	汉口路 309 号	1916—1917	G. F. Ashley
2	康福特宅"爱庐"（Residence Cornfoot）	东平路 9 号	1916	1928，1932 改扩建
3	拉瑟福德宅（Residence C. H. Rutherford，今上海话剧艺术中心）	安福路 284 号	1917	
4	C. H. Chao 宅	思南路 48 号	1918	
5	吉尔宅 / 荣鸿元宅（Residence for E. C. Gill/M. Mordvcovitch，今美国总领事馆）	淮海中路 1469 号	1921	
6	福履理路 598 号宅	建国西路 598 号	1929	
7	又斯登公寓（Houston Court，今登云公寓）	淮海中路 2068 号	1929	

● 义品放款银行 */ 沙得利工程司行（Credit Foncier d'Extreme-Orient Department des Constructions Shanghai Département Constructions/Charrey & Conversy Architects）

主要成员：建筑部建筑师费诺斯（Fenaus），奥拉莱斯（Allalias），G. Derevoge，H. L. Favacho，M. Guillet，L. David，J. J. Levitin。

地　　址：外滩 18 号（1931，1937）；外滩 20 号（1911—1916）。

项目	作品名称	地址	设计建造年代	备注
1	大胜胡同（Victory Terrace）	华山路 229 —285 弄	1918	李维工程师设计
2	拉辛宅（Properiété de Racine & Co.）	桃江路 150、152 号	1920	
3	义品村 / 马斯南路 87、89、93、95、97、99、101、105、107、115、117、119、121、123、125、127、129 号宅（今思南公馆）	思南路 53、55、59、61、63、65、67、71、73、81、83、85、87、89、91、93、95 号	1921	奥拉莱斯
4	巴塞宅（Residence Basset，今法国总领事官邸）	淮海中路 1431 号	1921	
5	马斯南路住宅	思南路 50、52、54、56 号	1922	费诺斯
6	辣斐德路住宅	复兴中路 533、535、537、539、541 号	1922	费诺斯
7	尚贤坊	淮海中路 358 号	1924	
8	辣斐德路 557 号宅	复兴中路 517 号	1926	
9	赛华公寓（Savoy Apts.，今瑞华公寓）	常熟路 133 号	1929	赖安工程师设计
10	林肯公寓（Lincoln Apts.）	淮海中路 1554—1568 号	1930	
11	华盛顿公寓（Washington Apts.，今西湖公寓）	衡山路 303 号	1930	亚龙设计，1941 由 Levitin 改建
12	密丹公寓（Midget Apts.）	武康路 115 号	1930	
13	贝当公寓（Petain Apts.，今衡山公寓）	衡山路 700 号	1931—1932	亚龙设计
14	M. D. Chow 宅	思南路 58 号	1932	T. C. Li
15	恰诺宅（Residence Ciano，今上海汽车工业总公司）	武康路 390 号	1932	M Guillet
16	马斯南路 88、90、94 号宅	思南路 60、62、66 号	1932	
17	卫乐精舍（Willow Court，今卫乐公寓）	复兴西路 34 号	1934	
18	麦祁路 2 层中式住房 28 幢	乌鲁木齐中路待考		

项目	作品名称	地址	设计建造年代	备注
19	辣斐德路住宅	复兴中路 529 号	1937	
20	蒲石路住宅	长乐路 800 号	1930 年代	
21	励氏宅（今市建委老干部活动中心）	高安路 63 号	1941	改建设计
22	圣达里	瑞金一路待考		

注：据上海市城建档案馆 1918 年档案有关大胜胡同的文件，义品放款银行在 1918 年 4 月的文件，沙得利工程司行列为义品放款银行建筑部（Départment Constructions Charrey & Conversy Architects），据推测，沙得利工程司在 1911—1916 为独立的事务所，此后归入义品放款银行。义品放款银行 1918 年 9 月的文件上只署义品放款银行建筑部，不再出现 Charrey & Conversy Architects 的署名。

● 中国建业地产公司（Foncier Immobiliere de Chine）

主要成员： F. I. C. Architect。
地　　址： 爱多亚路 7 号。

项目	作品名称	地址	设计建造年代	备注
1	麦阳路住宅	华亭路 93 弄	1923	9 幢住宅
2	福履理路 620、622 号住宅（今建国西路幼儿园）	建国西路 620、622 号	1924	
3	建业里	建国中路 440—496 号	1928—1929	
4	麦阳路住宅	华亭路待考	1927	
5	亚尔培路 191—197 号住宅	陕西南路 191—197 号	1929	
6	麦阳路李宅（Detached House for Mrs. S. W. Lee）	华亭路待考	1930	
7	雷米坊（今永康新村，太原小区）	永康路 171、173、175、177 弄	1930	
8	励氏宅（今市建委老干部活动中心）	高安路 63 号	1930	赖安工程师设计

● 永安地产公司（Credit Asiatique Construction Department, Architects）

地　　址： 九江路 6 号（1935），四川路 320、33 号（1935—1941）。

项目	作品名称	地址	设计建造年代	备注
1	梅兰坊	黄陂南路 596 弄	1924	
2	皮佛华公寓（Beverly Apts.）	复兴西路 30 弄	1926—1927	
3	陕南村（King Albert Apts.）	陕西南路 151—187 号	1930	
4	拉都路住宅	襄阳南路待考	1933—1934	
5	安和新村	瑞金二路 198 弄	1935	18 幢独栋花园洋房，2 幢双拼花园洋房

● 普益地产公司（Asia Realty Co.）

　　1931 年 7 月成立建筑和建设部，由奥地利建筑师汉默德（Joseph Alois Hammerschmidt，1891—？）负责管理。汉默德毕业于维也纳理工大学，1912 年开始从事建筑设计，1921 年来到天津，1924 年独自开业，1931 年到上海，1933 年创办事务所。

从业人员： 据 1934 年 *China Architects and Builders Compendium* 所载，建筑师为白锡尔（B. J. Basil），F. Shaffer，E. Teske。
地　　址： 15、50 Nanking Road（1923-1935），110 Szechuen Road（1936-1941）。

项目	作品名称	地址	设计建造年代	备注
1	美华村	中山西路 1350 号	1930	共 18 幢
2	吕班公寓（Dubail Apts.，今重庆公寓）	重庆南路 185 号	1931	

（续表）

项目	作品名称	地址	设计建造年代	备注
3	大华公寓（Majestic Apts.）	南京西路 868—882 号	1931—1932	
4	古拔新邨（Courbet Passage，今富民新邨）	富民路 148、156、164、172 弄	1932	
5	卫乐园（Haig Villas）	华山路 799 弄	1934—1935	F. Shaffer 34 幢住宅
6	懿园	建国西路 506 弄	1941	F. Shaffer

● < 英 > 五和洋行（Republic Land Investment Co., Architects）

从业人员：据《中国建筑》第二卷，第三期（1934 年 3 月）所载，建筑师有浦锦庆和日本人山野；*Hong List 1937* 所载成员有 Ching Yue Chee，S. A. Sayer，James Pugh，K. Y. Ching。

地　　址：圆明园路 17、21、149 号（1930—1941）。

项目	作品名称	地址	设计建造年代	备注
1	大方饭店（Daphon Hotel）	福建南路 33 号	1931—1933	
2	新亚酒楼（New Asia Hotel）	天潼路 422 号	1932—1934	席拉
3	德邻公寓（Derring Apts.）	崇明路 82 号	1934	
4	亦村 / 栖霞村	五原路 372 弄 6—9 号	1939	
5	上海新村	淮海中路 1487 弄 1—56 号	1940—1941	

● 协隆地产公司（Yaloon Realty & Construction Co.）

项目	作品名称	地址	设计建造年代	备注
1	年红公寓（Neon Apts.）	延安东路 1060 号	1932—1933	

● < 美 > 美华地产公司（Realty Investment Co.）

从业人员：据 1934 年 *China Architects and Builders Compendium* 所载，建筑师为 George E. Koster，Henry Killam Murphy。

地　　址：四川路 210 号。

项目	作品名称	地址	设计建造年代	备注
1	格兰路西式住宅	隆昌路 222—226 号	1934—1935	12 幢住宅

● < 英 > 亚细亚火油公司建筑部（Asiatic Petroleum Co. Architectural Section）

从业人员：据 1931 年 *China Architects and Builders Compendium* 所载，建筑师为施东纳（A. P. Stoner）、普伦等。

地　　址：外滩 1 号。

● Architect Custom House

从业人员：W. R. Davison，海关建筑师 Architect, Custom House。据上海市城建档案馆 1924 年的档案，1934 年曾参与淮海中路 1897 号海关总督察住宅的改建。

● 中孚营业公司（Chung Foo Trading Co.）

从业人员：据 1931 年 China Architects and Builders Compendium 所载，建筑师为 Keu, Louis S.。

地　　址：南京路 225 号。

外国建筑师的有关信息根据：

1. 上海市城建档案馆藏图纸和档案
2. 1931 年和 1934 年 *China Architects and Builders Compendium*
3. 马长林主编《老上海行名辞典 1880—1941》（上海古籍出版社，2005）
4. 黄光域编《近代中国专名翻译词典》（成都：四川人民出版社，2001）
5.《中国建筑》
6.《建筑月刊》
7. Spencer Dodington & Charles Lagrange. *Shanghai's Art Deco Master*（Earnshaw Books，2014）
8. Jeffrey W. Cody. *Building in China: Henry K. Murphy's "Adaptive Architecture" 1914 -1935*（The Chinese University Press，2001）
9. Edward Denison, Guang Yu Ren. *Modernism in China, Architectural Visions and Revolutions*（Wiley，2008）
10. *Hong List 1937*
11. *Twentieth Century Impressions of Hong Kong, Shanghai, and other Treaty Ports of China*（Lloyd's Greater Britain Publishing Company, Ltd, 1908）

2．上海近代日本建筑师及其作品

● 平野勇造

主要成员：平野勇造（Yajo Hirano，1864—1951），原名堺喜勇造，日本青森县人，1883 年赴美国旧金山，曾留学于美国加利福尼亚大学学习建筑；1890 年回日本，开设自己的建筑事务所；1899 年进入三井洋行，不久即担任上海三井洋行支店长；1904 年在上海四川路 39 号建立事务所，设计包括三井、三菱洋行系统的工厂、码头、内外棉系统纱厂等。

项目	作品名称	地址	设计建造年代	备注
1	三井物产株式会社上海支店（Mitsui Bussan Kaisha）	四川中路 175—185 号	1903	
2	The Chu Zung Cotton-Spinning Mills	待考	1907	
3	日本北部小学校设计方案（未建）	四川北路 1844 号	1907	
4	三井洋行大班宅（Residence of the President of Mitsui Bussan，今瑞金宾馆 4 号楼）	瑞金二路 118 号	1908	
5	日本总领事馆	黄浦路 106 号	1911	
6	日本内外棉会社工厂	澳门路待考	1914	
7	日本内外棉会社住宅	澳门路 660 号	1920 年代	
8	美国长老会学院(The American Presbyterian College)	待考		

● 下田菊太郎

　　下田菊太郎（Shimoda Kikutarō, 1866—1931），出生于日本秋田县角馆町，入工部大学校造家学科学习，师从英国建筑师康德尔；中途退学到美国旧金山一家建筑事务所就职，并获美国建筑师学会会员资格，后在芝加哥独立开设建筑事务所；1898 年回日本，1909 年到上海。

项目	作品名称	地址	设计建造年代	备注
1	英国总会室内设计	中山东一路 3 号	1910	

● 福井房一

主要成员：福井房一（Fusakazu Fukui，1869—1937），于 1869 年在福冈县出生，1888 年进入东京工手学校（今工学院大学）学习，一年半后毕业于造家学科；1891 年 10 月赴美国留学，前后 10 年曾在纽约乔治·波士特的事务所从事制图和设计工作；归国后在帝国海军建设部门任建筑师。1906 年到上海，与平野勇造合办建筑设计事务所，后由于合作不愉快而散伙，于 1908 年初离开上海到汉口创业，曾设计湖北省谘议局（1908），1911 年回日本。

项目	作品名称	地址	设计建造年代	备注
1	* 日本总会 / 日本人俱乐部（The Nihonjin Club）	塘沽路 309 号	1914	
2	三菱洋行上海分店（The Mitsubishi Corporation）	广东路 102 号	1914	

● 武富英一

项目	作品名称	地址	设计建造年代	备注
1	* 日本电信局（Japanese Telegraph Office）	长治路 25 号	1915	

● 冈野建筑事务所 / 冈野工程师（S. Okano Architects & Civil Engineers）

主要成员：冈野重久（Shigehisa Okano），1921 年来华。

地　　址：海宁路 17 号（1925），狄思威路 465、502 号（1937）。

项目	作品名称	地址	设计建造年代	备注
1	裕丰纱厂（Toyo Cotton Spinning Co.，今国棉十七厂 / 国际时尚中心）	杨树浦路 2866 号	1921—1930	
2	裕丰纱厂住宅	杨树浦路 3061 号	1924	
3	明华糖厂（Ming Hua Sugar Refinery）	杨树浦路 1578 号	1924	部分拆除
4	* 公大纱厂（Kung Dah Cotton Spinning & Weaving Co.）	近胜路杨树浦路	1925	
5	同兴纱厂工房 45 栋（Chinese Houses for Dong Shing Cotton Spinning & Weaving Co.）	平凉路 1777 弄	1925	
6	上海市科学馆 / 日本小学（The Japanese Primary School，今静安区业余大学）	胶州路 601 号	1926	1934 年扩建
7	西本愿寺上海别院（Shanghai Nishi Honganji，West Honganji Temple）	乍浦路 471 号	1931	
8	住友银行（Sumitomo Bank，今上海对外经济研究中心）	胶州路 510 号	1935	
9	日本高等女学校（Japanese Girls' High School）	欧阳路 221 号	1936	

● 原田建筑事务所（T. Harada）

项目	作品名称	地址	设计建造年代	备注
1	千爱里（Cherry Terrace）	山阴路 2 弄	1922	

● 内田祥三

主要成员：内田祥三（Shozo Uchida，1885—1972）。

项目	作品名称	地址	设计建造年代	备注
1	上海自然科学研究所（Institute of Science）	岳阳路 320 号	1928—1931	

● 河野健六（K. Kohno）

项目	作品名称	地址	设计建造年代	备注
1	东和影戏院（Towa Cinema，今解放剧场）	乍浦路 341 号	1932	
2	威利大戏院 / 昭南剧场（今胜利电影院）	乍浦路 408 号	1936	

● 根上建筑事务所（Negami Consulting Architect & Civil Engineer）

主要成员：根上清太郎（Seitaro Negami）。

项目	作品名称	地址	设计建造年代	备注
1	角田公寓（Kakuta Apts./Banzai-Kwan Building）	闵行路 201 号	1933—1934	
2	北部第二日本小学校	欧阳路 439 号	1937	

● 前川国男（Kunio Mayekawa）

主要成员：前川国男（Kunio Mayekawa，1905—1986），曾师从美国建筑师雷蒙德，1928 年毕业于东京帝国大学，分别在巴黎和东京为勒·柯布西耶和雷蒙德做草图设计师；1930 年回日本，1935 年独立开业，将现代建筑引入日本；1939—1943 年在上海开设事务所。

从业人员：上海分所建筑师田中、寺岛、崎谷、大泽、佐世、道明。

项目	作品名称	地址	设计建造年代	备注
1	森永公司上海卖店	待考	1939	
2	上海住宅规划		1939	
3	*华兴商业银行职员住宅	四平路 2151 号	1939—1943	
4	大上海都心改造计画案		1942	

● 石本喜久治

主要成员：石本喜久治（Kikuji Ishimoto，1894—1963）， 1920 年毕业于东京帝国大学，1922—1923 年在德国魏玛的包豪斯学习，1923 年回日本。

项目	作品名称	地址	设计建造年代	备注
1	*日本第七国民学校	平昌街（今政本路）	1941	
2	上海日本中学校（今同济大学一·二九大楼）	四平路 1239 号	1942	
3	第二日本高等女学校（今上海外国语大学）	大连西路 550 号	1942	

● 东亚兴业公司（East Asia Industrial Co., Ld.）

从业人员：T. Kuwano，M. Yamamoto。

地　　址：九江路 5 号（1922—1927），千爱里 45、46 号（1928—1941）。

● 华达建筑公司（Owata Engineering Corp. Architects, Engineers and General Contractors）

地　　址：据 Hong List 1937 所载地址为福煦路 913（97）号，四川路 29 号。

项目	作品名称	地址	设计建造年代	备注
1	三益里	巨鹿路 225 弄	1929	

日本建筑师的有关信息根据：

1. 村松伸著《上海·都市と建筑 1842—1949》（东京：株式会社 PARCO 出版局，1991）
2. 木之内诚编著《上海历史ガイドマップ》（东京：大修馆书店，1999）
3. 陈祖恩著《上海日侨社会生活史：1868—1945》（上海辞书出版社，2009）

附录三

建筑作品表

说明：

1. 本表仅表明建筑的有关信息，说明建筑设计和建造的年代，以及建筑师的信息等，不能作为法律意义上建筑产权的依据；

2. 由于作者的水平和文献资料信息的局限性，遗漏和错误在所难免，有关信息还有待补充、修改和完善；

3. 类别一栏中，大写的罗马数字代表优秀历史建筑的公布批次，阿拉伯数字代表保护类别，如 II-3，表示第二批，三类保护。

   由于第五批优秀历史建筑的保护类别尚未公布，本表显示的是暂定的类别，当以今后正式公布的类别为准；

4. 建筑作品的排序系根据设计或建造的起始年代。

序号	类别	原名	现名	西文原名	地址	设计及建造年代	设计者	施工者	备注
1		张家楼耶稣圣心堂	张家楼耶稣圣心堂	Sacred Heart of Jesus Church	金桥镇红枫路 151 号	19 世纪			
2		* 盛宣怀宅	建承中学		成都北路 471 号	19 世纪末	通和洋行		1996
3		顾家楼天主堂，汤家巷天主堂	顾家楼天主堂	Immaculate Heart of Mary Church	横沔镇汤巷村 156 号	1838			
4		张朴桥天主堂	张朴桥天主堂	Immaculate Conception Church	松江龙源路张朴桥村	1844			
5		* 圣约翰大学礼拜堂	华东政法学院	Chapel, St. John's University	万航渡路 1575 号	1844			
6		* 美国领事馆	原址建海鸥饭店	The Consulate of America	黄浦路 60 号	1845			
7	I-1	圣沙勿略天主堂	董家渡天主堂	S. Francis Xavier Church Cathédrale de Tungkadoo	董家渡 175 号	1847—1853	范廷佐修士		市级文物
8	II-3	耶稣会院藏书楼	市图书馆藏书楼	St. Iganatius Catholic Library	漕溪北路 80 号	1848			市级文物
9	II-3	圣依纳爵公学，徐汇公学	徐汇中学	Collège St-Ignace	虹桥路 68 号	1849 始建，1873 扩建，1917 再扩建 1918			市级文物
10	IV-3	英华书馆	海军托儿所		武进路 400—412 号	1850			
11		* 四明公所		Ningbo Merchant's Guild	人民路 830 号	1853 重建			
12		七灶天主堂	七灶天主堂	Sacred Heart of Jesus Church	吴家宅街 75 号	1854			
13	II-2	圣若瑟堂	若瑟堂	St. Joseph Cathedral	四川南路 36 号	1860—1861	罗礼思修士		
14	IV-3	旗昌洋行	住宅，上海市生产服务合作联社	Russell & Co.	福州路 17—19 号	1860s			
15		白头礼拜堂		Parsee Prayer Hall	福州路 539 号	1860s			
16		* 清心书院		Farnham Girls School	陆家浜路 650 号	1860			1953 翻建
17		* 法国领事馆	原址建光明大楼		金陵东路 1 号	1864—1867，1895—1896 新建	邵禄	魏荣昌营造厂	1987 拆除
18		泰来天主堂	泰来天主堂，城南天主堂	Immaculate Conception Church	青浦环城镇城南村 70 号	1865—1889（现存 1927）			
19		黄浦公园，公家花园	人民英雄纪念碑，黄浦公园	Public Park, Whang Poo Park	外白渡桥南堍东侧	1866—1868			
20	I-2	圣三一堂	圣三一堂	Holy Trinity Church, The Anglican Cathedral	江西中路 20 号	1866—1869	G. 司各特，凯德纳	英商番汉公司	1893 建钟塔，1966 拆除，市级文物
21	II-3	徐家汇圣母院		Zi-ka-wei Seng Mou leu Convent	漕溪北路 201 号	1868—1869			市级文物
22	II-3	慈修庵／黄氏家庵	慈修庵		泰岭街 15 号	1869，20 世纪初重建			
23		福佑路清真寺	福佑路清真寺		福佑路 378 号	1870，1900—1906 扩建			
24	II-2	英国领事馆	外滩源 1 号会所	British Consulate General	中山东一路 33 号	高等法院 1871，总领事馆 1873	博伊斯	余洪记营造厂	2008—2010 修缮，全国文物
25	II-2	英国总领事官邸		The Residence of the British Consulate General	中山东一路 33 号	1843 始建，1846 重建，1871—1873 重建	博伊斯		2007—2008 修缮
26		圣衣院	上海电影博物馆	Zi-ka-wei Carmelite Convent	漕溪北路 595 号	1873—1874			重建
27		* 兰心戏院旧址	原址建广学会大楼		虎丘路 128 号	1874			
28		虹口圣心堂	居民住宅	Sacred Heart of Jesus Church	南浔路 260 号	1874—1876			
29		孔庙	孔庙		嘉定镇南大街	1875—1908			上海仅存的清代书院
30	II-3	江南制造局办公楼	江南造船厂	Kiangnan Dock & Engineering Works	高雄路 2 号	1875—1909			
31	II-3	江南制造总局海军司令部	江南造船厂	Kiangnan Dock & Engineering Works	高雄路 2 号	1875—1909			

序号	类别	原名	现名	西文原名	地址	设计及建造年代	设计者	施工者	备注
32	II-4	江南制造总局飞机车间	江南造船厂	Kiangnan Dock & Engineering Works	高雄路 2 号	1875—1909			
33		公顺里	公顺里		广东路 280 弄	1876			共 35 单元
34	II-4	吉祥里	吉祥里		河南中路 531—541 号	1876			
35		*东本愿寺			武昌路 380 号	1876			1990 拆除
36		南张天主堂	南张天主堂	St. Joseph, Ptron for Dying Church	松江秀文路 485 弄 50 号	1876（现存 1901）			
37	III-3	江南弹药局	七三一五工厂		龙华路 2577 号	1876			市级文物
38		*斜桥总会，美国斜桥俱乐部	原址建上海电视台	Country Club	南京西路 651 号	1879 后，1914 前			
39		玉皇宫	梵王宫（静安寺下院）		罗店镇	1879 重建			
40	I-2/3	杨树浦水厂	上海水厂	Shanghai Water Works	杨树浦 830 号	1881—1883, 1928	J. W. 哈特		全国文物
41		上海机器造纸局	天章记录纸厂	Paper Mills Ltd., Shanghai	杨树浦 408 号	1882			
42		*上海电光公司	原址建上海市第四人民医院		四川北路海伦路	1882			
43		雷祖殿，白云观	白云观		西林后路 100 弄 8 号	1882			
44		圣芳济学堂	北虹中学	St. Francis Xavier's College	南浔路 281 号	1882—1884			
45		*公济医院	上海市第一人民医院	Shanghai General Hospital	北苏州路 190 号	1882—1920		王荪记营造厂	
46		*东本愿寺上海别院			武昌路 380 号	1883			1990 年 8 月拆除
47		*徐园，双清别墅	原址建住宅		天潼路 814 弄 35 支弄	1883			1909 迁至康定路
48		*一品香旅社	原址建莱福士广场	Yih Ping Shan Hotel	西藏中路汉口路转角	1883, 1919 迁建	周惠南		1997 拆除
49	IV-3	沪南钱业公所	沪南钱业公所		人民路 333 号	1883			2004 年迁建
50		*德国领事馆	今海鸥饭店所在地	The Consulate of Germany	黄浦路 80 号	1884	倍高洋行		1937 拆除
51		*天后宫，天妃宫	原址建山西中学		河南北路 3 号	1884			1982 移建松江方塔园
52		*张园（味莼园），安垲第	今张家花园	Chang-Su-Ho Garden, Arcadia Hall	威海路 590 弄	1885—1919	有恒洋行金斯密，艾特金森	何祖安	1919 后建为民宅
53		联合教堂，新天安堂	外滩源礼堂	The Union Church	南苏州路 79 号	1886, 1899 扩建，1901 改建	道达洋行		2009 复建
54		邱家湾耶稣圣心堂	邱家湾天主堂	Sacred Heart of Jesus Church	方塔北路 281 号	1872—1873, 1887 重修	马历耀修士		
55		华新纺织新局，恒丰纺织局	上海第三丝厂		许昌路 5 号	1888			
56	IV-3	英商自来水公司办公楼	自力大楼 / 自来水公司管线管理		江西中路 464—466 号	1888			
57		*愚园			愚园路 2 号	1890			1916 后废
58		*钱业会馆			塘沽路 730 号	1891			
59		*横滨正金银行		The Yokohama Specie Bank	中山东一路 31 号	1892			
60	II-3	圣约翰大学怀施堂	华东政法学院韬奋楼	Schereschewsky Hall, St. John's University	万航渡路 1575 号	1894—1895	通和洋行		全国文物
61	IV-3	工部局西童女子学校		Public School for Girls	塘沽路 390 号	1895			
62		怡和纱厂	上海第五毛纺织厂	EWO Cotton Mill	杨树浦 670 号	1896	马海洋行		
63	III-2	唐墓桥路德圣母堂	唐镇天主堂	Our Lady of Lourdes Church	川沙唐桥乡唐镇	1897—1898			
64	III-4	阜丰面粉厂		The FooFeng Flour Mills	莫干山路 120 号	1896—1899	通和洋行		
65		中央银行宿舍	滇池大楼		圆明园路 24 号	1897			
66	II-3	中国通商银行		The Imperial Bank of China, Commercial Bank of China	中山东一路 6 号	1897, 1906 年翻建	玛礼逊洋行格兰顿		2012 年内部改建，全国文物
67	II-3	礼和洋行		The Carlowitz & Co.	江西中路 261 号	1898	倍高洋行		2015—2016 修缮
68	II-3	南洋公学牌坊	上海交通大学正门		华山路 1954 号	1898			市级文物
69	II-3	南洋公学中院	上海交通大学教学楼		华山路 1954 号	1898			市级文物
70		*圣保罗教堂，外国坟山	原址建黄浦体育馆	Foreign Cemeteries	山东中路 311 号	1898			
71	II-3	毕勋路海关俱乐部	海关宿舍		汾阳路 9 号	1898			
72		*圣彼得堂		St. Peter's Church	北京西路 351 号	1898—1899			1997 拆除
73		麦伦书院 华英书院	继光中学	Medhurst College	高阳路 690 号	1898—1915	通和洋行		
74	V	教会公寓	修身堂 Sau San Tang	Union Church Apts.	南苏州路 79 号	1899	毕士莱洋行		
75	II-3	圣约翰大学科学馆	华东政法学院办公室	St. John's University	万航渡路 1575 号	1899	通和洋行		2017 修缮，全国文物
76	IV-3	徐家汇观象台	上海气象局气象台	L'Observatoire de Zi-ka-Wei	蒲西路 166 号	1899—1901			1955 翻新，1997 改建，市级文物
77		有利银行大班宅	居民住宅		复兴西路 199 号	1900			
78	I-2	霞飞路盛宅	日本领事官邸		淮海中路 1517 号	1900			市级文物
79		四达里	四达里		山阴路 57 弄	1900			
80		默罕默德清真寺		The Mahomedan Mosque	浙江中路 70 号	1900, 1930 扩建	通和洋行		
81		*新福音教堂和德国子弟学校		Die Deutsche Evangelischen Kirche	黄浦路，金山路转角	1900—1901, 1911 改建	马海洋行白脱，倍高洋行改建		1932—1934 拆除

序号	类别	原名	现名	西文原名	地址	设计及建造年代	设计者	施工者	备注
82		澄衷蒙学堂	澄衷中学	Ching Chong's School	唐山路 417—457 号	1900—1902	通和洋行		
83		*沧州别墅	沧州饭店	Burlington Hotel	南京西路 1213 弄	1900—1935			
84	IV-3	公共租界会审公廨	上海医疗器械九厂	The Mixed Court	浙江北路 191 号	1900	通和洋行		
85	IV-1	托格宅（荣宅）	普拉达时装商业（上海）有限公司	Residence för R. E. Toeg	陕西北路 180 号（原四摩路 17 号）	1900 年代	陈椿记营造厂 1918 改扩建	陈椿记营造厂	
86		商务印书馆	中国科技图书公司，商务印书馆	The Commercial Press	河南中路 211 号	1901			
87		轮船招商总局	上海港务监督	The China Mechant Steam Navigation Co. Building	中山东一路 9 号	1901	通和洋行		2004 修缮恢复原貌
88	II-3	工部局警务处监狱	上海市监狱		长阳路 147 号	1901—1903，1935 扩建			全国文物
89		德国书信馆	申联木业	Postamt der Kaiserlich Deutschen Post	四川中路 200 号，福州路 70 号	1902—1905	倍高洋行		
90	IV-3	中国纺织建设公司第五仓库	上海市纺织原料公司新闸桥仓库		南苏州路 1295 号	1902	通和洋行		
91	IV-3	虞氏住宅	居民住宅		武进路 580 弄	1902			一说 1920 年代
92	II-2	华俄道胜银行	中国外汇交易中心	The St. Petersburg Russo-Asiatic Bank/The Russo-Chinese Bank	中山东一路 15 号	1900—1902	倍高洋行	项茂记营造厂	1938，2013 大修 全国文物
93	II-4	三井物产公司上海支店	手表七厂办公楼	Mitsui Bussan Kaisha	四川中路 175—185 号	1903	平野勇造		
94	IV-2	龙特宅	上海戏剧学院熊佛西楼		华山路 630 号	1903			一说 1936 年建
95		*主显堂（俄国礼拜堂）		Bogojavlenskaia Tserkov, Mission Church	原宝山路近横浜路	1903—1904			1932 年毁于战火
96	II-3	圣约翰大学思颜堂	华东政法大学宿舍楼	Yen Yongjing Hall	万航渡路 1575 号	1903—1904	爱尔德洋行		全国文物
97		上海划船总会		Shanghai Rowing Club	南苏州路 76 号	1903—1905	玛礼逊洋行		仅剩建筑墙体为原物
98	II-3	望德堂	居民住宅	Avondale House Spanish Augustinian (Corp.) Procuration	北京西路 1220 弄 2 号	1903	China Land Co.		
99		万岁馆		Banzai-Kwan Hotel	闵行路 181 号	1904			
100		*德国总会	原址为今中国银行上海分行	Club Concordia	中山东一路 23 号	1904—1907	倍高洋行	江裕记营造厂	1934—1935 拆除建中国银行
101		*爱俪园，哈同花园	原址建上海展览中心	Hardoon Garden	延安中路 1000 号	1904—1909		王发记营造厂	
102	V	圆明公寓	圆明公寓	Yuen Ming Apts.	圆明园路 115 号	1904	爱尔德洋行		
103	IV-3	圣玛丽医院，广慈医院	瑞金医院 9 号楼	Hôpital Ste. Marie	瑞金二路 197 号	1904—1902			
104	II-3	大北电报公司	盘谷银行上海分行	The Great North Telegraph Corporation	中山东一路 7 号	1904—1907	通和洋行		1917 年由新瑞和洋行翻建，全国文物
105	IV-2	李鸿章祠堂	复旦中学		华山路 1626 号	1904			2004 修缮
106	IV-3	恒丰里	恒丰里	Hang Fong Terrace	山阴路 69、85 弄	1905			69 弄 90 号市级文物
107		上海自来火厂	上海市煤气公司	Shanghai Gas Co. Ltd.	西藏中路 725 弄内	1905			
108	IV-4	中国基督教青年会	浦光大楼	Chinese Young Men's Christian Association	四川中路 595—607 号	1905—1907，西楼 1914	爱尔德洋行		原 4 层，后加建 3 层
109	III-3	龙门村	龙门村		尚文路 133、149 弄	1905—1934			1905—1934 年先后分三批建造
110		仁记路 119 号大楼			滇池路 119 号	1906	爱尔德洋行	协盛营造厂	
111	II-3	沪江大学神学院	上海理工大学	University of Shanghai	军工路 516 号	1906			全国文物
112		阿尔盘街住宅		Albury Lane	蟠龙街 1—13 号	1906			
113	V	惠罗公司	惠罗大楼	Laidlaw Building	南京东路 100 号	1906	玛礼逊洋行斯科特		1933 由鸿达改建
114	IV-3	太古洋行	外滩 22 号	Butterfield & Swire	中山东二路 22 号	1906	新瑞和洋行	魏清记营造厂	原 4 层，后加建 1 层
115		*汇丰银行大班住宅	原址建上海商城		南京西路西康路	1906	新瑞和洋行		1986 拆除
116	III-4	哈同大楼	慈安里		南京东路 114—142 号	1906	爱尔德洋行		
117	II-3	外白渡桥	外白渡桥	Garden Bridge	中山东一路	1906—1907	有恒洋行金斯密（Howarth Erskine Limited）		
118	III-2	礼查饭店	浦江饭店	Astor House Hotel	黄浦路 17 号	1906—1910	新瑞和洋行	周瑞记营造厂	
119	I-1	圣依纳爵新堂	徐家汇天主堂	St. Ignatius Cathedral	浦西路 158 号	1906—1910	道达尔洋行（William Doyle）	法商上海建筑公司	全国文物
120	IV-2	复旦公学门楼	复旦中学门楼		华山路 1626 号	1906			
121	II-2	洋泾浜气象信号台	城市建设展示厅	Gutzlaff Signal Tower	中山东二路 1 号甲	1906—1908	马第（Marti）		1923 —1927 附房扩建，1993 移位
122	III-4	谦信洋行	中国人民解放军海军后勤部上海物资站	China Export, Import und Bank Compagnie	江西中路 138 号	1906—1908	倍高洋行	江裕记营造厂	曾加建 1 层
123	I-2	汇中饭店	和平饭店南楼	Palace Hotel	中山东一路 19 号	1906—1908	玛礼逊洋行斯科特	王发记营造厂	全国文物
124	III-4	沪宁铁路局	居民住宅	Shanghai Nanking Railway Administration Offices	四川中路 126 号元芳弄	1906	通和洋行	元芳洋行	

序号	类别	原名	现名	西文原名	地址	设计及建造年代	设计者	施工者	备注
125	II-3	担文宅／德拉蒙德宅	光明集团办公楼	Residence of W. V. Drummond	华山路 229—285 弄	1907 年以前			
126	II-3	安培洋行	安培洋行	Ampire & Co.	圆明园路 97 号	1907	通和洋行		2009 修缮
127		* 英国邮局	原址建中国实业银行	The Chinese Post Office	北京东路，虎丘路转角	1907			
128		* 洪德里			浙江中路 609 弄	1907			
129		* 商务印书馆		The Commercial Press	宝山路 499 弄	1907			1932 年 1 月被毁
130	II-3	怡和洋行新楼，益丰洋行	益丰商场	"EWO" Office and Flats Yik-foong Hong Building	北京东路 81 号	1907	玛礼逊洋行斯科特		2009 改造
131	IV-3	大清银行	中国银行	Ta Ching Government Bank	汉口路 50 号	1907—1908	通和洋行	协盛营造厂	2015—2016 修缮
132	III-3	颐中烟草公司，晋隆洋行堆栈	颐中大楼	Yee Tsoong Tobacco Co.	南苏州河路 161—175 号	1907—1908，1925 翻建	恒孚洋行		
133		大同路 707 弄，石门二路 41 弄 40-52 号，80-92 号住宅			奉贤路 68 弄 40—52 号、80—92 号	1907—1911			
134	IV-3	安利洋行	安利大楼	Arnhold, Karberg & Co.	四川中路 320 号，九江路 80 号	1907—1908	G.W. 菲利普斯		
135		* 共济会会馆，规矩会堂		Masonic Hall	中山东一路 30 号	1907—1910	玛礼逊洋行克里斯蒂和约翰逊		
136	II-3	仁记洋行	上海市海运局海运服务公司等，住宅	The Gibb Livingston & Co.	滇池路 100 号	1908	通和洋行		
137	II-3	业广地产有限公司大楼	上海电视杂志社等	The Shanghai Land Investment Co.	滇池路 120—124 号	1908	通和洋行		
138		银行大楼	中国工商银行储蓄所		大名路 65 号	1908			
139		* 虹口大戏院		Honkew Theatre	乍浦路 388 号	1908	邬达克		1998 拆除
140		上海华洋德律风公司	上海电话公司	Shanghai Mutual Telephone Company	江西中路 232 号	1908	新瑞和洋行	姚新记营造厂	
141		* 万国体育场，江湾跑马厅		Kiangwan Race Club and Stands	叶氏路，淞沪铁路支线，近叶家花园	1908	公和洋行		
142	II-3	耶松船厂	上海远洋运输公司	Shanghai Dock & Engineering Co., Ltd.	大名路 378 号	1908			
143	IV-1	湛盛宅（宋家花园）	中国福利会老干部活动室	Country House for K. K. Johnsen	陕西北路 369 号	1908	倍高洋行		
144	III-3	德国技术工程学院	上海理工大学复兴中路校区	Deutsche Ingenieurschule	复兴中路 1195 号	1908—1916	倍高洋行		
145	III-3	三井洋行大班宅	瑞金宾馆 4 号楼	Residence of the Manager of Sakai Co.	瑞金二路 118 号	1908	平野勇造		
146		科发药厂	上海第四制药厂	Kofa American Drug Co.	长阳路 1568 号	1909			
147		印度锡克教堂	东宝兴路第二幼儿园	Sikh Gurdwara	东宝兴路 326 号	1909			
148	II-4	沪江大学思晏堂	上海理工大学	Yates Hall, University of Shanghai	军工路 516 号	1909			全国文物
149	II-3	圣约翰大学思孟堂	华东政法学院宿舍楼	Arthur Mann Hall	万航渡路 1575 号	1909	爱尔德洋行		全国文物
150	IV-3	小南门警钟楼	上海救火联合会旧址		中华 581 号	1909		求新机器轮船厂	
151		* 半淞园			半淞园路	1909，1918			抗战中被毁
152		大舞台新屋	人民大舞台	Dah Wu Dai Theatre	九江路 663 号	1909，1933	德利洋行 汪静山	周鸿兴营造厂	
153		上海北站站屋	上海铁路局		天目东路，宝山路	1909，1933		中南建筑公司	赵深，1933 改建设计
154	I-3	上海总会（英国总会）	华尔道夫酒店	The Shanghai Club	中山东一路 2 号	1909—1910	致和洋行塔兰特	英商厚华洋行	2009 修缮，全国文物
155		三山会馆	南市区革命史迹陈列馆		中山南路 1151 号	1909—1916			1981 向东移建 20 米
156		* 徐园（双清别墅）	原址建大明造纸厂		康定路，昌化路东	1909			
157	II-3	法租界公董局	中环广场	The Municipal Council	淮海中路 375 号	1909			
158	III-3	汤姆生宅	上海市汽车工业总公司	Thompson Villa	武康路 390 号	1910 年代			
159	IV-2	伍廷芳寓	上海电筒厂职工宿舍	Henley House	北京西路 1094 弄 2 号	1910	新瑞和洋行		
160	II-2	永年人寿保险公司	空置	China Mutual Life Insurance Company	广东路 93 号	1910	通和洋行	英商汇广建筑公司	
161		惠中堂	李惠利中学		徐家汇路 40 号	1910			
162	II-2	日本总领事馆		The Consulate of Japan	黄浦路 106 号	1910—1911	平野勇造	协盛营造厂	
163		* 威廉学堂	原址建上海照相纸版厂	Kaiser-Wilhelm-Schule	威海路 30 号	1910—1911，1925—1926 扩建	汉斯·埃米尔·里勃		
164	II-4	杨树浦电厂	杨树浦发电厂	River Power Plant, Shanghai Power Co.	杨树浦 2800 号	1910—1938		周瑞记营造厂	市级文物
165	IV-2	犹太俱乐部	上海音乐学院办公楼	Jewish Club	汾阳路 20 号	1910 年代			
166	II-2	席德俊宅	达芬奇集团		淮海中路 1131 号	1910 年代	倍高洋行		一说潘澄波宅
167	V	施高塔路 274 弄	山阴路 274 弄		山阴路 274 弄	1910 年代			共 11 单元
168	IV-2	麦加利银行高级职员住宅	华山医院（分部）1 号楼		江苏路 796 号	约 1910			
169	IV-3	湖丝栈	湖丝栈文化创意有限公司		万航渡路 1384 弄 1—2 号	约 1910			

序号	类别	原名	现名	西文原名	地址	设计及建造年代	设计者	施工者	备注
170		久安公寓		Western Apts.	愚园路 1054 号	约 1910			
171	IV-3	空港六路 1 号住宅东楼	空管局退休干部活动中心		空港六路 1 号	1910			
172	IV-2	首善堂，克美产科医院	上海市黄浦区人民代表大会常务委员会	Procure des Lazarists	重庆南路 139 号	1910			
173	III-3	中国红十字会医院（法国会馆）	华山医院 10 号楼		乌鲁木齐中路 12 号	1910			
174	IV-3	梁氏民宅	梁氏民宅		陕西北路 457 弄 61 号	1910 年代			
175	IV-3	戈登路巡捕房	511 时尚设计中心		江宁路 511 号	1910		德和洋行	
176	IV-3	汤山村	汤山村	Tongshan Court	武夷路 466 弄	1911			共 6 单元
177		吉林路 5 号花园住宅			吉林路 5 号	1911			
178		赫林里	柳林里	Helen Terrace	四川北路 1831 弄	1911			
179		法租界宝昌路消防站			淮海中路 197 号	1911			
180		熙园	熙园		延安中路 549 号	1911			
181	II-2	万国体育总会俱乐部，犹太总会	联谊俱乐部统战部 / 春兰公司	The International Recreation Club, The Jewish Club	南京西路 722 号	1911			
182		南洋公寓	南洋公寓		陕西北路 525 弄 4、8 号	1911			
183		四堡头	钱家塘		淮海中路 946 弄	1911			
184		安息日会中华总会	杨浦区少年宫		宁国路 526 号	1911			
185		树德里	树德北里		黄陂南路 374 弄，兴业里 80 弄	1911, 1916			
186	V	北京新村	北京新村		北京西路 1220 弄	1911, 1930			
187		* 大华饭店，麦边花园		Majestic Hotel, Mc Bain's Residence	南京西路，江宁路	1911 前后	通和洋行		约 1933 拆除
188	III-3	西王家厍花园弄	西王小区		奉贤路 68 弄，石门二路 41 弄	1911			
189	IV-2	爱资拉宅	上海红枫国际妇产医院	Residence for E. I. Ezra	淮海中路 1209 号	1911—1912	马海洋行		
190	IV-2	麦地别墅	中科院上海分院	Villa de Mr. Madier	岳阳路 319 号 11 号楼	1911	沙得利工程司行		
191		长阳路 391 号住宅			长阳路 391 号	1912			共 12 单元
192		许昌路 227 弄住宅			许昌路 227 弄	1912			
193		* 六三花园			西江湾路 230 号	1912			
194	V	福开森路 392 号住宅	居民住宅		武康路 392 号	1912			年代存疑
195		大同学院	大同中学		南车站路 401 号	1912			
196		* 湖州会馆			会文路，中兴路西南角	1912			
197	III-3	黄兴旧居			武康路 393 号	1912—1915			市级文物
198		课植园	课植园		朱家角镇西井街 147 号	1912—1927			
199	V	卡德大楼	卡德大楼		石门二路 50—60 号	1912—1932			
200		外国弄堂			长乐路 698 弄 1—12 号	1912—1936			
201		幸福公寓	幸福公寓		华山路 365—413 号	1912—1936			
202		海格公寓	海格公寓	Haig Apts.	华山路 343 号	1912—1936			
203		愚园公寓	愚园公寓		愚园路 258—300 号	1912—1936			
204		集贤村	集贤村		巡道街，金坛路东北	1912—1936			
205		哥伦比亚公寓	哥伦比亚公寓	Columbia Apts.	延庆路 11 弄 2、4 号，13—23 号	1912—1936			
206	IV-2	霞飞路 1209 号宅	武警上海总队		淮海中路 1209 号	1912A 栋，1930C 栋			共 3 幢
207	III-3	法租界霞飞捕房	爱马仕商场		淮海中路 235 号	1912			2013—2014 改造
208	IV-3	雷米洋行 / 利名洋行	居民住宅	Remi, Schmidt & Cie	金陵东路 8 号	1912			
209	IV-3	小校经阁（八角楼）	小校经阁（八角楼）		新闸路 1321 号	1912			
210	IV-3	福新面粉一厂	苏河艺术	Foo Sing Flour Mills	光复路 423—433 号	1912—1913	通和洋行		
211	I-2	东方汇理银行	光大银行	The Banque de l'Indo Chine	中山东一路 29 号	1912—1914	通和洋行	协盛营造厂	1998 修缮，全国文物
212		泰辰里		Happy Terrace	淮海中路 637 弄	1912			
213		美丽园	美丽园	May Lee Court	延安西路 379 弄	1912—1936			
214	III-3	上海总商会议事厅	宝格利酒店	Chinese Chamber of Commerce	北苏州路 470 号	1913—1915	通和洋行		2015—2016 修缮 市级文物
215		宝康里	宝康里		淮海中路 315 弄	1913			
216	II-3	中法学堂，中法中学	光明中学	Ecole Franco-Chinoise	淮海东路 70 号	1913, 1923			
217	I-3	麦克培恩大楼，麦边大楼，亚细亚大楼	太平洋保险公司	Asia Petroleum Company, McBain Building	中山东一路 1 号	1913—1916	马海洋行	裕昌泰营造厂	全国文物
218	II-2	天祥银行，有利银行	外滩 3 号	Union Insurance Company, The Mercantile Bank of India, London & China	中山东一路 4 号	1913—1916	公和洋行	裕昌泰营造厂	2000—2004 改建，全国文物
219	II-2	法国球场总会，法国学堂	科学会堂	Cercle Sportif Française, College Française	南昌路 47 号	1913—1914	法公董局	姚新记营造厂	1917—1918 年改扩建，全国文物

序号	类别	原名	现名	西文原名	地址	设计及建造年代	设计者	施工者	备注
220		兆福里	兆福里		汉口路 271 弄	1914			共 36 单元
221		工部局育才公学	育才中学	Ellis Kadoorie Public School for Chinese	山海关路 445 号	1914			
222		东斯文里	东斯文里		新闸路 632 弄	1914—1921			约 300 单元
223	V	贾尔业爱路 1 号宅	席家花园酒家		东平路 1 号	1914			
224	III-3	狄思威路 1156 弄住宅	居民住宅		溧阳路 1156 弄	1914			
225		*日本总会, 日本人俱乐部	浦江电表厂 (拆除前)	The Nihonjin Club, Japanese Club	塘沽路 309 号	1914	福井房一		
226	III-2	三菱洋行上海分店	懿德大楼	The Mitsubishi Corporation	广东路 102 号	1914	福井房一		
227		*新世界明记商场	原址建今新世界商场		南京西路 2—18 号	1914			1996 拆除
228		共和大戏院	中华剧场		中华路 1603 号	1914			
229	II-3	沪江大学思马堂	上海理工大学	Eleanor Mare Hll	军工路 516 号	1914			全国文物
230		*夏令配克大戏院, 大华大戏院	新华电影院	Olympic Theatre, Embassy Theatre	南京西路 742 号	1914	鸿达洋行改建		1939 改建, 1996 拆除
231	III-4	恒业里	恒业里		江西中路 135 弄 1—13 号	1914—1915	恒孚洋行		马汝舟测绘行 1927 改建
232	I-2	公共租界工部局	市政工程局等	Shanghai Municipal Council Building	汉口路 193 号	1914—1921	工部局工务处 Robert Charles Turner	裕昌泰营造厂	市级文物
233	IV-4	高乃依路 11-17 号住宅	思南路幼儿园		皋兰路 11—17 号	1914			
234	II-3	虹口救火会, 沈家湾救火会	虹口消防中队	Honkew Fire Station	哈尔滨路 2 号	1914—1915	公共租界工部局		
235	I-2	俄国领事馆	俄国领事馆	Russian Consulate	黄浦路 20 号	1914—1916	汉斯·埃米尔·里勃	周瑞记营造厂	市级文物
236		法租界会审公廨	黄浦区人民检察院	Nouvelle Cours Mixte Française	建国西路 20 号	1914—1915	沙得利工程司行		市级文物
237		*日本电信局		Japanese Telegraph Office	长治路 25 号	1915	武富英一		
238		阿瑞里	阿瑞里	Azaleas Terrace	四川北路 1856 弄	1915			
239		吴有光宅	居民住宅		中华 463 弄 1、2 号	1915			
240		吴继荣宅	居民住宅		江阴 83 弄 4、5、6 号	1915			
241	V	道达洋行	珠江大楼	Dodwell & Co.	江西中路 320—322 号	1915	马海洋行		
242	II-3	南洋兄弟烟草公司	高阳大楼		东大名路 817—837 号	1915			
243	III-3	上海总商会大门		Chinese Chamber of Commerce	北苏州路 470 号	1915	通和洋行		
244		中西书院, 东吴大学	上海财经学校	Soochow University	昆山路 146 号	1915			
245		中华书局	中国科技图书公司	The Chung Hwa Book Co.	福州路 221 号	1915			
246	V	美国陆海军青年会, 华德大楼	华德大楼	Ward Building	四川中路 620 号	1915	安铎生		
247		杨树浦纱厂, 怡和纱厂	上海第一毛条厂	Yangtszepoo Cotton Mill	杨树浦路 1056 号	1915	平野勇造		
248	II-3	沪江大学思斐堂	上海理工大学	Breaker Hall	军工路 516 号	1915			全国文物
249	I-3	先施公司	上海时装公司, 东亚饭店	Sincere Co., Ltd	南京东路 690 号	1915—1917	德和洋行	顾兰记营造厂	市级文物
250		法租界警务处	黄浦区人民检察院	Poste Central	建国中路 22 号	1915—1918	沙得利工程师行		
251	III-3	基督教青年会全国协会大楼	虎丘公寓	National Headquaters of The YMCA	虎丘路 131 号	1915	柯士工程司		
252		普爱坊	普爱坊		周家牌路 109 弄	1916			共 161 单元
253		龚待麟宅	居民住宅		陕西南路 162 号	1916			
254		聂中丞华童公学	市东中学		荆州路 42 号	1916			
255	II-3	康福特宅 ("爱庐")	上海音乐学院附中	Residence Cornfoot	东平路 9 号	1916	美商中国营业公司	陆福顺营造厂	1928,1932 多次扩建, 市级文物
256	II-3	沪江大学麦氏医院	上海理工大学	Meleish Infirmacy	军工路 516 号	1916			全国文物
257	IV-3	西童公学	复兴初级中学	S. M. C. Public School	四川北路 2066 号	1916	工部局工务处		
258		慎昌洋行		Andersen Meyer & Co. Ltd.	圆明园路 21 号	1916			
259		*东亚同文书院	原址建徐镇路地段医院	Tung Wen College	虹桥路 433 弄	1916			
260	I-3	永安公司	华联商厦	Wing On Co., Ltd	南京东路 620—635 号	1916—1918	公和洋行	裕昌泰营造厂、魏清记营造厂等	市级文物
261	III-3	美伦大楼	美伦大楼北楼	Ezra Building Block A	南京东路 151—171 号	1916—1921	马海洋行	裕昌泰营造厂	1984—1985 加层, 2015—2016 修缮
262		*宁波同乡会	原址建第一百货公司新楼	Ningbo Guild	西藏中路 480 号	1916—1921		新仁记营造厂	
263		格致书院, 华童公学	格致中学	S. M. C. Polytechnic Public School	广西北路 66 号	1916—1927			
264	IV-2/3	范园	范园	The Fan Yuan	华山路 1220 弄	1916—1918	通和洋行		
265	II-3	物资供应站, 德华银行	江川大楼, 市医药供应公司	Deutsch-Asiatische Bank	九江路 89 号	1916—1919	思九生洋行	江裕记营造厂	1988 加建 2 层

序号	类别	原名	现名	西文原名	地址	设计及建造年代	设计者	施工者	备注
266		斯塔德利公园	霍山公园	Studley Park	霍山路 118 号	1917			
267	II-3	沪江大学密氏校门		Millard Gate	军工路 516 号	1917			全国文物
268		劝业场，小世界	文化电影院		福佑路 234 号	1917			
269		中国电气股份有限公司	上海有线电厂		齐齐哈尔路 76 号	1917			
270		*三友实业社毛巾总厂	原址建双阳路五一电机厂		原引翔港镇西栅口北	1917			
271		日本北部高等小学校	虹口区教育学院实验中学		四川北路 1844 号	1917	挪威建筑师摩拉		
272		上海电车公司		The Shanghai Electric Const. Co.	南苏州路 185 号	1917—1918	美昌洋行		
273	II-3	沪江大学体育馆	上海理工大学体育馆	Haskell Gymnasium	军工路 516 号	1917—1918			全国文物
274	III-3	中南银行	中南大楼，天津银行	The China & South Sea Bank	汉口路 110 号	1917—1921	马海洋行		1997 加建 2 层
275		*三德里	原址建闸北区少年宫礼堂		鸿兴路，宝山路转角	1917 前后			1932 年 1 月被毁
276	II-3	上海西城回教堂／清真西寺	小桃园清真寺	Shanghai West City Mosque	小桃园街 52 号	1917 始建，1925 改建			区级文物
277	IV-3	拉瑟福德宅	上海话剧艺术中心	Residence C. H. Rutherford	安福路 284 号	1917	中国营业公司		
278	III-2	英军军营用房	延安中学北楼		延安西路 601 号	1917			
279	II-2	南洋公学图书馆	上海交通大学图书馆		华山路 1954 号	1917	王信斋		全国文物
280	II-4	飞星公司	黄河皮鞋厂门市部	Star Garage	南京西路 702—722 号	1917—1918	费和洋行乐福德		
281	I-2	马立斯宅	瑞金宾馆 1 号楼	Morriss Estate	瑞金二路 118 号	1917	德和洋行戈登·马立师		市级文物
282		极司非而公园	中山公园	Jessfield Park	长宁路 780 号	1917			
283	II-2	申报馆	申报馆大楼	Shen-pao Chinese Daily News	汉口路 309 号	1918		周瑞记营造厂	1929 年由公利营造公司扩建设计
284		*新世界游乐场	原址建新世界商场	Chinese Tea Garden	南京西路 1 号	1918	通和洋行	森茂营造厂	
285		铭德里	渔阳里		淮海中路 567 弄	1918			
286	IV-3	巨泼来斯公寓	安福路 233 号公寓	Dupleix Apts.	安福路 233 号	1918			
287	IV-2	李氏宅	居民住宅		华山路 831 号	1918			
288	III-2	扬子水火保险公司	中国农业银行上海分行	The Yangtsze Insurance Association Building	中山东一路 26 号	1918—1920	公和洋行		全国文物
289	IV-3	沙美大楼	信托大楼，上海信托公司	Somekh Building	北京东路 190 号	1918—1921	通和洋行	义记兴营造厂	
290	II-2	玉佛禅寺	玉佛禅寺	Jade Budda Temple	安远路 170 号	1918—1922			
291	III-3	丁香花园（李经迈邸）	老干部局		华山路 849 号	1918	罗杰斯		市级文物
292	II-3	沪江大学思伊堂	上海理工大学第四宿舍	Evanston Hall	军工路 516 号	1919			全国文物
293	III-3	永丰村	永丰村		重庆南路 177、181 号	1919			
294		孙中山宅	孙中山故居		香山路 7 号	1919			全国文物
295		*中华懋业银行上海分行		Chinese American Bank of Commerce	南京东路 11 号	1919—1920	克利洋行邬达克		
296		盘滕宅	上海越剧院，白公馆	Beudin House	汾阳路 150 号	1919—1920	邬达克		
297	IV-2	卡茨宅（何东宅）	上海辞书出版社	Katz House	陕西北路 457 号	1919—1920	克利洋行		邬达克监造
298	IV-2	上海道尹公署，上海特别市政府办公楼	平江 48 号 3 号楼，7 号楼		平江路 48 号	1919			市级文物
299	IV-3	辣斐德路住宅	思南公馆		复兴中路 517 号，531—547 号	1919—1922	义品放款银行		
300	III-4	巨籁达路住宅	巨鹿路住宅	The Residences on Route Ratard	巨鹿路 852 弄 1—10 号，868—892 号	1919—1920	克利洋行邬达克		共 22 幢
301	IV-3	源源长银行	居民住宅		江西中路 473 号	1919			
302	III-3	日清轮船公司	锦都实业总公司	The Nishin Navigation Company	中山东一路 5 号	1919—1921	德和洋行	王苏记营造厂	全国文物
303		中华艺术大学学生宿舍			多伦路 145 号	1920			
304		大业印刷公司	上海市第二印刷厂	Ta Yeh Printing Company	榆林路 312 号	1920			
305		复旦大学奕柱堂	复旦大学奕柱堂		邯郸路 220 号	1920	茂飞		
306		薛公馆	居民住宅		多伦路 66 号	1920			
307		大生公司大楼		Continental Building	九江路 230 号	1920	裕和洋行		
308	V	贾尔业爱路 2—10 号宅	居民住宅		东平路 2—10 号	1920	大昌建筑公司		
309		辣斐德路 1365—1377 号宅	居民住宅		复兴中路 1365—1377 号	1920	Loh Nee Kee General Building Contrctor		
310		裕棠庚宅	居民住宅	Nign Yue Dong & Sons	平凉路 25 号	1920			
311	V	公共租界杨树浦救火会	上海市消防总队杨浦中队		杨树浦路 1307 号	1920			
312	II-3	沪江大学思孟堂	上海理工大学第二办公楼	Melrose Hall	军工路 516 号	1920			全国文物

序号	类别	原名	现名	西文原名	地址	设计及建造年代	设计者	施工者	备注
313		*陈炳谦宅	第二工业大学		威海路 771 号，陕西北路 80 号	1920			1994 拆除
314	III-3	上海电话局南市总局	上海电信有限公司中华分局		中华路 734 号	1920			
315		*日本女子高等学校			欧阳路 221 号	1936	冈野重久		1999 拆除
316	IV-3	日照里	东照里	Tung Chao Terrace	山阴路 133 弄	1920			12 号市级文物
317		伯特利医院	上海市第九人民医院		制造局路，瞿溪路口	1920			
318	V	培尔公寓	襄阳公寓	Belmont Apts.	襄阳南路 254 号	1920			
319	III-3	金神父路 188 号宅	瑞金宾馆 3 号楼		瑞金二路 118 号	1920	德和洋行		
320	IV-3	新泰仓库	百联集团新泰路仓库		新泰路 57 号	1920	泰利洋行		2014—2015 修缮
321	II-2	拉结会堂，西摩会堂	市教育局礼堂	Ohel Rachel Synagogue, Seymour Synagogue	陕西北路 500 号	1917—1921	马海洋行	陶桂记营造厂	
322	IV-2	英商上海市自来水公司大楼	自来大楼	Shanghai Waterworks Co. Ltd	江西中路 484 号	1920—1921	公和洋行	英商德罗洋行	原 3 层，加建至 4—5 层
323	I-2	怡和洋行	罗斯福会所	Jardine Matheson & Co., The EWO Building	中山东一路 27 号	1920—1922	思九生洋行	裕昌泰营造厂	1930 年代加建 1 层，1983 加建 1 层，全国文物
324	II-2	格林邮船大楼，怡泰大楼	上海清算所	The Glen Line Building	北京东路 2 号	1920—1922	公和洋行	英商德罗洋行	2014 修缮，全国文物
325		浙绍永锡堂			丽园路 650 号	1920—1926			
326		云寿坊	云寿坊	Windsor Terrace	愚园路 718 弄	1920—1930			
327	III-3	邱宅	太古里		威海路 412 号	1920 年代			2013 年移位
328		宋庆龄宅	宋庆龄故居		淮海中路 1843 号	1920 年代		陆福顺营造厂	全国文物
329	III-2	美孚洋行大楼	黄中大楼	Standard-Vacuum Oil Company	广东路 94 号	1920 年代			
330	III-3	霞飞路西班牙式花园住宅			淮海中路 1276—1292 号	1920 年代			
331	IV-2	白崇禧宅	海军 411 医院		多伦路 210 号	1920 年代			
332	IV-2	汤恩伯宅	钱币博物馆		四川北路 1999 弄志安坊 35 号	1920 年代			
333	III-2	罗克宅	兴国宾馆 2 号楼	W. H. Lock's Residence	兴国路 72 号	1920 年代			
334	IV-2	霞飞路 1414 号宅	上海市武警总队家属楼		淮海中路 1414 弄 1 号楼	1920			
335		中华艺术大学	居民住宅		多伦路 201 弄 2 号	1920 年代			市级文物
336	II-4	联合国救济总署	商业置地公司		黄浦路 106 号灰楼	1920 年代			
337		麦加里，麦盛里	麦加里	Makalee Terrace	溧阳路 965 弄	1920 年代			
338		兰心里	兰心里	Lansing Terrace	溧阳路 979 弄	1920 年代			
339	III-2	新华村 15 号楼	上海市长宁区档案局		长宁路 599 号	1920 年代			
340	IV-3	美丰银行	美丰大楼	American Oriental Banking Corporation	河南中路 521—529 号，宁波路 180 号	1920	克利洋行		
341	IV-2	严家花园	严家花园		愚园路 699 号	1920 年代			
342	III-3	莫里哀路 6 号住宅（龚品梅旧居）	居民住宅		香山路 6 号	1920 年代			
343	IV-2	愚园路 86 弄 2-36 号	居民住宅		愚园路 865 弄 2—36 号	1920			
344	IV-3	戴耕莘宅	居民住宅		利西路 24 弄 5 号	约 1920	顾道生		
345	IV-2	虹桥路 1390 号住宅	小白楼俱乐部		虹桥路 1390 号	1920			
346	IV-4	中国银行南市办事处	童涵春堂		人民路 1 号	1920 年代后期			
347	IV-4	仁记珠宝银楼	瑞源珠宝		小东门路 5 号	1920			
348	IV-3	辣斐德路住宅	复兴中路 471—477 号住宅		复兴中路 471—477 号	1920—1936	新瑞和洋行		
349	II-3	利德尔宅，美国学校	中福会儿童艺术剧场	House for P. W. O. Liddell, Cathedral School for Girls	华山路 643 号	1920	文格罗白郎洋行		马海洋行 1930 年改建为美国学校
350	III-3	印度领事馆	延安部队招待所		延安中路 810 号	1920 年代			
351	IV-3	刘宅	居民住宅		新闸路 1321 号	约 1920			
352	IV-2	熊佛西楼（西楼）	上海戏剧学院熊佛西楼		华山路 630 号	1920			
353	IV-2	潘宅	上海爱乐乐团		武定西路 1498 号	1920 年代			
354	II-2	麦加利银行		The Chartered Bank of India, Australia and China	中山东一路 18 号	1920—1923	公和洋行	英商德罗洋行	全国文物
355	I-2	嘉道理宅，大理石大厦	中国福利会少年宫	Elly Kadoorie's House Marble House	延安西路 64 号	1920—1924	思九生洋行和嘉咸宾		1929 年加建 1 层，全国文物
356	III-3	华拉斯宅	上海文史馆	Residence Wallace	思南路 39 号	1920 年代			
357		三德堂	思南公馆	Procure des Missions Étrangères	复兴中路 505 号	1921			
358	II-3	马斯南路 125 号宅（李烈钧宅）	思南路幼儿园		思南路 91 号	1921	义品公司奥拉莱斯		
359		慎昌洋行杨树浦工场	上海电站辅机厂	Andersen, Meyer & Co. Yangtszepoo Works	杨树浦路 2200 号	1921			

序号	类别	原名	现名	西文原名	地址	设计及建造年代	设计者	施工者	备注
360		三新公司大楼	申新公司大楼	Mow Sing & Foh Sing Flour Mill	江西中路 421 号	1921			
361	II-3	义品村	思南公馆		思南路 73 号	1921	义品放款银行奥拉莱斯		
362	II-3	大来大楼	建设银行三支行等	Robert Dollar Building	广东路 23 号	1921	茂飞		
363		*上海市警察局虹口分局	虹口公安分局（拆除前）		闵行路 260 号	1921			1998 拆除
364	III-3	四明银行	四明大楼	Ningpo Commercial Bank	北京东路 232—240 号	1921	通和洋行		
365	III-3	宜昌路救火会	上海消防技术工程公司		宜昌路 216 号	1921	公共租界工部局工务处		
366	V	世界书局	外文书店	World Book Co.	福州路 390 号	1921			
367	V	美伦大楼（东楼）	东海饭店等		南京东路 143—151 号	1921			
368		*恩派亚大戏院	原址建时代广场	Empire Theatre	淮海中路 85 号	1921			1995 拆除
369		*小沙渡回教堂	沪西清真寺		西康路 1501 弄 80 支弄 166 号	1921			1990 改建至常德路
370		梅谷公寓，亚尔培公寓	梅谷公寓	Mico's Apts, King Albert Apts.	陕西南路 372—388 号	1921	华盖建筑事务所	陆根记营造厂	
371		贝当路 811 号宅	徐家汇公园会所		衡山路 811 号	1921			
372	II-2	巴塞宅	法国总领事官邸	Residence Basset	淮海中路 1431 号	1921	义品地产公司		
373	II-2	吉尔宅，荣鸿元宅	美国总领事馆	Residence for E. C. Gill	淮海中路 1469 号	1921	中国营业公司		
374	IV-3	罗成飞宅	萨莎餐厅	Mansión Rosenfeld	东平路 11 号	1921	赉丰洋行		2016 年修缮
375	IV-3	月村	月村		江苏路 480 弄	1921	业广地产公司		
376	II-3	复旦大学登辉堂	复旦大学相辉堂		邯郸路 220 号	1921，1947 重建	李寿彭		区级文物
377	I-2	麦地宅（法租界公董局董事宅）	工艺美术研究所	Madier House	汾阳路 79 号	1921—1922	克利洋行邬达克		市级文物
378	II-3	沪江大学科学馆	上海理工大学理学院	Science Hall	军工路 516 号	1921—1922			全国文物
379	II-2	卜内门洋行	储运大楼	The Brunner, Mond & Co. Building	四川中路 133 号	1921—1922	文格罗白朗洋行		
380	III-2	普益地产公司大楼	普益大楼	Asia Realty Co. Building	四川中路 106—110 号	1921—1922	德和洋行		
381	II-2	华商纱布交易所	上海自然博物馆	The Shanghai Cotton Goods Exchange	延安东路 260 号	1921—1923	通和洋行	协盛营造厂	
382	II-2	字林西报大楼	友邦大楼	North China Daily News Building	中山东一路 17 号	1921—1924	德和洋行	美商茂生洋行	
383	IV-3	中一信托大楼	中一大楼	Central Trust Building	北京东路 270 号	1921—1924	通和洋行		原 3 层，后加建 1—2 层
384	IV-3	中国唱片厂办公楼	小红楼西餐厅		衡山路 811 号	1921			
385	IV-3	圣玛利亚女中礼拜堂	长宁来福士 3 号楼		长宁路 1187 号	1921—1923			
386	IV-2	霞飞路 796 号住宅	历峰双子别墅		淮海中路 796 号	东楼 1921，西楼 1927			
387	IV-4	上海钱业公会	钱业大楼	The Shanghai Native Bankers Guild	宁波路 276 号	1921—1922	伍滕	陈新记建筑公会	原 4 层，后加建 1 层
388	IV-3	杜美路 17 号宅	青年报社		东湖路 17 号	1921	道达洋行		
389	I-2	汇丰银行	浦东发展银行	Hongkong and Shanghai Banking Corporation	中山东一路 10—12 号	1921—1923	公和洋行	英商德罗洋行	2002 保护修缮，全国文物
390	III-3	锦隆洋行大班宅	湖南别墅	Residence for N. G. Harry	湖南路 262 号	1921	伍滕		
391	IV-3	约克大楼	金陵大楼	York House	四川南路 29 号	1921	协泰行穆拉		
392	V	王宅	静安置业集团	House for Wong Chin Chung	威海卫路 590 弄 77 号	1921	文格罗白朗洋行		
393		隆昌 541 弄、542 弄住宅			隆昌路 541 弄、542	1922			共 143 单元
394	V	本圆寺	居民住宅	Japanese Manse	乍浦路 439 号	1922			
395		江海南关			外马路 348 号	1922			
396		中孚银行	中国建设银行	Chung Foo Union Bank	滇池路 103 号	1922			
397	V	格罗希路 159 号宅	居民住宅		延庆路 159 号	1922			
398	V	日商上海纺织株式会社	杨浦滨江集团会议室	Shanghai Cotton Manufacturing Co., Dong Shing S & W. Co.	杨树浦路 2086 号	1922			2014 改造
399	II-3	沪江大学思雷堂	上海理工大学第一办公楼	Richmond Hall	军工路 516 号	1922			全国文物
400	II-3	景灵堂	景灵堂	Allen Memorial Church, Hongkew Methodist Church	昆山路 135 号	1922			
401	II-3	四川路桥，里摆渡桥	四川路桥	Szechuen Road Bridge	四川北路	1922	公共租界工部局	新仁记营造厂	
402	III-2	大北电报局	上海电信博物馆	The Great Northern Telegraph Corporation	延安东路 34 号	1922	新瑞和洋行	江裕记营造厂	
403		*川村纪念碑			西康路，长寿路口	1922			1959 年 8 月拆除
404		复旦大学简公堂	复旦大学		邯郸路 220 号	1922	茂飞		

序号	类别	原名	现名	西文原名	地址	设计及建造年代	设计者	施工者	备注
405		*复旦大学校门	复旦大学校门		邯郸路 220 号	1922	茂飞		
406	IV-2	吴国桢宅	上海中智国际教育培训中心		安福路 201 号	1922			
407	III-4	霞飞公寓		Joffre Apts.	淮海中路 538—544 号	1922			
408	III-2	太沽洋行宅	兴国宾馆 6 号楼		兴国路 71 号	1922		柏兰葛辣保	
409		*三角地菜场	原址建三角地大厦		汉阳路，峨嵋路口	1922—1923	公共租界工部局	新仁记营造厂	
410	V	Kung Hsu Hsing 宅	上海新世纪英族财务咨询公司	House for Kung Hsu Hsing	胶州路 450 号	1922—1923	思九生洋行		
411	I-2	上海邮政总局	上海市邮电管理局	Shanghai Post Office Building	北苏州路 276 号	1922—1924	思九生洋行	余洪记营造厂	全国文物
412	III-3	裕丰纱厂	国棉十七厂，国际时尚中心	Yu Fong Mills	杨浦区杨树浦路 2866 号	1922—1935	平野勇造		市级文物
413		永安栈房	上海有机新材料工业园材料成品仓库		杨树浦 1578 号	1922			
414	IV-2	史量才宅	上海市外事办公室		铜仁路 257 号	1922			
415	III-4	飞龙公寓	飞龙大楼	Joffre Arcade	淮海中路 542 弄	1922			
416	IV-2	莫觞清旧居	上海科技文献出版社		武康路 2 号	1922			
417	IV-3		瑞金医院 8 号楼	Hôpital Ste. Marie	瑞金二路 197 号	1922			
418		千爱里，千里房子	千爱里	Cherry Terrace	山阴路 2 弄	1922	原田		共 5 排 45 单元
419		亚浦耳灯泡厂	亚明灯泡厂	Oppel Electric Manufacturing Co. Ltd.	辽阳路 66 号	1923			
420		叶家花园	上海市第一肺科医院		政民路 507 号	1923			
421		王伟雄宅	居民住宅		文庙路 153 号	1923			
422	V	汶林路 15 号宅	居民住宅	Residence for Le Mc.Lachlin	宛平路 15 号	1923	J.A.Stark Arckit		
423	II-3	科德西宅	结核病防治中心	Residence Codsi	延庆路 130 号	1923	赖安工程师		一说 Gubbay House
424		*卡尔登大戏院	长江剧场	Carlton Theatre	黄河路 21 号	1923			1993 拆除
425		中央大戏院，申江大戏院	上海市工人文化宫剧场	The Central Theatre	北海路 247 号	1923			
426		爱美尔公寓	爱美尔大楼	Emerald Apts.	巨鹿路 741 号	1923			
427		普育里	普育里		蓬莱路 303 弄	1923			1982 改建
428		霞飞路 1897 号宅	居民住宅		淮海中路 1897 号	1923			
429	IV-3	西摩路住宅	上海市眼科医院		陕西北路 805 号	1923			
430	IV-1	曹公馆，张宅	康定花园		康定路 2 号	1923	苏家翰		
431	II-3	沪江大学怀德堂	上海理工大学女生宿舍	Treat Hall	军工路 516 号	1923			1963 大修，全国文物
432	II-2	横滨正金银行	中国工商银行上海分行	Yokohama Specie Bank of Shanghai	中山东一路 24 号	1923—1924	公和洋行弗兰克·科勒德	英商德罗洋行	全国文物
433	II-3	美国花旗总会	上海高级法院	American Club	福州路 209 号	1923—1925	克利洋行克利、邬达克	新仁记营造厂	
434	III-3	哥伦比亚乡村俱乐部	上海生物制品研究所	Columbia Country Club	延安西路 1262 号	1923—1925	哈沙德	鑫经记营造厂	
435		中国肥皂有限公司上海分公司	上海制皂厂	China Soap Co., Ltd., Shanghai Branch	杨树浦路 2310 号	1923—1925			
436	I-3	新新公司	上海第一食品商店	Sun-Sun Co., Ltd	南京东路 720 号	1923—1926	鸿达洋行	联合建筑公司	塔楼 1949 拆除
437	I-2	宏恩医院	华东医院 1 号楼	Country Hospital	延安西路 221 号	1923—1926	邬达克	潘荣记营造厂	市级文物
438	V	大夏大学群贤堂	华东师范大学办公楼		中山北路 3663 号	1923—1935	董大西	辛峰记营造厂	
439	V	协进大楼	协进大楼	Associated Mission Building	圆明园路 169 号	1923	差会建筑绘图事务所		
440	II-2	圣约翰大学西门堂	华东政法大学东风楼	Seaman Hall	万航渡路 1575 号	1923—1924			全国文物
441	II-2	上海长老会第一会堂	清心堂	Pure Heart Church	大昌街 30 号	1923			市级文物
442	III-3	中法求新机器轮船制造厂	求新船厂		机场路 132 号	1923			
443	IV-2	中德医院（席宅，席家赌场）	慧公馆		延安中路 393 号	1923			
444	II-3	美童公学	704 所	Shanghai American School	衡山路 10 号	1923	茂飞	江裕记营造厂	
445	IV-3	拉摩斯公寓，白川公寓	北川公寓	Ramos Apts.	四川北路 2081—2099 号	1923	赉丰洋行乐福德	吴文记营造厂	1976 加建 1 层
446	II-2	上海银行公会大楼	爱建公司	Chinese Bankers Association Building	香港路 59 号	1923—1925	东南建筑工程公司过养默	赵新泰营造厂	
447	II-3	南洋公学体育馆	上海交通大学体育馆		华山路 1954 号	1923—1925	东南建筑工程公司杨锡镠		全国文物
448	I-2	江海关	上海海关	Customs House	中山东一路 13 号	1923—1927	公和洋行	新仁记营造厂	全国文物
449	IV-4	杨氏花园（杨树勋宅）	上海医学工业研究所	Hinton Hall	愚园路 838 弄 7 号	1923	久元实业有限公司		
450	IV-3	盐业银行	盐业大楼	Yien Yieh Commercial Bank	北京东路 280 号	1923	通和洋行	协盛营造厂	原 5 层，1989 加建 2 层
451	III-4	震兴里、荣康里、德兴里	震兴里、荣康里、德兴里		茂名北路 200—282 弄	1923—1927			
452	III-2	狄百克宅	太原别墅		太原路 160 号	1923—1925	克利洋行	中法营造厂，美和洋行（承建屋顶）	市级文物

序号	类别	原名	现名	西文原名	地址	设计及建造年代	设计者	施工者	备注
453	II-3	卫乐园（大陆银行住宅）	卫乐园	Willow Garden	泰安路 120 弄，新华路 1505、1515、1531 号	1924	普益地产公司卫乐园 15 号为庄俊设计	永亨营造厂卫乐园 15 号为悦昌营造厂	共 27 单元
454	IV-2	福履理路 602 号住宅	上海医学科学技术情报研究所		建国西路 602 号	1924	赖安工程师		
455	V	善道堂		Steyl Missions	巨鹿路 709 号	1924			
456	II-3	沪江大学中学膳厅	上海理工大学	Academy Dining Hall	军工路 516 号	1924			全国文物
457		明治制糖株式会社	上海化工厂	Meiji Seito Kabushiki Kaish	杨树浦路 1578 号	1924			
458		裕丰纱厂住宅			杨树浦路 3061 弄	1924	平野勇造		共 101 单元
459		福民医院	上海市第四人民医院	Foo Ming Hospital	四川北路 1878 号	1924			
460		吴妙生宅	居民住宅		其昌栈路 316 号	1924			
461	V	佩尼耶宅	居民住宅	Residence Peignier	高安路 77 号	1924	赖安工程师		
462	V	格罗希路 121 号宅	居民住宅	Residence for Tseng Mei Tsi	延庆路 121 号	1924	安记工程司		
463		白赛仲宅	伊朗驻沪总领事馆	Residence de Boissezon	复兴西路 17 号	1924	赖安工程师		
464	III-3	日本海军陆战队司令宅	居民住宅		多伦路 215 号	1924			
465	I-2	雷玛斯宅	居民住宅	Casa Ramos, Ramos Villa	多伦路 250 号	1924	费丰洋行乐福德		
466	I-3	尚贤坊	尚贤坊		淮海中路 358 弄	1924	义品放款银行		
467		* 法藏寺	法藏寺		吉安路 271 号	1924			
468	III-3	白尔登公寓	陕南大楼	Belden Apts.	陕西南路 213 号	1924	穆拉		
469	IV-3	大西别墅	大西别墅	Great Western Court	延安西路 1431—1479 弄	1924			共 13 单元
470		河南路桥	河南路桥	New Honan Road Bridge	河南路	1924		新仁记营造厂	
471		* 欧战纪念碑		The Shanghai War Memorial, The Cenotaph	延安东路外滩	1924	思九生洋行		1941 被毁
472	IV-3	霞飞坊	淮海坊	Joffre Terrace	淮海中路 927 弄	1924		魏清记营造厂	共 183 单元
473	IV-3	黑石公寓，花旗公寓	复兴公寓	Blackstone Apts.	复兴中路 1331 号	1924	泰康洋行（Truscon Steel Co.）		
474	III-3	福履理路 620、622 号住宅	建国西路幼儿园		建国西路 620、622 号	1924	中国建业地产公司	中法营造厂	
475		* 远东公共运动场，远东跑马厅	原址建远东新村		佳木斯路北侧	1924			
476	IV-4	梅兰坊	梅兰坊		黄陂南路 596 弄	1924	定中工程事务所		
477	IV-2	贾尔业爱路 5 号宅	上海音乐学院附小图书馆		东平路 5 号	1924	S. P. Wheen		
478	II-3	沪江大学思乔堂	上海理工大学	Georgia Hall	军工路 516 号	1924			全国文物
479		* 爱凯地大饭店	原址建沪警会堂		富民路 291 号	1924, 1931 增建			
480		* 万国储蓄会办公楼	原址重建上海医药公司	Intersaving Building	延安东路 9 号	1924—1925	克利洋行		1997 拆除
481	II-2	法国球场总会	花园饭店	Le Cercle Sportif	茂名南路 58 号	1924—1926	赖安工程师	姚新记营造厂	1989 加建
482		* 东方图书馆	原址建上海幼儿师范专科学校		宝山路 584 号	1924—1926			1932 年 1 月被毁
483	I-2	华安大楼，金门饭店	金门大酒店	China United Apartments	南京西路 104 号	1924—1926	哈沙德	江裕记营造厂	
484	II-3	东美特公寓，诺曼底公寓	武康大楼	Normandie Apts.	淮海中路 1842—1858 号	1924—1929	克利洋行克利、邬达克		
485	V	华侨大楼	华侨大楼	Oversea Chinese Banking Corp.	沙市一路 24 号	1924—1930	新瑞和洋行		
486		* 会乐里			福州路 726 弄	1924 翻建			1997 拆除
487	IV-2	朗格宅	市委办公厅	Residence of R. Lang	淮海中路 1897 号	1924	克利洋行		
488	IV-3	江苏旅社	居民住宅		福州路 379 弄 50 号	1924	中国建筑公司 D. K. Charh		
489	IV-3	市联谊会	上海申贝办公机械有限公司		中华路 55 号	1924			
490	IV-3	南国大佛寺（觉园）	居士林		常德路 418 号	1924	协昌泰测绘建筑公司		
491	I-1	协和礼拜堂	国际礼拜堂	Community Church	衡山路 58 号	1924—1925	布雷克（J. H. Black）	江裕记营造厂	
492	III-2	威尔金森宅	上海房地产科学研究院	Residence for E. S. Wilkinson	复兴西路 193 号	1924	爱尔德洋行		
493	III-2	安德森宅	上海电影译制厂	Residence for L. Andersen	永嘉路 383 号	1924	思九生洋行		
494	II-3	台湾银行	招商银行	The Bank of Taiwan	中山东一路 16 号	1924—1927	德和洋行	慎昌洋行	全国文物
495	II-2	郭乐，郭顺宅	上海市人民政府外事办公室		南京西路 1400—1418 号	1924—1926	毕士莱洋行	陶桂记营造厂	
496	IV-3	派克公寓	花园公寓	Park Apts.	复兴中路 455 号	1924—1926	葛兰柏工程师行		
497	III-3	四明村，四明银行职员宿舍	四明村		延安中路 913 弄	1924—1928	凯泰建筑公司黄元吉		1998 沿延安路住宅拆除
498	I-2	太古洋行大班住宅	兴国宾馆 1 号楼		兴国路 72 号	1924—1935	威廉 - 埃里斯和爱敦司	协盛营造厂	市级文物
499		英美烟草公司	上海卷烟厂	British-American Tobacco (China) Co. Ltd.	长阳路 733 号	1925			
500	II-3	复旦大学子彬院	复旦大学子彬院		邯郸路 220 号	1925	茂飞		区级文物

序号	类别	原名	现名	西文原名	地址	设计及建造年代	设计者	施工者	备注
501		亨昌里	亨昌里		愚园路 1376 弄，愚园路 1362—1374 号	1925			
502	III-3	巴黎新村	巴黎新村	Paris Court	重庆南路 169 弄	1925			
503	II-2	约慭夫宅	东湖宾馆 7 号楼		淮海中路 1110 号	1925			
504		德庆里	德庆里		茂名北路 264—328 弄	1925			
505	III-2	诸圣堂	诸圣堂	The All Saints Church	复兴中路 425 号	1925	哈沙德		
506		好莱坞电影院，民光电影院，威利电影院	胜利艺术电影院	Willie's Theatre	海宁路，乍浦路口	1925			1984 年改造
507		景云里	景云里		横浜路 35 弄	1925			
508		* 奥迪安大戏院		Odeon Theatre	四川北路，虹江支路宣乐里	1925			1932 被毁
509		天蟾舞台	逸夫舞台	Tien Chien Wu Tai	福州路 701 号	1925			
510		沙弥大楼		Samekh Apts.	圆明园路 149 号	1925			
511		派拉蒙公寓	南沙公寓		西康路 106—112 号	1925			
512		毕勋公寓	汾阳公寓	Pichon Apts.	汾阳路 108 号	1925			
513		复旦大学寒冰馆	复旦大学		邯郸路 220 号	1925	茂飞		
514	III-3	法华路 179 号宅	新华路警署		新华路 179 号	1925			
515	III-2	愚园路 1320 号宅	国盛集团 11、12、14、15 号楼		愚园路 1320 号	1925			
516	IV-2	宝建路 20 号宅	上海市轻工业研究所 3 号楼、4 号楼		宝庆路 20 号	1925			
517	IV-3	纽生（牛臣）宅	中科院原子核研究所	Residence for C. C. Newson	永嘉路 630 号	1925	葛兰柏工程师行		
518	IV-3	龚氏宅	宝钢老干部活动中心	Houses for Kung Hsu Hsing	胶州路 522 号	1925	思九生洋行	WOO SUNG KEE 营造厂	
519		大西公寓	大西公寓	Western Apts.	衡山路 25 号	1925			
520	IV-3	哥伦比亚圈住宅	居民住宅	Columbia Circle	新华路 329 弄 30 号	1925	邬达克	柴顺记营造厂	
521	II-3	哥伦比亚圈住宅	居民住宅	Columbia Circle	新华路 329 弄 17 号	1925	邬达克	柴顺记营造厂	
522	V	贲安宅	居民住宅	Residence Léonard	永嘉路 588 号	1925	赖安工程师贲安		
523	IV-3	永安里	永安里	Wing On Terrace	四川北路 1953 弄	1925，1945			
524	III-4	海格园		Haig Villa	华山路 1006 号	1925，1937—1949			
525		* 宝隆医院		Paulun Hospital	凤阳路 415 号	1925—1926	邬达克	馥记营造厂	
526	III-3	东亚银行	东亚大楼	East Asia Bank	四川中路 299 号	1925—1926	鸿达洋行		
527	V	榆林路巡捕房	杨浦区政府	Police Station	江浦路 549 号	1925—1926			
528		惠民路 379 弄花园住宅			惠民路 379 弄	1925—1927			
529	II-3	斯文洋行大楼，光陆大戏院	光陆大楼	The Shahmoon Building, Capitol Theatre	虎丘路 146 号	1925—1928	鸿达洋行		
530	I-2	华懋公寓	锦江饭店北楼	Cathay Mansions	茂名南路 59 号	1925—1929	公和洋行	新荪记营造厂	市级文物
531	II-2	海格大楼	静安宾馆	Haig Court, Elias Apts.	华山路 370 号	1925—1934	哈沙德	馥记营造厂	1992 年加建 2 层
532	I-1	佘山进教之佑圣母大堂	佘山天主堂	Basilica of Mary, Help of Christians	西佘山	1925—1935	叶肇昌		市级文物
533	III-3	韦伯宅	居民住宅	Residence Ch. A. Weber	永嘉路 571 号	1925	赖安工程师		
534	III-2	新华村 1 号楼	工商银行愚园路分理处		愚园路 1294 号	1925			
535	IV-3	上海海关税务司宅	居民住宅		江苏路 162 弄 3 号	1925	邬达克		
536		商船会馆	商船会馆	Mercantile Shippers Guild	会馆街 28 号	1715—1764，1869 重修，1925 重建			市级文物
537	III-3	凡尔登花园，白费利花园	长乐村	Verdun Terrace, Beverly Gardens	陕西南路 125 弄	1925—1929	安利洋行		
538	IV-3	岐山村／东苑别业	岐山村		愚园路 1032 弄	1925—1931	庄俊		共 14 单元
539	IV-3	盛世花园	华园		万航渡路 540 号	1925			
540	V	韦西埃宅	居民住宅	Residence Veysseyre	永嘉路 590 号	1925	赖安工程师韦西埃		
541	I-2	金城银行	交通银行	Kincheng Bank	江西中路 200 号	1925—1927	庄俊	申泰兴记营造厂	市级文物
542	IV-3	敖尔其宅	格林新蕾幼儿园	Residence for T. H. U. Aldridge	胶州路 561 号	1925—1926	费博土木建筑工程师		
543		公大纱厂	上海船厂	Kung Dah Cotton Spinning & Weaving Co.	齐齐哈尔路 502 号	1925—1927	冈野重久		
544	IV-3	开纳公寓，凯南公寓	武定公寓	Kinnear Apts.	武定西路 1375 号	1926		新亨营造厂	
545		工部局格致公学	格致中学	Polytechnic Public School for Chinese	北海路 162 号，广西路 66 号	1926			
546		闸北水电公司制水厂	闸北水厂	Chapei Water and Electricity Works	闸殷路 65 号	1926			

序号	类别	原名	现名	西文原名	地址	设计及建造年代	设计者	施工者	备注
547		积善里	积善里		山阴路 340 弄，山阴路 320、350 号	1926			共 32 单元
548		克莱蒙宿舍	爱棠新村	Clement's Boarding House	长乐路 340 号	1926	赖安工程师		
549		* 丽华公司	丽华公司		南京东路 270 号	1926			1998 拆除
550		华美大楼	华美大楼		圆明园路 55 号	1926			
551		中央宫邸	中央公寓	Central Mansions	南京西路 941 弄	1926			
552		西摩别墅	西摩别墅	Seymour Apts.	陕西北路 342 弄	1926			
553		* 巴黎大戏院	淮海电影院	Paris Theatre	淮海中路 550 号	1926			
554		耶稣圣心堂	耶稣圣心堂	Sacred Heart of Jesus Church	中市街 42 弄 15 号	1926			始建于 1872
555		福开森路 378 号宅			武康路 378 号	1926			
556		西恩公寓		Cecil Apts.	岳阳路 195 弄 3 号	1926			
557	IV-2	汾阳路 20 号宅	上海音乐学院专家楼		汾阳路 20 号	1926			
558	IV-2	朱斗文宅	静安区政协		康定路 759 弄	1926			
559		福开森路 395 号宅 北平研究院药物研究所	上海电影演员剧团		武康路 395 号	1926			
560	IV-3	联安坊	联安坊		愚园路 1352 弄 5—8 号	1926	泰利洋行		2010 修缮
561	III-3	爱司公寓	瑞金大楼	Estrella Apts.	瑞金一路 150 号	1926—1927	邬达克		
562		上海皮革厂		Tannery, Shanghai Leather Co.	长宁路 59 号	1926—1927	邬达克		
563		西门外妇孺医院	复旦医学院附属妇产科医院	Margaret Williamson Hospital	方斜路 419 号	1926—1928	邬达克	潘荣记营造厂	
564	II-2	四行储蓄会联合大楼	上海银行	Union Building of the Joint Savings Society Bank	四川中路 261 号	1926—1928	邬达克		2015 修缮
565		奥飞姆大戏院	沪西电影院		长寿路 1186 号	1926—1928			
566	I-2	沙逊大厦，华懋饭店	和平饭店	Sassoon House, Cathay Hotel	中山东一路 20 号	1926—1929	公和洋行威尔逊	新仁记营造厂	全国文物
567	II-3	东方饭店	上海市工人文化宫	Grand Hotel	西藏中路 120 号	1926—1929	新瑞和洋行	久记营造厂	
568	I-1	慕尔堂	沐恩堂	Moore Memorial Church	西藏中路 361 号	1926—1931	邬达克		市级文物
569	III-2	刘吉生宅	上海市作家协会		巨鹿路 675—681 号	1926—1931	邬达克	馥记营造厂	
570		白兰泰宅	长宁区卫生学校	Residence for Mr. Brandt	华山路 1164 号	1926	泰利洋行		
571	III-3	西区污水处理厂泵房	上海市长宁莹雪教育培训中心		天山路 30 号	1926	徐鸣昌	许文记营造厂	
572	IV-3	哈密路 1713 号花园住宅	空军医院 A 楼		哈密路 1713 号	1926			
573	IV-3	中兴银行	申达大楼	Cheng Foung Kung Sze	福州路 89 号	1926—1927	锦名洋行	赵茂勋营造厂	
574	III-4	亚细亚火油公司住宅	巨鹿花园		巨鹿路 889 弄 1—12 号，19—22 号	1926			
575	IV-3	上海市科学馆，日本小学	静安区业余大学	The Japanese Primary School	胶州路 601 号	1926	冈野重久		1934 扩建
576		皮佛华公寓	复兴西路 30 弄 12 号公寓	Beverly Apts.	复兴西路 30 弄	1926—1927	永安地产公司	魏清记营造厂	
577	II-3	郝培德宅	新华房地产开发公司	Residence Dr. L. C. Hylbert	乌鲁木齐南路 151 号	1926	博惠公司（Black Wilson & Co.）		
578	II-3	正广和洋行大班宅	居民住宅	Macgregor Villa	武康路 99 号	1926—1928	思九生洋行		
579	II-4	霞飞路 1322 号宅	科技情报所		淮海中路 1634 号	1926			1928 改建
580		罗宋工房			杨树浦路 1001 弄	1927			共 16 单元
581	II-3	乍浦路桥，二摆渡桥	乍浦路桥		苏州河口	1927	中法实业公司		
582	II-3	愚谷邨	愚谷村		愚园路 361 弄，南京西路 1892 弄	1927	华信建筑公司杨润玉、杨元麟	顾炳记营造厂	
583	III-2	兰心大楼	兰心大楼	Lyceum Building	圆明园路 185 号	1927	通和洋行		
584	III-4	震兴里	震兴里		茂名北路 192—220 弄	1927			
585	IV-3	摩西会堂	摩西会堂	Ohel Moshe Synagogue	长阳路 62 号	1927			区级文物
586		* 新犹太教堂	原址建文汇大厦	Beth Aharon Synagogue	虎丘路 50 号	1927	公和洋行		1985 拆除
587		大中华大楼	大中华饭店	Great China Hotel	西藏中路 200 号	1927			
588		东莱大楼	东莱大楼	Ascot Apts.	南京西路 587 号	1927			
589		南洋大楼	南洋大楼		陕西北路 204 弄，南京西路 1175—1185 弄	1927			
590		愚园坊	愚园坊	Yu Yuan Estates	愚园路 483 弄	1927			
591	V	纪家花园，小培福里	培福里	Bedford Terrace	陕西南路 186 弄	1927			
592	IV-3	辣斐坊	复兴坊	Lafayette Apts.	复兴中路 543—551 号、553 弄 1—21 号、555—561 号	1927	华北公司		
593		* 明园跑狗场			长阳路霍山路	1927—1929			
594	II-2	周士贤宅	上海市文学艺术界联合会		延安西路 238 号	1927—1929			一说意大利总会

序号	类别	原名	现名	西文原名	地址	设计及建造年代	设计者	施工者	备注
595		* 夏令配克影戏院	新华电影院	Embassy Theatre	南京西路 126、127、742 号	1927—1935			
596	IV-3	哈密路教堂	空军医院 B 楼		哈密路 1714 号	1927			
597	IV-3	马斯南路 50-70 号住宅	居民住宅		思南路 60—70 号	1927			
598	II-2	鸿德堂	鸿德堂，虹口区文化馆	The Fitch Memorial Church	多伦路 59 号	1927—1928	杨锡镠		
599	III-3	太阳公寓	太阳公寓	Sun Court	威海路 651—665 号	1927—1928	开宜工程公司		1976 加建 2 层
600	IV-3	金司林公寓	安亭公寓	King's Lynn Apts.	安亭路 43 号	1927—1928	哈沙德		
601	IV-3	丽波花园	丽波花园		衡山路 300 弄 1—8 号	1928	王克生		
602	III-3	利纪生宅	巴金故居	Residence of Richardson	武康路 113 号	1928			一说 1923，市级文物
603	V	花园坊	花园坊	Garden Terrace	瑞金二路 129 弄	1928			
604		* 东华大戏院	东华大戏院	Peacock Theatre	淮海中路 486 号	1928			
605		福履理路 395 弄宅	居民住宅		建国西路 395 弄	1928	Wong Fan How Architect		
606		上海长途电话局	上海电话设备厂		永兴路 546 号	1928			
607	III-3	北端公寓	长春公寓	North End Court Apts.	长春路 304 号	1928			1936 加建 2 层，1975 加至 6 层
608	II-3	西园大厦，西园公寓	西园大楼	West Park Mansions	愚园路 1396 号	1928	协隆洋行		原建于 1921
609	II-3	汇丰大楼	上海市人民政府参事室	Wayfoong House	四川中路 220 号	1928	公和洋行		
610	II-3	德义公寓	德义大楼	Denis Building	南京西路 778 号	1928	锦名洋行	康益洋行	
611	II-3	赛华公寓	瑞华公寓	Savoy Apts.	常熟路 209 号	1928	中法实业公司米吕蒂		
612	4II-2	祁齐路宋宅	老干部局		岳阳路 145 号	1928			
613		* 中西大药房	原址建仁济医院门诊部	Great China Dispensary	福州路 313 号	1928	周惠南		
614	IV-2	教会学校，同仁医院，百乐饭店	中国基督教协会，中国基督教三自爱国运动委员会	Holy Trinity Cathedral School	九江路 219 号	1928—1929	公和洋行		
615	III-3	电话局职工宿舍	居民住宅		建国西路 398 号	1928			
616	II-3	克莱门公寓	克莱门公寓	Clements Apts.	复兴中路 1363 号	1928—1929	李维工程师	赵茂记营造厂	
617	III-3	大修道院	徐汇区人民政府办公楼	Grand Seminarie	漕溪北路 336 号	1928	Catholic Mission		市级文物
618	410	霞飞路 1716 弄 1 号宅			淮海中路 1716 弄 1 号	1928—1930			
619	III-3	泰山公寓	泰山大楼	Tai Shan Apts.	淮海中路 622 号	1928—1930	赖安工程师	安记营造厂	
620	IV-3	上海盲童学校	上海市盲童学校	Institution for the Chinese Blind	虹桥路 120 弄 1850 号	1928—1931	彦沛记建筑事务所		
621	II-2	上海自然科学研究所	中科院上海分院生理所	Institute of Science	岳阳路 320 号	1928—1931	内田祥三	新林记营造厂	
622	II-3	哥伦比亚圈住宅	外国弄堂	Columbia Circle	新华路 211、329 弄，番禺路 55、75、95 弄	1928—1934	邬达克等	柴顺记营造厂	
623		太平花园	太平花园	Pacific Garden	陕西北路 470 弄	1928—1948			1948 增建 25 幢 3 层房屋
624	III-3	虹口大旅社	虹口大楼	Hongkew Hotel	四川北路 875—895 号	1928	业广地产公司弗雷泽		1975 南部加建 1 层
625	I-3	大世界游乐场	大世界游乐场	Great World	西藏南路 1 号	1917，1925 重建，1928 翻建	周惠南，周维基重建设计	森茂营造厂	2013 修缮
626	III-3	皮裘公寓	皮裘公寓	Bijou Apts.	铜仁路 278 号	1928—1929	爱尔德洋行		
627	IV-3	金谷村	金谷村	Emmanuel Cottages	绍兴路 18 弄	1928—1930	建安测绘行		
628	III-3	亚洲文会	外滩源美术馆	The North China Branch of the Royal Asiatic Society	虎丘路 20 号	1928—1933	公和洋行	方瑞记营造厂	
629	IV-3	国泰公寓，花园公寓	国泰公寓	Cathay Flats.	淮海中路 816 弄 818—832 号	1928	公和洋行		
630		许崇智宅	居民住宅		陕西北路 380 号	1929			
631		喻春华宅	喻氏民宅		高行镇解放村牡丹园内	1929			2002 移建
632		杨树浦路 2843 弄住宅			杨树浦路 2843 弄	1929			共 11 单元
633		金氏公寓	金氏公寓	King Apts.	建国西路 380、382 号	1929			
634		均益里	均益里		天目东路 58 弄	1929			共 63 单元
635		日本中部小学校	虹口中学，第一人民医院		武进路 86 号	1929			
636	III-4	李佳白宅	居民住宅	Residence Gilbert Reid	新华路 211 弄 2 号	1929	邬达克	柴顺记营造厂	一说 1925
637	IV-3	又斯登公寓	登云公寓	Houston Court	淮海中路 2068 号	1929	慎昌洋行	美商中国营业公司	
638	V	中国实业银行	华东电力设计院	National Industrial Bank of China	北京东路 130 号	1929	通和洋行	协盛营造厂	
639	II-3	徐家汇圣母院	恒银集团	Zi-ka-wei Seng Mou Ieu Convent	漕溪北路 45 号	1929			
640	V	警察公寓	公安大楼		塘沽路 219 号	1929			
641		陈桂春宅	陆家嘴开发区建设陈列馆		陆家嘴路 160 号	1929			
642	IV-3	狄思威公寓	溧阳大楼	Dixwell Apts.	四川北路 1914—1932	1929			

序号	类别	原名	现名	西文原名	地址	设计及建造年代	设计者	施工者	备注
643		中法大药房	上海室内装饰总汇	The Anglo-French Dispensary	北京东路 851 号	1929			
644		大江南饭店	大江南大楼		福建中路 410 号	1929			
645		圣亚纳公寓	紫金公寓	St. Anne's Apts.	金陵东路 25—41 号	1929	法商永和营造公司	法商永和营造公司	
646		* 别发大楼	原址建新黄浦金融大厦	Kelly & Walsh Co.	南京东路 66 号	1929			1996 拆除
647	IV-3	上海洋行，上海商业储备银行	浦东发展银行	Shanghai Commercial & Savings Bank Building	宁波路 50 号	1929	通和洋行		
648	IV-3	南京饭店	南京饭店	Naking Hotel	山西南路 200 号	1929—1932	杨锡镠	新金记祥号营造厂	
649		齐天舞台，荣记共舞台	共舞台	Kung Wu Tai	延安西路 433 号	1929	周惠南	森茂营造厂	
650		三星白铁皮厂，亚细亚钢业厂	华东建筑机械厂		河间路 379 号	1929			
651	III-3	念吾新村，多福里，汾阳坊	念吾新村		延安中路 424—540 号	1929	马汝舟测绘行		
652	III-2	王宅，切尔西宅	上海市少年儿童图书馆	Chelsea House, Residence for Mr. P. Y. Wong	南京西路 962 号	1929—1930	中华建筑公司		
653		哥伦比亚圈住宅	居民住宅	Columbia Circle	新华路 211 弄 10 号	1929	邬达克	柴顺记营造厂	
654	III-3	兆丰别墅	兆丰别墅		长宁路 712 弄	1929、1934、1935			共 23 单元
655	I-2	南京大戏院	上海音乐厅	Nanking Theatre	延安东路 523 号	1929—1930	范文照，赵深		2002—2004 移位
656		* 上海回力球场	卢湾体育馆	Auditorium Hai-alai, Parc des Sports "Auditorium"	陕西南路 139—141 号	1929—1930	中法实业公司		1997 拆除
657	V	德利那齐宅	居民住宅	D.Tirinnanzi Residence	武康路 129 号	1929—1930	邬达克		
658	IV-3	纪氏宅	静安区文化局		北京西路 1510 号	1929—1930	建安公司		
659	IV-3	三星大舞台，中国大戏院	中国剧场，中国大戏院	The Star Theatre	牛庄路 704 号	1929—1930	米伦		2015—2018 改造
660		中央商场	中央商场	Central Arcade	南京东路 179 号	1929—1930	公和洋行		1980 年代加 2 层
661	IV-2	中国科学社明复图书馆	黄浦区明复图书馆		陕西南路 235 号	1929—1931	永记建筑公司罗奉璋	朱森记营造厂	
662	II-3	息焉堂	今西郊天主堂	Sieh Yih Chapel	可乐路 1 号	1929—1931	邬达克		
663	III-3	上海电力公司	华东电管局大楼	Shanghai Power Company	南京东路 181 号	1929—1931	哈沙德		
664	I-2	上海基督教青年会西区新星，基督教青年会大楼	青年会宾馆	YMCA Building	西藏南路 123 号	1929—1931	李锦沛，范文照，赵深	江裕记营造厂	
665	I-2	孙科宅	上海生物制品研究所	Sun Ke's Residence	延安西路 1262 号	1929—1931	邬达克		
666		融光大戏院	国际电影院	Ritz Theatre, Palace Theatre	海宁路 330 号	1929—1932	杨瑞记营造厂		
667	IV-3	圣马利亚医院，广慈医院	瑞金医院	Hôpital Sainte-Marie	瑞金二路 197—199 号	1929—1933	赖安工程师	久记营造厂	
668	IV-3	外国弄堂 哥伦比亚圈住宅	居民住宅	Columbia Circle	番禺路 75 弄 1—5 号	1929—1936	邬达克		
669	IV-3	哥伦比亚圈住宅	居民住宅	Columbia Circle	番禺路 55 弄	1929—1936	邬达克		
670	IV-3	教会住宅	上海外滩花园酒店		汉口路 200 号	1929	公和洋行		
671	IV-3	花园别墅	花园别墅		南昌路 124—134 号，136 弄 138—146 号	1929—1930	大耀建筑公司林大海		
672	IV-3	上海第一特区地方法院 / 江苏高等法院第二分院	上海医疗器械九厂	District Court for the First Special Area in Shanghai	浙江北路 191 号	1929—1931	杨锡镠	乾元工程处	
673	II-3	静安别墅	静安别墅	Bubbling Well Road Apts.	南京西路 1025 弄	1929—1932	华中营业公司施求麟	上海琅记营业工程公司，新申营造公司卫生工程部	范文照于 1932 年对 9 号进行改建
674	II-2	中央造币厂	上海造币厂主楼	Shanghai Central Mint	光复西路 17 号	1929—1930	通和洋行	姚新记营造厂	1971 加建，市级文物
675	III-3	吕班公寓	重庆公寓	Dubail Apts.	重庆南路 185 号	1929—1931	柏韵士	久泰美记营造厂	
676	III-3	袁宅	上海文史馆		思南路 41 号	1929—1930	庄俊		
677	IV-3	披亚司公寓	浦西公寓	Pearce Apts.	蟠龙街 26 号	1929—1930	业广地产公司弗雷泽		
678	II-3	培文公寓，培恩公寓	培文公寓	Bearn Apartments	淮海中路 449—479 号	1929	赖安工程师		
679	IV-3	花园住宅	上海电气进出口公司		北京西路 1394 弄 2 号	1929			
680	I-2	王伯群宅	长宁区少年宫	Residence of Wang Boqun	愚园路 1136 弄 31 号	1930—1934	柳士英	辛丰记营造厂	市级文物
681		闸北水电公司发电厂	闸北发电厂	Chapei Power Station	军工路 4000 号	1930	邬达克		
682		德生里	德生里		惠民路 440 弄	1930			共 13 单元
683		齐齐哈尔路 205 弄住宅			齐齐哈尔路 205 弄	1930			共 77 单元
684		隆昌路 331 号住宅			隆昌路 331 号	1930			共 6 单元 3 层楼房
685		戈登别墅	江宁别墅	Gordon Terrace	江宁路 702 弄	1930			
686		台拉别墅	台拉别墅		太原路 177、181 弄	1930			
687	V	安得罗夫宅	居民住宅		安福路 255 号	1930			
688	IV-3	中国大饭店	上海铁道宾馆	Hotel of China	宁波路 588 号	1930	哈沙德		
689	V	新康大楼	新康大楼	Ezra Building	江西中路 260—270 号	1930	马海洋行		
690	V	环龙路 107 号公寓			南昌路 107 号	1930	Wah Yong Long	Ju Way Kee	

序号	类别	原名	现名	西文原名	地址	设计及建造年代	设计者	施工者	备注
691	V	美伦大楼西楼	美伦大楼西楼	Ezra Building	江西中路 278 号	1930	马海洋行		
692	V	台拉斯脱路公寓	居民住宅		太原路 4、8、18 弄	1930			
693	V	巨福路 180、182 号宅	居民住宅		乌鲁木齐南路 180、182 号	1930			
694	V	慎成里	慎成里		永嘉路 291 弄 1—90 号，永嘉路 277—307 号，嘉善路 200—230 号	1930	缪凯伯工程司		
695	III-3	外国弄堂 哥伦比亚圈（西班牙总领事官邸）	居民住宅		新华路 329 弄 36 号	1930	邬达克	柴顺纪营造厂	
696		亨利公寓	新乐公寓	Paul Henry Apartments	新乐路 21 号	1930	赖安工程师		
697	I-3	步高里	步高里	Cité Bourgogne	陕西南路 287 弄	1930			2002 年维修，市级文物
698	II-3	法华路 185 弄 1 号宅	安徽省驻沪办事处招待所		新华路 185 弄 1 号	1930	邬达克		
699	II-3	法华路 315 号住宅	世发集团		新华路 315 号	1930			
700	II-3	亚尔培公寓，皇家花园	陕南村	King Albert Apartments	陕西南路 151—187 号	1930	李维建筑工程师		
701		霞飞路 1751 弄住宅	花园住宅		淮海中路 1751 弄	1930			
702	II-4	建业里	建业里		建国西路 440—496 号	1930	中国建业地产公司		2006—2013 复建
703	III-3	法华路住宅	居民住宅		新华路 236、248 号，272 弄 2、6 号，294 弄 1 号	1930			
704	III-3	杜美新村	长乐新村	Doumer Terrace	长乐路 764 弄	1930			
705	IV-4	广东大戏院 虹光大戏院	群众剧院		四川北路 1552 号	1930			
706	IV-3	新光大戏院	新光影艺院	Strand Theatre	宁波路 586 号	1930	哈沙德	杨瑞记营造厂	原 3 层，后加建 2 层
707		巢居公寓	巢居公寓	Nest House Apts.	南阳路 30 弄	1930			
708		天乐坊	天乐坊		吴江路 61 弄	1930			
709	IV-3	伊丽莎白公寓	复中公寓	Elizabeth Apts.	复兴中路 1327 号	1930	李维建筑工程师		
710		高恩路 93 号宅			高安路 93 号	1930			
711	III-3	林肯公寓	曙光公寓	Lincoln Apts.	淮海中路 1554—1568 号	1930	义品放款银行	朱发记营造厂	
712		台拉别墅	居民住宅	Delastre Villa	太原路 177、181 弄	1930			
713		雷米公寓	永康公寓	Remi Apts.	永康路 93 弄 1 号	1930			
714		雷米坊	永康新村，太原小区		永康路 171、173、175、177 弄	1930	中国建业地产公司		1994 大修
715	III-2	盘根宅	永乐电影电视集团公司	Residence R. Buchan	永福路 52 号	1930	哈沙德		
716	III-4	德商嘉色喇宅	上海市信息中心		华山路 1076 弄	1930			
717	III-3	愚园路 1294 号宅	中国工商银行愚园路分理处		愚园路 1294 号	1930			
718	III-4	钜鹿路 852 弄 1—10 号宅			巨鹿路 852 弄 1—10 号	1930			共 8 单元
719	III-3	静安寺路 1522 弄宅			南京西路 1522 弄	1930			
720	IV-3	太原路 50、56、64 弄住宅			太原路 50 弄 1—2 号，56 弄 1—4 号，64 弄 1—4 号	1930			
721	IV-3	雷文宅	龙柏饭店 3 号楼	Cottage Frank Raven	虹桥路 2419 号	1930	邬达克		
722	IV-3	麦尼尼路 1 号宅	居民住宅		徐汇区康平路 1 号	1930			
723		上海大戏院	已拆除	New ISIS Theater	四川北路 1408 号（虬江路口）	1930 改建			
724	III-3	哥伦比亚圈住宅（瑞典公使官邸）	居民住宅	Columbia Circle	新华路 329 弄 32 号乙	1930	邬达克	柴顺纪营造厂	一说 1925 建造
725		小德勒撒天主堂		St. Theresa Catholic Church	大田路 370 号	1930—1931			
726	II-3	枕流公寓	枕流公寓	Brookside Apts.	华山路 731 号	1930—1931	哈沙德	馥记营造厂	
727	IV-3	沙托欣宅	市建委老干部活动中心	Residence Shatohin	高安路 63 号	1930—1931	赖安工程师（R. H. Felgate）		区级文物
728		普庆影戏院	国光影院	Cosmopolitan Theatre	长治路永定路口	1930—1931	鸿达洋行	鲁创营造厂	
729		花园公寓	花园公寓	Garden Apts.	南京西路 1173 弄	1930—1931	赖安工程师		
730		福开森 123 号张宅	居民住宅	S. C. Chang's Residence	武康路 123 号	1930—1931	公和洋行		
731		居尔典路张叔驯宅	上海交响乐团	Residence for S. C. Chang	湖南路 105 号	1930—1931	公和洋行		
732	II-3	真光大楼，浸信会大楼	真光大楼	True Light Building, China Baptist Publication Society Building	圆明园路 209 号	1930—1932	邬达克	治兴建筑公司	2008—2009 修缮
733	II-4	麦家圈医院，莱斯德医院	仁济医院	The Lester Chinese Hospital	山东中路 145 号	1930—1932	德和洋行		近年加建 1 层
734	II-3	广学会大楼	广学大楼	Christian Literature Society Building	虎丘路 128 号	1930—1932	邬达克		
735		中华学艺社	新文艺出版社		绍兴路 7 号	1930—1932	柳士英		
736	I-1	沙逊别墅	厉树雄别墅（1946 起）	Sassoon's Villa	虹桥路 2409 号	1930—1932，1946 辅楼改建	公和洋行		辅楼 2010 被拆除，2014 重建，市级文物

序号	类别	原名	现名	西文原名	地址	设计及建造年代	设计者	施工者	备注
737	IV-3	上海工部局宰牲场	1933 老场坊	Shanghai Municipal Coumcil Abattoir	沙泾路 10 号	1930—1933	工部局工务处卡尔·惠勒（A. Carr. Wheeler）	余洪记营造厂	2007 年改造为创意中心，全国文物
738	V	格兰路巡捕房	杨浦公安分局	Yangtszepou Police Station	平凉路 2049 号	1930—1933			
739		格莱勋公寓，泰山大楼	光明公寓	Gresham Apts.	淮海中路 1222—1238 号	1930—1934	赖安工程师		
740	I-3	百老汇大厦	上海大厦	Broadway Mansions	北苏州路 2 号	1930—1934	业广地产公司弗雷泽	新仁记营造厂	公和洋行担任顾问，全国文物
741		中华职业教育社		National Association of Vocational Education of China	雁荡路 80 号	1930—1934	柳士英		市级文物
742	I-1	马勒宅	衡山马勒别墅酒店	Moller Mansion	陕西南路 30 号	1930—1936	H. M.		全国文物
743	II-3	大胜胡同	大胜胡同	Victory Terrace	华山路 129—159 弄	1930—1936	李维建筑工程师		共 116 单元
744		隆昌 222—266 住宅			隆昌路 222—266 号	1930—1938	日本恒产公司		共 12 单元
745	I-3	修道院公寓	湖南街道办事处	The Cloister	复兴西路 62 号	1930—1940			
746	III-4	哥伦比亚圈住宅		Columbia Circle	新华路 211 弄 12、14、16 号	1930 后	邬达克	柴顺记营造厂	
747		*怀恩堂	横浜路小学		东宝兴路 221 号	1930 年代			
748		闸北水电公司	上海市第四人民医院		四川北路 1856 弄	1930 年代			
749		傅家玫瑰天主堂	傅家玫瑰天主堂	Our Lady of Rosary Church	浦东大道 1115 号	1930 年代	潘世年		
750	IV-4	宏业花园	宏业花园	West End Estate	愚园路 1088 弄	1930 年代			
751	IV-3	刘氏宅	上海市房地产协会		长乐路 784、786 号	1930 年代			
752	IV-3	汾阳路住宅	居民住宅		汾阳路 152—154、156—158 号	1930 年代			
753	IV-3	周作民宅	长宁区工商联	Residence Chow Tse Kee	愚园路 1015 号	1930 年代			
754	V	雷上达路住宅	兴国宾馆 7 号楼		兴国路 78 号	1930 年代	德和洋行		
755		应公馆	居民住宅	Residence Yin Tzi Yung	凤阳路 288 弄	1930 年代			
756	V	派司公寓	派司公寓	Pax Apts.	常熟路 100 弄	1930 年代			
757	V	惇信路 188 号宅	居民住宅		武夷路 188 号	1930 年代			
758	IV-3	福世花园	福世花园	Fo Shu Garden	安化路 200 弄 7—19 号	约 1930	V. C. Lee	陈乐记营造厂	共 12 单元，搭建较多
759	IV-1	宋宅			虹桥路 1430 号	约 1930	海杰克		
760	III-3	世界学院	居民住宅	Institut International des Sciences et Arts	武康路 393 号	1930	大方建筑公司李宗侃		
761		高福里	高福里		长乐路 294 弄	1930	泰利洋行		
762	IV-2	孙宅	工商业联合会	Residence for K. F. Sun	华山路 831 号	1930	公和洋行		
763	IV-3	愚园新村	愚园新村	YuYuan Estate	愚园路 750 弄	1930			共 11 幢
764	IV-3	陈氏花园住宅	申康宾馆		虹桥路 1440 号	1930			
765	IV-3	陈氏花园住宅	颐丰花园		虹桥路 1442 号	1930			
766	IV-2	虹桥路 1518 号花园住宅	居民住宅		虹桥路 1518 号花园住宅	1930			
767	IV-3	虹桥路 2374 号住宅	居民住宅		虹桥路 2374 号	约 1930			
768	IV-1	泰晤士报社别墅	龙柏饭店 2 号楼		虹桥路 2419 号	约 1930			
769	III-3	善钟里	善钟里		常熟路 113 弄	1930		潘义泰营造厂	
770	III-3	南京西路 1522 弄住宅	铜仁小区		南京西路 1522 弄	1930			
771	III-3	蒲石路住宅	居民住宅		长乐路 800 号	1930 年代	义品放款银行		
772	III-3	中实新村	中实新村		愚园路 579、581—589 弄	1930 年代			
773	III-3	哈同路 280 号住宅	居民住宅		铜仁路 280 号	1930	爱尔德洋行		
774	II-2	兰心大戏院	兰心大戏院	Lyceum Theatre	茂名南路 57 号	1930—1931	新瑞和洋行		
775	IV-2	邬达克旧居	邬达克纪念馆	Hudec's Residence	番禺路 129 号	1930	邬达克		
776	II-3	模范村	模范村		延安中路 877 弄	1930—1931	周惠南		共 72 单元
777	II-3	华盛顿公寓	西湖公寓	Washington Apts.	衡山路 303 号	1930	义品放款银行		1982 加建 1 层
778	II-3	密丹公寓	密丹公寓	Midget Apts.	武康路 115 号	1930—1931	义品放款银行		
779		亨利公寓	新乐公寓	Paul Henry Apts.	新乐路 142 号	1930	赖安工程师		
780	IV-3	贝当公寓	衡山公寓	Petain Apts.	衡山路 700 号	1930—1932	义品放款银行		
781	II-2	国泰大戏院	国泰电影院	Cathay Theatre	淮海中路 870 号	1930—1931	鸿达洋行	赵茂记营造厂	
782	II-3	雷士德医学研究院	上海医学工业研究院	The Henry Lester Institute for Medical Education and Research	北京西路 1320 号	1930—1932	德和洋行		
783		美华村		Holly Heath Estate	中山西路 1350 号	1930	普益地产公司		
784	IV-3	圣心教堂	杨浦区老年医院门诊部	Sacred Heart Church	杭州路 349 号	1931	李维		区级文物
785		仰贤堂（沈晋福宅）	仰贤堂		高桥镇义王路 1 号	1931			
786		杜宅	杜氏藏书楼		杨高北路 2856 号	1931			仅存藏书楼

序号	类别	原名	现名	西文原名	地址	设计及建造年代	设计者	施工者	备注
787		日本商学院	上海电力学院	Japanese Commercial School	平凉路 2103 号	1931			
788	I-1	罗别根花园	罗别根花园	Robicon Garden	虹桥路 2310 号	1931	公和洋行		市级文物
789		甘村	甘村		嘉善路 131—143 弄、169 弄	1931	德和洋行		
790		浙兴里	浙兴里		溧阳路 155 弄	1931			共 234 单元
791	II-3	江南制造局指挥楼	江南造船厂指挥楼		高雄路 2 号	1931			市级文物
792	II-3	中国企业银行 刘鸿记大楼	企业大楼	China Industrial Bank, Liou Ong Kee Building	四川中路 33 号	1931	哈沙德	昌升建筑公司	
793	II-4	四行仓库	四行仓库	Joint Saving Society Godown	光复路 1 号	1931—1935	通和洋行		2016—2017 修缮，全国文物
794	III-2	西本愿寺上海别院	虹口区体育学校	Shanghai Nishi Honganji, West Honganji Temple	乍浦路 471 号	1931	冈野重久	岛津礼作工程所	
795		兴业坊	兴业坊		山阴路 165 弄	1931			
796		大方饭店	大方饭店	Daphon Hotel	福建南路 33 号	1931	五和洋行		
797		*大东书局	外文书店	Dah Tung Book Co. Ltd.	福州路 310 号	1931			
798		静安公寓	静安大楼	Bubbling Well Apts.	南京西路 749 号	1931			
799		康福公寓	康福公寓		南京西路 825 弄	1931			
800	IV-3	万宜坊	万宜坊	Auvergne Terrace	重庆南路 205 弄	1931			共 90 单元
801	V	白赛仲公寓	白赛仲公寓	Boissezon Apts.	复兴西路 26 号	1931	赖安工程师		
802	IV-3	上海第一特区法院	上海医疗器械九厂		浙江北路 191 号	1931	杨锡镠	仁昌营造厂	
803	IV-3	小浦西公寓	小浦西公寓	Boone Apts.	塘沽路 393 号	1931			
804	IV-3	南洋公学工程馆	上海交通大学工程馆	Engineering Building of Chiao Tung University	华山路 1954 号	1931—1932	邬达克	馥记营造厂	
805	II-3	福煦路 931-979 号宅			延安中路 931—979 号	1931			
806	III-3	樊克令宅	空军 455 医院	Residence of Franklin	淮海西路 338 号	1931	哈沙德		
807	V	共济会会堂	上海市医学会	New Masonic Hall	北京西路 1623—1647 号	1931	思九生洋行		
808	II-3	大陆商场（慈淑大楼）	东海商都	Hardoon Tse Shu Building / The Continental Emporium Building	南京东路 327—377 号	1931—1932	庄俊	公记营造厂	1934 加建 1 层
809	III-3	爱文义公寓	联华公寓	Avenue Apts.	北京西路 1341—1383 号	1931—1932	邬达克		
810	V	斜桥弄吴宅	上海市公惠医院	P. C. Woo's Residence	石门一路 315 弄 6 号	1931—1932	邬达克	昌生营造厂	
811	II-3	基督教女青年会大楼	女青年会大楼	National YWCA Building	圆明园路 133 号	1931—1933	李锦沛	康盈洋行	2009—2010 修缮
812	I-2	旧上海特别市政府大楼	上海体育学院办公楼	Government Office Building	杨浦区清源环路 650 号	1931—1933	董大西	朱森记营造厂	市级文物
813	II-3	中国银行虹口分行	中行大楼，海宁大楼	The Bank of China, Hongkew Branch	四川北路 894 号	1931—1933	陆谦受 吴景奇	新金记祥号，周芝记营造厂	1998 部分被拆除
814	II-3	国华银行	国华大楼	China State Bank	北京东路 342 号	1931—1933	通和洋行 + 李鸿儒	怡昌泰营造厂	
815	I-2	国际饭店 四行储蓄会大楼	国际饭店	Park Hotel, Joint Saving Society Building	南京西路 170 号	1931—1934	邬达克	馥记营造厂	全国文物
816	II-3	恩派亚大楼，皇家公寓	淮海大楼	Empire Mansions	淮海中路 1300—1326 号，常熟路 211—249 号	1931—1934	黄元吉	夏仁记营造厂	1985 加建 2 层，2009 大修
817	II-4	河滨大厦	河滨公寓，河滨大楼	Embankment Building	北苏州河路 340 号	1931—1935	公和洋行	新申营造厂	1978 年加建 2 层
818		华铝钢精厂	上海铝材厂	Chinese AluminumRolling Mills. Ltd.	渭南路 615 号	1931—1935			
819		雷米小学	上海市第二中学	Ecole Française et Russe "Remi"	永康路 200 号	1931—1936	赖安工程师	安记营造厂	
820		古柏公寓	古柏公寓	Courbet Apts.	富民路 197 弄，210 弄 2—14 号，长乐路 752—762 号	1931—1941	庄俊		
821	II-3	愚园路 754 号宅	同仁医院诊疗中心	Roseberry Court	愚园路 754 号	1931			
822	IV-3	恒丰大楼	恒丰大楼		江西中路 450—454 号	1931			
823	II-3	福煦路 955 弄住宅	居民住宅		延安中路 955 弄	1931			
824	IV-3	中国实业银行仓库	华侨城（上海）置地有限公司		北苏州路 1028 号	1931—1935	通和洋行		
825		*德国新福音教堂	原址建静安希尔顿酒店	Neue Deutsche Evangelische Kirche	延安中路华山路转角	1931—1932	邬达克		"文革"期间拆除
826	II-3	震旦大学韩伯禄博物馆	中科院巴斯德研究所	Musée Heude	重庆南路 227 号	1931	赖安工程师		
827	IV-2	中国垦业银行	中垦大楼	The Land Bank of China	北京东路 255 号	1931—1933	通和洋行	赵新泰营造厂	
828	II-3	汉弥尔登大厦	福州大楼	Hamilton House	江西中路 170 号	1931—1933	公和洋行	新仁记营造厂	
829	IV-3	洋行	全季酒店		广东路 306 号	1931	温中银公司	桂兰记营造厂	
830	II-2	大陆银行	上海国际信托投资有限公司	Continental Bank	九江路 111 号	1931—1934	基泰工程司	申泰兴记营造厂	1994 加建 1 层
831	III-3	清心女子中学	上海市第八中学	Farnham Girls School	陆家浜路 650 号	1932—1933	李锦沛	仁昌营造厂	
832	III-3	上海新村			国路 60 号	1932			共 2 幢

序号	类别	原名	现名	西文原名	地址	设计及建造年代	设计者	施工者	备注
833	V	居尔典路 276 号宅	居民住宅	House for Lee Tsing Chong	湖南路 276 号	1932	思九生洋行		
834	V	拉都路 364—370 号宅	居民住宅		襄阳南路 364、366、368、370 号	1932			
835	V	白赛仲路 299 弄 1—3 号宅	居民住宅		复兴西路 299 弄 1—3 号	1932			
836		颐庆里	颐庆里		景星路 310、314 弄	1932			年代存疑
837	V	交通银行仓库	创意仓库		光复路 195 号	1932			
838	I-2	西侨青年会	上海市体育总会, 市体委	The Foreign Y. M. C. A. Building	南京西路 150 号	1932	哈沙德洋行安铎生	魏清记营造厂	
839	II-2	惇信路 127 号宅	比利时驻沪总领事馆		武夷路 127 号	1932			
840	II-3	四行储蓄会虹口分行	四行大楼 虹口公寓		四川北路 1274—1290 号	1931—1932	庄俊		
841	II-3	南洋公学总办公厅	上海交通大学校办公楼		华山路 1954 号	1932—1933	庄俊	陆根记营造厂	
842	III-2	西爱咸斯路 389 号宅			永嘉路 389 号	1932		中国营业公司	
843		*汉璧礼女校暨幼稚园	曾经是虹口区政府办公楼		海南路 10 号	1932			
844		捷克公寓			溧阳路 1040 号	1932			
845		上海绸业银行	绸业大楼	Shanghai Silk Development Building	汉口路 460 号	1932			
846		金城别墅	金城别墅		南京西路 1537 弄	1932			
847	IV-3	方西马公寓	建安公寓	Foncim Apts.	高安路 78 弄 1—3 号	1932—1933	赖安工程师		
848		小开文公寓			建国西路 750 号	1932			
849	IV-2	刘远伯宅	中国福利会上海分会		五原路 314 号	1932	巫振英		
850	V	格兰巡捕公寓, 隆昌公寓	隆昌公寓		隆昌路 362 号	1932			
851	IV-3	麦尼尼路 205 号宅	徐汇区老干部局		康平路 205 号	1932	陶达洋行	创新建筑公司	
852	IV-3	沁园村	沁园村		新闸路 1124 弄	1932			
853	I-2	格林文纳花园	锦江宾馆西楼	Grosvenor Gardens	茂名南路 65—125 号	1932	公和洋行		市级文物
854	III-3	文华别墅	文华别墅	Ven Hwa Terrace	山阴路 208 弄	1932			共 40 单元
855	III-3	安和寺路 231 号宅	居民住宅		新华路 231 号	1932			一说 1925
856	III-3	大华公寓	大华公寓	Majestic Apts.	南京西路 868—882 号	1932	道达洋行	创新建筑公司	美商陶达洋行设备设计, 加建 2 层
857	IV-3	中一村	中一村		江苏路 46—78 弄	1932			
858	III-3	大陆新邨	大陆新邨	Continental Terrace	山阴路 132—192 弄	1932	罗邦杰		
859	I-2	大光明大戏院	大光明电影院	Grand Theatre	南京西路 216 号	1932—1933	邬达克		
860		辣斐大戏院	长城大戏院	Lafayette Cinema	复兴中路 1186 号	1932—1933	邬达克	复兴营造厂	2009 拆除重建
861	I-2	海关副总税务司宅	海关专科学校办公楼		汾阳路 45 号	1932—1933	海关营造处韩德利	辛丰记营造厂	2007 年修缮, 市级文物
862	I-3	大上海大戏院	大上海电影院	Metropol Theatre	西藏中路 520 号	1932—1933	华盖建筑事务所赵深, 陈植	久记营造厂	重建, 市级文物
863	IV-3	恒利银行	永利大楼	Shanghai Mercantile Bank	河南中路 495 号	1932—1933	华盖建筑事务所赵深, 陈植	仁昌营造厂	
864	I-3	永安公司新楼	华联商厦 - 华侨商店	Wing On Co., Ltd.	南京东路 620—635 号	1932—1933	哈沙德, 飞力拍斯	陶桂记营造厂	
865		年红公寓	年红公寓	Neon Apts.	延安东路 1060 号	1932—1933	协隆洋行	汤秀记营造厂	
866	III-3	英商密丰绒线厂, 搏得运公司	上海第十七毛纺厂	Patons & Baldwins, Ltd.	波阳路 400 号	1932—1934	马海洋行普伦	创新营造厂	
867		萨坡赛小学	卢湾区第一中心小学	Ecole Primaire Chapsal	淡水路 416 号	1932—1934	赖安工程师		
868	II-2	圣尼古拉斯教堂	皋兰路 16 号教堂	The St. Nicholas Russian Orthodox Church	皋兰路 16 号	1932—1934	协隆洋行	昌升营造厂	
869		华商证券交易所大楼	华企大楼	The Chinese Stock Exchange Building	汉口路 422 号	1932—1934	陆谦受		
870	I-3	华业公寓	华业大楼	Cosmopolitan Apts.	陕西北路 175 号	1932—1934	李锦沛	潘荣记营造厂	
871	II-3	祁齐路 110 号宅	一零三所		岳阳路 110 号	1932—1934		陶金记营造厂	
872		大舞台	大舞台	Da Wu Tai Theatre	九江路 663 号	1932—1933	德利洋行汪敏章	周鸿兴营造厂	
873		东和影戏院	解放剧场	Towa Cinema	乍浦路 341 号	1932	河野建六		
874	II-3	杨氏公寓	永业大楼	Young Apts.	淮海中路 481 号	1932—1933	马海洋行白脱	余洪记营造厂	
875	II-4	百乐门舞厅	百乐门影剧院	Paramount Ballroom	愚园路 218 号	1932—1933	杨锡镠	陆根记营造厂	
876	III-3	西爱咸斯路任筱珊宅	居民住宅		永嘉路 527 弄 1—5 号	1932—1933	大昌建筑公司		
877	IV-2	法国总会	上海科技发展展示馆	Cercle Français	南昌路 57 号	1932	赖安工程师		
878	IV-3	康绥公寓	康绥公寓	Cozy Apartments	淮海中路 468—494 号	1932	奚福泉	陶记营造厂	
879	II-3	犹太学校	上海教育工会		陕西北路 500 号	1932	思九生洋行		
880	III-3	福开森路杨建平宅	居民住宅	Residence Mr. Yang	武康路 40 弄 1 号	1933	董大西		
881		*伟达饭店, 伟达公寓	钱塘大楼	Zengweida Building	淮海中路 989—997 号	1933	李蟠	潘荣记营造厂	2000 拆除

序号	类别	原名	现名	西文原名	地址	设计及建造年代	设计者	施工者	备注
882		金科中学	江宁中学	Gonzaga College	胶州路 734 号	1933			
883		赵主教路公寓	居民住宅	Maresca Apts.	五原路 271—285 号	1933	公和洋行		
884		爱公里	爱公里		霍山路 567 号	1933			共 18 单元
885		锦村	锦村	Magnificent Apts.	襄阳南路 166 弄	1933			共 16 单元
886	IV-2	汪宝山宅	居民住宅		愚园路 865 号	1933			共 5 单元
887		谢善葆宅	居民住宅		延安中路 830 号	1933			
888	II-3	阿斯屈来特公寓	南昌大楼	Astrid Apts.	南昌路 294—316 号	1933	李维		
889		* 上海神社			东江湾路 70 号	1933			
890	IV-3	角田公寓	闵行大楼	Kakuta Apts, Tsunada Building	闵行路 201 号	1933—1934	根上清太郎		
891	V	古拔新村	富民新村		富民路 148—172 弄	1933			共 68 单元
892		光明村	光明村		延安中路 632 弄 4—18 号	1933			
893		维多利亚护士宿舍	华东医院门诊部		延安中路, 乌鲁木齐路	1933	汉姆布格工程师		
894		* 圣伯多禄堂		Eglise St Pierre	重庆南路 270 号	1933	赖安工程师		
895		申新纺织第九厂	上海申新纺织第九厂		澳门路 150 号	1933		协盛营造厂	
896		* 高塔公寓	高塔公寓	Towers Apts.	淮海中路 1039 号	1933	意大利建筑师待考		2000 年拆除
897		中央研究院理工实验馆	中国科学院上海冶金研究所杏佛楼	Sience & Engineering Laboratory of National Research Institute	长宁路 865 号	1933			
898		三山会馆住宅	黄浦区沙眼防治所		福州路 687 号	1933			
899	V	白赛仲别墅	柯灵故居	Villa Boissezon	复兴西路 147 号	1933	奚福泉	金龙建筑公司	
900	II-3	新亚酒楼	新亚大酒店	New Asia Hotel	天潼路 422 号	1932—1934	五和洋行席拉	桂兰记营造厂	
901	II-3	中汇银行	中汇大楼	Chung Wei Bank Building	延安东路 143 号, 河南南路 16 号	1932—1934	赖安工程师	久记营造厂	1993 改建
902	I-2	上海跑马总会大厦	上海历史博物馆	Shanghai Race Club	南京西路 325 号	1933—1934	马海洋行	余洪记营造厂	1999 改建为上海美术馆, 2016 改建为上海历史博物馆, 市级文物
903	IV-3	扬子饭店	上海朗廷扬子精品酒店	Yangtsze Hotel	汉口路 740 号	1933—1934	李蟠	潘荣记营造厂	
904	III-2/3/4	上海啤酒厂	梦清园	Union Brewery Ltd.	宜昌路 130 号	1933—1934	邬达克	利源和记营造厂	
905	II-3	雷士德工艺学院	上海市海员医院	Lester School & Technical Institute	东长治路 505 号	1933—1934	德和洋行鲍斯惠尔	久泰锦记营造厂	
906	575	中行别业, 极司非尔路中国银行行员宿舍	中行别业	Centro Terrace	万航渡路 623 弄	1933—1934	陆谦受, 吴景奇	陆根记营造厂	
907		懿德公寓	懿德公寓	Yue Tuck Apartments	乌鲁木齐北路 99 弄 1—5 号	1933—1934	新瑞和洋行	新合记营造厂	
908	III-4	梅园别墅	梅泉别墅	Plum Well Villas	新华路 593 号	1933—1935	奚福泉	李顺记营造厂	
909	II-3	总巡捕房	上海市公安局	The Central Police Head Quarters	福州路 185 号	1933—1935	工部局建筑师斯丹福	新申营造厂	
910		正广和汽水有限公司	上海梅林正广和集团公司	Messrs Calbeck Macgregor & Co.	通北路 400 号	1933—1935	公和洋行		
911	II-3	东正教圣母大堂	东正教堂	Russian Orthodox Mission Church	新乐路 55 号	1933—1936	彼特罗夫, 利霍诺斯	昌盛建筑公司	
912	II-3	自由公寓	自由公寓	Liberty Apts.	五原路 258 号	1933—1937	奚福泉		
913	IV-3	大凯文公寓	凯文公寓	Carvendish Court	衡山路 525 号	1933—1938	公和洋行	新仁记营造厂	
914		* 浦东同乡会大厦		Pootung Building	延安东路 1454 号	1933—1936	奚福泉	新升记营造厂	1995 拆除
915	II-3	爱林登公寓	常德公寓	Eddington House	常德路 195 号	1933—1936	锦名洋行	罗德公司 (C. Luthy & Co.)	
916		千爱里	千爱里	Cherry Terrace	山阴路 2 弄	1933	罗邦杰		
917	IV-3	集雅公寓	集雅公寓	Georgia Apts.	衡山路 311—331 号	1933—1934	范文照	吴仁安营造厂	
918	IV-3	广东银行 / 中央储蓄会	光大银行	The Bank of Canton	江西中路 355 号	1933—1934	李锦沛	张裕泰营造厂	
919	II-3	严同春宅	解放日报社	Residence for Mr. Nien	延安中路 816 号	1933—1934	林瑞骥		
920	IV-3	中央研究院理工实验馆	中科院上海冶金研究所		长宁路 865 号	1933			
921	IV-4	集贤村	集贤村		金坛路 35 弄	1933			
922	II-2	贝祖诒宅	贝轩大公馆		南阳路 170 号	1934—1936	中都工程司	陆谦受、吴景奇 1938 改建	
923		市光路住宅	三十六宅		市光路 132—176 弄	1934	顾道生	沈生记合号营造厂	现存 30 单元
924		严公馆	严公馆		武定路待考	1934	李锦沛	沈川记营造厂	
925	III-3	法华路 200 号宅	汉语大词典出版社		新华路 200 号	1934	锦名洋行甘少明	安泰营造厂	1948 改建
926	III-4	高乃依路 1 号住宅	皋兰一号花园住宅		皋兰路 1 号	1934			

序号	类别	原名	现名	西文原名	地址	设计及建造年代	设计者	施工者	备注
927		来德坊	来德坊	Louis Terrace	淮海中路 899 弄	1934			
928		汾晋坊	汾晋坊	Harmony Terrace	淮海中路 925 弄	1934	施德坤		
929		*浦东银行		Pootung Commercial & Savings Bank	延安东路 284 号	1934	许钟锜	Sung Chong Tai 营造厂	
930		齐宅	美诺之家	Residence Zee	石门一路 80 号	1934—1935	范文照		
931	V	福开森路 374、376 号住宅	居民住宅	Four Detached Houses for T. C. Quo	武康路 374、376 号	1934			
932	V	麦尼尼路 101 弄宅	居民住宅		康平路 101 弄 1—4 号	1934			
933	V	福开森路张宅		Residence of K. S. Chang	武康路 210 号	1934	东亚建业公司		
934	IV-4	桃源坊	桃源坊		愚园路 1292 弄	1934			共 3 单元
935	IV-3	孔氏别墅	瑞祥门诊		虹桥路 2258、2260 号	1934	海杰克		
936	II-2	都城饭店	新城饭店	Metropole Hotel	江西中路 180 号	1934	公和洋行	新仁记洋行	1988, 2014—2015 修缮
937	II-3	三菱银行	中国邮政储蓄银行	Mitsubishi Bank	九江路 36 号	1934	德和洋行		
938	II-3	三井银行,上海公库	建设银行上海分行	Mitsui Bank	九江路 50 号	1934	公和洋行		
939	II-3	麦特赫斯脱公寓	泰兴大楼	Medhurst Apartments	南京西路 934 号	1934	新瑞和洋行	新申记营造厂	
940		会乐精舍,卫乐精舍	卫乐公寓	Willow Court	复兴西路 34 号	1934	赖安工程师		
941	III-3	虹桥路住宅	上海市总工会疗养院 1-4 号楼		延安西路 2588 号	1934	公和洋行		
942	IV-3	虹桥疗养院	上海血液中心	Hung Jao Sanatorium	伊犁路 2—3 号	1934	奚福泉	安记营造厂	
943	IV-3	德邻公寓	信谊药厂	Derring Apts.	崇明路 82 号	1934	五和洋行	怡昌泰营造厂	
944	IV-2	金城大戏院	黄浦剧场	Lyric Theatre	北京东路 780 号	1934	华盖建筑事务所赵深	新恒泰营造厂	
945		*仙乐斯舞宫,薛罗絮舞场	仙乐剧场	Ciro's	南京西路 444 号	1934	英商世界实业公司	新仁记营造厂	
946		远东饭店	远东饭店	Far Eastern Hotel	西藏中路 90 号	1934			
947		望庐(吴铁城宅)		Mayor Wu Teh-chen's Residence	华山路 783 号	1934	董大酉		
948		新华公寓	新华公寓	Sin Hwa Apts.	淮海中路 496 号	1934			
949		来斯别业	安福路 189 弄	Dupleix Apts.	安福路 189 弄	1934			
950	V	剑桥角公寓	剑桥角公寓	Cambridge Court Apts.	复兴中路 1462 号	1934	华盖建筑事务所		
951	V	福履新村	福履新村		建国西路 365 弄	1934			共 14 单元
952		爱丽公寓	余庆公寓	Irene Apts.	康平路 182 号	1934			
953		立地公寓,合记公寓	陕西公寓	Lidia Apts.	陕西南路 490—492 号	1934	华盖建筑事务所	陆根记营造厂	
954		福利公司	上海工艺美术品商店	Hall & Holtz Ltd.	南京西路 190 号	1934			
955	IV-3	张叔驯宅	文艺医院		天平路 40 号	1934			一说 1943
956	IV-3	忆定村	忆定村	Edin Court	江苏路 495 弄 3—11 号,15—51 号	1934			
957		麦兰捕房	黄浦区公安分局	Poste de police Mallet	金陵东路 174 号	1934	赖安工程师	新林记营造厂	
958		中央储蓄会	光大银行,上海口腔病防治院	Central Savings Society	天津路 2 号	1934—1935	通和洋行		
959	I-3	新康花园,欢乐庭院	新康花园	Jiuibilee Court	淮海中路 1273 弄 1—22 号	1934—1935	新马海洋行		市级文物
960	IV-3	杜月笙宅	东湖宾馆	Y. S. Doo's Residence on Route Doumer and Henry	东湖路 70 号	1934—1935	建安测绘行陆志刚	新明记营造厂	2015—2016 大修,区级文物
961	I-2	峻岭寄庐,格林文纳公寓	锦江饭店中楼	The Grosvernor House	茂名南路 87 号	1934—1935	公和洋行	新苏记营造厂	市级文物
962	I-3	上海市体育场	江湾体育场	Shanghai Recreation Ground	国和路 346 号	1934—1935	董大酉	成泰营造厂	市级文物
963	II-3	毕卡第公寓	衡山宾馆	Picardie Apts.	衡山路 534 号	1934—1935	中法实业公司	利源建筑公司	
964	II-2	上海市博物馆	第二军医大学图书馆	Shanghai Museum	长海路 174 号	1934—1935	董大酉	张裕泰合记营造厂	市级文物
965	II-2	上海市图书馆	杨浦区图书馆	Shanghai Library	黑山路 181 号	1934—1935	董大酉	张裕泰合记营造厂	市级文物
966	III-3	孙克基产妇医院,私立妇孺医院	真爱女子医院		延安西路 934 号	1934—1935	庄俊	长记营造厂	1990 年代加建 1 层
967		卡尔登公寓	长江公寓	Carlton Apts.	黄河路 65 号	1934—1935	凯司洋行		
968		哈同大楼	南京大楼,老介福商厦	Hardoon Building	南京东路 233—257 号	1934—1935	德利洋行	陈永兴营造厂	
969		上海市体育馆	江湾体育馆	Gymnasium	国和路 346 号	1934—1935	董大酉		
970		上海市游泳池	江湾游泳池	The Swimming Pool	国和路 346 号	1934—1935	董大酉		
971	II-3	法国太子公寓,道斐南公寓	建国公寓	Dauphine Apts.	建国西路 394 号	1934—1935	赖安工程师	安记营造厂	
972		上海市立医院	长海医院门诊部		长海路 345 号	1934—1935	董大酉	陆根记营造厂	
973	IV-2	国富门路刘公馆	安亭别墅		安亭路 46 号 1 号楼	1934—1936	李锦沛	馥记营造厂	
974	I-3	大新公司	上海第一百货商店	Sun Co., Ltd	南京东路 830 号	1934—1936	朱彬,梁衍	馥记营造厂	市级文物
975	II-3	建设大楼 中国通商银行新厦	建设大楼	Development Building The Commercial Bank of China	江西中路 181 号	1934—1936	新瑞和洋行	陶桂记营造厂	

序号	类别	原名	现名	西文原名	地址	设计及建造年代	设计者	施工者	备注
976	I-3	涌泉坊	涌泉坊		愚园路 395 弄	1934—1936	华信建筑师事务所	久记营造厂	共 24 单元
977	III-3	周湘云宅	岳阳医院北楼		青海路 44 号	1934—1936		新瑞和洋行	
978		白赛仲路 19 号宅	居民住宅		复兴西路 19 号	1932	李维		
979	II-3	戤司康公寓，万国储蓄会公寓	淮海公寓	Gascoigne Apts.	淮海中路 1202、1204—1220 号	1933—1934	赖安工程师	中法营造厂	
980		协发公寓	协发公寓	Yafa Court	五原路 253—267 号，269—271 号	1933—1934	范文照		
981	IV-3	复旦公学力学庐	复旦中学力学庐		华山路 1626 号	1934			
982	IV-1	虹桥路茅舍	宋氏花园住宅	T. V. Soong's House	虹桥路 1430 号	1934	公和洋行		
983	IV-3	虹桥路住宅	上海国际舞蹈中心		虹桥路 1648 号、1650 号	1934	公和洋行		
984		蒲石邨	蒲石邨	Bourgeat Terrace	长乐路 339 弄 1—44 号	1934			共 42 单元
985	IV-3	康绥公寓	康绥公寓	Cozy Apts.	淮海中路 468—494 号	1934	泰利洋行		改建设计
986		喇格纳小学	比乐中学	Ecole de Lagrené	崇德路 43 号	1934—1935	赖安工程师	新林记营造厂	
987	IV-3	巨福公寓，安康公寓	乌鲁木齐公寓	Defour Apts.	乌鲁木齐南路 176 号	1934	发特落夫	陶记营造厂	
988	II-3	同孚大楼	吴江大楼	Yates Apts.	南京西路 801 号	1934—1936	陆谦受，吴景奇	大昌建筑公司	
989	III-3	麦琪公寓	复兴西路 24 号公寓	Magy Apts.	复兴西路 24 号	1934—1935	赖安工程师	中法营造厂	
990	349	安恺地商场	平安大戏院	Arcadia Bazaar	南京西路 1193 号	1935	凯泰建筑公司 黄元吉		
991	V	J. K. K. 公寓	J. K. K. 公寓	J. K. K. Apts.	长乐路 962 弄 1—4 号	1935			
992		亚细亚里	亚细亚里	Asia Terrace	黄渡路 107 弄	1935			
993	II-3	沪江大学音乐堂	上海理工大学校办公楼	Music Hall	军工路 516 号	1935			市级文物
994		* 董大酉自宅			震旦东路 120 号	1935	董大酉		1990 年代拆除
995		实业部鱼市场			共青路 486 号	1935	李惠伯		
996		大同公寓	大同公寓	Greystone Apts.	陕西北路 525 弄	1935	李英年、周春寿	陆根记营造厂	
997		麦拿里	麦丰里	Magnolia Terrace	四川北路 1811 弄	1935			
998	II-3	中西女塾景莲堂	市三女中教学楼（今五四大楼）	McGregor Hall of McTyiere School for Girls	江苏路 155 号	1935	邬达克		
999		五洲大药房	上海医疗器械工业公司批发部	The International Dispensary Co., Ltd.	河南中路 220 号	1935	通和洋行	新金记康号营造厂	
1000		新华信托储蓄银行	新华大楼	Sin-Hua Savings Bank Building	九江路 190 号	1935			
1001	IV-3	大桥公寓	大桥大楼	Bridge House	四川北路 85 号	1935		仁昌营造厂	
1002	V	聚兴诚银行	住总集团办公楼	Chu Hsin Chen Bank Building	江西中路 246, 250 号	1935	基泰工程司	新亨营造厂	1988 加建
1003		马克斯公寓	马克思公寓	Marks Apts.	北京西路 1201—1209 号	1935			
1004		罗公寓	绿化公寓		淮海中路 1526—1532 号	1935			
1005		黑克玛琳大楼	黑克玛琳大楼	Carmel Court	新乐路 21 号	1935			
1006	IV-3	上海国立音乐专科学校	公安部八二二厂		民京路 918 号	1935	罗邦杰	新恒泰营造厂	区级文物
1007		来斯南邨			五原路 205 弄 2—6 号	1935		普益地产公司	
1008	IV-2	法国军人（海军部与陆军部）俱乐部	上海昆剧团		绍兴路 9 号	1935	公董局公共工程处技术科		
1009	IV-3	住友银行	上海对外经济研究中心	Sumitomo Bank	胶州路 510 号	1935	冈野重久		
1010		福禄公寓	一线天公寓	Felix Apts.	复兴中路 1317 弄 1—4 号	1935			
1011		京沪、沪杭甬铁路管理局	上海铁路局	Nanking-Shanghai & Shanghai-Hangchow-Ningpo Railways Administration Building	天目东路 80 号	1935—1936	董大酉		
1012	IV-2	浙江兴业银行	上海市建工集团	The National Commercial Bank	北京东路 230 号	1935—1936	华盖建筑事务所	申泰兴记营造厂	原 5 层，后加建 1 层
1013	V	国富门公寓	国富门公寓	Koffman Apts.	武康路 230, 232 号	1935—1936	罗平	馥记营造厂	
1014	IV-3	中国航空协会会所及陈列馆			府前左路和府南左路	1935—1936	董大酉	久泰锦记营造厂	市级文物
1015	III-3	邬达德公寓	达华宾馆	Hubertus Court	延安西路 914 号	1935—1937	邬达克		
1016		迪瑞公寓	二〇公寓	Daisy Apts.	泰安路 20 号	1935—1937			
1017		东海影戏院		Eastern Theatre	海门路 144 号	1935—1937			
1018	II-2	吴同文宅	上海城市规划设计研究院	D. V. Woo's Residence	铜仁路 333 号	1935—1938	邬达克	洽兴建筑公司	
1019	IV-4	百老汇总会	长宁区教育学院 1 号楼		愚园路 864 号	1935			
1020	IV-3	利西路 30—32 号住宅	居民住宅		利西路 30—32 号	1935			
1021	IV-3	安和新村	安和新村		瑞金二路 198 号	1935	永安地产公司建筑部		
1022	IV-3	上海中国银行办事所及堆栈	茂联丝绸商厦		北苏州路 1040 号	1935	陆谦受，吴景奇		

序号	类别	原名	现名	西文原名	地址	设计及建造年代	设计者	施工者	备注
1023		*欧亚航空公司龙华飞机棚厂	龙华机场 36 号飞机库	Eurasia Aviation Corporation	龙华机场	1935—1936	奚福泉	沈生记营造厂	2005—2006 拆除
1024		纪家花园		Kelmscott Gardens	陕西南路 16、17 号	1935			
1025		安第纳公寓	安第纳公寓	Antina Apts.	安亭路 81 弄 1 号	1936	普益地产公司	普益地产公司	
1026	II-3	沪江大学思福堂	上海理工大学国际交流中心	Faculty Residence	军工路 516 号	1936			市级文物
1027		怡和啤酒厂	华光啤酒厂	Ewo Brewery Company	定海路 315 号	1936	公和洋行		
1028		西摩路市房公寓	居民住宅		延安中路陕西北路转角	1936	范文照	裕抡记营造厂	
1029	V	亨利路 54 号宅	居民住宅		新乐路 54 号	1936	启明建设有限公司		
1030	III-3	巴黎公寓	巴黎公寓	Paris Apts.	重庆南路 165—175 号	1936	中国建业地产公司		
1031	II-3	国立上海医学院	上海医科大学	National Medical College of Shanghai	医学院路 138 号	1936	隆昌建筑公司		
1032	III-3	余庆路 190 号宅	市机关幼儿园		余庆路 190 号	1936			
1033	III-3	祁齐路 170 弄 1 号宅			岳阳路 170 弄 1 号楼	1936	中国建业地产公司	中法营造厂	
1034		中华圣经会		China Bible House	香港路 58 号	1936			
1035		增您智公寓	增您智公寓	Zenith Apts.	安亭路 71 号	1936			
1036	IV-3	安定坊	安定坊	Edin Terrace	江苏路 284 弄	1936			共 8 单元
1037	II-3	迦陵大楼	嘉陵大楼	Liza Hardoon Building	四川中路 346 号, 南京东路 99 号	1936—1937	德利洋行, 世界实业公司	陶记营造厂	
1038	V	上海律师公会会所	中国工商银行支行	The New Building of Shanghai Lawer's Association	复兴中路 301 号	1936—1937	定中工程事务所		
1039		阜丰面粉厂圆筒形麦仓	上海市面粉公司内麦仓		莫干山路 120 号	1936—1937	奚福泉	久泰锦记营造厂	
1040	II-3	中山医院	中山医院外科大楼	Chung San Memorial Hospital	医学院路 136 号	1936—1937	基泰工程司		
1041		高迩公寓	高邮公寓	Cordier Apts.	复兴西路 271 号	1936—1939			
1042	II-3	震旦大学图书馆教学大楼	上海交通大学医学院教学大楼、实验室	Laboratoire Municipal, Université L'Aurore	重庆南路 280 号	1936	赖安工程师		
1043	IV-2	中央储备银行	上海歌剧院		常熟路 100 弄 10 号	1936	泰利洋行		
1044	IV-2	熊佛西楼 （东楼）	上海戏剧学院熊佛西楼		华山路 630 号	约 1936			
1045	III-3	太阳公寓	太阳公寓	Sun Apts.	南京西路 1634 弄 3—9 号	1936			
1046		浙江大戏院		Chekiang Theatre	浙江路 123 号	1937	邬达克		内部已非原貌
1047		福煦坊	延安新村	Foch Terrace	延安中路 1157 弄 9—39 号	1937			
1048	II-3	留青小筑	留青小筑	Green Terrace	山阴路 112—124 弄	1937	罗邦杰		
1049		兆丰村	兆丰村	Park View Terrace	愚园路 1355 弄	1937			
1050		*林肯坊	林荫坊	Lincoln Terrace	西江湾路 264 弄	1937			2004 年拆迁
1051	II-2	正广和公司	机要局	Macgregor House	福州路 44 号	1937	公和洋行	新仁记营造厂	
1052		中华劝工银行	劝工大楼		南京东路 326—336 号	1937	华信建筑公司		
1053	V	良友公寓	良友公寓		复兴西路 91, 93 号	1937			
1054		上海海关图书馆			新闸路 1702—1708 号	1937	吴景祥		
1055	II-3	法国邮船公司大楼	上海档案馆	Compagnie des Messageries Maritimes	中山东二路 9 号	1937—1939	中法实业公司	潘荣记营造厂	
1056		震旦女子文理学院	上海社会科学院	Aurora College for Women	淮海中路 622 弄 7 号	1937—1939	邬达克		
1057		玫瑰别墅	玫瑰别墅	Rose Villas	复兴西路 44 弄 1—7 号、10 号	1937—1940	奚福泉		
1058		安登别墅	安登别墅	Antan Apts.	南京西路 1140 弄	1937			
1059	III-2	交通银行	上海市总工会大楼	The Bank of Communications	中山东一路 14 号	1937—1949	鸿达洋行	陶馥记营造厂	全国文物
1060	II-3	景华新村	景华新村		巨鹿路 820 弄、804—836 号	1937—1938	泰利洋行		共 6 单元
1061		华业别墅	柳迎村	Welcome Terrace	北京西路 1729 弄 8 号	1937—1948			
1062		维多利亚公寓		Victoria House	南京西路 591 号	1938			
1063		静安新村	静安新村	Bubbling Well Court	南京西路 612 号	1938			
1064		黄凤武宅	居民住宅		长乐路 1299 号	1938			
1065	II-3	海格路 893 号郭宅	工商联合会		华山路 893 号	1938	华基建筑师事务所 吴一清		
1066		威海别墅	威海别墅		威海路 727 弄	1938			
1067	IV-3	渔光村	渔光村		镇宁路 255—285 弄 102—192 号	1938	李英年		
1068	III-4	文元坊	文元坊		愚园路 608 弄	1938			共 23 单元
1069	IV-3	宜德堂	居民住宅		昌化路 136 号	1938	通和洋行		
1070	II-3	沙发花园	上方花园	Sopher Garden	淮海中路 1285 弄, 1287—1305 号	1938—1939	新马海洋行		24 号市级文物

序号	类别	原名	现名	西文原名	地址	设计及建造年代	设计者	施工者	备注
1071		*昌兴里	昌兴里		河南中路 80 弄	20 世纪初，1938 翻建			1997 拆除
1072	I-3	裕华新村	裕华新村		富民路 182 号	1938—1941	兴业建筑师事务所		
1073	IV-4	沪江别墅	沪江别墅		长乐路 613 弄，615—629 号	1938—1939	方皓阳		共 29 幢
1074	IV-3	荣德生宅	徐汇区少年宫		高安路 18 弄 20 号	1939			
1075		台拉斯脱公寓		Delastre Apts.	太原路 238 号	1939	Tornashevsky & Dronikoff Architects		
1076	II-3	江南制造局西公务厅	江南造船厂总办公厅		高雄路 2 号	1939			
1077	II-3	亨利公寓	淮中大楼	Hanray Apts.	淮海中路 1154—1170 号	1939	通和洋行		
1078		沪光大戏院	沪光电影院	Astor Theatre	延安东路 725 号	1939	范文照		
1079	V	荣康别墅	荣康别墅		常熟路 102—122 弄，长乐路 802—816 号	1939			共 52 幢
1080		*金都大戏院	瑞金剧场		延安中路 572 号	1939	黄元吉		1998 拆除
1081		金门大戏院	儿童艺术剧场	Golden Gate Theatre	延安中路 555 号	1939			
1082	IV-2	新恩堂	上海基督教三自爱国运动委员会	New Grace Church	乌鲁木齐北路 25 号	1939	基泰工程司		
1083		合众图书馆			长乐路 746 号	1939—1940	华盖毛梓尧		
1084		*华业商业银行职员住宅			四平路 2151 号	1939—1943	前川国男		
1085		*杜美大戏院	东湖电影院		东湖路 9 号	1939 改建			
1086	IV-2	侯宅	商务部驻沪办事处	Residence for H. L. Hou	五原路 251 号，永福路 1 号	1939	李锦沛		
1087	III-3	飞霞别墅	飞霞别墅		淮海中路 584 弄	1939	唐吉记	邵厚德营造公司	
1088	III-3	大华公寓	大华公寓	Majestic Apts.	南京西路 996 号	1940	刘鸿典		
1089		地丰路住宅	居民住宅	Crystal Palace	乌鲁木齐中路 280 弄 3 号	1940			
1090	II-3	怀恩堂	怀恩堂	Grace Baptist Church	陕西北路 375 号	1910（现存 1940—1942）			
1091		百老汇大戏院		Broadway Theatre	汇山路 57 号	1940—1941			
1092	V	潘兴公寓	吴兴公寓	Pershing Apts.	淮海中路 1706 号	1940—1942			
1093		佘山路 2310 号住宅	上海纺织系统疗养院		虹桥路 2310 号	1940 年代			
1094		警察公寓	新成大厦		成都北路 337 号	1940 年代			
1095		麦伦中学	居民住宅	Medhurst College	武定路 940 号	1940 年代			
1096		福园	福园		湖南路 20 弄	1940 前后			
1097		思齐新村	思齐新村		永嘉路 500 弄	1940 前后			
1098		哥伦比亚圈住宅	居民住宅	Columbia Circle	新华路 211 弄 1 号	约 1940	邬达克	柴顺记营造厂	
1099	II-3	伦顿宅	丽波花园	Residence for L. Rondon	吴兴路 87 号	1940	赖安工程师		
1100	IV-2	韦宅	国家安全局	W. L. Wei-Chung Residence	吴兴路 96 号	1940	董张工程师		
1101	IV-3	希勒公寓	钟和公寓		茂名南路 106—124 号	1940—1941	赖安工程师		
1102	IV-3	上海新村	上海新村		淮海中路 1487 弄 1—56 号	1940	五和洋行	成华营造厂	
1103		福开森路徐宅	居民住宅	Residence for Mr. Hsu	武康路 40 弄 2 号	1940	董大酉		
1104		*绿漪新村 50 号宅			青海路 50 号	1941			2013 拆除
1105		康泰公寓	康贻公寓	Conty Apts.	愚园路 11 号	1941	李锦沛	信实营造厂	
1106	I-2	美琪大戏院	美琪大戏院	Majestic Theatre	江宁路 66 号	1941	范文照	馥记营造厂	2010—2015 修缮改造，市级文物
1107	II-3	阿麦仑公寓	高安公寓	Amyron Apts.	高安路 14 号	1941	赖安工程师		
1108		中南新村	中南新村		淮海中路 1670 弄	1941			
1109		懿园	懿园		建国西路 506 弄	1941	普益地产公司（F. Shaffer）		共 61 幢，1985 加建 2 栋
1110		*康乐大酒楼	原址建上海美术馆		南京西路 456 号	1941			1983 拆除
1111	IV-3	愉园	愉园		淮海中路 1350 弄	1941	泰利公司建筑部		
1112		亚泼公寓	淮海中路 1491—1493 号公寓	Jubilee Court	淮海中路 1491—1493 号	1941			
1113		霞飞公寓	崇安公寓	Joffre Terrace	淮海中路 1698—1704 号	1941			
1114		美国学校	中福会儿童艺术剧场	Cathedral Girl's School	华山路 643 号	1941	马海洋行改建		
1115	II-2	古神父路罗宅	德国驻沪总领事官邸		永福路 151 号	1941—1942	杨增化		
1116		大通别墅	大通别墅		五原路 248—258 号	1941—1942			
1117	IV-3	赫尔特曼宅	居民住宅	Residence for T. A. Hultman	康平路 1 号	1941	赖安工程师		
1118	III-3	古拔路福新烟草工业公司住宅	居民住宅		富民路 2—14 号，长乐路 752—762 号	1941	华盖建筑师事务所陈植		
1119	II-3	会德丰大楼／德士古大楼，	四川大楼	Wheelock & Co.	延安东路 110 号	1941—1943	柏韵士	杨瑞记营造厂	1986 加层

序号	类别	原名	现名	西文原名	地址	设计及建造年代	设计者	施工者	备注
1120		上海日本中学校	同济大学一·二九大楼		四平路 1239 号	1942	石本喜九治		
1121		第二日本高等女子学校	上海外国语大学		大连西路 550 号	1942	石本喜久治		
1122		上海铁道医院	上海市第十人民医院分院		虬江路 1057 号	1942			
1123	III-3	蒲园	蒲园		长乐路 570 弄	1942	大地事务所张玉泉、张开济、费康		
1124	II-3	逸村	逸村		淮海中路 1610 弄 1—8 号	1942		远东公司	
1125		* 皇后大戏院	和平电影院	Queen's Theatre	西藏中路 290 号	1942			1997 拆除
1126	IV-3	三德堂,犹太医院	上海眼耳鼻喉科医院	Procure des Missions Etrang-eres	汾阳路 83 号 10 号楼	1942	李维		
1127	V	开普敦公寓	开普敦公寓	Capetown Apts.	武康路 240—246 号	1942	公和洋行		
1128		台拉斯脱新村	台拉新村		建国西路 384 弄 29—44 号	1943			共 14 幢
1129		福开森路 117 号宅	居民住宅	Residence at Route Fergus-son	武康路 117 号	1943—1944	集成建筑师事务所范能力		
1130	III-4	祥德路住宅	居民住宅		祥德路 2 弄	1943			
1131	I-2	中国银行	中国银行上海分行	Bank of China	中山东一路 23 号	1935—1944	公和洋行和陆谦受	陶桂记营造厂	2005—2007 修缮
1132	III-3	亦邨	亦村		泰安路 76 弄	1941—1944	浙江兴业银行李英年、马俊德、刘鸿典		
1133	V	礼雪温公寓	礼雪温公寓	Richwin Apts.	宛平路 42 号	1945			
1134		* 中央商场	原址重建中央商场		四川中路,南京东路转角	1945 前			1996 拆除
1135		哥伦比亚圈住宅	Villa le Bec 餐厅	Columbia Circle	新华路 321 号	1946	邬达克	柴顺记营造厂	
1136	IV-3	龙华机场候机楼	中国民用航空华东管理局龙华航空站		龙华西路 1 号	1946			
1137	III-3	程伯庵宅	上海文艺出版社		绍兴路 74 号	1946—1947	集成建筑师事务所		
1138		沪江大学图书馆	上海理工大学图书馆	Library	军工路 516 号	1947	信诚建筑师事务所戴念慈		
1139		孝义新村	孝义新村		武夷路 70 弄	1947			共 11 幢
1140		红庄	红庄		新华路 73 弄	1947			共 37 幢
1141	III-3	安和寺路 483 号住宅	上海浩瀚文化传媒有限公司;尚善堂艺术展示馆		新华路 483 号	1947	顾梦良	梁记营造厂	一说 1930
1142	II-3	永嘉新村	永嘉新村		永嘉路 580 弄	1947			
1143	IV-2	张季珍宅	郭氏花园住宅		延安西路 949 号	1947—1948	罗邦杰	陶桂记营造厂	
1144	I-3	泰安路 115 弄住宅	泰安路 115 弄住宅		泰安路 115 弄	1948	王迈士	大陆工程有限公司	
1145	II-3	王时新宅	波兰领事馆		建国西路 618 号	1948			
1146	III-4	沪西别业	沪西别墅		愚园路 1210 弄 2—52 号	1948	王迈士	同益营造厂	共 7 幢 3 层住宅
1147	III-3	真如中学	延安中学北楼		延安西路 601 号	1948			
1148		古神父路 144 号宅	曾为英国驻沪总领事馆(今雍福会)		永福路 244 号	1948			
1149	II-3	庞桓宅	市一商局疗养院		新华路 315 号	1948	王迈士		
1150		沪江大学馥赍堂	上海理工大学第二教师公寓	Frankelin Ray Hall	军工路 516 号	1948			
1151	IV-3	普益地产公司住宅	居民住宅		新华路 329 弄 28 号	1948	张克斌		
1152	I-2	淮阴路姚有德宅	西郊宾馆 4 号楼		虹桥路 1921 号	1948—1949	协泰洋行,鲍立克建筑师事务所	隆茂营造厂	市级文物
1153	II-2	浙江第一商业银行	华东建筑设计院	Chekiang First Bank of Commerce Building	汉口路 151 号	1948—1951	华盖建筑师事务所陈植	国华工程建设公司	
1154		中央银行宿舍	居民住宅		淮海西路 221 弄	1948	中央银行工务科汪定曾		
1155		卜邻公寓	卜邻公寓	Brooklyn Court Apts.	瑞金一路 165 弄	1949			

参考文献

• 历史文献

白吉尔, 2005. 上海史: 走向现代之路 [M]. 王菊, 赵念国, 译 . 上海: 上海社会科学出版社 .

陈杰, 2010. 实证上海史——考古学视野下的古代上海 [M]. 上海: 上海古籍出版社 .

丁日初, 1994. 上海近代经济史 [M]. 上海: 上海人民出版社 .

丁日初,1997. 上海近代经济史:第二卷 1895—1927[M]. 上海:上海人民出版社 .

葛壮, 1999. 宗教和近代上海社会的变迁 [M]. 上海:上海书店出版社 .

蒯世勋, 等 . 1980. 上海公共租界史稿 [M]. 上海: 上海人民出版社 .

刘惠吾, 1985. 上海近代史: 上 [M]. 上海: 华东师范大学出版社 .

刘惠吾, 1987. 上海近代史: 下 [M]. 上海: 华东师范大学出版社 .

罗兹·墨菲, 1986. 上海——现代中国的钥匙 [M]. 上海社会科学院历史研究所编译 . 上海: 上海人民出版社 .

梅朋,傅立德,2007. 上海法租界史 [M].倪静兰,译 . 上海: 上海社会科学出版社 .

阮仁泽, 高振农, 1992. 上海宗教史 [M]. 上海: 上海人民出版社 .

上海市地方志办公室,上海市历史博物馆,2013.民国上海市通志稿 [M]. 上海:上海古籍出版社 .

上海通社, 1984. 上海研究资料 [M]. 上海: 上海书店 .

上海通社, 1984. 上海研究资料: 续集 [M]. 上海: 上海书店 .

上海通志编撰委员会, 2005. 上海通志 [M]. 上海: 上海人民出版社 .

唐振常, 沈恒春, 1989. 上海史 [M]. 上海: 上海人民出版社 .

汤志钧, 1989. 近代上海大事记 [M]. 上海: 上海辞书出版社 .

熊月之, 1999. 上海通史 [M]. 上海: 上海人民出版社 .

熊月之,周武,2007. 上海:一座现代化都市的编年史 [M]. 上海:上海书店出版社 .

薛理勇, 2011. 上海洋场 [M]. 上海: 上海辞书出版社 .

薛理勇, 2017. 西风落叶——海上教会机构寻踪 [M]. 上海: 同济大学出版社 .

叶文心,2010. 上海繁华——都会经济伦理与近代中国 [M]. 王琴,刘润堂,译 . 台北: 时报文化出版企业股份有限公司 .

张化, 2004. 上海宗教通览 [M]. 上海: 上海古籍出版社 .

张仲礼, 2014. 近代上海城市研究: 1840—1949[M]. 上海: 上海人民出版社 .

• 地图、地名志、工具书

陈征琳, 邹逸麟, 刘君德, 等主编,《上海地名志》编纂委员会编, 1998. 上海地名志 [M]. 上海: 上海社会科学院出版社 .

福利营业股份有限公司,1939. 上海市行号路图录 [M].福利营业股份有限公司 .

福利营业股份有限公司, 1940. 上海市行号路图录第二编: 第二特区 [M]. 福利营业股份有限公司 .

福利营业股份有限公司, 1947. 上海市行号路图录:上册 [M]. 福利营业股份有限公司 .

福利营业股份有限公司, 1949. 上海市行号路图录:下册 [M]. 福利营业股份有限公司 .

黄光域, 2001. 近代中国专名翻译词典 [M]. 成都:四川人民出版社 .

陆文达, 主编, 徐葆润, 副主编,《上海房地产志》编纂委员会编, 1999. 上海房地产志 [M]. 上海:上海社会科学院出版社 .

马长林, 主编, 上海档案馆编, 2005. 老上海行名辞典 1880—1941[M]. 上海:上海古籍出版社 .

马承源, 主编, 黄宣佩, 李俊杰, 副主编, 上海文物博物馆志编纂委员会编, 1997. 上海文物博物馆志 [M]. 上海:上海社会科学院出版社 .

上海市长宁区人民政府, 1988. 上海市长宁区地名志 [M]. 上海:学林出版社 .

上海市建筑协会, 1932-1937. 建筑月刊 [J]: 1-49.

上海市静安区人民政府, 1988. 上海市静安区地名志 [M]. 上海:上海社会科学院出版社 .

上海市虹口区人民政府, 1989. 上海市虹口区地名志 [M]. 上海:百家出版社 .

上海市黄浦区人民政府, 1989. 上海市黄浦区地名志 [M]. 上海:上海社会科学院出版社 .

上海市徐汇区人民政府, 1989. 上海市徐汇区地名志 [M]. 上海:上海社会科学院出版社 .

沈恭,刘炳斗,蔡詠榴,1998. 上海勘察设计志 [M]. 上海:上海社会科学院出版社 .

史梅定, 主编, 马长林, 冯绍霆, 副主编, 上海租界志编纂委员会, 编, 2001. 上海租界志 [M]. 上海:上海社会科学院出版社 .

孙金富, 主编, 吴孟庆, 刘建, 副主编, 上海宗教志编纂委员会, 编, 2001. 上海宗教志 [M]. 上海: 上海社会科学院出版社 .

孙平, 主编, 陆怡春, 傅邦桂, 杨谋, 等, 副主编, 上海城市规划志编纂委员会, 编, 1999. 上海城市规划志 [M]. 上海: 上海社会科学院出版社 .

孙逊,钟翀,2017. 上海城市地图集成 [M]. 上海: 上海书画出版社 .

中国建筑师学会, 1931-1937. 中国建筑 [J]: 1-30.

中国近代建筑史料汇编编委会, 2014. 上海近代建筑史料汇编:第一辑 [M]. 上海:同济大学出版社 .

中国近代建筑史料汇编编委会, 2016. 上海近代建筑史料汇编:第二辑 [M]. 上海:同济大学出版社 .

周振鹤, 1999. 上海历史地图集 [M]. 上海:上海人民出版社 .

• 专著及论文

曹炜, 2004. 开埠后的上海住宅 [M]. 北京:中国建筑工业出版社.

常青, 2009. 都市遗产的保护与再生:聚焦外滩 [M]. 上海:同济大学出版社.

陈从周, 章明, 1988. 上海近代建筑史稿 [M]. 上海:上海三联书店.

陈晗, 2014. 古典形式下的现代结构探索——杨锡镠设计的南洋大学体育馆研究 [D]. 上海:同济大学.

陈嘉炜, 2000. 上海英租界洋行建筑研究 [D]. 上海:同济大学.

杜超瑜, 2018. 董大酉上海建筑作品评析 [D]. 上海:同济大学.

傅朝卿, 1992. 中国古典式样新建筑:二十世纪中国新建筑官制化的历史研究 [M]. 台北:南天书局.

华霞虹, 2009. 邬达克在上海作品的评析 [D]. 上海:同济大学.

建筑工程部建筑科学研究院建筑理论及历史研究室中国建筑史编辑委员会, 1962. 中国建筑简史:第二册中国近代建筑简史 [M]. 北京:中国工业出版社.

建筑科学研究院科学情报编译出版室, 1959. 中国近代建筑史(初稿)[M]. 北京:中国工业出版社.

赖德霖, 王浩娱, 袁雪平, 司春娟, 2006. 近代哲匠录——中国近代重要建筑师、建筑事务所名录 [M]. 北京:中国水利水电出版社、知识产权出版社.

赖德霖, 2007. 中国近代建筑史研究 [M]. 北京:清华大学出版社.

赖德霖, 伍江, 徐苏斌, 2016. 中国近代建筑史 [M]. 北京:中国建筑工业出版社.

刘刊, 2000. 近代都市文化环境中的上海西班牙风格建筑研究 [D]. 上海:同济大学.

刘阳, 2007. 碰撞与交融——上海近代教会学校建筑研究 [D]. 上海:同济大学.

卢卡·彭切里尼, 尤利娅·切伊迪. 邬达克 [M]. 华霞虹, 乔争月, 译. 上海:同济大学出版社, 2013.

罗小未, 1996. 上海建筑指南 [M]. 上海:上海人民美术出版社.

罗小未, 伍江, 1997. 上海弄堂 [M]. 上海:上海人民美术出版社.

钱宗灏, 等, 2005. 百年回望——上海外滩建筑与景观的历史变迁 [M]. 上海:上海科学技术出版社.

上海市城市建设档案馆, 2005. 上海传统民居 [M]. 上海:上海人民美术出版社.

上海市房产管理局, 1993. 上海里弄民居 [M]. 北京:中国建筑工业出版社.

沙永杰, 2001. "西化"的历程——中日建筑近代化过程毕竟研究 [M]. 上海:上海科学技术出版社.

沈海虹, 2000. 近代上海西区现代式独立住宅 [D]. 上海:同济大学.

苏颖, 2011. 从私营事务所到国营大院建筑师的转型——杨锡镠建筑师建筑创作的历史研究 [M]. 上海:同济大学.

孙倩, 2009. 上海近代城市公共管理制度与空间建设 [M]. 南京:东南大学出版社.

唐方, 2009. 都市建筑控制——近代上海公共租界建筑法规研究 [M]. 南京:东南大学出版社.

同济大学城市规划教研室, 1979. 中国近代城市建设史 [M]. 北京:中国建筑工业出版社.

托斯坦·华纳, 1994. 德国建筑艺术在中国 [M]. Berlin: Ernst & Sohn.

汪启颖, 2003. 上海近代公寓建筑研究:1920—1949[D]. 上海:同济大学.

汪坦, 1991. 第三次中国近代建筑史研究讨论会论文集 [M]. 北京:中国建筑工业出版社.

汪晓茜, 2014. 大匠筑迹——民国时代的南京职业建筑师 [M]. 南京:东南大学出版社.

王尔敏, 2005. 外国势力影响下之上海开关及其港埠都市之形成:1842～1942[M]// 邢义田, 黄宽重, 邓小南, 等. 台湾学者中国史研究论丛:城市与乡村. 北京:中国大百科全书出版社.

王方, 2011. "外滩源"研究——上海原英领馆街区及其建筑的时空变迁:1843—1937[M]. 南京:东南大学出版社.

王绍周, 1989. 上海近代城市建筑 [M]. 南京:江苏科学技术出版社.

魏枢, 2011. "大上海计划"启示录——近代上海市中心区域的规划变迁与空间演进 [M]. 南京:东南大学出版社.

吴晨, 2009. 原上海工部局大楼研究 [D]. 上海:同济大学.

吴俏瑶, 2012. 上海法租界建筑法规研究 (以民用建筑为主):1849—1943[D]. 上海:同济大学.

伍江, 2008. 上海百年建筑史:1840—1949[M]. 上海:同济大学出版社.

薛顺生, 娄承浩, 2002. 老上海花园洋房 [M]. 上海:同济大学出版社.

薛顺生, 娄承浩, 2005. 老上海经典公寓 [M]. 上海:同济大学出版社.

徐苏斌, 2010. 近代中国建筑学的诞生 [M]. 天津:天津大学出版社.

徐以骅, 韩信昌, 2003. 海上梵王渡——圣约翰大学 [M]. 石家庄:河北教育出版社.

许乙弘, 2009.Art Deco 的源与流——中西"摩登建筑"关系研究 [M]. 南京:东南大学出版社.

杨秉德, 1993. 中国近代城市与建筑 [M]. 北京:中国建筑工业出版社.

杨秉德, 2003. 中国近代中西建筑文化交融史 [M]. 武汉:湖北教育出版社.

杨永生,《建筑报》社总策划, 1999. 中国建筑师 [M]. 北京:当代世界出版社.

杨永生, 2002. 中国四代建筑师 [M]. 北京:中国建筑工业出版社.

杨永生, 2005. 哲匠录 [M]. 北京:中国建筑工业出版社.

姚蕾蓉, 2006. 公和洋行及其近代作品研究 [D]. 上海:同济大学.

游斯嘉, 2014. 范文照执业特征、建筑作品及设计思想研究:1920s—1940s[D]. 上海:同济大学.

周进, 2012. 上海近代教堂建筑的地域性变迁研究 [D]. 上海:同济大学.

• 西文参考文献

BERGÈRE M-C, 2002. *Historie de Shanghai* [M].Paris : Librairie Arthème Fayard.

BROSSOLLET G, 1999. *Les Français de Shanghai, 1849-1949* [M].Paris: Belin.

Cameron W H M, 1917. *Present day impressions of the Far East and prominent and progressive Chinese at home and abroad: The history, people, commerce, industries and ... Indo-China, Malaya and Netherlands India* [M]. London: Globe Encyclopedia Company.

CODY J W, 2001.*Building in China: Henry K. Murphy's "Adaptive Architecture"1914 – 1935* [M]. Seattle, WA: University of Washington Press.

COLLAR H, 1990. Captive in Shanghai [M]. Oxford: Oxford University Press.

COVLING S, 1929. *The History of Shanghai: Volume II* [M].Hong Kong: Kelly & Walsh, Limited.

CROW D G, 2012. *Old Shanghai Bund: Rare images from the 19th century* [M]. Hong Kong: Earnshaw Books.

DENISON E, REN G Y, 2006. *Building Shanghai, The Story of China's Gateway* [M]. London: Wiley-Academy.

DENISON E, REN G Y, 2008. Modernism in China, *Architectural Visions and Revolutions* [M]. London: Wiley.

DENISON E, REN G Y, 2014.*Luke Him Sau Architect: China's Missing Modern* [M].London: Wiley.DODINGTON S, LAGRANGE C, 2014. *Shanghai's Art Deco Master* [M]. Hong Kong: Earnshaw Books.

DONG S, 2000.*Shanghai, the Rise and Fall of a Decadent City* [M]. New York: William Morrow Paperbacks.

DONG S, 2003. *Shanghai: Gateway to the Celestial Empire: 1860–1949* [M]. Hong Kong: Formasia Books Ltd.

ERH D, JOHNSTON T, HALLS H, 1998. *Protestant Colleges in Old China* [M]. Hong Kong：Old China Hand Press.

ERH D, JOHNSTON T, 2000.*Frenchtown Shanghai: Western Architecture in Shanghai's Old French Concession* [M]. Hong Kong: Old China Hand Press.

GLAHN H E, PIHLER M, 2004.*Shu Yin Lou: The House of Secluded Books, A Research Study in Shanghai* [M]. Copenhagen: Royal Danish Academy of Fine Arts, School of Architecture Publishers.

HACKER A, 2005.*Shanghai Century* [M]. Hong Kong: Wattis Fine Art.

HAUSER E O,1940.*Shanghai: City for Sale* [M]. Shanghai:Chinese-American Publishing Company, Inc.

HENRIOT C, ZHENG Zu'an,1999.*Atlas de Shanghai:Espaces et représentations de 1849 à nos jours* [M].Paris: CNRS.

HIBBARD P, 2007.*The Bund Shanghai: China Faces West* [M]. Hong Kong: Odyssey Publications.

JOHNSTON T, ERH D, 1996. *God & Country, Western Religious Architecture in Old China* [M]. Hong Kong: Old China Hand Press.

Johnston T,Erh D, 1997. *The Last Colonies, Western Architecture in China's Southern Treaty Ports* [M]. Hong Kong: Old China Hand Press.

Johnston T, Erh D, 1998. *Hallowed Halls, Protestant Colleges in Old China* [M]. Hong Kong: Old China Hand Press.

Johnston T, Erh D, 2004. *A Last Look — Revisited, Western Architecture in Old Shanghai* [M]. revised edition. Hong Kong：Old China Hand Press.

Johnson L C, 1995. Shanghai From Market Town to Treaty Port, 1074-1858 [M]. Redwood City, CA: Stanford University Press.

Kotenev A M, 1927. Shanghai: Its Municipality and the Chinese [M]. Shanghai: Shanghai North-China Daily News & Herald, Limited.

Lethbridge H J, 1986. *All about Shanghai. A Standard Guidebook* [M]. Oxford: Oxford University Press.

LING P, 1982. *In Search of Old Shanghai [M]. Hong Kong: Joint Publishing*(H.K.) Co., Ltd.

Maybon Ch-B, Fredet J, 1929. *Histoire de la Concession française de Changhai* [M]. Paris: Plon.

Nellist G F, 1933. *Men of Shanghai and North China, A Standard Biographical Reference Work* [M]. Manama: Oriental Press.

POTT F L H, 1928. *A Short History of Shanghai : Being An Account of the Growth and Development of the International Settlement* [M]. Hong Kong: Kelly & Walsh, Limited.

REMER C F, 1933. *Foreign Investment in China* [M]. New York：The Macmilian Company.

Schmitt S, 2004. *Shanghai – Promenade, Spaziergänge zwischen den Zeiten* [M]. Hong Kong: Old China Hand Press.

Warr A, 2007. *Shanghai Architecture* [M]. Hartford, CT: Watermark Press.

Wei B Peh-T'I , 1993. *Old Shanghai* [M]. Oxford: Oxford University Press.

Wood F , 1998. *No Dogs and Not Many Chinese, Treaty Port Life in China, 1843 – 1943* [M]. London: John Murray.

Wright A, 1908.*Twentieth century impressions of Hong Kong, Shanghai and other treaty ports of China: their history, people, commerce, industries and resources* [M]. London : Lloyds Greater Britain Pub. Co.,.

• 日文参考文献

村松伸, 1991. 上海·都市と建筑 1842—1949[M]. 东京: 株式会社 PARCO 出版局 .

村松伸, 1998. 图說上海：モダン都市の 150 年 [M]. 东京 : 河出書房新社 .

高桥孝助, 古厩忠夫, 1995. 上海史:巨大都市の形成と人々の営み [M]. 东京: 东方书店 .

加藤佑三, 1986. アジアの都市と建筑 [M]. 东京:鹿岛出版会 .

木之内诚, 1999. 上海历史ガイドマップ [M]. 东京:大修馆书店 .

日本上海史研究会, 1997. 上海人物志 [M]. 东京:东方书店 .

藤森照信, 汪坦, 1996. 全调查东アジア近代的都市と建筑 (1840-1945) [M]. 东京:大成建设 .

越泽明, 1976. 中国の都市建设 [M]. 东京:东京アジア经济研究所 .

后 记

《上海近代建筑风格》自 1999 年出版以来,关于上海和上海近代建筑的研究和保护工作有了显著的进步。中外社会各界对上海史和上海建筑的研究已经上升到新的高度。一方面,上海对城市历史风貌区和历史建筑的保护日益重视,这方面的工作迅速得到推进,出现大量研究和工作成果;另一方面,研究的相关学科领域也有很大的扩展,涉及政治、历史、经济、社会、文化、法规、档案、城市规划、建筑等。一系列的志书、文集、论文、图册、建筑指南、统计资料和专著出版,为进一步拓展和深化研究奠定了重要的基础,弥补了保护工作的早期阶段对上海历史建筑的研究和信息缺失。

历史学界、地理学界、社会学界、档案界、考古界、人类学界、文学界、艺术界、建筑界、政府部门、民间人士等对历史档案、建筑、文物、地图和文献等进行深入而又广泛的考辨、学习、挖掘和研究。对上海城市社会史和城市生活史,城市空间结构和形态的形成和演变,城市建筑的发展及其形成机制,城市文化和社会生活的方方面面,进行广泛深入的探讨,出版了总计达上千种的各类文献。这些研究以涓涓细流汇成蔚为壮观的上海史研究的大河江海,为上海的历史建筑研究提供参照。就像一幅巨大的拼图,社会各界都共同参与,贡献自己的力量。尽管离拼图的完成还有着漫长的道路,还有许多空白,但这幅拼图的轮廓已经越来越清晰,本书也是这幅拼图的一个组成部分。

近 20 年来,上海的历史建筑保护已经初步形成机制,作者直接参与了历史建筑的保护工作,参与了历史建筑的研究和修缮设计,从多个渠道获得各种信息和资料,上海市城市建设档案馆的档案和图纸、研究生的学位论文、设计单位和施工单位对历史建筑的考证等都为作者的研究提供了基础,从而使作者认识到在当年认识水平和知识水平都有很多不足的情况下,第一版的《上海近代建筑风格》有很多局限,甚至也有不少谬误之处,迫切需要修改和重写,修正谬误,补充历史信息和资料。2015 年"上海近代历史建筑与风貌区保护研究"(2015—2018) 课题获国家自然科学基金资助 (项目批准号: 51478317),开始着手修改和重写《上海近代建筑风格》。本书新版的三分之二是重写的,全书结构也有较大的调整,增加了关于宗教建筑和建筑师的章节,将传统建筑和古典复兴单列一章。从第一版的 6 章,扩展为新版的 11 章,同时增补了大量的图片。

需要说明的是,讨论上海近代建筑时,上海是作为一个地域概念而不是一个行政区划的概念。之所以选择风格作为论述主题是因为风格并非简单的形式问题,风格涉及建筑的总体。风格涉及经济、材料、技术、习俗、宗教等多种要素,既是艺术特色,也是时代的价值和审美取向,全面体现了民族和时代的文化特征。风格是客观的,正如叔本华所说:"风格是心灵的观相术,并且它比相貌更可靠地反映了心灵的特征。"可以说,风格就是城市,历史形成的建筑风格是城市社会文化和风尚的体现。上海近代建筑风格,不是某种建筑风格,不能与世界建筑史上的拜占庭风格、文艺复兴风格、巴洛克风格等历史建筑风格的兴替归于一类,而是一种总体建筑风格的表述,一种几乎集各种风格之大成的折衷建筑风格。建筑历来都是时代的史书。历史是错综复杂,相互交织的,历史上的某座建筑从来不能说是某种确凿不移的风格。历史是延续的,建筑由于技术和材料以及地域的影响,在使用中会有所改变,也具有延续性。关于每幢建筑的具体风格可能是各人见仁见智,因人因时而异。因此本书中介绍的建筑风格也只是就整体而言的风格,否则只能对几乎所有的建筑都下定义为折衷主义建筑。

我们清楚地认识到，研究本课题、撰写本书是在许多前人研究成果的基础上进行的，陈从周教授、章明总建筑师的《上海近代建筑史稿》，王绍周研究员的《上海近代城市建筑》，罗小未教授的《上海建筑指南》，伍江教授的《上海百年建筑史》，赖德霖、伍江、徐苏斌三位教授主编的《中国近代建筑史》等都是本书重要的参考文献。作者力图在本书中比较全面地论述上海近代建筑的风格与形式，以及这种演变的社会和文化原因。目前对上海近代建筑的研究还存在许多空白，一方面是由于缺乏历史文献资料，缺乏必要的调查、测绘，以及深入的研究；另一方面，由于近年来的大规模建设活动，使许多近代建筑存在的环境发生了改变，甚至被拆除，许多考证已无法进行。限于作者的能力和水平，本书论述中必定尚有许多片面，甚至失误之处，还没有完全实现撰写本书的初衷。有一些必不可少的记述和考证，诸如有关建筑师、设计及建造年代等资料还有不少空白。之所以敢于将这本书付梓出版，是出于抛砖引玉的考虑，以期前辈和同行们不吝赐教，使之更臻完善，并成为进一步深入研究的基础。

《上海近代建筑风格》第一版的缘起要感谢上海图书馆馆长吴建中博士，在他的倡导下，得到上海图书馆的刁富锦、曹存知、冯金牛、张伟的帮助，为本书查寻资料，翻拍图片，使这本书有比较丰富的历史图片和资料，因而成为本书在撰写过程中进行研究的基础。本书新版是在第一版的基础上，得到上海市城市建设档案馆王玲慧、楼建春、陈宗亮，上海市文物局谭玉峰、李孔三、欧晓川，上海市历史建筑保护事务中心李宜宏、傅勤，上海市规划与自然资源局风貌处戴明、郑萍，以及徐汇区、黄浦区、长宁区、虹口区、杨浦区的文物、规划、房管部门的帮助和大力支持，增补了大量的信息。

本书的附录属于研究的成果，沙永杰教授和曹怡蔚博士作了长期的辛勤工作和艰辛的考证，从而使第一版的附录得以完成。新版的附录在上海市城市建设档案馆和上海市历史建筑保护事务中心的悉心帮助和指导下，补充了许多第一手的信息，纠正了第一版的一些谬误。上海市城市建设档案馆的楼建春、陈宗亮研究员不遗余力为本书涉及的建筑作考证，纠正了以往许多以讹传讹的信息。

还要特别感谢俞斯佳总工程师、章明总建筑师，上海市历史博物馆薛理勇研究员、林沄博士、沈晓明建筑师，上海建筑装饰集团陈中伟总建筑师，上海住总集团沈三新总工程师，上海社会科学院郑祖安教授，同济大学卢永毅教授、沙永杰教授、钱宗灏教授、华霞虹教授、刘刊博士、李燕宁博士，《上海日报》乔争月主任记者为本书提供了大量的资料、图片和信息，没有他们的帮助和指导，本书的完成是难以想象的。我的研究生唐方、吴俏瑶、周进、刘阳、丁勇、汪启颖、姚蕾蓉、沈海虹、陈嘉炜、杨扬、杜超瑜以及同济大学建筑与城市规划学院的其他研究生关于上海近代建筑的研究也为本书提供了重要的信息。

薛理勇研究员、沈晓明建筑师、许志刚先生、林沄博士和上海市历史建筑保护事务中心为本书提供了大量的图片，摄影师席子专门为本书拍摄了许多照片，使本书的资料得以极大地丰富。

华霞虹教授、刘刊博士为本书的撰写、编辑、出版和摄影作出大量的贡献，没有他们两位的辛勤工作，本书的付梓是不可想象的。

郑时龄

2019 年 6 月 11 日

郑时龄

中国科学院院士，同济大学教授，建筑历史与理论博士，
意大利罗马大学名誉博士。一级注册建筑师，法国建筑
科学院院士，美国建筑师学会荣誉资深会员。著有《建
筑理性论——建筑的价值体系和符号体系》《上海近代
建筑风格》《建筑批评学》《世博与建筑》等。

图书在版编目（CIP）数据

上海近代建筑风格 . 新版 / 郑时龄著 . -- 上海：
同济大学出版社 , 2020.5
ISBN 978-7-5608-8453-0

Ⅰ. ①上… Ⅱ. ①郑… Ⅲ. ①建筑风格－研究－上海
－近代 Ⅳ. ① TU-862

中国版本图书馆 CIP 数据核字 (2019) 第 150124 号

本书由上海文化发展基金会图书出版专项基金资助出版

上海近代建筑风格（新版）

作　　者	郑时龄
出 品 人	华春荣
责任编辑	江　岱
责任校对	徐春莲
装帧设计	钱如潺

出版发行	同济大学出版社
	（地址：上海市四平路 1239 号　邮编：200092　电话：021-65982473）
经　　销	全国各地新华书店
印　　刷	上海雅昌艺术印刷有限公司
开　　本	889mm×1194mm　1/12
印　　张	46
字　　数	1 435 000
版　　次	2020 年 5 月第 1 版
印　　次	2023 年 3 月第 2 次印刷
书　　号	ISBN 978-7-5608-8453-0
定　　价	320.00 元